U0190403

长江三峡水利枢纽
建筑物设计及施工技术

郑守仁 生晓高 翁永红 陈磊／编著

下

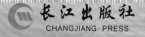

长江出版社
CHANGJIANG PRESS

精工铸重器

大坝泄洪

地下电站厂房

左岸坝后电站机组安装

升船机通航运行

双线五级船闸

目　录

下　册

第 7 章　升船机

第8章　茅坪溪防护坝——沥青混凝土心墙土石坝

第9章 地下电站

第 10 章　巨型水轮发电机组及电气设备

第11章　施工导流截流及围堰

第 12 章　三峡枢纽工程验收与运行

第7章 升船机

7.1 升船机的总体布置

7.1.1 升船机的分部建筑物组成及其布置

7.1.1.1 升船机的分部建筑物组成

升船机分部建筑物包括上游引航道、主体结构(分为上闸首、船厢室段、下闸首)、下游引航道(图7.1.1)。升船机上闸首布置在左岸非溢流坝段7号与8号坝段之间,左、右侧分别与左非7号、8号坝段毗邻。升船机轴线与大坝轴线呈80°交角。

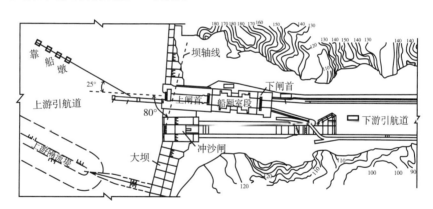

图7.1.1 升船机平面总体布置示意图

7.1.1.2 升船机引航道布置

(1)升船机运行方式

升船机运行方式:正常情况下为迎向运行,当上、下游来船不平衡时,采用单向运行。因此,正常情况下在直线段内为一个船舶(队)行走,一个船舶(队)停靠在靠船墩等待进船厢(即一行一停),在直线段转弯后可采用一个船舶(队)上行,一个船舶(队)下行的运行方式。引航道迎向运行时是曲线进闸,直线出闸。

（2）上游引航道

上游引航道与船闸共用总长 2626m，在上闸首以上以 400m 长的直线段、弧长 238m（弯曲半径 600m、圆心角 22.77°）的弯段，以及又一个直线段与船闸的上游引航道相接。上游引航道开挖底高程 130.0m，运行期最低通航水位 145m，清淤高程 140.5m，保证最小水深 4.5m。升船机上闸首右边墩上游与引航道右侧支墩式浮式导航堤相接，左侧为以 1:5 逐渐向上游扩宽的开挖岸坡。浮式导航堤长 130.6m，采用钢筋混凝土矩形空腹箱型结构，每节长 57.8m，宽 9.4m，高 5.0m，吃水深 3.2m。两节浮箱两端甲板上的轮式支承导向装置分别与布设在上闸首及 2 个支墩凹槽内导向支承埋件呈点接触支承，可随浮箱自由升降和左右摆动，并具有横向受力缓冲功能。浮堤上游距上闸首 253m 处布设 4 个间距 30m 的靠船墩，用于升船机双向运转时船舶停靠。靠船墩与升船机中心线成 25°夹角，最近端距升船机中心线 73m，靠船墩以上的航道宽度均大于 80m，布置见图 7.1.2。

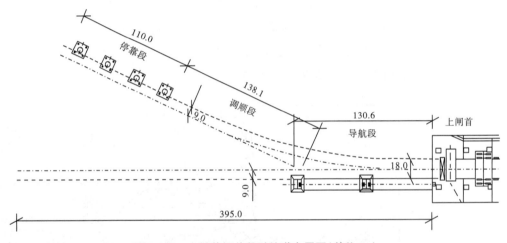

图 7.1.2   上闸首闸前段引航道布置图（单位:m）

升船机与船闸上游引航道共用，为满足通航水流条件，上游隔流堤由升船机右侧向上游延伸至祠堂包堤头，堤全长 2720m，堤顶高程 150m，是"汛期隔流，枯期漫顶"的新型隔流堤。隔流堤除坝前段为混凝土堤外，其他部位均为土石料填筑堤。升船机上游引航道处于上游隔流堤以内，在汛期被隔流堤与河床主流隔开，成为独立的人工航道。

（3）下游引航道

下游引航道为下闸首以下航道，总长约 4400m，分为两段。从口门至升船机与船闸引航道分叉部位约 1800m，底宽 180m，口门拓宽为 200m，航道底面高程 56.5m。分叉部分往上游至中隔墩头部约 2480m，航道底宽 80～105m，中隔墩头部至下闸首约 120m，为升船机独立航道，航道底宽 50～18m，分叉部分到下闸首航道底面高程均不高于 58m。引航道右侧开挖边坡下游端接长约 3550m 的隔流堤，以阻隔主流，形成静水航道，堤顶高程为 76～78m，下游隔流堤高程 70.0m 以下采用土石料填筑，以上为混凝土结构。下游引航道分叉部分到下闸首航道开挖底高程58.0m,运行期依据水利部批复的《三峡(正常运行期)—葛洲坝水利枢纽梯级调度规程》(水建管〔2015〕360号),最低通航水位暂定为63m,按此水位清淤高程为59m。但下游最低通航水位降至62m时,应提前进行清淤,最小维护水深暂定为3.5m,并应进行航道水位监测、往复流监测和实船试验等,保证船舶航行安全。

下游引航道的主导墙设于左侧,长88m,辅导墙设于右侧,并向右成喇叭形,至中隔墩头部,靠船建筑物设于下闸首下游约300m以外的左侧,长100m。主、辅导墙和靠船墩的顶高均为75.5m。

7.1.1.3 主体建筑物布置

图7.1.3 升船机建筑物

(1)上闸首

上闸首有挡水坝段及升船机闸首双重功能,在正常运行工况下适应枢纽上游30m的水位变化。根据设备布置及闸首稳定的要求,上闸首顺水流向总长130m,垂直水流方向总宽62m,其中航槽宽18m,航槽两侧边墩挡水部分宽为22m,其后的宽度减小3m,为19m。

上闸首顶面高程185.0m,航槽底板的顶面高程141m,按水流方向自上而下分别设挡水门、辅助门和工作门。工作门槽设在航槽尾部,门槽长27.8m,宽4.8m;挡水门槽、辅助门槽长20.6m,宽4m。工作门由1扇带有卧倒式过船小门的平板闸门和7节叠梁组成。为了降低工作门与叠梁的水压力,减小高水头大跨度闸门与门槽埋件设计的难度,工作门和叠梁的止水均布置在上游侧,左、右两侧的止水间距19m,下游侧的支承跨度27m。辅助门由1扇平板门和8节叠梁组成,辅助门与工作门相距8m。工作门的设计水位为175m,挡水门和辅助门的校核水位为180.4m,升船机投入运行前由挡水门挡水,挡水门和辅助门共用一套门。工作门和辅助门(挡水门)分别由2台设于闸首顶部排架上的2×2500kN和2×1500kN桥式启闭机分别操作。在高程185m闸面的左、右侧设桥式启闭机排架柱,在上游侧顶部设横跨航槽的钢结构活动公路桥,桥面宽度为9m,上游边距闸首上游面12.45m,其后布置约16m长的闸门检修平台,平台顶面高程为195.5m。闸首基础设防渗帷幕和排水孔幕,基础廊道距上游面6m,与左、右侧非溢流坝相应的基础廊道连通。另外,在闸首130m、160m等高程分别设排水廊道及交通、管线廊道等设施。

上闸首后部右侧布置闸门的泄水系统,泄水管水平埋设在右边墩高程137.55m的工作门和辅助门之间,出边墩后向下引至高程127m的阀门室,经阀门室垂直向下,在高程84.5m再向右进入冲沙闸的左边墙,将水泄入冲沙闸的消力池。

上闸首左右侧下游闸面各设一个垂直交通(包括电梯和楼梯),可以从185m闸面到达塔柱顶部机房层和上闸首桥机轨道梁。

(2)船厢室段

船厢室段是升船机船厢垂直升降的区域,由船厢的承重结构塔柱和顶部机房、船厢及机械设备、平衡重系统,以及电气控制,通信、消防等辅助部分组成,塔柱和顶部机房为设备的安装、调试、运行和检修维护的场所。

船厢室段建筑物的平面尺寸为121.0m×58.4m,建基面高程47.5m。底板厚2.5m,顶高程50m。高程50～196m为承重结构塔柱,与上、下闸首净距1m,对称布置在升船机中心线两侧。每侧塔柱由墙—筒体—墙—筒体—墙组成,长119m,宽16m。两侧塔柱之间的距离25.8m,为升船机船厢室的宽度。驱动系统齿条和安全机构螺母柱均安装在筒体部位凹槽内的墙壁上。每侧塔柱内设8个用于容纳平衡重组升降运行的平衡重井。左、右塔柱在高程196m通过控制室平台、参观平台和7根横梁实现横向连接。高程196m以上左、右各布置1个长119m,宽21.7m,高约21m的顶部机房。

船厢布置在两侧塔柱和上、下闸首围成的船厢室内,船厢驱动系统和安全机构布置在其两侧的四个侧翼结构上,通过驱动机构小齿轮沿齿条的运转,实现船厢的垂直升降。船厢升降时,与驱动机构同步运行的安全机构螺杆在螺母柱内空转,遇事故时可将船厢锁定在塔柱结构上。船厢为钢结构,外形长132m,两端分别伸进上、下闸首5.5m,船厢标准横断面外形宽23m、高10m,船厢结构、设备及厢内水体总质量约15500t,由相同质量的平衡重完全平衡。船厢两侧对称布置的四个侧翼结构顺水流向18.1m,垂直水流向8.2m,伸入四个塔柱筒体的凹槽内。船厢的横导向位置与驱动机构在一起,纵导向设在船厢中部,塔柱上的导轨与之相对应。另外,在船厢升降中遇事故紧急停机时,船上的旅客自船厢两侧的走道可通过布置在驱动室顶部的活动楼梯,进入塔柱的疏散通道。船厢由256根ϕ74mm的钢丝绳悬吊,钢丝绳分成16组对称布置在船厢两侧,钢丝绳的一端与船厢连接,另一端绕过塔柱顶部机房内的平衡滑轮后,与平衡重块连接,平衡重块总质量与船厢总质量相等,为15500t。

塔柱从船厢室底板到顶部的滑轮室、中央控制室、观光平台和各主要高程均设交通通道。同时,塔柱也为在任何运行高程船厢上的人员、196m高程的人员紧急疏散时顺利到达地面84.5m高程或上闸首闸面185m高程设置了撤离通道。

（3）下闸首

下闸首长 37.15m,宽 58.4m,检修门右侧的门库部位局部加宽 4.8m,闸面高程 84.5m。工作门以下的中间航槽宽 18m,以上与船厢衔接,宽 25.8m,航槽底板高程 58.0m。建基面 47.5m,工作门槽部位局部下挖至 41.5m,集水井部位局部下挖至 38.5m。下闸首以下为下游引航道,左侧直接与下游引航道的导航墙连接,右侧与下游辅导墙连接。

下闸首设工作门和检修门,工作门为一带卧倒小门的下沉式平板门,由工作门排架柱支承,检修门由 8 节 3.25m 高的叠梁组成,叠梁门的门库设在检修门的右侧,门库低于闸面 84.5m 高程。升船机运行时,叠梁均堆放在门库中,门库底高程 70m,每个门库可堆放 4 节叠梁。检修桥机设于检修门槽和叠梁门库顶部高程 84.5m 以上的排架上。

下闸首布置有基础廊道,廊道左侧与同等高程的山体排水洞连接（山体排水洞 SZ1 与下闸首基础廊道相连接的支洞 SZ13 与船厢室段和下闸首部位的二次开挖同期施工）,廊道右侧与中隔墩的防渗幕衔接。

（4）建筑物基础防渗排水布置

升船机上、下闸首为挡水建筑物。上闸首为大坝挡水的一部分,下闸首需抵御下游最高洪水位 83.1m。船厢室在正常运行期要求疏干条件,升船机基础防渗排水设计结合大坝的防渗排水布置形成封闭系统,基础的防渗排水满足大坝防渗排水系统的布置要求。

上游上闸首基础防渗帷幕按照大坝挡水建筑物基础防渗帷幕进行设计,在防渗帷幕的下游侧设排水孔幕,高程 100～116m 的基础廊道,与左、右侧非溢流坝段的基础廊道相连。为进一步改善上闸首基岩的稳定条件,降低渗压,将左侧山体高程 53m 的排水洞,在大坝主防渗帷幕的下游侧右折沿坝轴线延伸至闸首到临船坝段,作为辅助性排水廊道。上游的帷幕底线为 15m 高程,排水幕底线为 42.85m 高程。

左侧升船机主体段（上闸首、船厢室段和下闸首）左侧为深切开挖岩体形成的高边坡,最大垂直开挖高度 36.5m,最大坡高达 140m,因此,在山体中设置了 2 层平行于升船机轴线的山体排水洞,在排水洞中设置仰、俯搭界的排水孔幕,排水幕上接近坡面,下至 38m 高程。2 层排水洞的高程为 99m 和 53m,断面尺寸为 2.5m×3.0m。

右侧升船机船厢室段与冲沙闸之间保留约 30m 宽的岩体隔墩,为阻隔冲沙闸水体渗流到船厢室,在隔墩岩体中部设置灌浆帷幕。灌浆帷幕上通过左非 8 号坝段的横向廊道并与大坝主防渗帷幕相连,下与升船机下闸首防渗帷幕相连。

下游下闸首设有基础廊道,布设防渗帷幕,帷幕向左通过灌浆平洞与同等高程的山体排水洞连接,向右侧与岩体隔墩中的灌浆帷幕相连。

上述渗控方案,在升船机上、右、下侧三面合围的挡水幕体,以及左侧的山体排水幕,总体上在升船机周围形成一个全封闭的防渗排水防护区。

（5）升船机对外交通布置

升船机的对外交通主要包括高程 185m 与上闸首的闸面,和高程 84.5m 船厢室段左侧下航一路、右侧下航二路的连接。

上闸首在顶高程 185m 设跨航槽的活动公路桥以连接坝顶两岸的交通。上闸首的对外交通主要满足上闸首的金属结构大件及机械设备的运输需要，由坝面交通干线结合左、右岸上坝公路沟通对外联系。升船机的闸门和部分机械设备的运输、安装和检修均通过此交通到达指定位置。紧邻上闸首的两个平衡重井在 185m 高程设平台，承重横墙上开设可通过汽车通行的大门，维修车辆可自 185m 坝顶经大门至平衡重井内的 185m 平台，平台上方的机房底板开设相应的吊物孔，用于机房设备的检修维护。

上闸首的闸面下游左右侧各设 1 个垂直电梯和对应楼梯，可从塔柱顶部机房和上闸首桥机轨道梁直达高程 185m 闸面。

船厢室段左侧 84.5m 高程布置有下航一路，右侧为 84.5m 高程的隔墩和跨过冲沙闸的下航二路。在下航二路和隔墩之间设跨冲沙闸的交通桥，在升船机运行中或遇事故时可迅速转移到 84.5m 高程，再通过两侧交通道疏散离开升船机区域。

7.1.2　升船机金属结构机电设备及其他附属设备与设施布置

7.1.2.1　上闸首

上闸首设挡水闸门、辅助闸门和工作闸门，还布置闸门启闭机、泄水系统和钢制活动公路桥等设备。上闸首工作闸门布置在下游侧，由 1 扇高 17m 并带卧倒式过船小门的平板闸门和 7 节叠梁（每节高 3.75m）组成，平板闸门置于叠梁上部，平时卧倒式小门呈关闭状态，船厢与闸首对接后卧倒式小门开启，形成过船通道，形成适应上游水位变幅大的"卧倒门过船、平板门对接叠梁门调位"的特大型组合闸门工作闸门由设于闸首顶部的排架上的 2×2500kN 桥式启闭机操作。辅助闸门布置在工作闸门的上游，其主要作用是根据上游水位变化协助工作闸门在无水条件下调整门位，并兼事故检修闸门和上游防洪挡水闸门，由闸首航槽顶部排架上的 2×1500kN 桥式起重机操作。上闸首上游端布置一座钢制单臂仰开式活动公路桥，由液压启闭机操作，用于连接航槽两岸的坝面交通。上闸首设备及结构见图 7.1.4。

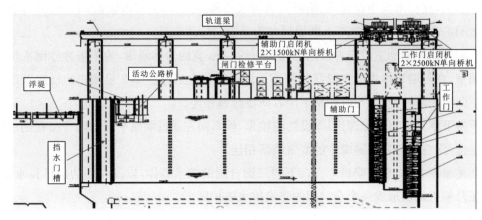

纵剖面图

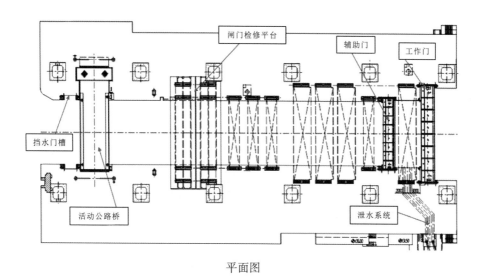

平面图

图 7.1.4　上闸首金属结构设备及其他附属设备与设施布置图

承船厢上闸首闸门启闭机运行机构通过电气控制实现同步运行。起升机构在电机出轴设工作制动器,在卷筒上设安全制动器,且均采用液压盘式制动器。

7.1.2.2　承船厢

(1)金属结构

承船厢由钢质槽形厢体和上下游两端闸门封闭形成,采用盛水结构与承载结构合为一体的自承式结构(图 7.1.5)。承船厢布置在船厢室内,外形长 132m,两端分别伸进上、下闸首 6.0m,承船厢标准横断面外形宽 23m、高 10m,承船厢结构、设备及厢内水体质量约 15500t,由相同质量的平衡重完全平衡。承船厢结构采用自承载式,即承船厢的盛水结构与承载结构焊接为一个整体。承船厢驱动系统和事故安全机构对称布置在承船厢两侧的 4 个侧翼结构上,侧翼结构顺水流向长 18.1m,垂直水流向宽 8.2m,伸入 4 个塔柱的凹槽内。4 套驱动机构通过机械轴连接,形成机械同步系统。安全机构的旋转螺杆通过机械传动轴与相邻的驱动系统连接,二者同步运行。驱动系统的齿条和安全机构的螺母柱通过二期埋件安装在塔柱凹槽的混凝土墙壁上,齿条和螺母柱距船厢室横向中心线尺寸分别为 29.6m 和 37.74m,螺母柱距船厢室纵向中心线 21.5m。承船厢两端设下沉式弧形闸门,闸门开启后卧于船厢底铺板下的门龛内,由两台液压油缸启闭。紧邻船厢门的内侧设有带液压缓冲的钢丝绳防撞装置,两根钢丝绳间距 120m,工作时钢丝绳横拦在闸门前,过船时钢丝绳由吊杆提起。承船厢两端分别布置一套间隙密封机构,承船厢与闸首对接时,U 形密封框从 U 形槽推出,形成密封区域。在承船厢两侧的主纵梁内反对称布置两套水深调节系统,二者同时运行并互为备用。4 套开合螺杆式对接锁定机构布置在安全机构旋转螺杆上方,通过与螺母柱的配合,在船厢与闸首对接期间将船厢沿竖向锁定。

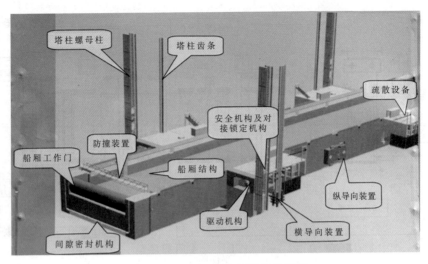

图 7.1.5 升船机承船厢结构示意图

承船厢上还设 4 套横导向装置和 2 套纵导向装置。横向导向装置布置在每套驱动机构的下方,除正常导向功能外,还用于承载横向地震耦合力。纵导向装置位于船厢中部,相对于船厢纵、横中心线对称布置。除用于船厢的纵向导向外,还用于对接期间的顶紧以及承担船厢的纵向地震载荷。

在承船厢两端的机舱内分别布置一套液压泵站,用于操作布置在船厢两端的间隙密封机构、防撞装置、船厢门启闭机及其锁锭以及船厢横导向装置的液压油缸。另外,在每个船厢驱动室内还分别布置一台液压泵站,用于驱动机构的液气弹簧以及船厢纵导向装置的操作。

承船厢上还有船厢泄水系统、上缓冲装置、疏散设备以及拍门等设备。承船厢上设置了必要的交通通道,运行维护人员可到达船厢上的主要设备区域。两根主纵梁的上翼板是船厢的主要交通通道,另外,还设可到达驱动室及电气室的楼梯,通过驱动室可进入主纵梁的内腔,并通过底铺板下的交通通道到达船厢头部的机舱。在承船厢升降中途遇事故紧急停机时,船只上的旅客自承船厢两侧的走道可通过布置在驱动室顶部的活动楼梯进入塔柱的疏散通道。

承平衡重系统共 16 套,对称布置在船厢室两侧,平衡重系统由平衡重组、滑轮组、钢丝绳、平衡链及其导向装置、钢丝绳调节组件、钢丝绳连接组件及滑轮组润滑系统、钢丝绳润滑系统等设备组成。左右岸船厢顶两个机房内各布置一台 630kN 双向桥机,用于平衡重系统以及船厢设备的安装与检修。

承船厢由 256 根直径为 74mm 的钢丝绳悬吊,钢丝绳分成 16 组对称布置在船厢两侧,钢丝绳的一端通过调节装置与船厢主纵梁外腹板上方的吊耳连接,另一端绕过塔柱顶部机房内的平衡滑轮后,与平衡重块连接。平衡重悬吊部分总质量为 15500t,平衡重块分成 16 组装设在船厢室两侧的 16 个平衡重井内。因钢丝绳悬吊长度变化造成的不平衡载荷通过悬挂在平衡重组下的平衡链予以补偿,平衡链的另一端绕过船厢室底部的导向装置后与船厢连接。16 组平衡滑轮组对称布置在两侧机房内,每组包括 8 片双槽滑轮,每片滑轮独立支承,滑轮直径 5m,滑轮中心线高程 199m。

(2)承船厢机械设备

承船厢的机械设备包括驱动机构、安全机构、纵导向及顶紧机构、横导向机构、对接锁定机构、防撞机构、船厢门及启闭机、间隙密封机构、充泄水系统、液压泵站等机械设备和电气控制设备,及其现地控制设备、消防系统、照明和暖通设备。

承船厢布置在船厢室内,外形长 132m,两端分别伸进上、下闸首 6m。承船厢标准横断面外形宽 23m、高 10m,承船厢结构、设备及厢内水体总质量约 15500t,由相同质量的平衡重完全平衡。承船厢结构采用自承载式,即承船厢的盛水结构与承载结构焊接为一个整体。承船厢驱动系统和事故安全机构对称布置在承船厢两侧的 4 个侧翼结构上,侧翼结构顺水流向长 18.1m,垂直水流向宽 8.2m,伸入 4 个塔柱的凹槽内。4 套驱动机构通过机械轴连接,形成机械同步系统。安全机构的旋转螺杆通过机械传动轴与相邻的驱动系统连接,二者同步运行。驱动系统的齿条和安全机构的螺母柱通过二期埋件安装在塔柱凹槽的混凝土墙壁上,齿条和螺母柱距船厢室横向中心线尺寸分别为 29.6m 和 37.74m,螺母柱距船厢室纵向中心线 21.5m。

承船厢 4 套驱动机构对称布置在承船厢两侧,由小齿轮托架结构、可伸缩万向联轴器、机械传动单元、同步轴系统,以及向安全驱动机构传递动力的锥齿轮箱和传动轴等组成(图 7.1.6)。

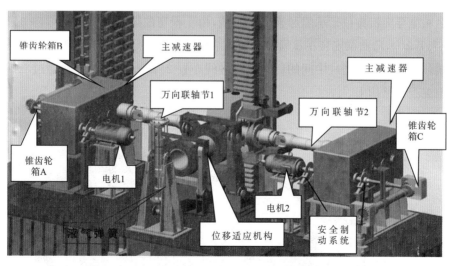

图 7.1.6　升船机驱动机构机械同步轴系统布置示意图

安全锁定机构共 4 套,对称布设在承船厢两侧,由锁定螺杆、铰接支柱及转向角齿轮箱与埋设在塔柱上的螺母柱组成(图 7.1.7)。

对接锁定装置为 4 套螺杆式锁定机构,安装在 4 套安全锁定机构旋转螺杆的正上方,螺杆由可开合的上、下两段锁定块构成,闭合后随安全机构螺杆旋转,张开后将承船厢锁定(图7.1.8)。

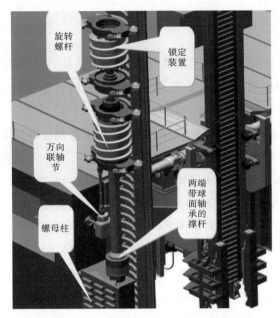
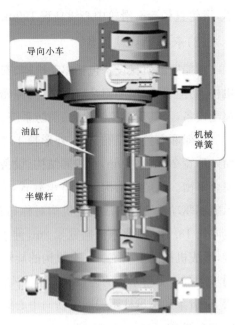

图7.1.7 升船机船厢安全锁定机构示意图   图7.1.8 升船机船厢对接锁定装置示意图

　　承船厢布设4套横导向机构,分别布置在每套驱动机构的下方,以齿条作导轨,承受承船厢的横向载荷,并引导承船厢沿着齿条的对称中心线垂直运行。每套导向机构分别由一个双活塞杆导向油缸和一个导向架组成(图7.1.9)。

　　承船厢纵导向机构位于承船厢横向中心线,由1根弯曲梁及2套双向导向—顶紧装置组成(图7.1.10),弯曲梁安装在承船厢底铺板结构下方,两套导向—顶紧装置分别设在弯曲梁的两端。对应在两个塔柱中间的剪力墙中轴线布置2条双向导轨,导轨通过二期埋件安装在一期混凝土结构上。

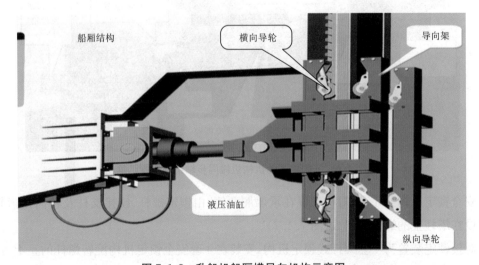

图7.1.9 升船机船厢横导向机构示意图

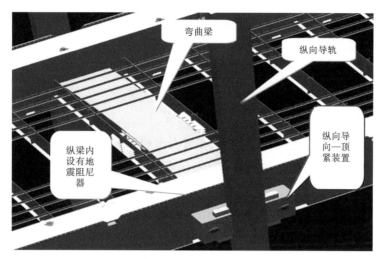

弯曲梁

纵向导轨

纵梁内设有地震阻尼器

纵向导向—顶紧装置

图 7.1.10　升船机船厢纵导向装置示意图

防撞装置布设在承船厢两端弧门形的前方，用于阻挡失速的船舶，避免船舶撞损闸门造成事故。防撞装置采用带液压缓冲的悬挂钢丝绳式，主要由钢丝绳、缓冲油缸、导向滑轮、带有人行道的钢桁架及其起升油缸组成。

承船厢两端布置间隙密封机构，用于连通航道与承船厢水域，由 U 形密封板及其导向支承滑块、驱动油缸、弹簧箱及止水橡皮等组成。在承船厢 U 形槽口端部设有拦污栅，以防止漂浮物进入水深调节系统。

承船厢由 3 条独立的 10kV 供电线路供电，在承船厢对应于 4 套驱动机构，设置 4 根馈电线，每一套驱动机构分别由一根馈电电缆供电，驱动电机电压等采用 400V、10kV/400V 干式变压器布置在船厢上。承船厢两端各装设一个相同的控制板，每个控制板上装有变流机和承船厢相关的按钮开关、信号灯、电流表、高压电压表、水位指示器及联锁开关等。承船厢上安装的故障信号设备，是一块发光的信号板，装在开关间内。

承船厢上还设有 4 套横导向装置和 2 套纵导向装置。横向导向装置布置在每套驱动机构的下方，除正常导向功能外，还用于承载横向地震耦合力。纵导向装置位于船厢中部，相对于船厢纵、横中心线对称布置。除用于承船厢的纵向导向外，还用于对接期间的顶紧以及承担承船厢的纵向地震载荷。

在承船厢两端的机舱内分别布置一套液压泵站，用于操作布置在承船厢两端的间隙密封机构、防撞装置、承船厢门启闭机及其锁锭以及承船厢横导向装置的液压油缸。另外，在每个承船厢驱动室分别布置一台液压泵站，用于驱动机构的液气弹簧以及承船厢纵导向装置的操作。

承船厢上还布置有承船厢泄水系统、上缓冲装置、疏散设备以及拍门等设备。承船厢上设置了必要的交通通道，运行维护人员可到达承船厢上的主要设备区域。两根主纵梁的上翼板是承船厢的主要交通通道，另外，还设有楼梯可到达驱动室及电气室，通过驱动室可进入主纵梁的内腔，并通过底铺板下的交通通道到达承船厢头部的机舱。在承船厢升降中途遇事故紧急停机时,船舶上的旅客自承船厢两侧的走道可通过布置在驱动室顶部的活动楼梯,进入塔柱的疏散通道。

(3)承船厢电气设备

1)承船厢供电、照明及接地系统

①承船厢供电设备

承船厢上设有 4 个 10/0.4kV 供电点,布置在承船厢上 1.1#、2.1#、3.1# 和 4.1# 电气设备室,承担船厢上设备的供电。所有 10/0.4kV 供电点的电源均引自升船机 10kV 供电系统。

承船厢上 4 个 10/0.4kV 供电点各设有 1 台变压器,从 10kV 供电系统各引接 1 回电源,经变压器降压后分别接至 4 段 0.4kV 母线。1.1# 和 3.1# 电气室的 10kV 电源引自北侧变电所,2.1# 和 4.1# 电气室的 10kV 电源引自南侧变电所。承船厢上每个电气室内各设有 2 套 0.4kV 开关柜,1 套主低压开关柜用于承船厢主驱动系统设备和其他设备供电,1 套安全环柜用于消防等安全设备。1# 和 4# 主驱动低压母线备自投,2# 和 3# 主驱动低压母线备自投,4 套安全环母线互为备用。

在承船厢的 4 个驱动单元各设置 1 个电源供电点,共 4 个电源供电点。每个驱动单元的供电点均采用电缆环来供电。因此,每个驱动单元供电点上的主要配电设备有 1 个电缆环、1 套中压开关柜、1 台变压器和 1 套主低压开关装置。主低压开关装置由进线断路器、与另一侧主低压开关装置互连的联络开关设备、安全开关装置的配电开关设备、应急照明装置配电开关设备,以及变电站配电箱的配电开关组成。

承船厢供电电压等级为 10kV。10kV 电源通过电缆环从 196m 高程处的中压开关柜引到船厢上的中压开关柜上。每个供电点设置一组 10kV 配电装置,配置 1 台 2000kVA 的 10kV/0.4kV 降压变压器,该变压器将电压降低后给主低压开关装置供电。主低压开关装置由进线断路器、邻近驱动单元主低压开关装置联络开关、承船厢驱动单元交流变频传动装置配电开关,以及承船厢其他电气设备配电开关组成。4 个驱动单元的主低压开关装置以同样的方式设置。如果需要的话,每条馈电电缆可以满足同时向两个驱动单元进行供电。

②承船厢照明设备

升船机承船厢照明系统由承船厢平台上的外部照明系统、承船厢房间和过道的照明装置以及承船厢紧急出口通道和工作场所安全照明系统组成。承船厢平台外部照明系统和安全照明系统由低压开关装置安全环供电;房间和过道照明装置由驱动装置配电箱供电。所有照明灯具的额定电压为交流 220V、额定频率为 50Hz。

普通照明灯具包含:36W 荧光灯(安装在主纵梁内);58W 荧光灯(安装在电气室、机械室、驱动区走道、底铺板下走道);4m 灯柱庭院灯(安装在驱动点处旅客疏散平台);6m 灯柱内 100W+250W 泛光灯(安装在主纵梁上盖板处旅客疏散走道);安全机构照明用 250W 泛光灯(安装在螺母柱处上下楼梯走道上)。除电气室内 58W 荧光灯采用开关照明外,其余普通照明灯具采用按钮控制。

消防应急照明包括照明应急灯、疏散指示灯、出口标志灯,均采用自带电源型灯具,并工作于热备模式。

③接地系统设备

在每个电缆环内将敷设接地电缆,以实现承船厢和船厢室段接地系统之间的接地连接。该接地电缆将连接到电缆槽附近的船厢室段内的一个固定接地点上,并连接到船厢室段的接地系统中。接地电缆型号为 Ölflex-FD 90,其横截面积为 50mm^2。电缆应符合 DIN 标准。

2)船厢驱动机构电气传动系统

升船机驱动系统是为升船机提升驱动的动力系统,在传动控制站控制下,传动装置供电交流电机旋转驱动四个驱动单元的小齿轮爬升齿条来提升承船厢。

升船机主传动系统为四单元八电机机械轴同步出力均衡交流变频调速系统,传动控制站将根据接收到的诸如上行、下行命令以及上/下行目标位、运行速度、水位偏差、给定上升/下降时间、承船厢的实际位置等初始状态信息,按照运行时序通过现场总线控制电气传动装置的运行,同时各传动设备将其运行参数和状态传递给传动控制站。传动系统运行操作分为三部分,遥控方式接受上位控制;现地操作接受布置在各个驱动单元互为冗余的 PLC 的图形操作面板;现地操作可以执行分系统运行和单设备的运行和检修。

主传动控制系统是由 8 个交流变频电机、8 套 400kW 交流变频传动装置和传动控制站 PLC 控制站组成,8 个 315kW 交流变频电机分别由 8 套 400kW 交流变频传动装置驱动,每一台交流变频电动机由一套交流变频传动装置供电。

3)通航信号和广播指挥系统

为了引导船舶安全、有序地进出升船机,设置通航信号系统。该系统包括通航交通信号灯(简称通航信号灯)和航道标志。语音广播系统用于指挥船舶进出升船机和宣讲通航知识、安全注意事项等。

①通航信号

通航信号灯包括 4 套通航指挥信号灯和 2 套远程信号灯。在上闸首右(南)侧的排架柱上布置 1 套下行通航信号灯,在下闸首左(北)侧的排架柱或专用灯柱上布置 1 套上行通航信号灯;在上厢头左(北)侧的专用灯柱上布置 1 套上行通航信号灯,在下厢头右(南)侧的专用灯柱上布置 1 套下行通航信号灯。上闸首检修平台上游侧布置 1 套远程信号灯,下闸首检修桥机轨道下游侧布置 1 套远程信号灯。每套通航信号灯均由红、绿两色灯(上红下绿)及其黑色背板组成,是流程控制的一个组成部分,且是"安全控制站"的监控对象,由相应的 UPS 供电。一旦供电电源出现故障,通航信号灯应自动转为红色,禁止通行,以保安全。两色灯的转换由集控站、流程控制站通过相应的现地控制站纳入程序控制,亦可在现地控制站进行切换,且现地控制优先。灯的燃亮与熄灭由专用的检测装置监测,检测信号传送至相应的现地控制站或 R-I/O 后,再通过网络传送至计算机监控系统和安全控制站。通航信号装置应根据升船机的运行流程操作控制。通航信号装置的运行操作可通过计算机监控系统远程控制、上下厢头走道控制台控制和驱动装置操作面板控制,以及机房移动操作面板现地操作控制。通航信号装置信号状态应接入监控系统和安全控制系统。监控系统和安全控制系统同时使用的信号应采用独立电路相互隔离。

在上、下闸首的左右两侧的排架柱上,设置长条形、竖装的白色信号灯,作为升船机航道宽度的标志。

②广播系统设备

升船机配置一套广播设备,包括:音源设备:有线话筒、无线话筒、录音机、激光唱机(CD)等;中间设备:调音台、均衡器、分区控制器等;终端设备:功率放大器(双主机互备工作)、扬声器等;广播多媒体站:包括硬件和软件等;广播指挥系统所需的所有控制、电源、传输电缆、安装附件等设备。

广播系统扩音主机、调音台、信号处理设备等布置在承重塔柱的 196m(+32 层)高程的集中电气设备室内,有线话筒和无线话筒布置在集中控制台上。升船机集中控制室内设备,如调音台、信号处理设备、功率放大器等设备根据信号传输规律,由低至高依次排列分开布置。电源设备单独设柜并远离低电平信号处理设备布置。设置输入转换插口装置以连接所有的输入音源,设置输出控制盘以分路控制各分区扬声器系统。

4)图像监控系统

升船机设置一套图像监控系统,用于监视升船机的运行状况和船舶过闸状况。升船机图像监控系统视频图像信号将采用模拟制式,远程图像传输采用数字通信方式,并以通航调度和现场运行监视为主、安全防范监视为辅。系统主要由主控中心、液晶拼接显示屏、分控终端、前端设备及传输线路等组成。在升船机船厢室段 196m 高程电气设备室布置主控设备、液晶拼接显示屏、后端光端机、视频配线柜及网络设备等。在升船机安全保卫部门布置分控设备。在距离较远、前端设备较为集中的部位布置前端光端机、光纤分配盒等。前端设备共 49 套,其中枪室摄像机 32 套,球形摄像机 11 套,电梯摄像机 6 台。

5)船厢火灾报警系统

船厢火灾报警系统设备包括船厢上的各类火灾报警探测器、手报及声光报警器及消防广播等布置在船厢上的火灾自动报警及联动系统设备。

6)通信系统设备

通信系统主要由程控交换系统和光纤通信系统组成。

①程控交换系统

在升船机设置一台容量为 256 门的程控交换机和 2 个 64 键的调度台,以满足上闸首、船厢室段、下闸首及承船厢等部位的生产调度和生产管理的需要。该程控交换机通过 SDH 光纤通信线路与三峡船闸程控交换机之间建立 2M 中继联系,并在升船机与三峡船闸之间敷设 1 根 50 对的铠装通信电缆用于交换机同时向对端放备用电话。

②光纤通信系统

在升船机和船闸分别设置 1 套 155M 的 SDH 光纤通信设备,船闸侧光纤通信设备将采用 2M 接口与现有 SDH 光纤通信设备之间建立联系。另外在升船机和船闸分别配置 1 套 PCM 数字复接设备。在船闸之间敷设 2 根 16 芯的铠装通信光缆,开通升船机与船闸之间的光纤通信。光缆除通信系统使用外,还将提供升船机的图像监控系统和计算机监控系统等光纤需求。

③通信电源及其他

通信设备采用 1 台容量为 4×30A 高频开关通信电源供电,配置 2 组 200A·h 免维护蓄电池。系统配线和配纤分别采用 1 台 600 回线的音频配线柜和 1 台光纤/数字综合配线柜。

6)计算机监控系统

升船机计算机监控系统采用两层集散分布式结构,由集控站(上位机)、现地控制站(下位机)、安全控制系统和网络设备四部分组成。

①集控站

集控站由 2 台冗余配置的操作员工作站、1 台工程师站、2 台 I/O 服务器、2 台数据存储服务器、1 台对外通信服务器、1 台多媒体工作站、1 面大屏幕显示屏以及快速以太网交换机及其网络组件、打印机等组成。

②现地控制站

现地控制站共有 7 个,分别是流程控制站、上闸首控制站、承船厢传动控制站、承船厢上厢头控制站、承船厢下厢头控制站、下闸首控制站和变电控制站。流程控制站布置在集中控制室内,对升船机整体运行进行"自动程序"和"手动分步"流程控制,对上闸首、承船厢和下闸首各控制站之间的动作步序的闭锁条件进行判断,实施对上闸首、承船厢和下闸首各机构的顺序动作流程控制。上闸首控制站由机房站、卧倒门子站、活动桥子站和泄水子站共 4 个站组成。机房站布置整个控制系统的主站,控制机房站相应设备。卧倒门子站控制上闸首卧倒小门的开启和关闭。活动桥子站控制活动桥的开启和关闭。泄水子站控制泄水阀的开启和关闭。承船厢传动控制站设备布置在承船厢 4 个驱动点 2 号电气设备室内。上厢头控制站布置在承船厢上游端各机构及其附属部件,控制对象主要包括上厢头船厢门及其锁定装置、防撞装置、间隙密封机构、承船厢水位、间隙水位、承船厢水深调节及间隙充/泄水系统、上厢头通航信号灯等。下厢头控制站完成布置在承船厢下游端各机构及其附属部件的控制与监测,控制对象主要包括下厢头承船厢门及其锁定装置、防撞装置、间隙密封机构、承船厢水位、间隙水位、承船厢水深调节及间隙充/泄水系统、下厢头通航信号灯等。下闸首控制站由下闸首工作门左、右侧子站和卧倒门子站共 3 个站组成。下闸首工作门左、右侧子站控制下闸首工作大门提门和落门。卧倒门子站控制下闸首卧倒小门的开启和关闭。变电控制站主要完成变电所中、低压开关装置、主要照明设备的操作运行控制,由 1 个控制柜和若干个端子箱组成,布置在变电所和塔柱相应部位。

③安全控制系统

安全控制系统设备由安全控制 PLC 和相应远程 I/O 以及安全网络组成。安全控制系统还配置紧急停机和紧急关门按钮,当出现危急升船机运行安全状况时,可停止升船机运行和应急关闭上下闸卧倒小门及承船厢门。安全控制 PLC 布置在集中控制室安全控制控制柜中。各远程 I/O 分别布置在各现地控制站控制柜中。紧急关门按钮共设置 8 套,分别布置在中央控制室内的控制台、上下闸首控制站和上下厢头控制站及其走道控制台。

安全控制系统通过远程 I/O 接收和转发安全控制信号。安全控制 PLC 和 I/O 站之间由光纤环路连接起来,并借助于 Profisafe 进行通信。通信速率不小于 12Mbps。安全控制站与计算机监控系统之间通过双环快速光纤以太网连接,进行数据交换。

④升船机计算机监控系统网络

升船机计算机监控系统网络分为二层:第一层为上层管理网,采用快速以太单网结构,构建了集控站各计算机节点之间的网络连接,实现集控站各计算机彼此间的数据交换和资源共享。上层管理网采用国际工业标准通信协议 TCP/IP 规约,传输速率≥1000Mbps。第二层为级间控制网,采用快速光纤以太双环网结构构建了集控站与现地控制站,以及安全控制站之间的连接,实现集控站(上位机)与现地控制站(下位机)和"安全控制站"之间的数据交换和资源共享。级间控制网采用国际工业标准通信协议 TCP/IP 规约,传输速率≥1000Mbps。

⑤升船机运行检测装置

升船机运行检测装置包括水位/水深测量、行程位移和开度测量、位置测量、船厢对接状态测量、监护检测等。

(4)承船厢公用系统设备

1)承船厢通风及空调设备

①承船厢通风设备

为减低承船厢驱动装置室温度,4 个承船厢驱动装置室分别设置一套独立的通风。通风系统采用机械送风系统,由安装在屋顶的风机送风,空气经过纤维织物空气分布系统送至承船厢驱动装置室,室外空气对驱动装置降温后,由承船厢和驱动装置之间排出。送风机采用屋顶离心式风机,单台风量:28000m³/h,风压:250Pa;由于驱动装置采用可拆卸屋顶进行检修,通风系统必须便于拆卸,因此风管系统采用纤维织物空气分布系统,系统采用喷射渗透式双排钢索悬挂。

②承船厢空调设备

在承船厢 4 个驱动装置室分别设置一套分体多联空调机组为驱动装置室的电气设备房间降温。每套分体多联机组制冷量:40kW,室外机设置于承船厢驱动室的顶部,室内机共 5 台,制冷量分别为 2×2.8kW,2×10kW,13.6kW;驱动装置室下部的电气房间设置一拖一分体空调降温,空调制冷量为 9kW,室外机置于液压机房下方。

2)承船厢消防设备

承船厢消防设备主要包括:带灭火箱组合式消防柜、消防水泵、固定式水成膜泡沫灭火装置、手提式干粉(磷酸铵盐)灭火器等。

在承船厢左、右两侧走道上各安装 4 个带灭火箱组合式消防柜和 4 个固定式水成膜泡沫灭火装置,每只水枪喷水量约 5L/s,每个固定式水成膜泡沫灭火装置喷泡沫量约为 0.7L/s。在承船厢的驱动机构室、水泵房、液压泵站、电气设备室、操作控制室等房间各设置 1 个灭火器箱,每个灭火器箱内设置 2 只手提式 ABC 干粉(磷酸铵盐)灭火器,其中操作控制室内还设置七氟丙烷无管网灭火装置;电缆穿越墙体、楼板和配电盘的孔洞处均用防火堵料封堵;以上各房间均设置乙级防火门、防火窗。在船厢底铺板下部腔体靠外侧布置 1 根 DN400 环状消防干管和 1 根 DN100 环状消防供水管,另在船厢底铺板下部腔体左、右两侧相邻的梁上各安装 1 台 $Q=1650m^3/h$ 的消防水泵(共 2 台、1 用 1 备),将船厢水加压后送入 DN100 环状消防供水管,DN100 消防供水管给设在船厢走道上的消火栓及水成膜泡沫灭火装置供水。

7.1.2.3 船厢室(塔柱及其顶部机房)

(1)金属结构

船厢室金属结构及设备布置见图 7.1.11。

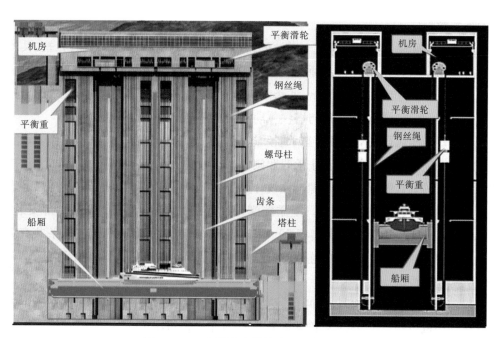

图 7.1.11 船厢室金属结构及设备布置图

1)平衡重导轨及承船厢纵向导轨

升船机平衡重导轨共有 16 套,为二期埋件,布置在每个平衡重井内。每套导轨由两条导轨组成,分别装设在每个平衡重井两端的横墙墙壁上。两条导轨的结构类型不同,其中一条横截面呈"工"字形,含有横向、纵向两种导轨面;另一条横截面呈"T"形,仅有横向导轨面。导轨中心线距船厢室纵向中心线 15600mm,导轨顶部高程 192.6m,底部高程 60m。除

"工"字形轨道上下两节单根长3.9m外,其余轨道单根长均为7.8m,轨道单套质量为3.008t至6.01t不等。其中"T"形有272根,"工"字形有288根。

承船厢纵向导轨位于7号轴承重墙的端部,共2套,单套质量约为30.58t,每套包括2条导轨,分别装设在位于两侧承重结构中部的连续牛腿上,导轨为带焊钉的导轨板。每套导轨各有两个与水流方向垂直的导轨面,两导轨面之间距离2.75m。导轨底部高程52.6m,顶部高程173.5m,总高度120.9m。

2)齿条及螺母柱二期埋件

齿条二期埋件共4套,对称布置在4个塔柱电梯井靠航槽一侧凹槽的垂直壁面上,距船厢室横向中心线29600mm。埋件顶部高程178.945m,底部高程51.45m,安装高度为127.495m。

螺母柱二期埋件共4套,对称布置在4个塔柱的凹槽内的垂直壁面上,距船厢室横向中心线(7轴)37740mm,距纵向中心线(F轴)21500mm,在塔柱高度方向连续布置。螺母柱二期埋件为工字钢构件,其分段长度为4.95m,腹板高1.0m,节间采用高强螺杆连接。螺母柱二期埋件上游安装高程57.23~185.85m,下游安装高程57.455~186.075m,安装高度约为128.62m,每套包括26节。

3)齿条螺母柱

齿条是承船厢驱动机构向混凝土塔柱的传力构件,同时兼作船厢的横向导轨,共4套,分别布置在4个塔柱电梯井段的垂直壁面上,其底部安装高程为51.5m,顶部安装高程176.615m,安装总高度为125.115m,每套齿条包括26节齿条组件。通过高强螺栓与齿条二期埋件连接,并通过预应力钢筋与塔柱一期混凝土连接。

螺母柱是船厢运行安全构件。当承船厢运行发生故障时,驱动机构停止工作,承船厢通过螺杆螺母副锁定在任意高度,防止承船厢倾覆。螺母柱共4套,分别布置在4个塔柱电缆井和平衡重井的垂直壁面上,每个螺母柱设计成上、下游对称的两片,相互有几何尺寸联系。两条柱体对称布置、必须成对安装。上游侧螺母柱底部安装高程59.665m,顶部安装高程184.85m;下游侧螺母柱底部安装高程59.890m,顶部安装高程185.075m。每条共有26节螺母柱,通过高强螺栓与二期埋件连接,并通过预应力钢筋与塔柱一期混凝土连接。

4)机房检修桥机

高程196m机房内检修桥机共两台,安装在左右岸两个滑轮机房内高程208.6m的轨道梁上。检修桥机主钩容量630kN,副钩容量2×160kN,桥机跨度18m,起升高度158m。桥机主要由小车、桥架、小车供电装置、大车行走机构、大车供电装置、大车轨道装置、电动葫芦装置及附件等设备组成,单台桥机总质量92.651t,两台桥机总质量185.402t。

(2)塔柱内供电、照明及接地系统

升船机塔柱内供电、照明及接地工作范围主要包括三峡升船机船厢室段和上、下闸首供电系统(10kV系统、0.4kV系统及其控制、保护、测量等二次系统)、动力分电箱及照明分电箱、电缆桥架、照明系统、直流电源及EPS系统电气设备设施的运输、安装、电气连接、调试、试验,电缆、电线的敷设、电缆头的制作和与电气设备的连接工作;船厢室段和上、下闸首接地系统的安装和调试;坛子岭变电所和左岸电厂至升船机变电所 10kV 电缆、光缆的敷设、电缆头的制作、与电气设备的连接(含光纤熔接)工作及相关电缆路径部分新增电缆桥架的安装。

1)直流电源

包括 1 号电池柜、1 号充电柜、2 号充电柜、2 号电池柜,布置在升船机北侧高程 196m 2 号变电所,提供经常负荷电流作为升船机高程 196m 南侧(1 号)、北侧(2 号)变电所 10kV 开关柜、0.4kV 开关柜的操作、控制电源。

2)变电所 10kV 开关柜

升船机北侧高程 196m 变电所布置 10 面 10kV 开关柜,南侧高程 196m 变电所布置 13 面 10kV 开关柜,分别从坛子岭变电所接入 2 回 10kV 进线、从左岸电厂接入 1 回 10kV 进线,通过负荷开关为变压器一次侧提供 10kV 电源。

3)变电所 10kV 干式变压器

升船机北侧高程 196m 变电所布置 2 台干式变压器 501B、504B,升船机南侧高程 196m 变电所布置 2 台干式变压器 502B、503B。

4)变电所 0.4kV 开关柜及母线槽

升船机南、北侧高程 196m 变电所各布置 9 面 0.4kV 开关柜及 1 套柜间母线槽。

5)EPS 系统

EPS 应急电源系统布置在升船机南侧高程 196m1 号变电所,包括 1 面主机柜、1 面电池柜、1 面馈线柜。EPS 应急电源系统的蓄电池组通过逆变器向事故照明设备供电。

6)电缆桥架及附件

电缆桥架安装内容包括:升船机船厢室段和上、下闸首内的所有电缆桥架及防火隔板的安装;坛子岭变电所、左岸电厂至升船机变电所 10kV 电缆相关电缆路径部分新增电缆桥架及防火隔板的安装;上、下闸首启闭机及泄水系统新增电缆桥架安装。

7)0.4kV 动力检修和照明分电箱

0.4kV 动力检修和照明分电箱安装内容包括:上、下闸首及机房桥机供电分电箱;船厢室段高程 84.5m 检修分电箱;电梯机房供电分电箱;船厢室段高程 196m 空调供电分电箱;布置在电气设备室、会商室、走道、上闸首排架柱、下闸首启闭机房等处的工作照明分电箱及事故照明分电箱。

8)电缆、电线及光缆

电缆、电线及光缆安装内容包括:升船机船厢室段内的 10kV 电缆(不含变电所至船厢上的 4 根软电缆)、0.4kV 电缆电线、控制电缆的装卸、运输、敷设和连接、现场试验;坛子岭变电所和左岸电厂 3G 供电点至升船机变电所 10kV 电缆、光缆的敷设、连接(含光纤熔接)及现场试验;所有盘、柜、箱及电缆竖井内的孔、洞封堵及所有电缆通道的防火隔断。目前,船厢室段防火封堵尚未完成,正在按照施工进度有序安排施工。

9)照明系统

照明系统安装内容为所有管(线槽)线的敷设;照明灯具(含安装附件等)的安装;照明控制系统的安装;现地照明控制开关、插座的安装;所有照明设备的电气连接、调试及试验等。

10)接地系统

接地系统为升船机船厢室段、上下闸首建筑物内的所有需接地的电气设备及其设备外壳和基础构件提供工作接地和保护接地,主要包括:高程196m变电所及电气设备室接地干线敷设;高程192.5m电缆通道、4个筒体电缆竖井、上下闸首、高程50m南北连接的电缆通道、高程180m上闸首至大坝的电缆廊道、至坛子岭变电所、泄水系统等电缆桥架安装的明敷接地干线的敷设;屋顶女儿墙栏杆的明敷防雷接地干线的敷设;润滑系统设备接地线敷设。

(3) 通风、空调、给水、排水系统

1)通风系统

在升船机左、右两侧塔柱⑤轴线及⑨轴线旁各设有一个防烟竖井,共4个。在112m层4个防烟竖井附近各设有一个风机房,每个风机房内布置1台防烟轴流风机($G=30000\text{m}^3/\text{h}$,$H=350\text{Pa}$);通过风管送入各层楼梯间及前室,风管与竖井相接处设置常开的自动复位防火阀(DC24V)共172个。中控室等房间同时设置送、排风机进行通风,共2台,单台风机风量:$4200\text{m}^3/\text{h}$,风压:220Pa。

升船机卫生间设置排风机进行排风,91m层、196m层左、右二侧卫生间共设置4台管道式风机($G=2200\text{m}^3/\text{h}$,$H=180\text{Pa}$);84.5m层左、右二侧污水处理装置室安装排气扇进行通风换气,共2台($G=220\text{m}^3/\text{h}$,$H=50\text{Pa}$);192.5m层电气房间、电缆廊道等部位均单独设置排风机($G=5000\text{m}^3/\text{h}$,$H=300\text{Pa}$)进行排风,共4台;蓄电池室设置防腐防爆风机($G=3200\text{m}^3/\text{h}$,$H=250\text{Pa}$)进行排风,共1台。

每个滑轮室上部设置6台屋顶风机($G=22000\text{m}^3/\text{h}$,$H=250\text{Pa}$)对滑轮室进行排风,共12台。196m层新增的电气设备室、中控室、参观室、会商室及卫生间设置新风风管、4台轴流风机。

2)空调系统

升船机船厢段中央控制室设分体多联机空调机组及新风系统;电气设备室、变电所、蓄电池室等房间设置小型分体多联机组及分体热泵式空调机。中控室设分体多联机空调机组1套,室外机制冷量85kW,制热量90kW,室外机设置于屋顶,室内机共12台,单台制冷量7kW,制热量8kW;蓄电池室、电梯机房等部位各布置1台分体热泵式空调机,共6台,单台制冷量5kW,制热量:6kW。2个变电所各设1套分体多联机空调机组,每套室外机制冷量20kW,制热量22kW,室内机3台,单台制冷量7kW,制热量8kW,室外机设置于屋顶。

3)升船机建筑给水、排水工程

主要包括、塔柱内卫生间排水设施、参观平台、顶部机房和中控室屋面排水。其中,生活给水系统,根据塔柱内各房间及机电设备的布置,在塔柱高程196m层及高程91m层左、右侧均设男、女卫生间,卫生间内布置各类卫生洁具。上述所有卫生间生活给水均通过 DN40 管道各自就近从消防给水管网上引至。生活排水系统,在塔柱左、右侧卫生间正下方高程 84.5m 层均设有污水处理设备室,共 2 处,每处污水处理设备室内布置 1 套 MDS-0.5 污水处理设备,共 2 套,分别负责处理其正上方高程 196m 层及高程 91m 层卫生间排出的污水,处理后的污水排入升船机下游引航道。

4)渗漏水排水系统

渗漏水排水系统布置于升船机下闸首右侧渗漏排水系统泵房(地面高程 77m)及集水井(底部高程 40m)中的 3 台套潜水排污泵及其附件(水泵、自动耦合装置(含导杆)、出水弯管、法兰、连接软管、机座预埋件、螺栓、支架、潜水电缆)、控制设备等的安装、调试、现场试验等。升船机下闸首高程 52m 电缆廊道增设检修阀门室阀门及其附件等。

(4)机电一期埋件

1)暖通空调、消防及生活给排水一期埋件

暖通空调、消防及生活排水一期埋件包含暖通空调系统埋件、生活给排水系统埋件和消防消火栓系统埋件。

2)电气系统一期埋件

电气系统一期埋件主要包括供电系统设备埋件、照明系统设备埋件、接地系统设备埋件、电力拖动及控制、通信、图像监控系统设备埋件。

7.1.2.4 下闸首

下闸首顺水流方向长 37.15m,垂直水流方向宽 59.6m(在挡水门槽右侧门库部位局部另加宽 4.2m),中间航槽宽 18m,建基面高程 47.5m,工作门槽部位局部下挖至高程 41.5m;集水井部位局部下挖至高程 38.5m,航槽底高程为 58m,航槽两侧边墩闸面高程为 84.5m。下闸首采用分离式结构,底板顺水流向设 2 条永久结构缝(纵缝),将两侧边墩与中间航槽底板结构分开,左、中、右三个独立结构的宽度分别为 21.8m、16m 和 21.8m。两侧边墩垂直水流方向各设 1 条键槽施工缝,上游块长 18.15m,下游块长 19.0m;中间底板块设 1 条 1.5m 的宽槽,上游块长 14.1m,上游块长 10m。下闸首设备及结构图见图 7.1.12。

下闸首工作门布置在下闸首的上游端,采用带卧倒小门的下沉式平板门,为适应下游水位变率快的"带压调位、充气止水、分级锁定"的特大型双扉平板闸门。检修门布置在下闸首的下游端,由 8 节 3.25m 高叠梁组成,检修门也是下闸首的挡水门。工作门槽的平面尺寸为 4.8m×29.4m,检修门槽的平面尺寸为 3.0m×19.6m,另右侧边墩并排布置 2 个堆放检修叠梁门的门库,单个门库平面尺寸为 3.5m×20.0m,门库底高程为 70m。工作门由 2×7000kN 液压启闭机操作,相应在闸面布置排架支撑,4 根排架柱为 2.0m×3.0m,柱顶高程 101.20m。检修门的叠梁由一台 2×800kN 双向桥式启闭机操作,相应设 6 根排架柱,截面尺寸为 2.0m×2.0m,柱顶高程 95.22m。另水位计井布置在左边墩。

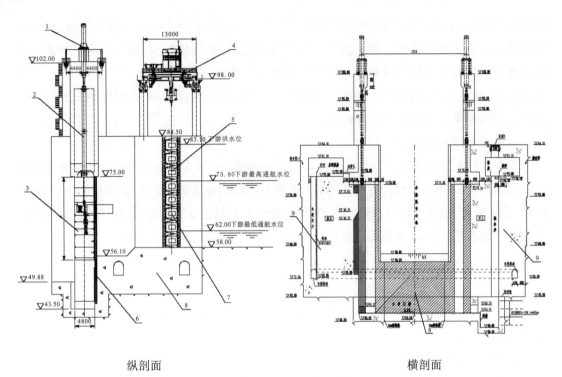

纵剖面   横剖面

1—液压启闭机;2—吊杆装置;3—工作大门;4—2×800kN 双向桥机;5—检修叠梁门;6—工作门槽埋件;
7—检修门槽埋件;8—下闸首底板;9—下闸首边墩

图 7.1.12　下闸首设备及结构布置示意图

下闸首左、右边墩闸面下高程 77m 布置了启闭机房,平面尺寸为 5.5m×9.0m,净空为 4.5m,顶板厚 3m;启闭机房中的电缆竖井至高程 52m 的电缆廊道。

集水井、抽水泵房布置在右边墩,集水井与工作门槽相连。泄水阀门室结合电缆廊道布置,底高程 52m,顶部设进水口,通过管道连接和阀门控制,检修时可排干工作门和检修门之间的水体流入集水井抽排。基础廊道高程 52m,左侧与山体排水洞相连,右侧与岩体隔墩的防渗帷幕相连,构成升船机封闭的防渗排水系统的下游防线。

下闸首闸门启闭机运行机构通过电气控制实现同步运行。起升机构在电机出轴设工作制动器,在卷筒上设安全制动器,且均采用液压盘式制动器。

7.2　升船机上闸首地基深层抗滑稳定

7.2.1　上闸首结构布置及地基工程地质条件

7.2.1.1　上闸首结构布置

上闸首兼有挡水坝段及升船机闸首双重功能,在正常运行工况下须适应枢纽 30m 的水位变化。根据设备布置及闸首稳定的要求,上闸首顺水流向在建基面总长 125m,由于闸首底板预应力布置的需要,混凝土结构在高程 130.4m 以上向上游悬挑 5m,总长 130m。垂直水流方向总宽 62m,其中航槽宽 18m,航槽两侧边墩第一段宽 22m,第二、三、四段宽 19m。

上闸首顶面高程 185m,按岩基可利用高程及建筑物布置要求,上游 80.9m 长建基面高程为 95m,左侧以 1∶0.3 岩坡在高程 112m 与左非 7 号坝段建基面相连,右侧在高程 95m 以 1∶0.6 岩坡在高程 79.5m 与左非 8 号坝段的建基面相接,下游按 1∶0.3 的坡比深切开挖至高程 48m。航槽底坎高程按最低通航水位 145m 确定为 141m。上闸首按水流方向自上而下分别设有挡水门、辅助门和工作门。工作门槽设在航槽尾部,门槽长 27.8m,宽 4.8m;挡水门槽、辅助门槽长 20.6m,宽 4m。工作门由一扇高 17m 并带有卧倒式过船小门的平板闸门和 7 节高 3.75m 的叠梁组成。为了降低工作门与叠梁的水压力,减小高水头大跨度闸门与门槽埋件设计的难度,工作门与叠梁的止水均布置在上游侧,左右两侧的止水间距 19m,下游侧的支承跨度 26.8m。辅助门由 1 扇高度 12.5m 的平板门和 8 节高 3.5m 的叠梁组成,辅助门与工作门相距 8m。工作门和辅助门的设计水位为 175m,挡水门的校核水位为 180.4m,升船机投入运行前由挡水门挡水。工作门和辅助门(挡水门)由 2 台设于闸首顶部排架上的 2×2500kN 和 2×2000kN 的桥式启闭机分别操作。

上闸首高程 185m 的闸面,在左、右侧顺水流方向各布置 6 个正方形空心排架柱,高 31m,为挡水门、辅助门和工作门的桥式启闭机的支撑结构,在距闸首上游面 12.45m 处,设横跨航槽、连接左右岸交通的单悬臂钢结构活动公路桥,桥面宽度为 9m,在活动公路桥的下游设闸门的检修平台,顺水流长约 16m,检修平台顶面高程为 195.5m。

闸首基础设防渗帷幕和基础排水孔幕,基础廊道距上游面 6m,与左右侧非溢流坝相应的廊道连通。另外,在闸首高程 130m、160m 还设排水廊道及交通、管线廊道等设施。

上闸首的辅助门和工作门、桥式启闭机及排架柱、活动公路桥属于续建工程范围。

7.2.1.2 上闸首地基工程地质条件

(1)上闸首建基面形态

升船机轴线方向为 123.5°,与大坝轴线成 80°交角。上闸首建基面宽 62m,顺水流方向长 125m,其建基断面呈阶梯状:上游部分为高程 95m 平台,顺水流向长 80.9m。下游部分为高程 48m 基岩槽底,顺水流向长 35m,二者以 1∶0.3 陡坡相接;高程 95m 平台上游与高程 130m 上引航道底板相接;左侧与左非 7 号坝块相接,右侧与左非 8 号坝块相接。上闸首段开挖深一般为 80~107m。

(2)上闸首地基岩性及水文地质条件

1)岩性

主要为灰白色闪云斜长花岗岩,中、粗粒结构,其间穿插辉绿岩脉、闪斜煌斑岩脉。辉绿岩脉出露于上闸首上游壁 f23 断层带的两侧,并与其近垂直,闪斜煌斑岩脉沿 F23 断层及其两侧分布。

2)断裂构造

上闸首建基面断层较发育,共发现大小断层 14 条。断层的出露部位与前期勘察推测出露位置基本吻合,f23 与 f215 断层交于上闸首的右 1 块部位,断层按走向及工程地质特征划分为 NNW、NEE 向两组。NNW 组的走向 340°～350°,倾 SW 为主,倾角 63°～80°,主要断层有 f23,其断层面大部分平直稍粗,断层带宽度稳定,构造岩胶结相对较好,多呈半坚硬至坚硬状,主断带中糜棱岩局部性状较差;NEE 组的走向 60°～73°,倾向 NW,倾角 70°～84°,断面大部分波状起伏,断层带宽度变化大,构造岩胶结较差,风化加剧现象严重,岩质多呈半疏松状,主要断层有 f215、f603、f548 等。主要断层特征统计见表 7.2.1。

表 7.2.1　　　　　　　　上闸首建基面缓倾角裂隙长度统计表

长度范围(m)	2～5	5～10	10～15	15～20	＞20
条数	45	24	8	3	2
比例(%)	54.9	29.3	9.8	3.6	2.1

上闸首建基面共测得裂隙 633 条,以陡倾角裂隙为主,占总数的 72.5%;缓倾角裂隙(小于 35°)82 条,仅占总数的 13%。中陡倾角裂隙按走向以 NNW、NEE 及 TNE 三组为主。其中与轴线夹角小于 10°的裂隙仅占裂隙总数的 6%,长度为 5～15m。缓倾角裂隙主要发育方向为 NNE 向,走向 25°～35°,倾向 SE,倾角 25°～32°,充填绿帘石膜厚 1mm 左右。单条缓倾角裂隙最长为 37.6m。

3)岩体风化与岩体质量

上闸首建基岩体主要为微新岩体,岩石新鲜、坚硬,仅沿 NEE 向断层组及其两侧有风化加剧岩体(呈弱风化状)。建基岩体以优良质岩体为主,其中优质岩体占 85.8%,良质岩体占 7.9%,中等质量岩体占 2.2%,中等质量以下岩体占 4.1%。

4)水文地质

上闸首建基岩体为微新岩体,原始状态下岩体透水性较弱,但因受多面爆破松动、卸荷,使邻近边坡及表层的部分岩体松弛,增大了裂隙网络的渗透性。

前期勘察表明:f23 断层带下盘岩体基本不透水,上盘岩体中 52 段压水试验中有 14 段较严重或严重透水,占总段数的 27%,断层本身 54 段压水仅 2 段为较严重透水,占总段数的 3.7%。据升船机右侧左非 8 号坝段与临时船闸改建冲沙闸坝段编录资料,高程 63m 以上 f23、f215 断层见多处流量不等(0.01～4L/min)的出水点,对降水补给的反应明显;2871～2876 孔压水资料高程 46～43m f23 及 f215 断层主断带的 ω 值为 0.01L/(min · m · m),是邻近围岩的 1.7～2.95 倍;原 265 孔辉绿岩脉岩体破碎,也是渗透性较强地段。f548 断层带内构造岩呈潮湿状,其中软弱物质中的含水量为 23.8%。

(3)上闸首地基主要工程地质问题

1)上闸首地基开挖形态复杂,建基面开挖成下游侧及右侧的双向陡坡,其下游侧临空陡坡高达 47m,其内倾向下游的缓倾角结构面发育,存在抗滑稳定问题。

2)上闸首地基岩体内存在多组不利于稳定的断层(如 f23、f215 断层)及节理裂隙,并有软弱结构面,存在变形问题,破坏了上闸首地基结构的完整性,使刚体极限平衡假定受到不同程度的削弱,抗滑稳定条件较为复杂。

3)f23、f215 断层带透水性强,断层内有较严重透水带分布,上闸首地基存在渗漏问题,闸基长期渗漏,将降低岩石及结构面的力学指标或减少其形状。

4)上闸首下游地基开挖深达百米以上,该区域的地应力水平较高,受开挖卸荷及爆破振动的影响,地基岩体质量、岩石及结构面的抗滑性能将进一步下降。

7.2.2　上闸首整体抗滑稳定分析及其工程处理措施

7.2.2.1　上闸首整体抗滑稳定分析

升船机上闸首的工程地质条件和建基面的开挖形状均较复杂,深层抗滑稳定备受各方关注,是三峡工程中关键性的技术问题之一。长江委在以往大量的勘测工作基础上,在升船机的开挖过程中,针对升船机左移线路后实际揭露的地质条件,分析了各种可能的滑移路径,于 1996 年 9 月提出了《三峡工程升船机上闸首抗滑稳定及变形问题地质专题报告》,并通过专家组审查,从而为结构设计提供了依据。

上闸首整体抗滑稳定计算采用刚体极限平衡法,辅以有限元数值分析法。稳定安全判据采用与刚体极限平衡法相配套的抗滑稳定安全系数,根据《混凝土重力坝设计规范》及专家组的审查意见,抗滑稳定计算的安全系数需满足:基本组合条件下的确定性模型≥3.0,校核组合条件下的确定性模型≥2.5,对于假定的极端性的模型≥2.3。

(1)上闸首地基岩体边界切割条件

因 f23 断层斜切升船机上闸首右上角,f215 断层基本平行并接近挡水前缘,且倾向上游,倾角 72°～80°,部分地段接近直立,主断面处构造为疏松至半疏松状,透水性较好,f23 与f215 共同组成基岩上游竖向切割面,或称上游边界。

根据对地质资料的分析,上闸首基岩左右侧无顺水流方向长大陡倾角断层与裂隙,因此存在有效的岩体侧向约束,但对于浅层滑动楔体,由于约束面积不大,易受随机分布的短小节理裂隙切割。同时,在高程 48m 平台下游一定范围内也未发现明确的滑出面。考虑计算的难度,并为安全起见,对上述模型进行稳定分析时,不计入上闸首基岩左右侧岩体的约束作用,并按一定的模式假定在高程 48m 平台下游一定范围内存在滑出面。

(2)上闸首地基深层滑动的地质条件

根据升船机上闸首地质剖面资料及有关勘探成果,从地质角度将沿基岩的不利结构面滑动概化为 6 种模式,见图 7.2.1、图 7.2.2。

1)如图 7.2.2 所示,ABCD 由 T1、T12 构成,为两段直线型,AC 视角为 25°,CD 视角为27°,长大结构面总长 38.0m,岩桥长 16m,短小结构面 1.76m。总长 54m,综合连通率70.4%。

2)如图 7.2.2 所示,PHIJK 由 f23、T21、T32 构成,为三段(PH、HI、JK)直线型,视角分

别为 27°、25° 和 20°，长大结构面 24m，岩桥长 31m，总长 93m。综合连通率为 62.9%。

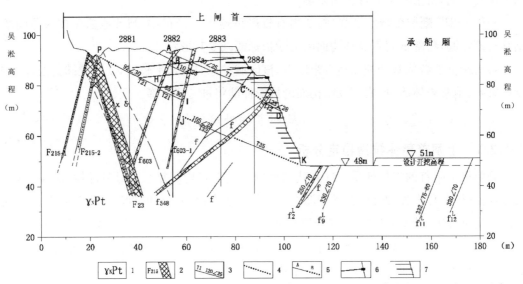

1—闪云斜长花岗岩；2—断层及编号；3—缓倾角编号及产状；4—岩桥；5—滑动路径及编号；6—锚索；7—系统锚杆

图 7.2.1　上闸首滑动概化模式 ABCD 及 PHIJK 图

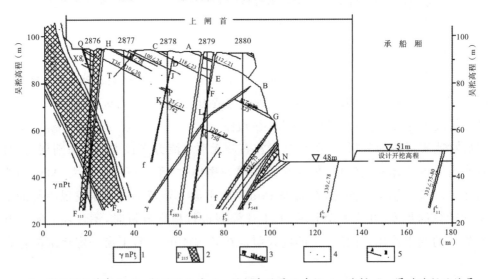

1—闪云斜长花岗岩；2—断层及编号；3—缓倾角编号及产状；4—岩桥；5—滑动路径及编号

图 7.2.2　上闸首地质纵剖面图

3）如图 7.2.2 所示，AB 由 T11、T17 构成，视角为 19.77°，长大结构面为 39.5m，连通率为 100%。

4）如图 7.2.2 所示，CDEFG 由 T46、T17 构成，分 CD、DE、FG 三段直线，视角分别为 26°、25° 和 23°，长大结构面分别为 10.4m、20m 和 20m，FG 段还包括岩桥长 11m，短小结构面 1.26m（$h=11.5\%$）。总长 61.6m，综合连通率 84.2%。

5)如图 7.2.2 所示，HJKLMN 由 T53、T42、T50 及 f3、f6 构成，分 HJ、KL、MN 三段，视角分别为 26°、19°、19°，长大结构面分别为 20m、11.5m 和 17m，岩桥总长分别为 10m、6m 和 25m，短小结构面为 4.72m(h=11.5%)，总长 89.5m，综合连通率为 59.5%。

6)如图 7.2.2 所示，QPKLMN 由 T36、f3、T42、f6 和 T50 构成，由 QP、KL、MN 三直线段组成，视角分别为 29°、19° 和 19°，长大结构面分别为 31m、11.5m 和 17m，岩桥总长分别为 11m、6m 和 25m，短小结构面为 4.83m(h=11.5%)，总长 101.5m，综合连通率为 63.4%。

以上各地质模型滑动路径几何特征汇总见表 7.2.2。

表 7.2.2　　　　　　　　　　上闸首抗滑稳定地质模型滑动路径几何特征表

剖面编号	滑动类型	路径 总路径	路径 分段	倾角 (°)	滑移面 总长(m)	长大裂隙长(m) 单条长	长大裂隙长(m) 累计长	岩桥长 (m)	岩桥长× 11.5%(m)	连通率(%)
I-I	浅层直线型	ABCD	BD	25～27	54.0	38		16.0	1.76	73.8
I-I	深层阶梯型	PHIJK	PH	27	94.0	20	54	40	4.6	62.3
I-I	深层阶梯型	PHIJK	HJ	25	94.0	10	54	40	4.6	62.3
I-I	深层阶梯型	PHIJK	JK	20	94.0	24	54	40	4.6	62.3
II-II	浅层直线型	AB	AB	16～24	39.5	35		0	0	88.6
II-II	深层折线型	CDEFG	CD	26	61.6	8.5	48.5	11	1.26	80.8
II-II	深层折线型	CDEFG	DE	25	61.6	20	48.5	11	1.26	80.8
II-II	深层折线型	CDEFG	FG	23	61.6	20	48.5	11	1.26	80.8
II-II	深层阶梯型	IIJKLMN	HJ	26	89.5	19	47.5	10	4.72	58.3
II-II	深层阶梯型	IIJKLMN	KL	19	89.5	11.5	47.5	6	4.72	58.3
II-II	深层阶梯型	IIJKLMN	MN	20	89.5	17	47.5	25	4.72	58.3
II-II	深层阶梯型	QPKLMN	QP	26	101.5	29	57.5	11	4.83	61.4
II-II	深层阶梯型	QPKLMN	KL	19	101.5	11.5	57.5	6	4.83	61.4
II-II	深层阶梯型	QPKLMN	MN	20	101.5	17	57.5	25	4.83	61.4

（3）上闸首稳定分析荷载组合工况

上闸首稳定分析荷载组合工况参见表 7.2.3。

表 7.2.3　　　　　　　　　　上闸首稳定分析荷载组合表

荷载组合	设计工况	结构自重	设备荷载	静水压力	扬压力	泥沙压力	浪压力	风压力	地震力	备注
基本工况	正常蓄水位设计水位175m	√	√	√	√	√	√	√		
校核工况	校核洪水位180.4m	√	√	√	√	√	√	√		
校核工况	地震	√	√	√	√	√	√	√	√	

(4)上闸首整体抗滑稳定计算成果

1)上闸首地基抗滑稳定分析主要成果

根据结构与基岩的地质条件,在地质概化的 6 种滑动模式(见表 7.2.2 上闸首抗滑稳定地质模型滑动路径几何特征表)基础上,将上闸首整体抗滑稳定概化成 12 种稳定分析模型。滑动方向为顺水流向即沿缓倾角结构面滑动,不计滑动块体两边侧向基岩阻力。计算时,结构面参数取 $f'=0.7$,$c'=0.2$MPa(平直稍粗面),岩桥参数取 $f'=1.7$,$c'=2$MPa(新鲜岩石);闸首混凝土 $f'=1.1$,$c'=3$MPa;混凝土与基岩间的水平面 $f'=1.2$,$c'=1.4$MPa,下游 1:0.3 陡坡 $f'=0.7$,$c'=0$。经计算,校核荷载组合中地震荷载组合不是控制工况,180.4m 校核水位组合为控制工况,因此仅列出校核水位组合工况的计算结果。按照确定的滑移路径及连通率,基本组合条件下的抗滑稳定安全系数 $K_c'=3.14\sim12.79$,校核组合条件下的抗滑稳定安全系数 $K_c'=3.01\sim11.41$,按照假定的极端性模型,抗滑稳定安全系数 $K_c'=2.30\sim3.35$。

值得提出的是,上闸首基岩高程 95~48m 的 1:0.3 陡坡上由于采取衬砌结构与大体积混凝土之间设置结构缝的处理措施,抗滑稳定分析时对与之相关的 4 个模式进行了分析,基于陡坡基岩与混凝土之间的 $f'=0.7$,$c'=0$,高程 48m 水平面的 $f'=1.2$,$c'=1.4$MPa,抗滑稳定计算是按陡坡基岩与混凝土之间结合的偏安全方案考虑的,因此,安全监测资料显示该结构缝张开状态,其安全系数均会大于现设计值。

采用弹塑性极限平衡法,分别把上闸首基岩的强度指标降低,令 $K=1.0$、2.0、3.0、3.2、3.4、3.6。随着 K 值的不断提高,则材料的强度不断降低,基岩的屈服不断扩展,当 $K=3.2$ 时基岩的屈服区已接近连通,当 $K=3.4$ 时,基岩的屈服区已经连通。因此,从偏于安全方面考虑,上闸首—基岩系统整体抗滑稳定安全储备系数 $K=3.3$。

2)上闸首地基应力计算成果

材料力学的计算结果表明,在校核荷载组合下,高程 95m 平台均为压应力,上游面为 1.5MPa,下游面为 2MPa。三维有限元计算结果,在基本荷载组合和校核荷载组合条件下,建基面高程 95m 上除航槽底板上游踵部存在小范围的拉应力区(拉应力为 0.35~1.04MPa),符合设计规范要求。其余部位垂直压应力为 2~3MPa。下游高程 48m 垂直应力均为压应力,校核荷载组合下最大压应力为 6.67MPa。

7.2.2.2　上闸首地基加固处理措施

考虑上闸首建基岩体地质构造、开挖形态复杂和上闸首的重要性,加之受开挖爆破、表面裂隙松弛张开等因素影响,为避免上闸首浅层不稳定问题,对上闸首建基面岩体仍采用综合加固处理措施,以提高上闸首的抗滑安全裕度。

(1)抗滑问题的加固处理措施

1)预应力锚索、锚杆加固

针对上闸首所存在的浅层滑移问题,为限制高程 95~48m 边坡岩体的卸荷作用的发展,改善边坡的应力、变形状态和提高上闸首基础的整体稳定性,在高程95～48m边坡上部布置了三排60束3000kN级预应力锚索,锚索深41.2～45m,内锚端穿过f603断层,置于完整岩体之内。上闸首基础下游侧1:0.3的陡坡开挖后出现的松动块体被清除后,全面采用系统锚杆加固,以提高边坡表层松动带的整体性和稳定性。

2)设置排水系统

在基础主帷幕后均设一道主排水幕,高程53m左右岩体内布置一条基岩排水洞,形成疏排式排水。通过加强闸基防渗与排水措施,在坝基中设置重点渗流方向的排水廊道和排水幕,大大削减潜在滑移面上的渗透压力。

3)置换潜在滑移面上覆薄层岩体

考虑高程95m建基面上潜在滑移面长大缓倾角裂隙上覆岩体受爆破影响易抬动张开,为增强结构面的力学性状,减少滑移路径上面连通率,施工期将建基面缓裂隙潜在滑移面上覆岩体薄层进行了挖除,并进行了混凝土置换。

4)加强下游1:0.3高陡边坡的工程处理

将上闸首第四段(高跟鞋)根部嵌入岩体内,增加上闸首基础的整体稳定性。为减少基础渗流对结构的影响,沿下游1:0.3的岩石陡坡上,混凝土与岩石之间布置了排水系统。在陡边坡坡顶布置2排深20m固结灌浆孔。

(2)闸基变形的加固处理措施

1)置换断层破碎带

①f23、f215断层交于升船机上闸首右上角,其中f23断层宽5～8m,f215断层宽0.8～4m。考虑两断层软弱物主要沿主断带分布,且宽度较小,其他构造岩性较好,声波测试V_p值可满足坝基弹性波检测要求,因而断层交会带头际抽槽情况是先沿断层带抽一宽12～16m、深2～3m的宽槽,再对宽槽内沿主断带分布的软弱带作抽小槽处理,小槽宽中1～4m,深1.5～3m。抽槽后回填混凝土塞,混凝土塞下层布置了两层钢筋网,以增强混凝土塞的传力性能。

②f548断层斜切上闸首高程95m平台右下角且向闸基下倾斜,高程95～48m斜坡上f548断层疏松至半疏松构造岩出露最宽达1.2m,使上闸首闸基岩体的一角失去支撑,在荷载作用下可能产生变形乃至破坏。处理措施是先将f548断层所切割的右下角岩体挖至高程84m,用混凝土置换所挖除的不均一岩体,再对高程84m平台下f548剩余部分顺断层带掏挖,掏挖宽度1～3m,深度6.5～10m,回填混凝土塞,置换面积约170m²。随即在混凝土塞与岩面间进行钻孔接触灌浆,另外对高程74m以上范围内f548断层周围的围岩还进行了化学灌浆处理,达到与围岩形成整体的目的。

③f603断层及其他断层因软弱物宽度较小,现场多按常规作了抽槽回填混凝土塞辅以固结灌浆处理,槽深0.5～2m。

表 7.2.4　　　　　　　　　　上闸首整体抗滑稳定滑移模式及计算安全系数

滑移模式计算简图	连通率	荷载组合	安全系数
（计算简图，标注 N_1、01、A、N_2、02、N_3、03、N_4、04、U_1、W_2、25、B、W_3、W_4、U_2、U_3、73、U_4 等）	$\eta_{AB}=100\%$ （确定）	运行工况	3.14
		校核工况	3.01
（计算简图，标注 N_1、01、C、N_2、02、N_3、03、N_4、04、U_1、W_2、25、6、W_3、W_4、U_2、U_3、73、U_4 等）	$\eta_{CG}=84\%$ （确定）	运行工况	3.15
		校核工况	3.03
（计算简图，标注 $26.32°$、1、N_1、01、2、N_2、02、H、W_1、W_2、U_1、N、U_2 等）	$\eta_{HN}=59.5\%$ （确定）	运行工况	3.35
		校核工况	3.34
（计算简图，标注 $26.32°$、1、N_1、01、2、N_2、02、O、W_1、W_2、U_1、N、U_2 等）	$\eta_{ON}=63.4\%$ （确定）	运行工况	3.34
		校核工况	3.24
	$\eta_{ON}=100\%$ （确定）	运行工况	2.37
		校核工况	2.31
（计算简图，标注 N_1、01、A、N_2、02、N_3、03、N_4、04、U_1、W_2、$25°$、B、W_3、W_4、U_2、U_3、73、U_4 等）	$\eta_{AD}=70.4\%$ （确定）	运行工况	3.34
		校核工况	3.19

续表

滑移模式计算简图	连通率	荷载组合	安全系数
	$\eta_{PK}=62.9\%$（确定）	运行工况	3.53
		校核工况	3.41
	$\eta=0$（确定）	运行工况	3.61
		校核工况	3.47
	$\eta=0$（确定）	运行工况	12.79
		校核工况	11.41
	$\eta_{NN'}=100\%$（假设）	运行工况	3.62
		校核工况	3.35
	$\eta_{AB}=100\%$（确定）	运行工况	3.91
		校核工况	3.7

续表

滑移模式计算简图	连通率	荷载组合	安全系数
	$\eta_{CG}=84\%$ （确定）	运行工况	3.49
		校核工况	3.33
	$\eta_{ON}=63\%$（确定） $\eta_{NR'S'}=45\%$（假设）	运行工况	3.18
		校核工况	3.08
	$\eta_{ON}=100\%$ $\eta_{NR'S'}=45\%$ （假设）	运行工况	2.35
		校核工况	2.30

2）加强断层掏槽后的固结灌浆

对 f23、f215、f548、f603 等断层作掏槽回填混凝土塞置换后，同时又沿各断带进行加密、加深等加强固结灌浆处理。f23 与 f215 断层固灌加固在有混凝土盖重条件下施工，混凝土盖重在 3m 以上，f548 与 f603 断层固灌加固在找平混凝土面上施工。

（3）闸基防渗处理措施

根据三峡水利枢组基础渗控设计的总格局，结合本部位基础渗控的要求，升船机上闸首坝基采用垂直防渗灌浆帷幕和基础排水孔幕相结合的渗控措施，具体布置为：在升船机上闸首坝基上游距挡水前缘 6～8m 的基础灌浆廊道内分别布置一道坝基防渗灌浆帷幕和基础排水孔幕，其左、右两端分别与左非 7 号坝段、左非 8 号坝段的防渗灌浆帷幕和基础排水孔幕相衔接，防渗线路长 62m。帷幕灌浆孔一般按单排布置，在断层、裂隙密集带、断裂交汇带、断裂接触带的岩脉等基岩透水性较强，易发生渗透破坏的部位，根据实际情况，布置 2～3 排帷幕灌浆孔。帷幕灌浆孔孔距一般为 2m，排距为 0.2m。

为增强 f215 断层及与 f23 断层相交处幕体防渗性能与长期稳定性，在帷幕两排水泥灌结束后，又增布一排帷幕化学灌浆孔。化学灌浆孔布置在两排帷幕水泥灌浆孔之间，孔距 1m，设计底线高程为 5m，孔深 95～110m。为了加强帷幕防渗和防止断层软弱物质的不利演化，在增加化灌的同时，还增加了幕体的检查，除了检查防渗标准外，还特别在化灌时加强了先导孔的密度以追踪对建岩体中断层（f215）的化灌处理和补强。

（4）开挖卸荷与爆破松弛岩体的加固处理措施

1）对高程95～48m斜坡坡顶进行固结灌浆处理，对坡顶受爆破及岩体卸荷影响而产生拉裂缝的部位进行了深固结斜孔灌浆处理。

2）根据坝基应力分布上的差异，坝踵、坝趾应力较大，且直接与库水相通，基岩承载力及防渗要求较高这一特点，结合开挖卸荷与爆破松弛岩体的处理，对升船机上闸首上、下游各1/4坝基范围（30m左右）进行常规固结灌浆处理。

3）在坝基防渗帷幕上游布置两排中、深固结灌浆兼辅助帷幕灌浆孔，孔深分别为前排10m，后排20m，增强开挖卸荷与爆破松弛岩体的防渗性能。

通过对上闸首基础采取包括预应力锚索与锚杆加固、置换潜在滑移面上覆薄层岩体、将上闸首第四段（高跟鞋）根部嵌入岩体内增加上闸首基础的整体稳定性、置换断层破碎带、加强基岩固结灌浆、设置排水系统并加强基础防渗帷幕灌浆等一系列综合加固措施，提高了上闸首的抗滑安全裕度。

升船机上闸首历年来各项监测成果表明：上闸首基础变形、渗流没有异常变化，底板结构锚索预应力损失较小。受SZ1排水洞排水的影响，主排水幕后岩体处于疏干状态，上闸首基础廊道基础排水孔均没有渗水溢出，对上闸首深层抗滑稳定有利。

7.2.3 上闸首地基深层抗滑稳定安全评价

7.2.3.1 上闸首地基竣工地质资料分析及抗滑稳定性评价

（1）上闸首地基竣工地质资料分析

长江委三峡勘测研究院1996年5月采用特殊勘察与跟踪地质测绘及编录相结合，查明了上闸首岩体中的长大缓倾角结构面的空间分布，给出了概化潜在滑移路径。经竣工地质资料验证，施工开挖揭露的工程地质条件与原预报成果基本吻合。

1）浅层及深层滑移概化模式

上闸首基础开挖成型后，形成高程95m至48m高差47m斜坡，高程48m平台上与特殊勘察期相比，未再发现新的横贯上闸首长大缓倾角裂隙。缓倾角裂隙发育规模、特征及出露位置与预报一致，只是长度大于5m的缓倾角裂隙较前期增加了9条，局部产状略有变化。

竣工后的Ⅰ-Ⅰ′、Ⅱ-Ⅱ′剖面滑移概化模式见图7.2.3、图7.2.4。由于建基面的开挖与修整，T1、T46、T53缓倾角裂隙已部分挖除，深层滑移路径上的裂隙连通率略有减小，见表7.2.5、表7.2.6。

2）下游滑出条件

承船厢两侧直立边墙、上闸首下游高程48m平台上均未发现与水流方向近垂直的断层及长大裂隙，下游仍以f11断层作为滑出边界。

据《长江三峡水利枢纽单项工程技术设计垂直升船机上闸首结构专题报告》中计算成果，由于f11断层倾角达75°～85°，大于抗力体反力极限角，不存在沿f11的滑出条件。

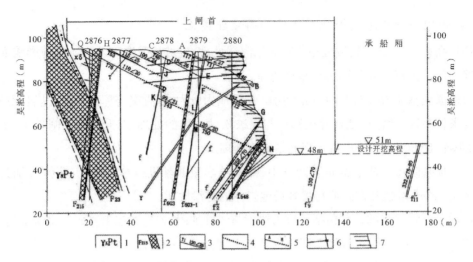

1—闪云斜长花岗岩;2—断层及编号;3—缓倾角裂隙编号及产状;4—岩桥;5—滑动路径及编号;6—锚索;7—系统锚杆

图 7.2.3　竣工剖面 I - I′滑动概化模式图

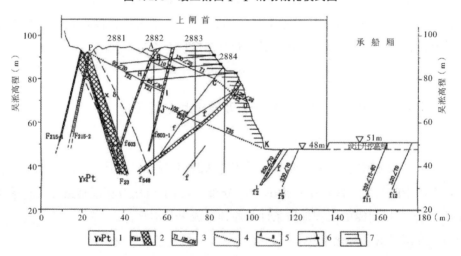

1—闪云斜长花岗岩;2—断层及编号;3—缓倾角裂隙编号及产状;4—岩桥;5—滑动路径及编号;6—锚索;7—系统锚杆

图 7.2.4　竣工剖面 II - II′滑动概化模式图

表 7.2.5　　　　　上闸首地基特殊勘察期 I - I′、II - II′剖面滑移路径几何特征表

剖面编号	滑动类型	路径		倾角 (°)	滑移面总长(m)	长大裂隙长		岩桥长 (cm)	岩桥长×11.5%(m)	连通率 (%)
		总路径	分段			单条长	累计长			
I - I	浅层直线型	ABCD	BD	25~27	54.0	38		16.0	1.76	70.4
	深层阶梯型	QPHIJK	PH	27	93.0	20	54	39	4.49	62.9
			HI	25		10				
			JK	20		24				

续表

剖面编号	滑动类型	路径 总路径	路径 分段	倾角 (°)	滑移面 总长(m)	长大裂隙长 单条长	长大裂隙长 累计长	岩桥长 (cm)	岩桥长× 11.5%(m)	连通率 (%)
II-II	浅层直线型	AB	AB	16~24	39.5	39.5		0	0	100
		CDEFG	CD	26		10.6				
			DE	25	61.6	20	50.6	11	1.26	84
			FG	23		20				
	深层 阶梯型	HJKLMN	HJ	26		20		10		
			KL	19	89.5	11.5	48.5	6	4.72	59.5
			MN	20		17		25		
		QPKLMN	QP	26		31		41		
			KL	19	101.5	11.5	59.5	6	4.83	63.4
			MN	20		17		25		

表 7.2.6　　　　上闸首地基竣工后 I-I′、II-II′剖面滑移路径几何特征表

剖面编号	滑动类型	路径 总路径	路径 分段	倾角 (°)	滑移面 总长(m)	长大裂隙长 单条长	长大裂隙长 累计长	岩桥长 (m)	混凝土桥长× 11.5%(m)	混凝土置换 长(m)	连通率 (%)
I-I	浅层 直线型	ABCD	BD	25~27	54.0	38		16.0	1.84	1.0	73.8
	深层 阶梯型	QPHIJK	PH	27		20					
			HJ	25	94.0	10	54	40	4.46	0	62.3
			JK	20		24					
II-II	浅层 直线型	AB	AB	16~24	39.5	35		0	0	6.0	88.6
		CDEFG	CD	26		8.5				2.1	
			DE	25	61.6	20	48.5	11	1.26		80.8
			FG	23		20				0	
	深层 阶梯型	HJKLMN	HJ	26		19		10		1.0	
			KL	19	89.5	11.5	47.5	6	4.72		58.3
			MN	20		17		25		0	
		QPKLMN	QP	26		29		11		2.0	
			KL	19	101.5	11.5	57.5	6	4.83		61.4
			MN	20		17		25		0	

3）上游切割条件

f23 断层斜切升船机右上角，f215 断层基本平行并接近挡水前缘，且倾上游，倾角较陡，局部近垂直。f23 与 f215 断层组合形成了上游切割面。f23 与 f215 断层的出露位置与特殊

勘察期预报位置吻合,只是产状与规模略有变化,宽度较前期变小,如 f23 断层预报宽 5～20m,实际出露边坡上宽 7～15m,高程 95m 建基面上实际宽 5～8m;f215 断层预报宽 2～4m,建基面实际宽 0.5～4m。

4)顺水流方向切割条件

上闸首闸基左右两侧无顺水流方向断层,仅在闸基右侧分布一条与水流方向夹角为 17°的断层,长约 46m,不构成滑移侧向边界;加之顺水流方向裂隙不发育,因此深层抗滑稳定中存在有效的岩体侧向约束条件。

（2）上闸首地基深层抗滑稳定性地质分析评价

1)上闸首建基岩体主要为微新岩体,其中优良质岩体占 93.7%、中等及中等质量以下岩体仅占 6.3%,建基岩体质量较好。上闸首闸基顺水流方向断裂构造不发育,存在有效的侧向约束。下游不存在倾向上游的滑出面。由于升船机坝段深层抗滑稳定问题具明显的三维特征,滑移路径上不存在统一的贯通性滑移面,确定的位移路径上所组成的滑移面高低错落,产状扭曲,且多与水平推力方向存在一定交角。现提出的闸基深层滑移模式是将三维问题作平面问题考虑,忽略了坚硬岩体的侧向约束力、各结构面倾向不一致性及与滑移方向的差异性,因而这一概化是偏于安全的。

设计按地质概化模式 6 条滑模式进行了上闸首刚体极限平衡理论整体稳定分析与计算。抗滑稳定计算结果得出,在地质资料概化的各种滑移模式以及人为假定滑移模式下,上闸首整体稳定安全能够满足要求。

2)上闸首闸基顺水流方向断裂构造不发育,存在有效的侧向约束。下游不存在倾向上游的滑出面。由于升船机坝段深层抗滑稳定问题具明显的三维特征,滑移路径上不存在统一的贯通性滑移面,确定的位移路径上所组成的滑移面高低错落,产状扭曲,且多与水平推力方向存在一定交角。闸基深层滑移模式是将三维问题作平面问题考虑,忽略了坚硬岩体的侧向约束力、各结构面倾向不一致性及与滑移方向的差异性,因而这一概化是偏于安全的。设计单位按概化模式进行的计算表明,闸基深层抗滑稳定满足规范要求。

3)考虑到上闸首建基岩体地质构造、开挖形态复杂和上闸首的重要性,加之受开挖爆破、表面裂隙松弛张开等因素影响,通过对上闸首基础采取包括预应力锚索与锚杆加固、置换潜在滑移面上覆薄层岩体、将上闸首第四段（高跟鞋）根部嵌入岩体内增加上闸首基础的整体稳定性、置换断层破碎带、加强基岩固结灌浆、设置排水系统并加强基础防渗帷幕灌浆等一系列综合加固措施,提高了上闸首的抗滑安全裕度。

4)升船机上闸首基础变形稳定监测成果表明:截至 2013 年 10 月,上闸首左右墩高程 100～116m 廊道各测点的沉降量为 14.7～21.6mm,没有明显不均匀沉降现象,沉降主要发生在施工期及 2003 年 5 月的水库蓄水过程,试验蓄水后沉降变化不明显。升船机上闸首基础高程 100m 处向下游最大位移为 4.14mm,2008 年试验性蓄水后基础均是稳定的,没有明显增大趋势。

5)升船机上闸首基础渗压及渗漏量监测成果表明：

①实测基础主排水幕处的测压管水位大多在建基面附近,且测压管水位变化较小,蓄水后主排水幕处扬压力系数小于 0.11。试验蓄水前后测压管水位没有明显变化。

②受 SZ1 排水洞排水的影响,主排水幕后岩体处于疏干状态,上闸首基础廊道基础排水孔均没有渗水溢出。上闸首基础渗压是正常的。

7.2.3.2　上闸首地基深层抗滑稳定性设计分析评价

1)上闸首地基条件对整体抗滑稳定的影响及滑动模式,设计进行了较详细的分析与研究,经过施工地质的进一步验证,主要结论是：f23 断层斜切升船机右上角,f215 断层基本平行并接近挡水前缘,且倾向上游,倾角较陡,局部近垂直。f23 与 f215 断层组合形成了上游切割面,顺水流方向断裂构造不发育,存在有效的侧向约束。下游不存在倾向上游的滑出面。由于升船机坝段深层抗滑稳定问题具有明显的三维特征,滑移路径上不存在统一的贯通性滑移面,确定的位移路径上所组成的滑移面高低错落,产状扭曲,且多与水平推力方向存在一定交角。设计中的上闸首基础深层滑移模式是将三维问题作平面问题考虑,忽略了坚硬岩体的侧向约束力、各结构面倾向不一致性及与滑移方向的差异性,因而概化模型是偏于安全的。

2)对上闸首复杂的基础条件,采用刚体极限平衡理论进行分析,其整体抗滑稳定安全系数满足：基本组合条件下的确定性模型 $K'_c \geqslant 3.0$,特殊组合条件下的确定性模型 $K'_c \geqslant 2.5$,假定的极端性的模型 $K'_c \geqslant 2.3$。按照弹塑性极限平衡法分析得到的稳定安全储备系数为 3.3。因此,上闸首结构设计满足整体抗滑稳定的要求。

3)考虑上闸首开挖形状复杂,受开挖爆破、表面裂隙松弛张开以及地质构造等因素影响,为增加上闸首浅层的稳定性,同时为落头专家组审查意见,对上闸首建基面岩体采用了综合加固措施,以增加上闸首基础的整体抗滑稳定性。具体措施包括边坡锚杆,锚索及基岩固结灌浆、基础排水、断层加固、对第 4 段(高跟鞋)采取了根部嵌入岩体,两侧在高程 84m 以下与岩坡进行接触灌浆以及断层的加固处理等。所采取的加固措施均能进一步提高建筑物的稳定与安全性能。

4)升船机上闸首基岩下游 1∶0.3 的陡坡与大体积混凝土之间设衬砌式的排水系统,用以疏导基岩渗流,减轻渗流对结构的作用。在衬砌结构和大体积混凝土结构之间设结构缝,以改善结构的应力条件。抗滑稳定计算时,陡坡基岩与混凝土之间的结合是按偏安全考虑的结合状态进行计算的,监测资料显示衬砌结构和大体积混凝土之间的结构缝张开,表明上闸首稳定是有保障的。

5)上闸首采用混凝土整体式结构、底板采用预应力钢筋混凝土结构设计可满足规范规定的强度和限裂要求。

7.3 升船机上闸首结构设计

7.3.1 上闸首结构型式与结构静力及动力分析

7.3.1.1 上闸首结构型式

1)分离式闸首

闸首平面尺寸为长 130m、宽 62m,航槽宽 18m,两侧墙宽均为 22m。航槽底板与两侧墙分离布置,底板厚 10m,左右两侧墙上游段分别与左岸非溢流坝 7 号及 8 号坝段连成整体,以抵挡侧向水压力,下游段(即工作门段)为整体式结构,顺水流向设 2 条施工缝,均设键槽并进行接缝灌浆。为增加下游块(A3 块)的稳定性,在适当位置设锚杆使其与上游基岩连成一体。分离式闸首结构见图 7.3.1。

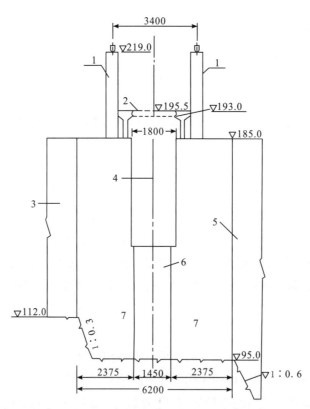

1—排架柱;2—闸门检修平台;3—左岸非溢流坝 7 号坝段;4—升船机中心线;5—左岸非溢流坝 8 号坝段;6—底板;7—边墩墙

图 7.3.1 分离式闸首结构横剖面示意图

2)整体式闸首

闸首平面尺寸同分离式,而在闸首宽度方向(垂直水流向)采用预应力锚索将底板与两侧墙连成整体的 U 形结构,底板厚度为 21～35m,即底坎顶高程 141m,建基面高程 110～95m;顺水流向亦设 2 条施工纵缝,C₁、C₂ 缝为键槽灌浆缝(图 7.3.2),增加闸首纵向(顺水流向)整体刚度;3条施工横缝C_3、C_4缝和C_5宽槽回填缝(图 7.3.3)。整体式闸首结构见图7.3.2。

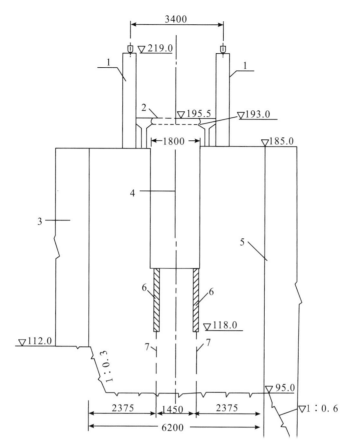

1—排架柱;2—闸门检修平台;3—左岸非溢流坝7号坝段;4—升船机中心线;5—左岸非溢流坝8号坝段;6—宽槽施工纵缝C_1、C_2;7—键槽缝

图 7.3.2 整体式闸首结构示意图

3)上闸首两种结构型式比较

经分析,上闸首两种结构型式在基本荷载组合和校核荷载结合工况作用下,其稳定和应力指标均满足要求,技术上都是可行的,工程量没有明显差异,但两种结构在可靠性及安全度方面有明显差别,比较如下:

①上闸首分离式结构的整体性比整体式结构差,这对提高上闸首的稳定性和改善混凝土结构及基岩的应力应变分布状态不利。上闸首地基地质条件较为复杂,存在直接影响抗滑稳定和强度的规模较大的断层(f_{23}、f_{215})和缓倾角裂隙,建基面开挖形态如同"半岛",下游面及右侧需深切开挖,边坡高度达 60~70m,尤其是下游面边坡,坡面陡峭,且由于开挖卸荷及施工爆破影响,靠近坡面一定范围内保留岩体的完整性受到损伤,承载力降低,稳定条件变差。为此,提高上部混凝土结构的整体性,以适应下部基岩的不均匀变形,避免局部失稳是必要的。

②上闸首若采用分离式结构,由于左右两侧边墙在水荷载作用下难以维持稳定,需靠两侧的非溢流坝块支撑,进一步使上闸首左右两侧非溢流坝段设计条件复杂化。即使上述问题能够解决,由于闸首下游超出坝体部分没有坝块可支撑,这部分也只能采用整体式。

③上闸首采用分离式结构,其止水难度大,可靠性降低,一旦止水失效,将危及上闸首基岩的稳定和闸首结构安全。

经进行技术经济条件的综合比较,升船机上闸首采用整体式结构方案。

上闸首结构设计主要满足强度极限要求,正常使用和耐久性要求。受地质条件的影响,布置和运行条件的约束,上闸首结构具有尺寸大、受力复杂的特点。设计在对上闸首采用"分离式"和"整体式"结构进行综合比较后,从适应基础岩石不均匀性的力学性能,提高上部结构的整体性出发,采用整体"坞式"结构。同时,针对上闸首底板结构内力大,正常使用极限状态要求严的技术特点,底板采用预应力钢筋混凝土的结构方案。升船机上闸首结构布置见图7.3.3。

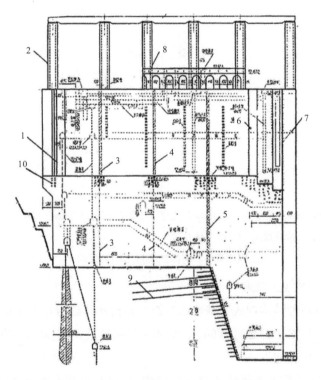

1—挡水门槽;2—闸门启闭机排架;3—坝体结构缝及上部浅槽 C_3;4—坝体结构缝及上部浅槽 C_4;5—坝体结构宽槽 C_5;6—辅助工作门槽;7—工作门槽;8—闸门检修平台;9—地基加固预应力锚索;10—上闸首底板预应力锚索

图 7.3.3 升船机上闸首结构纵剖面示意图

上闸首为钢筋混凝土结构,结构尺寸大,为降低混凝土块体施工期温度应力和避免出现裂缝,设置 2 条纵缝(C1 和 C2)和 3 条横缝(C3、C4、C5),将结构分成 4 段 12 块。由于各缝面在荷载作用下的受力条件不同,设计采用了不同的缝面结合形式。C1、C2 纵缝位于闸首航槽底板中,为下部键槽缝和上部宽槽缝的组合缝面形式,预应力锚索穿过宽槽缝;C3、C4横缝位于闸首前部和中部,为键槽缝;C5横缝位于闸首后部,为宽槽缝。为保证上闸首结构的整体性和结构运行的安全可靠性,结构采取了以下措施:①航槽底板除布置钢筋外,垂直水流方向还布置了预应力锚索;②C3、C4缝在两侧边墩和底板表面迎水面设有浅槽,钢筋过缝,C5宽槽缝还布置了跨缝钢筋;③所有缝在迎水面均设止水;④纵、横键槽缝和宽槽回填缝在混凝土块体内部温度降至稳定温度后低温季节实施接缝灌浆和宽槽回填。

上闸首运行以来施工缝的监测资料分析表明,闸首高程141.0m以下的底板纵、横缝面基本闭合,上闸首的整体性得到了保证。

7.3.1.2　上闸首结构静力分析

上闸首结构静力分析重点研究:①上闸首混凝土结构不同的分缝分块及缝间处理措施对结构的就应力分布和变形的影响;②上闸首地基主要地质构造(断层、裂隙、地应力等)对结构应力及变形的影响。上闸首结构分析以有限元分析和物理模型试验为主。

1)上闸首结构静力分析进行了以下方面的研究:

采用均质地基计算模型,研究上闸首混凝土结构的应力和变形;采用非均值地基计算模型,研究断层f23、f215和f548对上闸首结构应力和变形的影响;采用三维接触非线性计算模型,研究结构分缝(键槽缝)对结构应力和变形的影响;进行物理模型试验,包括整体模型和局部模型,验证数值计算分析成果,并研究结构关键部位的应力场。

2)计算采用从意大利ISMES引进的三维P型有限元应力分析程序FIESTA。

3)荷载组合考虑正常水位(高程175m)工况和校核水位(高程180.4m)工况。

4)结构静力分析结论:

①运行期,上游、中部横缝除了闸墙与航槽底板交界角点局部区域存在数值不大的拉应力外,其他区域均为压应力;下游宽槽横缝的法向应力在内侧的一定区域内为拉应力,但数值不超过0.75MPa,这种法向应力分布是跨缝钢筋布置的依据 由于航槽内水压力的作用,航槽底板从表面高程141m起至高程118m的深度范围产生较大的横向拉应力,特别是闸墙附近的底板表面拉应力大,纵缝处一般可达1.7MPa(正常水位运行期)和2.4MPa(校核水位运行期),表面以下5m范围内衰减迅速。高程118m以下的纵向键槽缝虽然法向受压,但压应力数值较小;由于计算过程中没有考虑温度荷载和渗透压力(单独计算),高程141~118m底板横向拉应力比实际小,根据计算成果,由于底板横向拉应力在结构表面区域应力值较大,配量普通钢筋只能限制裂缝开展宽度,无法满足抗裂要求。因此,底板采用预应力方案。

②运行期,闸墙根部内侧角点及航槽底板上游锤部附近存在垂直拉应力区域,因此,将闸墙角处做成贴脚,以减少应力集中现象;闸首后部"高跟鞋"底部高程48m内侧角点局部区域及斜坡顶端为垂直压应力集中区,数值在6.5MPa左右;键槽缝若存在一定初始间隙,将对整体结构应力产生一定的影响。因此,实际施工时应保证键槽缝灌浆质量,保证结构的整体性;断层对结构应力的影响只限于它附近的一定范围内,对结构的上部应力影响不大。设计按规范要求,采取抽槽回填混凝土和固结灌浆的工程处理措施。

③模型试验成果表明,应力场的分布及主要应力值的量级与有限元分析成果基本吻合。

7.3.1.3　上闸首结构动力分析

上闸首抗震研究主要通过三维有限元抗震计算及动力模型试验研究,以确定上闸首的动力特性和关键部位的动位移和动应力。

(1)计算模型及计算条件

上闸首结构动力计算范围取高程 48m 以上部位,以下为刚性地基。混凝土材料弹性模量 $E=3.5\times10^4\mathrm{MPa}$,容量 $\gamma=24.5\mathrm{kN/m^3}$、泊松比 $\mu=0.167$。基岩部分 $E=4.0\times10^4\mathrm{MPa}$,取无质量弹性地基 $\rho=0$、$\mu=0.2$。按 7 度地震 $k=0.1g$。参照规范地震作用折减系数 $C_2=1/4$。所取的基岩部分侧向约束其法向自由度,底面各自由度全部约束,闸首桥机及排架柱按集中质量处理。

(2)计算方法

动力特性计算采用子空间迭代法。地震响应采用振型迭加反应谱法,应用 Super-sap 程序计算。

(3)计算成果

1)动力特性

上闸首各阶自振频率及参与系数如表 7.3.1 所示。

表 7.3.1　　　　　　　　　　　上闸首动力特性

阶数	1	2	3	4	5	6	7	8
频率(Hz)	2.285	2.812	3.019	4.319	4.869	4.986	7.263	7.423
横向参与系数	1.702	0	0	0.027	−0.074	0.005	1.073	0
顺向参与系数	0.002	0.093	1.613	−0.023	0.038	0.189	0.001	−0.048
垂向参与系数	0	0.078	0.059	0	−0.006	−0.047	−0.002	1.730

由表 7.3.1 可见,在横河向地震响应中,第 1、7 振型起控制作用,其他参与系数很小,振型为两侧墙横河向同相振动。在顺河向地震响应中,第 3 振型起控制作用,其振型为两侧墙顺河向同相振动。

2)动位移

上闸首关键部位动位移如表 7.3.2 所示,关键部位点号位置见表 7.3.3。

表 7.3.2　　　　　　　　　　　上闸首关键部位动位移

工况 点号	横河向地震		顺河向地震		横向＋顺向		横向＋顺向＋垂向	
	横河向	顺河向	横河向	顺河向	横河向	顺河向	横河向	顺河向
1	0.156	0.0073	0.0116	0.118	0.156	0.0606	0.156	0.0634
2	0.180	0.0065	0.0173	0.116	0.181	0.0607	0.181	0.0635

点号	工况 横河向地震		顺河向地震		横向＋顺向		横向＋顺向＋垂向	
	横河向	顺河向	横河向	顺河向	横河向	顺河向	横河向	顺河向
10	0.156	0.0073	0.0102	0.119	0.156	0.0625	0.156	0.0653
11	0.180	0.0065	0.0177	0.119	0.180	0.0625	0.181	0.0653

由表 7.3.2 可见,上闸首地震动位移最大处在闸首下游顶部,即航槽边墙下游端顶部,最大相对位移不超过 4mm。

3)动应力

上闸首关键部位动应力如表 7.3.3 所示。

表 7.3.3　　　　　　　　　上闸首关键部位动应力

点号 工况	3	4	5	6	7	8	9	12	13
横河向地震	0.204	0.249	0.213	0.481	0.085	0.265	0.160	0.442	0.076
顺河向地震	0.111	0.492	0.160	0.091	0.250	0.135	0.121	0.072	0.136
横＋顺河向地震	0.207	0.356	0.213	0.482	0.088	0.272	0.160	0.442	0.077
横＋顺＋垂向地震	0.211	0.373	0.213	0.485	0.089	0.273	0.161	0.448	0.077

由表 7.3.3 可见,在横河向 7 度地震作用下,上闸首最大动应力出现在航槽边墙下游底部,最大应力达 0.48MPa;在顺河向地震作用下,上游面基岩与混凝土交界面最大动应力达 0.49MPa,下游面基岩与混凝土交界面动应力为 0.25MPa,其他各处应力均较小。

（4）上闸首结构动力分析结论

上闸首结构动力分析采用有限元动力分析和振动台动力模型试验,分析研究上闸首结构的动力特性和地震响应。根据三峡区域的基岩条件和地震特性,上闸首结构抗震分析采用振型叠加的反应谱法和采用以反应谱为基础的人工波、三峡波作为输入地震加速度时程进行有限元和试验分析。

结构动力分析的结论是:上闸首为大体积实体结构,刚度大,抗震性能好,动应力值相对较小,抗震强度是足够的。

7.3.2　上闸首结构预应力钢筋混凝土配筋设计

7.3.2.1　上闸首结构混凝土温度荷载及温度应力分析

（1）混凝土温控标准及允许最高温度

上闸首结构混凝土主要设计指标见表 7.3.4。升船机各部位的散热方向厚度均不大,不存在稳定温度场,多数可简化为半无限体或无限平板两种类型求解其施工期或运行期的准稳定温度,且一般以施工期受气温影响而发生的平均最低温度为控制条件。各部位施工期最低平均温度见表7.3.5,半无限体、无限平板施工期最低平均温度见表7.3.6。

表7.3.4　　　　　　　　升船机各部位混凝土主要设计指标

混凝土分区		设计标号28d	限制最大水灰比	极限拉伸值(×10⁻⁴)		抗冻标号	抗渗标号
				28d	90d		
内部		200	0.65			D_{50}	S_4
基础混凝土		200	0.60	≮0.75	≮0.85	D_{100}	S_5
外部	水上、水下	200	0.55			D_{100}	水上 S_6　水下 S_8
	水位变化区	250	0.50			D_{150}	S_8
结构部位		250					

表7.3.5　　　　　　　　升船机各部位施工期最低温度

部位		特征尺寸	施工期最低平均温度(℃)	备注
上闸首	填塘混凝土	29.1m×31m×(0~47)m	15.52	天然骨料
	底板	90m×62m×(21~36)m	16.17	
	侧墙上游2仓	29m×22m×54m	16.11	人工骨料
	侧墙下游4仓	29.1(30.7)m×22m×54m	14.92	
船厢室	底板	厚2m	8.47	天然骨料
	塔柱基础	53.2m×16m×14.5m	12.90	
下闸首	底板上游块	内有孔洞	12.51	
	底板下游块	58.4m×15m×8m	13.54	
	侧墙	32.5m×20.9m×(17~26)m	14.49	

表7.3.6　　　　　　　　施工期半无限体、无限平板最低平均温度

无限平板	板厚(m)	1	2	3	4	5	6	7	8	9
	温度(℃)	5.40	5.43	5.55	5.80	6.40	7.22	8.22	9.26	10.23
半无限板	板厚(m)	1	2	3	4	5	6	7	8	9
	温度(℃)	7.05	8.47	9.69	10.74	11.63	12.38	13.01	13.54	13.98
无限平板	板厚(m)	10	12	14	16	18	20	22	24	
	温度(℃)	11.08	12.37	13.22	13.79	14.19	14.30	14.75	14.96	
半无限板	板厚(m)	10	12	14	16	18	20	22	24	
	温度(℃)	14.35	14.90	15.27	15.54	15.74	15.90	16.02	16.13	

　　根据升船机运用条件、结构要求及基岩特性,参照有关规范和工程经验,结合温度计算拟定升船机混凝土温度控制标准。

　　(2)闸首混凝土基础允许温差

　　升船机建筑物上、下闸首混凝土采用柱状块浇筑,相应长边尺寸的基础允许温差,按

表 7.3.7控制。

表 7.3.7　　　　　　　　　升船机建筑物基础允许温度　　　　　　　　单位:℃

部位 控制高度	上闸首			下闸首
	下闸首高程 95m 以下	95～131m	131～185m 侧墙	
	天然骨料	人工骨料	人工骨料	
0～0.2L	14	15	17	17
0.2～0.4L	17	18	20	20

闸室底板、塔柱基础混凝土薄块基础允许温差按表 7.3.8 控制。

表 7.3.8　　　　　升船机建筑物薄块($H/L<0.5$)基础允许温差　　　　　单位:℃

混凝土骨料类型	控制高度部位	闸室底板	闸室塔柱基础混凝土
天然骨料	0.0～0.2L	22	15
	0.2～0.4L		18

说明:①根据试验资料,取基岩弹性模量为混凝土的 1.5 倍;②高度 0～0.2L 为基础强约束区,0.2～0.4L 为基础弱约束区,L 为浇筑块长边尺寸;③混凝土极限拉伸 ε_{p904} 0.85×10^{-4}。

（3）上闸首施工期及运行期温度荷载对混凝土结构的影响分析

通过对上闸首结构温度应力仿真计算分析,得出施工期及运行期温度荷载对混凝土结构的影响分析结论:上闸首基础约束区混凝土最高温度,一般部位 26～36℃;下游衬砌部位平均 34℃,因其受侧面及底部基岩约束区影响,施工中采取温控措施,使其温度降至 30℃以下。接缝灌浆和宽槽回填的施工时机可选在浇筑结束后,需经过 4～6 个月的通水冷却,块体内部温度可降至 16～17℃,接近稳定温度。底板内最大应力发生在通水冷却结束时,水平纵向应力 1.32～1.83MPa,水平横向应力不大于 0.5MPa,运行期分别降至 0.33～0.76MPa 和 0.25～0.41MPa。施工期块体内外温差较大,要采取措施,防止施工期裂缝。

7.3.2.2　上闸首底板应力及裂缝宽度控制标准

施工期锚索处于张拉锁定状态时,锚垫板下及其周围混凝土压应力不大于 12.8MPa;运行期(175m 水位)底板受拉边缘混凝土不得产生拉应力。遇地震情况,底板一般部位拉应力不大于 0.7MPa,贴角范围拉应力不大于 1.75MPa。

校核洪水位(180.4m 水位)情况,仅作为闸首第一段结构校核条件,控制要求与运行水位遇地震情况相同。

预应力锚索张拉控制应力值第一段廊道内 σ_{con} 取 $0.6 f_{ptk}$,其余部分 σ_{con} 取 $0.62 f_{ptk}$。

上闸首按抗裂设计,但某些部位应力指标不能满足抗裂要求时,则最大裂缝允许宽度 $\sigma_{f\max}$ 为 0.2mm。

7.3.2.3　预应力钢筋混凝土配筋设计

上闸首航槽底板采用预应力混凝土结构,垂直水流方向设置 657 束 3000kN 级预应力锚索,另预留备用锚索 95 束。除上闸首前端 8m 范围将锚具置于预应力张拉廊道内,其余锚具均置于边墩外墙壁,并在其最低排下面布置一排备用锚索孔道。预应力锚索布置在底板纵缝第一道止水片下面,距混凝土顶面 1.35m。在辅助门槽上游,底板高程 137.4～139.65m 布置 4 排,间距 70cm×75cm(水平×竖向);在辅助门槽下游,底板高程 129.4～132.4m 分别布置 5 排、4 排、3 排,局部增至 6 排,间距 70cm×75cm。

在温度荷载及门压作用下,底板沿顺水流向产生拉应力,对此按限裂设计,在底板顶面以下 1m 范围,布置 6 排 $\phi25～\phi36$ 的网状钢筋。在底板贴角应力集中部位、工作廊道、闸门槽周边均布置有加强钢筋。

按照以上布置,175m 水位运行情况底板无拉应力;180.4m 水位由挡水门挡水,底板也无拉应力。

7.3.3　上闸首设备设计

7.3.3.1　上闸首工作门

(1)设备组成及布置

上闸首工作门布置在上闸首的下游端,门槽中心线距上闸首下游端面 9.1m,工作门孔口上游宽 18.8m,下游宽 25.8m,门槽宽 27.8m,底坎高程 133.45m,顶高程 185m,最大工作水头 41.55m。工作门包括一扇工作大门和 7 节叠梁门,总高度为 43.25m。

1)工作大门

工作大门为上部带卧倒小门的双扉式平板门,外形尺寸 27.6m×17.0m×5.67m(宽×高×厚),卧倒小门孔口净宽 18m,孔口高 9.15m,可适应 3.75m 的水位变化。闸门启闭由 2×2500kN 桥机通过自动挂脱梁操作(图 7.3.4)。

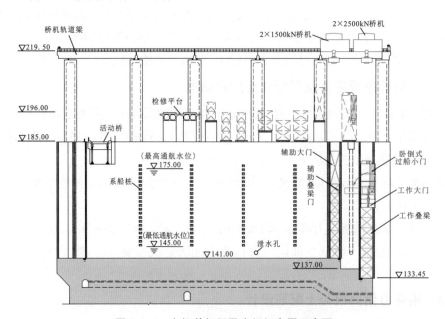

图 7.3.4　上闸首闸门及启闭机布置示意图

工作大门 U 形结构的上、下游均设有面板,上游为止水面板,下游面板上敷设不锈钢板,用于与船厢密封框对接。U 形门体下部结构高 7.85m,与船厢对接高度最大可适应3.75m 的水位变幅。U 形门体左右两侧的悬臂边柱是卧倒小门的支撑结构,U 形门体结构的上主梁腹板兼作卧倒小门门龛底板,在上主梁腹板的下游侧布置有卧倒小门支铰座和止水座板结构。大门侧止水采用 P 型止水,底止水为刀型止水。工作大门 U 形门体结构分节制造、现场拼装,边柱结构与上主梁通过高强螺栓连接。

卧倒小门为三主梁实腹式平板门,装设在 U 形门体的槽口内。面板、止水、钢支承均设在下游面,孔口净宽 18m,最大工作水头 7.45m,侧止水间距 18.1m,支承跨度 18.4m,门叶外形尺寸 18.6m×9.15m×2.0m(宽×高×厚)。小门底部设双支铰,启闭时绕支铰在竖直平面内转动,开启后小门平卧在门龛内。两支铰间距 13m,支铰轴承采用自润滑球面滑动轴承,可适应门叶制造、安装误差和运行过程中的结构变形。

卧倒小门由 2×1500kN 液压启闭机操作,其油缸活塞杆吊头通过球面轴承与卧倒门连接,缸体中部通过轴承座支承在 U 形门体结构上。启闭机工作时,油缸绕中部支铰在竖直平面内摆动。

工作大门在无水状态或提出门槽检修时,由两套液压锁定装置锁定。锁定装置分别布置在 U 形门体的两个边柱结构内,采用液压插销式,液压缸活塞杆固定,作为插销的缸体移动。

卧倒小门启闭机和锁定装置由 2 套液压泵站控制,二者同时运行并互为备用。液压泵站及其电气控制设备布置在 U 形结构两侧空腔内。

在工作大门上还设置有卧倒门开度检测装置、锁定到位检测装置、船厢停位检测装置、船舶探测装置,以及通风、除湿等电气设备。

2)工作叠梁门

工作叠梁门共 7 节,其结构尺寸、技术参数等完全相同,由门叶结构、正向及反向支承、止水、侧导轮等组成。叠梁门采用双主梁实腹式板梁结构,外形尺寸为 27.6m×3.75m×5.67m(宽×高×厚)。面板及止水设在上游面,正、反向支承采用滑块,侧导向采用导轮,设在闸门下游侧,侧止水采用 P 型橡皮,底止水和节间止水采用刀型橡皮。叠梁门吊点间距19.1m,定位套间距 24m,闸门启闭时,由 2×2500kN 桥机通过自动挂脱梁操作。

3)门槽埋件

门槽埋件包括主轨与侧导向、反轨、侧止水、底坎等,各构件均为常规焊接钢结构。

(2)主要设计参数

上游侧孔口净宽 18.8m;下游侧孔口净宽 25.8m;底坎高程 133.45m;设计水位 175m;侧止水间距 19.2m;支承跨度 27m;支承类型为工程塑料滑块;操作条件为无水启闭。

(3)强度和刚度条件

1)材料和许用应力

根据《长江三峡水利枢纽升船机上下闸首金属结构与机电设备设计大纲》,应力折减系数按 0.9 考虑，Q345C 容许正应力$[\sigma]=207$MPa；容许剪应力$[\tau]=121.5$MPa；容许组合应力$[\sigma_{zh}]=315.7$MPa。Q235 容许正应力：$[\sigma]=140$MPa。

2）刚度

主梁挠度不大于 $L/1200$。

（4）主要设计结果

1）闸门结构

①工作大门

面板折算应力 $\sigma_{zh}=279$MPa$<[\sigma_{zh}]=315.7$MPa；主梁最大正应力 $\sigma_{max}=144$MPa$<[\sigma]=207$MPa；主梁最大剪应力 $\tau_{max}=62$MPa$<[\tau]=121.5$MPa；主梁最大挠度 $f=1/1468<[f]=1/1200$。

因此门体设计满足强度、刚度要求。

②工作叠梁门

面板折算应力 $\sigma_{zh}=284$MPa$<[\sigma_{zh}]=315.7$MPa；主梁最大正应力 $\sigma_{max}=169$MPa$<[\sigma]=207$MPa；主梁最大剪应力 $\tau_{max}=73$MPa$<[\tau]=121.5$MPa；主梁最大挠度 $f=1/1211<[f]=1/1200$。

因此门体设计满足强度、刚度要求。

2）埋件结构

主轨、反轨、底坎结构均为型钢与钢板焊接件。埋件结构均分节制造，节间通过螺栓连接。主轨、反轨的轨面及侧、底止水座板表面均贴焊不锈钢板，不锈钢材料为 1Cr18Ni9Ti。主轨采用 Q345B，厚度有 110mm 和 60mm 两种；其他结构采用 Q235B。二期埋件混凝土标号为 C30。轨道底板的混凝土承压应力 $\sigma_h=8.4$MPa$<[\sigma_h]=11$MPa；轨道底板的弯曲应力 $\sigma=130.2$MPa$<[\sigma]=140$MPa，即埋件设计满足要求。

3）闸门启闭力计算

①工作大门

最大闭门力为-4200kN，即闸门可依靠自重闭门；最大启门力为 4900kN，即采用 2×2500kN 桥机满足要求。

②工作叠梁门

最大闭门力为-1264kN，即闸门可依靠自重闭门；最大启门力为 2232.4kN，即采用 2×2500kN 桥机满足要求。

7.3.3.2 上闸首活动公路桥

（1）设备布置与组成

活动公路桥布置在上闸首坝顶、挡水门槽的下游，用于连接上闸首航槽两岸的交通。活动桥采用单臂仰开式，升船机过船时，活动桥绕一端的支铰向上开启 60°，满足水面以上 18m 净空的通航要求。当坝顶需要交通用时，关闭活动桥，桥面高程与坝面齐平，车辆、行人可通过。桥行车荷载为汽20、挂-100。桥面宽9m,其中行车道宽7m,每边人行道宽1m。

活动桥的铰支座设在航槽左侧,桥体的另一个固定支座设在航槽右侧,铸钢平衡重块悬挂在活动桥体左侧尾部,以平衡部分桥体自重,减小启闭力。桥体由2×1000kN双吊点液压启闭机操作,吊点设在距铰支座4m处的航槽内侧,通过顶升使桥体启闭。活动桥在开启状态时由锁定装置锁定。

活动桥液压锁定装置装设在桥体的尾部,由液压泵站操作;液压站及其电气控制设备布置在闸顶下方的机房内,机房地面高程175.3m。

在航槽两侧的闸顶分别装设2套道闸装置和1套声光报警装置。

活动桥主要由桥体结构、启闭油缸、平衡重、铰支座、固定钢桥、锁定装置、固定支座、缓冲装置,以及液压泵站、电气控制设备、设备埋件、道闸装置、声光报警装置等组成。

(2)主要设计参数

1)桥体结构

外形尺寸为28m×9m×2.12m(长×宽×最大梁高);支承跨度为22.5m;主纵梁间距为6m;主承载结构材料为Q345C。

2)液压启闭机

启闭力为2×1000kN;工作行程为3166mm;油缸内径为350mm;活塞杆直径为250mm。

(3)设计条件

公路等级为Ⅱ级,行车道宽度为7m,两侧人行道宽1m。最高通航水位为175m,校核洪水位为180.4m。通航净空为18.0m,通航净宽为18m。工作风级不大于6级,工作风压为500kN/m²,最大分工作风压为800kN/m²。满足《公路桥涵设计通用规范》(JTG D60)和《三峡升船机上下闸首设备采购招标文件》设计条件的要求。

(4)主要设计计算

1)设计计算工况

按四种工况进行了结构计算:第一种是活动桥正常通车,第二种是活动桥开启前(未通车)活动桥刚开启,第三种是自由端支座受力为零,第四种是活动桥开启到60°,锁定销锁定时的工况。

2)材料和许用应力

活动桥桥体结构和固定桥桥体材料均为Q345C。正常工况下许用正应力为200MPa,许用剪应力为130MPa。支铰轴材料为40Cr,许用弯曲正应力196MPa,许用接触应力为810MPa。启闭机油缸缸体材料为45钢,许用正应力122MPa。活塞杆材料为45钢,许用正应力为110MPa。

3)主要计算结果

在活动桥正常通车的工况下,活动桥主纵梁的最大弯曲正应力为68.72N/mm²,最大剪应力为66.66N/mm²。主横梁的最大弯曲正应力为81.47N/mm²;主横梁的最大剪应力为

72.45N/mm²。固定桥主纵梁的最大弯曲正应力为 72.88N/mm²,最大弯曲剪应力为 40.63N/mm²。活动桥和固定桥的弯曲正应力和剪应力均小于容许值。

活动桥自由端铰支座最大接触应力为 456.79MPa,小于容许设计应力 810MPa。支铰轴最大弯曲应力为 137.84MPa,小于容许弯曲应力。

启闭机油缸缸体纵向应力为 21.9MPa,环向应力为 53.7MPa,合成应力为 46.8MPa。活塞杆计算最大应力为 34.2MPa,均小于容许值。活塞杆稳定性计算安全系数为 5,满足《水电水利工程启闭机设计规范》(DL/T 5167)。

7.3.3.3　上闸首工作门 2×2500kN 桥式启闭机

(1)设备装设地点及用途

2×2500kN 桥式启闭机用于上闸首工作大门和工作叠梁门的启闭与吊运,为带液压自动挂脱梁的单向桥式启闭机,用于上闸首布置在混凝土排架柱顶部的钢结构轨道梁上,轨顶高程 219.5m。桥机配有液压自动抓梁 1 套。

(2)主要技术参数

设计寿命为 50 年;整机工作级别为 A4;结构工作级别为 E4;起升机构工作级别为 M4;运行机构工作级别为 M4;启闭力为 2×2500kN;轨距为 34m;起升高度(坝上/总)为 30m/80m(抓梁下吊耳);起升速度(带载/空载)为 0.5～5.0/0.5～10.0m/min(带载/空载);大车运行速度为 0.97～9.7m/min;供电方式为安全滑线;供电电源为三相四线制,交流 380V±10%、50Hz±2Hz;运行距离为 115m 以内;轨道型号为 QU120。

(3)主要设计结果

1)起升机构

①钢丝绳

钢丝绳型号为 DYFORM 34×7LR-PI 196035,低旋转,带封闭塑料垫层,镀锌。整绳最小破断拉力 1124kN,计算最大拉力 193.5kN,钢丝绳安全系数 5.8。

②卷筒钢丝绳偏角

钢丝绳在卷筒上采用 3 层缠绕,卷筒绳槽底直径 1700 mm。

钢丝绳偏角:从第一层过渡到第二层时的偏角为 1.4894°,从第二层过渡到第三层时偏角为 1.4558°,上极限时偏角为 1.6379°,满足《水利水电工程启闭机设计规范》(SL 41－1993)要求。

③电机

电机型号为 1PQ8357-8 PB IP55 F S1,额定功率为 315kW,大于计算静功率 280kW。

④减速器

减速器型号为 JH710D-SW-100,允许输入功率为 322kW,大于额定电机功率。

⑤工作制动器

⑥计算总制动力矩为 6165N·m。制动器型号为 YP31－2000－630×30,每吊点 1 台,

安全系数 2.14。

⑦安全制动器

计算总制动力矩为 543kN·m。制动器型号为 SB315-2700×30,安全系数 4.04。

2)行走机构

①电机

电机型号为 BN132MA4 FAR IP55 F,共 8 台,电机总功率为 60kW,大于计算静功率 56kW。

②减速器

减速器型号为 310R4 234 FZ。额定输出扭矩 M_n=24.5kN·m。最大静扭矩 36kN·m。

③夹轨器

型号为 XJYT-200 型夹轨器 2 台,总防滑力为 2×200kN,大于计算防滑力 216kN。

④轮边制动器

计算制动点:空载时为-1.49,满载时为-0.76。选择 YLZ63-200 轮边制动器 2 台。

⑤缓冲器

缓冲器型号为 JHQ-A-11,缓冲容量为 3215N·m,大于计算缓冲容量 2222.2N·m。

3)桥架结构

①材料和许用应力

桥架主材采用 Q345C,根据 DL/T 5167—2002,其容许应力:

第一组($\delta \leqslant$16mm):$[\sigma]$=230MPa、$[\tau]$=135MPa、$[\sigma_{cd}]$=350MPa。第二组(17$\leqslant\delta\leqslant$25mm):$[\sigma]$=220MPa、$[\tau]$=130MPa、$[\sigma_{cd}]$=330MPa。

②计算结果

在工作状态下桥架的最大复合应力为 137.6MPa,桥架主梁在工作状态下受载后的跨中最大垂直位移为 41.3mm。桥架的最大复合应力均小于许用复合应力,最大跨中扰度均小于跨度的 1/750。

7.3.3.4 上闸首辅助门 2×1500kN 桥式启闭机

(1)设备装设地点及用途

2×1500kN 桥式启闭机用于上闸首事故检修门和检修叠梁门的启闭与吊运,为带液压自动挂脱梁的单向桥式启闭机,用于上闸首布置在混凝土排架柱顶部的钢结构轨道梁上,轨顶高程 219.5m。

(2)设计条件

设计寿命 50 年;整机工作级别 A4;结构工作级别 E4;起升机构工作级别 M4;运行机构工作级别 M4;启闭力 2×1500kN;桥式启闭机跨度 34m;起升高度(坝上/总)26/72m;起升速度(带载/空载)0.49～4.9/0.49～9.8m/min;运行速度 0.97～9.7m/min;轨道型号 QU120。

（3）主要设计结果

1）起升机构

①钢丝绳

钢丝绳型号为 DYFORM 34×7LR-PI 1960Φ30，低旋转，带封闭塑料垫层，镀锌。整绳最小破断拉力 829kN，计算最大拉力 145.4kN，钢丝绳安全系数 5.87＞5.5。

②卷筒钢丝绳偏角

采用 3 层缠绕，卷筒绳槽底直径 1050mm。

钢丝绳偏角：从第一层过渡到第二层时的偏角为 1.3636°，从第二层过渡到第三层时偏角为 1.0357°，上极限时偏角为 1.9332°，满足《水利水电工程启闭机设计规范》（SL 41—1993)要求。

③电机

电机型号为 1PQ8315-8 PB IP55 F S1，额定功率 160kW，大于计算静功率 155kW。

④减速器

减速器型号为 JH560C-SW-90，允许输入功率为 176kW，大于额定电机功率。

⑤工作制动器

计算总制动力矩 6165N·m。制动器型号为 YP31-2000-560×30，每吊点 1 台，安全系数 1.87。

⑥安全制动器

计算总制动力矩 284kN·m。制动器型号为 SB250-1900×30，安全系数 4.36。

2）行走机构

①电机

电机型号为 BN132MA4 FAR IP55 F，共 4 台，电机总功率为 30kW，大于计算静功率 28.7kW。

②减速器：型号为 310R4 234 FZ，额定输出扭矩 M_n＝24.5kN·m，最大静扭矩 36kN·m。

③夹轨器：型号为 XJYT-200，总防滑力为 2×200kN。大于计算防滑力 209kN。

④轮边制动器：选择为 YLZ63-200 轮边制动器 2 台。

⑤缓冲器：型号为 JHQ-A-11，缓冲容量为 3215N·m，大于计算缓冲容量 1533.9N·m。

（4）桥架结构

1）材料和容许应力

桥架主材采用 Q345C，根据 DL/T 5167—2002，其容许应力为：

第一组（$\delta \leqslant 16$mm）：$[\sigma]$＝230MPa、$[\tau]$＝135MPa、$[\sigma_{al}]$＝350MPa。

第二组（17$\leqslant \delta \leqslant 25$mm）：$[\sigma]$＝220MPa、$[\tau]$＝130MPa、$[\sigma_{al}]$＝330MPa。

2）计算结果

在工作状态下桥架的最大复合应力为 126.3MPa。桥架主梁在工作状态下受载后的跨中最大垂直位移为 41.6mm。

桥架的最大复合应力均小于容许复合应力,最大跨中扰度均小于跨度的 1/750。

7.3.3.5 上闸首桥机轨道梁

(1)设备布置与结构类型

上闸首钢轨道梁安装在混凝土支墩顶部 215.948m 高程,顺水流方向布置,共两线,每线由 5 跨组成,每线全长 129.90m。轨道梁有 4 种规格,其中,1 号梁 2 根、跨度 26.55m、长 31.28m;2 号梁两根、跨度 21.20m、长 22.66m;3 号梁 4 根、跨度 22.90m、长 24.36m;4 号梁 2 根、跨度 23.25m、长 27.08m。

轨道梁为箱形、等截面、简支梁。梁高 2.8m,宽 1.7m。每根梁的一端布置一对固定支座,另外一端布置一对活动支座。两根端梁外悬臂端设置有桥式启闭机阻挡结构。

轨道采用 QU120 钢轨,由螺栓压板固定在轨道梁顶面。轨道梁顶面设有人行走道及栏杆等结构。

(2)设计工况与设计载荷

1)设计工况

轨道梁按桥式启闭机吊具在极限位置正常起吊、正常运行及动载荷试验、静载荷试验四种工况进行设计。

2)设计载荷

正常起吊载荷包括钢梁自重、风载和运行机构的轮压(考虑 1.1 的动载系数)。

正常运行载荷包括钢梁自重、风载、桥式启闭机大车运行机构的轮压(冲击系数 1.0)以及大车运行机构起动(制动)产生的水平惯性力、大车运行时的水平侧向力、坡度阻力、撞击力(上闸首轨道梁仅作用于端部钢梁)等。

静载试验载荷包括钢梁自重、风载和吊具在极限位置慢速提升 1.25 倍的额定起升载荷时大车运行机构的轮压(不考虑动载系数)。

3)动载试验载荷

包括钢梁自重、风载和吊具在极限位置提升 1.1 倍的额定起升载荷时大车运行机构的轮压(另考虑适当的冲击系数)以及运行机构起动(制动)产生的水平惯性力、运行时的水平侧向力、坡度阻力等。

(3)材料和容许应力

轨道梁体主材采用 Q345B,根据 DL/T 5167—2002,其容许应力为:

第一组($\delta \leqslant 16mm$):$[\sigma] = 230MPa$、$[\tau] = 135MPa$、$[\sigma_{ad}] = 350MPa$。

第二组($17mm \leqslant \delta \leqslant 25mm$):$[\sigma] = 220MPa$、$[\tau] = 130MPa$、$[\sigma_{ad}] = 330MPa$。

第三组($26mm \leqslant \delta \leqslant 36mm$):$[\sigma] = 205MPa$、$[\tau] = 120MPa$、$[\sigma_{ad}] = 310MPa$。

(4)主要设计结果

1 号梁体最大复合应力为 115.2MPa,最大跨中挠度为 28.6mm;2 号梁体最大复合应力为 128.7MPa,最大跨中挠度为 19.8mm;3 号梁体最大复合应力为 133.5MPa,最大跨中挠度为 25.3mm;4 号梁体最大复合应力为 138.9MPa,最大跨中挠度为 26.5mm;各轨道梁的最大复合应力均小于许用复合应力,最大跨中扰度均小于跨度的 1/750。

7.3.3.6 上闸首泄水系统

(1)泄水系统设备布置

上闸首泄水系统布置在上闸首航槽右侧的工作门与辅助门之间,当工作门需要增加或减少一节叠梁门以适应上游水位变化时,由辅助大门挡住上游水,通过泄水系统泄掉辅助门与工作门之间的部分水体,实现工作门无水状态下操作的运行条件。

泄水系统主要由两线钢管及相应的工作阀门(中空喷射排放阀)、工作阀门检修闸阀(电动闸阀)、管路系统检修蝶阀(手动蝶阀)、自动进排气阀门、电气控制设备、拆卸接头、管道支架及埋件、检修爬梯等设备组成。

泄水管进水口布置在航槽右侧闸墙边高程 137.55m,出水口设在升船机右侧的冲沙闸左侧闸墙高程 85.2m。泄水管水平穿过上闸首右侧闸墙后,转 90°沿闸墙外侧竖直向下至 84.5m 高程的平台,然后转 90°沿 84.5m 平台水平向右至冲沙闸闸墙边。

在上闸首右侧闸墙外 127m 高程设检修阀门室,在冲沙闸挡墙内设有两个工作阀门室,在泄水管的拐角部位设混凝土镇墩。

检修阀门室内布置有手动蝶阀、拆卸接头、自动进排气阀、管道支架以及钢结构的操作平台等设备,设备通径为 DN800mm。工作阀门室内布置有中空喷射排放阀、电动闸阀、拆卸接头及管道支架等设备,设备通径为 500mm。

在闸墙侧布置有管道支架及检修爬梯等设备,在高程 84.5m 平台布置管道支架及埋件等设备,在检修阀门室内布置阀门控制设备的盘柜。

(2)主要技术参数

1)管路系统

① 高程 85.2m 及高程 85.2～127.2m

公称直径 DN500;外径≥532mm;材料 Q345D;结构类型为无缝钢管;公称压力 PN10。

② 高程 127.2～132.75m

公称直径 DN800;外径≥832mm;材料 Q345D;结构类型为焊接钢管;公称压力 PN10;管路总长 10m。

2)蝶阀

操作方式为手动;公称直径 DN800;公称压力 PN16。

3)闸阀

操作方式为电动、手动;公称直径 DN500;公称压力 PN16。

4)中空喷射排放阀

操作方式为电动、手动;公称直径 DN500;公称压力 PN10。

5)自动进排气阀

操作方式为自动;公称直径 DN100;公称压力 PN16。

6)拆卸接头

①DN500 拆卸接头

公称直径 DN500;公称压力 PN16;主材为不锈钢;数量为 7 套。

②DN800 拆卸接头

公称直径 DN800;公称压力 PN16;主材为不锈钢;数量为 2 套。

(3)设备运行流程

1)正常运行流程

①设备状态:检修蝶阀处于开启状态;检修闸阀处于全开状态。

②运行流程

电动开启中空喷射阀至全开位(或设定工作位),当上闸首工作门与辅助门之间的水位达到本次泄水所规定的水位时,电动关闭中空喷射阀至全关位。

2)快速关闭检修闸阀流程

①设备状态:检修蝶阀处于开启状态;检修闸阀处于全开状态;中空喷射阀处于开启/关闭状态。

②闸阀快速关闭流程

当中空喷射阀在泄水过程中或关闭状态下,遇中空喷射阀故障时,以电动方式关闭检修闸阀。

3)中空喷射阀正常检修流程

①设备状态:蝶阀处于开启状态;闸阀处于全开状态;中空喷射阀处于关闭状态。

②闸阀关闭流程

当中空喷射阀需要检修时,以电动/手动方式关闭闸阀,然后电动/手动开启中空喷射阀泄掉检修闸阀与中空喷射阀之间的水体。

4)管路系统检修流程

①设备状态:蝶阀处于开启状态;闸阀处于全开状态;中空喷射阀处于关闭状态。

②阀门运行流程

关闭检修蝶阀→开启中空喷射阀,泄掉管路系统内的水体→关闭中空喷射阀。

7.4 承船厢结构与设备

7.4.1 承船厢结构

7.4.1.1 承船厢结构组成及其布置

(1)承船厢结构组成

承船厢结构主要由主纵梁、螺母柱横梁、齿条横梁、厢头结构、底铺板、横梁、小纵梁、机房等组成焊接结构(图 7.4.1),外形尺寸为 132m×23m×11.5m(长×宽×高)。

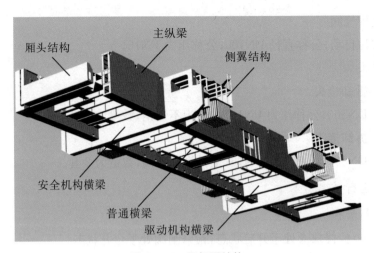

图 7.4.1　承船厢结构

（2）承船厢结构布置

主纵梁为箱形结构，布置于承船厢两侧，两主纵梁间距为 18.4m。外形尺寸为 132m×2.4m×10m（长×宽×高）。螺母柱横梁为变截面箱形结构，对称布置于距承船厢横向中心线 37.74m 处，其外形尺寸为 132m×2.4m×10m（长×宽×高）。齿条横梁为变截面箱形结构，对称布置于距承船厢横向中心线 19.6m 处，其外形尺寸为 132m×2.4m×10m（长×宽×高）。

由底铺板、横梁、小纵梁等焊接组成承船厢底铺结构，底铺板厚 18mm，横梁和小纵梁均为 T 形结构。

7.4.1.2　承船厢结构设计

承船厢结构设计依据：《长江三峡水利枢纽升船机主体设备制造、安装、调试工程招标文件》（招标编号：TGT-TGP/EM201007D）、《三峡工程升船机设计准则》（DIN 19704）。

（1）水工钢结构

《钢结构设计与构造》（DIN 18800）、《水电水利工程钢闸门设计规范》（DL/T 5013）。

（2）承船厢主要技术参数

承船厢有效水域 120m×18m×3.5m（长×宽×水深）；承船厢外形尺寸 132m×23m×10m（长×标准段宽×标准段高）；承船厢升降时最大允许误载水深±0.1m；船厢对接时最大误载水深±0.5m；干舷高 0.8m。

（3）承船厢结构设计工况及荷载

承船厢结构设计工况及荷载见表 7.4.1 及表 7.4.2。

表 7.4.1 承船厢结构设计工况

工况 1	正常运行工况,误载水深 0.1m
工况 2	正常运行工况,对接锁定,误载水深 0.5m
工况 3	事故工况,空厢,安全机构锁定
工况 4	事故工况,船厢室进水,对接锁定机构和安全锁定联合作用
工况 5	事故工况,平衡重井进水,对接锁定机构和安全机构联合作用
工况 6	事故工况,对接状态沉船,对接锁定机构和安全机构联合作用
工况 7	事故工况,船厢升降过程遇地震
工况 8	事故工况,船厢与闸首对接时遇地震

表 7.4.2 承船厢各设计工况的载荷

工况 1	结构及设备自重,水压(误载水深 0.1m),钢丝绳拉力,最大工作风压
工况 2	结构及设备自重,水压(误载水深 0.5m),钢丝绳拉力,最大工作风压,侧向水压(厢头门处)
工况 3	结构及设备自重,钢丝绳拉力,最大非工作风压,驱动点施加 2200kN 竖向向下驱动力
工况 4	结构及设备自重,钢丝绳拉力,水压(0.3m),最大非工作风压,驱动点施加 2200kN 竖向向下驱动力
工况 5	结构及设备自重,钢丝绳拉力减小到 58.226kN,水压(误载水深 0.1m),最大工作风压,驱动点施加 2200kN 竖向向上驱动力
工况 6	结构及设备自重,水压(误载水深 0.5m),沉船处加载 16.2kN/ m² 船压,钢丝绳拉力,最大工作风压,侧向水压(厢头门处),驱动点施加 2200kN 竖向向上驱动力
工况 7	结构及设备自重,水压(误载水深 0.1m),钢丝绳拉力,最大工作风压,驱动点施加 2200kN 竖向向上驱动力,地震引起的结构水平方向加速度及附加水重量
工况 8	结构及设备自重,水压(误载水深 0.5m),钢丝绳拉力,最大工作风压,驱动点施加 2200kN 竖向向上驱动力,侧向水压(厢头门处),地震引起的结构水平方向加速度及附加水重量

（4）承船厢结构材料和容许应力

承船厢承重结构采用 Q345D,型钢材料采用 Q235D。

强度:承船厢结构按容许应力法进行设计、校核。主纵梁及横梁材料的容许应力按 0.9 和 0.95 的系数折减。

根据《水利电力工程钢闸门设计规范》,Q345D 抗拉、抗压和抗弯强度为 220MPa,抗剪强度为 130MPa,局部承压强度为 350MPa。主纵梁许用应力按 0.9 折减后抗弯最小许用应力 $[\sigma]=198\text{N/mm}^2$,抗剪最小许用应力 $[\tau]=117\text{N/mm}^2$。

（5）承船厢结构计算结果及结论

各设计工况条件下各主要构件的应力和变形计算结果见表 7.4.3,各工况条件下最大 V. Mises 应力点处各向应力见表 7.4.4。

表 7.4.3 承船厢结构应力和变形计算结果

	工况 1	工况 2	工况 3	工况 4	工况 5	工况 6	工况 7	工况 8
整体最大等效应力(N/mm²)	217	230	265	243	224	274	219	230
整体最大变形(mm)	60	78	91	86	55	45	44	52
箱形主纵梁最大等效应力(N/mm²)	217	230	195	180	224	274	219	230
箱形主纵梁最大变形 Y(mm)	33	32	56	58	50	50	31	24
箱形主纵梁刚度	1/4000	1/4125	1/2357	1/2276	1/2640	1/2640	1/4258	1/5500
单腹板横梁最大等效应力(N/mm²)	104	114	94.1	86	105	154	106	115
单腹板横梁最大变形 Y(mm)	9	10	5	3	8	7	11	10
单腹板横梁刚度	1/2667	1/2400	1/4480	1/8000	1/3000	1/3428	1/2182	1/2400
驱动横梁最大等效应力(N/mm²)	67	145	188	185	134	133	140	135
驱动横梁最大变形 Y(mm)	7	14	20	16	15	22	19	7
驱动横梁刚度	1/3428	1/1714	1/1200	1/1714	1/1600	1/1090	1/1263	1/3428
螺母柱横梁最大等效应力(N/mm²)	89	101	190	172	86	185	100	13
螺母柱横梁最大变形 Y(mm)	6	7	39	2	5	22	10	15
螺母柱横梁刚度	1/4000	1/3428	1/615	1/12000	1/4480	1/1091	1/2400	1/1600

表 7.4.4 最大 V. Mises 应力点的各向应力 （单位:N/mm²）

	工况 1	工况 2	工况 3	工况 4	工况 5	工况 6	工况 7	工况 8
X 向应力	150	158	91	82	150	181	146	153
Y 向应力	136	142	29	26	137	164	131	136
X-Y 剪切力	97	103	32	31	97	117	95	100

计算结果表明各主要受力部件的应力在允许范围内;承船厢主纵梁的最大变形为 1/2276,在允许范围内。

7.4.2 驱动系统

7.4.2.1 驱动系统设备组成及布置

(1)驱动系统设备组成

承船厢升降驱动系统由驱动机构和同步轴系统两部分组成,驱动机构共 4 套,分别布置在承船厢两侧的 4 个侧翼平台上,其中心线距承船厢横向中心线(轴 7)29600mm。4 套驱动机构通过布置在船厢结构中的同步轴承系统相连。驱动机构主要由两套机械传动单元、一套小齿轮托架系统和机架组成。小齿轮托架系统由小齿轮轴、保持架、旋转架、导向架、前摆臂、后摆臂、管轴承及其轴承座、底横梁和液气弹簧油缸组成(图 7.4.2)。

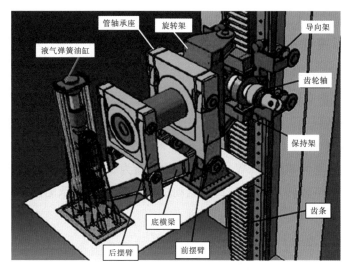

图 7.4.2 小齿轮托架系统主要部件

（2）驱动系统设备布置

两套机械传动单元分别布置在小齿轮托架两侧，一套靠近安全机构布置，与安全机构相连；另一套靠近同步轴系统，与同步轴系统相连。每套机械传动单元均包括电动机、减速器、锥齿轮箱、万向联轴节组件、安全制动系统、带齿式联轴器中间轴等设备。每套驱动机构两台减速器位于小齿轮两侧，其低速级输出轴通过万向联轴节组件与小齿轮轴连接，减速器高速轴内侧输出轴端与电动机连接，并装设工作制动器；高速轴外侧轴端装设安全制动器。靠近安全机构一侧的减速器的中间轴外侧输出轴端通过安全离合器与锥齿轮箱连接，其动力再通过带齿轮联轴器中间轴和锥齿轮箱传递至安全机构；中间轴内侧输出轴端装设绝对值旋转编码器。靠近同步轴系统一侧的减速器高速轴外侧输出轴通过带齿轮联轴器中间轴与锥齿轮箱连接，通过锥齿轮箱将动力传递至同步轴系统。小齿轮托架系统位于每套驱动设备的横向中心线上。小齿轮轴的轴端与机械传动系统的万向联轴节组件的花键套连接。小齿轮托架机构可适应齿条各个方向变位（水平面内的横变位、水平面内的纵向变位、水平面内的扭转、纵向平面内的偏斜等）。齿条的水平纵向变位通过加大齿条的齿宽适应，托架机构的构造可适应齿条的水平横向变位以及齿条的扭转误差、偏斜误差，尽管齿轮托架机构的构件数量较多，但在适应齿条变位方面动作较为明确直观，对齿条各个方向的误差（纵向变位、横向变位、垂直度误差、齿宽在水平面内的偏斜等）均能很好地适应，并且对每个误差项的适应只需机构的一个构件动作，构件动作的关联性较小，以提高机构的可靠性。

同步轴系统为连接 4 套驱动机构的空间轴系，由锥齿轮箱、带齿轮联轴器中间轴、带齿轮联轴器及测量法兰中间轴、弹性爪形联轴器、轴承座、同步轴空心轴等组成，包括布置在底部的水平纵轴和水平横轴、布置在承船厢侧翼平台的水平横轴以及布置在主纵梁外侧的竖直轴。同步轴系统在转向处均采用换向锥齿轮箱连接。布置在承船厢底部的水平纵轴和较长的水平横轴按一定的间隔分段，各轴段之间用联轴器相互连接，各轴段两端设轴承座，轴承座安装于承船厢结构上。

7.4.2.2 驱动系统设备主要技术参数及主要设计条件

（1）驱动系统主要技术参数

承船厢提升高度为 113m；提升速度为 0.2m/s；运行加速度为 0.01m/s²；事故制动加速度为 −0.04m/s²；运行最大允许误载水深为 ±0.10m；驱动系统最大运行载荷为 ±4400kN；驱动系统最大事故载荷为 ±8800kN；整机设计寿命为 35 年（70350h）；每天运行次数为 18 次；驱动电机额定功率为 8×315kW；小齿轮等效载荷为 932kN；小齿轮转速为 3.8rpm；减速器传动比为 263；同步轴转速为 250rpm；驱动机构适应塔柱和承船厢变形能力：纵向为 ±105mm，横向为 ±150mm。

（2）驱动系统主要设计条件

1）驱动系统需克服承船厢误载水载荷、摩阻力和惯性力，驱动承船厢平稳运行。

2）承船厢升、降过程中，驱动系统一台或任意两台电机损坏，其余电机应能继续驱动船厢运行到下一个停止位置。

3）承船厢升降过程中，因机械传动系统制造误差而造成的承船厢四个驱动机构小齿轮啮合点的高度差在机械轴同步条件下不得大于 4mm（在电气同步条件下不得大于 2mm）。

（3）驱动系统正常运行程序

1）启动：驱动系统开始运行前，液气弹簧加压预紧，待承船厢锁定机构退出后，主拖动系统首先接电，按承船厢对接后不平衡力的方向及大小施加预加力矩，然后工作制动器和安全制动器相继松闸，最后主拖动系统正式启动，驱动系统投入运行。

2）制动：在主拖动系统减速至速度接近零时进行。首先工作制动器上闸，主拖动系统同时断电，延时数秒后安全制动器上闸。

（4）驱动系统超载运行程序

当驱动机构小齿轮载荷超过 1560kN 时，监测和控制系统发出警报；当驱动机构小齿轮载荷超过 1580kN 时，主拖动系统开始电气制动，至承船厢停止升降后，工作制动器和安全制动器按正常运行程序先后上闸，同时主拖动系统机断电。

当小齿轮载荷达到 1650kN 时，液气弹簧开始动作，如果安全机构螺纹间隙处于最大状态，则当该间隙消失时，小齿轮载荷为 2200kN。

（5）驱动机构运转时应能适应塔柱和承船厢的变形及齿条的安装误差

（6）主拖动系统电气控制失效的运行程序

当主拖动系统失效时，由工作制动器实施紧急上闸；安全制动器延时上闸。

7.4.2.3 驱动系统主要设备设计

（1）电机功率

电机功率确定的原则是：四套驱动机构的 8 台电机在电动机最大运行负载（包括风载）

下,其中任意两台失效时能继续驱动承船厢升降而不发生过载。当同一驱动单元两台电机失效时,由其余驱动机构的 6 台电机共同负担该驱动机构的负荷。

考虑机械传动链的功率损失,每台电机的所需功率为 284kW,考虑了变频器消耗的功率后,该电机计算功率为 298kW。

招标文件所选电机的额定输出功率为 315kW,转速为 1000rpm,可以满足正常工况和一台或两台电机失效时升船机的运行。

(2)小齿轮托架机构强度核算与物理模型试验

1)齿轮轮齿强度计算

①小齿轮轴轮齿主要参数见表 7.4.5。

表 7.4.5 小齿轮轴基本技术参数表

模数	$m=62.66725884mm$
齿数	$z=16$
压力角度	$\alpha=20°$
基准齿廓	DIN 867
齿宽	$b=600mm$
齿廓位移系数	$x=+0.5$
齿轮连接质量,容差范围 DIN 3967	10 a 27
测试组 DIN 3961	T10C
硬度	HV740
硬化深度(齿根也须硬化)	6mm
齿根和齿根面的粗糙度	$R_a 0.4$
用齿端修圆修正齿的形状	0.25mm
材料以及质量要求	18CrNiMo7-6 ME(DIN3990-5 图 4a,4b,表 5)

②计算载荷:

误载水重 5cm 时每个齿轮的载荷为 $F_1=742kN$;误载水重 10cm 时的每个齿轮的载荷为 $F_2=1048kN$。齿轮的疲劳强度计算按 5cm 误载水深运行次数 80%、10cm 误载水深运行 20% 进行疲劳等效载荷计算。齿轮的静强度按单个驱动机构最大事故载荷 2200kN 计算。

③计算结果见表 7.4.6。

表 7.4.6 齿轮轮齿的静强度与安全系数

项目参数	齿面接触静强度	齿面接触疲劳强度	齿根弯曲静强度	齿根弯曲疲劳强度
应力(N/mm^2)	1041	750.7	374.2	190.1
安全系数	1.6	1.75	6.0	2.8

根据设计准则以及《长江三峡水利枢纽升船机主体设备制造、安装、调试工程招标文件》,齿面接触静强度和齿面接触疲劳强度安全系数不小于1.1,齿根弯曲静强度和齿根弯曲疲劳强度不小于2.0。因此齿轮轮齿强度满足要求。

2）齿轮托架结构静强度和疲劳强度计算

主材采用 Q345D,铰轴采用 42CrMo4V。

误载水重 5cm 时每个齿轮的载荷 $F_1 = 742$kN;误载水重 10cm 时的每个齿轮的载荷 $F_2 = 1048$kN,依据欧洲标准《钢结构设计——疲劳分析》(ENV 1993-1-2-1995),对小齿轮托架焊缝安全性进行了评估。

整个结构设计运行时间为 70 年,总循环次数为 844200 次,20％工况的运行次数为 168840 次,对应载荷 80％工况的运行次数为 675340 次。取 $N = 5000000$ 时的疲劳强度为钢材的耐久疲劳强度。在裂纹扩展阶段,裂纹的扩展速率取决于应力幅。对不同的焊缝类型,应力幅的大小不同。参照 EC3 标准,在小齿轮托架结构上主要的焊缝类型有 3 种:K71、K90、K100。对不同的焊缝类型分别进行了疲劳抗力计算,结果见表 7.4.7。

表 7.4.7　　　　　　　　　　　小齿轮托架疲劳计算抗力表

k	a	m	$N_1 = 168840$		$N_2 = 675360$	
140	5.64E+12	3	321.9822	238.5053	202.8361	150.249
100	2.00E+12	3	227.9563	168.8565	143.6035	106.3729
90	1.42E+12	3	203.3626	150.6389	128.1104	94.89658
71	7.10E+11	3	161.3787	119.5397	101.6622	75.30532
56	3.56E+11	3	128.1825	94.95001	80.74993	59.81476
50	2.57E+11	3	115.0322	85.209	72.46572	53.67831
36	1.26E+11	3	90.70511	67.18897	57.14064	42.3264

齿轮托架疲劳强度的计算考虑机构适应承船厢与塔柱横向变位 150mm 的不利情况。结构应力采用有限元软件 ANSYS 计算。应力计算表明,保持架上下横梁与铰轴连接部位以及管轴承的圆管与叉架交贯部位应力集中最为严重。

当系统所受载荷为 1048kN 时,上横梁与铰轴连接部位最大应力为 119.324MPa。最大应力边缘焊缝位置的应力约为 52.678MPa。对应于焊缝 K71 的计算,部分损伤系数为 0.4407。当系统所受载荷为 742kN 时,套筒实体内最大应力达到 111.278MPa,边缘焊缝位置的应力约为 37.297MPa。对应于焊缝 K71 的计算,部分损伤系数为 0.4953。两载荷的部分损伤累计系数之和为 0.9360,满足疲劳强度部分累计损伤系数小于 1 的要求。

在管轴承的圆管与叉架交贯部位,在 1048kN 载荷作用下,最大应力达 119.324 MPa。交贯部位的焊缝应力为 66.388 MPa。受力以轴向力为主,而扭转力很小,因此焊缝受到的力主要为垂直于焊缝方向的应力,所以按照 K90 校核,部分损伤系数为 0.4407。在 742kN 载荷作用下,最大应力达 84.484 MPa,边缘焊缝位置的应力约为 47.004MPa。对应于焊缝 K90 的计算,部分损伤系数为 0.4953。两载荷的部分损伤累计系数之和为 0.9360,满足疲劳强度部分累计损伤系数小于 1 的要求。其他构件疲劳强度均满足要求。

齿轮托架结构的静强度按单个驱动机构最大事故载荷 2200kN 计算。除考虑机构适应船厢与塔柱横向变位 150mm 的不利情况外,同时考虑液气弹簧发生最大向下轴向位移(工况一)以及液气弹簧发生最大向上轴向位移(工况二)的最不利情况。在极限条件下的静力计算,安全系数为 1.1,由此确定 Q345D 和 42CrMo4V 的许用应力分别为 290N/mm^2 和 450N/mm^2。表 7.4.8、表 7.4.9 为两工况下齿轮托架部件应力计算结果。

表 7.4.8　　　　　　　　　　工况一齿轮托架最大应力

构件	底横梁	保持架	管轴承	前支承环	前支架	后支承环	后支架
最大应力(MPa)	198.987	170.947	241.417	238.42	88.797	182.131	144.24

表 7.4.9　　　　　　　　　　工况二齿轮托架最大应力

构件	底横梁	保持架	管轴承	前支承环	前支架	后支承环	后支架
最大应力(MPa)	166.682	226.506	237.841	259.588	113.756	187.579	147.50

计算结果显示,最大静应力为 259.588N/mm^2,小于 Q345D 或 42CrMo4V 许用应力要求。

3)托架机构物理模型试验

三峡总公司委托武汉船舶公司按照 1:3 的比例加工制作了该机构的物理模型,并进行了相关的机构功能试验研究。物理模型的范围除齿轮托架机构外,还包括齿条、液气弹簧液压系统等,试验项目包括机构对各向变位适应能力、液气弹簧限载保护等内容。

物理模型的试验结果表明,齿轮托架机构能够适应承船厢与齿条之间的纵向、横向相对变位以及齿条的偏摆、扭转误差,且具有较大的适应能力;齿轮超载后,机构可以按照设计预想动作。

(3)减速器和锥齿轮箱

驱动系统减速器由供货商重庆齿轮有限责任公司设计和制造。在《长江三峡水利枢纽升船机主体设备制造、安装、调试工程招标文件》中对减速器的设计和制造提出了如下要求:

1)减速器和锥齿轮箱的齿轮设计和制造应符合 DIN19704-1 第 10.10 节和 DIN19704-2 第 10.5 节的要求。

2)减速器采用硬齿面齿轮,齿轮精度不低于 6 级。齿轮轮齿加工质量应遵循 DIN 3960 至 DIN 3965 和 DIN 3967。

3)齿轮材料应采用符合 DIN 3990-5 的 MQ。

4)减速器和锥齿轮箱中的各级齿轮的齿根弯曲疲劳强度和静强度、齿面接触疲劳强度和静强度以及齿轮抗胶合能力等应根据 DIN 3900-1 至 DIN 3990-6、DIN3990-11、DIN3900-12、DIN3900-21 和 DIN3991-1 至 DIN3991-4 进行验算。安全系数要求如下：①齿根弯曲疲劳强度和静强度：$S_F \geqslant 3.0$（需考虑双向载荷）；②齿面接触疲劳强度和静强度：$S_H \geqslant 1.1$；③齿轮抗胶合能力：$S_S \geqslant 2.0$。

5)减速器和锥齿轮箱各传动轴按双向受载的转轴设计，其疲劳安全系数不小于 2。

6)减速器和锥齿轮箱在装配后，应根据齿轮副的实际啮合状态，对齿面进行修磨处理。

7)减速器和锥齿轮箱出厂前应进行空载跑合和负荷试验。进行负荷试验时，距减速器或锥齿轮箱 1m 处的噪声不高于 80dB。减速器和锥齿轮箱必须在运行荷载下在两个转动方向进行测试；必须记录温度（环境温度、油温）。试运行持续时间最少 3h。

在三峡升船机主体设备制造第一、二次设计联络会中，对供货商提供的减速器和锥齿轮箱的设计资料进行了审查。施工设计满足招标文件要求。

（4）同步轴系统

同步轴的静态载荷按最大运行载荷条件下，同一驱动机构的两台电机同时失效，其余三套驱动机构的 6 台电动机以 1.2 的不均匀系数向失效电机所在驱动机构提供功率的原则确定。根据该原则，确定同步轴系统的最大扭矩为 15.0kN·m，同步轴的疲劳计算扭矩为 4.0kN·m。

同步轴轴段采用焊接结构，材料为 35 号钢。中间部分用无缝钢管制作，两端为实心短轴。空心轴段容许疲劳扭转应力 27N/mm²，容许静强度扭转应力 137N/mm²；端轴容许疲劳扭转应力 36.8N/mm²。空心轴段疲劳扭转应力 5.9 N/mm²，端部轴段疲劳扭转应力 12.8N/mm²，疲劳强度和静强度满足要求。

同步轴弹性联轴器选用 Tschan 公司产品，型号为 E370。额定扭矩为 14kN·m，最大扭矩为 32.75kN·m。带齿式联轴器的中间轴选用 Tschan 公司产品，型号为 ZEAZ178。额定扭矩为 22kN·m，最大扭矩为 44kN·m。带测量法兰的中间轴选用 Tschan 公司产品，型号为 ZEAZ178。额定扭矩为 22kN·m，最大扭矩为 44kN·m。上述外购产品额定力矩均大于同步轴系统疲劳计算扭矩，最大扭矩均大于同步轴系统的最大扭矩计算值。

同步轴系统强度满足相关规范与技术文件要求。

（5）安全制动系统

1)安全制动系统制动器及其液压控制站由供货商设计和制造。招标文件规定安全制动系统要求如下：在驱动机构的电气传动装置正常运行的条件下，驱动机构的正常制动（制动减速度 0.01 m/s²）和紧急制动（制动减速度 0.04m/s²）均由电动机—变频器执行。在船厢停止后，工作制动器上闸，延时 10~15s 后，安全制动器上闸。

2)当传动装置发生严重故障（两套以上装置退出工作）情况时，驱动机构的停机制动由安全制动系统实施：首先工作制动器按制动载荷调压上闸，工作制动器上闸 10s 后，安全制动器上闸。

3）全部工作制动器的上闸、松闸时间差不大于 0.2s；全部安全制动器的上闸、松闸时间差不大于 0.3s。

4）在正常载荷条件下紧急制动距离不大于 1m。

现场调试结果表明，安全制动系统的功能满足上述要求。

单套工作制动器和安全制动器的制动能力分别为 1833N·m 和 14553N·m，大于招标文件规定的 1800 N·m 和 13000N·m。

安全制动系统的运行方式和系统性能保证三峡升船机安全可靠地制动，保证升船机的设备安全。

（6）万向联轴器

万向联轴器承受的正常运行力矩 400kN·m，最大力矩 1100kN·m。采用 Voith 提供的产品 HT 590.10，产品的允许疲劳力矩为 810kN·m，允许静态力矩为 1270kN·m，满足正常运行的传力要求。

（7）带齿轮联轴器的中间轴

布置在驱动机构与安全机构之间的带齿式联轴器中间轴，根据招标文件要求，额定力矩不小于 5.5kN·m，最大扭矩不小于 20kN·m。选用 Tschan 公司产品，型号为 ZEAZ178，额定力矩为 22kN·m，最大扭矩为 44kN·m，强度满足要求。

（8）主拖动系统

承船厢的运行要求主拖动系统具有同步控制、平滑调速和稳速运行的功能，以保证承船厢在运行中无速度的突变，承船厢内水体波动很小，厢内船舶平稳安全。针对三峡升船机的特点，主拖动系统采用了技术先进、调速性能优良的交流变频调速系统，在"机械同步"的基础上采用"电气位置同步"控制，同一驱动点的主电动机采用跟随虚拟主驱动点位置闭环控制，从动电动机采用力矩跟随控制的控制策略，4 个驱动点之间的行程偏差控制在 ±2mm 内，同时各驱动点两台电动机输出转矩差小于单台电动机额定转矩的 3%，系统设置满足稳定裕度和抗干扰性要求。针对承船厢水体振荡、机械间隙和系统弹性可能引起同步轴的扭振问题，主拖动系统设置了机械系统扭矩抑制环节，并可实现 8 台电机正常运行和任意两台电机故障退出运行的无扰切换，解决了承船厢运行过程中的水平偏差累积以及同步轴异常扭振的技术难题，实现了三峡升船机承船厢驱动系统的安全、平稳运行。基于可变位置给定曲线的升船机上、下游对位控制技术，研究提出了承船厢升降运行目标位置即时动态给定控制方案，采用在承船厢全程运行过程中虚拟一条即时位置给定曲线，根据标定的位置设定值和实时水位值动态修正虚拟位置给定曲线的控制策略。通过合理选择虚拟位置给定曲线模型以及各驱动点的位置跟随参数设置，满足了允许一个航次时间段内，水位变化 0.5m/h 的条件,以及对位精度控制在±30mm 允许误差范围之内的工程应用要求,实现了三峡升船机船承厢的上、下游快速精确对位控制,解决了承船厢对位过程中的超调或者滞后问题。所有这些技术创新保证了升船机安全、平稳、可靠运行。三峡升船机的主拖动技术在现有升船机中其技术先进性处于国际领先水平。

7.4.3　事故安全机构

7.4.3.1　设备组成及其布置

（1）事故安全机构组成

安全机构共 4 套,沿承船厢纵、横向中心线对称布置在两侧的侧翼平台上,距承船厢横向中心线 37740mm,距承船厢纵向中心线 21500mm。4 套安全机构分别通过机械轴系与相邻的驱动机构连接,二者同步升降(图 7.4.3)。安全机构主要由旋转螺杆、支撑杆、球面轴承、上导向小车、下导向小车、碟形碟簧、万向联轴器等组成。

（2）事故安全机构布置

可伸缩式万向联轴器与底部的驱动机构锥齿轮箱连接,顶部与下导向小车中的小齿轮连接,驱动旋转齿圈的大齿轮旋转,从而带动旋转螺杆在螺母柱内空转。旋转螺杆中径1450mm、有效高度约 1800mm,上端与上导向小车连接,下端与小齿轮及下导向小车连接,旋转螺杆的顶部与承船厢对接锁定机构连接,内部盲孔装推力球面轴承;撑杆的上端通过推力球面轴承与旋转螺杆连接,下端通过球头与轴承座连接,轴承座采用剖分式,通过高强螺栓安装在船厢的悬臂结构上;在螺杆顶部盲孔与球面轴承之间装 11 组碟形碟簧,碟簧预紧力按不小于对接锁定工作载荷设定。在正常运行时,碟形弹簧可保持撑杆上端球面与球面轴承之间有 3mm 的间隙,以减少螺杆的旋转阻力,并保证事故状态下推力球面轴承不过载(大部事故载荷将通过滑动球面轴承直接传递至螺杆)。旋转螺杆内的轴承采用油脂润滑,注油嘴设在螺杆外。

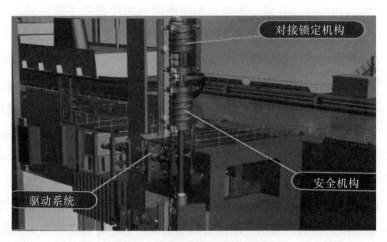

图 7.4.3　事故安全机构示意图

上、下导向小车上分别装设 4 套导轮,导轮呈 90°垂直布置,利用两个螺母瓦片的 4 个侧面作为导轨面,使旋转螺杆保持在螺母柱的中心线。当由于船厢结构或塔柱结构变形而造成螺杆相对于塔柱位置改变时,螺杆将被限制在螺母柱内随同螺母柱改变位置,撑杆绕下端球铰摆动。撑杆下端的球头由扭曲锁固定,使之仅可绕球心偏摆而不能旋转。与开式小齿轮连接的可伸缩式万向联轴器将随撑杆偏摆,同时其长度将发生延伸。机构对纵、横向变位的最大适应能力分别为 ±110mm、±150mm。

7.4.3.2　事故安全机构设计

(1)事故安全机构主要设计工况及载荷

正常运行工况安全机构承受的对接锁定机构载荷为 14800kN;承船厢空厢检修工况安全机构承受的不平衡载荷为 86350kN;水满厢事故工况安全机构承受的不平衡载荷为 19737kN;船厢室进水承船厢被淹事故工况安全机构承受的不平衡载荷为 123000kN;船厢室进水平衡重被淹没事故工况安全机构承受的不平衡载荷为 33300kN;承船厢与闸首工作大门对接期间沉船工况安全机构承受的不平衡载荷为 30000kN。

综合以上工况,单套安全机构静强度及稳定性计算的控制载荷为:竖直向上载荷 31000kN,用于螺杆螺牙静强度以及撑杆强度和压杆稳定性等计算;竖直向下载荷 8500kN,用于相关连接件的计算。

(2)事故安全机构主要零部件设计

事故安全机构主要零部件见图 7.4.4。

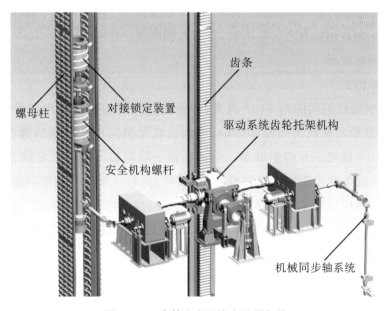

图 7.4.4　事故安全机构主要零部件

1)旋转锁定螺杆(安全机构螺杆)

①主要参数：

旋转锁定螺杆外径 1535 mm，中径 1450mm，螺距 450mm，螺纹齿形角 20°。42CrMo4V（调质处理）。

②螺纹副自锁性能验算

对于材料为钢材的接触，取最小摩擦系数 0.1，对应摩擦角为 5.71°。螺旋角为 5.64°，小于摩擦角，满足自锁条件。

③旋转螺杆齿强度

按一圈受力且螺杆与螺母柱一侧间隙消失，螺杆偏向一侧的假设条件进行计算。最大齿根弯曲应力 $\sigma_b = 99.1\text{N/mm}^2$，$\tau_s = 47.1\text{N/mm}^2$，合成应力为 128.3N/mm²。材料屈服极限为 390N/mm²，安全系数为 1.5，许用应力为 260N/mm²。合成应力与许用应力之比为 0.49，满足强度要求。

2）撑杆稳定性验算

根据《钢结构设计与构造》(DIN18800-1/2)进行验算。撑杆细长比为 57.78 小于 80，按弹塑性稳定性理论计算。按船厢室进水船厢被淹事故工况计算撑杆的压应力为 214.1N/mm²。载荷安全系数为 1.5，按弹塑性稳定性理论计算出临界应力为 29.9 N/mm²，压应力与临界应力之比为 0.72，小于 1，稳定性满足要求。

3）连接螺杆

螺杆用于下球铰上、下两部分及其与承船厢支臂的连接，数量 $n = 22$，M36，性能等级为 10.9 级。每个螺杆的保证载荷为 654kN。根据《钢结构设计与构造》(DIN18800－1/2)进行验算。载荷安全系数为 1.5，许用拉力为 436kN。根据控制工况计算每个螺杆承受的最大拉力为 417.27kN，与许用拉力之比为 0.96，小于 1，强度满足要求。

4）螺纹副间隙核算

①主要影响因素

考虑了影响螺纹副间隙的 24 个因素：小齿轮托架机构轴承径向间隙影响；小齿轮托架机构弹性变形对螺纹副间隙的影响；小齿轮托架机构中铰接销轴弹性变形对螺纹副间隙的影响；小齿轮—万向联轴节—主减速器—制动器—锥齿轮箱轴系的刚弹性扭转的影响；齿轮齿条的铅垂方向弹塑性变位；螺杆、螺母牙型尺寸制造误差；螺母柱螺纹节距制造误差；螺杆导向车架的导轮与导轨面间隙；齿条齿距累积误差（含齿轮/齿条侧隙）；相邻同一高程齿条与螺母柱的高度相对误差；同一根螺母柱中两片之间的高度相对误差；螺杆相对于螺母柱的高度位置安装误差；两节螺母柱之间的调整间隙的影响；外载荷作用，承船厢弹性变形对螺纹副间隙的影响；承船厢相对于齿条横向变位 110mm；承船厢相对于螺母柱的纵向变位 95mm；承船厢相对于螺母柱的横向变位 110mm；承船厢绕横向轴转动；承船厢绕铅垂轴转动；承船厢绕纵向轴转动；螺母柱与齿条之间不同温变的影响；齿轮齿条的铅垂方向磨损；小齿轮托架机构轴承磨损；螺杆导向车架的导轮与导轨磨损。

②最不利情况螺纹副间隙最大值

研究了多个组合工况,以承船厢水深 3.4m(齿条载荷 1100kN)承船厢无偏移情况最不利。此时螺纹副间隙最大变化量为 48.5mm,该间隙变化值小于螺纹副初始间隙 60mm。因此,螺纹副间隙是满足运行要求的。

7.4.4 对接锁定机构

(1)对接锁定机构组成

承船厢锁定机构的主要作用,是在承船厢与闸首对接期间,承担承船厢竖直方向的附加荷载。锁定机构共 4 套,布置在安全机构的正上方,与安全机构共用螺母柱。4 套锁定机构沿承船厢纵、横中心线对称布置,距离承船厢纵向中心线 21500mm,距离承船厢横向中心线 37740mm。锁定机构为"摩擦自锁、液压开合"的旋转螺杆式,主要由旋转锁定螺杆、铰接柱、上下导向小车架等组成(图 7.4.5)。

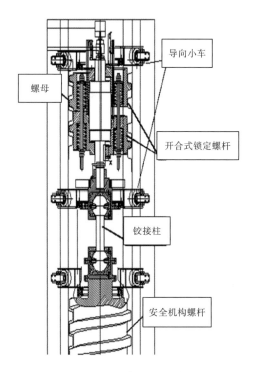

图 7.4.5 旋转螺杆式对接锁定机构

(2)对接锁定机构布置

旋转锁定螺杆由油缸缸体且带外螺纹的上下锁定块、作为油缸活塞杆的中心轴等部件组成。上下锁定块之间由 8 根螺杆连接,螺杆两端与锁定块之间装设有压缩弹簧,在油缸油压卸载后,张开的上下锁定块在弹簧的作用下自动闭合复位。锁定块外螺纹的螺距与安全机构相同,上下锁定块闭合后,其螺牙上、下表面成为连续的螺纹面。上下锁定块分别通过滑键与中心轴连接,中心轴通过滑键带动上下锁定块转动。中心轴两端分别与上下锁定块形成两个相互隔离的油腔,通过输入压力油将上下锁定块张开,螺纹副间隙消失后将油路闭锁,封闭的油腔即可承担外载产生的压力,从而达到将承船厢锁定在螺母柱上的目的。

铰接柱由连接安全机构与锁定机构的铰轴及其球铰座等部件组成。铰轴的两端带有球头,球头横向中心位置设3个圆柱销,用以传递扭矩。铰轴通过上铰座与旋转锁定螺杆刚性连接,下球铰座与安全机构螺杆及旋转锁定螺杆中心轴连接。球铰座上有滑动轴承固定。

在铰轴上方、旋转锁定螺杆下方设置一个油槽,其体积对应于油缸中油的体积,以防止油液发生泄漏污染螺母柱。上下导向架为焊接结构,与船厢安全机构的导向架结构是相同的,其用于旋转锁定螺杆在螺母柱内水平定位并导向。每个导向架配备4个装有弹簧的滚轮。导向架通过回转止推轴承支撑在锁定装置上。

旋转锁定螺杆上还有旋转管接头、位置检测系统、限位开关、滑环等设备。

(3)对接锁定机构主要技术参数

1)总锁定载荷:4×3700kN

2)旋转锁定螺杆尺寸

螺纹中径1450m;螺距450mm;螺纹齿形角20°;螺纹螺距角5.64°;螺牙间隙74mm。

3)油缸

油缸内径580mm;活塞杆(中心轴)直径320mm;工作行程148mm;最大行程180mm;最大工作油压22.5MPa。

4)螺旋弹簧

数量为4×16;弹簧直径D_m=201mm;钢丝直径32mm;自由状态下长度为617mm;弹簧有效圈数为7;弹簧刚度为188N/mm。

5)铰轴

轴直径200mm;总长1390mm。

(4)主要设计计算结果

1)锁定块

材料为42CrMo4,热处理方式为调质处理,屈服极限为480MPa,容许正应力为320MPa,容许剪应力为192MPa。实际剪应力为14.6 MPa,实际弯曲应力为28.0 MPa,合成应力为37.7 MPa。锁定块的螺牙强度满足设计要求。

2)铰接柱

包含上球铰座、下球铰座以及铰轴等部件。铰轴的材料为42CrMo4,实际应力为117.8MPa,低于材料容许应力;受压稳定性安全系数为44。球铰座材料为45号钢,环形剪应力为36.8MPa,挤压应力为91.3MPa。

3）螺旋弹簧

材料为 50CrV4，计算剪应力为 730MPa，小于材料容许剪应力 740MPa。

7.4.5　承船厢门及其启闭设备

7.4.5.1　承船厢门设备布置与组成

（1）承船厢门设备组成

承船厢两端头分别布置一套下沉式弧形工作门（图 7.4.6），液压启闭机双缸操作，由锁定装置锁定。每套承船厢门及启闭设备主要包括承船厢门门体 1 扇、支臂 2 套、侧向及底部止水 1 套、止水钢板 2 套、侧导向滑块 4 套、船厢门止动缓冲块 2 套、支铰轴承 2 套、扭矩管 2 根、驱动臂 2 套、启闭油缸 2 套、油缸万向支座 2 套、液压锁定装置 2 套、手动锁定装置 2 套。

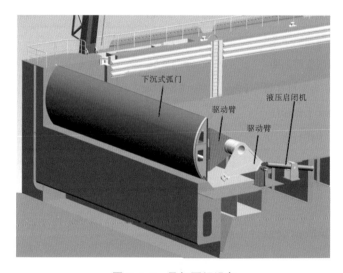

图 7.4.6　承船厢门设备

（2）承船厢门设备布置

每扇闸门由两套液压启闭机操作，启闭机布置在主纵梁机舱内，通过驱动臂、扭矩管、支铰轴承将驱动力传递到船厢门上。闸门在正常运行及检修时采用两台液压启闭机共同驱动；在正常运行中一侧启闭油缸失效，仅用一只启闭油缸仍能将船厢门驱动至全关全开位置，但此时需对故障油缸进行检修更换。

承船厢上下运行过程中，承船厢工作门由液压锁定装置锁定；承船厢与闸首对接，厢内外水位齐平后，可开启承船厢门。承船厢门全开后，门体结构沉在厢头的门龛内，此时承船厢门背板与船厢底铺板平齐；待液压锁定机构将承船厢门锁定后，船舶可驶出、入船厢。

在承船厢端部的边柱腹板相应部位，有供扭矩管穿过的圆孔，并布置滑动轴承及密封装置。液压启闭油缸布置在厢头部分两侧边柱的空腔内,油缸吊头通过布置在边柱空腔内的扇形的驱动臂与扭矩管相连,扭矩管的另一段连接着承船厢门的一个支臂。在厢头部分两侧边柱的空腔内还分别布置一套液压自动穿销锁定机构,用于承船厢门在正常运行中全开、全关位置的锁定;一套手动穿销锁定机构,用于承船厢门在检修工况下的锁定。

7.4.5.2 承船厢门及其启闭设备设计

(1)承船厢门主要技术参数

承船厢门及启闭机与锁定装置主要技术参数见表 7.4.10。

表 7.4.10　　　　　　　　承船厢门及启闭机与锁定装置主要技术参数

序号	项目	参数	备注
1	最大设计挡水水深	4.0m	挡厢内侧水
2	正常工作挡水水深	3.5m	挡厢内侧水
3	船厢通航净宽	18.0m	
4	闸门支臂间距	18.6m	
5	液压启闭机容量	$2\times700kN$	
6	最大工作油压	25MPa	
7	工作行程	3070mm	

(2)承船厢门主要设计结果

1)载荷及工况

承船厢门的计算载荷及组合工况见表 7.4.11。

表 7.4.11　　　　　　　　　　　　载荷与载荷工况

载荷工况	载荷与载荷工况描述
LC1 LC2	固定载荷:按照比重 78.5kN/m³ 计算,根据 DIN19704 该固定载荷增加 10% 关闭:$-Y$ 方向;打开:$-X$ 方向
LC3	预应力产生的密封压力 底部密封:压力载荷 $F=16kN/m$ 侧向密封:压力载荷 $F=4kN/m$
LC4	4.3m 水压,船厢门关闭
LC5	3.5m 水压,船厢门关闭
LC6	3.5m 水压,船厢门打开
LC7	4.1m 水压,船厢门关闭

续表

载荷工况	载荷与载荷工况描述
LC8	2.9m 水压,船厢门关闭
LC9	船厢浮箱泄漏,失效
LC10	约束条件
静态计算	基本组合 BK:(考虑一个驱动液压缸失效,单边扭转支撑)
	异常组合 UK:(浮箱泄漏失效,不考虑液压缸失效,双边扭转支撑)
疲劳计算	LK 41:LC5−LC6+LC1−LC2
	LK 42:LC7−LC5
	LK43:LC5−LC8

2)许用应力与疲劳抗力

承船厢门结构主要材料为 Q235 钢,门体结构的静强度安全系数取 $\gamma_M=1.1$,结构许用应力 $\sigma_{R,d}=\sigma_s/\gamma_s$;焊缝许用 $\sigma_{W,R,d}=0.95 \cdot \sigma_{R,d}$。材料静强度性能参数如表 7.4.12 所示。

表 7.4.12　　　　　　　　　承船厢门结构主要材料 Q235 钢的性能

性能	屈服强度 σ_s(MPa),安全系数为 $\gamma_s=1.1$					
	钢材的厚度或直径(mm)					
	≤16	>16	>40	>60	>100	>150
σ_s	235	225	215	205	195	185
$\sigma_{R,d}$	214	205	196	186	177	168
$\sigma_{W,R,d}$	203	195	186	177	168	160

按结构设计运行时间为 70 年;平均每年工作 335 天;平均每天工作次数为 18 次工作门确定总循环次数,4.1m 船厢水深和 2.9m 承船厢水深各发生 50% 总循环次数。疲劳强度安全系数、疲劳抗力依据 DIN V ENV 1993-1 中的第九节"疲劳分析"计算,见表 7.4.13。

表 7.4.13　　　　　　　　　承船厢门结构的疲劳抗力

疲劳设计 (N/mm²)	疲劳抗力阈值 $N=108$ (N/mm²)	lg$a$	N_1		N_2	
			(N/mm²)	/	(N/mm²)	/
140(m=3)	57	12.751	188	139	237	176
100(m=3)	40	12.301	133	98.5	168	124
90(m=3)	36	12.151	119	88.2	150	111
71(m=3)	29	11.851	94.4	69.9	119	88.2

疲劳设计 (N/mm²)	疲劳抗力阈值 N=108 (N/mm²)	lga	N_1		N_2	
			(N/mm²)	/	(N/mm²)	/
56(m=3)	23	11.551	75.0	55.6	94.5	70.0
50(m=3)	20	11.401	66.8	49.5	84.2	62.4
36(m=3)	15	11.101	53.1	39.3	66.9	49.6
80(m=5)	36	15.801	94.4	69.9	108	80

注:机械零部件的静强度安全系数取 γ_M。

3)闸门结构强度主要计算结果(用有限元分析软件 ANSYS10.0)

①门体结构静强度计算

工况一:水满船厢,基本载荷组合,一个驱动液压缸失效,单边扭转支撑,承船厢门各部件最大 V. Mises 应力见表 7.4.14。

工况二:正常水深,异常载荷组合,浮箱泄漏失效,两边扭转支承,承船厢门各部件最大 V. Mises 应力见表 7.4.15。

表 7.4.14　　　　　　　工况一承船厢门各部件最大 V. Mises 应力

部件	面板	水平 加强筋	纵隔板	端隔板	水平 隔板	背板	背板与支 臂连接处	支臂
V. Mises 应力(MPa)	81.7	88.1	49.2	176.0	80.0	70.0	186.6	102.7

表 7.4.15　　　　　　　工况二承船厢门最大 V. Mises 应力

部件	面板	水平 加强筋	纵隔板	端隔板	水平隔板	背板	背板与支 臂连接处	支臂
V. Mises 应力 (MPa)	54.1	40.1	53.4	148.0	40.1	40.0	110.0	70.0

②门体结构疲劳强度计算

承船厢门主要构件的疲劳强度计算结果见表 7.4.16。

表7.4.16

不同循环次数下船厢厢门主要部件疲劳强度计算结果

部件计算项目		面板	水平加强筋	纵隔板	端隔板	水平隔板	背板(Y向)	背板(Z向)	支臂
LK41 $N=844200$	计算疲劳抗力	54.3	50.0	29.2	99.8	49.8	49.3	40.0	70.8
	部分疲劳损伤	K71:0.78 K90:0.62 K100:0.55	K56:0.90 K71:0.57 K100:0.51	小于疲劳阈值	K140:0.72	K71:0.71	K71:0.71 K90:0.56 K100:0.50	K50:0.64 K71:0.57 K90:0.45 K100:0.41	K140:0.51
LK42 $N=422100$	计算疲劳抗力	15.98	14.6			13.9	19.0	12.0	21.4
	部分疲劳损伤	小于疲劳阈值	小于疲劳阈值						
LK43 $N=422100$	计算疲劳抗力	13.3	12.1			11.5	10.8	14.9	22.8
	部分疲劳损伤	小于疲劳阈值	小于疲劳阈值						
部分疲劳损伤累计		K71=0.78<1.0 K90=0.62<1.0 K100=0.55<1.0	K56=0.90<1.0 K71=0.57<1.0 K100=0.51<1.0	K140=0.72 K140不计	K71=0.71	K71=0.71<1.0 K90=0.56<1.0 K100=0.50<1.0	K50:0.64 K71:0.57 K90:0.45 K100:0.41	K140:0.51	

4)其他机械零部件静强度计算

对承船厢门重要机械零部件计算结果见表7.4.17。

表 7.4.17　　　　　　　　　　　　　重要机械零部件计算结果

序号	项目	计算值	设计允许值	备注
1	支臂与门体连接螺栓 最大剪力 V_a 最大拉力 N	73.5kN 58.0kN	469.0kN 475.0kN	M36-8.8 抗剪螺栓
2	扭矩管与支臂连接螺栓 最大剪力 V_a 最大拉力 N	155.0kN 38.4kN	469.0kN 475.0kN	M36-8.8 抗剪螺栓
3	驱动臂上驱动插头 最大合成应力 σ	91.9MPa	186.0MPa	板厚 40mm
4	驱动臂上锁定插头 最大合成应力 σ	52.2MPa	186.0MPa	板厚 40mm
5	锁定销轴最大剪应力 τ	24.9MPa	43.3MPa	轴径 160mm
6	扭矩管最大合成应力 σ	75.1MPa	150MPa	管径 1000mm、壁厚 30mm

5)启闭力计算

承船厢门油缸的最大推、拉力均出现在正常运行工况时单缸启闭时,单缸的最大推力为684kN,最大拉力为220kN。所选油缸最大工作推力为700kN,最大工作拉力为250kN。

(3)承船厢门主要计算结论

1)按基本组合和异常组合工况校核,承船厢门各部分结构均满足静强度要求。

2)按50%的工作水位+0.6m的波浪(4.1m水位)和50%的工作水位-0.6m的波浪(2.9m水位)进行疲劳校核计算,承船厢门的各部分结构均满足疲劳强度要求。

3)闸门重要部位的连接及机械部件静强度均满足要求。

4)液压油缸启闭容量满足闸门运行要求。

7.4.6　防撞装置

7.4.6.1　防撞装置设备布置与组成

(1)防撞装置设备组成

防撞装置共2套,在承船厢两端呈反对称布置在每扇承船厢门的前方,用于阻挡失速的船舶,避免船舶撞损闸门造成事故。

防撞装置主要由钢丝绳组件、带人行过道的钢桁架、钢桁架锁定装置、钢桁架启闭装置、缓冲油缸、导向滑轮、制动装置、限载与导向装置、闩锁装置、闩锁装置导向架以及机舱内的泄水系统等设备组成(图7.4.7)。

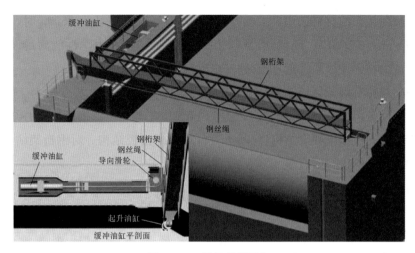

图 7.4.7　防撞装置设备

（2）防撞装置设备布置

防撞装置的钢丝绳与承船厢端部之间的距离为 5.85m。正常工作时，张紧的钢丝绳横越承船厢，一端由锁闩固定在承船厢的一侧，另一端经过导向滑轮后与缓冲油缸的活塞杆相连。挡船状态钢丝绳位于承船厢正常水面以上 550mm。钢丝绳受到船舶撞击后，缓冲油缸的压力升高，压力达到液压控制系统溢流阀的设定压力后，溢流阀开启溢流，将船舶动能转化为热能。受到船只撞击后，松弛的钢丝绳将由液压控制系统重新张紧。

过船时钢丝绳需让开通道，提升钢丝绳的工作由钢桁架完成。钢桁架的一端铰支在承船厢主纵梁上，可绕支铰在竖直平面内转动 90°；钢桁架的另一端装液压操作的钢丝绳夹头，用于将钢丝绳从锁闩上解脱或固定。

钢桁架结构上铺设走道，作为承船厢两侧的交通通道。

钢桁架的驱动油缸布置在承船厢主纵梁的外侧，与缓冲油缸、锁定油缸、钢丝绳夹头操作油缸等一道由布置在承船厢头机舱内的液压泵站操作。

7.4.6.2　防撞装置设计

（1）防撞装置设备防撞击能力设计标准

防撞装置按总质量 3000 t 的船舶以 0.5m/s 的航速撞击所产生的能量设计，附连水质量系数为 2.0，其最大动能为 $1.1125 \times 10^6 N \cdot m$。

（2）防撞装置设备主要技术参数

缓冲装置额定缓冲能量为 $1.6 \times 10^6 N \cdot m$（$> 1.1125 \times 10^6 N \cdot m$）；防撞系统最大缓冲距离为 3.5m；钢丝绳直径 64mm。

（3）防撞装置设备主要设计结果

1）预断接头应力

预断接头的最大工作荷载为 2100kN，其最小横截面直径为 50mm，其最大拉应力为

1070MPa。预断接头的材料选用 42CrMo(GB/T3077)，试样毛坯为 25mm 时，其力学性为 $\sigma_b = 1080$MPa，$\sigma_s = 930$MPa。经试验，预断接头的材料、结构和力学性能满足设计的要求。计算最大拉应力与强度极限接近，可起到安全限载作用。

2)钢桁架结构有限元复核结果

采用有限元分析软件 ANSYS11.0，运用 SHELL63 单元模拟钢桁架实心结构部分，运用 BEAM188 单元模拟桁架梁结构，忽略了人行过道栅格板结构。对钢桁架结构在运行过程中的 4 种工况分别进行了有限元复核。

①结构形式

主体结构为桁架类型，支铰部分为实心结构。钢桁架前端结构上设置了安装锁闩装置的接口，后端设置了锁定钢桁架的锁定孔。钢桁架宽度为 900mm，钢桁架高度为 700mm，钢桁架支承跨度为 20850mm。钢桁架主材为 Q235D，支铰轴材料为不锈钢。

②计算工况与载荷（见表 7.4.18）

表 7.4.18 钢桁架结构计算工况与载荷

工况	工况、载荷描述
LC1	自身重力，固定载荷，按照比重 78.5kN/m³ 计算；人行架自重，固定载荷，按 0.54kN/m× 19.7＝11kN 计算；重量增加因素，按 8kN 计算
LC2	钢丝绳与绳头质量：钢丝绳 $\phi 64$(0.20kN/m，$L=20$m)；绳头质量 3.0kN 总质量：$F=1/2 \times 20 \times 0.2 + 3.0 = 5$kN
LC3	人通行载荷：假设作用在桁架梁正中间，大小为 5kN
LC4	风载(Y 正向)：35kN
LC5	风载(Z 负向)：24.8kN
静力计算	工况一(防撞桁架水平支撑——不带钢丝绳，考虑重力、纵向风载、人通行载荷)： $1.35 \times$ LC1(Z 正向)$+1.35 \times$ LC3(Z 正向)$+1.35 \times$ LC4(Y 正向)
	工况二(防撞桁架初始启动——带钢丝绳，考虑重力、纵向风载)： $1.35 \times$ LC1(Z 正向)$+1.35 \times$ LC2(Z 正向)$+1.35 \times$ LC4(Y 正向)
	工况三(防撞桁架铅垂直立——带钢丝绳，考虑重力、纵向风载)： $1.35 \times$ LC1(X 负向)$+1.35 \times$ LC2(X 负向)$+1.35 \times$ LC4(Y 正向)
	工况四(防撞桁架铅垂直立——带钢丝绳，考虑重力、横向风载)： $1.35 \times$ LC1(X 负向)$+1.35 \times$ LC2(X 负向)$+1.35 \times$ LC5(Z 负向)

③计算结果

工况一最大综合应力为 82.463MPa，工况二最大综合应力为 170.262MPa，工况三最大综合应力为 116.83MPa，工况四最大综合应力为 64.971MPa。各工况最大综合应力均出现在托架与桁架梁交接处。

3）钢丝绳组件

钢丝绳组件包括钢丝绳及其两端的锥套。钢丝绳直径为 64mm，钢丝抗拉强度为 1960N/mm²，整绳最小破断拉力为 3000kN，材料安全系数为 1.5，其容许拉力为 2000kN。根据实际受力分析，钢丝绳最大拉力为 1313kN，考虑载荷安全系数为 1.5，计算载荷为 1970kN。计算载荷小于容许拉力，根据 DIN 标准，钢丝绳强度满足要求。

7.4.7　间隙密封机构

7.4.7.1　间隙密封机构设备组成及布置

（1）间隙密封机构设备组成

间隙密封机构布置在承船厢两端，用于连通航道与承船厢水域，主要由 U 形密封板及其导向支承滑块、驱动油缸、弹簧箱及止水橡皮等组成。承船厢两端间隙密封机构参见图7.4.8。

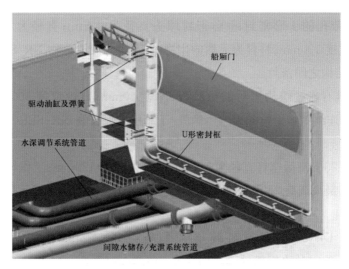

图 7.4.8　承船厢两端间隙密封机构图

（2）间隙密封机构设备布置

密封板由 80mm 厚的钢板弯制成 U 形，钢板宽1275mm，U 形钢板的端部装设 P 型止水及塑料垫块，外侧与承船厢结构之间由夹布橡胶板密封，间隙充水后作用在橡胶板上的水压力将 U 形板进一步压向闸首，增加了密封的可靠性。

U 形板的底部通过多个青铜滑块支承在承船厢结构上，两侧边分别设 2 组共 4 只驱动油缸，底边设 1 组 2 只驱动油缸，油缸的活塞杆经过弹簧箱与 U 形板连接。油缸的作用除驱动 U 形板运行外，还用于向 U 形板施加压力，使之产生与闸首门相协调的弹性变形。密封板对接期间，油缸由蓄能器保压，以保证 U 形板的变形随着闸首门变化后 U 形板压向闸门的压力基本保持不变。弹簧箱的主要作用是地震条件下船厢产生纵向位移时，U 形板能始终压紧闸首门，确保密封不受破坏。U 形板的水平运动距离为 205mm，弹簧箱可适应船厢 80mm 的向外位移和 90mm 的向内位移。

在承船厢 U 形槽口的端部设栏污栅，以防止漂浮物进入水深调节系统。

驱动油缸额定载荷为 175kN，在油缸上装有限压阀块，以防过载。同时，利用位置传感器判断闸首间隙是否被密封，确定机构推出到位，而不是被异物阻挡。在间隙泄水后，间隙密封机构将退回，由位置编码器对密封框位置实施监控。

7.4.7.2　间隙密封机构设备设计

（1）间隙密封机构主要技术参数

1）U 形框架

U 形框架总高 8840mm；U 形框架总宽 20675mm；材料为 Q345D；钢板尺寸 80mm×1317mm。

2）止水橡胶

①框架与闸首的密封

结构类型为带孔的 J 形密封；J 形密封球头直径为 48mm；直径为 20mm；法兰厚度 20mm；J 形密封宽度 120mm；材料为天然的生橡胶/丁苯橡胶混合物 NR/SBR。

②与承船厢结构之间密封

结构类型为具有连续织物里衬的橡胶板；厚度 20mm；直段宽度 500mm；圆弧段宽度 480mm；材料为含连续织物里衬的天然生橡胶/丁苯橡胶混合物 NR/SBR。

3）驱动油缸

油缸内径为 125mm；活塞杆直径为 70mm；油缸外径为 152mm；工作行程 440mm；最大工作压力 25MPa；最大载荷 250kN；两个泵同时工作的运行时间小于 30s。

4）碟形弹簧组

执行标准为 DIN2093；预紧荷载/预紧行程：66kN/78mm；工作荷载/工作行程：175kN/206.6mm；地震时的荷载/行程：107kN/116.6mm（最小），252kN/295mm（最大）；D_e ＝250mm；D_i＝127mm；每组碟簧数量为 70 个。

（2）U 形框结构

1）结构类型

U 形框架由 1 段水平钢板段、2 段垂直钢板段、两段圆角钢板段、水平段驱动支架和垂直段驱动支架、导向座及拦污栅钢板等组成。圆角钢板段开设止口与水平钢板段和垂直钢板段装配，并通过螺栓和剪力销与水平钢板段和垂直钢板相连，形成整体 U 形框架结构。

2）有限元计算

①工况

工况一：密封框由驱动油缸驱动，接触闸首工作大门后，油缸施加作用力，将密封框架强制变形，使之适应工作大门的挠度 22.5mm。该工况不考虑水压作用。建模时将 U 形框架竖直部位的油缸作为约束处理，在 U 形框架水平段中部作用由工作大门施加的水平纵向载荷 448kN（通过试算得出，以满足 22.5mm 的相对于挠度）。

工况二:全部油缸施加作用力175kN,使密封框贴紧工作大门,并承受水压力。此时密封框架与工作大门接触部位施加位移约束。由于未计入工况一中密封框架的弯曲变形和应力,该工况不是密封框架的最终受力状态。

工况三:工况一和工况二的叠加,是密封框工作时的最终实际受力状况。

②计算结果

工况一:

U形密封框底部能满足适应闸首工作大门的变形22.5mm,横向应力为160.574MPa,纵向应力为83.787MPa,竖向应力为−138.427MPa。

工况二:

横向应力为−189.715MPa,纵向应力为−75.116MPa,竖向应力为−121.762MPa。

工况三:

将工况一和工况二应力叠加,即为密封框工作时的最终应力状态。

密封框架水平段水平纵向最大位移为22.89mm,横向应力为175.881MPa,纵向应力为−109.761MPa,竖向应力为−157.184MPa。

计算结果:U形密封框底部能满足Y向的适应性变形22.5mm;U形密封框结构强度满足要求。

(3)驱动与保压装置

U形密封框由10套"油缸−弹簧"装置驱动并保压,其中U形框的每个侧边各布置2组、4套,U形框的底边布置2套。每套驱动−保压装置由液压油缸、支座、弹簧组件及连接件组成,安装于油缸端部的碟形弹簧用于对U形框保压。碟形弹簧通过油缸进行预压,在承船厢与闸首对接期间油缸闭锁,通过碟形弹簧适应闸首工作大门与承船厢端部之间的间隙变化。

7.4.8 横向导向机构

7.4.8.1 横向导向机构设备组成及布置

(1)横向导向机构设备组成

船厢横导向系统包括4套横导向机构和2套补偿系统。4套横导向机构对称布置在承船厢两侧,位于驱动机构正下方,以齿条作导轨,由双活塞杆导向油缸和导向架等组成。两套补偿系统布置在承船厢底部,位于上、下游端两套导向机构的连线上,由油补偿油缸和补油箱等组成,通过管路与导向油缸连接,用于补偿系统因油液泄漏和温变产生的体积变化。

(2)横向导向机构设备布置

横向导向装置的作用是对承船厢进行横向引导,并使承船厢中心线始终位于两侧齿条的对称中心线上,同时将承船厢上的横向荷载传递到塔柱上。导向架通过导向轮约束在横向导轨的前后导轨面,并通过导向油缸与承船厢相连。在承船厢运行时导向架跟随承船厢沿着4个齿条的导轨运行。在正常工况下,只有弹簧导向轮参与工作;在地震工况下,弹簧导向轮弹簧压缩,压条与导轨的间隙消失,从而处于工作状态。

7.4.8.2　横向导向机构设备设计

(1)横向导向机构主要技术参数

1)设计载荷

正常运行载荷500kN(每个导向架);非正常运行载荷800kN(每个导向架);地震工况载荷4820kN(每个导向架)。

2)适应水平变位

纵向为±120mm;横向为±120mm。

(2)横向导向机构工作原理

每套导向机构导向油缸的两个油腔通过管路与位于船厢另一侧油缸的两腔交叉连通,使船厢的横向载荷只能造成油缸的压力变化,而不能使承船厢产生横向位移,并使承船厢能在塔柱任何变位条件和齿条制造、安装误差条件下,均处于左、右两个齿条的正中位置。因此,导向架无需适应塔柱的结构变形及齿条的制造、安装误差,只需适应同一根齿条导轨厚度方向的制造误差。

承船厢同一端两只油缸的油路还与一套液压补偿系统连接,补偿系统由补偿油缸和液气弹簧组成,液气弹簧则与液压控制系统连接。液压补偿系统的主要作用是吸收油缸内液压油的热膨胀,并补充油缸的泄漏。补偿系统由两个液压缸串联组成,其连接方式保证两个导向缸的两个油腔的体积有相同的变化量。补偿缸组与液气弹簧相连,保证导向缸和补偿缸20bar(2MPa)的油压。每个导向缸上均安装位置测量装置,当一个油腔体积发生泄漏时,其油液损失由两个导向缸的两个油腔平均分担,使活塞发生位移,承船厢将偏离两侧导轨的中央,通过对导向缸上的位置测量装置测出的活塞行程进行比较,就可算出承船厢对导轨中央的偏移量,当两侧导向缸活塞位置差超过10mm(即承船厢偏离齿条导轨中央5mm),油泵向导向缸泄漏的一个油体积补充液压油,直至承船厢回到导轨的中央(图7.4.9)。

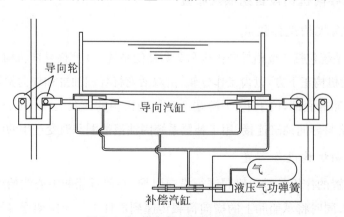

图7.4.9　横向导向机构工作原理

（3）导向油缸与补偿系统

1）导向油缸

导向油缸装置由导向油缸、万向支座、活塞杆端部支铰以及连接件等组成（图7.4.10）。

油缸采用双活塞杆式，缸体中部通过铰轴支承于万向支座，活塞杆吊头通过支铰与导向架装置连接。万向支座的支架通过螺栓与承船厢结构连接。

活塞杆吊头与导向架之间的连接支铰包括销轴、轴套、自润滑球轴承、端盖及连接件等。

万向支座由两根横梁、两根竖梁、焊接机架、自润滑轴承、不锈钢轴套、短轴、透盖、V形密封圈、端盖以及连接件等组成。两根横梁和两根竖梁用螺钉及定位销连接，组成矩形框架。横梁和竖梁中部开设轴孔并与自润滑轴套相连。短轴与竖梁轴孔装配，并采用环焊缝固定于竖梁。短轴同时与机架内孔内的自润滑轴套配合。在竖梁外侧及机架内侧之间装设V形密封圈。

2）补偿系统

液压补偿系统由三个相互连接的组合油缸、上壳体和下壳体、轴套、补油油箱等零部件组成。下壳体通过支撑板与船厢结构连接。

（4）导向架结构

导向架装置由中间支架、侧支架、碟形弹簧组、承压条、正向弹性导轮、侧刚性导轮、吊杆组件及连接件等零部件组成。

中间支架垂直板与油缸活塞杆端部通过铰轴相连，中间支架水平板通过螺栓与左、右两侧的侧支架在耳板部位连接。正向导轮支承拐臂一端通过铰轴与支承弹簧组件连接，另一端通过铰轴支承于侧支架结构，支承弹簧组件的另一端通过球轴承支承在侧支架竖梁上。侧导向轮组通过螺栓安装于侧支架上、下横梁的两端。承压条通过碟簧支承于侧支架。导向架装置的重量通过吊杆组件传递到承船厢结构。

对导向架结构在各种工况及载荷组合下的静强度和刚度进行了计算分析：导向架受压时Mises应力分布及大小与导向架受拉时很接近，在中间支架中部产生最大Mises应力199.49MPa。导向架主材为Q345D，对于地震工况安全系数为1.1，材料许用应力为268N/mm²。结构应力、变形在允许范围内。

7.4.9 纵向导向及顶紧装置

7.4.9.1 纵向导向及顶紧装置组成与设备布置及构造

（1）纵向导向与顶紧装置组成

承船厢纵向导向及顶紧装置布置在承船厢中部，由1根弯曲梁结构、2套双向"导向—顶紧装置"、8套竖向支座、2套水平支座以及2套地震阻尼装置等组成（图7.4.10）。

（2）纵向导向与顶紧装置设备布置及构造

弯曲梁结构安装在承船厢底铺板结构下方，2套"导向—顶紧装置"分别安装在弯曲梁的两端,弯曲梁通过竖向支座和水平支座支承在承船厢结构上,并通过两端的地震阻尼装置与主纵梁连接。弯曲梁结构中心线与承船厢横向中心线重合。

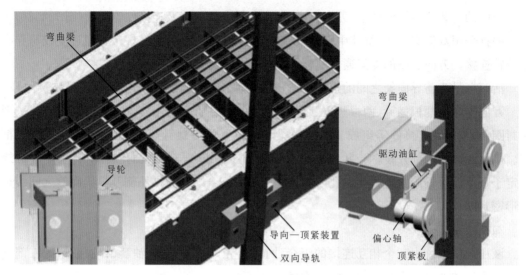

图 7.4.10　承船厢纵导向顶紧机构示意图

7.4.9.2　纵向导向及顶紧装置设备工作原理

承船厢纵向导向及顶紧装置的主要功能:一是在承船厢升降过程中对承船厢实施纵向导向;二是在对接期间承担并传递作用于承船厢的纵向水压力;三是在地震工况下向塔柱结构传递承船厢与塔柱之间的耦合力。

承船厢纵向导向装置由纵向导向、顶紧、地震缓冲三部分构成。纵导向装置的作用是使承船厢在正常升降过程中避免发生纵向偏摆,在正常工况下纵导向载荷主要为作用于承船厢端面及厢内船只的纵向风压。纵向导向装置由导向轮和经过预紧的碟形弹簧组构成,碟形弹簧组的预紧力按照承船厢最大工作风载确定,承船厢正常升降时,导轮通过弹簧压紧在轨道上,顶紧板的端面与轨道踏面之间有 5mm 间隙,使承船厢能够平稳地沿纵向导轨上下运行。

顶紧装置用于将对接期间作用于承船厢上的纵向载荷传递至塔柱,纵向载荷主要包括承船厢对接时密封框对承船厢产生的推力、承船厢与闸首之间的间隙水对承船厢产生的纵向水压、作用于承船厢与船舶的纵向风压等;承船厢与闸首对接时,顶紧板由油缸驱动,在偏心轴作用下,与轨道踏面贴紧,此时纵向水平载荷通过顶紧板传递至塔柱。地震工况下,地震载荷通过顶紧板传递至塔柱。顶紧状态下,地震载荷将通过顶紧板与轨道之间的刚性接触直接传递至塔柱;升降过程中,地震载荷首先作用于导向轮,其预紧弹簧的变形超过 5mm 后,地震载荷通过顶紧板传递至塔柱。

地震缓冲装置作为承船厢系统和塔柱结构的弹性动力耦合构件,传递并减小塔柱和承船厢之间的地震耦合力,要求其具有适当的刚度,以使在地震条件下地震耦合力和承船厢位移控制在允许范围内。弯曲梁结构与地震阻尼装置用于地震工况下的缓冲,利用弯曲梁的弹性变形与地震阻尼装置来达到对地震耦合力予以缓冲并吸能的目的。

7.4.9.3 纵向导向与顶紧装置设计

（1）纵向导向与顶紧装置设计工况与载荷

1）承船厢正常升降过程机构仅传递承船厢的风压载荷450kN。

2）对接顶紧时，承担并传递承船厢的纵向水压力以及风载和密封框压力等。其纵向工作载荷为12325kN；竖向工作载荷为1200kN。

3）地震工况下承受风载、纵向水压力、密封框压力及地震耦合力等。其纵向最大载荷为21440kN，竖向最大载荷为2000kN。

（2）纵向导向与顶紧装置主要设计规定

根据《三峡工程升船机设计准则》的规定，设计载荷计算时，承船厢正常升降与承船厢对接顶紧工况下按1.35倍载荷取值，地震工况下按1.08倍载荷取值；承船厢正常升降与承船厢对接顶紧工况进行疲劳强度校核，疲劳强度校核时取$[\sigma_R]=[\sigma_R]/1.35$；地震工况进行静强度校核，结构件静强度校核时取$[\sigma_{R,d}]=[\sigma_s]/1.1$，机械零件强度校核时取$[\sigma_{R,d}]=[\sigma_s]/1.5$。

（3）弯曲梁结构

弯曲梁为焊接箱形结构，采用Q345D钢。弯曲梁外形尺寸为22610mm×4000mm×2000mm（长×宽×高），钢板厚度为30～120mm。弯曲梁共分7节，中间节为弯曲梁与承船厢水平连接区域。在这节梁的外部两侧分别设置中部支座，形成与承船厢的"铰接"，可使弯曲梁相对承船厢有一定角度的偏转。在梁中部通过焊接筋板局部加强，传递弯曲梁与承船厢之间的纵向水平力。最外侧节为弯曲梁与箱体结构连接区域。在这节梁上焊接端板与加强筋板，弯曲梁与箱体结构通过高强螺栓连接。

有限元计算结果：静应力 $\sigma_{R,Dmax}=247\text{MPa}<[\sigma_{R,d}]=250\text{MPa}$ 合格，疲劳应力 $\sigma_{Rmax}=152\text{MPa}<[\sigma_R]=156\text{MPa}$ 合格。

（4）弯曲梁端部连接

箱体结构与弯曲梁采用螺栓连接，螺栓采用M36mm高强螺栓，性能等级为10.9级。连接螺栓数量为258个，每侧各129个，螺栓同时受拉力与剪力作用。根据《钢结构设计与构造》（DIN 18800）校核螺栓拉力和剪力。

螺栓静强度计算结果：剪力 $V=84\text{kN}<[V]=509\text{kN}$ 合格，拉力 $N=63.7\text{kN}<[N]=594\text{kN}$ 合格。疲劳计算结果：剪应力 $\tau=74.7\text{MPa}<[\tau]=80\text{MPa}$ 合格，拉应力 $\sigma=32\text{MPa}<[\sigma]=49.6\text{MPa}$ 合格。

（5）箱体结构

箱体结构为焊接结构，材料为Q345D。箱体结构上焊有导向轮座板、顶紧油缸支座、顶紧板导向座板及偏心轴支承内孔，用于与导向装置、顶紧油和偏心轴的连接以及与顶紧板导向板的装配。在箱形结构侧面焊一块加强板，用于与弯曲梁的连接。

有限元计算结果：静应力 $\sigma_{R,Dmax}=247\text{MPa}<[\sigma_{R,d}]=250\text{MPa}$ 合格，疲劳应力 $\sigma_{Rmax}=152\text{MPa}<[\sigma_R]=156\text{MPa}$ 合格。

7.4.10 水深调节及间隙充泄水系统

7.4.10.1 水深调节及间隙充泄水系统设备组成及布置

（1）水深调节及间隙充泄水系统组成

水深调节/间隙充水系统共两套，布置在承船厢两端的底部及两侧的主纵梁内，由管道、电动碟阀、排气阀、止回阀、潜水泵等组成（图7.4.11）。

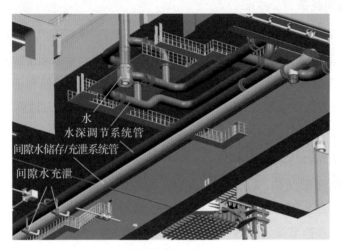

图 7.4.11　水深调节及间隙充泄水系统图

（2）水深调节及间隙充泄水系统布置

水深调节及间隙充泄水系统管道两端出口与闸首U形槽底部密封水道相连，通向承船厢内的11个出口设在门龛端面。水泵电机组则呈反对称布置在承船厢的两主纵梁空腔内，两套系统通向闸首间隙的管道由一根贯穿承船厢全长的管道连通。两套系统同时运行，也可互为备用。单台水泵流量 $2\text{m}^3/\text{s}$，电机功率 75kW，两套同时运行可在 5min 内调节 0.5m 承船厢水深。系统主管道直径 800～1000mm。

开启两套水深调节系统的相关阀门，承船厢水不经过水泵直接通过管道以自流的方式灌入闸首间隙，充水时间约80s。

另在承船厢底部设一套间隙泄水系统。该系统以一根贯穿承船厢全长、直径1m的管道为主，并包括2套小流量的水泵电机组和相应的电动阀门、补气阀门等设备。该系统的管道主要用于储存间隙水，有效容积约 101m^3，管道的两个出口分别与承船厢两端的U形槽连通，水泵电机组布置在管道的中段，出水口与承船厢水深调节系统管道连通。开启管道的阀门，间隙水自流进入储水管，约需110s可将间隙水泄空，在承船厢升降运行期间通过水泵将管道内的间隙水经水深调节系统管道重新抽回承船厢，两套水泵同时运行抽水约需9min。储水管道中的间隙水计入承船厢总重，由平衡重平衡。

7.4.10.2 设备设计与选型

1)水泵—电机组

水泵—电机组有两种类型:水深调节水泵—电机组和间隙水泵—电机组,各两套。水深调节水泵—电机组和间隙水泵—电机组都采用 ABS 公司产品。水深调节水泵—电机组型号为 VUP0801,50Hz。间隙水泵型号为 AFP2005-3,4 极。

2)系统构成

本系统包括 6 套 DN1000、PN10 的电动蝶阀、8 套 DN800、PN10 的电动蝶阀、4 套 DN200、PN10 的电动蝶阀、4 套 DN800、PN10 的止回阀、2 套 DN200、PN10 的止回阀、2 套 DN1000、PN10 的手动蝶阀、1 套 DN800、PN10 的手动蝶阀、1 套 DN300、PN10 的手动蝶阀和 3 套 DN50、PN10 的空气阀。电动蝶阀、手动蝶阀、止回阀分别安装在间隙水管、连接水管和可逆泵管的各个管路上,空气阀布置在可逆泵管和间隙水管的管路上。

阀门均采用德国 VAG 公司产品。电动碟阀型号为 EkN(长径),PN10,DN1000(DN800、DN200);手动碟阀型号为 EkN(长径),PN10,DN1000(DN800、DN300);止回阀型号为 SKR,PN10,DN800(DN200);空气阀型号为 DUOJET264,PN10,DN50。

3)管路系统

可逆泵管管路系统共两套,分别布置在承船厢两端的底部及两侧的主纵梁内,管道两端出口与闸首 U 形槽底部密封水道相连。两套可逆泵管管路系统的管道由一根贯穿承船厢全长的连接水管连通。在承船厢底部设一套贯穿承船厢全长的间隙水管系统。

管路系统由管段构成,管段由钢管和法兰焊接,管段之间、管段与阀门之间均通过法兰连接。在管路系统内设置拆卸件,以补偿钢管因温度变形等原因产生的长度变化和变形,拆卸件具备角度补偿功能。

所使用的水管均为无缝钢管,材料为 20 号钢,公称压力为 PN10,间隙水管直径为 DN1000,连接水管直径为 DN1000,水深调节泵管直径为 DN1000 和 DN800,承船厢泄水管直径为 DN300,间隙水泵管直径为 DN800。拆卸件采用德国 VAG 公司产品。型号为 FLEXINOX,PN10,DN1000(DN800)波纹管材料采用不锈钢 1.4571,补偿长度为±25mm。

7.4.11 承船厢液压系统与船厢上缓冲装置

7.4.11.1 承船厢液压系统组成及其布置

(1)承船厢液压系统组成

液压系统主要由液压泵站、控制阀组、管路系统、缸旁阀组、检测装置及电气控制装置等设备组成。

除油箱、管路、管夹及支架外,泵站其他液压阀件及液压附件均采用性能先进、质量可靠的国际知名品牌产品。

(2)承船厢液压系统布置

承船厢液压系统共 6 套,其中 4 套分别布置在承船厢两侧的 4 个驱动机房内,2 套分别布置在承船厢两端底部的机舱内。每套系统均包括液压泵站、控制阀组和管路系统等设备。

其中,布置在上游左侧机房和下游右侧机房的 2 套液压系统(命名:1 号液压系统)的功能和设备构成完全相同,均分别操作邻近的一套驱动机构、两套横导向装置和一套对接锁定装置的液压设备;布置在上游右侧机房的液压系统(命名:2 号液压系统)操作邻近的一套驱动机构和一套对接锁定装置的液压设备;布置在下游左侧机房的液压系统(命名:3 号液压系统)操作邻近的一套驱动机构、一套对接锁定装置和一套纵导向与顶紧装置的液压设备;布置在承船厢头机舱的 2 套液压系统(命名:4 号液压系统)的功能和设备构成完全相同,均分别操作邻近的船厢厢门启闭机及锁定装置、间隙密封框装置和防撞装置的液压设备。

液压系统主要由液压泵站、控制阀组、管路系统、缸旁阀组、检测装置及电气控制装置等设备组成。

除油箱、管路、管夹及支架外,泵站其他液压阀件及液压附件均采用性能先进、质量可靠的国际知名品牌产品。

7.4.11.2 承船厢上缓冲装置

在承船厢上布置有 4 套上缓冲器,缓冲器支座与承船厢底铺板齐平、安装在主纵梁外腹板外侧,距主纵梁外腹板 700mm,距承船厢横向中心线 42713mm。上缓冲器采用 OLEO 公司产品,缓冲器型号为 74-MFZ-200-605,缓冲行程为 400mm,最大终了缓冲力为 700kN,最大吸收能量为 238kJ。4 套缓冲器吸收总能量为 952kJ。

7.4.12 承船厢上活动疏散楼梯与拍门

7.4.12.1 承船厢上活动疏散楼梯

承船厢各驱动室顶部设可调节高度的楼梯,共设 4 套。承船厢升降中途遇事故紧急停机后,人员可通过此处疏散到塔柱。可调楼梯由支座、支架、楼梯、连接装置、扶手及滚轮组成,梯子长度 5.12m,净宽 1.25m,楼梯高度可以通过调整楼梯端部的连接装置在支架上的连接部位,手动和自动调节高度,高度最大可调节到 3.55m,通过连接装置与支架连接,且楼梯踏板和扶手可自动保持水平。可调楼梯向专业厂家定购。

7.4.12.2 承船厢拍门

在主纵梁内底部承船厢两侧壁设 4 扇拍门。拍门尺寸 690mm×840mm(宽×高)。当承船厢停靠在船厢室底部时,如船厢室意外进水,此时拍门自动打开,连通厢内外水位,使厢内外水位保持平衡。拍门由门体、支铰和密封装置组成。门体采用 Q345D,为箱型中空结构,面板为 5mm×690mm×840mm(厚×宽×高),面板顶部中间设置安装吊耳。

7.4.13 平衡重系统

平衡重系统设备用于平衡承船厢结构、设备及其厢内水体的总重量,共 16 套,对称布置在承船厢两侧。每套平衡重系统设备组成完全相同,包括平衡重组、平衡滑轮组、钢丝绳组件、钢丝绳调节与连接组件、平衡链及其导向装置、滑轮组润滑系统、钢丝绳润滑系统、平衡重导轨等设备。承船厢由 256 根 Φ74mm 的钢丝绳悬吊，钢丝绳分成 16 组对称布置在承船厢两侧，钢丝绳的一端通过调节组件与承船厢主纵梁外腹板上方的吊耳连接，另一端绕过塔柱顶部机房内的平衡滑轮后，与平衡重块连接。平衡重悬吊部分总重与承船厢总质量相等，为 15500t。

平衡重组承载框架嵌在平衡重块两侧的台肩内，其上布置平衡重组导向装置、缓冲橡胶垫等设备。承载框架由两个端部焊接框架与两个纵梁组成，纵梁与端部框架之间通过高强螺栓连接。在两侧的端部框架上设导向轮，在承船厢正常升降过程中为平衡重水平导向，在地震工况下则作为水平地震载荷的传力构件。框架一侧布置了横向导轮和纵向导轮，另一侧仅布置横向导向轮。承载框架同时还作为钢丝绳破断后的安全保护，可将破断钢丝绳所悬吊的平衡重块的重量分摊到其他钢丝绳。在每个平衡重井的上、下游墙壁上铺设轨道，平衡重组升降时通过承载框架上的纵、横导向装置沿轨道运行。

在每组平衡重组的底部分别悬挂一条平衡链，每条平衡链单位长度质量约 407kg/m，16 条平衡链的单位长度质量与 256 根钢丝绳的单位长度质量相等，用于补偿因钢丝绳长度变化造成的滑轮两侧不平衡，平衡链的另一端在平衡重井底部转向后与承船厢底部连接。在承船厢一侧，每根平衡链布置了 5 套导向装置；在平衡重一侧，每根平衡链仅在平衡重底部设置一套导向装置。平衡链的导向装置通过螺栓连接到预埋板的基础上。

7.5　船厢室结构设计

船厢室段建筑物主要由底板、两侧塔柱和顶部机房、左右侧塔柱顶部横向连接结构上布置的中控室和观光平台组成。

7.5.1　塔柱结构设计

7.5.1.1　塔柱结构设计要求

三峡升船机承重结构塔柱是钢筋混凝土高耸筒体和墙的组合结构，需满足承船厢垂直升降的功能性要求，其重要特点就是承船厢设备与钢筋混凝土承重结构塔柱紧密结合，承船厢机构的相应设备沿承重结构塔柱高程铺设，承船厢垂直升降时沿程与塔柱配合密切，如承船厢驱动机构要与塔柱上的齿条啮合运行；承船厢安全机构的短螺杆沿塔柱上的螺母柱不接触空转；承船厢纵横导向机构、平衡重均沿塔柱上的导轨运行，因此，塔柱结构设计要求：

1）结构布置满足承船厢及机械设备、平衡重系统，以及电气控制，通信、消防等设备的运输、安装、调试、运行和检修维护的功能要求。

2）结构刚度应尽量限制结构变形和左右、前后结构间的相对变形，满足设备运行的需要。

3）由于三峡工程的重要性，塔柱结构要求有很好的抗震性能，结构受力满足承载力和正常使用的要求。

7.5.1.2 船厢室段结构布置

(1)平面布置

船厢室段建筑物主要由底板、两侧塔柱和顶部机房、左右侧塔柱顶部横向连接结构上布置的中控室和观光平台组成。结构布置见图7.5.1。

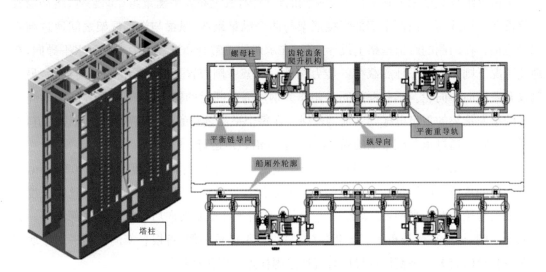

图7.5.1 船厢室段结构布置示意图

1)底板

船厢室段的平面尺寸为121.0m×59.8m,底板厚2.5m,顶高程50.0m,建基面高程47.5m。底板与左、右两侧岩石直接结合,嵌固在岩石中。两侧对称布置承重结构塔柱,与上、下闸首净距0.5m。

2)塔柱

升船机塔柱对称布置在船厢室两侧,每侧塔柱由墙—筒体—墙—筒体—墙组成,长119.0m,宽16.0m,与上、下闸首间距1.0m。

墙与筒体之间通过沿高程分布的纵向联系梁实现纵向连接,为塔柱的开敞式区间;两侧塔柱在顶部高程196.0m通过7根横梁和2个平台实现横向连接。

上、下游端墙体(轴1墙、轴13墙)厚1.0m,平面为"["或"]"形,中间墙体(轴7墙)厚2.0m,平面为"T"形。筒体与墙体连接的纵向联系梁沿高程每14m一层,梁宽同墙等厚,为1.0m。上、下游端的联系梁(轴1和轴2之间的梁、轴12和轴13之间的梁)高3.5m,中间的联系梁(轴6和轴7之间的梁、轴7和轴8之间的梁)高1.5m。

每侧塔柱中有2个筒体,左、右侧对称布置。每个筒体长40.3m,宽16.0m,筒体壁厚1.0m,螺母柱和齿条部位的墙体局部加厚,分别为1.5m(1.85m)和1.5m。筒体平面上呈凹槽形,凹槽长19.1m,宽7.0m,对应船厢驱动室的4个侧翼结构,齿条、电缆出线孔和电缆槽、疏散通道均布置在凹槽的内侧墙上,螺母柱布置在螺母柱的凹槽内。

螺母柱凹槽尺寸长 3.12m、宽 4.5m,凹槽一侧是 10.6m 的平衡重筒体,另一侧是电缆竖井。凹槽外侧的筒体布置楼梯间、电梯井和电缆竖井。根据其功能的不同,高程 84.5m 的平台为升船机下部的主要对外交通通道,同时兼顾平衡重安装、船厢安装和检修的主要通道;高程 185.0m 的平台为升船机与坝面的主要交通通道;高程 175.0m、高程 189.0m 平台为平衡重的安装平台;高程 192.5m 为电缆层;其余平台为塔柱内部交通。塔柱开敞区间的联系梁与各层平台对应连续布置。除平衡重的安装检修平台外,筒体中每隔 14m 布置一层平台。

两侧塔柱除筒体凹槽外,其余部位布置 8(组/侧)×2(侧)平衡重井,共 16 组。

3)顶部横向联系

两侧塔柱在顶部高程 196.0m 通过 7 根横梁和 2 个平台实现横向连接。

7 根横梁以轴 7 为对称轴对称布置,分别位于轴 1(轴 13)、轴 2(轴 2)、轴 6(轴 8)和轴 7 的部位,除轴 7 横梁的横断面尺寸为 2.75m×2.0m(高×宽)外,其余梁的横断面尺寸为 2.75m×1.0m。7 根横梁两端均与塔柱的横向墙相连,梁与墙结合采用连续整浇的方式,断面由 7.15m 渐变到 2.75m。

中控室平台和观光平台布置在塔柱筒体凹槽顶部的纵向深联系梁上,为梁板结构。每个平台的主承载结构为 2 根横向主梁。横梁的横断面尺寸为 2.75m×1.0m,端部由 7.15m 渐变到 2.75m。纵向深联系梁断面尺寸为 7.25m×1.5m,长 19.1m。

(2)竖向布置

船厢室段塔柱结构在竖向分为高程 50m 以下的底板,厚 2.5m;高程 50~196m 的塔柱,高度 146m;高程 196m 以上的顶部机房,高度 21.0m。除顶部机房外,塔柱总建筑高度为 148.5m。

1)船厢室顶、底高程

承船厢需适应上游最高通航水位到下游最低通航水位的最大升(降)程,升船机上游最高通航水位 175m,考虑 18m 的通航净空,塔柱结构顶高程定为 196m。下游最低通航水位 62m,承船厢结构高度 10m,考虑在最低通航水位条件下,承船厢运行和检修操作的要求,船厢室底板高程定为 50m。

2)平衡重井道

平衡重井道对称布置在两侧塔柱的开敞式区域和筒体内,除筒体凹槽外,每侧 8 组平衡重沿纵向通长布置,两侧共 16 组。承船厢在最高位置 175m 时,对应平衡重的最低位置为高程 63.35m。与船厢室底板高程相对应,平衡重井道最低高程为 50m。承船厢在最低位置 62m 时,平衡重的最高位置为 185m,相应高程 185m、175m 为平衡重的安装检修平台。

平衡重筒体在高程 84.5m、98m、112m、126m、140m、154m、168m、175m、189m 和 192.5m 设平台并兼顾结构局部稳定所需的构造需要,开敞区域的纵向联梁与平衡重筒体内的平台高程相对应。

3)电缆竖井

每个筒体中布置一个电缆竖井,平面尺寸 3.90m×1.36m,井底高程 50m,上至高程 192.5m 的电缆层。塔柱共 4 个电缆竖井。

4)电梯井

每个筒体中布置一个电梯井,平面尺寸 2.4m×2.55m,井底高程 50m,上部包括电梯机房在内延伸到高程 196m 以上 4.9m 的净空,电梯机房面积 2.7m×4.5m。电梯停靠层根据船厢疏散口确定,塔柱共 4 个电梯井。

5)楼梯间

每个筒体中布置一个楼梯间,平面尺寸 7.75m×3.7m,楼梯从高程 50m 到 196m 顶部机房,楼梯的标准层高 3.5m。与楼梯、电梯相连的前厅平台的标准层高也按 3.5m 一层设计。

6)船厢室设备埋件

螺母柱:布置在螺母柱凹槽内,左、右、前、后对称,高程 57.1～186.3m 连续布置。

齿条:布置在每个塔柱筒体凹槽内侧墙上,左、右、前、后对称,高程 51.21～178.985m 连续布置。

纵导向轨道:布置在轴 7 墙上,左、右对称,高程 52.6～173.5m 区间连续布置。

平衡重导轨:布置在每一组平衡重竖井的上、下游横隔墙上,高程 60～192.8m 区间连续布置。

7)排烟竖井

每个筒体中均布置排烟竖井。排烟竖井布置在靠楼梯一侧的筒体中,与楼层对应,每层设置通风孔与楼梯连接。

7.5.1.3 船厢室段底板设计

(1)底板地基处理

船厢室段塔柱底板上游段基础本次开挖到位后,根据 f548 断层出露情况,断层带破碎、局部夹泥,破碎带宽度为 2～4m,性状较差,难以满足上部塔柱结构对基础要求,因此对该部位采取掏槽、回填混凝土塞等处理措施。f548 断层的掏槽深度按不同分区分别为Ⅰ区 2m、Ⅱ区 4m、Ⅲ区 3m,开挖坡比按 1∶0.5～1∶0.75 控制。回填混凝土塞采用 C35,断层槽底面及坡面设置 ϕ25@20cm×20cm 钢筋网。

(2)底板结构设计

船厢室段底板平面顺流向长 121.0m,垂直水流向宽 59.8m,板厚 2.5m,底板为整体式平板结构。底板混凝土为 C30W4F100,底板配筋:一般部位的顶、底面配筋均为 2 排 ϕ25@15cm 网状钢筋布置,墙根处顶面横向为 1 排 ϕ25@15cm+1 排 ϕ32@15cm,抗剪钢筋为 ϕ36@15cm。

为保证底板结构的整体性,底板采用设置宽槽的分缝分块形式,顺流向设 2 条宽槽,垂直流向设 4 条宽槽,施工期将底板混凝土分为左、中、右三区,每个区从上游向下游依次划为

D1～D5 块,较均匀地分成 15 个浇筑块,最大浇筑块长度为 25.7m。每块混凝土分两层浇筑,第 1 层浇筑厚 1.3m,第 2 层浇筑底板厚 1.2m 和两侧塔柱墙底板上部的 0.5m 墙体倒角及局部高直段部分。底板混凝土浇筑后通制冷水进行冷却,宽槽两侧混凝土温度降至准稳定温度 10℃后开始回填槽内混凝土,先回填横缝宽槽,再回填纵缝宽槽。

宽槽回填采用 C35W4F100 二级配混凝土。为满足设计对浇筑温度不超过 14℃的要求,减小母体混凝土和宽槽回填混凝土之间的温差,宽槽回填采用预冷混凝土,浇筑温度控制在 12～14℃,相应出机口温度 7℃。采用二级泵送入仓。

底板与基岩结合面设了水平排水沟网,底板表面积水自流到下闸首的工作门槽中,再由设在下闸首内的排水泵抽至下游引航道。

(3)底板混凝土温控

底板混凝土采用 1 台 CC200 胎带机浇筑,配备 2 台泵机作为补充及应急手段。

2008 年 1 月 13 日以来,三峡坝区出现雨雪、低温、冰冻等恶劣天气,日平均气温在 0℃以下的日数达 16d,仅次于 1954 年(18d);最长连续雨雪日数达 17d,打破了当地冬季最长连续雨雪日数的历史记录。针对罕见的持续低温,为确保混凝土施工质量采取了以下一些应对措施:避免晚上开仓;取消温控混凝土,采用自然入仓;在仓面周边安装碘钨灯,以提高浇筑仓内的环境温度;混凝土振捣后采用 2cm 保温被及时覆盖。

1)混凝土温控防裂

2007 年 12 月至 2008 年 3 月,主要采用 7℃温控混凝土入仓。1 月 13 日至 2 月 10 日,出现持续低温天气,日平均气温低于 5℃,最低达到－3.4℃。为提高混凝土的入仓和浇筑温度,确定低温期间混凝土采用自然入仓等保温措施。1 月 28 日在升船机左 D2 第二层开始后续底板混凝土均采用自然入仓。从仓内的检测数据统计看,入仓温度小于 10℃,浇筑温度小于 14℃,满足温控要求。温控混凝土施工期间,升船机船厢室底板混凝土最高入仓温度为 10℃,最低入仓温度为 5℃,平均入仓温度为 7℃,最高浇筑温度为 12℃,最低浇筑温度为 7℃,平均浇筑温度为 8.6℃,无超温仓。

2)通水冷却

混凝土冷却通制冷水,最高温度出现前通水流量为 40～60L/min,最高温度出现后通水流量为 10～20L/min。分 2 层浇筑的浇筑块,第一层混凝土温度降至 18℃后停止通水,第二层覆盖后进行第二层混凝土通水冷却,待第二层与第一层温度接近时再一并通水。宽槽回填混凝土布置 2 层冷却水管,收仓后通 7℃制冷水 10d,通水流量 20L/min。船厢室底板混凝土冷却通水成果统计进水温度,最高 15℃,最低 6℃;出水温度最高 16.5℃。

3)混凝土内部温度监测

在底板混凝土第一层共埋设了 11 支温度计,实测最高温度为 25℃;在底板混凝土第二层共埋设了 15 组测温管,实测最高温度为 25.4℃,均未超过设计允许值 27℃。

4)保温

按照冬季混凝土温控防裂的有关要求,最低气温大于 0℃时收仓后第 4d 开始表面保温,气温小于0℃时收仓后及时进行表面保温。左右侧塔柱基础块第一层因表面突起钢筋较密集，在1月17日前采取将一层保温被覆盖在钢筋上的方式，备仓时取下保温被，备完仓后再覆盖；1月17日以后，将保温被剪成小块，直接覆盖混凝土表面，扎完面层钢筋、立好周边模板后，再取出仓内保温被，用一层保温被覆盖钢筋。第二层混凝土表面及底板混凝土顶面用双层2cm厚的保温被保温。进入3月以来，白天气温较高，底板混凝土受气温影响较大，为防止热量倒灌，当混凝土温度降到15℃以下时，采取三层保温被保温。宽槽顶面和周边用保温被封闭。

根据现场的检测，在气温降到0℃以下时，盖两层保温被的位置混凝土表面温度为11～13℃，盖一层保温被混凝土表面温度为9～11℃。

7.5.1.4　塔柱埋件结构设计

齿轮齿条爬升式升船机承船厢上的驱动机构、安全机构沿埋设在塔柱结构上的齿条、螺母柱升降运行，承船厢的正常运行载荷和事故载荷，均通过齿条、螺母柱及其埋件结构传递至塔柱。螺母柱和齿条埋件结构复杂，在设计上尚没有可供借鉴的工程经验。

（1）螺母柱及其埋件结构

1）设备布置与结构类型

螺母柱用于在承船厢超载的情况下向塔柱传递事故载荷。升船机正常运转时，安全机构旋转螺杆在螺母柱内以与驱动机构相同的速度升降，螺杆与螺母柱的螺纹副上、下均保持一定的间隙，避免船厢正常升降时螺纹副接触。

螺母柱及其埋件共4套，对称布置在4个混凝土塔柱的凹槽内，沿塔柱高度连续铺设。每套螺母柱由两条直径完全相等、没有结构联系的螺母柱片构成，两条螺母柱片的结构形式、设备组成及尺寸完全相同，但安装高程有所不同，其中一条螺母柱片的安装高程为59.665～184.850m，另一条螺母柱片的安装高程较之高225mm（半个螺距），安装高程为59.890～185.075m。螺母柱总高度125.185m，螺母柱片和工字形组合钢架均分节制造，二者在高度上交错安装。

螺母柱埋件包括一期埋件和二期埋件，其中一期埋件主要包括为使预应力锚栓（预应力钢筋束）穿过一、二期混凝土而设置的穿墙管、为保证穿墙管的安装位置精度而设置的辅助定位钢架以及纵横直通钢筋与附加钢筋等。

螺母柱二期埋件主要有：二期直通钢筋和三根工字钢构件（带柱头螺栓和挤压凸齿）、工字钢件精度调整辅助钢梁、辅助连接件及延长穿墙埋管安装等。工字钢构件分段长度4.95m，梁高1.14m，节间采用高强螺杆连接。工字钢埋件材料为Q235D。螺母柱埋件结构见图7.5.2。

螺母柱通过高强螺栓安装在钢结构埋件上。高强螺栓布置在螺母柱两侧，每根螺母柱以不等间距布置16个10.9级M30mm螺栓，其中螺母柱两端的螺栓布置较密，中部的布置间距较大。在螺栓中施加预紧力，从而在位于螺母柱与工字钢埋件之间的砂浆产生初始压应力;在每根螺母柱的中间区域布置了直径为 M36mm 预应力锚栓,预应力锚栓穿过一、二期混凝土,同时施加 900kN 的初始预紧力,使一期混凝土与二期混凝土之间以及砂浆材料与螺母柱之间产生初始接触压力,从而形成对螺母柱的水平方向的支承。每根螺母柱背面布置了三排共计 39 件凸齿,与焊接在三根工字钢前端翼缘的钢凸齿沿竖直方向相互交错排列,凸轮之间的垂直缝宽为 50mm,水平缝宽为 40mm。现场安装后齿梯内的间隙由特殊抗压材料填充,从而使螺母柱的竖直载荷通过齿梯向埋件传递。埋件与二期混凝土之间的竖直载荷则由焊接在工字钢腹板上的头部螺栓(栓钉)传递。每件螺母柱的高度为 4.93m。

根据其所受载荷的大小,螺母柱沿 129m 高度分为三段,每一段中螺母柱断面均相同,但工字钢埋件的断面有差别。在高程 57.23～91.84m,设计控制载荷按闸室进水,船厢受浮力工况计算,总不平衡力为 124MN;在高程 91.84～180.94m,设计控制载荷按水漏空或船厢检修工况计算,总不平衡力为 88MN;在高程 180.94～185.89m,埋件的设计控制载荷主要为锁定机构的工作载荷,总不平衡力为 14.8MN。该段埋件载荷较小,考虑到该段总长度较短,因此断面尺寸与高程 91.84～180.94m 埋件断面尺寸相同。最底部的埋件因承受载荷较大,截面有所加强,主要是外侧两根工字梁的前、后翼缘厚度加大了 10mm。此外在底部高程段,每根螺母柱布置 16 根预应力锚拴;而在其余高程段,每根螺母柱布置 14 根预应力锚拴。

螺母柱与工字钢埋件在高度方向交错布置。相邻两节螺母柱之间的间隙为 20mm,相邻两节工字钢埋件间隙为 80mm,工字钢前翼缘之间的间隙用调整垫板填充,然后将调整垫板与上、下工字钢的前翼缘焊接。上、下工字钢后翼缘通过水平板用螺栓进行连接,其间隙用调整垫板螺母柱承受由旋转螺杆传来的船厢事故载荷,为钢结构部件,每节螺母柱的长度为 4.95m,螺母柱分缝与工字形钢梁分缝交叉布置。钢结构工字形梁预埋件(见图 7.5.2),将荷载传递给二期混凝土和短头螺栓。短头螺栓为受剪构件,将螺母柱受到的垂直荷载传递给二期混凝土。高强螺栓将螺母柱固定在钢结构埋件上。过缝钢筋保证一、二期混凝土的整体受力,其沿高度方向间距 450mm,每节 11 排,每排 8 根。短头螺栓沿高度方向间距 450mm,每节 10 排,每排 16 根。预应力钢筋贯穿螺母柱和一、二期混凝土,采用 2ϕ36 无黏接水平预应力钢筋,在高程 60～95m 每节螺母(长 4.95m)沿高度方向布置 4 排,每排 2 根,共 8 根,在高程 95～185m 每节布置 3 排,每排 2 根,共 6 根。齿状灌浆缝平均厚 4cm,由灌浆材料充填螺母柱与钢结构工字形梁之间的齿状缝,螺母柱受到的垂直方向力和水平方向力通过该缝传递给二期混凝土中的钢结构梁。灌浆材料采用 Pagel 公司生产的灰浆 V1/50。

2)主要技术参数

螺纹中径 1450mm;螺距 450mm;螺杆螺纹圈数为 4;接触角 2×75°;螺纹副间隙 2×60mm;螺杆高度 1.8m;单节螺母柱长度 4950mm;螺母柱材料为 iGS-25 CrNiMo4(淬火、调质);工字形组合钢架结构外形尺寸为 560/540mm×1980mm×4870mm(厚×宽×长);预应力钢筋型号为 Φ32WS(DYWIDAG 产品)。

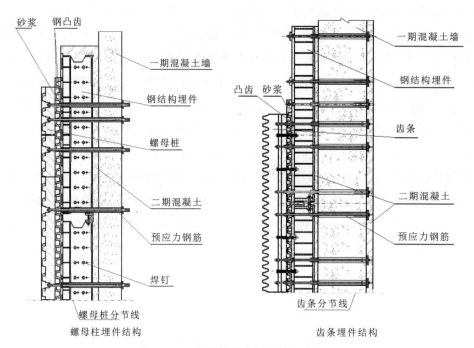

图 7.5.2　螺母柱及齿条埋件结构图

3）主要设计依据和标准

《三峡工程升船机设计准则》及《长江三峡水利枢纽升船机螺母柱、齿条及其二期埋件设备采购招标文件》(DIN 19704)、(DIN 18800)《钢结构设计与构造》、《DYWIDAG后张拉钢筋系统》(ETA 05/0123)(欧洲技术认可)、《钢制浇注大头螺栓》(ETA 03/0041)(欧洲技术认可)。

4）设计工况与载荷

安全机构的设计主要考虑承船厢水全部漏空、对接期间沉船、对接状态水满承船厢、船厢室进水承船厢受浮力、平衡重井进水平衡重受浮力等事故工况。其中，船厢室进水承船厢受浮力和平衡重井进水平衡重受浮力为两个方向事故载荷的控制工况，最大载荷分别为123000kN和33000kN。

5）材料及许用应力

①螺母柱(图 7.5.3)

材料为 G35CrNiMo6+QT1(DIN EN 10293)；屈服极限≥650MPa；事故工况安全系数为1.1；静强度容许应力为591MPa。

②二期埋件

材料为 Q235D；静强度许用应力为210 MPa；预应力钢筋材料为Y1050H；屈服极限为950MPa；静强度容许应力为864MPa。

③高强度螺栓

屈服极限为900 MPa，容许应力818 MPa。

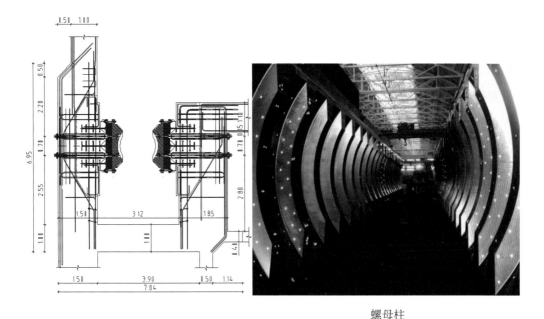

螺母柱

图 7.5.3　螺母柱埋设加工示意图

④塔柱

塔柱一期混凝土强度等级在高程 84.5m 以下为 C35,高程 84.5m 以上为 C30,螺母柱部位二期混凝土强度等级均为 C35,弹性模量 $E_c=3.0\times10^4$MPa,泊松比 $v_c=0.167$。

⑤短头螺栓

短头螺栓材料为钢 S23J263(EN 10027-1),$F_y=360$MPa,相当于 HRB400,直径 22mm;过缝钢筋采用 HRB335,$F_y=310$MPa,直径 36mm;预应力钢筋直径 36mm,有效预应力吨位为 700kN。取螺母柱、工字形钢梁、短头螺栓和过缝钢筋等材料的弹性模量 $E_s=2.0\times10^5$MPa,泊松比 $v_s=0.3$。

⑥灌浆缝

灌浆缝材料 Pagel V1/50,28d 抗压强度 90MPa,90d 抗压强度 110MPa。

6）荷载

螺母柱事故荷载考虑 4 种工况,各工况的具体荷载值与荷载作用范围见表 7.5.1。其中,对于承船厢水漏空工况与船厢室进水工况,载荷作用在螺母柱的下端点;对于承船厢内沉船工况和平衡重浮力工况,载荷作用在螺母柱的上端点。控制工况为荷载 1 和荷载 2。螺母柱作用荷载见图 7.5.4。

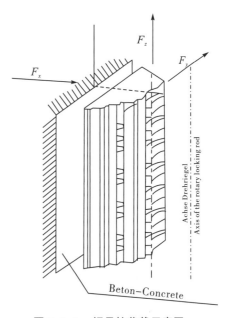

图 7.5.4　螺母柱荷载示意图

表 7.5.1 螺母柱荷载值与荷载作用范围

工况	荷载值(kN)			沿高程作用范围(m)
	F_x	F_y	F_z	
荷载 1 承船厢水漏空	−3720	+1310	+10800	90~180m
荷载 2 承船厢室进水,承船厢淹没	−5300	+1860	+15375	65~90m
荷载 3 承船厢室进水,平衡重淹没	−1440	+505	−4160	166~180m
荷载 4 承船厢门打开,承船厢内沉船	−1290	+455	−3750	船厢门打开只有船厢与上、下游对接情况

注:荷载值表中"+"表示与图 7.5.4 所示的坐标轴方向相同,"−"表示与坐标轴方向相反。

7)计算模型与计算工况

采用三维空间计算模型进行结构分析,主要分析预应力锚索、短头螺栓、钢支架、一期与二期混凝土界面的受力状态。其中,混凝土、钢架及螺母采用空间 8~20 结点等参单元,短头螺栓采用空间梁单元,钢筋与预应力锚索采用空间杆单元;在短头螺栓与混凝土之间、钢筋与混凝土之间布置空间一维黏接单元,模拟短头螺栓与混凝土之间、钢筋与混凝土之间的黏接滑移;在钢架与混凝土、一期混凝土与二期混凝土之间均布置空间 8 结点等参界面单元,模拟钢架与混凝土、一期与二期混凝土之间的接触。计算工况为表 7.5.1 中的荷载 1(作用范围为高程 90~180m)和荷载 2(作用范围为高程 65~90m)。

8)设计计算结果

①螺母柱

最大应力位于与螺母柱接触的螺牙的牙根位置。按照两个螺牙承载条件:最大压应力为 438MPa,最大拉应力为 285MPa,最大 V. Mises 应力为 472MPa。最大综合应力小于容许应力。

②"工"字形组合钢架结构

"工"字形组合钢架结构最大压应力为 132.368MPa,最大拉应力为 104.814MPa,最大 V. Mises应力为 114.173MPa,均低于事故工况容许应力。

③高强度螺栓与预应力钢筋

高强度螺栓最大拉应力为 509.949MPa,低于高强度螺栓事故工况下的容许应力。预应力钢筋最大拉应力为 816.2MPa,低于事故工况下的容许应力。

④混凝土界面

一期与二期混凝土界面绝大部分受压,界面压力最大值 1.81MPa,界面不会脱开。局部受拉部位的过缝钢筋在荷载 1 和荷载 2 作用下的受拉钢筋最大值为 9.0MPa 和 13.33MPa。

不考虑一期与二期混凝土界面的抗拉强度和抗剪刚度,作用在螺母上的荷载主要由二期混凝土承担。二期混凝土的垂直向拉应力 σ_z 大于一期混凝土,其荷载 2 和荷载 1 的垂直向最大拉应力分别为 3.59MPa 和 2.49MPa。取一期与二期混凝土界面抗拉强度0.75MPa、凝聚力 0.75、摩擦系数 0.7 时，一期与二期混凝土交界面能传递切向应力，作用在螺母上的荷载由一期和二期混凝土共同承担。一期混凝土的垂直向拉应力 σ_z 大于二期混凝土，其荷载 2 和荷载 1 的垂直向最大拉应力分别为 3.51 MPa 和 2.47 MPa。

钢架的主拉应力最大值只有 31.76 MPa。

短头螺栓在荷载 1 作用下的轴力最大值为 5.11 kN、水平剪力最大值为 7.05 kN，在荷载 2 作用下的轴力最大值为 7.26 kN 和水平剪力最大值为 9.28 kN。

在不考虑一期与二期混凝土界面抗拉强度和抗剪刚度的条件下，荷载 1 和荷载 2 作用下的垂直剪力最大值分别为 49.26 kN 和 71.23 kN。在取一期与二期混凝土界面抗拉强度 $f_t = 0.75$ MPa、凝聚力 $c = 0.75$、摩擦系数 $f = 0.7$ 的条件下，荷载 1 和荷载 2 作用下的垂直剪力最大值分别为 35.88 kN 和 52.18 kN。所有工况，按《钢结构设计规范》（GB 50017—2003）得到的短头螺栓最小安全系数均大于 1。

9）试验验证

灌浆材料试验：为保证螺母柱的安装精度和保证荷载从螺母柱有效地传到埋件上，设置了平均 4 cm 的齿状灌浆缝。灌浆试验进行了国产料和德国料的物理、力学性能试验，模型灌浆试验和无损检测试验等性能比较，最终选用了德国 PAGEL V1/50 灌浆材料。该材料具有高强、无收缩、耐久性强和较好的流动性、扩散性能等优势。

螺母柱传力试验：螺母柱传力试验分别进行了 1∶1 和 1∶2 两个局部模型试验，目的是验证结构的受力状态；结构的合理性和安全性。1∶1 局部模型试验的试验研究内容是施工期应力状态；船厢室进水情况下（最不利工况），螺母柱齿、钢结构齿和灌浆缝受力状态，预埋工字钢与螺母柱之间位移。1∶2 局部模型试验的研究内容包括螺母柱在最不利工况下预埋件工字钢腹板、预埋件工字钢翼缘、预埋件工字钢大头螺栓、钢筋及一、二期混凝土之间的应力状态；检测螺母柱齿、预埋件工字钢齿和灌浆材料应力；钢结构与螺母柱之间相对位移。

上述试验均验证了结构的传力是可靠的，结构是安全的。

（2）齿条及其埋件

1）设备布置结构类型

齿条共 4 套，分别布置在 4 个塔柱电梯井段的垂直壁面上，其底部安装高程为 51.45 m，顶部安装高程为 178.98 m，安装高度为 127.5 m。齿条埋件包括一期埋件和二期埋件。齿条一期埋件包括使预应力锚拴穿过一、二期混凝土的穿墙管、保证穿墙管埋设精度的辅助定位钢结构、纵横直通钢筋与附加钢筋等；齿条二期埋件主要包括二期埋件连接钢筋和带凸齿的 π 形钢构件、精度调整辅助钢梁及辅助连接件等。

齿条及其埋件在工厂分段制造加工，在现场分段安装。每段齿条长度为 4705 mm，齿条为 π 形铸造结构，与带凸齿的锻造底板通过配合螺栓相连。底板两侧的前后表面均镶导轨面板。该导轨面既是开式齿轮导轮的导轨面，又是横导向机构导轮的导轨面。

齿条底板背面的凸齿与 π 形断面的钢梁埋件的对应凸齿呈上下交错耦合布置，待齿条定位后，凸齿之间的缝隙空间以特制砂浆填充。齿条及其底板一方面通过预紧螺栓与钢梁埋件直接相连,另一方面通过穿过一期混凝土墙的预应力锚索(预应力钢筋束)连接。每根齿条布置12根直径为30mm的预应力锚拴和8个10.9级M30mm预应力螺栓。齿条及其底板与π形断面钢梁在高度方向交错布置。相邻两根齿条及其底板之间的间隙为20mm,相邻两根π形断面钢梁的间隙为80mm,前翼缘板的间隙用调整垫板填充,并将调整垫板与上、下π形钢梁前翼缘板焊接;后翼缘板则通过调整垫板和螺栓进行连接。在π形钢梁的前端翼缘背面焊接了大头螺栓,在两腹板内侧焊接了水平钢筋,用以传递竖向载荷。此外,根据传递载荷的需要,在二期混凝土内布置了水平钢筋和垂直钢筋。齿条埋件结构见图7.5.2。

齿条及其二期埋件在正常工况下承受齿轮载荷和横导向机构的正常载荷,其中每套驱动机构小齿轮的竖直载荷为1.1 MN,水平作用力为300kN;在驱动机构超载事故情况下,单根齿条承受的最大齿轮力为2.5 MN;在地震工况下齿条及其埋件传递承船厢与塔柱间的横向地震力,最大值为3.4 MN。

2)主要技术参数

齿条模数62.66725884mm;轮齿压力角20°;基准齿廓根据DIN867;齿宽810mm;齿条部材料为G35CrNiMo6+QT1(DIN EN 10293);齿面硬度为HV520;有效硬化层深度≥4mm;单节长度为4705mm;底板尺寸为170mm×2000mm×4705mm(厚×宽×长)、170mm×2000mm×6990mm(厚×宽×长);

π形钢架结构外形尺寸为710mm×1300mm×4645mm(厚×宽×长)

预应力钢筋型号为Φ32 930/1180 (DYWIDAG产品)

3)主要设计依据和标准

《三峡工程升船机设计准则》及《长江三峡水利枢纽升船机螺母柱、齿条及其二期埋件设备采购招标文件》(DIN 19704)、《钢结构设计与构造》(DIN 18800)、《圆柱齿轮承载能力计算》(DIN3990)、《DYWIDAG后张拉钢筋系统》(ETA 05/0123)(欧洲技术认可)、《钢制浇注大头螺栓》(ETA 03/0041)(欧洲技术认可)。

4)材料与容许应力

齿条:基体材料为G35CrNiMo6+QT1(DIN EN 10293),屈服极限≥650MPa,地震工况安全系数为1.1,静强度容许应力为591MPa。

二期埋件:材料为Q235D,静强度容许应力为210MPa。

预应力钢筋:材料为Y1050H,屈服极限为950MPa,静强度容许应力为864MPa。

塔柱一期混凝土强度等级在高程84.5m以下为C35,高程84.5m以上为C30,螺母柱部位二期混凝土强度等级均为C35,弹性模量$E_c=3.0×10^4$MPa,泊松比$v_c=0.167$。过缝钢筋采用HRB335,$F_y=310$MPa,直径为28mm;预应力钢筋直径36mm,有效预应力吨位为700kN。灌浆缝材料Pagel V1/50,28d抗压强度90MPa,90d抗压强度110MPa。

5)齿条轮齿强度设计

齿条轮齿设计考虑正常运行工况和驱动系统超载事故工况。正常工况载荷用于疲劳强度计算,事故工况用于静强度计算。

正常工况时误载水重 5cm 时每根齿条的载荷为 $F_1 = 742kN$;误载水重 10cm 时的每根齿轮的载荷为 $F_2 = 1048kN$。齿条轮齿的疲劳强度计算按 5cm 误载水深运行次数 80%、10cm 误载水深运行 20% 进行疲劳等效载荷计算。齿条轮齿的静强度按单个驱动机构最大事故载荷 2200kN 计算。

齿条齿轮强度计算结果见表 7.5.2。

表 7.5.2 齿条轮齿的强度与安全系数

参数	齿面接触静强度	齿面接触疲劳强度	齿根弯曲静强度	齿根弯曲疲劳强度
应力(N/mm²)	1343.1	968.6	403.5	199.7
安全系数	1.25	1.36	3.77	2.4

根据《三峡工程升船机设计准则》的规定,齿条齿面接触静强度和齿面接触疲劳强度安全系数不小于 1.1,齿根弯曲静强度和齿根弯曲疲劳强度不小于 2.0,齿轮轮齿强度满足要求。

6)齿条荷载

齿条所受荷载包括齿轮荷载和承船厢横导向荷载,见表 7.5.3、图 7.5.5、图 7.5.6。

7)计算模型与计算工况

采用三维空间计算模型进行结构分析,分别采用不同的单元来模拟混凝土、钢支架、螺栓、钢筋与预应力钢筋等。其中,混凝土、钢架采用 8~20 结点等参单元;螺栓和钢筋采用梁单元,预应力钢筋采用杆单元,在螺栓与混凝土之间、钢筋与混凝土之间布置一维黏接单元,模拟螺栓与混凝土之间、钢筋与混凝土之间的黏接滑移;在钢架与混凝土、一期混凝土与二期混凝土之间均布置 8 结点等参界面单元,模拟钢支架与混凝土、一期与二期混凝土之间的接触。

表 7.5.3 齿条荷载

工况	齿轮荷载		横导向荷载	
	$F_x(kN)$	$F_z(kN)$	$F_R(kN)$	$q(kN/m)$
正常运行荷载 1-1	220	1300	−74.0(向墙外)	0
正常运行荷载 1-2	220	−1300	−74.0(向墙外)	0
事故荷载 2-1	580	2200	−74.0(向墙外)	0
事故荷载 2-2	580	−2200	−74.0(向墙外)	0
地震荷载 3-1			85.0(向墙里)	660.0(向墙里)
地震荷载 3-2			−85.0(向墙外)	−660.0(向墙外)
地震荷载 3-3			131.0(向墙里)	474.0(向墙里)
地震荷载 3-4			−131.0(向墙外)	−474.0(向墙外)
地震荷载 3-5			110.0(向墙里)	560.0(向墙里)
地震荷载 3-6			−110.0(向墙外)	−560.0(向墙外)

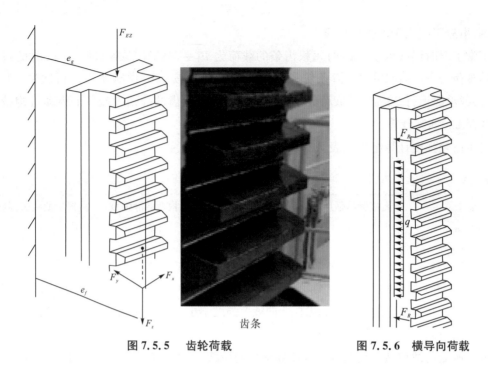

图 7.5.5　齿轮荷载　　　　　　图 7.5.6　横导向荷载

计算工况为事故工况 2-2,地震工况 3-2,并分别计算了荷载作用在每节齿条的上/中/下部位。

8)计算结果

事故工况和地震工况混凝土最大主拉应力见表 7.5.4。

表 7.5.4　　　　　　　　　事故工况和地震工况混凝土最大主拉应力

事故工况		地震工况	
工况	混凝土最大主拉应力值(MPa)	工况	混凝土最大主拉应力值(MPa)
2-2-1	1.846	3-2-1	1.718
2-2-2	1.976	3-2-2	1.681
2-2-3	2.328	3-2-3	1.701

上表中,工况 2-2-3 即在事故工况下,作用于一节齿条下端时,混凝土最大主拉应力为 2.33MPa。

在各工况下,一、二期混凝土界面钢筋均受压,表明一、二期混凝土未被拉开,其钢筋最大压力为 10.85kN。

9)结构配筋

竖向配 $8\phi28$,水平布置($\phi28+\phi20$)@30cmU 形钢筋,其他部位按构造布置。

7.5.1.5　船厢室塔柱内的平衡重系统设备

(1)平衡重系统设备布置及组成

平衡重悬吊部分总质量与承船厢总质量相等,为 15500t。平衡重块分成 16 组装设在船厢室两侧的 16 个平衡重井内。

平衡重组由平衡重块、调整平衡重块、承载框架及导向装置等组成(图 7.5.7)。每个平衡重组的组成和结构相同,包括 10 个标准高容重混凝土平衡重块、2 个非标准高容重混凝土平衡重块、2 个铸钢平衡重块以及 1 个空心平衡重(钢结构吊篮)。空心平衡重的外皮采用焊接钢结构,内腔浇灌普通混凝土,每个空心平衡重由两根钢丝绳悬吊,其底部悬挂平衡链。其余的每个平衡重块通过平衡梁或吊杆分别与一根钢丝绳相连。

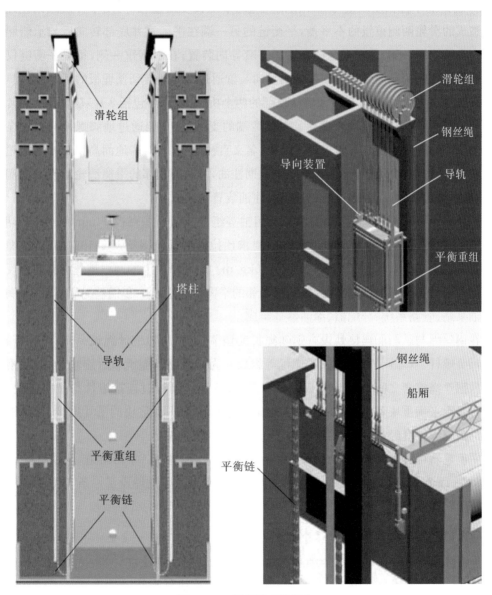

图 7.5.7 平衡重系统设备

平衡重组承载框架嵌在平衡重块两侧的台肩内,其上布置平衡重组导向装置、缓冲橡胶垫等设备。承载框架由两个端部焊接框架与两个纵梁组成,纵梁与端部框架之间通过高强螺栓连接。在两侧的端部框架上设有导向轮,在承船厢正常升降过程中为平衡重组水平导向,在地震工况下则作为水平地震载荷的传力构件。框架一侧布置了横向导轮和纵向导轮,另一侧仅布置横向导轮。承载框架同时还作为钢丝绳破断后的安全保护,可将破断钢丝绳所悬吊的平衡重块的重量分摊到其他钢丝绳。在每个平衡重井的上、下游墙壁上铺设有轨道,平衡重组升降时通过承载框架上的纵、横导向装置沿轨道运行。

在每组平衡重组的底部分别悬挂一条平衡链,每条平衡链单位长度质量约为407kg/m,16条平衡链的单位长度质量与256根钢丝绳的单位长度质量相等,用于补偿因钢丝绳长度变化造成的滑轮两侧重量的不平衡,平衡链的另一端在平衡重井底部转向后与承船厢底部连接。在承船厢一侧,每根平衡链布置了5套导向装置;在平衡重一侧,每根平衡链仅在平衡重底部设置一套导向装置。平衡链的导向装置通过螺栓连接到预埋板的基础上。

16组平衡滑轮组对称布置在塔柱顶部的两个机房内,每组包括8片双槽滑轮,每片滑轮通过两个球面轴承和滑轮轴独立支承在轴两端的支架上,支架通过地脚螺栓与装设在混凝土立墙顶部的埋件连接。滑轮为焊接结构,名义直径5.0m。机房地面高程196m,滑轮轴线高程199m。滑轮轴承通过干油润滑系统定期注油,每两组相邻的平衡滑轮组设一套润滑系统,润滑系统由油泵站、管路系统、分配器、注油装置等组成。

钢丝绳组件由钢丝绳、两端的锥套及销轴等组成。钢丝绳直径74mm,采用圆形股、带塑料垫层、镀锌、同向捻、不抗旋转钢丝绳,要求预拉伸处理。钢丝强度1960MPa,整绳最小破断拉力为4800kN,单位长度质量约25.46kg/m。同一滑轮上的两根钢丝绳旋向相反。钢丝绳定期通过干油润滑系统润滑,每两组相邻的平衡滑轮组设一套钢丝绳润滑系统,润滑系统由油泵站、管路系统、分配器、涂油器等组成。

在钢丝绳与承船厢连接处设有钢丝绳长度调节组件,每根钢丝绳设一套,由花篮螺母、单耳调节螺杆、双耳调节螺杆、锁紧螺母等组成。为避免钢丝绳承载后旋转,同一双槽滑轮的两根钢丝绳锥套之间设有防旋板。在平衡重侧,钢丝绳通过连接组件与平衡重块相连。悬吊混凝土平衡重块和吊篮的钢丝绳锥套通过平衡梁与平衡重块的吊耳连接,悬吊钢平衡重块的钢丝绳锥套经过吊头、吊杆等构件与钢平衡重块连接。

平衡重轨道分为两种类型:一种是T形轨道,另一种是"工"字形轨道,埋设高程为60~192.6m。每个平衡重井内,在垂直于水流方向的承重墙上分别埋设了一条T形轨道和一条"工"字形轨道。

(2)平衡重系统设备主要技术参数

平衡重总质量为15500t;钢丝绳直径为74mm;滑轮名义直径为5000mm;混凝土平衡重块外形尺寸为12350mm×3800mm×430mm;铸钢平衡重块外形尺寸为8500mm×2800mm×330mm;吊篮平衡重块外形尺寸为12350mm×3800mm×920mm。

(3)平衡重组

1)设备构造

平衡重组共 16 组,布置在塔柱结构的平衡重井内。根据钢结构吊篮的不同位置,平衡重有"类型 1"和"类型 2"两种结构类型。每种结构类型有 8 组,对称布置。

每个平衡重组由 10 个标准混凝土平衡重块、2 个非标准混凝土平衡重块、2 个铸钢平衡重块、1 个钢结构吊篮以及平衡重框架装置等组成。

钢结构吊篮由两根钢丝绳通过平衡梁悬吊,每两个混凝土平衡重块通过平衡梁由两根钢丝绳悬吊,每个铸钢平衡重块由一根钢丝绳悬吊。

每个平衡重组的 15 个平衡重块由钢结构框架框成一体,框架纵梁作为断绳安全保护结构嵌在平衡重块上、下两侧的台肩内,在发生断绳事故时可将破断钢丝绳所悬吊的平衡重块的重量分摊到其他钢丝绳,框架强度按照单根钢丝绳破断的事故工况确定。框架上设有导向装置,在船厢正常升降过程中为平衡重组水平导向,在地震工况下则作为水平地震载荷的传力构件。框架一侧仅布置横向导向轮,另一侧则布置了横向导轮和纵向导轮。

钢结构框架由两个端部焊接框架与 4 个纵梁用螺栓连接而成。端部框架位于平衡重外侧,在其底部和顶部布置横梁,纵、横导向轮布置在该横梁上。

在端部框架内侧、主纵梁内侧以及上部主纵梁的下方和下部主纵梁的上方对应于各平衡重块位置均设橡胶缓冲垫。

在各平衡重块的上下游面均分别设不锈钢及自润滑材料止动板,用于传递载荷、减轻相对滑动时的摩擦。

2)平衡重块

①混凝土平衡重块

（a）结构设计

混凝土平衡重块由构造钢筋、铁钢砂混凝土、吊耳等钢结构埋件以及止动板装置组成。钢筋骨架选用 HRB335 级普通钢筋,吊耳外露的材质为 35CrMo,其混凝土内埋入结构材质为 Q345D,止动块为非金属自润滑材料。吊耳结构由吊耳板、连接板及套管焊接而成,连接板两侧及套管外圆均焊接栓钉。其主要受力焊缝为一类焊缝。

（b）计算工况和载荷

设计计算工况包括正常工况和断绳事故工况。

悬吊混凝土块正常工作时,单吊点荷载（单个混凝土块结构质量＋钢结构框架设备均分质量）为 67.5t;基本荷载为单吊点荷载的 1.5 倍。

端部钢绳断绳事故时,对临近作为支承点的悬吊混凝土块,其校核荷载按单吊点荷载的 2.074 倍计算。

（c）材料和容许应力

吊耳的材质为 35CrMo,吊耳的孔壁承压容许应力为 100MPa,耳孔水平截面容许拉应力为 294MPa,耳孔垂直截面容许拉应力为 167MPa,事故工况的容许应力为 425MPa。正常工况焊缝容许应力为 200N/mm²,事故工况的焊缝容许应力为 220N/mm²。

（d）计算结果

吊耳板与连接板之间焊缝在正常悬吊状态下的应力为 $133N/mm^2$，在相邻钢丝绳断绳的事故工况下的应力为 $200N/mm^2$；正常状态下吊耳孔壁的承压应力为 $90.2\ N/mm^2$，垂直截面拉应力为 $137\ N/mm^2$，事故工况时为 $284\ N/mm^2$。吊耳强度满足要求。

②铸钢平衡重块

（a）结构设计

铸钢平衡重块布置在平衡重组的两侧，由铸钢块、止动装置、吊杆、吊头、防松螺母、防旋装置、连接板及抗剪螺栓等零件组成。铸钢块与吊杆之间通过连接板及抗剪螺栓连接，吊杆上端通过螺纹与吊头连接，吊头上设单吊耳，用于与钢丝绳锥套连接。在吊头与吊杆之间设防旋装置，吊头与吊杆连接并定位后，通过防旋装置将吊头沿吊杆周向锁定。

铸钢块材料为 ZG230-450。在铸钢块的各个侧面均装设有止动板，止动板通过螺钉与铸钢块连接，有不锈钢板和非金属自润滑材料两种。

（b）计算工况和载荷

设计计算工况包括正常工况和断绳事故工况。

正常工况下两端部悬吊铸钢块的工作和安装状态，安全框架的重量恰好分担到每个铸钢块（其他平衡重块未分担安全框架自重）的顶部布设两支承点上，单吊点荷载（单个铸钢块结构质量＋$0.5\times$钢结构框架设备质量）为 93.7t；基本荷载为单吊点荷载的 1.2 倍。

事故工况相邻钢绳断绳对临近作为支承点的悬吊铸钢块，单个铸钢块结构质量＋钢结构框架设备均分质量为 64.0t；校核荷载按单吊点荷载的 1.5 倍计算。

（c）材料及许用应力

吊耳的材料为 35CrMo，吊耳的孔壁承压容许应力为 100MPa，耳孔水平截面容许拉应力为 294MPa，耳孔垂直截面容许拉应力为 167MPa，事故工况的容许应力为 425MPa。

（d）计算结果

正常悬吊状态下，吊杆拉应力为 $92.4\ N/mm^2$，吊耳的孔壁承压应力 $35.1\ N/mm^2$；耳孔垂直截面拉应力为 $53.2\ N/mm^2$，吊耳强度满足要求。

吊杆与连接板之间和连接板与铸钢块之间均通过 9 个铰制孔螺栓连接，螺栓规格 M36，强度等级为 10.9。正常工作状态和断绳事故状态：M36 螺栓单个的受力（包含承压或受剪）荷载分别为 124.9kN 和 233.3kN；单个螺栓的容许剪力为 816.2kN。两件连接板的材料为 Q345D，其单件板厚 30mm，被连接件的材料 ZG230-450，其中部连接处厚 70mm；单个螺栓的容许承压分别为 574.6kN 和 478.8kN。单个螺栓的抗剪和承压的最小值大于正常工作和事故状态时受力荷载，可满足要求。

③钢结构吊篮

（a）结构类型与材料

钢结构吊篮系一钢制容器，外形尺寸为 12.35m×3.8m×0.92m（高×宽×厚）。在吊篮顶部焊有双耳吊耳结构板，吊耳通过销轴与平衡梁（吊板）连接，在吊篮底部焊接有平衡链吊耳板，通过销轴与平衡链连接。在吊篮厚度方向面板外侧面安装止动板。

吊篮内腔浇筑普通混凝土,钢结构外皮及混凝土总质量为80.8t。为适应现场起吊设备的起吊能力,其中20.8t的混凝土在吊篮现场就位后浇筑。

钢结构吊篮板材采用Q345D,型材采用Q235B。主要受拉对接焊缝和组合焊缝为一类焊缝,上部吊耳的材料为14MnMoV。

(b)相关分析

对钢结构吊篮进行了有限元计算分析,计算结果:在工况一(浇注40t混凝土)下,最大应力(综合应力)是214.7MPa。在工况二(40t混凝土凝固,浇注20t混凝土)下,最大应力(Y向应力)是119.8MPa。在工况三(60t混凝土凝固,挂平衡链)下,最大应力(综合应力)是117.8MPa。对于Q345D钢,安全系数为1.5,容许应力为220 MPa,强度满足要求。

3)钢结构承载框架

①构造

钢结构承载框架由两端的两个端部框架和4条水平纵梁通过螺栓连接而成,两个端部框架结构略有不同,其中一片框架(双导向框架)同时安装纵导向轮组和横导向轮组;另一片框架(单导向框架)则仅安装横向导轮组。两端部框架均为焊接结构。端部框架中间横梁与水平纵梁的中心线位于同一平面,并通过螺栓连接,形成两层水平平面框架。竖直框架底横梁是纵、横导向组的安装支承构件。框架结构主材为Q345D。

在两根上部水平纵梁的下翼缘板上分别安装12套橡胶缓冲器,在两根下部水平纵梁的上翼缘板上分别安装14套橡胶缓冲器,在两端部框架下部横梁的上翼缘板上各装设两个橡胶缓冲器。橡胶缓冲器通过钢压板、螺钉固定,缓冲器的安装位置与平衡重块的位置相对应。

在4根水平纵梁的内侧分别安装14套橡胶缓冲垫,各缓冲垫的安装位置与平衡重块的位置相对应,缓冲垫通过压板、螺钉固定。

承载框架上安装4组平衡重组导向装置,其中两组为双向导向装置,包含纵向及横向导轮,另两组为单向导向装置,仅包含横向导轮。两套双向导向装置分别安装在承载框架一侧端部框架的上、下横梁上,两套单项导向装置则分别安装在承载框架另一侧端部框架的上、下横梁上。

②框架结构有限元计算复核

(a)载荷和载荷工况

工况一:钢平衡重块悬吊钢丝绳破断,端部框架下横梁承担钢平衡重载荷。

工况二:地震,端部框架最顶横梁承受X向、Y向地震载荷。

(b)计算结果

工况一的钢结构框架最大综合应力为176.77MPa。工况二最大综合应力为233.18MPa,小于事故工况下的容许应力为290MPa,框架结构的强度均满足要求。

(4)平衡链及其导向装置

平衡链共16条,分别悬挂在16组底部与船厢底部之间。平衡链采用链板类型,16条平衡链的单位长度质量与 256 根钢丝绳的单位长度质量相等,每条平衡链单位长度质量 402kg/m。平衡链一端与平衡重组中钢结构吊篮底部的吊耳连接,另一端与焊接在承船厢外腹板上的吊耳板连接。

在承船厢一侧塔柱混凝土墙或混凝土联系梁上,对应于每条平衡链布置有 5 套导向装置。在平衡重一侧的平衡重井的底部,每条平衡链布置 1 套导向装置。平衡链导向装置由导向支架及安装螺钉等组成,因结构尺寸和安装方式不同,平衡链导向装置有 4 种结构类型。

平衡链由节距相同的链节衔接而成。标准链节由链板、销轴、衬垫、自润滑轴承、隔环、导向轮和端板、螺钉等组成。链节距 500mm。销轴直径 60mm、长 940mm,上述零件均对称串在销轴上,其中两导向轮位于销轴的外侧,端板和螺钉安装在销轴的两端面。每条链的两端各有 5 节采用的是非标准链节。非标准链节不含导向轮以及轴两端的衬套,销轴长 356mm。链板材料为 Q345D,销轴材料为 40Cr 调质处理。

(5)平衡滑轮组

1)设备布置与结构类型

平衡滑轮组共 16 套,对称布置在塔柱顶部的两个机房内,滑轮轴线高程 199m。每套平衡滑轮组由 8 个双槽滑轮单元、7 个双支承支座和 2 个单支承支座以及二期埋件等组成。每个滑轮单元由滑轮、滑轮轴、球面滚柱轴承、定位环、轴套、透盖、密封及连接件组成,独立支承在两个支座上。滑轮间距为 980mm,滑轮上绳槽间距为 350mm。滑轮支座通过螺栓安装在混凝土支墩顶部的预埋件上,滑轮安装定位后,支座与预埋件之间的间隙灌注环氧。

2)滑轮结构

①结构类型

滑轮采用焊接结构,由轮圈、大钢环、小钢环、辐板及轮毂等构件焊接而成,主材为 Q345D。轮圈安装平衡重钢丝绳绳槽,大钢环外圆上安装钢丝绳绳槽。滑轮主要受力焊缝为二类焊缝,焊接后整体退火并矫正变形。

②有限元计算

(a) 正常工况

正常工况载荷为钢丝绳正常悬吊平衡重块重量+均摊的框架重量+最大调整平衡重块重量。正常工况下每根钢丝绳的最大拉力为 662.6kN。

计算结果:滑轮最大综合应力为 137.82MPa,位于滑轮上部,支座最大综合应力为 94.14MPa,滑轮强度满足要求。

(b) 极端工况

极端工况:有一根钢丝绳断裂后,相应的载荷传递到相邻的滑轮上。极端工况时,滑轮的两根钢丝绳中一根的拉力为 662.6kN 不变,另一根的拉力可能会达到 1568kN,据此进行滑轮结构计算。

在此工况下,滑轮最大综合应力为 158.58MPa,位于滑轮上部;支座最大综合应力为 178.78MPa,强度满足要求。

（6）钢丝绳组件

钢丝绳直径 72mm，滑轮名义直径 5000mm，滑轮名义直径与钢丝绳直径之比为 67.6＞60；整绳最小破断拉力为 4800kN，实际最小安全系数为 7.24＞7.0，满足设计大纲的规定。

（7）平衡重轨道

平衡重轨道共 16 套，布置在每个平衡重井内。每套轨道由两条组成，分别装在每个平衡重井上下游的横墙墙壁上。两条轨道的结构类型不同，其中一条横截面呈 T 形，仅有横向导轨面；另一条横截面呈"工"字形，含有横向、纵向两种导轨面。轨道中心线距船厢室纵向中心线 15600mm，轨道顶部高程 192.6m，底部高程 60m。每条 T 形轨道分 17 节，每节长 7.8m；每条"工"字形轨道分 18 节，其中位于顶部一节和底部一节的长度各为 3.9m，其余 16 节的每节长度为 7.8m。各节轨道之间设连接板。

7.5.1.6　塔柱整体结构设计

（1）设计参数

1）混凝土设计指标见表 7.5.5。钢筋混凝土容重 γ 取 25kN/m³。

表 7.5.5　　　　　　　　　升船机塔柱混凝土设计指标

工程部位	混凝土强度等级	级配	备注
船厢室底板混凝土	C35	三	底板
筒体结构混凝土	C35	二	84.5 高程以下筒体、墙以及所有板、梁
	C30	二	84.5 高程以上筒体、墙

2）钢筋设计指标见表 7.5.6

表 7.5.6　　　　　　　　　钢筋参数

类型	HRB 335	HPB 235
使用	受力钢筋	构造钢筋
强度设计值 f_y（MPa）	300	210
弹性模量 E_{sn}（MPa）	2.0×105	2.0×105

3）基岩参数

建基面为微风化或新鲜花岗岩，其基岩变形模量为 30GPa。

（2）设计荷载和荷载组合

塔柱设计荷载包括永久荷载和可变荷载，荷载组合分基本组合和特殊组合，结构设计满足承载力极限状态和正常使用极限状态的验算，设计时依据《水工混凝土结构设计规范》（SL/T 191—1996），并满足现行（SL/T 191—2008）。

1）设计荷载

荷载 1:结构自重。荷载 2:承船厢和水重、平衡重自重、滑轮、钢丝绳和平衡链重。荷载 3:螺母柱、齿条自重。荷载 4:高程 196m 顶部机房自重。荷载 5:高程 196m 机房层荷载。荷载 6:楼梯板、楼层板荷载。荷载 7:塔柱底板扬压力。荷载 8:高程 196m 机房层可变荷载。荷载 9:楼梯板、各楼层板的可变荷载。荷载 10:吊车荷载(整体计算不考虑)。荷载 11:风荷载(计算中分别考虑横向风荷载和斜向风荷载)。荷载 12:温度荷载,塔柱计算采用 8 种温度荷载。荷载 12-1:整体结构均匀温升 $T=23K$;荷载 12-2:整体结构均匀温降 $T=-17K$;荷载 12-3:结构一侧非均匀温升 $\Delta T=20\sim0K$;荷载 12-4:结构两侧非均匀温升 $\Delta T=10\sim0K$;荷载 12-5:结构一侧非均匀温升 $\Delta T=23\sim3K$(另一侧均匀温升 3K);荷载 12-6:结构两侧非均匀温升 $\Delta T=23\sim13K$;荷载 12-7:结构一侧均匀温升 $\Delta T=23K$(另一侧均匀温升 8K);荷载 12-8:结构两侧非均匀温降 $\Delta T=17\sim7K$。荷载 13:地震作用。荷载 14:承船厢运行荷载。

2)计算工况和荷载组合

塔柱计算工况按承载力极限状态和正常使用极限状态分施工工况、运行工况、事故检修工况和地震工况,各工况对应的荷载组合见表 7.5.7。

表 7.5.7   塔柱计算工况和荷载

工况	荷载												
	1	2	3	4	5	6	7	8	9	11	12	13	14
施工工况	√									√			
	√	√	√	√	√	√		√	√	√	√		
运行工况	√	√	√	√	√	√	√	√	√	√	√		√
事故检修工况	√	√	√	√	√	√	√	√	√	√	√		√
地震工况	√	√	√	√	√	√	√	√	√	√	√	√	

(3)结构最大裂缝宽度允许值

塔柱结构按限裂设计,最大裂缝宽度计算值不应超过表 7.5.8 所规定的允许值。

表 7.5.8   塔柱结构最大裂缝宽度允许值(mm)

环境条件	最大裂缝宽度允许值
室内正常环境	0.40
露天环境	0.30

(4)结构刚度

1)按弹性方法计算的结构顶部位移 U 与总高度 H 之比 U/H 控制在 $1/1500\sim1/2000$。

2)船厢机构需适应塔柱结构左右、前后结构间的相对变形,因此,安全监测中的相应变形值一般不应超过表 7.5.5 中的数值。

（5）计算模型

取塔柱结构的 1/2 建立计算模型，静力计算采用国际上通用有限元分析软件 MARC。塔柱经历计算模型见图 7.5.8。

（6）塔柱结构变形

1）基础底板

计算分析表明，塔柱基础岩石完整，底板变形小，为均匀变形，没有不均匀沉陷，塔柱结构安全，底板变形不会对船厢正常运行造成影响。

2）塔柱结构

采用三维有限元线弹性计算，静力荷载作用下，塔柱变形主要由自重、设备重、风荷载和温度荷载作用引起，其中自重和设备重主要引起结构的竖向变形，风荷载和温度荷载的作用主要引起结构的水平变形。

自重产生的最大竖向变形约 11mm；风

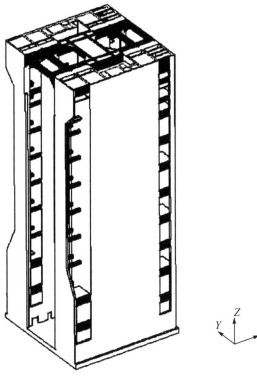

图 7.5.8　塔柱结构静力计算模型

荷载产生的最大横向变形约 34mm；温度荷载产生的最大横向变形约 56mm。

计算分析表明，塔柱左、右侧结构的最大变形发生在顶部，左、右侧结构的相对变形发生在中部。塔柱结构与高层建筑相比具有较高的刚度，结构顶部变形 U 与总高度 H 之比约为 1/1640。

基本组合下，塔柱顶高程 196m 和船厢在上、中、下不同位置的最大变形 $\max U_X$、相对变形值 ΔU 见表 7.5.9-1。

表 7.5.9-1　　　　　　　　　　　塔柱静力计算变形　　　　　　　　　　　　单位：mm

部位		水平纵向 U_X		水平横向 U_Y		垂直向 U_Z	
		$\max U_X$	ΔU_X（前后）	$\max U_Y$	ΔU_Y（左右）	$\max U_Z$	ΔU_Z（左右）
螺母柱	196m	$-6.81\sim7.81$	$-13.62\sim15.62$	$-4.21\sim90.39$	$-8.63\sim8.33$	$-29.12\sim23.42$	$-0.11\sim19.36$
	185m	$-6.49\sim7.64$	$-12.98\sim15.28$	$-7.44\sim83.82$	$-15.19\sim2.73$	$-27.35\sim21.22$	$-0.10\sim17.87$
	175m	$-6.23\sim7.48$	$-12.46\sim14.96$	$-11.48\sim78.34$	$-23.36\sim0.62$	$-25.54\sim19.40$	$-0.11\sim16.53$
	150m	$-5.62\sim6.99$	$-11.24\sim13.98$	$-16.14\sim61.34$	$-32.86\sim-5.84$	$-20.63\sim15.23$	$-0.16\sim13.22$
	123m	$-4.85\sim6.30$	$-9.7\sim12.60$	$-14.07\sim39.70$	$-28.70\sim-6.20$	$-15.12\sim10.87$	$-0.19\sim9.63$
	62m	$-1.73\sim2.27$	$-3.46\sim4.54$	$-1.36\sim2.38$	$-2.77\sim-0.17$	$-2.49\sim1.41$	$-0.07\sim1.71$
齿条	196m	$-5.89\sim6.54$	$-11.78\sim13.08$	$-3.85\sim89.88$	$-7.91\sim7.83$	$-30.10\sim23.47$	$-0.91\sim19.99$
	185m	$-5.60\sim6.38$	$-11.2\sim12.76$	$-7.34\sim83.44$	$-14.97\sim2.73$	$-28.33\sim21.30$	$-0.95\sim18.52$
	175m	$-5.34\sim6.24$	$-10.68\sim12.48$	$-11.36\sim77.95$	$-23.12\sim0.46$	$-26.74\sim19.62$	$-1.3\sim17.57$

续表

部位		水平纵向 U_X		水平横向 U_Y		垂直向 U_Z	
		maxU_X	ΔU_X(前后)	maxU_Y	ΔU_Y(左右)	maxU_Z	ΔU_Z(左右)
齿条	150m	−4.60~5.53	−9.2~11.06	−15.91~60.89	−32.38~−5.42	−21.50~15.85	−1.33~14.32
	123m	−3.99~5.07	−7.98~10.14	−13.74~39.34	−28.04~−5.84	−15.65~11.76	−1.24~10.69
	62m	−1.03~1.38	−2.06~2.76	−1.01~2.17	−2.06~−0.71	−2.79~1.92	−0.36~2.00
纵导向	196m	−1.14~0		−3.1~89.42	−3.43~6.23	−38.86~18.37	−4.29~22.03
	185m	−1.18~0		−6.7~83.50	−13.59~−1.05	−35.99~17.37	−4.36~21.09
	175m	−1.04~0		−11.55~79.10	−23.40~−6.08	−32.55~17.63	−4.82~20.35
	150m	−0.76~0		−13.6~60.03	−27.80~−8.69	−25.44~15.62	−4.77~17.24
	123m	−0.48~0		−8.77~34.94	−18.03~−6.53	−18.04~12.53	−4.29~13.35
	62m	−0.03~0		−1.51~2.09	−3.05~0.93	−2.83~2.14	−1.07~2.35

注:表中水平相对变形,"−"表示张开。

由于塔柱结构自重产生的变形在承船厢设备安装时已基本完成,所以表 7.5.9-1 中的变形值不包括这部分的影响,另外船厢和平衡重的荷载考虑了蠕变的影响。由于材料属性的离散性、计算模型与实际的差异等,表中变形数值考虑的安全系数是:偏危险变形为 1.5,偏安全变形为 1.0。该变形是承船厢机构设计的依据。

考虑塔柱结构自重,竖向变形见表 7.5.9-2。

表 7.5.9-2   塔柱静力计算变形   单位:mm

部位	高程	垂直向 maxU_Z
螺母柱	196m	40.86
	150m	31.15
	62m	5.13
齿条	196m	41.89
	150m	32.02
	62m	5.42
纵导向	196m	51.01
	150m	35.56
	62m	5.12

(7)塔柱结构应力

1)底板结构应力

永久荷载作用下,底板建基面上的竖向正应力均为压应力,墙下平均应力为 1.5~3.5MPa。

控制工况为永久荷载+温降作用+风荷载,顺流向水平最大拉应力值为 1.7MPa(下表面)、1.8MPa(上表面),垂直流向水平最大拉应力约为 2.0MPa(外墙根部),航槽区域两个方向水平最大拉应力约为 0.6MPa(上下表面)。

2)墙体结构应力

墙体竖向压应力一般不超过 5MPa,非均匀荷载作用下的压应力在墙下部由从上到下逐步增大改为从内到外(轴 D→轴 A)逐步增大,控制工况[含风载、温度荷载 LC12-5(非均匀温升)轴 D 到轴 A 的压应力最大差值 4.0MPa,压应力大部分区域在 6MPa 以下,仅在高程 50m 附近局部区域超过 6MPa,但不到 8MPa。

横墙水平最大拉应力为 1.5MPa。纵墙高程 84m 以上区域水平应力小,高程 84m 以下的筒体墙以小压应力为主,仅在轴 12～轴 13、轴 7～轴 8 处出现较大拉应力,为 4.1MPa。

3)纵梁结构应力

根据整体模型计算结果,除顶部梁以外的纵梁中,以高程 112m 的纵梁应力为最大,纵向拉应力最大值出现在端截面,为 6.9MPa(不含温度),考虑温度相关的组合后,拉应力最大为 9.2MPa;梁中截面最大值为 1.2MPa(不含温度)和 1.7MPa(考虑温度作用)。

塔柱顶部纵梁的纵向应力以轴 7 两端为大,最大值出现在梁的两端截面,为 1.6MPa(不含温度),梁中截面最大应力为 0.5MPa。考虑温度相关的组合后,梁中截面最大应力为 1.1MPa。

4)横梁结构应力

有限元计算结果,横梁最大轴向拉力 5200.96kN,最大弯矩 15185.23kN·m。

(8)塔柱结构最大裂缝

底板最大裂缝宽度 0.25mm,墙体最大裂缝宽度 0.27mm,纵梁最大裂缝宽度 0.29mm,横梁最大裂缝宽度 0.30mm。

7.5.1.7　塔柱结构抗震设计

(1)升船机抗震设计的难点

1)目前对三峡升船机这样巨大规模的承重结构缺乏抗震研究基础,特别是齿轮齿条爬升式升船机我国还是第一次建造,虽然德国已有两座齿轮齿条爬升式升船机,但其承重结构的高度及船厢吨位均小于三峡,因此三峡升船机承重结构的抗震设计无先例可循。

2)水工建筑物抗震设计规范和建筑抗震设计规范都缺乏专门针对垂直升船机塔柱结构抗震设计的条文。

3)承船厢在垂直方向通过钢丝绳悬挂于塔柱结构顶部,在平面通过纵横导向和塔柱结构相连,而船厢内还有水体,因此,承重结构动力分析是一个流固耦合的动力分析。

4)三峡升船机承船厢设备与承重结构塔柱结合密切,抗震设计需考虑承重结构和承船厢相互作用。

因此,三峡升船机抗震设计要解决的问题是:设防标准;设计参数;承重结构塔柱的动力响应;承船厢机构、平衡重系统与塔柱之间的相互作用力。

（2）塔柱抗震设防目标

地震工况下，承船厢应不发生倾覆、坠落事故，不会造成重大人员伤亡。因此，要求在地震时，应能保证安全机构的功能和作用，升船机建筑结构不发生整体的破坏，允许建筑结构、承船厢及其设备有局部的、可修复的损坏，并可在一段时间内修复。修复期间允许停航。

（3）抗震设计参数

以《建筑抗震设计规范》和《高层建筑混凝土结构技术规程》为主，同时参照《水工建筑物抗震设计规范》。

1）设计地震加速度

塔柱的设计地震加速度代表值的概率水准按非壅水建筑物，取基准期50年内超越概率P_{50}为0.05，即1000年一遇。根据三峡工程的地震危害性分析，塔柱的设计地震加速度代表值为0.067g。

2）设计反应谱（见图7.5.9）

特征周期$T_g = 0.30\mathrm{s}$；反应谱最大值的代表值$\beta_{max} = 2.25$；钢筋混凝土结构的结构阻尼$\xi = 5\%$；

地震反应谱曲线依据《建筑抗震设计规范》：

①$T > T_g$时，曲线下降段的衰减指数

$$\gamma = 0.9 + \frac{0.05 - \xi}{0.5 + 5.\xi} = 0.9$$

②直线下降段的下降斜率调整系数

$$\eta_1 = 0.02 + \frac{0.05 - \xi}{8} = 0.02$$

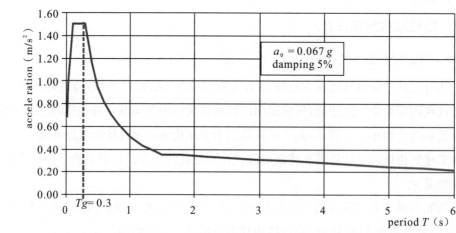

acceleration：加速度；period：时长；damping：阻尼

图7.5.9　地震反应谱

③阻尼调整系数

$$\eta_2 = 1 + \frac{0.05 - \xi}{0.06 + 1.7.\xi} = 1.0$$

（根据《建筑抗震设计规范》第 5.1.5 条）

3）动水质量

纵向：水体总质量的 5%；横向：水体总质量的 40%。

4）结构阻尼

钢筋混凝土结构的结构阻尼 $\xi = 5\%$

钢构件和导向装置：

横向：1%；纵向：5%〔相当于考虑阻尼器，其等价的阻尼系数为 $D = 3700\text{kN} \cdot \text{sec/m}$（线性）〕。

5）导向机构的刚度和与塔柱之间的间隙

船厢导向系统布置见图 7.5.10。

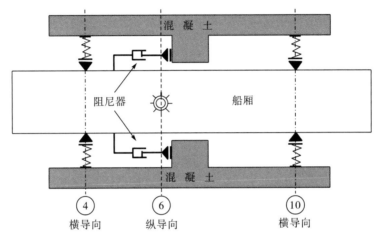

图 7.5.10　采用阻尼构件的船厢导向系统示意图

船厢导向机构的刚度：每个横导向为 65MN/m；纵导向总刚度为 680MN/m，每侧刚度为 340MN/m。

时程计算时，导向系统本身（机械部分）和塔柱之间的缝隙为 5mm。

非线性时程计算，横导向弹簧变形曲线见图 7.5.11；纵导向弹簧变形曲线见图 7.5.12。

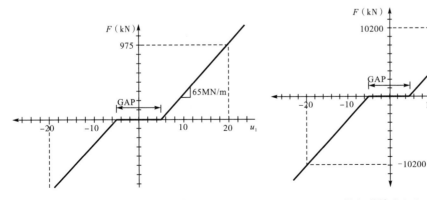

图 7.5.11　横向弹簧力（F）—弹簧变形（U_{sp}）线，$C_{sp} = 65\text{MN/m}$

图 7.5.12　纵向弹簧力（F）—弹簧变形（U_{sp}）线 $C_{sp} = 680\text{MN/m}$

6）地震计算所考虑的质量

塔柱结构质量；螺母柱、齿条质量；高程 196m 以上顶部机房质量（包括吊车重）；高程 196m 楼层质量；楼梯板、高程 196m 以下楼层质量；平衡重横向质量；平衡重纵向质量；船厢横向质量；船厢纵向质量。

（4）地震组合工况

地震组合为地震作用效应与其他静力荷载作用的效应相叠加，组合时所考虑的荷载见表 7.5.10。

表 7.5.10　　　　　　　　　　　塔柱动力计算荷载组合工况

荷载	地震组合工况
永久荷载	
荷载 1：塔柱结构质量	√
荷载 2：船厢、水重、平衡重钢丝绳、平衡链	√
荷载 3：螺母柱、齿条质量	√
荷载 4：高程 196m 以上顶部机房质量（包括吊车重）	√
荷载 5：高程 196m 楼层质量	√
荷载 6：楼梯板、高程 196m 以下楼层质量	√
荷载 7：底板扬压力	√
可变荷载	
荷载 8：高程 196m 层活荷载	√
荷载 9：楼梯板、高程 196m 以下楼层活荷载	√
荷载 10：吊车荷载	√
荷载 11：风荷载	√
偶然荷载	
地震	√

（5）动力特性

船厢在塔柱的上部、中部和底部时，塔柱结构的动力特性变化较小，其频率与振型见表 7.5.11。其中，塔柱结构的横向基频为 0.42Hz，纵向基频为 1.05Hz，承船厢水体的纵向基频为 0.023Hz，横向基频为 0.149Hz。

表 7.5.11　　　　　　　　　　　频率与振型

频率（Hz）	振型参与系数		
	X	Y	Z
2.23E−02	2.66E+03	9.78E−05	−4.32E−05
1.49E−01	1.88E−04	−3.01E+03	5.84E−04

续表

频率（Hz）	振型参与系数		
	X	Y	Z
4.19E−01	1.92E−02	1.47E+04	−2.20E−02
6.83E−01	−3.32E−02	−2.26E−02	−1.22E−02
8.51E−01	−4.37E−02	3.09E−01	−1.80E−02
8.75E−01	−1.85E−01	−1.35E+03	8.37E−03
1.05E+00	1.45E+04	1.23E−01	3.71E−02
1.24E+00	−4.18E−02	−7.93E−03	1.12E−02
1.51E+00	4.07E+03	5.74E+00	1.71E−01
1.52E+00	−5.58E+01	3.94E+02	3.44E−02

（6）动位移

船厢所处在上部、中部和底部时，对塔柱结构的动位移影响不大，塔柱水平纵向最大位移 36.63mm；水平横向最大位移 67.92mm，动力时程法和反映谱法计算结果接近，塔柱结构刚度满足要求，动位移是承船厢机构能适应的范围（图 7.5.13、表 7.5.12）。

（7）动应力

除个别点的应力集中现象外，塔柱结构的压应力低于混凝土的抗压强度允许值。墙体和筒体部分在地震荷载作用下的拉应力值没有超过混凝土的抗拉强度允许值。

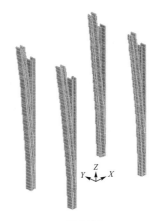

图 7.5.13　螺母柱部位沿高程变形

表 7.5.12　　　　　　　　　塔柱结构最大位移　　　　　　　　单位：mm

位移	船厢在上部	船厢在中部	船厢在底部	备注
水平纵向	29.65	18.03	18.15	振型叠加反应谱法
	36.63	25.92	18.39	动力时程法
水平横向	66.15	65.17	64.67	振型叠加反应谱法
	67.92	59.82	59.69	动力时程法
垂直向	6.90	6.93	6.47	振型叠加反应谱法
	8.14	8.53	5.97	动力时程法

（8）承船厢与塔柱的耦合力

承船厢与塔柱之间的相互作用是通过承船厢的纵、横导向机构与塔柱的结合实现的。在地震荷载作用下，承船厢纵、横导向机构与塔柱的相互作用力即为耦合力。耦合力计算属非线性接触问题，采用时程分析法，其数值大小与计算模型、结构刚度、塔柱材料、承船厢位置、纵横导向间隙、输入地震波、纵向阻尼器的参数等因素有关。耦合力是承船厢纵、横导向机构及埋件设计的依据,采用动力时程法应用规范谱生成的人工波计算的纵横向耦合力结果(纵向每个线性阻尼器的阻尼系数为 3700kN·s/m,纵横导向间隙 5mm)如表 7.5.13。

表 7.5.13   承船厢纵横导向耦合力

类型	船厢在上部	船厢在中部	船厢在底部
横导向耦合力(MN)	1.529	1.224	1.505
		1.224	1.505
		1.225	1.506
		1.224	1.505
纵导向耦合力(MN)	6.978	5.095	1.887
		5.095	1.886

(9)抗震试验的验证

进行了大型三向六自由度模拟地震振动台模型动力试验,验证塔柱结构的动应力、动位移、塔柱与承船厢的耦合力及扭转作用等。同时还研究超过设防标准的地震作用下,升船机的抗震性能、超越设计地震的破坏试验等,从而了解塔柱结构的抗震潜能。

模型试验在中国建筑研究院具有世界先进水平的大型三向六自由度振动台上进行。模型比尺为 1:25,模型材料选用 1:3.5 的微粒混凝土,钢筋用铁丝模拟。

三峡升船机振动台试验的结论:塔柱结构的抗震性能满足现行抗震设计规范的要求,结构中不存在薄弱层或明显的薄弱部位,按照现有设计方法,可以满足设计地震下的结构安全。

7.5.1.8　塔柱结构配筋

塔柱结构配筋包括底板、纵墙、横墙、纵梁、平台板、平台梁、通道板、纵梁独立牛腿、轴 D、H 墙连续牛腿等,以整体静、动力计算成果为基础,并结合局部受力条件,按承载能力极限状态计算和正常使用极限状态计算。

(1)底板配筋

塔柱底板厚 2.5m,除进行整体有限元计算分析外,还进行了抗冲切承载力和抗剪承载力验算,其一般部位的顶、底面配筋均为 2 排 $\phi25@15$ 网状钢筋布置,墙根处顶面横向为 1 排 $\phi25@15+1$ 排 $\phi32@15$,抗剪钢筋为 $\phi36@15$。

(2)墙体配筋

墙体设暗梁和暗柱以加强整体性,且在螺母柱、齿条、纵导向等部位配置局部加强钢筋。纵墙面竖向钢筋 $\phi20@15$,水平钢筋 $\phi25@15$,但高程 60m 以下在轴 1~2、6~8、12~13 增加 1 排 $\phi25@15$;剪力墙(横墙)表面配 $\phi25@15$ 钢筋网,筒体横墙面竖向 $\phi20@15$,水平钢筋 $\phi25@15$;螺母柱、齿条处墙体钢筋网为 $\phi28@15$。

暗柱配 $\phi25@15$ 钢筋,1m 厚墙体暗梁顶、底钢筋 $5\phi32+2\phi25$,侧面 $\phi25@15$。

（3）纵梁配筋

轴 1～2、12～13 的 1×3.5m 纵梁顶、底部钢筋为 4×7ϕ25；轴 6～8 的 1×3.5m 纵梁受纵导向荷载影响，顶、底部钢筋为 4×7ϕ32；1×1.5m 纵梁受双向弯曲作用，顶、底部钢筋为 3×7ϕ36，侧面钢筋 2×4ϕ36；轴 4～5、9～11 的 1.5×7.25m 主纵梁顶钢筋为 64ϕ36，底部钢筋为 40ϕ36；绳轮梁承受滑轮组荷载，顶部配筋为 45ϕ36，底部配筋为 35ϕ36。

（4）顶部横梁配筋

顶部横梁底部钢筋为 5 排 7ϕ36，中控室平台横梁底部钢筋 6 排 7ϕ36，箍筋(ϕ20＋ϕ14)@10。

7.5.2 塔柱顶部机房设计

7.5.2.1 顶部机房布置

塔柱高程 196m 以上左、右侧各布置 1 个机房，机房内布置有变电所、工具间、电池室、储藏室、楼梯间和电梯机房等功能房间。上闸首高程 185～217.5m 塔柱顶部机房屋顶设垂直交通电梯间，垂直交通电梯间结构类型为钢结构，依附于上闸首桥机排架柱上。

单侧顶部机房长 119m，宽 20m，两侧机房之间净距 17.80m。楼面高程 196m，吊车梁梁顶高程 208.6m，屋顶女儿墙顶高程 218.15m。为减小温度应力，在机房纵向中部设一条结构缝，将结构分为两个温度区间。顶部机房采用钢筋混凝土框架剪力墙结构，框架柱设计为变截面类型，上下柱截面以吊车梁梁顶（高程 208.6m）为界，机房两端山墙设置抗风柱。

吊车梁沿机房两侧布置，吊车梁轨道中心距 18m，采用钢筋混凝土结构，梁顶高程 208.6m，与框架柱整浇，为连续梁结构。在高程 208.6m 沿山墙设置一道钢筋混凝土联系梁，另沿机房四周分别在高程 202m 和框架柱顶高程 214.6m 各设一道钢筋混凝土联系梁，以增强结构整体协调变形能力。

顶部机房四周墙体采用钢筋混凝土结构，厚度为 0.3m，墙体与柱浇成整体，加强结构的抗侧移刚度。

屋架采用钢桁架，屋面板采用钢混叠合屋面结构类型。

7.5.2.2 设计标准及设计条件

（1）工程等级及建筑物级别

升船机工程：1 等；塔柱顶部机房：2 级。

（2）设计使用年限

主体结构设计使用年限 100 年。

7.5.2.3 荷载及组合

（1）升船机顶部机房

1）恒载

按实际设计的结构及建筑材料等自重，屋面恒载按 4kN/m² 计算（不包括桁架及檩条自重）。

2)活载

上人屋面 2.0kN/m²。

3)风速及风载

升船机运转风速(6级)≤13.8m/s;土建设计基本风压 0.50kN/m²;地面粗糙度 A 类;计算风压时,以高程 84.5m 为计算基准面。

4)施工荷载

与承包人根据现场条件确定的屋架吊装方法及屋面施工方法有关;屋面施工荷载可参照0.7kN/m²考虑,但承包人应自行核算,并自行承担其采用后的责任,且女儿墙应能承受施工吊篮的荷载。

5)灯具、线路等荷载

灯具、线路及吊顶等荷载主要作用于下弦节点上,下弦恒载标准值为 0.8kN/m²。

(2)中控室

1)恒载

按实际设计的结构及建筑材料等自重计算(钢筋混凝土容重按 25kN/m³,钢材容重按78.5kN/m³),估算屋面恒载按 1.5kN/m²计算(不包括网架自重)。

2)活载

屋面按不上人考虑。

3)风速及风载

升船机运转风速(6级)≤13.8m/s;土建设计基本风压 0.50kN/m²;地面粗糙度 A 类;计算风压时,以高程 84.5m 为计算基准面。

4)施工荷载

与承包人根据现场条件确定的屋架吊装方法及屋面施工方法有关;屋面施工荷载可参照0.7kN/m²考虑,但承包人应自行核算,并自行承担其采用后的责任,且女儿墙应能承受施工吊篮的荷载。

5)灯具、线路等荷载

灯具、线路及吊顶等荷载主要集中作用于下弦节点上,下弦恒载标准值为 0.8kN/m²。

(3)垂直交通间

1)恒载

按实际设计的结构及建筑材料等自重计算(钢筋混凝土容重按 25kN/m³,钢材容重按78.5kN/m³),屋面恒载按 1.5kN/m²计算。

2)活载

按不上人屋面考虑。

3)楼梯荷载

楼梯荷载为 3.5kN/m²。

4)风速及风载

升船机运转风速(6级)≤13.8m/s;土建设计基本风压0.5kN/m²;地面粗糙度A类;计算风压时,以高程84.5m为计算基准面。

5)施工荷载

与承包人根据现场条件确定的屋架吊装方法及屋面施工方法有关;屋面施工荷载可参照0.7kN/m²考虑,但承包人应自行核算,并自行承担其采用后的责任,且女儿墙应能承受施工吊篮的荷载。

(4)吊物孔钢盖板

1)恒载

按实际设计的结构及建筑材料等自重计算。

2)活载

活载为2.5kN/m²。

(5)地震作用

塔柱的设计地震加速度代表值的概率水准按非壅水建筑物考虑,基准期50年内超越概率 P_{50} 为0.05g,即1000年一遇。根据三峡工程的地震危害性分析,塔柱的设计地震加速度值为0.067g。根据前期升船机模型振动台动力试验研究成果,并结合《建筑抗震设计规范》相关规定,塔柱顶部机房地震加速度峰值取塔柱地震加速度峰值的3.0倍,即0.201g。

(6)荷载组合

依据《水电站厂房设计规范》(SL 266—2001)、《水工混凝土结构设计规范》(SL 191—2008),厂房结构需满足承载力极限状态和正常使用极限状态的验算。

考虑各种不利组合进行结构计算。荷载作用效应组合见表7.5.14。

表7.5.14　　　　　　　塔柱顶部机房荷载作用效应组合

设计状况	极限状态	作用效应组合	计算情况及编号	作用名称						
				结构自重	屋面活荷载或雪荷载	吊车荷载		风荷载	温度作用	地震作用
						吊车轮压	吊车水平制动力			
持久状况	承载能力极限状态	基本组合(一)	吊车满载(1)	√	√	√	√			
			吊车空载＋风荷载(2、3)	√	√	√		√		
短暂状况		基本组合(二)	吊车满载＋风荷载＋温度作用(4、5、6、7)	√	√	√	√	√	√	
偶然状况		偶然组合	吊车空载＋地震作用(8、9)	√		√				√

续表

设计状况	极限状态	作用效应组合	计算情况及编号	作用名称						
				结构自重	屋面活荷载或雪荷载	吊车荷载		风荷载	温度作用	地震作用
						吊车轮压	吊车水平制动力			
持久状况	正常使用极限状态	短期或长期组合	吊车满载(10)	√	√	√	√			
			吊车空载＋风荷载(11、12)	√	√	√		√		
短暂状况		短期组合	吊车满载＋风荷载＋温度作用(13、14、15、16)	√	√	√		√	√	

按照《水电站厂房设计规范》(SL 266—2001),荷载作用效应组合分项系数见表7.5.15。

表 7.5.15　　　　　　　　　　塔柱顶部机房荷载组合分项系数

计算情况及编号	结构自重	屋面活荷载或雪荷载	吊车荷载		风荷载		温度荷载		地震荷载	
			满	空	左	右	＋	－	左	右
承载能力极限状态	1.05	1.3	1.2							
	1.05	1.3		1.2	1.3					
	1.05	1.3		1.2		1.3				
	1.05	1.3	1.2		1.3		1.1			
	1.05	1.3	1.2			1.3	1.1			
	1.05	1.3	1.2		1.3			1.1		
	1.05	1.3	1.2			1.3		1.1		
	1.05			1.2					1.0	
	1.05			1.2						1.0
正常使用极限状态	1.0	1.0	1.0							
	1.0	1.0		1.0	1.0					
	1.0	1.0		1.0		1.0				
	1.0	1.0	1.0		1.0		1.0			
	1.0	1.0	1.0			1.0	1.0			
	1.0	1.0	1.0		1.0			1.0		
	1.0	1.0	1.0			1.0		1.0		

(7)柱顶允许位移

依据《水电站厂房设计规范》(SL 266—2001),机房柱顶位移允许值见表7.5.16。

表 7.5.16	柱顶的允许位移值	
变形种类	按平面图形计算	按空间图形计算
横向位移(厂房封顶)	$H/1800$	$H/2000$
纵向位移	$H/4000$	

7.5.2.4　计算结果及配筋

(1)控制系数

根据《水工混凝土结构设计规范》(SL 191—2008)、《混凝土结构设计规范》(GB 50010—2010):电动吊车挠度控制限制取 10/600;屋面梁跨度 10>12m,挠度限制取 10/400;吊车梁最大裂缝宽度控制限制取 0.2mm;屋面梁最大裂缝宽度控制限制取 0.3mm。

(2)计算结果及配筋

1)屋面梁最大裂缝宽度为 0.26mm,最大挠度为 14.4mm(10/625),梁面筋 8ϕ22,底筋 10ϕ25;M_{max}=1200kN·m,V_{max}=500kN。

2)吊车梁最大裂缝宽度为 0.05mm,梁截面 1400mm×1200mm,最大挠度为 1.4mm(10/6400),梁面筋 18ϕ22,底筋 14ϕ25;M_{max}=1000kN·m,V_{max}=450kN。

3)框架柱最大裂缝宽度为 0.2mm,高程 196~208.6m,截面为 1600mm×1000mm,纵筋 46ϕ22,N_{max}=1950kN;高程 208.6m 以上截面为 550×1000,纵筋 28ϕ22,N_{max}=1200kN。

7.6　下闸首结构设计

下闸首顺水流方向长 37.15m,垂直水流方向宽 59.6m(在挡水门槽右侧门库部位局部另加宽 4.2m),中间航槽宽 18.0m,建基面高程 47.5m,工作门槽部位局部下挖至高程 41.5m;集水井部位局部下挖至高程 38.5m,航槽底高程为 58.0m,航槽两侧边墩闸面高程为 84.5m。下闸首采用分离式结构,底板顺水流向设 2 条永久结构缝(纵缝),将两侧边墩与中间航槽底板结构分开,左、中、右三个独立结构的宽度分别为 21.8m、16.0m 和 21.8m。两侧边墩垂直水流方向各设 1 条键槽施工缝,上游块长 18.15m,下游块长 19.0m;中间底板块设 1 条 1.5m 的宽槽,上游块长 14.1m,下游块长 10.0m。

下闸首工作门布置在下闸首的上游端,为带卧倒小门的下沉式平板门,检修门布置在下闸首的下游端,由 8 节 3.25m 高叠梁组成,检修门也是下闸首的挡水门。工作门槽的平面尺寸为 4.8m×29.4m,检修门槽的平面尺寸为 3.0m×19.6m,另右侧边墩并排布置 2 个堆放检修叠梁门的门库,单个门库平面尺寸为 3.5m×20.0m,门库底高程为 70.0m。工作门由 2×7000kN 液压启闭机操作,相应在闸面布置排架支撑,4 根排架柱为 2.0m×3.0m,柱顶高程 101.20m。检修门的叠梁由一台 2×800kN 双向桥式启闭机操作,相应设 6 根排架柱,截面尺寸为 2.0m×2.0m,柱顶高程 95.22m。水位计井布置在左边墩。

下闸首左、右边墩闸面下高程 77.0m 布置了启闭机房,平面尺寸为 5.5m×9.0m,净空

4.5m,顶板厚 3m;启闭机房中的电缆竖井至高程 52m 的电缆廊道。

渗漏水排水系统布置于升船机下闸首右侧渗漏排水系统泵房(地面高程 77m)及集水井(底部高程 40m)中的 3 台套潜水排污泵及其附件(水泵、自动耦合装置(含导杆)、出水弯管、法兰、连接软管、机座预埋件、螺栓、支架、潜水电缆)、控制设备等的安装、调试、现场试验等。升船机下闸首高程 52m 电缆廊道增设检修阀门室阀门及其附件等。集水井、抽水泵房布置在右边墩,集水井与工作门槽相连。泄水阀门室结合电缆廊道布置,底高程 52m,顶部设进水口,通过管道连接和阀门控制,检修时可排干工作门和检修门之间的水体流入集水井抽排。

基础廊道高程 52m,左侧与山体排水洞相连,右侧与岩体隔墩的防渗帷幕相连,构成升船机封闭的防渗排水系统的下游防线。

7.6.1　下闸首设计参数及结构稳定分析

7.6.1.1　下闸首设计参数

(1)设计水位

下游最高通航水位 73.8m;下游最低通航水位 62m;下游检修水位 62~73.8m;下游最高挡水位(10000 年一遇+10%)83.10m。

(2)地震等级

地震基本烈度 6 度;地震设计烈度 7 度;水平向设计地震加速度 0.1g。

(3)基岩参数

混凝土与基岩结构面参数 $f'=1.1$,$c'=1.35\,\mathrm{MPa}$。

(4)稳定计算控制标准

见表 7.6.1。

表 7.6.1　　　　　　　　　　　下闸首稳定安全系数

抗滑稳定		抗倾稳定		抗浮稳定
抗剪断		基本组合	特殊组合	
基本组合	特殊组合			
3	2.5	1.6	1.5	1.1

7.6.1.2　下闸首结构稳定分析

下闸首结构稳定分析沿地基面的抗滑稳定可按抗剪断强度公式(7.6.1)计算:

$$K'=\frac{f'(\Sigma V-U)+c'A}{\Sigma H} \tag{7.6.1}$$

式中:K' 为抗剪断计算的抗滑稳定安全系数;ΣV 为作用于结构上全部荷载对滑动面法向投影的总和,kN;U 为扬压力总和,kN;ΣH 为作用于结构上全部荷载对滑动面切向投影的总和,kN;f' 为结构与地基接触面的抗剪断摩擦因数;c' 为结构与地基接触面的抗剪断黏接力,kPa;A 为墙体与地基的接触面压应力面积,m²。

（1）结构抗倾稳定计算

抗倾稳定按式(7.6.2)计算:

$$K_0 = \frac{M_k}{M_0} \qquad (7.6.2)$$

式中:K_0 为抗滑稳定安全系数;M_k 为对计算截面前趾的稳定力矩,kN·m;M_0 为对计算截面前趾的倾覆力矩,kN·m。

（2）结构抗浮稳定计算

抗浮稳定按式(7.6.3)计算:

$$K_f = V/U \qquad (7.6.3)$$

式中:K_f 为抗浮稳定安全系数;V 为向下的垂直力总和,kN;U 为扬压力总和,kN。

（3）作用荷载及工况

荷载主要有结构自重、水荷载及地震力,设计工况见表 7.6.2。

表 7.6.2　　　　　　　　　　下闸首各种计算工况的荷载组合

荷载组合	工况	结构自重	水压力	扬压力	地震力	动水压力
基本组合	①最高通航水位	√	√	√		
	②校核洪水位	√	√	√		
特殊组合	③最高通航水位＋顺河向地震	√	√	√	√	√
	④最高通航水位＋横河向地震	√	√	√	√	√

（4）稳定计算

1）中间块稳定计算

中间块宽16m,顺河向稳定结果见表7.6.3,稳定、抗倾、抗浮及应力计算表明满足规范要求。

表 7.6.3　　　　　　　　　　下闸首中间块稳定计算结果

工况	稳定系数	抗倾覆系数	抗浮安全系数	基底平均应力(kPa)	最大应力(kPa)	最小应力(kPa)
正常运行工况	19.74	9.35	4.79	−322.1	−329.1	−315.2
检修工况	18.44	5.09	3.59	−220.3	−335.8	−104.8
校核洪工况	14.08	9.35	8.24	−385.1	−158.7	−611.5
最高通航水位＋顺河向地震	17.97	8.28	4.79	−322.1	−156.0	−488.3

注:拉为正压为负,下同。

2)边墩稳定计算

边墩稳定计算右边墩较不利,右边墩稳定结果见表 7.6.4,稳定、抗倾、抗浮及应力计算表明满足规范要求。

表 7.6.4　　　　　　　　　　　　下闸首边墩稳定计算结果

工况	稳定系数	抗倾覆系数	抗浮安全系数	基底平均应力(kPa)	最大应力(kPa)	最小应力(kPa)
正常运行工况	16.2	5.99	12.92	−816.6	−933.5	−701.9
检修工况	16.1	5.81	12.85	−811.7	−956.8	−671.3
校核洪水工况	9.0	3.18	9.36	−791.6	−1120.3	−646.3
最高通航水位＋顺河向地震	13.6	5.07	12.92	−816.6	−989.1	−646.3

(5)结构计算及配筋

下闸首属大体积混凝土结构,设计对下闸首进行了三维有限元计算分析。计算分析结构表明:各种工况作用下,结构整体应力不大,应力大的部位主要集中在工作门槽、检修门槽、集水井底板以及启闭机顶板等部位。下闸首总体按构造配筋,在应力较大部位,根据有限元计算成果,按截面应力图形得出最大拉力,并进行局部加强配筋。

局部加强配筋部位及配筋成果:工作门槽为 4 排 $\phi36@20cm$,检修门槽为 2 排 $\phi36@20cm$,启闭机房顶板为 $\phi25@20cm$,底板中间块为 $\phi25@20×20cm$。

7.6.2　下闸首段边坡支护及地基处理

7.6.2.1　下闸首段边坡支护

(1)船厢室段和下闸首边坡的二次开挖支护

由于升船机缓建,船厢室段和下闸首的开挖和边坡支护分两期施工,二次开挖及支护为剩余高程 47.5~84.0m 长约 64m 的两侧边坡。二次开挖的两侧及下游侧边坡直立开挖达到 36m,底板保护层厚开挖 2~5m,对本次开挖长期暴露的船厢室段两侧边坡进行了系统锚杆、孔深 0.5m 的排水孔、喷 7cm 混凝土的加固措施,并且在左侧高程 74m、79m 增加 2 层共 37 束 3000kN 的预应力锚索加固,预应力锚索长 31.2m。下闸首两侧边坡仅施工期暴露,因此进行了系统锚杆加固措施,船厢室段和下闸首的系统锚杆采用 $\phi32@250×250cm$ 布置,根据高度不同分别采用长 4m、6m、8m、10m 和 12m。另外,根据现场情况还增加了随机锚杆、锚桩的加固措施。

7.6.2.2　下闸首段地基处理

(1)下闸首段地基处理

下闸首地基二次开挖到位后,根据 f548 断层出露情况,断层带破碎、局部夹泥,破碎带宽度为 2~4m,性状较差,难以满足上部塔柱结构对基础要求,对该部位采取掏槽、回填混凝土塞等处理措施。f548 断层的掏槽深度按不同分区分别为Ⅰ区 2m、Ⅱ区 4m、Ⅲ区 3m,开挖坡比按 1∶0.5～1∶0.75 控制。回填混凝土塞采用 C35,断层槽底面及坡面设置 ϕ25@20×20cm 钢筋网。

(2)固结灌浆设计

对升船机下闸首基础采用全面积固结灌浆,孔排距为 2.5m×2.5m,梅花形布孔,孔深 5m;对船厢室基础两侧各 1/3 船厢室宽度范围进行固结灌浆,孔排距为 2.5m×2.5m,梅花形布孔,基岩孔深为 5.0m。固结灌浆设计标准为 $q \leqslant 3Lu$,Ⅰ序孔灌浆压力为 0.3MPa,Ⅱ序孔灌浆压力为 0.5MPa。

7.6.3 下闸首设备设计

7.6.3.1 下闸首工作门

(1)设备布置与组成

下闸首工作门布置在下闸首的上游端,门槽中心线距下闸首上游端面 8.15m。下闸首工作门由工作大门、门槽埋件等组成(图 7.6.1)。

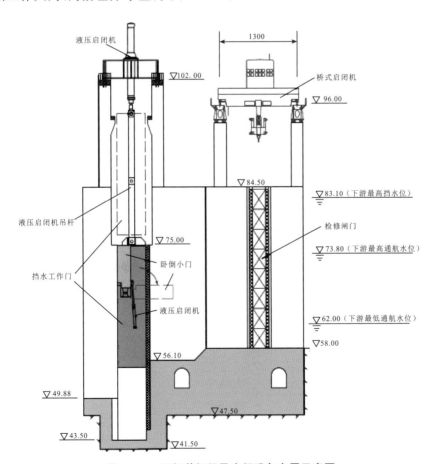

图 7.6.1 下闸首闸门及启闭设备布置示意图

下闸首工作门为一带卧倒小门的下沉式平板门,外形尺寸 28.84m×19.75m×4.72m (宽×高×厚)。工作大门可适应下游 11.8m 的水位变化。挡水时卧倒门呈关闭状态,过船时卧倒门开启,使承船厢水域与下游水域联通,形成过船通道。工作大门采用 2×9000kN 液压启闭通过吊杆同步提升。

卧倒小门设在 U 形门体结构上方的槽口内,最大可适应下游 1.97m 的水位变化。工作门上游有与船厢密封框对接的不锈钢面板,挡水面板止水设在下游面,侧、底止水采用呈 U 形布置的 2 道充气式充压止水。工作大门支承跨度 28.1m,侧止水间距 19.04m,正向支承采用定轮,反向支承采用工程塑料合金。卧倒小门为多主梁实腹式平板门,面板、止水、钢支承均设在上游面,门叶外形尺寸 18.7m×6.45m×2.0m(宽×高×门厚)。卧倒小门底部设有两个支铰,启闭时绕支铰在竖直平面内转动,开启后小门卧于龛内。两支铰间距 13.92m。

在工作大门的 U 形门体由下部主梁结构和两侧的悬臂边柱结构组成,在两悬臂边柱结构上分别有一套插销式卧倒小门锁定装置和一套摆臂式工作大门锁定装置。卧倒小门液压启闭机及其支铰座装在主梁结构内。正常挡水时,工作大门由液压启闭机锁定,摆臂摆出与门槽两侧的锁定埋件轨道接触,作为启闭机锁定失效时的安全保护。工作大门需调整门位前,大门锁定装置的摆臂首先收回。工作大门检修时,由卧倒门锁定装置将小门锁定。U 形门体结构分节制造,两侧悬臂边柱与上主梁通过高强螺栓连接。工作门上的所有液压机构均由 2 台液压泵站操作,液压泵站布置在 U 形门体门下部结构空腔内。

另外,工作大门上布置电器控制柜、船厢停位检测装置、船舶探测装置、卧倒门开度检测装置、锁定到位检测装置以及通风、除湿等电气设备。

工作门门槽埋件由止水座板结构、主轨、反轨、护角、工作锁定埋件、检修锁定埋件等组成。主轨为铸钢件,止水座板结构、反轨、护角、工作锁定埋件和检修锁定埋件均为组合焊接件。止水座板结构分节制造,通过螺栓连接,结构表面贴焊不锈钢板。

(2)主要技术参数

下闸首工作大门及门槽埋件的主要技术参数见表 7.6.5。

表 7.6.5   下闸首工作大门及门槽埋件的主要技术参数

项目	参数	备注
工作大门外形尺寸	28.84m×19.75m×4.72m(宽×高×厚)	
工作大门质量	664t	包括卧倒小门、设备
工作大门启闭机容量	2×9000kN	
定轮最大设计轮压	3930kN	
大门最大适应水位变幅	11.8m	
大门设计挡水水头	17.92m	
最大总水压力	30571kN	
大门主支承跨度	28.1m	

续表

项目	参数	备注
大门侧止水间距	19.04m/19.60m(内/外)	
卧倒小门主支承跨度	18.5m	
卧倒小门侧止水间距	18.14m	
卧倒小门支铰间距	13.92m	
卧倒小门门槽通航净宽	18.0m	
卧倒小门启闭机容量	2×1000kN	
卧倒小门启闭时间	2~3min	
充压止水背腔压力	0.3MPa	
大门有级锁定轨道间距	1.97m	

（3）设计条件和规定

1）工作大门采用两道充压式止水以确保止水效果并减小磨损。

2）大门启闭力按在最大挡水水头条件下,闸门结构及设备重量、止水阻力、支承阻力、卧倒门龛内水体重量确定。

3）大门主梁的最大挠度不大于 $L/1200$（底主梁挠度不大于 $L/2000$）。

4）工作大门 U 形门体和卧倒小门的主承载结构均采用 Q345C,允许应力折减系数按 0.9考虑。

5）大门支承采用滚轮支承,为适应大门的结构变形及重载,滚轮支承采用调心滚子轴承。卧倒小门支铰采用自润滑球面滑动轴承,需适应大门与小门之间的相对变位。

6）卧倒门启闭机的启闭力按 2×1000kN（推力）/600kN（拉力）设计。卧倒门启闭时间按 2~3min 考虑。

7）对液压泵站及电气控制柜机舱进行封闭,确保机舱内不被水淋。

8）闸门富裕挡水高度按 1m 考虑,总高度按照最高通航水位条件下的底止水高程确定。

9）大门结构分节制造、安装,分节单元根据实际结构尺寸划分,上部侧臂段与顶主梁间采用铰制孔螺栓连接。

（4）主要材料的许用应力

表 7.6.6 中 Q235 与 Q345 钢的设计容许应力,是根据《水电水利钢闸门设计规范》（DL 5039—1994）给出,并考虑 0.9 的折减系数。

（5）主要设计结果

1）大门门体结构

工作大门门体结构的静强度计算结果如表 7.6.7 所示。

表 7.6.6　　　　　　　　　　　主要钢材容许应力

钢材	钢材的厚度或直径(mm)				
	≤16	16～40	40～60	60～100	100～150
Q235(调整后)	144	135	130.5	121.5	117
Q345(调整后)	207	198	184.5	171	162

表 7.6.7　　　　　　　　　　　大门门体结构计算结果

项目	计算值	设计允许值	判定	备注
底主梁(L_1主梁) 最大弯应力 σ 最大剪应力 τ 跨中最大挠度 f	83.5MPa 22.2MPa 13.4mm	185MPa 108MPa 14.1mm	满足 满足 满足	应力考虑 0.9 倍的折减系数,底主梁最大挠度不大于 $L/2000 = 14.1$mm
中主梁(L_2、L_3主梁) 最大弯应力 σ 最大剪应力 τ 跨中最大挠度 f	142.2MPa 40.7MPa 22.3mm	185MPa 108MPa 23.4mm	满足 满足 满足	应力考虑 0.9 倍的折减系数,主梁最大挠度不大于 $L/1200 = 23.4$mm
中主梁(L_4主梁) 最大弯应力 σ 最大剪应力 τ 跨中最大挠度 f	133.6MPa 39.6MPa 21.7mm	185MPa 108MPa 23.4mm	满足 满足 满足	应力考虑 0.9 倍的折减系数,主梁最大挠度不大于 $L/1200 = 23.4$mm
中主梁(L_5主梁) 最大合成弯应力 σ 最大合成剪应力 τ 跨中最大挠度 f	180.4MPa 60.0MPa 20.6mm	185MPa 108MPa 23.4mm	满足 满足 满足	应力考虑 0.9 倍的折减系数,主梁最大挠度不大于 $L/1200 = 23.4$mm
主梁稳定 整体稳定(L/B) 局部稳定(h_0/t_w) 加筋后受压区格稳定系数 加筋后受拉区格稳定系数	4.67 232.5 0.528 0.229	13 250 1.0 1.0	满足 满足 满足 满足	同时配置横向与纵向加劲肋,翼缘受拉、压区格稳定计算依照《钢结构设计规范》
面板的折算应力 控制区格折算应力 σ_{zh}	254.4MPa	305MPa	满足	$\sigma_{zh} \leq 1.1\alpha[\sigma]$
最大受载次梁 最大弯应力 σ 最大剪应力 τ 面板处折算应力 σ_{zh}	133.2MPa 48MPa 157.1MPa	144MPa 86MPa 158.4MPa	满足 满足 满足	次梁为型钢 I25b

2)卧倒小门门体结构

卧倒小门门体结构的静强度计算结果如表 7.6.8 所示。

表 7.6.8　　　　　　　　　　卧倒小门门体结构计算结果

项目	计算值	设计允许值	判定	备注
主梁 最大弯应力 σ 最大剪应力 τ 跨中最大挠度 f	98MPa 29.3MPa 3.2mm	185MPa 108MPa 18.5mm	满足 满足 满足	应力考虑 0.9 倍的折减系数,主梁最大挠度不大于 $L/1000 =$ 18.5mm
最大受载次梁 最大弯应力 σ 最大剪应力 τ	19.7MPa 11.1MPa	144MPa 86MPa	满足 满足	次梁为型钢 I36c

3)零部件

工作大门零部件及埋件轨道静强度计算结果如表 7.6.9 所示。

表 7.6.9　　　　　　　　　　大门及埋件主要零部件计算结果

项目	计算值	设计允许值	判定	备注
定轮轮子 最大接触应力 σ_{max}	1005MPa	1470MPa	满足	按圆柱滚轮和平面轨道线接触考虑
定轮轮轴 弯应力 σ 剪应力 ι 轴孔局部紧接应力 σ_{cj}	184.3MPa 49.3MPa 94.5MPa	196MPa 139MPa 110MPa	满足 满足 满足	轴材料 40Cr,许用应力 $[\sigma]=490/2.5$ $=196$
轴承载荷	3930kN	9000kN	满足	轴承型号 FAG 24172-B 360/600-243
主轨 底板混凝土承压应力 σ_h 主轨截面弯应力 σ 颈部承压应力 σ_{cd} 轨道底板弯曲应力 σ	8.6MPa 101MPa 156MPa 253MPa	11MPa 275MPa 413MPa 275MPa	满足 满足 满足 满足	混凝土标号 C30,轨道材料 ZG42CrMo
闸门吊耳 吊轴弯应力 σ 吊轴剪应力 τ 轴孔局部紧接应力 σ_{cj} 轴孔孔壁抗拉应力 σ_k	113MPa 39.7MPa 99.6MPa 120.3MPa	176MPa 118MPa 185MPa 180MPa	满足 满足 满足 满足	轴材料 40Cr 调质,$\sigma_s=440$MPa,安全系数 $n_s=2.5$

续表

项目	计算值	设计允许值	判定	备注
卧倒门支铰				
支铰轴弯应力 σ	95.1MPa	196MPa	满足	
支铰轴剪应力 τ	28.1MPa	132MPa	满足	轴材料 40Cr 调质，$\sigma_s=490$MPa，安
轴孔局部紧接应力 σ_{cj}	52.9MPa	110MPa	满足	全系数 $n_s=2.5$
轴孔孔壁抗拉应力 σ_k	77.8MPa	155MPa	满足	
侧向锁定				
锁定轴弯应力 σ	223.7MPa	294MPa	满足	
锁定轴剪应力 τ	40MPa	168MPa	满足	轴材料 34CrNi3Mo，$\sigma_s=735$MPa，安
轴孔局部紧接应力 σ_{cj}	91.7MPa	110MPa	满足	全系数 $n_s=2.5$；锁定体材料
轴套承压	37.7MPa	50～80MPa	满足	35CrMo，$\sigma_s=440$MPa，安全系数 n_s
锁定与轨道接触应力 σ_{max}	1251MPa	1320MPa	满足	$=2.5$
最大剪应力深度 x	7.7mm	15mm	满足	
锁定与门体接触应力 σ_{max}	67.5MPa	110MPa	满足	
锁定轨道底板混凝土承				
压应力 σ_h	14.9MPa	19.1MPa	满足	
主轨截面弯应力 σ	199.3MPa	325MPa	满足	混凝土标号 C40，轨道材料 ZG42CrMo
颈部承压应力 σ_{cd}	500MPa	650MPa	满足	
轨道底板弯曲应力 σ	185.7MPa	325MPa	满足	
悬臂柱连接螺栓截面最大折算应力	224.8MPa	256MPa	满足	螺栓为铰制孔螺栓 M36—8.8 级 M36 (GB/T 27—1988)，$\sigma_s=640$MPa，安全系数 $n_s=2.5$

4）启闭力复核计算

① 卧倒小门启闭力

所需最大拉力 1052kN，所需最大推力 1478kN；所选启闭机容量 2×1000kN，最大推力 2×1000kN，最大拉力 2×600kN，启闭容量满足实际启闭力要求。

②工作大门启闭力

工作大门向下调整门位时可依靠自重，向上调整门位时所需提升力 14617kN，此提升力考虑了止水摩阻力、支承摩阻力、水柱压力、门体自重等外部载荷，其中止水摩阻力、支承摩阻力按照规范考虑了 1.2 倍的调整系数，门体自重考虑了 1.1 倍的调整系数。所选启闭机容量为 2×9000kN，启闭能力满足大门启闭力的要求。

5）充压止水装置物理模型试验研究

下闸首工作大门的侧、底止水采用了呈 U 形布置的 2 道充气式充压止水装置。止水装置主要由焊接在门体上的止水座、伸缩式充压止水橡皮、止水压板、沉头螺栓、管路、阀、压力源、储气罐等组成。大门正常挡水时，2道充压止水均充压（保压）参与止水，当大门需要调整门位时，内侧充压止水泄压，外侧充压止水充压（保压）参与止水，止水橡皮封头可在止水埋件表面上下滑移。

鉴于此种充气式充压止水在国内已建和在建工程中尚无应用实例，且闸门水平向的刚度低、变形大，止水装置设计加工是整个升船机建设的关键性技术问题之一，因此，委托武汉大学相关专业实验室对充压止水进行了专题试验研究。

采用的止水橡胶主要性能如表7.6.10所示。

表 7.6.10　　　　　　　　　水封橡胶材料主要特性参数值

特性部位	橡胶硬度	扯断强度（MPa）	扯断伸长率（%）	压缩永久变形（70℃，22h）（%）	脆性温度（℃）	复塑剥离强度（kN/m）
水封封头	60	≥18	≥450	≤40	≤-40	≥6
水封翼头（肢体）	45	≥17	≥450	≤40	≤-40	≥6

对充压止水橡皮进行了非线性仿真计算，对整个充压止水装置进行了物理模型试验。计算、试验的主要结果及结论如下：

①水封工作时，止水元件最大主拉应力值不超过4.0MPa，小于水封止水材料的最小扯断强度（17MPa），满足材料的强度要求。

②水封翼头采用了弧面接触，突起部分的橡皮压缩量和挤压力均较大，提高了背腔的密闭性。

③水封止水元件封头的自由外伸量随背压增大而增大，在背压达到0.30MPa时，水封封头自由外伸量超过30mm，大于水封止水元件头部与闸门止水面板间的最大间隙，即水封的自由外伸量完全满足要求。

④水封上下移动的过程中，止水材料的最大第一主应力均在4.50MPa以内，远小于止水材料的扯断强度。

⑤水封封头处的接触宽度和接触应力适中，第一主应力较小，耐久性较优，在工作水头下能满足水封水密性要求。

6）充压止水装置设计

充压止水装置由止水元件、压力源设备及其电气控制设备等组成。止水装置共设两道，呈U形布置，安装在大门门叶的迎水面，2套压力源及其电控设备，分别布置在U形门体结构两侧的空腔内。

止水元件主要由可伸缩的"山"字形止水橡皮、止水基座、止水压板及连接螺栓组成。根据充压止水专项科研成果，止水元件的布置与断面如图7.6.2所示。

在自然状态下，止水橡皮压板表面与工作大门埋件止水座板之间需有合理的间隙，设计中确定间隙时主要考虑了以下因素：自然安装状态下橡皮头部突出止水压板8mm；门体在外水压力作用以及温度变形影响下，底止水处主梁最大沿水流方向变形14mm；在背腔压力作用下的自由伸出量须大于门体最大变形量。综合考虑以上因素,最终确定水封橡皮压板与止水埋件面板的间隙为 10mm。

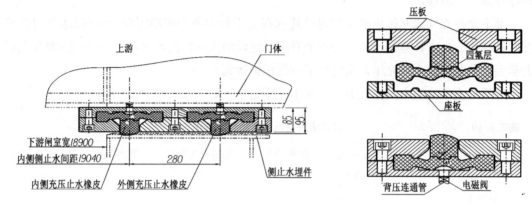

图 7.6.2 充压止水元件的布置与断面类型

根据使用功能要求,两道充压止水共用压力源,压力源设两套,二者互为备用。压力源系统由空压机、储气罐、过滤器、调压阀、电磁阀、电动球阀、单向阀、压力传感器、手动球阀等组成。充压止水的压力可调,根据现场调试试验结果最终调定。充压止水系统原理如图 7.6.3 所示。

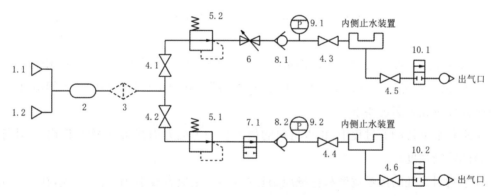

图 7.6.3 充压止水系统原理图

大门正常挡水时,充压止水装置保压,两道充压止水同时工作,当压力下降到设定压力时,压力源启动向止水装置充压,至设定压力后停机。调整门位过程中内侧充压止水通过泄压退出工作,门位调整结束后,内侧充压止水重新充压投入工作。为尽量减小在调整闸门过程中止水橡皮的磨损,两道充压止水装置定期交替运行。

7.6.3.2 下闸首工作门启闭机

(1)设备布置与组成

下闸首工作大门液压启闭机共 2 套,布置在下闸首工作门槽两侧,用于下闸首工作大门的启闭。启闭机由液压油缸、油缸机架及其埋件、吊杆装置、液压泵站以及液压管路系统等组成。每台启闭机油缸各由 1 套液压泵站操作,泵站机房设在两侧闸墩顶部 84.5m 高程以下。两台启闭机之间通过电气控制实现同步运行,油缸上设行程检测装置(2 套),用于闸门的开度检测和两油缸的同步纠偏控制。每套液压泵站同时承担 1 套下闸首工作大门检修锁定装置的操作。

(2)启闭机油缸

启闭机油缸采用双作用活塞杆式,竖直安装在门槽两侧的混凝土排架上,排架顶部高程 102m。油缸中部通过球面支座支承,支座通过螺栓安装在机架上,机架通过地脚螺栓及埋件安装在混凝土排架顶部。油缸活塞杆吊头通过铰轴、自润滑关节轴承(DEVA)与吊杆连接,吊杆节间及吊杆与闸门吊耳之间均通过铰轴、自润滑轴套连接。

油缸采用陶瓷活塞杆,油缸前、后端盖通过螺栓与缸体连接。油口处设缸旁阀组,端盖设 2 套内置式行程检测装置(CPMSII)。

(3)液压系统

每套液压泵站由油泵－电动机组、油箱、阀组、缸旁阀组及附件等组成。本液压系统控制回路全部采用插装阀集成控制主阀来控制,具有通油能力强、阀口开启关闭迅速、关闭后密封性好、动作可靠的特点。电磁换向阀具有阀芯位置反馈功能,便于系统维护,液压缸任意位置闭锁的插装阀的开启和关闭采用了带无泄漏电磁球阀来控制,确保阀口关闭后无泄漏,实现油缸有杆腔管路破裂保护和闸门开启后的保压闭锁。本液压系统采用调速阀加比例调速阀随动进行主路同步纠偏控制回路,具有动作灵敏可靠、纠偏精度高的特点,保证两缸同步误差在 10mm 以内。本液压系统具有完善的监测和保护元器件,油缸有杆腔、无杆腔分别设压力继电器来进行超压保护,系统泵站压力油管路设 1 个能发出一路 4~20mA 模拟量输出信号和两路开关量信号的压力传感器,来进行系统压力监测、超压保护和失压保护,系统主压力管路设有 P、Q、T 测试接头,可以进行系统压力、流量、温度的检测。油箱中设液位继电器、温度传感器和具有除湿功能的空滤器,吸油滤油器、回油滤油器带滤芯堵塞报警器。液压系统的大通径管路采用法兰连接方式。

每一套液压泵站设二台手动变量泵－电动机组交替运行,互为备用。液压泵站设置了手动油泵及相应的手动阀,以便于系统维护。

(4)启闭机运行方式

工作大门正常挡水时,由设在大门两侧的摆臂式锁定装置锁定在门槽埋件上,启闭机油缸有杆腔处于空载、闭锁状态。

工作大门需要检修时,首先通过启闭机将闸门提升到最高工作位置,并由设在大门上的锁定装置锁定,然后再拆除一节油缸与大门之间的吊杆,退回摆臂式锁定,由启闭机提升大门至一节吊杆的高度后锁定,再拆除一节吊杆,即可由启闭油缸将工作大门提升到检修高程,最后由检修锁定装置将工作大门锁定。

下闸首工作大门在调整门位时带水压操作,在安装调试和检修时无水状态操作。

工作大门有全行程启闭(闸门检修)、短行程启闭(调整闸门门位)、局部启闭(调整门位前、后)三种不同的操作方式。在全行程范围内两启闭机的最大不同步误差不得大于 10mm。

启闭机油缸采用陶瓷活塞杆,端盖内设内置式行程检测装置,行程检测装置具有闸门开度检测、短行程检测及极限位置限位功能,检测数据在现地和升船机集中控制室以触摸屏显示。在挡水位置,工作闸门由液压油缸通过缸旁阀组的闭锁锁定。在 24h 内,在额定载荷作用下油缸活塞的下滑量不得大于 5mm。每套液压泵站同时承担一套工作大门检修锁定装置的操作,工作大门锁定装置与液压启闭机不同时运行。与油缸连接的液压管路应满足油缸微小摆动的运行条件。

(5)主要技术参数

1)液压启闭机油缸主要技术参数(表 7.6.11)

表 7.6.11　　　　　　　工作大门液压启闭机油缸主要技术参数

名称	参数	备注
额定启门力	2×9000 kN	
额定闭门力	依靠闸门自重闭门	
工作行程	9.85m	
最大行程	11.3m	
油缸内径	850mm	
活塞杆直径	400mm	
有杆腔启门压力	21.0MPa	
启闭速度	0~0.5 m/min	
操作条件	动水启闭,可局部开启	
启闭机形式	中部球面支承,双作用液压油缸	双吊点同步控制;集成式(与陶瓷活塞杆结合的)行程检测装置(CPMSII)

2)检修锁定装置油缸主要技术参数(表 7.6.12)

表 7.6.12　　　　　　　检修锁定装置油缸主要技术参数

名称	参数	备注
启闭力	2×30kN	
油缸工作行程	1100mm	
油缸内径	120mm	
活塞杆直径	63mm	
启闭速度	0~2m/min	
启闭机类型	两端铰接,双作用液压油缸	

3)液压系统主要技术参数(表 7.6.13)

表 7.6.13 液压系统主要技术参数

①启闭机油缸控制回路压力、流量	
油缸启门油压	20.87MPa
闭门时油缸无杆腔压力	0.00MPa
油缸启门时有杆腔流量	220.89L/min
油缸启门时无杆腔流量	283.73L/min
油缸闭门时有杆腔流量	220.89L/min
油缸闭门时无杆腔流量	283.73L/min
②检修锁定装置油缸控制回路压力、流量	
油缸拉力	4.16MPa
油缸推力	2.65MPa
油缸推出时有杆腔流量	16.38L/min
油缸推出时无杆腔流量	22.62L/min
油缸退回时有杆腔流量	16.38L/min
油缸退回时无杆腔流量	22.62L/min
③检修锁定装置油缸控制回路压力、流量	
油泵最高工作压力	22.96MPa
油泵的最大流量	242.98L/min
单台油泵的流量	242.98L/min
单台油泵的排量	161.99mL/r
电机功率	107.24kW

7.6.3.3 下闸首检修门 2×800kN 桥式启闭机

(1)设备布置与组成

下闸首检修门启闭机为带液压自动挂脱梁的双向桥式启闭机,布置在混凝土排架柱顶部的钢结构轨道梁上,轨顶高程 98.00m。

启闭机容量 2×800kN,最大起升高度 34m,大车轨距 13m,最大运行距离约 23m。

检修门启闭机主要由双吊点小车、桥架结构、大车运行机构、防风夹轨器、地锚装置、司机室、机房、单梁吊、液压自动挂脱梁以及电力拖动、控制、检测等设备组成。

桥式启闭机的起升机构和运行机构均采用交流变频调速。起升机构通过机械同步轴实现双吊点同步,通过电气控制实现出力电机均衡,运行机构通过电气控制实现同步运行。起升机构在电机出轴设工作制动器,在卷筒上设安全制动器,均采用液压盘式制动器。

大车运行机构设液压夹轨器和轮边制动器,自动挂脱梁采用液压自动穿销方式,正、反支承及侧导向均采用导轮类型。桥式启闭机设机房和封闭式司机室,机房内设检修吊车,通过吊车可将待检修设备吊运至闸顶 84.50m 高程。

桥式启闭机采用滑线供电,滑线布置在上游轨道梁上。

(2)主要技术参数

整机工作级别 A4;结构工作级别 E4;起升机构工作级别 M4;运行机构工作级别 M4;启闭力 2×800kN;桥式启闭机跨度 13m;起升高度 34m;起升速度 5/10m/min(带载/空载);大车运行速度 0~10m/min;小车运行速度 0~5m/min;供电方式为安全滑线;供电电源三相四线制,交流 380V±10%、50Hz±2Hz;运行距离 0~23m;轨道型号为 QU120。

(3)设备技术特性

1)2×800kN 桥式启闭机室外作业,用于升船机下闸首检修闸门的启闭,通过液压自动挂脱梁操作。

2)桥式启闭机起升机构及大、小车运行机构均采用交流变频调速。起升机构满载调速范围 1∶10,总调速范围 1∶20。大、小车运行机构满载调速范围 1∶10。

3)桥式启闭机小车设封闭式机房,机房内设检修起吊设备。机房顶部设风速仪和避雷装置。

4)起升机构设起升高度检测装置,高度数值在司机室以数码显示。

5)起升机构设上、下起升极限位置限位开关,同时另设一套工作原理不同的上极限位置限位开关。当起升高度达到极限位置时,发出报警信号,同时切除拖动电机、制动器上闸,对起升机构实施自动保护。

6)起升机构设负荷称量与过载保护装置。起升载荷在司机室以数码显示。载荷电子称量系统应具有限载功能,当载荷达到 100%额定起重量时,应能发出提示性报警信号;当载荷达到 110%额定起重量时,能自动切断起升动力源,并发出禁止性报警信号。

7)桥式启闭机设封闭式司机室,司机室墙板采用双层彩塑钢板夹装保温隔热防火材料制造,窗户采用钢化玻璃。司机室内配置双制式空调、对讲机及灭火器等设备。

8)桥式启闭机电气控制设备布置在机房内。

9)桥式启闭机设置单独的照明变压器,照明变压器二次侧一端接地。

10)桥式启闭机大车采用安全滑线供电,设滑线检修吊笼。小车采用电缆供电。

11)桥式启闭机配备有无线对讲机 1 对(并附带耳机)作为通信设备。

12)桥式启闭机在出厂前由设备制造商完成涂装,现场安装后,金属结构表面和机械设备外表面再由安装承包商涂装一道面漆。

(4)调试、试验

桥式启闭机已完成调试及负荷试验,调试试验结果满足相关规范的规定。桥式启闭机已进行多次操作检修门运行,功能满足要求。

7.6.3.4 下闸首桥机轨道梁

（1）设备布置与组成

下闸首桥机轨道梁安装在下闸首混凝土支墩顶部，垂直水流方向布置，共两线，每线2跨，每线全长约47.8m。轨道梁轨顶高程98.0m，支墩顶部高程95.221m。两跨轨道梁的跨度不同，其中左侧跨编号为1号轨道梁，跨度23.5m；右侧跨编号为2号轨道梁，跨度20.0m。

轨道梁为箱形、等截面、简支梁，翼缘板宽度1.25m，轨道梁高2.5m。每根梁的一端布置一对固定支座，另外一端布置一对活动支座。两根端梁外悬臂端设置阻挡结构。轨道梁顶面装设桥机轨道，轨道采用QU120钢轨，用螺栓压板固定。轨道梁外侧设人行走道及栏杆等，在上游两跨轨道梁的端部外侧设钢结构楼梯。

（2）主要技术参数

1号轨道梁跨度/外形尺寸（长×宽×高）为23.5m/24.98m×1.25m×2.5m；2号轨道梁跨度/外形尺寸（长×宽×高）为20.0m/22.78m×1.25m×2.5m；轨道梁为焊接箱型梁；轨道梁梁高2.5m；轨道梁腹板间距1.2m；轨道型号为QU120。

（3）轨道梁结构设计

1）设计工况与载荷

轨道梁强度按允许应力法，且启闭机运行至极限位置的工况进行计算；刚度按启闭机非行走时启闭闸门的荷载计算。

轨道梁计算荷载包括自重、车轮活荷载、水平惯性力、大车歪斜侧向力、工作风荷载及撞击力，其中车轮活荷载按桥机额定计算轮压乘1.1的动力系数考虑。

启闭机大车运行机构每侧分布4个车轮，单个车轮额定计算轮压为748kN；工作风荷载按$W_{\text{工作}}=250\text{N/m}^2$考虑；作用在撞头上的桥机撞击力取120kN。

2）材料与结构类型

轨道梁结构主材采用Q345B，结构类型为焊接箱型梁，梁上按构造布置了横向及纵向加劲肋，使轨道梁的计算强度、整体稳定性、局部稳定性及刚度均控制在规定范围之内。

3）主要计算结果

跨中截面最大弯曲应力$\sigma_{\max}=132.2\text{MPa}<[\sigma]=210\text{MPa}$；端部截面最大剪应力$\tau_{\max}=33.3\text{MPa}<[\tau]=90\text{MPa}$；复合折算应力$\sigma=144\text{MPa}<1.1[\sigma]=231\text{MPa}$；跨中最大挠度$f=1/1368<[f]=1/850$；轨道最大弯曲应力$\sigma_{\max}=195.6\text{MPa}<[\sigma]=270\text{MPa}$；撞头最大弯曲应力$\sigma_{\max}=38.1\text{MPa}<[\sigma]=210\text{MPa}$；撞头最大剪应力$\tau_{\max}=14.7\text{MPa}<[\tau]=90\text{MPa}$；支座底板的混凝土承压应力$\sigma_h=2.5\text{MPa}<[\sigma_h]=11\text{MPa}$；支座底板的弯曲应力$\sigma=35.2\text{MPa}<[\sigma]=140\text{MPa}$。

7.6.3.5 下闸首泄水系统

下闸首泄水系统布置在下闸首工作门与检修门之间，当工作门需要检修时，由检修门挡住下游水,通过泄水系统泄掉检修门与工作门之间的水体,实现工作门无水状态下的检修条件。

下闸首泄水系统布置在下闸首航槽底部,由两线 DN150 钢管及相应的检修闸阀、电动工作闸门、管道支架及埋件等设备组成。

泄水管进水口布置在下闸首航槽底部高程 58m,出水口设在升船机下闸首集水井底部高程 40m。泄水系统经拦污栅,通过预埋 DN300 不锈钢钢管垂直向下连接至高程 52m 阀门室,在检修阀门室内通过水平 DN300 不锈钢管与并联的两线 DN150 不锈钢管焊接,两线管路沿高程 51.96m 地下廊道布设至下闸首集水井后垂直向下引至底部高程 40m。水体排至集水井后由下闸首集水井及抽排水设施(该项目已在下游基坑进水前验收)排到下游引航道。阀门室内布置检修闸阀、电动/手动工作闸阀及管支架等设备,设备直径 DN150。电动闸阀的控制箱与阀门集成为一体。

下闸首泄水系统管道、阀门等安装质量满足相关规范和制造厂技术要求。通过压力试验、水密性试验及阀门手动开关试验,现地电动、下闸首现地站远控闸阀机电联合调试,各项性能指标满足合同文件要求。

7.7　升船机工程施工

7.7.1　升船机工程组成及施工分期与施工进度

7.7.1.1　升船机工程组成及施工分期

(1)升船机工程组成

升船机工程由上游引航道、上闸首、船厢室段、下闸首和下游引航道等部分组成,从上游引航道口门至下游引航道口门全线总长 7300m。

(2)升船机工程施工分期

升船机工程上游引航道、上闸首、船厢室段、下闸首和下游引航道一期的开挖及其边坡支护施工已在三峡枢纽一期工程中完成;上闸首(拦河大坝升船机坝段)高程 185m 以下的挡水结构、上游引航道及其靠船、导航建筑物等在三峡枢纽二期工程中已施工完成。

升船机其他未完项目为升船机续建工程,主要包括船厢室段、下闸首及下游引航道二期开挖及支护;船厢室段混凝土施工、金属结构及机电设备安装;上闸首坝顶公路桥,高程 185m 以上排架柱施工,上闸首工作闸门及启闭机安装;下闸首混凝土施工、金属结构及机电设备安装;下游公路桥、下游引航道导航及靠船建筑物等。升船机续建工程分项工程量见表 7.7.1。

表 7.7.1　　　　　　　　　　　升船机续建工程分项工程量汇总

部位	项目名称	单位	数量	备注
上闸首	排架混凝土	m³	4836	另二期混凝土 44m³
	钢筋	t	626	
	活动公路桥	套	1	
	工作闸门	套	1	
	工作叠梁门	节	7	
	工作门桥式启闭机 2×2500kN	台	1	
	辅助门桥式启闭机 2×1500kN	台	1	
船厢室段	底板混凝土	万 m³	1.87	
	塔柱混凝土	万 m³	13.72	其中二期混凝土 0.68 万 m³
	顶部机房梁板柱混凝土	万 m³	0.62	
	钢筋	t	27786	
	顶部机房钢屋架(钢桁架)	t	755	
	螺母柱一期埋件(PVC 套管)	t	4.40	
	螺母柱一期埋件(金属结构)	t	20.03	
	齿条一期埋件(PVC 套管)	t	7.72	
	齿条一期埋件(金属结构)	t	11.02	
	纵导向一期埋件	t	4.42	
	平衡重一期埋件(PVC 套管)	t	11.94	
	平衡重一期埋件(金属结构)	t	98.69	
	上缓冲一期埋件	t	0.30	
	主机房检修桥机	t	160.15	
	螺母柱及二期埋件	t	7429.96	另桥机轨道 56.61t
	齿条及其二期埋件	t	3384.68	
	承船厢纵向导轨	t	61.17	
	平衡重导轨	t	2548.38	
	承船厢结构及承船厢设备	套	1	
	平衡重系统	套	1	
下闸首	石方开挖	万 m³	8.38	其中洞挖 723m³
	锚杆支护	根	5350	另设预应力锚索 66 束,喷混凝土 414m³
	边墙及底板混凝土	万 m³	5.41	
	排架混凝土	m³	584	另门槽及集水井混凝土 1425m³
	钢筋	t	2135	
	帷幕灌浆	m	10329	另排水孔 3672m,排水管 1320m
	固结灌浆	m	2178	
	工作闸门	套	1	
	工作门液压启闭机	台	2	
	检修门桥式启闭机 2×800kN	台	1	

续表

部位	项目名称	单位	数量	备注
下游引航道	护坡混凝土	万 m³	2.10	
	靠船墩导航墙混凝土	万 m³	0.82	
机电设备	机电一期埋件	t	94.12	
	检修和渗漏排水系统设备	系统	1	
	供电、照明与接地系统设备	系统	1	
	驱动机构电气传动系统设备	系统	1	
	通风空调系统设备	系统	1	
	计算机监控系统设备	系统	1	
	通信信号和广播指挥系统设备	系统	1	
	图像监控系统设备	系统	1	
	通信系统设备	系统	1	
安全监测	安全监测设施			

7.7.1.2　升船机续建工程施工进度

（1）上闸首续建工程项目

升船机上闸首活动桥设备安装及调试于 2015 年 1 月完成；排架柱混凝土于 2010 年 5 月开始浇筑，2013 年 6 月浇筑完成；上闸首工作闸门及 2×2500kN 桥式启闭机、辅助门及 2×1500kN 启闭机于 2015 年 1 月安装调试完成；上闸首泄水系统布置在工作闸门与辅助门之间，于 2015 年 8 月完成安装调试；5 号、6 号电梯钢构架于 2015 年 12 月安装完成。

（2）船厢室段续建工程项目

1）开挖支护及混凝土施工

升船机船厢室段底板二期开挖与支护于 2007 年 4 月开始施工，2007 年 11 月完工；船厢室两侧边坡开挖于 2008 年 7 月完成；左侧山体排水洞 SZ1B 支洞开挖及回填灌浆于 2008 年 6 月完成；地质缺陷处理及固结灌浆于 2009 年 3 月完成。船厢室底板混凝土于 2007 年 12 月开始浇筑，2008 年 2 月浇筑完成，3 月完成宽槽混凝土回填；塔柱混凝土于 2009 年 6 月开始浇筑，2012 年 7 月浇筑完成；齿条、螺母柱、平衡重轨道、纵导向轨道二期混凝土于 2014 年 9 月浇筑完成；塔柱顶部机房混凝土于 2012 年 9 月开始浇筑，2013 年 8 月浇筑完成；顶部机房钢屋架于 2013 年 3 月开始吊装，2014 年 4 月完成。

2）承船厢设备安装

承船厢为自承式钢结构类型，在工厂分段制造现场组装，2014 年 3 月完成全部钢丝绳与船厢连接和张拉，船厢加水至设计水深 3.5m，船厢和平衡重均处于悬吊状态。承船厢驱动系统于 2014 年 8 月安装完成，2015 年 12 月完成全部行程升降运行试验；事故安全机构和对接锁定机构于 2014 年 2 月完成,2015 年 11 月完成上游与下游承船厢门及启闭机液压锁定有水联合调试;防撞装置安装调试完成;间隙密封机构、横导向、纵导向与顶紧装置、水深调节与间隙充/泄水系统随承船厢结构安装进展进行预置吊装,已全部安装完成;承船厢液压系统于 2014 年底安装完成;疏散设备安装完成。

3)平衡重系统安装

平衡重系统的 16 组平衡重组布设在塔柱的平衡重井内,每个平衡重组的 15 个平衡重块由钢结构框架框成一体,16 组平衡轮组对称布置在两侧机房内,每组平衡滑轮组由 8 个双槽滑轮单元、7 个双支承支座和 2 个单支承支座及二期埋件组成;钢丝绳组件包括钢丝绳、锥套、锥套上的销轴及紧固件共 256 套,平均单根长度约 149.6m,滑轮润滑系统由润滑泵站、管路系统、分配器、油嘴、控制装置等组成;16 条平衡链分别悬挂在每个平衡重组上,16 套平衡重轨道分别布置在 16 个平衡重井内。平衡重系统及其滑润系统于 2014 年 3 月安装完成。

4)机房 2 台桥机安装调试于 2014 年 6 月完成。

5)船厢补排水系统于 2014 年 1 月安装调试完成。

(3)下闸首续建工程项目

下闸首二期开挖与支护于 2008 年 4 月开始施工,2008 年 11 月完工;下闸首工作门门库和集水井混凝土衬砌、下闸首底板高程 49.88m 以下混凝土浇筑于 2009 年 12 月全部完成;下闸首底板高程 49.88～58m 混凝土浇筑于 2014 年 1 月完成;下闸首两边墙和排架柱混凝土于 2014 年 2 月浇筑至设计高程。下闸首检修门门槽埋件于 2014 年 2 月安装完成;2014 年 6 月下门具备挡水条件;检修门双向桥式启闭机 2014 年 6 月开始安装,9 月完成调试。

左非 8 号坝段横向廊道帷幕灌浆于 2009 年 5 月完成,下接升船机船厢室段右侧中隔墩岩体帷幕灌浆于 2009 年 6 月完成;下闸首左侧山体排水洞 SZ1B 支洞封闭灌浆及衔接帷幕灌浆和左侧高程 84m 封闭帷幕灌浆于 2011 年 7 月完成;下闸首基础廊道封闭帷幕灌浆于 2013 年 10 月完成;下闸首基础廊道和下闸首左侧山体排水洞及 SZIB 支洞内排水孔于 2014 年 5 月完成。

下闸首集水井抽排水系统安装调试项目包括 3 套 350m³/h 潜水排污泵及附件。控制柜和排水管道于 2013 年 12 月完工,2014 年 6 月永久电源供电投入正常运行。

下闸首启闭机房和水泵房及其电缆桥架接地,下闸首高程 49.88m 以下底板、工作门槽和集水井接地,下游主、辅导航墙接地装置于 2014 年 5 月全部完成。

(4)下游引航道续建工程项目

升船机下游两侧边坡开挖和锚杆支护于 2009 年 5 月完成;两侧边坡混凝土浇筑于 2012 年 2 月完成(不含围堰占压段);下游引航道靠船墩和主、辅导航墙混凝土浇筑分别于 2011 年 6 月和 2014 年 7 月完成;下游围堰拆除于 2015 年 4 月完成,占压护坡混凝土于 2015 年

10月开始浇筑,于2015年12月完成;喷护混凝土及锚杆支护于2015年10月开始施工,2015年11月完工。

7.7.2　船厢室段混凝土施工

7.7.2.1　船厢室段底板混凝土施工

(1)底板混凝土施工分缝分块形式及浇筑方式

船厢室段底板混凝土为整体结构,顺流向长121.0m,垂直水流向宽59.8m,厚度2.5m。底板混凝土施工采用设置宽槽的分缝分块形式,顺水流向设2条宽槽,垂直水流向设4条宽槽,划分为15个浇筑块,宽槽宽度1.2m。待混凝土温度降至设计允许温度后回填宽槽混凝土,将宽缝连成整体。底板混凝土采用1台CC200胎带机输送混凝土入仓,平浇法浇筑,配备2台混凝土泵作为补充及应急浇筑手段。

(2)底部混凝土温控防裂措施

1)控制混凝土浇筑温度

底板混凝土稳定温度简化为半无限体平板,以施工期准稳定温度控制,底板厚2.5m,计算的气温环境半无限体施工期准稳定温度为10.8℃。根据底板混凝土性能,分块长边23.5~25.71m,基础允许温差为22~19℃,底板混凝土设计允许最高温度12月至次年2月为27℃,3月为29℃。底板混凝土施工在12月至次年2月采用自然入仓,3月采用7℃混凝土入仓,实测最高浇筑温度12℃,最低浇筑温度7℃,平均浇筑温度8.6℃。

2)通水冷却

船厢室段底板混凝土最高温度出现前通7℃水流量为40~60L/min,最高温度出现后通7℃水流量为10~20L/min。底板分2层浇筑:第一层混凝土温度降至18℃停止通水;第二层覆盖后进行第二层混凝土通水冷却,待混凝土温度与第一层混凝土接近时再一并通水。宽槽回填混凝土布设2层冷却水管,收仓后通7℃水8~10d,通水流量20L/min。底板混凝土第一层埋设11支温度计,实测最高温度25℃;第二层埋设15支温度计,实测最高温度25.4℃,均未超过设计允许温度27℃。

3)混凝土表面保温

冬季浇筑混凝土,气温大于0℃时收仓后第4d开始表面保温,气温小于0℃时收仓后及时进行表面保温,用2层保温被覆盖。进入3月,白天气温较高,底板混凝土受气温影响较大,为防止热量倒灌,当混凝土温度降至15℃以下时,采用3层保温被覆盖保温,宽槽顶面和周边用保温被封闭。经现场检测,气温降到0℃以下,盖2层保温被混凝土表面温度为11~13℃,盖1层保温被混凝土表面温度为9~11℃。

7.7.2.2　船厢室段塔柱及顶部机房混凝土施工

(1)塔柱一期混凝土浇筑方式

塔柱一期混凝土施工包括筒体、剪力墙、平台板(梁)、纵向联系梁、内部楼梯及通道板等部位。混凝土系布料杆配混凝土泵输送入仓,布料杆或混凝土泵发生事故时采用 1 台建筑塔机配 $2m^3$ 吊罐入仓,采用平浇法浇筑,坯层厚 35～40cm。剪力墙混凝土采用 1 台建筑塔配 $2m^3$ 吊罐入仓,平浇法浇筑,坯层厚 40～50cm。

(2)塔柱一期混凝土温控防裂措施

塔柱结构混凝土施工设计允许最高温度 12 月至次年 2 月为 28℃,3 月、11 月为 30℃,4 月、10 月为 34℃,5 月、9 月为 36℃,6—8 月为 39℃。根据设计要求,塔柱筒体高程 70m 以上混凝土埋设冷却水管进行通水冷却,12 月至次年 2 月混凝土采用自然入仓,3—11 月采用预冷混凝土,塔柱 C35、C30 二级配混凝土出机口温度 $T \leqslant 9℃$ 控制。筒体高程 70m 以上混凝土主要控制浇筑温度,3 月、11 月为 16℃,4 月、10 月为 18℃,5 月、9 月为 20℃,6—8 月为 23℃。尽量避开高温时段开仓,保证混凝土入仓强度,缩短浇筑时间;混凝土浇筑振捣完成后及时用保温被覆盖,降低浇筑土浇筑温度上升速度,在高温时段(气温超过 28℃时)开启喷雾设施,降低仓面环境温度。为防止仓面长流水养护对模板木质结构的影响,塔柱混凝土平面部位采用铺设棉毡洒水保温养护,塔柱混凝土立面部位采用涂刷养护剂养护。

(3)塔柱二期混凝土施工

塔柱二期混凝土施工包括齿条、螺母柱、平衡重导轨和纵导向导轨等部位。齿条、螺母柱和平衡重导轨浇筑一级配混凝土,纵导向导轨浇筑自密实混凝土。混凝土采用建筑塔机配吊罐利用入溜槽入仓,平衡重导轨和纵导向导轨在两侧模板高度方向布设 2～3 个混凝土振捣和检查孔。为减少混凝土浇筑对预埋构件变形影响,混凝土浇筑上升速度控制在 1m/h 以内,二期混凝土浇筑仓内布设百分表控制埋件不得变形。

(4)塔柱高程 196m 梁系混凝土施工

塔柱高程 196m 顶部梁系混凝土施工使用高空拼装的贝雷架作为施工平台,在贝雷架上塔设蒲堂脚手架为底模支撑。混凝土采用混凝土泵配合固定式布料杆和移动式布料杆联合入仓,平浇法浇筑,坯层厚 35～40cm,分 5 仓浇筑,仓内配备 2～4 台高压风枪和 6～8 名工人清除被水泥浆污染的钢筋。顶部横梁预留的宽槽在低温季节回填混凝土。

(5)塔柱顶部机房混凝土施工

混凝土采用建筑塔机配 $1m^3$ 吊罐入仓,平浇法浇筑,坯层厚 40～50cm。

7.7.3　承船厢设备安装

7.7.3.1　驱动系统安装及调试

(1)驱动系统设备安装

升船机驱动系统出厂前在工厂进行了设备整机总装和联调试验(不含与安全机构连接设备),并进行了空载试验、负载试验及齿轮托架机构等联调,检验驱动系统机械设备和电力拖动与控制设备设计、制造、安装的正确合理性,设备性能及参数指标的正确性。

承船厢驱动系统设备在承船厢装水压载前吊装就位并临时固定,在承船厢装水压载状态下完成调整、定位、永久固定及单机调试等工作。根据承船厢分段结构安装进展,对承船厢驱动系统设备进行预置安装(包括承船厢底部舱内 4 号液压泵站及电控柜、水深调节及间隙充泄水管路、纵导向及顶紧机构、横导向机构、安全机构与对接锁定机构、承船厢门以及防撞装置等承船厢设备)。利用船厢室 1250kN/2×160kN 临时桥机在下闸首底板处卸车,使用承船厢底铺板上布设的 150t、180t 履带吊和 25t 汽车吊进行吊装和附件安装。2013 年 7 月份,承船厢设备开始吊装,2014 年 3 月承船厢设备全部吊装完成。

承船厢设备驱动系统设备在船厢充水加载及沉船事故工况试验完成后,在承船厢 3.5m 设计水深、承船厢和平衡重两侧重量全平衡且处于悬吊状态下,进行精确定位安装。以小齿轮与齿条的设计啮合位置为安装基准,并考虑焊接收缩影响,确定驱动机械室主减速器、可伸缩万向联轴节、锥齿轮箱等设备的位置,并对同步轴系统进行整体测量划线,确定同步轴轴承座及同步轴空间轴系的位置。2014 年 4 月,驱动系统设备开始精确定位安装,8 月安装完成。

承船厢驱动机构设备、同步轴系统安装检验结果满足设计和相关质量标准的要求。驱动系统设备安装完成后,人工手动盘车(4 个驱动点安全机构一侧的齿式联轴器处断开),驱动机构设备及同步轴系统运转灵活、无卡阻。

(2)驱动系统设备调试

2015 年 1 月,完成驱动系统单机调试、升船机空载调试(在小齿轮和齿条啮合脱开、与安全机构传动连接断开、制动器松闸条件下);2015 年 3 月,升船机开始带载短行程升降运行试验,并完成液气弹簧—安全机构、对接锁定—安全机构联动试验;6 月完成安全制动系统调试和试验,以及发生事故时紧急制动停机等试验;7 月完成承船厢短行程升降运行试验(高程62~84m);10 月承船厢开始全行程升降运行;12 月完成驱动系统全行程升降运行试验。

1)液气弹簧机构调试

液气弹簧油缸预紧,油缸无杆腔和蓄能器充压到 10MPa 左右,无杆腔压力由蓄能器保压,动作无卡阻;油缸泄压时间 12s,无杆腔内剩余压力 0.2MPa 左右,泄压动作无卡阻;系统自动保压时间大于 48h,符合设计要求。

2)安全制动系统调试

制动器松闸间隙检测,工作制动器松闸间隙 0.9~1.15mm,安全制动器松闸间隙 0.9~1.2mm(质量标准均为 1±0.25mm);制动器上闸、松闸试验,PLC 发出上闸/松闸命令,工作制动器、安全制动器均正确及时上闸/松闸,且工制、安制上闸/松闸顺序正确:制动器上/松闸时间测试,全部工作制动器上闸/松闸时间差不大于 0.2s,全部安全制动器上闸/松闸时间差不大于 0.3s,电源切换试验,切换安全制动系统的双直流电源,工作制动器、安全制动器上闸/松闸状态无改变;SOBO 控制器冗余试验,切换 SOBO 控制器,工制、安制状态无变化。符合设计要求。

3)主减速箱稀油润滑系统调试

主减速箱稀油润滑系统调试运行正常。

4)同步轴干油润滑系统调试

管路检测无漏油现象,打压 20MPa 保压 10min 无泄漏:泵站检测,液位信号、液动换向阀检测以及润滑泵启动与自动停机保护正常;所有分配器指针动作正常;控制器检测,在自动运行工作方式下,经设定的间隔时间,润滑泵能自动启动供蜡;系统检测,拆开末端润滑点接头均能看到出油。

5)齿轮/齿条润滑系统调试

管路检测无漏油、漏气;空压机检测,气压分别达设定值时,能够自动启动或停机;泵站检测,气压调到 $0.4\sim0.9MPa$ 时,液动换向阀、气动泵工作正常,分配器指针动作正常;控制器检测,在自动运行工作方式下,经设定的间隔时间,气动泵能自动启动供油,间隔时间可调;齿轮齿条啮合面有油膜形成。

在升船机各个试验调试运行过程中,驱动机构设备及同步轴系统均运转正常。

7.7.3.2　事故安全机构安装及调试

(1)事故安全设备安装

事故安全机构所有零部件组装成整体进行了出厂前检验,采用带滚轮的特制专用工装与安全机构支撑杆支铰下端面连接成一体,利用塔柱顶部机房 $630kN/2\times160kN$ 桥机整体起吊旋入螺母柱凹槽内。连接工装的安全机构在自重作用下,带动工装滚轮在螺母柱螺牙面上滚动下落,安全机构下落至安装位置后拆除工装,通过手动转盘转动调整安全机构旋转螺杆螺牙与螺母柱螺牙间隙至设计值,最后将万向轴与安全机构和锥齿轮箱 B 连接。2013年 10 月开始吊装,2014 年 2 月,4 个筒体部位的安全机构全部安装完成。安全机构安装检测结果满足设计和相关质量标准的要求。

(2)事故安全设备调试

在模拟沉船事故工况试验、承船厢水泄空事故工况试验中,旋转螺杆与螺母柱实现了自锁功能。在完成了模拟沉船、承船厢水泄空极限荷载的试验后,对撑杆推力轴承承压环法兰 $50\times M24$ 螺钉和连接撑杆下部支铰与承船厢的 $22\times M36$ 螺杆进行了全部更换。

液气弹簧—安全机构、对接锁定—安全机构联动试验,安全机构动作正确,旋转螺杆与螺母柱螺纹之间间隙消失,实现了对承船厢的锁定保护功能;不平衡载荷消失,螺杆与螺母柱螺牙间隙恢复至正常位置。承船厢在全平衡状态下全行程升降运行,检测安全机构短螺杆与螺母柱螺牙间隙变化约 7mm。在升船机各个试验调试运行过程中,安全机构旋转螺杆、上下导向架运转正常,符合设计要求。

7.7.3.3　对接锁定机构安装及调试

(1)对接锁定机构设备安装

对接锁定机构所有部件组装成整体进行了出厂前检验,现场安装方法与事故安全机构相同。通过 M310 大螺母调整对接锁定机构与下方事故安全机构的位置尺寸至设计值,并将连成一体的安全机构和对接锁定机构进行整体旋转转动,调整对接锁定上下锁定块螺牙与螺母柱螺牙间隙至设计值(上下锁定块处于闭合时)。2014 年 2 月,4 个筒体部位的对接锁定机构全部安装完成。对接锁定机构安装质量满足设计和相关质量标准的要求。

（2）对接锁定机构调试

1）对接锁定机构单机调试

锁定全行程动作，4个驱动点对接锁定机构顶紧压力9.2～9.4MPa时，锁定自停且行程开关动作，全行程动作时间38～44s；解锁全行程动作，锁定块缩回到位时自停，行程开关动作正确；锁定块锁定到位后，保压8h以上未发生退让现象。

2）对接锁定—安全机构联动试验

随着对接锁定垂直载荷增大，对接锁定机构先后动作，安全机构螺杆与螺母柱锁定，实现了对接时超载安全机构对升船机的保护功能，不平衡载荷消失（船厢水深恢复至3.5m设计水深范围），液气弹簧加压预紧，对接锁定恢复至正常位置。

在升船机各个试验调试运行过程中，对接机构旋转锁定螺杆、上下导向架运转正常，符合设计要求。

7.7.3.4 承船厢门及其启闭设备安装与调试

（1）承船厢门及其启闭设备安装

承船厢门门体、启闭机油缸分别整体供货，现场整体吊装安装。扭矩管枢轴孔、弧形侧止水面、底止水座面及侧向导轨面进行现场加工。2013年7月开始承船厢门止水面加工，2014年3月，上、下游承船厢门全部安装完成，承船厢充水，承船厢门挡水。上、下游承船厢门及启闭机、液压锁定与手动锁定等安装检测结果满足设计和相关质量标准的要求。

（2）承船厢门及启闭机联合调试

2014年9月，承船厢水泄空后（承船厢水泄空事故工况试验），进行上、下承船厢门及启闭机、液压锁定无水联合调试。2015年9月、11月，分别完成了上、下游承船厢门及启闭机、液压锁定有水联合调试。

承船厢门开门、关门全行程过程中，无爬行、抖动等异常现象，全行程时间约90s，同步误差≤10mm；液压锁定/解锁时间约12s；开门、关门到位行程开关动作符合要求，油缸位移传感器与闸门开度符合；液压锁定到位、解锁到位行程开关符合要求，油缸位移传感器与轴位置符合。上、下游承船厢门及启闭机、液压锁定安装调试过程，设备运行状态正常，符合设计要求。

7.7.3.5 防撞装置安装及调试

（1）防撞装置设备安装

上游防撞装置随承船厢分段结构安装2014年4月预先吊装就位，下游防撞装置在承船厢底铺板上布设的吊装设备退场前吊装就位。防撞装置安装检测结果满足设计和相关质量标准的要求。

（2）防撞装置调试

1）防撞装置单机调试

桁架提升/下降启闭、桁架锁定装置锁定/解锁动作过程顺畅，无抖动、振动及卡阻现象，行程开关动作正确；钢丝绳锁闩油缸伸缩动作顺畅，无卡阻现象，钢丝绳挂、脱装置带绳/脱绳动作正确。

2）防撞装置联调

按"桁架解锁→启闭缸伸/桁架带绳下降到位→锁闩缸缩/放绳→启闭缸缩/桁架无绳提升到位→桁架锁定→缓冲缸缩/钢丝绳预紧→停机保压"程序，进行关绳→预拉伸动作试验，各机构无卡阻、渗漏、变形、振动、连接松动等异常现象；按"缓冲缸伸/松绳→桁架解锁→启闭缸伸/桁架无绳下降到位→锁闩缸伸/锁绳→启闭缸缩/桁架无带绳提升到位→桁架锁定→停机"程序，进行松绳→启绳动作试验，各机构动作正常。

7.7.3.6 间隙密封机构安装及调试

（1）间隙密封机构设备安装

上游间隙密封机构 2014 年 10 月在现场吊入承船厢厢头分段结构 U 形槽内，进行安装调整，下游间隙密封机构与承船厢下游厢头分段结构在厂内组装后，整体吊装。11 月驱动油缸、碟形弹簧柱吊装预置到承船厢结构舱内安装部位进行安装。12 月止水橡皮现场安装。间隙密封机构安装检验结果满足设计和相关标准要求。

（2）间隙密封机构调试

弹簧柱压缩到位、密封框接触到位、密封框压缩到位，开关动作时，自动停机保压，顶紧保持压力约 15MPa，油缸处 U 形框承压垫贴紧工作门；泄压到设定压力值时可自动补压，整个保压期间 U 形框密封良好；U 形框按正常推出、压紧、保压、泄载、退回预定程序运行，全行程动作过程中无扭曲、卡阻、爬行、抖动、偏斜等现象，橡胶板无异常撕扯现象，各导向滑块与导轨板之间接触良好，推出过程油缸同步误差符合要求；U 形框正常顶紧、液压系统自动保压状态下，承船厢与闸首工作大门间隙充满水，橡胶止水未发现泄漏现象，符合设计要求。

7.7.3.7 横导向系统安装及调试

（1）横导向机构设备安装

横导向设备随承船厢结构安装进展 2013 年 12 月进行预置吊装，2014 年 5 月全部安装完成。承船厢横导向机构安装检验结果满足设计和相关标准的要求。

（2）横导向机构调试

补偿缸自动保压功能试验，蓄能器压力低于 14MPa 时，系统自动补压；导向缸自动回中位功能试验，船厢偏离中位＞10mm 或补偿缸中位偏差＞50mm 时，自动纠偏至正常范围；系统保护功能试验，任一导向油缸±150mm 时，行程开关动作、电控系统报警正确，驱动系统停机并提示维修状态,符合设计要求。

7.7.3.8 纵导向与顶紧装置安装与调试

(1)纵导向与顶紧装置安装

承船厢纵导向与顶紧装置随承船厢结构安装进展 2013 年 12 月进行预置吊装,2014 年 5 月全部安装完成。承船厢纵导向与顶紧机构、地震阻尼器安装检验结果满足设计和相关质量标准的要求。

(2)纵导向与顶紧装置调试

顶紧机构在顶紧锁定状态下,顶紧块与纵导向导轨面在整个接触高度范围间隙均为 0;油缸解锁到位,行程开关动作正确,顶紧块与导轨面在整个接触高度范围间隙为 2.5～2.7mm;顶紧油缸推出锁定、退回解锁时间 13.6～14.5s(≤15s);顶紧到位停机后,间隙密封机构油缸以额定载荷持续压紧工作大门,未发现纵导向顶紧油缸有退让现象;整机调试运行过程中,未发现油缸爬行、机构卡阻、液压回路渗漏、变形、振动及连接松动等异常现象,机构整体性能正常,符合设计要求。

7.7.3.9 水深调节与间隙充/泄水系统安装与调试

(1)水深调节与间隙充/泄水系统系统安装

水深调节与间隙充/泄水系统随承船厢结构安装进展进行预置吊装,2014 年 1 月全部安装完成。水深调节与间隙充/泄水系统安装检验结果满足设计和相关质量标准的要求。

(2)水深调节与间隙充/泄水系统调试

间隙水泵、水深调节水泵动作正常;电动蝶阀现地和远地电动操作动作正确,到位自停,开度指示正确;手动蝶阀人工开关操作良好,符合设计要求。

7.7.3.10 承船厢液压系统安装及调试

(1)承船厢液压系统设备安装

6 套液压系统泵站、控制阀组设备随着承船厢结构分段安装进展,预置吊装到各个安装部位。液压管路按照现场配管→回厂酸洗→管路循环串洗→系统循环串洗的程序,进行安装施工。高压软管、油箱均进行了清洁度检查。2013 年 7 月开始液压系统管路安装,2014 年底,承船厢液压系统全部安装完成。承船厢液压系统安装检测,液压管路耐压试验无泄漏和破坏现象;管路及系统循环串洗、循环油污染等级满足不低于 ISO4406 标准 17/14 的要求,安装质量符合设计和相关质量标准的要求。

(2)承船厢液压系统调试

驱动机构液气弹簧、间隙密封机构,横导向系统,承船厢纵导向顶紧机构,防撞装置、承船厢门启闭机及锁定装置,承船厢对接锁定机构 6 套液压系统各个机构控制回路压力整定、控制泵启动、备用泵组切换及手动泵功能试验,以及油温、油位报警功能等试验调试结果,符合设计和相关调试技术要求。

7.7.3.11　疏散设备

在承船厢各驱动室顶部设可调节高度的楼梯,共 4 套。承船厢升降中途遇事故紧急停机后,人员可疏散到塔柱。梯子长度 5.12m,净宽 1.25m,可手动和自动调节高度,高度最大可调节到 3.55m,楼梯踏板和扶手可自动保持水平。2014 年 6 月疏散设备全部安装完成,满足手动和自动调节功能。

7.7.4　船厢室设备安装

7.7.4.1　齿条、螺母柱安装

(1)齿条、螺母柱一期埋件安装

齿条一期埋件共 4 套,沿对称布置在 4 个塔柱的凹槽内,沿塔柱高度方向埋设。齿条埋件的对称中心线距船厢横向中心线 29600mm,距船厢纵向中心线 20150mm。

螺母柱一期埋件由预应力钢筋套管及连接套管、用于螺母柱二期埋件安装与调整的带螺纹接头的钢筋及套管等组成。

螺母柱一期埋件共 4 套,对称布置在 4 个塔柱的凹槽内,沿塔柱高度方向埋设。螺母柱埋件的对称中心线距承船厢横向中心线 37740mm,距承船厢纵向中心线 21500mm,同一部位上游侧第一层 PVC 套管中心安装高程为 57.415m,下游侧第一层 PVC 套管中心安装高程为 57.64m,上、下游套管中心高程相差 225mm。

1)齿条、螺母柱一期埋件安装工艺流程

施工准备→测量放样→钢结构制作→转运至现场→吊装→调整、固定钢结构→钢筋绑扎、验收→套管安装、粗调、加固→钢筋绑扎、验收→套管精调、加固、加固验收→测量验收→管口封堵→立模→浇筑一期混凝土→拆除模板→复测。

2)齿条、螺母柱一期埋件钢结构制作

①钢结构制作要求

为保证齿条、螺母柱预应力钢筋的一期套管安装质量,采用型钢组成的构架作为套管的固定载体,在加工厂内预先将每个浇筑仓内的套管群预组装成整体交付安装。每个仓次内的套管中心高程、孔中心间距须严格符合设计要求的齿条预应力锚筋孔位布置的规定。型钢构架具有足够的刚度,顺套管长度方向的尺寸与墙体一期混凝土厚度一致,且不影响主结构钢筋的布置位置;构件的高度与相应部位的混凝土施工分层高度一致,且每相邻两层的钢构架预拼装后,方可进行相应仓位的钢构架安装,确保两层套管的间距符合设计要求,并做好定位标记及编号。

②钢结构制作工艺

齿条、螺母柱一期埋件钢构件的材质均采用 Q235B。齿条一期埋设的预应力钢筋套管安装调整钢架的主杆件和套管横担为 L70×6,联系杆件为 L50×5;螺母柱一期埋设预应力钢筋套管安装调整钢架主杆件为 L50×5,联系杆件为 L36×4,套管横担为 L70×6。辅助钢

架尺寸根据齿条、螺母柱一期套管安装位置结构钢筋成型不同而不同,钢架节间采用焊接连接,预应力钢筋套管在横担上采用双头螺柱和扁钢带固定,双头螺杆和螺孔均有足够的调节余量,以满足埋设时对预应力钢筋套管安装高度和水平轴线位置的调整需要。

钢结构制作:

(a)辅助钢结构在钢管厂加工制作,首先布置钢平台,用水平仪将专用钢平台调整至水平,并将平台表面清扫、打磨干净。按照辅助钢结构的分层图,按1∶1的比例放样。

(b)型钢和钢板下料前须采取校正处理。型钢下料采用砂轮或钢锯切割机切割,端面平整、无毛刺,其长度误差及直线度符合相关规范标准要求。

(c)螺栓孔采用钻孔成形,孔边应无飞边和毛刺。横担角钢上长圆孔先钻孔,后铣削成形。

(d)角钢构架先在钢平台上组焊成形,焊接后做校正处理,使构架结构尺寸符合规范规定。进行套管装配前,对相邻钢架进行节间预组装。

(e)防腐。在装配预应力钢筋套管前,对钢结构进行喷射除锈,按招标文件技术要求进行水泥浆涂装。

3)齿条、螺母柱预应力钢筋一期 PVC 套管安装

①按混凝土浇筑分层的情况,此齿条、螺母柱 PVC 套管安装仓位前一仓安装固定钢架用的锚板,其锚板平面度及高程偏差不大于±2mm。

②由测量队放出钢架安装控制线,并做好线架。将辅助钢架吊入仓位里,各部位的钢架对称吊装。先将钢架按控制线调整到位并加固,然后将管夹大致安装到位,交由土建单位进行此部位的钢筋安装、调整。

③套管装配

(a)套管安装前,根据设计尺寸进行下料、加工。

(b)PVC 管采用机械方法切割,端面平整、无毛刺。套管端面与套管中心线的垂直度误差不得大于 0.5mm,长度误差不得为正偏差,防止 PVC 管长度超出混凝土面,土建立模时,挤压 PVC 管,导致埋件发生位移。

(c)螺母柱 PVC 套管为带接头套管,直套管下料后与套管接头进行黏接。黏接前先将承插口进行试插并作出标记,然后测量连接后的总长度及直线度,确保连接后的套管长度满足设计要求。在涂抹胶黏剂之前,先用布将插口处黏接表面擦净。涂抹胶黏剂时,必须先涂承口,后涂插口,涂抹承口时,由内向外,均匀、适量。涂抹胶黏剂后,在 20s 内完成黏接,黏接时,将插口轻轻插入承口中,对准轴线迅速完成,插入深度超过标记,插接中可稍作旋转,但不得超过 1/4 圈,黏接完毕即刻将接头处多余的胶黏剂擦干净。

(d)在钢架顶部焊接线架,由测量队在线架上精确测放出套管安装控制线,安装 PVC 套管,并用挂垂线的方法调整套管的安装位置,即通过套管管夹固定双头螺栓进行调节。

(e)套管调整完成后,将套管管夹固定双头螺栓拧紧,初步加固,交由土建单位进行辅助钢架部位结构钢筋的安装。

(f)土建结构钢筋完成安装及验收后由测量队配合,精确调整套管安装位置,将调整完

成后的套管管夹双头螺栓进行点焊固定,并将管夹与钢架间利用辅材进行加固。

(g)加固完成后进行加固验收,合格后进行测量验收。测量验收合格后,进行套管两端密封处理,套管两端密封后进行封堵验收。

(h)封堵验收合格后,进行下一道工序。

4)齿条螺母柱一期埋件安装质量检测

齿条螺母柱一期埋件安装检测成果见表 7.7.2、表 7.7.3。

(2)齿条二期埋件安装

齿条二期埋件共 4 套,对称布置在 4 个塔柱电梯井靠航槽一侧凹槽的垂直壁面上,距船厢室横向中心线 29600mm。埋件顶部高程 178.945m、底部高程 51.45m,安装高度为127.495m。二期埋件的节与节之间,在前翼缘板用垫板相隔,并在端部隔板处用高强螺栓连接。齿条二期埋件 π 形钢架件在工厂分节制造、安装,π 形二期埋件两腹板内侧焊环形扁钢,腹板外侧前后翼缘板之间焊接加劲板,在前端翼缘板外侧焊两列 17 排梯形齿,该梯形齿与齿条基板的梯形齿交错相嵌。2010 年 12 月开始齿条二期埋件安装,2014 年 9 月完成;2011 年 8 月开始齿条安装,2015 年 7 月完成安装及高强螺栓、预应力钢筋张拉。

表 7.7.2　　　　　　　　　　　　齿条一期埋件安装质量检测

部位	埋件编号			ΔX	ΔY	ΔH
	混凝土前设计值			±4.0	±4.0	±4.0
1 号筒体	高程 51.7125~178.7006m	1~324 号	混凝土前	−1.5~3.4	−3.0~1.6	−2.5~1.6
			混凝土后	−2.5~4.0	−3.9~3.0	−4.0~4.0
		1′~321′号	混凝土前	−2.5~3.0	−1.8~2.6	−3.0~2.0
			混凝土后	−3.1~3.5	−3.1~4.0	−4.0~4.0
2 号筒体	高程 51.7125~178.7006m	1~324 号	混凝土前	−2.8~2.5	−3.1~3.0	−2.5~2.0
			混凝土后	−3.5~4.0	−4.0~4.0	−3.0~3.5
		1′~324′号	混凝土前	−2.3~2.0	−3.1~2.0	−2.7~3.0
			混凝土后	−3.0~3.5	−3.7~3.0	−3.5~4.0
3 号筒体	高程 51.7125~178.7006m	1~324 号	混凝土前	−2.4~2.0	−2.0~2.0	−2.5~2.0
			混凝土后	−3.0~3.5	−2.5~4.0	−3.2~4.0
		1′~324′号	混凝土前	−2.6~3.0	−2.5~3.0	−2.7~3.0
			混凝土后	−3.0~3.4	−4.0~3.5	−3.5~4.0
4 号筒体	高程 51.7125~178.7006m	1~324 号	混凝土前	−2.9~3.0	−2.0~2.0	−2.5~2.6
			混凝土后	−3.5~4.0	−3.0~4.0	−3.0~4.0
		1′~324′号	混凝土前	−2.5~2.0	−2.2~2.6	−3.0~2.0
			混凝土后	−3.5~3.0	−3.0~3.5	−4.0~4.0

注:混凝土前为混凝土浇筑前,混凝土后为混凝土浇筑后,下同。

表 7.7.3　　　　　　　　　　　螺母柱一期埋件安装质量检测

部位	埋件编号		ΔX	ΔY	ΔH
	混凝土前设计值		±4.0	±4.0	±4.0
1号筒体 高程 57.415～185.555m	上游 1～168 号	混凝土前	−2.5～3.2	−3.0～2.0	−2.0～3.0
		混凝土后	−3.0～3.5	−4.0～2.5	−3.0～4.0
	上游 1′～168′号	混凝土前	−2.6～3.0	−2.4～3.0	−3.0～3.0
		混凝土后	−3.0～3.5	−3.5～4.0	−4.0～4.0
	下游 1～168 号	混凝土前	−1.5～3.0	−2.0～3.6	−2.5～1.6
		混凝土后	−2.5～3.5	−3.9～3.0	−3.0～4.0
	下游 1′～168′号	混凝土前	−2.5～3.0	−2.2～2.6	−3.0～3.0
		混凝土后	−3.1～3.5	−3.1～4.0	−4.0～4.0
2号筒体 高程 57.415～185.555m	上游 1～172 号	混凝土前	−2.0～3.0	−2.5～3.0	−2.0～2.0
		混凝土后	−3.0～3.2	−3.0～3.5	−2.5～4.0
	上游 1′～172′号	混凝土前	−2.5～3.0	−2.4～3.0	−3.0～3.0
		混凝土后	−3.0～3.5	−3.3～4.0	−3.5～4.0
	下游 1～172 号	混凝土前	−1.5～2.0	−2.0～3.6	−2.5～1.6
		混凝土后	−2.0～3.5	−3.4～3.0	−3.0～4.0
	下游 1′～172′号	混凝土前	−2.2～3.0	−2.2～2.6	−3.0～2.0
		混凝土后	−3.1～3.5	−3.1～4.0	−4.0～3.0
3号筒体 高程 57.415～185.555m	上游 1～172 号	混凝土前	−2.5～3.0	−2.0～3.0	−2.5～2.0
		混凝土后	−3.0～3.5	−3.0～4.0	−3.0～4.0
	上游 1′～172′号	混凝土前	−2.5～3.0	−2.6～3.0	−2.0～3.5
		混凝土后	−3.0～4.0	−3.0～4.0	−3.5～4.0
	下游 1～172 号	混凝土前	−2.4～2.0	−2.0～3.5	−2.3～2.4
		混凝土后	−3.0～3.5	−3.4～3.0	−3.2～4.0
	下游 1′～172′号	混凝土前	−4.0～3.0	−2.2～2.6	−3.0～2.0
		混凝土后	−3.1～3.5	−3.1～4.0	−4.0～3.0
4号筒体 高程 57.415～185.555m	上游 1～172 号	混凝土前	−3.0～3.2	−3.0～3.5	−2.5～4.0
		混凝土后	−2.5～3.0	−2.4～3.0	−3.0～3.0
	上游 1′～172′号	混凝土前	−3.0～3.5	−3.3～4.0	−3.5～4.0
		混凝土后	−1.5～2.0	−2.0～3.6	−2.5～1.6
	下游 1～172 号	混凝土前	−2.0～3.0	−2.5～3.0	−2.0～2.0
		混凝土后	−3.0～3.2	−3.0～3.5	−2.5～4.0
	下游 1′～172′号	混凝土前	−2.5～3.0	−2.4～3.0	−3.0～3.0
		混凝土后	−3.0～3.5	−3.3～4.0	−3.5～4.0

1)齿条二期埋件安装工艺流程

排架搭设→模板拆除、清理→缝面处理→水平钢筋与金结埋件相互避让处理→金结埋件吊装→金结埋件安装到位→模板施工→仓位验收→混凝土浇筑→养护。

2)齿条二期埋件安装工艺

①齿条二期埋件安装

(a)齿条二期埋件次节起单节长度为4727mm,质量约6.957t,运输采用60t平板车,装车用25t汽车吊,运输至船厢室底部高程50m平台。

(b)第一到三节利用70t汽车吊吊装,三节以上采用200t吊车吊装,利用吊车将埋件自上向下缓放至设计安装位置就位,就位过程中现场查看埋件背部结构与结构钢筋相对位置关系,发现有相互干扰情况及时处理。埋件就位后,用导链及辅材对埋件进行初加固,加固完成后再进行拆钩。

(c)利用导链对埋件进行安装调整,再用工装提升到安装位置进行安装、加固。

②齿条二期埋件调整

(a)埋件吊装就位后,先进行埋件定位测量:

a)将激光天顶仪架设在船厢室底板上的埋件控制基准点上,粗略测放出定位钢琴线悬挂点的位置;在定位钢琴线悬挂点的粗略位置处焊接中心为空心的钢板。

b)用激光天顶仪在钢板上精确测放出定位钢琴线悬挂点的位置,并根据其精确位置悬挂钢琴线,作为埋件安装平面调整基准线,且每安装一节悬挂一段。

c)将高精度全站仪架设在船厢室底板局部控制网点上,用三角高程法以底板测量控制网点中任意两点为基准,直接测量二期埋件首装节顶部高程;或架设在埋件控制基准点,利用底板测量控制网点按高获取仪器视线高,再通过棱镜按照光电测距法直接测量或传递得到埋件上某点的高程,以此点高程作为埋件安装高程调整基准点。

d)当埋件安装尺寸调整到位后,锁紧工装上的调整螺钉,拧紧节间螺栓,然后利用辅材将埋件背部与一期结构钢筋根部连接加固。加固过程中利用吊线锤对埋件安装位置偏差进行监控,如出现较大变化,停止加固,进行重新调整。

e)埋件精调到位并加固后,进行二期混凝土结构钢筋安装;钢筋安装完成并验收合格后进行二期埋件加固验收。

(b)二期埋件加固验收合格后转入测量验收工序:

a)将激光天顶仪架设在船厢室底板上的埋件控制基准点上,重新对钢板上定位钢丝悬挂点的位置进行测量校对,即重新定位。

b)利用重新定位后的钢丝悬挂点的位置悬挂钢琴线,作为埋件安装平面验收基准线;采用30cm的直角尺、钢板尺或千分尺(经检定)对埋件的上下左右面进行验收,每1.0~1.5m验收一点。

c)高程测量验收方法与埋件定位高程测量一致,二期埋件首装节采用水准仪进行高程验收,之后每节以首装节高程为基准进行验收调整。

d)二期埋件测量验收合格后进行节间垫块封底焊接。

e)封底焊完成后立模进行二期混凝土浇筑。浇筑过程中对埋件进行变形监控,当监控数据出现较大变化时(大于 0.5mm),暂停浇筑,进行现场检查、处理,处理完成后恢复浇筑。

f)二期混凝土浇筑完成且达到规定强度后拆除模板,然后松开工装与埋件间的连接,使埋件处于自然状态,再对埋件进行混凝土浇筑后复测,复测方法与测量验收一致。

g)至次节起,每节埋件混凝土浇筑后复测工作可与其上部安装节验收同时进行。

③齿条二期埋件安装精度控制措施

为了确保在现有复杂条件下,能够高效、优质地完成齿条二期埋件安装项目,施工中严格按照下列要求进行施工质量控制:

(a)投入使用的所有测量器具必须经过计量部门检测,并在有效使用期限内。

(b)各级施工技术管理人员必须对齿条二期埋件调整安装各项工序进行严格控制管理,严格按照"三检制"进行各项工序验收。

(c)负责埋件精调的一线施工人员必须熟记轨道各项精度技术要求及工序,并严格按照各项要求进行施工。

(d)待安装节吊装前,必须对制造尺寸进行复核,确定其制造质量满足上下相邻节轨道节间安装技术要求。

(e)线锤挂好投入使用前,施工人员必须对线锤系统的挂装进行详细检查:包括线架焊接牢固性、油桶安放位置准确性、稳定性,桶内废油不能太过黏稠,线锤不能与油桶内壁接触,钢琴线垂线不能存在打卷、接头、与周围物体接触现象。

(f)在以基础节为基准进行安装节调整时,必须严格按照各项节间技术标准进行调整,首先将节间质量调整到位,然后进行安装节的平面位置、平行度、垂直度调整。

(g)轨道测量验收过程中,测量人员必须确保验收过程中的各项数据真实、可靠。

3)齿条二期埋件安装质量检验成果评定

齿条二期埋件安装检查 1096 项,优良 1087 项,优良率 100%,见表 7.7.4、表 7.7.5。

表 7.7.4　　　　　　　　　　齿条二期埋件安装质量评定

单元工程	主要检测项				一般检测项				质量评定等级
	项目数	合格数	优良数	优良率(%)	项目数	合格数	优良数	优良率(%)	
1 号筒体	109	109	109	100	165	165	165	100	优良
2 号筒体	109	109	109	100	165	165	165	100	优良
3 号筒体	109	109	109	100	165	165	165	100	优良
4 号筒体	109	109	109	100	165	165	165	100	优良
合计	436	436	436	100	660	660	660	100	优良

表 7.7.5　　　　　　　　　　　　齿条二期埋件安装质量检测

部位	埋件编号	混凝土前设计值	ΔX ±5.0	ΔY ±5.0	X 垂直度 ≤4.0	Y 平行度 ≤2.0	Y 垂直度 ≤5.0
1 号筒体齿条	01～27	混凝土前	−1.4～1.1	−3.6～1.8	2.5	0.1～1.9	4.0
		混凝土后	−0.4～1.6	−4.6～1.9	2.0	0～2.0	5.0
2 号筒体齿条	01～27	混凝土前	−1.7～0.9	−1.8～3.2	2.6	0～2.0	4.5
		混凝土后	−1.9～0.8	−2.3～4.4	2.7	0～2.0	5.0
3 号筒体齿条	01～27	混凝土前	−0.7～1.5	−1.7～3.4	2.2	0～1.9	4.2
		混凝土后	−1.3～1.3	−1.5～4.8	2.6	0～2.0	5.0
4 号筒体齿条	01～27	混凝土前	−0.7～2.7	−3.7～1.8	3.4	0～2.0	4.6
		混凝土后	−1.5～2.2	−4.0～1.6	3.7	0.1～2.0	4.5

（3）螺母柱二期埋件安装

螺母柱二期埋件为"工"字形组合钢架，由 3 个"工"字形钢架连接而成，在每个"工"字形钢架的腹板上焊有焊钉，用以向混凝土传递垂直载荷。

每套螺母柱由相对布置、中径圆圆心重合的两个螺母柱片构成，两个螺母柱片之间没有结构联系。螺母柱片通过高强度螺栓与工字形组合钢架连接，并通过预应力钢筋与塔柱一期混凝土连接。螺母柱片底板背面和工字形组合钢架的前翼缘外表面均有齿梯，螺母柱片安装定位后，二者齿梯间的间隙用 PAGEL 灌浆，螺母柱片与钢结构埋件之间通过齿梯传递垂直载荷。

螺母柱二期埋件及螺母柱安装以相邻的齿条为基准，滞后于齿条安装进展，其安装方法与齿条类似。根据塔柱结构受力情况，为减小塔柱变形对两片螺母柱片成对安装精度的影响，螺母柱安装到 100m 高程左右停止安装。2014 年 7 月，在塔柱压载期超过 3 个月以上时间并变形趋于稳定后，恢复后续螺母柱安装施工。

2010 年 12 月 4 日，开始螺母柱二期埋件安装，2014 年 8 月完成安装；2012 年 1 月 18 日，开始螺母柱安装，2015 年 8 月完成全部安装及高强螺栓、预应力钢筋张拉。

螺母柱二期埋件共 4 套，对称布置在 4 个塔柱的凹槽内的垂直壁面上，距船厢室横向中心线 37740mm，距纵向中心线 21500mm，在塔柱高度方向连续布置。螺母柱二期埋件为工字钢构件，其分段长度 4.95m，腹板高 1.0m，节间采用高强螺杆连接。螺母柱二期埋件上游安装高程 57.23～185.85m，下游安装高程 57.455～186.075m，安装高度约 128.62m，每套包括 26 节。

1）螺母柱二期埋件安装工艺流程

排架搭设→模板拆除、清理→缝面处理→水平钢筋与金结埋件相互避让处理→金结埋件吊装→金结埋件安装到位→模板施工→仓位验收→混凝土浇筑→养护。

2）螺母柱二期埋件安装工艺

①螺母柱二期埋件安装：

（a）螺母柱二期埋件次节起单节长度为 4950mm，质量约 12.56t，运输采用 60t 平板车，装车用 25t 汽车吊,运输至船厢室底部高程 50m 平台。

(b)第一到三节利用 70t 汽车吊吊装,三节以上采用 200t 吊车吊装,利用吊车将埋件自上向下缓放至设计安装位置就位,就位过程中现场查看埋件背部结构与结构钢筋相对位置关系,发现有相互干扰情况及时处理。埋件就位后,用导链及辅材对埋件进行初加固,加固完成后再进行拆钩。

(c)利用导链对埋件进行安装调整,再用工装提升到安装位置进行安装、加固。

②螺母柱二期埋件调整

(a)埋件吊装就位后,先进行埋件定位测量:

a)将激光天顶仪架设在船厢室底板上的埋件控制基准点上,粗略测放出定位钢琴线悬挂点的位置;在定位钢琴线悬挂点的粗略位置处焊接中心为空心的钢板。

b)用激光天顶仪在钢板上精确测放出定位钢琴线悬挂点的位置,并将其精确位置悬挂钢琴线作为埋件安装平面调整基准线,每安装一节悬挂一段。

c)采用高精度全站仪架设在船厢室底板局部控制网点上,用三角高程法以底板测量控制网点中任意两点为基准,直接测量二期埋件首装节顶部高程;或架设在埋件控制基准点,利用底板测量控制网点接高获取仪器视线高,再通过棱镜按照光电测距法直接测量或传递得到埋件上某点的高程,以此点高程作为埋件安装高程调整基准点。

(b)当埋件安装尺寸调整到位后,锁紧工装上的调整螺钉,拧紧节间螺栓,然后利用辅材将埋件背部与一期结构钢筋根部连接加固。加固过中利用吊线锤对埋件安装位置偏差进行监控,如出现较大变化,停止加固并进行重新调整。

(c)埋件精调到位并加固后,进行二期混凝土结构钢筋安装。钢筋安装完成并验收合格后进行二期埋件加固验收。

(d)二期埋件加固验收合格后转入测量验收工序:

a)采用激光天顶仪架设在船厢室底板上的埋件控制基准点上,重新对钢板上定位钢丝悬挂点的位置进行测量校对,即重新定位。

b)利用重新定位后的钢丝悬挂点的位置悬挂钢琴线,作为埋件安装平面验收基准线;采用 30cm 的直角尺、钢板尺或千分尺(经检定)对埋件的上下左右面进行验收,每 1.0～1.5m 验收一点。

c)高程测量验收方法与埋件定位高程测量一致,二期埋件首装节采用水准仪进行高程验收,之后每节以首装节高程为基准进行验收调整。

(e)二期埋件测量验收合格后进行节间垫块封底焊接。

(f)封底焊完成后立模进行二期混凝土浇筑,浇筑过程中对埋件进行变形监控,当监控数据出现较大变化时(大于 0.5mm),进行现场检查、处理,处理完成后恢复浇筑。

(g)二期混凝土浇筑完成且达到规定强度后拆除模板,然后松开工装与埋件间的连接,使埋件处于自然状态,再对埋件进行混凝土浇筑后复测,复测方法与测量验收一致。

(h)至次节起,每节埋件混凝土浇筑后复测工作可与其上部安装节验收同时进行。

③螺母柱二期埋件安装精度控制措施

为了确保在现有复杂条件下,能够高效、优质地完成螺母柱二期埋件安装项目,施工中严格按照下列要求进行施工质量控制:

(a)投入使用的所有测量工器具必须进行过计量部门检测,并在有效使用期限内。

(b)各级施工技术管理人员必须对螺母柱二期埋件调整安装各项工序进行严格控制管理,严格按照"三检制"进行各项工序验收。

(c)负责进行埋件精调的一线施工人员必须熟记埋件各项精度技术要求及调整工序,并能够严格按照各项要求进行施工。

(d)待安装节吊装前,必须对制造尺寸进行复核,确保其制造质量满足上下相邻节轨道节间安装技术要求。

(e)线锤挂好投入使用前,施工人员必须对线锤系统的挂装进行详细检查:包括线架焊接牢固性、油桶安放位置准确性、稳定性,桶内废油不能太过黏稠,线锤不能与油桶内壁接触,钢琴线垂线不能存在打卷、接头、与周围物体接触现象。

(f)在以基础节为基准进行安装节调整时,必须严格按照各项节间技术标准进行调整,首先将节间质量调整到位,然后进行安装节的平面位置、平行度、垂直度调整。

(g)轨道测量验收过程中,测量人员必须确保验收过程中的各项数据真实、可靠。

3) 螺母柱二期埋件质量检验成果评定

螺母柱二期埋件安装检查 1368 项,优良 1368 项,优良率 100%,见表 7.7.6 至表 7.7.10。

表 7.7.6　　　　　　　　螺母柱二期埋件安装质量评定

单元工程	主要检测项				一般检测项				质量评定等级
	项目数	合格数	优良数	优良率(%)	项目数	合格数	优良数	优良率(%)	
1 号筒体	105	105	105	100	237	237	237	100	优良
2 号筒体	105	105	105	100	237	237	237	100	优良
3 号筒体	105	105	105	100	237	237	237	100	优良
4 号筒体	105	105	105	100	237	237	237	100	优良
合计	420	420	420	100	948	948	948	100	优良

表 7.7.7　　　　　　　1 号筒体螺母柱二期埋件安装质量检测

部位	埋件编号	混凝土前设计值	ΔX ±6.0	ΔY ±2.5	X垂直度 ≤4.0	X平行度 ≤2.0	Y垂直度 ≤4.0
上游侧	A-1～A-26	混凝土前	−1.6～1.7	−1.0～1.1	3.2	0.1～1.5	2.1
		混凝土后	−2.6～5.0	−1.2～2.7	4.0	0～2.0	3.9
下游侧	B-1～B-26	混凝土前	−2.1～2.9	−1.6～0.3	3.5	0.1～1.7	1.9
		混凝土后	−4.2～4.7	−2.3～1.0	4.0	0.1～2.0	3.3

表 7.7.8　　　　　　　　　2 号筒体螺母柱二期埋件安装质量检测

部位	埋件编号	混凝土前设计值	ΔX ±6.0	ΔY ±2.5	X 垂直度 $\leqslant4.0$	X 平行度 $\leqslant2.0$	Y 垂直度 $\leqslant4.0$
上游侧	C-1～ C-26	混凝土前	$-1.6～1.7$	$-0.4～1.5$	3.3	$0.1～1.0$	1.9
		混凝土后	$-3.4～3.6$	$-1.7～1.5$	4.0	$0～2.0$	3.2
下游侧	D-1～ D-26	混凝土前	$-1.4～1.4$	$-1.6～1.0$	2.8	$0.1～0.9$	2.6
		混凝土后	$-2.9～2.3$	$-1.6～1.5$	3.6	$0.1～2.0$	3.1

表 7.7.9　　　　　　　　　3 号筒体螺母柱二期埋件安装质量检测

部位	埋件编号	混凝土前设计值	ΔX ±6.0	ΔY ±2.5	X 垂直度 $\leqslant4.0$	X 平行度 $\leqslant2.0$	Y 垂直度 $\leqslant4.0$
上游侧	1-A01～ 1-A26	混凝土前	$-1.8～1.3$	$-1.8～1.9$	3.1	$0.1～1.4$	3.7
		混凝土后	$-1.7～2.3$	$-1.6～1.7$	4.0	$0～2.0$	3.3
下游侧	1-B01～ 1-B26	混凝土前	$-1.4～2.1$	$-1.0～2.7$	3.5	$0.1～1.3$	3.7
		混凝土后	$-3.9～3.2$	$-1.2～1.9$	4.0	$0～2.0$	3.1

表 7.7.10　　　　　　　　4 号筒体螺母柱二期埋件安装质量检测

部位	埋件编号	混凝土前设计值	ΔX ±6.0	ΔY ±2.5	X 垂直度 $\leqslant4.0$	X 平行度 $\leqslant2.0$	Y 垂直度 $\leqslant4.0$
上游侧	2-A01～ 2-A26	混凝土前	$-2.0～2.3$	$-1.8～1.9$	3.7	$0.1～1.6$	3.7
		混凝土后	$-3.7～3.8$	$-1.8～1.2$	4.0	$0.1～2.0$	3.0
下游侧	2-B01～ 2-B26	混凝土前	$-2.2～1.8$	$-1.6～1.0$	3.5	$0.1～1.5$	2.6
		混凝土后	$-3.0～3.3$	$-2.2～1.8$	4.0	$0～2.0$	4.0

（4）齿条安装

齿条是承船厢驱动机构向混凝土塔柱的传力构件,同时兼作承船厢的横向导轨。齿条共 4 套,分别布置在 4 个塔柱电梯井段的垂直壁面上,其底部安装高程为 51.5m、顶部安装高程为 176.625m,安装高度为 125.125m。每套齿条组由 1 组导轨板组件、24 组齿条组件（一）、1 组齿条组件（二）、25 件齿条高精度隔板、50 件底板侧向搭接板、螺钉等组成。齿条结构在工厂分段加工制造、分段运输与安装,段间采用专门加工的钢隔件与高强螺栓连接,导轨板单件长度 6990mm,质量约 20.35t,次节起单节长度为 4725mm,质量约 24t。

齿条和二期埋件在高度上交错布置,齿条节与节之间的间隙内塞入高精度钢垫块使齿条沿高度方向定位。齿条基板的梯形齿与 π 形二期埋件前端翼缘板外侧的两列、17 排梯形齿交错相嵌。在齿条调整、定位后,齿条基板背部梯形齿与齿条二期埋件梯形齿之间的间隙由特殊的砂浆（PagelV1/50）填充。

齿条安装完成,间隙灌浆后进行预应力钢筋束安装及张拉。预应力钢筋穿过一期混凝土中埋设的 PVC 套管,将齿条、二期埋件与一期混凝土墙连接,通过施加预紧力使齿条、二期埋件与一、二期混凝土形成整体承载结构。

1) 齿条安装工艺流程

搭设排架(或提升平台安装)→齿条二期埋件清理→齿条安装背部混凝土及钢筋清理→齿条转运→吊装→与二期埋件连接→测量放点、挂线→调整→加固→安装预应力钢筋→验收→立模→PagleV1/5 灌浆→拆模→高强螺栓及预应力钢筋张拉(过程中监控)→复测。

2) 齿条安装工艺

①施工准备

(a) 在齿条吊装前,施工部位的施工平台、顶部安全防护平台、测量网布置到位,各种平台搭设要满足施工需要。

(b)在齿条安装前,将每节齿条对应的二期埋件梯齿面表面砂浆及其他杂物清理干净,背部对应 PVC 套管的楼板层、凹槽内混凝土、钢筋处进行清理。

(c)在齿条吊装前,根据设计和规范要求进行齿条的质量检测,合格后做好明显的编号标记,每套齿条对应一个筒体位置进行安装,禁止出现混装情况。

a)安装前,汇同业主及监理对齿条进行开箱验收;对齿条整体外形尺寸、厂家在齿条上设置的高程刻划线标记进行复核,做好检测记录,如发现问题及时上报监理工程师。

b)对将要安装的齿条对照出厂验收资料对外表工作面进行清点、检查,若有发生严重损伤、锈蚀的部位,要进行重点检查,并上报监理工程师。

c)齿条吊装前对已安装节、待安装节相互接触面进行清理;已安装节顶部高程、钢隔板高程及水平度进行检测并记录、分析,确保顶部高程可以满足待安装节齿条高程安装技术要求,如出现较大偏差,则上报监理工程师。

(d)首节导轨板安装时,根据底部高程首先安装好托架,为确保导轨板底部高程安装质量,托架顶部高程应比设计起始高程低 10~20mm,便于利用千斤顶进行调整。同时为确保高程的安装质量,严格控制托架高程及水平度。

②齿条吊装

(a)齿条首节导轨板单件长度 6990mm,质量约 20.35t,次节起单节长度为 4725mm,质量约 24t,利用装车用 50t 汽车吊及 60t 平板车运输至船厢室底板对应安装位置摆放。

(b)齿条首节导轨板转运至船厢室后用 200t 吊车进行吊装,其他低高程齿条吊装则利用 300t 履带吊吊装,吊装时需配备一台 25t 汽车吊配合翻身。吊装采用专用吊具,吊具安装时拧紧吊具与构件吊孔间高强连接螺栓,将导轨板及齿条吊装到安装位置附近,用导链将导轨板向安装部位拉近,然后连接调整螺杆,利用节间调整螺杆将齿条及二期埋件进行初步连接固定,完成后再进行拆钩。

(c)在齿条上下游两侧焊接调整工装,对齿条进行初步定位及调整。

(d)首节导轨板及后续每节齿条吊装前,先将每节对应安装高程内、与楼板层处于同高程的 PVC 套管处预应力钢筋插入 PVC 套管。

③首节导轨板安装

（a）导轨板吊装就位后，在其上部焊接线架进行测量投点，利用角尺、钢板尺、钢琴线挂重垂的方法测量基准点控制调整导轨板的里程、中心和垂直度等控制尺寸。

a）导轨板初步就位后，配合测量人员在埋件顶部合适高程安装线架。线架安装后，利用天顶仪，以地面点为基准返到线架上；调整时，以在线架上悬挂的铅垂线为基准，按照设计要求调整导轨板工作面位置尺寸；用全站仪进行高程测量。

b）测量全过程由测量人员掌控。

（b）当导轨板安装尺寸调整到位后，锁紧工装上调整压机，拧紧节间螺栓，加固过程中利用线垂对导轨板安装位置偏差进行监控，如发现在加固过程中出现较大变化，停止加固，进行重新调整。

（c）精调到位、加固完成、三检对加固验收合格后，报监理进行加固验收。

（d）加固验收合格后进行测量验收，测量验收合格后将施工部位交予土建进行立模，立模后对导轨板安装质量进行复测验收，验收合格后进行间隙灌浆。

（e）灌浆过程中利用百分表对导轨板进行变化监控，如监控数据出现较大变化时（大于0.2mm），暂时中断灌浆过程，进行现场检查、处理，完成处理后继续进行灌浆：

a）立模和模板固定均不得影响导轨板的稳定，模板固定支撑不得与导轨板产生联系，确保构件及模板是两个独立系统，以免设备在混凝土浇筑过程中发生变形。

b）灌浆速度不能过快，且要均匀平稳。

c）在立模及灌浆过程中注意对构件工作面进行必要的保护，避免碰伤及污物黏附。

d）在进行灌浆监测过程中如发现监控点数值波动较大（大于0.2mm）时，立刻停止浇注，进行检查及处理，处理完成后方可继续进行浇注。

（f）灌浆完成3d后可进行下一节设备吊安装，14d后可进行预应力钢筋张拉。

（g）预应力钢筋张拉后进行最终验收。

（h）用首先完成安装的导轨板最终验收结果为定位基准，进行剩余3个筒体齿条导轨板安装。安装时根据定位基准，进行4套齿条间相对位置等项几何尺寸调整，使所有尺寸满足设计要求。

④其余节段齿条安装

其余每个节段齿条安装调整步骤、方法、测量手段、固定措施与首节导轨板安装基本相同，增加以下内容：

（a）第二节齿条安装时，吊装并初步调整到位后，安装两节间的连接板，使该节的底部与上节的顶部对齐。调整过程中必须保证4个筒体齿条标记3150±0.1mm在同一高程，高程差不能超过±1mm。

（b）两节齿条间的间距用量棒及厂家提供的专用测量工具，在旁站监理监察下进行齿距测量，确保相邻齿条节间齿距及极限偏差达到196.875±0.1mm的要求。

（c）两节齿条间隙调整好后将齿条定位，上、下节齿条之间的垫板应与齿条端面顶紧，按设计要求进行节间间隙的填料填充。

⑤预应力钢筋及高强螺栓安装及张拉

(a)预应力钢筋及高强螺栓的安装、张拉在齿条与二期埋件间间隙灌浆完成 14d 后进行。

(b)完成首节导轨板灌浆后,提请厂家到现场对首节导轨板预应力钢筋安装及张拉进行现场指导培训,后续导轨板及齿条预应力钢筋安装及张拉严格按照厂家指导培训步骤进行施工。

(c)在间隙灌浆完成 14d 后,根据厂家提供安装方案,将预应力钢筋从齿条背部进行安装,预紧力的施加在齿条正面进行;高强螺栓在每个螺栓张拉前进行安装,根据张拉顺序将对应部位的调节螺杆拆除换装上高强螺栓后,进行张拉施工。

(d)预应力张拉时,对预应力钢筋的伸长值做好详细记录。

(e)张拉按设计图纸要求的顺序进行,每个预应力钢筋和高强螺栓的预应力均分两次施加:第一次按规定的次序施加部分预紧力并按顺序预紧;待同一节齿条的全部预应力钢筋和高强螺栓完成第一次预紧之后,按设计要求再进行第二次预紧,使所安装齿条的全部预应力钢筋和高强螺栓的预紧力达到各自的设定值。预应力钢筋和高强螺栓的次序和最终预紧力值见设计图纸。

(f)张拉完成后,按照安装要求在预应力钢筋的两端使用钢杯和防腐蚀混合物进行封闭处理。预应力钢筋外露部分利用玻璃丝铝薄板进行密封防护。

3)齿条安装质量检验成果评定

齿条安装检查 1768 项,优良 1764 项,优良率 99.74%,见表 7.7.11 至表 7.7.13。

齿条及其埋件安装见图 7.7.1。

图 7.7.1　齿条及其埋件安装

表 7.7.11   齿条安装质量评定表

单元工程	主要检测项				一般检测项				质量评定等级
	项目数	合格数	优良数	优良率(%)	项目数	合格数	优良数	优良率(%)	
1 号筒体	207	207	206	99.51	235	235	235	100	优良
2 号筒体	207	207	207	100	235	235	235	100	优良
3 号筒体	207	207	207	100	235	235	235	100	优良
4 号筒体	207	207	204	98.55	235	235	235	100	优良
合计	828	828	824	99.51	940	940	940	100	优良

表 7.7.12   齿条安装质量检测

导轨板安装及张拉后质量汇总

部位	设备编号		ΔX	ΔY	ΔH	X 垂直度	Y 平行度	Y 垂直度
	设计值		±10	±5	±2.0	≤0.6	≤0.5	≤1.6
1 号筒体	1—01	安装	−0.2~0.2	−0.1~0.3	0.3	0.4	0.1~0.4	0~0.3
		张拉后	0~0.2	−0.2~−0.1	−0.1~0	0	0~0.2	0.1
2 号筒体	2—01	安装	−0.1~0.1	−0.3~0.1	0.1~0.2	0	0~0.2	0~0.1
		张拉后	−0.2~0.1	−0.2~0.1	−0.5~−0.4	0.2	0~0.3	0.2~0.3
3 号筒体	3—01	安装	0~0.2	−0.3~0.1	0.5~0.6	0.2	0~0.4	0.1~0.2
		张拉后	0~0.1	−0.5~0	−0.4~−0.3	0.1	0~0.4	0.1~0.3
4 号筒体	4—01	安装	−0.2~0	−0.2~0.1	0.5~0.7	0.2	0~0.2	0.3~0.4
		张拉后	−0.2~−0.1	−0.1~0.2	0.1~0.6	0.1	0~0.2	0.1~0.2

表 7.7.13   齿条组件安装及张拉后质量汇总

部位	设备编号		ΔX	ΔY	X 垂直度(全长)	Y 平行度	Y 垂直度(全长)
	设计值		±10	±5	≤5.0	≤0.5	≤5.0
1 号筒体	1-02~26	安装	−0.8~0.9	−0.5~0.6	1.7	0~0.5	1.1
		张拉后	−0.9~0.2	−0.3~0.6	1.1	0~0.5	0.9
2 号筒体	2-02~26	安装	−2.7~0.8	−1.0~0.4	3.5	0~0.4	1.4
		张拉后	−2.3~0.2	−0.9~0.1	2.5	0~0.4	1.0
3 号筒体	3-02~26	安装	−1.5~0.2	−1.3~0.5	1.9	0~0.5	1.8
		张拉后	−0.7~0.2	−2.2~0.3	0.9	0~0.5	2.5
4 号筒体	4-02~26	安装	−1.0~3.0	−0.4~2.0	4.0	0~0.5	2.4
		张拉后	−0.7~1.8	−0.8~1.5	2.5	0~0.5	2.3

(5)螺母柱安装

螺母柱共 4 套,分别布置在 4 个塔柱电梯井段凹槽内的垂直壁面上,每套螺母柱由相互独立的两条柱体组成,两条柱体对称布置、成对安装。上游侧螺母柱底部安装高程59.675m、顶部安装高程 184.85m,下游侧螺母柱底部安装高程 59.90m、顶部安装高程187.075m,整体安装高度125.175m。每套螺母柱组由 1 组螺母柱组件(一)、6 组螺母柱组件(二)、18 组螺母柱组件(三)、1 组螺母柱组件(四)、导轨连接板、螺母柱隔板、螺钉等组成。

为满足螺母柱的安装质量精度要求,螺母柱采用两期埋件分期安装施工方法:螺母柱一期埋件埋设在塔柱混凝土内,与塔柱混凝土浇筑同时施工;螺母柱二期埋件埋设在螺母柱二期混凝土内。螺母柱和二期埋件在高度上交错布置,在螺母柱节与节之间的间隙内安装高精度钢隔板,使螺母柱沿高度方向定位。螺母柱基板的梯形齿与二期埋件前端翼缘板外侧的梯形齿交错相嵌。在螺母柱调整定位后,其基板背部梯形齿与二期埋件梯形齿之间的间隙由特殊的砂浆(PagelV1/50)填充。

预应力钢筋穿过一期混凝土中埋设的 PVC 套管,将螺母柱、二期埋件与一期混凝土墙连接,通过施加预紧力使螺母柱、二期埋件与一、二期混凝土形成整体承载结构。螺母柱结构在工厂分段加工制造、分段运输与安装,段间采用专门加工的钢隔件与高强螺栓连接,单件外形尺寸为 4.93m×1.98m×0.64m(长×宽×厚),单件质量约为 25t。螺母柱安装完成后,进行穿墙预应力钢筋束及高强螺栓张拉。

1) 螺母柱安装工艺流程

搭设排架(或提升平台安装)→螺母柱二期埋件清理→螺母柱背部混凝土及钢筋清理→螺母柱转运→吊装→与二期埋件连接→测量放点、挂线→调整→加固→安装预应力钢筋→验收→立模→PagleV1/5 灌浆→拆模→高强螺栓及预应力钢筋张拉(过程中监控)→复测。

2) 螺母

① 施工准备

(a)螺母柱吊安装前,施工部位的施工平台、顶部安全防护平台、测量网布置到位,各种平台搭设要满足施工需要。

(b)在每节螺母柱安装前,对应的二期埋件梯齿侧外表面残留混凝土要清理干净,PVC套管管内机管口部位残留混凝土要清理干净。

(c)根据设计和规范要求进行螺母柱的质量检测,合格后做好明显的编号标记,每套螺母柱对应一个筒体位置进行安装,禁止出现混装情况。

a)安装前,对螺母柱制造按照监理工程师的指令参与出厂验收和交接验收;对螺母柱整体外形尺寸、厂家在螺母柱上设置的对称中心安装基准进行复核,做好检测记录。

b)对已安装的、将要安装的螺母柱进行清点、检查,若有发生严重损伤、锈蚀的部位,要进行重点检查,并上报监理工程师。

c)螺母柱吊装前对已安装节、待安装节两节节间相互接触面进行清理;已安装节顶部高程、钢隔板高程及水平度进行检测并记录、分析,确保顶部高程可以满足待安装节安装技术要求,如出现较大偏差,则上报监理工程师。

(d)首节螺母柱托架安装:首节螺母柱安装时在底部焊接好托架,为确保螺母柱底部高程安装质量,托架顶部高程应比螺母柱起始高程低 10～20mm,便于利用千斤顶进行高程调整。螺母柱托架安装时,考虑不与提升平台产生相互干扰,托架宽度不大于螺母柱厚度(水流方向),即上下游侧托架最小间距不大于 1142mm,同时考虑不与测量基准点产生相互干扰,托架具体安装位置根据现场埋设的测量基准点位置确定。

②螺母柱转运、吊装

(a)螺母柱单件外形尺寸为 4.93m×1.98m×0.64m(长×宽×厚),单件最大质量为25t,装车用 50t 汽车吊,运输采用 60t 平板车,运输至船厢室底板对应安装位置摆放。

(b)考虑与施工部位转梯支撑的干扰,首节螺母柱采用 200t 汽车吊、其他低高程螺母柱采用 300t 吊车吊装,吊装采用专用吊具,安装时拧紧吊具与构件吊孔间高强连接螺栓,将螺母柱吊装到安装位置附近,用导链将螺母柱向安装部位拉近,然后连接调整螺杆,利用节间调整螺杆将齿条及二期埋件进行初步连接固定,在底部托架上用 16t 压机支撑,完成后再进行拆钩。

③安装调整

(a)螺母柱吊装就位后,在顶部焊接线架进行测量投点,利用角尺、钢板尺、钢琴线挂重垂的方法,以每根垂线对应的坐标值为基准,根据各项技术要求控制调整螺母柱的里程、中心、高程、垂直度、平行度等控制尺寸,对上、下游两片螺母柱同时进行初步调整。

a)施工中采用的各测量工器具必须经过检验且在合格期内。

b)测量全过程由测量人员掌控。

c)螺母柱初步就位后,配合测量人员在顶部合适高程安装线架。线架完成安装后进行返点,然后挂好铅线垂及油桶。

d)每安装一节螺母柱时,在其顶部位置焊接线架,利用天顶仪以地面点为基准返点到线架上;调整时,以在线架上悬挂的铅垂线对应的坐标值为基准,按照设计要求进行螺母柱调整。

(b)初步调整完成后,配合测量队用全站仪根据螺母柱各项安装技术要求进行螺母柱精调(调整过程中螺母柱安装位置以相邻安装完的齿条安装位置为定位基准)。

(c)安装人员利用加工测量器具进行螺母柱开档尺寸 1142mm 及上下游高程差 225mm调整验收。

a)上、下游螺母柱高程差 225mm:进行螺母柱安装时,利用全站仪先进行带有 3150mm标记线的一侧螺母柱高程调整定位,以其高程为基准,进行对应的另一侧螺母柱高程调整。调整过程中采用精加工标准垫块(垫块一:长×宽×高＝300mm×50mm×225mm;垫块二:长×宽×高＝1500mm×50mm×50mm,两个垫块均在高度方向两个平面加工至 225±0.02mm,R_a1.6,平行度 0.02mm),配合框式水平仪及塞尺进行高程调整控制。

b)上、下游螺母柱距离差 1142mm:进行螺母柱安装时,利用内径千分尺配合游标卡尺进行两片螺母柱对应距离差 1142mm 测量调整控制。

c)内圆直径 1365mm 及双导轨面夹角 90°控制,根据实际安装情况分析,现场不具备对上述两个尺寸进行直接测量控制条件。根据与之相关的对应螺母柱尺寸分析,现场可利用具备直接测量条件的 X、Y 及 1142mm 相关尺寸进行上述两个尺寸控制。测量调整上下游两片螺母柱 X、Y 轴线同轴度、平行度、垂直度及四角间距 1142mm，使上下游两片螺母柱对应的各项偏差保证同向趋势且控制在设计要求内，从而达到确保内圆直径 1365mm 及双导轨面夹角 90°偏差满足设计要求（11420＋02 精度控制大于 1365－0.5＋0.5 ，1142mm 控制满足设计要求，则 1365mm 自然满足设计要求）。

（d）首节以上节段螺母柱调整。首节以上每个节段螺母柱安装调整步骤、方法、测量手段与固定措施与首节安装基本相同，但需增加控制以下内容：

a）设计上螺母柱节间的间距用隔板进行精确调整。因现场螺距无法直接测量得出，安装时用游标卡尺对厂家在螺母柱节间预留刻画线进行测量，将测量结果与厂家提供的厂内装配数据进行对比，使节间间距与厂内的装配数据一致，从而满足相邻螺母柱节间螺距极限偏差达到 450±0.5mm 的要求。

b）两节螺母柱间隙调整好后将螺母柱定位，上下节之间的钢隔板应与螺母柱端面顶紧，然后按照设计要求进行节间间隙的填料填充。

（e）定位加固强度控制：当螺母柱精确调整到位后，锁紧工装上调整千斤顶，拧紧调节螺栓完成加固。加固过程中利用垂线对螺母柱安装位置偏差进行监控，若在加固过程中出现较大变化，停止加固进行重新调整。

a）根据螺母柱模型二次灌浆试验结果，确定在螺母柱顶部向下灌浆，灌浆过程中产生的压力已经很小。

b）螺母柱在左右岸方向加固强度：工装牢固焊接在二期埋件上，上、下四角由工装上 4 台 5t 压机进行加固控制，螺母柱调整到位后锁死压机，可以满足灌浆过程中左右岸方向承力需求。

c）上、下游方向加固强度：由 16 根对应高强螺栓安装位置分布的 M30 调节螺杆控制。螺母柱调整到位后拧紧螺栓，经过仔细验收确保没有漏紧的螺杆，16 根螺杆点、面受力可以满足灌浆过程中左右岸方向承力需求。

（f）螺母柱加固完成后陪同监理进行加固验收，验收合格后方可进入测量验收工序。

（g）各项数据测量验收合格后，将测量及验收结果上报监理，通知厂家到现场进行复测，并将厂家复测成果与安装测量成果进行比对，若二者数据相互吻合则可进行下一步工序；若二者数据不吻合则重新进行螺母柱调整验收，直到二者数据吻合为止。

（h）测量验收合格后，将预应力钢筋安装位置两端孔洞用棉布进行密封封堵，然后转入间隙立模工序，立模完成并通过充水试验后，将预应力钢筋安装位置两端孔洞密封物取出，将管内水分排干后，由施工人员从螺母柱背部（平衡重井侧和电梯井）进行预应力钢筋安装。

（i）立模完成后进行灌浆作业。灌浆前对螺母柱安装位置进行复核验收，合格后方可进行间隙灌浆。灌浆过程中用百分表进行变形监测。灌浆完成后 48h 以内不得拆除周边模板和侧向安装固定架或进行上一节安装作业。14d 内不得拆除承受螺母柱重量的下部安装加固支撑和进行预应力张拉作业。

a)首节螺母柱测量验收时,采用挂线测量与全站仪测量两种测量方法,以挂线法测量结果为准。通过对2组测量数据的对比,找出挂线测量方法的最大精度偏差,为后续节安装测量打下基础。

b)立模和模板固定均不得影响螺母柱的稳定,模板系统不得与螺母柱系统产生任何联系,确保螺母柱与模板是两个独立的系统,以免螺母柱在立模及灌浆过程中受模板影响产生位移。

c)首节螺母柱安装质量直接关系到螺母柱整体安装,故在测量验收工序上,采取立模前安装验收,立模后灌浆前复测验收,灌浆后复测验收,预应力钢筋张拉完成后最终复测验收四道验收工序,确保基础节的安装质量。

d)为保证灌浆过程中不会产生位移,每节螺母柱灌浆前均在灌区布置10个观测点采用百分表实施同步变形监测,当百分表观测值有明显增大的趋势(波动观测值≥0.2mm)时,采取减缓灌注速度的措施。如监测的螺母柱位移值超过设计允许值时,则立即停止灌浆并拆除螺母柱,将浆液清理后进行重新安装。

e)施工全过程中必须注意对钢结构的保护(尤其是导轨面及工作面),安装部位上部防护平台、钢结构表面防护必须到位。严禁在钢结构上进行敲击、打磨、点焊、切割等施工。

④预应力钢筋及高强螺栓安装及张拉

(a)预应力钢筋的安装在螺母柱完成间隙立模,通过充水试验后进行,高强螺栓的安装在预应力张拉时同步进行。高强螺栓及预应力钢筋张拉在螺母柱与二期埋件间隙灌浆完成14d后进行。

(b)完成首节螺母柱灌浆后,请厂家到现场对首节螺母柱预应力钢筋安装及张拉进行现场指导培训,后续螺母柱预应力钢筋安装及张拉严格按照厂家指导培训步骤进行施工。

(c)在间隙灌浆完成14d后,根据厂家提供安装方案,将预应力钢筋从螺母柱背部进行安装,预应力钢筋的预紧力施加在背面进行;高强螺栓则在每个螺栓张拉前进行安装,根据张拉顺序,将对应部位的调节螺杆拆除,换装上高强螺栓后,进行张拉施工。

(d)张拉按设计图纸要求的顺序进行,每个预应力钢筋和高强螺栓的预应力均分两次施加:第一次按规定的次序施加部分预紧力,并按顺序预紧。待同一节螺母柱的全部预应力钢筋和高强螺栓完成第一次预紧之后,按设计要求再进行第二次预紧,使所安装螺母柱的全部预应力钢筋和高强螺栓的预紧力达到各自的设定值。

(e)预应力张拉时,对预应力钢筋的伸长值做好详细记录。

(f)张拉完成后,按照安装要求在预应力钢筋的两端使用钢杯和防腐蚀混合物进行封闭处理,预应力钢筋外露部分利用玻璃丝铝薄板进行密封防护。

螺母柱及其埋件安装见图7.7.2。

3)螺母柱质量检验成果评定

螺母柱安装检查2388项,优良2372项,优良率为99.27%,见表7.7.14、表7.7.15。

图 7.7.2　螺母柱及其埋件安装

表 7.7.14　　　　　　　　　　　　　　螺母柱安装质量评定

单元工程	主要检测项				一般检测项				质量评定等级
	项目数	合格数	优良数	优良率(%)	项目数	合格数	优良数	优良率(%)	
1 号筒体	206	206	204	99	391	391	391	100	优良
2 号筒体	206	206	204	99	391	391	383	97.95	优良
3 号筒体	206	206	205	99.5	391	391	391	100	优良
4 号筒体	206	206	205	99.5	391	391	389	99.48	优良
合计	824	824	818	99.27	1564	1564	1554	99.48	优良

表 7.7.15　　　　　　　　　　　　　　螺母柱安装质量检测

部位	埋件编号		ΔX	ΔY	高度标记位置相对同高程齿条差	X 垂直度	Y 垂直度
			±12.0	±7.0	≤2.0	≤5.0	≤5.0
1 号筒体	1-01～1-26	安装	−1.08～0.24	−2.02～1.33	0.1～2.0	1.2	3.35
		张拉	−0.79～0.06	−1.69～1.12	0.1～2.0	1.0	2.8
2 号筒体	2-01～2-26	安装	−0.48～1.51	−1.01～1.01	0.1～2.0	2.0	2.0
		张拉	−0.25～1.42	−1.27～0.96	0.1～2.0	1.7	2.2
3 号筒体	3-01～3-26	安装	−0.44～0.88	−2.16～1.05	0.1～1.8	1.32	3.2
		张拉	−0.28～1.02	−1.75～0.46	0.1～1.8	1.3	1.9
4 号筒体	4-01～4-26	安装	−0.89～1.39	−2.03～0.78	0.1～2.0	2.3	2.8
		张拉	−0.59～1.09	−1.84～0.32	0.1～2.0	1.7	2.2

7.7.4.2　平衡重系统安装

（1）平衡重轨道一期埋件安装

平衡重轨道一期埋件为 $\varnothing 90\times 6.7$ 的 PVC 管,长度有 1m 和 2m 两种规格。PVC 管两根一组,对称轨道中心跨距 2m 分布。1m 长 PVC 管共 3872 件、2m 长 PVC 管共 272 件,总工程量 11.9232t。

1）平衡重轨道一期埋件安装工艺流程

安装线架→放控制点→套管安装、调整、加固→加固验收→测量验收→管口封堵。

2）安装工艺

①安装线架及放点:钢筋工序完成后,在平衡重轨道槽两侧安装位置的顶部钢筋上焊接线架,然后由测量队在线架上投放控制点。

②根据测量队投放的控制点利用挂垂线方法返点,将 PVC 套管穿插埋设在安装位置,调整到位后利用圆钢($\phi16mm$、$\phi20mm$ 均可)将套管两端固定在钢筋网上。

③加固验收合格后进行测量验收,验收合格后利用薄铁皮和透明胶带将 PVC 管两端封堵,防止泥浆进入管内,混凝土浇筑过程应避免直接在 PVC 套管正上方下料。

④一期埋件安装高程 60～192.8m,PVC 管在土建仓位钢筋网形成后进行安装。为保证其安装位置与钢筋网不发生重叠,现场在高程 60m 钢筋网施工前向土建单位提供 PVC 管间距、高度,以便调整钢筋位置。

3）平衡重轨道一期埋件质量检验

平衡重轨道一期埋件安装检测成果见表 7.7.16。

表 7.7.16　　　　　　　　　平衡重轨道一期埋件安装质量检测

部位	埋件编号		ΔX ± 10.0	ΔY ± 5.0	ΔH ± 5.0
1 号筒体	高程 60.3～192.3	47～447 单元	−4.8～4.9	−4.9～5.0	−5.0～5.0
2 号筒体	高程 60.3～192.3	42～412 单元	−5.6～7.6	−5.0～5.0	−5.0～5.0
3 号筒体	高程 60.3～192.3	44～424 单元	−9.9～9.6	−5.0～5.0	−5.0～5.0
4 号筒体	高程 60.3～192.3	49～429 单元	−9.9～9.6	−5.0～5.0	−5.0～4.9

（2）平衡链及导向装置安装

平衡链为链板式,共 16 套,分别连接船厢和平衡重钢吊篮。

平衡链导向装置为支承平衡链导向轮的支架,分为类型 1、类型 2、类型 3、类型 4 四种,共计 96 套。其中类型 1 单重 0.738t,类型 2 单重 0.948t,类型 3 单重 1.284t,类型 4 单重 1.413t,合计 97.105t。支架采用螺栓连接到预埋板的基础上,分别对称布置在船厢室段高程 60m、高程 84m、高程 112m、高程 140m、高程 168m 侧墙上。

1）平衡链导向架一期埋件安装

①安装工艺流程

预埋铁板→联系梁混凝土施工→混凝土凿毛→铁板测量打磨→类型1~4埋件吊装→调整焊接→灌浆→工装拆除→复测。

②安装工艺

(a)预埋铁板在联系梁钢筋网绑扎后安装,铁板安装时要焊接斜撑,保证埋板表面的平面度和垂直度。混凝土浇筑后测量埋板实际位置情况,焊接垫板,垫板尽量保持整体平面度和垂直度。

(b)吊装类型1~4埋件,按设计要求调整,合格后点焊牢固,复测焊接。

(c)埋件吊装调整合格后,前后各加固两根斜撑,一面以加固工装为基础,一面以钢筋网为基础,另外埋件支墩之间焊接加固起来。

(d)测量验收合格后对埋件进行灌浆,灌浆完达到龄期拆除加固支撑打磨,并进行混凝土后复测并作记录。

③平衡链导向架一期埋件安装质量检验

平衡链导向架一期埋件安装检测成果见表7.7.17。

表 7.7.17　　　　　　　　　　平衡链导向架一期埋件安装质量检测表

部位	测量项目	ΔX	ΔY	ΔH	水平度(1型)	水平度(4型)	垂直度
	设计值	± 5.0	± 5.0	± 5.0	$\leqslant 1.5$	$\leqslant 3.0$	$\leqslant 2.0$
左1轴~ 左13轴	混凝土前	$-3.0\sim4.5$	$-2.8\sim2.4$	$-4.2\sim4.4$	$0\sim1.5$	$0\sim2.5$	$0\sim2.0$
右1轴~ 右13轴	混凝土前	$-4.7\sim4.4$	$-1.7\sim2.7$	$-2.8\sim3.8$	$0\sim1.5$	$0\sim3.0$	$0\cdot2.0$

2)平衡链及导向装置安装

①平衡链及导向装置施工程序

清理一期埋板及螺孔→布置卷扬机及简易施工平台→导向架吊装就位→导向架安装调整→螺栓紧固→导向架验收→平衡链拼装、连接→平衡链验收。

②平衡链及导向装置安装质量检验情况(表7.7.18)

表 7.7.18　　　　　　　　　平衡链及导向装置安装质量检验情况

检测项目	质量标准	备注
平衡链导向架固定	螺栓加固牢固	合格
平衡链通过导向架时	无摩擦、卡阻现象	合格

③平衡链及导向装置安装质量评定情况

平衡链及导向装置安装分项工程共包含16个单元工程,全部单元工程一次验收合格率100%,优良率100%。该分项工程质量评定等级为优良。

(3)平衡重轨道安装

升船机平衡重导轨共16套,为二期埋件布置在每个平衡重井内。每套导轨由两条组成,分别装设在每个平衡重井两端的横墙墙壁上。两条导轨的结构类型不同,其中一条横截面呈"工"字形,含有横向、纵向两种导轨面;另一条横截面呈T形,仅有横向导轨面。导轨中心线距船厢室纵向中心线15600mm,导轨顶部高程192.6m,底部高程60m。除"工"字形轨道上下两节单根长3.9m外,其余轨道单根长均为7.8m,轨道单重3.008t至6.01t不等。其中T形有272根,"工"字形有288根。T形导轨的底板紧贴二期混凝土表面,焊接在底板背面的焊钉埋设在二期混凝土内,竖向板的两侧分别焊接一条横向导轨板;"工"字形导轨前翼缘的顶面焊接一条纵向导轨板,底部焊接两条纵向导轨板,腹板两侧各焊接一条横向导轨板,其后翼缘及其焊接在背面的焊钉全部埋在二期混凝土内。

1)平衡重轨道安装工艺流程

排架搭设→模板拆除、清理→缝面处理→水平钢筋与金结埋件相互避让处理→金结埋件吊装→金结埋件安装到位→模板施工→仓位验收→混凝土浇筑→养护。

2)平衡重轨道安装工艺

①轨道安装

(a)平衡重轨道次节起单节长度为7.8m,加上工装质量约7t,运输采用60t平板车,装车用16t汽车吊,运输至船厢室底部高程50m或84m平台。

(b)利用附壁式塔吊将轨道由上向下慢慢下放到轨道槽,利用导链及一期钢筋将轨道转挂到轨道槽缓放就位,就位过程中现场查看轨道焊钉与结构钢筋相对位置关系,发现有相互干扰情况,可以将钢筋或者焊钉敲弯;相互干扰处理完成后,将轨道向轨道槽内缓推基本就位,通过轨道上连接工装对轨道进行初加固,加固完成后再进行拆钩,利用导链将剩余工装提升到安装位置进行安装。

(c)整个吊装过程中始终保持对轨道面的保护,避免在吊装过程中对轨道面碰伤。

(d)在完成平衡重井电动葫芦安装后,在大梁下部挂装吊挂平台,利用电动葫芦、塔吊配合进行轨道吊装,利用吊挂平台进行轨道安装调整。

②轨道调整

(a)轨道初步就位后,进行轨道节间销钉安装,如发现有销钉孔错位情况,则该错位孔销钉不进行安装,在测量验收完成后进行封底焊接前利用细钢筋代替销钉进行销钉孔封堵。

(b)在安装节轨道上部焊接线架,以下部相邻已安装节轨道混凝土后复测坐标成果为基准,利用角尺、钢板尺、钢琴线挂重垂的方法测量控制调整轨道的里程、中心和垂直度、节间错边量、节间平面度等控制尺寸;当轨道安装尺寸调整到位后,锁紧工装上调整螺钉,然后利用辅材将轨道背部与轨道槽内一期结构钢筋连接加固,加固过程中利用线垂对轨道安装位置偏差进行监控,如发现轨道在加固过程中出现较大变化,停止加固,进行重新调整;加固完成由三检验收合格后,报监理完成轨道加固验收。

(c)加固完成后,当轨道安装位置偏差测量验收确认无误后,进行轨道节间封底焊接。

(d)封底焊接完成后将施工部位交予土建进行立模、浇筑。浇筑过程中对埋件进行变化监控,如监控数据出现较大变化时(大于0.5mm),暂时中断浇筑过程,进行现场检查、处理,完成处理后继续进行浇筑。

(e)待相邻2节轨道均完成浇筑后即可以进行节间焊缝满焊。

③平衡重轨道安装精度控制措施

为了确保在现有复杂条件下,能够高效、优质地完成平衡重轨道安装项目,施工中严格按照下列要求进行施工质量控制。

(a)投入使用的所有测量工器具必须经过计量部门检测,并在有效使用期限内。

(b)各级施工技术管理人员必须对平衡重轨道调整安装各项工序进行严格控制管理,严格按照"三检制"进行各项工序验收。

(c)负责进行轨道精调的一线施工人员必须熟记轨道各项精度技术要求及调整工序,并能够严格按照各项要求进行施工。

(d)待安装节吊装前,必须对其Y向厚度值利用游标卡尺进行测量,确定其制造质量满足上下相邻节轨道节间安装技术要求。

(e)线锤挂好投入使用前,施工人员必须对线锤系统的挂装进行详细检查:包括线架焊接牢固性,油桶安放位置准确性、稳定性,桶内废油不能太过黏稠,线锤不能与油桶内壁接触,钢琴线垂线不能存在打卷、接头、与周围物体接触现象。

(f)在以基础节为基准进行安装节调整时,必须严格按照各项节间技术标准进行调整,首先将节间质量调整到位,然后进行安装节的平面位置、平行度、垂直度调整。

(g)在轨道测量验收过程中,测量人员必须确保验收过程中的各项数据真实、可靠。

④焊接

(a)升船机平衡重轨道分为"T"形和"工"形轨道,在轨道的上翼板及腹板安装不锈钢导轨板,形成不锈钢复合钢板,基层(翼板、腹板)材质为Q345D-Z25,板厚50mm,其中下翼板板厚为60mm;复层(纵横导轨板)为X4CrNiMo16-5-1低碳马氏体不锈钢,板厚15mm,其中上翼板外侧的纵向导轨板厚20mm。平衡重轨道节间采用焊接连接。

(b)平衡重轨道焊接顺序:基层(腹板、翼板)焊接→过渡层(腹板、翼板与导轨板结合处)焊接→复层(纵横导轨板)焊接。

(c)焊接工艺:

a)采用手工焊条电弧焊,直流反接,短弧操作,多层窄道焊,焊接设备选用ZX7-400型逆变直流焊机,参数稳定、调节灵活、安全可靠,可以满足焊接电流调节的要求。

b)平衡重轨道基层(翼板、腹板)焊接材料选用E5015焊条、直径为3.2mm、4.0mm,复层(纵横导轨板)焊接材料选用A302焊条、直径为3.2mm、4.0mm,焊条均具有出厂合格证、材质证明书和质量保证书。E5015焊条应经350℃烘焙1h,A302焊条应经250℃烘焙1h,烘焙后的焊条保存在100~150℃的恒温箱内,焊条重复烘焙次数均不超过两次,操作时,待用的焊条放在接有电源的焊条保温筒内随用随取。

c)采用多层多道焊,有效控制焊接线能量,保证焊缝综合性能,单层焊缝最大熔敷厚度5mm,基层焊缝焊至距复合界面1～2mm即停止焊接,打磨基层焊道余高及坡口面飞溅。过渡层及复层焊接焊条尽量不摆动,轻微摆动幅度小于2.5倍焊条直径。

d)多层多道焊层间接头至少错开30mm,并将每层焊道的焊渣、飞溅物清理干净。

e)焊接工艺规范参数,焊接工艺规范参数见表7.7.19。

表7.7.19　　　　　　　　　　焊接工艺规范参数

层次	焊接材料	焊条直径(mm)	焊接电流(A)	电弧电压(V)	焊接线能量(kJ/cm)
基层	E5015	3.2	110-130	22-2426-29	40
		4.0	160-180		
过渡层	A302	3.2	95-110	20-22	30
复合层	A302	4.0	145-160	25-26	35

f)所有的焊工均按DL/679、《水工金属结构焊工考试规则》《锅炉压力容器焊工考试规则》、SD263的规定进行培训考试合格,取得相应的焊接合格证书,并使焊接合格证书在有效期内。

(d)焊缝外观质量检验情况:

a)接头焊后将焊缝磨平,节间两侧各1m范围内同一导轨面的平面度误差≤0.5mm。

b)现场节间所有焊缝均为三类焊缝,焊后24h均作焊缝外观检测,满足相关规范要求。

3)平衡重轨道安装质量检验成果评定

平衡重轨道安装检查266项,优良266项,优良率100%。见表7.7.20,表7.7.21。

表7.7.20　　　　　　　　　　平衡重轨道安装质量评定表

单元工程	主要检测项				一般检测项				质量评定等级
	项目数	合格数	优良数	优良率(%)	项目数	合格数	优良数	优良率(%)	
左1～左13轴	37	37	37	100	96	96	96	100	优良
右1～右13轴	37	37	37	100	96	96	96	100	优良
合计	74	74	74	100	192	192	192	100	优良

表7.7.21　　　　　　　　　　平衡重轨道安装质量检测

平衡重轨道	测量项目	ΔX	ΔY	X平行度	X垂直度	Y垂直度	备注
	设计值	±2.0	±2.0	≤0.5	≤5.0	≤5.0	
左1轴	混凝土前	−1.6～0.6	−0.9～1.9	0～0.5	2.2	2.6	
	混凝土后	−1.3～0.5	−0.6～2.0	0～0.5	1.8	2.6	
右1轴	混凝土前	−1.4～0.6	−0.5～1.4	0～0.5	2.0	1.9	
	混凝土后	−1.5～1.2	−0.9～0.9	0～0.5	2.7	1.8	
左2轴上	混凝土前	−0.9～1.3	−1.5～1.5	0.1～0.3	2.2	3.0	
	混凝土后	−0.9～1.5	−0.6～1.8	0～0.4	2.4	2.4	

续表

平衡重轨道	测量项目	ΔX	ΔY	X 平行度	X 垂直度	Y 垂直度	备注
	设计值	±2.0	±2.0	≤0.5	≤5.0	≤5.0	
左 2 轴下	混凝土前	−1.0～0.8	−0.9～1.4	0.1～0.5	1.8	2.3	
	混凝土后	−1.7～1.6	−1.0～1.4	0～0.5	3.0	2.4	
右 2 轴上	混凝土前	−0.9～0.9	−1.1～1.6	0～0.5	1.8	2.7	
	混凝土后	−0.8～2.0	−1.3～1.8	0.1～0.4	2.8	3.2	
右 2 轴下	混凝土前	−0.9～0.7	−1.2～1.4	0～0.4	1.6	2.6	
	混凝土后	−1.5～0.9	−1.3～3.4	0.2～0.5	2.4	4.7	
左 3 轴	混凝土前	−0.9～1.0	−1.4～1.0	0～0.5	1.9	2.4	
	混凝土后	−0.7～1.7	−1.6～1.2	0.1～0.5	2.4	2.8	
右 3 轴	混凝土前	−0.2～1.3	−1.1～0.8	0.1～0.4	1.5	1.9	
	混凝土后	−1.4～1.3	−1.8～3.4	0～0.5	2.7	5.0	
左 5 轴	混凝土前	−0.7～0.9	−1.4～1.0	0～0.5	1.6	2.4	
	混凝土后	−1.0～1.2	−1.5～1.5	0～0.5	2.2	3.0	
右 5 轴	混凝土前	−0.1～1.1	−1.3～1.1	0～0.5	1,2	2.4	
	混凝土后	−1.1～1.1	−1.0～1.0	0～0.5	2.2	2.0	
左 6 轴上	混凝土前	−0.3～1.0	−1.0～0.6	0～0.4	1.3	1.6	
	混凝土后	−0.3～1.7	−1.1～0.7	0～0.5	2.0	1.8	
左 6 轴下	混凝土前	−1.2～0.6	−1.0～1.0	0～0.3	1.8	2.0	
	混凝土后	−1.7～0.5	−1.1～1.2	0～0.4	2.2	2.3	
右 6 轴上	混凝上前	−1.2～1.2	−1.6～1.9	0～0.5	2.4	3.5	
	混凝土后	−1.2～1.3	−1.5～2.3	0～0.5	2.5	3.8	
右 6 轴下	混凝土前	−1.5～1.0	−0.7～1.1	0～0.5	2.5	1.8	
	混凝土后	−1.3～0.5	−1.3～2.2	0～0.3	1.8	3.5	
左 7 轴上	混凝土前	−0.5～0.6	−1.3～−0.8	0.2～0.5	1.1	2.1	
	混凝土后	−0.7～0.6	−1.5～0.8	0.1～0.5	1.3	2.3	
左 7 轴下	混凝土前	−1.2～0.4	−1.2～0.9	0～0.5	1.6	2.1	
	混凝土后	−1.4～0.6	−1.1～0.9	0～0.5	2.0	2.0	
右 7 轴上	混凝土前	−0.4～1.3	−1.4～0.8	0～0.5	1.7	2.2	
	混凝土后	−1.1～0.9	−1.2～1.3	0～0.5	2.0	2.5	
右 7 轴下	混凝土前	−0.8～1.7	−1.0～1.1	0～0.4	2.5	2.2	
	混凝土后	−0.8～1.5	−1.3～1.5	0～0.5	2.3	2.8	
左 8 轴上	混凝土前	−1.7～0.6	−1.9～0.7	0～0.5	2.3	2.6	
	混凝土后	−1.1～0.6	−1.9～1.3	0.1～0.5	1.7	3.2	

续表

平衡 重轨道	测量项目	ΔX	ΔY	X平行度	X垂直度	Y垂直度	备注
	设计值	±2.0	±2.0	≤0.5	≤5.0	≤5.0	
左8轴下	混凝土前	−1.1～0.8	0.1～1.2	0～0.5	1.1	1.9	
	混凝土后	−1.0～0.8	−1.2～1.2	0～0.5	1.8	2.4	
右8轴上	混凝土前	−1.4～1.2	−1.1～0.6	0～0.5	2.6	1.7	
	混凝土后	−1.2～1.4	−1.4～−0.7	0～0.4	2.6	2.1	
右8轴下	混凝土前	−0.7～1.2	−1.4～1.0	0～0.5	1.9	2.4	
	混凝土后	−0.8～0.6	−1.5～2.6	0.1～0.5	1.4	4.1	
左9轴	混凝土前	−0.4～0.5	−0.8～0.8	0～0.5	0.9	1.6	
	混凝土后	−1.1～0.9	−0.9～0.8	0～0.5	2.0	1.7	
右9轴	混凝土前	−0.8～1.5	−1.4～1.3	0～0.5	2.3	2.7	
	混凝土后	−1.0～1.3	−1.6～1.3	0～0.5	2.3	2.9	
左11轴	混凝土前	−1.3～0.8	−1.0～1.2	0～0.5	2.1	2.2	
	混凝土后	−1.4～1.0	−3.5～1.2	0.1～0.5	2.4	4.7	
右11轴	混凝土前	−1.2～1.6	−1.2～1.2	0～0.5	2.8	2.4	
	混凝土后	−1.2～1.3	−1.3～2.6	0～0.5	2.5	3.9	
左12轴上	混凝土前	−1.2～1.2	−1.7～1.0	0～0.5	2.4	2.7	
	混凝土后	−1.9～1.4	−3.1～0.7	0.1～0.5	3.3	3.8	
左12轴下	混凝土前	−1.3～−0.6	−1.8～1.0	0～0.5	1.9	2.8	
	混凝土后	−1.5～−0.5	−3.4～1.6	0.1～0.5	2.0	5.0	
右12轴上	混凝土前	−1.8～1.7	−1.3～0.9	0～0.3	3.5	2.2	
	混凝土后	−1.8～1.4	−1.4～1.4	0～0.5	3.2	2.8	
右12轴下	混凝土前	−1.8～0.6	−1.1～1.7	0～0.5	2.4	2.8	
	混凝土后	−1.9～−0.9	−1.3～0.7	0.1～0.5	2.8	2.0	
左13轴	混凝土前	−0.3～0.9	−1.9～0.9	0～0.5	1.2	2.8	
	混凝土后	0.1～1.1	−1.1～1.7	0～0.5	1.0	2.8	
右13轴	混凝土前	−0.2～1.9	−1.2～1.0	0～0.5	2.1	2.2	
	混凝土后	−0.2～2.0	−1.8～0.5	0.1～0.5	2.2	2.3	

（4）平衡滑轮组安装

平衡滑轮组共有16组,由二期埋板、滑轮支座和滑轮组组成,左右对称布置在承船厢塔柱高程196m滑轮机房内。

1）平衡滑轮组安装施工程序

安装二期埋件→立模板、浇筑二期混凝土→拆模、清理二期埋件表面→安装滑轮支座→支座验收→滑轮吊装→滑轮调整安装→滑轮验收→养护。

2)平衡滑轮组安装技术要求

①滑轮支座中心的纵横向位置偏差±5mm、同一侧所有支架横向相对偏差不大于2mm。滑轮支座底板高程误差±10mm、同一组内相对误差为±1mm、每个支座测量4个点。同组内滑轮支座每对支撑孔板处间距,最小间距不宜小于-1mm。

②滑轮支座安装后,其竖向中心相对于水平面的垂直度偏差不大于1mm。

③滑轮安装后,滑轮竖向中心相对于水平面的垂直度偏差不大于3mm。

④滑轮注油后人工转动试验,检查其运作是否灵活、无卡阻。

⑤滑轮组轴线高程偏差:同一组滑轮组内,在满足滑轮中心线高程差要求的条件下,允许采用加垫的方法进行调整,塞垫材料为不锈钢。

3)滑轮组安装质量及评定

平衡滑轮组安装分项工程共包含32个单元,全部单元工程一次验收合格率100%,优良率100%。该分项工程质量评定等级为优良。

(5)平衡重组安装

三峡升船机平衡重组共有16组,每组由10个标准混凝土平衡重块+2个非标准混凝土平衡重块+2个铸钢平衡重块+1个钢吊篮+1个钢框架组成。

1)平衡滑轮组安装程序

布置安装施工平台及台车→平衡重钢框架转场、运输→平衡重钢框架吊装→平衡重块转场、运输→平衡重块吊装→平衡重块及钢框架调整→平衡重块及钢框架验收

2)平衡滑轮组安装质量评定情况

平衡滑轮组安装分项工程共包含16个单元工程,全部单元工程一次验收合格率100%,优良率100%。该分项工程质量评定等级为优良。

(6)平衡重钢丝绳组件安装

平衡重钢丝绳组件分3种类型,共计256套(另有6件备用件)。钢丝绳组件Ⅰ(194套,长150.844m,连接混凝土平衡重块),钢丝绳组件Ⅱ(34套,长149.634m,连接铸钢平衡重块),钢丝绳组件Ⅲ(34套,长149.494m,连接钢吊篮)。

钢丝绳安装时,同一双槽滑轮上的两套钢丝绳组件旋向相反。

1)平衡重钢丝绳组件安装程序

施工准备→布置卷扬机→钢丝绳转运至承船厢上→钢丝绳起吊、安装→钢丝绳连接组件安装→钢丝绳与平衡重块、承船厢连接→钢丝绳及连接组件调整→钢丝绳调整。

2)钢丝绳组件安装质量检验情况(表7.7.22、表7.7.23)

表 7.7.22   右侧钢丝绳组

序号	检 测 项 目		质量标准	检测结果
1	钢丝绳组件Ⅰ	安装于混凝土平衡重块	150.844(m)	150.844(m)
2	钢丝绳组件Ⅱ	安装于铸钢平衡重块	149.494(m)	149.494(m)
3	钢丝绳组件Ⅲ	安装于钢吊篮	149.634(m)	149.634(m)
4	调节完毕后销轴间距(图 A-A)		2300±200mm	2100~2500mm
5	调节完毕后销轴间距(图 B-B)		2400±200mm	2200~2600mm
6	钢丝绳安装后表面质量		无锈蚀、断丝、松散	无锈蚀、断丝、松散
7	同一双槽滑轮上的两根钢丝绳		旋向相反	旋向相反
8	连接部件		按要求加注润滑脂	按要求加注润滑脂

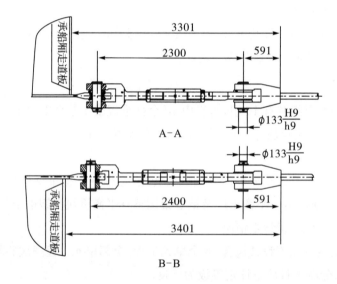

3)钢丝绳组件安装质量评定情况

钢丝绳组件安装分项工程共包含 16 个单元工程,全部单元工程一次验收合格率 100%,优良率 100%。该分项工程质量评定等级为优良。

表 7.7.23   左侧钢丝绳组

序号	检 测 项 目		质量标准	检测结果
1	钢丝绳组件Ⅰ	安装于混凝土平衡重块	150.844(m)	150.844(m)
2	钢丝绳组件Ⅱ	安装于铸钢平衡重块	149.494(m)	149.494(m)
3	钢丝绳组件Ⅲ	安装于钢吊篮	149.634(m)	149.634(m)
4	调节完毕后销轴间距(图 A-A)		2300±200mm	2100~2500mm
5	调节完毕后销轴间距(图 B-B)		2400±200mm	2200~2600mm

续表

序号	检 测 项 目	质量标准	检测结果
6	钢丝绳安装后表面质量 无锈蚀、断丝、松散	无锈蚀、断丝、松散	
7	同一双槽滑轮上的两根钢丝绳 旋向相反	旋向相反	
8	连接部件 按要求加注润滑脂	按要求加注润滑脂	

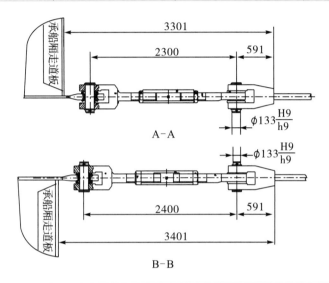

7.7.4.3 船厢室段其他设备安装

（1）纵导向导轨一期埋件安装

升船机船厢室段左 7 号、右 7 号轴（高程 55.224～176.724m）共有 124 件纵导向导轨一期埋件，埋件单件质量为 0.022t，合计 2.74t，用于纵导向导轨调整及加固。

1）纵导向导轨一期埋件安装工艺流程

安装线架→放控制点→安装、调整、加固→加固验收→测量验收。

2）纵导向导轨一期埋件安装工艺

①安装线架及放点：钢筋工序完成后，在纵向导轨轨道槽两侧安装位置的顶部钢筋上焊接线架，然后由测量队在线架上投放控制点。

②根据测量队投放的控制点利用挂垂线方法返点，将埋件埋设在安装位置，调整到位后利用圆钢（$\phi16mm$、$\phi20mm$ 均可）将埋件固定在钢筋网上。

③加固验收合格后进行测量验收，验收合格转入混凝土浇筑工序。

3）纵导向导轨一期埋件安装质量检验

纵导向导轨一期埋件安装检测成果见表 7.7.24。

表 7.7.24　　　　　　　　　　纵导向导轨一期埋件安装质量检测

部位	测量项目	ΔX	ΔY	ΔH
	设计值	±5.0	±5.0	±5.0
左 7 号轴	混凝土前	−3.0～5.0	−5.0～4.0	−2.0～5.0
右 7 号轴	混凝土前	−4.0～4.9	−4.0～4.0	−3.0～4.0

（2）承船厢纵向导轨安装

承船厢纵向导轨位于 7 号轴承重墙的端部，共 2 套，单套质量约为 30.58t，每套包括 2 条导轨，分别装在位于两侧承重结构中部的连续牛腿上，导轨为带焊钉的导轨板。导轨板采用厚 25mm、宽 600mm 的不锈钢板，面板经过机加工，表面光洁度为 5 级（3.2μm），导轨板不锈钢板及焊钉材质为 X5CrNi18−10（X5CrNi18−10 是德国不锈钢牌号，对应中国不锈钢牌号为 0Cr18Ni9）。每套导轨各有两个与水流方向垂直的导轨面，两导轨面之间距离 2.75m。导轨底部高程 52.60m、顶部高程 173.50m，总高度 120.90m。导轨板分节制造（有导轨一，1 件；导轨二，13 件；导轨三，1 件），每条由 14 节高度为 8.1m，1 节高度为 7.5m 组成。每节 8.1m 导轨板的背面焊接 3 列、27 排焊钉，7.5m 导轨板的背面焊接 3 列、25 排焊钉，面板钻有导向安装孔。

纵导向轨道主要采用齿爬式升降施工平台进行安装，施工建塔吊装。2010 年 11 月 20 日，纵向导轨开始安装，2012 年底，除船厢室临时桥机轨道梁占压部位外（左右岸纵导向轨道各 3 层），全部安装到设计高程。占压部位轨道在承船厢及船厢设备吊装完成、桥机轨道梁拆除后，进行安装及二期混凝土施工，2014 年 2 月 26 日，全部安装完成。

1）承船厢纵向导轨安装工艺流程

施工程序：排架搭设→模板拆除、清理→缝面处理→水平钢筋与金结埋件相互避让处理→金结埋件吊装→金结埋件安装到位→模板施工→仓位验收→混凝土浇筑→养护。

2）承船厢纵向导轨安装工艺

①导轨安装

（a）承船厢纵向导轨单节长度为 8.1m 导轨质量约 1t，运输采用 40t 平板车，装车用 16t 汽车吊，运输至船厢室底部高程 50m 或高程 84m 平台。

（b）利用附壁式塔机吊起辅助钢架至两侧安装部位与固定在塔柱混凝土表面的一期埋件焊接。

（c）利用附壁式塔吊吊装导轨由上向下慢慢放到导轨槽托架高程位置，与辅助钢架连接。

（d）整个吊装过程中注重对导轨面的保护，避免在吊装过程中对导轨面碰伤。

（e）导轨就位初步调整，利用辅助钢架进行水平位置移动的调整。现场查看导轨焊钉与结构钢筋相对位置关系，如发现有相互干扰情况，则将钢筋或者焊钉敲弯；相互干扰处理完成后，将导轨向导轨槽内缓推基本就位，通过辅助钢架结构与固定在塔柱混凝土表面的一期埋件上对导轨进行初加固，加固完成后再进行拆钩。

(f)纵向导轨从下至上逐段安装,当进行第二层及以上导轨安装时,在加固完成后进行节间焊接。第二层导轨安装时第一层导轨将二期混凝土浇筑完毕后进行。

②导轨调整

(a)首节导轨调整根据高程点,对导轨底部进行高程调整。

(b)纵向导轨通过辅助调整钢架进行水平位置的调整。纵向导轨的调整,以船厢室 F 轴和 7 轴为定位基准,并考虑温度和风载引起的塔柱变形对安装精度的影响。导轨初步调整时,在导轨上部焊线架,用钢琴线挂重垂的方法和测量基准点控制调整导轨的里程、中心和垂直度等控制尺寸。通过固定在塔柱混凝土表面的一期埋件,调整辅助钢架在水平面内的位置,从而达到精确调整导轨位置的目的。精调时,采用高精度全站仪进行检验。合格后,将导轨的焊钉与土建回折钢筋相焊连。

(c)当导轨安装尺寸调整到规定值后,锁紧调整螺钉,然后焊接焊钉与土建钢筋,焊接件中间焊有可调节的拉紧器,便于复测调整。

(d)当导轨安装尺寸确认无误后,将导轨与上一节导轨的对接缝进行焊接,焊接按照导轨节间焊接技术要求进行,焊后对焊缝进行磨平。

(e)因船厢安装用的临时桥机导轨梁布置要求,高程 76.9～93.1m 纵导向安装施工被安排在最后进行,待船厢结构安装完成,临时桥机及其导轨梁拆除后,再浇筑预留凹槽和纵导向凸墙混凝土,待该部位的混凝土具备一定龄期后,再安装该部位的纵导向轨及二期混凝土浇筑。

(f)每个安装浇筑循环作业时段内,将工装与一期埋设锚板牢固连接,二期混凝土浇筑完并达到龄期后,使用塔机拆除。

(g)由于承船箱纵向导轨全长范围内的垂直偏差仅为 2mm,在调整下一节导轨时,必须将上一节的混凝土后资料作为下节导轨安装调整基准进行相对位置的调整,防止发生超差现象。

(h)上、下段纵向导轨面的错边量不大于 0.2mm。对齐并顶紧后,在导轨外表面施焊,然后将焊缝磨平;焊接完成后,对导轨表面进行清理。

(i)加固焊接完成由三检验收合格后,报监理进行导轨加固焊接验收,验收合格后进行测量验收。测量验收合格后浇筑二期混凝土。

③承船箱纵向导轨安装精度控制措施

为了确保在现有复杂条件下,能够高效、优质地完成船箱纵向导轨安装项目,施工中严格按照下列要求进行施工质量控制:

(a)投入使用的所有测量工器具必须经过计量部门检测,并在有效使用期限内。

(b)各级施工技术管理人员必须对船箱纵向导轨调整安装各项工序进行严格控制管理,严格按照"三检制"进行各项工序验收。

(c)负责进行导轨精调的一线施工人员必须熟记导轨各项精度技术要求及调整工序,并能够严格按照各项要求进行施工。

(d)线锤挂好投入使用前,施工人员必须对线锤系统的挂装进行详细检查:包括线架焊接牢固性、油桶安放位置准确性、稳定性,桶内废油不能太过黏稠,线锤不能与油桶内壁接触,钢琴线垂线不能存在打卷、接头、与周围物体接触现象。

(e)在以基础节为基准进行安装节调整时,必须严格按照各项节间技术标准进行调整,首先将节间质量调整到位,然后进行安装节的平面位置、平行度、垂直度调整。

(f)在导轨测量验收过程中,测量人员必须确保验收过程中的各项数据真实、可靠。

④焊接

(a)升船机承船箱纵向导轨导轨板采用厚 25mm、宽 600mm 的不锈钢板,面板经过机加工,表面光洁度为 5 级(3.2μm),导轨板不锈钢板及焊钉材质为 X5CrNi18−10(德国不锈钢牌号),对应中国不锈钢牌号为 0Cr18Ni9。承船箱纵向导轨节间采用焊接连接。

(b)采用手工焊条电弧焊,直流反接,短弧操作,多层窄道焊,焊接设备选用 ZX7-400 型逆变直流焊机,具有参数稳定、调节灵活和安全可靠的特点,并满足焊接电流调节的要求。导轨焊接材料选用 A102 焊条、直径为 3.2mm、4.0mm,焊条具有出厂合格证、材质证明书和质量保证书。经 250℃烘焙 1h 后的焊条保存在 100～150℃的恒温箱内,焊条重复烘焙次数均不超过两次,操作时,待用的焊条放在接有电源的焊条保温筒内随用随取。

(c)多层多道焊层间接头至少错开 30mm,并将每层焊道的焊渣、飞溅物清理干净。

(d)焊接工艺规范参数见表 7.7.25。

表 7.7.25　　　　　　　　　　　　焊接工艺规范参数

层次	焊接材料	焊条直径(mm)	焊接电流(A)	电弧电压(V)	焊接线能量(kJ/cm)
不锈钢层	A102	4.0	145～160	25～26	35

(e)所有的焊工均按 DL/679、《水工金属结构焊工考试规则》《锅炉压力容器焊工考试规则》、SD263 的规定进行培训考试合格,取得相应的焊接合格证书且合格证书在有效期内。

(f)焊缝外观质量检验情况:接头焊后将焊缝磨平,节间导轨面的平面度误差≤0.2mm;现场节间所有焊缝均为三类焊缝,焊后 24h 均作焊缝外观检测,满足相关规范要求。

3)纵导向导轨安装质量检验成果评定

纵导向导轨安装检查 16 项,优良 16 项,优良率 100%,见表 7.7.26、表 7.7.27。

表 7.7.26　　　　　　　　　　　　纵导向导轨安装质量评定表

单元工程	主要检测项				一般检测项				质量评定等级
	项目数	合格数	优良数	优良率(%)	项目数	合格数	优良数	优良率(%)	
左 7 轴船箱纵向导轨安装	2	2	2	100	6	6	6	100	优良
右 7 轴船箱纵向导轨安装	2	2	2	100	6	6	6	100	优良
合计	4	4	4	100	12	12	12	100	优良

表 7.7.27　　　　　　　　　　　　　　纵导向导轨安装质量检测

部位	测量项目	ΔX	ΔY	X 垂直度	Y 垂直度	X 平行度
	设计值	±1.5	±2.0	$\leqslant2.0$	$\leqslant5.0$	$\leqslant1.0$
左⑦下游	混凝土前	$-0.5\sim0.5$	$-1.9\sim2.0$	$0\sim0.7$	$0\sim0.9$	$0\sim0.6$
	混凝土后	$-0.6\sim1.4$	$-1.9\sim2.0$	$0\sim0.7$	$0\sim1.8$	$0\sim0.8$
左⑦上游	混凝土前	$-0.5\sim0.7$	$-1.4\sim-1.4$	$0\sim1.4$	$0\sim1.4$	$0\sim0.6$
	混凝土后	$-0.9\sim0.6$	$-2.0\sim-1.4$	$0\sim0.8$	$0\sim1.8$	$0\sim0.8$
右⑦上游	混凝土前	$-0.4\sim0.7$	$-1.0\sim2.0$	$0\sim0.5$	$0\sim1.0$	$0\sim0.9$
	混凝土后	$-1.0\sim0.8$	$-0.6\sim0.8$	$0\sim0.6$	$0\sim1.4$	$0\sim0.9$
右⑦下游	混凝土前	$-0.5\sim0.5$	$-0.7\sim1.4$	$0\sim0.5$	$0\sim1.4$	$0\sim0.9$
	混凝土后	$-1.0\sim1.2$	$-1.7\sim0.9$	$0\sim1.0$	$0\sim1.1$	$0\sim0.8$

（3）承船厢下缓冲装置安装

下缓冲装置共 4 套，对称布置在船厢室塔柱底板上，位于驱动机构齿条横梁底部，距承船厢横向中心线 29.6m，距船厢纵向中心线为 10.35m。下缓冲器采用国际知名品牌产品，缓冲器型号为 74－MFZ－200－605，缓冲行程 400mm。

船厢下缓冲装置于 2014 年 5 月完成，安装检测结果符合设计及相关质量标准的要求。

7.7.5　下闸首施工

7.7.5.1　下闸首混凝土施工

（1）下闸首混凝土施工机械

升船机下闸首边墙高程 8.0m 以下施工手段前期采用胎带机浇筑，300t 履带吊补充。胎带机布置在下航道斜坡道上；胎带机退场后，主要采用 M900 塔机施工，三级泵补充。下闸首高程 58.0m 底板混凝土采用泵机泵送，每仓布置 1 台泵机，泵机布置在下游侧临时道路上，由搅拌车直接供料。在仓位下游下航道道路上布置 50t 吊车用于转运备仓材料。

下闸首高程 84.5m 以下主要采用 M900 建筑塔机挂 9m³ 吊罐浇筑。

（2）下闸首底板混土施工工艺

1）下闸首底板混凝土施工

下闸首沿升船机中心线布置，下游连接下航道施工道路，上游连接船厢室底板，长 37.15m，高程 63.2m 以下宽 58.4m，高程 63.2～68.0m 下闸首宽度是渐变的，高程 68.0m 以上宽度为 63.8m，前期施工左右边墙，中间预留 16m 宽底板作为升船机施工的主要通道保留至 2013 年 9 月。下闸首底板结构修改为增设底板混凝土宽槽并增设紫铜止水，底板混凝土采用 C25 二级配，泵送混凝土，混凝土标号为 C25F100W8 二级配，坍落度 14～16cm，宽槽混凝土设计为 C30，C30F200W8 二级配，坍落度 14～16cm。

底板混凝土分四层施工，仓位深度超过 2m 仓位增设一层冷却水管。浇筑分块按设计要求以宽槽为中心分上、下游 2 块浇筑。按照设计要求,浇筑层间间歇期以 7～9d 为宜。

宽槽分 3 层浇筑,底部 2 层为 3m 升层,第 3 层为 2.12m。

2)下闸首混凝土施工

下闸首左右侧边墙每侧分上下游两块施工,分块间为键槽缝,即下闸首边墙共分为 4 块浇筑,高程 58m 以下为基础约束区,浇筑分层厚度不超过 2m。

下闸首左右边坡布置止浆埂,止浆埂沿流向不设分段一次浇筑形成,竖向止浆埂分层高度控制在 3m,止浆埂在结构混凝土浇筑前施工到距施工缝面 3m 以上,且达到设计要求的 7d 龄期。

下闸首混凝土分为 I、II、III、IV 区,I 区为高程 51.5m 以下基础混凝土,标号为 C25F100W8 三级配;II 区为边墙内部大体积混凝土,标号为 C20F100W6 三级配,高程 77～51.5m 采用四级配;III 区为过流面及水位变化区混凝土,标号为 C25F200W8 三级配;IV 区为下闸首中部预留底板已施工完成的部分。

下闸首混凝土采取台阶法浇筑,混凝土从上游侧开仓浇筑,浇筑前进行详细的混凝土仓面浇筑工艺设计,浇筑过程中防止产生骨料分离,骨料分离时,必须及时对仓面已形成的集中骨料进行分散处理。对布设两层以上钢筋网的钢筋密集区采用二级配浇筑。

基岩面和新老混凝土施工缝面在浇筑第一层混凝土前,采用胎带机浇筑铺设 20cm 厚的二级配混凝土或三级富浆混凝土;采用 M900 塔机挂吊罐浇筑铺设水泥砂浆。每次铺设的面积与浇筑强度相适应,铺设工艺保证新浇混凝土能与基岩或新老混凝土缝面结合良好。在竖井、廊道、止水片等周边浇筑混凝土时,使混凝土均匀上升,浇筑过程中要保持止水片的位置及形状。混凝土浇筑期间,如表面泌水较多应及时清除,严禁在模板上开孔赶水,带走灰浆。

3)下闸首排架柱混凝土施工

下闸首桥机排架柱为钢筋混凝土结构,共 10 个。其中 JZ 柱 6 个,GZ 柱 4 个,GZ 柱对称布置,JZ 柱左侧 2 个,右侧 4 个。JZ 柱分为 4 层施工,高程 84.50m～高程 87.50m～高程 90.50m～高程 93.50m～高程 95.221m;GZ 柱分为 6 层施工,高程 84.50m～高程 87.50m～高程 90.50m～高程 93.50m～高程 96.50m～高程 99.40m～高程 101.20m。

下闸首排架柱仓位采用 50t 吊车挂 1m³ 吊罐浇筑,搅拌车开入高程 84.5m 平台,50t 吊车直接从搅拌车处取料。

混凝土使用手持插入式振捣器振捣混凝土。在混凝土振捣过程中,严禁振捣器直接触及模板。振捣时要求"快插慢拔",有序振捣,混凝土工分区域负责,保证不漏(欠)振、不过振。振捣棒插入间距在 40cm 以内,振捣时间为 35～50s,至混凝土不再冒气泡且表面泛浆为止。振捣棒要求插入下层混凝土 5cm,以使上下层混凝土良好结合,确保混凝土振捣密实。

(3)下游引航道及靠船建筑物混凝土施工

1)下游引航道护坡混凝土施工

下游引航道护坡混凝土采用搅拌车或自卸车输送,混凝土经滑槽、溜筒入仓,溜筒随混凝土上升逐渐拆除。

2)靠船建筑物混凝土施工

混凝土运输采用搅拌车，主要采用 TB105 布料机浇筑，将 TB105 布料机布置在导航墙航槽内斜坡上，前端采用钢马镫垫平；主导航墙如采用溜筒浇筑时，则将下料斗布置在下航一路上，下料斗下接溜筒，溜筒随混凝土上升随浇随拆。辅助导航墙采用泵机浇筑时，则将泵机布置在导航墙航槽内斜坡上，每次浇筑 1 个支墩，收仓后继续浇筑下一个支墩。

靠船墩混凝土施工采用基础混凝土采用泵机浇筑，高程 62.5m 以上的边墙及支墩采用 50t 吊车挂 2m³ 吊罐浇筑。在航槽底板高程 58.0m 布置 50t 吊车，混凝土采用 50t 吊车挂 2m³ 吊罐浇筑，2m³ 吊罐装混凝土后总质量约 7t，故 50t 吊车工作半径不得大于 12m，浇筑支墩时吊车主臂将与边墙及模板干扰，吊车无法覆盖到的部位需搭设滑槽入仓。

7.7.5.2　下闸首闸门及启闭机安装

（1）下闸首工作门及液压启闭机

1）下闸首工作大门

下闸首工作门为上部带卧倒小门的双扉式平板门，外形尺寸 28.84m×19.75m×4.72m（宽×高×门厚），卧倒小门孔口净宽 18m，孔口高 6.6m，可适应 1.97m 的水位变化。工作门由 U 形门体结构、卧倒小门、卧倒小门液压启闭机、大门正向支承、反向支承、侧向导轮、充压止水系统、大门锁定机构、卧倒小门支铰、卧倒小门锁定装置、液压系统及电气设备等组成。工作大门由悬挂在闸门与闸墙之间的悬挂式电缆供电。

工作门 U 形结构的上、下游均设面板，下游为止水面板，上游面板上敷设不锈钢板，用于与承船厢密封框对接。止水面板底止水高 3m，与承船厢对接高度最大可适应 1.97m 的水位变幅。U 形门体左右两侧的悬臂边柱是卧倒小门的支撑结构，U 形门体结构的上主梁腹板兼做卧倒小门门龛底板，在上主梁腹板的下游侧布置有卧倒小门支铰座和止水座板结构。大门两侧各设一套摆臂式液压锁定机构，摆臂由液压油缸操作，垂直锁定载荷为 2×8500kN。大门下游面板设置内外两套充压止水，在闸门上部右侧板隔内安装一套充压止水压力源系统，与水封背腔进气口连接。工作大门 U 形门体结构分节制造、现场拼装，边柱结构与上主梁通过高强螺栓连接。

卧倒小门为实腹式平板门，装设在 U 形门体的槽口内。面板、止水、钢支承均设在上游面，孔口净宽 18m，最大工作水头 5.67m，侧止水间距 18.14m，支承跨度 18.5m，门叶外形尺寸 18.7m×6.45m×2m（宽×高×门厚）。小门底部设双支铰，启闭时绕支铰在竖直平面内转动，开启后小门平卧在门龛内。两支铰间距 13.92m，支铰轴承采用自润滑球面滑动轴承，可适应门叶制造、安装误差和运行过程中的结构变形。

卧倒小门由 2×1000kN 液压启闭机操作，启闭机油缸活塞杆吊头通过球面轴承与卧倒门连接，缸体中部通过轴承座支承在 U 形门体结构上。启闭机工作时，油缸绕中部支铰在竖直平面内摆动。

卧倒小门启闭机和锁定装置由 2 套液压泵站控制，二者同时运行并互为备用。液压泵站及其电气控制设备布置在 U 形结构两侧空腔内。

在工作大门上还设置有卧倒门开度检测装置、锁定到位检测装置、承船厢停位检测装置、船舶探测装置,以及通风等电气设备。

2)门槽埋件

工作门门槽埋件包括主轨与侧导向、反轨、侧止水、底止水、工作锁定埋件、检修锁定埋件等,各构件均为常规焊接钢结构。

3)2×9000kN 液压启闭机

下闸首液压启闭机启启门力为 2×9000kN,工作行程为 10m,最大行程 11.3m,启闭速度为 0.5m/min。启闭机由液压油缸、油缸机架及其埋件、吊杆装置、液压泵站、液压管路系统、栏杆与楼梯结构以及电气控制、检测设备等组成。

启闭机油缸采用双作用活塞杆式,竖直安装在门槽两侧的混凝土排架上,油缸中部通过球面支座支承,支座安装在机架上,机架通过地脚螺栓及埋件安装在混凝土排架顶部。油缸活塞杆吊头通过铰轴、自润滑轴套与两节吊杆连接,吊杆节间及吊杆与闸门吊耳之间均通过铰轴、自润滑轴套连接。

每台启闭机油缸各由 1 套液压泵站操作。两台启闭机之间通过电气控制实现同步运行,油缸上设有行程检测装置,用于闸门的开度检测和两油缸的同步纠偏控制。每套液压泵站同时还承担 1 套工作大门检修锁定装置的操作。

液压启闭机实行远方集中控制,安装调试和检修时可现地控制。

下闸首工作大门及液压闭机均安装调试完成,下闸首工作门已处于挡水状态。下闸首工作大门与门槽埋件配合良好,充压止水止水性能满足要求。2×9000kN 液压启闭机有水启闭闸门,过程平稳,无异响,双缸同步性能满足设计要求。

(2)下闸首检修门及桥式启闭机

1)下闸首检修叠梁门

下闸首检修叠梁门采用"工"字形双主梁结构,共 8 节,其结构类型、尺寸等完全相同。门体结构外形尺寸为 19.3m×3.25m×2.8m(宽×高×门厚),孔口净宽 18m,闸门支承跨度为 18.8m,侧止水间距为 18.2m。叠梁门由门叶结构、正向及反向支承、止水、侧导轮等组成。门槽埋件包括主轨与侧导向、反轨、侧止水、底止水等,各构件均为常规焊接钢结构。

2)2×800kN 桥式启闭机

下闸首检修门 2×800kN 桥式启闭机主要由双吊点小车、桥架结构、大车运行机构、防风夹轨器、地锚装置、司机室、机房、单梁吊、液压自动挂脱梁以及电力拖动、控制、检测等设备、滑线及其悬吊支架等组成。

启闭机起升机构及大、小车运行机构均采用交流变频调速。起升机构在电机出轴设工作制动器,在卷筒上设安全制动器,均采用液压盘式制动器。起升机构设上、下起升极限位置限位开关以及负荷称量与过载保护装置。

桥机轨道梁为箱形、等截面、简支梁,翼缘板宽 1.25m,轨道梁高 2.5m。每根梁的一端布置一对固定支座,另外一端布置一对活动支座。两根端梁外悬臂端设置阻挡结构。轨道梁顶面装设桥机轨道,轨道采用 QU120 钢轨,用螺栓压板固定。轨道梁外侧设人行走道及栏杆等,在上游两跨轨道梁的端部外侧设钢结构楼梯。

下闸首检修门及启闭机均安装调试完成,检修门已处于挡水状态。2×800KN 桥式启闭机已经取得宜昌市质量监督局颁发的特种设备使用登记证书,运行正常。下闸首检修门入门槽无卡阻,闸门与门槽尺寸配合良好。检修门目前已经挡水一年多时间,封水性能优良,满足设计和相关规范要求。

7.7.5.3　下闸首泄水系统设备安装

(1)下闸首泄水系统设备组成

下闸首泄水系统下闸首工作门与检修门之间,当工作门需要检修时,由检修门挡住下游水,通过泄水系统泄掉检修门与工作门之间的水体,实现工作门无水状态下的检修条件。

下闸首泄水系统位于下闸首航槽底部,由两线 DN150 钢管及相应的检修闸阀、电动工作闸门、管道支架及埋件等设备组成。泄水管进水口位于下闸首航槽底部高程 58m,出水口设在升船机下闸首集水井底部高程 40m。泄水系统经拦污栅,通过预埋 DN300 不锈钢钢管垂直向下连接至高程 52m 阀门室,在检修阀门室内通过水平 DN300 不锈钢管与并联的两线 DN150 不锈钢管焊接,两线管路沿高程 51.96m 地下廊道布设至下闸首集水井后垂直向下引至底部高程 40m。水体排至集水井后由下闸首集水井及抽排水设施(该项目已在下游基坑进水前验收)排到下游引航道。

阀门室内布置有检修闸阀、电动/手动工作闸阀及管支架等设备,设备直径 DN150。

电动闸阀的控制箱与阀门集成为一体。

(2)下闸首泄水系统设备安装

下闸首泄水系统设备于 2014 年 8 月完成全部安装,管道、阀门等安装质量满足相关规范和制造厂技术要求。9 月完成压力试验、水密性试验及阀门手动开关试验。2015 年 10 月完成现地电动、下闸首现地站远控闸阀机电联合调试,各项性能指标满足合同文件要求。

7.8　升船机各建筑物安全监测成果分析

7.8.1　上闸首及下闸首监测

7.8.1.1　变形

1)上闸首地基最大水平位移 4.00mm,主要发生在施工期,施工完建后已趋于稳定,目前(2018 年 3 月)位移稳定。

2)上闸首地基沉降变化在 25mm 以内(图 7.8.1)。

3)上闸首闸顶位移多向上游,呈周期性变化,累计位移为 −5.15∼1.39mm。

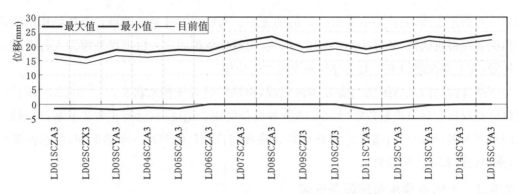

图 7.8.1 升船机上闸首地基沉降特征值和当前值分布图

7.8.1.2 渗流

1)渗流量:上闸首闸基渗流量一般为 0。

2)渗压:上闸首高水位时上游基础排水幕处扬压力系数为 0.05,在设计允许范围内。下闸首闸基水位略低于廊道底板高程,测值稳定。

7.8.1.3 应力应变

1)上闸首辈纵缝开合度年变化量为－0.29～－0.14mm。2018 年 3 月实测纵缝开合度在－0.84～5.65mm。

2)上闸首钢筋应力与温度负相关,降温应力增加,升温应力减小。2018 年 3 月测值在－77.11～13.32MPa。

3)上闸首锚索测力计荷载在 3274.0～3640.1kN(锚索设计超张拉系数为 1.05),总损失率在 4.7%～12.4%,锚索预应力荷载较为稳定。上闸首锚索测力计测值与温度过程线见图 7.8.2。

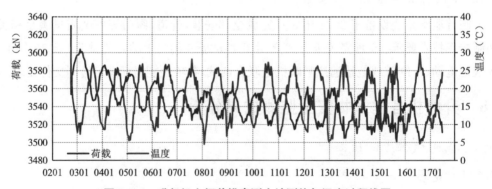

图 7.8.2 升船机上闸首锚索测力计测值与温度过程线图

7.8.2 船厢室监测

7.8.2.1 船厢室底板监测

（1）底板沉降

船厢室底板沉降值随塔柱浇筑高度上升而增大。2018 年 3 月实测各测点沉降在4.88～

6.46mm,且沉降值基本一致,没有不均匀沉降现象。

（2）底板渗压

实测底板渗压水头最大 6.72m,2018 年 3 月测值在 1.37～5.59m。

（3）底板应力应变

1）底板混凝土低温主要出现在每年 1、2 月份,温度在 4～9℃;高温出现在 8、9 月份,温度在 22～28℃。

2）底板钢筋应力多受压,主要受气温影响呈周期性变化,应力在－77.31～28.20MPa。

3）底板接缝缝面变化为降温季节开合度增大,升温时开合度减小。开合度测值在－0.48～1.16mm。

7.8.2.2　塔柱监测

（1）变形

塔柱位移主要随气温呈年周期性变化。一般塔柱高程 196m 处或 175m 处的位移值最大。降温时,塔柱位移均朝向船厢室中心,即:上游塔柱向下游位移、下游塔柱向上游位移;左侧塔柱向右位移、右侧塔柱向左位移。升温时,与降温工况相反,塔柱位移均背离船厢室中心。低温季节 1—2 月份塔柱间距离减小;高温季节 8—10 月份塔柱间距离增大。

1）水流向 X 方向位移变化（向下游位移为正,反之为负）

塔柱 4 个水流向 X 方向的位移基本随温度变化,升温膨胀,降温收缩,高程 175m 和高程 196m 处相对下部变形较大。1—7 月升温期间高程 196m 塔柱 1# 和塔柱 2# 朝向上游位移,塔柱 3# 和塔柱 4# 向下游位移;降温时位移方向相反,2016 年 8 月至 2017 年 2 月降温时高程 196m 塔柱 1# 和塔柱 2# 向下游位移。塔柱 3#、塔柱 4# 向上游位移。塔柱水流向的位移基本上反映塔柱热胀冷缩的变形。塔柱 1# ～4# 高程 196m X 方向位移过程线见图 7.8.3。图 7.8.3 表明:塔柱 1#、2# 与塔柱 3#、4# 位移呈相反方向变化。

2017 年蓄水前后 X 方向位移变化量在－3.66mm（塔 3# 高程 196m）～3.00mm（塔 1# 高程 196m）,其变化主要受温度影响。2018 年 3 月 10 日,塔柱 1# ～4# 高程 175m 处 X 方向位移在－5.18～3.89mm,高程 196m 处 X 方向位移在－4.78～3.23mm。

2）左右岸 Y 方向的位移变化（向左岸位移为正,反之为负）

左右岸 Y 方向位移同样受温度影响,高程 175m 和 196m 处变形相对较大,降温阶段塔柱 1# 和塔柱 4# 向右岸方向位移,塔柱 2#、塔柱 3# 向左岸位移,均反映向闸室中心线位移,两侧塔柱相互靠近。升温阶段,塔柱 1# 和塔柱 4# 总体向左岸位移,塔柱 2#、塔柱 3# 总体向右岸方向变形,反映左、右侧塔柱相互背离。塔柱 1# ～4# 高程 196mY 方向位移过程线见图 7.8.4。2017 年蓄水前后位移变化量在－2.44mm（塔 4# 高程 196m）～1.73mm（塔 3# 高程 196m）。2018 年 3 月 10 日塔柱 1# ～4# 高程 175m 处 Y 方向位移在－1.70～3.03mm,高程 196m 处位移在－3.05～7.30mm。

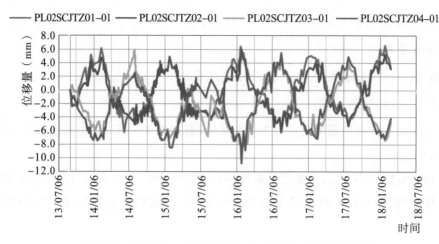

图 7.8.3 塔柱 1# ~4# 高程 196.0m X 方向位移过程线图

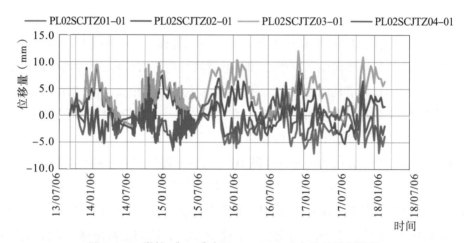

图 7.8.4 塔柱 1# ~4# 高程 196.0m Y 方向位移过程线图

3)塔柱垂直向变形

船厢室高程 50m 底板各测点(首测日期为 2009 年 9 月 30 日)沉降值随塔柱浇筑高度上升而增大,2017 年 8 月各测点垂直累计位移在 6.35～4.88mm,2017 年 11 月累计位移在 5.83～4.98mm,2017 年蓄水前后位移变化量在 −0.75～0.10mm。2018 年 2 月各点垂直位移累计在 5.96～5.02mm。各测点垂直位移累计值基本一致,沉降差值在 2mm 以内,底板高程 50.0m 无不均匀沉降现象。

机房底板高程 196.0m 各测点(2013 年 8 月 15 日取得初始值)累计垂直位移值主要随气温呈年周期性变化,年变幅约 40mm,一般 2 月份累计垂直位移值最大。2018 年 2 月各点垂直位移累计在 46.36～44.90mm。各测点累计垂直位移值基本一致,没有不均匀沉降现象。高程 196m 机房底板竖向位移与温度变化过程线见图 7.8.5。

4)相邻塔柱间,水流向相对水平位移幅值约在 28mm 以内,垂直水流向相对水平位移幅值约在 18mm 以内。

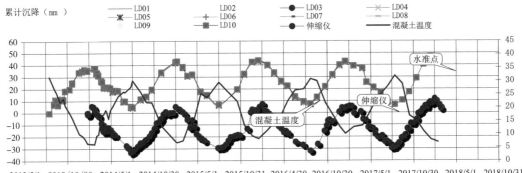

图 7.8.5　高程 196m 机房底板垂直位移与温度变化过程线图

实测相对位移幅值均在相应塔柱间相对位移静力计算值范围以内。

相邻塔柱垂线测点处,相对位移静力计算值与实测值幅值的对照见表 7.8.1。

表 7.8.1　　　　　　　　　　　相对位移静力计算值与实测值幅值的对照

测点高程(m)	水流向相对位移幅值(mm)			坝轴向相对位移幅值(mm)		
	计算值	塔柱 4#~1#	塔柱 3#~2#	计算值	塔柱 4#~3#	塔柱 1#~2#
196	29.24	27.79	25.78	16.96	16.58	15.59
175	27.42	25.61	23.82	23.98	17.02	15.65

(2)应力应变监测

1)塔柱筒体各测点钢筋应力在 −64.39~31.73MPa,应力均较小,随温度变化。横梁钢筋应力在 −41.68~22.56MPa,应力值及变化均较小。纵梁钢筋应力在 −120.64~97.41MPa。塔柱大部分钢筋拉应力在 50MPa 以内,较大的钢筋应力一般出现在浇筑混凝土后一个月左右,之后应力没有超过浇筑初期应力,后期应力主要随温度呈年变化。

塔柱高程 182.10m 平衡重导轨宽槽附近钢筋应力在 −52.60~49.59MPa,应力较小。

2)塔柱筒体及横梁各测点实测混凝土应力:实测应力多为压应力,拉应力较小,应力主要随温度变化。2018 年 3 月实测纵横梁应力在 −52.09~95.08MPa,大部分钢筋拉应力在 50MPa 以内,较大的钢筋应力均是在浇筑混凝土后一个月左右出现的,之后应力没有超过浇筑初期应力,后期应力主要随温度呈年变化,与温度负相关。2017 年蓄水前后大部分钢筋应力变化在 ±5MPa 以内。

3)一、二期混凝土结合面开度

塔柱筒体高程 84m 连续牛腿一、二期混凝土结合面开度:实测在 −0.04~0.24mm,测值基本不受温度影响,说明一、二期混凝土结合良好。

塔柱平衡重导轨一、二期混凝土结合面开度:实测在 −0.45~−0.41mm。绝大部分测点开度测值在 0.3mm 以内。开度测值均是混凝土浇筑后的几天产生的,之后测值变化很小,且不随温度变化,说明一、二期混凝土结合良好。

2018 年 3 月实测塔柱一、二期混凝土间开度在 $-0.53 \sim 0.48$mm,除个别测点外,绝大部分测点开度测值在 0.3mm 以内。开度测值均是混凝土浇筑后几天内产生的,之后测值变化很小,且不随温度变化,说明一、二期混凝土间结合良好,不存在明显的裂缝。2017 年蓄水前后开度变化在 $-0.03 \sim 0.02$mm。

7.8.2.3　升船机试通航期间监测成果分析

1)塔柱位移主要受温度影响,变化规律正常。塔柱 X 方向位移测值在 $-7.12 \sim 6.10$mm,变化量在 $-1.25 \sim 1.35$mm。塔柱 Y 方向位移测值在 $-7.04 \sim 8.34$mm,变化量在 $-1.13 \sim 1.04$mm。

2)塔柱钢筋应力测值在 $-68.53 \sim 105.63$MPa,变化量在 $-13.38 \sim 9.61$MPa。应力主要随温度变化呈周期性波动。

3)塔柱一、二期混凝土间开度测值在 $-0.5 \sim 0.68$mm,开度变化量在 $-0.02 \sim 0.06$mm。

7.8.3　升船机承船厢全行程升降运行过程中检测

7.8.3.1　升船机承船厢全行程升降运行过程中位移检测结果

1)承船厢横导向油缸最大位移 3.1mm。塔柱横向相对位移监测值:塔柱 4-3 在高程 175m 为 7.69m,高程 196m 为 1.34mm;塔柱 1-2 在高程 175m 为 1.97mm,高程 196m 为 -2.49mm,远小于机构对横向相对变位的适应能力 ± 150mm。

2)齿轮与齿条在齿宽方向接触范围变化量 3.0mm。塔柱纵向相对位移监测值:塔柱 4-1 在高程 175m 为 -0.56mm,高程 196m 为 -1.91mm;塔柱 3-2 在高程 175m 为 -0.18mm,高程 196m 为 -0.72mm,远小于机构对纵向相对变位的适应能力 ± 105mm。

7.8.3.2　承船厢在全平衡状态下全行程升降运行过程中螺纹副间隙检测结果

承船厢在全平衡状态下全行程升降运行过程中,实际检测安全机构螺纹副间隙变化量 7.0mm,远小于设计值 60mm。

7.8.4　升船机运行机构与埋设在塔柱相应机构及埋件变形协调控制效果评价

升船机调试及运行两年多来,安全监测系统监测数据表明,在承船厢运行范围内,塔柱纵向(顺水流方向)最大相对位移 16.66mm,横向(左右岸方向)最大相对位移 17.71mm;在承船厢标准水深情况下,全行程范围内,安全机构短螺杆与螺母柱牙面之间最小间隙大于 50mm,同步轴扭矩值 1.4kNm,承船厢结构及其设备完全可以适应塔柱变形,承船厢运行过程中无卡阻。升船机全行程升降运行过程中,塔柱和承船厢机构在纵向、横向以及垂直方向相对变位的实测值均小于升船机各机构适应变形的能力,满足设计要求,可保障升船机运行安全。

7.9　升船机设计及施工技术问题探讨

7.9.1　升船机类型及上闸首结构选择问题

7.9.1.1　升船机类型选择

（1）升船机类型

升船机的类型，按其布置方式和所具备的功能，主要分为垂直升船机和斜面升船机两大类。垂直升船机承船厢重量平衡的方式，主要为平衡重和浮筒（又称为浮筒式垂直升船机），驱动的方式有齿轮齿条爬升式和水力式，还有钢丝绳卷扬提升承船厢的平衡重式垂直升船机。从世界垂直升船机发展趋势分析，全平衡齿轮齿条爬升垂直升船机和全平衡钢丝绳卷扬提升式垂直升船机，将是今后垂直升船机的两种基本类型。

1）全平衡齿轮齿条爬升式垂直升船机

该类垂直升船机主要由上、下引航道，上、下闸首和承船厢室组成。上、下游引航道为升船机主体和主河道间的连接渠道，在闸首前设有导航及靠船建筑物。上、下闸首是将升船机的承船厢室与上、下游引航道的水域隔开，使升船机在提升和下降的过程中，可以在无水的船厢室中升降，升船机的平衡条件不因承船厢下水而被破坏，通过在闸首上的闸门挡水并控制船舶进出承船厢。承船厢室由承重结构及顶部机房、承船厢及其上面的顶紧、密封、充泄水、锁定、夹紧等附属机构、提升及事故安全系统和平衡重等组成。承船厢为在两端设闸门的槽形钢结构，与平衡重之间用钢丝绳连接，分别悬挂在承重结构顶部滑轮的两侧；驱动系统由 4 个设置在承船厢上的齿轮和设置在承重结构上的齿条组成；事故安全系统由 4 个设置在承重结构上、长度可满足承船厢升降高度要求的螺母柱（或螺杆柱）与 4 个设在承船厢上可随承船厢的升降、在螺母柱内空转的短螺杆（或螺杆柱外空转的短螺母）组成。

以船舶上行为例，起始状态为承船厢已与下游引航道接通，船舶通过大坝的流程如下：船舶由下游引航道进入承船厢→关闭下闸首工作闸门和承船厢下游端闸首→泄除两道闸门之间的水体→松开密封、顶紧和锁定装置→驱动系统运行动作，承船厢沿齿条齿轮上升至船厢内水位与上游水位齐平→推出密封、顶紧和锁定装置→往承船厢上游端闸门与上闸首工作闸门之间充水→打开承船厢上游端闸门和上闸首工作闸门→船舶由承船厢驶入上游引航道。采用相反的程序，船舶即可由上游驶向下游。如在承船厢升降过程中，发生船厢内水体超载或泄漏等事故时，通过齿轮在爬升过程中负荷的变化，当达到一定的最大值时，爬升齿轮停止转动，相应的短螺杆（或短螺母）自动停止转动，承船厢坐落在螺母柱（或螺杆柱）上，承船厢实现安全锁定。

2）全平衡钢丝绳卷扬提升式垂直升船机

该类垂直升船机是近些年来开始采用的一种类型。这类升船机与全平衡齿轮齿条爬升式垂直升船机主要不同点：一是驱动系统，采用钢丝卷扬机提升系统；二是事故安全系统，采用钢丝绳卷扬机的制动器制动和设置在承船厢上的夹轨器，夹住埋设在承重结构上钢轨锁定船厢。

3)浮筒式垂直升船机

该类垂直升船机是 20 世纪 60 年代以前在国外曾采用过的一种垂直升船机类型。升船机在上、下闸首之间的船厢室基础内,按照升船机升降需要的高度和平衡承船厢重量的要求,在基础上挖掘数个竖井,井壁设钢筋混凝土衬砌并在井内盛水,承船厢底部用钢架和井内浮力与船厢重量相等的钢制浮筒连接,在船厢室两侧适当位置布设导引排架,排架上设 4 根由同步轴连接的螺杆,在船厢对应位置上固定 4 个螺母。升船机通过两个浮筒平衡船厢的重量,通过电机驱动螺干带动承船厢升降。这种升船机除其平衡和驱动机构的类型与全平衡齿轮齿条爬升式垂直升船机不同外,其运行流程大致与全平衡齿轮齿条爬升式垂直升船机相同。

(2)升船机类型选择

升船机类型选择应根据升船机的设计水头,过船吨位、坝址的地形地质条件,通过各种可行的升船机类型进行综合技术经济比较后,择优选定。

升船机类型比选的重点内容:升船机设备和过坝船舶的安全可靠性;升船机技术问题解决的难易程度;升船机运行管理与维护检修的方便;升船机工程量和造价的合理性。

在世界各国已建的升船机中,垂直升船机占大多数。在垂直升船机中以湿运平衡重式占多数。这类垂直升船机的爬升及事故安全系统,以往主要用星轮齿条爬升装置和螺母、螺杆事故安全装置,其主要优点是机构运行安全可靠,运行管理方便,升船机的主要设备和附属机构的设计、制造、安装和运行,在世界上有较为成熟的经验,但对升船机机电设备制造、安装的精度要求较高。浮筒式垂直升船机由于将承船厢通过钢架支承在竖井中的浮筒上,承船厢的重量和提升高度受到一定限制,因此仅适用于通航建筑物的规模和提升高度不大的水利枢纽。根据相关资料,升船机的驱动装置螺杆和螺母磨损较快,每 4~5 年需更换一次。这种浮筒系统和提升机构运行尚存在问题,除德国在早期采用外,近些年未见其他工程继续采用。近些年来,全平衡钢丝绳卷扬提升式垂直升船机建成较多,且尚有多座这种类型垂直升船机正在设计建设。全平衡钢丝绳卷扬提升式垂直升船机的主要优点是在保证升船机运行安全的同时,驱动和事故安全设备制造安装的难度相对较小。但目前这类升船机投入运行的时间还不长,实际运行的经验尚待逐步积累。

三峡工程初步设计垂直升船机推荐全平衡钢丝绳卷扬提升式垂直升船机,其具有通过能力大、运行费用低、对塔柱施工和机械设备制造难度相对于全平衡齿轮齿条爬升式垂直升船机较低等优点,适应我国国情,技术较为成熟。1993 年 5 月,在国家审查通过的三峡工程初步设计报告中,初步确定了钢丝绳卷扬提升式垂直升船机的线路位置和总体布置。1995年 4 月,国务院三峡工程建设委员会研究决定三峡升船机缓建。其间对升船机类型比较进行了深入研究工作,2000 年,受中国三峡集团公司委托,长江设计院对齿轮齿条爬升式垂直升船机方案进行研究。根据相关考察、调研资料以及结合三峡升船机的施工现状,对齿轮齿条爬升式垂直升船机关键设备的性能、参数、结构类型,以及由各种因素引起的影响升船机运行的综合变形及误差进行深入分析研究,落实并完善该种类型升船机的主要技术问题及其相应的解决措施,提出了设计研究报告,经三峡集团组织专家审查并上报三峡建委。专家审查认为,钢丝绳卷扬提升式和齿轮齿条爬升式升船机在技术上都是可行的,但齿轮齿条爬升式升船机运行安全可靠性高于钢丝绳卷扬提升式升船机。专家审查推荐三峡升船机采用全平衡齿轮齿条爬、长螺母柱短螺杆安全系统一级垂直升船机方案。2003年9月,国务院三峡工程建设委员会第13次全体会议同意三峡升船机由钢丝绳卷扬提升式改为齿轮齿条爬升式垂直升船机。

7.9.1.2 升船机闸首结构类型选择

(1)升船机闸首结构类型

升船机闸首结构按其受力状态,可分为整体和分离式两种结构类型。闸首结构类型主要根据其地基地质条件、枢纽总体布置和闸首工作等条件进行比较选择。

1)闸首整体式结构

闸首整体式结构是闸首两侧边墩墙和底板连成整体,可最大幅度地减少升船机在枢纽大坝轴线上的布置宽度,较好地适应地质条件差的地基,减少闸首开挖和混凝土工程量。整体式结构底板尺度较大,为减少施工期底板混凝土温度应力和浇筑强度,需分缝分块,并严格实施混凝土温控防裂措施和控制浇筑程序。整体式结构底板钢筋较多,施工难度相对较大。闸首底板在施工期防止混凝土裂缝和航槽侧向水荷载导致底板应力较大的问题是整体式闸首结构设计的关键问题。施工期结构分缝需根据地基岩体约束条件、混凝土入仓温度、浇筑层厚、材料性能、施工降温措施等条件综合分析确定;根据结构受力条件,确定是否设置键槽缝、宽槽缝及其缝面形式,依据降温措施、结构内外温度条件确定合适的并缝时机。对高水头闸首由于两侧边墙承受的水荷载较大,底板应力较大,需分析研究配筋方案。

2)闸首分离式结构

闸首分离式结构是闸首两侧边墩墙和底板分开,结构受力明确,闸首结构设备及施工相对简单,底板钢筋用量较少;但相对于整体式结构、边墩墙断面增大,混凝土用量增多。为减少闸首占用大坝挡水前缘的长度,保证闸首两侧边墩墙在双向水荷载作用下的强度和稳定性,必要时需考虑闸首的两侧边墩墙与相邻建筑物联合受力的可能性。这种闸首结构类型的航槽底板顺水流向纵缝水平止水的施工难度大,止水质量难以保证。

(2)升船机闸首结构类型选择

通常在较软弱地基上,为防止不均匀沉降,闸首一般采用整体式结构。在坚硬基岩上,闸首可采用分离式结构,但一般用于水头小,水位变幅小的升船机闸首。

三峡升船机上闸首水位变幅30m,最大水头达39.4m,上闸首地基为坚硬的闪云斜长花岗岩,因水头大、水位变幅大,上闸首采用整体式结构,底板采用预应力结构,以满足结构的强度要求。

(3)上闸首非杆系混凝土结构设计问题

对上闸首这类非杆系结构的配筋,以往工程一般有两种设计方法:①套用杆系结构的配筋公式,按偏压构件设底板高度,则配量量很小,与实际不符;若偏压构件的截面高度不按底板高度取,那么究竟取多大合适难以确定,因而采用该方法来设计三峡上闸首的底板是不现实的。②采用规范的应力图形法设计。用此方法可以计算结构极限承载力配筋,但无法求得裂缝宽度,也无法判断结构能否满足正常使用极限状态的要求。

非杆系结构的另一种设计方法是钢筋混凝土有限单元法,但也有其局限性。设计时考虑结构的可靠度要求,规范规定:当验算设计承载力时,应考虑结构系数 γ_d,并应将荷载及材料强度取为设计值;当验算裂缝控制时,荷载及材料强度应取为标准值。同时为避免强度降低后混凝土应力应变关系的失真,又将混凝土弹性模量相应降低。规范规定:验算承载能力时,混凝土初始弹性模量可由混凝土强度等级除以混凝土材料分项系数 1.35 后的值后,再按弹性模量和立方体等级之间的关系求得;验算裂缝宽度时,混凝土初始弹性模量可根据混凝土的强度等级,由弹性模量和立方体等级之间的关系求得。此外,还必须预先假定钢筋的用量和分布。

针对上述问题,提出承载能力极限状态计算采用"应力图形法"、正常使用极限状态验算采用钢筋混凝土非线性有限单元法结构配筋设计方法。运用此方法计算了上闸首两种配筋方案(钢筋混凝土结构与预应力混凝土结构)在不同配筋量或预应力吨位下的结构裂缝宽度,提出了三峡升船机上闸首宜采用预应力混凝土设计方案,并且首次进行了超大型闸首结构的预应力设计。按应力图形法配筋写入了《水工混凝土结构设计规范》(SL 191—2008)。

7.9.2 升船机的总体布置问题

7.9.2.1 升船机分部建筑物布置

升船机分部建筑物及其设备的布置,是升船机总体布置基本的工作内容。垂直升船机主要根据承船厢的有效尺寸和初步拟定的分部结构的类型,布置确定上闸首、承船厢室、下闸首和上、下游导航墙建筑物的平面位置,各部位高程以及基本尺度。

(1)布置位置

升船机各分部建筑物的布置位置,主要根据对建筑物的功能要求,参照已建工程的经验确定。升船机的承船厢是布置工作的中心,在其两侧对称布置承船厢的承重结构,在承重结构的顶部布置机房,在承船厢的上、下两端,分别布置上、下闸首,上、下游导航墙分别紧接上、下闸首的上游和下闸进行布置。

(2)布置高程

升船机上、下闸首和上、下游导航墙的顶部高程,通常按上、下游通航高水位加超高确定,闸首的超高为 1.5～2.0m,导航墙的顶部高程一般可比闸首顶部高程低0.5m;但上闸首的顶高程应不低于坝顶高程;下闸首顶部高程应满足下游防洪挡水的要求。

　　垂直升船机承重结构顶部高程,按上游通航高水位加通航净空确定。上部机房顶部高程,按机房内设备布置,考虑检修起吊要求后确定。承船厢室底部高程,按下游最低通航水位、承船厢在水面以下结构高度加富余并考虑承船厢下锁定的布置和检修空间要求等确定。

　　斜面升船机斜坡道的坡度,主要根据线路所在部位的地形、升船机的类型、规模和斜架车是否设置平衡重等确定。轨道梁的间距,根据承船厢(或斜船架)的横向稳定确定。

　　引航道及闸首的底槛高程,可按照最低通航水位和最小通航水深的要求确定。

　　(3)基本尺寸

　　上、下闸首、承重结构、轨道梁和上、下游导航墙结构的基本尺寸,主要考虑设备布置、闸面运行管理和检修交通需要的情况后,根据工程的地质条件、基础处理的方式和结构的受力条件,通过简单的计算,按照结构稳定、强度和变形的要求确定。

7.9.2.2　金属结构布置

　　垂直升船机的金属结构,主要包括承船厢及其平衡重,以及保证承船厢正常、安全运行所必需的各种附属设备和上、下闸首的闸门及其检修闸门等。

　　(1)承船厢结构及其设备

　　1)承船厢

　　升船机的承船厢为两端带钢闸门的 U 形钢结构,由底铺板及其下的梁系和两侧的纵向主梁等组成,用多点悬挂钢丝绳与平衡重相连接,分置于承重结构的两侧,悬挂在承重结构顶部滑轮上。U 形钢结构的两端为厢头闸门,通常为卧倒式或提升式平板钢闸门或下沉式弧形门。

　　2)平衡重系统

　　为节省承船厢的驱动功率,升船机一般设置平衡重系统。平衡重系统由平衡重组、钢丝绳、滑轮组、平衡链、锁定装置及导向装置等组成。全平衡式升船机平衡重组的总重与承船厢带水总重相等,通常由掺铁屑的混凝土块组成,由悬挂钢丝绳通过滑轮与承船厢连接。钢丝绳卷扬式升船机的平衡重组,又分为重力平衡重和转矩平衡重两种。重力平衡重由悬挂钢丝绳通过滑轮直接与承船厢连接;转矩平衡重与缠绕固定在提升主机的卷筒上钢丝绳的一端连接,卷筒上钢丝绳的另一端与承船厢连接,在钢丝绳与承船厢连接处,为平均提升钢丝绳之间的受力,设液压平衡系统。承船厢的平衡重布置在承重结构内部,在承重结构上布置导轨,并在其运行的最高和最低位置,分别布置上、下锁定。为防止万一因钢丝绳断裂导致平衡重块下落,破坏平衡重与承船厢之间的平衡条件,以几块平衡重为一组,用钢制框架框在一起,断绳平衡块的重量,可以通过框架,分摊给同组的其他平衡重的钢丝绳承担。为抵消在承船厢升降时,随两侧钢丝绳长度变化导致承重结构两侧产生不平衡力,由布置在承船厢和平衡重底部单位长度重量与单位长度钢丝绳相等的平衡链平衡。

　　3)密封框

　　在承船厢与上、下闸首对接时,为封堵承船厢与闸首之间的间隙,在承船厢两端布置有密封装置。该装置由 U 形密封框、液压油缸群和橡皮止水等组成。

4）充泄水装置

在承船厢两头底部布置有充、泄水装置，通常为一组可逆式水泵，可由承船厢向间隙内充水或将水由间隙抽回承船厢。该设备还可在承船厢内水深值小于或大于设计规定时，对厢内进行补水或向厢外排水。此外，为随水位变化调整工作闸门下面的叠梁，需在工作闸门和辅助闸门之间设置排水设施。

5）顶紧装置

为平衡在压紧密封框时产生反力，在间隙内充水后对承船厢产生水压力，承船厢需设置顶紧装置。顶紧装置通常布置在承船厢两侧主纵梁外侧中部，由设在承船厢上的顶紧台车、楔形导块、液压油缸、复位弹簧、支架机构和设在承重结构上的承力结构组成，每侧两套，分别适应承船厢在上、下游满足承船厢与闸首对接时传力的需要。

6）锁定装置

为承船厢的安装、调整和检修需要，承船厢需在某些高程上进行锁定。对齿轮齿条爬升式垂直升船机可直接利用螺母、螺杆安全锁定装置，将承船厢锁定在螺母柱上；对钢丝绳卷扬提升式垂直升船机，需布置承船厢的上、下锁定。上锁定由承船厢上的悬臂和承重结构的上双悬臂平台及可由简单机械将其移置于双悬臂平台上的锁定梁等组成；上锁定通常在承船厢两侧各布置两套，在承船厢提升至其悬臂梁通过双悬臂平台，且其下翼缘高于承重结构上的锁定梁上翼缘后，将锁定梁移至双平台上，待承船厢悬臂横梁回落搁在锁定横梁上，承船厢即被锁定。下锁定由在船厢室底板上对应于承船厢纵向主梁的多根等间距布置并由千斤顶顶升的锁定横梁组成，在承船厢下降至对应于下游最低水位的停靠位置后停机，由千斤顶顶升锁定横梁至与承船厢主纵梁下翼缘接触，并支垫牢固后，承船厢即被锁定。

7）纵、横向导承

为防止承船厢在运行过程中，受风力、塔柱温度变形导致承船厢沿水平方向产生摆动，升船机需设置纵、横向导承。对钢丝绳卷扬式升船机，通常还布置事故安全夹紧导承的装置。纵、横向导承由承船厢上的弹性支承轮和承重结构上的导轨组成，对采用夹导轨的事故安全系统的升船机，承船厢导承的支承轮与夹轨装置，分上、下两层布置。横向导承和夹紧装置通常在承船厢两侧各布置两点。纵向导承通常只对应横向导承上游两个点导轨的上、下游布置支承轮。

8）防撞机构

由刚性防撞梁或防撞钢丝绳、顶升和缓冲液压油缸等组成，一般布置在厢头的闸门前，以防船舶驶进承船厢时撞上闸门。

9）安全疏散设施

为万一承船厢在运行中途发生事故被锁定时及时疏散旅客，升船机需在承船厢两个侧舷的走道板中部设置疏散平台，与设置在塔柱不同高程上的疏散楼梯相对应，形成疏散通道。

（2）闸门

1）上闸首工作闸门

通常在上闸首下游靠近船厢室的一端,布置一道平板工作闸门。在上、下游水位变幅较大的情况下,工作闸门通常在一扇大门上带一扇过船小门,在大门下设置一组叠梁的组合式结构。

2）上闸首辅助闸门

在工作闸门上游,布置一道由一扇平板门及其下面的叠梁相组成的辅助闸门。当上游水位在一根叠梁的高度范围内变动时,可直接通过工作大门以适应水位变化;当上游水位变化超过一根叠梁的高度时,需用辅助闸门挡水,在无水状况下增加或减少工作闸门下面的叠梁,通过调整工作大门以适应水位变化。但在这之前,首先应在工作闸门挡水的情况下,对辅助闸门下面的叠梁作相应的调整。但在发生意外时,辅助闸门的平板门也可在流水情况下关闭切断水流,作为事故门使用。

3）下闸首工作门

通常在下闸首上游靠近船厢室的一端,布置一道平板工作闸门。在一般情况下,由于下游的水位变幅较小,下闸首工作闸门可采用在一扇大门上带一扇过船小门的结构。

4）下游检修门

下闸首工作闸门的下游,为对下游工作门进行检修,布置一道检修闸门。检修闸门通常采用提升式平板门。

7.9.2.3 机电设备布置

（1）承船厢提升及事故安全装置和闸门启闭机

承船厢的提升和事故安全系统是垂直升船机的主要机械设备。齿轮齿条爬升式升船机,一般采用齿轮（星轮）与齿条（或齿梯,下同）组成的提升机构和螺母、螺杆组成的事故安全系统。升船机的爬升系统分别在承船厢两侧各布置两组齿轮,在承重结构的对应位置布置齿条,通过齿轮沿齿条爬动,使承船厢上升或下降。升船机的事故安全系统有两种类型:一种分别在承船厢两侧各布置两组短螺杆,在承重结构的相应位置布置螺母柱,发生事故时,齿轮齿面上荷载达到设定值时齿轮停止转动,在螺母柱内空转的螺杆随之停止转动,螺杆坐落在螺母柱上,实现事故制动;另一种分别在承船厢两侧各布置两组螺母,在承重结构的相应位置布置两组螺杆柱,发生事故时,承船厢在螺杆上空转的螺母停止转动,螺母落在螺杆柱上,实现事故制动。为保证多台爬升和事故安全装置运行速度的同步,需在各台装置之间设置同步轴。

钢丝绳卷扬提升式垂直升船机的提升设备,布置在承重结构顶部,对应于转矩平衡滑轮位置布置卷扬机,通过卷扬机牵引钢丝绳使承船厢提升或下降。为减少设备的噪音和维护工作量,延长使用寿命,卷扬机通常采用闭式传动系统。每台卷扬机由电动机、工作制动器、双出轴低速重载减速器、卷筒组、安全制动器及测速器等附件组成。为保证多台卷扬机提升钢丝绳的速度同步,在各台卷扬机之间设置机械轴同步系统,为此,在卷扬机的低速重载减速器内,均设置中速输出轴,以便与同步轴组成矩形同步轴系统。提升机构设干油泵站,为卷筒的轴承、平衡重滑轮组的轴承及同步轴的轴承供应润滑油。卷扬提升式垂直升船机的事故安全系统为具有多种保安措施的综合体。为防止发生船厢漏水事故,导致平衡状态产生破坏,在承重结构上需布置为承船厢补水的装置。为在发生意外时能及时将船厢制动,在卷扬机上设有安全制动器。制动器在升船机发生事故时,可逐级动态上闸制动,另在船厢上设置夹住导轨(或夹住钢丝绳)的装置,此装置由承载液压油缸、高强度及摩擦系数夹紧块和锁定机构支架等组成。此装置也可作为沿程锁定,为承船厢在进出船时提供垂直向的支承点,以防止承船厢发生纵倾,导致钢丝绳不均匀伸长或承船厢晃动和密封框漏水。上、下闸首闸门的启闭机械,通常随同闸门的位置进行布置。上闸首工作大门、辅助平板门和这两种闸门下面的叠梁,可在闸首顶部布置排架,在排架上布置一台桥式的起重机进行操作。承船厢上的小门、下闸首工作大门和工作大门上的小门,通常需分别布置液压式启闭机和门架式启闭机进行操作。下游检修闸门通常布置固定式或采用移动式启闭机进行操作。

(2)电气传动及自动控制

升船机的电气控制系统,通常布置在承重结构顶部的机房内,主要包括电气传动和自动控制两部分。升船机的主拖动系统,一般为一个多电机同轴传动、出力均衡速度自动调节的系统,也是一个4象限都能运行的可逆传动系统。在目前可供选择的方案,有比较成熟的直流传动系统和正在迅速发展的交流传动系统两种。升船机的设备和运转环节多、控制对象量大,一般采用分散控制、集中管理的集散型监控系统,以提高系统的可靠性。通常升船机整体运行的监控,为由下层可编程序控制器 PLC 和上层上位工控微机组成的分布式集散系统。

7.9.2.4 其他附属设备与设施布置

垂直升船机的其他设备与设施有两类:一类为垂直升船机特有的设备和设施。为防止升船机发生火警,在升船机机房、控制室、承船厢或承重结构上设置灭火装置;为在船厢升降过程中万一漏水时及时向船厢补水,以维持升船机的平衡条件,在承重结构上设置补水装置;根据承重结构顶部设备的吊运、安装和检修需要,主机房内布置必要的起吊设备。另一类为在一般通航建筑物上都有的包括闸面交通、安全监测、通信以及供电、照明、通风、采暖等设备和设施。由于这些设备和设施的布置在一般通航建筑物工程中较为常见,且与一般通航建筑物布置近似,布置工作可参考本书大中型船闸设备布置的有关内容,也可根据具体情况参照有关已建工程的经验进行。

7.9.3 齿轮齿条爬升式垂直升船机设计问题

齿轮齿条爬升式垂直升船机在船厢室段以外的金属结构与机械设备的设计,与钢丝绳卷扬式垂直升船机相同,可直接参考钢丝绳卷扬式升船机的有关设计。该类升船机船厢室段金属结构与机械设备的设计与钢丝绳卷扬式升船机不同之处,主要是承船厢驱动系统和事故安全装置。

7.9.3.1 承船厢驱动系统设计

（1）设备类型

齿轮齿条爬升式垂直升船机的承船厢，由设在承船厢两侧对称布置的 4 套"齿轮—齿条（或齿梯，下同）"机构驱动，齿条固定在升船机的承重结构上，齿轮及其驱动系统安装在承船厢上。每套驱动机构均与一套安全装置连接，当承船厢平衡系统受到破坏时，驱动机构停止运转，承船厢与平衡重间的不平衡载荷转由安全装置承担。安全装置采用"螺母—螺杆"式，利用二者螺纹副之间的自锁条件，将承船厢锁定在承重结构上。每个齿轮由一台电动机通过机械传动装置驱动，齿轮与敷设在承重结构上的齿条（或齿梯）相啮合，驱动承船厢升降运行。4 套驱动机构之间通过机械同步轴构成刚性同步系统，每套驱动机构的齿轮轴与安全装置的旋转螺杆（或螺母，下同）相连，由严格的传动比确保两者的升降速度相同。

除齿轮、齿条外，驱动系统还包括电动机、机械传动装置、安全制动器、齿轮摇臂机构、万向联轴节、水平弹簧、垂直弹簧等设备或机构。

齿轮安装在摇臂机构的竖向摆臂上，通过纵向和横向导向轮对齿条的两个方向导向，保证齿轮与齿条之间的啮合（其中横向导轮兼作船厢的横向导向）。摆臂下端与水平弹簧连接，弹簧向横向导向轮施加恒定载荷。摆臂上端与摇臂连接，摇臂中部支承在承船厢结构上，另一端则与垂直弹簧连接，由垂直弹簧限定驱动机构齿轮的提升力。

（2）工作原理

驱动机构齿轮的支点具有一定的弹性，是齿轮齿条爬升式升船机的技术要点之一。摇臂中部支承在承船厢结构上，尾部与双向预紧的垂直弹簧连接，保持在水平位置，电动机驱动位于摆杆中部的齿轮旋转，通过与摆杆下端连接的水平弹簧，使齿轮与齿条啮合形成齿轮沿齿条的滚动，驱动承船厢升降运行。与驱动机构相连的安全机构螺纹副的上、下均预留有一定的间隙，齿轮与齿条的啮合力小于垂直弹簧的预紧力时，弹簧不会被压缩，螺纹副内的间隙保持不变。当承船厢出现超载或欠载超出允许范围时，齿轮啮合力增大，直至超过垂直弹簧的预紧力后，弹簧便被压缩产生变形，达到设定值时，驱动机构停止转动，安全机构的旋转螺杆停止转动，螺纹副内一侧的间隙减小直至完全消失时，承船厢被锁定在螺母柱上。

（3）提升力的确定

提升力为升船机正常运行时作用于齿轮上的圆周力，是驱动系统的一个重要参数，主要由承船厢误载水体重量、系统惯性力、各运动副的摩擦阻力、风阻力、钢丝绳僵性阻力、承船厢与平衡重的不平衡重量等组成。驱动系统的机械传动装置需要按照提升力进行强度设计，电动机需要根据提升力计算驱动功率。

误载水重：平衡重的重量是按照承船厢结构重加承船厢内设计水深的水体重配置的，由于种种原因会造成升船机运行时承船厢内的实际水深与设计水深之间的差异，该部分即为误载水重。误载水重是提升力的主要构成部分。为尽量减小驱动功率，对误载水深有一定的限制,误载水深超过允许值时,需要通过水泵系统进行调整。

惯性力:是平衡系统中的承船厢由静止状态启动加速到匀速运动状态过程中,需施加的载荷。惯性力与加速度值、平面运动设备的质量及转动设备的转动惯量成正比,可以准确计算。

运动副的摩擦阻力:主要包括滑轮轴承阻力、承船厢导向轮阻力、平衡重组及平衡导向轮阻力等运动副的摩擦阻力。

运行风阻力:是垂直于承船厢水平面的风阻力,计算公式见式(7.9.1):

$$F_3 = qA \tag{7.9.1}$$

式中:q 为升船机运行风压;A 为承船厢水平面的迎风面积。

钢丝绳僵硬阻力:钢丝绳绕入、绕出滑轮时,需要外力做功,钢丝绳僵硬阻力是该外力功的等效载荷。僵硬阻力与钢丝绳张力、直径、滑轮直径等因素有关,可按照经验公式估算,见式(7.9.2):

$$F = F_{钢丝绳张力}\lambda \tag{7.9.2}$$

式中:$F_{钢丝绳张力}$ 为钢丝绳的张力之和;λ 为钢丝绳僵硬阻力系数,根据经验,对于大直径钢丝绳,λ 可按 0.01 取值。

承船厢与平衡重的不平衡重量:承船厢与平衡重的实际重量与设计值之间会存在偏差,该误差在升船机调试时可比较精确地调整。

(4)电机功率

按照运行速度和额定提升力计算出的驱动功率不能作为电动机选型的额定功率,因为升船机在运行过程中,当遇到一台电机发生故障时,升船机应能继续不停顿地完成本次运行,因此,电动机的额定功率需留有足够的安全储备。

(5)安全制动系统

若承船厢在静止状态下发生超载或欠载,事故安全装置将自动发生作用,驱动系统不会被启动。当承船厢在升降过程中发生漏水事故时,漏水量逐渐增加,直至齿轮压力超过限载弹簧的设定载荷时,安全装置才会发生作用。在此过程中驱动系统必须及时停止运转,避免因螺纹副接触造成驱动系统破坏。驱动系统的紧急停机制动由安全制动系统实施。

安全制动系统由设在机械传动装置高速轴上的工作制动器和设在低速轴上的安全制动器组成。安全制动器作为停机制动器,用于持住齿轮轴上的最大载荷,工作制动器用于制动电机轴上的扭矩。工作制动器在电机实行电气制动、转速接近零速度时投入,随后安全制动器延时上闸;启动时,工作制动器首先松闸,电机接电并施加力矩,消除传动间隙后,安全制动器松闸。

工作制动器的制动力矩按照电机轴上最大力矩计算并留 1.2～1.5 倍的裕度。安全制动器的制动力矩按照齿轮轴上最大力矩的 2 倍计算。工作制动器可选用液压推杆式制动器,安全制动器可选用液压盘式制动器。

（6）限载弹簧

限载弹簧用于限定驱动机构的工作载荷，是齿轮齿条爬升式升船机的关键机构，可以是机械弹簧，也可以是液压弹簧。尼德芬诺升船机采用的是机械弹簧。由于液压弹簧具有尺寸紧凑、承载能力大的特点，随着液压技术的发展，在以后建造的吕内堡升船压机上，改用液压弹簧。

液压限载弹簧主要由油缸、万向支架、液压系统及蓄能器等部件组成，油缸布置在齿轮摇臂的尾部，采用双活塞杆、柱塞油缸结构类型，油缸通过万向支架安装在船厢结构上，并经高压胶管与液压泵站连接。油缸上、下活塞杆的吊头通过连杆连接，活塞杆端部与吊头之间，可以单向相对滑动，保证油缸承受双向载荷作用时，均保持活塞杆受压。活塞杆吊头的关节轴承及油缸的万向支架用于适应摇臂两个方向的偏摆。

当升船机在运转过程中因承船厢漏水或超载而造成齿轮的啮合力增加时，与齿轮摇臂相连的限载油缸的载荷将同时成比例增大，油缸内的油压逐渐增加。当齿轮的啮合力超出其限定载荷范围时，油缸载荷同时超出设定载荷范围，活塞杆开始产生位移，位移量达到一定值后，设在油缸上的行程开关动作并发讯，驱动机构的电机电源自动切断，制动器紧急上闸制动，齿轮停止转动，同时，与齿轮轴相连的螺杆亦停止转动。由于油缸活塞杆产生位移，将造成摇臂在竖直面内绕中部支铰转动，从而使承船厢产生相对于齿轮、齿条及螺母柱的垂直位移，直至螺杆的螺纹面与螺母柱螺纹面相接触，船厢被安全机构锁定，垂直液气弹簧机构停止动作。当齿轮的啮合力恢复至允许范围内后，由于油缸的载荷同时减小，弹性位移将逐渐消失，直至油缸恢复原位。

在此过程中，与油缸相连的蓄能器的气囊将同时被压缩，从而使蓄能器的压力呈线性升高，油缸的压力变化与活塞的位移量成正比，具有与机械弹簧等效的功能。

（7）机构对变位的适应

驱动机构正常运行的必要条件是齿轮与齿条的正确啮合，因此，机构设计时，对所有可能影响啮合的因素予以充分考虑，特别是在外载和变化气温作用下，承船厢与铺设齿条的承载结构之间会发生相对变位，机构必须能很好地适应。否则，变位将阻碍机构的正常运行。

除以水平弹簧始终压紧齿轮并设置双向导承外，还需对机构的所有连接铰点采用球铰，减速器与齿轮之间的连接轴采用伸缩式万向联轴器连接，以确保驱动机构的各个环节均能适应承船厢与承载结构之间各个方向的相对变位。

驱动机构对横向变位的最大适应能力，主要受水平液气弹簧的有效行程限制，对纵向变位的最大适应能力主要受连接齿轮轴与减速器输出轴的万向联轴器的可动位移限制。设计时需对影响纵、横向相对变位的因素进行综合分析，并对变位值进行正确的估算，确保机构对变位的适应能力大于实际变位值。

7.9.3.2　事故安全装置

目前，齿轮齿条爬升式升船机的事故安全装置有两种类型：一种是尼德芬诺升船机采用的"长螺母柱—旋转短螺杆"式；另一种是吕内堡升船机采用的"长螺杆—旋转短螺母"式。两种安全装置的工作原理基本相同，都是利用螺纹副的自锁条件，将失去平衡的承船厢锁定在承重结构上。基本构造包括传力构件(螺母柱或长螺杆)、旋转锁定(螺杆或螺母)、导向小车、机械传动系统、旋转锁定支承件等部件。由于"长螺杆—旋转螺母"式安全装置长螺杆的制造、安装技术难度很大，应用范围受到很大限制，只适用于提升高度较小的情况。"长螺母柱—旋转短螺杆"式事故安全装置如下。

1)基本构造

"长螺母柱—旋转短螺杆"安全装置，由螺母柱、旋转短螺杆、导向小车、支撑杆、转向角齿轮箱和传动轴等设备组成。螺母柱为一中空开槽结构，分节制造，安装在升船机的钢构架或钢筋混凝土塔柱承重结构上。

旋转短螺杆的两端各通过一根支撑杆支承在承船厢结构上。上支撑杆与机械传动系统相连，以传递动力，驱动螺杆旋转。上、下支撑杆又同时担负着传递载荷的任务，并且二者须适应船厢与螺母柱之间在各个方向的变位，因此，上、下撑杆两端铰点的结构类型需满足相应的功能要求。撑杆的上、下铰点，需具有适应撑杆摆动和传递力矩的功能，上撑杆的上铰点还应适应滑动要求。在下支撑杆下部，设一个调节螺母，可对螺杆螺纹副的上、下间隙进行调整。

旋转螺杆的两端套接导向小车，导向小车装设在螺母柱的中部槽口内，在两个方向上对螺杆进行导向，保证螺杆在升降过程中始终与螺母柱对中。

升船机正常运行时，螺杆在螺母柱内空转，其旋升速度与驱动机构齿轮的爬升速度同步，螺杆与螺母柱的螺纹副上、下均保持一定的间隙，避免承船厢正常升降时螺纹副接触。短螺杆的旋转由驱动机构驱动，驱动机构通过机械传动系统将动力传给短螺杆。

在承船厢发生漏水事故时，驱动机构齿轮的压力将逐渐增大，当齿轮压力超出弹簧的预紧力范围后，弹簧便被压缩产生变形，造成螺纹副的一侧的间隙减小，此时，驱动机构的齿轮和短螺杆停止转动。如不平衡力继续增加，随着齿轮压力的不断增大，弹簧将继续压缩，螺纹副间隙继续减小，直至螺纹副间隙完全消失，承船厢即被锁定在螺母柱上。

螺杆采用单头螺纹，螺旋角应满足自锁条件，螺纹副除上、下保持一定的间隙外，侧面也留一定的间隙，保证升船机正常运行时螺纹副各方向均不接触。

2)事故工况

升船机在运转过程中出现任何平衡破坏的事故时，安全装置均应能将承船厢可靠锁定，设计时至少应考虑以下几种非正常工况：①承船厢内的水全部漏空：当发生承船厢厢头门未关严、止水损坏或承船厢结构破坏时，会造成承船厢漏水事故，严重时，承船厢内的水体可能全部漏空。此种工况的不平衡载荷为承船厢内水体重量。②承船厢内充满水：承船厢对接期间航道出现较快的水位变率，承船厢内有可能充满水，此种事故工况下的不平衡载荷为承船厢干舷高度范围水体的重量。③发生沉船事故：承船厢与闸首对接期间，承船厢内发生沉船事故，将造成承船厢载荷增加，不平衡载荷近似为船只加货物的重量。④承船厢室进水：

承船厢停靠在下游、下闸首闸门破坏或止水损坏时，造成船厢室淹水，严重时，承船厢将承受浮力。此种工况的不平衡荷载是承船厢内水体重、干舷高水体重及承船厢结构浮力的总和。

3）螺纹副的合理间隙

承船厢升降过程中，螺杆在螺母柱内，处于无接触空转状态，其螺纹在任何方向上均不与螺母柱的螺纹相接触。由于传动系统的制造误差、承重塔柱及承船厢的变位、设备的安装误差等因素的影响，螺纹副的预留间隙，将在承船厢升降过程中随机改变，但在承船厢的整个行程内，此间隙均应保持一定的余量，以确保在升船机正常运行工况下，螺纹副的螺纹面均不接触。该间隙是齿条爬升式升船机的一个重要参数，间隙值的选取，对与之相关的升船机设备制造、安装的技术难度，以及升船机的正常运行有很大影响。预留间隙值的大小应适中，当预留的间隙值过小时，受相关因素的影响，螺杆与螺母柱的螺纹面可能发生接触，使螺杆的旋转卡阻，当阻力矩超过螺杆传动机构中限载离合器的设定力矩时，离合器打滑，同时驱动机构的电动机紧急停机制动。如此，将影响承船厢的正常运行，甚至会造成驱动机构或承船厢因过载而破坏。当间隙的预留量过大时，在保证螺纹可靠自锁的前提下，只能减小螺纹的厚度，削弱螺纹的强度。在出现承船厢过载事故需安全机构制动时，由于垂直液气弹簧的动作行程加大，间隙完全消除后，弹簧载荷增大较多，受齿轮摇臂杠杆的作用，此时齿轮副的啮合力会成倍增加，加大了齿轮、齿条的制造难度。另外，安全机构动作时，4 套机构在此刻的间隙余量不可能完全相同，间隙小的会率先锁定，此差值太大时，会造成承船厢倾斜。承船厢升降过程中，造成螺纹副间隙变化的因素有很多，并且实际的变化量难以在设计阶段准确计算或预知。经分析，影响螺纹副间隙变化的主要因素有：驱动机构齿轮轴与安全机构螺杆轴的传动比误差；齿条和螺母柱相对于承船厢纵向（顺水流向）、横向（垂直水流向）两个方向的变位；螺杆、螺母牙型尺寸制造误差，螺母柱螺纹节距制造误差；螺杆导向小车的导轮与导轨面间隙，齿条齿距累积误差；相邻的同一高程的齿条与螺母柱高度间的相对误差；相对两片螺母柱之间高度的相对误差；螺杆相对于螺母柱高度的安装误差；承船厢载荷变化对螺杆高度的影响；上、下两节螺母柱之间调整间隙的影响，以及螺母柱与齿条之间不同温变的影响等。

上述因素对间隙的影响结果并不完全是线性叠加的，有些是相互抵消的，应根据每项误差指标进行具体的计算分析。考虑影响因素的复杂性和设计阶段难以准确计算的实际情况，为确保安全，建议设计时，间隙按照预先的估算值选取，但在螺纹副的设计中，预留加大间隙的技术措施，即设计时螺母柱螺纹厚度根据强度需要确定，而螺杆螺纹厚度预留一定的裕量。升船机试运行阶段，若发现实际间隙不能很好地满足运行要求，可视需要将螺杆拆下对螺杆进行再加工，减小螺纹厚度以加大间隙。

通过对多个组合工况的计算，以承船厢水深 3.4m（齿条载荷 1100kN），按承船厢最不利无偏移情况计算，螺纹副间隙最大变化量约为 48.5mm。据此，认为德国 JV 初步设定的 50mm 的螺纹副间隙偏小，是不安全的。后德国 JV 将安全机构螺纹副改为 60mm，同时对相关设备技术参数进行了修改。升船机调试与试运行期间中，在承船厢处于全平衡状态下，实际检测到全行程内安全机构螺纹副间隙变化约 7mm 左右,小于 60mm 设计允许值。可以认为,安全机构的螺纹副间隙是安全的。

4）螺纹螺距的确定

驱动机构齿轮与安全装置螺杆之间的传动比误差,对螺纹副间隙变化的影响很大,在设计、制造过程中,必须对传动比进行精确控制。即便如此,亦很难降低螺纹副间隙在全行程范围内的变化量,因为传动比误差的影响,在全行程上是逐渐累积的,尽管可以采取由中间高程开始,向上下两个方向进行安装的措施,但影响结果依然很大。因此,必须采取更有效的技术手段,以降低或消除传动比误差对螺纹副间隙的影响。

三峡升船机的设计研究,探索了一种行之有效的技术措施。即首先根据升船机的运行要求,设计并确定齿轮参数,然后根据安全机构的强度和自锁要求,初步确定螺杆、螺母柱的基本参数,再根据安全机构传动系统传动比的需要,确定驱动系统相应齿轮副的传动比,并据此实施机械传动装置的制造,最后根据实际传动比,精确调整螺杆、螺母柱的螺距。按照既定的螺距进行螺杆、螺母柱的加工制造,可有效减小传动比误差。

5）螺母柱结构及其安装

螺母柱系组合式中空结构,以合金钢铸造,为便于制造、安装,采用分节类型。安装时,上、下相邻的两节之间预留一定的间隙,每节单独承载。作用于螺母柱的事故载荷,通过连接件传递至钢结构构架,然后通过调整架传至一期埋件,最后经一期埋件传递至承重结构。

为保证旋转螺杆在螺母柱内顺畅运转,对螺母柱有较高的制造、安装精度要求。由于螺母柱需承担很大的事故载荷,螺母柱与钢构架（或调整架）之间需采用铰制螺栓连接。连接螺栓的数量多、规格大,现场配钻的工作量很大,为减小安装难度,螺栓可装在偏心锥形套筒内,连接时,通过转动偏心锥形套筒,使螺母柱上的螺栓孔与钢构架（或调整架）上的螺栓孔对准,以免另行扩孔。

由于螺母柱是分节安装的,每节均以相对应的齿条为基准单独进行调整,螺母柱的制造安装误差在整个高度上不会积累。虽然对螺母柱螺纹的尺寸精度和螺距精度有一定的要求,但螺杆在螺母柱内为无接触转动,因此对螺纹表面的光洁度可不加限制。安装后分节之间的螺纹线必须是连续的,对此,可通过特制的测量螺杆进行检测。

7.9.3.3　平衡系统

现有齿轮齿条爬升式升船机上采用的平衡方式主要有两种:一种是平衡重式;另一种是浮筒式。浮筒式平衡系统,在欧洲早期建成的运河升船机上曾有较多应用,这种平衡系统适用于提升高度小、船厢重量较轻、基础开挖容易的升船机。平衡重式平衡系统,不受提升高度、提升重量和基础地质条件的限制,应用更为普遍。

（1）平衡重式

平衡重式平衡系统主要由平衡重组、平衡链、平衡滑轮、钢丝绳等设备组成。

根据船厢上钢丝绳吊点的布置,一般将平衡重分成若干相互独立的平衡重组,其构造基本上与钢丝绳卷扬式升船机中的"重力平衡重组"相同。

齿轮齿条爬升式升船机的安全机构可以锁定承船厢总重量,因此,承船厢和平衡重系统可不另设检修锁定装置。

(2)浮筒式

浮筒式垂直升船机的平衡系统是钢结构浮筒,系密闭钢结构,内部充高压空气,防止外部水渗入,浮筒由钢板拼焊而成,为有效抵御外部水压,其底帽和顶帽均采用球形,内部布置增加刚度的钢圈,布置在船厢下方的充水竖井内,其上部通过用承载船厢的支架与承船厢连接。浮筒形成与承船厢总重相等的浮力,在两者间保持平衡。

承船厢一般由两个浮筒支承,竖井深度需大于浮筒加升船机提升高度之和。竖井内壁采用混凝土浇筑,并在内壁敷设浮筒导轨。

7.9.3.4 承船厢结构

齿轮齿条爬升式升船机的承船厢结构一般由盛水结构和承托结构组成,如吕内堡升船机和尼德芬诺升船机,有的盛水结构与承托结构合成一体。将盛水结构和承托结构分开的方案,船厢的驱动机构和事故安全装置、对接锁定装置,以及顶紧机构等设备,均布置在承托结构的两侧,钢丝绳与承托结构连接,而盛水结构则搁置在承托结构上,二者受力明确,盛水结构的变形不会对承托结构产生不利影响。

承船厢结构一般需通过有限元计算,对各种工况载荷组合作用下的结构变形和局部应力情况作深入分析。齿轮齿条爬升式升船机承船厢结构的载荷组合,与钢丝绳卷扬方案基本相同。

(1)盛水结构

承船厢盛水结构的主承重系统由作为下翼缘的船厢底,作为腹板的侧壁及作为上翼缘的走道板等构成。

承船厢盛水结构,在满足使用功能及强度的条件下,其承重结构主要受刚度条件控制。为保证船厢设备特别是驱动机构、安全机构及密封框的工作可靠性,一般规定在正常工作载荷作用下,整体纵向挠度不大于1/1500,整体横向挠度不大于1/1000。

船厢侧壁在吃水线范围内设置贯通船厢整个长度的两道护舷。在走道板上按需要布置适当数量的系缆柱。根据需要在两侧适当位置,布置可到达塔柱疏散通道的舷梯。

(2)承托结构

目前已建成的齿轮齿条爬升式垂直升船机,承托结构有两种不同的类型:一种是吕内堡升船机的托架式;另一种是尼德芬诺升船机的桥架式。

1)托架式

承船厢的盛水结构搁置在两个托架上,托架位置根据船厢主承重系统进行布置,使船厢的支承力矩与跨间弯矩相接近。每个托架由两根纵梁和两根横梁组成,横梁用于布置船厢支座,纵梁用于布置钢丝绳吊点、驱动机构及安全装置等机械设备。每个托架上设4个支座,其中一个为横向固定支座,用于承受船厢上的横向水平力;其他 3 个均为万向铰,可在任意方向自由转动和滑动。另在上游侧的托架上设一个竖向轴承,只用于承受船厢的纵向水平力,不承受垂直载荷。两个托架上的 8 个支座、1 个轴铰构成一个不受约束的静定支座系统,使承船厢结构的水平变形仅影响支座,而不影响托架上的驱动机构、安全装置及导向装置。

2)桥架式

桥架式托架由承船厢两侧的桥架式主梁、底部的连接横梁,以及顶部的框架结构等组成。承船厢盛水结构支放在横梁上面,纵梁顶部在承船厢通航净空以上由框架连接,在对应于驱动机构与安全装置的位置设主支承框架,与之相对应的横梁是托架的主要承载构件,在上面布置事故安全装置的 4 个旋转螺杆,驱动设备的机房则布置在主框架顶部。主框架间距按照尽量减小承船厢事故锁定时主承载结构弯矩的原则,并兼顾钢丝绳吊点进行布置,钢丝绳吊点设在桥架式主梁的顶部。在承船厢两端各设置一个框架,作为承船厢门的导向和支承结构。桥架式托架结构相对比较复杂,通常只适用于通航净空较小的升船机。

3)承船厢对接锁定装置

齿轮齿条爬升式升船机根据运行需要,在承船厢上还布置船厢门及其启闭机、对接锁定装置、顶紧机构、密封机构、充泄水系统、防撞装置、液压泵站、消防设备、疏散装置,以及供电、检测、电力拖动与控制等电气设备。这些设备的功能要求与设计原则,与钢丝绳卷扬提升式升船机完全相同。三峡升船机的承船厢对接锁定装置如下:

①齿板式对接锁定装置

该装置使用在吕内堡升船机上。吕内堡升船机设计阶段,并未考虑设置承船厢的对接锁定装置,在升船机建成后运行初期,由于受升船机上游于尔岑船闸泄水的影响,在承船厢与闸首对接期间,升船机上游航道水位变化最大达到 40cm,造成了驱动机构过载,使安全机构发生动作。为此,在每套安全机构旋转螺母上方,分别加设一套齿板式对接锁定装置。该装置将安全机构的长螺杆作为对接锁定装置的承载构件,利用一对与螺杆螺旋槽形状相同的齿板,由油缸驱动将其插入螺旋槽,从而将承船厢沿竖向锁定。该装置的关键技术是在承船厢停位后,要使齿板精确对准螺旋槽。齿板装置由竖向布置的油缸操作,其位置在高度方向可以调整。承船厢停位后,检测传感器对螺杆螺旋槽位置进行检测,根据检测结果通过竖向油缸进行调整,到位后水平油缸驱动齿板插入螺旋槽。升船机自加设该装置后,有效解决了上游水位变化带来的承船厢安全锁定误动作的问题,运行情况一直良好。

②摩擦式对接锁定装置

为适应三峡水利枢纽升船机通航水位变幅大的特点,初步设计阶段开发研究了一种摩擦式对接锁定机构。利用摩擦式对接锁定机构,可将承船厢在需要锁定的任意高程方便地锁定。4 套对接锁定机构分别对称布置在承船厢两端的两侧,每套机构由成对布置的水平撑紧油缸、竖向承载油缸和活动机架等部分组成。在塔柱墙壁上对应于上、下游通航水位的变幅范围内,埋设专用钢结构轨道,机构和控制设备均布置在承船厢上,油泵站与承船厢上的其他液压设备共用。水平撑紧油缸成对安装在一个活动机桨上,活塞杆固定,缸体在导承槽内滑动,活动机架的上、下方,分别通过 2 只承载油缸与承船厢结构连接,活动机架可由竖向承载油缸驱动,沿设在承船厢结构上的导槽上、下移动。水平撑紧油缸缸体端部设置可偏摆的摩擦块,工作时缸体推出并撑紧轨道,利用摩擦片与轨道踏面之间的静摩擦力向塔柱传递承船厢的附加载荷。撑紧油缸活塞杆的端部通过球面支承与活动机架连接,确保油缸单纯受压的工作条件。承船厢对接锁定机构的工作载荷,按照承船厢最大超载水深考虑。承船厢正常对接过程中产生的附加载荷由 4 套锁定机构承担,当对接期间的水位变化超过允许超载时,锁定机构的竖向承载油缸可发生退让,超出的载荷由驱动机构的齿轮承担;当齿轮载荷超过设定值时,超出的载荷最后全部由安全机构承担。机构退出锁定状态时,首先,上、下承载油缸的无杆腔通过比例阀按既定曲线缓慢泄压,泄压过程中船厢的附加载荷逐步由锁定机构转移到驱动机构,当油压泄至接近零压时,承船厢残余的附加载荷将全部由驱动机构承担。然后,闭锁承载油缸油路,水平撑紧油缸退回,锁定机构退出工作。在承载油缸的无杆腔油路上设安全阀作为承载油缸的过载保护,当附加载荷达到油缸的设定压力时,安全阀开启溢流,承载油缸退让,承船厢位置相应发生变化,承载油缸的载荷保持在设定值,继续增加的承船厢附加载荷将作用于驱动机构和安全机构。在撑紧式对接锁定机构中,通过水平油缸端部的摩擦片与轨道踏面之间的静摩擦力来传递承船厢的附加载荷,在机理上是明确的,技术上是落实的,该类装置的工作性能,特别是其中摩擦片的工作可靠性,已经通过物理模型试验和国内升船机工程的实践检验。

7.9.4　齿轮齿条爬升式垂直升船机运行机构及埋件变形协调控制问题

7.9.4.1　齿轮齿条爬升式升船机承船厢运行机构与埋设在塔柱的相应机构及埋件变形协调的技术难点

升船机采用齿轮齿条爬升式,驱动系统和安全机构等装设在承船厢上的设备与塔柱结构联系紧密,处理好承船厢设备与塔柱结构的变形协调问题,是三峡升船机设计中的关键技术问题之一。为此,驱动机构、安全机构、对接锁定装置、横向导向机构、纵向导向与顶紧机构、间隙密封机构等承船厢设备的结构类型需要能够适应承船厢与塔柱之间在各个方向的相对变位或设备制造、安装误差,确保船厢设备在各种工况条件下能安全、可靠运行。齿轮齿条爬升式升船机承船厢运行机构与埋设在塔柱相应机构及埋件变形协调控制的难点如下:

1)齿条是驱动机构向混凝土塔柱的传力构件,同时兼作承船厢的横向导轨。螺母柱是升船机安全保证系统的主要构件,用于向混凝土塔柱传递承船厢在事故工况下的不平衡载荷。齿条和螺母柱及其埋件结构的设计面临两个难题:一是承载系统由设备(齿条或螺母柱)、二期埋件,一、二期混凝土,砂浆和预应力钢筋等传力特性不同的材料组成,各构件受力相互耦合,显示出接触问题的非线性特点,且传力较为复杂。二是系统中预应力钢筋需对混凝土结构施加初张力,以保证在各种载荷条件下混凝土结构对齿条/螺母柱及其埋件结构形成双面弹性地基约束,避免基础与钢结构弹性梁脱离接触。为此需合理确定预应力钢筋束施加的预拉力值和布置位置。

2)安全机构旋转锁定螺杆外径1535mm,中径1450mm,螺距450mm,螺纹齿形角20°,其螺纹副自锁可靠性是保障升船机承船厢爬升运行安全的关键,确定安全机构螺纹副合理的间隙值,是齿轮齿条设计的重点与难点。若间隙值偏小,将导致安全机构旋转螺杆在承船厢升降运行中卡阻;若螺纹副间隙过大,将加大驱动系统设备规模,加大齿轮齿条等设备制造的难度。需研究多个组合工况,按最不利工况时螺纹副最大变化量小于螺纹副初始间隙值,要求船厢在全平衡状态下全行程升降运行过程中,安全机构螺纹副间隙量小于设计规定值。

3)升船机的核心部件小齿轮、齿条、螺母柱、短螺杆以及小齿轮托架机构、超大型船厢结构等设备结构材质要求高,其中齿条和螺母柱铸件、小齿轮和安全机构旋转螺杆铸件材料质量等级达到德国 DIN 标准 ME 级(最高级别),齿条表面感应淬火处理后硬度 HV610±20,小齿轮表面渗碳热处理硬度 HV740±20,淬硬层深度≥6mm,螺母柱成对组装技术复杂,制造工艺要求高、难度大,同等技术规模在国内外均属首次研制,没有成熟经验借鉴,设备制造质量控制存在较大风险。

4)小齿轮托架机构需适应各向变形变位,为使驱动机构小齿轮在承船厢升降及与闸首对接过程中始终与齿条处于精确的啮合状态,需有效保证齿轮托架机构能适应承船厢与塔柱之间的各向相对变位,以及齿条的制造、安装误差。此外,齿轮托架机构还需具有限载功能以及超载后的自动退让功能。

5)升船机是非壅水水工建筑物,设计地震50年基准期内超载概率为5%,即接近1000年一遇的设计地震,其设防加速度峰值为 0.67m/s²。升船机承船厢设备与承重结构塔柱结合密切,抗震设计需考虑塔重和承船厢的相互作用。承船厢在垂直方向通过钢丝绳悬挂于塔柱顶部,在平面通过纵导向和塔柱结构相连,而承船厢内有水体,因此,升船机塔柱动力分析是流固耦合的动力分析。目前我国水工建筑物抗震设计规范和建筑抗震设计规范尚缺乏对垂直升船机塔柱结构抗震设计的条文,因此,升船机塔柱抗震设计尚无先例可循。

7.9.4.2 齿轮齿条爬升式升船机运行机构适应塔柱和承船厢变形协调控制指标与控制技术措施

(1)齿轮齿条爬升式升船机运行机构适应塔柱和承船厢变形协调控制指标

根据计算分析成果,提出升船机运行驱动机构适应塔柱和承船厢变形能力为:纵向±110mm,横向±150mm;安全机构螺纹副上、下间隙设计值60mm。

(2)齿轮齿条爬升式升船机运行机构适应塔柱和承船厢变形协调控制技术措施

1)齿轮、齿条与螺母柱、短螺杆等设备制造质量控制

升船机塔柱结构尺寸精度要求高,其安装埋设的关键设备齿轮、齿条与螺母柱、螺杆等设备的冶炼、铸锻、热处理、加工及预拼装等制造过程的质量标准采用了德国 DIN 标准、欧

洲 EN 标准和 ISO 标准。齿轮、齿条的特点：一是材料采用 DIN 标准，材质要求高，熔炼、铸造、热处理等均有较大技术难度；二是模数大，62.7mm 的模数已经超出了现有国家标准范围，不能采用范成法加工；三是机加工精度和齿面硬度要求高，按照设计要求，齿轮最终的加工精度为 DIN 标准的 9 级，齿轮齿面硬度要求为表面渗碳硬化 HV740、齿条齿面硬度要求为齿面感应硬化 HV610，齿面硬化处理后只能最后通过磨削加工方可达到精度要求，而磨床的加工能力有限，磨削如此超常规模数的齿轮将有一定困难。

螺母柱、螺杆材料采用 DIN 标准，其直径和螺牙尺寸均超出了现行的国家标准，不能采用常规的标准刀具在车床或镗床上加工。其加工难点：一是材料熔炼与毛皮的铸造、锻造；二是螺旋面的精度机加工精度要求高；三是由于工件的工程量大，需要较长的生产周期。为解决落实齿轮、齿条与螺母柱、螺杆的制造工艺问题，三峡集团公司委托中国船舶重工集团公司所属的 403 厂、461 厂、471 厂、468 厂和中国第一及第二重型机械装备公司、中信重型机械公司、太原重型机械（集团）有限公司、郑州机械研究所等国内著名的重型机械研究、制造单位对上述关键设备制造加工工艺进行了分析研究，结论是依靠国内技术力量和现有装备，能够完成三峡升船机齿轮、齿条与螺母柱、螺杆的加工制造，其相关制造厂完成了齿条和螺母柱的样品试制，经专家评审，制造质量达到了设计要求。

2）齿轮、齿条与螺母柱、螺杆等设备拼装精度控制

为减小塔柱埋设的关键设备安装的累积误差，在设备制造工厂内，对齿条、螺母柱及平衡重轨道等产品件，在单节合格的基础上，分批次在工厂进行预拼装，每次参与预拼装的数量不少于 3 节，且每次预拼装的最后一节参与下一次预拼装。在齿条、螺母柱拼装中，每节齿条（螺母柱）上的标记线相对于初始基准点的累计长度偏差应不大于 1.0mm。若经测量和计算发现标记位置累积误差大于 0.8mm，在后续的制造过程中，根据现有累积误差值，在规定的齿条齿距（螺母柱螺距）公差带范围内选择特定的子公差带，调整和控制齿条（螺母柱）的长度偏差，保证随后的各标记相对于初始基准点的实际累计长度的累积偏差不大于 1.0mm，进行齿条（螺母柱）制造过程的动态质量控制，并使用摄影测量系统和激光扫描仪对成对拼装后的螺母柱进行检测。通过上述工艺措施，减小在现场施工安装质量控制风险。

升船机承船厢结构的各个分段制造单元，在制造厂内进行整体预拼装和测量，并考虑现场安装焊缝收缩确定余量切割，减小了现场安装工作量，总长 132m 的承船厢结构安装后长度偏差控制在 10mm，保证了制造安装质量。同时，对横导向机构、纵导向机构与顶紧机构等承船厢设备，也采用在制造厂内安装设备进行试配组装验收，验证系统配合尺寸，保证设备制造质量。

3）齿条、螺母柱安装精度控制

齿条是船厢驱动机构向混凝土塔柱的传力构件，同时兼作承船厢的横向导轨，共 4 套，分别布置在 4 个塔柱电梯井段的垂直壁面上，通过高强螺栓与齿条二期埋件连接，并通过预应力钢筋与塔柱一期混凝土连接。

螺母柱是船厢运行安全构件。当承船厢运行发生故障时，驱动机构停止工作，承船厢通过螺杆螺母副锁定在任意高度，防止承船厢倾覆。螺母柱共 4 套，分别布置在 4 个塔柱电缆

井和平衡重井的垂直壁面上。每个螺母柱设计成上、下游对称的两片组成,相互有几何尺寸联系。两条柱体对称布置、必须成对安装。每条共有 26 节螺母柱,通过高强度螺栓与二期埋件连接,并通过预应力钢筋与塔柱一期混凝土连接。

每套螺母柱由相对布置、中径圆圆心重合的两个螺母柱片构成,两个螺母柱片之间没有结构联系。螺母柱片通过高强度螺栓与工字形组合钢架连接,并通过预应力钢筋与塔柱一期混凝土连接。螺母柱片底板背面和工字形组合钢架的前翼缘外表面均有齿梯,螺母柱片安装定位后,二者齿梯间的间隙用 Pagel 灌浆,螺母柱片与钢结构埋件之间通过齿梯传递垂直载荷。

螺母柱二期埋件及螺母柱安装以相邻的齿条为基准,滞后于齿条安装进展,其安装方法与齿条类似。根据塔柱结构受力情况,为减小塔柱变形对两片螺母柱片成对安装精度的影响,螺母柱安装到 100m 高程左右停止安装。螺母柱三分之二高度的较高高程部位是在塔柱承重结构加载(平衡重加承船厢总重,载荷约 30000t)状态下,才进行安装,以减少塔柱承载后变形对螺母柱垂直度的不利影响 。严格控制塔柱施工和设备制造及安装累积误差。塔柱结构主轴线偏差≤±5mm,截面尺寸偏差≤−5mm,+8mm,垂直度偏差≤±8mm;4 个驱动点全程齿条相对差≤2.0mm,齿条垂直度≤3mm;螺母柱全程与相邻齿条高差≤2.0mm,这些控制指标均高于德方设计要求。

(3)齿轮齿条爬升式升船机运行机构与埋设在塔柱相应的机构及埋件变形协调控制效果检验

升船机船厢全行程升降运行过程中检测结果:①船厢横导向油缸最大位移 3.1mm。塔柱横向相对位移监测值:塔柱 4-3 在高程 175m 为 7.69m,高程 196m 为 1.34mm;塔柱1-2在高程 175m 为 1.97mm,高程 196m 为−2.49mm,远小于机构对横向相对变位的适应能力±150mm。②齿轮与齿条在齿宽方向接触范围变化量 3.0mm。塔柱纵向相对位移监测值:塔柱 4-1 在高程 175m 为−0.56mm,高程 196m 为−1.91mm;塔柱 3-2 在高程 175m 为−0.18mm,高程 196m 为−0.72mm,远小于机构对纵向相对变位的适应能力±105mm。③船厢在全平衡状态下全行程升降运行过程中,实际检测安全机构螺纹副间隙变化量 7.0mm,远小于设计值 60mm。

在升船机全行程升降运行过程中,塔柱和承船厢机构在纵向、横向以及垂直方向相对变位的实测值远小于升船机各机构适应变形的能力,满足设计要求,可保障升船机运行安全。

7.9.4.3 齿轮齿条爬升式升船机运行机构安全可靠性

(1)螺母柱传力结构的安全可靠性和变形控制

螺母柱传力结构包括螺母柱、钢结构件、高强度螺栓、预应力钢筋束和灌浆材料等,用于将螺母柱载荷安全传递给塔柱混凝土结构,其载荷大、构造复杂,尤其是采用了在国内尚没有工程经验的灌浆材料(德国 Pagel 公司生产的灰浆 V1/50)和预应力钢筋(德国 DYWID-AG 产品)。对螺母柱传力结构的安全可靠性有必要通过物理模型予以验证。

三峡集团公司委托长江科学院分别进行了 1：1 和 1：2 两个局部模型试验,试验目的是深入了解结构的受力状态、验证结构传力的合理性和安全性。通过 1：1 局部模型主要研究施工期的应力状态、螺母柱最大载荷工况下螺母柱齿、钢结构齿和灌浆缝受力状态,以及预埋工字钢与螺母柱之间位移；1：2 局部模型主要研究螺母柱在最大载荷工况下预埋件工字钢腹板、翼缘和高强度螺栓、预应力钢筋束,以及一、二期混凝土之间的应力状态,检测螺母柱齿、预埋件工字钢齿和灌浆材料应力、钢结构与螺母柱之间相对位移。试验研究结果证明设计所采用的螺母柱传力结构方案合理,各构件的应力、变形均在设计运行范围内,为设备采购与塔柱混凝土施工、设备安装提供了技术依据。

（2）小齿轮托架机构适应各向变位控制

承船厢驱动系统由驱动机构和同步轴系统两部分组成,驱动机构共 4 套,分别布置在船厢两侧的 4 个侧翼平台上,其中心线距船厢横向中心线（轴 7）29600mm。4 套驱动机构通过布置在承船厢结构中的同步轴系统相连。

驱动机构主要由两套机械传动单元、一套小齿轮托架系统和机架组成。两套机械传动单元分别布置在小齿轮托架两侧,一套靠近安全机构布置,与安全机构相连接；另一套靠近同步轴系统,与同步轴系统相连接。小齿轮托架系统位于每套驱动设备的横向中心线上,由小齿轮轴、支承及导向机构、位移适应机构和液压弹筑机构组成,小齿轮托架结构的静强度按单个驱动机构最大事故载荷 2200kN 计算,除考虑机构适应承船厢与塔柱横向变位 150mm 的不利情况外,同时考虑液气弹簧发生最大向下轴向位移和液气弹簧发生最大向上轴向位移的最不利工况,在极限条件下的静力计算,安全系数为 1.1。由此确定托架主材 Q345D 容许应力为 290N/mm^2 和铰轴采用 42CrMo4V 容许应力为 450N/mm^2。两种最不利工况计算最大静应力为 259.588N/mm^2,小于 Q345D 或 42CrMo4V 容许应力。小齿轮托架是升船机的核心设备之一,其功能一是正常运行时向齿条及其基础传递承船厢的竖向不平衡载荷；二是在任意工况下均能适应塔柱和承船厢之间的相对变位,保证在承船厢升降时齿轮齿条始终处于良好的啮合状态；三是具有过载保护功能,在齿轮载荷过载时,由设在小齿轮托架机构中的液气弹簧卸载,超载部分由安全机构承担；四是承船厢与闸首对接时卸载,承船厢的不平衡载荷由对接锁定装置承担。鉴于小齿轮托架机构适应各向变位尚未经过实际工程检验,三峡集团公司委托武汉船舶公司按照 1：3 的比例加工制作了该机构的物理模型,并进行了相关的机构功能试验研究。物理模型的范围除齿轮托架机构外,还包括齿条、液气弹簧液压系统等,试验项目包括机构对各向变位适应能力、液气弹簧限载保护等内容。

物理模型的试验结果表明,齿轮托架机构能够适应承船厢与齿条之间的纵向、横向相对变位以及齿条的偏摆、扭转误差,且具有较大的适应能力；齿轮超载后,机构可以按照设计预想动作。各种工况下小齿轮托架运动特性、齿轮齿条之间啮合性能均符合设计要求。

（3）安全机构螺纹副间隙值的控制

为研究升船机承船厢在全平衡状态下全行程升降过程中,控制安全机构螺纹副间隙量小于设计规定值,以保证升船机运行安全。武汉大学受三峡集团委托,采用有限元结构分析、几何关系分析、归纳论证以及设备实型试验等方法相结合,准确定量分析典型运行工况下承船厢和齿轮托架等结构变形、相关设备制造、安装误差以及磨损、机械传运系统传动间隙等因素对安全机构螺纹副间隙的影响,并对各变化量采用线性叠架的方式确定螺纹副间隙可能出现的最大变化值。设计据此提出螺纹副上下间隙非对称设定以抵消部分设备重量引起的弹性变形的技术措施。

(4)齿轮齿条爬升式升船机确定合理的施工程序和工艺,减少塔柱结构应力引起的塔柱变形

为降低升船机运行荷载导致塔柱变形的不利影响,在施工程序安排上,将塔柱上埋设的螺母柱 2/3 高度改在塔柱结构压载(平衡重加承船厢总重,载荷约 30000t)状态下进行安装,以减小塔柱变形对设备运行精度的影响。塔柱压载改用承船厢装水方案,待齿条、螺母柱安装完成后直接进行有水调试,具有操作方便、加载工作量小、工期短、无需卸载即可进行有水调试等优点。在调试阶段,原型模拟了对接沉船事故和承船厢内水漏空事故工况试验,不平衡荷载分别达到 3000t 和 8500t,进行了安全机构与液气弹簧和对接锁定的联动功能试验。试验结果表明,安全机构动作有序,锁定可靠,螺母柱及其埋件与塔柱之间无错动,塔柱结构与承船厢结构应力及变形均满足设计要求,解决了塔柱结构和升船机运行机构之间变形协调难题,验证了在极端工况下升船机的安全可靠性。

(5)齿轮齿条爬升式升船机塔柱抗震性能试验验证

中国水利水电科学研究院受三峡集团公司委托,进行了大型三向六自由度模拟地震振动台模型动力试验,验证塔柱结构的动应力、动位移、塔柱与承船厢的耦合力及扭转作用等。同时还研究在超过设防标准的地震作用下,升船机的抗震性能、超越设计地震的破坏试验等,从而了解塔柱结构的抗震潜能。振动台试验结论:塔柱结构的抗震性能满足现行抗震设计规范要求,结构中不存在薄弱层或明显的薄弱部位。承船厢与塔柱之间的相互作用通过承船厢的纵向、横向导向机构与塔柱的结合可满足设计地震下的结构安全。

第 8 章　茅坪溪防护坝——沥青混凝土心墙土石坝

8.1　防护坝功能及平面布置

8.1.1　防护坝功能

茅坪溪位于湖北省宜昌市秭归县、宜昌县、长阳县境内,主河道全长 25.4km,其出口位于三峡水利枢纽拦河大坝轴线上游约 1.0km 的长江右岸,入江口高程 68m。茅坪溪流域面积 113.24km²,流域内人口 3.1 万人,耕地 3.4 万亩。该地区气候温和,多年平均降雨量 1300mm,多年平均径流深 800mm,适宜多种作物的生长,是秭归县产粮区和较为富饶的农业经济区。粮食作物以水稻为主,兼种小麦、玉米等,经济作物有柑橘、花生等。流域内交通方便,有公路直达秭归新县城。按三峡水库正常蓄水位 175m 计算,茅坪溪流域内受淹面积为 7.5km²,人口按 20 年一遇回水,并考虑风浪浸没影响,按三峡大坝前水位 177m 搬迁人口,耕地按 5 年回水即坝前水位 175m 征用,1992 年初,对茅坪溪流域内受淹人口和耕地进行调查复核,淹没区涉及秭归县和宜昌县,需搬迁 6561 人,淹没耕地 4794.6 亩,果园 2601.4 亩,35kV 输电线路 17.0km,10kV 输电线路 48.0km,县区乡公路 99.8km。秭归县人多地少,坡多田少,移民难度大,地方政府强烈要求采用工程防护措施,保护茅坪溪流域内受淹人口和耕地。为此,1992 年 5 月三峡工程论证领导小组决定将茅坪溪防护工程作为三峡工程的附属项目,与三峡工程同时设计、兴建。茅坪溪防护工程包括防护坝和茅坪溪泄水建筑物(图 8.1.1)。

茅坪溪防护坝(图 8.1.2)坝址在茅坪溪出口处,主要功能是与三峡大坝共同挡三峡水库水位,为三峡水利枢纽的组成部分;防护坝另一作用是保护茅坪溪流域 7.5 万 km² 内居民、耕地、房屋和企业设施等。大坝一旦失事,不但茅坪溪流域被淹没,而且三峡水库水会通过茅坪溪泄水建筑物下泄,影响三峡工程正常运行,后果十分严重。茅坪溪泄水建筑物进口位于防护坝的右岸茅坪溪上游 0.6km 处,横穿长江与茅坪溪的河间地块,经小杨家湾、皮家沟、沙沟至三斗坪,出口在一期土石围堰下横向段下游 160m 处,将茅坪溪溪水通过长度 3104.13m 的明渠、隧洞及箱涵引流到长江。

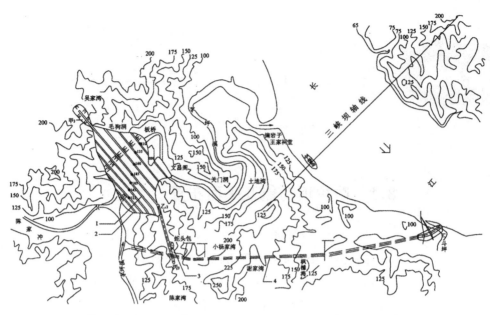

1—茅坪溪防护坝；2—茅坪溪上游围堰；3—副坝；4—茅坪溪泄水建筑物

图 8.1.1　茅坪溪防护工程平面布置图

图 8.1.2　茅坪溪防护坝全貌

8.1.2　防护坝平面布置

茅坪溪防护坝坝址位于茅坪溪出口的陈家冲口至板桥和韩家咀之间。坝址处河谷地形较开阔，河谷两岸不对称，右岸山体雄厚，坝肩吴家湾山头高程 232m，冲沟发育，地形平缓，山梁平均坡度 8°；左岸坝肩皮家岭山头高程 192.86m，谷坡基本顺直，自然坡角较陡，一般 30°～35°，局部达 50°。坝址处河谷走向 25°左右，防护坝轴线与河谷走向交角约 65°。防护坝河床部位坝轴线长 889m，自右岸吴家湾横跨茅坪溪，与左岸松柏坪山包相接。右岸坝轴线跨一冲沟后沿山梁展布；左岸坝轴线基本沿分水岭线布置，其高程 190～200m，最高处高程 209.72m。

左坝肩两侧冲沟发育,在山脊汇合处有一马鞍地形,最低高程184.30m,山体单薄,高程175m处最小山脊宽仅40m,在此垭口处设一座副坝,轴线长约80m,走向为南东165°。

防护坝平面布置见图8.1.3,坝轴线总长1840m,其中河床部位坝轴线长889m,右岸坝轴线长131m,左岸坝轴线长820m。大坝最大断面高度104m。

1—迎水坡与地面交线排水沟;2—坝顶;3—坝轴线;4—背水坡与地面交线排水沟;5—横向排水沟;6—台阶中心线;7—交通洞

图8.1.3 茅坪溪防护坝平面布置

8.2 防护坝设计

8.2.1 防护坝断面设计

8.2.1.1 坝顶高程与宽度

(1)坝顶高程

防护坝是三峡水利枢纽挡水建筑物的组成之一,虽按不同的库水位和土石坝的要求进行了超高计算,坝顶高程均低于三峡拦河大坝高程185m,最后确定防护坝顶高程与三峡拦河大坝相同,坝顶高程185m,并在坝顶挡水侧设高1.5m的防浪墙,墙顶高程186.5m。

(2)坝顶宽度

防护坝坝顶宽度按规范要求拟定为12m,考虑坝顶交通要求,将坝顶宽度拓宽至20m。

8.2.1.2 防护坝断面结构

防护坝为沥青混凝土心墙土石坝,其典型断面类型为风化砂、石渣坝壳和沥青混凝土防渗心墙(图8.2.1)。坝体主要由风化砂、石渣、石渣混合料、块石、过渡料、反滤料、垫层料等填筑而成。

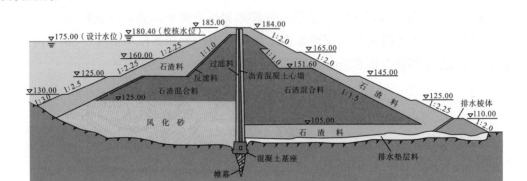

图 8.2.1 茅坪溪防护坝典型断面示意图

（1）坝体坝坡与马道

防护坝迎水面高程 145m 以上边坡坡度为 1：2.25，高程 145～130m 为 1：2.5，高程 130m 以下为 1：3.0，在高程 160m、145m、130m 处各设置一条马道，宽度分别为 3m、9m、3m，在高程 110m 处设置 2.5m 宽马道一条；背水面高程 110～145m 边坡坡度为 1：2.25，高程 145m 以上为 1：2，高程 110m 以下为 1：2，在高程 165m、145m、125m 各设置一条马道，宽度分别为 3m，9m，3m，在高程 110m 设置 6m 宽马道一条。

（2）防渗心墙结构

防护坝防渗心墙结构为：河床坝段基础设混凝土基座，布置廊道进行坝基帷幕灌浆及排水，基座上部为沥青混凝土防渗心墙；岸坡坝段基础设混凝土垫座，下部进行帷幕灌浆，上部为沥青混凝土防渗心墙；两岸坝段基础设混凝土防渗墙穿过全、强风化岩层，其下接帷幕灌浆，上部接沥青混凝土防渗心墙。沥青混凝土心墙顶高程 184m，墙底最低高程 91m，最大高度 93m。心墙厚度由顶部高程 184m 处的 0.5m 渐变至高程 94m 处的 1.2m，两侧为近似 1：0.0078 斜坡面。

8.2.1.3 防护坝坝体排水

防护坝坝体采取竖向排水、水平排水和棱体排水的综合排水设施。沥青混凝土心墙背水侧 3m 厚的过渡层兼作竖向排水；背水侧河床部位坝体与坝基之间设置 3m 厚的水平排水垫层，两岸岸坡部位坝体与岸坡间设置 2m 厚的排水垫层，与河床水平排水垫层相连；在下游坝趾桩号 0+494～0+990m 设置堆石排水棱体，其顶部高程为 110m，顶宽 6m，内坡 1：1.5，外坡 1：2，基础坐于强风化岩石或坚实的砂卵石层之上。

另外，在背水侧坝面设置横向浆砌块石排水沟，以排除坝顶路面积水；在迎、背水侧坝面与岸坡接合部位设置岸坡浆砌块石排水沟，以排除降雨集中汇流，防止其对坝体的冲刷。坝面横向排水沟设置在桩号 0+506.3m、0+737.150m 和 0+972.940m 处台阶的两侧，尺寸为 40cm×40cm 的正方形。岸坡排水沟尺寸为：顶宽 110cm，底宽 80cm，深 100cm，浆砌块石厚 50cm。

8.2.2　防护坝坝体填料分区及填料技术要求

8.2.2.1　坝体填料分区

根据土石坝各部位不同的工作条件和尽量利用一期工程开挖料直接上坝填筑的原则,对填料进行分区设计。迎水侧死水位以下局部区域及背水侧干燥区坝壳部位,因其填料经试验论证不会因水位变化或渗水作用进一步风化,对填料的排水性要求不高,可用风化砂或其混合料;迎水侧死水位以上及背水侧浸润线以下坝壳填料应具有较好的排水性及抗风化能力,保证坝体渗透稳定及边坡稳定;迎、背水侧护坡填料应能抗波浪冲刷和雨水浸蚀,以增强坝坡稳定。坝体填料分区为:

(1)坝体迎水侧

坝体外侧高程110m以下填筑石渣混合料,坝坡一定范围内填筑石渣料,加强水位变动区的排水性和抗风化能力,以增强坝坡稳定;坝体内侧高程125m以下填筑风化砂,以上填筑石渣混合料;在石渣料与石渣混合料之间设置水平宽3m的反滤层,石渣料与坝基全风化带之间设置1m厚的砂卵石毛料过渡;坝面为0.5m厚干砌块石护坡,下设0.4m厚碎石垫层,铺砌范围从高程130m至坝顶全面铺砌;贴近沥青混凝土心墙设2m厚过渡层。

(2)坝体背水侧

土石坝河床和岸坡部位基础面设置3m厚排水垫层,河床排水垫层上至高程105m为排水性能良好的石渣料;坝坡高程105m以上填筑排水性能良好的石渣料,坡脚设置块石排水棱体,顶高程110m,顶宽6m,基础为水平排水垫层或强风化岩石,石渣料与排水棱体之间设置水平宽3m的砂卵石料过渡;坝体内侧高程105~145m填筑石渣混合料,高程145m以上可填筑风化砂;坝面为0.4m厚干砌块石护坡,不设碎石垫层;贴近沥青混凝土心墙设3m厚过渡层兼作竖向排水。

8.2.2.2　坝体填料的规格技术要求

1)风化砂:不得含有草皮、树根、腐殖土等有机物质,控制含泥量≤12%(指粒径≤0.074mm部分),最大粒径20mm,压实后大于5mm颗粒含量≥20%,控制压实干密度不小于1.94t/m³。

2)风化砂混合料:又称可利用料,为风化砂和石渣混合料组成的一种混合料,要求级配连续,压实后大于5mm颗粒含量为30%~70%,其中粒径20~400mm的颗粒含量≤35%,最大粒径400mm,全料中粒径≤20mm部分含泥量≤12%,控制全料中粒径≤20mm部分压实干密度不小于1.94t/m³。

3)石渣混合料:由少量风化砂与强、弱风化及以下各带岩石组成,填料中不得含有黏壤土块、植物根茎等有害物质,级配良好,最大粒径500mm,大于5mm颗粒含量为50%~80%,含泥量≤6.5%,控制压实干密度不小于2.1t/m³。

4)石渣料:由爆破开挖的弱风化和微新岩石组成,要求石质较坚硬,不易软化破碎,级配良好,最大粒径600mm,大于5mm颗粒含量大于70%,含泥量≤5%,控制压实干密度不小于2.15t/m³。

5)堆石料:采用比较新鲜坚硬、组织均匀的碎石及块石,抗压强度不小于80MPa,级配较好,粒形方正,针片状含量≤15%,最大颗粒粒径1000mm,控制压实干密度不小于2.2t/m³。

6)护坡块石料:要求采用新鲜坚硬、组织均匀石料,抗压强度不小于80MPa,块形方正,非针片状;护坡块石最长边不小于350mm,块石质量一般60~90kg;坡脚与封边用较大的块石料。

7)心墙过渡料:为级配良好的砂砾石料,材料应质地致密坚硬,无污染,具有较强的抗水性和抗风化能力,最大粒径80mm,大于5mm颗粒含量70%~80%(一期工程为50%),含泥量≤5%,渗透系数$K>1\times10^{-3}$cm/s(一期工程为1×10^{-2}cm/s),控制压实干密度不小于2.15t/m³(一期工程为2.10t/m³)。

8)反滤料及护坡垫层料:利用经筛分的天然砂砾料或人工碎石配制而成,要求材料质地致密坚硬,具有较强的抗水性和抗风化能力,粒径5~40mm,其中粒径5~20mm占65%~75%,20~40mm占25%~35%,含泥量≤5%,控制压实干密度不小于1.85t/m³。

9)排水垫层料:河床和岸坡部位排水垫层料规格要求与心墙两侧过渡料相同;与岸坡接触面垫层采用天然砂砾石料或与人工碎石掺合料,控制压实干密度不小于2.15t/m³。

8.2.3 茅坪溪防护坝沥青混凝土心墙设计

8.2.3.1 沥青混凝土心墙布置及结构尺寸

沥青混凝土心墙布置在防护坝坝体断面中心,其轴线与大坝轴线一致。心墙全长901.2m(桩号0+126.80~1+028.00m),采用垂直心墙。心墙顶高程184m,墙底最低高程91m,心墙最大高度93m。心墙厚度由顶部高程184m处的0.5m渐变至高程94m处的1.2m,两侧为近似1:0.0078斜坡面,心墙底部视不同地段通过3m高渐变扩大段分别与混凝土基座、混凝土垫座、混凝土防渗墙连接。两端局部心墙厚度随扩大段尺寸变化作相应调整:最右端心墙顶部厚度由0.50m渐变至1.68m,底部厚度为1.68m;最左端心墙顶部厚度由0.5m渐变至1.93m,底部厚度为1.93m。心墙上、下游侧分别设置2m和3m厚的过渡层,施工时与沥青混凝土同步铺筑上升。

8.2.3.2 沥青混凝土心墙与周边建筑物的连接

沥青混凝土心墙同周边建筑物接头处理质量直接影响防护土石坝的安全运行。为适应沥青混凝土心墙变形,在接头部位设置渐变扩大段,以扩大沥青混凝土心墙同下部刚性建筑物的接触面,接触面以上扩大段竖向高度除沥青混凝土心墙两端局部范围外均为3m。为方便施工,接头结构尺寸在一定范围内保持不变,但结构尺寸突变处均应渐变平顺连接。

(1)沥青混凝土心墙与混凝土基座接头处理

防护坝桩号0+566.07~0+804.00m沥青混凝土心墙与混凝土基座连接。混凝土基座建基面以闪云斜长花岗岩弱风化上部岩体为主,已达弱风化上部界线以下 1～5m。基座下岩体设帷幕灌浆,上接沥青混凝土心墙。沿坝轴线将混凝土基座顶面浇成半径 $R = 462.50$ cm 的圆弧凹槽,槽宽 3m,深 0.25m,凹槽中沿防渗轴线埋设一道 2mm 厚止水铜片,与混凝土基座横缝间止水连接封闭。沥青混凝土心墙与周边建筑物连接的 3m 范围为心墙扩大段,扩大段断面形状为等腰梯形,顶宽 1.2m,底宽 3m,断面扩大系数为 2.5 以延长结合面的渗径(图 8.2.2),沥青混凝土心墙施工前,将混凝土表面冲刷干净,干燥后在表面上涂刷一层冷底子油,然后填筑 2cm 厚砂质沥青玛碲脂。

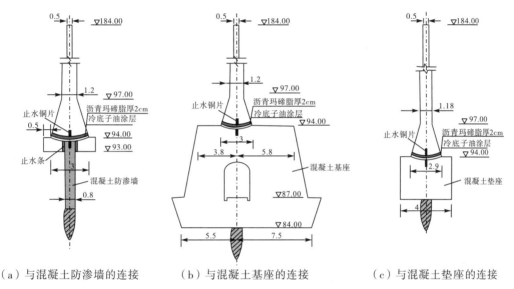

（a）与混凝土防渗墙的连接　　（b）与混凝土基座的连接　　（c）与混凝土垫座的连接

图 8.2.2　沥青混凝土心墙与混凝土基座连接示意图

（2）防护坝沥青混凝土心墙与混凝土垫座接头处理

桩号 0+804～0+953m 沥青混凝土心墙与混凝土垫座相接,该段坝基闪云斜长花岗岩全、强风化层较薄,一般 13～15m,设计采取沿防渗轴线开挖基础至弱风化带顶板线以下 1～2m,浇筑混凝土垫座,垫座下设灌浆帷幕,上接沥青混凝土心墙。为避免沥青混凝土心墙同混凝土垫座间形成张拉缝,根据地形地质条件,并尽量减少变坡,混凝土垫座顶面分别浇筑成坡度为 1:2、1:4 的斜坡段和高程为 146.5m 的水平段。混凝土垫座宽 4m,厚度根据基础地质条件作适当调整,一般为 2m。垫座顶面浇筑成圆弧凹槽,槽深为 0.25m,凹槽中沿防渗轴线埋设一道 2mm 厚止水铜片。混凝土垫座每隔 10m 设一条横缝,横缝间设一道厚2mm 的止水铜片,并与槽中纵向止水铜片连接封闭(图 8.2.2)。混凝土垫座设单层双向配筋,配筋率 0.3%,局部地质条件较差部位设锚筋。

为方便施工,沥青混凝土心墙扩大段及混凝土垫座结构尺寸在一定范围内保持不变。共分两段:桩号 0+804～0+880m 段和桩号 0+880～0+953m 段。相应地,混凝土垫座顶面圆弧半径分别为 4.46m 和 2.49m,槽宽(亦为沥青混凝土心墙扩大段底部宽度)分别为2.94m 和 2.22m;扩大段断面形状均为等腰梯形,顶宽分别为 1.18m 和 0.89m。沥青混凝土心墙施工前,将混凝土表面冲刷干净,干燥后在表面上涂刷一层冷底子油,然后填筑 2cm 厚砂质沥青玛碲脂。

(3)沥青混凝土心墙与混凝土防渗墙接头处理

防护坝桩号 0+126.80～0+566.07m 和 0+953.00～1+028.0m 段沥青混凝土心墙与混凝土防渗墙连接。在混凝土防渗墙施工完成后,拆除上部墙体至设计高程和设计坡度,然后对墙顶表面进行修整,用一级配混凝土找平(要求找平层厚度不超过 5cm),砂浆抹面,中间凿槽,槽底宽 0.2m,顶宽 0.25m,高 0.2m,槽中浇筑二级配混凝土并埋设一道厚 2mm 止水铜片;再在墙体两侧浇筑 1m 厚混凝土底梁,在混凝土防渗墙两侧浇筑混凝土底梁,形成开敞式槽形接口,接口宽度即为沥青混凝土心墙扩大段底部宽度(图 8.2.3)。为加强接头防渗效果,将混凝土防渗墙两侧与混凝土底梁接触面的泥皮等杂物清理干净,各贴一道 BWⅡ型止水条。混凝土底梁每隔 5m 设一条横缝,横缝间洗刷干净后浇注砂质沥青玛碲脂。

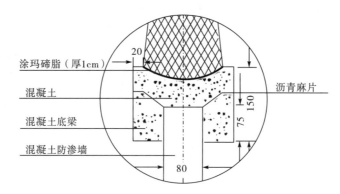

涂玛碲脂(厚1cm)

混凝土

混凝土底梁

混凝土防渗墙

沥青麻片

20

150

75

80

图 8.2.3　沥青混凝土心墙与混凝土防渗墙连接示意图

为方便施工,沥青混凝土心墙扩大段及混凝土底梁结构尺寸在一定范围内保持不变。共分四段:桩号 0+126.80～0+175.60m 段、桩号 0+175.60～0+434.40m 段(含桩号 0+224.40～0+434.40m 水平段)、桩号 0+434.40～0+566.07m 段(含桩号 0+485.56～0+524.51m 水平段)和桩号 0+953.00～1+028.0m 段)。相应地,混凝土底梁接口宽度分别为 1.68m、2.15m、2.94m、1.93m,深度均为 0.40m;扩大段断面形状均为等腰梯形,顶宽分别为 0.67m、0.86m、1.18m、0.77m。心墙两端局部高度小于 3m,扩大段高度取与心墙高度相同,其结构尺寸作相应调整:桩号 0+132.80～0+126.80m 长 6m 段心墙扩大段顶宽由 0.67m 渐变至 1.68m,底宽 1.68m 不变;桩号 1+022.0～1+028.0m 长 6.00m 段心墙扩大段顶宽由 0.77m 渐变至 1.93m,底宽 1.93m 不变。

沥青混凝土心墙同混凝土防渗墙和混凝土底梁之间分别填筑厚 7cm 和 2cm 砂质沥青玛碲脂,并将混凝土防渗墙顶部包裹起来。沥青混凝土心墙施工前,应先将下部混凝土表面洗刷干净,干燥后先在表面涂刷一层沥青胶(即冷底子油),然后填筑砂质沥青玛碲脂。

8.2.3.3　沥青混凝土质量要求及配合比

防护坝沥青混凝土心墙系碾压式水工沥青混凝土,其防渗性、耐久性和力学性能等主要技术性能应满足心墙设计要求。对碾压式沥青混凝土心墙的沥青混凝土,《土石坝沥青混凝土面板和心墙设计准则》(SLJ01—1988)除规定孔隙率、渗透系数、水稳定系数等具体指标外,还规定"满足设计要求的柔性和有关的力学指标"。综合分析茅坪溪防护坝沥青混凝土试验和坝体应力、变形计算成果,拟定了满足设计要求的柔性和有关力学指标。

(1)沥青混凝土的质量要求

沥青混凝土满足设计要求的柔性和有关力学指标见表8.2.1。

表 8.2.1　　　　　　　　　　　　　　沥青混凝土质量要求表

序号	项目	单位	技术要求	备注
1	密度	g/cm^3	>2.4	
2	孔隙率	%	<2	室内马歇尔击实试件
3	渗透系数	cm/s	$<1\times10^{-7}$	
4	马歇尔稳定度	N	>5000	60℃
5	马歇尔流值	1/100cm	30~110	60℃
6	水稳定性		>0.85	
7	小梁弯曲	%	>0.8	16.4℃
8	模量数	K	≥400 *	室内三轴试验:
9	内摩擦角	°	26~35	温度 16.4℃;
10	凝聚力	MPa	0.35~0.5	静压 10MPa,3min

注:①一期工程施工的防护坝高程140m以下部位,设计要求 K 为600~800,经对防护土石坝应力应变复核和敏感性分析,K 值在400量级时可满足工程安全运行要求;在二期工程施工的防护坝高程140m以上部位招标文件中改为 $K \geqslant 400$。②表中序号1~6为沥青混凝土心墙施工质量控制和质量评定的保证项目。

(2)沥青混凝土原材料

水工沥青混凝土主要由石油沥青及粗细骨料和填料组成,根据《土石坝碾压式沥青混凝土防渗墙施工规范》(SD 220—1987)、《土石坝沥青混凝土面板和心墙设计准则》(SLJ 01—1988)和有关试验规程,参照国内外有关工程经验,结合茅坪溪防护土石坝的工程条件和料源勘测情况,确定沥青混凝土原材料的质量要求。

1)粗骨料

粗骨料主要应采用碱性石灰岩人工碎石,按粒径分为 20~10mm、10~5mm、5~2.5mm三级,其质量要求见表8.2.2。

2)细骨料

细骨料粒径为 2.5~0.074mm,天然砂掺量不大于细骨料总量的30%,其质量要求见表8.2.3。

3)矿粉

防护坝使用的矿粉是指经石灰岩加工粉磨后粒径小于 0.074mm 的颗粒,其质量要求见表 8.2.4。

表 8.2.2 粗骨料质量要求

项目		技术要求
密度		$>2.6g/cm^3$
吸水率		$<2.5\%$
针片状颗粒含量		$<10\%$
坚固性		<12
与沥青黏附力		>4 级
含泥量		$<0.3\%$
级配及超逊径%	超径	<5
	逊径	<10
其他		岩质坚硬,在加热时不致引起性质变化

表 8.2.3 细骨料质量要求

项目	技术要求	
	人工砂	天然砂
密度	$>2.6g/cm^3$	$>2.6g/cm^3$
吸水率	$<3\%$	$<3\%$
坚固性	<15	<15
石粉含量	$<5\%$	
含泥量		$<0.3\%$
有机质含量	不允许	浅于标准色
轻物质含量		$<1\%$
水稳定等级	>4 级	>4 级
超径	$<5\%$	$<5\%$
其他	岩质坚硬,在加热时不致引起性质变化	

表 8.2.4 矿粉质量要求

项目	技术要求
密度	$>2.6g/cm^3$
含水率	$<0.5\%$
亲水系数	<1

续表

项目		技术要求
细度(各级筛孔的通过率)	0.6mm	100%
	0.15mm	>90%
	0.074mm	>70%
其他		不含泥土、有机质杂质和结块

4)沥青

沥青质量应符合我国高等级道路用沥青标准,根据防护土石坝工作条件及我国沥青生产技术发展状况,确定沥青技术指标见表8.2.5。沥青料源选择应考虑同一料源不同油层沥青性质(主要是沥青四组分)差异对沥青技术指标的影响。

表 8.2.5　　　　　　　　　　　　　沥青技术指标

项目		技术要求
针入度(25℃)		60~80(1/10mm)
软化点		47~54℃
延度(15℃)		>150cm
蜡含量(蒸馏法)		<2%
密度		1.01~1.05g/cm³
脆点		<-10℃
含水量		<0.2%
溶解度(CCL⁴或苯)		>99.5%
闪点		>230%
薄膜烘箱试验 163℃,5h	重量损失	<0.5%
	针入度比	>70%
	延度(15℃)	>100cm
	脆点	<-8℃
	软化点升高	<5℃

(3)沥青混凝土配合比

沥青混凝土配合比先应进行室内配合比选择试验,可根据设计参考配合比,通过试验验证,并选择满足沥青混凝土质量要求而沥青用量最小,而且当沥青用量在允许配比误差内变动时,对沥青混凝土质量影响最少的配合比作为推荐配合比。

沥青混凝土配合比由两项指标来表示:矿料级配和沥青含量。矿料级配是指粗骨料、细骨料和矿粉的合成级配,矿料级配可用三个参数来表示:最大粒径 D_{max}、粗骨料比例即2.5mm筛总通过率 $P_{2.5}$、矿粉用量即 0.074mm 筛总通过率 $P_{0.074}$。对于任一孔径 d_i 筛的总

通过率 P_i,可按式(8.2.1)计算:

$$P_i = P_{0.074} + (100 - P_{0.074}) \times (d_i^n - 0.074^n)/(D_{max}^n - 0.074^n) \qquad (8.2.1)$$

式中:n 为矿料级配指数。

沥青含量是指以矿料(粗、细骨料、矿粉)为100,沥青用量占矿料重量的百分比。沥青含量取决于矿料的 D_{max}、$P_{2.5}$、$P_{0.074}$ 等参数,确定沥青最佳用量采用试配法,按选定的矿质混合料的组成,采用不同的沥青用量制备一系列试件,进行室内试验。根据试验成果得出不同沥青含量与沥青混凝土容重、稳定度、流值、孔隙率和力学指标之间的关系曲线,在综合分析的基础上选择最优沥青用量,并提出用于现场的沥青混凝土配合比。

然后,根据室内试验推荐配合比,在现场进行拌和、摊铺、碾压试验和生产性试验,检验其施工和易性并选择合宜的摊铺、碾压的工艺参数,如需调整配合比也应验证调整后配合比是否满足沥青混凝土各项指标质量要求。

1)沥青混凝土参考配合比

根据室内试验成果,提出二组心墙沥青混凝土参考配合比,见表8.2.6。设计推荐的基本配合比见表8.2.7。

表 8.2.6　　　　　　　　　　沥青混凝土参考配合比

级配指数 n	D_{max}(mm)	粗骨料(%) D 为 2.5~20mm	细骨料(%) D 为 0.074~2.5mm	矿粉(%) $D \leqslant 0.074$mm	沥青(%)
0.25	20	48	40	12	6.4
0.35	20	53	35	12	6.3

表 8.2.7　　　　　　　　　　沥青混凝土基本配合比

级配指数 n	D_{max} (mm)	粗骨料(%) D 为 2.5~20mm	细骨料(%) D 为 0.074~2.5mm	填料(%) $D \leqslant 0.074$mm	沥青(%)
0.35~0.4	20	53 (灰岩、人工骨料)	35(50%~70%人工砂,30%~50%河砂)	12(灰岩矿粉)	6.3

2)沥青玛碲脂参考配合比及质量要求

沥青玛碲脂由人工砂、填料及沥青配制而成,要求其抗渗性能与沥青混凝土相同,异变指数不小于2。沥青玛碲脂主要用作沥青混凝土心墙与周边建筑物接缝胶结过渡材料,一般是防渗处理的关键部位,必须保证其耐久性和抗渗性,考虑河砂是酸性材料,施工中只采用碱性人工砂配置沥青玛碲脂。沥青玛碲脂参考配合比见表8.2.8。

表 8.2.8　　　　　　　　　　砂质沥青玛碲脂参考配合比

人工砂(%)	填料(%)	沥青(%)	砂细度模数
40~55	30~40	17~20	1.4~2.2

8.2.3.4　沥青混凝土心墙基座及其交通洞

（1）沥青混凝土心墙基座

防护坝河床坝段沥青混凝土心墙的最大高度为 93m，对基础的要求较高。为了增大基础受力面积，减小基础沉陷变形，改善施工条件，同时利用其廊道进行施工期基础处理和运行期的安全监测，在防护坝桩号 0+570～0+800m 的沥青混凝土心墙下部设混凝土基座，基座长 230m，高 10m，底高程 81～84m，顶高程 91～94m。基座顶宽 9.6m，底宽 13m。基座顶面设半径 R=462.5cm 的圆弧形凹槽，槽宽 3m，深 0.25m，同上部沥青混凝土心墙相接。基座沿坝轴线方向每 13.5～15.5m 分一条横缝，横缝内设紫铜片止水。迎水面第一道止水铜片厚 2mm，第二道止水及背水面止水铜片厚 1.6mm。铜片埋入沥青混凝土心墙内 0.3m。横缝宽 1cm，内嵌沥青杉板。基座两侧回填贫混凝土。

基座混凝土设计标号为 $R_{90}250$，抗渗标号 W_8，抗冻标号 F_{100}。

混凝土基座内设一条 2.5m×3.5m 灌浆观测廊道。横缝处廊道周边设一道 654 型塑料止水。基座廊道内布置两个灌浆泵房及两个排污集水井，排污井兼作运行期集水井。基座廊道内设置一套永久排水系统。

（2）沥青混凝土心墙基座的交通洞

在防护坝左岸下游侧山体设一条交通洞，作为进出沥青混凝土心墙基座灌浆观测廊道的交通道。交通洞总长 351.73m，其中隧洞段长 286.02m，涵洞段长 65.71m，均为城门洞形，尺寸为 2.50m×2.50m，出口高程 121.50m，最大纵坡 1∶2。

（3）基座廊道及交通洞排水及通风

防护坝沥青混凝土心墙基座廊道底部设 2 个集水井，安装 2 台型号 150SG30-9.5×6 排水泵，通过一条 DN80mm 排水管将积水排出交通洞外，设计排水量 1000m³/h。

基座廊道及交通洞永久通风由一台离心通风机（型号 9-19N0.6.3）及风机控制房和一条长度 670m 的通风管（热轧无缝钢管 D299mm×8mm）组成，设计通风量 3000m³/h。

（4）基座廊道及交通洞的供配电

防护坝沥青混凝土心墙基座廊道及交通洞用电设备总装机容量为 60kW，均为 AC380V/220V 电压等级，主要用电设备有通风机、排水泵及照明等。变电设施及控制值班室均设在基座廊道口处。

8.2.4　防护坝基础处理及渗控设计

8.2.4.1　防护坝基开挖及清理

（1）沥青混凝土防渗心墙基座及垫座基础开挖

防护坝河床坝段沥青混凝土心墙下接的混凝土基座开挖至闪云斜长花岗岩弱风化岩体顶面以下 1～5m；左岸斜坡段沥青混凝土心墙下接的混凝土垫座基础开挖至弱风化岩体顶

面以下 1～2m。

（2）防护坝坝壳基础清理

防护坝坝壳部位至坡脚线外 10m 范围需进行清理，清除地表的漫滩堆积壤土、细砂夹砂砾石和坡积层。冲积砂卵石层可保留作为坝基；闪云斜长花岗岩全风化带地表耕植土需挖除，全风化岩体可作为坝基。

8.2.4.2　防护坝沥青混凝土心墙基座及垫座基础固结灌浆

防护坝沥青混凝土心墙基座及沥青混凝土心墙垫座段岩石基础局部裂隙发育，岩石破碎，渗透系数较大，且该段墙体高，对基础要求高，为增强基础岩石的完整性，提高其承载力，避免因基础的不均匀变形使沥青混凝土心墙产生水平或竖向裂缝，需进行固结灌浆处理。混凝土基座段固结灌浆段长 230m，自桩号 0+570～0+800m，共设三排，基座廊道的上游侧设两排，下游侧设一排，灌浆孔距 3m，最低孔底高程 73m，最大灌浆深度 11m。灌浆施工在混凝土基座顶上进行。左岸坡桩号 0+800.00～0+966.625m 段斜坡面上采用混凝土垫座上接沥青混凝土心墙，在垫座混凝土浇筑后安排固结灌浆。

8.2.4.3　防护坝防渗心墙基础防渗处理

防护土石坝为沥青混凝土心墙土石坝，土石坝基础防渗系统由混凝土防渗墙、帷幕灌浆等组成。防渗轴线与土石坝轴线一致，防渗轴线总长 1840m，总防渗面积 8.28 万 m^2，其中沥青混凝土心墙防渗面积为 4.63 万 m^2。河床心墙混凝土基座以下设帷幕灌浆和固结灌浆，岸坡心墙混凝土垫座以下设固结灌浆和帷幕灌浆，两岸山体部位采用混凝土防渗墙和帷幕灌浆。

（1）混凝土防渗墙

对在坝基和分水岭设置防渗设施的必要性，曾按防渗墙方案进行计算，并且对防渗墙穿过覆盖层和全、强风化带前后进行过计算比较，结果表明，坝基不设防渗墙不仅会造成水库不应有的水量损失，还可能有产生渗透破坏的潜在威胁。因此防渗墙必须穿过覆盖层和全、强风化带岩体，进入弱风化带顶面以下 1m。

根据不同地质情况，分别在桩号 0+000～0+566.07m、0+953～1+840m 段全、强风化带采用混凝土防渗墙防渗，墙底伸入弱风化带 1m，墙体厚度 0.8m，二级配混凝土，R_{28}150，抗渗标号 W_8。混凝土防渗墙分台阶施工，其中桩号 0+126.80～0+566.07m 和 0+953～1+009.25m 段在填筑的施工平台上施工后按设计线拆除至设计顶线，再浇筑混凝土底梁，上接沥青混凝土心墙防渗。

桩号 0+566.07～0+804m 为混凝土基座上接沥青混凝土心墙段，桩号 0+804～0+953m 为混凝土垫座上接沥青混凝土心墙段，基础均为弱风化带岩石，这两段范围内不设混凝土防渗墙。

（2）基础帷幕灌浆

弱风化带上部的风化程度有显著的不均匀性，总体上以坚硬、半坚硬岩石为主，占70%～80%，有20%～30%含有风化夹层，呈疏松、半疏松状，其风化程度相当于全、强风化带。部分沿裂隙填泥，厚数毫米至数厘米。

当混凝土防渗墙深入到基岩弱风化带顶部时，渗漏量将显著减少，但墙体上、下游水位差和墙脚水力坡降却增大。由于墙下具体的地质条件，部分地段将存在一定程度的渗漏稳定问题。为保证工程质量，防止渗透破坏发生，对墙下建基面附近完整性较差，风化加剧，透水率大于 15Lu 的部位（主要是弱风化带上部）进行帷幕灌浆。针对各地段地质情况的不同以及承受水头的高低，分别对桩号 0＋000～0＋872m、1＋010～1＋237m、1＋350～1＋398m、1＋433～1＋840m 段弱风化岩体进行帷幕灌浆。其中桩号 0＋570～0＋800m 段帷幕灌浆施工在混凝土基座廊道内进行，布置二排，孔距 2m。其他均在防渗墙施工平台或混凝土垫座上进行，设单排，平均孔距 2m，帷幕灌浆钻灌至岩体透水率小于 5Lu，深度一般5～10m。

8.2.5 防护坝结构计算及分析

8.2.5.1 防护坝稳定计算

（1）计算工况

1）正常工况

三峡水库正常蓄水位（设计洪水位）175m 与防洪限制水位 145m（初期为 135m）之间各种水位下的稳定渗流期工况。水位在上述范围内经常性的水位降落工况。

2）非常工况

施工期工况；当库水位达到校核洪水位 180.4m 并可能形成稳定渗流的工况；当库水位骤降（三峡库水位降落速度为 1.2m/d，计算采用 3m/d）工况；遭遇Ⅶ度地震工况；背水侧（茅坪溪一侧）遭遇茅坪溪特大洪水，背水坡水位骤降工况。

（2）计算方法和参数

对防护坝迎水坡及背水坡的稳定按规范要求采用瑞典圆弧法和简化毕肖普方法同时进行计算，渗流情况采用渗流计算成果。

计算参数采用长江科学院对防护土石坝所做各种土工试验成果（表 8.2.9）。

（3）计算成果

防护土石坝稳定计算成果见表 8.2.10。

计算结果表明，防护坝在各种工况下的稳定安全系数均大于规范要求。当坝体背水侧茅坪溪遭遇 10000 年一遇特大洪水（2030m³/s）时，调洪演算结果最高水位为 114.6m，经核算，即使茅坪溪水位骤降速度达 18m/d，背水坡也是安全的。

表 8.2.9

防护坝填料设计参数

填料名称	干 ρ_d	湿 ρ	浮 ρ_f	含水量(%)	比重(10kN/m³)	C'(MPa)	Φ'(°)	K	n	D	G	F	R_f	渗透系数 K_{10}(cm/s)	压缩模量 $E_{s(0.1-1)}$(MPa)	压缩系数 $\alpha_{V(0.1-1)}$(MPa⁻¹)
	密度(t/m³)					强度与应力应变在数(E_t邓肯模量)										
风化砂	1.9	2.06	1.2	8.6	2.72	0	35	500	0.26~0.5	2.6~2.8	0.22~0.36	0.12~0.2	0.83~0.92	2×10^{-3}	54	0.025
石渣混合料	1.98					0	38	667				0.33	0.6			
石渣料	2.07					0.115	41.4	610.2	0.39	7.6	0.313	0.257	0.78		54	0.025
砂砾石	2.2	2.27	1.37	4	2.75	0.033	42.6	1250	0.5	10.8	0.4	0.22	0.84	8.15×10^{-3}	64	0.015
砂砾石	2.12					0	42.9	400	0.53	8.1	0.25	0.07	0.78			
反滤层(过渡)	1.83	1.95	1.16	8	2.73	0	36	550	0.70	4.3	0.37	0.06	0.86	5×10^{-2}	78	0.025
沥青混凝土		2.322				0.28	16.4	432	0.492	11.7	0.215	-0.024	0.81	$<1\times10^{-7}$		

表8.2.10 防护坝稳定安全系数计算成果

计算工况		计算结果		规范要求		备注
		简化毕肖普法	瑞典圆弧法	简化毕肖普法	瑞典圆弧法	
正常	迎水坡	1.735	1.619	≥1.5	≥1.3	上游水位155m为危险水位
	背水坡		1.413			上游水位175m
非常	迎水坡	1.736	1.776	1.26~1.32	≥1.2	上游水位180.4m
	迎水坡	1.504	1.55			水位骤降 $V=3\text{m/d}$ $K=5\times10^{-4}\text{cm/s}, t=10\text{d}$
	背水坡		1.286			上游水位175m+7度地震

8.2.5.2 防护坝渗流计算

防护坝渗流计算主要是确定坝体浸润线及出逸点的位置,求得坝体及基础等势线分布,估算渗流量,判断重要部位的渗透比降及库水位骤降时的非稳定流状态等。

(1)防护坝渗流数学模型计算分析

1)渗流数学模型和有限元数值方法

根据达西渗透定律及水流连续性方程,三维各向异性连续介质稳定渗流域 Q 内的水头函数 H 满足下列偏微分方程式(8.2.2):

$$\sum_{i=1}^{3}\frac{\partial}{\partial_{xi}}\sum_{i}^{3}K_{i,j}\frac{\partial H}{\partial_{xj}}=0 \tag{8.2.2}$$

式(8.2.2)中 $K_{i,j}$ 为渗透张量。

边界条件为:

水头边界

$$H/r_1=h_1 \tag{8.2.3}$$

式(8.2.3)中 r_1 为上下游及渗出面边界之和;

流量边界

$$-k_n\frac{\partial H}{\partial n}/r_2=q \tag{8.2.4}$$

式(8.2.4)中 r_2 为不透水边界、潜流边界、补给边界、自由面边界等之和, n 为 r_2 的外法线方向, k_n 为 n 方向的渗透系数。对于无压渗流的自由面边界除应满足式(8.2.4)外,还需满足条件:

$$H=z \tag{8.2.5}$$

据变分原理,式(8.2.2)~式(8.2.5)的定解问题可等价于下列泛函的极值问题:

$$I(H)=\frac{1}{2}\iiint\sum_{j=1}^{3}\sum_{i=1}^{3}K_{i,j}\frac{\partial H}{\partial_{xi}}\frac{\partial H}{\partial_{xj}}\mathrm{d}\Omega=\min \tag{8.2.6}$$

根据研究区域的水文地质结构,进行渗流场离散,即:

$$\Omega = \sum_{i=1}^{m} \Omega_i \tag{8.2.7}$$

令式(8.2.6)变分等于零,并对各子区域叠加,可得到由有限元法求解渗流场的方程式:

$$[K]\{H\} = \{F\} \tag{8.2.8}$$

式中:$[K]$为整体渗透矩阵;$\{H\}$为各节点水头值;$\{F\}$为渗流自由项系数。

通过某一指定过水断面的流量计算可采用中断面法,其流量为:

$$q = \sum \iint K \frac{\partial H}{\partial n} \mathrm{d}s_n \tag{8.2.9}$$

式中:s_n为给定平面;K和$\frac{\partial H}{\partial n}$为给定平面外法线向渗透系数和水头坡降。

2)计算边界条件及渗透参数选取

进行准三维有限元渗流计算,选取最大坝高(河床坝位)0+700断面为计算剖面。计算范围如下:对于沿高程方向计算范围,自坝顶至坝基开挖面以下约2.5倍坝高处;坝轴线方向取单位宽度。对于顺河向计算范围,从心墙处往上游取440m、下游取470m宽,总长约910m。

沥青心墙、过渡料、帷幕体、坝基岩体及其他填筑料计算中采用的水文地质参数见表8.2.11。

表 8.2.11　　　　　　　　　　坝体分区及渗透系数

材料分区	渗透系数($m^3 d^{-1}$)	材料分区	渗透系数($m^3 d^{-1}$)
沥青心墙	0.000005	过渡料	30.0
混凝土基座	0.0003	帷幕体	0.0006
石渣料	15.0	混合料	10.0
反滤层	20.0	风化砂	3.5
排水垫层	30.0	排水体	100.00
坝基岩体1	0.0016	坝基岩体2	0.0012
坝基岩体3	0.0008		

3)初蓄水位135m渗流计算结果

初蓄水位135m条件下,下游水位100.0m时,计算断面渗流位置水头等值线见图8.2.4。根据计算结果,由沥青混凝土心墙、混凝土基座及帷幕灌浆体等组成的防渗体系效果十分明显,心墙下游侧剩余水头在1.62%以下。坝体及坝基渗透梯度情况见图8.2.5。沥青混凝土心墙上、中、下部的平均水力坡降分别为36.86、31.85、28.05;防渗帷幕上、中、下部的平均渗透坡降分别为5.77、4.86、1.63;心墙上、下坝体的平均水力坡降分别为0.39%、0.21%。初蓄水位135.0m心墙、基座、帷幕及坝基总单宽渗漏量为2.55m^3/d,其中心墙单宽渗漏约为0.47m^3/d,约占整个单宽渗漏的18.4%,帷幕和坝基单宽渗漏约为2.08m^3/d,所占比例约为81.6%。

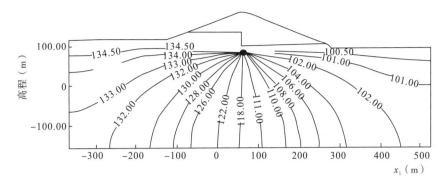

图 8.2.4　初蓄水位 135.0m 条件下位置水头等值线

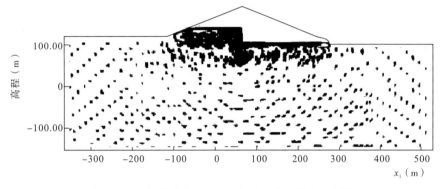

图 8.2.5　初蓄水位 135.0m 条件下渗透梯度矢量图

4)计算结果与监测结果对比

根据渗流监测:2003 年 8 月份 135m 水位下坝后渗漏量测值为 1302m³/d,上、下游坝体的平均水力坡降为 0.009 和 0.004。渗流有限元计算结果分别为 1148m³/d、0.39%、0.21%。对比监测和计算结果两者比较吻合,说明有限元计算总体可行。结合土石坝渗漏监测情况,类比其他工程渗流规律,沥青混凝土心墙和帷幕灌浆等局部位置水力梯度较大,应重视此部位变形和渗流情况的监测。其中沥青混凝土心墙的水力劈裂、帷幕灌浆体防渗效果、坝基渗流和坝后渗漏情况是今后监测研究的重点。

(2)防护坝二维渗流计算

防护坝渗流计算选择 4 个剖面进行二维渗流计算(图 8.2.6 至图 8.2.8),其中河床剖面 2 个(图 8.2.6、图 8.2.7),左岸山体 2 个(图 8.2.8),编号自右至左依次为 0-0、3-3 剖面、4-4 和 6-6 剖面。渗流计算成果见表 8.2.12、表 8.2.13。

由表 8.2.12、表 8.2.13 计算结果可知,防渗体背水侧的浸润线未在坝坡出逸,浸润线比降很小,风化砂属流土型渗透破坏,对于防护土石坝的渗流流态,风化砂的渗透稳定应无问题。对风化砂混合料填筑区的边界应注意保护,即与块石棱体、石渣料、河床砂卵石层之间均需设置可靠的反滤层,可满足渗透稳定要求。

包括全强风化带在内的两岸山体均不存在渗透稳定问题。在设计中已考虑混凝土防渗墙嵌入弱风化岩层,截断了全强风化带中的渗透通道。对混凝土防渗墙以下局部地段的岩体进行灌浆,主要目的是封堵大的裂隙及破碎带以减少渗漏量。目前国内外土石坝设计中仍以规范规定的透水率(<5Lu)作为基岩帷幕灌浆控制的标准,应该是偏于安全的。

图 8.2.6　防护大坝河床部位 0+690.0 坝体断面图

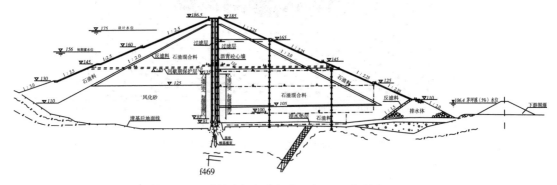

图 8.2.7　防护大坝河床部位 0+700.0 坝体断面图

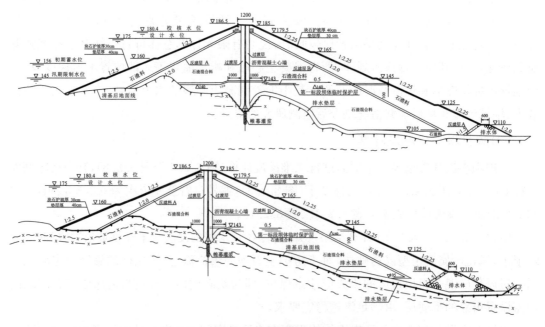

图 8.2.8　防护大坝左岸部位坝体断面图

表 8.2.12　　　　　　　　　　防护坝河床坝段渗流计算方案及成果

| 剖面 | 水位条件 | 渗透系数(cm/s) | | | | | | 心墙后浸润线最高点(m) | 防渗墙下比降 | 渗流量 [m³/(d·m)] |
		坝体风化砂	弱风化带	微风化带	防渗墙	砂卵石	壤土覆盖层			
0 剖面	设计水位	5×10^{-2}	弱上 2×10^{-2}	2×10^{-5}	1×10^{-3}		3×10^{-4}	110	5.87	18.66
		5×10^{-3}			1×10^{-5}		3×10^{-4}	120	5.09	13.82
		5×10^{-4}			1×10^{-6}		3×10^{-4}	135.6	1.80	6.65
		5×10^{-4}	弱下 2×10^{-2}		1×10^{-7}		3×10^{-4}	135.0	1.77	6.57
		5×10^{-4}			1×10^{-7}		3×10^{-3}	131	4.0	9.5
	校核水位	5×10^{-2}	弱上 2×10^{-2}	2×10^{-5}	1×10^{-3}		3×10^{-4}	112	6.08	19.0
		5×10^{-3}			1×10^{-5}		3×10^{-4}	122	5.36	14.69
		5×10^{-4}			1×10^{-6}		3×10^{-4}	138	1.02	7.0
		5×10^{-4}	弱下 2×10^{-2}		1×10^{-7}		3×10^{-4}	138.6	1.00	6.91
		5×10^{-4}			1×10^{-7}		3×10^{-3}	134.5	4.14	10.37
3 剖面	设计水位	5×10^{-2}	弱上 2×10^{-4}	2×10^{-5}	1×10^{-3}	5×10^{-2}		110.5	8.82	24.19
		5×10^{-3}			1×10^{-5}				7.31	20.22
		5×10^{-4}			1×10^{-6}	5×10^{-2}			3.72	10.63
		5×10^{-4}	弱下 1×10^{-4}		1×10^{-7}			111.3	7.30	10.63
		5×10^{-3}			1×10^{-7}					
	校核水位	5×10^{-2}	弱上 2×10^{-4}	2×10^{-5}	1×10^{-3}	5×10^{-2}		115	8.9	24.45
		5×10^{-3}			1×10^{-5}				7.6	21.0
		5×10^{-4}			1×10^{-6}	5×10^{-2}			3.86	11.0
		5×10^{-4}	弱下 1×10^{-4}		1×10^{-7}					
		5×10^{-3}			1×10^{-7}			115	7.6	21.0

表 8.2.13　　　　　　　　　　防护坝左岸坝段渗流计算方案及成果

| 剖面 | 水位条件 | 渗透系数(cm/s) | | | | 浸润线高程(m) | | 渗流量 [m³/(d·m)] | K(cm/s) |
		全强风化带	弱风化带	微风化带	防渗墙	防渗墙后	出逸点		
4 剖面	设计水位	3×10^{-5}	2×10^{-5}	1×10^{-5}	1×10^{-8}	171.1	158.1	4.6	破碎带 2×10^{-4}
		2×10^{-5}	2×10^{-5}	1×10^{-5}	1×10^{-8}			1.9	灌浆处理 2×10^{-5}
6 剖面	设计水位	3×10^{-5}	弱上 1×10^{-5} 弱下 2×10^{-5}	1×10^{-5}	1×10^{-8}	171.2	152.6	1.1	风化砂 (填方)2×10^{-4}

坝址区断层虽然发育,但已查明规模大的断层不多,性状大多为良好,一般不作特殊处理。f13 是坝区最大的一条断层,其走向 340°,倾北东,倾角约 80°,宽度为 10~20m,自左坝

肩附近斜穿过坝轴线。由于该断层规模较大,尽管胶结良好,设计仍考虑采取帷幕灌浆措施,以防止渗漏对土石坝造成危害。

计算的最大单宽渗流量约 $25m^3/(d \cdot m)$,若河床坝段以 300m 长计,则渗流量为 $7500m^3/d$,加上两侧山体的渗漏损失,防护坝总渗流量不大于 $20000m^3/d$。

8.2.5.3 防护坝沉降计算

根据导流明渠开挖弃料的土工试验成果,设计以混合料或风化砂作为防护坝体填料的简化断面,采用分层总和法进行沉降计算,预测坝体沉降。计算结果见表 8.2.14。

表 8.2.14　　防护坝体沉降计算成果

沉降量(cm) 坝体填料	坝体填筑至高程 140m			坝体填筑至高程 185m			竣工后已完成的沉降量	剩余沉降量
	坝基	坝体	总沉降	坝基	坝体	总沉降		
风化砂	16.1	18.6	34.7	34.8	76.2	110.0	88.8	22.2
混合料	30.7	38.1	68.8	48.4	138.6	187.0	149.6	37.4

注:坝基厚 20m,按混合料考虑。

由表 8.2.14 可见,防护土石坝的沉降总量,对于不同的填料参数,其值为 1.1~1.9m,相当于坝高的 1%~2%,这一数据符合一般土石坝沉降特性;由于防护坝是间歇施工,施工期沉降量较大,约占总沉降量的 80%,剩余的 20% 待防护坝建成后完成。实际坝体填料现场试验风化砂和混合料的压缩模量与计算采用的压缩模量相比,前者降低,后者增大,实际坝体沉降在上述范围内。此外,由于防护坝实际填筑施工中,基础仅保留了少量薄层致密的砂卵石层,原计算中按坝基厚度 20m 进行沉降计算的值偏高。

8.2.5.4 防护坝应力应变静力分析

(1)计算条件

1)计算图形:按防护坝沥青混凝土心墙坝型基本剖面,在不影响计算成果条件下作如下简化:①不考虑坝坡马道;②假定背水侧堆石排水体与砂卵石性状相同;③心墙底部混凝土埋入基岩中,并与基岩取相同参数;④心墙布置类型为直心墙。

2)计算参数

防护坝坝体材料和沥青混凝土心墙及基座混凝土、坝基等材料计算参数见表 8.2.15。

表 8.2.15　　防护坝材料计算参数

名称	γ (t/m³)	φ (°)	C (MPa)	R_i	K	n	G	F	D
沥青混凝土	2.322	16.4	0.28	0.811	432.1	0.492	0.215	−0.224	11.7
风化砂	2.06	35	0	0.84	500	0.45	0.35	0.18	3.6
石渣	2.29	40	0	0.76	600	0.53	0.33	0.106	5.1

续表

名称	γ (t/m³)	φ (°)	C (MPa)	R_i	K	n	G	F	D
砂卵石覆盖层	2.23	40	0	0.8	1000	0.5	0.36	0.15	9.0
堆石	2.05	37	0	0.7	510	0.4	0.3	0.15	4.0
基岩	2.6				$E=2\times 10^6$ t/m²	$\mu=0.17$			
混凝土	2.35								
防渗墙混凝土	2.15	29.7	0.63	0.7	10000	0.35	0.35	0.13	8.0

单元划分及加载级数见表 8.2.16。

表 8.2.16　　　　　　　　　　单元划分及加载级数

方案	单元数	结点数	加载级数	
			坝体施工加载	蓄水加载
94m 高直心墙	140	475	6	2

（2）计算理论和方法

1）防护坝土石料

邓肯—张模型公式简单,参数物理意义明确。三轴试验研究结果表明,该模型对土体应力应变非线性特性能较好地反映,可选择用作防护坝堆石、土石混合料、过渡料的本构模型。其中 E-μ 模型见式（8.2.10）、式（8.2.11）。

$$E_t = Kp_a\left(\frac{\sigma_3}{p_a}\right)^n\left[1-R_f\frac{\sigma_1-\sigma_3}{(\sigma_1-\sigma_3)_f}\right]^2 \tag{8.2.10}$$

$$\mu_t = \frac{G-Flg(\sigma_3/p_a)}{(1-A)^2} \tag{8.2.11}$$

式中:

$$(\sigma_1-\sigma_3)_f = \frac{2C\cos\varphi+2\sigma_3\sin\varphi}{1-\sin\varphi}$$

$$A = \frac{D(\sigma_1-\sigma_3)}{Kp_a\left(\frac{\sigma_3}{p_a}\right)^n\left[1-\frac{R_f(\sigma_1-\sigma_3)}{(\sigma_1-\sigma_3)}\right]^2}$$

式中:K、n 为初始切线杨氏模量与小主应力 σ_3 关系中的无因次基数及指数;G、F 为初始泊松比与小主应力 σ_3 关系式中的无因次系数;D 为轴应变、径应变与初始泊松比关系式的参数;p_a 为大气压;φ、C 为抗剪强度参数;R_f 为破坏比;σ_1、σ_3 为大、小主应力。

2）沥青混凝土

沥青混凝土的模型研究较少,对水工沥青混凝土的力学特性、碾压密实的沥青混凝土在复杂的高应力状态下的应力变形、强度特性的研究尚不充分。ALECOROLLER 对水工沥青混凝土三轴试验进行了较详细的研究,模拟施工现场碾压的沥青混凝土板上钻取圆柱试件,试样直径×高度为 8cm×11cm,沥青含量为 6.9%,饱和容重为 2.43g/cm³,试验温度为 23℃,加载速率为 0.01mm/min 和 1mm/min,围压为 0.05MPa 和 0.5MPa。试验结果表明:试件在加载过程中的体积变化主要表现为剪胀变形;在与围岩无关的条件下,轴向应变在5%的量级时,剪胀应变很小;当围岩等于 0.5MPa 时,轴线应变上升到 18% 的条件下,剪胀应变小于 1%。只有在极慢的应变速率(0.0001mm/min)下,试件才表现为轻微的收缩体积变形。

防护坝沥青混凝土三轴试验由北方交通大学和葛洲坝集团试验中心承担,试样采用静压成型,试样直径×高度为 10cm×20cm,沥青含量为 6.4%～6.8%,饱和容重为 24500N/m³,试验温度为 16.4℃±0.5℃,加载速率为 0.006mm/min,试验结果表明:试件在加载过程中的应力应变关系接近双曲线;体积变化主要表现为先剪缩后剪胀的特性;体积应变量值比轴向应变小一个数量级,显示沥青混凝土具有较强的侧向效应。由于沥青混凝土有黏性,土石坝可能因沥青混凝土的蠕变而产生较大的变形;随着蠕变的不断发生,坝体的应力状态必然重新分布,有限元计算中应考虑沥青混凝土的这种流变特性,因体积蠕变较小而忽略。沥青混凝土的蠕变具有明显的非线性,难以用线性元件模型模拟,可选用经验模型如 Singh-Mitchell 模型拟合,直接建立流变体的应力—应变—时间的函数关系。沥青混凝土三轴试验表明:沥青混凝土具有较强的侧向效应,各种工况下沥青混凝土心墙的应力水平可能较低,而 Singh-Mitchell 模型采用指数型的应力应变等时曲线,当应力水平小于 0.2 时,不能正确反映沥青混凝土的应力应变关系,需对 Singh-Mitchell 模型进行修正,将指数型的应力应变等时曲线用双曲线关系描述,如式(8.2.12)所示。

$$\varepsilon = \frac{(D_{max})_0}{(E_i)_0} - \frac{\overline{D}_0}{1-(R_f)_0\overline{D}_0}\left[\frac{t}{t_0}\right]^\lambda \qquad (8.2.12)$$

式中:D_{max}、E_i、R_f 分别为 t_0 时刻的破坏剪应力、初始切线模量和破坏比;E_i 以 K 和 n 表示,$\overline{D}_0$ 为 t_0 时刻的应力水平;λ 为应力水平一定时,$\ln\varepsilon$-$\ln t$ 曲线的斜率。

对于土石坝不同的加载过程,特别是施工期,各计算单元计算蠕变的初始时间不一致,导致计算困难,式(8.2.12)改为应变率表示,如式(8.2.13)。

$$\varepsilon = \frac{(D_{max})_0}{(E_i)_0}\frac{\overline{D}_0}{1-(R_f)_0\overline{D}_0}\left[\frac{\dot{\varepsilon}_0}{\dot{\varepsilon}}\right]^C \qquad (8.2.13)$$

式中:$\dot{\varepsilon}_0$ 为 t_0 时刻的应变率;$C=\lambda/(1-\lambda)$。

式(8.2.13)消去了显式时间,计算各时段的单元仅与前一时段的蠕变和应力状态相关。计算分析采用考虑了流变特性的邓肯—张 E-μ 模型。

3)混凝土基座

基座采用常态混凝土,其为线弹性材料。

4)接触面

现场观测资料表明,由于心墙沥青混凝土与过渡层砂砾石材料的力学性质相差较大,两者的接触界面存在错动变形,需设置接触面单元以反映这种相对变形,沥青混凝土心墙两侧边坡 1:0.04,采用分层摊铺(每层厚 20cm)施工时,为保证质量,每个摊铺层以矩形断面控制,使得与砂砾石过渡层连接的心墙两侧的沥青混凝土呈锯齿状结构。对于这种粗糙的接触界面,剪切破坏主要发生在过渡层附近的沥青混凝土内。在接触面附近形成剪切错动带,该错动带内的沥青混凝土既存在周围沥青混凝土单元的剪切变形性质,同时也存在接触面的错动变形,采用薄层接触单元模拟此剪切错动带的应力和变形特性。

Kishida 根据单剪试验装置,量测了接触面的错动变形和剪切变形,得到接触面上剪应力比(τ/σ_n)与剪切变形 γ 两者之间的关系。结论认为:在接触面上剪应力 τ 达到破坏剪应力 τ_f 之前,错动变形很小,接触面位移主要为剪切变形引起;当剪应力 τ 达到破坏剪应力 τ_f 之后,接触面位移主要由错动变形引起,并且可无限发展。

对普通土体单元

$$\{d\varepsilon\} = [c]\{d\sigma\} \tag{8.2.14}$$

其中 $[c]$ 为单元柔度矩阵:

$$[c] = \begin{bmatrix} \dfrac{1-V^2}{E} & & \\ & \dfrac{-V(1+V)}{E} & \dfrac{1-V^2}{E} \\ 0 & 0 & \dfrac{1}{G} \end{bmatrix}$$

对于薄层接触面单元,弹性模量和泊松比与普通土体单元相同,仍取土体的参数,而剪切模量 G 则由单剪试验成果确定,见式(8.2.15):

$$G - \frac{d\tau}{d\gamma} \tag{8.2.15}$$

根据单剪试验结果,接触面上的剪应力 τ 与剪切变形 γ 呈双曲线关系,可推导得式(8.2.16):

$$G = kP_a \left(\frac{\sigma_n}{p_a}\right)^n \left(1 - \frac{R_f\tau}{\tau_f}\right)^2 \tag{8.2.16}$$

为模拟单剪试验中接触面发生剪切破坏后的错动变形不断增加,当发生剪切破坏时,G 取较小值,如 5kPa。

接触面破坏剪应力 τ_f 为式(8.2.17):

$$\tau_f = \sigma_n \tan\delta + c \tag{8.2.17}$$

式中:σ_n 为接触面的法向正应力;δ、c 分别为接触面上的摩擦角和黏聚力。

4)计算模型

沥青混凝土是由矿物骨料、沥青胶结料和孔隙所共同组成的具有空间网状结构的多相分散体系。目前,沥青混凝土主要有表面理论和胶体理论两种强度理论依据,表面理论侧重于矿质集料间骨架的作用,而胶体理论则认为:由于沥青的黏聚作用,沥青混凝土是一种胶结体,侧重于沥青胶浆的性能。对水工沥青混凝土,由于沥青用量和矿粉用量较少,其强度形成更强调粗集料的骨架作用,强度理论主要采用表面理论。就水工混凝土的力学性能而言,黏聚着沥青的矿物骨料自身强度远大于沥青的黏接强度,同时材料破坏形式更接近剪切破坏,认为沥青混凝土仍然是一种散粒体材料,从宏观讲,它与黏性土性质相似,只不过这些黏聚着沥青的骨料颗粒间胶结作用比较明显,黏聚力较大,黏性更强,因此,可利用土体的本构模型或修正有关土体模型来研究沥青混凝土心墙的应力变形特性。

由于沥青混凝土为黏弹塑性材料,因此采用非线性和黏弹性两种模型同时进行计算。

单元划分及加载级数见表8.2.16。

(3)计算结果及分析

水库蓄水至正常蓄水位175m时,防护坝挡设计水位175m采用黏弹性模型计算的坝体与防渗心墙的变形量、应力应变最大值见表8.2.17。

表8.2.17 防护坝挡设计水位175m应力应变计算最大值

	垂直位移(cm)	123.8
	水平位移(cm)	56.0
坝体	垂直应力(MPa)	4.70
	水平应力(MPa)	1.90
	垂直位移(cm)	124.0
	水平位移(cm)	51.4
	垂直应力(MPa)	2.56
心墙	水平应力(MPa)	1.24
	垂直应变(%)	4.77
	水平应变(%)	-0.39

计算结果表明:

1)在基岩上直接建100m高沥青混凝土心墙,不出现拉应力,最大压应力为2.56MPa,最大压应变为4.77%,最大拉应变为0.39%,都在允许范围之内,是安全的。

2)计算中坝体防渗墙按半塑性材料考虑,未出现拉应力,最大压应力为7.23MPa,也在安全范围之内;但防渗墙顶部局部出现0.54%的拉应变,应设法避免。

3)上、下游,特别是上游坝坡坡脚单元的变形和应力水平较大,坝面少数单元的变形和应力也较大。

4)沥青混凝土心墙在长期运用中,由于蠕变的原因,心墙的垂直沉降将会有一定增大,但增大的速度逐渐减小;增大的数值将是很小的;心墙的厚度会有一定的增长。

8.2.5.5 防护坝应力应变动力分析

(1)计算模型计算条件

1)计算模型

土石料的动力有限元分析较为复杂,它随振动频率而变化,剪切模量和阻尼比随动应变而变化,设计采用 Hardin-Drnevich 模型(哈定模型)。

2)计算图形

采用三个典型断面桩号 0+369m,0+690m,0+878m(图 8.2.9)进行计算。

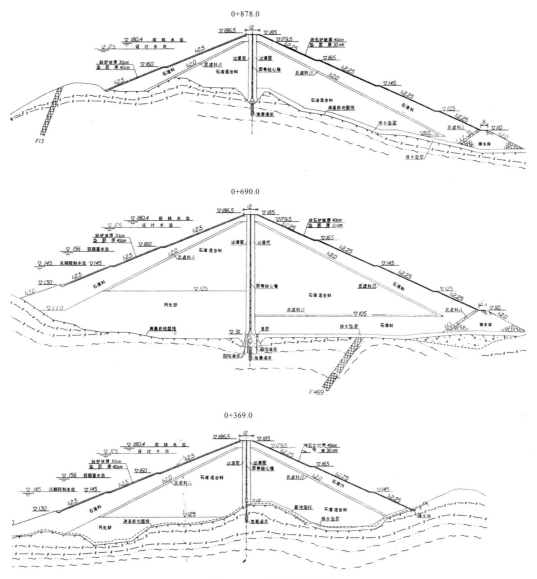

图 8.2.9　典型计算断面

3)单元划分

单元划分采用实体单元和接触面单元。沥青混凝土与上、下游坝壳料之间性质有较大的差异,在一定的受力条件下,可能出现错动滑移和张开等情况,为了较好地模拟它们之间的力学特性,在两者之间设置无厚度四结点接触面单元。其他为实体单元。

(2)动力计算材料参数

哈定模型的三个材料参数取值见表8.2.18。

土石料与沥青混凝土接触面动力切向劲度参数的取值见表 8.2.19。

表 8.2.18　　　　　　　　　　等效剪切模量与阻尼比参数

土石料	K_2	n_2	$\lambda_{\max}$
风化砂	1544.60	0.60	0.20
堆石	1527.40	0.60	0.24
石渣	1540.30	0.60	0.20
沥青混凝土	6347.00	0.65	0.24

表 8.2.19　　　　　　土石料与沥青混凝土接触面动力切向劲度参数

土石料	K_3	n_3	C_0(kPa)	δ_0
砂砾石垫层料	31250	0.70	16.0	35℃

（3）动力计算工况

动力计算工况是坝体正常蓄水时。坝址区设计地震加速度时程曲线分别采用三种不同的地震波进行计算：

1）三峡地震加速度时程曲线。选取 100 年超越概率为 1‰,0.60～20.58s 时段作为计算输入的地震加速度时程线,其峰值为 125gal(1gal＝1cm/s²)。

2）天然地震波——唐山迁安波加速度时程曲线。其峰值为 0.179g,按 7 度地震削峰后作为输入的地震响应计算。

3）反应谱拟合的人工波加速度时程曲线作为输入的地震反应计算。

（4）动力计算结果分析

蓄水期坝体、心墙的最大动力反应汇总见表 8.2.20 至表 8.2.22。

表 8.2.20　　　　　　　坝体各部位最大动力反应(0＋690m 断面)

最大动力反应		三峡波	迁安波	人工波
堆石顶最大绝对加速度	顺河向	3.564	2.974	2.604
(m/s²)	竖直向	1.885	1.738	1.509
堆石体顶最大动位移	顺河向	2.91	3.62	4.13
(cm)	竖直向	1.57	1.18	1.24
堆石体最大动应力	拉应力	153.75	210.48	228.34
(kPa)	压应力	172.66	199.70	248.55
心墙顶最大动加速度	顺河向	3.553	3.002	2.696
(m/s²)	竖直向	1.865	1.895	1.810
心墙顶最大动位移	顺河向	2.89	3.66	4.15
(cm)	竖直向	1.53	1.29	1.37

续表

最大动力反应		三峡波	迁安波	人工波
心墙最大动应力	拉应力	210.67	156.99	196.73
(kPa)	压应力	224.78	261.09	152.26

表 8.2.21　　　　　　坝体各部位最大动力反应(0+369m 断面)

最大动力反应		三峡波	迁安波	人工波
堆石顶最大绝对加速度	顺河向	3.316	3.073	2.614
(m/s²)	竖直向	1.455	1.312	0.970
堆石体顶最大动位移	顺河向	1.640	2.18	1.80
(cm)	竖直向	0.420	0.58	0.32
堆石体最大动应力	拉应力	66.64	83.88	114.16
(kPa)	压应力	108.71	78.70	82.38
心墙顶最大动加速度	顺河向	3.397	3.123	2.619
(m/s²)	竖直向	1.491	1.512	1.600
心墙顶最大动位移	顺河向	1.640	2.20	1.86
(cm)	竖直向	0.420	0.71	0.38
心墙最大动应力	拉应力	26.94	45.79	59.38
(kPa)	压应力	31.64	41.33	85.17

表 8.2.22　　　　　　坝体各部位最大动力反应(0+810m 断面)

最大动力反应		三峡波	迁安波	人工波
堆石顶最大绝对加速度	顺河向	2.379	2.882	2.601
(m/s²)	竖直向	1.879	1.407	1.950
堆石体顶最大动位移	顺河向	2.20	3.11	2.96
(cm)	竖直向	0.78	1.24	0.84
堆石体最大动应力	拉应力	257.40	169.08	286.98
(kPa)	压应力	218.60	170.06	271.79
心墙顶最大动加速度	顺河向	2.370	2.825	2.533
(m/s²)	竖直向	1.384	1.250	1.807
心墙顶最大动位移	顺河向	2.19	2.56	2.96
(cm)	竖直向	0.77	1.12	0.91
心墙最大动应力	拉应力	141.17	139.17	119.55
(kPa)	压应力	140.55	165.75	186.86

防护坝设计震级为 6 级,烈度为Ⅶ度,地震响应结果表明,地震对坝体的位移和应力影

响较小,三种波型对三个典型剖面的计算结果,最大水平坝体位移 4.13cm(顺河向),心墙水平位移 4.15cm;坝体最大动应力拉应力为 0.29MPa,压应力为 0.27MPa;心墙最大动应力为拉应力 0.20MPa,压应力 0.19MPa,均在允许范围之内。

8.2.5.6 防护坝在蓄水(135m 水位)验收前补充应力应变计算分析

(1)防护坝施工过程中补充应力应变计算分析

根据我国《土石坝沥青混凝土面板和心墙设计准则》(SLJ 01—1988)和国内外沥青混凝土心墙土石坝的经验,沥青混凝土心墙土石坝应力应变分析广泛采用非线性计算模型,其模型参数通过三轴试验取得。防护坝初步设计以及技术措施设计阶段的试验论证并据坝体及沥青混凝土心墙的应力应变非线性有限元分析成果,设计要求沥青混凝土模量数 K 值为 600~800(室内三轴试验成果),以满足防护坝安全运行要求。

1)多家单位复核计算分析结果

在一期工程施工防护坝高程 140m 过程中,发现摊铺后现场取样室内成型和碾压后钻取的沥青混凝土芯样三轴试验获得的计算模量数 K 值偏低(尤其是芯样模量数 K 值)。为此,中国长江三峡工程开发总公司先后委托多家单位进行复核计算分析。武汉大学采用 E-μ 模型,计算模量数 K 值为 413;清华大学分别采用 K-G 模型和 E-μ 模型,计算模量数 K 值为 408;长江科学院采用 E-μ 模型,计算模量数 K 值为 454.5。综合各家计算结果表明:

①坝体最大变形不大,施工期和蓄水期沥青混凝土心墙的变形和应力状态基本满足设计要求。

②沥青混凝土心墙模量数 K 值为 400 时,两种模型计算的各高程竖向应力 δ_y 基本上大于同高程的库水压力,E-μ 模型计算成果有局部范围小于同高程的库水压力。

③沥青混凝土心墙的应力水平,在各工况下均小于 1.0。

④沥青混凝土心墙的静止侧压力系数($\lambda=\delta_3/\delta_1$)大部分在 0.3~0.5 控制范围内。

⑤从心墙位移分析,其挠跨比值均在设计要求范围内。

2)长江科学院复核计算分析成果

为研究沥青混凝土各项力学参数变化,特别是模量数 K 值变化,对沥青混凝土心墙应力和变形的影响,长江科学院选三套力学参数,其中模量数 K 值为 213.54、300、408 作敏感性分析,结果表明:

①沥青混凝土心墙模量数 K 值为 400 量级时,心墙上游的竖向应力 δ_y 大于同高程的库水压力。

②当沥青混凝土心墙模量数 K 值为 300 量级时,心墙上游的竖向应力 δ_y 大部分仍大于同高程的库水压力。但沥青混凝土心墙的静止侧压力系数大于 0.7,超出《土石坝沥青混凝土面板和心墙设计准则》(SLJ 01—1988)规定的范围。

③当沥青混凝土心墙模量数 K 值为 200 量级附近及以下时,在完建后运行期和汛期,心墙上游的竖向应力 δ_y 小于同高程的库水压力。此时沥青混凝土心墙的静止侧压力系数达到

0.86～0.95,大大超出《土石坝沥青混凝土面板和心墙设计准则》(SLJ 01—1988)规定的范围。

(2)防护坝在蓄水(135m 水位)验收前补充应力应变计算分析

由于防护坝施工期沥青混凝土模量数值偏低,使得对沥青混凝土心墙是否产生水力破坏产生疑虑。为给防护坝运行安全性评价提供依据,由三峡总公司组织,长江委在设计各方前期试验研究工作基础上,吸纳国内有关专家的咨询意见,补充进行沥青混凝土力学性能试验(含沥青混凝土三轴复核试验、沥青混凝土抗拉强度试验等),同时据防护坝施工期安全监测资料作了沥青混凝土力学参数反演分析,然后进行防护坝应力应变计算分析等。

防护土石坝基于邓肯－张非线性计算模型历经多次有限元分析,从定性上看,反映了相同的应力状态和变形规律,各部位的应力水平均小于1,变形基本协调;竖向和水平位移不大,在正常范围内;心墙存在拱效应,心墙局部范围在蓄水期的竖向应力接近或略小于同高程库水压力,主应力比(δ_3/δ_1)也有局部偏大。从定量上看,应当说以蓄水(135m 水位)前复核验算较为接近实际,这是因为:

1)坝壳和心墙过渡层,采用上坝料历次固定断面检测的平均级配补做三轴试验,调正了计算参数。查证实际施工中压实干容重大多超过设计值的情况,计算参数中如模量数较原计算值高是比较符合实际的。

2)依据原型观测资料,用 $E-\mu$ 模型计入心墙接触面影响反演分析得出了沥青混凝土计算参数;还用较先进的三轴仪对现场沥青混凝土试件作复核试验得出计算参数。

3)据上述调正后各计算参数,用非线性有限元模型分析各工况下应力及变形。分析分别由河海大学和长江科学院完成。前者遵循非线性黏弹性分析的技术路线,根据反演分析得出的一套计算参数(其中 $K=342$)和复核三轴试验得出的一套计算参数(一、二期工程两种沥青混凝土的 K 值为 371.50),考虑了沥青混凝土心墙蠕变和接触面的影响,采用 $E-\mu$ 模型进行计算;后者也考虑了接触面的影响,采用 $E\text{-}B$ 模型进行计算,计算中仅对过渡层采用经敏感性分析而调正的参数,引用历次试验的沥青混凝土 8 套计算参数(其中 K 值最小141,最大 820)进行敏感性对比分析。综合两家计算结果表明:

①心墙、过渡层和坝壳各部位的变形基本协调,坝体各部位最大变形在正常范围内。

②各部位的应力水平,在各工况下均小于1.0,不会产生剪切破坏,且蓄水期应力水平低于竣工期。在应力水平小于1.0 的情况下,心墙的主应力比(δ_3/δ_1)可满足≥0.3 的要求。

③鉴于心墙和过渡层变形特性差异较大,心墙明显地产生拱效应,降低了心墙的竖向应力,此为不利的一面,但对侧向作用较强的心墙变形稳定是有利的。

④水库蓄水至正常蓄水位 175m 时,心墙竖向应力大于同高程的库水压力;校核水位180.4m 时,心墙高程 155m 或 160m 以上竖向应力接近库水压力。根据观测资料反演分析得出的沥青混凝土心墙设计参数(K 为 334～342),按防护坝不同运行工况进行有限元分析,结果表明防护坝挡设计水位 175m 和校核水位 180.4m 运行是安全的。

8.3 防护坝施工

8.3.1 防护坝施工分期及施工进度

8.3.1.1 防护土石坝施工分期

茅坪溪防护土石坝分两期施工(图8.3.1),一期主要旅工项目有:混凝土防渗墙、基础帷幕灌浆及固结灌浆、基础廊道交通洞、高程140m以下坝体填筑、高程142m以下沥青混凝土心墙施工等。二期工程主要施工项目有:高程140m以上坝体填筑、高程142m以上沥青混凝土心墙施工、坝后公路、坝顶公路及大坝附属工程等。

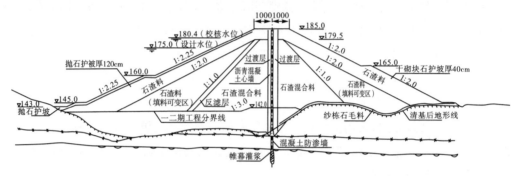

图8.3.1 茅坪溪防护土石坝岸坡断面分期施工图

8.3.1.2 防护土石坝施工进度

茅坪溪防护土石坝主要工程量见表8.3.1。一期于1994年7月开始背水侧围堰施工,1995年初围堰填筑完成;1995年2月开始坝基开挖,同时浇筑基座混凝土;1995年4月大坝填筑施工开始,1997年6月至2001年3月进行混凝土防渗墙施工,1997年10月至1998年3月进行垫座混凝土施工,1997年8月至2001年8月进行帷幕灌浆施工;1997年12月7日开始第一层沥青混凝土心墙填筑,至2000年9月27日完成心墙一期施工;2000年12月底坝体填筑至一期高程140~l42m。

表8.3.1　　　　　　　　　　　茅坪溪防护土石坝主要工程量汇总

	项目	单位	总工程量	一期工程量	备注
土石开挖	覆盖层	万 m³	189.83	6.98	(1)不包括防渗墙施工平台填筑52.71万 m³及拆除55.20万 m³;
	全风化岩	万 m³	34.32	34.07	
	强风化岩	万 m³	12.87	12.87	(2)不包括一期工程高程140.0m平台,临时保护填筑及拆除工程量
	弱风化岩	万 m³	5.22	5.22	
	合计	万 m³	242.24	182.94	

续表

项目		单位	总工程量	一期工程量	备注
坝体填筑	风化砂	万 m³	178.71	178.71	
	石渣混合料	万 m³	536.24	260.12	
	石渣料	万 m³	377.18	220.89	
	堆石	万 m³	16.61	16.61	
	垫层料	万 m³	21.14	2.39	大坝护坡垫层
	过滤料	万 m³	33.48	10.12	
	反滤料	万 m³	36.13	14.78	其中砂砾石料 14.2 万 m³、碎石料 21.93 万 m³
坝体填筑	排水垫层	万 m³	41.85	36.66	
	砂砾石料	万 m³	3.37	3.37	
	砂壤土	万 m³	1.42	1.42	
	干砌块石	万 m³	12.86	2.43	
	浆砌块石	万 m³	1.08	0.39	
	合计	万 m³	1258.58	746.40	
坝体及坝基防渗	基座混凝土	万 m³	2.48	2.48	另垫座及底梁混凝土 0.23 万 m³
	混凝土防渗墙	万 m²	3.80	3.19	
	沥青混凝土	万 m³	4.94	2.08	
	固结灌浆	万 m	0.33	0.33	
	帷幕灌浆	万 m	3.19	1.93	
	回填灌浆	万 m	0.13	0.13	
	防渗墙拆除	m³	1470	1470	

茅坪溪防护土石坝二期和库岸开挖、坝后公路及库岸干砌石施工于 2001 年 5 月开工，2003 年 3 月 25 日完成，沥青混凝土心墙达到高程 180.2m，坝体填筑达到高程 180.2m，库岸防护工程达高程 183.6m。2003 年 7 月坝体填筑及沥青混凝土心墙完工；坝顶公路 2004 年6 月完工，其他项目 2003 年底完工。

8.3.2　防护坝坝基开挖及处理

8.3.2.1　土石坝坝基开挖

（1）混凝土基座、垫座及底梁地基开挖

混凝土基座地基（桩号 0+566.09～0+804m）和混凝土垫座地基（桩号 0+804～0+953m），开挖至弱风化顶板线下 1～2m；底梁基础开挖至全风化基岩。

混凝土基座地基，位于河床部位，全长 238m，槽底宽 16m，基面开挖至弱风化顶板以下 1～1.5m。自上而下进行分层开挖，两侧进行预裂爆破，底部预留 2m 保护层，按建基要求进行开挖。

（2）坝壳地基开挖

按照设计要求对坝壳地基进行了清理，清理范围至大坝坡脚线外 10m。首先清除草皮、树根、乱石、坟墓和各种建筑物，再将覆盖层清除。河床部位坝基开挖至砂、卵石层面或全风化基岩；而坝肩部位清至全风化基岩。清基后岩面大体平整，无明显陡坎、台阶和反坡，岩质边坡不陡于 1：0.75，土质边坡不陡于 1：1.5。

8.3.2.2　防护土石坝坝基开挖处理

1）对于桩号 0+570～0+640m 段存在强风化薄层松散岩体、断层破碎带等地质缺陷，根据监理和设计要求对软弱岩体进行了挖除，对于残留爆破孔及爆破裂隙进行小药卷爆破和撬挖处理。

2）坝基范围内勘探钻孔做了封堵，坑洞进行了回填处理；铲除了所遇蚁穴，并喷洒灭蚁药剂；背水侧出露的泉水和集中渗水，采用盲沟排至下游侧石渣料区。

3）坝基开挖分单元施工，由监理组织业主、地质、设计、施工有关人员联合参加验收。

4）河床段坝基，未予挖除的砂卵石层，坝体填筑前按设计要求使用振动碾进行了压实。压后取样 89 组，检测干密度为 2.32～1.68g/cm³，平均 2.01g/cm³；粗粒含量 81.7%～0%，平均 24.4%；含水量 12.4%～2.1%，平均 6.9%。

8.3.3　防护坝基座、垫座及底梁混凝土施工

8.3.3.1　基座、垫座及底梁混凝土设计指标及施工配合比

基座、垫座及底梁混凝土设计指标见表 8.3.2。

表 8.3.2　　　　　　　　基座、垫座和底梁混凝土主要设计指标

部位	混凝土标号	抗冻标号	抗渗标号	级配	极限水胶比
基座混凝土	$R_{90}250$	F100	W8	三	0.5
垫座混凝土	$R_{90}250$	F100	W8	三	
底梁混凝土	$R_{90}250$	F100	W8	二	

根据上述设计要求，在室内试验的基础上，各部位混凝土施工配合比见表 8.3.3。

表 8.3.3　　　　　　　　基座、垫座和底梁混凝土施工配合比

部位	设计标号	级配	配合比参数				每立方米材料用量（kg/m³）									
			W/C	W	S (%)	F (%)	水	水泥	煤灰	砂	小石	中石	大石	JG4 溶液	DH9 溶液	ZB-1A 溶液
基座	$R_{90}250$ F100W8	三	0.5	106	23		106	212		490	418	418	836	0.53		
	$R_{28}100$	三	0.72	110	29		110	153		638	393	393	786	3.8		

续表

部位	设计标号	级配	配合比参数				每立方米材料用量（kg/m³）									
			W/C	W	S(%)	F(%)	水	水泥	煤灰	砂	小石	中石	大石	JG4溶液	DH9溶液	ZB-1A溶液
垫座	R₉₀250	三	0.52	99	26.5	20	99	152	38	562	395	395	791	4.75	1.90	
	F100W8	二	0.52	125	32.5	20	125	192	48	650	695	695		6.0	2.40	
底梁	R₉₀250	二	0.52	125	32.5	20	125	192	48	650	695	695		6.0	2.40	
	F100W8		0.45	120	32.5	25	120	200	67	738	587	717			1.74	8.01

8.3.3.2　基座混凝土施工

基座沿坝轴线长 230m，高度 10m，顶宽 9.6m，底宽 13m。沿坝轴线方向 13.5～15.5m 设一条横缝，共分为 14 个坝块。基座混凝土利用防护坝 2×1.0m³ 拌和楼和高程 85 系统拌和楼拌料，13.5t 自卸汽车运料至施工现场，索吊配 3m³ 吊罐入仓，仓内采用 ϕ100 振捣器振捣密实。

混凝土温控措施：靠近基岩两层采用薄层浇筑，分仓层厚 0.8～1.0m；在骨料堆场上搭设凉棚，减少日照对骨料温度的影响；拌和楼拌和混凝土时，采用加冰拌和；在高温天气，混凝土浇筑安排在每天 18:00 至次日 10:00 气温较低时施工，避开高温时段浇筑混凝土；大仓面浇筑混凝土时，铺设隔热被遮阳隔热，以降低仓面混凝土温度回升速度；新浇筑的混凝土，龄期在 3d 以上、28d 以下时，遇日平均气温在 2～3d 内连续下降 6～8℃时，用草袋和聚乙烯保温被保温。

8.3.3.3　垫座混凝土施工

垫座混凝土宽 4m，厚度根据地质条件调整为 2～5m，沿坝轴线方向每隔 10m 设一条横缝，混凝土浇筑层厚 1.0～1.5m。垫底混凝土利用高程 85 系统拌和楼供料，13.5t 自卸汽车运料至施工现场转卧罐，采用 25t 汽车吊垂直起吊转溜筒入仓，溜筒两边辅以人工扒料。入仓混凝土先用人工平仓、避免大骨料集中，混凝土振捣使气泡全部排出，表面泛浆及混凝土不再明显下沉为止，确保混凝土内部密实；对大骨料集中处采用人工扒除大骨料并辅以细骨料混凝土，同时避免漏振和过振。混凝土初凝形成乳皮时用压力水冲洗，并使粗砂外露。成型混凝土用流水养护，并保持混凝土表面湿润。

8.3.3.4　底梁混凝土施工

在混凝土防渗墙顶部两侧浇筑 1.0m 厚的混凝土底梁，形成开敞式槽形接口，接口宽度即为沥青混凝土心墙扩大底部宽度。底梁沿坝轴线方向每隔 5m 设一条横缝。底梁混凝土利用高程 85 系统拌和楼供料，5t 自卸汽车运料至浇筑部位，采用装载机配合入仓；不能直接入仓的部位,人工用斗车转溜筒入仓。混凝土浇筑完后,待其表面乳皮形成硬壳时用低压水冲洗,混凝土终凝后用压力水将混凝土表面冲洗干净。混凝土分块之间的横缝冲洗干净后,灌注砂质沥青玛碲脂。

8.3.3.5 基座混凝土施工缺陷及处理

基座混凝土施工缺陷主要是施工分缝渗水及廊道壁面裂缝渗水,分缝处渗水可能是施工不当造成偏斜及混凝土与止水结合不良引起的,主要缺陷及处理见表 8.3.4。

表 8.3.4 基座混凝土施工缺陷及处理汇总

部位		缺陷描述	形成原因	处理方案	实施结果
桩号	高程(m)				
0+668.5、0+683	81.0~86.5	基座 C7 分缝迎水侧底部渗漏;基座 C8 分缝顶拱渗漏	可能混凝土与止水结合不良,沿止水绕渗	采用灌浆堵漏措施:在分缝出水的两端打孔埋管引水,孔深 30cm,采用玻璃布嵌缝;C8 缝用水泥浆,525 号水泥,水灰比 0.6∶1;C7 缝用丙凝灌浆;压力为 0.1~0.3MPa	1999 年处理完毕
0+640、0+740、0+754、LDOTMP（031）、0+700C、LDOOIMP（031）、J24、0+700A、0+700B	84.5~93.0	基座墙壁面裂缝有渗水或墙壁有浸润不明湿印		沿裂缝切边凿槽,宽 4cm 深 2cm,用稀盐酸洗缝再用压力水冲洗,然后烘干用快速堵漏剂。预埋 $\varnothing$6mm 铜管,间距 25cm;环氧砂浆嵌缝,7d 后,通风吹干缝内积水,用 CW 环氧浆材,压力 0.2~0.4MPa 灌注,先 1 号孔,待 2 号孔出浆再 1 号孔,以此类推直到灌好每一个孔	2001 年 11 月 10 日至 2001 年 12 月 15 日处理完毕,经过处理部位无渗水

8.3.4 防护坝坝基混凝土防渗墙

8.3.4.1 混凝土防渗墙分段及施工布置

防护坝基础混凝土防渗墙分为两段。右岸段桩号为 0+000.00~0+566.40m,长 566.40m,左岸段桩号为 0+951.5~1+763m,长 811.50m,总长 1377.90m。穿过地层为覆盖层和全、强风化岩层,墙底嵌入弱风化岩体 1m。墙厚 0.8m,二级配混凝土,R_{28}150 号,抗渗标号 W8。由于位于两岸岸坡,右岸和左岸分别布置 9 个和 4 个施工平台。施工程序为:填筑施工平台→钻先导孔→冲击钻造孔成槽→清孔换浆→浆下混凝土浇筑→设计轮廓线以上的墙体拆除→成墙质量检查(部分在墙体拆除前检查)。

混凝土防渗墙分成 7.00～9.00m 长的槽段,隔槽按一、二期施工,全孔套接。

8.3.4.2　混凝土防渗墙施工

(1)造孔

每个槽孔造孔前先布地质导孔 1 个,孔底深入弱风化基岩顶线以下 1m,由监理、设计、施工三方地质人员对岩样鉴定,确定墙底高程,保证混凝土防渗墙嵌入弱风化基岩深度 1m 的设计要求。

槽孔采用 ϕ80cm 冲击钻造孔,端孔上、下游方向定位偏差控制在 3cm 以内,孔斜率＜2.5％,一、二期槽孔全孔套接,保证墙体的结构厚度达到 80cm,套接厚度≥75cm。相邻孔底限制高差,不留小墙,使孔底大体平顺,避免墙底"开窗"。

(2)清孔

采用泵吸法和气举法换浆清孔,孔底积渣＜10cm,孔内泥浆达到控制指标,二期孔清孔时用刷子钻头对套接孔的混凝土面进行反复刷洗,保证墙底与其下的岩面和各槽段混凝土间的良好结合。

(3)混凝土浇筑

防渗墙混凝土水泥采用荆门矿渣 325 号水泥,质量检验合格率 100％;粉煤灰采用山西神头电厂Ⅰ级粉煤灰,质量检验合格率 100％;外加剂采用北京冶建特种材料厂生产的JG4 缓凝高效减水剂与河北石家庄外加剂厂生产的 DH9 引气剂,质量检验合格;细骨料采用长江天然河砂与下岸溪人工砂,前者偏细,细度模数为 1.85～2.45,施工中根据天然砂来料情况对混凝土配合比作了相应调整;粗骨料采用长江天然砾石,二级配,含泥量合格率 100％,超逊径合格率为 62.5％～99.3％,凡超、逊径不合格者,均对混凝土配合比作相应调整。

防渗墙混凝土设计技术指标为:二级配,R_{28}150 号,抗渗标号 W8,水灰比 0.55,坍落度18～22cm,扩散度 34～38cm,弹性模量 18～25GPa。混凝土施工配合比见表 8.3.5。

防渗墙混凝土采用泥浆下直升导管法连续浇筑,控制导管底部伸入混凝土面的深度、混凝土面高差和上升速度,以防止泥浆混入,并避免浇筑时段较长时中断浇筑。终浇高程超过拆除轮廓线 1.50m 以上。

(4)墙体拆除

防渗墙顶设计轮廓线以上部分墙体拆除,采用控制爆破法施工,严格控制爆破参数,使保留墙面平整,无裂缝。

表 8.3.5

防护坝混凝土防渗墙施工配合比

统计时段	混凝土设计指标	混凝土拌和系统	F(%)	级配	砂率(%)	用水量(kg/m³)	水胶比	胶材用量(kg/m³)			JG4减水剂(%)	DH9引气剂(/万)	坍落度扩散度(cm)	含气量(%)	备注
								水泥	F	总量					
1997年7月至1999年7月	R_{28}150 W8	高程85m	20	二	44	152	0.60	202	51	253	0.50	0.80		4.5~5.5	
1997年7月至1999年11月		茅坪	0	二	47	176	0.55	320	0	320	0.50	—	18~22	—	
1999年11月至2001年		茅坪	0	二	49	182	0.55	331	0	331	0.50	—	34~38	—	
2002年12月至2003年1月	R_{90}250 F100 W8	茅坪	0	二	39	150	0.50	300	0	300	ZB-1A 1.8%	1.8	5~7	—	现浇墙顶

8.3.4.3　质量检验成果分析

(1)混凝土机口取样

混凝土机口取样共抽检 167 组,其中 7d 抗压 8 组,28d 抗压 159 组,混凝土强度全部满足设计要求。

(2)防渗墙施工质量

防渗墙施工质量统计分析:单孔嵌入基岩深度 2.51~0.97m,平均 1.035m,合格率 99.8%;孔底淤积厚度 12~0cm,平均 1.77cm,合格率 99.99%;混凝土 R_{28} 强度 39.4~15.2MPa,平均 26.4MPa,合格率 100%。

(3)钻孔取芯检查

成墙 28d 后,共布置 68 个检查孔(孔距 20m)进行墙体钻孔检查,并进行取芯试验,成果见表 8.3.6。

表 8.3.6　　　　　　　　　防渗墙混凝土钻孔芯样试验成果统计

孔口部位	孔口检测数量	试验项目	统 计 结 果			
			n	X	X_{min}	X_{max}
高程 129.36~185m	51	容重($10N/m^3$)	361	2408	2320	2495
		抗压(MPa)	196	3614	18.4	54.3
		抗渗(W)	165	11.5	9	14

还就钻孔取芯加工成长径比 1:1 试件,进行试验,成果见表 8.3.7。

表 8.3.7　　　　　　　　　防渗墙钻孔混凝土芯样试验成果表

孔口数量	芯样数量	高程	试验数量	龄期(d)	容重($10N/m^3$)				抗压(MPa)				抗渗
					n	X	X_{min}	X_{max}	n	X	X_{min}	X_{max}	
52	188	102.86~185m	362	95~761	362	2418	2320	2539	196	32.0	18.4	55.9	≥W11

由表 8.3.7 可见,钻孔取芯的防渗墙混凝土抗压强度和抗渗标号合格率 100%。

8.3.5　防护坝坝基固结灌浆

8.3.5.1　坝基固结灌浆分段

防护坝坝基固结灌浆包括混凝土基座和垫座两段。基座固结灌浆段长 238m(桩号 0+566~0+804m),固结灌浆孔计 3 排,第 1、2 排在基座廊道上游侧,第 3 排在基座廊道下游侧,孔距 3m,布孔 242 个,最大灌浆深度 11m,分为 17 个单元;垫座桩号 0+875~0+925m 段固结灌浆共 2 排,孔距 3m,布孔 38 个,分为 2 个单元。两个固结灌浆段共 19 个单元,固结灌浆工程量 1782m。

8.3.5.2 坝基固结灌浆施工

（1）固结灌浆方式

防护坝基座及垫座的固结灌浆均为有盖重灌浆。按分序加密原则分两序钻灌施工。灌浆采用孔内循环法,基岩段长度大于 8m 的孔,各孔由上而下分段钻灌,先灌接触段,段长 2m,其下分段长度 5～8m;基岩段长度小于 8m 的可全孔一次成孔灌浆。

（2）固结灌浆材料

水泥:采用普通硅酸盐水泥或硅酸盐大坝水泥。标号不低于 425 号,细度要求通过 $80\mu m$ 筛余量<5%。出厂到使用不超过 40d,不同品种、不同标号水泥不混用。各批水泥均有出厂检验报告和出厂日期标志,进场后施工和监理单位进行抽查。

制浆时经过高速搅拌机,再经过湿磨机加工磨细。

添加剂:采用 JG-2 减水剂,添加量为水泥重量的 0.5%～1.0%。

（3）固结灌浆参数控制

1）灌浆压力

防护坝坝基灌浆压力见表 8.3.8。

表 8.3.8   防护坝基础固结灌浆压力

灌浆压力 部位	灌浆压力(MPa)	
	Ⅰ序孔	Ⅱ序孔
基座基础	0.5	0.7
垫座基础	0.2	0.3

2）浆液水灰比、浆液变换和结束标准

浆液水灰比分为 5:1、3:1、2:1、1:1、0.6:1 五级。先用 5:1 浆液开灌,逐级变浓。在设计压力下,注入率<0.4L/min 时,继续灌注 30min。

3）施工现场质量控制

施工按规程操作,灌浆自动记录仪自动记录。

8.3.5.3 灌浆检验成果分析

（1）固结灌浆检验,统计成果见表 8.3.9 和表 8.3.10

由表 8.3.9 和表 8.3.10 可见,Ⅰ、Ⅱ序灌浆单位注入量递减明显,符合一般灌浆规律。

（2）压水试验成果

基座基础固结灌浆布置检查孔 12 个,共压水 14 段,压水试验压力 0.3MPa,透水率最大值 3.4Lu,最小值 0.12Lu;垫座基础固结灌浆布置检查孔 2 个,压水 3 段,透水率均小于 2Lu。

两个部位检查孔的数量均满足灌浆规范 5% 灌浆孔数的规定。压水试验成果达到了透水率≤5Lu 的设计标准。

表 8.3.9　　　　　　　　　　　　　　基座固结灌浆成果

孔序	孔数(个)	总段数(段)	总段长(m)	单位注入量(kg/m)	单位注入量段数(段)及所占百分率(%)					
					<10	10~20	20~50	50~100	100~500	>500
Ⅰ	123	145	747.7	74.67	87	20	13	6	13	6
					60	13.8	9	4.1	9	4.1
Ⅱ	119	138	709.1	28.24	125	7	1	2	1	2
					90.6	5.1	0.7	1.4	0.7	1.4
合计	242	283	1456.8	52.07	212	27	14	8	14	8
					74.9	9.5	4.9	2.8	4.9	2.8

表 8.3.10　　　　　　　　　　　　　　垫座固结灌浆成果

孔序	孔数(个)	总段数(段)	总段长(m)	单位注入量(kg/m)	单位注入量段数(段)及所占百分率(%)			
					≤1	1~10	10~20	≥20
Ⅰ	19	31	150.35	3.65	13	15	2	1
					41.9	48.4	6.5	3.2
Ⅱ	19	31	150.35	2.46	18	10	3	
					58.1	32.2	9.7	
合计	38	62	300.7	3.06	31	25	5	1
					50.0	40.3	8.1	1.6

(3)基座基础声波测试成果

基座基础布置 3 个物探孔,进行声波测试,成果见表 8.3.11。

表 8.3.11　　　　　　　　　　　　基座基础声波检测成果统计

孔号	灌前(m/s)			灌后(m/s)			平均提高(%)
	最大值	最小值	平均值	最大值	最小值	平均值	
WT1	5882	2928	5269	5882	4166	5499	4.4
WT2	5882	4878	5550	5882	5263	5699	2.7
WT3	5714	4379	5292	5882	4651	5426	2.5
WT2－WT3	4504	3930	4259	4597	4012	4338	1.9
WT1－WT2	4781	4038	4502	4884	4104	4552	1.1
WT1－WT3	4970	4026	4483	5164	4091	4547	1.4
WT(V_s)	3278	2985	3168	3448	3174	3308	4.4

由表可见,固结灌浆之后的波速较灌浆之前平均提高 1.1%~4.4%,说明固结灌浆是有一定效果的。

8.3.6　防护坝坝基帷幕灌浆

8.3.6.1　坝基帷幕灌浆布置

防护坝坝基帷幕灌浆布置见表8.3.12。

表8.3.12　　　　　　　　　　　防护坝坝基帷幕灌浆布置

起止桩号(m)	段长(m)	设置位置	排数	孔距(m)	施工部位
0－040～0+000	40	右岸端部	1	1.5	地面施工
0+000～0+566.4	566.4	混凝土防渗墙下	1	1.5	混凝土防渗墙施工平台上施工
0+566.4～0+804	237.6	混凝土基座下	2	2	基座廊道内施工
0+804～0+875	71	混凝土垫座下	2	2	混凝土垫座上施工
※0+875～0+925	50	混凝土垫座下	2	3	混凝土垫座上施工
0+925～0+953	28	混凝土垫座下	2	2	混凝土垫座上施工
0+953～1+763	810	混凝土防渗墙下	1	1.5	混凝土防渗墙施工平台上施工
1+763～1+793	30	左岸端部	1		地面施工

注:※为固结灌浆段,兼作帷幕。

防护坝坝基帷幕灌浆工程量22975m,共布置灌浆孔1294个,划分为78个单元。

8.3.6.2　坝基帷幕灌浆施工

(1)帷幕灌浆方式

防护坝坝基帷幕灌浆采用"自上而下分段、孔内循环"的灌浆法。基座和垫座基础为两排帷幕段,先灌下游排,再灌上游排,按分序加密原则,分三序自上而下分段钻灌。先灌接触段,段长2m,其下分段长度5～6m。

(2)帷幕灌浆材料

防护坝坝基帷幕灌浆材料与固结灌浆材料相同。

(3)帷幕灌浆参数控制

1)灌浆压力

防护坝坝基帷幕灌浆压力见表8.3.13。

基座廊道下第2段、垫座下各段要求有30min的升压程,以防抬动;左右岸端部帷幕因无盖重,也要求灌浆有一个升压过程。

2)浆液变换与结束标准

浆液水灰比分五级,先用5:1水泥浆开灌,逐级变浓,变浆标准为当某一级浆液注入量已到300L,或灌浆时间已达1h,而灌浆压力和注浆率均无改变或改变不到20%时,变浓一级,变浓后若注浆率减少一半,则变回原比级灌浆。

结束标准为:在设计灌浆压力下,注入率不大于0.4L/min,继续灌注60min,或注入率不大于 1L/min,继续灌注 90min,灌浆结束。

表 8.3.13　　　　　　　　　　防护坝坝基帷幕灌浆压力

灌浆压力部位	灌浆压力(MPa)		
	第Ⅰ区(接触段)	第 2 段	第 3 段及以下各段
基座廊道下	1.0	1.0～2.0	2.5
垫座下	0.3～0.5	0.5～0.7	0.7～1.0
混凝土防渗墙下	1.0	1.3	1.5
左、右岸端部	0.3～0.5	0.5～0.7	0.7～1.0

3)钻孔与幕底深度控制

灌浆孔孔径 76mm,孔位偏差≤10cm,垂直孔终孔偏差≤40cm,斜孔终孔偏差≤80cm。

帷幕灌浆孔都要达到帷幕设计底线,且满足灌至透水率 5Lu 以下 5m。当灌浆孔底部高程(即设计终孔线)遇到断层、夹层时,加深并穿过其下 2m。

(4)施工现场质量控制

施工按规程操作,工艺控制比较严格,灌浆自动记录仪自动记录,监理实行跟踪和关键部位、关键工序旁站监理。

8.3.6.3　灌浆异常情况及处理

1)基座段帷幕灌浆时,灌浆孔涌水现象普遍,且部分孔段涌水量较大,最大孔段涌水量达 39L/min,分析原因主要是上下游集水池(水位分别为 110m 和 95m,廊道底板高程 84.5m～87.0m),及两岸山体地下水位较高引起。采取提高灌浆压力至设计灌浆压力与渗水压力之和进行灌注,经过下游排灌浆,上游排涌水量明显减少,大涌水量已被截止。

2)施工中对于所发生的质量缺陷作了消缺处理,如对孔斜不符合要求的 W-92、ZW-179、ZW-243 钻孔和孔内循环不充分的 W-171 孔采取封孔重钻处理;又如对桩号 0+845～0+875m 段垫座帷幕灌浆封孔脱空缺陷,对 1-22～1-33 孔扫孔到底,采用压力机械封孔,并采用灌浆自动记录仪记录;再如对于爆破拆除后,检查孔 WJ-26 透水率不合格,在近区分别布置 2 个检查孔补灌处理。

8.3.6.4　灌浆检验成果分析

(1)帷幕灌浆各序孔单位注入量

左岸混凝土防渗墙段帷幕灌浆Ⅰ、Ⅱ、Ⅲ序孔单位注入量分别为 101.58kg/m、73.32kg/m 和 40.55kg/m;右岸混凝土防渗墙段帷幕灌浆Ⅰ、Ⅱ、Ⅲ序孔单位注入量分别为 64.73kg/m、44.71kg/m 和 26.78kg/m;混凝土基座段帷幕灌浆Ⅰ、Ⅱ、Ⅲ序孔单位注入量,先灌的下游排分别为 28.30kg/m、3.70kg/m、2.70kg/m,后灌的上游排分别为 1.60kg/m、1.90kg/m 和3.00kg/m;混凝土垫座段帷幕灌浆Ⅰ、Ⅱ、Ⅲ序孔单位注入量,先灌的下游排分别为36.93kg/m、4.80kg/m 和 9.20kg/m;后灌的上游排分别为 12.72kg/m、3.45kg/m 和1.62kg/m。

防护坝坝基帷幕灌浆成果表明:后灌的单位注入量比先灌排明显减少,各排单位注入量随灌序增加而递减的趋势明显,符合一般灌浆规律;基座段帷幕灌浆单位注入量比其他段小,除地层特点外,还与该段先进行了固结灌浆有关,符合灌浆程序规律。

(2)压水试验及处理情况

检查孔压水试验成果见表8.3.14。

表 8.3.14　　　　　　　防护坝帷幕灌浆检查孔压水试验成果

部位	孔数	总段数	透水率(Lu)区间段数/频率(%)				透水率超标段数/频率	
			<1	1~3	3~5	>5	段数	频率(%)
右岸防渗墙段	41	147	132/89.8	11/7.5	3/2.0	1/0.7	1	0.7
基座段	24	79	73/92.4	5/6.3	1/1.1			
垫座段	8	41	41/100.0					
左岸防渗墙段	57	258	214/82.9	31/12.0	6/2.3	7/2.8	7	2.8
合计	130	535	470/87.9	47/8.8	10/1.8	8/1.5	8	1.5

由表8.3.14可见:130个检查孔,共压水试验535段,透水率小于5Lu的527段,占98.5%;其中≤3Lu的517段,占96.7%,≤1Lu的517段,占87.9%。

压水检查左侧 ZWJ29、ZWJ32、ZWJ34、ZWJ42、ZWJ45、ZWJ48、ZWJ51 及右岸 WJ26 共8个孔段不满足设计要求,占总检查孔段数的1.5%,对这些孔进行了灌浆处理,并在原轴线距原孔0.2m处布置补充检查孔5个(ZWJ29′、ZWJ45′、ZWJ48′、ZWJ51′),压水14段均合格。之后,又对8个不合格孔段所在单元布孔14个,扩大检查,发现 WJ26 孔所在单元的YWB-2孔透水率仍超标。经灌浆处理后新布 WJ26′检查孔,检查结果满足设计要求。

(3)物探检查成果

在混凝土基座廊道布置物探孔,用声波法检查,测试成果见表8.3.15。由表可见,单孔检查时,灌后纵波速较灌前提高了6.7%~13.1%。

表 8.3.15　　　混凝土基座廊道段帷幕灌浆前、后波速度对比表(V_P纵波传播速度)

孔号	灌前(m/s)			灌后(m/s)			平均提高(%)
	最大值	最小值	平均值	最大值	最小值	平均值	
2~6	5405	4166	4939	5714	4255	5365	8.6
2~8	5405	4166	4889	5714	4255	5399	10.4
2~82	5283	3448	4732	5714	4255	5351	13.1
2~84	5555	3636	4941	5714	4255	5276	6.7
2-6~2-8	5144	4203	4705	5409	4255	5013	6.5
2-82~2-84	5112	4201	4823	5423	4255	5021	4.1

8.3.7　防护坝坝体沥青混凝土心墙施工

8.3.7.1　沥青混凝土原材料

（1）沥青

本工程共购进沥青约 7700t，其中新疆克拉玛依石油总厂生产的特制水工沥青（以下简称克拉玛依沥青）3800t，中国海洋石油总公司江苏泰州石化总厂生产的水工专用沥青 3900t（以下简称中海沥青），在高程 143.8m 以下使用克拉玛依沥青，高程 143.8～184m 使用中海沥青。设计对二期使用的中海沥青提出了更严格的技术要求。

克拉玛依沥青分四批购进，中海沥青有三批，每批沥青均具有出厂合格证。克拉玛依沥青由业主、监理、施工单位派员驻厂检查，检查合格后由厂家出具质量合格证。为保证沥青质量，同时委托中国石化沥青产品质量检测中心和山东石油大学等单位（以下简称检测中心）平行进行沥青全指标和化学组分分析。现场施工和监理分别进行沥青针入度、软化点和延伸度三项主要指标检查，并进行薄膜烘箱三项指标对比测试，检测成果见表 8.3.16。由表可见各项技术指标总体满足设计要求。

沥青存在的相关问题如下：

1）初期订货的克拉玛依沥青针入度为 83，与技术指标 60～80 的要求有少量偏差。

2）第三批克拉玛依沥青进厂使用时出现异常现象：混合料光泽度、和易性差，出料不流畅、不易压实、弹性差、碾压后"返油"差，麻点多等。针对存在问题委托国家沥青质量检验中心进行沥青设计指标检测和化学成分分析，化学检测无异常，各项控制指标检测合格，经生产性试验后，对配合比进行了调整。

表 8.3.16　　　　　　　　　　　沥青质量检查成果统计

检查项目	技术指标	驻厂检查或出厂检查结果		检验中心检测结果		施工单位检测结果
检测次数〔批（次）/组〕		克拉玛依 4 批（4 次）	中海沥青 3 批（3 次）	克拉玛依 4 批（6 次）	中海沥青 3 批（3 次）	7 批/78
针入度（25℃，1/10mm）	60～80	75～79	68～70	72～83	64～73	61～83
软化点（环球法，℃）	47(46)～54	47.5～52.5	47～48.3	47.0～48.2	47.3～49.1	47.1～49.7
延度（15℃，cm）	>150	>150～190	>150	>150	>150	>150
含蜡量（蒸馏法）（%）	<3.0(<2.0)	1.48～2.79	1.78～1.8	1.2～1.9	1.8～2.0	
密度（g/cm³）	1.0－1.05		1.015～1.018	0.975～0.979	1.004～1.013	
脆点（℃）	<−10	−12～−10	−13.8～−11.36	−10～−12	−16～−11	
含水量（%）	<0.2				0.06～0.1	0.1

续表

检查项目		技术指标	驻厂检查或出厂检查结果		检验中心检测结果		施工单位检测结果
溶解度(CCL4 或苯)(%)		>99.0(>99.5)	99.4~99.8	99.6~99.9	99.96~100	99.94~99.99	99.5
闪点(℃)		>230	298~311	280	269~313	272~297	
薄膜烘箱试验(163℃)(5h)	重量损失(%)	<0.8(<0.5)	0.11~0.16	0.043~0.092	0.05~0.18	−0.08~0.08	0.05~0.07
	针入度比(%)	>65(>70)	68	71~73	70.3~72.2	67~77.3	70.3~72.2
	延度(15℃,cm)	>60(>100)	174	125~150	98~150	105~123	98~102
	脆点(℃)	<−8	−12	−13.2~−8.5	−9~−11	−16~−9	−10~−11
	软化点升高(℃)	<5		4.5~4.6	3.6~4.9	3.1~4.6	4.5~4.9

注：①技术标准括号中数据为二期要求。②除一期针入度合格率为 95.8%，二期含蜡量合格率为 60% 外，其他指标合格率均为 100%。③第三批沥青复检包含在检验中心检验结果中。

（2）矿料

1）矿料来源

矿料包括粗骨料、细骨料和矿粉三部分。粗骨料分三级：20~10mm、10~5mm 和 5~2.5mm。细骨料的粒径为 2.5~0.074mm，矿粉的粒径<0.074mm。

防护坝心墙沥青混凝土使用的骨料，除天然砂外，其余均由石灰岩块石（≤20cm）破碎而成。为改善沥青混凝土和易性，细骨料中掺 30% 的天然砂。

针对矿料的设计质量要求，选择了几个料场的矿料进行室内试验，确定王家坪料场和雾河料场为沥青混凝土所需骨料的矿料场。表 8.3.17 列出两个料场矿料的物理力学性能试验结果。

表 8.3.17　　　　　　　　　　两个料场矿料的物理力学性能对比

料场	密度(g/cm³)	吸水率(%)	含泥量(%)	坚固性(%)	针片状(%)	与沥青黏接力	水稳定性	亲水系数
王家坪	2.81	0.67	0.4	2.57	3.2	5 级		
雾河	2.727	1.2	0.1	3.29	5.9	5 级		
王家坪	2.80	1.7	0.23	3.39			9 级	
雾河	2.728	1.2	0.3	3.29			9 级	
王家坪	2.79	0.37						0.76
雾河	2.728	0.25						0.78

在实际使用过程中，由于雾河矿料生产出的沥青混凝土的容重偏低，故茅坪溪防护坝心

墙沥青混凝土采用王家坪料场的矿料。

从王家坪料场购买新鲜、干净符合规范和技术要求的石灰岩块石(块度小于200mm)用5～8t自卸汽车运到沥青混凝土矿料加工系统进行粗碎、细碎、筛分和分选,得到符合沥青混凝土施工的各种矿料并进入各自的料堆和料罐储存。

2)矿料加工系统

矿料分为两个加工系统进行加工粗、细骨料,填料采用灰岩人工石屑筛选重磨。

①粗骨料加工系统。粗骨料加工系统的主要工艺过程为:投料(人工投块石)、粗细碎、筛分及粗骨料的储存。该系统工艺布置采用了闭合回路,即经过筛分后的超径(>20mm)和过剩的骨料(如5～10mm)返回细碎后可较多地获得5mm以下的矿料,使矿料级配符合预定配比的要求,达到级配平衡、充分利用矿料的目的。粗碎车间的主要设备为排矿口开度可调节的反击式破碎机,适合加工水平节理较发育的石灰岩等碱性骨料。加工出来的骨料颗粒良好,针片状含量约6%。

②细骨料(人工砂)和矿粉的分选及柱磨。本系统的主要作用是:其一,分选来自筛分楼的人工砂与矿粉混合物;其二,柱磨分选后的人工砂,以增加矿粉量。

因分选机的一次分选效率仅为65%左右,需将分选后的人工砂再返回柱磨机磨,以增加含粉率,所以在工艺上增设了闭合回路。这个闭合回路把人工砂仓的储料,一路送到初配料斗供加热拌制沥青混合料用;另一路返回进行再分选,在返回的流程中,并联接入一台柱磨机,形成回路中的小回路,在两个回路的交叉点上设置分流挡板,通过改变挡板与直面的夹角,获得两个回路中各自需要的人工砂流量,获得不同的柱磨量和不同的分选精度,达到增加矿粉产量的目的,矿粉柱磨采用强制式柱磨机,结构简单,体积小,加工矿粉效率高。生产能力达1.2～2.0t/h,经过它加工后的人工砂中含粉率增加约20%。系统还备有500t矿粉储罐供调节使用,满足了沥青混凝土生产的要求。

3)粗骨料质量检测成果

TGPS 26—2000标准规定粗、细骨料每100～200m³为一个取样单位,粗骨料施工单位检查36次、监理单位抽检28次,监理单位检测成果见表8.3.18。由表可见,密度、吸水率、针片状颗粒含量、坚固性、与沥青黏附力和含泥(粉)量6项保证项目,监理单位抽检含泥量合格率60.7%,其余5项合格率均为100%。

表8.3.18 粗骨料质量检测成果统计

检测项目	质量要求	取样数量(次)	合格数量(次)	合格率(%)	最大值	平均值
密度(g/cm³)	>2.6	28	28	100	2.83	2.728
吸水率(%)	<2.5	28	28	100	1.3	0.06
含泥量(%)	0.3	28	17	60.7	4.1	0.1
坚固性(%)	<12	28	28	100	4.13	0.16

续表

检测项目			质量要求	取样数量（次）	合格数量（次）	合格率（%）	最大值	平均值
针片状颗粒含量（%）			<10	26	26	100	6.0	0.9
与沥青黏附力（级）			>4级	28	28	100	5	5
超、逊径（mm）	20～10	超（%）	<5	27	17	63	18.0	1.4
		逊（%）	<10	27	24	88.9	12.6	0.8
	10～5	超（%）	<5	27	24	92.3	7.3	1.7
		逊（%）	<10	27	5	18.5	31.2	4.4
	5～2.5	超（%）	<5	27	9	34.6	40.3	2.2
		逊（%）	<10	27	16	59.3	36.2	0.3

超、逊径含量为基本检查项目，监理单位现场抽查 20～10mm 级骨料，超、逊径合格率分别为 63% 和 88.9%，10～5mm 级分别为 92.3% 和 18.5%，5～2.5mm 级分别为 34.6% 和 59.3%，且最大超、逊径值较大，例如 5～2.5mm 级最大超、逊径分别为 40.3% 和 36.2%，表明粗骨料超、逊径波动较大。

4）细骨料检测成果

细骨料包括天然砂和人工砂两类，施工单位分别检查了 24 组和 31 组，监理单位分别检查了 31 组和 29 组。

①天然砂

天然砂质量检测结果见表 8.3.19。由表可见，监理抽查天然砂吸水率合格率为 62.6%，监理和施工单位检测含泥量合格率分别为 90.3% 和 56.5%，其他基本检查项目合格率均达到 100%。分析含泥量合格率不同是由于采用标准不同造成的。

表 8.3.19　　天然砂质量检测成果统计

检查项目	技术标准	检查单位	取样数量（次）	合格数量（次）	合格率（%）	最大值	最小值	平均值
密度（g/cm³）	>2.6	监理	31	31	100	2.72	2.614	
		施工	24	24	100	2.650	2.614	2.64
坚固性［重量损失（%）］	<15	监理	23	23	100	7.12	0.8	
		施工	22	22	100	4.69	0.4	2.12
吸水率	<3.0	监理	29	18	62.6	9.6	0.6	
		施工	24	24	100	1.7	0.6	1.27
轻物质及含泥量（%）	<1	监理	31	28	90.3	2.80	0.19	
含泥量（%）	<0.3	施工	23	13	56.5*	1.2	0.2	0.37

续表

检查项目	技术标准	检查单位	取样数量(次)	合格数量(次)	合格率(％)	最大值	最小值	平均值
水稳定性等级(级)	>4级	监理	31	31	100	10级	7级	
		施工	24	24	100	7级	7级	7级
超径(％)	<5	监理	31	9	29	22.1	0.2	
		施工						

注：＊表示二期工程合格率为 75.0％。

监理抽查天然砂超径合格率为 29％,最大值超径合格率为 22.1％,说明天然砂级配不良。

②人工砂

人工砂现场检测结果见表 8.3.20。由表可见,保证项目的密实、坚固性、水稳定性和吸水率等检查合格率均为 100％,监理抽查基本项目石粉含量合格率为 75.9％、超径合格率为 6.9％,最大超径为 38.2％,说明人工砂级配波动很大,其他主要技术指标合格。

表 8.3.20　　　　　　　　人工砂质量检测成果统计

检查项目	技术标准	检查单位	取样数量(次)	合格数量(次)	合格率(％)	最大值	最小值	平均值
密度(g/cm³)	>2.6	监理	29	29	100	2.80	2.669	
		施工	31	31	100	2.82	2.66	2.74
坚固性[重量损失(％)]	<15	监理	29	29	100	7.87	0.23	
		施工	28	28	100	3.85	0.23	1.52
石粉含量(％)	<5	监理	29	22	75.9	16.5	1.0	
		施工	27	25	92.6	18.4	0.32	4.71
水稳定性	>4级	监理	29	29	100	10级	9级	
		施工	31	31	100	9级	9级	9级
吸水率(％)	<3.0	监理	24	24	100	1.7	0	
		施工	31	31	100	1.7	0.4	0.86
超径(％)	<5	监理	29	2	6.9	38.2	4.4	

5)填料(矿粉)

矿粉现场检测结果见表 8.3.21。由表可见,密度、含水率、亲水系数 3 项保证项目合格率均为 100％。基本项目细度检查中,0.6mm、0.15mm 和 0.074mm 各级的通过率,监理检查合格率分别为 25％、96.4％和 96.4％,施工单位检测合格率分别为 73.0％、97.3％和 97.3％。虽然 0.6mm 级通过率的合格率较小,但通过率最小值与设计要求的 100％差距较小,其中施工单位检查通过率最小值为 96.8％,监理单位则为 92.5％。

表 8.3.21　　　　　　　　　　　填料(矿粉)质量检测成果统计

检查项目		技术标准	检查单位	取样数量(次)	合格数量(次)	合格率(%)	最大值	最小值	平均值
密度(g/cm³)		>2.6	监理	28	28	100	2.813	2.714	
			施工	35	35	100	2.813	2.721	2.755
含水率(%)		<0.5	监理	27	27	100	0.28	0	
			施工	33	33	100	0.27	0.08	0.16
亲水系数		<1	监理	28	28	100	0.79	0.51	
			施工	35	35	100	0.87	0.73	0.79
细度[各级筛孔通过率(%)]	0.6(mm)	100	监理	28	7	25	100	92.5	
			施工	37	27	73.0[注]	100	96.8	99.87
	0.15(mm)	>90	监理	28	27	96.4	100	72.0	
			施工	37	36	97.3	99.7	88.3	96.5
	0.074(mm)	>70	监理	28	27	96.4	99.36	53.1	
			施工	37	36	97.3	98.2	69.0	89.1

注:施工单位一期工程 0.6mm 通过率合格率为 58.3%;二期取样 13 组,合格率为 100%。

6)矿料质量综合评价

天然砂利用长江河砂,其他矿料利用设计指定的王家坪料场新鲜石灰岩石料加工,可满足沥青混凝土的材质要求。现场检测成果表明,矿粉及人工骨料绝大部分控制指标合格率达到 100%;但抽样检查骨料超、逊径合格率较低,监理抽测成果一般低于 50%;天然砂存在含泥量和吸水率合格率偏低的问题,其他指标满足设计要求。

(3)过渡料砂砾石

设计要求心墙两侧过渡料应为级配良好的砂砾石料,材料质地致密坚硬、无污染、具有较强的抗水性和抗风化性的能力,控制项目为最大粒径 5mm 颗粒含量和含泥量。

过渡料料源按设计要求采用商品砂砾混合料,来源较为复杂,材料质量是控制的重点,也是控制的难点。根据监理自检报告,通过料源、储料场和坝上三个途径控制过渡料质量,首先要求料源材质满足要求,并分期进行级配抽查试验,根据试验结果确定在储料场的翻料措施,并设专人挑选大于 80mm 的石料,检查合格后方可上坝。进入坝上的过渡料仍要拌和均匀,并设置专人挑选超径石料。

1998 年 11 月至 2003 年 1 月,监理抽检成果见表 8.3.22。由表可见,含泥量抽检合格率 100%;P_5 含量合格率 82.6%,最大值 79.2%、最小 62.3%、平均含量 74.2%,说明少部分过渡料偏细。

表 8.3.22　　　　　　　　　　监理单位过渡料质量抽检成果

检查单位	检查(执行)时间	最大粒径 (mm)	P 含量 (%)	含泥量 (%)	含水量 (%)	备注
质量要求	1996 年 2 月至 1997 年 11 月	80	>50	<5		
	1997 年 11 月至 2000 年 4 月	80	70~80	<5		
	2000 年 4 月	80	70~80	<5		三峡工程质量标准
长江水利 委员会	1998 年 11 月 23 日		78.4	1.5		现场堆料场
	1998 年 12 月 23 日		75.9	2.0		
	1998 年 12 月 23 日		75.7	1.6		
	1999 年 1 月 1 日		78.9	3.1		
	1999 年 1 月 1 日		72.1	2.9		
	1999 年 8 月 10 日		77.5	1.8		
	1999 年 8 月 10 日		74.7	1.9		
	1999 年 8 月 10 日		77.5	1.4		
	1999 年 12 月 26 日		79.2	1.5		关门洞料场
	1999 年 12 月 26 日		78.8	0.8		
东北院	2001 年 6 月 26 日		76.4	1.1	2.9	坝上料场
	2001 年 7 月 1 日		76.8	2.0	2.1	
	2001 年 7 月 7 日		67.7	2.8	2.2	
	2002 年 1 月 4 日		70.2	2.2	2.5	4 号料场
	2002 年 1 月 4 日		68.2	2.5	2.5	
	2003 年 1 月 17 日		73.2	1.7	2.2	
	2001 年 12 月 6 日		73.5	1.5	2.6	
	2001 年 12 月 6 日		68.9	2.1	3.0	
	2001 年 12 月 20 日		75.0	1.9	3.3	
	2001 年 12 月 20 日		75.0	2.1	3.1	
	2002 年 12 月 11 日		75.3	2.5	3.0	
	2002 年 12 月 11 日		76.5	1.5	2.7	
	2003 年 1 月 17 日		62.3	3.4	4.0	5 号料场
检测次数			23	23		
测值范围			62.3~79.2	0.8~3.4		
平均值			74.2	1.99		
合格率(%)			82.6	100		

8.3.7.2 沥青混凝土配合比及混合料制备

(1)沥青混凝土施工配合比

1)根据对防护坝沥青混凝土心墙设计技术指标要求,提出沥青混凝土施工参考配合比,见表 8.3.23。

表 8.3.23 防护坝沥青混凝土施工参考配合比

项目	级配指数 r	D_{max} (mm)	粗骨料(%) D 为 2.5~20mm	细骨料(%) D 为 0.074~2.5mm	矿粉(%) $D \leqslant 0.074$mm	沥青 (%)
基本配合比	0.35~0.4	20	灰岩、人工骨料	50%~70%人工砂、30%~50%河砂	灰岩矿粉	6.3~6.5
参考配合比	0.25	20	48	40	12	6.4
	0.35	20	53	35	12	6.3

注:矿料级配由三个参数表示:最大粒径 D_{max}、粗骨料比例(即 2.5mm 通过率 $P_{2.5}$)、矿粉用量(即 0.074mm 筛孔总通过率 $P_{0.074}$)。对于任一孔径 D_i 筛的总通过率 P_i,由下式计算:$P_i = P_{0.074} + (100 - P_{0.074}) \times \dfrac{d_i^r - 0.074^r}{d_{max}^r - 0.074^r}$。

2)沥青混凝土施工配合比选择

当前国内对心墙沥青混凝土配合比的设计尚无具体技术规定。茅坪溪防护坝沥青混凝土施工配合比,根据设计要求,在大量室内试验的基础上,进行了多次摊铺试验,典型配合比试验成果见表 8.3.24。由表可见,除二期第二次试验外,其他各次各项指标可满足设计要求。

根据试验情况和主要成果,通过专家组和评审组的审查最终确定沥青混凝土施工配合比的主要参数为:$r = 0.35$,$F = 12\%$,$D_{max} = 20$mm,掺一定量的天然砂。

施工期间,根据每批沥青性质变化,通过试验对沥青混凝土配合比中沥青含量进行了适当调整。具体施工配合比使用情况见表 8.3.25。

3)配合比偏差控制

保证沥青混凝土配合比符合设计要求,是控制沥青混凝土质量的关键。施工过程实行施工配料单制,在生产过程中,根据矿料级配状况和每层抽提试验结果,对每个单元的施工配料单都进行了调整。调整依据主要是施工配合比和允许偏差,且每份配料单都须经监理工程师审核并签字。

茅坪溪防护坝在国内自建工程中采用抽提试验控制沥青混凝土配合比偏差,尚属首例。一期工程施工中,通过实践提出了《中国长江三峡茅坪溪土石坝沥青混凝土心墙单元工程质量检测及评审标准》(TGPS 26—2000)。二期工程根据沥青混凝土拌和系统的改建情况,在国内现行行业规范《土石坝碾压式沥青混凝土施工规范》(试行)(SD 220—1987)基础上对配合比偏差控制标准进行了修改。偏差控制标准汇总见表 8.3.26。

表8.3.24

防护坝沥青混凝土配合比典型试验成果统计

类别	试验次序	试验配比			芯样		室内标准击实样		模量数 K		渗透系数(1×10⁻⁸ cm/s)	
		B(%)	F(%)	R	容重(10⁻² N/cm³)	孔隙率(%)	容重(10⁻² N/cm³)	孔隙率(%)	静压	芯样	室内	芯样
一期室内		5.9~6.5	12	0.25~0.35			>2.4	1.18~2.47	542~701		5.35~7.8	
一期现场摊铺试验	一	6.2	12	0.25	2.36~2.41	1.73~3.77	2.41~2.42	1.38~1.78	最大1152.8	最大210.2	0.314	5.58 2.30
	二	6.2	12	0.25	2.37~2.43	2.29~4.58	2.43~2.44	1.84~2.23	最小400	最小169.5	0.513	4.358
	三	6.2	12	0.25	2.38~2.40	2.50~3.52	2.41~2.43	1.60~2.38	平均726	平均175.3	0.217	1.69
	四	6.0~6.2	12	0.25~0.4	2.39~2.44	0.94~2.93	2.42~2.45	0.96~1.82			0.324	2.05
二期室内		6.4~6.8	11~12	0.25~0.4			2.45~2.65	1.04~1.57	346.9~909.1		1.6082~2.2774	
二期生产性试验	一	6.6	12	0.35	2.41~2.43	2.00~2.99	2.45~2.53	1.03~1.44	416			
	二	6.4	12	0.35	2.40~2.43	1.68~2.84	2.44	1.10~1.24	258.6	103.4		

注：①一期现场摊铺试验第四次为调整配合比阶段，共进行了三次摊铺。②B为沥青含量，F为填料(矿粉)含量，r为级配指数。一期试验为克拉玛依沥青，二期为中海沥青。

表 8.3.25　　　　　　　　　　防护坝沥青混凝土施工配合比使用情况

使用起止时间	使用部位	配合比的主要参数				
		r	$B(\%)$	$F(\%)$	D_{max} (mm)	天然砂掺量(%)
1997 年 12 月 7 日至 1997 年 12 月 20 日	1～2 层	0.35	6.4	12	20	50
1998 年 2 月 7 日至 1999 年 7 月 14 日	3～12 层 42～142 层	0.35	6.4	12	20	30
1998 年 4 月 11 日至 1998 年 9 月 19 日	13～41 层	0.35	6.5	12	20	30
1999 年 8 月 5 日至 2000 年 8 月 25 日	143～239 层	0.35	6.8	12	20	30
2000 年 8 月 27 日至 2001 年 7 月 9 日	240～261 层	0.35	6.4	12	20	30
2001 年 10 月 28 日至 2003 年 7 月(二期)	261 层以上	0.35	6.6	12	20	30

表 8.3.26　　　　　　　　　　防护坝沥青混凝土配合比偏差控制标准汇总

标准	沥青含量 (%)	矿料含量允许偏差				
		20～10mm	10～5mm	5～2.5mm	2.5～0.074mm	填料(<0.074mm)
SD 220—1987 称量偏差控制标准	±0.5	±2.0	±2.0	±2.0	±2.0	±1.0
一期工程抽提检查允许偏差控制标准	±0.3	±5.0	±5.0	±5.0	±4.0	±1.0
二期工程抽提检查允许偏差控制标准	±0.3	±2.0	±2.0	±2.0	±2.0	±1.0

注:一期工程允许偏差控制标准同《中国长江三峡工程控制标准》(TGPS 26—2000)。

由表 8.3.26 可见,二期工程所采用的允许偏差标准较一期和现场规范严格。一期工程对沥青和矿粉等控制项目含量允许偏差较现行标准严格,而粗、细骨料允许偏差标准有所放宽;其中 5～2.5mm 级由于含量少,若按现行行业规范和控制标准的允许偏差换算为相对偏差,分别为±14.7%和±36%。由于两种标准实质性不同,其差别尚需进一步研究。

(2)沥青混合料制备

沥青混凝土拌和系统

①拌和楼

沥青混凝土拌和系统布置于防护土石坝左坝头高程 170.00m、165.00m 两个平台上,占地面积 2 万 m²,距浇筑现场约 1.5km。布置一座 LB1000 型沥青混凝土拌和楼,铭牌生产能力 60～80t/h。拌和楼采用西安筑路机械厂生产的 LB1000 型沥青混凝土拌和系统,拌和楼形式新颖,技术先进,自动化程度高,性能可靠,其搅拌机为强制式。该设备配有电子称量配料和计算机打印系统、除尘器等设备。另外系统还配备有沥青脱桶设备等。拌和楼主要技术参数见表 8.3.27。由于该拌和设备的额定生产能力是根据道路沥青混凝土计算的,拌制水工沥青混凝土时,其实际生产能力有所下降,一期工程实际生产能力为 35t/h 左右。主要影响因素为:拌和时间延长,出机口温度要求高,加热时间长,改换配合比需中止运转,沥青的掺量及性能不同。二期工程沥青混凝土心墙施工前,对沥青混凝土拌和楼进行了改造,提高了生产能力,实际生产能力达到 55t/h 以上,且计量精度有较大提高。

表 8.3.27　　　　　　　　　　沥青混凝土拌和设备主要技术参数

序号	名称	技术参数
1	生产能力	60~80t/h
2	每锅容量	1000kg
3	燃油	柴油、重油
4	骨料种类	4
5	计量精度	
	砂石料	±0.5%
	粉料	±0.5%
	沥青	±0.5%
6	温度控制精度	±5℃
7	干燥筒(直径×长度)	1500mm×6500mm

沥青混凝土拌和系统平面布置见图 8.3.2。

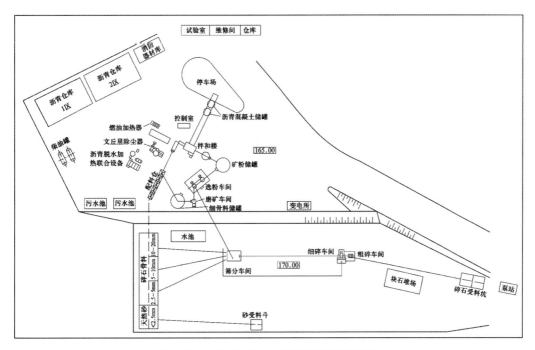

图 8.3.2　沥青混凝土拌和系统平面布置图

生产系统主要由矿料加工、沥青混合料拌和及附属设施三大部分组成。矿料加工系统包括矿料堆场、破碎与筛分车间、净料堆场等;拌和系统包括拌和楼、选粉车间、磨矿车间等;附属设施主要有变电设备、除尘设备、水池及供水管、柴油罐、污水池、实验室、仓库、修理车间及其他生产办公用房。矿粉生产力达 1.2～2.0t/h,矿粉调节储罐 500t。沥青混凝土拌和物生产工艺流程见图 8.3.3。

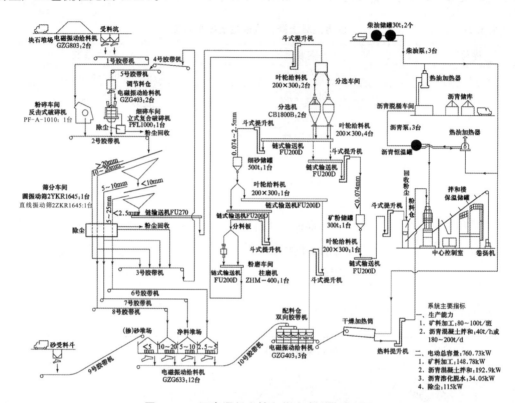

图 8.3.3　沥青混凝土拌和物生产工艺流程图

②初配料机构:该机械由 5 个骨料配料器及附属机构组成,其上部有游动式供料胶带机,而下部有手动调整开度的放料门,其中三个配料器供粗骨料使用,这三个配料器的出料口与配料器之间有斜置的半斗形给料盘,盘后装有电磁振动器。另两个供细骨料(天然砂和人工砂各一个)使用的配料器无给料盘,而使用变速胶带机。初配料机构的配料精度是靠放料流量来控制的,可根据预定配料比例确定放料的开度。操作者在中央控制室通过调整电流大小改变电磁振动器的振幅来达到理想的放料流量。

③沥青脱桶脱水蒸气设备:采用 JRHVS 专用沥青脱桶脱水设备,使用效率高,无污染。

④沥青混合料拌和系统的生产能力:拌和系统在额定工况下设计生产能力为 60～80t/h,在本工程工况实际使用最大生产能力为 35t/h 左右。

2)沥青加工处理

沥青使用新疆克拉玛依石化总厂为茅坪溪防护大坝沥青混凝土心墙特制的桶装水工沥青(一期工程使用)和中海沥青(泰州)有限责任公司生产的桶装水工沥青(二期工程使用)。

沥青运到沥青贮料场堆存,经抽样检测合格后才能用于生产。首先沥青在110～120℃温度进行脱桶脱水,再输送到恒温罐储存并加热至150～170℃使用。

沥青的融化、脱水:采用连续式蒸汽化油法(即采用专用的沥青脱桶脱水设备)来融化沥青,沥青的融化、脱水温度控制在(120±10)℃范围内。

沥青保温储存:经融化和脱水后进入储存料罐内的沥青,温度一般保持在(145±10)℃范围,且恒温时间不超过6小时。每次开仓前估算沥青总用量,尽量做到一次用完,杜绝因保温时间过长而产生老化问题。沥青入搅拌罐拌和前一般加热至(160±10)℃。冬季稍高,但不高于180℃,且不低于140℃;夏季稍低,但不低于130℃。

拌和前,骨料均匀连续地进入干燥加热筒加热,持续时间为3～3.5min,加热后骨料温度一般在(180±10)℃范围,且不大于200℃,填充料(矿粉)不加热。

3)沥青的输送

沥青从恒温罐经外部保温的双层管道输送至拌和楼。

4)沥青混合料的生产

沥青混凝土拌和工艺,一期即高程140.00m以下施工为骨料与填料干拌25s,再喷洒热沥青湿拌60s;二期即高程140.00～185.00m施工为骨料与填料干拌10s,再喷洒热沥青湿拌45s。二期拌和时间缩短,主要是由于沥青品种改变,及沥青混凝土拌和系统的改良和精细化管理所致。系统实际生产能力一期约35t/h,经过改造和优化,二期提高到55t/h以上,实际施工中沥青混凝土最大浇筑强度为35t/h。拌和楼生产的沥青混凝土混合料,出机口温度控制(160±10)℃范围。出机口混凝土混合料采用保温汽车运往浇筑现场。对每盘出料都要进行测温,当混合料温度超过180℃或低于145℃时作为废料处理。拌和沥青混合料时,严格按沥青混合料配料单进行配料并按规定顺序使配料称量好的各种料进入搅拌机进行搅拌,一期工程沥青混合料拌和时先投骨料与填料干拌25s,再喷洒热沥青湿拌60s;二期工程沥青混合料拌和时先投骨料与填料干拌10s,再喷洒热沥青湿拌45s,拌和好的沥青混合料卸入沥青混合料受料斗,经提升机提升到成品料仓储存。

(3)混合料制备质量控制

1)检测项目及要求

①原材料的检验要求

沥青:从恒温罐取样,每天至少取样一次做针入度、软化点和延度试验,对温度随时监测并严格控制在(150～170℃)±10℃。

骨料:从净料堆取样,正常情况下,每天至少取样一次做级配、针片状、超逊径和含泥量等试验。随时监测热料斗骨料温度,严格控制在(170～190℃)±10℃。

矿粉:从矿粉罐取样,每批或每10t为一取样单位做细度、含水量和亲水系数等试验,严格控制在60～100℃。

②机口沥青混合料的检验要求

茅坪溪防护坝沥青混合料制备检验要求如下:

沥青含量抽提试验,每天一次。骨料级配试验,每天至少一次。矿粉级配试验,每天至少一次。马歇尔稳定度及流值试验,每天一次。渗透系数试验,定期检查(当可钻取芯样时,可不在机口进行)。外观观察,色泽均匀,稀稠一致,无花白料或其他异常现象。每盘出料均应测温,控制温度在允许范围,超过180℃的混合料作废料处理。

2)监理单位对沥青混合料制备质量的控制措施

①施工采用的配合比必须符合设计要求,并经室内试验、现场摊铺碾压试验和生产性试验论证,即 $r=0.35$, b 为 $6.4\%\sim6.8\%$(按沥青批次不同调整), $D_{max}=20mm$, $F=12\%$。

②每次施工前,施工单位试验室收到监理等各方签字的开仓证后,提出当日的沥青混凝土配合比下料单,经拌和楼监理工程师审核签字后生效,有效期一天。

③监理单位抽检沥青混凝土的配制称量精度及沥青、粗骨料、细骨料的加热温度和出机口混合料温度,同时观察出机口混合料外观情况,是否有花白料等。

④如发生称量误差不符合精度要求或沥青混合料不符合设计要求,必须作废料处理,并立刻停产、检修,校准合格才能恢复生产。

3)生产过程中沥青、骨料和出机口混合料检查

沥青混凝土制备过程,施工单位按规定进行检查及时调整操作程序,并对拌和系统进行改建,提高了配料精度。共进行骨料测温 1583 次,其中一期测温 1246 次,平均温度183.5℃;二期测温 337 次,平均温度 184.9℃。出机口混合料测温 4270 次,其中一期测温2200 次,二期测温 2070 次,平均温度分别为 168.8℃和 170.5℃。

监理单位在沥青混合料生产过程中对沥青混凝土制备质量进行抽检,温度抽检成果见表 8.3.28,沥青、骨料和矿粉热料质量抽检成果见表 8.3.29。

检测成果表明:①沥青、骨料和混合料的温度合格率在 98.0% 以上。②恒温罐沥青三大指标抽检合格率100%。③受热料二次筛分系统性能控制,粗、细骨料及矿粉热料级配波动很大,其中细骨料的超、逊径合格率仅为 3.9% 和 46.9%,矿粉 0.6mm 经过筛分合格率仅为1.8%。热料级配波动将给配合比控制带来较大难度。

表 8.3.28　　　　　　　　　　**监理单位对沥青混合料生产过程中温度抽检成果**

材料	沥青加热	骨料加热	混合料出机口
允许温度(℃)	150~170	170~190	165~180
允许偏差(℃)	±10	±10	盛夏最低不低于 145℃,冬季最低不低于 155℃,最高不大于 185℃
总检测次数	1335	2632	3128
最高温度(℃)	170(一期工程)	215(一期工程)	184(一期工程)
最低温度(℃)	127(一期工程)	165(一期工程)	149(一期工程)
合格测次	1313	2580	3120
合格率(%)	98.4	98.0	99.7

表 8.3.29　　　　　　　　监理单位对沥青混合料制备质量抽检成果

材料名称	取样场所	检验项目			质量要求	取样数量（个/组）	合格数（个/组）	合格率（%）
沥青	恒温罐	针入度(25℃,1/10mm)			50～80	95	95	100
		软化点(环球法,℃)			47(46)～54*	95	95	100
		延度(15℃,cm)			>150	95	95	100
粗骨料（20～2.5mm）	热料仓	超逊径（%）	20～10mm	超径	<5	263	232	88.2
				逊径	<10	263	238	90.5
			10～5mm	超径	<5	264	241	90.7
				逊径	<10	264	257	97.2
			5～2.5mm	超径	<5	264	65	32.3
				逊径	<10	264	253	95.7
细骨料（2.5～0.074mm）	热料仓	超逊径（%）	超径		<5	263	12	3.9
			逊径		<5	263	174	46.9
矿粉（小于0.074mm）	储料罐	细度（各级筛孔通过率%）	0.6mm		100	224	6	1.8
			0.15mm		>90	224	220	97.7
			0.074mm		>70	224	223	99.5

＊指括号中为二期工程标准。

4）拌和楼沥青三大指标的检测

施工单位对拌和楼沥青三大指标的检测成果见表 8.3.30（监理单位抽查成果见表 8.3.29）。由表 8.3.30 可见，沥青三大指标的抽检结果合格率 100%，全部满足设计要求。

表 8.3.30　　　　　　　　施工单位对拌和楼沥青三大指标控制成果

阶段	项目	针入度(1/10mm)	软化点(℃)	延度(cm)
	技术要求	50～80	47～54(二期为46～54)	>150
一期	测次 N	287	287	287
	最大值 max	73	53.0	>150
	最小值 min	52	48.2	163
	平均值 X	64	50.1	
	合格率 P(%)	100	100	100
二期	测次 N	190	190	190
	最大值 max	67	53.0	>150
	最小值 min	58	48.1	>150
	平均值 X	62	50.3	>150
	合格率 P(%)	100	100	100

8.3.7.3 沥青混合料运输

沥青混合料使用 3 台 8t 保温自卸汽车水平运至施工部位后,将改装 CAT980C 装载机保温料斗转到专用心墙摊铺机沥青混合料斗。人工摊铺用装载机料斗直接将沥青混合料卸入模板内,人工摊平。

8.3.7.4 过渡料的运输

过渡料采用 5~10t 自卸汽车运到铺筑部位,由于摊铺机的摊铺总宽度只有 3.5m,故摊铺机控制的范围采用反铲转料至摊铺机料斗,摊铺机无法控制的范围也用反铲转料到铺筑部位,人工摊铺平整。

8.3.7.5 沥青混凝土心墙的铺筑碾压施工

(1)沥青混凝土心墙施工程序

沥青混凝土心墙施工程序见图 8.3.4。

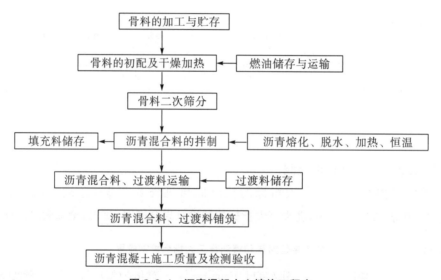

图 8.3.4 沥青混凝土心墙施工程序

(2)沥青混凝土摊铺碾压生产性试验

一期工程共进行三次生产性试验:沥青混凝土摊铺开工时,在基座部位进行了 2 层人工摊铺生产性试验;机械摊铺正式开展前,进行了 3 层沥青混凝土机械摊铺试验;第三批进场的沥青物理性能变化,影响心墙摊铺碾压施工质量,在调整沥青配合比后,进行了现场生产试验。

根据一期工程施工经验,二期工程施工中针对沥青材料的改变和心墙宽度进行了两次试验。第一次心墙宽度大于 80cm 碾宽,采用常规方法碾压;第二次心墙宽度小于 80cm 碾宽,采用振动碾骑缝碾压。为避免坝壳碾压影响沥青混凝土质量,一般情况心墙沥青混凝土和过渡料领先施工,与坝体填筑全线共同均匀上升,相邻最大高差约 60cm。为了保证沥青混凝土施工质量,降雨停工标准为≥0.1mm/d;降温停工标准为日平均气温<5℃,或风速大于 4 级同时气温为 5～15℃。

在沥青混凝土正式施工之前,开展了摊铺生产性试验(图 8.3.5)。摊铺试验项目主要包括:机械摊铺碾压试验和人工摊铺碾压试验、水泥混凝土接触面冷底子油喷涂试验、沥青玛碲脂摊铺试验、心墙两侧过渡料摊铺碾压试验等。试验目的主要包括以下几个方面:

图 8.3.5　沥青混凝土单边骑缝碾压场外试验

1)验证沥青混凝土及沥青玛碲脂的配合比,包括沥青混凝土孔隙率、渗透系数及其他力学参数等是否满足设计要求。

2)沥青玛碲脂与水泥混凝土的黏接程度(包括强度性能及抗渗性能)、沥青玛碲脂的异变系数等是否满足设计要求。

3)心墙两侧过渡料的渗透系数、级配曲线、渗透破坏比降是否满足要求等。

4)通过对生产试验产品的取样检测、无损检测、取芯检测,调整并最终确定施工参数。

通过生产性试验,对沥青混凝土原材料控制,配合比及拌和楼运行,摊铺、碾压及温控等工艺,试验检测及质量控制等进行了检验和优化。

(3)沥青混凝土心墙摊铺碾压工艺参数

一般采用挪威 DF130 沥青混凝土心墙专用摊铺机摊铺,摊铺机不便施工部位辅以人工摊铺。专用摊铺机同时摊铺心墙沥青混合料和过渡料,由于摊铺机工作范围只有 3.50m,工作范围外的过渡料采用反铲转运补充铺筑。人工摊铺主要位于混凝土基座、垫座、底梁等扩大接头部位,施工程序为立模—过渡料摊铺—沥青混合料摊铺—拆模—过渡料碾压—沥青混合料同步碾压,边角部位辅以 H8-60 型汽油夯人工夯实。

防护坝沥青混凝土碾压施工参数如表 8.3.31。当振动碾宽大于心墙宽度时,采用骑缝碾压,上、下两侧各碾压 4 遍。

表 8.3.31　　　　　　　　　　　沥青混凝土碾压施工参数汇总表

高程	过渡料		沥青混合料		沥青品种
	碾压遍数	振动碾型号	碾压遍数	振动碾型号	
142m 以下	静 1+动 3	BW120AD-3	静 1+动 8+静 2	BW120AD-3、BW90AD-2、BW90AD	克拉玛依
142~143.8m	静 1+动 3	BW120AD-3	静 1+动 8+静 2	BW90AD-2、BW90AD	克拉玛依
143.8~168.2m	静 1+动 3	BW120AD-3	静 1+动 8+静 2	BW80AD BW90AD	中海
168.2~184m	静 1+动 3	BW120AD-3	静 1+动 8+静 2	BW80AD	中海

按不同心墙设计宽度,分别采用 BOMAG 公司 BM90AD 型、BM90AD-2 型、BM80AD 型、戴纳派克 CC82 型振动碾按无振碾压 2 遍→有振碾压 8 遍→无振碾压 2 遍进行碾压。

为解决心墙宽度 0.7~0.5m 渐变段部分的施工,采用单边骑缝单边贴缝的碾压方法。单边骑缝单边贴缝的碾压方法为动碾时振动碾进行单边骑缝碾压,迎、背水侧两边各碾压 4 遍,即:先以沥青心墙迎水侧设计线为准对齐、贴缝,振动碾骑在背水侧过渡料上进行碾压,然后以沥青心墙背水侧设计线为准对齐、贴缝,振动碾骑在迎水侧过渡料上进行碾压。

1.5t 振动碾宽度为 90cm 和 80cm 两种,2.7t 振动碾宽度为 120cm,振动碾超过心墙宽度时,进行了骑缝碾压试验,确定相应的碾压技术参数。

通过生产性试验,对沥青混凝土原材料控制,配合比及拌和楼运行,摊铺、碾压及温控等工艺,试验检测及质量控制等进行了检验和优化。

(4)沥青混凝土心墙摊铺施工

防护坝沥青混凝土心墙高 93.00m,底部最大宽度 3.00m,高程 94.00m 以上厚 1.20~0.50m,心墙两侧过渡层宽度均为 3.00m,沥青混凝土总量约 4.4 万 m^3,过渡层约 29 万 m^3。心墙沥青混凝土和过渡料同时分层摊铺碾压,根据试验成果和设计要求,压实层厚为 20cm。

1)机械摊铺

采用分层、全轴线不分段一次摊铺碾压的施工方法。摊铺机械采用挪威 DF130C 型沥青混凝土心墙专用联合摊铺机,其摊铺总宽度为 3.5m,摊铺心墙部分可根据心墙宽度在 0.5~1.2m 范围内调节。

摊铺机摊铺沥青混合料前,首先进行层面的除尘清扫,使用激光经纬仪标出准确的坝轴线,并用金属细丝定位,通过摊铺机前面的摄像头能使操作者在驾驶室里通过监视器驾驶摊铺机精确地跟随细丝前进,摊铺机前部的燃气式红外加热器,在摊铺上面一层之前,加热器已烘干和加热下面一层的表面。当沥青混合料和过渡料卸入摊铺机料斗后,摊铺机即开始边前进边摊铺沥青混合料和过渡层料。由于摊铺机总摊铺宽度只有 3.5m,故在摊铺机控制范围以外的过渡料由反铲进行补充摊铺。沥青混合料摊铺一定长度,达到碾压温度后,沥青心墙采用1.5t振动碾碾压,两侧过渡料采用2台2.7t振动碾碾压。

机械摊铺施工工艺流程见图8.3.6。

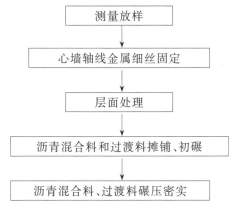

图8.3.6　机械摊铺施工工艺流程图

沥青混凝土心墙采用水平分层,全轴线不分段一次摊铺碾压的施工方法。沥青混凝土心墙和过渡料河床段,采用机械摊铺和机械碾压,两侧岸坡局部采用人工摊铺和人工碾压。施工严格根据现场试验成果确定的铺筑方向、次序、铺筑层厚、摊铺温度、碾压温度及碾压遍数等进行分层铺筑。

摊铺设备为引进的专用联合摊铺机,可同时进行沥青混合料和过渡料的摊铺。摊铺机自带滑动模板(图8.3.7),可有效地将沥青混凝土混合料与过渡料分开,铺设行走速度按1～3m/min控制。沥青混凝土心墙主要施工设备见表8.3.32。

图8.3.7　摊铺机自带滑动模板

表 8.3.32　　　　　　　　　　沥青混凝土心墙主要施工设备表

序号	设备名称	型号	数量(台)	说明
1	摊铺机	DF130C	1	机械摊铺沥青混凝土,无自振功能
2	振动碾	BW90AD1.5t,BW90AD—2,1.5t	2	心墙碾压
		BW120AD—3,2.7t	2	过渡料碾压
3	装载机	85Z	1	过渡料各料场装料
		CAT980C,4m³	1	改装的沥青混凝土保温罐
4	自卸汽车	5t	4	沥青混凝土运输
	保温自卸汽车	10t	4	沥青混凝土运输
	自卸汽车	10t	6	过渡料运输
5	推土机	D65	2	过渡料平整
6	吊车	8t	1	吊装侧栈桥及卸料平台
7	反铲	1.0m³	1	过渡料装入摊铺机内
8	加油车		1	
9	空压机	9.0m³	1	沥青混凝土层面除灰
10	小型打夯机		1	沥青混凝土边角夯实
11	吸尘器		1	水泥混凝土表面吸尘
12	远红外加热器		2	沥青混凝土表面加热
13	机动翻斗	195 柴油机	2	

2)人工摊铺

在沥青混凝土心墙与混凝土基座、混凝土垫座、混凝土底梁和两岸接头部位,由于摊铺机无法摊铺,故采用人工摊铺。

首先进行人工立模,再进行过渡料的摊铺,摊铺完后进行过渡料的初碾,初碾后进行心墙沥青混凝土的摊铺。摊铺卸料用 CAT980C 装载机入仓。人工摊平,然后拔出模板,使用1.5t 振动碾碾压沥青混凝土心墙,局部采用日本产 1 马力(735.5W,质量 50kg)汽车夯夯实或人工夯实,过渡层料使用 2.7t 振动碾碾压。

人工摊铺施工工艺流程见图 8.3.8。

沥青混合料摊铺厚度控制为(23±2)cm,碾压后沥青混凝土及过渡料厚度为 20cm。在沥青玛碲脂上面摊铺沥青混凝土,或在沥青混凝土面上摊铺新一层沥青混凝土,摊铺前均应将基层表面加热至 70~100℃。机械摊铺时,联合摊铺机自带红外探测加热装置,随摊铺过程自动加热;人工摊铺时,采用红外加热装置加热(图 8.3.9)。进口专用摊铺机进行沥青混凝土心墙和过渡料同步摊铺(图 8.3.10)。

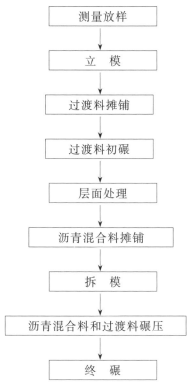

图 8.3.8　人工摊铺施工工艺流程图

图 8.3.9　沥青混凝土人工摊铺红外加热

图 8.3.10　进口专用摊铺机进行沥青混凝土心墙和过渡料同步摊铺

　　沥青混凝土的摊铺温度为 150~170℃。初碾温度一般为 140~160℃,夏季最低不低于130℃,冬季最低不低于 140℃,各点温度相差均不大于 20℃;终碾温度(最后一次碾压结束时的温度)控制在 120~140℃。在一般情况下,不宜一天完成两层沥青混凝土碾压施工,因特殊情况需一天施工两层沥青混凝土时,应待沥青混凝土的表面(深度在 1~2cm 以内)温度降至 90℃以下,才能进行第二层的摊铺施工。需要留施工横缝时,须沿沥青混凝土铺筑方向设置缓于 1:3 的斜坡,且上、下层的横缝错开距离不小于 2m。横缝处的沥青混凝土层厚较薄,散热快,收坡时,一边用煤气喷枪烘烤(至 130℃以上),一边用振动碾碾压,使得上、下两层结合紧密。

(5)沥青混凝土心墙碾压施工

1)沥青混合料碾压参数:无振碾压 1 遍＋有振碾压 8 遍＋无振碾压 2 遍。

2)心墙与过渡料的碾压:为确保沥青心墙体型不受过渡料碾压时的挤压变形,心墙与过渡料的碾压次序为:过渡料和沥青混凝土混合料按先、后次序无振碾压一遍,然后采用两侧过渡料的振动碾压在前、沥青混凝土混合料振动碾压在后的碾压施工方式完成碾压。为此,采用了 3 台振动碾分先后同步碾压的方式:1 台沥青混合料振动碾在前,2 台过渡料振动碾随后跟进。这样既保证了心墙上下游两侧的过渡料同步碾压,又与沥青混凝土的碾压协调一致。

3)心墙碾压:随着土石坝升高,沥青混凝土心墙顶部宽度逐渐变窄,而振动碾(碾宽有80cm、90cm、100cm 三种)最窄一种压实宽度为 0.8m。为解决心墙宽度 0.7～0.5m 渐变段部分的施工,采用"单边骑缝单边贴缝"的碾压方法。所谓单边骑缝单边贴缝的碾压方法,是指有振碾压时振动碾进行单边骑缝碾压,迎、背水侧两边各碾压 4 遍,即:先以沥青心墙迎水侧设计线为准对齐、贴缝,振动碾骑在背水侧过渡料上进行碾压,然后以沥青心墙背水侧设计线为准对齐、贴缝,振动碾骑在迎水侧过渡料上进行碾压。沥青混凝土心墙振动碾碾压作业与沥青混凝土心墙两侧过渡料先碾压作业见图 8.3.11 与图 8.3.12。

碾压施工应防止"过碾返油"和"温度过低或过高"的现象。过碾返油使层中下部沥青混凝土的孔隙率增加,影响心墙的防渗性能和整体均匀性,且在气温降低时,增加了浇筑层表面出现裂缝的危险;一般沥青混合料的碾压温度控制在 140～160℃,碾压初温控制不当,对沥青混凝土质量影响较大。温度较高时进行碾压,骨料颗粒间的内摩擦力较小,重颗粒下沉,沥青和细颗粒上浮,形成表面返油,并加速沥青老化;温度太低,则影响层间接合质量。

图 8.3.11　沥青混凝土心墙振动碾作业　　　图 8.3.12　沥青混凝土心墙两侧过渡料先碾压作业

(6)基础结合面、层面及横向接缝处理

1)基础结合面处理

沥青混凝土心墙与基座、垫层、防渗墙和底梁等常态混凝土结合面处理按设计要求进行,清理后的常态混凝土基面标准为:表面粗糙、干净、平整、干燥,无活动的混凝土块,并对常态混凝土接缝采用沥青玛碲脂充填。各基础结合面均已经业主、设计、监理和施工等单位联合检查合格。

基础结合面验收合格后，喷涂冷底子油，冷底子油配合比为汽油∶沥青＝7∶3；再摊铺沥青玛碲脂(图8.3.13)。

(a)冷底子油的喷涂　　　　　　　(b)沥青玛碲脂的摊铺

图8.3.13　铺筑沥青混凝土之前的基面处理

①喷涂冷底子油。在干净且干燥的混凝土基面均匀喷涂1～2遍冷底子油，要求喷涂均匀，无空白、无团块、色泽一致。

②摊铺沥青玛碲脂。待冷底子油完全干燥(一般12小时以上)，再铺筑砂质沥青玛碲脂(厚度按设计要求，通常为2cm)。要求无鼓泡，无流淌，表面平整光顺，与混凝土基面粘结牢靠。沥青玛碲脂温度控制在150～170℃。

本工程喷涂冷底子油5600m²，经检查验收全部符合设计要求。

2)沥青混凝土层间结合面处理

在进行上一层沥青混凝土摊铺前，下层沥青混凝土表面必须清洁干燥，加热控制温度70～100℃。机械摊铺利用摊铺机加热器表面加热，人工摊铺采用液化喷灯加热。本工程至设计高程184m共铺筑458层、561个单元，经检查验收，结合层处理全部符合设计要求。

3)横向接缝处理

设计要求沥青混凝土心墙应尽量减少横向接缝，当必须出现横缝时，其结合坡度应小于或等于1∶3，上下层横缝错开，错距应不小于2.00m。本工程至设计高程184m共设置横向接缝131处，横向接缝的设置满足设计要求。在摊铺相邻部位沥青混凝土时，对冷接缝采用单管煤气喷枪加热，加热温度为70～100℃。层面加热是单元基本检查项目，施工过程由专职质检员监督。

4)间隙施工层面的处理

沥青混凝土心墙一、二期间隙及拌和系统改造间隙期间，在其施工层面(高程142m和高程143.8m)进行了铺土工布保护，以保证沥青混凝土心墙表面在停工期间不致老化和破坏。根据业主及设计单位意见，具体保护措施为：将心墙表面清理干净后，在顶部采用双层

PVC 彩条布遮盖,并在彩条布顶部覆盖 20cm 砂砾石毛料。

（7）沥青混凝土温度控制

入仓摊铺温度和初碾温度根据气候条件控制,入仓摊铺温度控制范围为 160～180℃,初碾温度为 140～160℃,并要求盛夏不低于 130℃,冬季不低于 140℃。温控措施主要为:采用保温自卸车运输混合料,将装载机改装为保温罐向摊铺机卸料,并将不合格的混合料全部弃掉。

施工和监理单位分别进行入仓（摊铺）温度检查 8359 次和 8111 次,初碾温度检查 8181 次和 7572 次,具体检测成果见表 8.3.33。由表可见,混合料入仓（摊铺）最高温度为 180℃,最低温度为 137℃;初碾最高温度为 170℃,最低温度为 130℃,高于 160℃次数较少,可满足有关规定要求。

表 8.3.33　　　　　　　　　　沥青混凝土摊铺温度控制统计成果

检查项目	检查单位	检查次数	标准值（℃）	温度检查成果（℃）				备注
				最高温度	最低温度	平均温度	达标率（%）	
入仓（摊铺）温度	施工单位	8359	一般:160～180 夏季:>130 冬季:>140	180	140	162.8	100	
	监理单位	8111		180	137		99.9	
初碾温度	施工单位	8181	一般:160～180 夏季:>130 冬季:>140	162	130	150.0	100	最高温度大于160℃次数少,最低温度130℃发生在夏季
	监理单位	7572		170	130		99.9	

（8）沥青混凝土心墙轮廓线及层厚控制

1）轮廓线控制

机械摊铺利用摊铺机自动装置,采用在中心线设置固定金属丝定位的方法,控制心墙轴线的偏差,同时利用摊铺机可调模板精确控制心墙摊铺宽度。人工摊铺控制模板放线,要求模板和金属丝偏差在±5mm 内。摊铺完成后,布点检查心墙成型轮廓（间距 20～30m）。高程 177.8m 以下,共布置检查 7700 多点,均为正偏差,心墙表面轮廓满足设计要求。

2）摊铺碾压层厚控制

为保证沥青混凝土碾压效果,要求沥青混凝土压实层厚控制在 20cm±2cm 内。由于摊铺机不具有初碾熨平性能,施工中采用预留压实余度控制铺料层厚度的控制措施。机械摊铺利用摊铺机专用可调整设施（模板）控制铺料厚度,人工摊铺采用在模板画线标志的方法控制。施工中以每层压实后高程为相对控制值。受平整度、摊铺机行走速度及过渡料摊铺厚度影响,现场厚度偏差仍然存在,碾压厚度控制基本满足设计要求。

8.3.7.6 沥青混凝土及过渡料施工质量检测

（1）沥青混合料质量检测

1）马歇尔试验

沥青混合料马歇尔室内击实试验每单元进行 1 次，在摊铺工作面抽取混合料进行室内试验。一期工程施工单位共检测 292 次，监理抽查 49 次，二期工程施工单位共检测 182 次，监理抽查 59 次，检测结果见表 8.3.34。

表 8.3.34 沥青混凝土混合料马歇尔击实试验成果统计

项目		容重 （10^{-2}N/cm^3）		孔隙率 （%）		渗透系数 （cm/s）		马歇尔试验			
								稳定度 （kN）		流值 （1/100cm）	
检查单位		施工	监理	施工	监理	施工	监理	施工	监理	施工	监理
标准值		>2.4		<2.0*		<10^{-7}		>5		30～10	
一期	试验组数	292	49	292	49	28	8	285	46	285	46
	测值范围	2.48～ 2.395	2.47～ 2.395	2.59～ 0.57	1.85～ 0.25	<10^{-9}	<10^{-8}	11.4～ 5.4	13.4～ 5.4	136～ 49.3	122～ 47.6
	合格率（%）	99.93	95.9	91.10	100	100	100	100	100	88.8	84.8
二期	试验组数	182	59	182	59	11		182	44	182	44
	测值范围	2.46～ 2.42	2.47～ 2.43	1.94～ 0.63	1.37～ 0.44		<10^{-8}	14.64～ 6.70	12.23～ 7.55	132～ 53	124～ 67.1
	合格率（%）	100	100	100	100		100	100	100	95.1	88.6

＊一期工程要求孔隙率为 1.5～2.0。

检测成果表明，一期工程马歇尔试验容重、渗透系数和马歇尔稳定度合格率均大于 95%，孔隙率合格率大于 90%；二期工程以上几项合格率均为 100%，说明沥青混合料性能总体满足设计要求。一、二期工程马歇尔流值合格率施工单位检查值分别为 88.8% 和 95.1%，监理单位检查值分别为 84.8% 和 88.6%，检查最大值为 1.36cm，说明沥青混凝土性能稍软。

2）沥青混凝土抽提试验

抽提试验每一个单元需进行 1 次，试验样料取自摊铺现场 5 个断面。一期工程施工和监理单位分别进行了 295 个和 181 个的抽样平行检测，二期工程分别进行了 182 个和 71 个抽样平行检测，检测结果表明：

①一期沥青用量达标率分别为 79.7%（施工）和 87.8%（监理），基本满足设计和有关规定要求；施工统计最大偏差为 +1.54% 和 -0.52%，监理统计 90% 的偏差在 ±0.33% 内，说明局部沥青用量偏多。二期沥青用量达标率均大于 90%，监理统计 90% 偏差在 ±0.23% 内，表明二期沥青含量控制满足设计要求。

②一期矿粉用量达标率分别为 63.74%（施工）和 51.4%（监理）；施工单位统计最大偏差为＋7.9% 和 －3.4%，最大相对偏差为＋66% 和 －28.3%；监理统计 80% 偏差在 ±1.9% 内，说明部分时段矿粉波动较大。施工单位统计二期矿粉达标率大于 77%，最大偏差为＋3.11% 和 －4.28%；监理统计 90% 偏差可在 1% 内，表明二期填料含量控制基本满足设计要求。

③施工单位统计一期粗骨料达标率均大于 90%，满足控制标准要求，但最大偏差为＋9.8% 和 －8.2%；监理统计 90% 偏差可在 ±5% 内，说明部分粗骨料级配波动较大。二期粗骨料达标率由于控制标准较严格，统计达标率较低，一般在 80% 左右，但按照 TGP26—2000 标准统计，达标率均可大于 95%，且监理统计 90% 频率偏差多数在 ±2% 内，表明二期粗骨料级配波动有较大改善。

④施工单位统计一期细骨料达标率均大于 90%，可满足控制标准要求，最大偏差＋5.82% 和 －7.31%；监理统计 90% 频率偏差可在 ±3.5% 内，由于用量较大相对偏差不大。二期由于控制标准较严格，达标率一般在 80% 左右，按照 TGP 26—2000 标准统计，达标率可大于 95%，且监理统计 90% 频率偏差在 ±2.1% 内，表明二期细骨料级配可满足设计和有关规范要求。

3）沥青混凝土容重、孔隙率及渗透系数检测

防护坝心墙沥青混凝土容重、孔隙率及渗透系数的检测，采用无损检测、现场取样检测及钻孔取芯检测。

①无损检测包括利用核子密度仪，对已经完成施工的沥青混凝土测试其容重推算其孔隙率，利用沥青混凝土渗透测试仪测试其渗透系数等。

②现场取样检测包括沥青混合料的配合比抽提试验、击实成型的沥青混凝土马歇尔稳定度、马歇尔流值、小梁弯曲试验、沥青混凝土三轴试验等。

③钻孔取芯检测包括配合比抽提、沥青混凝土马歇尔稳定度、马歇尔流值、小梁弯曲试验、沥青混凝土三轴试验等。

碾压完毕的沥青混凝土温度可达 120℃ 以上，不能马上钻芯，必须待其温度降到 50℃ 以下才能钻取完整芯样。一般待铺筑完成 3～5 天后，沥青混凝土表面温度降至约 35℃ 时再钻芯取样（图 8.3.14）。

防护土石坝沥青混凝土心墙无损检测和取芯检测成果见表 8.3.35。

无损检测在碾压后的施工层面进行，沿坝轴线每 10～30m 设 1 个测点，采用 C200 型核子密度仪检查沥青混凝土容重和孔隙率，ZC-6 型渗气仪检测渗透系数。一期工程施工单位分别进行容重和孔隙率检测各 7205 点次、渗透性能检测 2116 点次，监理单位检查分别进行容重和孔隙率各 3778 点次；二期工程施工单位分别进行容重和孔隙率检测各 5835 点次、渗透性能检测 1368 点次，监理单位分别进行容重和孔隙率检查各 1263 点次、渗透系数检查 373 次。

纯沥青混凝土芯样　　　　　沥青混凝土与基座混凝土结合部芯样

图 8.3.14　沥青混凝土芯样

表 8.3.35　　　　　　　　沥青混凝土心墙无损检测和取芯检测成果表

	检测项目	质量要求	取件(组)	最大值	最小值	平均值
无损检测	容重(10^{-2}N/cm^3)	>2.4	207	2.482	2.368	2.425
	孔隙率(%)	<3.0	207	3.030	0.270	1.652
	渗透系数(1×10^{-7}cm/s)	<1.0	373	<1	<1	<1
取芯检测	容重(10^{-2}N/cm^3)	>2.4	474	2.445	2.356	2.401
	孔隙率(%)	<3.0	474	2.990	0.900	1.945
	渗透系数(1×10^{-7}cm/s)	<1.0	28	0.090	0.027	0.053

沥青混凝土心墙每升高 2~4m,铺筑 1000~1500m^3,沿坝轴线每 100~150m(或质量可疑处)钻取芯样 2 个,检查沥青混凝土容重、孔隙率及渗透系数。一期工程共取芯 444 次,其中监理单位取芯 164 次,施工单位取芯 280 次;二期工程取芯 618 次,其中监理单位取芯 310次,施工单位取芯 308 次。检测结果表明:①无损检测合格率高于取芯检测,表明各层表部沥青混凝土质量较高,符合一般施工规律。②无损检测和取芯检测渗透系数合格率均达到100%,最大值为 9.54×10^{-8}cm/s,表明沥青混凝土心墙渗透系数满足设计要求。③二期工程施工和监理单位芯样孔隙率检查合格率均大于 99%。一期工程施工单位芯样孔隙率检查合格率为 93.6%,最大值为 3.88%,说明局部仍有施工缺陷;而监理平行取芯合格率为100%,说明在不合格部位处理之后,孔隙率满足设计要求。④一期及二期工程施工单位芯样容重检测结果合格率分别为 89.3% 和 92.86%,监理检测为 93.9%。由于容重检查最小值为 2.35×10^{-2}N/cm^3,与设计标准值相差在 5% 以内,差值较小,说明芯样容重整体可满足防渗质量要求。

4)沥青混凝土力学性能检测

防护坝沥青混凝土力学性能检测项目有:小梁弯曲值、三轴试验模量 K、内摩擦角 Φ 和凝聚力 C。规定三轴试验检查频次为:每摊铺 $1000\sim1500\text{m}^3$ 检测 1 次,或根据监理工程师要求进行。

①沥青混凝土小梁弯曲试验

一期共进行 3 次 19 个芯样的小梁弯曲试验,二期共进行 2 次 4 个芯样试验,试验成果:一期各试件 5℃挠跨比均大于 3.5%,证明均具有较高的低温弯曲柔性。第 18 层和第 155 层芯样 25℃挠跨比大于或近于 10%,第 143 层芯样大于 6%,证明高温柔性较好。由于一期试件在高、低试验温度下,19 个芯样挠跨比均大于 3.5%,可以判断在设计温度 16.4℃,挠跨比可满足大于 0.8%的设计要求。二期试验采用中海沥青,试验温度均为 16.4℃,挠跨比均大于 5%,满足设计要求。

②三轴试验检测

三轴试验试件有室内静压成型和钻孔芯样两类。至 2002 年 11 月施工单位共进行三轴试验 43 组,其中一期工程 23 组,室内和芯样试验分别为 12 组和 11 组;二期工程共 20 组,室内和芯样试验分别为 11 组和 9 组。监理单位平行进行检测 5 组,其中室内试验 4 组,芯样试验 1 组。三轴试验结果表明:

(a)监理单位试验值远高于施工单位试验值,各项指标总体符合设计要求,但由于试验组数较少,数值偏大并与大坝变形监测资料不符,尚不能作为质量判断依据。

(b)无论何种试件,其内摩擦角 Φ 均满足设计要求。室内成型试件的 Φ 值为 $30°\sim44.5°$,Φ 值平均值一期为 $36.3°$、二期为 $38.2°$,大部分接近设计上限。钻孔芯样 Φ 值为 $27°\sim38.9°$,一般小于室内成型试件试验值。

(c)施工单位室内成型试件凝聚力 C 值为 $85\sim321.8\text{kPa}$,平均值为 165.26kPa;钻孔芯样 C 值为 $40\sim222\text{kPa}$,平均值为 118.00kPa,均与设计要求有较大差距。

(d)模量 K 离散性大。

钻孔芯样 K 值最大值为 266.4,最小值为 84.5,一期平均值为 167.6,二期平均值为 137.5,与设计要求差距较大。

施工单位室内成型共 23 组试样,模量 K 最大值为 1227.94(次大值为 824.14),最小值为 248.9,一期平均值为 399.5(去除最大值),二期平均值为 380.2,较钻孔芯样有较大提高。一期室内成型试样共 12 组,K 值大于 400 占 50%,大于 350 占 66.7%,均全部大于 250;二期室内成型试样共 11 组,K 值大于 400 占 27.3%,大于 340 占 54.5%,大于 300 占 72.7%,均全部大于 240。

③沥青混凝土三轴试验影响因素分析

沥青混凝土是黏—弹—塑性材料,由于本工程工作温度为 16.4℃,性能变化更为敏感。目前国内水工沥青混凝土三轴试验设备及试验方法尚不成熟,经过几年的工程实践,业主、设计、施工和监理单位的共同努力,逐步形成一套试验方法。

各阶段试验成果初步表明,设计科研单位的试验值一般高于施工单位试验值,试验阶段初期配合比试验值一般高于施工阶段试验值,室内成型试件各项指标高于钻孔取芯指标。由于试验不确定因素较多、各阶段试验可比性较差,针对现场三轴试验 K 值问题进行了分析和研究,并初步进行了两个单位的平行试验,根据初步研究成果,影响因素如下:

(a)加荷速率和试验数据处理方法对 K 值试验成果影响最大。

(b)试样成型和脱模有较大影响,其中静压成型试件 K 值最大。

(c)原材料质量和配合比变化,特别是沥青和矿粉的质量和数量变化对 K 值有较大影响。

(d)钻孔芯样 K 值偏低的施工影响因素有摊铺碾压工艺、层面连接及摊铺过程空气湿度等,而钻孔取芯对芯样的扰动也是重要原因。

(2)心墙过渡料填筑质量检查

防护坝心墙过渡料填筑取样频率为 1 次/1000m²,同时在桩号 0+570m、0+685m 和 0+800m 设置了 3 个固定断面,每填筑 5m 取样检查 1 次。主要检查项目为材料级配(最大粒径、P_5 含量、含泥量)、干密度和含水量,并在固定断面取样检测中进行了渗透系数和力学性能试验。主要检查结果表明:

1)一期及二期工程心墙过渡料含泥量和干密度检查合格率均大于 95%,一期工程施工和监理渗透系数检查合格率均为 100%,二期工程监理和施工单位渗透系数检查全部合格,但缺乏汇总分析资料。

2)根据监理介绍,施工过程由监理现场控制,对超径料进行了剔除,但缺少超径料含量检查资料。监理单位对粗粒(P_5)含量检查合格率,一期工程为 79.3%,P_5 最小含量为 59.5%;二期工程检查合格率为 77.1%,P_5 最小含量 58.9%,说明心墙过渡料填筑级配有较大波动,部分过渡料偏细。

8.3.7.7　坝体沥青混凝土心墙和过渡料施工质量评价

(1)原材料和配合比控制

1)沥青及矿料材质可满足设计要求,现场抽样检测成果表明,绝大部分控制指标合格率达到 100%;但存在矿粉和骨料级配波动大、天然砂级配不良、含泥量和吸水量合格率偏低的问题,对沥青混凝土质量有一定影响,总体上原材料质量基本满足设计要求。

2)沥青混凝土配合比进行了多次室内和现场摊铺试验,并根据沥青批次变化进行调整。施工中通过抽提试验和配料单调整,以满足配合比精度要求,由于热料级配波动大,给配合比控制带来较大难度。配合比试验中各项技术指标可满足设计要求,但施工检测成果与试验成果尚有一定差距。

3)心墙两侧过渡料按照设计要求利用长江天然砂砾料,料源较复杂,施工中进行了过程控制。设计控制指标有最大粒径、含泥量和 P_5 含量 3 项,23 组监理抽查资料表明含泥量合格率 100%,P_5 含量合格率 82.6%,存在部分材料偏细问题。

(2)心墙沥青混凝土施工质量

1)经过多次生产性试验确定了沥青混凝土摊铺施工控制参数,控制项目合理,措施到位。施工和监理单位各进行 8000 多次检测,资料表明:心墙沥青混凝土摊铺和初碾温度满足有关规定要求。采用固定金属丝定位控制心墙轴线,控制误差在±5mm 内;7700 多点心墙轮廓检测资料全部为正偏差,表明心墙轮廓线满足设计要求。

沥青混凝土与基础连接面、层面和接缝处理满足设计要求,并经验收合格。施工中发生的孔隙率超标等质量缺陷已采用挖除、设置玛碲脂防渗层等措施,处理合格。

2)沥青混合料抽提试验表明,一期工程沥青含量达标率达到 80%,二期工程大于 90%;一期工程矿粉达标率约 60%,二期工程提高到 77% 以上;采用三峡 TGPS 26—2000 标准控制,粗、细骨料达标率均大于 90%,其中二期工程采用较严的合同标准控制,达标率一般可达 80%,说明配合比控制总体合格。

马歇尔试验容重、渗透系数、孔隙率、稳定度合格率均大于 90%,流值合格率达到 85% 以上,说明沥青混合料质量总体满足标准和设计要求。

3)施工和监理共 18000 多次无损检测和 1060 多次芯样检测,成果表明:心墙沥青混凝土容重合格率均大于 88%、孔隙率及渗透系数合格率大于 93%,监理检查不合格部位另作缺陷处理后合格,满足设计要求。

5 组小梁弯曲试验初步表明心墙沥青混凝土高低温柔性较好,小梁弯曲满足设计要求。41 组三轴试验,内摩擦角 Φ 值较高,可与较低的凝聚力 C 综合分析,模量 K 离散性较大、偏低。

(3)心墙两侧过渡料施工质量

心墙两侧过渡料干密度、渗透系数和含泥量检查合格率均大于 95%,满足设计要求。一期和二期工程监理粗粒 P_5 含量检查合格率分别为 79.3% 和 77.1%,最小含量小于 60%,说明部分过渡料偏细。

8.3.8　防护坝坝体填筑

8.3.8.1　坝体排水垫层填筑

防护坝迎水侧高程 130m 以上岸坡、背水侧坝基及岸坡均设排水垫层。坝体排水垫层料要求采用砂砾石毛料,其 $D_{max}=80mm$,大于 5mm 颗粒含量不小于 50%,小于 5mm 颗粒含量为 25%~50%,含泥量小于 5%,压实后相对密度不低于 0.85。因砂砾石毛料料源紧缺,后改用人工碎石、天然砂砾石掺合料取代天然砂砾石毛料作为坝体排水垫层填料,第二标段工程施工沿用此法。

(1)迎水侧排水垫层

排水垫层料采用碎石与天然砂砾石掺合料,级配碎石在堆料场利用机械充分拌和后,装车运输上坝,施工现场采用人工配合反铲进行每层坝体排水垫层料的摊铺,以达到设计要求,然后填筑同层石渣料或石渣混合料,充分洒水后用 17.5t 的 BW217D 振动碾进行坝体排水垫层料的碾压(包括骑缝碾压排水垫层料与同层坝体填料的搭接处)。之后取样验收,填筑下一层。

(2)背水侧排水垫层

背水侧高程 93m 以下找平毛料和高程 93～94.2m 均采用高家溪砂石系统天然砂砾石毛料。高程 93m 以下找平毛料填筑用 3m³ 装载机装料,T20 自卸汽车运输,用反铲铺以人工将其平整,填筑层厚 0.8m,然后用水管或洒水车洒水,充分湿润后用 19.5t 振动碾碾压 8 遍。高程 93～94.2m 填筑在找平毛料完工后进行,高程 94.2m 以上的排水垫层料在岸坡清理完成后进行。鉴于当时天然砂砾料供料有限,从 1997 年 7 月开始利用人工碎石配制排水垫层料。

8.3.8.2　排水棱体及过渡层填筑

排水棱体位于坝轴线下 161.00m,高程 44.2～110m,桩号 0+505～0+975m,梯形断面,上游侧坡比 1∶1.5,下游侧坡比 1∶2.0。排水棱体要求采用新鲜坚硬、组织均匀的碎石及块石,颗粒粒径 0.5～1.0m,渗透系数不小于 $1×10^{-2}$ cm/s,压实干密度大于 $2.2t/m^3$。排水棱体堆石料从谢家坪料场选取,不足部分用反铲配 20t 自卸汽车从右岸厂坝一期开挖取料。填筑层厚 1m,进占法施工,使用 TY320 或 T385 型推土机平整,充分洒水后选用 17.5t 振动碾平行于坝轴线碾压 8 遍,左右岸坡接合处加强碾压。

背水侧石渣料与堆石排水棱体之间设一层过渡反滤料,反滤料水平宽 3m。反滤料填筑采用高家溪砂石系统天然砂砾料,鉴于当时天然砂砾料供料有限,反滤层施工在排水棱体完工后进行,超前于石渣料预填一层,然后石渣料跟进,完成同层填筑。用 3m³ 装载机装料,4台 T20 自卸车运输,采用倒退法倒入填筑部位,用反铲铺以人工将其平整。填筑层厚 0.8m,采用 19.5t 振动碾沿坝轴线左右方向碾压 8 遍。

8.3.8.3　风化砂(风化砂混合料)、石渣混合料、石渣料填筑

(1)填料来源及运输

防护坝填筑初期,填筑料源主要来自关门洞料场的导流明渠与右岸一期开挖、秭归新县城排水工程开挖料以及泄水隧洞开挖料,砂卵石料来源于青树坪砂石毛料场。根据三峡工程整体进度安排,又相继启动了右岸厂房阶段性开挖、右岸地下电站进水口开挖、右岸初期场平开挖、右岸厂房开挖工程,填筑也先后采用了各工程开挖的可利用料。1999 年 4 月,为充分利用关门洞堆料场堆料,针对关门洞介于风化砂和石渣混合料之间的风化砂混合料(可利用料),由业主组织进行室内外土工试验和分析论证工作,研究其替代部分风化砂和石渣混合料上坝的可行性,并在防护大坝填筑中充分利用了关门洞部分可利用料。1999 年 10月,由于开挖料不能满足防护大坝填筑和沥青混凝土心墙的正常上升要求,为确保填筑计划的完成,经业主、监理同意,在防护大坝右坝头开辟料场,为防护大坝提供风化砂和石渣混合料。在 2001 年下半年和 2002 年上半年,先后采用了高程 150m 混凝土拌和系统场平料(风化砂料,用于掺石渣料以获得合格的石混料,弥补石混料的不足)和厂房 24～25 号坝段的开挖料(用于石渣料、石混料)。

为提高开挖料上坝率,根据开挖部位地质出露情况,按填料类别分层分区开挖。风化砂

选取质量合格全风化岩部位,使用挖掘机挖装取料,直接开挖有困难时先进行松动爆破。混合料、石渣料通过强风化岩、弱风化岩及微风化岩中钻爆开采,经现场爆破试验,选取合理的爆破参数,并进行分选处理,分选处理采用电铲、反铲、推土机、装载机并辅以人工进行,使上坝的开挖料块径、级配符合设计填料要求。填料运输采用20~32t自卸汽车。

(2)填筑施工

1)施工程序

坝体填筑施工程序为卸料铺料→洒水→碾压→取样→验收→层面上升。

2)碾压参数

坝体填筑施工前,先进行现场试验,以确定合理的施工参数。经过试验,各种填料碾压参数见表8.3.36。

风化砂(风化砂混合料)、石渣混合料、石渣料填筑施工采用分层平行摊铺,铺料尽量平起,减少接缝,对于需分区填筑的部位,横向接缝坡度不陡于1:3,且不留纵向接缝。保持反滤层与相邻层之间填筑层次分明。在分段摊铺时,做好接缝处各层之间的连接。风化砂采用进占法进料,混合料和石渣料采用进占法或反退法。铺料采用D85或D9H推土机沿碾压方向及分区线方向进行。严格控制超径石上坝,对于已上坝的超径石,用反铲剔除装车集中就地处理,后期用反铲或装载机装车运到块石堆料场。推土铺料沿碾压方向及分区方向进行,要求平整不超厚。为控制层厚,在踩头前设层厚标尺,层厚允许偏差按0~-10cm控制。填筑料铺料后按洒水要求接至填筑区的洒水管或洒水车洒水。填料碾压采用17t或19.5t振动碾进退错距法进行,振动碾的碾压行驶方向平行于坝轴线,坝体与岸坡结合部位顺坡向碾压。反滤料与其两侧填料接合界面处,采用振动碾同时碾压。振动碾碾压时,相邻两段(条带)碾迹保证搭接,顺碾压方向搭接长度不小于0.5m,垂直碾压方向搭接宽度不小于1.5m。坝基边坡及局部振动碾无法压实的部位,降低层厚,人工分层夯实。当下一层填料施工完毕且经验收合格后,再进行其上一层的铺筑碾压施工。

表8.3.36　　　　　　　　　防护坝填料碾压参数

项目 填料	碾压机械	碾质量 (t)	行驶速度 (km/h)	铺土厚度 (cm)	碾压遍数	压实标准	压实干容重 (10kN/m³)	碾压洒水 量(%)
风化砂	振动碾	17	<4	60	8	压实度 0.98	≥1.94	8~12
风化砂混合料	振动碾	17	<4	60	8	压实度 0.98	<20mm 部分≥1.94	6~9
石渣混合料	振动碾	17	<4	80	8	压实度 0.98	≥2.1	6~7
石渣料	振动碾	17	<4	80	8	孔隙度 20%~25%	≥2.15	25~30

8.3.8.4　防渗体反滤(过渡)层填筑

基座、垫座、底梁及混凝土防渗墙两侧过渡料为级配良好的砂砾石料,材料质地致密坚硬,无污染,具有较高的抗水性和抗风化能力,最大粒径 80mm,大于 5mm 颗粒含量 70%～80%,含泥量小于 5%,确保渗透系数 $K \geqslant 10^{-3}$ cm/s,压实干密度 $\geqslant 2.15$t/m³。

基座、垫座、底梁及混凝土防渗墙两侧砂砾石毛料料源来自三峡右岸高家溪天然砂砾石料场,采用 CAT980C 型装载机装车,CAT769C、TEREX 自卸汽车运料上坝,运距约 5km。施工现场每层先测量放样,之后采用推土机、反铲辅以人工进行每层过渡料的铺筑,洒水后用捷克 VV170 振动碾或其他振动碾碾压密实,与混凝土结合处用人工夯实,测量、取样、验收后填筑下一层。

8.3.8.5　迎水侧反滤料填筑

迎水侧反滤料填筑位于防护大坝迎水侧高程 125m 以上,石渣混合料与石渣料之间。

反滤料利用经筛分的天然砂砾料或人工碎石配制而成,要求材料质地致密坚硬,具有较强的抗水性和抗风化能力,粒径 5～40mm,其中粒径 5～20mm 占 6%～75%,20～40mm 占25%～35%,含泥量小于 5%,相对密度 0.85 进行控制。每层填筑层厚 80cm。

反滤料填筑施工方法:反滤料位于迎水侧石渣料与石渣混合料之间,待内侧的石渣混合料填筑到位后,采用反铲将石渣混合料的边线修整平直,达到设计的坡比,采用 20t 自卸汽车运反滤料上坝,反铲辅以人工修整达到设计的厚度与坡比,待外侧石渣料填筑后采用振动碾平行坝轴线与两侧填料共同碾压。

反滤料摊铺前先对石渣混合料 1∶2 边坡进行修整,然后采用反铲进行每层反滤料的拌和、摊铺,以达到设计要求,填筑同层石渣料后再用 17.5t 的 BW217D 振动碾进行反滤料的洒水碾压(包括骑缝碾压反滤料和同层石渣料的搭接处)。

8.3.8.6　坝体填筑施工质量

(1)料源质量控制

防护坝为沥青混凝土心墙土石坝坝型,根据坝体各部位的工况和尽量利用一期工程开挖料直接上坝原则设计,采用风化砂、风化砂与石渣混合料、石渣料坝壳,沥青混凝土心墙防渗。坝壳用料的基本要求和施工质量控制如下:

1)风化砂

为全风化闪云斜长花岗岩开挖料,来源于导流明渠和右岸一期等工程的开挖,部分由料场开采,设计要求不得含有草皮、树根、腐殖土等有机物,控制含泥(颗粒≤0.074mm 部分)量≤12%,最大粒径 20mm,压实后>5mm。颗粒含量≥20%,压实干密度>1.94t/m。因此开挖前先剥离覆盖层,然后用挖掘机械直接挖装取料,必要时可先进行松动爆破。用于上游侧死水位以下(高程 125m)的坝体心部。

2)石渣混合料

为风化砂与强弱风化花岗岩渣的混合料,设计要求不含有黏壤土块和植物根基,级配良好。取自导流明渠与右岸一期工程开挖料,无专用堆料场,部分用料在右坝头料场开采。开采前先进行无用料剥离,再据地质条件按坝料分类,分层分区开采。用于上游侧高程125m以上的坝体心部和下游坝体心部。

3)石渣料

设计要求为弱微风化及以下花岗岩开挖料,要求石质较坚硬,不易软化破碎,最大限径600mm,≥5mm 颗粒含量>70%,含泥量≤5%,控制压实干密度>2.15t/m。用于上游侧坝体表部和下游侧坝体表部。石渣料主要来源于建筑物开挖,也有从部分料场开采,后者级配得到较好控制,前者因未按采料要求开挖,也无专用存料场,因此料质较杂,具较大离散性,部分用料级配较差。

4)堆石料

要求使用比较新鲜坚硬、质地均匀的碎石及块石,抗压强度不小于80MPa,级配良好,粒形方正,针片状含量≤15%。主要来源于谢家坪料场,用于下游排水棱体。

5)排水垫层料和反滤料

采用天然砂砾石料或与人工碎石掺合料,最大粒径<80mm,满足设计要求,>5mm 颗粒含量>50%,含泥量≤5%。取自高家溪砂石系统天然砂砾料,或与堰塘湾人工碎石掺配使用。用于坝体上游侧石渣料与石渣混合料之间的反滤层、坝基排水垫层、排水棱体堆石与石渣料之间的反滤过渡层。

(2)坝料填筑控制标准及施工碾压参数

1)坝料填筑控制标准

坝料控制项目主要是粒径范围、P_5 含量和含泥量;填筑控制项目是压实干密度,堆石料还有渗透系数要求。由于坝料来源多,技术指标在施工过程中曾做过多次调整,不同时期按不同标准进行质量控制。

2)施工碾压参数

在坝体施工前,对风化砂、石渣料、石渣混合料进行了生产性碾压试验和复核试验。规定坝体施工碾压参数见表8.3.36。

(3)坝体填筑质量控制

1)排水垫层料填筑质量控制

坝体下游侧河床部位排水垫层施工程序是先填毛料找平,再填排水垫层料;坝体上游侧岸坡和下游侧岸坡部位的排水垫层,水平宽3m,在岸坡清理后,随坝面上升,与同高程石渣料或石渣料混合料填筑层同时施工。

排水垫层料填筑厚度80cm,20t 自卸汽车运输上坝,反铲铺以人工整平,17.5t 振动平碾碾压8遍。

2)坝壳土石料填筑质量控制

坝壳土石料含风化砂、石渣混合料和石渣料等料种,质量控制情况如下:①坝面尽量平起,不留纵向接缝,需分区填筑时,横向接缝不陡于 1∶3。②按卸料铺料→洒水→碾压→取样→验收→层面上升的作业程序。③自卸汽车运料上坝,风化砂采用进占法,石渣混合料和石渣料采用进占法或后退法铺料,D85 或 D9H 型推土机平料,在踮头前设层厚标尺,层厚允许偏差 0～10cm,要求铺料平整不超厚,铺料厚度得到较好的控制。④由于料源过多过杂,很难进行坝料源头质量控制,对于差异过大的坝料采用坝面混合铺料,推土机简易掺混措施。⑤规划采用接至填筑区的供水管或洒水车对铺筑材料进行洒水,施工中,料物填筑含水量未能按设计要求控制。⑥使用 17.5t 或 19.5t 振动碾顺坝线方向用进退错距法进行碾压。相邻两段顺碾压方向控制搭接长度＞0.50m,垂直碾压方向控制搭接长度＞1.50m。岸坡等振动碾无法碾压部位,减薄铺料厚度,人工分层夯实、碾压控制较好。

3)棱体堆石及棱体过渡反滤料填筑质量控制

排水棱体堆石料填筑层厚 1m,用 20t 自卸汽车运输上坝,TY320 或 T385 型推土机平料,洒水后用振动碾顺坝线方向碾压 8 遍。

排水棱体堆石料与石渣料间的过渡反滤料,水平宽度 3m,填筑层厚 80cm,在堆石棱体完工后,超前于石渣料预填 1 层,然后石渣料跟进,完成同层填筑。反滤过渡料采用汽车运料,倒退法倒入填筑部位,反铲铺以人工平料,19.5t 振动碾顺坝线方向碾压 8 遍。

4)坝体反滤料填筑质量控制

坝体反滤料位于坝体上游侧高程 125m 以上石渣混合料与石渣料之间。反滤料摊铺前,要对先填的石渣混合料边坡进行修整,然后用反铲进行反滤料的拌和摊铺,用 17.5t 振动平碾与石渣料同层碾压。由于石渣混合料和石渣间设可变区,两种料界面可以调整,两种料的均匀性又不够好,因此,反滤效果不易保证。

(4)填筑质量检测

1)检测方法和取样频次

压实质量检测采用试坑灌水法,设计要求取样频次为:风化砂、排水垫层料、反滤料 1 次/1000m²;风化砂混合料、石渣混合料、堆石料 1 次/2500m²;石渣料 1 次/4000m²。

2)检测成果

监理单位对坝体一期填筑及二期填筑检测成果见表 8.3.37 和表 8.3.38。

由检测成果可见:

①风化砂、石渣混合料和石渣料压实干密度合格率一般为 93%～99%,满足规范和设计要求。但干密度变化幅度较大,分别为 2.28～1.88t/m³、2.39～2.0t/m³ 和 2.32～1.91t/m³,说明坝料来源较复杂。

三种坝料 P_5 含量波动较大,合格率一般为 85% 左右。二期监理抽查石渣料初检合格率为 79%,终检合格率 100%,表明在某些时段合格率偏低,经过返工推掺等处理后满足设计要求,也说明坝面控制较严格。

表 8.3.37 防护坝一期填筑监理质量检测成果统计

填料	检测项目	单位	检测结果					工程量 （万 m³）
			组数	最大值	最小值	平均值	合格率（%）	
风化砂	干密度	t/m³	141	2.30	1.89	2.07	93.5	131.2
	粗粒含量	%	106	58	14.70	28.00	85.2	
	含泥量	%	85	10.30	1.50	6.40	98.5	
石渣混合料	干密度	t/m³	103	2.35	2.09	2.19	97.9	350.3（含风化砂混合料）
	粗粒含量	%	110	86.50	43.90	65.70	98.1	
	含泥量	%	93	8.40	1.00	4.60	97.7	
石渣料	干密度	t/m³	52	2.34	2.13	2.21	95	189.2
	粗粒含量	%	55	99.40	76.30	90.70	80.4	
	含泥量	%	51	4.20	0.10	1.50	100	
排水棱体	干密度	t/m³	10	2.33	2.18	2.25	100	18.3
	粗粒含量	%	5	99.80	89.20	97.00	100	
	含泥量	%	4	0.50	0.10	0.30	100	
排水垫层料	干密度	t/m³	57	2.30	2.09	2.20	92.2	30.2
	粗粒含量	%	70	94.70	41.6	70.40	97.1	
	含泥量	%	68	6.20	0.10	2.90	98.5	
反滤料	干密度	t/m³	15	2.24	1.89	2.02	92.3	11.9
	含泥量	%	8	4.50	0.40	1.70	100	

表 8.3.38 防护坝二期填筑监理质量检测成果统计

填料	检测项目	单位	检测结果				初检合格率（%）	合格率（%）
			组数	最大值	最小值	平均值		
石渣混合料	干密度	t/m³	66	2.32	2.0	2.19	100	100
	粗粒含量	%	66	80.6	39.9	64.0	96.9	100
	含泥量	%	66	13.3	2.0	4.3	100	100
石渣料	干密度	t/m³	40	2.28	1.91	2.13	79	100
	粗粒含量	%	40	98.7	78.1	90.0	100	100
	含泥量	%	40	2.7	0.3	1.5	100	100
反滤料	干密度	t/m³	10	2.07	1.78	1.96	90	100
贴坡碎石料	干密度	t/m³	10	2.3	2.15	2.23	100	100
	粗粒含量	%	12	92.7	65.0	80.1	100	100
	含泥量	%	12	6.3	0.7	3.1	100	100

②排水垫层料 P_5 含量和含泥量合格率一般大于 95%，压实干密度合格率一般为 92%～96%，表明排水垫层料质量控制满足规范和设计要求。

③堆石棱体各项检查指标合格率较高,满足设计要求。反滤料级配检查资料不全,其他指标满足设计要求。

(5)坝体填筑质量评价

1)坝壳土石料主要利用工程开挖料,少部分由料场开采补充。工程开挖料未按坝料要求开采,料物质量控制难度较大,经调整后施工质量的各项技术指标总体满足设计要求。

2)坝体填筑前,进行了生产性碾压试验和复核试验以确定碾压参数。铺料厚度和碾压遍数得到较好的控制,但坝料填筑含水量未能很好控制。

3)压实干密度波动幅度大,但检验合格率满足设计和规范要求。

8.4　防护坝沥青混凝土心墙土石坝安全监测设计及监测成果分析

8.4.1　防护坝沥青混凝土心墙土石坝安全监测设计

8.4.1.1　安全监测设计原则

防护坝为一级建筑物,鉴于沥青混凝土心墙受温度、加荷速度、支撑体、沥青混凝土配比及施工条件等因素影响较大,目前国内对沥青混凝土心墙土石坝尚无十分成熟的设计和施工经验。为了解防护坝在运行期及施工期的工作状态;确保沥青混凝土防渗心墙的安全运用,同时为检验设计的正确性,进一步完善沥青混凝土心墙土石坝的设计理论,因而对防护坝从施工期就进行安全监测是十分必要的。针对防护坝沥青混凝土防渗心墙的特点,确定其安全监测设计原则为:

1)各项观测设备的布置,应结合沥青混凝土心墙土石坝的具体情况,突出重点,兼顾一般,具有明确的针对性和代表性(如最大坝高处、断层破碎带及连接部位等),能较全面地反映沥青混凝土心墙及坝体的工作状况。

2)对重要或相对重要的断面(部位),应全面或较全面并综合性地布设监测仪器,其他断面(部位)则主要设置变形和渗流测点。

3)除对大坝变形、渗流、应力应变各项进行监测外,还应适当地对水位、地震及波浪等进行监测。

4)施工期观测设施尽量与永久监测设施相结合,原因是监测要与效应量监测相互配套,各项观测值能互相校核。

5)监测仪器的选型在满足精度要求的前提下,应做到可靠、耐久、经济、实用。

6)各类观测设施的埋设必须在施工中合理安排和严加保护,观测用电缆及管路等,应在安全可靠的前提下力求回路最短,必要时可设置专门的观测站,使观测工作免受各种因素的影响。

7)为确保在各种恶劣条件下能进行连续观测,应对部分重要测点实行自动化监测,但这些测点必须同时具备人工测量功能。

8)除仪器监测外,还必须定期对大坝坝面、坝坡、坝肩等进行相应的人工巡视检查。

9)对所测资料应及时进行整理、分析和评价,以便对防护坝所存在的问题能及时发现并及时采取处理措施。

8.4.1.2　监测系统组成

防护大坝安全监测系统为三峡工程安全监测系统的一个组成部分,但由于其所处的地理位置不同,又具有一定的相对独立性。

沥青混凝土心墙土石坝安全监测系统由 1 个重要、2 个次要及若干个一般监测断面和监测网组成。监测断面设置在大坝最高并存在一定地质缺陷的部位。对重要监测断面,将全面和综合性地布置各项监测仪器及设备,并实行联机实时自动监控;次要监测断面主要设置在岸坡段和地质条件较差的部位,其监测项目将有针对性地布置,力求少而精,部分测点将进行自动监控。另外,还根据国家规范要求及坝基地质条件,另设置了若干一般监测断面,此类监测断面仅布置少量的变形标点或渗流测点。

(1)监测断面

1)重要监测断面

防护坝在桩号 0+700m 为大坝及心墙最高处,基础有 f469 断层通过,且存在透水带,该断层(部位)是控制大坝稳定的重要断面,代表性较强,故选定该断面为重要监测断面(图 8.4.1)。

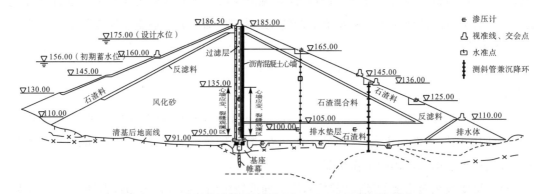

图 8.4.1　重要监测断面(桩号 0+700m)主要监测仪器分布

2)次要监测断面

选定桩号为 0+580m 和 0+850m 两处,分别设置次要监测断面。桩号 0+580m 断面处于大坝基础起坡段 f468 的上盘,坝身及心墙较高。桩号 0+850m 断面处于左岸坝基陡坡处,该处地形复杂,且基础存在少许地质构造带。故选择以上两个断面作为次要监测断面(图 8.4.2、图 8.4.3)。

3)一般监测断面

除重要和次要监测断面外,为在顺坝轴线方向形成若干纵向监测断面,相应在每条视准线上每隔 50~75m 设一水平位移和垂直位移标点。

(2)监测项目

坝面水平位移及垂直位移监测;坝体分层沉降及分层水平位移监测;渗流监测;沥青混凝土心墙温度监测;地震反应监测。

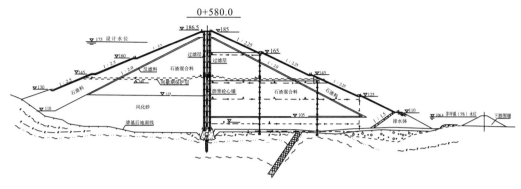

图 8.4.2　次要监测断面(桩号 0+580m)

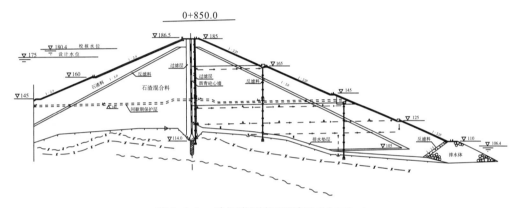

图 8.4.3　次要监测断面(桩号 0+850m)

8.4.2　防护坝沥青混凝土心墙土石坝安全监测成果分析

8.4.2.1　防护坝外部变形

(1)高程 84m 基础廊道沉降

沿防护坝混凝土基座基础廊道底板中心线,埋设 10 个精密水准点,用以监测防护大坝混凝土基础的沉降,测点编号为 LD01MP031~LD10MP031(从左至右,桩号 0+790~0+578.8m),并在基础廊道 0+700m 断面底板中心线上埋设一座测温钢管标 LS05MP(孔深在廊道底板下 35.40m),作为基础廊道沉降观测的工作基点,因受施工条件限制,测温钢管标滞后于 2000 年 5 月完成,而廊道内的 10 个精密水准点已于 1999 年 6 月埋设完毕,因此从 1999 年 7 月至 2000 年 11 月的周期观测是以基础廊道交通洞口外另一测温钢管标 LS04MP 作工作基点,直至 2000 年 11 月,LS05MP 纳入垂直位移简网统一观测平差后,于 2000 年 12 月起,周期观测才改用该点作为工作基点。

1)基础廊道沉降观测成果

基础廊道沉降监测于 1999 年 7 月首测基准值,至 2006 年 3 月,各精密水准点观测值见表 8.4.1。

表 8.4.1　　　　　　　　防护坝基础廊道各测点垂直位移观测值　　　　基准日期:1999 年 7 月　　单位:mm

测点编号	基准值	2000 年 12 月	2002 年 12 月	2003 年 5 月	2003 年 6 月	蓄水变化	2003 年 12 月	2004 年 12 月	2006 年 3 月	2007 年 12 月	2008 年 8 月	2008 年 12 月
LD01MP031	0.05	4.55	9.17	11.01	11.06	0.05	13.4	14.99	15.24	17.53	17.66	17.45
LD02MP031	−0.06	4.46	9.13	10.97	10.98	0.01	13.32	15.04	15.14	17.44	17.56	17.29
LD03MP031	−0.17	4.1	8.45	10.15	10.19	0.04	12.46	14.31	14.39	16.59	16.77	16.45
LD04MP031	−0.14	4.58	9.13	10.93	11.12	0.19	13.32	15.14	15.10	17.44	17.58	17.05
LD05MP031	−0.17	4.8	9.41	11.13	11.34	0.21	13.53	15.17	15.08	17.56	17.62	17.01
LD06MP031	−0.23	5.19	10.4	12.14	12.37	0.23	14.5	16.02	16.07	18.60	18.71	18.28
LD07MP031	−0.17	4.84	9.81	11.55	11.74	0.19	13.81	15.36	15.42	18.06	17.93	17.91
LD08MP031	0.04	4.73	9.76	11.3	11.41	0.11	13.75	15.26	15.28	17.96	17.70	17.60
LD09MP031	0.29	6.43	13.05	14.92	15.13	0.21	17.3	19	19.09	21.95	21.69	21.83
LD10MP031	0.15	5.97	13.51	14.08	14.37	0.29	16.35	18.08	18.18	21.03	20.76	20.89

2)成果分析

①基础廊道各测点累计下沉为 14.39~19.09mm,以 LD09MP031(桩号 0+592m)下沉量为最大,达 19.09mm。LD10MP031(桩号 0+578.8m)次之,为 18.18mm。根据地质情况,桩号 0+587~0+604m 处强风化层较厚,且有 f468 断层在此通过,基础处理时虽作了超深开挖,但只到弱风化上带,并含有一部分软弱夹层,所以上述两点的沉降量较其余各点稍大(其过程线见图 8.4.4,垂直位移沿轴线分布见图 8.4.5)。

②从过程线看,各点从 1999 年 7 月始测到 2000 年 10 月,月变形速率较快,为 0.27~0.39mm;2000 年 11 月至 2001 年 11 月则曲线较为平缓,变形量较小,月变形速率较慢,为 −0.01~0.06mm;2001 年 11 月以后变形速率则又呈增快趋势,为 0.31~0.46mm。2007 年 9 月 15 日至 11 月 15 日,水库水位由 145m 上升至 156m 后,沉降变形变化为 0.18~0.00mm;2008 年 9 月 20 日至 11 月 4 日,水库水位由 145m 上升至 172m 期间,沉降变形为 −0.76~0.03mm,变化较小。

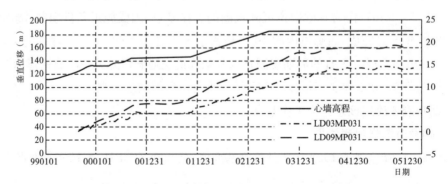

图 8.4.4　基础廊道部分测点垂直位移与浇筑过程线

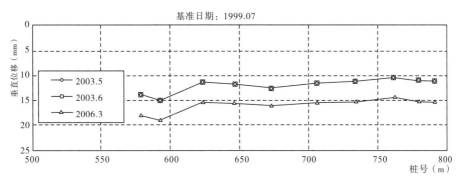

图 8.4.5　防护坝基础廊道垂直位移沿轴线分布

③从变形速率统计来看,1999 年 7 月至 2000 年 10 月变形速率较快,与坝体及沥青混凝土心墙填筑持续上升荷载不断加大而引起基础变形有关;2000 年 11 月至 2001 年 11 月可以认为是相对平稳期,基本无变化,由于坝体及沥青混凝土心墙第一标段的施工已全线达到设计高程 140m,2000 年 10 月后至 2001 年 11 月为第二标段的施工准备期,变形速率缓慢。2001 年 11 月以后继续施工进度较快,变形速率也随之明显加快。过程线反映基础廊道的沉降随坝体升高而增大,2006 年 3 月最大累计变形基本稳定在 19mm。2008 年 12 月,基础廊道各测点累计沉降变形为 16.45～21.48mm。

（2）防护坝坝体表面位移

1）堆石排水体顶部变形

①水平位移

在防护坝下游堆石排水体顶部(高程 110.00m)布设了一条视准线,共 10 个测点。测点编号为 AL01MP032～AL10MP032(从右至左,桩号 0＋539～0＋900m),1999 年 9 月升始观测,各测点均产生向下游方向的水平位移,位移主要发生在坝体填筑过程中,随坝体填筑高度的增加而增大。2002 年 7 月,实测水平位移为 9.26～21.10mm;2002 年 11 月实测值为 11.70～23.20mm,左边测点测值稍大;2003 年 6 月大坝填筑至坝顶,实测水平位移值为 16.06～29.05mm,此后水平位移变形速率减缓;2003 年 12 月实测水平位移为 16.64～32.06mm;2006 年 3 月,实测水平位移为 17.12～33.14mm。2008 年 9 月 20 日至 11 月 4 日,水库水位由 145m 上升至 172m 期间,水平位移变化为－0.40～1.78mm,实测最大水平位移为 36.44mm。

②垂直位移

在排水体顶部视准线测点的基座处,设沉降观测标点,测点编号为 LD01MP032～LD10MP032(从右至左,桩号 0＋539～0＋900m),观测排水体顶面的沉降。沉降观测也从 1999 年 9 月起测,测值表明,各测点都产生下沉,沉降量随坝体填筑高度的增加而增大。2002 年 7 月,测值为－0.25～19.21mm;2002 年 11 月测值为 1.3～23.2mm,沉降量较小,并且与水平位移变形规律性一致;2003 年 6 月大坝填筑至坝顶,实测沉降量 2.23～26.34mm,此后垂直位移速率减缓,但仍缓慢下沉;2003 年 6 月至 2006 年 3 月沉降 5mm 左右。2006 年 3 月,实测沉降量 4.55～31.72mm,测点 LD02MP032(桩号 0＋580m)最大沉降量 31.72mm,该点部位正好与基座廊道中的两个沉降量最大点的部位(LD09MP031 桩号 0+592m,LD10MP032 桩号 0+659.9m)相对应。2008 年 9 月 20 日至 11 月 4 日,水库水位由 145m 上升至 172m 期间,垂直位移变化为 0.72~1.29mm,实测最大垂直位移 36.11mm。

③防护坝在 2003 年 5 月 20 日至 6 月 10 日水库蓄水至水位 135m,堆石排水体顶部位移变化较小,水平位移变化为−0.20~1.44mm,垂直位移变化为−0.17~0.16mm,这些变化在观测误差范围内,说明蓄水对该部位变形影响不大。2008 年 9 月 20 日至 11 月 4 日,水库水位由 145m 蓄至水位 172m,水平位移变化为−0.40~1.78mm,垂直位移变化为 0.72~1.29mm,说明蓄水位上升该部位变形变化不大。

2)下游坝面变形

①高程 125m、高程 119.20m 垂直位移

在高程 125m 马道和高程 119.2m 斜坡上布设了 3 个水准点,编号为 LD01MP33、LD02MP33、LD03MP33,分别位于 0+580m(高程 119.2m)、0+700m(高程 119.2m)和 0+850m(高程 125m)三个观测断面,用以观测坝体表面的沉降。从 2000 年 5 月起测,沉降量随坝体填筑高度的增加而增大。2003 年 6 月大坝填筑至坝顶,实测沉降量为 71.37~102.42mm。2000—2006 年监测成果见表 8.4.2。

表 8.4.2　　　　防护坝下游坝面高程 119.2m 斜坡及高程 125m 马道沉降观测值　　　单位:mm

测点编号	2000 年 12 月	2001 年 12 月	2002 年 12 月	2003 年 5 月	2003 年 6 月	蓄水变化	2003 年 12 月	2004 年 12 月	2006 年 3 月	2007 年 12 月	2008 年 8 月	2008 年 12 月
LD01MP033	34.34	52.81	74.29	81.5	82.83	1.33	88.88	94.43	98.38	104.59	105.28	107.50
LD02MP033	26.16	42.69	63.99	70.47	71.37	0.9	77.29	82.49	86.73	91.60	92.57	94.47
LD03MP033	47.82	69.88	94.51	101.23	102.42	1.19	108.37	114.26	120.14	124.61	125.57	127.15

防护坝下游坝面高程 119.20m 斜坡及高程 125.00m 马道沉降观测实测资料表明:

(a)监测坝体变形的外观标点一般(除坝顶在坝体中心位置外)都布置在坝体的边坡上,其沉降变形主要来自两个方面:一是荷载压力;二是坝体自身的密实过程,随着坝体填筑高度的增加,荷载给予标点的直接作用使变形逐渐增大,当大坝填筑到顶后,而以坝体自身密实沉降为主,从过程线看,初期 2000 年变化速度较快,此后变形较缓。2003 年 6 月大坝填筑到顶后,变形逐渐收敛,截至 2006 年 3 月三点的累计变化量分别为 98.38mm(LD01MP033),86.73mm(LD02MP033),120.14mm(LD03MP033)。

(b)水库蓄水至水位 135m 前后,垂直位移变化不大,为 0.90~1.33mm。

(c)桩号 0+700m 处测点沉降为 86.73mm,相对较小,两侧沉降较大,分别为 98.38mm 和 120.14mm。

②高程 136m 斜坡段交会点水平位移及垂直位移

在防护坝下游坝面高程 136m 斜坡段 0+580m,0+700m,0+850m 三个断面上的交会点 TP/LD01MP034,TP/LD02MP034,TP/LD03MP034,因给三个水管式沉降仪和铟钢丝

水平位移计的观测房让出位置,将三个点都向左岸方向移动 2m,实际桩号分别为 0+582m, 0+702m,0+852m。从 2001 年 1 月始测,其 X(向下游为正)、Y(向左岸为正)、Z(沉降为正)方向变形观测值见表 8.4.3、表 8.4.4、表 8.4.5。

表 8.4.3　　　　防护坝下游坝面高程 136.00m 斜坡交会点 X 方向变形观测值　　　单位:mm

测点编号	观测时间											
	2001.12	2002.12	2003.5	2003.6	蓄水变化	2003.12	2004.12	2006.03	2007.12	2008.8	2008.12	2013.12
TP/LD01MP034	−14.42	6.37	21.55	25.24	3.69	34.02	40.49	45.01	53.18	53.36	60.59	78.50
TP/LD02MP034	−11.9	17.04	33.05	37.06	4.01	47.33	54.44	59.59	67.72	69.53	75.80	96.80
TP/LD03MP034	−3.62	27.27	40.1	41.89	1.79	49.92	55.57	59.66	63.64	65.20	67.23	81.90

表 8.4.4　　　　防护坝下游坝面高程 136.00m 斜坡交会点 Y 方向变形观测值　　　单位:mm

测点编号	观测时间											
	2001.12	2002.12	2003.5	2003.6	蓄水变化	2003.12	2004.12	2006.03	2007.12	2008.8	2008.12	2013.12
TP/LD01MP034	−2.97	−4.54	−6.57	−6.72	−0.15	−5.32	−5.27	−6.43	−8.92	−8.55	−11.08	−4.70
TP/LD02MP034	−7.56	−17.58	−22.1	−22.44	−0.34	−21.54	−22.15	−23.86	−26.64	−26.44	−28.77	−23.50
TP/LD03MP034	−11.65	−26.7	−29.9	−30.07	−0.17	−29.2	−28.99	−30.29	−33.00	−32.06	−33.04	−27.40

表 8.4.5　　　　防护坝下游坝面高程 136.00m 斜坡交会点 Z 方向变形观测值　　　单位:mm

测点编号	观测时间											
	2001.12	2002.12	2003.5	2003.6	蓄水变化	2003.12	2004.12	2006.03	2007.12	2008.8	2008.12	2013.12
TP/LD01MP034	58.34	117.84	134.3	136.94	2.64	148.3	159.19	166.74	176.41	179.03	182.15	200.50
TP/LD02MP034	49.82	102.36	116.85	119.31	2.46	129.93	140.06	147.37	155.41	157.64	160.52	177.50
TP/LD03MP034	43.48	89.96	101.87	104.13	2.26	113.58	122.85	130.56	137.41	139.52	141.33	155.30

防护坝下游坝面高程 136m 斜坡段 0+582m,0+702m,0+852m 三个断面上的交会点变形监测资料表明:

(a)垂直位移大于水平位移,符合土石坝变形的普遍规律,从时间段上分析,2001 年 1—7 月,垂直位移速率相对较慢,月平均速率分别为 2.88mm、2.38mm、2.10mm。此期间为第一标段施工结束,第二标段施工准备期。2001 年 7 月以后,特别是从 2001 年 10 月以后,第二标段施工填筑快速上升,由于荷载的增加使得沉降速率明显加快,2003 年 12 月后变形速率减缓,并逐渐收敛。截至 2006 年 3 月三点分别沉降 166.74mm、147.37mm、130.56mm(表 8.4.5)。右岸 0+580m 处沉降最大为 166.74mm,左岸较小为 130.56mm。

(b)水平位移 X 向初期和高程 110m 视准线出现的规律一致,向上游方向位移,X 出现负值,随着时间的延长,X 值才逐渐出现正值,即向下游方向位移,三个交会点至 2003 年 2 月的位移量分别为 +12.91mm、+23.66mm、+32.70mm,2006 年 3 月三点的 X 方向位移量分别为 45.01mm、59.59mm、59.66mm(表 8.4.3)。其变形分布较均匀,只是右岸 0+580m 处稍小,为 45.01mm,其余在 59.60mm 左右。

(c)Y 方向的位移截至 2006 年 3 月全都为负值,即向右岸位移,三点位移量分别为 −6.43mm、−23.86mm、−30.29mm(表 8.4.4)。分析原因可能与建基地形有关,左岸地面高程较右岸高,故向右岸位移,且左岸最大为 −30.29mm,右岸最小为 −6.43mm,0+700m 处为 −23.86mm。

(d)水库蓄水至水位 135m 前后,水平位移和沉降位移变化较大,Y 方向位移变化较小,X 方向水平位移变化为 1.79~3.69mm。沉降 Z 方向变化为 2.26~2.64mm,左右岸 Y 方向变化为 −0.15~−0.34mm。

(e)2008 年 9 月 20 日至 11 月 12 日,水库水位由 145m 上升至 172m 期间,X 方向水平变形为 2.73~5.47mm,若分两个阶段分析,水库水位由 145m 蓄至 156m 时的 X 方向变形为 0.25~0.69mm,库水位由 156m 蓄至 172m 时的 X 方向变形为 2.48~4.80mm。由此可见,水库水位蓄至 156m 时,对坝体 X 方向水平变形未产生大的影响,而由 156m 升至水位 172m 时,坝体产生的水平变形比较显著,最大水平位移为 75.80mm(桩号 0+702m);垂直位移变化为 1.20~2.05mm,最大垂直位移量 200.50mm(桩号 0+582m)。

③高程 145m 马道视准线

防护坝下游坝面高程 145m 马道视准线属于土石坝第二标段安全监测项目,于 2002 年 1 月开始埋设标墩,视准线左端点为 TP/LD02MP01,右端点为 TP/LD02MP02,有 AL/LD01MP035~AL/LD14MP035 共 14 个测点。其中 AL/LD06MP035,AL/LD10MP035 为两个非固定工作基点,两个端点(固定工作基点)和两个非固定工作基点将一条视准线分成三段观测,避免一般观测因视线过长而影响观测精度,又因左端点因施工延迟了埋设时间,所以 2002 年 2 月首测开始,平面横向(X 向)位移观测只能测到第二个非固定工作基点 AL/LD10MP035,11~14 号点 2002 年 12 月开始观测。

另外,为了观测视准线两端坝体的纵向位移,设计 6 条测距边,即左端点 TP/LD02MP01~AL/LD12MP035,AL/LD13MP035,AL/LD14MP035 和右端点 TP/LD02MP02~AL/LD01MP035,AL/LD02MP035,AL/LD03MP035 两端各三条边,也因左端点未建立,只测了右端的三条边,直至 2002 年 12 月左端点建立并开始观测左端点至 AL/LD12~14MP035 的三条边。监测成果见表 8.4.6、表 8.4.7。

防护坝下游坝面高程 145m 马道视准线观测成果表明:

(a)2002 年 2 月始测到 2006 年 3 月水平位移(X 向)为 −2.06mm(AL/LD01MP035)~55.98mm(AL/LD10MP035),纵向位移(Y 向)为 2.44mm(AL/LD03MP035)~4.31mm(AL/LD01MP035),向深槽方向位移。垂直位移(Z 向)为 9.6~165.77mm,其中 AL/LD01~

03MP035，AL/LD11～14MP035 共 7 点沉降量显然比其余各点小很多。这是因为坝体升高后，坝的两端向两岸山体上延伸，坝的右端桩号 0＋200～0＋350m，左端桩号 0＋900～1＋120m 都是两岸山体，坝体填筑层不是很厚，经过一定时间的沉降压缩后很快趋于稳定。

表 8.4.6　　　　　防护坝下游坝面高程 145m 马道 X 方向位移观测值　　　　单位：mm

测点编号	2002 年 12 月	2003 年 5 月	2003 年 6 月	蓄水变化	2004 年 12 月	2006 年 3 月	2007 年 12 月	2008 年 8 月	2008 年 12 月
AL/LD01MP035	12.76	19.21	19.06	−0.15	27.72	26.48	29.79	30.16	33.60
AL/LD02MP035	11.68	21.91	21.47	−0.44	30.52	31.01	33.13	35.81	37.19
AL/LD03MP035	13.30	25.84	25.67	−0.17	36.24	35.18	39.95	40.40	43.36
AL/LD04MP035	15.32	27.85	29.33	1.48	42.24	43.75	48.20	47.72	53.79
AL/LD05MP035	13.11	26.81	28.71	1.90	45.81	47.13	54.42	54.47	61.93
AL/LD06MP035	8.61	20.77	24.12	3.35	42.76	45.69	54.52	54.07	63.34
AL/LD07MP035	9.86	22.21	23.94	1.73	42.57	46.24	54.88	55.02	64.50
AL/LD08MP035	12.88	25.05	29.12	4.07	48.06	51.91	60.57	60.34	69.97
AL/LD09MP035	16.00	29.35	31.51	2.16	50.72	54.26	61.45	61.84	68.92
AL/LD10MP035	12.18	34.14	36.96	2.82	52.79	55.98	60.94	62.05	65.23
AL/LD11MP035	0	10.88	13.02	2.14	21.29	23.69	26.13	25.49	27.55
AL/LD12MP035	0	−1.14	−0.16	0.98	−0.60	−0.83	−1.78	−2.02	−1.58
AL/LD13MP035	0	−1.75	0.33	2.08	−1.50	−1.79	−2.67	−1.89	−2.51
AL/LD14MP035	0	−0.66	0.53	1.19	−0.54	−2.06	−1.67	−3.58	−2.88

表 8.4.7　　　　　防护坝下游坝面高程 145m 马道 Z 方向位移观测值　　　　单位：mm

测点编号	2002 年 12 月	2003 年 5 月	2003 年 6 月	蓄水变化	2004 年 12 月	2006 年 3 月	2007 年 12 月	2008 年 8 月	2008 年 12 月
AL/LD01MP035	21.98	30.18	31.35	1.17	41.51	44.87	48.13	48.41	49.31
AL/LD02MP035	25.25	34.22	35.68	1.46	46.9	50.54	54.64	54.98	56.14
AL/LD03MP035	28.03	37.71	39.47	1.76	51.98	55.87	60.56	60.93	62.59
AL/LD04MP035	47.24	62.06	64.45	2.39	82.92	88.64	95.31	96.16	98.63
AL/LD05MP035	66.98	87.51	91.28	3.77	116.28	124.44	134.06	135.71	138.69
AL/LD06MP035	90.47	117.75	122.35	4.6	154.49	165.77	178.23	181.03	185.02
AL/LD07MP035	89.23	116.5	121.19	4.69	152.9	163.89	175.85	178.63	182.01
AL/LD08MP035	85.35	110.93	115.5	4.57	146.18	156.46	167.71	170.52	173.65
AL/LD09MP035	82.16	105.43	109.61	4.18	137.91	147.99	157.62	160.33	162.50
AL/LD10MP035	64.25	83.03	86.67	3.64	111.91	121.26	130.04	132.46	134.63
AL/LD11MP035	24.92	35.68	37.99	2.31	50.87	56.02	60.76	61.84	62.68
AL/LD12MP035	2.53	4.13	5.69	1.56	10.01	11.61	13.38	13.25	13.48
AL/LD13MP035	1.35	2.79	4.29	1.5	8.3	9.6	11.66	11.40	11.65
AL/LD14MP035	1.62	3.24	4.76	1.52	8.71	10.11	11.92	11.78	11.97

（b）水库蓄水至水位 135.00m 前后，水平位移变化为 −0.44～4.07mm，垂直位移变化

为 1. 17～4. 69mm。

(c)2008 年 9 月 20 日至 11 月 4 日,水库水位由 145m 蓄至水位 172m。库水位由 145m 上升至 156m,X 方向变形为 -0. 23～1. 95mm;库水位由 156m 上升至 172m,X 方向变形为 -0. 79～6. 60mm。水库水位由 145m 上升至 172m,X 方向变形为 0. 20～8. 07mm,最大水平位移量 68. 81mm(桩号 0+700m);垂直位移为 0. 19～1. 80mm,最大垂直位移量为 183. 34mm(桩号 0+580m)。

3)上游坝面变形

防护坝上游坝面高程 160m 马道设置一条视准线,监测坝面水平和垂直位移,布置测点 14 个,加上两个端点共 16 个测点。2003 年 1 月首测,至 2006 年 3 月,各测点的变形观测值见表 8.4.8、表 8.4.9。

表 8.4.8 　　　　　　　防护坝上游坝面高程 160m 马道水平位移观测值　　　　　　单位:mm

测点编号	桩号	高程 (m)	2003 年 6 月	2003 年 12 月	2004 年 12 月	2006 年 3 月	2007 年 12 月	2008 年 8 月
AL/LD01MP036	185	160. 1	-1. 11	-2. 4	-3. 79	-2. 48	-3. 29	-3. 77
AL/LD02MP036	205	160. 1	-1. 75	-4. 43	-6. 41	-5. 81	-8. 48	-6. 45
AL/LD03MP036	225	160. 1	-2. 39	-3	-4. 1	-4. 57	-6. 35	-5. 32
AL/LD04MP036	275	160. 1	-2. 56	-1. 41	-4. 08	-3. 44	-4. 78	-3. 67
AL/LD05MP036	335	160. 1	-3. 58	-2. 16	-3. 53	-4. 03	-4. 72	-5. 08
AL/LD06MP036	435	160. 1	0. 55	3. 04	2. 45	1. 75	2. 50	1. 69
AL/LD07MP036	508	160. 1	2. 34	8. 69	9. 67	10. 64	13. 67	13. 01
AL/LD08MP036	580	160. 1	3. 25	10. 1	12. 51	12. 38	18. 96	18. 15
AL/LD09MP036	640	160. 1	3. 49	12. 08	14. 04	14. 91	20. 65	19. 04
AL/LD10MP036	700	160. 1	3. 45	10. 17	12. 94	12. 54	19. 40	19. 04
AL/LD11MP036	775	160. 2	3. 52	9. 27	10. 93	11. 87	16. 06	16. 08
AL/LD12MP036	829	160. 1	1. 5	3. 54	2	1. 78	-8. 33	-8. 50
AL/LD13MP036	850	160. 1	-0. 83	2. 46	0. 44	0. 54	-12. 15	-12. 58
AL/LD14MP036	870	160. 2	-3. 26	1. 33	-2. 37	-2. 71	-12. 19	-11. 65

表 8.4.9 　　　　　　　防护坝上游坝面高程 160m 马道垂直位移观测值　　　　　　单位:mm

测点编号	桩号	高程 (m)	2003 年 5 月	2003 年 6 月	蓄水 变化	2003 年 12 月	2004 年 12 月	2006 年 3 月	2007 年 12 月	2008 年 9 月
AL/LD01MP036	185	160. 1	0. 61	2. 63	2. 02	6. 61	10. 52	14. 61	16. 73	16. 54
AL/LD02MP036	205	160. 1	3. 31	5. 69	2. 38	10. 94	15. 43	19. 47	20. 14	20. 13
AL/LD03MP036	225	160. 1	5. 31	7. 6	2. 29	13. 23	18. 27	22. 42	22. 68	22. 81
AL/LD04MP036	275	160. 1	10. 91	12. 73	1. 82	17. 48	22. 82	27. 99	27. 64	28. 08
AL/LD05MP036	335	160. 1	15. 77	16. 54	0. 77	19. 99	24. 73	29. 33	27. 62	28. 47

续表

测点编号	桩号	高程 (m)	2003 年 5 月	2003 年 6 月	蓄水 变化	2003 年 12 月	2004 年 12 月	2006 年 3 月	2007 年 12 月	2008 年 9 月
AL/LD06MP036	435	160.1	22.28	21.52	−0.76	25.69	31.59	37.09	35.36	36.96
AL/LD07MP036	508	160.1	30.94	29.61	−1.33	35.41	43.56	50.3	48.80	51.27
AL/LD08MP036	580	160.1	36.98	36.86	−0.12	44.93	54.34	62.15	62.23	64.86
AL/LD09MP036	640	160.1	36.27	36.89	0.62	44.23	53.27	60.82	61.05	63.58
AL/LD10MP036	700	160.1	32.79	33.5	0.71	40.51	48.95	55.93	56.14	58.36
AL/LD11MP036	775	160.2	23.15	24.01	0.86	30.3	37.38	42.89	42.02	44.21
AL/LD12MP036	829	160.1	8.7	10.37	1.67	13.96	18.31	21.64	24.67	27.25
AL/LD13MP036	850	160.1	5.5	7.87	2.37	11.91	15.79	19.02	26.47	28.29
AL/LD14MP036	870	160.2	2.62	5.15	2.53	9.23	12.36	15.11	21.30	22.91

防护坝上游坝面高程 160m 马道变形观测成果表明：

①大坝填筑到顶和蓄水后，即 2003 年 6 月后，上游坝面高程 160m 马道垂直位移变形速率逐渐减缓。2003 年 12 月至 2004 年 12 月垂直位移年增量 3.13～9.41mm，2004 年 12 月至 2006 年 3 月年增量 2.34～6.86mm，变形仍在缓慢增加，累计垂直位移为 14.61～62.15mm。

②上游坝面高程 160m 马道水平位移为 −5.81～14.91mm。水平位移与气温变化有关，温度较高的 6—7 月位移朝向上游，温度较低的 12—2 月位移朝向下游。

③上游坝面高程 160m 马道水平位移分布呈现河床部位位移较大，两岸位移逐渐减小，桩号 0+580～0+775m 位移较大，在 10.85～16.66mm。两岸测点出现向上游位移，右岸向上游最大位移 −6.41mm，左岸向上游最大位移 −2.48mm。

④上游坝面高程 160m 马道垂直位移分布也是河床沉降大，两岸沉降小：河床桩号 0+508～0+700m 沉降 37.09～62.15mm；两岸沉降 12.81～14.61mm。垂直位移和水平位移分布符合土石坝变形规律。

⑤上游坝面高程 160m 马道在 2008 年 9 月 20 日至 11 月 4 日水库水位由 145m 蓄至水位 172m 时，X 方向变形为 −0.25～1.96mm；垂直方向位移为 −0.51～3.00mm。

4)坝顶高程 185m 变形

防护坝坝顶变形监测设施安装较晚，水库蓄水至水位 135m 后，2003 年 7 月才进行首次观测。其观测成果见表 8.4.10、表 8.4.11，变形过程图见图 8.4.6，水平位移分布见图 8.4.7，垂直位移分布见图 8.4.8。

防护坝坝顶变形观测成果表明：

①坝顶垂直位移速率逐渐减小：2003 年 7—12 月位移增量 6.33～38.78mm；2003 年 12 月至 2004 年 12 月年位移变化 6.04～37.97mm；2004 年 12 月至 2005 年 12 月年位移变化 2.86～20.29mm，过程线反映位移仍在增加。2008 年 12 月累计垂直位移 20.73～136.62mm。

表 8.4.10　　　　　　　防护坝坝顶高程 185m 水平位移观测值　　　　单位：mm

测点编号	桩号	2003 年 12 月	2004 年 12 月	2005 年 12 月	2006 年 3 月	2007 年 12 月	2008 年 8 月	2008 年 12 月
AL/LD01MP038	165	−1.1	−0.42	0.15	0.91	−0.84	0.90	2.36
AL/LD02MP038	185	0.28	1.46	1.04	1.21	0.53	0.20	4.63
AL/LD03MP038	205	−0.05	0.45	0.5	−0.05	1.76	2.13	4.46
AL/LD04MP038	275	4.27	5.37	7.67	7.42	13.87	14.07	20.24
AL/LD05MP038	355	5.12	21.16	26.03	26.07	33.67	34.61	42.39
AL/LD06MP038	435	6.52	12.56	17.64	18.59	29.19	30.16	40.13
AL/LD07MP038	507.5	7.72	16.62	23.22	24.83	36.61	36.63	49.42
AL/LD08MP038	580	8.95	20.68	29.65	31.25	44.70	46.61	61.66
AL/LD09MP038	640	9.91	19.43	26.93	29.19	44.65	46.45	61.65
AL/LD10MP038	700	10.54	18.68	28.05	29.85	43.07	47.30	61.79
AL/LD11MP038	775	9.37	18.63	27.07	28.45	41.34	44.07	58.88
AL/LD12MP038	850	7.76	16.92	24.15	26.54	34.91	36.97	47.83
AL/LD13MP038	924	2.73	8.62	15.01	16.64	21.18	23.98	29.77
AL/LD14MP038	974	−1.34	1.68	6.3	7.06	8.31	10.12	14.79
AL/LD15MP038	994	−2.41	−4.77	−2.65	−1.33	0.03	0.69	4.42
AL/LD16MP038	1014	−1.4	−2.1	0.34	0.97	0.97	1.18	5.89

表 8.4.11　　　　　　　防护坝坝顶高程 185m 垂直位移观测值　　　　单位：mm

测点编号	桩　号	2003 年 12 月	2004 年 12 月	2005 年 12 月	2006 年 3 月	2007 年 12 月	2008 年 8 月	2008 年 12 月
AL/LD01MP038	165	9.56	19.82	24.94	26.62	31.51	31.64	32.65
AL/LD02MP038	185	13.1	25.07	31.32	33.21	40.36	40.94	42.38
AL/LD03MP038	205	15.73	30.05	37.59	39.66	48.54	49.87	51.89
AL/LD04MP038	275	20.96	40.94	51.56	54.15	65.63	68.27	71.75
AL/LD05MP038	355	22.87	45.2	57.42	59.98	73.73	77.32	80.64
AL/LD06MP038	435	27.21	54.03	68.44	71.49	88.43	92.96	96.77
AL/LD07MP038	507.5	32.16	64.05	81.03	84.57	104.15	109.85	114.27
AL/LD08MP038	580	37.01	73.77	93.27	97.21	120.26	126.29	132.98
AL/LD09MP038	640	38.04	75.49	95.61	99.64	124.51	131.21	138.34
AL/LD10MP038	700	38.78	76.75	97.04	101.05	126.66	133.52	140.40
AL/LD11MP038	775	37	72.81	91.68	95.15	118.89	125.56	131.56
AL/LD12MP038	850	30.39	58.87	73.77	76.27	96.08	101.08	105.98
AL/LD13MP038	924	18.58	35.19	43.76	45.13	57.42	59.42	61.52
AL/LD14MP038	974	13.34	24.65	30.39	31.11	38.87	39.41	40.20
AL/LD15MP038	994	9.66	18.36	22.64	23.09	29.24	29.24	30.00
AL/LD16MP038	1014	6.33	12.37	15.23	15.39	20.38	20.12	20.58

测点编号：AL/LD10MP038

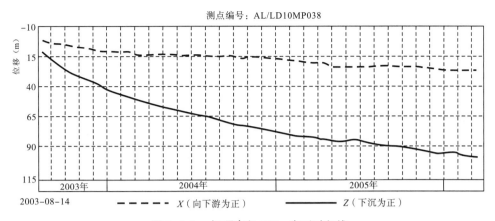

图 8.4.6　坝顶高程 185m 变形过程线

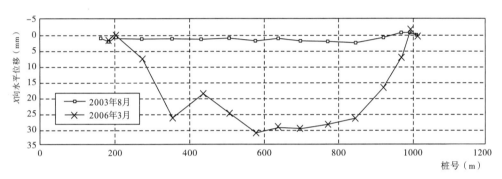

图 8.4.7　坝顶高程 185m 平面位移沿轴线分布

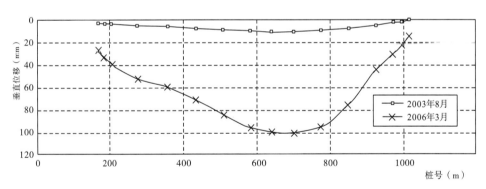

图 8.4.8　坝顶高程 185m 垂直位移沿轴线分布

②坝顶水平位移速率逐年减小：2003 年 7—12 月位移增量－2.41～10.54mm；2003 年 12 月至 2004 年 12 月年位移增量－2.36～9.26mm；2004 年 12 月至 2005 年 12 月年位移增量－1.63～－9.37mm；2005 年 12 月至 2008 年 11 月位移增量 2.14～34.24mm；2008 年 12 月水平位移累计量－1.33～31.25mm。

③水平位移分布仍是河床部位大，两岸逐渐减小：河床桩号 0＋507.5～0＋850m 的位移较大，为 46.64～61.77mm，向两岸位移逐渐减小，两岸测点向上游位移－1.33mm。

④垂直位移分布河床位移较大，两岸较小：河床桩号 0＋507.5～0＋850m 的位移

103.35～136.62mm,两岸位移 20.73～51.27mm。

(3)防护坝外部变形观测成果分析

1)大坝表面变形以垂直位移(沉降)变形量大于水平变形量为特点,符合土石坝变形特性。各测点的变形速率、变形量与高程部位、坝体自身密实程度、施工填筑速率和荷载有关。

2)基础廊道垂直位移变化较小,2008 年 9 月 20 日至 11 月 4 日,水库水位由 145m 上升至172m,垂直位移变化−0.07～−0.03mm。2008 年 12 月垂直位移变化 16.45～21.48mm。

3)下游坝面高程 110m 排水体顶部向下游方向的水平位移−17.12～33.14mm,垂直位移 17.17～31.72mm;下游坝面高程 125m 马道的垂直位移 86.73～120.14mm,下游坝面高程 136m 斜坡段的向下游方向水平位移 45.01～59.66mm,垂直位移 130.56～166.74mm;下游坝面高程 145m 马道向下游方向水平位移−2.06～55.98mm,垂直位移 9.60～165.77mm,具有河床垂直位移大,两岸小的分布特点。

4)上游坝面高程 160m 马道水平位移变化为−5.81～14.91mm,且与气温变化有关,夏季向上游位移,冬季向下游位移;垂直位移(沉降)量河床大,两岸小,垂直位移和水平位移分布符合土石坝变形规律。

5)坝顶 185m,2008 年 9 月 20 日至 11 月 4 日,水库水位由 145m 蓄至 172m,坝顶水平位移变化 1.87～14.71mm,垂直位移变化 0.25～2.41mm;2008 年 12 月实测水平位移 2.29～61.77mm;垂直位移 20.70～136.62mm。

8.4.2.2 防护坝内部变形

(1)坝体水平位移

1)心墙两侧的过渡层及坝壳内部水平变形

沥青混凝土心墙两侧的过渡层及坝壳内部的水平、垂直变形通过 11 根测斜孔兼沉降管观测,其中 5 个孔埋设在上、下游过渡层内,6 个孔埋设在下游坝壳内。埋设位置见表 8.4.12。

表 8.4.12　　　　　　　　防护坝坝体测斜孔(兼沉降管)位置

编号	桩号	距坝轴线距离(m)	管底高程(m)
IN01MP3	0+580m	心墙上游 2.5	94.12
IN02MP3		心墙下游 2.5	93.97
IN03MP3		坝壳 51.5	89.66
IN04MP3		坝壳 118.0	94.73
IN05MP3	0+700m	心墙上游−2.0	89.70
IN06MP3		心墙下游 2.0	90.45
IN07MP3		坝壳 51.5	88.23
IN08MP3		坝壳 118.0	85.66

续表

编号	桩号	距坝轴线距离(m)	管底高程(m)
IN09MP3		心墙上游-2.5	114.21
IN10MP3	0+850m	坝壳 51.5	107.40
IN11MP3		坝壳 118.0	88.54

①沥青混凝土心墙前后过渡层内的测斜孔与坝壳部位的测斜孔,变形主要受坝体填筑荷重的影响,因水平挤压力的作用测斜孔发生扭曲变形,变形方向并无规律,但局部的相对变形随坝体填筑高度增加而略有增大。2003年2月,上下游方向累计最大位移分别为-116.93mm和126.4mm(向下游为正),方向无规律。左右岸方向除0+850m断面的3个孔均向右岸变形外,其余也无规律,最大累计位移为-71.50mm和189.79mm(向右岸为正)。

②2006年3月实测上下游方向最大累积位移为-136.57~174.01mm,水平位移受施工填筑不均衡和振动碾碾压以及机械荷载影响。0+580m断面沥青混凝土心墙前后过渡层水流向的水平变形均朝向下游,分别位移61.62mm和71.33mm;坝体IN03MP03和IN04MP03的水平位移也向下游,分别为95.23mm和56.61mm。0+700m断面沥青混凝土心墙前后过渡层的水平位移分别为-136.57mm和134.13mm,即分别向上游和下游位移;最大位移高程分别为94.70m和136.95m,坝体IN07MP03和IN08MP03均向上游位移,分别为-107.06mm和-78.51mm。其最大位移高程分别为94.73m和96.66m。0+850m断面沥青混凝土心墙后过渡层的水平位移朝向下游,IN09MP03最大水平位移向上游155.53mm,其最大位移高程为148.21m;坝体IN10MP03和IN11MP03的水平位移分别为-121.17mm和174.01mm,分别向上游和下游位移,最大水平位移出现在高程110.40m和高程119.04m。

③0+700m、0+850m断面B方向位移均向右岸,位移42.13~363.99mm、0+580m断面沥青混凝土心墙前向右岸,沥青混凝土心墙后3支测斜管均向左岸,位移-45.37~-85.43mm。

④坝体水平位移有向下游位移趋势,坝体填筑到高程185m,IN05~IN08测斜管孔口,2003年4月12日至2006年3月20日向下游水平位移9.14~49.8mm,其位移趋势与外部变形观测一致。

2)心墙内部水平变形

在0+580m、0+700m、0+850m三个断面的高程137m布置三套6条钢钢丝水平位移计,监测防护坝沥青混凝土心墙的水平位移,2002年2月安装并开始观测,其监测成果见表8.4.13。水平位移分布见图8.4.9。

表 8.4.13　　　　　　　　防护坝高程 137m 铟钢丝水平位移计监测成果汇总

断面	0+580m	0+700m	0+850m	0+850m	高程 137m
时间/仪器编号	ID01MP03	ID02MP03	ID03MP03	ID03MP03-2	
2002 年 2 月 17 日	0	0	0	0	基准值
2002 年 4 月 18 日	2.24	0.56	−2.62	−0.66	
2002 年 6 月 20 日	−0.61	3.54	−1.37	0.39	
2002 年 8 月 16 日	3.31	10.07	6.94	8.34	
2002 年 10 月 16 日	1.84	13.86	7.61	10.00	
2002 年 12 月 16 日	5.67	17.52	14.36	13.13	
2003 年 5 月 18 日	17.96	27.82	24.9	22.50	
2003 年 6 月 17 日	22.15	32.37	25.37	24.09	
2003 年 12 月 16 日	29.61	42.30	30.92	30.24	
2004 年 6 月 15 日	18.91	36.07	31.25	34.25	单位:mm
2004 年 12 月 13 日	22.84	38.04	37.27	35.07	
2005 年 6 月 13 日	25.59	41.62	51.18	52.48	
2005 年 12 月 15 日	27.22	50.30	47.94	46.04	
2006 年 3 月 15 日	28.44	51.48	48.12	46.32	
2006 年 12 月 20 日	39.14	58.59	48.00	51.20	
2007 年 12 月 20 日	43.68	61.49	49.89	51.89	
2008 年 12 月 20 日	46.06	64.97	51.53	53.33	

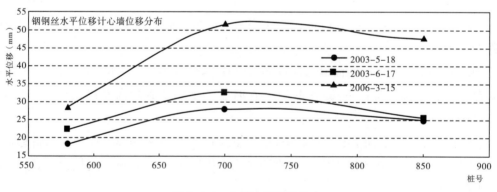

图 8.4.9　心墙水平位移分布

沥青混凝土心墙水平位移观测成果及水平位移分布图表明:

①沥青混凝土心墙水平位移是朝向下游位移的:2006 年 3 月实测累计位移 28.44~51.48mm,其中 0+700m 断面最大位移为 51.48mm,其次为 0+850m 断面,位移为 48.12mm,平均 47.22mm,0+580m 断面位移较小,为 28.44mm;2006 年 12 月水位抬升至 156.0m,实测累计位移 39.14~51.20mm,其中 0+700m 断面最大位移为 58.59mm,其次为

0+850m 断面,位移为 51.20mm;2008 年汛末试验性蓄水至 172.0m 水位,12 月实测累计位移 46.06~64.97mm,其中,0+700m 断面最大位移为 64.97mm,其次是 0+850m 断面,位移为 53.33mm。表明随着库水位抬高,沥青混凝土心墙水平位移增大。

②从位移表显示,位移随大坝升高逐渐增大。2002 年至 2003 年 6 月的位移逐渐增大,这期间坝体快速填筑上升。

(2)坝体垂直变形

1)沉降环监测成果

防护坝坝体内部的垂直变形可根据监测项目的观测成果来分析。坝内埋设 11 套测斜兼沉降管,测斜管外每隔 3m 安装一个沉降环,并用沉降仪测量沉降环所在高程变化来反映坝体的沉降,共埋设 276 个沉降环,各沉降环的测值是该环所在层面相对于管底 1 号环的沉降量。

①防护坝填筑施工期监测成果分析

2002 年 11 月坝体填筑至高程 168m,2003 年 2 月坝体填筑至高程 179m,实测各管组沉降最大的环及其沉降量,见表 8.4.14。

表 8.4.14 实测成果表明:

(a)各点沉降都随坝体填筑高度的增加而增大。2002 年 11 月,各沉降管最大环沉降量为 201~468mm,2003 年 2 月达到 221~540mm。最大变形发生在 0+700m 断面防渗墙后过渡料层。

(b)各沉降环沉降量分布图显示,沉降变形较大部位在 1/3~2/3 填筑高度,即变形量是中间大,上部和下部小,与计算的沉降规律是一致的。

表 8.4.14　　　　　　　　防护坝坝体填筑施工期各沉降管实测沉降成果

桩号	2002 年 11 月(坝顶高程 168m)			2003 年 2 月 18 日(坝顶高程 179m)					部位
	管组及环号	高程(m)	最大环沉降量(mm)	管组及环号	高程(m)	最大环沉降量(mm)	管组累计沉降量(mm)	沉降率(%)	
0+580m	IN01MP3-11	125.65	360	IN01MP3-13	134.95	422	762	1.005	墙前过渡料距坝线—2.5m
	IN02MP3-14	134.57	403	IN02MP3-14	134.68	481	896	1.116	墙后过渡料距坝线 2.5m
	IN03MP3-10	117.86	357	IN03MP3-14	130.00	369	875	1.218	石渣混合料距坝线 51.5m
	IN04MP3-9	109.71	227	IN04MP3-9	118.89	236	314	0.815	石渣料距坝线 118m

桩号	2002年11月(坝顶高程168m)			2003年2月18日(坝顶高程179m)					部位
	管组及环号	高程(m)	最大环沉降量(mm)	管组及环号	高程(m)	最大环沉降量(mm)	管组累计沉降量(mm)	沉降率(%)	
0+700m	IN05MP3-12	124.92	437	IN05MP3-12	124.88	516	907	1.072	墙前过渡料距坝线−2.5m
	IN06MP3-13	128.4	468	IN06MP3-14	131.45	540	1008	1.267	墙后过渡料距坝线2.5m
	IN07MP3-13	125.58	396	IN07MP3-13	125.43	408	907	1.258	石渣混合料距坝线51.5m
	IN08MP3-11	117.01	302	IN08MP3-11	116.98	316	455	0.943	石渣料距坝线118m
0+850m	IN09MP3-9	138.10	201	IN09MP3-10	141.13	221	488	0.816	墙后过渡料距坝线2.5m
	IN10MP3-9	132.61	326	IN10MP3-9	132.50	349	678	1.272	石渣混合料距坝线51.5m
	IN11MP3-10	116.82	296	IN11MP3-10	116.82	298	816	1.055	石渣料距坝线118m

(c)由2003年2月各管组累计沉降量计算的沉降率可见,沉降率与坝体填料有关,石渣混合料沉降最大,为1.218%~1.272%;石渣料较小,为0.815%~1.055%;过渡料为0.816%~1.267%。0+580m和0+700m断面防渗墙后的过渡料沉降比防渗墙前过渡料沉降大。

(d)截至2002年10月,同高程心墙上下游过渡层的沉降量差值在122mm以内,平均差值约为36mm,同一断面中坝壳部位的沉降量大于过渡层部位的沉降量。

②防护坝运行期监测成果分析

2006年3月和2008年12月实测各管组沉降最大的环及其沉降量见表8.4.15,0+700m断面沉降环累计沉降量分布曲线见图8.4.10,沉降环累计沉降与心墙填筑过程线见图8.4.11。实测成果表明:

(a)各测斜管沉降环2006年3月实测沉降变形220~695mm,各测斜管累积沉降变形268~1211mm;2008年12月试验性蓄水至172m水位实测沉降变形223~690mm,各测管累计沉降变形262~1220mm,表明:库水位抬高,沉降变化量不大。最大累积沉降变形在0+700m断面,防渗墙后过渡料层为IN06MP03仪器所测。

(b)沉降率与坝体填料有关,而且石渣混合料沉降率最大,为1.170%~1.258%;石渣料较小,为0.847%~0.965%;过渡料沉降率为0.918%~1.340%。

表 8.4.15　　　　　　防护坝运行期各管组沉降环最大沉降监测成果

管组及沉降环编号	桩号	坝轴距	2006 年 3 月				2008 年 12 月			部位
			沉降量最大环（mm）	相应高程（m）	累计沉降量（mm）	沉降率（%）	沉降量最大环（mm）	累计沉降量（mm）	沉降率（%）	
IN01MP03-13	0+580m	−2.5	574	134.948	927	1.094	587	940	1.169	墙前过渡料
IN02MP03-14		2.5	628	134.677	1076	1.213	639	1093	1.232	墙后过渡料
IN03MP03-11		51.5	367	130.004	846	1.170	379	848	1.173	石渣混合料
IN04MP03-8		118	220	115.838	268	0.736	223	262	0.719	石渣料
IN05MP03-15	0+700m	−2.0	662	133.929	1085	1.199	681	1097	1.212	墙前过渡料
IN06MP03-15		2.0	695	134.52	1211	1.332	690	1220	1.340	墙后过渡料
IN07MP03-13		51.5	424	125.429	906	1.204	447	923	1.227	石渣混合料
IN08MP03-11		118	298	116.976	414	0.857	296	409	0.847	石渣料
IN09MP03-14	0+850m	2.5	337	153.369	604	0.918	344	607	0.922	墙后过渡料
IN10MP03-9		51.5	367	132.504	671	1.258	367	666	1.249	石渣混合料
IN11MP03-10		118	281	116.816	438	0.965	275	426	0.939	石渣料

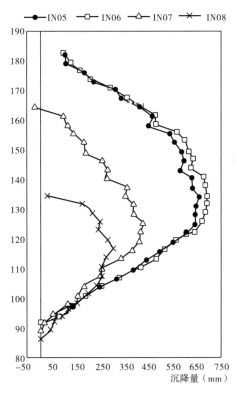

图 8.4.10　0+700m 断面沉降环累计沉降量分布曲线

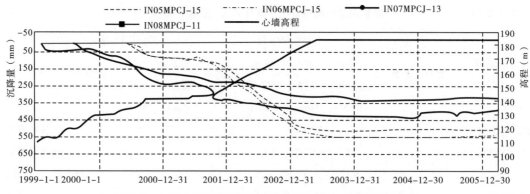

图 8.4.11　0＋700m 断面沉降环累计沉降与心墙填筑过程线

(c)0＋580m、0＋700m 断面,沥青混凝土心墙后的过渡料沉降比心墙前过渡料沉降大,0＋580m 心墙前后沉降率分别为 1.094%～1.169% 和 1.213%～1.232%,0＋700m 断面心墙前后沉降率分别为 1.199%～1.212% 和 1.332%～1.340%。其原因可能是心墙后过渡料宽度比上游宽 1.0m(上游为 2.0m 宽),机械碾压密实较差所致。

(d)沉降环沉降分布图显示,沉降变形较大部位在 1/3～2/3 填筑高度,即变形中间部位大,上下部位较小。

(e)沉降环变形过程显示,沉降变形随大坝的升高而增大,大坝到顶后,沉降位移基本稳定。

2)水管式沉降仪监测成果

在 0＋580m、0＋700m、0＋850m 断面三个观测断面下游坝壳内 119m(125m)、136m、166m 三个观测高程各埋设了 1 套水管式沉降仪,共 9 套 36 个测点,观测坝壳不同部位的沉降量。监测成果见表 8.4.16,0＋700m 断面高程 120m 沉降分布曲线见图 8.4.12,沉降仪沉降与心墙填筑过程线见图 8.4.13。

表 8.4.16　　　　　　　　防护坝水管式沉降仪监测成果

测点编号	埋设位置(m)			首测值前累计沉降(cm)	首次值后累计沉降(cm)		累计总沉降(cm)			
	桩号	坝轴距	高程		2003年2月17日	2006年3月15日	2003年2月17日	2006年3月15日	2008年9月10日	2008年12月20日
WS01MP03	0＋579	6	119.212	20.6	30.4	37.242	51.0	57.842	58.204	59.379
WS02MP03	0＋579	36	119.212	24.5	32.0	39.642	56.5	64.142	65.204	66.579
WS03MP03	0＋579	66	119.212	24.0	34.3	40.442	58.5	64.442	65.304	66.679
WS04MP03	0＋579	96	119.212	27.7	23.6	28.142	51.3	55.842	57.104	58.079
WS05MP03	0＋579	126	119.212	19.8	12.6	15.542	32.4	35.342	35.704	36.979
WS06MP03	0＋578.9	6	136.179	30.5	33.20		63.7			
WS07MP03	0＋578.6	36	136.179	25.1	28.5		53.6			

续表

测点编号	埋设位置(m)			首测值前累计沉降(cm)	首次值后累计沉降(cm)		累计总沉降(cm)			
	桩号	坝轴距	高程		2003年2月17日	2006年3月15日	2003年2月17日	2006年3月15日	2008年9月10日	2008年12月20日
WS09MP03	0+578.4	96	136.179	18.9	9.8		28.7			
WS10MP03	0+699	6	119.238	24.4	33.4	41.431	57.8	65.831	66.473	67.757
WS11MP03	0+699	36	119.238	28.3	28.6	47.731	66.9	76.031	77.573	78.857
WS12MP03	0+699	66	119.238	32.4	35.6	42.231	68.0	74.631	75.473	76.757
WS13MP03	0+699	96	119.238	25.3	21.1	25.431	46.4	50.731	51.173	52.457
WS14MP03	0+699	126	119.238	18.2	9.8	12.231	28.0	30.431	30.773	31.857
WS15MP03	0+698.7	6	135.996	32.8	18.7		51.5			
WS16MP03	0+698.6	36	135.996	24.7	30.5	41.636	55.2	66.336	68.027	68.706
WS17MP03	0+698.6	66	135.996	27.8	20.7	29.236	48.5	57.036	58.727	59.806
WS18MP03	0+698.4	95.9	135.996	20.7	9.3	14.236	30.0	34.936	35.627	36.206
WS19MP03	0+849	6	124.95	8.2	15.0	18.075	23.2	26.275	26.678	27.137
WS20MP03	0+849	36	124.95	14.7	25.4		40.1		44.378	45.437
WS21MP03	0+849	66	124.95	17.3	26.8	31.975	44.1	49.275		
WS22MP03	0+849	96	124.95	26.4	20.0	23.275	46.4	49.675	50.178	50.937
WS23MP03	0+849	126	124.95	20.8	10.0		30.8			
WS24MP03	0+849	5.8	135.985	23.3	17.8	23.896	41.1	47.196	48.148	48.800
WS26MP03	0+848.6	65.6	135.985	25.6	15.1	21.396	40.7	46.996	47.948	48.800
WS27MP03	0+848.5	96	135.985	17.1	8.0	12.296	25.1	29.396	29.548	30.500
WS28MP03	0+578.98	2	164.843	24.4		15.861		40.261	42.317	43.168
WS29MP03	0+578.98	22	164.843	24.9		10.561		35.461	37.617	37.968
WS30MP03	0+578.98	42	164.843	18.4		8.961		27.361	28.917	28.868
WS31MP03	0+698.98	2	164.905	26.1		12.645		38.745		
WS32MP03	0+698.98	22	164.905	16.2		8.845		25.045		
WS33MP03	0+698.98	42	164.905	22.7		11.145		33.845		
WS34MP03	0+848.98	2	164.870	18.3		8.997		27.297	29.345	29.813
WS35MP03	0+848.98	22	164.870	17.1		8.497		25.597	26.945	27.001
WS36MP03	0+848.98	42	164.870	11.9		6.697		18.597	20.545	20.413

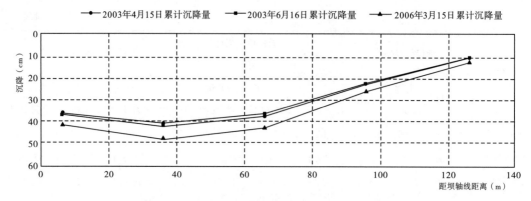

图 8.4.12　0+700m 断面高程 120m 沉降分布曲线

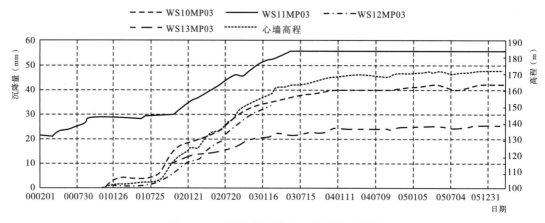

图 8.4.13　沉降仪沉降与心墙填筑过程线

水管式沉降仪监测成果表明：

①坝体高程 119.20m 和高程 125.00m 从 1999 年 7 月开始埋设水管式沉降仪，在 2006 年 3 月 15 日，测得坝体沉降变形为 30.431～76.031cm，平均沉降 45.6cm。

②坝体高程 136m 从 2000 年 6 月开始埋设水管式沉降仪，到 2006 年 3 月 15 日测得坝体沉降变形为 29.396～66.336cm，平均沉降 36.94cm；高程 164m 沉降变形为 18.597～40.261cm。

③沉降与心墙填筑过程线和沉降分布图说明，坝体沉降变形随填筑高度的上升而增加。

④沉降分布图说明，坝体石渣混合料填筑区沉降变形较大，过渡料沉降变形次之，石渣料沉降最小，偏小原因除石渣料影响外，测点靠近边坡下游面，上部自重较小，也是影响沉降偏小的原因之一。

3）沉降环与水管式沉降仪监测沉降变形成果的比较

选择水管式沉降仪位置与测斜管沉降环相同位置对其沉降变形进行比较，沉降环的变形是相对于测斜管底部的变形，沉降仪是通过外部变形监测，测量其绝对变形。选取 2002 年 2 月 21 日和 2002 年 12 月 18 日的变形进行比较，其计算成果见表 8.4.17。由表 8.4.17 可知：

表 8.4.17　　防护坝沉降环与沉降仪沉降比较

测斜管编号	沉降环编号	高程(m)	安装沉降管时变形	2002年2月21日变形(mm)	沉降环变形增量(mm)	2002年12月18日变形(mm)	沉降环变形增量(mm)	相应沉降仪测头编号	2002年2月21日沉降仪变形(mm)	2002年12月18日沉降仪变形(mm)	沉降仪与沉降环变形比值1	沉降仪与沉降环变形比值2
IN02	8	119.653	69	265	196	381	312	ws01	303	487	1.54591837	1.56089744
	14	137.923	223	406	183	633	410	ws06	305	584	1.66666667	1.42439024
IN03	11	120.84	164	510	346	536	372	ws02	383	547	1.10693642	1.47043011
	16	135.903	423	634	211	720	297	ws07	251	497	1.18957346	1.67340067
IN04	9	118.887	20	214	194	251	231	ws05	276	315	1.42268041	1.36363636
IN06	10	119.363	136	416	280	571	435	Ws10	353	555	1.26071429	1.27586207
	16	137.505	266	502	236	756	490	Ws15	328	504	1.38983051	1.02857143
IN07	11	119.448	183	545	363	557	374	Ws11	447	646	1.23140496	1.72727273
	17	137.581	446	702	256	778	332	Ws16	247	516	0.96484375	1.55421687
IN08	12	119.968	114	368	254	427	313	Ws14	239	273	0.94094488	0.87220447
IN09	5	125.925	14	105	91	144	130	Ws19	144	218	1.58241758	1.67692308
	9	138.096	70	183	113	283	213	Ws24	233	386	2.0619469	1.81220657
IN10	7	126.489	117	346	229	404	287	Ws20	266	393	1.16157205	1.36933798
	11	138.408	203	446	243	535	332	Ws25				0
IN11	13	125.98	222	443	221	467	245	Ws22	401	456	1.81447964	1.86122449
	16	134.956	354	449	96	471	117	Ws27	171	245	1.78125	2.09401709
								平均			1.41	1.52

①多数沉降仪测点的变形大于沉降环的变形，少数测点变形相近，2002年2月21日，沉降仪变形与沉降环变形比值为0.94～2.06，平均比值1.41。

②2002年12月18日的沉降仪的变形多数测点仍大于沉降环的变形，其变形比值为0.87～2.09，平均1.52。比值为0.87的是靠下游面的测点。

（3）心墙与周边介质的相对变形监测

1）心墙与基座之间的相对变形

在心墙与基座接触面安装了7支位错计，观测心墙与混凝土基座面在顺水流方向的相对变形。实测成果表明，相对变形主要发生在浇筑初期沥青混凝土温度较高和降温过程，也即为沥青混凝土塑性阶段。在沥青混凝土硬化之后，两者变形非常小。当沥青混凝土温度降低到相对稳定温度后，相对变形也趋于稳定。沥青混凝土心墙与混凝土基座相对变形较小，0+580m断面JW04MP03位错计实测向下游最大位移17.89mm，据介绍这是施工中排积水挖开过渡料下游坝体所致，且变形主要发生在前一个月，以后变形较小，处于收敛状态。2006年5月20日测得向下游最大位移16.58mm，其余断面变形在-1.94mm以下（负号表示向上游位移）。实测资料表明，沥青混凝土心墙与混凝土基座结合完好，在坝体填筑过程中和水库蓄水前后没有发生相对变形现象。

2）心墙与上、下游过渡层之间的相对变形

心墙与过渡层之间的相对变形也是用位错计观测的。据0+700m断面附近位错计的观测成果统计，2002年11月心墙与过渡层之间的相对变形测值为3.98mm（高程130m上游侧）～45.48mm，平均相对变形为19.04mm，高程105m上游侧相对变形最大。2003年2月心墙与过渡层之间的相对变形测值为2.16mm（高程170m上游侧）～47.85mm，相对变形最大值仍在高程105m上游侧，各测点测值均为压缩变形，表明心墙沉降量比两侧过渡层沉降量略大，这主要是因为心墙的变形模量比过渡层小。心墙与过渡层之间的相对变形随坝体填筑高度的增加而增大，同一高程心墙上、下游两侧的相对变形的差值为1.1～5.8mm，平均为3.4mm。2003年7月，实测心墙与过渡层间的相对变形为3.8～48.5mm，平均相对变形为17.4mm。同一高程心墙两侧的相对变形差值为1.4～5.9mm，平均差值为3.4mm。

位错计测值主要为压缩，说明心墙的沉降量比两侧过渡层略大，心墙并未因两侧过渡层的挤压而产生拉伸变形。心墙与过渡层间的相对变形随坝体填筑高度的增加而略有增大。2003年12月坝体填筑完毕，水库蓄水后的相对变形没有明显变化。垂直位错变形分布具有上部变形小、下部变形大的趋势，最大垂直位错变形在高程105m，上、下游变形分别为-49.01mm和43.74mm。

（4）防护坝内部变形观测成果分析

1）沥青混凝土心墙与混凝土基座之间的水平位错变形较小，一般在-1.94mm以下。

2）沥青混凝土心墙与两侧过渡料之间的垂直位错变形为-3.61～-49.01mm，负值表示沥青混凝土心墙沉降大于过渡料的沉降，而且位错变形随心墙填筑升高而增大，最大位错产生在高程105m左右，与应变计、测斜管所测变形较大一致。

3)坝体内测斜管监测成果表明,受施工影响坝体水平位移为−136.57~174.01mm。大坝填筑到坝顶后,坝体水平位移具有向下游位移的趋势,2003年4月至2006年3月20日向下游位移为9.14~49.8mm。

4)根据2006年3月20日测斜管上的沉降环测得坝体沉降223~697mm,从0+700m断面沉降分布曲线反映沉降变形较大部位在1/3~2/3填筑高度,沉降环的变形随大坝填筑升高而增大,沉降环测得坝体累计沉降量265~1221mm,其沉降率为0.728%~1.341%。2008年5月水管式沉降仪高程119.2m和高程125m的沉降量为268~776mm;高程136m的沉降量为300~680mm,最大沉降率为1.47%;高程164.9m的沉降量为199~422mm。

8.4.2.3 沥青混凝土心墙应力应变及温度监测

(1)沥青混凝土心墙底部铅直向应力

在0+580m,0+700m,0+705m,0+850m四个断面的沥青混凝土心墙底部与混凝土基座接触面中心处各埋设一支压应力计,其编号分别为C1MP03、C2MP03、C3MP03、C4MP03,观测心墙在该部位的铅直向应力;另在0+580m、0+700m断面心墙上下游侧,分别埋设土压力计,其编号为E01MP03~E04MP03。监测成果见表8.4.18,应力与填筑过程线见图8.4.14。

表8.4.18和图8.4.14表明:

1)沥青混凝土心墙底部与混凝土基座之间的压应力计2006年3月观测在−1.39~−1.53MPa;0+700m和0+705m断面处两支压应力测值相近,分别为−1.49MPa和−1.51MPa,其上部坝高93m,其计算应力为2.22MPa,2008年12月压应力测值为−1.31~−1.49MPa;0+700m和0+705m断面处两支压应力测值相近,分别为−1.43MPa和−1.46MPa,平均−1.45MPa;2011年2月观测压应力为−1.18~−2.99MPa。在其上部沥青混凝土高程94.00m,按容重2.4t/m³计,其应力为−2.23MPa,实测值比计算值小。

表8.4.18 应力计和土压力计观测成果

测点编号	桩号	高程 (m)	观测成果						蓄水变化						
			2003.5.10		2003.6.25		2006.3.20		2006.12.20		2008.9.19		2008.12.20		2011.02.20
			温度 (℃)	压力 (MPa)	温度 (℃)	压力 (MPa)	温度 (℃)	压力 (MPa)	温度 (℃)	压力 (MPa)	温度 (℃)	压力 (MPa)	温度 (℃)	压力 (MPa)	压力 (MPa)
C01MP03	0+580	94	20.6	−1.52	20.6	−1.52	21.5	−1.53	14.6	−1.52	14.6	−1.53	14.4	−1.49	−1.48
E01MP03	0+580	94	20.9	−3.32	20.8	−3.11	21.0	−3.34	20.9	−3.17	20.2	−3.29	20.1	−2.88	−1.42
E02MP03	0+580	94	20.5	−1.20	20.5	−1.25	20.5	−1.21	20.3	−1.20	20.1	−1.26	19.9	−1.17	−1.36
C02MP03	0+700	91	18.7	−1.43	18.6	−1.45	18.6	−1.49	19.2	−1.47	/	−1.48	/	−1.44	−1.45
E04MP03	0+700	91	19.3	−3.54	19.5	−3.50	19.5	−3.63		−3.51	19.2	−3.63	19.6	−3.32	−2.99
C03MP03	0+850	115	21.9	−1.30	21.8	−1.35	21.8	−1.39		−1.38	/	−1.43		−1.34	−1.18
C04MP03S	0+705	91.2		−1.46		−1.47		−1.51		−1.50	/	−1.50		−1.47	/

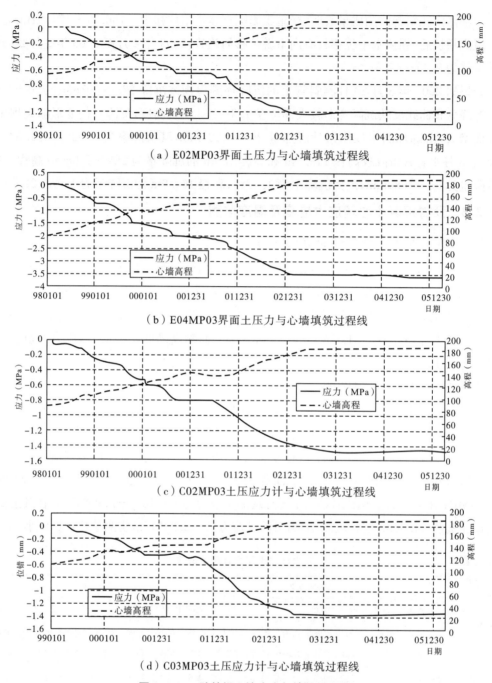

（a）E02MP03界面土压力与心墙填筑过程线

（b）E04MP03界面土压力与心墙填筑过程线

（c）C02MP03土压应力计与心墙填筑过程线

（d）C03MP03土压应力计与心墙填筑过程线

图 8.4.14　防护坝心墙应力与填筑过程线

2）0+580m 断面 2006 年 3 月实测混凝土基座应力为－1.53MPa；2008 年 12 月实测基座应力为－1.49MPa，其上部沥青混凝土高为 90m，其计算应力为－2.16MPa，实测值仍比计算值小。

3）0+850m 断面 2006 年 3 月实测混凝土基座应力为－1.39MPa；2008 年 12 月实测基座应力为－1.31MPa，其上部沥青混凝土高为 69m，计算应力为－1.66MPa，实测值比计算值小。

上述 4 支压应力计 2006 年 3 月实测应力为－1.39～－1.53MPa,平均应力为－1.48MPa;2008 年 12 月实测应力为－1.31～1.49MPa,平均应力为－1.42MPa。

沥青混凝土心墙底部的压应力随大坝填筑升高而增大,比相应自重应力小。

4)0+580m 和 0+700m 断面 2006 年 3 月实测土压力为－1.21～－3.63MPa;2008 年 12 月实测土压力为－1.15～－3.28MPa。

5)混凝土基座压应力或土压力,其应力均随大坝填筑升高而增大。

6)沥青混凝土心墙与混凝土基座之间的压应力蓄水 135m 前为－1.30～－1.52MPa,蓄水后为－1.35～－1.52MPa,蓄水前后变化 0～－0.05MPa。2006 年 3 月为－1.39～－1.52MPa;2008 年 9 月 20 日至 11 月 4 日水位升至 172m,蓄水前压应力为－1.43～1.53MPa,蓄水后为－1.31～－1.49MPa,蓄水前后变化 0.04～0.12MPa。

7)混凝土基座上土压力计 135m 蓄水前应力为－1.20～－3.54MPa,蓄水后应力为－1.25～－3.50MPa,蓄水前后变化－0.05～0.21MPa。0+580m 断面 E01MP03 在防渗墙前,E02MP03 在防渗墙后,蓄水前后墙前应力增量受拉 0.21MPa,墙后受压－0.05MPa。0+700m 断面 E04MP03 蓄水前后受拉 0.04MPa。2008 年 9 月 20 日至 11 月 4 日水位上升至 172m,蓄水前应力为－1.26～－3.63MPa,蓄水后应力－1.15～3.28MPa,蓄水前后变化 0.11～0.41MPa,0+580m 断面 E01MP03 在防渗墙前,E02MP03 在防渗墙后,蓄水前后墙前应力增量受拉 0.41MPa,墙后受拉 0.11MPa;0+700m 断面 E04MP03 蓄水前后压应力减小 0.35MPa。

(2)沥青混凝土心墙上下游面应力应变

在 0+700m 观测断面,高程 95～134m 按 3m 间距,高程 134～170m 按 5--11m 间距在沥青混凝土心墙上下游面成对布置应变计,其埋设应变计 36 支,其监测成果见表 8.4.19,心墙应变与填筑过程线见图 8.4.15,心墙上下游面应变沿高程分布见图 8.4.16。

表 8.4.19 监测成果表明:

1)应变计观测心墙上下游面的应变均为压应变,且应变随坝体填筑高度的增加而增大。2003 年 6 月 25 日实测应变为－53.11～－1.09kμε;2006 年 3 月 20 日实测应变为－54.76～－4.56kμε,上下游面最大应变分别为－54.76kμε、－52.94kμε,其高程分别为 101.00m 和 104.00m;2010 年 10 月 26 日,库水位蓄至 175m,2011 年 2 月实测的应变为－2.39～－58.36 kμε,上下游最大应变分别为－55.22kμε 和－58.36kμε,其高程分别为 101.00m 和 104.00m。说明库水位升至 172～175m,心墙上下游最大应变变化不大。2017 年 3 月心墙压应变为－2.73～－63.19 kμε,实施 175m 水位试验性蓄水运行以来,沥青混凝土心墙应变值基本稳定。

2)压应变分布:上部应变小,下部应变大,应变具有随高程降低而增大的趋势。

表 8.4.19　　　　　　　　　　　沥青混凝土心墙上下游面应变监测成果　　　　　　　　单位:kμε

仪器编号		高程(m)	2003.5.20		2003.6.25		2006.12.20		2008.11.10		2011.02.20	
上游面	下游面	91	上游面	下游面	上游面	下游面	上游面	下游面	上游面	下游面	上游面	下游面
S01Mp03	S02Mp03	95	−9.82	−9.27	−10.19	−9.31	−11.23	9.84	−11.82	−9.93	−12.08	−10.02
S03Mp03	S04Mp03	98	−8.72		−9.06		−12.55	−33.64	−13.61		−14.11	
S05Mp03	S06Mp03	101	−51.32	−16.38	−53.11	−17.29	−55.84		−57.38		−58.36	
S07Mp03	S08Mp03	104	−27.55	−50.55	−28.97	−51.09	−33.31	−53.36	−42.47	−54.20	−53.87	−55.22
S09Mp03	S10Mp03	107	−22.18	−19.81	−23.25	−19.92	−25.05	−21.50	−26.23	−21.98	−26.82	
S11Mp03	S12Mp03	110	−28.21	−37.73	−28.72	−38.19	−30.00	−40.56	−30.05	−41.55	−30.09	−42.61
S13Mp03	S14Mp03	113	−30.55	−30.16	−32.64	−31.03	−39.05	−33.85	−43.89	−34.61	−51.37	−35.06
S15Mp03	S16Mp03	116	−30.68	−21.42	−32.07	−21.26	−36.39		−38.87		−42.15	
S17Mp03	S18Mp03	119	−17.95	−14.60	−19.19	−14.75	−19.71	−15.81	−19.73	−16.16	−19.62	−16.59
S19Mp03	S20Mp03	122	−28.13	−12.36	−28.18	−12.54	−33.01	−13.64	−35.75	−13.76	−38.41	−14.00
S21Mp03	S22Mp03	125	−13.68	−8.38	−15.1	−8.47	−18.65	−9.18	−18.93	−9.26	−19.09	−9.50
S23Mp03	S24Mp03	128	−3.53	−8.1	−7.73	−8.11	−13.90	−8.46		−8.50		−8.70
S25Mp03	S26Mp03	131	−2.65	−9.46	−2.67	−9.5	−4.70	−9.99	−8.15	−10.30	−8.80	−10.46
S27Mp03	S28Mp03	134	−14.08	−30.47	−16.30	−30.87	−24.01	−24.16	−33.63	−36.13	−35.56	
S29Mp03	S30Mp03	145	−10.78	−10.86	−15.22	−10.96		−11.59	−17.51	−12.01	−17.72	−12.26
S31Mp03	S32Mp03	150	−23.09	−15.65	−23.74	−15.88	−26.76	−19.89	−28.70	−21.93	−28.93	−23.58
S33Mp03	S34Mp03	160	−8.43	−1.08	−9.41	−1.09	−11.99	−14.36	−13.87	−2.10	−16.06	−2.39
S35Mp03	S36Mp03	170	−10.97	−6.26	−11.37	−6.61	−13.21		−13.67		−13.86	
合 计			−342.35	−285.79	−367.92	−306.87	−409.07	−319.83	−454.26	−292.43	−486.91	−240.38
平 均			−19.02	−16.81	−20.44	−18.05	−24.06	−21.32	−26.72	−20.89	−28.64	−20.03

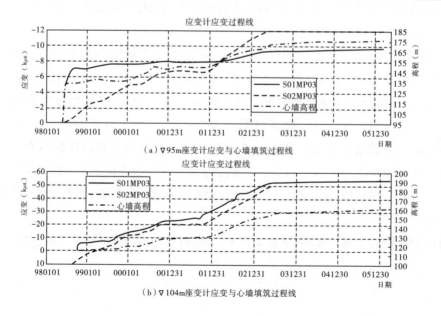

（a）▽95m座变应变与心墙填筑过程线

（b）▽104m座变应变与心墙填筑过程线

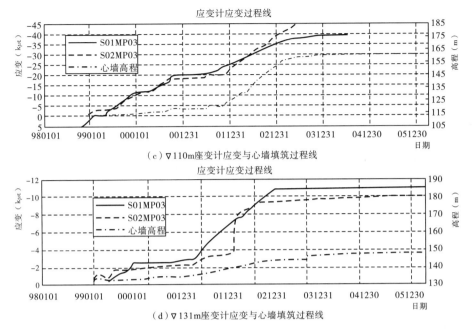

（c）▽110m座变计应变与心墙填筑过程线

（d）▽131m座变计应变与心墙填筑过程线

图 8.4.15　防护坝心墙应变与填筑过程线

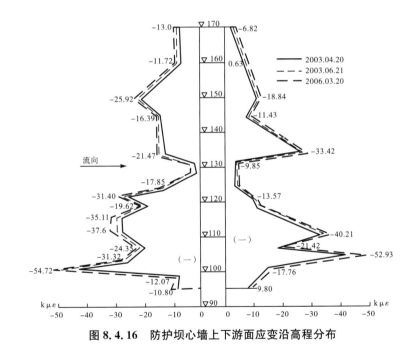

图 8.4.16　防护坝心墙上下游面应变沿高程分布

3）心墙压应变随坝体填筑上升而增大，具有较好的相关性；同一高程心墙两侧的应变量最大差在 37kμε 以内，平均差值约为 2.2kμε，说明心墙施工期两侧压变形较为均匀。压应变分布具有随高程升高而减小的趋势。

4）蓄水前，2003 年 5 月 20 日，上、下游面平均应变分别为－19.02kμε 和－16.81kμε；蓄水水位 135m 后，2003 年 6 月 25 日，上、下游平均应变分别为－20.44 kμε 和－18.05kμε，蓄

水后上、下游分别增加－1.42kμε、－1.24kμε,上游增加较下游多,可能是蓄水后过渡料沉降导致上游变形增大。水库蓄水 156m 前,2006 年 9 月 20 日,上、下游面平均应变分别为－23.26kμε、－20.99kμε;蓄水 156m 后,10 月 30 日上、下游平均应变分别为－23.80kμε 和－21.02kμε,蓄水前后上、下游分别增加－0.54kμε 和－0.03kμε。水库蓄水至 156m 后,上、下游平均应变变化分别为－0.16kμε 和－0.02kμε。水库蓄水至 172m 前,上、下游平均应变分别为－24.66kμε 和－20.59kμε;水库蓄水至 172m 后,上、下游平均应变分别为－26.86kμε 和－20.93kμε,应变变化为－2.20kμε 和－0.35 kμε。

　　5)影响沥青混凝土心墙压应变的因素有温度、过渡料沉降、心墙自重、水压、时效等,而沉降和自重是主要因素。

　　(3)沥青混凝土心墙温度

　　在沥青混凝土心墙内布置 5 个断面,每个断面心墙中心线上沿不同高程布置温度计,共埋设 30 支温度计。实测沥青混凝土心墙温度过程线见图 8.4.17,0＋580m 断面不同时间的心墙等温线见图 8.4.18。

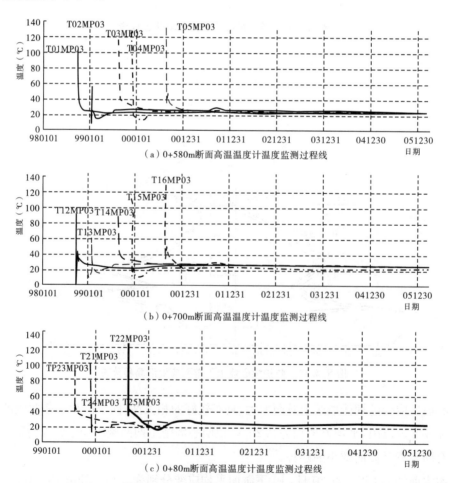

(a) 0+580m断面高温温度计温度监测过程线

(b) 0+700m断面高温温度计温度监测过程线

(c) 0+80m断面高温温度计温度监测过程线

图 8.4.17　沥青混凝土心墙温度过程线

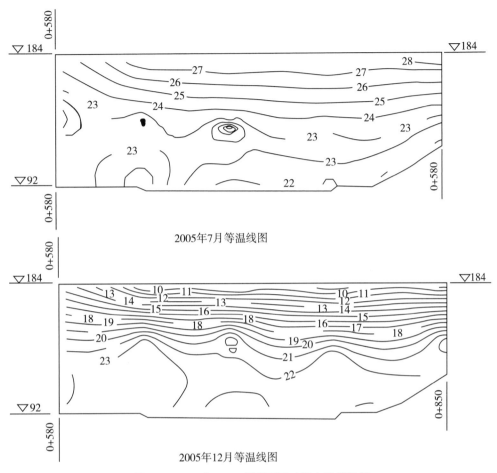

2005年7月等温线图

2005年12月等温线图

图 8.4.18　0＋580m 断面不同时间心墙等温线

沥青混凝土心墙温度监测成果表明：

1)沥青混凝土实测高温为 60～135℃,沥青混凝土摊铺时温度在 170.0℃左右,温度计是摊铺后才埋设的,未测到最高温度。

2)心墙沥青混凝土在浇筑后的最初几天内下降很快,并逐渐接近于气温,后期温度在 20.0℃左右。

3)等温线图显示,心墙温度逐年降低,如 2000 年 7 月,心墙顶部受气温影响,最高达 31℃;2001 年 7 月,心墙顶部温度为 27.0℃左右;2002 年 7 月顶部温度为 26.5℃,2002 年 12 月顶部温度为 20.5℃,心墙底部 26.0℃左右;2002 年 12 月 20 日混凝土心墙温度为 19.7～25.3℃;2006 年 3 月 20 日心墙温度为 20.7～24.0℃。

4)基岩温度为 19.9～21.9℃。

(4)沥青混凝土心墙应变统计模型分析

选择心墙应变最大的仪器 S08MP03 进行统计回归,该仪器在心墙下游面高程 104m 处,经多种方案计算,选用的因子有心墙自重、过渡料沉降变形、温度以及时效因子,其统计最佳数学模型方式按式(8.4.1)计算：

$$Y = -1.01482 - 0.4452\Delta T - 0.0496296C - 1.60016W - 1.36133\Delta h_1/10 + 0.1726(\Delta h_1/10)^2 -$$
$$16.7463\Delta h_2/10 + 18.7759(\Delta h_2/10)^2 - 0.781926\ln(t+1) \pm 2.24 \qquad (8.4.1)$$

式中：Y 为计算应变，$\times 10^{-3}$；ΔT 为温度变化，℃；W 为心墙自重应力，10N/cm^2；C 为过渡料沉降变形，mm；Δh_1、Δh_2 分别为上下游水深变化，m；$\ln(t+1)$ 为时效变形方程；t 为时间，d。

该方程相关系数 $R=0.9983$，标准差$=1123\text{k}\mu\varepsilon$，所选因子温度，沉降，自重，上游水深 1 次方，2 次方，下游水深 1 次方，2 次方，时效等因子的重要性系数分别为-7.01，-6.77，-13.07，-2.09、1.35，-10.55、6.29，-3.79，因子系数大于 1.0 为重要因子，大于 2.0 为非常重要因子，即温度、沉降、自重、上游水深 1 次方及下游水深 1 次方、2 次方，时效等因子为非常重要因子，诸因子中自重应力因子最显著，达到-13.07，上游水深 2 次方因子较小为1.35。方程显著性检验 F 值为 2828.1，远远大于统计检验要求值 2.37。观测值与计算值及残差过程线见图 8.4.19。温度、沉降、自重、水压、时效应变分量见图 8.4.20。图 8.4.19、图 8.4.20表明：

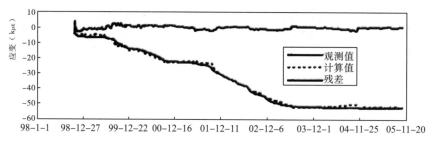

图 8.4.19　观测值与计算值及残差过程线

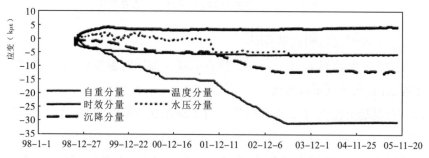

图 8.4.20　温度、沉降、自重、水压、时效应变分量过程线

1)观测值与计算值过程线基本一致，其相关性较好，相关系数达到 0.9983，从残差过程线反映，误差较大主要在施工初期，达到$-2.46\text{k}\mu\varepsilon$，这是由于施工初期温度较高、沥青混凝土较软、变形大，稍有一点外荷，就产生较大变形。

2)应变分量过程线反映：温度由于降温，温度应变分量为拉应变，最大拉应变为 $4.14\text{k}\mu\varepsilon$，过渡料沉降引起的应变分量为$-12.8\text{k}\mu\varepsilon$，沥青混凝土自重引起的应变分量为$-30.5\text{k}\mu\varepsilon$，上、下游水压引起的应变分量分别为$-2.68\text{k}\mu\varepsilon$ 和$-3.73\text{k}\mu\varepsilon$，合计$-6.41\text{k}\mu\varepsilon$，时效应变分量为$-6.14\text{k}\mu\varepsilon$。

3)温度、沉降、自重、水压、时效应变分量所占总应变的比例分别为 6.90％、21.34％、50.8％、10.69％、10.24％,从比例反映出自重是引起应变的主要因素,其次为过渡料沉降,再者为水压、时效及温度。

4)根据回归分析得出自重应变分量,再作出应力与应变相关图,见图 8.4.21。从该图看出:自重应力与应变相关图的相关系数非常好,相关系数等于 1.0,相关方程为:$Y=0.6249X$,加上单位换算,沥青混凝土的弹性模量为 62.49MPa。该仪器原按应力与应变相关性,求得沥青混凝土变形模量为 33.6MPa,其应变为综合应变,回归分析后,扣除温度、沉降、水压、时效等因素的影响,按自重应变分量计算其变形模量较以前有所提高。即原来 33.6MPa 可提高为 62.49MPa。最大应变为 $-54.76k\mu\varepsilon$,上、下游平均应变分别为 $-22.76k\mu\varepsilon$ 和 $-19.86k\mu\varepsilon$;2006 年 10 月水库水位 156.00m,2008 年 5 月实测最大应变为 $-56.09k\mu\varepsilon$,上下游平均应变分别为 $-24.08k\mu\varepsilon$ 和 $-21.37k\mu\varepsilon$。表明沥青混凝土心墙挡水位升高,上、下游应变略有增大。

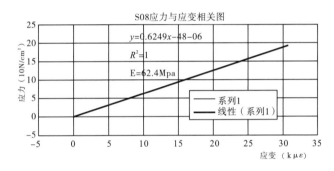

图 8.4.21　应力与应变相关图

(5)沥青混凝土心墙监测成果综合分析

1)沥青混凝土心墙基座压应力随大坝填筑升高而增大,0+580m、0+700m、0+850m 断面在大坝填筑至坝顶高程 185.00m 时,实测压应力分别为 $-1.52MPa$、$-1.45MPa$、$-1.35MPa$,2006 年 3 月实测压应力分别为 $-1.53MPa$、$-1.49MPa$、$-1.39MPa$;2008 年 11 月,水库蓄水位 172.00m 后,最大压应力为 $-1.31\sim-1.49MPa$,平均压应力为 $-1.42MPa$。表明沥青混凝土心墙底部压应力已稳定,实测压应力比相应高度自重应力小。

2)沥青混凝土心墙变形随心墙填筑升高而增大,影响心墙应变的因素有温度、过渡料沉降、心墙自重、水压、时效等因素,而沉降和自重是主要影响因素。心墙上、下游面的应变均为压应变,在水库蓄水至水位 135m,实测心墙上、下游的应变为 $-53.11\sim-1.09k\mu\varepsilon$,较蓄水前上、下游分别增加 $-1.42k\mu\varepsilon$ 和 $-1.24k\mu\varepsilon$;2006 年 3 月实测心墙上、下游的应变为 $-54.76\sim-4.56k\mu\varepsilon$;2008 年 11 月 4 日,水库蓄水位 172m,11 月 20 日实测最大应变为 $-57.31k\mu\varepsilon$;2008 年 12 月上、下游面平均应变分别为 $-26.86k\mu\varepsilon$ 和 $-20.93k\mu\varepsilon$。

3)沥青混凝土心墙施工入仓温度在 160℃,由于受气温影响,实测最高温度为 60~135.0℃。由于沥青混凝土施工每层铺筑 20cm,受气温影响较大,心墙高程 142m 以下温度基本稳定。2006年3月,沥青混凝土心墙温度为20.7~24.0℃,基岩温度为19.9~21.9℃。

8.4.2.4　沥青混凝土心墙土石坝渗流渗压

（1）防护坝沥青混凝土心墙前、后水位

防护坝3个横向监测断面:0+580m、0+700m、0+850m,共布置坝基测压管4根、坝体测压管1根,渗压计23支。防渗心墙前、后渗压计监测成果见表8.4.20。

表8.4.20　防护坝防渗心墙前后渗压计监测成果　　单位:MPa

仪器编号	桩号	轴距	高程	观测时间								
				1998年9月5日	1999年10月24日	2000年11月10日	2003年5月20日	2003年6月25日	2006年3月20日	2006年12月20日	2008年9月19日	2008年12月20日
P03MP03	0+580m	−3m	94.07m	0.101	0.102	0.104	0.108	0.133	0.137	0.583	0.487	0.721
P11MP03	0+700m	−3m	91.40m	0.100	0.102	0.105	0.109	0.134	0.137	0.618	0.521	0.755
P02MP03	0+580m	83.5m	90.75m	0.096	0.096	0.096	0.099	0.100	0.100	0.095	0.093	0.096
P04MP03		3m	94.07m	0.095	0.095	0.095	0.098	0.099	0.099	0.050	0.048	0.050
P08MP03	0+700m	20m	90.48m	0.096	0.096	0.096	0.099	0.100	0.100	0.096	0.094	0.096
P12MP03		3m	91.36m	0.096	0.095	0.095	0.099	0.100	0.100	0.082	0.081	0.082

1）防渗心墙前坝体水位

防护坝防渗心墙前坝体水位变化过程见图8.4.22。监测成果表明:

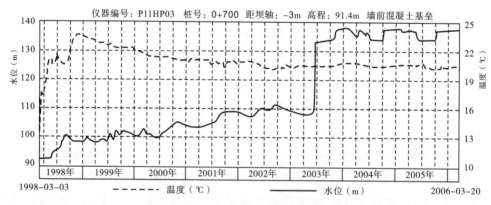

图8.4.22　心墙前坝体水位变化过程线

①坝前、坝后积水坑影响坝体水位,其水位受降雨及人工抽排影响,1998年6月前受人工抽排控制,积水坑水位维持在92.46~93.41m。

②沥青混凝土心墙1998年8月达到高程100m后人工抽排水基本停止,坝体水位上升明显,1998年9月至1999年10月水位维持在高程100.40~101.75m。

③随着坝体填筑和施工道路的上升使坝前积水坑的水位自然外泄受阻,2000年以后,墙前

坝体水位受积水坑控制并由于降雨等影响,呈季节性变化且不断上升。1999 年 11 月 24 日至 2002 年 9 月 10 日,墙前水位从 100.40～105.51m 上升至 110.50～111.18m,平均上升 10.40m。

④水库蓄水至水位 135m 前的 2003 年 5 月 20 日,墙前坝体水位在 108.27～108.95m。

⑤蓄水期间,防渗墙前水位随库水位而上升,当库水位达 135m,蓄水后 2003 年 6 月 25 日防渗墙前坝体水位为 132.97～133.62m。2003 年 10 月 26 日至 11 月 25 日库水位由 135m 上升至水位 139m,防渗墙前坝体水位达到 137.07～137.69m;2006 年 10 月,水库蓄水位 155.71m,防渗墙前坝体水位 154.09m;2008 年 11 月,水库蓄水位 172m,防渗墙前坝体水位升至 171.50m。防渗墙前坝体水位随水库蓄水水位变化而变化。

2)防渗心墙后坝体水位

防护坝防渗心墙后坝体水位变化过程见图 8.4.23。监测成果表明:

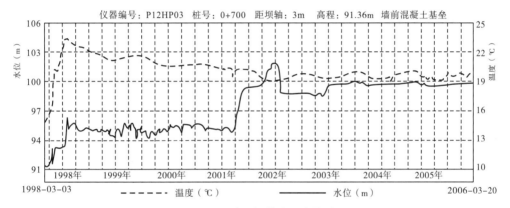

图 8.4.23　心墙后坝体水位变化过程线

①1998 年 5 月前,受人工抽排控制,墙后坝体水位控制在 94m 左右。坝后积水坑的抽排水承担了部分坝前的汇流排水。

②1998 年 5 月至 2001 年 10 月,墙后坝体水位一直是受人工抽排控制的,水位稳定在 95.20～95.91m,平均水位 95m。

③2001 年 11 月,积水坑抽水停止后,墙后坝体水位很快上升,至 2001 年 11 月 10 日,水位升至 96.53～98.93m,平均水位 98.53m。

④积水坑的水位后期控制在 100m 左右,墙后坝体的水位受到积水坑的水位控制。再次停止并取消抽排水后,墙后坝体内的地下水位又再度上升,2002 年 6—7 月渗压计测值达到最大值,水位 101.23～102.2m,平均水位 101.76m。下游基坑破堰施工使坝后围堰形成缺口,墙后坝体水位迅速下降,使积水坑水位维持在 99.3m。

⑤蓄水至水位 135m 前后,防渗墙后坝体水位变化不大,实测水位 99.17～100.35m。2006 年 10 月,水库蓄水位 156.00m,防渗墙后坝体水位在 100m 左右。2008 年 11 月,水库蓄水位达 172.00m,防渗墙前坝体水位 171.50m,防渗墙后坝体水位为 100.6～99.2m,防渗墙前后水头差达 72.3m,说明防渗效果良好。

（2）防护坝坝基渗透压力

1）沥青混凝土心墙基座底板渗透压力

心墙基座廊道防渗帷幕下游侧 0＋700m（H04MP03）和 0＋580m（H02MP03）处布设 2 支观测基座底板渗透压力的测压管。基座廊道底板 0＋700m 和 0＋580m 处测压管因漏水，改为压力表测读数据换算的方式进行了观测，此后增加 H11MP03 和 H12MP03 测压管，监测过程线见图 8.4.24。监测成果见表 8.4.21。

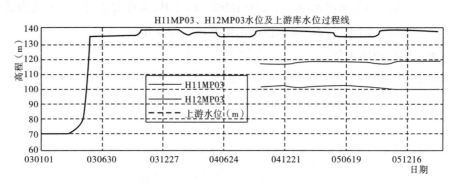

图 8.4.24　幕后测压管监测过程线

表 8.4.21　　　　　防护坝沥青混凝土心墙基座廊道测压管监测成果　　　　　　单位：m

测压管编号	桩号	高程	观测时间								
			2001年4月30日	2001年9月	2002年1月	2003年5月20日	2003年6月25日	2006年3月20日	2006年10月25日	2008年9月19日	2008年12月20日
H02MP03	0＋580m	87.06m	96.75	97.26	100.33	99.82	103.90	106.63	108.88	107.04	109.90
H04MP03	0＋700m	84.54m	95.25	95.76	99.36	99.34	103.93	115.05	117.19	119.44	127.40
H11MP03	0＋640m	84.60m						101.13	103.89	104.40	121.13
H12MP04	0＋750m	84.50m						119.09	122.05	123.28	132.41

监测成果表明：

①因取消了帷幕前的测压管，因此，现有的测压管反映的基本上是帷幕灌浆后基岩地下水位（孔隙水）变化情况。2001 年 4—9 月，地下水位在 95.25～95.76m 和 96.75～97.26m 范围变化。停止抽水后地下水位继续上升，2002 年 6 月达最大值 100.87m 和 102.36m。破堰后地下水位下降明显，2003 年 2 月 20 日分别稳定在 98.83m 和 99.82m，比最大值平均下降 2.3m。2003 年 5 月蓄水至水位 135m 前的两测压管的水位在 95.8～96.2m，与坝后积水坑水位基本是一致的。蓄水至水位 135m 后，0＋580m（H02MP03）处测压管水位在 106m 左右，且变化不大；0＋700m（H04MP03）处测压管水位在 115m 左右，略偏大，经分析，该部位测压管实际上还在帷幕灌浆的扩散范围内，其管水位上升与该处帷幕渗水有关。2003 年后其管水位是基本稳定的，基座底板渗透压力没有明显变化。

②帷幕后测压管水位在蓄水后水位略有上升,蓄水后初期水位缓慢上升,后期平稳,2006年9月20日水位156m前,帷幕后测压管的水位为100.82~118.71m;10月水库水位156m后,0+580~0+640m的水位为103.89~108.88m之间。0+700~0+750m的水位为117.19~122.05m。2007年9—11月,水库水位由145m上升至156m,测压管水位呈缓慢上升,水位增加0.61~3.16m,0+580~0+640m的水位为104.80~108.67m,0+700~0+750m的水位为124.44~127.77m。2008年9—11月,水库水位由145m上升至172m,测压管水位上升3.88~14.69m,0+580~0+640m的水位为110.92~120.57m,0+700~0+750m水位为124.49~132.66m。总体上基座底板渗透压力与库水位水头差较大,且较为稳定,表明帷幕防渗效果明显。

2)沥青混凝土心墙上下游坝基渗透压力

心墙上下游坝基建基面处埋设的渗压计监测表明,心墙前的建基面渗压水位与坝前水位基本一致,心墙下游建基面的渗压水位与下游坝脚处的积水坑(下游围堰与防护坝之间)水位是一致的。表明坝基及坝体内渗压均是正常的,符合坝体的结构特点。

防护坝0+700m坝体浸润线分布见图8.4.25,该图表现了2006年3月20日的地下水位分布。防渗墙前2006年3月20日水位为137.84m,防渗墙后2006年3月20日水位为99.81m。该图显示上下游水位差为38.03m。

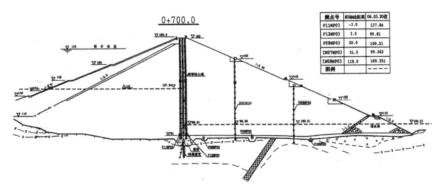

图8.4.25　0+700m坝体浸润线分布

(3)防护坝渗流量

防护坝下游坝坡脚与土石围堰之间积水坑出水口处设置量水堰,用以监测坝基渗流量。从2003年7月开始观测,防护坝渗漏量及降雨分量过程线见图8.4.26。从过程线反映渗流量为349.4~1152L/min,一般为400~600L/min,该渗流量受大气降雨影响,当下雨时大坝下游面的雨水流入积水坑,两岸山体的排水也有部分流入积水坑,因此降雨时测得渗流量较大,不受降雨影响时,渗流量为400~600L/min。2006年10月25日测得渗流量为936L/min,2008年6月实测渗流量为908L/min,2008年11月水库蓄水位抬升前实测渗流量为1115.0L/min,库水位蓄至172m后,12月实测渗流量为1617.9L/min。2010年10月蓄水至水位175.0m后,11月实测渗流量为1973L/min。设计正常运行水位175m,计算防护坝

渗流量为 $7500m^3/d(5200L/min)$,目前防护坝渗流量远小于设计值。

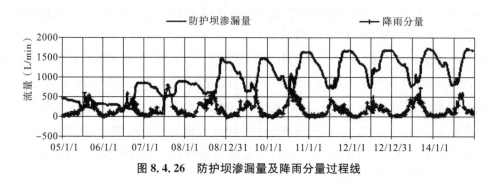

图 8.4.26 防护坝渗漏量及降雨分量过程线

(4)防护坝两岸坝肩山体地下水位

防护坝右岸布置 2 根测压管 H05MP03 和 H06MP03,左岸布置 4 根测压管 H07MP03 ~H10MP03,监测成果见表 8.4.22,测压管水位过程线见图 8.4.27。图 8.4.27 表明:测压管水位多呈周期性变化,每年 3—4 月水位最低,9—10 月水位最高,水位变幅一般 2.5~4.0m。水位均为山体地下潜水位,比库水位 139m 高。两岸山体地下水位还反映地下水位由山体向河床逐渐降低,其次远离水库的地下水较靠近水库的低,如 H08MP03 的水位较 H07MP03 的水位低。

(5)防护坝渗流渗压监测成果综合分析

1)渗压计和测压管的监测成果反映了防护土石坝的实际情况,坝体水位受大气、降雨和基坑人工抽排及大坝蓄水影响。

2)坝后积水坑的抽排影响坝体水位。水库蓄水期间防渗墙前水位随水库水位上升而升高,下游水位基本无变化,2008 年 9—11 月,水库蓄水位由 145m 升至 172m,防渗墙前水位为 171.5m,墙后水位为 100m 左右,说明防渗墙防渗效果显著。

表 8.4.22　　　　　　　　防护坝绕坝渗流测压管水位变化监测成果　　　　　　　　单位:m

仪器编号	桩号	坝轴距	高程	观测时间						
				蓄水前 2003 年 5 月	蓄水后 2003 年 6 月	蓄水变化	2006 年 3 月 20 日	2006 年 12 月 20 日	2008 年 9 月 19 日	2008 年 12 月 20 日
H05MP03	0+22.0	0+10.0	185.95	180	179	−1.0	178.40	179.17	181.67	181.26
H06MP03	0+75.0	0+10.0	185.0	160.8	161.8	1.0				
H07MP03	1+180.0	0+69.0	149.35	143.4	144.1	0.7	141.92	143.25	145.31	144.28
H08MP03	1+180.0	0+118.0	151.85	141.7	142.4	0.7	140.43	141.40	143.62	142.31
H09MP03	1+356.215	0+232.599	180.718	156.0	154	−2.0	153.29	153.70	154.20	154.00
H10MP03	1+244.987	0+251.515	167.02	163.4	163.6	0.2	161.42	162.04	164.42	163.00

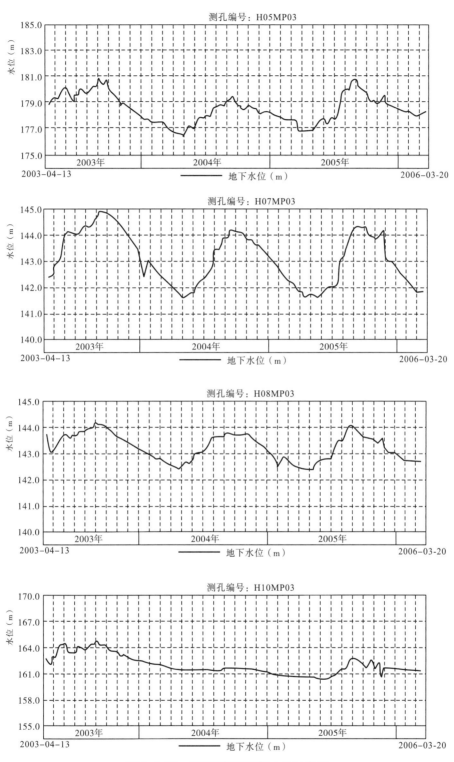

图 8.4.27　绕坝渗流测压管水位过程线

3)坝基渗流量为 $400 \sim 1700 \mathrm{L/min}$，且受降雨影响，如无降雨影响一般为 $400 \sim 600 \mathrm{L/min}$。2006 年 3 月 20 日为 $414 \mathrm{L/min}$。2008 年 11 月，水库蓄水位达 172m，实测渗流量 $1617.9 \mathrm{L/min}$，较

蓄水前增加 502.9L/min,远小于设计计算值,12 月 19 日实测渗流量为 1187L/min。2011
年 11 月 20 日,蓄水位 174.57m,实测渗流量 1973L/min;2014 年 10 月 31 日,蓄水位
174.98m,实测渗流量 1929L/min。防护坝实测渗流量均小于设计计算值。

4)大坝两岸山体渗流水位为地下潜水位,均比库水位高,地下水位向河床逐渐降低。
2011 年 11 月 20 日,蓄水位 174.57m,实测渗流量 1973L/min;2014 年 10 月 31 日,蓄水位
174.98m,实测渗流量 1929L/mim。防护坝实测渗流量均小于设计计算值。

8.5　防护坝沥青混凝土心墙力学性况研究分析

8.5.1　防护坝沥青混凝土试验

8.5.1.1　沥青混凝土力学性能试验

沥青混凝土是一种较为特殊的材料,既不同于普通混凝土型的线弹性材料,又与土石料
型的非线性特征有较大差别,其力学特性与试验方法均有其特殊性,兼有黏弹塑性和蠕变特
征。鉴于目前沥青混凝土力学试验尚无成熟的试验规程可遵循,考虑其非线性特征,参照土
工材料试验方法进行,对真实反映沥青混凝土的力学性可能存在一定的差异。

(1)沥青混凝土拉伸试验

1)长江科学院试验成果

①沥青混凝土配合比

为使室内试验数据更好地模拟现场,试验所用原材料(主要包括砂石料及中海 361 沥
青)为防护坝沥青混凝土心墙 2002 年 8 月现场施工用原材料。沥青混凝土拉伸试验配合比
见表 8.5.1。

表 8.5.1　　　　　　　　　　　　沥青混凝土试验配合比

配合比编号	沥青用量(%)	填料用量(%)	级配指数	试验温度(℃)	加荷速率(mm/min)
1	6.3	12	0.35	16.4	0.15
2	6.6	12	0.35	16.4	0.15
3	6.9	12	0.35	16.4	0.15
4	6.6	12	0.35	11.4	0.15
5	6.6	12	0.35	21.4	0.15
6	6.6	12	0.35	16.4	0.10
7	6.6	12	0.35	16.4	0.05

②拉伸试验条件和方法

根据表 8.5.1 的沥青混凝土配合比参数进行配料,用天平称重,在 170℃的烘箱烘烤
4h,沥青加热温度控制在 140~150℃,混合料拌和温度在 160~170℃,试件成型温度在
140℃左右。拉伸试件尺寸为 220mm×40mm×40mm(长×宽×高)。成型采用静压法,用

10MPa 的压力在万能试验机上恒压 3min，室温冷却。

③拉伸试验成果

沥青混凝土拉伸试验成果见表 8.5.2。拉伸试验应力应变关系示例如图 8.5.1。

表 8.5.2　　　　　　　　　　　　沥青混凝土拉伸试验成果

试件编号	抗拉强度(kPa)	拉应变(%)	割线变形模量(kPa)
1	182.6	0.69	264.6
2	211.2	0.79	267.5
3	174.4	1.29	135.2
4	493.3	0.61	808.6
5	100.1	1.54	65

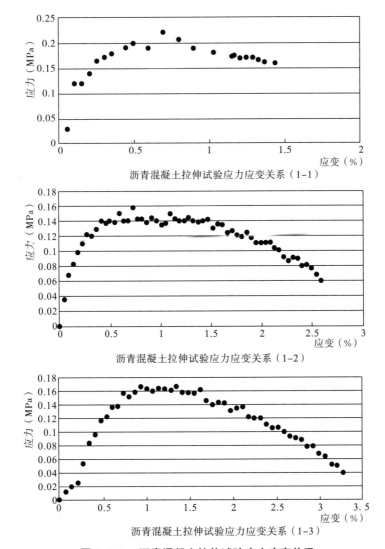

沥青混凝土拉伸试验应力应变关系（1-1）

沥青混凝土拉伸试验应力应变关系（1-2）

沥青混凝土拉伸试验应力应变关系（1-3）

图 8.5.1　沥青混凝土拉伸试验应力应变关系

由上述试验可见,温度对沥青混凝土拉伸性能影响较大,随着温度的升高,拉应力降低,拉应变升高;沥青用量在 6.3%~6.9% 之间变化时,沥青混凝土拉应变随沥青含量增加而增加,其相应变形量加大。

2)北京交通大学试验成果

水工沥青混凝土材料的抗拉强度试验尚没有统一的试验方法。北京交通大学按长江科学院提供的试验方法进行试验。试验机采用德国产 Zwick/Z005 型计算机控制全自动电子拉力机,加载速度可以自行设定。

选择沥青含量为 6.4% 和 6.8% 的克拉玛依与中海 361 沥青混凝土,加载速度控制在 0.15mm/min(变形控制),试验温度为 16.4℃。具体配合比和加载速度见表 8.5.3,拉伸试验成果见表 8.5.4。由此可见,中海沥青混凝土的抗拉强度与割线模量高于克拉玛依沥青混凝土,而拉伸变形前者小于后者。分析这两种沥青的组成可知,中海沥青的沥青质含量(9.11%)明显高于克拉玛依沥青(0.13%),而胶质含量又低于后者。因此,中海沥青的黏性大于克拉玛依沥青,针入度试验结果证明了这一点。中海沥青的黏性大于克拉玛依沥青,抵抗变形的能力强,因此用中海沥青配制的混凝土抗拉强度与割线模量高于克拉玛依沥青配制的混凝土,而拉应变小于后者。采用上述两种沥青配制的沥青混凝土抗拉强度随沥青含量的增加而减小。

综合两家初步试验成果,偏安全计,对克拉玛依沥青混凝土(一期工程)抗拉强度为 0.1MPa左右,对中海沥青混凝土(二期工程)抗拉强度为 0.15MPa 左右。

表 8.5.3   沥青混凝土配合比与加载速度

配合比编号	沥青品种	沥青用量(%)	级配指数	填充料用量(%)	加载速度(mm/min)
2	克拉玛依	6.4	0.35	12	0.15
5	中海 361	6.4	0.35	12	0.15
3	克拉玛依	6.8	0.35	12	0.15
8	中海 361	6.8	0.35	12	0.15

表 8.5.4   沥青混凝土拉伸试验成果

配合比编号	抗拉强度(Kpa)	拉应变(%)	割线模量(MPa)
2	113.0	3.98	3.14
5	177.7	2.87	6.28
3	99.3	2.42	4.21
8	145.0	1.82	9.20

(2)沥青混凝土小梁弯曲试验

沥青混凝土材料小梁弯曲试验按《三峡工程茅坪溪心墙土石坝水工沥青混凝土试验方法》的要求进行。采用击实法制备沥青混凝土板,再切割成 250mm×30mm×35mm(长×宽×高)的棱柱体小梁。试验温度控制在 16.4℃,试件的支点间距为 200mm,加载速率为

0.35mm/min。试验成果见表 8.5.5。复核试验表明沥青混凝土具有较好柔性,挠跨比满足沥青混凝土质量要求。

表 8.5.5　　　　　　　　　　　沥青混凝土小梁弯曲试验成果

配合比编号	沥青品种	沥青用量(%)	最大作用力(N)	挠度(mm)	挠跨比(%)
1	克拉玛依	6.5	118.9	6.30	3.15
2	克拉玛依	6.4	125.8	5.02	2.51
3	克拉玛依	6.8	100.4	7.36	3.68
4	克拉玛依	6.4	110.3	5.96	2.98
5	中海 361	6.4	104.1	5.56	2.78
6	中海 361	6.5	100.4	5.18	2.59
7	中海 361	6.6	98.7	6.94	3.47
8	中海 361	6.8	92.5	7.94	3.97

(3)沥青混凝土三轴试验

1)长江科学院试验成果

①原材料组成及试样成型

试验原材料为现场监理提供的已拌和沥青混合料,试验所用沥青混合料成型配合比见表 8.5.6。表中 1～5 号配比的细骨料为人工砂和天然砂按 7∶3 的比例掺配。1～8 号及 10 号试样采用静压成型,成型温度 150～160℃;成型压力 10MPa,恒压 3min;试样尺寸:φ10.1cm×20cm。7 号试样为监理单位提供的芯样。11 号试样采用人工击实成型,成型温度为 140～145℃,沥青混合料分 3 层次装入试模,每层击实 50 次。

表 8.5.6　　　　　　　　　　　试验沥青混合料成型配合比(%)

实验编号	粗骨料含量			细骨料含量	矿粉含量	沥青含量	说明
	20～10	10～5	5～2.5	2.5～0.074	<0.074		
1	22.3	16.8	13.0	36.2	11.7	6.33	1 号沥青
2	23.4	14.8	13.5	38.2	10.1	6.62	
3	21.7	14.7	16.2	36.2	11.2	6.87	
4	25.2	17.0	12.3	34.3	11.2	6.62	
5	22.7	18.0	14.8	33.7	10.7	6.65	2 号沥青
6							用沥青混合料加热成型
7							芯样
8							用沥青混合料加热成型
9							加热脱模
10	22.1	17.3	13.6	35	12.0	6.60	静压成型
11	22.1	17.3	13.6	35	12.0	6.60	击实成型

②三轴试验方法

试验方法采用三轴固结排水剪，在应变式三轴压缩仪上进行。试样分别在 100kPa、300kPa、700kPa、1000kPa 周围压力下固结排水，剪切速率为 0.048mm/min。试验过程中控制温度为 16.4℃±0.5℃。

③三轴试验成果

沥青混凝土试样的抗剪强度指标列于表 8.5.7。

表 8.5.7　　　　　　　　　　　　沥青混凝土三轴试验参数

配比编号	$\gamma_d(10^{-2}\text{N/cm}^3)$	C(kPa)	Φ(°)	R_f	k	n
1	2.41	287.65	35.8	0.5	1272.0	0.445
2	2.40	236.08	38.0	0.6	1459.2	0.507
3	2.40	291.09	34.9	0.4	1174.6	0.308
4	2.40	289.9	36.3	0.7	1700.5	0.477
5	2.40	256.6	35.5	0.8	1524.5	0.570
6	2.42	303.2	34.8	0.6	1208.8	0.518
7(芯样)	2.38	213.9	30.3	0.6	313.5	0.134
8	2.41	354.5	34.6	0.5	1619.1	0.414
9(加热脱模—1)	2.40	281.7	38.0	0.5	1321.2	0.466
10	2.41	240.4	31.3	0.7	437.3	0.103
11(击实样)	2.40	174.0	31.6	0.4	202.8	0.08

由表 8.5.7 显示，静压成型的 8 组试样内摩擦角 Φ' 值在 34° 以上，凝聚力 C' 值在 230kPa 以上。现场取芯样的内摩擦角 Φ' 值及凝聚力 C' 值均明显低于室内静压成型试样，现场取芯样的内摩擦角 Φ' 值为 30.3°，凝聚力 C' 值为 214MPa。

同一组试样，随着围压的增高，其凝聚力 C' 值增大，而内摩擦角 Φ' 值减小，所得强度包线 $\tau \sim \sigma$ 呈非线性变化趋势。因此，高围压下的强度特性应采用 $\Phi = \Phi_0 - \Delta\Phi \lg(\sigma_3/Pa)$ 的形式表征，以反映抗剪强度随围压变化的趋势。

应力—应变关系随着围压的增加，其切线坡度愈陡，峰值强度也有明显的提高，其达到破坏时的轴应变相应增大（从 2%～3% 增大到 6%～8%），其应力—应变总体趋势是从低围压下的强应变软化变为高围压下的弱应变软化；随着轴向应变的增加，剪应力 q 的增长量随之减小。

现场沥青混凝土取芯样的 $\sigma_1 — \sigma_3 — \varepsilon_a$ 的关系呈应变硬化型，应变达 15% 时只有围压为 100kPa 时有峰值，围压高于 300kPa 后均没有峰值，围压为 300kPa 时的初始剪切模量低于围压为 100kPa 时的初始剪切模量，摩尔圆包线也不在一条线上，表明了 4 个样品存在不均匀性，剪切后试样明显有骨料突出现象，膨胀明显。

2)北京交通大学试验成果

北京交通大学试验所用的沥青混凝土配合比详见表 8.5.8。试件的成型采用静压法。成型时沥青混合料的温度控制在 140℃±3℃。在恒压 10MPa 下稳定 3min。静压的试件同试模一起放入冷水中冷却脱模。试件尺寸为直径(100±2)mm、高度(200±2)mm。试件由葛洲坝集团试验中心制备提供。试验采用英国产 GDS Tritech50 非饱和土三轴仪,该三轴仪是在常规静力三轴试验系统(GDSTAS)的基础上,增加用于控制和量测孔隙气压的非饱和土试验系统而形成。该系统由三轴压力室、数字荷载架、压力控制系统和计算机控制与数据采集系统构成。为了保证压力室处于 16.4℃的恒温,压力室外罩了恒温箱。

表 8.5.8   **试验选用的沥青混凝土配合比**

序号	沥青品种	沥青用量(%)	级配指数	填充料用量	备注
1	克拉玛依	6.5	0.35	12	第一批进场
2	克拉玛依	6.4	0.35	12	第二批进场
3	克拉玛依	6.8	0.35	12	第三批进场
4	克拉玛依	6.4	0.35	12	第四批进场
5	中海 361	6.4	0.35	12	
6	中海 361	6.5	0.35	12	第一批进场
7	中海 361	6.6	0.35	12	
8	中海 361	6.8	0.35	12	

试验按《三峡工程茅坪溪心墙土石坝水工沥青混凝土试验方法》的要求进行。试验前将试件及压力室用水放入(16.4±0.5)℃的恒温箱内,静置 12h。试验时压力室内的温度保持在(16.4±0.5)℃,稳定 2h 后开始加载。加载速率设定为 0.001mm/s,即 0.06mm/min,并设定为每 10s 采集一次数据。试验开始后在计算机上显示轴向应力—轴向应变关系曲线,待该曲线出现明显的下降段后停止试验。无明显峰值的试件,轴向应变达到 20%后停止试验。

由于沥青混凝土的应力—应变关系曲线不是标准的双曲线,而是由两段直线和一段双曲线组成,其中两段直线的交点约在应变为 2%附近处,这就造成了计算邓肯—张模型参数的困难。因此在处理数据时,按第二直线段中的最大斜率作为沥青混凝土的初始模量,再按此初始模量对沥青混凝土的应力—应变曲线进行回归,从而得到所需的其他参数。

由于沥青混凝土在三轴剪切过程中的体变—轴向应变曲线表现为明显的先剪缩再剪胀的性质,而邓肯—张模型不能考虑材料的剪胀性,所以在计算与体变有关的参数时,仅选取了曲线的剪缩段。表 8.5.9 为试验得到的各组试件的邓肯—张模型参数汇总表。由此可知,克拉玛依沥青混凝土与中海沥青混凝土的 K 值均随沥青含量的增大而减小。沥青混凝土的 K 值随沥青含量由 6.8%变化至 6.4%时,克拉玛依沥青混凝土的 K 值由 254.3 增至 451.9,而中海沥青混凝土的 K 值由 486.4 增至 535.4。相同配合比条件下,克拉玛依沥青混凝土的 K 值小于中海沥青混凝土。其主要原因是中海沥青的沥青质含量(9.11%)明显高于克拉玛依沥青(0.13%),而胶质含量又低于后者。该试验结果也表明克拉玛依沥青混凝土的抗拉强度与割线模量低于中海沥青混凝土的试验结论。

表 8.5.9　　　　　　　　　沥青混凝土材料的邓肯—张模型参数

组号 \ 参数	K	n	R_f	G	F	D	C (kPa)	Φ (°)
1	330.0	0.2091	0.655	0.38265	0.0000	33.325	211.14	30.0
2	450.0	0.2095	0.720	0.40855	0.0000	38.30	225.36	28.5
3	254.3	0.1831	0.650	0.46925	0.0236	44.65	185.74	31.0
4	451.9	0.2074	0.560	0.47710	0.0527	32.20	274.97	29.0
5	535.4	0.2429	0.720	0.35755	0.0000	13.20	226.45	33.0
6	517.5	0.2415	0.830	0.4313	0.0181	25.30	186.20	30.0
7	507.5	0.2377	0.740	0.4159	0.0380	20.40	267.40	28.0
8	486.4	0.2364	0.820	0.4135	0.0443	17.70	222.50	30.0

(4)沥青混凝土三轴蠕变试验

沥青混凝土作为黏弹性材料在外力的长期作用下产生蠕变。防护坝沥青混凝土心墙在自重或外力作用下将产生较大的蠕变,这将直接影响沥青混凝土心墙受力形式与内应力大小。因此沥青混凝土心墙土石坝坝体安全复核分析应考虑沥青混凝土的蠕变问题。三轴蠕变试验可较好地反映心墙工作状态下的蠕变。

北京交通大学试验采用重力加载法测定蠕变参数。目前,尚无可遵循的水工沥青混凝土的蠕变试验方法,因此开始参考普通水泥混凝土的徐变测定方法进行了试验。后来考虑茅坪溪防护土石坝沥青混凝土心墙的实际工作状态,根据一期工程由清华大学与武汉水利电力大学有关茅坪溪防护土石坝坝体安全验算结果与拟进行的茅坪溪防护土石坝沥青混凝土心墙土石坝坝体安全复核计算分析的要求,选用具体试验方法与试验结果如下:

1)试验方法

①试件的尺寸与成型方法同于三轴试验所用试件。

②试件装入三轴压力室,并将三轴压力室放入(16.4±0.5)℃的恒温室内稳定 12h。

③稳定 12h 后加围压至 0.45MPa、0.75 MPa、1.05 MPa,并采用重力加载法加载 8415N、6000N、3610N(即为 $\sigma_1=1.5$MPa,$\sigma_3/\sigma_1=0.3$、0.5、0.7)后开始读数。第一天按 0s、5s、10s、20s、40s、1min、2min、4min、6min、8min、10min、15min、20min、30min、1h、1.5h、2h、3h、4h、6h、7h、8h、9h、10h、1d 的时间读数,以后每天读数一次。

④蠕变基本稳定后卸载,卸除围压后拆除试件,结束试验。

2)试验结果与分析

试验选择了配合比编号为 2 号的沥青混凝土,σ_3 分别取 0.45MPa、0.75MPa、1.05MPa,σ_1 取 1.5MPa,共进行 3 组试验,每组取 3 块试件,试验结果见图 8.5.2。沥青混凝土的蠕变在早期(48h前)增加得很快,随后较缓慢地增加,并趋于稳定。σ_3为0.45MPa时12d的蠕变为8.4%,σ_3为0.75MPa时12d的蠕变为7.7%,σ_3为1.05MPa时12d的蠕变为4.4%。将每组3块试件的蠕变进行平均,获得的蠕变曲线经拟合得到的回归方程如下:

$\sigma_3 = 0.45$MPa时:$\varepsilon_a = 4.12486 + 0.93316\ln(T + 0.01889)$

$\sigma_3 = 0.75$MPa时:$\varepsilon_a = 2.29612 + 1.06538\ln(T + 0.11624)$

$\sigma_3 = 1.05$MPa时:$\varepsilon_a = 2.60153 + 0.4582\ln(T + 0.00347)$

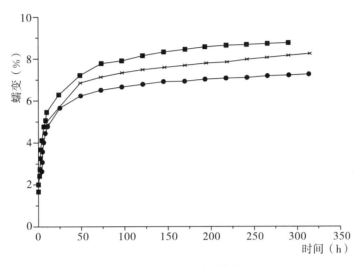

图8.5.2 蠕变试验曲线

8.5.1.2 沥青混凝土厚壁空心圆柱水力劈裂试验

沥青混凝土心墙抗水力劈裂试验,鉴于尚无试验方法可资借鉴,本项试验属探索性试验。

(1)厚壁空心圆柱试件受力分析

设空心圆柱的内径为a,外径为b,作用在空心圆柱的内外压力分别为P_i和P_0,假设试件的透水性弱,则可将P_i当作面力作用于试样,可用拉密公式(8.5.1)、(8.5.2)、(8.5.3)三式计算试件的内力:

$$\sigma_r = (1 - a^2/r^2)P_0/(1 - a^2/b^2) + (b^2/r^2 - 1)P_i/(b^2/a^2 - 1) \qquad (8.5.1)$$

$$\sigma_\theta = (1 - a^2/r^2)P_0/(1 - a^2/b^2) + (b^2/r^2 + 1)P_i/(b^2/a^2 - 1) \qquad (8.5.2)$$

以$\sigma_\theta = \sigma_t$当试件的破坏条件,则P_{if}为

$$P_{if} = 2b^2 P_0/(b^2 + a^2) + (b^2 - a^2)\,|\,\sigma_t\,|\,/(b^2 + a^2) \qquad (8.5.3)$$

根据空心圆柱试验所测得破坏时的内外水压力差即可求抗拉强度σ_t。

(2)试验成果

选用4组击实成型试件进行了厚壁空心圆柱劈裂试验,各组试验情况见表8.5.10。试验结果表明:在无侧向压力限制情况下,产生水力劈裂破坏内外水压力差为0.2MPa,换算σ_t

为 0.2MPa；在有侧向压力限制情况下，产生水力劈裂破坏内外水压力差可达 0.4MPa。

表 8.5.10　　　　　　　　　　厚壁空心圆柱劈裂试验成果表

试样编号	直径 /cm	内孔径 /cm	内孔深 /cm	围压 /MPa	内孔压力 /MPa	内孔加压 时间/min	过程描述
1	10	2.0	16.0	0	0.15	45	无侧向变形和渗水
					0.2	10	侧向变形 0.1mm，无渗水
					0.2	15	侧向变形 0.22mm，无渗水
					0.2	18	侧向变形 0.34mm，无渗水
					0.2	19	侧向变形 0.54mm，出现通道出水
2	10	2.0	16.0	1.2	1.2		试样轴向剪切应变 0.8%
				1.2	1.2	60	排水管未出现出气和出水现象
				1.0	1.2	45	排水管未出现出气和出水现象
				0.9	1.2	45	排水管未出现出气和出水现象
				0.8	1.2	16	排水管开始出水，拆样后发现接头漏水，试样未破坏
3	10	2.0	16.0	1.2	1.2		试样轴向剪切应变 0.8%
				1.2	1.2	60	排水管未出现出气和出水现象
				0.2	0.3	150	排水管未出现出气和出水现象
				0.2	0.4	50	排水管未出现出气和出水现象
				0.2	0.5	7	排水管开始出水，拆样后发现接头漏水，试样未破坏
4	10	2.0	16.0	0.3	0.3		试样轴向剪切应变 0.8%
				1.2	1.2	60	排水管未出现出气和出水现象
				0.4	0.4	180	排水管未出现出气和出水现象
				0.4	0.6	45	排水管未出现出气和出水现象
				0.4	0.7	40	排水管开始出水，拆样后发现接头漏水，试样未破坏

8.5.1.3　沥青混凝土与过渡料接触面试验

沥青混凝土心墙土石坝反演分析及安全复核计算需计及过渡料与沥青混凝土接触面影响，要提供接触面计算模型参数。

（1）接触面试验方法

根据沥青混凝土心墙土石坝反演分析及安全复核计算要求，设计院与中国长江三峡工程开发总公司、葛洲坝集团试验中心、河海大学、北京交通大学等单位相关人员讨论，确定过渡料与沥青混凝土接触面试验的试件模拟现场实际情况仿真制作，只考虑单向错动，接触面不考虑倾角,但考虑心墙的倒梯形。试验采用直剪仪进行,垂直压力为 200kPa、400kPa、600kPa 及 800kPa,剪切速率为 0.06mm/min。

（2）材料与试件制备

试验采用 150mm×150mm 方模,按现场的施工工艺先铺填砂砾石毛料震动密实,而后再将加热后的沥青混合料装填到试模中静压密实,接触面考虑沥青混凝土的倒梯形。试验共成型两组试件,其中一组为中海沥青,另一组为克拉玛依沥青,沥青混凝土配合比见表 8.5.11。砂砾石毛料采用现场实际填料级配,按等量替代法替换粒径大于 20mm 的含量,替换后的级配见表 8.5.12。另外进行一组中海沥青接触面三轴试验用来对比。

表 8.5.11　　　　　　　　　　　　　　沥青混凝土配合比

沥青用量（%）	级配指数	骨料级配组成（%）					
		20~10mm	10~5mm	5~2.5mm	2.5~0.074mm		<0.074mm
					人工	天然	
6.6	0.35	22.1	17.3	13.6	24.5	10.5	12.0

表 8.5.12　　　　　　　　　　　　　　过渡料级配成果

参数\填料名称	颗粒级组成（%）		
	20~10mm	10~5mm	<5mm
过渡料	42.9	31.0	26.1

（3）接触面试验结果

中海沥青混凝土与克拉玛依沥青混凝土同过渡料的接触面试验及中海沥青混凝土的三轴试验结果见表 8.5.13。

表 8.5.13　　　　　　防护坝坝体过渡料与沥青混凝土接触面试验结果

参数\填料名称	试验方法	C（kPa）	Φ（°）	R_f	n	K
中海沥青	直剪仪	142	23.0	0.295	0.539	217.8
克拉玛依沥青	直剪仪	105	32.5	0.310	0.114	534.3
中海沥青	三轴仪	340	25.8	0.819	0.329	1633.1

坝体过渡料与沥青混凝土接触面单向剪切试验,其主要影响因素是接触面的粗糙程度、垂直压力及剪切速率。由于受试样尺寸的限制,砂砾石毛料允许最大粒径为 20mm,而在试件成型过程中,沥青混凝土与砂砾石毛料过渡带吸附的粗粒料及细料有所差异,因此采用中海沥青与克拉玛依沥青强度差异较大。由中海沥青混凝土的直剪试验与三轴试验结果可知,两者 Φ 值差异不大,但 C 值有所差异,其主要原因是试验方法的不同。

8.5.2 防护坝沥青混凝土力学参数反演分析

8.5.2.1 防护坝筑坝材料应力应变模型参数反演分析方法

防护坝坝体安全性分析主要是根据坝体在不同工作条件下的应力和变形,对坝体剪切破坏、过量变形、裂缝、防渗体水力劈裂等现象作出判断和客观评价。确定筑坝材料的应力应变本构关系模型后,合理选取筑坝材料的参数,准确计算坝体应力和变形,确保坝体运行安全,就成为至关重要的问题。

防护坝筑坝材料力学特性复杂,特别是沥青混凝土材料,其力学性能与诸多因素相关,试验结果离散性较大。根据三轴试验所测得的一些材料的模型参数,由于试验方法、试验条件及量测技术等复杂因素的影响,不能完全代表现场的实际情况,使得有限元计算结果与实测值存在差异。

河海大学朱晟教授等组成课题组,利用已建成部分坝体的原型监测资料,研究坝体变形规律,对筑坝材料的有限元计算模型参数进行反演分析,得出坝体实际运行的材料特性参数,进一步提高有限元计算结果的精度,有利于准确地把握坝体的结构性态,对坝体的安全性做出更为客观的评价。

坝体原型观测值由施工期坝体填筑分量、运行期水荷分量、坝体蠕变分量和温度分量等部分组成,根据施工期坝体填筑分量反演心墙沥青混凝土的邓肯—张 E-μ 模型参数。

施工期根据坝体原型观测资料反演非线性有限元计算模型参数的方法和步骤如下:

1)反演参数

堆石体、沥青混凝土心墙等坝料在填筑重量和水压力等荷载作用下的应力应变呈明显非线性,当采用邓肯—张 E-μ 模型时,模型参数共 6 个,分别为 K、n、R_f、G、F、D,可通过室内三轴试验确定;坝料基本特性参数共 3 个,分别为容重、凝聚力和内摩擦角。反演计算时,认为坝料基本特性参数可靠,只反演坝料 E-μ 模型参数 K、n、R_f、G、F、D 值,即:

$$X = \{K、n、R_f、G、F、D\} \tag{8.5.4}$$

2)反演优化模型与方法

采用正法反演分析方法,正分析采用有限元计算,用增量初应力迭代法求解非线性问题。进行有限元计算时,用中点增量法结合初应力法反映筑坝材料的应力应变非线性,同时模拟防护坝施工过程;用初应变法考虑沥青混凝土的黏滞性。总应变 $\{\varepsilon\}$ 分为弹性应变 $\{\varepsilon_C\}$ 和黏性应变 $\{\varepsilon_V\}$,即

$$\{\varepsilon\} = \{\varepsilon_C\} + \{\varepsilon_V\} \tag{8.5.5}$$

根据弹塑性理论,弹性应变 $\{\varepsilon_C\}$ 与应力 $\{\delta\}$ 成线性关系

$$\{\delta\} = \{D\}_C\{\varepsilon_C\} = \{D\}_C(\{\varepsilon\} - \{\varepsilon_V\}) \tag{8.5.6}$$

式中:$\{D\}_C$ 为弹性矩阵。

平衡方程为 $$[K]\{\delta\} = \{F\} + \{F_V\} \tag{8.5.7}$$

式中:刚度矩阵 $[K] = \int_v [B]^T [D]_C [B] \mathrm{d}V \tag{8.5.8}$

黏性应变所产生的附加结点荷载：$[F_v] = \int_v [B]^{\mathrm{T}}[D]_c[\varepsilon_v]\mathrm{d}V$ 　　　　　(8.5.9)

沥青混凝土的黏滞性具备明显的非线性特性，其黏滞变形与时间和应力同时相关，式(8.5.7)为耦合方程，计算时采用迭代法解耦。用前后两次迭代求得的附加结点荷载和给定的精度控制迭代次数。当沥青混凝土采用黏弹塑性模型进行计算时，上述$[D]_c$矩阵改为$[D]_{CP}$矩阵计算。

采用正法反演分析计算，先计算对应某次实测变形或应变的荷载组合作用下相应测点的变形或应变值，将该次 n 个测点变形或应变的理论计算值和实测值进行拟合，求出残差加权平方和，作为参数反演优化问题的目标函数，来寻求坝体接近现场各材料参数的实际值。由于观测仪器在埋设初期受施工因素的干扰较大，碾压式沥青混凝土心墙的温度稳定也需要一个过程，目标函数采用分时段计算，即

$$F(X) = \sum_{i=1}^{m}\sum_{j=1}^{n}\omega_{ij}(u_{ij}^c - u_{ij}^m)^2 \tag{8.5.10}$$

式中：m 为反演分析所选取的计算时段总数；n 为选取观测点总数；ω_{ij} 为在第 i 个时段第 j 个测点测量值的权重，u_{ij}^c 为第 i 个时段第 j 个测点对应某级荷载组合作用时的计算变形、应变或应力值，u_{ij}^m 为相应的实测值。

为了平衡大小值之间的作用和消除变形、应变或应力值等不同物理量的量纲，目标函数式采用下面的形式：

$$F(X) = \sum_{i=1}^{m}\sum_{j=1}^{n}\omega_{ij}(u_{ij}^c / u_{ij}^m - 1.0)^2 \tag{8.5.11}$$

参考防护坝坝体料三轴试验资料，选取参数 X 估计范围，成为式(8.5.11)的约束条件。对于上述带约束的隐式非线性优化问题，一般采用直接搜索法，本次计算用复合形方法求解，收敛准则取为：

$$\left\{\frac{1}{2n}\sum_{i=1}^{2n}\left[f(X^{(l)}) - f(X^{(i)})\right]^2\right\}^{1/2} < \varepsilon \tag{8.5.12}$$

式中：ε 为预先给定的一个很小的正数。

8.5.2.2　防护坝一期填筑坝体反演计算与分析

(1)桩号 0+700m 断面

1)计算条件与监测资料

①计算条件

反演计算取桩号 0+700m 断面已填筑完成的坝体，填筑截止日期为 2002 年 2 月，坝体的填筑高程为 154.00m。

根据坝体材料分区和填筑进度剖分的有限元计算网格见图 8.5.3。坝体填筑过程的施工仿真共分 39 级荷载，剖分结果为：结点总数 596 个，单元总数 557 个，其中薄层接触面单元 36 个。

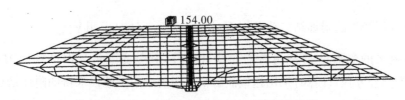

图 8.5.3　桩号 0＋700m 断面 2002 年 2 月填筑坝体有限元计算网格

②现场监测资料

截至 2002 年 2 月,现场监测资料主要反映防护坝一期填筑高程 140.00m 以下的坝体性态。由于防护坝尚未挡水,现场实测资料主要反映防护坝在施工过程中坝体自重及温度引起的性态变化。现场监测资料与计算成果对比分析,主要整理了 0＋700m 断面的 IN03、IN06、IN07 测斜兼沉降值、心墙竖向应变、心墙与过渡层间错动变形、心墙在基座接触面的竖向应力。应用累计全量分析和增量分析(一期坝体开始填筑为起点,2002 年 2 月填筑至高程 154.00m 为终点),得出原设计计算参数、调整后计算参数、观测值三者的应力、变形分布和极值。有关分布曲线和极值表明,增量分析计算更能反映外荷(自重、温度)作用下土石坝变形和应力规律。计算中,1997 年 5 月至 1998 年 6 月在坝体下游 110.0m 高程以下填筑的石渣料参数偏高,改用石渣混合料的参数;1998 年 12 月至 1999 年 12 月在坝体下游 110.00m 高程至 130.00m 高程的风化砂混合料参数偏高,以风化砂的参数将 K 值提高 15％ 后代替,调整参数后计算值和观测值基本吻合。

2)现场监测资料对反演参数的敏感性分析

填筑坝体土石料的计算参数,根据观测资料与计算成果对比分析,基本选用现场固定断面取样的三轴试验成果。

防护坝施工期实际观测资料非常丰富。反演分析选择目标函数的参变量时,需对心墙沥青混凝土的本构模型参数与实际监测资料进行相关性分析,建立合理的目标函数;同时对模型参数与目标函数进行敏感性分析,找出对坝体的实际变形和应力比较敏感的参数作为反演对象。

①心墙沥青混凝土的本构模型参数与坝体变形的相关性分析

选用邓肯—张 E-μ 模型时,沥青混凝土的应力应变特性取决于切线弹性模量 E 和切线泊松比 μ;而 E 和 μ 与本构模型各参数并非简单的单调关系,本次计算取防护坝五组沥青混凝土三轴试验数据(见表 8.5.14)进行相关性分析,以第一组参数为基数,后四组参数的有限元计算沉降结果的差值分布见图 8.5.4。

由图 8.5.4 可见:a. 心墙沥青混凝土的力学特性对施工期土石坝的变形影响范围较小,主要体现在沥青混凝土心墙本身,同时对支撑心墙的过渡料区变形也有部分改变。b. 心墙沥青混凝土的力学特性对施工期土石坝的变形量值的影响较小。五组不同参数的有限元计算竖向位移差值的极值仅 1.2cm,相应的变化率小于 4.0％。c. 不同的沥青混凝土本构模型参数对应的心墙底部与基座接触面中心处的压应力变化较大,五组不同参数的计算结果分别为 259.28kPa、114.86kPa、112.88kPa、60.7kPa、128.84kPa,相差最大达 3 倍多,反演分析的目标函数应能考虑这种变化。d. 心墙沥青混凝土的变形和应力与其本构模型参数 K 值并不是单调的函数关系,而应该由构成模型的六个参数共同决定,如第五组参数 K 值为 315,心墙底部与基座接触面中心处的压应力为 128.84kPa,第二组参数 K 值为 454.5,相应的压应力为 114.86kPa。

表 8.5.14　　　　　　　　　　　沥青混凝土敏感性分析计算参数

材料名	γ	φ_0	C	K	n	R_f	G	F	D
沥青混凝土 I	2.40	31.4	390.0	896.0	0.400	0.627	0.169	0.220	26.10
沥青混凝土 II	2.40	37.5	205.1	454.5	0.128	0.547	0.428	0.144	3.448
沥青混凝土 III	2.40	35.5	196.0	413.0	0.249	0.574	0.387	0.129	11.658
沥青混凝土 IV	2.41	30.9	193.0	213.5	0.111	0.580	0.322	0.067	3.835
沥青混凝土 V	2.40	29.4	225.0	371.5	0.202	0.650	0.434	0.019	37.119

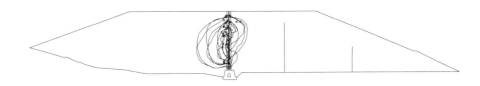

图 8.5.4　五组参数有限元计算沉降结果的差值分布

由以上分析可知,反演分析的目标函数需要包括过渡料区变形、过渡料区与心墙之间的位错、心墙沥青混凝土的应变、心墙底部与基座接触面中心处应力等变形和应力值。其中以心墙底部与基座接触面中心处应力值为主。

②心墙沥青混凝土模型参数与坝体变形与应力的敏感性分析

给定心墙沥青混凝土的本构模型参数 X 如式(8.5.4),计算 X 对坝体的实际变形和应力所对应的系统特性的影响。假定这种特性可以用反演分析的目标函数 $F(X)$ 反映,而系统特性可以用系统特性参数 X 进行评价。

图 8.5.5 为心墙沥青混凝土的本构模型参数 X 与目标函数 $F(X)$ 对应的计算敏感性曲线,其中 $F(X)$ 为过渡料区变形、过渡料区与心墙之间的位错、心墙沥青混凝土的应变、心墙底部与基座接触面中心处应力的计算值与观测值的残差的平方和。

由图 8.5.5 可见:对于心墙沥青混凝土的变形和应力,E-μ 模型各参数的影响程度依次为 G、n、K、R_f、D、F,以参数 G 的影响最大,其次为 n,再次为 K,F 的影响最小。

3)防护坝心墙沥青混凝土的本构模型参数反演计算

①填筑坝体土石料的计算参数

填筑坝体土石料的计算参数,选用调整后的现场固定断面取样的三轴试验成果。坝料计算参数见表 8.5.15。

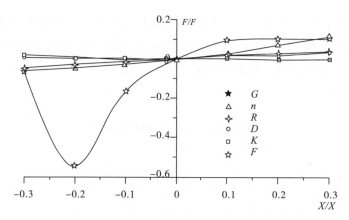

图 8.5.5　参数 X 与目标函数 $F(X)$ 对应的计算敏感性曲线

表 8.5.15　　　　　　　　　防护坝坝体填料计算参数

材料名	γ	φ_0	C	K	n	R_f	G	F	D
风化砂（天然）	2.09	40.0	45	752.5	0.728	0.908	0.270	0.282	0.084
风化砂（饱和）	2.31	39.0	60	690.2	0.885	0.905	0.225	0.128	0.052
风化砂混合（天然）	2.09	40.0	45	865.0	0.728	0.908	0.270	0.282	0.084
风化砂混合（饱和）	2.31	39.0	60	690.2	0.885	0.905	0.225	0.128	0.052
石渣混合（天然）	2.33	42.0	100	1188	0.612	0.848	0.295	0.33	0.219
石渣混合（饱和）	2.22	41.0	65	1175	0.379	0.871	0.304	0.197	0.103
石渣（天然）	2.06	43.0	85	1545	0.367	0.903	0.355	0.20	0.112
石渣（饱和）	2.10	41.5	70	1344	0.566	0.857	0.155	0.172	0.250
砂砾石（天然）	2.23	44.5	22	1465	0.472	0.863	0.345	0.235	0.138
砂砾石（饱和）	2.31	41.5	40	1415	0.613	0.874	0.275	0.168	0.097
接触面		32.5	105	534.3	0.114	0.310			
沥青混凝土	2.40	29.4	225	371.5	0.202	0.650	0.434	0.019	37.119

②反演参数与目标函数的选取

参照沥青混凝土的三轴试验结果，确定各反演参数的搜索区间如下：

$R_f \in [0.4, 0.85]$，$K \in [100, 800]$，$n \in [0.1, 0.4]$，$G \in [0.1, 0.5]$，$F \in [-0.2, 0.2]$，$D \in [20.0, 45.0]$。

选取目标函数形式如式（8.5.11）。反演计算收敛准则控制参数 ε 取 10^{-6}。

根据心墙沥青混凝土的本构模型参数与坝体变形的相关性分析的结论，反演分析的目标函数选取过渡料区竖向变形、过渡料区与心墙之间的位错、心墙沥青混凝土的应变、心墙底部与基座接触面中心处应力的计算值与观测值的残差的平方和，其中以心墙底部与基座接触面中心处应力值为主。

计算时段选取 2001 年 6 月 15 日二期坝体开始填筑为起点，2002 年 2 月 20 日二期坝体填筑至 154.00m 高程为终点，进行分析。

③计算成果

在搜索区间内各参数反演结果为：$R_f=0.5628$，$K=342.0$，$n=0.249$，$G=0.3868$，$F=0.02825$，$D=29.09$。

（2）桩号 0＋580m 断面

1）计算条件与坝体土石料的计算参数

①计算条件

反演计算取 0＋580m 断面已填筑完成的坝体进行。填筑截止日期为 2002 年 2 月，坝体的填筑高程为 154.00m。

根据坝体材料分区和填筑进度剖分的有限元计算网格见图 8.5.6。坝体填筑过程的施工仿真共分 39 级荷载，剖分结果为：结点总数 619 个，单元总数 594 个，其中薄层接触面单元 34 个。

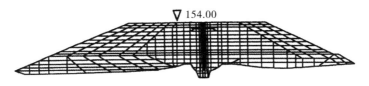

▽ 154.00

图 8.5.6　0＋580m 断面 2002 年 2 月填筑坝体有限元计算网格

②填筑坝体土石料的计算参数

填筑坝体材料的计算参数，选用调整后的现场固定断面取样的三轴试验成果，详见表 8.5.15。

2）反演参数与目标函数的选取

参照沥青混凝土的三轴试验结果，确定各反演参数的搜索区间如下：

$R_f\in[0.4,0.85]$，$K\in[100,800]$，$n\in[0.1,0.4]$，$G\in[0.1,0.5]$，$F\in[-0.2,0.2]$，$D\in[20.0,45.0]$。

选择目标函数形式。反演计算收敛准则控制参数 ε 取 10^{-6}。

根据心墙沥青混凝土的本构模型参数与坝体变形的相关性分析的结论，反演分析的目标函数选取过渡料区竖向变形、过渡料区与心墙之间的位错、心墙沥青混凝土的应变、心墙底部与基座接触面中心处应力的计算值与观测值的残差的平方和，其中以心墙底部与基座接触面中心处应力值为主。

计算时段选取 2001 年 6 月 15 日二期坝体开始填筑为起点，2002 年 2 月 20 日二期坝体填筑至 154.00m 高程为终点，进行分析。

3）计算成果

在搜索区间内各参数反演结果为：$R_f=0.5714$，$K=334.96$，$n=0.243$，$G=0.3908$，$F=0.0725$，$D=28.93$。

（3）防护坝一期填筑坝体反演计算成果分析

1）分时段计算反演分析目标函数，对排除由于碾压式沥青混凝土心墙的温度稳定过程和观测仪器在埋设初期受施工因素干扰引起的对土石坝监测资料的影响，是合理而必要的。

2)对反演参数的相关性分析表明,心墙沥青混凝土的计算参数对坝体变形的影响很小,而主要体现在对坝体应力方面:确定了反演分析目标函数应包括心墙的应变和应力、过渡区的变形以及心墙和过渡区的位错等观测值,且以心墙的应力为主。

3)对反演参数的敏感性分析表明:对于心墙沥青混凝土的变形和应力,E-μ 模型各参数的影响程度依次为 G、n、K、R_f、D、F,以参数 G 的影响最大,其次为 n,再次为 K,F 的影响最小。

4)当坝体填筑至 154.00m 高程时,对一期填筑坝体心墙沥青混凝土的 E-μ 模型参数进行反演分析,0+700m 断面反演结果为:$R_f=0.5628$,$K=342.0$,$n=0.249$,$G=0.3868$,$F=0.02825$,$D=29.09$;0+580m 断面反演结果为:$R_f=0.5714$,$K=334.96$,$n=0.243$,$G=0.3908$,$F=0.0725$,$D=28.93$。

8.5.2.3 防护坝填筑坝体反演计算与分析

(1)桩号 0+700m 断面

1)计算条件

防护坝填筑至 2003 年 5 月,坝体填筑至坝顶高程 185.00m。2003 年 6 月蓄水至水位 135.00m,2003 年 11 月,坝前蓄水位为 139.00m。计算时段选取 2001 年 6 月 15 日二期坝体填筑为起点,2003 年 5 月 31 日二期坝体填筑至坝顶高程 185.00m 为终点,对心墙沥青混凝土的模型参数进行反演分析。

桩号 0+700m 坝体填筑进度见图 8.5.7,根据坝体材料分区、填筑进度及监测仪器位置剖分的有限元计算网格见图 8.5.8。反演计算工况共包括 109 个加载级,其中坝体填筑过程的施工仿真分 76 级,模拟水库蓄水过程分 33 级荷载。部分结果为:终点总数 2890 个,单元总数 2858 个,其中薄层接触面单元 21 个。

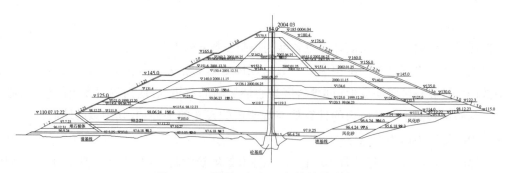

图 8.5.7 桩号 0+700m 坝体填筑进度

图 8.5.8 0+700m 断面有限元计算网格剖分

2)心墙沥青混凝土的 E-μ 模型参数反演计算

①坝体填料的计算参数

坝体填料的计算参数,选用调整后的现场固定断面取样的三轴试验成果。坝体填料计算参数见表 8.5.15。

②反演参数与目标函数的选取

参照沥青混凝土的三轴试验结果,确定各反演参数的搜索区间如下:

$R_f \in [0.4, 0.85], K \in [100, 800], n \in [0.1, 0.4], G \in [0.1, 0.5], F \in [-0.2, 0.2], D \in [20.0, 45.0]$。

选取目标函数形式如式(8.5.5)。反演计算收敛准则控制参数 ε 取 10^{-6}。根据心墙沥青混凝土的本构模型参数与坝体变形的相关性分析的结论,反演分析的目标函数选取过渡料区竖向变形、过渡料区与心墙之间的位错、心墙沥青混凝土的应变、心墙底部与基座接触面中心处应力的计算值与观测值的残差的平方和,其中以心墙底部与基座接触面中心处应力值为主。

③计算成果

在搜索区间内各参数反演结果为:$R_f = 0.5648, K = 365.0, n = 0.20, G = 0.370, F = 0.06225, D = 27.18$。

3)水库蓄水位 139.00m 防护坝反演计算成果与监测值对比分析

图 8.5.9 及图 8.5.10 为现场反演参数对应各测斜管所测竖向位移与计算值的分布,图 8.5.11 及图 8.5.12 分别为高程 119m 和高程 139m 水管式沉降仪所测竖向沉降与计算值的分布,图 8.5.13 为反演参数对应沥青混凝土心墙上、下游各应变计所测竖向应变与计算值的分布。

图 8.5.14 至图 8.5.19 为反演参数对应各监测仪器的实测值与相应计算值的时程曲线。由图中曲线可见,距沥青混凝土心墙较近的测点,坝体的变形较为一致。同时,沥青混凝土心墙的实测应变具有较强的离散性,且高程 140.00m 以上的实测应变显现出更强的离散性。坝体表面变形与观测值相比稍小,如高程 136.00m 下游坡面测点实测沉降为 12.4cm,计算值为 3.2cm。

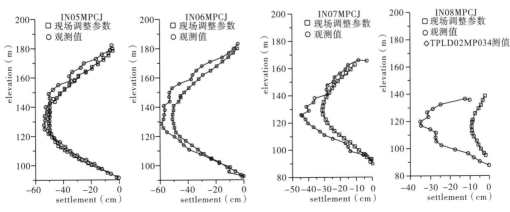

图 8.5.9　139m 水位过渡区竖向位移分布　　　图 8.5.10　139m 水位下游坝壳竖向位移分布

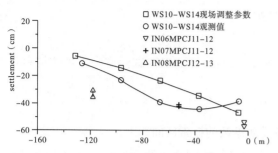
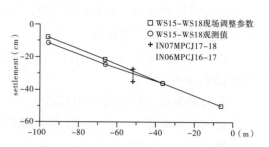

图 8.5.11　139m 水位 119m 高程水管式
沉降仪的竖向位移

图 8.5.12　139m 水位 139m 高程水管式
沉降仪的竖向位移

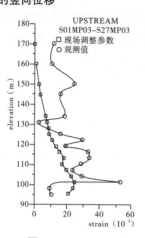
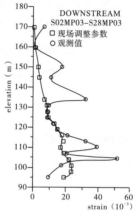

图 8.5.13　139m 水位心墙竖向应变沿程分布

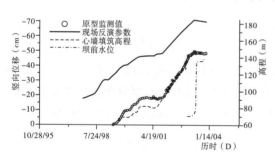
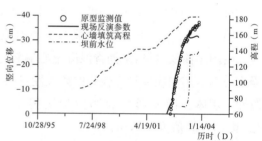

图 8.5.14　139m 水位 IN05-10 沉降环
累计沉降过程线

图 8.5.15　139m 水位 IN06-23 沉降环
累计沉降过程线

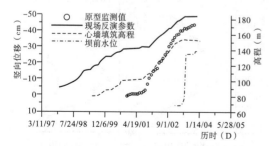
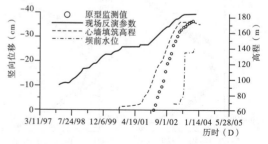

图 8.5.16　139m 水位水管式
沉降 WS11MP03 沉降过程线

图 8.5.17　139m 水位水管式
沉降 WS16MP03 沉降过程线

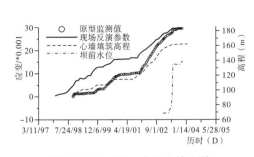

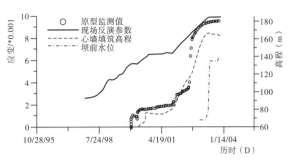

图 8.5.18　139m 水位心墙上游
应变计 S07MP03 应变过程线

图 8.5.19　139m 水位心墙下游应变计
S26MP03 应变过程线

（2）桩号 0+580m 断面

1）计算条件

计算时段选取 2001 年 6 月 15 日二期坝体开始填筑为起点，2003 年 5 月 31 日二期坝体填筑至坝顶高程 185.00m 为终点，对心墙沥青混凝土的模型参数进行反演分析。桩号 0+580m 坝体填筑进度见图 8.5.20，根据坝体填筑材料分区。填筑进度及监测仪器位置剖分的有限元计算网格见图 8.5.21。计算工况共包括 98 个加载级，其中坝体填筑过程的施工仿真分 80 级，模拟水库蓄水过程分 18 级荷载。剖分结果为：结点总数 2890 个，单元总数 2757 个，其中接触面单元 21 个。

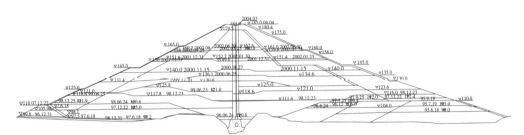

图 8.5.20　桩号 0+580m 坝体填筑进度

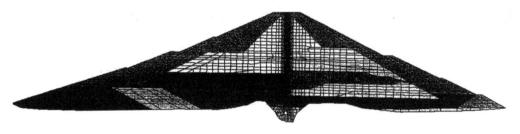

图 8.5.21　桩号 0+580m 断面计算网格剖分图

2）心墙沥青混凝土的 E-μ 模型参数反演计算

①坝体填料的计算参数

坝体填料的计算参数，选用调整后的现场固定断面取样的三轴试验成果。坝体填料计算参数参见表 8.5.15。

②反演参数与目标函数的选取

参照沥青混凝土的三轴试验结果,确定各反演参数的搜索区间如下:

$R_f \in [0.4, 0.85], K \in [100, 800], n \in [0.1, 0.4], G \in [0.1, 0.5], F \in [-0.2, 0.2],$
$D \in [20.0, 45.0]$。

选取目标函数形式如式(8.5.5)。反演计算收敛准则控制参数 ϵ 取 10^{-6}。

根据心墙沥青混凝土的本构模型参数与坝体变形的相关性分析的结论,反演分析的目标函数选取过渡料区竖向变形、心墙底部与基座接触面中心处应力的计算值与观测值的残差的平方和,其中以心墙底部与基座接触面中心处应力值为主。

③计算成果

在搜索区间内各参数反演结果为 $R_f = 0.5638, K = 370.00, n = 0.22, G = 0.389,$
$F = 0.06235, D = 28.07$。

(3)水库蓄水位139.00m防护坝反演计算成果与监测值对比分析

图8.5.22与图8.5.23分别为反演参数对应各测斜管所测竖向位移与计算值的时程分布,图8.5.24与图8.5.25分别为反演参数对应高程119.00m和高程139.00m水管式沉降仪所测竖向沉降与计算值的时程分布,图8.5.26与图8.5.27为反演参数对应沉降环所测竖向位移与计算值的时程分布,图8.5.28为反演参数对应沥青混凝土心墙底部实测压应力与计算值的时程分布,两者基本一致。

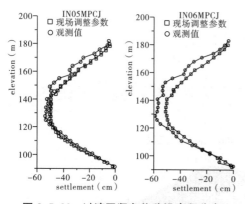
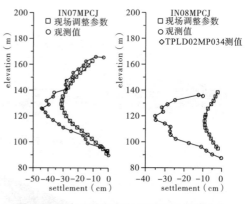

图8.5.22　过渡区竖向位移沿高程分布　　　图8.5.23　下游坝壳竖向位移沿高程分布

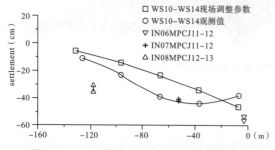
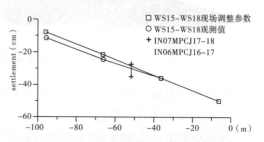

图8.5.24　119高程水管式沉降仪的竖向位移　　图8.5.25　139高程水管式沉降仪的竖向位移

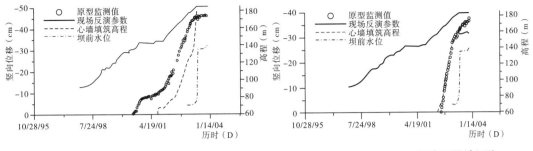

图 8.5.26　IN01－13 沉降环累计沉降
与心墙上升过程线

图 8.5.27　IN02－22 沉降环累计沉降
与心墙上升过程线

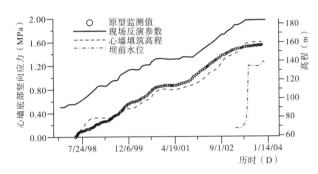

图 8.5.28　心墙底部应力计 C01MP03 应力与心墙上升过程线

（4）防护坝填筑坝体反演计算成果分析

1）截至 2003 年 11 月，监测资料主要反映防护坝坝体在填筑竣工及水库蓄水位139.00m蓄水过程中的性态。在坝体填筑期，实测资料主要反映大坝在施工过程中坝体自重及温度引起的性态变化；水库蓄水位 139.00m 蓄水期，实测资料主要反映坝体在蓄水过程中由水荷载引起的性态变化。防护坝主要利用现场开挖料分区填筑，各分区材料性质相差较大，坝体的应力状态较为复杂。

2）2003 年 11 月水库蓄水位 139.00m，采用防护坝填筑竣工及水库蓄水期的安全监测资料，对防护坝心墙沥青混凝土的 $E\text{-}\mu$ 模型参数进行反演计算，0＋700m 断面反演结果为：$R_f=0.5648$，$K=365.0$，$n=0.20$，$G=0.370$，$F=0.06225$，$D=27.18$；0＋580m 断面反演结果为：$R_f=0.5638$，$K=370.0$，$n=0.22$，$G=0.389$，$F=0.06235$，$D=28.07$。

3）水库蓄水位 139.00m 时，采用防护坝的安全监测资料，反演分析计算得到心墙沥青混凝土模量数 K 值为 365（0＋700m 断面）和 370（0＋580m 断面），较 2002 年 2 月防护坝一期填筑坝体高程 154.00m 的安全资料反演计算的 K 值 342（0＋700m 断面）和 334.96（0＋580m 断面）有所提高，据此参数进行的计算结果说明，反演计算的沉降变形和观测值时程曲线较为一致，沥青混凝土心墙底部的实测压应力与计算时程分布相当一致。

8.5.2.4　防护坝 175m 水位试验性蓄水期坝体填料参数的反馈拟合分析

反馈分析的主要目的是根据大坝实际运行状态下实测得到的应力变形值对大坝填料的

物理力学特性进行优化调整,确定合理的计算模型参数,进而对坝体剪切破坏、变形、裂缝、防渗体水力劈裂等现象作出判断和客观评价。

(1)反馈分析方法

反演分析采用正法反演分析方法,正分析采用有限元计算,用增量初应力迭代法求解非线性问题。先计算对应某次实测变形或应变的荷载组合作用下相应测点的变形或应变值,将该次 n 个测点变形或应变的理论计算值和实测值进行拟合,求出残差加权平方和,作为参数反演优化问题的目标函数,来寻求坝体接近现场各材料参数的实际值。

反馈分析按最优化原理进行,使式(8.5.13)代表平均偏差的目标函数达到最小值。

$$F = \left[\frac{1}{n} \sum_{i=1}^{n} \left(\frac{d_{mi} - d_{ci}}{d_{mi}} \right)^2 \right]^{1/2} \tag{8.5.13}$$

式中:d_{mi} 为观测值;

d_{ci} 为计算值;

n 为比较点的个数。

计算的目标函数有 3 个,即上游过渡料、下游过渡料及下游坝体 3 个监测点,每个监测点不同高程的竖向位移个数即为 n 值。

(2)反馈分析目的及任务

1)反馈分析目的

坝体填料主要是石渣料、石渣混合料、风化砂、砂砾石料(过渡料)等非线性材料,其次是弱风化基岩、混凝土基座等线弹性材料。在围堰蓄水发电期(蓄水到水位 135m),长江科学院根据 2005 年 12 月份的坝体应力变形观测成果对坝体填料的非线性模型参数进行了反馈分析,并获得了基本符合实际状态的填料模型参数。进一步反馈分析只是在前期反馈分析基础上,根据应力变形的预测成果与监测值存在差异的具体部位对坝体填料分区做进一步细化(见图 8.5.29),其目的主要是为了减小上游坝体的竖向位移和心墙与过渡料间的相对位移、增大下游坝体的竖向位移,使坝体位移与监测值相吻合。材料分区细化主要表现在以下三个部分:①将上游风化砂填料以高程 110m 线为界分为上、下两区,提高高程 110m 以下部分风化砂的模量基数,达到减小上游坝体竖向位移的目的;②下游石渣混合料增加 150m 高程分界线,将原来的两个区分为三个区;③将心墙上、下游过渡料以高程 125m 和 150m 为界分为三个区,主要是根据过渡料竖向位移沿高程分布曲线来确定分区界面高程。在填料分区细化的基础上,只对局部填料参数的沥青混凝土模量基数 K 和指数 n 做相应拟合分析。基岩与混凝土的本构模型参数和接触面参数不变,仍采用原计算参数,见表 8.5.16。前期计算成果表明,坝体应力变形主要取决于坝体填料的特性,沥青混凝土的模量基数对坝体变形的影响极小。坝体填料参数反馈分析过程中,沥青混凝土心墙的参数采用围堰发电期反馈分析确定的坝体填料试验成果,见表 8.5.17。

表 8.5.16   线性材料与接触面参数表

线性材料参数			接触面参数					
材料	kN/m³	E(MPa)	μ	接触面	$\Phi(°)$	C_s(kPa)	R_{fs}	K_s	n_s
混凝土	26.0	25000	0.17	防渗墙与					
弱风化基岩	24.0	20000	0.27	过渡料	30.2	3.4	0.75	2500	0.65

表 8.5.17   沥青混凝土 E-μ 模型参数表

kN/m³	K	n	R_f	G	F	D	$\Phi(°)$	C(MPa)	成型方法
24.5	292.2	0.367	0.565	0.478	0.005	0.142	35.2	0.203	击实成型

2)反馈分析的任务

反馈分析的主要任务是确定石渣料、石渣混合料、风化砂和过渡料等 4 种填料的 E-μ 模型参数。反馈分析的初始参数以围堰发电期(蓄水水位 135m)反分析获得的坝体填料模型参数作为基准,见表 8.5.18,根据应力变形监测成果与计算预测应力变形值的差异部位与数值,对局部填料参数进行调整。参数调整方法为:固定其中 4 种填料中的 3 种,改变其中 1 种材料的本构参数进行计算,将变形观测的 3 个监测点的监测成果(主要是竖向位移)与计算成果进行对比。根据竖向位移沿高程分布情况,有针对性地调整材料的参数,通过不断改变参数、反复计算,以目标函数最小,即拟合程度最好的参数组合作为最终计算参数。计算断面 0+700m 材料分区及观测仪器埋设布置,参见图 8.5.29。

表 8.5.18   围堰发电期反馈分析确定的坝体填料参数

填料名	kN/m³	k	n	R_f	G	F	D	$\Phi(°)$	C(MPa)
风化砂	21.0	800	0.5	0.8	0.27	0.282	0.084	39.0	0.045
过渡料	22.5	1678	0.55	0.75	0.472	0.176	5.413	39.0	0.12
堆石棱体及底部石渣料	22.5	1500	0.65	0.85	0.295	0.33	0.219	40.0	0.1
石渣料	22.2	1188	0.612	0.848	0.295	0.33	0.219	40.0	0.1
石渣混合料 1	21.5	1150	0.55	0.8	0.3	0.33	0.22	39.5	0.1
石渣混合料 2	21.0	850	0.5	0.7	0.3	0.33	0.22	38.0	0.08

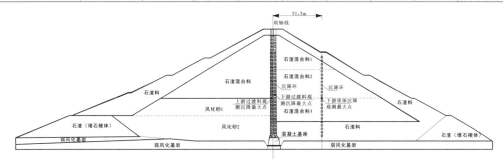

图 8.5.29 计算断面 0+700m 材料分区及观测仪器埋设布置图

（3）反馈拟合分析成果

按上述反馈分析原理、坝体填料的细化分区及参数调整方法，参数的调整以监测点所在位置对应的结点的竖向位移沿高程分布规律与监测成果的对比为基础，计算目标函数的大小。根据坝体填料的分区及以往工程经验进行材料刚度大小的调整，直至 3 个监测点的竖向位移沿高程分布规律与监测成果吻合程度均较好，最终确定各区填料参数，见表 8.5.19。心墙上游侧接触面参数不变，下游接触面参数的 K_s 增大至 15000。

表 8.5.19　　　　　　　　　　反馈分析大坝填料模型参数表

填料名称	容重 kN/m³	模量基数 K	模量指数 n	破坏比 R_f	泊松比系数 G	泊松比系数 F	泊松比系数 D	内摩擦角 $\varphi(°)$	凝聚力 C (MPa)
风化砂 1	21.0	800	0.5	0.70	0.3	0.33	0.22	38	0.08
风化砂 2	21.5	1150	0.55	0.80	0.3	0.33	0.22	39.5	0.10
堆石棱体	22.5	1300	0.45	0.85	0.295	0.33	0.22	40	0.10
石渣混合料 1	21.0	850	0.4	0.70	0.3	0.33	0.22	39.5	0.10
石渣混合料 2	21.5	1150	0.55	0.80	0.3	0.33	0.22	39.5	0.10
过渡料 1	22.5	1678	0.55	0.85	0.292	0.33	0.22	10	0.10
过渡料 2	22.1	700	0.4	0.75	0.472	0.18	5.41	39	0.12
石渣料	22.2	1188	0.61	0.85	0.295	0.33	0.22	40	0.10
石渣混合料 3	21.5	800	0.45	0.80	0.3	0.33	0.22	38	0.08
沥青混凝土	24.5	413	0.25	0.57	0.387	0.13	11.66	35.5	0.20
沥青混凝土	24.0	240	0.11	0.58	0.322	0.07	3.84	30.9	0.19

采用该套参数计算的坝体应力变形与实测成果进行对比分析如下：

1）监测点竖向位移计算与实测对比

表 8.5.20 为竖向位移最大值及发生部位统计表。图 8.5.30 至图 8.5.32 为 3 个监测点竖向位移沿高程的分布情况与监测成果的对比图。

表 8.5.20　　　　　　　　　　实测沉降与计算值对比表

监测部位	上游过渡料		下游过渡料		下游坝体	
比较内容	竖向位移(cm)	高程(m)	竖向位移(cm)	高程(m)	竖向位移(cm)	高程(m)
观测值	60.8	124.9	60.6	124.9	52.8	125.6
计算值	68.3	140.3	65.6	140.3	51.8	125

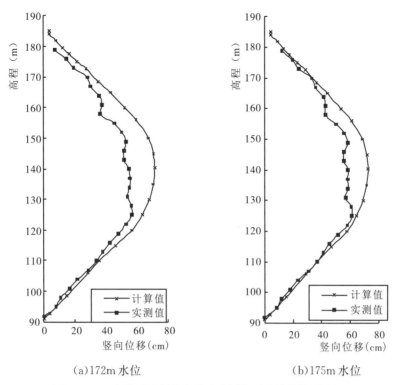

（a）172m 水位　　　　　　　　　（b）175m 水位

图 8.5.30　上游过渡料竖向位移实测与反演计算值对比图

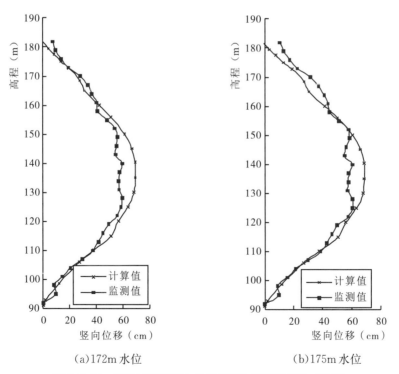

（a）172m 水位　　　　　　　　　（b）175m 水位

图 8.5.31　下游过渡料竖向位移实测与反演计算值对比图

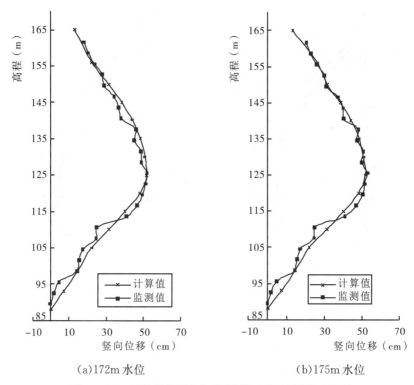

（a）172m 水位　　　　　　　　　（b）175m 水位

图 8.5.32　下游坝体竖向位移实测与反演计算值对比图

综合两家初步试验成果，偏安全计，对克拉玛依沥青混凝土（一期工程）抗拉强度定为0.1MPa左右，对中海沥青混凝土（二期工程）抗拉强度定为 0.15MPa 左右。

2）沥青混凝土心墙与过渡料间的相对位移对比分析

采用沥青混凝土模量基数 K 为 413 的一组参数进行计算分析，心墙与过渡料间的相对位移沿高程分布见图 8.5.33。心墙两侧相对位移沿高程分布规律与实测值相同，但数值上略有差异，高程 150m 以下计算值较最大观测值大 2cm 左右，而高程 150m 以上则相反，局部计算值较观测值小，这可能与计算时采用的心墙模量值偏高有关。

3）沥青混凝土心墙应变

根据以上反馈坝体填料参数，计算不同沥青混凝土模量对应的心墙应变沿高程分布与监测值的对比，见图 8.5.34。心墙竖向应变沿高程分布图显示：

①心墙竖向应变随沥青混凝土模量基数 K 的提高而减小，在高程 150m 以下这种变化规律相对比较明显，在高程 150m 以上，心墙随沥青混凝土模量基数 K 的增大而增大的变幅减小，这可能是心墙划分单元排数不同而存在的计算误差。因为在高程 150m 以下，心墙划分为三排单元，而其上则划为两排单元。

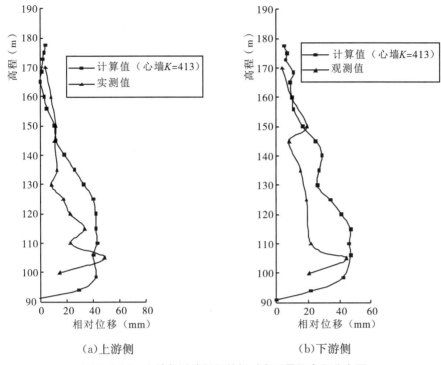

（a）上游侧　　　　　　　　　　　（b）下游侧

图 8.5.33　心墙与过渡料间的相对变形量沿高程分布图

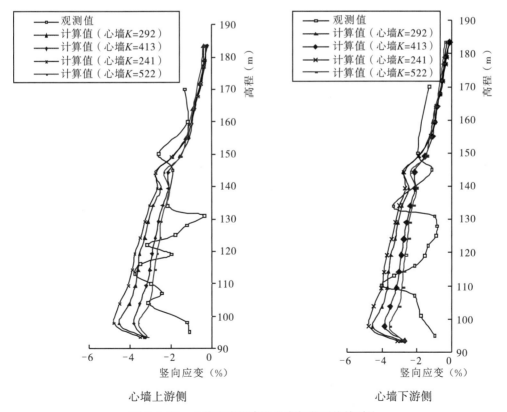

心墙上游侧　　　　　　　　　　　心墙下游侧

图 8.5.34　心墙应变沿高程分布与监测值的对比

②从实测心墙竖向应变与计算值的对比分析看,高程150m以下沥青心墙的模量基数 K 与原芯样试验成果413基本一致,只是局部点的应变较大,可能与局部点的碾压密实度控制不到位相关。而高程150m以上竖向应变的监测资料相对较少,但从仅有的3个监测点资料看,其竖向应变较计算值大,说明高程150m以上的沥青混凝土的力学特性较高程150m以下的略差。

(4)反馈分析结论

此次反演分析是在围堰发电期(蓄水水位135m)反演分析的基础上,根据现有应力变形监测资料成果对大坝填料进行分区调整及局部填料参数进行修正,通过计算成果与监测资料拟合程度的对比分析,最后确定与大坝填料实际状态相吻合的填料物理力学特性。采用反演参数的计算成果与监测成果对比表明:

1)试验蓄水172m和正常蓄水175m时,坝体三监测点的竖向位移沿高程分布的变化规律及位移大小与实测值基本一致。

2)从心墙竖向应变实测值与计算值的分布规律看,高程150m以下沥青心墙的模量基数 K 与原芯样试验成果413基本一致,局部应变较大的点的模量基数 K 不小于292。从高程150m以上仅有的3个监测点资料显示,其竖向应变较计算值略大,说明高程150m以上的沥青混凝土的力学特性较下部略差。

3)心墙上游侧与过渡料的相对变形拟合良好,而下游侧略有偏差。

4)通过对大坝竖向位移、心墙竖向应变和心墙与过渡料的相对变形进行的拟合分析后确定的主要坝体填料模型参数与实际状态基本吻合。

8.5.2.5　防护坝坝体应力变形状态分析

(1)坝体填料参数

根据反馈分析确定的填料参数(见表8.5.19),选取偏于保守的沥青混凝土模型参数(见表8.5.21),对大坝应力变形状态进行系统分析计算,并根据计算成果对大坝运行状态的安全性进行评价。根据沥青混凝土心墙应变观测资料进行拟合分析的成果,将沥青混凝土心墙以高程150m为分界线分为上、下两段,上段采用表8.5.21中第1方案参数,下段则分别采用第2和第3方案参数分别进行计算分析。

表8.5.21　　　　　　　　　　沥青混凝土参数表

方案	P (kN/m³)	K	n	R_f	G	F	D	Φ (°)	C (MPa)	成型方法
1	24.4	240.3	0.175	0.722	0.488	0.008	0.090	35.9	0.160	击实成型
2	24.5	292.2	0.367	0.565	0.478	0.005	0.142	35.2	0.203	击实成型
3	24.3	413.0	0.249	0.574	0.387	0.129	11.660	35.5	0.196	现场取芯

（2）计算断面、大坝施工过程和蓄水方案

此次计算断面、施工过程和蓄水方案均与围堰发电期反演分析相同，只是对填料分区做了局部细化，见图 8.5.33。大坝原计划蓄水方案水位过程见表 8.5.22。

表 8.5.22 　　　　　　　　　　蓄水期水位变化过程　　　　　　　　　（水位单位：m）

月份	1—5	6—9	10—12
2006 年	139	135	156
2007 年	156~144	144	172
2008 年	172~152	145	175
2009 年	175~155	145	175

（3）荷载与加载过程的模拟

施工和蓄水过程的模拟级次见表 8.5.23。

表 8.5.23 　　　　　　　　　　　　蓄水期水位变化过程

蓄水级次	一	二	三	四	五	备注
蓄水水位（m）	135	156	165	172	175	

施工期均施加自重，竣工期为第 24 级，蓄水期分为 5 级，分别对应于库水位 135m（死水位）、156m（初期蓄水位）、156m、172.0m（试验性蓄水）、175m（正常蓄水位），相应级次为第 25 级至 29 级。

计算中对每级工况分步施加自重与水荷载。

（4）计算成果及分析

1）防护坝坝体变形

两组沥青混凝土心墙参数对应的坝体应力变形最大值见表 8.5.24。两组参数对应的坝体应力变形分布规律基本相同，只是数值大小略有差异而已。

表 8.5.24 　　　　　　　　　　　坝体应力变形最大值

工况	项目		沥青混凝土模量 基数 $K=240$	沥青混凝土模量 基数 $K=413$	备注
竣工期	位移（cm）	向上游	6.7	6.8	
		向下游	10.2	10.2	
		竖向	79.3	79.5	
	主应力（MPa）	大	2.22	2.23	
		小	0.86	0.85	
	应力水平		1.0	1.0	

续表

工况	项目		沥青混凝土模量 基数 $K=240$	沥青混凝土模量 基数 $K=413$	备注
蓄水 135m	位移(cm)	向上游	6.0	6.0	
		向下游	11.4	11.3	
		竖向	78.6	79.0	
	主应力(MPa)	大	2.28	2.28	
		小	1.00	0.89	
	应力水平		1.0	1.0	
蓄水 156m	位移(cm)	向上游	4.7	4.6	
		向下游	15.9	15.7	
		竖向	77.9	78.0	
	主应力(MPa)	大	2.38	2.29	
		小	1.13	0.89	
	应力水平		0.99	0.99	
蓄水 165m	位移(cm)	向上游	4.8	4.0	
		向下游	19.0	18.6	
		竖向	76.9	77.0	
	主应力(MPa)	大	2.56	2.46	
		小	1.19	0.93	
	应力水平		0.99	0.99	
蓄水 172m	位移(cm)	向上游	3.6	3.6	
		向下游	22.3	22.1	
		竖向	78.5	78.6	
	主应力(MPa)	大	2.78	2.74	
		小	1.22	0.95	
	应力水平		0.99	0.99	
蓄水 175m	位移(cm)	向上游	3.5	3.5	
		向下游	23.4	23.1	
		竖向	79.3	79.4	
	主应力(MPa)	大	2.83	2.83	
		小	1.23	0.97	
	应力水平		1.0	0.99	

①坝体竖向位移

竣工期、蓄水期(对应蓄水 135m、156m、165m、172m 水位)、运行期(对应蓄水 175m)等工况下防护坝坝体竖向位移均为压缩变形。可见坝体在施工过程中的竖向位移均为下沉,并随填筑体的升高而增大。因上游坝体下部填有刚度相对较小的风化砂,使得上游坝体的竖向位移略大于下游坝体。最大竖向位移值均出现在上游坝体高程 145.0m 处约 1/2 坝高附近。计算结果表明:

(a)心墙的力学特性对坝体竖向位移影响较小,蓄水位 175m 时,两套沥青混凝土计算参数对应的最大竖向位移分别为 79.4cm 和 79.3cm,沉降率为 0.76%。

(b)蓄水期随水位上升,竖向位移先随水位上升略有减小,在水位上升到 165m 后又随水位上升而增大,总体变幅较小,在 3cm 左右。可见坝体最大竖向位移出现在竣工期和蓄水至正常水位 175m。

②坝体水平位移

坝体水平位移表现为以心墙为界偏向两侧。竣工期,坝体向上游的最大水平位移为 6.7cm、向下游的最大水平位移为 10.2cm,发生在上、下游坝体中部高程 125m～119m 处(为 2/5～1/3 坝高),距坝轴线 60m 左右,大致呈对称分布。蓄水期随水位上升,坝体水平位移逐渐向下游发展,蓄水到 175.0m 的水位后,坝体向下游最大水平位移增大至 23.4cm,向上游水平位移则减小至 3.5cm。

2)防护坝坝体应力

在各工况下,坝体主应力极值见表 8.5.25。

表 8.5.25　　　　　　　　　各方案沥青混凝土心墙应力变形最大值

工况	项目		沥青混凝土模量基数 K=240	沥青混凝土模量基数 K=292	沥青混凝土模量基数 K=413	备注
竣工期	位移(cm)	向上游	2	2	2	
		向下游	2	2	2	
		竖向	98	86.7	84.2	
	主应力(MPa)	大	1.32	1.55	1.62	
		小	0.72	0.74	0.58	
竣工期	应变(%)			−4.01	−3.32	
	应力水平		0.7	0.70	0.80	
蓄水 135m	位移(cm)	向上游	0	0	0	
		向下游	5	5	4.0	
		竖向	95	84.8	83.0	
	主应力(MPa)	大	1.49	1.54	1.69	
		小	0.87	0.69	0.71	
	应变(%)		−3.88	−3.33		
	应力水平		0.5	0.55	0.59	

续表

工况	项目		沥青混凝土模量 基数 $K=240$	沥青混凝土模量 基数 $K=292$	沥青混凝土模量 基数 $K=413$	备注
蓄水 156m	位移(cm)	向上游	0	0	0	
		向下游	13	13.0	13.0	
		竖向	95	85.5	83.0	
	主应力(MPa)	大	1.85	1.89	2.02	
		小	1.0	0.78	0.86	
	应变(%)		−4.05	−3.35		
	应力水平	应力水平	0.47	0.45	0.54	
蓄水 165m	位移(cm)	向上游	0	0	0	
		向下游	17	17.0	17.0	
		竖　向	97	86.8	84.4	
	主应力(MPa)	大	2.05	2.10	2.33	
		小	1.05	0.85	0.88	
	应变(%)			−4.16	−3.46	
	应力水平		0.44	0.53	0.88	
蓄水 175m	位移(cm)	向上游	0	0	0	
		向下游	23	22.0	22.0	
		竖　向	100	89.9	87.1	
	主应力(MPa)	大	2.34	2.67	2.68	
		小	1.1	0.92	0.99	
	应变(%)			−4.28	−3.61	
	应力水平		0.37	0.54	0.74	

坝体应力等值线与坝坡趋于平行,从坝顶向下应力逐渐加大,蓄水期由于水压力的作用,下游坝体应力等值线加密,下游坝体承受应力较上游坝体大。由于心墙与过渡料的模量基数差别较大,主应力等值线在心墙与过渡料相接触的地方出现不连续分布,过渡料的最大主应力大于坝体,心墙内的最大主应力小于过渡料,心墙应力存在较明显的拱效应。

坝壳应力最大区产生于靠近心墙底两侧的过渡料中,竣工期大、小主应力极值分别为2.28MPa和1.00MPa。蓄水期随水位上升,主应力随之增大,蓄水至水位175m时,最大、最小主应力分别增大至2.83MPa和1.23MPa。蓄水过程中的坝体应力发生了重新分布,各部分应力方向都稍向下游偏转,随着水位升高,上游坝壳的大、小主应力都逐渐降低,下游坝壳的应力略有增大,心墙的应力有所增高。

施工期大主应力基本上接近重力的方向,并略有向外壳偏离的趋势,在防渗墙上游侧过渡料内的大主应力偏向墙,下游侧过渡料内的大主应力偏离墙或处于重力方向,而沥青混凝土心墙内部的大主应力整体偏向下游侧分布。

蓄水期在水位上升到 156m 以上时,上游坝坡在一级和二级马道之间产生局部拉应力,拉应力随水位上升而增大,蓄水 175m 时坝壳最大拉应力为 0.1MPa。

①坝体应力水平

竣工时坝体绝大部分的应力水平 S_l 都小于 0.8,上、下游坝壳均低于 0.6,只是在防渗墙上部的过渡料区有个别单元达到 1.0,发生剪切破坏的区域甚小,而且坝体填筑材料为散粒体材料,应力将会自行调整,不会对坝体的整体稳定性产生影响。

在蓄水过程中,随着水位升高,心墙与下游坝壳的 S_l 有所降低,上游坝壳逐渐增大,绝大部分单元的应力水平 S_l 小于 0.85,只有接近上游过渡料的少数单元的应力水平超过0.9,最大达0.99,1~2 个单元的应力水平为 1.0,破坏区都未与坝面连通,坝坡石渣料填筑区的应力水平低于 0.3,包在坝内的局部塑流区被上游坝壳中下部的稳定体托住,故运行期坝体是稳定的。

②坝体应力分析比较

选取两套不同力学特性的沥青混凝土心墙进行坝体应力变形分析的计算结果表明(见表 8.5.24):当沥青混凝土力学特性发生变化时,坝体变形、应力差别很小。可见,坝体各工况应力场和位移场主要取决于坝体自重及其水荷载,受沥青混凝土心墙参数变化的影响很小。

3)沥青混凝土心墙应力与应变

上、下游侧水平位移与竖向位移沿高程分布见图 8.5.35 和图 8.5.36。心墙位移主要受坝体变形控制。心墙上游、下游两侧位移分布规律一致,只是数值上略有差别,因此下面只给出心墙上游侧位移及心墙与过渡料之间相对变形分布图,如图 8.5.36 所示。

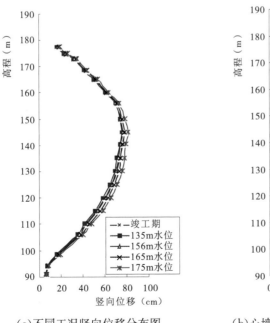

(a)不同工况竖向位移分布图

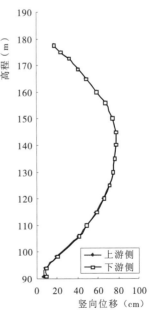

(b)心墙上、下游侧竖向位移对比图

图 8.5.35　心墙竖向位移沿高程分布

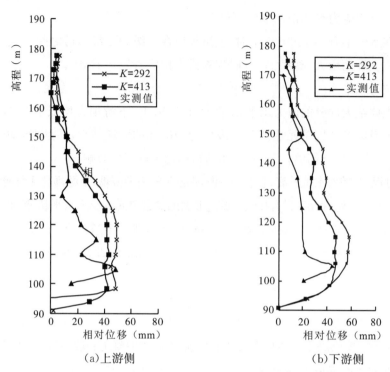

（a）上游侧　　　　　　　　　　（b）下游侧

图 8.5.36　心墙与过渡料间的相对竖向位移沿高程分布

①竖向位移

图 8.5.35 心墙上下游侧竖向位移沿高程分布对比图表明,心墙两侧沉降基本一致,说明心墙竖向位移呈均衡发展。竣工时,心墙最大沉降 86.7cm,均发生在高程 138m 即心墙中部,最大沉降率 0.93%。

各工况心墙上游侧总体竖向位移图 8.5.35(a)说明:竖向位移最大值出现在防渗墙中部,上、下段分布基本对称;竣工期总竖向位移最大,蓄水初期,由于水的浮托作用,竖向变形略有减小。随后随水位上升,竖向位移又有增大的趋势,但变化值较小,最大变幅在 7cm 以内。

图 8.5.36 心墙与过渡料间的相对位移沿高程分布图显示:

(a)心墙竖向位移略大于两侧过渡料,相对位移值随心墙模量基数的增大而减小。

(b)相对位移最大值发生在高程 110m～130m,随着高度上升,相对位移值减小。

(c)与现场监测值相比,计算成果中心墙与过渡料间的相对变形规律与观测成果相同,在高程 140m 以下,相对位移计算值略比观测大,差值在 2cm 以内。

②水平位移

沥青混凝土心墙各工况下的水平位移极值见表 8.5.25,心墙上游侧各工况下水平总位移沿高程分布如图 8.5.37(a)所示。心墙水平位移方向主要受上、下游坝体变形控制。竣工期,上、下游坝体竖向位移基本均衡,防渗心墙的水平位移很小,向上和向下游两侧的水平位移均在 2cm 以内。蓄水期随着水位的上升,沥青混凝土心墙水平位移随坝体整体向下游偏移,这是由于心墙上游面承受较大水压力及防渗墙上、下游面水头差较大,导致墙体随坝体向下游水平移动,呈下部小上部大的渐增分布形态。向下游的最大水平位移出现在蓄水期最高水位 175.0m 工况,最大达 22.0cm,发生在心墙中上部。图 8.5.37(b)心墙上、下游水平位移对比图表明,140m 高程以下,下游侧水平位移较上游侧略大,差值在 3cm 以内。

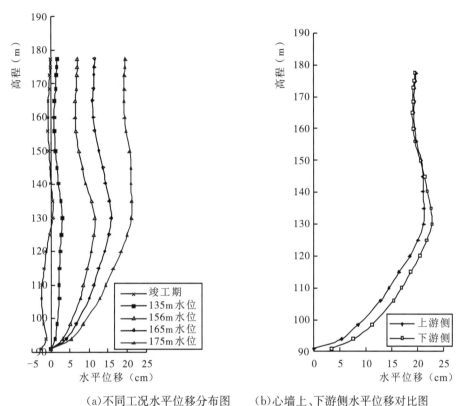

(a)不同工况水平位移分布图　　(b)心墙上、下游侧水平位移对比图

图 8.5.37　心墙上、下游水平位移沿高程分布

挠跨比是衡量沥青混凝土心墙材料安全度的指标之一。施工阶段,长江科学院针对茅坪溪防护坝心墙沥青混凝土进行了弯曲试验,试验成果表明,沥青混凝土的极限挠跨比为 2.78%。计算成果表明,各工况下心墙最大挠跨比分别为 0.003%、0.12%、0.17%、0.21%、0.23% 和 0.24%,均远小于极限值,心墙不会发生挠曲开裂破坏。

③心墙竖向应变

心墙竖向应变极值见表 8.5.25,在坝体填筑和蓄水过程中,心墙均表现为压应变,蓄水期随水位的上升,心墙竖向压应变增大,当水位上升至正常蓄水位 175m 时,竖向压应变最大为 4.28%。与心墙模量 $K=413$ 的计算成果对比可知,心墙竖向应变随模量基数增大而减小。

图 8.5.38 为心墙应变沿高程分布图。可见,心墙应变随水位上升的变化不大,上、下两侧应变均衡。图中心墙应变在高程 140m 处因沥青混凝土特性改变发生突变,高程 140m 以上沥青混凝土模量基数减小,从而使得竖向应变增大。

从心墙竖向应变计算值与实际观测值的对比图 8.5.38(b)可以发现:①二者在心墙竖向应变沿高程分布规律上是相同的,即应变随高程上升而减小;②计算所得心墙竖向应变基本是观测值的外包线,说明大坝心墙的沥青混凝土力学特性较本次计算采用的要好,即140m 高程以下综合心墙模量基数较 292 高,140m 高程以上综合心墙模量基数较 240 高。

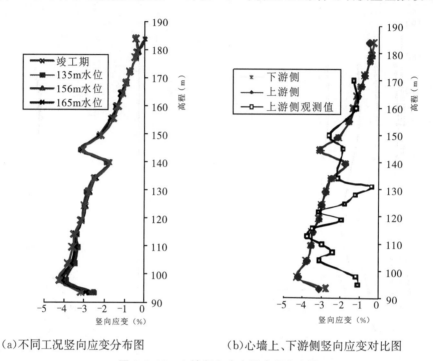

(a)不同工况竖向应变分布图　　　　(b)心墙上、下游侧竖向应变对比图

图 8.5.38　心墙竖向应变沿高程分布图

④心墙应力

各工况下心墙主应力极值见表 8.5.25,均为压应力。竣工期最大、最小主应力分别为1.55MPa、0.74MPa。蓄水期,水位 135.0m、156.0、165.0、172.0m 和 175.0m 对应的最大主应力分别为 1.54MPa、1.89MPa、2.10MPa、2.60MPa 和 2.67MPa,对应的最小主应力分别为 0.69MPa、0.78MPa、0.85MPa、0.90MPa 和 0.92MPa。可见,竣工期主应力最小,蓄水期主应力随水位的上升而增大。心墙底部中心与混凝土基座相接处的竖向应力观测值为1.46MPa,与竣工期计算值的 1.55MPa 较接近。

图 8.5.39 和图 8.5.40 分别为各工况下心墙上游侧大、小主应力分布图。大、小主应力与重力的分布规律相同,基本上随深度的增加而增大,同时随着水位上升,主应力均随之增大。

图 8.5.41 至图 8.5.42 为正常蓄水位 175m 时心墙上、下游侧最大主应力沿高程分布图。可见,上、下游心墙两侧主应力沿高程分布规律和大小基本一致,说明心墙主应力基本均衡分布。

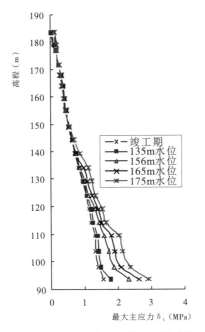

图 8.5.39　最大主应力沿高程分布图

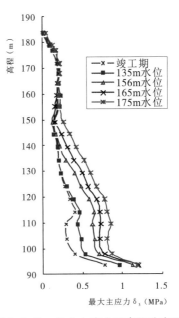

图 8.5.40　最小主应力沿高程分布图

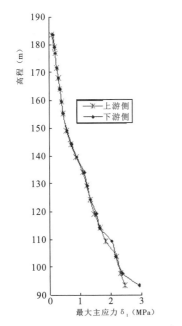

图 8.5.41　心墙两侧最大主应力对比

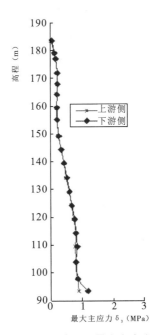

图 8.5.42　心墙两侧最小主应力对比

⑤心墙的应力水平

各工况下应力水平极值见表 8.5.25。当沥青混凝土心墙模量基数为 240 时,竣工期应力水平最大值达 0.7,蓄水期应力水平略有减小,水位 135.0m、156.0m、165.0m、172.0m 和 175.0m 对应的应力水平最大值分别为 0.50、0.47、0.44、0.35 和 0.37,随着水位的上升呈减小的趋势。

图 8.5.43 为心墙上游侧各工况下应力水平分布图。竣工期应力水平最大,蓄水期随水位上升,应力水平随之略有减小。心墙的应力水平最大值为 0.7。根据计算结果,心墙不会发生剪切破坏。

图 8.5.44 心墙两侧应力水平对比图显示,心墙两侧应力水平基本一致。

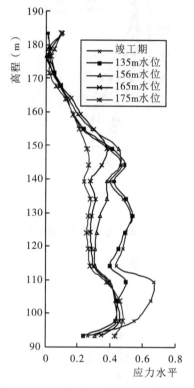

图 8.5.43　上游侧应力水平沿高程分布

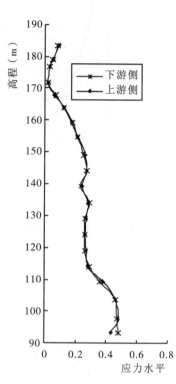

图 8.5.44　心墙两侧应力水平对比

4)沥青混凝土心墙水力劈裂破坏分析

心墙安全与否涉及整个大坝的安全,是大坝质量控制的核心所在。

①水力劈裂破坏标准

目前,水力劈裂破坏的判别标准主要是以小主应力与水压力之比进行判别,当心墙内最小主应力小于其承受的水压力时即有可能产生水力劈裂破坏。同时,由于分层填筑碾压施工,水平层成为薄弱面,其渗径较短,水压力会使已存在的隐蔽裂缝张裂,也可能使心墙受拉达到抗拉强度的极限而在薄弱面产生新的裂缝。如果心墙拱效应明显,上游侧静水压力大于心墙竖向压力,也可能产生水力劈裂破坏。心墙竖向应力与最大主应力比较接近,略小于最大主应力,但在数值上明显大于最小主应力。用最小主应力与水压力之比作为水力劈裂破坏的判断标准,属于比较保守的做法,如果在此标准下不发生水力劈裂破坏,说明心墙是安全的。

②水力劈裂试验成果

长江科学院采用圆柱体和圆形板式试样进行茅坪溪沥青混凝土心墙的水力劈裂试验,研究其水力劈裂的条件。试验成果表明:无论是在有侧限还是在无侧限条件下,沥青混凝土试样都是在内外水压存在压差的情况下,并产生一定量的径向变形后才产生水力劈裂,这些水力劈裂均是径向水力劈裂。径向拉伸应力可达 0.2MPa 以上,径向应变需达 1% 左右。

③计算成果分析

(a)根据心墙竖向应力进行判断。

图 8.5.45 为不同水位条件下心墙竖向应力与水压力沿高程分布图,竖向应力是同高程水压力的 2~3 倍,说明心墙的安全储备较高,不会发生水力劈裂破坏。

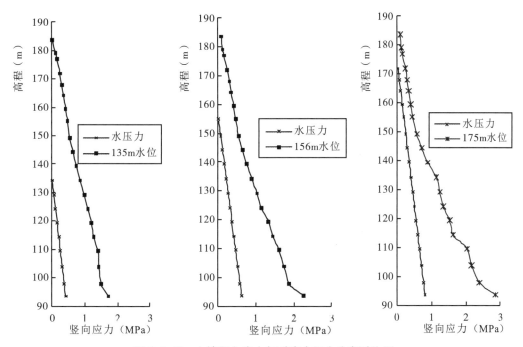

图 8.5.45　心墙竖向应力与对应水压力分布对比图

(b)根据心墙最小主应力进行判断。

在不考虑心墙抗拉强度的前提下,沥青混凝土模量基数 $K = 292$ 时对应的最小主应力与水压力沿高程分布情况见图 8.5.46。成果图表明:

a)低水位状态下,最小主应力大于对应水压力,心墙是安全的。

b)当蓄水到水位 175.0m 时,位于高程 145.0~155.0m 之间的心墙最小主应力与水压力相近,说明在不考虑心墙抗拉强度时心墙处于临界状态。

如果考虑心墙的抗拉强度(按试验成果取 0.2MPa),沥青混凝土模量基数 $K = 292$ 时对应的最小主应力与水压力沿高程分布情况见图 8.5.47。各方案下(不同沥青混凝土模量)的最小主应力均大于水压力,说明高程 140m 以下沥青混凝土的模量基数不小于 292、高程 140m 以上沥青混凝土的模量基数不小于 240 时心墙是安全的,发生水力劈裂破坏的可能性较小。

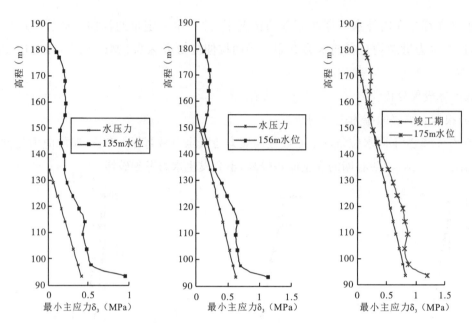

图 8.5.46 最小主应力与对应水压力分布对比图(不考虑沥青混凝土的抗拉强度)

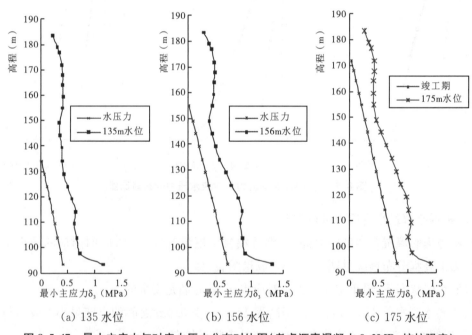

图 8.5.47 最小主应力与对应水压力分布对比图(考虑沥青混凝土 0.2MPa 抗拉强度)

8.5.2.6 防护坝坝体应力变形反演分析成果评价

1)根据坝体各测点竖向位移分布特点进行反馈分析确定的填料参数看,与围堰发电期反演成果主要有以下不同:

①上游坝体高程 110m 以下风化砂填料的力学特性有所提高。

②下游高程 105~125m 的石渣混合料的实际力学特性变差,而高程 125~150m 的石渣

混合料则相反,力学特性有所提高。

③过渡料的刚性有所减弱。

2)采用反馈分析确定的填料参数的计算成果表明,3 个观测点的竖向位移在高程分布规律方面计算成果与观测成果一致,只是数值上略有差别:下游过渡料内观测点的竖向位移计算值与观测值基本一致,上游过渡料的计算成果比观测成果略大。下游坝体内上、下段拟合程度完好。

3)坝体最大沉降量为 79.6cm,沉降率为 0.76%;水平位移随水位的上升向下游发展,最大水平位移 23.4cm;竣工期和蓄水期坝体的变形及应力状态较好,防护坝是安全的。

4)沥青混凝土心墙的变形主要受坝体变形的影响。心墙最大沉降 86.7cm(最大沉降率0.93%),向下游的最大水平位移 22.0cm,发生在心墙中上部。心墙与过渡料接触处存在竖向位移差,位移差随水位的上升而略有增大,上游侧心墙与过渡料的竖向位移差最大达4.9cm,下游侧心墙与过渡料的竖向位移差最大达 7.7cm,均出现在高程 115.0m 处。

5)心墙竖向应变的实测资料与计算成果表明,高程 140m 以下心墙沥青混凝土模量基数不小于 292,高程 140m 以上心墙沥青混凝土模量基数不小于 240。

6)水力劈裂计算分析表明,按竖向应力不小于心墙上游侧静水压的标准进行判别,沥青混凝土的抗水力劈裂安全系数为 2~3,心墙不会发生水利劈裂破坏;如果按最小主应力不小于心墙上游侧静止水压力的标准进行评定,沥青混凝土模量基数 K 不小于 240,心墙最小主应力不小于相应水压力。考虑到沥青混凝土具备 0.2MPa 的抗拉强度,心墙发生水力劈裂破坏的可能性很小,尽管心墙应力受过渡料的支撑存在一定拱效应,但尚在承受范围之内,不至于影响防护坝安全运行。

7)心墙的应力水平随沥青混凝土模量基数 K 值的增大而增人,当心墙模量基数为 413时,心墙的应力水平均小于 0.88,说明沥青混凝土心墙应力状态良好,在沥青混凝土模量基数 K 值不小于 240 的条件下有一定的抗剪强度储备。

8)心墙的挠跨比均远小于试验极限值 2.78%,心墙抗挠曲开裂有较大的安全裕度。

防护坝坝体应力变形反演成果说明,茅坪溪防护土石坝沥青混凝土心墙及坝体安全性满足规范要求。

8.6　防护坝挡水运行安全分析与评价

8.6.1　防护坝施工仿真有限元分析

8.6.1.1　采用非线性黏弹性有限元计算分析

(1)计算条件

计算选取 0+700 断面坝体进行。防护坝坝体填筑于 1996 年 4 月开始施工,2003 年 5月 30 日填筑至坝顶高程 185.00m。2003 年 6 月 1 日至 15 日,水库蓄水至围堰挡水发电水位 135.00m,2003 年 10 月,水库水位抬升至 139.00m;2006 年 10 月,水库蓄水至初期发电水位156.00m。初步设计于2013年10月,水库蓄水至正常蓄水位175.00m。

坝体填筑施工分两期。第一期从1996年4月至2000年11月15日,防护坝填筑至高程140.00m,施工仿真共分58级加载;第二期从2001年6月至2003年5月30日,填筑至坝顶高程185.00m,施工仿真共分18级加载。2003年6月1日至6月15日,水库蓄水至初期发电水位135.00m;2003年10月,水库水位抬升至139.00m,水荷加载仿真共分20级;水库正常蓄水位175.00m,下游水位95.00m,水荷加载仿真共分19级;运行水位蓄至校核洪水位180.40m,下游水位114.60m,水荷加载仿真共分4级。

剖分结果为:结点总数2890个,单元总数2858个,其中接触面单元21个。

(2)计算参数

根据防护坝填料力学性能试验研究报告,填筑坝体土石料的计算参数选用对比分析后的现场固定断面取样的三轴试验成果。沥青混凝土参数取为反演所得参数。沥青混凝土抗拉强度取克拉玛依和中海沥青混凝土两者当中的小值,为0.106MPa。

沥青混凝土的蠕变特性参数:t_0为单位时间,以天计;λ取三组不同应力水平下$\ln\epsilon-\ln t$曲线的斜率平均值0.00554,c取0.00557。

(3)计算成果分析

表8.6.1为采用反演分析的防护坝心墙沥青混凝土模型参数计算所得防护坝坝体变形和应力值。

表8.6.1 防护坝坝体变形和应力计算值

部位		正常蓄水位工况	校核洪水位工况
坝壳	水平位移(cm)	−10.2/09.1	−11.6/07.8
	竖向位移(cm)	63.4	62.4
	大主应力(MPa)	2.29	2.22
	小主应力(MPa)	1.13	1.11
心墙	水平位移(cm)	5.2	5.1
	竖向应力(MPa)	1.78	1.82
	应力水平	0.33	0.32
	主应力比	0.73	0.68

1)坝体变形

①水平位移

图8.6.1、图8.6.2分别为正常蓄水位、校核洪水位对应的坝体有限元计算水平位移等值线分布。虽然由于上游坝壳风化砂的填筑,竣工期坝体水平位移零线偏向上游、最大值位于上游坝壳风化砂内,但是,水库蓄水后,水荷及坝料浸水湿化使坝体水平位移发生较大改变,位移最大值转移到下游坝壳高程160.00m的风化砂混合料与石渣混合料区交界面的附

近,如正常蓄水位时极值达 10.2cm,校核洪水位时为 11.6cm。

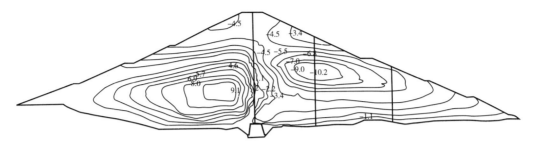

图 8.6.1　0+700m 断面满蓄时坝体有限元计算水平位移(cm)

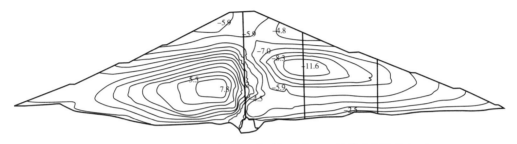

图 8.6.2　0+700m 断面校核洪水时坝体有限元计算水平位移(cm)

　　图 8.6.3 为心墙上游面有限元计算水平位移沿高程分布。各种工况下沥青混凝土计算水平位移最大值为 11.6cm,位于高程 160.00m 附近,相应的挠跨比为 1.5‰;心墙与坝壳的变形基本协调,无明显的突变现象。复杂的材料分区使心墙轴线竣工时主要偏向上游,并在高程 117.00m 处位移最大,达 7.6cm。

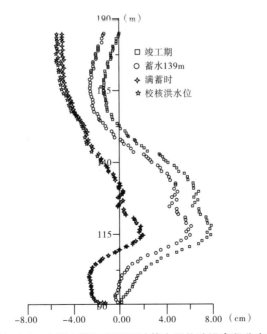

图 8.6.3　心墙上游面有限元计算水平位移沿高程分布图

②竖向位移

图 8.6.4、图 8.6.5 分别为正常蓄水位和校核洪水位对应的坝体有限元计算竖向位移等值线分布。各种工况下,坝体竖向位移分布规律相似。竣工期极值为 68.7cm,约占坝高的 0.7%,位于上游坝壳的风化砂内高程 125.00m 处;水库蓄水后上游坝壳有轻微上抬现象,但防护坝的计算极值仍位于上游坝壳内,正常蓄水位和校核洪水位对应的极值分别为 63.4cm、62.4cm。

无论水平方向还是竖直方向,沥青混凝土心墙对防护坝的变形没有明显的影响。

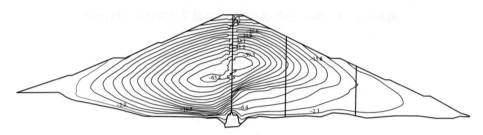

图 8.6.4　7+700m 断面满蓄时坝体有限元计算竖向位移(cm)

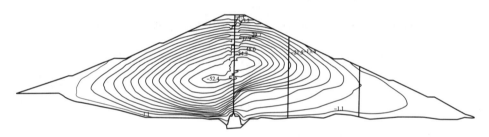

图 8.6.5　7+700m 断面校核洪水时坝体有限元计算竖向位移(cm)

2)坝体应力与应力水平

图 8.6.6 与图 8.6.7、图 8.6.8 与图 8.6.9 分别为正常蓄水位和校核洪水位对应的坝体有限元计算大、小主应力等值线分布。复杂的材料分区对坝体的应力分布产生了显著影响,尤其是沥青混凝土心墙的存在,明显改变了坝体的应力分布。正常蓄水位时、校核洪水位对应的大主应力极值分别为 2.29MPa、2.22MPa,小主应力极值分别为 1.13MPa、1.11MPa,位于下游靠近基岩的较硬石渣料与砂砾料交界区的底部。且大主应力在上、下游砂砾料过渡区之间的沥青混凝土心墙内产生了明显的拱效应。

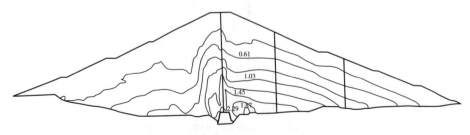

图 8.6.6　7+700m 断面满蓄时坝体有限元计算大主应力(MPa)

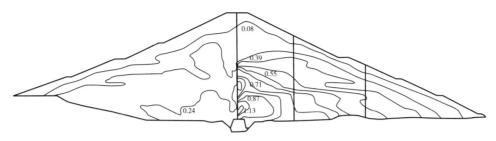

图 8.6.7　7+700m 断面满蓄时坝体有限元计算小主应力(MPa)

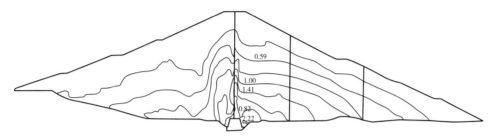

图 8.6.8　7+700m 断面校核洪水时坝体有限元计算大主应力(MPa)

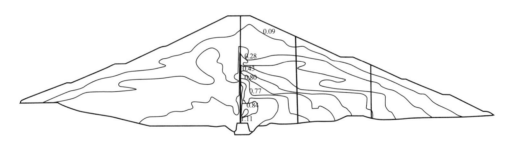

图 8.6.9　7+700m 断面校核洪水时坝体有限元计算小主应力(MPa)

图 8.6.10 为沥青混凝土心墙轴线的竖向应力沿高程的分布。由图可以看出：

①坝体高程 165.0m 成为竣工期和蓄水后心墙的竖向应力分布规律发生变化的临界点：在高程 165.00m 以下，蓄水后心墙的竖向应力大于竣工期；在高程 165.00m 以上，则相反。

②沥青混凝土心墙在高程 105.00m～130.00m 竖向应力变化梯度较大，该处下游坝壳为风化砂混合料填筑，应力和变形都较复杂。

③正常蓄水位和校核洪水位时，沥青混凝土心墙的竖向应力大于水压力；再考虑到沥青混凝土的抗拉强度，心墙不会发生水力劈裂。

图 8.6.11 为沥青混凝土心墙轴线的应力水平分布。各工况下应力水平最大值为竣工期的 0.67，蓄水后有所降低。值得注意的是，高程 152.00m 成为竣工期和蓄水后心墙的应力水平分布规律发生变化的临界点。蓄水后心墙的应力水平在高程 152.00m 以上有所提高，在高程 152.00m 以下有所减小。

图 8.6.12 为沥青混凝土心墙轴线的主应力比分布。各工况下主应力比最大值为竣工期的 0.92，其中高程 165.00m～180.00m 主应力比大于 0.7；水库蓄至正常运行水位

175.00m后有所降低,最大值为 0.73;与应力水平分布规律相对应,蓄水后心墙高程152.00m以上的主应力比有所减小。

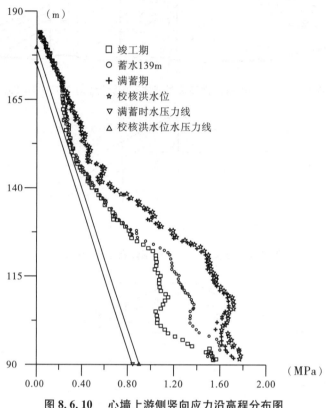

图 8.6.10 　心墙上游侧竖向应力沿高程分布图

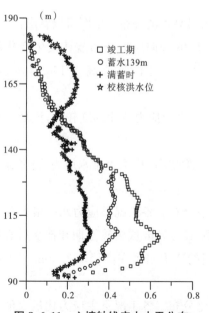

图 8.6.11 　心墙轴线应力水平分布

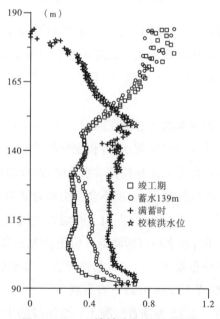

图 8.6.12 　心墙轴线主应力比分布

8.6.1.2　采用黏弹塑性有限元分析计算

(1)黏弹塑性模型

三轴试验结果表明:沥青混凝土由于自身的孔隙率较小,侧向作用效应十分明显,体积变形较小且主要表现为剪胀特性。现有的非线性和弹塑性模型难以正确地反映复杂应力状态下沥青混凝土的力学特性。河海大学针对沥青混凝土的特性,建议采用弹塑性耦合模型。

目前,岩土类材料在建立弹塑性应力—应变本构关系时,大多采用增量塑性理论。传统的弹塑性模型引入经典的弹塑性理论,遵守相关联的流动法则和 Drucker 公设,难以正确模拟土石和沥青混凝土等复合材料的应力应变关系。

沥青混凝土在塑性变形的发展过程中,不遵守关联流动法则和 Drucker 公设,弹性系数随着塑性变形的发展而变化,如图 8.6.13(a)所示,当 $\sigma_A < \sigma_B$ 时,B 点回弹曲线 BB' 的斜率小于 A 点回弹曲线 AA' 的斜率,即在外荷作用下,弹性系数和应力状态是耦合的。随着应力的增长,使得可恢复变形的比例相对传统的弹塑性模型而言是增加的,而不可恢复变形的比例相对减小。

结合图 8.6.13(a),对于一个应力增量 $d\sigma$ 的屈服过程,应变增量 $d\varepsilon$ 由弹性部分 $d\varepsilon^e$ 和不可恢复部分应变增量组成,其中不可恢复应变增量由塑性应变增量 $d\varepsilon^p$ 和弹塑性耦合产生的应变增量 $d\varepsilon^c$ 两部分组成,即:

$$d\varepsilon = d\varepsilon^p + d\varepsilon^c + d\varepsilon^e \tag{8.6.1}$$

弹塑性耦合产生的应变增量 $d\varepsilon^c$,是因材料屈服导致弹性系数的变化而引起的:

$$d\varepsilon^c = dC \cdot \sigma \tag{8.6.2}$$

$$dC = \frac{\partial C}{\partial H_a} dH_a \tag{8.6.3}$$

其中:H_a 为硬化参数。

考虑到弹塑性耦合产生的不可恢复的应变增量 $d\varepsilon^c$ 的机理目前尚不十分明确,难以准确计算,将图 8.6.13(b)中 B 点卸载过程的应力路径 $B \rightarrow B'$ 简化为 $B \rightarrow C \rightarrow B'$,其中 CB' 为 AA' 的平行线。则在应力增量 $d\sigma$ 的屈服过程中,沿 $B \rightarrow C$ 应力路径中产生的应变增量 $d\varepsilon^R$ 为可恢复的。而沿 $A \rightarrow B$ 应力路径加载,然后卸载产生的塑性应变增量 $d\varepsilon^p$ 修正为 AC 线段的长度。在材料屈服后的某个应力增量 $d\sigma$ 的作用下,应变增量 $d\varepsilon$ 可表示为:

$$d\varepsilon = d\varepsilon^p + d\varepsilon^R \tag{8.6.4}$$

1)塑性应变增量 $d\varepsilon^p$

经过修正后,在应力增量 $d\sigma$ 的屈服过程中产生的塑性应变增量 $d\varepsilon^p$ 符合传统的塑性理论假定,遵守关联流动法则和 Drucker 公设,可利用现有的弹塑性模型如剑桥模型等进行计算。对于 n 个屈服面,有

$$d\varepsilon^p = \sum_{k=1}^{n} d\lambda_k \frac{\partial f_k}{\partial \sigma_{ij}} \tag{8.6.5}$$

考虑到沥青混凝土具有较强的剪胀特性,利用椭圆—抛物双面模型,屈服面方程如式(8.6.6)、式(8.6.7):

$$P + \frac{q^2}{M_1^2(p + p_r)} = \frac{h\varepsilon_v^p}{1 - t\varepsilon_v^p} p_a \tag{8.6.6}$$

$$\frac{\alpha q}{G}\sqrt{\frac{q}{M_2(p+p_r)-q}}=\varepsilon_s^p \tag{8.6.7}$$

式中：p、q 分别为广义正应力和广义剪应力，ε_v^p、ε_s^p 分别为塑性体应变和等效塑性剪应变，G 为弹性剪切模量，α、h、t、M_1、M_2 分别为模型的试验参数，$P_r=C\cdot\cot\varphi$，p_a 为大气压。

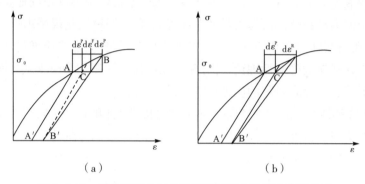

图 8.6.13　弹塑性耦合条件下沥青混凝土的应力应变关系

各屈服面的屈服轨迹见图 8.6.14 所示。

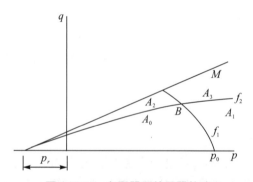

图 8.6.14　各屈服面的屈服轨迹

2）可恢复的应变增量 $d\varepsilon^R$

可恢复的应变增量 $d\varepsilon^p$ 是指在应力增量卸除后能够消去的变形，可利用弹性理论进行计算，满足广义胡克定律，可写为：

$$d\varepsilon^R=C(\sigma)\cdot d\sigma \tag{8.6.8}$$

$C(\sigma)$ 为弹性柔度矩阵，由图 8.6.13(b)可知，在弹塑性耦合情况下为应力状态的函数，可参考现有的弹性非线性模型（邓肯—张模型）选择。

考虑到邓肯双曲线模型能较好地反映材料的非线性弹性特性，采用邓肯模型计算弹性系数 E_t，其计算公式如式(8.6.9)：

$$E_t=Kp_a\left(\frac{\sigma_3}{p_a}\right)\left\{1-\frac{R_f[1-\sin\varphi(\sigma_1-\sigma_3)]}{2C\cdot\cos\varphi+2\sigma_3\sin\varphi}\right\}^2 \tag{8.6.9}$$

式中：C、φ 分别为凝聚力和内摩擦角，K、n、R_f 为试验参数。

3）弹塑性耦合的应力应变关系模型

式(8.6.4)、式(8.6.5)和式(8.6.8)构成了弹塑性耦合情况下的弹塑性本构关系。

（2）计算条件

计算选取 0+700m 断面坝体进行。

（3）计算参数

根据防护坝填料力学性能试验研究报告，填筑坝体土石料的计算参数，选用对比分析后的现场固定断面取样的三轴试验成果，计算参数见表 8.5.15。

沥青混凝土的蠕变特性参数：t_0 为单位时间，以天计；λ 取三组不同应力水平下 $\ln\varepsilon - \ln t$ 曲线的斜率平均值 0.00554，C 取 0.00557。

沥青混凝土的弹塑性模型参数根据室内实验成果进行整理。根据沥青混凝土材料特性提出的考虑弹塑性耦合的应力应变关系模型，进行弹塑性分析。

图 8.6.15 为围压分别为 0.9MPa、0.5MPa、0.2MPa 对应的克拉玛依沥青混凝土三轴试验量测结果与计算结果比较图。为模拟试件加载过程，对各级荷载用弹塑性耦合模型对应的弹塑性矩阵计算相应的应变增量，采用优化方法与试验结果拟合后求得模型参数。模型各参数见表 8.6.2。由图可见，推导模型对试验结果拟合较好，真实地反映了复杂应力条件下沥青混凝土的应力—应变特性。

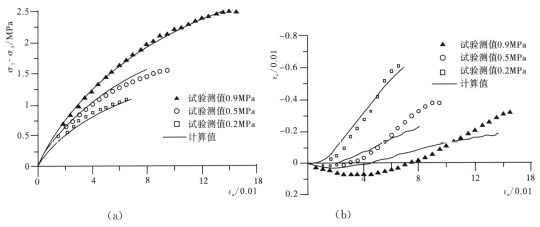

图 8.6.15　克拉玛依沥青混凝土三轴试验量测与计算结果比较图

表 8.6.2　　　　　　　　　　沥青混凝土弹塑性模型计算参数

材料种类	C(kPa)	φ(°)	K	n	R_f	α	M_1	M_2	h	t
克拉玛依	211.0	29.5	210.0	0.10	0.58	0.10	2.45	2.76	621.0	4.58
中海油	225.0	30.0	215.0	0.13	0.58	0.11	2.48	2.60	635.0	4.53

（4）计算成果与分析

与采用非线性邓肯模型对应反演参数的计算结果相比，当沥青混凝土心墙采用弹塑性耦合模型进行计算时，防护坝堆石体的变形变化很小，如正常蓄水位时防护坝的竖向位移极值仅由 63.4cm 改变为 63.5cm；而防护坝的应力特别是沥青混凝土防渗心墙有所改变。

防护坝坝体应力和变形计算值见表 8.6.3。

表 8.6.3　　　　防护坝考虑沥青混凝土弹塑性耦合时坝体变形和应力计算极值

部位		正常蓄水位工况	校核洪水位工况
坝壳	水平位移(cm)	−10.2/09.2	−11.9/08.0
	竖向位移(cm)	63.5	62.5
	大主应力(MPa)	2.30	2.24
	小主应力(MPa)	1.15	1.13
心墙	水平位移(cm)	5.4	5.3
	竖向应力(MPa)	1.67	1.72
	应力水平	0.31	0.31
	主应力比	0.69	0.75

　　图 8.6.16 为沥青混凝土心墙各工况下的水平变形沿高程的分布,可见:心墙在高程 105.00~130.00m 的水平向变形较大,导致该位置的心墙轴线明显弯曲,但水库蓄水后有所改善;水库蓄水后,心墙的最大水平位移为 5.4cm,位于高程 175.00m 左右。图 8.6.17 为沥青混凝土心墙各工况下的竖向应力沿高程的分布,图 8.6.18、图 8.6.19 分别为沥青混凝土心墙各工况下的应力水平和主应力比沿高程的分布。水库正常蓄水位和校核洪水位时,沥青混凝土心墙的竖向应力均大于水压力,若同时考虑沥青混凝土的抗拉强度,心墙不会发生水力劈裂。心墙的应力水平都小于 1.0。高程 152.00m 成为竣工期和蓄水后心墙的应力水平和主应力比分布规律发生变化的临界点。蓄水后,心墙的应力水平在高程 152.00m 以上有所提高,在高程 152.00m 以下有所减小;而主应力比则相反,其中高程 152.00m 以上,心墙主应力比大于 0.7。

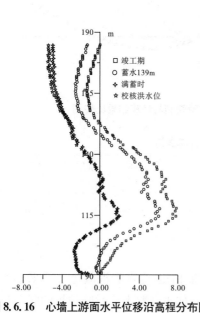

图 8.6.16　心墙上游面水平位移沿高程分布图

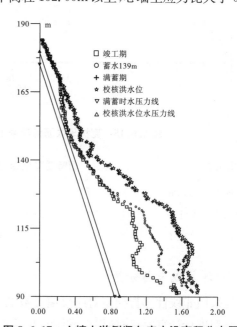

图 8.6.17　心墙上游侧竖向应力沿高程分布图

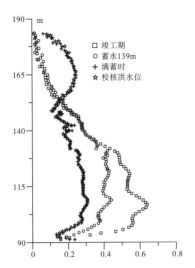

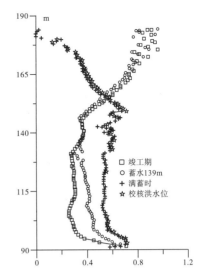

图 8.6.18　心墙轴线应力水平沿高程分布图　　　图 8.6.19　心墙轴线主应力比沿高程分布图

8.6.1.3　防护坝施工仿真计算成果分析

1)采用非线性黏弹性有限元分析,计算成果表明,水库蓄水后,水荷载及坝体填料浸水湿化使坝体水平位移发生较大变化。由上游转到下游坝壳高程 160.00m 附近,水库正常蓄水位时水平位移值达 10.2cm,校核洪水位时水平位移值达 11.6cm。竖向位移各工况下分布规律相似,防护坝竣工时竖向位移值为 68.7cm,约占坝高 0.7%。蓄水后上游坝壳轻微上抬,正常蓄水位和校核洪水位时的竖向位移分别为 63.4cm 和 62.4cm。无论水平方向还是竖直方向,沥青混凝土心墙对防护坝的变形没有明显影响。正常蓄水位和校核洪水位时,沥青混凝上心墙的竖向应力大于同高程水压力,再考虑沥青混凝土的抗拉强度,沥青混凝土心墙不会发生水力劈裂。各工况下心墙应力水平最大值为竣工期的 0.67,蓄水后有所下降。主应力比偏大,正常蓄水位时最大值为 0.73。

2)采用黏弹塑性有限元分析,计算成果仍表明,水库正常蓄水位和校核洪水位时,沥青混凝土心墙的竖向应力均大于水压力,考虑沥青混凝土抗拉强度,沥青混凝土心墙不会发生水力劈裂。各工况下心墙应力水平均小于 1.0。在坝体高程 152.00m 以上,心墙主应力比大于 0.7。

3)防护坝沥青混凝土心墙的变形和应力与坝壳基本协调。其中,高程 105.00～130.00m 的变化梯度较大。沥青混凝土心墙两侧设置砂砾石过渡区产生的拱效应,使得心墙的竖向应力降低,但对侧向作用较强的沥青混凝土心墙的变形稳定是有利的。根据防护坝竣工期填筑坝体现场监测资料所得到的沥青混凝土参数计算的心墙应力水平均小于 1.0,心墙不会发生剪切破坏。高程 150.00m 左右成为竣工期和蓄水后应力水平及主应力比分布规律改变的拐点。

4)考虑心墙沥青混凝土的黏塑性,利用室内三轴试验成果,对防护坝的变形和应力分析的结果表明,考虑心墙沥青混凝土的黏塑性时,沥青混凝土心墙的应力有所降低。水库蓄水后,防护坝在正常蓄水位 175.00m 和校核洪水位 180.40m 运行时,沥青混凝土心墙不会发生水力劈裂。

8.6.2   防护坝挡水运行安全评价

8.6.2.1   防护坝应力应变计算与施工期监测及补充试验成果分析

（1）防护坝应力应变计算分析

根据我国 SLJ01—88《土石坝沥青混凝土面板和心墙设计准则》（简称《设计准则》）和国内外沥青混凝土心墙土石坝的经验,广泛采用非线性计算模型,进行土石坝应力应变计算分析。模型有关计算参数通过三轴试验取得。在非线性有限元法 $E-\mu$ 模型计算参数中,模量数 K 值变化对沥青混凝土心墙应力应变计算成果影响比较敏感。初步设计阶段,对防护坝坝体及沥青混凝土心墙的应力应变进行非线性有限元法分析,采用沥青混凝土模量的 K 值为 600～800（室内三轴试验成果）。计算结果表明,沥青混凝土心墙应力和变形可满足防护坝安全运行要求。在防护坝一期填筑坝体（第一标段）施工过程中,发现沥青混凝土摊铺后现场取样室内成型和碾压后钻孔取芯样三轴试验获得的模量数 K 值偏低（尤其是芯样模量数 K 值）。为此,中国长江三峡工程开发总公司委托多家单位进行复核计算分析。武汉大学水电学院采用 $E-\mu$ 模型,计算模量数 K 值为 413;清华大学分别采用 K-G 模型和 E-μ 模型,计算模量 K 值为 408;长江科学院采用 E-μ 模型,计算模量数 K 值为 454.5。综合各家计算结果,得出以下结论。

1)坝体最大变形不大,施工期和蓄水期沥青混凝土心墙的变形和应力状态基本满足设计要求。

2)沥青混凝土心墙模量数 K 值为 400 时,两种模型计算的各高程竖向应力 δ_y 基本上大于同高程的库水压力,E-μ 模型计算成果有局部范围小于同高程的库水压力。

3)沥青混凝土心墙的应力水平,在各工况下均小于 1.0。

4)心墙沥青混凝土的静止侧压力系数（$\lambda = \delta_3/\delta_1$）大部分在 0.3～0.5 控制范围内。

5)从心墙位移分析,其挠跨比值均在设计要求范围内。

为研究沥青混凝土各项力学参数变化——特别是模量数 K 值变化——对沥青混凝土心墙应力和变形的影响,长江科学院选三套力学参数,其中模量数 K 值为 213.54、300、408,作敏感性分析,结果表明:

①当沥青混凝土心墙模量数 K 值为 400 量级时,心墙上游的竖向应力 δ_y 大于同高程的库水压力。

②当沥青混凝土心墙模量数 K 值为 300 量级时,心墙上游的竖向应力 δ_y 大部分仍大于同高程的库水压力。但心墙沥青混凝土的静止侧压力系数大于 0.7,超出《设计准则》规定的范围。

③当沥青混凝土心墙模量数 K 值为 200 量级附近及以下时,在防护坝完建后运行期和汛期,心墙上游的竖向应力 δ_y 小于同高程的库水压力。此时心墙沥青混凝土的静止侧压力

系数达到 0.86～0.95,超出《设计准则》规定的范围。

(2)防护坝施工期沥青混凝土补充试验

防护坝施工期,中国长江三峡工程开发总公司委托北方交通大学牵头,葛洲坝集团试验中心参加,对防护坝心墙沥青混凝土物理力学性能进行补充试验。一期填筑坝体(第一标段)施工用克拉玛依沥青配制的沥青混凝土进行室内三轴试验,模量数 K 平均值为 371.5;二期填筑坝体(第二标段)施工用中海 361 沥青配制的沥青混凝土进行室内三轴试验,模量数 K 平均值为 511.7。施工期间沥青混凝土质量控制机口取样室内静压成型三轴试验,一期填筑坝体施工共取样 12 组,平均 K 值为 399.5;二期填筑坝体施工共取样 11 组,平均 K 值为 380.2。

(3)安全监测资料分析

施工期防护坝安全监测资料分析表明:防护坝坝体和心墙在自重和温度作用下,各部位应力和变形正常,但从心墙与过渡层位错计受压以及心墙底部实测竖向应力低于自重应力的情况,认为心墙存在拱效应,使得沥青混凝土心墙竖向应力略有降低,但侧向应力大对心墙变形稳定是有利的。心墙的应力水平均小于 1.0,在正常运行水位 175.00m 和校核水位 180.40m 时,心墙均不发生水力劈裂。

8.6.2.2　防护坝挡水运行安全性综合评价

1)防护坝为Ⅰ等一级永久建筑物,最大坝高 104.00m,是当今国内建成的最高的直立型沥青混凝土心墙坝。为最大限度地利用开挖料,由于料源的复杂性,采用适应变形的沥青混凝土心墙是合适的。鉴于我国尚无沥青混凝土心墙设计规范和水工沥青混凝土的试验规程,建设各方遵循《设计准则》和《施工规范》,并借鉴类似工程的经验,进行防护坝建设。在建设期间,围绕沥青混凝土的力学性状及其对土石坝安全性影响问题,作了大量试验研究,尚难消释沥青混凝土力学参数特别是模量数 K 值偏低且离散性大对防护坝安全性影响的疑点。三峡工程蓄水(135.00m 水位)验收前,由中国长江三峡工程开发总公司组织,设计、施工单位以及高等院校参加,抓紧进行了有针对性的沥青混凝土和坝体填料补充复核试验,整理分析了施工期原型观测资料,对沥青混凝土力学参数作了反演分析,在此基础上采用改进的应力变形有限元分析方法对防护坝安全性作了复核验算。

综合相关分析认为:为控制沥青混凝土心墙的应力、变形,以室内静压成型三轴试验的剪切强度 φ'、c' 和变形模量数 K 列为沥青混凝土质量要求,但不作为评价施工质量的保证项目,是合适的。依据上坝实际填料的复核试验成果和施工期原型监测资料反演分析得出的沥青混凝土力学参数,进行防护坝安全性复核分析表明,竣工期和蓄水期各工况下,沥青混凝土心墙和坝体的应力、变形满足设计要求,防护坝可满足安全运行要求。水库分阶段蓄水位抬升和心墙沥青混凝土随蓄水降温,有利于调整防护坝的应力和变形,提高沥青混凝土心墙和坝体的安全度。

2)2008 年汛末,三峡工程进行试验性蓄水,11 月初,坝前最高水位达 172.80m。试验性蓄水位上升期间,防护坝安全监测资料显示:坝顶水平位移变化 1.68～14.71mm,沉降变化

0.15～2.41mm;2009 年 3 月,实测坝顶最大水平位移 64.33mm,最大沉降量 143.58mm,坝体最大沉降累计 793.0mm,为坝高的 0.76%;沥青混凝土心墙前水位上升 26.62m,最高水位 171.16m,墙后水位无变化,表明沥青混凝土心墙防渗效果良好;防护坝渗流量增加 562.4L/min,为 1677.4L/min,2009 年 3 月实测渗流量为 1253.3 L/min;试验性蓄水位上升后,基础廊道帷幕后水位变化 2.00～4.39m;沥青混凝土心墙基座压应力在－1.35～－1.50MPa;沥青混凝土心墙上、下游面均为受压,上、下游面平均应变分别增加－2.09×10⁻³、－0.299×10⁻³;2009 年 3 月,实测沥青混凝土心墙上、下游面平均应变分别为－27.05×10⁻³、－0.299×10⁻³;蓄水位上升对沥青混凝土心墙变形影响不明显,变形均匀,最大压应变值为－57.39×10⁻³。防护坝的变形、渗流、应力应变监测值均小于设计计算值,基座底部渗压和沥青混凝土心墙上、下游坝基渗流变化符合蓄水前后的水位变化规律,且测值较为稳定;蓄水位抬升对沥青混凝土应变影响不明显,心墙两侧的铅直向应变及变形较为对称;水库水位抬升除对防护坝渗流有影响外,对坝体变形等没有明显影响,表明防护坝工作状态正常,运行安全。

由综合防护坝的各项观测成果可以看出,坝体变形和心墙应变等主要随坝体填筑高度的增加而增大,心墙两侧的铅直向应变及变形较为对称。2003 年蓄水以后心墙应变、心墙基底铅直向应力、心墙与过渡层间的相对变形等实测没有明显变化,但因坝体填筑至坝顶后坝体沉降过程尚未完全结束,使得蓄水后坝体表面与坝壳内部的变形仍略有增加。2008 年 175m 水位试验性蓄水以来,已经过设计水位 175m 运行 7 年的检验,防护坝的各项监测成果表明,坝体和沥青混凝土心墙性态正常。坝基及坝体渗水量在 194.2～1757.6L/min,远小于设计值 4000L/min。各项监测数据及反分析研究表明,茅坪溪防护土石坝运行是安全的。

8.7 沥青混凝土心墙土石坝设计及施工技术问题探讨

8.7.1 沥青混凝土力学参数与模量数 K 值相关问题

8.7.1.1 沥青混凝土质量控制指标问题

设计将沥青混凝土三轴试验的 φ'、c' 值和模量数 K 值作为沥青混凝土质量指标,因其能比较直观地表征沥青混凝土的强度和变形特性,较易于从试验成果回归拟合而得出,这也在国内外沥青混凝土心墙设计中评价沥青混凝土力学性状所常用。当前通用的沥青混凝土心墙应力应变非线性有限元计算模型有诸多计算参数,其中模量数 K 值对应力应变计算较为敏感,是一个重要参数。鉴于沥青混凝土实属黏弹性材料,K 的测值又受试验方法、配合比、环境温度等诸多因素的影响,而目前我国尚无水工沥青混凝土质量控制标准和试验规程可循,通过防护坝工程实践,规定施工检测中从现场提取沥青混合料以室内静压成型样三轴试验成果作为控制指标,是合适的;坝上钻取芯样因受多种不定因素影响,其测值仅作参考。

8.7.1.2　沥青混凝土力学参数与模量数 *K* 值试验方法

（1）沥青混凝土模量数 *K* 值影响因素问题

沥青混凝土是一种较为特殊的材料，既不同于普通混凝土的线弹性材料，同土石料的非线性特征也有较大差别，其力学特性与试验方法均有其特殊性，兼有黏弹塑性和蠕变特征。通过沥青混凝土三轴对比试验，分析影响 *K* 值的主要因素如下：

1）试验方法因素

鉴于目前沥青混凝土力学试验尚无成熟的试验规程可遵循，考虑其非线性特征，参照土工三轴试验方法进行，对真实反映沥青混凝土的力学性能可能存在一定的差异。沥青混凝土的成型方法、加荷速率、脱模方法等也是影响其 *K* 值的重要因素。根据对比试验成果，静压成型的沥青混凝土模量数 *K* 值比现场取芯、室内击实成型的沥青混凝土 *K* 值要高。按沥青混凝土的施工工艺，现场取芯更能代表沥青混凝土的真实性状，但由于钻孔取芯对沥青混凝土的扰动及对其骨料破碎引起的级配变化，又在一定程度上使试验成果失真。

2）沥青混凝土配合比因素

沥青混凝土配合比设计主要包括沥青用量、填充料用量与级配、粗骨料用量与级配等内容。沥青混凝土配合比直接影响其力学性能，特别是填充料的用量和细度对 *K* 值的影响尤为显著。

3）沥青材料因素

根据专家咨询意见，认为影响不同批次沥青混合料性能的因素是沥青自身的化学成分，即沥青四组分（沥青质含量等）因素。因此，在沥青混凝土生产过程中要求：每批次沥青均应进行配合比试验。

（2）沥青混凝土力学参数与模量数 *K* 值试验方法问题

沥青混凝土力学参数与模量数 *K* 值试验，一般常用机器将沥青混凝土运至施工现场摊铺后碾压前取样，在室内静压成型，进行三轴试验，获得沥青混凝土力学参数及其模量数 *K* 值，对沥青混凝土心墙进行应力应变分析，判断防护坝坝体是否稳定。如不稳定，则认为铺筑的沥青混凝土不合格。钻孔取芯样进行三轴试验获得的模量数 *K* 值因受多种不定因素影响，偏低较多，仅可作为参考。

8.7.2　沥青混凝土心墙土石坝应力变形计算分析相关问题

8.7.2.1　沥青混凝土心墙应力应变计算分析方法问题

我国现行 SLJ01—88《土石坝沥青混凝土面板和心墙设计准则》（简称《设计准则》）规定，防护坝沥青混凝土心墙应力应变分析采用非线性有限元法计算。

防护坝基于邓肯—张非线性计算模型，历经多次有限元分析，从定性上看，反映了相同的应力状态和变形规律，各部位的应力水平均小于 1.0，变形基本协调；竖向和水平位移不大，在正常范围内；心墙存在拱效应，心墙局部范围在蓄水期的竖向应力接近或略小于同高程库水压力,主应力比(σ_3/σ_1)也有局部偏大。从定量上看,应当说以防护坝竣工后水库蓄水至185.00m水位前复核验算较为接近实际。分析主要原因如下:

1)坝壳和心墙过渡层,采用上坝料历次固定断面检测的平均级配补做三轴试验,调正了计算参数。查证实际施工中压实干容重大多超过设计值的情况,计算参数中如模量数较原计算值高是比较符合实际的。

2)依据原型观测资料,用$E\text{-}\mu$模型计入沥青混凝土心墙接触面影响,反演分析得出了沥青混凝土计算参数;还用较先进的三轴仪对现场沥青混凝土试样作复核试验得出计算参数。

3)据上述调正后的各计算参数,用非线性有限元模型正分析各工况下应力应变。

河海大学和长江科学院对防护坝进行了正分析计算。前者遵循非线性黏弹性分析的技术路线,考虑了沥青混凝土心墙蠕变和接触面的影响,采用$E\text{-}\mu$模型进行计算;后者也考虑了接触面的影响,采用$E\text{-}B$模型进行计算,计算中只对过渡层采用调正的参数,引用历次试验的沥青混凝土计算参数进行敏感性对比分析。综合两家计算结果可知:

①心墙、过渡层和坝壳各部位的变形基本协调,坝体各部位最大变形在正常范围内。

②各部位的应力水平,在各工况下均小于1.0,不会产生剪切破坏,且蓄水期应力水平低于竣工期。在应力水平小于1.0的情况下,心墙的主应力比(σ_3/σ_1)可满足≥ 0.3的要求。

③鉴于心墙和过渡层变形特性差异较大,心墙明显地产生拱效应,降低了心墙的竖向应力,此为不利的一面,但对侧向作用较强的心墙变形稳定是有利的。

④正常运行水位时,心墙竖向应力大于同高程的库水压力;校核水位时,心墙高程160.00m以上竖向应力接近库水压力。长江科学院敏感性计算分析表明,沥青混凝土模量数K大于240,则蓄水期心墙竖向应力均可大于同高程的库水压力。

防护坝沥青混凝土心墙采用黏弹塑性有限元分析计算,考虑心墙沥青混凝土的黏塑性,利用室内三轴试验参数,对防护坝的变形和应力分析结果表明,考虑心墙沥青混凝土的黏塑性时,沥青混凝土心墙的应力有所降低。沥青混凝土属黏弹塑性材料,尚待进一步完善沥青混凝土抗拉、蠕变等性能试验并深入研究合适的应力应变有限元计算模型和相应的计算参数试验方法,结合跟踪反馈分析加以验证。

8.7.2.2 沥青混凝土心墙安全性评价标准问题

《设计准则》第4.0.7条规定了涉及沥青混凝土安全性的两条准则:一是沥青混凝土心墙内任何一水平截面上的垂直正应力加上沥青混凝土的抗拉强度应大于该处库水压力,以防水力破坏;二是沥青混凝土心墙的静止侧压力系数($\lambda = \delta_3/\delta_1$)应控制在$0.3\sim0.5$范围内,以防心墙产生过量体积变形而失稳。

关于沥青混凝土心墙是否要验算水力破坏,尚存在不同意见。因为沥青混凝土是黏弹塑性材料,可以调整不利的剪切应力,又有一定的自愈能力,其水力破坏的机理也不同于土质心墙,水力破坏的判别方法似应区别于土质心墙。鉴于防护坝为高百米级的Ⅰ等一级土石坝,设计还是有必要验算水力破坏的。设计前期及施工期据防护坝应力应变计算成果,在心墙中下部或中上部有局部的竖向应力小于库水压力,要加上允许抗拉强度(0.2MPa左右)才可满足《设计准则》的规定。当时由于沥青混凝土抗拉强度试验方法没有规程可循,尚未取得可靠成果。现据蓄水前复核验算,仅在校核水位时心墙高程 160.00m 以上竖向应力接近库水压力,尚不致水力破坏。参照长江科学院和北方交通大学所做沥青混凝土抗拉强度试验,分别为 0.1~0.49MPa 和 0.099~0.18MPa,其试验系列尚嫌不足;结合长江科学院水力劈裂探索性试验,产生水力破坏的内外水压力差达 0.2~0.49MPa,认为沥青混凝土具有 0.1MPa 抗拉强度,则可作为抗水力破坏的安全储备。另外,还注意到:长江科学院计算当沥青混凝土模量数 K 值为 240 时,蓄水期心墙各高程竖向应力均大于同高程库水压力,中下部的安全余度甚大。

关于主应力比(δ_3/δ_1),在沥青混凝土和过渡层三轴试验中,一般都控制围压(δ_3)等级为竖向压力的 0.3~0.5。至于有限元应力变形计算结果是否要满足主应力比(δ_3/δ_1)=0.3~0.5,专家咨询认为,只要应力水平小于 1.0,无破坏区,至于侧限较大但不因拱效应引起水力破坏,不必控制上限至 0.5,只满足 $\delta_3/\delta_1 \geqslant 0.3$ 即可。复核验算的结果皆可满足此要求。

8.7.3　沥青混凝土心墙两侧过渡层的作用及其质量控制问题

《设计准则》第 4.0.9 条,对心墙两侧过渡层的材料要求致密、坚硬、级配良好,其最大粒径与沥青混凝土骨料的最大粒径之比应小于 8:1。设计考虑防护坝坝壳填料的复杂性,主要为支撑较薄的沥青混凝土心墙,使其与两侧坝壳料之间变形大体协调,选用级配良好的天然砂砾料,兼起一定反滤排水作用。经试验论证并便于现场控制,对最大粒径(80mm)、P5含量、含泥量以及渗透参数和压实容重(按相对密度 0.75 以上)作了规定,并提出了级配包络线。实际施工中,由于天然砂砾料料源变化,施工采用掺细料调整级配,设计曾提出现场检测的允许变幅,即 P5 变动 5%的幅度(上包线为 65%,下包线为 85%)。经验算,上包线不均匀系数 C_u 为 77,曲率系数 $C_c < 1$;下包线不均匀系数 C_u 为 39,曲率系数 C_c 为 2.56,基本仍在级配良好的范围。

施工期原型观测资料和土石坝应力变形计算表明,过渡层起到了协调变形的作用,但因实际填筑的变形特性与沥青混凝土心墙差距过大,使心墙产生不利的拱效应,但其侧向支撑作用对心墙变形稳定是有利的。至于过渡层兼起反滤排水作用,设计要求渗透系数为 $i \times 10^{-2}$cm/s,因料源问题放宽至 $i \times 10^{-3}$ cm/s,大于沥青混凝土渗透系数 $i \times 10^{-7} \sim i \times 10^{-8}$cm/s 1 万~10 万倍,有较好的排水作用,且过渡层与心墙背水侧坝基面砂砾反滤排水垫层和石渣排水垫层相通,形成了完整的排水系统。防护坝渗流分析结果,心墙背水侧浸润线约在高程 115.00m 左右。至于心墙若出现水力破坏、施工缺陷或结构裂缝而出现集中渗漏则属非常情况。据前述应力应变复核分析,防护坝沥青混凝土心墙可抗水力破坏。因土石坝结构变形或施工缺陷引起的裂缝,沥青混凝土有自愈能力,而且上游过渡层中细颗粒也可淤塞渗漏通道,这已为国内外已建某些沥青混凝土心墙坝运行观测所证实。如若施工缺陷按极端考虑为无沥青的散状颗粒,初步判断取心墙矿料设计级配的 d_{15}、d_{85} 和过渡层施工检测包络线的 D_{15},验算得 $D_{15}/d_{15} = 7.3 \sim 31.8$ 和 $D_{15}/d_{85} = 0.08 \sim 0.3$,可分别满足规范大于 5 和小于 4~5 的反滤要求。

8.8　沥青混凝土心墙土石坝设计及施工技术新进展

8.8.1　沥青混凝土心墙土石坝设计

8.8.1.1　目前世界上沥青混凝土心墙土石坝的技术水平

　　沥青混凝土防渗技术应用于水工建筑物,在国际上始于 20 世纪 20 年代,在我国近 30 年来才开始推广应用。沥青混凝土作为土石坝的防渗材料已在中低土石坝广泛应用,目前世界上坝高高于 100.00m 的沥青混凝土防渗土石坝已建成 6 座,其中我国占 2 座(见表 8.8.1),在建 2 座,均为心墙土石坝。鉴于心墙防渗结构位于坝体中部,使得该类土石坝适应坝体和坝基变形能力较强;受外界气候条件影响较小,耐久性好;抗震性能较高。因此,采用沥青混凝土防渗的高土石坝,大多采用心墙防渗结构,沥青混凝土的沥青含量 6.0%～6.8%。

表 8.8.1　　目前世界已建及在建坝高高于 100m 的沥青混凝土心墙土石(堆石)坝

坝名	国家	坝高/坝轴线长(m)	上游/下游边坡	心墙底/顶厚度(m)	竣工时间
三峡防护坝	中国	104/1840	1:2.5/1:2.25	1.2/0.6	2003
冶勒	中国	125/411	1:2.0/1:1.8	1.2/0.6	
高岛东坝	中国香港	105/420	1:1.7/1:1.7	1.2/0.8	1978
Finstertal	奥地利	150/652	1:1.5/1:1.3	0.7/0.5	1980
Storvatn	挪威	100/1472	1:1.5/1:1.45	0.8/0.5	1987
Storglomvatn	挪威	128/820	1:1.5/1:1.45	0.95/0.5	1997
Kopru	土耳其	139/565	1:1.6/1:1.6	0.9/0.9	
Yadenitz	保加利亚	110/312	1:2.0/1:1.7	1.0/0.6	

8.8.1.2　沥青混凝土心墙土石坝设计

　　防护坝为 104.00m 高的沥青混凝土心墙土石坝,我国尚缺少设计、施工经验,又无成熟的计算方法和配套的试验规程,因此,准确地设计计算沥青混凝土心墙土石坝应力和变形难度较大。设计按我国现行 SLJ01－88《土石坝沥青混凝土面板和心墙设计准则》规定,采用非线性有限元和利用室内三轴试验的计算参数进行沥青混凝土心墙土石坝的应力应变分析。非线性有限元计算选用邓肯—张 E-μ 模型也是国内外常用的方法。沥青混凝土心墙室内三轴试验的模量数 K 是心墙应力应变分析的重要参数,但 K 值在试验和计算分析中不确定因素较多,量值波动较大。中国长江三峡工程开发总公司组织设计、施工和科研单位对沥青和集料的选择,尤其是矿粉含量及级配要求;沥青混凝土配合比,沥青混凝土容重、孔隙率、渗透系数、抗剪断强度(φ'、c')及模量数 K 等参数的试验方法和合理选择;沥青混凝土心墙两侧的过渡料的特性,以及对心墙应力应变的影响等技术问题进行了系统深入的研究,提出《三峡工程茅坪溪心墙土石坝水工沥青混凝土试验方法》,明确了沥青混凝土原材料试验、沥青混凝土各种物理力学性能试验方法及技术要求,为沥青混凝土心墙土石坝结构设计、计算及安全分析提供必要的参数。设计将沥青混凝土三轴试验的抗剪断强度(φ'、c')值及模量数 K 值作为沥青混凝土质量指标,因其能比较直观地表征沥青混凝土的强度和变形特性,较易于从试验成果回归拟合而得出,这也是国内外沥青混凝土心墙设计中评价沥青混凝土力学性状所常用的。

　　沥青混凝土是一种弹塑黏性变形材料,通过试验获得符合客观规律的、精确的沥青混凝土力学试验成果,比之其他筑坝材料难度较大,同时,通过与土石坝其他材料同样的方法所获得的试验数据,也难以准确反映沥青混凝土的性能。鉴于沥青混凝土具有蠕变特性,因此,采用邓肯—张 $E-\mu$ 模型分析计算,将沥青混凝土作为弹性材料,存在一定的局限。防护坝沥青混凝土心墙采用弹塑性耦合模型进行应力应变分析计算,沥青混凝土的弹塑性模型参数根据室内试验成果,对各级荷载用弹塑性耦合模型对应的弹塑性矩阵计算相应的应变增量,采用优化方法与试验结果拟合后求得模型参数。考虑沥青混凝土的黏塑性,采用弹塑性耦合模型计算的沥青混凝土心墙的应力有所降低,更符合沥青混凝土心墙的实际应力状态。

8.8.2　沥青混凝土心墙施工技术

8.8.2.1　防渗心墙沥青混凝土摊铺及碾压施工技术

　　沥青混合料必须经过拌和、摊铺、碾压三个环节才能成为沥青混凝土,尤其是碾压,对沥青混凝土结构的形成至关重要。在现场摊铺试验和生产性摊铺试验的基础上,设计提出《茅坪溪防护大坝防渗心墙沥青混凝土质量标准及技术要求》,各施工单位编制防护坝沥青混凝土心墙各工种、各施工环节的操作规程。心墙沥青混凝土采用专用摊铺机水平分层铺筑,1.5t 振动碾碾压密实。沥青混凝土施工工艺与水泥混凝土不同,它是在高温状态下施工,在一定温度条件下进行拌和、摊铺、压实。铺筑过程中进行温度、厚度、宽度及外观检查。碾压温度控制在 140～160℃,不得低于 130℃,不宜高于 170℃。施工中经反复检测分析沥青混合料的厚度,压实系数为 0.85～0.91,据此,确定每层摊铺厚度控制在 23cm±2cm,压实厚度为 20cm±2cm。为能达到最大压实容重,便于沥青混合料内部气泡排除,沥青混合料从拌和楼拌和运至现场,在入仓后需静置约 0.5h,再进行碾压。采用不同碾压机具碾压,经钻取芯样并进行沥青混凝土抗渗性和物理力学性能等试验,对沥青混凝土容重、孔隙率、渗透系数的影响不明显,从施工考虑,采用 1.5t 振动碾碾压的最佳遍数为静 1 遍＋动 8 遍＋静 2 遍。

　　振动碾碾压时行走速度为 20～25m/min,行走过程中不得突然刹车,或横跨心墙碾压。横向接缝处要重叠碾压 30～50cm。

8.8.2.2　防渗心墙沥青混凝土施工质量控制

防护坝沥青混凝土现场摊铺试验和生产摊铺试验过程中,对沥青混凝土施工质量检测内容、检测频率及质量要求,总结出一套行之有效的标准和规程,中国长江三峡工程开发总公司制订并颁发了《茅坪溪防护土石坝沥青混凝土单元工程质量检测及评定标准》。这是我国目前水利水电行业第一部土石坝防渗心墙沥青混凝土质量检测及评定标准。沥青混凝土心墙施工过程检测包括原材料,沥青混合料拌和,运输、入仓、摊铺、碾压等各施工阶段和各种物理力学特性抽查与检测,是控制土石坝沥青混凝土心墙施工质量的重要手段。沥青混凝土心墙施工结束后,对沥青混凝土施工质量进行检测。现场使用核子密度仪和渗气仪检测沥青混凝土的孔隙率和渗透系数,并钻取芯样进行试验检测。防护坝防渗心墙沥青混凝土施工质量检测及质量评定标准可供国内类似工程借鉴。

第9章　地下电站

9.1　地下电站建筑物布置

　　地下电站位于长江右岸白岩尖山体中,与右岸电站相邻(图9.1.1),其主要建筑物由引水渠及进水塔、引水隧洞、排沙洞、主厂房、母线洞(井)、尾水洞及阻尼井、尾水平台及尾水渠、进厂交通洞、管线及交通廊道、地面500kV升压站和厂外排水系统等组成(图9.1.2)。

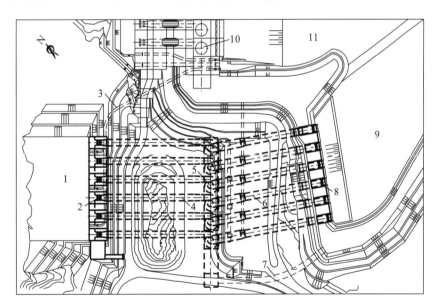

1—地下电站引水渠;2—进水口;3—排沙洞;4—引水隧洞;5—地下厂房;6—变顶高尾水洞;7—进厂交通洞;8—尾水出口;9—地下电站尾水渠;10—右岸电站;11—右岸电站尾水渠

图9.1.1　地下电站平面总体布置示意图

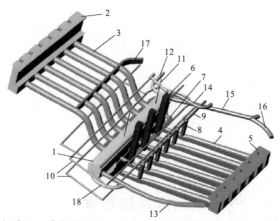

1—地下厂房；2—进水塔；3—引水隧洞；4—尾水隧洞；5—尾水平台；6—母线竖井；7—母线平洞；8—阻尼井；9—阻尼井通风廊道；10—厂外排水洞；11—通风竖井；12—管线交通廊道；13—进厂交通洞；14—1 号施工支洞；15—2 号施工支洞；16—2 号施工支洞改线段；17—3 号施工支洞；18—右施工支洞

图 9.1.2　三峡地下电站洞室群三维效果示意图

9.1.1　引水渠及进水塔布置

9.1.1.1　引水渠布置

引水渠位于茅坪溪出口附近的弯道右侧，前沿与茅坪溪相接，顺水流向长约 130m，垂直水流向宽 216.5m，渠底高程 100.5m。

9.1.1.2　进水塔布置

进水口采用岸塔式（图 9.1.3），布置在白岩尖北坡，位于拦河大坝上游右前方，与右坝肩相邻，呈一字形排列，为钢筋混凝土塔体结构，顺水流向长 40.0m，垂直水流向宽 216.5m，高 77.0m。进水塔顶高程 185.0m，平面尺寸 216.50m×40.00m，分 11 段布置，有 6 段发电塔、3 段排沙塔及 2 段连接塔。安装平台布置在进水口右端，平面尺寸 39.00m×33.70m，其下游侧布置交通桥与高程 185.00m 上坝公路相接。

（1）发电塔

发电塔顺水流向长 40.0m，垂直水流向宽 25.0m，建基岩面高程 108.00m，塔顶高程 185.00m，塔高 77.0m。发电塔顺水流向分为拦污栅段、喇叭口段、闸门段及渐变段，分别长 12.5m、5.0m、9.0m 及 13.5m。拦污栅段按 4 孔 5 墩布置，墩宽 1.2m，孔跨 4.75m，栅高 36.0m，栅顶高程 147.00m，设水平挡漂板，栅后进水塔前缘贯通，进流互补；栅底坎高程 111.00m。栅墩顶高程 185.00m，墩高 74.0m；栅墩高程 159.00m 上、下分别按高差 13.0m 和 12.0m 设一支撑梁与进水塔上游挡墙连接，共布置 6 层墩间联系横梁使其成整体。设两道拦污栅槽，由塔顶门机的回转吊作机械清污及提栅清污。喇叭口段入口处底高程 111.0m，再升至高程 113.0m；断面尺寸为 15.60m×20.86m～9.60m×15.86m。闸门段底高程 113.0m，按单孔布置，设一道平板检修门，孔口尺寸 9.60m×15.86m；一道快速事故

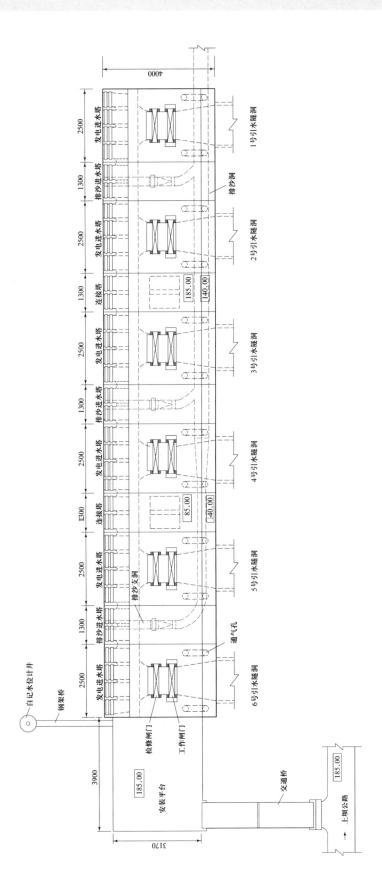

图9.1.3　地下电站进水塔平面布置示意图

门,孔口尺寸 9.60m×15.28m。检修门为上游止水,由塔顶门机操作,在静水中启闭;快速门为下游止水,由液压启闭机在动水中闭门、静水中启门。底板厚 5.0m,底板伸出墩墙外左、右侧均为 2.0m,外伸基础板上的水体与库水连通。塔顶上游墙内 2 个通气孔直径均为 2.0m。

(2)排沙塔

排沙塔顺水流向长 40.0m,垂直水流向宽 13.3m,建基岩面高程 100.00m,塔顶高程 185.00m,塔高 85.0m。排沙塔上游侧设拦污栅,布置均同发电塔,拦污栅段下游为闸门段,按单孔布置,设一道快速工作门,孔口尺寸 4.00m×4.628m,工作门上、下游均设止水,由塔顶门机操作在动水中闭门、静水中启门。闸门段底板厚 2.5m,底板伸出墩墙外左、右侧均为 1.5m,外伸基础板上的水体与库水相通。左右侧墙分设直径 1.0m 的通气孔。排沙支洞直径 4.0m,底板高程 102.00m,喇叭断面尺寸为 5.0m×7.5m~4.0m×3.75m,3 条支洞在塔内汇成直径为 5.0m 的排沙主洞,支洞及主洞的中心高程均为 104.00m。

(3)连接塔

连接塔顺水流向长 40.00m,垂直水流向宽 13.3m,塔顶高程 185.00m,建基岩面高程 108.00m,塔高 77.0m,底板高程 113.0m。上游侧拦污栅结构布置同排沙塔。下游空腔段四周为墩墙结构,侧墙厚 2.0m,空腔跨度 6.3m,底板厚 5.0m,底板伸出外侧各 1.5m。上游侧中部每 6.0m 高差设 1 个直径 1.0m 的充水孔,使塔体空腔内、外水平衡,以保持塔身稳定。在高程 147.00m 处设厚 1.0m 的隔板,改善四周墙体结构受力。

(4)安装平台

安装平台布置在进水塔右端,为一梁柱支承的空间框架结构,平台面高程 185.00m,有交通桥与上坝公路连接。

9.1.2 引水隧洞及排沙洞布置

9.1.2.1 引水隧洞布置

引水隧洞由上平段、上弯段、倾角 60°斜井段、下弯段和下平段五部分组成,不设调压室,采取一机一洞,6 条隧洞平行布置,隧洞中心距 38.30m。隧洞轴线垂直于进水塔,并与主厂房纵轴线垂直,平面上布置为直线,立面上分别用两个半径 40.00m 的圆弧段,将上平段、斜井段、下平段连接(图 9.1.4)。隧洞进口中心高程 119.75m,出口中心高程 57.00m。

引水隧洞上平段、上弯段、斜井段、下弯段及下平段长度分别为 114.32m、41.89m、26.27m、41.89m 及 20.27m,单洞轴线长度 244.64m。引水隧洞断面为圆形,上平段至下弯段直径为 13.50m,下平段直径由 13.50m 渐变为 12.40m,并与蜗壳进口相接。水轮发电机组额定流量 946.40m³/s 时,引水隧洞流速为 6.61~7.84m/s;机组最大引用流量 966.40m³/s 时,隧洞流速为 6.75~8.00m/s。

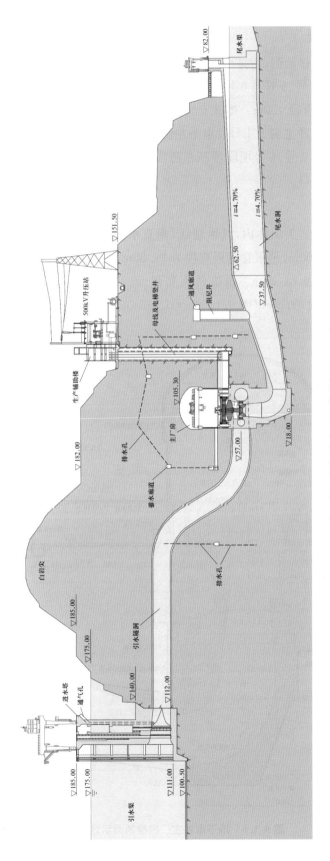

图9.1.4　地下电站发电输水系统管道纵剖面示意图

9.1.2.2　排沙洞布置

地下电站进水口设排沙洞,由排沙支洞和主洞组成。1号、2号、3号排沙支洞分别布置在1号与2号、3号与4号、5号与6号发电塔之间的3个排沙塔中,进口底坎高程102.00m,排沙支洞为圆形断面,直径4.0m。排沙支洞在进水口塔体中向左逐渐汇合成排沙主洞(圆形断面,直径5.0m),排沙主洞于1号发电塔左侧以半径50m的圆弧向右转64°后穿过拦河大坝右岸非溢流坝右排3号、4号坝段坝基和防渗帷幕,再向右转26°后从右岸电站安Ⅱ段通向右岸电站尾水渠出口。

9.1.3　主厂房布置

地下厂房布置在白岩尖山体内,其纵轴线(垂直水流向)方向与坝后厂房纵轴线平行。水轮机安装高程为57.00m,尾水管底板高程为22.00m,建基面高程18.00m。水轮机层高程67.00m;发电机高程75.30m。桥机轨顶高程90.50m,拱座高程95.47m,拱顶高程105.30m,厂房最大高程87.30m(图9.1.5)。

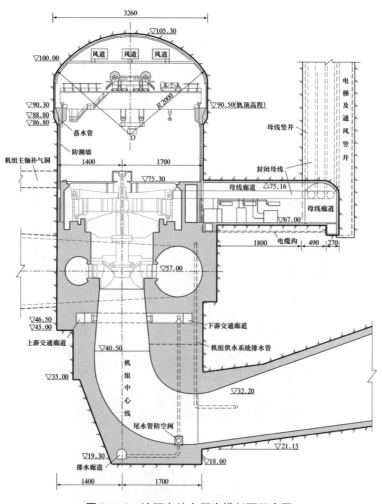

图 9.1.5　地下电站主厂房横剖面示意图

机组段长度受蜗壳平面尺寸控制,长为 38.30m,以机组中心线分,其左侧 20.90m,右侧 17.40m。27 号机左侧由于要满足桥机起吊要求,加长至 22.40m,27 号机组段长 39.80m,6 台机总长 231.30m。

机组段宽受发电机风罩最大尺寸 25.00m 控制,考虑桥机布置、发电机风罩围墙厚度、洞室支护、结构布置和水轮机辅助设备的布置、厂内交通及厂房通风防潮等要求,主厂房跨度:高程 88.30m 以上为 32.60m,以下为 31.00m。机组段开挖尺寸为:231.30m× 31.00m×87.30m(长×宽×高),岩锚梁以上开挖宽度为 32.60m。

9.1.3.1　机组段布置

机组段分 6 段布置在主厂房左侧,从左至右分别布置 27~32 号机组。

发电机层楼面高程 75.30m,中间布置发电机。机组第一象限布置有机组自用电配电盘、远程 I/O 和空调的通风口;机组第二象限布置楼梯间和 1.9m×2.5m 吊物孔;第三象限布置励磁盘、制动变、膨胀水箱和空调的通风口;第四象限布置机旁盘、空调的通风口及 4.3m×4.3m 吊物孔。

水轮机层高程 67.00m,第一象限发电机风罩旁布置有油压调速设备;第二象限布置楼梯间、1.8m×2.1m 的吊物孔和发电机中性点接地装置;第三象限布置有主轴密封供水加压装置、机坑油气供排管;机组机械制动柜和消防机械操作柜侧布置在第四象限。

27 号与 28 号、28 号与 29 号、29 号与 30 号、30 号与 31 号、31 号与 32 号及 32 号机组与安Ⅱ段间的下游侧高程 67.00m 以下混凝土空腔内布置有 6 个技术供水室,技术供水室分 3 层布置,并设有楼梯及 1.8m×1.8m 吊物孔连接各层。

发电机层上部布置 2 台 12000kN 桥式起重机及供电滑线,以满足机组安装及检修需要。桥机轨顶高程 90.50m,主厂房上、下游边壁上高程 86.80~90.30m 范围布置混凝土岩锚吊车梁。

9.1.3.2　安装场布置

安装场紧靠 32 号机组右侧布置,由安Ⅰ段、安Ⅱ段和集水井段组成。安装场平面尺寸按一台机扩大性检修放置五大件需要布置,并考虑运输车进厂卸货所需要的场地等要求,确定安装场的长度为 80.00m,安Ⅰ段、安Ⅱ段和集水井段长度分别为 40.80m、20.40m 和 19.52m。跨度与机组段相同,为 31.00m。

集水井段紧临 32 号机组,其右侧依次为安Ⅱ段、安Ⅰ段,分三层布置:高程 75.30m 楼面在机组安装和检修期放置发电机转子、上机架、下机架、顶盖和水轮机转轮,安Ⅰ段下游侧与进厂交通洞相接,是设备进出地下厂房的卸货场;高程 67.00m 地面布置有 2 个转子支撑筒(分别位于安Ⅰ段和安Ⅱ段)、排水泵、空压机系统、公用电配电盘、油系统设备,在集水井段的下游侧紧邻 32 号机组段布置有技术供水室;在集水井段的高程 67.00m 以下布置有机组检修集水井和渗漏集水井。渗漏集水井排水量按 150m³/h 考虑,其平面尺寸 4.90m× 7.00m,底板高程 17.00m,左侧井壁从高程 17.00m 至 48.50m 设有钢爬梯,可由上游侧高程46.50m交通操作廊道进入渗漏排水集水井。检修集水井按一台机组检修的排水量控制，平面尺寸 10.90m×7.00m，底板高程 17.00m，集水井下游侧壁高程 17.00m 至高程 65.00m 设有安全楼梯，高程 65.00m 设楼梯休息平台，高程 65.00m 以上设爬梯至高程 67.00m，爬梯出口处设密封门一道。

在高程 67.00m 布置有水泵房，渗漏集水井装有 4 台立式水泵，检修集水井装有 8 台水泵，按 2 泵或 3 泵一管，共设 5 根排水管，排水管从安Ⅱ段底板混凝土中向右集中引至进厂交通洞，并沿交通洞底板敷设至出口，最终将水排至地下电站尾水渠中。

厂内卫生间由安装场移至 4 号施工支洞内布置。

9.1.3.3　主厂房交通布置

主厂房交通由厂内交通及对外交通两部分组成。

（1）厂内交通

厂内交通包括水平交通和竖向（垂直）交通两部分：

1）水平交通

发电机层全厂贯通，水轮机层在发电机风罩与主厂房下游壁间设有贯穿机组段及安装场段的通道，宽约 2.5m；在机组段下部上、下游侧高程 47.00m 各设一条贯穿整个机组段的交通操作廊道，在机组段左侧每台机组布置有横向廊道连接；母线洞底板与水轮机层地面同高，其末端设有母线廊道将 6 条母线洞连通。

2）竖向交通

每个机组段第二象限均布置有高程 75.30m 至高程 47.00m 的通往主机段各层的厂内主交通楼梯和 1.8m×2.1m 的吊物孔。从高程 75.30m 沿主交通楼梯向下，可进入各层通道，高程 61.10m 布置有水轮机进人廊道，高程 56.00m 布置有蜗壳进人廊道，高程 46.50m 布置有尾水管锥管进人廊道；在高程 19.30m 沿机组中心线布置一条贯穿整个机组段的排水廊道，并与检修集水井相连，从高程 46.50m 交通操作廊道可进入渗漏集水井。尾水管放空阀室及尾水管进人孔均设在高程 46.50m 下游侧廊道旁。

通过厂右施工支洞在靠厂房右端墙布置有一部上桥机的钢制平台，可通向厂房吊顶。

（2）对外交通

地下厂房对外交通有 3 个部位：

1）在主厂房下游侧有 3 条母线竖井，竖井中布置有楼梯及电梯，人员可通过该竖井直接从高程 67.00m 水轮机层到达高程 151.50m 的 500kV 升压站。

2）在地下电站主厂房左端与右岸电站安Ⅱ段上游副厂房间，布置有管线及交通廊道，人员可通过该廊道到达右岸电厂。

3）安Ⅰ段下游侧有进厂交通洞，通过该洞可到达进厂公路及地下电站的尾水平台。交通洞为直段连弧线再接斜坡段的布置，靠安Ⅰ段的直段长 84.17m，中间弧线长 127.63m（转弯半径 200m），出口直段长 42.00m，水平投影总长 253.80m。交通洞位于安Ⅰ段下游水平直段高程 75.30m,其末端设竖向弧线接斜坡,斜坡比为 3.52%,出口高程 82.00m,并在出口设反坡,防止雨水倒灌入交通洞。

9.1.3.4　厂内风道布置

主厂房及安装场的吊顶与顶拱之间布置有贯穿全厂的送风道及排烟管,并与主厂房左端墙上部高程 100.00m 左右的通风及管道洞相通,该洞出口为高程 120m 栈桥路,厂外的新风通过该洞进入厂内,吊顶和防潮墙上按要求设置风口。27～32 号机组段及安Ⅱ段在高程 75.30m 楼面布置有风口,用接力风机将风送到每个主要机电设备布置层。风经通风及管道洞引入,烟可经通风及管道洞排出。

9.1.4　副厂房布置

副厂房由地下副厂房与地面副厂房两部分组成。

9.1.4.1　地下副厂房

地下副厂房主要利用安装场和机组段发电机层及其以下各层的空间,布置相应的机电设备(图 9.1.5)。

高程 67.00m 母线洞封闭母线下部空间布置有励磁变、PT 及避雷器柜、制动开关及各种配电盘。

地下电站的透平油系统布置在右岸电站安Ⅰ段下部,中央控制室布置在右岸电站安Ⅱ段上游副厂房内,与右岸电站共用,通过管线及交通廊道相互连接。

9.1.4.2　地面副厂房

地面副厂房布置于 500kV 升压站内(图 9.1.6)。

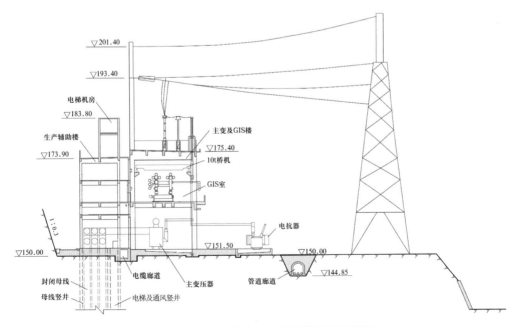

图 9.1.6　地下电站 500kV 升压站剖面示意图

9.1.5　附属洞室布置

9.1.5.1　母线洞布置

母线洞由母线平洞、母线竖井及交通廊道组成(图9.1.5、图9.1.6)。

横向母线平洞(简称母线洞)为单机单洞,6条洞位于主厂房下游,垂直主厂房轴线平行布置,洞轴线向机组中心左侧偏移0.7m,断面尺寸9.60m×9.30m,为圆拱直墙式,地面高程67.00m,长21.00m。母线洞末端用纵向母线平洞（简称母线廊道）连通,断面尺寸7.60m×9.30m（局部7.60m×11.90m）,为圆拱直墙式,地面高程67.00m,总长201.10m。

母线竖井采用两机一井布置,矩形断面,1号、2号竖井断面尺寸9.00m×10.30m,3号竖井断面尺寸8.10m×10.30m,井内布置2回三相大电流母线、交通楼梯、电梯、电缆井及正压送风井,其底部与高程67.00m母线廊道相连,顶部至高程151.50m升压站,竖井顶部设有电梯机房和风机房。

在母线洞左侧底部及母线廊道下游侧底部均设有电缆沟,母线洞电缆沟底高程65.30m,断面尺寸1.55m×1.63m（宽×深,余同）,母线廊道电缆沟底高程64.70m,断面尺寸1.95m×2.05m,另在母线廊道左端与27号机组左侧下游壁间设有电缆廊道,底板高程为64.60m,断面尺寸为2.20m×2.60m。

9.1.5.2　通风及管道洞

通风及管道布置在主厂房左端墙上部,断面尺寸为5.0m×5.0m(城门洞型),长约79.10m,进口底板高程100m,其出口与高程120m栈桥路相接,在其出口设有组合空调系统。该洞内部空间分三部分布置,分别是引风道、排烟道和管道。

另布置在主厂房左端墙上的1号施工支洞经加固支护后可作为地下电站永久的自然通风管道。

9.1.5.3　管线及交通廊道

管线及交通廊道位于主厂房左端墙下部,呈"S"形布置,长约118.50m,是地下厂房与右岸电站上游副厂房间最直接的管线及交通连接通道。底板高程72.80m,开挖断面尺寸6.1m×7.5m(城门洞型),内部分两层布置,上部高程75.30m为交通通道,电瓶车可通过该洞来往于地下厂房与右岸厂房之间,下部为电缆及管道通道。

9.1.5.4　安全紧急通道

厂房布置有两个安全紧急通道:在主厂房左端墙与右岸电站厂房间布置有管线及交通廊道,长约250m,高程为75.30m,通过该洞可以到达右岸电站厂房安Ⅱ段上游副厂房,并可到达厂坝平台;布置在安Ⅰ段下游侧的进厂交通洞,长约253.80m,通过该洞可以到达地下电站尾水平台及进厂公路。

9.1.6　尾水洞及阻尼井布置

9.1.6.1　尾水洞

尾水洞为一机一洞布置，变顶高尾水洞形式。其进口高程 22.00m，出口高程 44.00m。沿流向分为 4 段，分别为尾水管扩散段、连接段、变顶高段 1 和变顶高段 2（图 9.1.4）。

6 条尾水洞采取平行布置，与主厂房纵轴线夹角 80°并偏向河床侧，轴线间距 37.70m。尾水洞为方圆形断面，其中尾水管段宽 18m，连接段宽由 18m 渐变为 15m，变顶高段 1 宽 15m，变顶高段 2 宽度由 15m 渐变至 13m。变顶高段 1、2 同高，为 25m，并且采用相同的顶坡和底坡，27～32 号机尾水洞坡度分别为 6.19%、5.81%、5.49%、5.20%、4.93% 和 4.70%，尾水洞的长度分别为 191.38m、198.03m、204.68m、211.33m、217.96m 和 224.62m，6 条尾水洞总长度为 1248.00m。

9.1.6.2　阻尼井及通风廊道

阻尼井采用单机单井布置，每条尾水洞设 1 个阻尼井，井位于尾水洞轴线正上方，其轴线距机组中心线 72.74m，井筒直径 7m，顶拱高程 94.30m。在其上部的下游侧 89.00m 高程布置有通风廊道，连接 6 个阻尼井，并通向右岸电站厂房的厂前区，出口高程为 82.00m。

9.1.7　尾水平台及尾水渠布置

9.1.7.1　尾水平台

尾水平台垂直于尾水洞，呈"一"字布置，长 205.60m，宽 30m，平台高程 82.00m，底板高程 44.00m。

靠尾水渠侧为尾水闸门段，宽 10m，高程 82m，布置一部尾水门机，其下部设有 6 个尾水闸门门孔，孔口尺寸 13m×25m（宽×高）。

靠边坡侧为公路桥，宽 20m，为墩墙支撑的预制梁结构，是右岸电站的永久进厂交通通道。

9.1.7.2　尾水渠

尾水渠采用弧线接直线的布置方式，最小底宽 216m，底板高程 52.00m，靠尾水平台侧设 1∶4 反坡与尾水洞出口高程 44.00m 相接，其出口设 1∶5 反坡与右岸电站尾水渠相接。

9.1.8　500kV 升压站布置

500kV 升压站布置在地下厂房上部下游侧 151.50m 平台上，与地下厂房纵轴线平行，占地面积为 22320m²。升压站内母线竖井出口与辅助楼相结合，辅助楼相邻下游侧布置主变压器及 GIS 室，主变楼下游依次布置主变运输通道、并联电抗器、水源工程水池等设备。站内设环形运输通道，上游通道设在母线竖井上游侧（图 9.1.6）。

生产辅助管理楼结合封闭母线竖井位置布置在竖井上方，平面尺寸 13.20m×182.30m，按四层分布：第一层布置有发电机断路器、封闭母线、20kV 厂用电设备、地下电站 35kV 变电所、升压站用电设备、封闭母线补气空压机系统、消防水泵及门厅、值班室；第二层布置有母线竖井风机房及电缆夹层;第三层布置有地下电站 35kV 及 10kV 配电系统、简化中控室、保护盘室、监控通信系统、消防设备以及办公室;第四层布置有办公室、会议室、备品备件室等。

主变楼紧邻辅助楼下游侧布置,平面尺寸 17.00m×188.85m,为二层布置:第一层主变区布置有 6 台 500kV 升压变压器,并在 2 号与 3 号及 4 号与 5 号主变压器间设置了 2 个事故油池;第二层 GIS 室内布置有 6 组 GIS 开关设备及 GIS 保护盘,其屋顶布置 6 组出线设备。6 回(包括 2 回预留)500kV 出线经 GIS 屋顶出线立柱引至下游,组成 3 回 2 回共杆线路引出到右岸与枢纽外线路的接口处。

500kV 电抗器布置在主变楼的下游侧,其左侧为水源工程水池等设施。

9.2 地下电站洞室群围岩稳定分析及支护设计

9.2.1 地下电站洞室群围岩地质条件

地下电站洞室群包括引水洞、排沙洞、主厂房、母线洞及出线竖井、交通洞、尾水洞及阻尼井等。洞室群围岩为闪云斜长花岗岩和闪长岩包裹体,其间侵入有细粒花岗岩脉和伟晶岩脉。各洞室埋深一般为 44～120m,洞室围岩以微新岩石为主,岩石坚硬、完整,围岩类型以Ⅰ、Ⅱ类为主。主要断层有 F_{20}、F_{84}、F_{24}、F_{22}、f_{10}、f_{32} 等,其中 F_{20} 及 F_{84} 延伸长度大于 300m,断层带宽度大于 1.0m。断层以陡倾角为主,中缓倾角断层不甚发育,但其对厂房顶拱的局部稳定不利,如构成 1 号块体的 f_{10} 断层。围岩裂隙以陡倾角为主,其次为中倾角裂隙,缓倾角裂隙分布较少。裂隙按其走向以 NNW 组、NNE 组发育,其次为 NE 组、NEE 组。主要断层及绝大部分结构面与洞向呈大角度相交,仅局部切割洞体,大部分洞段上覆较完整至完整岩体,厚度一般在洞跨的两倍以上。主厂房洞室埋深一般为 72～84m,较薄部位在 27 号机组段,为洞跨的 1.4～1.8 倍,分布洞段岩体完整性较好,未见稳定性较差的块体分布,其顶拱分布的 16 号块体稳定性较好,但考虑到所处的左端墙部位上覆岩体厚度局部小于洞跨的 1.5 倍,需增布锚索加固。6 条引水洞平行布置,间距 38.30m,开挖洞径 15.5～17.5m。洞间岩柱厚 20.8～22.8m,为洞径的 1.4～1.7 倍。6 条尾水洞平行布置,间距 37.70m,洞间岩柱厚 17.32～22.70m,为洞跨的 1 倍左右,仅为开挖洞高的 0.8 倍;尾水洞出 50m 洞段,上覆微风化至微新岩体厚度一般为 1～1.5 倍洞径,出口处仅为 0.8～0.9 倍洞径,岩体厚度不大,但未见规模较大和性状较差断层分布,洞室总的成洞条件较好。局部洞室岩体中缓倾角裂隙发育,可构成缓倾角结构面控制的薄板状或"人"字形下坠式块体,由于块体分布区多属爆破影响范围,岩块易松动失稳,施工时需及时进行锚固处理。6 条阻尼井井底与尾水洞交会部位,由于底部临空,受结构面切割形成较多薄层贴壁岩块,在爆破震动时稳定性较差,施工过程中应及时支护。母线洞室包括 6 条母线洞、3 个母线竖井和 1 条母线廊道,其围岩以微风化及微新岩体为主,母线竖井上部 10m 左右分布有弱风化下带岩体。母线平洞与主厂房下游边墙和交通廊道交会部位,母线竖井与交通廊道交会部位和竖井顶部均需布置锁口锚杆加固,以保证洞室的稳定和施工期安全。

9.2.2　地下电站洞室群围岩稳定分析

9.2.2.1　计算模型及计算参数

（1）洞室群围岩稳定分析模型及计算工况

采用 FLAC^{3D}岩土工程分析软件进行地下洞室群整体三维有限元分析。计算中将整个地下厂房及其 6 条引水隧洞和尾水隧洞、阻尼井、母线洞及出线竖井等作为一个整体进行分析（图9.2.1），并考虑主要结构面的影响。计算中模拟了洞室开挖步骤及支护参数的影响（图9.2.2），对地下电站洞室群施工开挖过程及开挖完成后围岩的应力状态、变形形态以及塑性区分布进行了全面分析（图9.2.3），为制定合理的开挖程序、支护参数、支护时机提供了科学依据。

计算工况 Ⅰ：基于原始物理力学参数的毛洞开挖模拟；工况 Ⅱ：基于反演物理力学参数的毛洞开挖模拟；工况 Ⅲ：基于反演物理力学参数的有锚索支护开挖模拟。

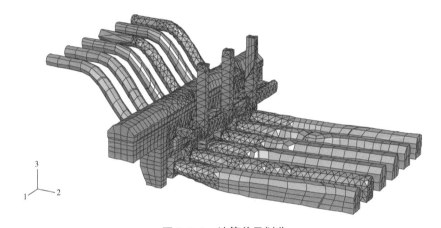

图 9.2.1　计算单元划分

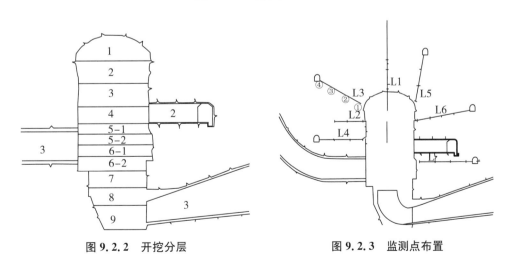

图 9.2.2　开挖分层　　　　　　　图 9.2.3　监测点布置

（2）计算参数

地下电站洞室群围岩稳定分析中采用的原始物理力学参数见表9.2.1和表9.2.2。反演物理力学参数见表 9.2.3 和表 9.2.4。

表 9.2.1 地下洞室群围岩主要结构面力学参数

编号	结构面产状	断层带(m)			延伸长度	工程地质特征	平洞中的出水特征
		断层带	碎裂 XX 岩	总宽			
F20	245°<70°	0.005~4	0~4.5	0.5~5	>300	面平直光滑,构造岩为破裂岩及碎裂 XX 岩,胶结良好	干燥
F22	250°<70°	0.05~0.2	0.01~0.5	0.1~0.7	>300	面平直较粗,构造岩为碎裂岩、碎裂 XX 岩,局部地段有方解石细脉穿插,胶结好	干燥
F84	340°~10°<60°~80°	0.05~0.7	0.65~0.7	0.06~0.09	>300	面波状粗糙,断层表现为两条断面控制的角砾岩—脆裂岩带,时宽时窄,断层带中可见空隙及方解石晶洞或晶簇,胶结差,风化加剧	沿断层多处滴水—流水
f100	354°<84°	0.02~0.4	0.1	0.3~0.5	>50	断层波状起伏,无明显的构造岩,主要表现为岩石破碎带张开流水	渗水
f205	10°<78°	0.1~0.3	0.1	0.2~0.4	>70	面波状粗糙,构造岩以角砾岩为主,疏松状,时宽时窄,断层带渗水,并见断续的泥膜,胶结差,风化加剧	潮湿—流水

表 9.2.2 地下洞室群围岩岩体物理力学参数

序号	岩性	杨氏模量 E(GPa)	泊松比 μ	黏结力 C(MPa)	摩擦角 φ(°)	密度(kg/m³)
1	微风化	30	0.22	2.0	59.0	2680
2	弱风化	15	0.23	1.1	50.2	2680
3	强风化	1	0.3	0.5	45.0	2680
4	断层	0.5	0.3	0.15	33.0	2600
喷层	C20 混凝土	25.5	0.17	1.7	56.3	2450

表 9.2.3 反演变量的初始值与最优值

反演变量	反演初始值	反演最优值
λ_E	1	0.693
λ_V	1	1.664
λ_C	1	0.807
λ_ϕ	1	0.849
λ_ψ	1	1.070

表 9.2.4　　　　　　　　　　　　反演后的各组物理力学参数

岩性		弹模 E(GPa)	泊松比 μ	黏聚力 C(MPa)	摩擦角 φ(°)	剪涨角 ψ(°)
微风化	原始值	30.0	0.22	2.0	59.0	29.5
	反演值	20.8	0.37	1.61	50.1	31.6
F20、F22	原始值	15	0.25	0.25	35	17.5
	反演值	10.4	0.42	0.20	29.7	18.7
F84、f100	原始值	5	0.30	0.10	28.0	14.0
	反演值	3.46	0.49	0.81	23.8	15.0

9.2.2.2　洞室群围岩稳定分析成果

（1）相对位移规律

洞室群开挖过程中围岩的相对位移规律：地下电站洞室群三种工况开挖过程中的围岩相对位移增量及相对位移总量见图 9.2.4 和图 9.2.5。

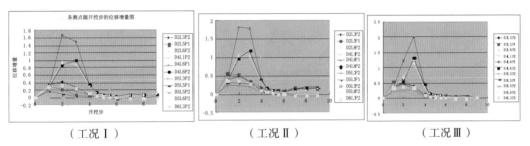

（工况Ⅰ）　　　　　　　　（工况Ⅱ）　　　　　　　　（工况Ⅲ）

图 9.2.4　相对位移增量图

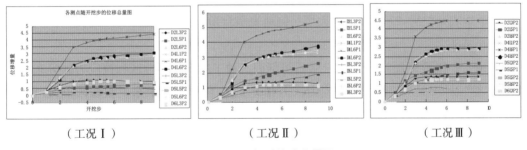

（工况Ⅰ）　　　　　　　　（工况Ⅱ）　　　　　　　　（工况Ⅲ）

图 9.2.5　相对位移总量图

反演参数下毛洞的相对位移增量比原始参数下的略大，表现较为显著的是第 3 步的最大位移增量和最后 3 个开挖步的位移增量。

反演参数下毛洞的相对位移总量比原始参数下的略大，如反演参数下毛洞的测点 D4L6P1 最终相对位移为 5.352mm，而原始参数的相对位移为 4.377mm。

支护后其位移有一定程度的减少，反演参数下支护后测点 D4L6P1 最终相对位移为 4.462mm；比支护前减少了 16.6%。

（2）洞室群围岩塑性区、主应力及拉应力区分析

由于地应力不太高，在三种工况下，其塑性区、主应力及拉应力区变化均较接近，但反演参数下计算的塑性区稍大于原始参数和计算结果（见图 9.2.6 和图 9.2.7）。同时，在施加锚索后拉应力区有所减小，但塑性区减少得不太明显，这主要是由于 Mohr-Coulomb 准则无法考虑"橡皮膏效应"造成的，但支护对地下洞室的整体稳定性还是有很大作用的。

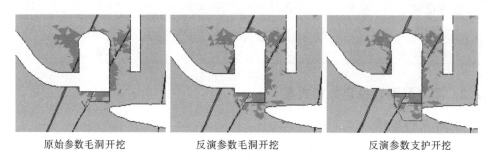

原始参数毛洞开挖　　　　　反演参数毛洞开挖　　　　　反演参数支护开挖

图 9.2.6　29 号机组塑性区分布对比

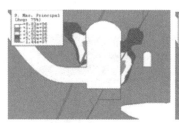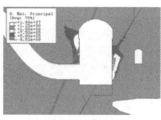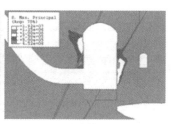

原始参数毛洞开挖　　　　　反演参数毛洞开挖　　　　　反演参数支护开挖

图 9.2.7　29 号机组拉应力区分布对比

（3）洞室群围岩较薄部位对比分析

由于地表开挖后，27 号机组靠大坝一侧地表呈台阶型降低，使得 27 号机组离地表最薄处仅 35m 左右。

图 9.2.8 和图 9.2.9 分别为 27 号机组剖面三种工况下的塑性区和拉应力区分布，可以看出：尽管三种工况从塑性区和拉应力区上稍有变化，但从整体上来说塑性区不大，且拉应力区也很小，这说明 27 号机组端墙起了很大的支撑作用。

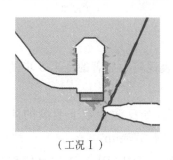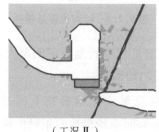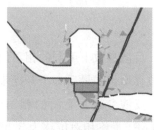

（工况Ⅰ）　　　　　　　（工况Ⅱ）　　　　　　　（工况Ⅲ）

图 9.2.8　27 号机组塑性区分布

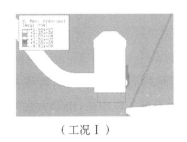
（工况Ⅰ）

（工况Ⅱ）

（工况Ⅲ）

图 9.2.9　27 号机组拉应力区分布

9.2.2.3　洞室群围岩稳定性评价

1）地下洞室开挖后，主厂房洞周围岩朝洞内变形，上下游边墙以向洞内水平变形为主，拱顶部位出现起拱现象，底板以卸荷回弹变形为主。

主厂房顶拱的变形量一般为 5.0～7.5mm，上、下游边墙的位移值一般为 10.0～20.00mm、7.5～15.0mm，机窝上、下游边墙的一般位移为 7.0～12.5mm，底板的一般位移为 1.0～4.0mm。

2）断层对边墙的变形影响较大，断层出露处变形明显增加。

上下游边墙断层出露处的位移最大分别达 107.9mm、103.0mm，机窝边墙的最大位移分别为 91.1mm、74.8mm，是围岩一般位移值的 5～8 倍，洞室围岩整体稳定性很好，存在局部失稳可能。

3）各洞室的洞周围岩基本处于受压应力状态。

厂房顶拱及拱座的最大切向压应力值为 23.4MPa；机窝底板拐角处切向应力集中，最大压应力值为 74.7MPa。边墙中部分布小范围的拉应力区，最大拉应力值为 1.00MPa。

4）厂房洞周的塑性区分布范围受断层等地质缺陷影响很大，在没有断层出现的部位塑性区范围较小，主要分布在上下游边墙围岩内，延伸深度为 2.0～7.0m。采用 7～9m 锚杆支护，延伸深度超过 10m 的局部围岩采用锚索加固支护，可以满足围岩稳定要求。

引水及尾水洞洞周除临近主厂房侧墙部位以及断层相交处有一定范围的塑性区存在外，其余部位围岩只出现少量的塑性区。

5）喷锚支护能有效地控制厂房围岩的变形，明显提高地下洞室围岩的整体稳定性。在开挖过程中及时对围岩施加喷锚支护措施，厂房洞周最大变形一般可减少 15%～60%；围岩位移减幅一般为 4%～15%。洞室开挖支护完成后洞周围岩的拉应力区和塑性区分布范围与无支护方案比有明显的减少，减幅分别为 40.3%、12.0%。

综合计算分析结果表明：围岩变形量级与塑性区范围较小，岩体抗压应力在岩体允许范围内，围岩整体稳定；变形最大值与塑性区延伸最大值均在断层出露部位，围岩存在局部失稳的可能性。从围岩塑性区延伸深度及采用锚杆加固支护后的应力区和塑性区范围分析，围岩稳定且锚杆应力均在设计允许范围内，说明设计支护方案是可行的，地下厂房围岩的整体稳定性得到保证。

9.2.3　地下洞室群开挖支护设计

9.2.3.1　主厂房下游边墙块体稳定分析

主厂房下游边墙部位存在有 NNW/SW 和 NNE/NW 两组结构面的不利切割,棱线在下游边墙的某个高程出露,这些结构面与厂房下游边墙形成 6 个大型定位块体,滑动方式除 1 号块体为单滑面外,其余均为双滑面。采用刚体极限平衡法对上述 6 个块体进行了稳定复核,并提出了相应的加固处理方案。

(1)块体抗滑稳定标准

初步设计时块体抗滑稳定安全系数 Kc(考虑黏结系数 C)取值 1.4。结合三峡双线五级船闸高边坡块体加固处理成功经验($Kc=1.3$),并综合考虑块体出露高程、结构面特性以及施工期、运行期块体稳定对厂房边墙稳定的重要性,确定块体抗滑稳定安全控制标准见表 9.2.5。

表 9.2.5　　　　　　　　　　　块体抗滑稳定安全控制标准

荷载组合		安全系数 Kc	
		块体 1	块体 2～块体 6
组合 1	自重+锚索+阻滑键(1 号块体)	2.0	1.4
组合 2	自重+锚索+阻滑键(1 号块体)+地下水	1.8	1.3
组合 3	自重+锚索+阻滑键(1 号块体)+地下水+岩锚梁轮压力	1.6	1.15

(2)荷载

岩体重度:27kN/m³。锚索支护力为块体所有加固预应力锚索总合力,方向垂直于地下厂房下游边墙,并指向下游。地下水位线以下块体部分计算地下水压力,以上块体部分不计。岩锚梁轮压力按集中力考虑,桥机实际运行载重分别由上下游岩锚梁承担,下游岩锚梁荷载乘以动载系数 1.2,即为岩锚梁轮压力。

加固支护措施主要采用预应力锚索和在阻滑面采用混凝土阻滑键或混凝土置换。在计算阻滑键或置换对稳定性的改善效果时,取混凝土 f 值为 1.1,C 值为 1.25MPa。置换后的阻滑面综合抗剪强度值按混凝土所占滑动面面积的比例大小加权平均。

(3)计算结果与分析

下游拱端墙 7 个块体中 6 个大型块体的稳定复核结果见表 9.2.6。

表 9.2.6 中,置换系数为阻滑键或置换的混凝土总面积与滑动面面积之比。1 号块体混凝土总面积为 50m²,置换系数为 0.074;1 号块体每束锚索预应力为 3000kN;2～5 号块体每束锚索预应力为 2000kN;6 号块体加固锚索总数为 103 束,其中 3000kN 级预应力锚索有 35 束,其余为 2000kN。

计算成果表明,6 个块体在施加加固措施后,稳定安全系数得到了提高,并满足安全控制标准要求。

表 9.2.6　　　　　　　　　　主厂房下游边墙定位块体稳定性计算成果

块体编号	荷载组合		置换系数	锚索（束）	地下水位（m）	安全系数
1号	组合1	自重				0.58
	组合2	锚索＋阻滑键＋地下水	0.074	35	82	2.01
	组合3	锚索＋阻滑键＋地下水＋岩锚梁轮压	0.074	35	82	1.62
2号	组合1	自重				1.21
	组合2	锚索＋地下水		20	62	1.42
	组合3	锚索＋地下水＋岩锚梁轮压		20	62	1.22
3号	组合1	自重				1.16
	组合2	锚索＋地下水		35	62	1.37
	组合3	锚索＋地下水＋岩锚梁轮压		35	62	1.20
4号	组合1	自重				1.48
	组合2	地下水			62	1.48
	组合3	地下水＋岩锚梁轮压			62	1.25
5号	组合1	自重				1.38
	组合2	锚索		4		1.41
	组合3	锚索＋地下水＋岩锚梁轮压		6	62	1.22
6号	组合1	自重				1.07
	组合2	锚索＋地下水		103	62	1.45
	组合3	锚索＋地下水＋岩锚梁轮压		103	62	1.19

9.2.3.2　主厂房洞室开挖及支护设计

（1）主厂房开挖原则

厂外排水系统、1号块体阻滑键以及勘探平洞回填等全部施工完成,且混凝土达100％设计强度后才能进行地下厂房开挖,并由上而下分层分块逐级开挖;支护均应伴随开挖面适时进行。

（2）主厂房支护设计

主厂房洞室采用喷锚支护作为永久支护,主厂房上、下游边墙与各洞室交叉段则采用喷锚支护和钢筋混凝土衬砌作为永久支护。

主厂房所有开挖面均布置系统锚杆,部分开挖面同时布置预应力锚索支护。主厂房洞室高程67.00m以上采用喷锚支护作为永久支护,机组段高程67.00m以下采用喷锚支护作为初期支护,高程46.00m以下采用钢筋混凝土结构作为永久支护。

主厂房顶拱喷厚 15cm 的 C30 钢纤维混凝土和厚 3cm 的 C25 素混凝土,布置 $\phi32$、长 9m 和 $\phi32$、长 12m 两种系统锚杆,均按 3.0m×3.0m 间距间隔布置;厂房顶拱出露的不稳定块体根据计算成果及实际揭露的地质条件,结合施工期安全监测成果,将顶拱的系统锚索改为针对顶拱不利块体加固的定位锚索,并且为方便顶拱锚索施工,将部分无黏结预应力锚索改为有黏结预应力锚索。顶拱锚索由 294 束减为 168 束。

高程 45.00m 以上的上、下游边墙和左、右(高程 74.30m 以上)端墙喷厚 15cm 的 C30 钢纤混凝土和厚 3cm 的 C25 素混凝土,布置 $\phi32$、长 9m 和 $\phi32$、长 12m 两种系统锚杆,均按 3.0m×3.0m 间距间隔布置。上游边墙在引水洞洞口开挖边缘外 80cm 处沿环向按 1.5m 间距设一圈 $\phi32$、长 9m 的锁口锚杆,用以加固引水洞洞脸;上、下游边墙均布置 2500kN 级预应力锚索,上游边墙布置 6 层(高程 93.45m,85.95m,79.95m,74.45m,67.95m,61.95m)的锚索长度为 25m、28m,下游边墙布置 11 层(高程 91.65m,85.65m,82.95m,81.45m,79.95m,76.95m,72.45m,67.95m,63.45m,57.45m,51.45m)386 束的锚索长度分别为 20m、30m、35m 等。

施工过程中针对实际揭露的地质情况,将顶拱和上游边墙部分锚杆长度进行了调整,由 12m、9m 减短至 9m、6m。主厂房高程 45m 以上实际布设 34424 根锚杆。

安装场段与 32 号机组间的直立坡面(高程 65.50m 至高程 74.30m 及高程 45.00m 至高程 65.50m)均喷厚 10cm 的 C30 钢纤混凝土,按 1.5m×1.5m 间距布置 $\phi25$、长 6m 的系统锚杆;在其坡顶平台距直立坡边缘 1m 处按 1.5m 间距布置 $\phi25$ 超前锚杆一排,杆长 6m。

厂房高程 45.00m 平台面岩面喷厚 10cm 的 C25 混凝土,周边按 1.5m 间距设 $\phi32$、长 6m 的砂浆锚杆,外露 0.8m,平台面上按 3m×3m 间距布置 $\phi32$、长 6m 的砂浆锚杆,外露 0.8m。机坑周边喷厚 10cm 的 C25 混凝土,布设 4944 根锚杆。

尾水管槽四壁(尾水洞洞口范围除外)和尾水管底板,按 1.5m×1.5m 间距布置 $\phi32$、长 6m 的系统锚杆,锚杆外露 0.8m,其中尾水管槽四壁(尾水洞洞口范围除外)视具体岩石情况,喷厚 5~10cm 的 C25 混凝土;在距尾水洞顶拱开挖边缘 80cm 处沿环向按 1.5m 间距布置一排 $\phi32$、长 9m 的锁口锚杆。施工中视岩石情况,将尾水管槽高程 35.50m 以下坑壁系统锚杆改为随机锚杆。

岩锚吊车梁上部设 $\phi32$、长 12m 的受拉锚杆 2 排,间距 0.6m,上倾角为 20°和 15°,杆材为 735/935 级精轧螺纹钢筋,预应力值为 200kN;下部设 $\phi32$、长 9m 的加固锚杆,间距 0.75m。

(3)1 号块体厂房下游边墙定位块体处理,采用混凝土部分置换,并对 6 个块体采用预应力锚索加固。1 号块体沿 f_{10} 断层、高程 87m 范围内采用 C25 混凝土置换,置换面积为 50m²,置换形状近似为城门洞形(3.5m×4.5m),置换长度约为 22m。所有块体均实施定位锚索加固处理,实际实施的锚索预应力均为 2500kN,共 203 束,其中 1 号块体 43 束,2 号块体 20 束,3 号块体 35 束,4 号、5 号、6 号块体 105 束,长度为 20~35m 不等;大部分仰角为 0°,少量为 15°、20°。

9.2.3.3　附属洞室支护设计

（1）母线洞支护

母线洞、母线廊道及母线竖井采用喷锚支护，伴随开挖适时进行；母线竖井口按 1.5m×1.5m 间距布设 6 排 φ32、长 6m 锁口锚杆，开挖面除喷厚 10cm 的 C25 混凝土外，并浇筑 C25 厚 45cm 衬砌混凝土；四壁按 1.5m×1.5m 间距布置 φ25、长 4.5m 系统锚杆；上游面高程 110.70～79.20m 按 1.5m×1.5m 间距布置 φ32、长 6m 系统锚杆。母线洞顶拱及侧墙按 1.5m×1.5m 间距布置 φ25、长 4.5m 系统锚杆，开挖面喷厚 10cm 的 C25 混凝土。母线廊道顶拱及边墙按 2.0m×2.0m 间距布置 φ25、长 4.5m 的系统锚杆。洞口交叉处顶拱按 1.5m×1.5m 间距布置 φ32、长 6m 的系统锚杆 3 排，洞室岩面喷厚 10cm 的 C25 混凝土。

（2）通风及管道洞室支护

通风及管道洞室采用喷锚支护，顶拱及侧壁布置 φ25、长 4m 的系统锚杆，间距 2.0m×2.0m，洞口段布置 φ25、长 5m 的系统锚杆，间距 1.5m×1.5m。洞室岩面视地质条件喷厚 5～10cm 的 C25 混凝土，再浇筑厚 30～35cm 的钢筋混凝土衬砌。

（3）管线及交通廊道支护

管线及交通廊道采用喷锚支护，顶拱及侧壁布置 φ22、长 4m 的系统锚杆，间距 2.0m×2.0m，洞口段布置 4 排 φ32、长 6m 的锁口锚杆，间距 2.0m×2.0m。洞室岩面喷厚 5cm 的 C25 混凝土，再浇筑厚 45～50cm 的钢筋混凝土衬砌。

（4）进厂交通洞支护

进厂交通洞采用喷锚支护，靠安Ⅰ段侧及出口段各 12m 长的顶拱及侧壁按 2.0m×2.0m间距布设 φ32、长 7m 的系统锚杆，外露 1m（含弯钩），洞内岩面喷 10cm 厚 C25 混凝土，并用厚 75cm 的 C25 钢筋混凝土衬砌锁口。其余洞段按 2.0m×2.0m 间距布设 4 排 φ25、长 5m 的系统锚杆，并喷厚 10cm 的 C25 聚丙烯腈纤维混凝土和厚 10cm 的 C25 素混凝土支护。

9.2.3.4　引水洞支护设计

根据各引水洞围岩地质条件，除 31 号机组引水洞上平段至下平段采用系统锚杆支护外，其余机组的引水洞上平段、上弯段、斜井段及下弯段不作系统锚杆支护。对有地质缺陷的部位，实施随机锚杆和局部喷厚 5～10cm C25 混凝土加固。根据洞室群围岩稳定分析，下平段塑性区分布范围较大，故采用系统锚杆支护，与下弯段相邻的洞段顶拱 240°范围按 2.0m×2.0m 间距布设 φ25、长 6m 的砂浆锚杆，与主厂房相邻的洞段顶拱 240°范围按 1.5m×1.5m 间距布设长 9.0m 的砂浆锚杆，与主厂房相交的洞口锚杆视现场情况全断面布置，并将间距加密成锁口锚杆，喷混凝土视情况而定。

9.2.3.5　尾水洞支护设计

尾水洞分为尾水管扩散段、连接段和变顶高段 1 及变顶高段 2，其开挖遵循间隔开挖、边开挖边支护的原则施工。

尾水管扩散段开挖跨度 20.4m(按尾水管宽度 18.0m 计),洞间岩柱厚 17.3m,仅为 0.85 倍开挖跨度,高度为 14.30~23.40m,底板开挖高程 21.05~27.80m,断面为方圆形城门洞型。连接段开挖跨度 20.4~17.4m,高度为 23.4~27.4m,底板开挖高程为 27.80~36.30m,断面为城门洞型。变顶高段 1 开挖跨度 17.4m,洞间岩柱厚 20.3m,为 1.16 倍洞室开挖跨度,高度为 27.4m,断面为城门洞型,顶拱中心角 180°。变顶高段 2 开挖跨度 18.0~16.0m,洞间岩柱厚 19.7~21.7m,为 1.09~1.36 倍洞室开挖跨度,高度为 28.0m,断面为城门洞型,顶拱中心角 180°。

尾水管段至变顶高段出口两侧边墙按 1.5m×1.5m 间距间隔布置 ϕ32、长 7m 及 9m 两种系统锚杆,顶拱按 1.5m×1.5m 间距布置 ϕ28、长 7m 系统锚杆,底板按 1.5m×2.0m 间距布置 ϕ28、长 5m 系统锚杆,洞口交叉部位布设锁口锚杆。开挖岩面视情况局部喷厚 5~10cm 的 C25 混凝土。根据三维有限元计算成果,在各条尾水洞扩散段及连接段洞内和洞间岩柱布置 2000kN 级无黏结预应力锚索 208 束,以限制主厂房下游边墙在开挖过程中产生大的变形;在 30 号、32 号机组尾水洞扩散段 12 号、5 号两个不利块体分别布置 6 束、7 束无黏结预应力端头锚索,以提高两块体稳定性;在 29 号和 30 号机组尾水洞变顶高段 1 洞间岩柱揭露的 10 号不利块体布设无黏结预应力对穿锚索 14 束,以提高洞间岩柱的稳定性;在各尾水洞间隔墩岩体布设无黏结预应力锚索 85 束,以防止尾水门槽在继续下挖过程中,隔墩岩体进一步卸荷张裂。

9.3　地下电站各建筑物结构设计

9.3.1　电站进水口设计

进水口采用钢筋混凝土岸塔式结构形式。断面尺寸为 216.0m×40.0m×77.0m(长×宽×高)。

9.3.1.1　水力设计

进水口为正向进水,最低运行水位 143.06m。按戈登公式计算最小淹没深度不小于 13.9m;设计进水口底板高程 113.00m,工作闸门孔口高 15.0m,实际淹没深度为 15.0m,大于计算值,满足正常引水流量要求。计算发电塔进水口局部水头损失为 0.43m,其中拦污栅、喇叭口、闸门槽及渐变段的局部水头损失分别为 0.023m、0.07m、0.23m 及 0.11m。沿程水头损失计算糙率系统取 0.0135,流道长 27.5m,水头损失为 0.04m,进水口总水头损失为 0.47。

1:100 水工模型试验成果表明:进水口前缘水流平顺,个别工况在口门部位出现浅表性漩涡,未出现危害性的贯通式漏斗漩涡。测得进水口水头损失为 0.37m。地下电站进水口和右岸电站进水口连通布置对减少地下电站进水口的泥沙淤积、漂浮物堆积具有明显的效果。

9.3.1.2　塔体稳定分析及地基应力计算

发电塔、排沙塔、连接塔的整体稳定性分析中,沿建基面的抗滑稳定采用刚体极限平衡法,并用抗剪公式计算。计算工况为基本组合的正常蓄水位 175.00m 运行工况,特殊组合的校核洪水位 180.40m 和防洪限制水位 145.00m 的运行工况以及完建未蓄水和检修工况。完建未蓄水工况荷载只计自重,其余工况计入自重、水重、水压力、扬压力(浮托力及渗透压力)。建基面计算参数 $f=1.0$、$C=0$MPa。发电塔、排沙塔、连接塔纵向稳定安全系数计算成果见表 9.3.1,地基应力计算成果见表 9.3.2。

表 9.3.1 电站进水口塔体纵向稳定安全系数计算成果表

计算工况		发电塔			排沙塔			连接塔		
		抗滑	抗倾	抗浮	抗滑	抗倾	抗浮	抗滑	抗倾	抗浮
正常蓄水位 175.00m	运行	2.12	1.45	1.81	2.07	1.45	1.92	2.15	1.49	1.87
	检修	2.12	1.42	1.65	2.07	1.42	1.84	/	/	/
校核洪水位 180.40m	运行	1.95	1.37	1.73	1.91	1.41	1.82	1.97	1.42	1.80
	检修	1.95	1.32	1.57	1.91	1.34	1.74	/	/	/
防洪限制水位 145.00m	运行	3.25	2.41	2.70	3.11	2.30	2.73	3.29	2.55	2.84
	检修	3.25	2.35	2.54	3.11	2.24	2.67	/	/	/

表 9.3.2 电站进水口塔体地基应力计算成果表

计算工况		发电塔		排沙塔		连接塔	
		最大	最小	最大	最小	最大	最小
正常蓄水位 175.00m	运行	0.67	0.41	0.85	0.53	0.74	0.43
	检修	0.68	0.20	0.77	0.50	/	/
校核洪水位 180.40m	运行	0.65	0.40	0.85	0.47	0.77	0.38
	检修	0.67	0.16	0.76	0.43	/	/
防洪限制水位 145.00m	运行	0.76	0.50	0.93	0.63	0.84	0.52
	检修	0.71	0.41	0.88	0.62	/	/
施工完建		1.06	0.55	1.38	0.76	/	0.58

表 9.3.1 计算成果说明,电站进水口整体抗滑、抗浮稳定最小安全系数,基本组合工况均大于 1.10,特殊组合工况均大于 1.05,抗倾稳定安全系数基本组合工况均大于 1.35,特殊组合工况均大于 1.2,满足规范要求。

表 9.3.2 计算成果说明,电站进水口塔体建基面最大压应力为排沙塔完建工况的 1.38MPa,小于地基承载力 $[R]=3\sim4$MPa,各地基应力均大于 0,且均为压应力,满足规范要求。

9.3.1.3 塔体结构计算

(1)计算方法及计算假定

考虑拦污栅、塔身与塔底板相对独立,将其划分为 3 个结构单元分别进行结构计算,使用《结构分析通用程序 SAP84V.244》计算。拦污栅按三维空间框架结构计算,拦污栅底部固结在塔底板混凝土上,下游侧各支撑梁与进水塔塔体混凝土简化为固端约束。拦污栅顺水流向的支撑梁、进水塔四周墙体按偏心受压构件计算。

塔身取单位高度水平截条按平面框架模型计算。塔体高程 128.00m 以下墩墙分发电塔闸门段、排沙塔闸门段和连接塔空腔段三部分,均按垂直水流方向截取单位宽度的铅直截条作计算单元,按平面框架计算。

(2)计算荷载与计算工况

拦污栅支撑结构计算时考虑 4m 水头差;塔身结构主要考虑水压力,只计算检修工况,并按偏心受压构件配筋;底板及高程 128.00m 以下墩墙结构考虑结构自重、浮托力、水压力,计算完建和检修两种工况。

(3)计算成果分析及配筋

塔体结构计算表明,塔体结构尺寸、结构受力及配筋、裂缝最大开展宽度均满足规范要求。塔体配筋须满足强度和变形要求,截面配筋还应满足最小配筋率的要求。拦污栅墩及其联系梁均只需按构造进行配筋,裂缝最大开展宽度为 0.25mm,发电塔体及底板裂缝最大开展宽度分别为 0.24mm 及 0.20mm。截面高度不大于 2m 的构件,最小配筋率为 0.15%;截面高度大于 2m,但不大于 5m,最小配筋率为 0.1%;截面高度大于 5m 的大体积混凝土,最小配筋率为 0.05%。挡水部位实际配筋大于 $\phi25@20$。

9.3.1.4 进水口安装平台与交通桥结构设计

进水口安装平台为典型的框架结构,整体尺寸 31.7m×39.0m×55.0m(长×宽×高),柱按六行六列布置,下游侧部分柱与交通桥桥墩结合;安装平台顶高程 185.00m,设有两条门机轨道,中间设有门库,门库底面高程 174.70m。

交通桥采用装配式预制钢筋混凝土 T 形简支梁桥,为静定结构,结构内力不受地基变形等影响,跨径 20m,设计荷载为汽-20,挂车为设备运输专用平板车,人群荷载 3kN/m²,桥面净宽 7.0m,两侧各设 0.75m 人行道。

(1)安装平台结构计算

1)计算假定

假定安装平台与交通桥在连接处脱开,将交通桥梁端剪力与弯矩直接加在有关柱后,按三维空间框架进行结构分析;高程 185.00m 平台板和门库板按切板成梁简化为双向互相垂直的交叉梁系;柱与基础接触面按弹性地基处理,垂直向模拟为弹性连杆,弹性抗力系数 K 取用 $1.5×10^6 kN/m^3$。

2)计算工况与荷载组合

正常运行工况:荷载组合=结构自重+门库荷载+门机荷载+行车荷载+设备自重+水压力+浪压力

完建工况:荷载组合=结构自重+吊车荷载+行车荷载

安装门机工况:荷载组合＝结构自重＋门库荷载＋门机荷载＋设备自重

非常运行工况:特殊组合＝结构自重＋门库荷载＋门机荷载＋行车荷载＋设备自重＋水压力＋浪压力＋地震

(2)交通桥结构计算

1)桥跨结构设计

按简支梁进行结构计算,参照《公路桥涵设计规范》进行内力组合和配筋计算。

2)桥台与桥墩结构设计

进水塔交通桥桥墩采用 ⊓ 形钢筋混凝土桥墩,墩帽截面高 1.3m,宽 2.6m,墩柱截面顺桥向 2.6m,横桥向 1.5m;桥墩基础高 3m,顺桥向 4.6m,横桥向 10.0m。桥墩结构设计主要参照《公路桥涵设计规范》进行结构稳定及内力计算,主要考虑下列两种荷载组合:

组合Ⅰ＝汽车制动力＋结构自重＋水的浮力

组合Ⅱ＝施工期风荷载＋桥墩自重

9.3.1.5　进水塔基处理及边坡处理

(1)进水塔基处理

进水塔建基于微新岩体,局部为弱风化岩体。对地质缺陷及松动块体采取挖除、锚固、回填混凝土等措施进行处理。进水塔基础浅层岩体进行固结灌浆,孔深 5m,斜坡部位孔深 7m。

(2)边坡处理

进水口边坡按 A 类Ⅰ级边坡设计,采用平面刚体极限平衡法的下限解法进行边坡稳定计算时,边坡最小抗滑稳定安全系数:基本组合(正常运行)为 1.30,特殊组合Ⅰ为 1.20,特殊组合Ⅱ为 1.10。

边坡三维有限元计算采用 Drucker-Prager 弹塑性模型,地应力场采用实测地应力场。进水口边坡开挖为一次开挖,开挖模拟分三步计算:初始地应力、边坡开挖和引水隧洞开挖。微新、弱风化、强风化及全风化岩石计算参数:重度(kN/m³)分别为 27.0、26.8、26.5 及 25.0;弹性模量(GPa)分别为 40.0、15.0、1.0 及 0.1;泊松比分别为 0.22、0.24、0.30 及 0.35;摩擦因数分别为 1.8、1.3、1.0 及 0.7;凝聚力(MPa)分别为 1.80、1.00、0.35 及 0.10;抗拉强度(MPa)分别为 1.5、1.0、0.5 及 0。计算成果:边坡开挖完成后,最大水平位移为 -10mm(洞脸部分靠 28 号机组段部分,向上游),进水口侧向边坡上游部分和底板高程 108.00m 平台处均有部分拉应力出现,洞脸部分出现较大面积的拉应力区,但数值较低,最大拉应力发生在第一级马道处,其值为 0.506MPa,其余多大于 0.023MPa,拉应力区深度在坡顶约 20m,并在坡脚处尖灭。引水洞开挖后,进水口洞脸边坡区的拉应力区范围减小,基本分布在引水洞上部及二级马道以下,其值一般为 0.136~0.54MPa,最大值为 0.95MPa,出现在一级马道引水洞的 4 个角点处。计算成果表明,进水口边坡是稳定的,但由于洞脸边坡有一定范围的拉应力区出现,须对洞脸边坡采取加强锚固措施。边坡喷厚 10cm 的 C25 混凝土,常规系统锚杆＋坡内排水支护。块体采用锚桩、锚索加固处理。

9.3.2 引水隧洞结构设计

9.3.2.1 引水隧洞结构布置

引水隧洞上平段、上弯段为钢筋混凝土衬砌,进口段 10m 衬砌厚 1.5m,帷幕段加厚至 2.0m,其余均为 1.0m,混凝土强度等级 C25。引水洞断面为圆形,直径 13.50m,在距厂房上游墙 7.0m 处设置 13.27m 的渐变段,直径由 13.50m 渐变为 13.40m,与蜗壳进口相接。斜井段至下平段均为钢衬,外包混凝土厚度 1.0m,除下平段按明管设计外,其余洞段均考虑钢衬与围岩联合受力,按埋管设计。钢筋混凝土衬砌段沿洞轴线方向每隔 8~10m 设一条施工缝或伸缩缝。伸缩缝宽 1~2cm,缝内填塞闭孔泡沫防水板,纵向钢筋不过缝,衬砌外侧环设一道紫铜止水片,内侧设一道塑料止水片;横向施工缝只设一道紫铜止水片。在衬砌底部左右 45°~50°位置设纵向施工缝,缝面设键槽及塑料止水片。

引水洞围岩进行固结灌浆,每个断面布置 12 个灌浆孔,排距 3.0~4.5m,相邻两排错开呈梅花形布置,灌浆孔深入岩石 4.5~5.0m,固结灌浆压力 0.5~0.8MPa。上平洞、上弯段沿洞轴线前 45°范围,下弯段沿洞轴线 45°范围及下平段顶拱 60°~90°范围进行回填灌浆,顶部的 3~4 个固结灌浆孔兼作回填灌浆孔,灌浆压力 0.2~0.3MPa。下弯段沿洞轴线后 45°范围及下弯段底部混凝土与钢管间 60°~90°范围进行接触灌浆,底部的 3~4 个固结灌浆孔兼作接触灌浆孔,灌浆压力 0.2MPa。为减小钢衬外水压力,在钢衬段的中下部布置 2~4 根 $\varnothing108$ 的排水管,将渗水引至高程 47.00m 交通操作廊道内,排至厂内渗漏集水井。

9.3.2.2 引水洞钢筋混凝土衬砌结构设计

(1)计算荷载及荷载组合

1)围岩压力

围岩重度 26kN/m³,按《水工隧洞设计规范》(SL279—2002)规定,结合洞室围岩条件,采用山岩压力系数法取值。

2)衬砌自重

钢筋混凝土密度 25kN/m³。

3)内、外水压力

基本组合的内水压力取设计洪水位 175.00m 时机组甩最大负荷时的动水压力;

特殊组合的内水压力取校核洪水位 180.40m 时机组甩最大负荷时的动水压力;

外水压力折减系数 β 运行期帷幕段后取 0,检修期帷幕段后取 0.7。

4)岩石弹性抗力

在内水压力作用时考虑岩石弹性抗力,围岩单位弹性抗力系数取 15000MN/m³;外水压力单独作用时不计弹性抗力作用(检修工况)。

(2)荷载组合

运行期:围岩压力+外水压力+内水压力+衬砌自重+岩石弹性抗力

检修期:围岩压力＋外水压力＋衬砌自重

（3）计算成果及配筋

采用《水工隧洞钢筋混凝土衬砌计算机辅助设计系统》(SDCAD4.0)中的边值法进行计算。结果表明,圆形衬砌结构能有效抵御外压,控制工况为运行期。衬砌混凝土按限裂设计,最大裂缝开展宽度按不大于 0.25mm 控制。计算成果见表 9.3.3,结构配筋见表 9.3.4。

表 9.3.3　　　　　　　　引水洞段钢筋混凝土衬砌结构配筋计算成果

断面位置	运行工况 内水水头(m)	检修工况 外水折减系数	钢筋直径 (mm)	内侧 钢筋数	外侧 钢筋数
帷幕后 3-3	82.86	0.7	32	6	6
上弯段末 4-4	103.63	0.7	32	10	6
下平段 5-5(钢衬段)	52	0.7	28	5	5

表 9.3.4　　　　　　　　　引水洞段钢筋混凝土衬砌结构配筋表

部位	内侧钢筋		外侧钢筋	
	环向主筋	水流向分布筋	环向主筋	水流向分布筋
帷幕后上平段 2	$\phi32@15$	$\phi22@25$	$\phi32@15$	$\phi22@28$
非钢衬上弯段	$\phi32@15+\phi28@15$	$\phi25@25$	$\phi32@15$	$\phi25@28$
斜井段(钢衬)	$\phi25@20$	$\phi20@25$		
下弯段、下平段(钢衬)	$\phi28@20$	$\phi22@225$		

9.3.2.3　引水洞压力钢管结构设计

（1）压力钢管结构布置

引水洞斜直段至下弯段、下平段均采用钢衬(钢管)钢筋混凝土结构。外包混凝土厚度为 1.0m,钢管直径 13.5m,与水轮机蜗壳接口处钢管渐变为直径 12.4m,1 条钢管长 89.427m。钢管外回填混凝土的配筋(除钢衬段前 2.0m 外),均按构造配置单层钢筋,环向按 $\phi25\sim28@20$ 配置,纵向分布钢筋按 $\phi20\sim22@25$ 配置。钢衬段前 2.0m 的混凝土不考虑钢衬作用,按钢筋混凝土结构设计配筋。下平段按明管设计。

（2）压力钢管设计参数

压力钢管内径 $D=13.50\sim12.40$m,设计水位 175.00m,水轮机安装高程 57.00m,经调保计算,压力钢管的设计压力 H(包括水锤升压值)为 166.50m,HD 值为 2248m^2。外水压力为 $0.69\sim0.56$MPa,钢管、混凝土、围岩之间的缝隙为 3.7mm,单管长度 89.427m。

（3）压力钢管设计原则

钢管斜直段、下弯段、下平段(一)、下平段(二)埋深较深,为 $70\sim100$m,按地下埋管设计,岩石单位弹性抗力系数取 $K_0=10$MPa/mm;靠近主厂房 $20\sim10$m 的下平段(一),受围岩爆破松动的影响,虽按埋管设计,但岩石单位弹性抗力系数取 $K_0=0$;靠近主厂房约 10m 的下平段(二),钢管按明管设计。

(4)引水隧洞压力钢管结构设计

1)钢管应力计算

在内水压力下,按钢管、回填混凝土、围岩三者联合受力,并考虑钢管与混凝土、混凝土与围岩之间存在着一定的缝隙来进行结构计算,并按外水压力作用下校核其抗外压稳定。

经计算,钢管采用 16MnR、600N/mm² 级钢材,管壁厚度为 36mm、42mm、48mm、54mm、60mm(包括锈蚀厚度)。

钢管下弯段,最大环向应力 $\delta_\theta=153.5\text{MPa}<\varphi[\sigma_{埋}]=206.9\text{MPa}$

钢管下平段(一),最大环向应力 $\delta_\theta=254.2\text{MPa}<\varphi[\sigma_{埋}]=271.8\text{MPa}$

钢管下平段(二),最大环向应力 $\delta_\theta=201.6\text{MPa}<\varphi[\sigma_{明}]=223.2\text{MPa}$

2)钢管抗外压稳定验算

考虑到在钢管进口端布置有阻水环和止水帷幕等工程措施,斜直段、进口段取折减系数 0.8;斜直段、下弯段的外水压力较大,最大地下水位约为 124.75m,故在钢管部位的周围结合厂房排水打水洞和排水孔,以减小外水压力。取外水压力 0.50MPa,与事故时产生的真空值 0.06MPa 组合。在外水压力作用下,压力钢管外需设置加劲环,加劲环的间距 1.0～2.0m,断面为矩形 340mm×300mm。经计算,抗外压稳定安全系数为 1.8,满足规范要求。

钢管单管质量为 1434.2t,不包括钢管安装、运输所用内支撑、埋件等物体的质量。6 条钢管总质量为 8605.2t。

(5)引水隧洞压力钢管细部设计

1)压力钢管细部结构

压力钢管从斜直段上游端口处起始,与混凝土衬砌管道相接。在钢管首端设有 3 道阻水环,在阻水环之间布置一道帷幕灌浆孔,在阻水环之后再布置一道帷幕灌浆孔,以阻拦内水外渗。

在钢管外壁底部沿钢管轴线布置两根主排水管通到主厂房集水井。在下平段底部没有另外布置排水管。钢管检修时,利用蜗壳进口端底部的排水管,以排除钢管内的积水。穿过主厂房上游墙的钢管设置软垫层。

2)回填灌浆和接触灌浆:钢管沿线进行了回填灌浆、接触灌浆。

3)压力钢管防腐设计

外壁:涂刷无机改性水泥浆,干膜厚度为 300～500μm;内壁:采用无溶剂的抗冲耐磨环氧涂料,干膜厚度为 800～1000μm;涂装的内表面颜色为深灰色。

9.3.3 主、副厂房及安装场结构设计

9.3.3.1 岩锚吊车梁结构设计

(1)岩锚吊车梁结构布置

岩锚梁沿主厂房全程布置,梁顶高程为 90.33m,上下游侧长均为 311.30m。岩锚梁顶

宽 2.15m,以满足桥机运行和维护的需要;岩锚梁高 3.53m(含 20cm 厚二期钢纤维混凝土),并在吊车梁长度方向设置伸缩缝。支撑斜岩台的高程为 86.80~88.30m。

跨进厂交通洞段岩锚梁,梁底距进厂交通洞顶最小距离 0.83m,岩锚梁下无法形成斜岩台支撑。在进厂交通洞两侧设置厚 0.98m、长 3.85m 的支撑墙,与洞顶上部的岩锚梁和洞底下部的墙体构成一个整体,并用 $\phi32$、1.5m×1.5m 的系统锚杆加强与岩体的联结,支撑墙底部至安Ⅰ段底板开挖高程 63.00m(局部 65.50m)。

在岩锚梁上部设置两排 $\phi32@60$ 长 12m 的高强预应力锚杆(735/935 级精轧螺纹钢筋),预应力为 200kN(初期张拉力 5kN 左右,最终张拉力为 200kN),仰角分别为 20°和 15°,自由段长度约 2.9m,其中岩体内约 2.4m、梁体内 0.5m,并用钢垫板及高强双螺母固定吊车梁体,下部设置一排 $\phi32@75$ 长 9m 的砂浆锚杆,用以协助固定吊车梁。

沿吊车梁长度方向设置永久缝和施工缝。根据实际地质条件,在围岩地质条件差别较大处、洞室边墙高度差别较大处,以及梁底大洞室两侧等部位设置永久缝;永久缝间的梁体按 8~12m 间距设置施工缝,采用跳仓浇筑,缝面中间留键槽,键槽面积不小于梁体横断面面积的 1/4,纵向钢筋跨缝布置不断开。

梁体采用 C30 混凝土,并掺入适量聚丙烯微纤维以提高混凝土的抗裂性能。

(2)标准断面岩锚梁设计

1)结构计算

标准断面岩锚梁按刚体极限平衡和有限元方法计算,对两种方法进行对比可知:刚体极限平衡法计算结果是偏安全的。设计采用刚体极限平衡法进行岩锚梁结构计算。

①计算假定及依据

(a)不考虑岩壁与混凝土间的黏结力 c 值及混凝土与垂直岩壁间的摩擦力。

(b)下部锚杆只承受压力。

(c)两排受拉锚杆拉力与各自的力臂成正比。

(d)岩锚梁计算所用公式均参考自《锚固与注浆技术手册》(梁炯鋆主编)和《水工混凝土结构设计规范》(SL/T191—96)。

②荷载:单个轮压 1080kN,横向水平力 164kN,动力系数 1.10。

③采用《锚固与注浆技术手册》中推荐的公式对岩锚梁高度进行验算,满足要求,并对梁体进行配筋计算。

④采用刚体极限平衡法,以岩锚梁斜岩台的三分点为原点,对受拉锚杆进行计算和选型,两排 $\phi32@60$ 的高强锚杆,安全系数分别为 2.20 和 2.56,满足大于 2.0 的设计要求。

⑤对预应力锚杆的应力进行校核,小于 0.8 倍锚杆抗拉强度标准值,满足要求。

2)岩锚梁结构配筋

标准断面岩锚梁采用刚体极限平衡方法计算分析,参考有限元计算分析结果,并参照类似结构布筋形式及原则确定岩锚梁的配筋,梁体横向钢筋 $\phi28@20$,纵向钢筋 $\phi25@26$,水平"U"筋 $\phi18@20×26$。

（3）跨交通洞段岩锚梁结构设计

1）三维非线性有限元计算分析

①计算假定及依据

采用通用有限元程序 ANSYS 8.1 版，认为吊车梁、锚杆、围岩均在线弹性范围工作，吊车梁与围岩之间的夹层采用 D-P 屈服准则的非线性材料；配筋计算参考《水工混凝土结构设计规范》（SL/T191—96）。

②计算模型范围

模型中岩锚梁取交通洞口沿厂房纵轴线方向的 19.8m 长，岩锚梁下部交通洞口两侧的支撑墙厚 0.95m，高度范围从高程 65.50m 至岩锚梁顶部高程 90.40m；模型中围岩底部与支撑墙同高，顶部高出岩锚梁顶 5m，沿厂房纵轴线宽度方向超过两侧支撑墙各 5m，共 29.8m 宽，围岩沿交通洞轴线方向厚度为 10m；其中与混凝土衬砌接触部位的围岩单独作为夹层单元，厚度 0.02m。计算模型见图 9.3.1、图 9.3.2。

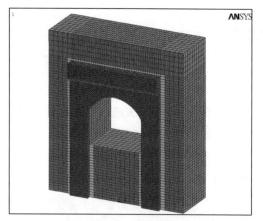

图 9.3.1　计算模型　　　　　　　　　图 9.3.2　跨交通洞段岩锚梁

③荷载及边界条件

荷载：包括结构自重和桥机荷载。

边界条件：支撑墙及围岩底部（高程 65.50m）全约束，围岩沿厂房纵轴线方向的两侧和交通洞轴线方向的背面为法向约束；锚杆一端锚固在混凝土结构中，另一端节点全约束。

④计算结果

位移：最大位移 0.752mm，出现在岩锚梁顶部跨中，是受桥机荷载作用的结果。梁体和支撑墙变形的方向也与结构受力后的形状是吻合的。

混凝土结构应力：最大、最小主应力分别为 3.639MPa 和－2.092MPa，都出现在岩锚梁顶部桥机集中力作用点附近。其他部位拉应力都在 0.455MPa 以内，未超过混凝土抗拉强度。

锚杆轴向应力：支撑墙和岩锚梁部位系统锚杆的应力值都在 28.7MPa 左右，作用在岩锚梁上部位的预应力锚杆应力值在 258MPa 左右,均处于弹性工作范围。

2)通用有限元计算分析

选取跨交通洞段岩锚梁结构,采用通用有限元计算工具 SAP84 进行结构内力和锚杆轴力的计算分析。

①荷载:包括结构自重和桥机荷载。

②弹性链杆单元:在岩锚梁和两侧支撑墙设置弹性链杆单元,结构受力向内变形时链杆单元模拟围岩提供弹性抗力,向外变形时链杆单元模拟锚杆提供拉力。

③计算及配筋结果:采用通用有限元计算工具 SAP84 进行岩锚梁和两侧支撑墙内力和锚杆轴力的计算分析。根据《水工混凝土结构设计规范》(SL/T191—96)要求进行配筋计算。

3)岩锚梁配筋

跨交通洞段岩锚梁将按内力值配筋结果与按三维计算应力值配筋结果相比较,两者相差较大,实际仍按内力值配置钢筋。

根据结构计算成果,参照类似结构布筋形式及原则,确定支撑墙内、外侧配筋均为 $\phi28@20$,两端部均为 $\phi32@11$,水平架立筋 $\phi16@20$,拉筋 $\phi12@40\times40$;梁体横向钢筋 $\phi32@20$,纵向钢筋 $\phi25@20$,水平拉筋 $\phi18@40\times40$;在顶拱部位按 $0.98m\times0.95m$(宽×高)视作拱圈梁,梁的上、下层配置 7 根 $\phi32$ 的弧形钢筋;并在顶拱部位 $0.98m\times0.95m$(宽×高)范围内,底部布设 7 根 $\phi36$ 纵向钢筋,内、外侧各布设 5 根 $\Phi36$ 纵向钢筋。

9.3.3.2　主厂房板梁柱结构设计

(1)主厂房板梁柱结构布置

发电机层结构通过纵、横向梁系和楼板与发电机风罩连成整体,整个结构通过柱和发电机风罩固结于水轮机层的大体积混凝土上,是典型的空间框架结构。发电机层楼板厚度为 57cm,另有 3cm 的建筑抹面,框架柱截面尺寸为 90cm×90cm(靠上、下游边墙的柱截面尺寸为 70cm×90cm);垂直厂房纵轴线方向的梁截面尺寸为 80cm×170cm(宽×高);平行厂房纵轴线方向的梁尺寸为 80cm×180cm。

框架结构上下游侧与围岩间设 15cm 缝隙,6 台机组及安Ⅰ、安Ⅱ段结构均各自独立,结构缝宽 1~2cm。

(2)结构计算

1)计算方法

结构分析采用 SAP84 通用结构分析程序,计算时根据各层不同的设备布置和运行要求,采用不同的活荷载和结构构造。

2)荷载

除结构自重外,27 号~31 号机组发电机楼板活荷载为 50kN/m²,32 号发电机层作为安装场使用,楼板活荷载为 120kN/m²,活荷载采用动力系数 1.2。

3)计算假定及荷载组合

①计算假定

计算时将楼板、梁系与风罩连接简化为固端约束,未考虑主厂房上下游侧墙围岩对结构的水平支撑作用;柱和发电机风罩与水轮机层以下的大体积混凝土之间简化为固端约束。

②计算荷载及荷载组合

计算时主要考虑结构自重和楼板活荷载,作为控制工况。

4)计算结果及配筋

根据结构计算分析成果,结合相关现行规程规范要求,现将控制性工况下结构的主要配筋分述于下:

①发电机层楼板及梁

27～30号机组:发电机层楼板厚57cm,楼板面层及底层均配置双向$\phi25@20$钢筋,并对孔边进行加强。

31～32号机组:发电机层楼板厚57cm,楼板面层及底层均配置双向$\phi28@20$钢筋,并对孔边进行加强。

发电机层梁系配筋见表9.3.5,表中仅列出KL-11、KL-14梁的配筋。

表9.3.5　　　　　　　　　　　发电机层75.30m高程梁系配筋表

机组号	梁位置	梁截面尺寸 (宽 cm×高 cm)	梁底跨中配筋 (mm²)	梁顶支座配筋 (mm²)	箍筋 (mm)
27～31号	垂直厂房纵轴线	KL-11:80×170	6ϕ32	6ϕ28	ϕ10@20(跨中) ϕ10@15(梁端) 四肢箍
	平行厂房纵轴线	KL-14:80×180	10ϕ32	6ϕ28+2ϕ32	ϕ12@20(跨中) ϕ12@15(梁端) 四肢箍
32号	垂直厂房纵轴线	KL-11:80×170	8ϕ36	6ϕ32+2ϕ36	ϕ14@20(跨中) ϕ14@15(梁端) 四肢箍
	平行厂房纵轴线	KL-14:80×180	12ϕ36	10ϕ36	ϕ14@20(跨中) ϕ14@15(梁端) 四肢箍

②框架柱

27～30号机组:框架柱截面尺寸为70cm×90cm,配筋为20ϕ25,框架柱截面尺寸为90cm×90cm,配筋为24ϕ25,采用矩形和菱形的复合箍筋ϕ12@20cm,节点加密至10cm。

31～32号机组:框架柱截面尺寸为70cm×90cm,配筋为20ϕ28,框架柱截面尺寸为

90cm×90cm,配筋为 24ϕ28,采用矩形和菱形的复合箍筋 ϕ12@20cm,节点加密至 10cm。

根据上述配筋,经验算,27～31 号机组发电机层梁最大挠度 2.03mm,最大裂缝宽度 0.28mm;32 号机组发电机层梁最大挠度 3.8mm,最大裂缝宽度 0.29mm。梁系挠度及裂缝宽度均满足规范要求。

9.3.3.3　发电机风罩结构设计

(1)发电机风罩结构布置

发电机风罩为厚度 80cm 的圆筒体结构,内径 25.0m,顶部与 75.27m 高程发电机层梁板相连,底部高程 66.97m,其基础为发电机机墩和蜗壳外包大体积混凝土。风罩采用 C25 混凝土。

(2)结构计算

1)计算假定及方法

计算中取风罩环向单位长度为计算单元,下部为固端,上部发电层楼板整体连接,根据《水电站厂房设计规范》(SL266—2001)附录 B,通过查表方法计算风罩内力,并建立风罩整体三维有限元模型(含发电机层梁板结构及机墩),分别采用 SAP84 通用结构分析程序及 ANSYS 计算分析软件进行计算分析。通过数值分析对查表法结果进行校核。

2)荷载及其组合

①结构自重。

②发电机层楼板荷载。

③温度作用,考虑温升及温降。

④发电机上机架支座处径向力、切向力及下压力等。

考虑施工期、正常运行及非常运行等工况,按《水电站厂房设计规范》的规定对上述荷载进行组合。

3)计算结果及配筋

根据内力及应力计算结果,确定风罩墙体内、外壁配筋相同,竖向钢筋为 ϕ32@20,环向钢筋为 ϕ28@20,拉筋为 ϕ14@40×40。

9.3.3.4　机墩及蜗壳外包混凝土结构设计

(1)机墩及蜗壳外包混凝土结构布置

1)机墩结构

发电机机墩采用整体圆筒式结构,混凝土强度等级为 C25。

27 号、28 号机组(东电机组):下机架基础墩内径 13.10m,外径 20.65m,基础墩厚 3.775m,高程为 65.50m,8 个下机架基础沿圆周均布,二期坑深 45cm;发电机定子基础墩内径 20.65m,外径 25.00m,基础墩厚 2.175m,高程为 67.90m,16 个定子基础沿圆周均布,二期坑深 45cm;上机架支承在风罩顶部的条带牛腿上,牛腿宽 1.00m,高 1.385m,16 个上机架基础二期坑沿圆周均布,二期坑深 0.985m。

29 号、30 号机组(ALSTOM 机组):下机架基础墩内径 13.90m,外径 16.80m,基础墩厚 1.45m,高程为 65.50m,16 个下机架基础两两一组沿圆周均布,二期坑深 21cm;发电机定子基础墩内径 18.60m,外径 25.00m,基础墩厚 3.20m,高程为 67.80m,20 个定子基础沿圆周均布,并与径向成 40°夹角,二期坑深 44cm;上机架支承在风罩顶部的条带牛腿上,牛腿宽 1.00m,高 1.47m,20 个上机架基础二期坑沿圆周均布,并与径向成 10.24°夹角,二期坑深 107cm。

31 号、32 号机组(哈电机组):下机架基础墩内径 13.90m,外径 15.80m,基础墩厚 0.95m,高程为 65.30m,12 个下机架基础沿圆周均布,二期坑深 21cm;发电机定子基础墩内径 19.60m,外径 25.00m,基础墩厚 2.70m,高程为 67.55m,20 个定子基础沿圆周均布,并与径向成 40°夹角,二期坑深 31.5cm;上机架支承在风罩顶部的条带牛腿上,牛腿宽 1.00m,高 1.47m,上机架基础槽宽 40cm,深度 47cm。

2)蜗壳外包混凝土结构

蜗壳外包混凝土结构形状较复杂,其顶部高程 67.00m,蜗壳中心高程 57.00m,蜗壳顶部最小混凝土厚度约 2.5m,左侧混凝土结构最小厚度约 1.9m,右侧混凝土结构最小厚度约 2.1m,上游侧最小厚度 1.4m,下游侧最小厚度 2.6m,技术供水室处的最小混凝土厚度为 2.3m,其中上下游混凝土结构直接与围岩接触,其周围混凝土结构不留二期混凝土,仅在尾水管锥管钢衬段预留二期混凝土,一期混凝土内设有插筋。

混凝土强度等级为 C25,其中,蜗壳与基坑的三角部位及座环(基础环)局部区域采用 C40 混凝土。垫层材料采用 L600 型高压聚乙烯闭孔泡沫板(PE),变形模量 2.5MPa,垫层厚 3cm,末端减薄至 1cm。

机墩和蜗壳外包混凝土结构上、下游侧均与围岩紧密接触,6 台机组结构各自独立,结构缝宽 1~2cm。

三峡地下电站除尾水管采用窄高型尾水管,其水轮发电机组的参数基本同右岸电站,三个厂家的机组尺寸略有差别。根据地下电站蜗壳混凝土的边界条件,结合在右岸电站设计中所取得的研究成果和成功的实践经验,在地下电站 28~32 号机组蜗壳混凝土采用"垫层埋设方式"进行浇筑,而在 27 号机组研究采用"组合埋设方式"进行浇筑。

(2)机墩及蜗壳外包混凝土结构计算

1)计算假定及方法

计算中取单机组段为计算单元,建立三维有限元模型(图 9.3.3、图 9.3.4、图 9.3.5),模型包括机墩、钢蜗壳、弹性垫层、蜗壳外包混凝土、尾水管流道及混凝土、尾水管下部岩体及上下游侧围岩。下部岩体与深部岩体间考虑固端约束,上下游侧围岩与混凝土间考虑接触关系,上下游侧围岩与外围岩体间考虑固端约束。

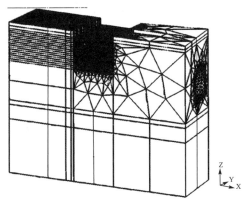

图 9.3.3　整体模型网格图

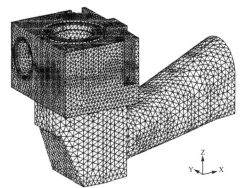

图 9.3.4　蜗壳及尾水管外包混凝土网格图

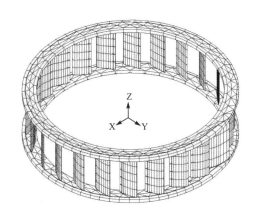

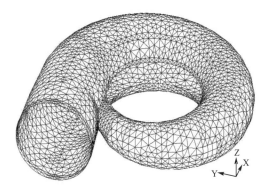

图 9.3.5　座环和蜗壳网格图

2)荷载及其组合工况

①垂直静荷载:包括结构自重、发电机定子重、机架及附属设备重,发电机层和水轮机层的活荷载、风罩下传荷载等。

②垂直动荷载:发电机转子连轴重、水轮机转轮连轴重及轴向水推力。

③水平动荷载。

④扭矩。

⑤蜗壳内水压力(含水击水头)。

考虑正常运行、非常运行及机组检修等工况,按《水电站厂房设计规范》的规定对上述荷载进行组合,并对下机架基础及定子基础等直接承受集中力的部位进行局部承压验算,配置相应的钢筋网。

3)蜗壳"垫层埋设方式"结构计算

①计算成果分析

(a)在垫层敷设范围,蜗壳向外的膨胀量大;在垫层敷设的末端附近,钢板存在弯曲变形。钢板最大变形出现在腰线附近,为 10~11mm。

(b)在水荷载作用下,定子及下机架基础部位都是上抬的,上游基岩与混凝土之间的约束越强,机组中心上游结构的上抬位移越小。甩负荷工况,定子、下机架基础的最大上抬位移分别为1.48mm、1.81mm,出现于蜗壳30°～60°断面部位;下机架基础部位的相对上抬位移在蜗壳75°断面与255°断面相对最大,为1.01mm(上游基岩与混凝土法向传力)、1.14mm(上游基岩与混凝土全黏结)。

(c)混凝土的承载比,在敷设垫层的部位:顶部一般为26%～38%,腰部一般为26%～45%,底部为38%;在未敷设垫层的蜗壳末端区域为72%～90%。

(d)甩负荷工况,蜗壳钢板等效应力一般为80～120MPa,最大为147MPa,出现于进口段;座环最大等效应力为207MPa,出现在固定导叶上。

(e)直管段腰部外侧是拉应力最大的区域,拉应力都大于1.75MPa,最大值约为2.5MPa;蜗壳顶部混凝土拉应力一般小于1.5MPa;蜗壳末端未敷设垫层,腰部以上区域混凝土拉应力大都大于1.0MPa,最大达2～6MPa;在蜗壳38°～138°断面,高程67m附近靠近机坑里衬部位,存在较大的水流向拉应力,最大拉应力为2MPa左右,位于蜗壳90°断面。

(f)尾水管段大都为压应力或小于0.5MPa的拉应力,最大拉应力为0.82MPa,位于直锥段。

②垫层埋设方式综合评价

地下电站28～32号机组蜗壳外包混凝土采用垫层埋设方式,除局部区域外,结构应力都不大,蜗壳外围混凝土内所需配筋面积普遍较小,一般为2～3层ϕ36@20,裂缝宽度和下机架基础板相对上抬量都能满足控制标准,满足机组正常运行要求。

4)蜗壳"组合埋设方式"结构计算

①计算成果分析

对27号机组采用"组合埋设方式"进行了专门研究,主要包括静力计算分析和动力计算,其计算成果分析如下:

(a)混凝土应力:甩负荷工况,蜗壳180°断面腰部拉应力为1.72～2.54MPa,截面平均拉应力约为1.93MPa。蜗壳270°断面—末端区域,最大主拉应力一般大于1.3MPa,约一半以上区域拉应力大于2MPa,局部大于4MPa。蜗壳45°～180°断面的顶部外侧及下机架基础部位,水流向拉应力一般大于1MPa,最大为2.14MPa。

(b)裂缝分布

蜗壳95°、120°断面出现垂直水流向的非贯穿性裂缝;蜗壳末端区域、180°断面腰部及蜗壳210°～255°断面腰上45°截面等部位采用C40混凝土,开裂情况得到改善,防止出现贯穿性裂缝。

(c)座环及蜗壳应力

座环等效应力小于140MPa,小于钢材许用应力。

蜗壳钢板应力最大值130MPa,小于钢材许用应力。

(d)下机架基础板最大相对上抬量1.27mm,小于1.30mm的控制标准。

静力计算综合分析结论:27 号机组蜗壳外包混凝土采用的组合埋设方式,裂缝宽度和下机架基础板相对上抬量都能满足控制标准,满足机组正常运行要求。

(e)厂房和蜗壳结构的自由振动特性与共振复核

由于蜗壳外围混凝土结构裂缝的存在,对结构的固有振动特性没有显著的改变。因此,蜗壳埋设方式的不同不会改变共振复核的评价结论,共振复核满足要求。

(f)水轮机脉动压力作用下的振动反应分析

在脉动压力作用下,蜗壳外包混凝土开裂状态的振动复核表明,组合埋设方式下的结构动态反应和动态应力水平总体上有所提高,但并不突出,可满足设计要求。

(g)水轮机流道金属结构的疲劳分析

材料的应力水平远低于材料的疲劳极限,在使用期限内不会产生钢结构的疲劳破坏。

②组合埋设方式综合评价

地下电站 27 号机组蜗壳外包混凝土采用组合埋设方式,外围混凝土存在较大拉应力值的区域,且局部区域出现垂直水流向的非贯穿性裂缝,将该区域混凝土强度等级提高至C40,开裂情况得到改善。下机架基础板相对上抬量小于控制标准,满足机组正常运行要求;厂房和蜗壳结构的自由振动特性与共振复核满足要求;水轮机流道金属结构在使用期限内不会产生钢结构的疲劳破坏。

5)机墩及蜗壳外包混凝土钢筋配置

根据静力计算分析,地下电站 27 号机组蜗壳混凝土采用"组合埋设方式",垫层敷设至蜗壳 45°断面,配置四层钢筋网,配筋结果为:蜗壳第一层按径向 $\phi36@15$、上半圆环向 $\phi36@20$、下半圆环向 $\phi32@20$ 配置形成钢筋网;蜗壳第二层按径向 $\phi36@15$、环向 $\phi32@20$ 配置形成钢筋网;蜗壳第三层在蜗壳平面 30°~210° 范围按径向 $\phi36@15$、环向 $\phi32@20$ 配置形成钢筋网;机墩表面按径向 $\phi36@15$、环向 $\phi36@15$ 配置形成钢筋网;水轮机层表面(高程 66.97m)按 $\phi36@15$ 双向配置钢筋网,以及蜗壳混凝土四周外表面按竖向 $\phi36@20$、水平向 $\phi32@20$ 配置形成钢筋网,一起构成蜗壳混凝土的第四层钢筋网。

定子二期坑外壁混凝土四周配置 $7\phi36$ 抗剪钢筋;下机架基础部位按双向 $\phi32@20$ 配置5 层局部承压钢筋网。

28~32 号机组蜗壳混凝土采用"垫层埋设方式",靠蜗壳侧配置二层钢筋网,配筋结果为:蜗壳第一层从蜗壳进口~0°范围按径向 $\phi40@23$、环向 $\phi28@20$ 配置形成钢筋网,其余范围按径向 $\phi36@17.5$、环向 $\phi28@20$ 配置形成钢筋网;蜗壳第二层按径向 $\phi36@17.5$、环向 $\phi28@20$ 配置形成钢筋网;其余部位的配筋基本同 27 号机组。

9.3.3.5　尾水管结构设计

(1)尾水管结构布置

尾水管扩散段为洞挖形成,其结构包含在尾水洞衬砌结构中。

尾水管锥管、肘管外围混凝土最小厚度为 2.5m。尾水管肘管置于高程 45m 以下槽挖的机坑,两侧管壁外侧为尾水管间保留的岩墩,肘管轴线与机组纵轴线夹角80°,朝左侧偏转10°。

尾水管肘管左右侧外包混凝土最小厚度2.5m,上游侧最小厚度3.3m,尾水管底板厚4m,为整体底板,与尾水管边墙整浇,最大跨度18m;顶板为大体积混凝土结构,最大厚度达17m;边墙最小厚度2.5m,最大高度23m。混凝土强度等级为C25。

(2)尾水管结构计算

1)计算假定及方法

结构计算中取肘管段出口断面(最大跨度及最小厚度处)单位宽度进行平面框架计算,平面框架以底板为梁(梁高4.0m),两侧管壁为立柱,立柱上端按水平无位移、铅垂有位移进行约束,并将上部下传的力按集中力施加于柱顶(扣除岩墩承担的部分),底板及管壁与围岩间的作用,设弹性连杆进行模拟(连杆仅可传递压力),管壁模拟厚度为2.5m。结构计算采用SAP84通用结构分析程序。

2)荷载及其组合

①结构自重。

②上部结构及设备重的下传力(扣除岩墩承担的部分)。

③外水压力:外水压力水头考虑到厂区排水系统的作用取厂房下游侧最低一层排水廊道底板高程计算。

④内水压力:内水水头取下游设计尾水水位。

根据规范要求,按运行工况及检修工况对上述荷载进行组合。

3)计算结果及配筋

计算结果显示,检修工况为控制工况。

尾水管肘管末端内侧配置双层钢筋网:环向分别为$\phi32@20$和$\phi28@20$,水流向均为$\phi25@20$;肘管其他部位内侧配置单层钢筋网:环向$\phi28@20$,水流向为$\phi25@20$;肘管底板底层配置$\phi32@20$和$\phi28@20$单层钢筋网,管壁(侧墙)外侧配置$\phi32@20$和$\phi25@20$单层钢筋网;在肘管一期混凝土面层布设双向$\phi20@20$单层钢筋网。

尾水管肘管及锥管段均采用钢衬。根据配筋成果,经验算,肘管段底板、边墙及顶板裂缝开展宽度均小于0.28mm,满足规范要求。

9.3.3.6　安装场结构设计

(1)安装场结构布置

安装场分为安Ⅰ、安Ⅱ段和集水井段,长度分别为40.08m、20.40m和19.52m。高程75.30m层主要为卸货和机组安装及检修的场地,为一层框架结构,在机组安装和检修期安排放置发电机转子、定子、水轮机转轮、上机架、下机架等部件;高程67.00m层布置有风机房、空压机房和技术供水室等。

安Ⅰ、Ⅱ段框架柱截面尺寸为90cm×90cm;垂直厂房纵轴线方向的梁截面为80cm×

180cm(宽×高)，平行厂房纵轴线方向的梁截面为 80cm×190m。高程 67.00 底板厚 150cm，高程 75.30m 楼板厚 60cm。

安Ⅰ、安Ⅱ段分别设置了一个放置发电机转子部位，在楼板下面相应位置设有一道 80cm 厚、外直径为 18.10m 的圆筒墙，中部为直径 5.44m 的混凝土支墩，墩顶为外悬 50cm、高 3m 的环形条带牛腿。墙底高程 67.00m，与底板混凝土整浇，墙顶与楼板整浇。

安装场所有结构均采用 C25 混凝土。

(2)安装场结构计算

1)荷载及计算方法

计算荷载除结构自重外，楼面设计活荷载 $150kN/m^2$，并考虑 1.2 的动力系数。计算采用 SAP84 通用结构分析程序，进行了三维框剪结构应力分析，考虑的荷载组合为结构自重＋楼面活荷载，并对楼板承受集中力的部位进行抗冲切验算。底板切取单宽按弹性地基梁进行计算。

2)计算结果及配筋

①安装场底板

安装场底板直接坐落于岩石上，处于基础强约束区，根据计算以及工程类比，按$\phi32@20$配置双向双层防裂钢筋。

②框架柱

柱截面尺寸为 90cm×90cm，配筋为 $16\phi32$，采用 2 个方形复合箍筋 $\phi12@20cm$，节点加密至 10cm。

柱基底板为满足抗冲切要求，中柱在 4.2m×4.2m 范围内配置 $\phi32@40×40cm$ 的抗剪钢筋。

③转子支墩及圆筒墙

转子支墩为直径 5.44m 的混凝土圆柱，表面配置竖向 $\phi28@20$、环向 $\phi22@20$ 钢筋。墩顶按环形条带牛腿进行配筋，主筋 $\phi32@20$，分布筋 $\phi25@20$，并在主梁支座范围内进行加密，增设 $\phi32@20$ 钢筋以及 5 层 $\phi16@20$ 抗剪拉筋。

厚度 80cm 的转子支撑圆筒墙内外侧均配置竖向 $\phi32@20$、环向 $\phi25@20$ 的钢筋网，由 $\phi12@80×80cm$ 拉筋连成整体。

④梁和板

平行厂房纵轴线的梁(如 KL12)截面尺寸 80cm×190cm，跨中配置 $10\phi36+2\phi32$，支座配置 $12\phi36$，腰筋 $\phi25$，箍筋 $\phi16$ 四肢箍加 $\phi16$ 拉筋的复合箍筋；垂直厂房纵轴线的梁(如 KL01)截面尺寸 80cm×180cm，跨中配置 $10\phi36$，支座配置 $10\phi36+2\phi32$，腰筋 $\phi25$，箍筋 $\phi16$ 四肢箍加 $\phi16$ 拉筋的复合箍筋；转子支墩与圆筒墙之间的支撑梁(L01)截面尺寸 80cm×180cm，跨中配置 $10\phi36$，支座配置 $14\phi36$，腰筋 $\phi25$，箍筋 $\phi16$ 四肢箍加 $\phi16$ 拉筋的复合箍筋；所有梁跨中箍筋间距均为 20cm，梁端部位按规范要求的范围加密至 15cm。

根据上述配筋验算，梁最大挠度 3mm，最大裂缝宽度 0.286mm，梁系挠度及裂缝宽度均满足规范要求。

9.3.3.7 集水井结构设计

（1）集水井结构布置

集水井布置在高程 66.70m 以下，检修集水井平面尺寸为 10.90m×7.00m，井内设 1m 厚隔墙，隔墙上设 3m×3m 的平压孔。井底部高程为 17.00m，底板厚 2.0m；渗漏集水井平面尺寸为 4.9m×7.0m，底部高程为 17.00m，底板厚 2.0m；检修和渗漏集水井井壁厚度在高程 45.00m 以下为 2.0m，高程 45.00m 以上为 3.0m，两井之间隔墙厚为 2.0m。采用 C25 混凝土。

（2）集水井结构计算

1）计算假定及方法

集水井边墙及隔墙结构计算时，沿井底（水头最大处）切取单位高度的水平截面，简化为平面框架，用 SAP84 通用结构分析程序进行计算。底板结构计算时，切取单位宽度，按弹性地基梁进行计算。在计算中用弹性链杆（仅可传递压力）模拟围岩的抗力作用。

2）荷载及其组合

①结构自重。

②内水压力。

③外水压力：取厂区最低一层排水廊道的底板高程以下水头，并进行折减。

④山岩压力。

根据规范要求，结合集水井实际受力状况对上述荷载进行组合，按控制工况进行配筋。

2）计算结果及配筋

根据计算结果，实际配置钢筋如下：

集水井底板面层及底层配筋均为 $\phi32@20$（双向）。

高程 15～54m 集水井四周井壁水平方向内外侧配筋均为 $\phi32@15$，垂直方向内外侧配筋均为 $\phi32@20$（至 45m 高程）；检修集水井中的隔墙水平方向两侧配筋均为 $\phi28@15$，垂直方向均为 $\phi28@20$。

高程 54～65.5m 集水井四周井壁水平方向内外侧配筋均为 $\phi32@20$，垂直方向内外侧配筋均为 $\phi28@20$（接自 45m 高程）；检修集水井中的隔墙水平方向两侧双向配筋均为 $\phi28@20$。

集水井底板及侧墙最大裂缝开展宽度均小于 0.25mm，满足规范要求。

9.3.3.8 排水廊道结构设计

在厂房底部的机组检修排水廊道，基坑之间岩台面下部的排水廊道设 50cm 厚 C25 钢筋混凝土衬砌。

9.3.4 附属洞室混凝土结构设计

附属洞室包括母线洞、进厂交通洞、通风及管道洞、管线及交通廊道、安全紧急通道等。

（1）母线竖井

1）衬砌混凝土

母线竖井设 45cm 厚 C25 钢筋衬砌混凝土,衬砌与围岩间设锚杆连接。

2）结构混凝土

该部位结构混凝土主要指母线竖井楼梯、检修平台及电梯井筒混凝土。楼梯踏步板及检修平台板厚 15cm,支撑在竖井衬砌混凝土的小牛腿上,电梯井筒混凝土墙体厚 40cm,与竖井衬砌一起整浇,C25 混凝土。

（2）进厂交通洞

进厂交通洞的进、出口各设 12m 长、75cm 厚 C25 钢筋混凝土衬砌,衬砌与围岩间用锚杆连接;底板路面混凝土厚 30cmC30 混凝土。

左侧路面下埋有 5 根 $\varnothing$530 的排水钢管,该部位管间混凝土厚 90cmC25 混凝土;两侧设人行道,人行道下部为排水沟,兼电缆、管道沟。

（3）通风及管道洞

通风及管道洞出口段设 6m 长衬砌混凝土锁口加固,衬砌厚 35cm,洞身段喷素混凝土厚 5cm,竖井段衬砌厚 30cm,洞底设 30cm 厚混凝土路面,用 C25 混凝土。

（4）管线及交通廊道

管线及交通廊道的混凝土衬砌厚 50cm,廊道内高程 75.30m 设 25cm 厚混凝土楼板,板下设 3 道 25cm 厚的混凝土隔墙,坐落在 50cm 厚的底板上,底板高程 72.80m。衬砌混凝土与底板、楼板及隔墙混凝土为整体现浇结构,用 C25 混凝土。

9.3.5　变顶高尾水洞及阻尼井结构设计

9.3.5.1　变顶高尾水洞及阻尼井结构布置

（1）尾水洞结构布置

尾水洞沿流向分为尾水管扩散段、连接段、变顶高段 1 和变顶高段 2。

尾水管扩散段为方圆形断面,结构尺寸 18.29m×11.50m～18.0m×21.00m（宽×高,余同）,衬砌标准厚度为 1.2m,衬砌与围岩间用 ϕ32 长 7m、9m 两种系统锚杆连接。

连接段结构尺寸 18.0m×21.00m～15.00m×25.00m,衬砌厚度 1.2m,衬砌与围岩间用 ϕ32 长 7m、9m 两种系统锚杆连接。

变顶高段结构尺寸 15.0m×25.00m～13.00m×25.00m,断面为城门洞形,顶拱中心角 180°,其出口段衬砌厚度为 1.5m,其余洞段衬砌厚度为 1.2m,衬砌与围岩间用 ϕ32 长 7m、9m 两种系统锚杆连接。

尾水洞围岩全程要求进行固结灌浆,间距 3～3.2m,排距 3m,相邻两排错开呈梅花形布置,孔深深入岩石 6～8m。固结灌浆压力 0.5～0.8MPa。

尾水洞顶拱 120°范围要求进行回填灌浆,顶部的 3 个或 4 个固结灌浆孔兼作回填灌浆孔,灌浆压力 0.2～0.3MPa。

(2)阻尼井及通风廊道结构布置

阻尼井为内径 7m 的圆形竖井,衬砌厚度 0.8m。在阻尼井的上下井口布设 3～5 排 ϕ25 长 6m 系统锚杆连接衬砌与围岩。

在阻尼井下游侧高程 89.00m 设有通风廊道,廊道断面形式为城门洞,尺寸为 5.0m× 5.0m,底板混凝土 20cm 厚。

9.3.5.2 变顶高尾水洞研究及实用

(1)变顶高尾水洞研究

变顶高尾水洞用以解决尾水管进口真空度过高的问题,如图 9.3.6 所示,利用下游水位的变化与尾水洞有压段长度的相互关系,来满足水轮机在不同淹没水深时甩负荷过渡过程中尾水管进口真空度的要求。当下游水位较低时,水轮机的淹没水深较小,此时无压明流段长,有压满流段短,过渡过程中负水击压力小,尾水管进口真空度满足规范要求。随着下游水位的升高,尽管无压明流段的长度逐渐缩短,有压满流段的长度逐渐增长,负水击压力越来越大,但水轮机的淹没水深也逐渐增大,正负两方面的作用相抵,使尾水管进口真空度仍能控制在规范要求范围内,从而起到尾水调压室的作用。

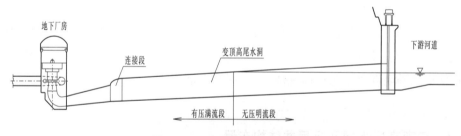

图 9.3.6　变顶高尾水洞示意图

在变顶高尾水洞的体型设计中,首先根据下游最低尾水位,确定此工况下有压满流段的最大长度,视为变顶高的起点,再根据尾水位变化情况、出口流速及地形地质条件,确定尾水洞出口底板高程和底宽,最后选择出口断面的顶部高程和尾水洞顶面曲线。在变顶高尾水洞顶纵剖面线的拟定中,可在水击压力用刚性水锤计算公式,并且假定水锤压力的极值和瞬时波高同时发生的前提下,按照式(9.3.1)给出的微分方程积分,得到有压满流段长度 L 与分界面断面积 $F(L)$,或者 L 与洞顶高程 Z 之间的关系。按照该式计算所得变顶高尾水洞顶部纵剖面线为抛物线。在实际工程设计中,为方便施工,绝大部分采用斜直线,且洞底采用略缓于或等于顶坡的斜直线,以减小隧洞的高度。

$$dL = \frac{g}{Q_0(\mathrm{d}q/\mathrm{d}t)}F(L)\mathrm{d}(H_2 + \Delta Z) \qquad (9.3.1)$$

式中:q 是水轮机流量 $Q(t)$ 与基准流量 Q_0 之比;

$(H_2 + \Delta Z)$ 为下游淹没水深与无压明流段水位波动的叠加;

L 和 $F(L)$ 分别为有压满流段的长度和分界面断面积。

应用上述设计方法,三峡地下电站变顶高尾水洞的设计体型如图9.3.7所示。

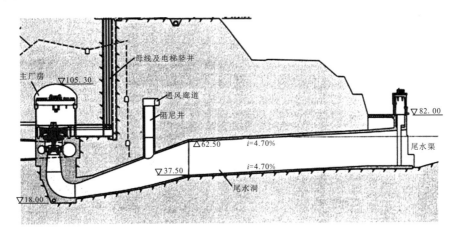

图 9.3.7 地下电站变顶高尾水洞纵剖面图

(2)变顶高尾水洞的体型设计

1)变顶高程尾水洞水力计算研究体型

尾水洞无压明流和有压满流过渡过程中,无压明流段的水位波动对尾水管进口断面绝对压力 $\frac{P_2}{\gamma}$ 有影响,该断面的绝对压力关系式见(9.3.2)式。

$$\frac{P_2}{\gamma} = \frac{\gamma_a}{\gamma} + H_2 + \Delta H + \Delta Z + \Delta h_p + \Delta h_c \qquad (9.3.2)$$

式中:$\frac{P_2}{\gamma}$　　大气压力;

　　ΔH——有压满流段的水击压力;

　　ΔZ——无压明流段水位波动对下游淹没水深 H_2 的叠加;

　　Δh_p——有压满流段的水头损失;

　　Δh_c——无压明流段的水头损失。

根据规范要求,整个过程中的 $\frac{P_2}{\gamma}$ 极小值应大于或等于其极限值 $\frac{P_{2\lim}}{\gamma}$,见(9.3.3)式。($\frac{P_{2\lim}}{\gamma}$ 通常等于 2m 水柱)。

$$\left\{ \frac{P_a}{\gamma} + H_2 + \Delta H + \Delta Z + \Delta h_p + \Delta h_t \right\}(t) \geqslant \frac{P_{2\lim}}{\gamma} \qquad (9.3.3)$$

在过渡过程中,$\frac{P_a}{\gamma}$ 和 H_2 是不变的(对应某一下游水位),$\Delta h_p + \Delta h_c$ 影响有限,可以忽略,ΔH 和 ΔZ 的极小值不一定同时发生,且明满流分界面是运动的,即有压满流段长度在变化,所以给出 $\{\Delta H + \Delta Z(t)\}_{(t)} \mid_{\lim}$ 的解析表达式十分困难,精确的计算只能通过数值解。

如不考虑无压明流段水位波动叠加的影响,并将明满流分界面固定,水击压力 ΔH 刚性水

锤计算公式近似表达,给出变顶高尾水洞极限容许水流惯性加速时间解析表达式(9.3.4)式:

$$T_{uslin} = \frac{1}{H_0(\mathrm{d}q/\mathrm{d}t)}\left\{\frac{P_a}{\gamma} + H_2 - \frac{P_{2lin}}{\gamma}\right\} \tag{9.3.4}$$

式中:q——水轮机流量 $Q(t)$ 与基准流量 Q_0 之比;

H_0——水电站的恒定流时净水头。

为此采用瞬时波流量的计算公式近似求得 ΔZ(9.3.5)式:

$$\Delta Q = \left[V_0 + \sqrt{gh_0(1 + \frac{3}{2}\frac{\Delta Z}{h_0})}\right]B\Delta Z \tag{9.3.5}$$

式中:h_0——分界面的初始水深;

B——分界面的底宽;

V_0——分界面的初始流速。

在甩全负荷条件下,$\Delta Q = -Q_0$,所以 $\Delta Z < 0$。

将 ΔZ 叠加于 H_2,即 $H_2' = H_2 + \Delta Z$,以 H_2' 替代 H_2 代入(9.3.4)式,可求得 T_{uslin},再按(9.3.6)式求得相应条件下有压满流段(包括尾水管)的极限长度。

$$T_{uslin} = \frac{Q_0}{gh_0}\int_0^{L_{plin}}\frac{\mathrm{d}l}{F(l)} \tag{9.3.6}$$

更精确的计算可用弹性水锤的计算公式代替刚性水锤计算公式,ΔH 和 T_{uslin} 表示式较为复杂。上述计算的前提假定是水锤压力的极值和瞬时波高 ΔZ 同时发生,并且按相应的极值公式(9.3.7)计算。

$$D_l = -\frac{g}{Q_0(\mathrm{d}q/\mathrm{d}t)}F(L)\mathrm{d}(H_2 + \Delta Z) \tag{9.3.7}$$

在尾水洞底板水平,保持洞顶形态,只增加侧墙高,不计无压明流段影响等条件下,可按(9.3.8)式计算 L:

$$L = -\frac{g}{Q_0(\mathrm{d}q/\mathrm{d}t)}(F_0 Z + B\frac{Z}{2}) \tag{9.3.8}$$

式中:L——从尾水洞起点算;

F_0——起点的断面积,在上述的条件,洞顶纵剖面线为抛物线。

2)变顶高尾水洞体型设计

实际工程中,尾水洞的底板呈倒坡状,以减小出口断面的高度,尾水洞顶纵剖面线绝大部分为斜直线,以方便施工,故不能按(7.3.8)式直接设计变顶高尾水洞体型。通常变顶高尾水洞体型设计是尽可能考虑工程各方面的要求,在保证变顶高尾水洞能发挥其作用的前提下,先拟定体型,再做详细的数值分析,校核尾水管进口断面的最小绝对压力,逐步修改和优化体型。①在下游最低水位时,无压明流段延伸到尾水管出口断面之前,使有压满流段尽可能减短;②按尾水洞出口断面允许最大流速,以及相邻尾水洞的间距,确定其底板高程和底宽;③选择出口断面的顶部高程,以及尾水洞顶坡及底坡坡比,满足尾水洞全长为有压流时调节保证的要求;④顶坡的坡比应有利于解决明满流问题,防止出现拱顶滞气和明显的明满交替等现象;⑤尾水洞与尾水管之间的高差及底宽的差别等由过渡段衔接,过渡段的管顶纵剖面为抛物线,保证尾水管始终是有压流,避免对机组运行效率产生影响。

(3)监测资料分析

2011 年 5 月在 31 号机组启动运行期,及 2011 年 11 月三峡地下电站首次在上游水位175m 运行期,结合 31 号机组现场甩负荷试验,对机组调节保证参数和尾水洞水力学参数监测。根据试验工况,通过数值仿真过渡过程计算,与试验值进行对比研究。

两次试验一共取得了 8 组不同工况下的实测结果和计算结果,其中工况四(上游水位152.30m 时甩 700MW 负荷)部分调保参数变化过程线的对比见图 9.3.8。从计算结果与试验结果对比分析可知,各机组在不同水位、甩不同负荷的工况下,调节保证参数变化规律与趋势吻合较好,极值及其发生的时间比较接近,且均满足"蜗壳末端最大水压(包括压力上升值在内)不超过 160.0m 水柱,水轮机转速上升不超过额定转速的 58%,尾水管进口处真空度不超过7.5m"的设计要求。变顶高尾水洞内压力变化规律一致,最大、最小压力均在结构承压范围内。

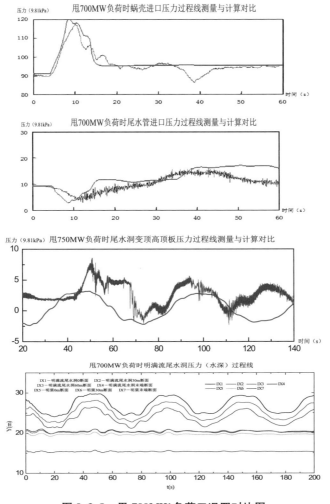

图 9.3.8　甩 700MW 负荷工况四对比图

9.3.5.3 变顶高尾水洞结构计算及配筋

（1）变顶高尾水洞衬砌结构内力计算

尾水洞从厂房下游边墙至尾水出口依次分为尾水管扩散段、连接段和变顶高尾水洞段。尾水洞采用普通钢筋混凝土衬砌，按不透水衬砌设计。分别在尾水管扩散段和变顶高尾水洞段选取 2 个断面，采取通用有限元计算工具 SAP84 进行衬砌内力和锚杆轴力的计算分析。

1）荷载

围岩容重 26kN/m³；钢筋混凝土容重 25kN/m³。内、外压力：下游设计洪水位 76.40m（$P=0.1\%$），尾水洞考虑水击最高水位 86.3m；底层排水洞高程 61.00m，下游检修水位 68.2m，外水浸润线假设为直线变化；变顶高尾水洞进口断面外水折减系数 β 运行期取 0.1，检修期取 0.3；出口断面运行期取 0.2，检修期取 0.5。在内水压力作用时考虑岩石弹性抗力，单位弹抗系数取 15000MN/m³，外水压力单独作用时不计弹性抗力作用（检修工况）。

2）弹性链杆单元

在混凝土衬砌周边设置弹性链杆单元，衬砌受内压向外变形时链杆单元模拟围岩提供弹性抗力，衬砌受外压向内变形时链杆单元模拟锚杆提供拉力。

3）荷载组合

运行期：外水压力＋内水压力（考虑正水击）＋衬砌自重＋岩石弹性抗力

检修期：外水压力＋衬砌自重＋岩石弹性抗力

（2）尾水洞衬砌结构内力计算结果及配筋

根据计算结果及规范要求进行配筋，实际配筋见表 9.3.6。

表 9.3.6　　　　　　　　　　尾水洞钢筋混凝土衬砌结构配筋表

部位		内侧钢筋		外侧钢筋	
		环向主筋	水流向分布筋	环向主筋	水流向分布筋
尾水管扩散段		$\phi36@16$	$\phi25@20$	$\phi36@16$	$\phi25@20$
连接段	侧墙、顶拱	$\phi32@20$	$\phi25@24$	$\phi32@20$	$\phi25@24$
	底板	$\phi32@20$	$\phi25@18$	$\phi32@20$	$\phi25@18$
变顶高段 1	侧墙、顶拱	$\phi32@20$	$\phi25@20$	$\phi32@20$	$\phi25@20$
	底板	$\phi32@20$	$\phi25@20$	$\phi32@20$	$\phi25@20$
变顶高段 2（出口段）	侧墙、顶拱	$\phi32@20$	$\phi25@20$	$\phi32@20$	$\phi25@20$
	底板	$\phi32@20+\phi25@20$	$\phi22@20$	$\phi32@20+\phi25@20$	$\phi22@20$

9.3.5.4 阻尼井及通风廊道结构设计

阻尼井为内径 7m 的圆形竖井，衬砌厚度 0.8m。高程 80.00m 以下环向受力钢筋为双层 $\phi22@20$，高程 80.00m 以上环向受力钢筋为双层 $\phi20@20$。在阻尼井下游侧高程 89.0m 设有通风廊道，廊道断面型式为城门洞，尺寸为 5.0m×5.0m，底板混凝土厚度 20cm。

9.3.6　尾水平台及交通桥结构设计

9.3.6.1　尾水平台及交通桥结构布置

（1）尾水平台结构布置

尾水平台混凝土结构包括闸门段墩墙结构和交通桥桥墩及预制结构（图 9.3.9）。总宽 30m，总长 205.60m（见图 9.3.9）。

图 9.3.9　尾水平台及交通桥

闸门段宽 10m，按单机单段布置，每条尾水洞设 1 个尾水闸门孔，孔口尺寸 13m×25m（宽×高）。边墩（墙）厚 2.5m，高度为 38.00m，墩顶高程 82m，底板高程 44.00m，底板厚 2m，边墩与围岩间用 φ32 长 6m 和 9m 的系统锚杆连接。

位于预留岩墩下游侧的门机轨道敷设在门机轨道梁上，而上、下游两根门机轨道梁又支撑在尾水出口的边墩和墩墙上，墩墙厚 1.5m，坐落在高程 65.00m 的预留岩台上。门机轨道为高度 4.5m 的异型混凝土结构，上游门机梁的上游侧设为电缆沟，连通尾水渠右侧和右岸电站厂前区的电缆廊道。上、下游轨道之间为预制的 T 形梁结构。

尾水闸门段上游侧为宽度 20m 的交通平台。预留岩墩顶部找平后浇筑 30cm 厚混凝土路面，桥分 12 段布置；在尾水出口部位，交通桥桥面承重结构采用预制"T"形梁，支撑在尾水口边墩上，按满足右岸电站大件运输条件设计。

（2）交通桥结构布置

尾水出口交通桥为一座重载公路大桥，交通桥桥型设计为预制预应力混凝土简支 T 形梁桥，跨径组合为 6×14.4m，主梁为预制预应力混凝土 T 形梁，置于尾水出口边墩结构上。

桥梁上部结构采用预应力混凝土简支 T 形梁，混凝土标号 C50。

T 形梁中心距为 1.51m，梁高为 1.30m，翼缘板厚 18cm，翼缘根部厚 28cm，腹板厚 20cm，马蹄宽 40cm。为了增强支点附近的抗剪能力和满足橡胶支座对支座宽度的要求，梁端部腹板加宽到马蹄同宽。

T 形梁设两道端横隔板，两道中横隔板，横隔板厚 16～20cm。梁横向接头均为刚性连接，翼板间留有 40cm 的现浇湿接缝，以加强桥梁的整体性。

梁按预应力结构设计,预应力钢绞线采用高强度低松弛 $5\phi15.2$ 钢绞线,锚具采用 OVM15-5 圆锚体系,钢绞线抗拉强度标准值 $f_{pk}=1860MPa$。

预应力孔道采用预埋塑料波纹管形成,钢束张拉后采用 40 号净水泥浆压入孔道,形成整体断面。

主梁下部结构置于尾水出口水工结构侧墩上,侧墩厚 2m,垫石尺寸为 $50cm\times50cm\times14.3cm$,间距 1.51m。

附属结构包含桥面铺装、伸缩缝、支座等。

1)桥面铺装采用 CF40 钢纤维混凝土,厚 100~180mm,内铺单层钢筋网 $\phi10@15cm\times15cm$。

2)横向伸缩缝采用 CQ60 单缝型钢橡胶桥梁伸缩装置,在每个尾水出口交通单侧设一道。在各边梁与水工结构交界处沿纵向设 CQ60 单缝型钢橡胶梁伸缩装置。

3)支座采用矩形板式橡胶支座,长边横向,短边纵向。伸缩缝处均采用普通板式橡胶支座,支座尺寸 $300mm\times350mm\times57mm$。

9.3.6.2 尾水出口及闸门段结构设计

尾水出口及闸门段为普通钢筋混凝土墩墙结构,分别在尾水闸门上、下游侧选取 2 个计算断面,采用通用有限元计算工具 SAP84 进行结构内力和锚杆轴力的计算分析。

1)计算参数及计算工况

下游设计洪水位 76.40m,尾水洞考虑水击最高水位 86.3m;底层排水洞高程 61.00m,下游检修水位 68.2m,外水浸润线假设为直线变化。变顶高层水洞进口断面外水折减系数 β 运行期取 0.1,检修期取 0.3;出口断面运行期取 0.2,检修期取 0.5。围岩单位弹抗系数取 $15000MN/m^3$。外水压力单独作用时不计弹性抗力作用(检修工况)。荷载组合考虑运行期和检修期,荷载组合按规范要求。

2)计算结果及配筋

采用通用有限元计算工具 SAP84 进行衬砌内力和锚杆轴力的计算分析。按规范要求进行配筋计算,实际配筋见表 9.3.7。

表 9.3.7　　　　　　　　尾水出口及闸门段钢筋混凝土墩墙结构配筋表

部位		尾水闸门上游侧		尾水闸门下游侧	
		主筋	分布筋	主筋	分布筋
高程 48m 以下	底板上下层	$\phi32@15$	$\phi28@20$	$\phi32@20$	$\phi28@20$
	边墙内外侧	$\phi32@15$	$\phi28@20$	$\phi32@20$	$\phi28@20$
高程 48~76m	边墙内外侧	$\phi28@15$	$\phi25@20$	$\phi32@20$	$\phi25@20$
	倒 T 预制梁翼板	$12\phi28+4\phi20$ 或 $12\phi32+4\phi20$		$12\phi28+4\phi20$ 或 $12\phi32+4\phi25$	
	顶板面层	$\phi28@15$	$\phi25@20$	$\phi28@15$	$\phi25@20$
高程 76~82m	边墙内外侧	$\phi28@15$	$\phi22@20$	$\phi25@15$	$\phi22@20$

9.3.6.3　尾水出口交通桥结构设计

尾水出口交通桥为一座重载公路大桥,交通桥桥型设计为预制预应力混凝土简支 T 形梁桥,跨径组合为 6m×14.4m,主梁为预制预应力混凝土 T 形梁,置于尾水出口边墩结构上。

（1）设计依据及计算参数

安全等级为一级。荷载考虑:汽车-135 级双车道(一线重车,一线空车)或汽车-135 级重车＋汽车-40 级重车;特挂-660 级(索埃勒 PK150.6 型平板挂车组及其车队,居中行驶);人群荷载为 3.5kN/m²;抗震设防烈度为 6 度。

（2）受力分析及验算结果

1）主梁取最不利单片 T 形梁采用桥梁公式进行结构计算,取边梁作为最不利"T"形进行分析。

2）荷载组合

①正常使用极限状态荷载组合。

荷载组合Ⅰ:恒载＋1.0 汽-135＋1.0 收缩徐变;

荷载组合Ⅱ:恒载＋1.0 特挂-660＋1.0 收缩徐变。

②承载力极限状态荷载组合。

荷载组合Ⅰ:1.2 恒载＋1.4 汽-135＋0.8 收缩徐变;

荷载组合Ⅱ:1.2 恒载＋1.4 挂-660＋0.8 收缩徐变。

3）T 形梁跨中截面验算成果分别见表 9.3.8 和表 9.3.9。

表 9.3.8　　　　　　　　T 形梁跨中截面正常使用状态验算成果

组合类型	内力属性	正应力(MPa)	容许值(MPa)	是否满足
荷载组合Ⅰ	上缘最大应力	4.97	16.2	是
	上缘最小应力	0.86	16.2	是
	下缘最大应力	10.13	16.2	是
	下缘最小应力	2.92	16.2	是
荷载组合Ⅱ	上缘最大应力	6.71	16.2	是
	上缘最小应力	0.97	16.2	是
	下缘最大应力	9.94	16.2	是
	下缘最小应力	−0.13	−1.83	是

表 9.3.9　　　　　　　　T 形梁跨中截面承载力极限状态验算成果

组合类型	内力属性	M_j(kN·m)	R(kN·m)	是否满足
荷载组合Ⅰ	最大轴力	549	3520	是
	最小轴力	549	3520	是
	最大弯矩	1810	3520	是
	最小弯矩	495	3520	是

续表

组合类型	内力属性	M_j(kN·m)	R(kN·m)	是否满足
荷载组合Ⅱ	最大轴力	549	3520	是
	最小轴力	549	3520	是
	最大弯矩	2530	3520	是
	最小弯矩	529	3520	是

9.3.7 尾水渠及自计水位井结构设计

9.3.7.1 尾水渠及自计水位井结构布置

（1）尾水渠平面布置

尾水渠平面布置采用弧线段接直线段的方式,按最大流速不超过 3m/s 确定尾水渠最小底宽 216m,底高程 52m。在尾水平台侧即在尾水洞出口高程 44m 处设 1:4 的反坡与尾水渠底高程 52m 相接,在尾水渠出口处设 1:5 的反坡与右岸电站尾水渠底高程 56m 相接,其出口宽度约 520m。尾水渠左侧边坡总体走向 84.5°,与右岸电站右侧边坡弧线相接,在厂前形成"半岛裹头";其右侧边坡总体走向 73.5°,在末端与原导流明渠护坡顺接。地下电站尾水以约 60°交角汇入右岸电站尾水渠中。

（2）自计水位井布置

地下电站尾水渠自计水位井布置在尾水渠右侧边坡中,距地下电站尾水出口约 90m。井内径 1.2m,内设爬梯,底板高程 54.00m,高程 61.00m 以下设 3 根 ∅200 连通管,井底设有 1 根 ∅250 排污管。水位井顶部平台为圆形,直径 6.40m,高程为 82.30m,与进厂公路人行道同高,并在平台上设有观测房。在顶部平台与进厂公路间设有轻便桥,桥跨度约 2.5m,宽 1.6m,采用预制混凝土板结构。

9.3.7.2 尾水渠护坡及护坦混凝土设计

尾水渠底:尾水渠与尾水平台相接的 1:4 反坡段设厚 50cm 的 C20 钢筋混凝土护坦。在护坦上约按 4m×4m 间距布置 ∅100 排水减压孔,有 ∅46 风钻孔入岩 50cm,用 0.2～1.0cm 洁净细骨料回填排水孔。护坦约按 8m×8m 分块,缝间填缝材料为 1cm 厚聚苯乙烯闭孔泡沫板。

正面边坡:高程 82m 至高程 97m 设 30cm 厚 C25 钢筋混凝土护坡,并有系统锚杆与边坡岩石连接;高程 82m 以下护坡结合尾水平台边墙(墩)布置。

侧面边坡:高程 82m 以下设厚 50cm 的 C25 钢筋混凝土护坡,并有系统锚杆与边坡岩石连接;右侧高程 82m 至高程 97m 边坡下游侧坡段设厚 50～350cm 的钢筋混凝土仰墙,并实施锚桩加固,上游侧坡段设厚 50cm 的 C25 钢筋混凝土护坡,并有系统锚杆边坡岩石连接。

9.3.7.3 自计水位井结构设计

自计水位井内径 1.2m,采用 C25 混凝土。高程 67.50m 以下结构埋入边坡局部开挖的槽口中,并利用边坡锚杆与边坡拉接在一起,最小混凝土厚度 90cm,高程 67.50m 以上为圆筒结构,壁厚 50cm,顶部平台直径 6.4m,边缘最小混凝土厚度 50cm,最大悬臂 2.1m。上部观测为圆筒形框架结构,高 4.7m,底部直径 4m,设立柱 4 根,断面为 25cm×40cm,主框架梁 2 根,呈"十"字交叉布置,断面为 25cm×30cm。

顶部平台按观景平台设计,活荷载为 5kN/m²,另考虑风压力、浪压力,观测房框架结构主要考虑风压力及雨水荷载,自计水位井按 7 度地震设防,并按计算成果进行配筋。

由于自计水位井规模较小,其高程 67.5m 以下埋入边坡局部开挖的槽口中,并有锚杆与边坡拉接,稳定较好,经验算,其基础应力、抗滑及抗倾稳定均满足规范要求。

9.3.8　排沙洞结构设计

9.3.8.1　排水洞结构布置

地下电站进水塔设有 3 条排洞支洞,直径 4m 进口高程 102.00m,开挖洞径 5.6m;3 条支洞在进水塔内汇成 1 条主洞,主洞直径 5m,开挖洞径 6.6m,从进水塔左端穿过拦河大坝右岸非溢流坝 3 号、4 号坝基和防渗帷幕,经右岸电站安Ⅱ段出口于尾水渠,出口高程 60.50m,全长 441.2m,最大设计水头 88.0m。排沙洞支洞和主洞均采用钢板衬砌,外包混凝土厚 0.8m。

9.3.8.2　排沙洞钢衬结构设计

排沙洞钢衬按埋管设计,外水压力折减系数 β 运行期帷幕段前取 0.5,帷幕段及帷幕段后取 0;检修期帷幕段前取 1.0,帷幕段及帷幕段后取 0.7。灌浆压力 0.2MPa。

排沙洞钢衬采用板厚 24mm 的复合钢板(瑞典牌号 2205),基板厚度 20mm,复合层不锈钢板厚度 4mm。加劲环采用板厚 16mm 的 16Mn 板材,加劲环间距为 3.8m。

钢衬过流面为不锈钢板,不需再做防腐处理。钢衬与外包混凝土接触面及与板材连接的钢构件除锈等级为 Sa2 级,并均匀涂刷无机改性水泥浆,干膜厚度不小于 $300\mu m$。

9.3.9　500kV 升压站开挖支护及结构设计

9.3.9.1　500kV 升压站边坡开挖支护

500kV 升压站布置在高程 150.00m 地面,是三期施工混凝土拌和系统开挖形成的平台,其后期开挖主要指上游侧的延伸扩挖。坡高 32m,分 3 级开挖,坡比 1:0.3、1:1.0、1:1.2,马道设置高程为 162.00m、172.00m。

高程 162.00m 以上的 2 级边坡采用植被护坡,高程 162.00～150.00m 坡段采用间距 2.5m×2.5m 的 ϕ25 长 6m 的系统锚杆,坡顶设 2 排 ϕ32 长 9m、间距 2.0m×2.0m 的锁口锚杆,并喷 10cm 厚的混凝土护坡。全坡段按 5.0m×4.0m 的间距布设 $\varnothing$100(150)长 6m 的排水孔。

根据现场开挖揭露出的实际地质条件和地质建议,并结合现场施工的实际情况,对升压站右侧边坡采取加强支护措施:

高程 172.0m 以上坡段采用格构梁喷草护坡,浆砌石采用新鲜块石,砂浆标号为 M15;

高程162.0m至高程172.0m坡段为全风化岩石和填方时,采用40cm厚浆砌石护坡;若遇强风化岩石,可直接喷草护坡,局部填方或风化砂坡体应挖除,用浆砌石回补,并设锚杆加固;高程162.0m以下采用C25钢筋混凝土仰墙和加强锚杆($\phi36@150$,杆长9m)的加固方式。对加强支护的坡段,排水孔间距加密至3.0m×3.0m。

9.3.9.2　500kV升压站结构设计

(1)500kV升压站结构布置

500kV升压站包括主变楼和辅助楼。鉴于现场实际情况,尽量减少对岩体的爆破开挖,结合电缆廊道、主变压器油坑和事故油池等布置,在高程150m平台浇筑混凝土底板至高程151.50m(辅助楼至高程151.80m),形成板式和局部筏式基础,其上部结构(生产辅助管理楼和GIS室)为板、梁、柱框架结构,母线竖井段为框剪结构。结构混凝土强度等级均为C25。

母线竖井中的楼梯和电梯一直延伸至辅助楼的屋盖以上,作为各楼层的交通通道。在主变楼的屋面布置有出线设备柱和出线塔。

生产辅助管理楼柱断面为60cm×100cm,主梁断面尺寸为50cm×120cm(宽×高),最大跨度约8.5m,次梁断面为40cm×100cm,最大跨度约8m;除163.10m层楼面板厚度为25cm外,其余各层均为20cm。

主变楼GIS室楼面板厚35cm,柱断面为80cm×120cm,主变器下游部位两侧柱为90cm×150cm,中柱为80cm×80cm。主梁断面尺寸为70cm×140cm,最大跨度6.9m,次梁断面尺寸为70cm×120cm,最大跨度约7m。屋面板厚20cm,主梁采用变截面梁,断面尺寸为70cm×200cm~70cm×246cm,跨度14.60m,以形成坡度为3%的斜坡屋面。次梁断面尺寸为50cm×120cm,最大跨度7.3m,布置位置与出线设备柱相对应。

在主变楼和辅助楼的四周为场内的环形公路,采用厚30cm的C30混凝土路面,并按规范要求设伸缝、缩缝及胀缝。

(2)主变楼结构计算

1)计算假定及方法

建立包括基础、梁、板及柱的三维框架模型,计算采用SAP84通用结构分析程序。柱基约束考虑为固端,基岩的作用根据地基抗力系数采用弹簧模拟,框架节点按柱断面考虑刚域影响。

2)荷载

①结构自重:含框架结构、板、隔墙及建筑装修等。

②活荷载:GIS室楼面活荷载为20kN/m²,屋面活荷载为5kN/m²。

③恒载:屋面防水层重2.5kN/m²,出线设备重量,出线门构基础荷载,桥机轨道梁支座反力。

④风载:按规范要求,取为0.3kN/m²。

对上述荷载,按最不利组合计算结构内力,并据此进行配筋。

3)计算结果及配筋

根据结构计算分析成果,结合相关现行规程规范要求,现将结构的主要配筋分述于下:

①基础板

基础板面层配置双向 $\phi25@20$、底层配置双向 $\phi22@20$ 的钢筋网。经验算,抗冲切满足要求,不需配置抗剪钢筋。

②中柱及边柱

中柱断面 80cm×80cm,单边配置 $6\phi22$、$\phi10$ 四肢箍加 $\phi10$ 拉筋的复合箍筋;边柱断面 80cm×120cm,短边配置 $7\phi25$,长边配置 $6\phi25$、$\phi10$ 四肢箍加 $\phi10$ 拉筋的复合箍筋;边柱断面 90cm×150cm,短边配置 $7\phi28$,长边配置 $7\phi25$,箍筋 $\phi12$ 四肢箍加 $\phi12$ 拉筋的复合箍筋。中柱及边柱柱中箍筋间距均为 20cm,节点部位按规范要求的范围加密至 10cm。

③GIS 室梁板配筋

GIS 室楼面板厚 35cm,面层及底层均配置双向 $\phi20@20$ 钢筋;主梁跨中配置 $7\phi32+4\phi28$,支座配置 $9\phi32+4\phi28$、腰筋 $\phi20$、箍筋 $\phi12$ 四肢箍加 $\phi12$ 拉筋的复合箍筋;次梁跨中及支座均配置 $7\phi32+2\phi28$、腰筋 $\phi20$、箍筋 $\phi10$ 四肢箍加 $\phi10$ 拉筋的复合箍筋;所有梁跨中箍筋间距均为 20cm,梁端部位按规范要求的范围加密至 10cm。

④屋面梁板配筋

屋面板厚 20cm,面层及底层横向配置 $\phi16@20$ 钢筋,纵向配置 $\phi14@20$ 钢筋;主梁最大配筋(如 ZL4-2)跨中 $14\phi36$ 及支座 $10\phi36$,腰筋 $\phi25$,箍筋 $\phi10$ 四肢箍加 $\phi10$ 拉筋的复合箍筋;次梁跨中及支座配筋均为 $5\phi28+2\phi25$,腰筋 $\phi20$,箍筋 $\phi8$ 四肢箍加 $\phi8$ 拉筋的复合箍筋;所有梁跨中箍筋间距均为 20cm,梁端部位按规范要求的范围加密至 10cm。

根据上述配筋,主变楼梁最大裂缝 0.299mm,最大挠度 6.96mm,结构的变形及最大裂缝宽度均满足规范要求。

(3)辅助楼结构计算

1)计算假定及方法

建立包括基础、母线竖井、梁、板及柱的三维框架(或框剪)模型,采用 SAP84 通用结构分析程序在微机上完成结构计算。柱基约束考虑为固端,基岩的作用根据地基抗力系数采用弹簧模拟,框架节点按柱断面考虑刚域影响。

2)荷载

①结构自重:含框架结构、板、隔墙及建筑装修等。

②活荷载:根据各层的设备布置及功能,分别取 6~12kN/m² ,屋面层取 2.5kN/m² 。

③恒载:屋面防水层重 2.5kN/m² 。

④风载:按规范要求,取为 0.3kN/m² 。

对上述荷载,按最不利组合计算结构内力,并据此进行配筋。

3)计算结果及配筋

根据结构计算分析成果,结合相关现行规程规范要求,现将结构的主要配筋分述于下:

①基础板

基础板面层配置双向 $\phi22@20$、底层配置 $\phi22@20$ 和 $\phi20@20$ 的钢筋网,经验算抗冲切满足要求,不需配置抗剪钢筋。

②框架柱

框架柱短边钢筋配置 $5\phi25$,长边钢筋配置 $5\phi20$、箍筋 $\phi10$ 四肢箍加 $\phi10$ 拉筋的复合箍筋,柱中间距为 20cm,节点部位按规范要求的范围加密至 10cm。

③高程 160.10m 层、168.50m 层板梁配筋

楼板厚均为 20cm,面层及底层均配置双向 $\phi16@20$ 钢筋网;主梁跨中配置 $5\phi32+2\phi28$,支座配置 $7\phi32+2\phi28$、腰筋 $\phi22$、箍筋 $\phi10$ 四肢箍加 $\phi10$ 拉筋的复合箍筋;次梁跨中支座配置 $5\phi28$,跨度较大部位跨中增设 $2\phi22$、支座增设 $2\phi25$,腰筋 $\phi20$,箍筋 $\phi10$ 四肢箍加 $\phi10$ 拉筋的复合箍筋;所有梁跨中箍筋间距均为 20cm,梁端部位按规范要求的范围加密至 10cm。

④高程 163.10m 层板梁配筋

楼板厚为 25cm,面层及底层均配置 $\phi18@20$、$\phi14@20$ 的钢筋网;孔边设次梁加强。主梁跨中配置 $9\phi36$,支座配置 $11\phi36$,腰筋 $\phi25$,箍筋 $\phi12$ 四肢箍加 $\phi12$ 拉筋的复合箍筋;次梁跨中支座配置 $5\phi32+2\phi25$,腰筋 $\phi22$,箍筋 $\phi10$ 四肢箍加 $\phi10$ 拉筋的复合箍筋;所有梁跨中箍筋间距均为 20cm,梁端部位按规范要求的范围加密至 10cm。

⑤屋面梁板配筋

屋面板厚 20cm,面层及底层均配置 $\phi16@20$、$\phi14@20$ 的钢筋网;主梁跨中配置 $5\phi32+4\phi28$,支座配置 $9\phi32+2\phi28$、腰筋 $\phi22$、箍筋 $\phi10$ 四肢箍加 $\phi10$ 拉筋的复合箍筋;次梁跨中支座配置 $5\phi28$,跨度较大部位跨中支座增设 $2\phi25$、腰筋 $\phi20$、箍筋 $\phi10$ 四肢箍加 $\phi10$ 拉筋的复合箍筋;所有梁跨中箍筋间距均为 20cm,梁端部位按规范要求的范围加密至 10cm。

根据上述配筋,辅助楼梁最大裂缝 0.251mm,最大扰度 2.13mm,满足规范要求。辅助楼整体最大变形小于 4mm,满足设备正常运行要求。

9.3.10 120 空调机房布置及结构设计

空调机房位于厂房左侧、右岸主体工程施工开挖形成的 120m 平台上,由通风及管道洞与地下厂房相通。高程 120m 平台以上整体坡角约 45°,以下至 82m 平台间坡角约 60°,基础为闪云斜长花岗岩与闪长岩混杂岩带的微新岩体。

从上游侧至下游一字形布设风机房、空调机房和配电房,均为单层厂房,框架结构,采用柱下条形基础。在配电房的下游侧为露天双排布置的 6 台风冷式冷水机组,占地面积约 950m²,采用厚度为 80cm 的板式基础。

风机房排架柱断面尺寸 50cm×80cm,主梁 40cm×100cm,联系梁 40cm×80cm;空调机房排架柱断面尺寸 60cm×80cm,主梁 50cm×120cm,联系梁 40cm×80cm;配电房排架柱断面尺寸 50cm×80cm,主梁 40cm×100cm,联系梁 40cm×80cm。

9.4　地下电站厂房系统渗控设计

9.4.1　地下电站厂房系统防渗设计

根据地下电站厂房厂区工程地质和水文地质特征及地下水的补给、运移及排泄条件,厂区采用防渗帷幕和排水相结合的基岩渗流控制方案。其中防渗帷幕与大坝右坝肩绕坝渗流控制相结合,帷幕左起右岸非溢流坝 7 号坝块右端,顺右岸上坝公路向右延伸止于白岩尖山体右侧,防渗线路全长约 342m。帷幕设计防渗标准为灌后基岩透水率 $q{\leqslant}1Lu$,帷幕深度按深入相对不透水岩层($q{\leqslant}1Lu$)以下 5m,并进入引水洞底 10m 控制,底线高程一般为 90~100m。

9.4.2　地下电站厂房系统排水设计

地下厂房排水系统分厂外排水系统、钢衬段外减压排水系统和厂内排水系统。

为进一步降低防渗帷幕后的地下水位与地下水压力,以满足厂房洞室稳定及厂内防潮、干燥的要求和降低引水隧洞钢衬段外水荷载,在地下厂房洞室围岩及引水隧洞钢衬段围岩中分别设置了由排水洞与洞内排水孔组成的厂外和钢衬段外减压排水系统。

9.4.2.1　厂外排水设计

（1）排水洞布置形式

绕地下厂房主洞室周布置三层基岩排水洞（图 9.4.1）,高程分别为 128m（A 排水洞）、92~112m（B 排水洞）、60~74m（C 排水洞）。

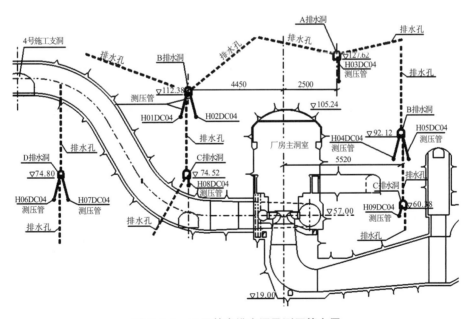

图 9.4.1　三层基岩排水洞及测压管布置

A 排水洞（高程 128m 排水洞）位于厂房下游壁与母线洞之间,主洞轴线与机组中心线平行,呈"一"形布置,另在主洞的 4 号机组中心线处向上游分支一条监测支洞,主洞长约

376m,监测支洞长 25m。A 排水洞左端开口于右岸明厂房边坡高程 120m 马道,右端设两个 ∅91mm 通气孔与高程 92～112m 排水洞相通。

B 排水洞(高程 92～112m 排水洞)在平面上环绕厂房呈"U"形布置,开口向左,洞轴线与厂房上游壁、下游壁及右侧壁的净间距分别为 30.5m、38.2m 及 17.5m,厂房上游洞段底板高程 112m,下游侧洞段底板高程 92m,右侧壁洞段为连接上、下游洞段的连接洞,该层洞总长约 850m。该洞上游洞段于右岸明厂房右侧边坡高程 120m 马道出露,下游洞段与 1 号施工支洞相通。

C 排水洞(高程 60～74m 排水洞)在平面上环绕厂房布置,排水洞洞轴线与厂房上游壁、下游壁及右侧壁的净间距分别为 31.4m、39.1m 及 18.4m,其中厂房上游洞段底板高程 74m,下游洞段底板高程 60m,右侧为连接上、下游的连接洞。为了右岸明厂房右侧边坡岩体稳定,施工期将原设计的上、下洞段在 82m 平台共设一出口的方案调整为:上游洞段在厂房左侧以北东 65.6°向下游偏转后折向 1 号施工支洞;下游洞段延至厂房左侧壁 5m 处。为方便施工,在施工中将下游洞段延伸至 2 号施工支洞处,设一临时洞口,后期该段予以封堵,该层洞总长约 941m。

A、B 排水洞内渗水由洞底板排水沟自流至洞口边坡马道排水沟或 1 号施工支洞排水沟,C 排水洞内渗水通过下游最低洞段与地安Ⅱ专门设置的导水洞引入主厂房集水井内。C 排水洞上游进洞段与厂房交通电缆洞交叉部位,运行期设置防潮门,交通洞底板下设置跨越交通电缆洞的通风槽。排水洞纵坡比除进洞段为 15%～30%外,其余主洞段为 5‰。

(2)排水洞断面型式及支护

排水洞断面为城门洞型,为兼顾锚固,主洞段净断面尺寸为 3.0m×3.5m,底板厚 40cm,监测支洞净断面尺寸为 2.5m×3.0m。导水洞断面为城门洞型,净断面尺寸为 2.0m×2.5m。

排水洞均位于微新岩体中,一般洞段采用喷混凝土支护处理,进洞段及地质缺陷部位采用混凝土衬砌支护。衬砌厚度 30cm,锚喷厚度 8～10cm,直径 25mm 砂浆锚杆长 2.5m。

(3)排水孔布设及保护

排水洞形成后,在洞间钻设排水孔,三层排水洞内的排水孔相互衔接,在厂房周围形成笼罩式排水幕。

在 A 排水洞洞顶分别向厂房中心线及母线洞方向钻深 37m、30m 的斜仰孔。

在 B 排水洞厂房上游段分别向厂房中心线及上游方向钻深 38m、50m 的斜仰孔;在厂房右侧顺水流向及下游洞段向上钻深 38m 的竖直孔;同时在 B 排水洞底板钻与 C 排水洞洞顶连通的竖直俯孔(引水洞部位适当减短)。

在 C 排水洞底板的上游段向下钻倾向上游深 30m 的俯孔,在右侧顺水流向段钻深 30m 的竖直俯孔,在厂房下游洞段钻深 10m 的竖直俯孔。

各层排水洞内排水孔间距均为 2.0m,排水孔孔径均为 91mm。排水孔穿过软弱地质缺陷地段时设置孔内保护,材质为塑料花管外包过滤布或市售成品。排水孔均设孔口装置。

9.4.2.2　引水洞帷幕后段外减压排水设计

（1）排水洞布置形式

为导排防渗帷幕拦截后残余的岩体地下水，降低地下厂房引水隧洞钢衬段的外水压力，在距厂房中心线 103m 处设置平行于机组中心线的高程 75m 排水洞（D 排水洞）。该排水洞与厂房外围的 B 排水洞及 C 排水洞联合组成引水隧洞钢衬段外排水系统。

D 排水洞左端止于厂房左侧壁高程 82.5m 处，并在其左端部设两个 $\varnothing$91mm 通气孔与地表相通，在距左端部高程 74m 处顺水流向设一支洞与 C 排水洞相通，并与 C 排水洞共一个进洞口。右端至 6 号机组右侧壁 36.85m 处折向下游与 C 排水洞相通。排水洞在平面上呈"F"形布置，洞底板高程为 73～76m，洞长约 465m，排水洞纵坡坡比为 5‰。洞内渗水流至 C 排水洞内排水沟，由 C 排水洞引入主厂房内集水井排出。

（2）排水洞断面形式及支护

排水洞断面为城门洞型，净断面尺寸为 2.5m×3.0m，排水洞支护形式同厂外排水洞。

（3）排水孔布设及保护

排水洞形成后，在 D 排水洞平行机组中心线段及左、右侧顺水流向洞段向上钻深 40m 的竖直孔（排水洞与引水洞交叉部位，排水孔适当减短），在洞底钻深 30m 的竖直俯孔。该排水洞内排水孔与 B 排水洞及 C 排水洞上游段偏向上游的斜孔一起形成降低引水隧洞钢衬段外水压力的排水幕。

排水孔间距、孔径及孔内保护同厂外排水洞内排水孔。

9.4.2.3　地下厂房厂内排水系统

厂内排水系统分机组检修排水和渗漏排水两部分。

（1）机组检修排水系统

机组检修排水系统由放空阀、排水廊道及检修集水井组成。

每台机组设 2 个尾水管放空阀，在高程 47.00m 下游侧交通操作廊道可操作放空阀，经排水管将水排入检修排水廊道内。每台机组设 1 个蜗壳放空阀，在高程 47.00m 上游侧交通操作廊道可操作放空阀，经排水管将水排入尾水管中，再排入检修排水廊道内。检修排水廊道布置在主厂房纵轴线上，底板高程为 19.30m，断面尺寸为 2.0m×2.0m（城门洞型），该廊道贯穿整个机组段，将水排入检修集水井。

（2）厂房渗漏排水系统

厂房渗漏排水系统由排水孔、集（排）水管、排水沟及渗漏集水井组成。

机组段及安装场顶拱沿岩石开挖面按 4.5m×4.5m 间距布置 $\varnothing$56 排水孔，孔深 8m；上、下游边墙沿岩石开挖面按 4.5m×5.0m 间距布置 $\varnothing$56 排水孔，孔深 8m；左、右端墙沿岩石开挖面按 4.5m×5.0m 间距布置 $\varnothing$56 排水孔，孔深 8m。

排水孔中一律埋设 $\varnothing$50PE 集水支管，集水支管伸入岩石 30cm，处于断层破碎带中的排水孔,要求用工业过滤布将集水支管包裹后再插入排水孔中。

排水孔内的水经集水支管引至$\varnothing$90PE集水主管。主厂房顶拱和上、下游边墙岩锚梁以上沿主厂房纵向布置68根横向集水主管,将每个断面上的集水支管串起来,顶拱设2根纵向$\varnothing$90PE排水管,将主厂房顶拱集水主管连通。集水主管出水口高程为90.20m,将水直接排入高程90.30m岩锚梁顶部内侧排水沟,排水沟沟底靠墙按4.5m间距预埋$\varnothing$90PE排水管,并与下部集水主管连通;主厂房上、下游边墙岩锚梁以下纵向各布置68根$\varnothing$90PE竖向集水主管,将上、下游边墙上每个断面上的集水支管分别串起来,集水主管出水口高程为67.00m;主厂房左、右端墙沿横向布置$\varnothing$90PE竖向集水主管各7根,将每列集水支管分别串起来,集水主管出水口高程分别为67.00m。

岩石渗水经集水主管排入集水主管出口下方的排水沟内,然后再经排水沟沟底的预埋管,将水引至高程47.00m交通操作廊道底部两侧的排水沟,集中排至渗漏集水井。预埋管入口处设钢筋网,以防埋管堵塞。

集水主管均采用明管安装,以方便检查及检修。

(3)母线洞、母线廊道及母线竖井渗漏排水系统

高程67.00m母线洞及母线廊道每个断面设$\varnothing$56排水孔6个,孔深3m,纵向间距4.5m,同一断面上的排水孔用一根矩形塑料盲沟将排水孔出口$\varnothing$50PE集水支管串通,将水排至洞底左侧高程65.50m的排水沟后,再排至厂房下游侧高程64.20m电缆廊道底部的排水沟,通过排水管将水排至高程47.00m交通操作廊道,最终排入渗漏排水集水井。

母线竖井四壁各布置2排$\varnothing$56排水孔,孔深3m,竖向间距4.5m,用8根矩形塑料盲沟将四壁排水孔出口$\varnothing$50PE集水支管分别串通,将水收集至竖井底部,并通过2根$\varnothing$100排水钢管将水排至母线洞左侧电缆沟底部的排水沟中,再排至厂房下游侧高程64.200m电缆廊道底部的排水沟,通过排水管将水排至高程47.00m交通操作廊道,再排至渗漏排水集水井。

矩形塑料盲沟采取暗敷方式,布置在衬砌混凝土与开挖壁面间。

(4)进厂交通洞渗漏排水系统

进厂交通洞每个断面设$\varnothing$56排水孔5个,孔深5m,纵向间距4.0m,同一断面上的排水孔用一根矩形塑料盲沟将排水孔出口$\varnothing$50PE集水支管串通,将水排至洞底两侧的排水沟后,再排至安I段下游侧高程64.20m电缆廊道底部的排水沟中,通过排水管将水排至高程47.00m交通操作廊道,最终排入渗漏集水井。

矩形塑料盲沟采取暗敷方式,布置在衬砌混凝土(或喷混凝土)与开挖壁面间。

(5)通风及管道洞、管线及交通廊道渗漏排水系统

在通风及管道洞每个断面设$\varnothing$56排水孔6个,孔深5m,纵向间距4.0m,管线及交通廊道每个断面设$\varnothing$56排水孔5个,孔深5m,纵向间距4.0m。同一断面上的排水孔用一根矩形塑料盲沟将排水孔出口$\varnothing$50PE集水支管串通,将水排至洞底两侧的排水沟后,再排至厂房左端墙高程67.00m排水沟,并流向厂房下游侧高程64.20m电缆廊道底部的排水沟中,通

过排水管将水排至高程 47.00m 的交通操作廊道,最终排入渗漏集水井。

矩形塑料盲沟采取暗敷方式,布置在衬砌混凝土与开挖壁面间。

9.4.2.4 厂房防潮设计

(1)主洞室防潮设计

除有序地排放厂房四壁及顶拱岩石渗水,以减小水的自流面积外,在厂房四周还设置铝塑板内隔墙防潮,顶拱高程 100.20m 处设防水吊顶,防潮墙和吊顶将岩石面与厂内设备完全分隔,防潮墙及吊顶与岩面间保持通风,以防止空气湿度太大而结露;同时加强厂内通风,并设置必要的加热除湿设施。

(2)附属洞室防潮设计

母线竖井和管线及交通廊道除采用有序地排放岩壁渗水外,结合支护及结构要求设厚 40～50cm 的钢筋混凝土衬砌,不设专门防潮层,加强洞(井)内通风。

母线洞、母线廊道除采用有序地排放岩壁渗水外,侧墙采用砖墙面干挂复合铝塑板防潮墙,顶拱采用不锈钢防水吊顶。

进厂交通洞除有序地排放岩壁渗水外,喷护段侧墙采用复合铝塑板防潮墙,顶拱采用复合弧形长条铝塑吊顶。

9.4.3 施工支洞及勘探平洞封堵设计

9.4.3.1 施工支洞封堵

地下电站厂房的施工一共设置了 5 条施工支洞:

1 号施工支洞由右岸电站 82m 平台至地下电站左端墙 93.00m 高程;

2 号施工支洞开挖断面 9.24m×7.12m(宽×高,城门洞型),由右岸电站尾水渠右侧边坡至引水隧洞下平段,贯穿 6 条引水洞的下平段,2 号施工支洞进口段在三期工程下游基坑进水前进行封堵,将进口改至地下电站尾水渠的左侧边坡;

3 号施工支洞开挖断面 15.74m×10.12m(宽×高,城门洞型),由 120m 公路右侧边坡至引水隧洞上平段,贯穿 6 条引水洞的上平段;

4 号施工支洞由进厂交通洞连通母线廊道;

厂右施工支洞由进厂交通洞至厂房右端墙顶拱部位。

根据工程后期运行的需要,1 号、4 号及厂右施工支洞留作永久通道或通风用,仅对 2 号和 3 号施工支洞进行封堵。

3 号施工支洞断面较大,离帷幕线较近,要求进行全断面、全洞段封堵;2 号施工支洞引水洞间的洞段要求全部封堵,1 号引水洞左侧约 60m 长洞段要求封堵,2 号施工支洞位于右岸电站尾水渠右侧边坡的进口段 30m 在三期工程下游基坑进水前已进行封堵,位于地下电站尾水渠的左侧边坡的进口段 30m,以及两个进口段交叉处的 30m 要求进行封堵。

采用 C25 混凝土进行封堵,要求将隧洞衬砌外 5m 范围内的路面混凝土凿除,其余部位凿毛,顶拱预埋回填灌浆管,灌浆压力 0.2MPa。

9.4.3.2　勘探平洞封堵

为探明厂区工程地质情况,在白岩斜尖一带布设有 3012 号和 3013 号勘探平洞,高程分别为 97m、72m。其中 3012 号勘探平洞 $X=19875.000m$ 上游部分在进水口预建施工中已被挖除,$X=19875.000\sim20086.000m$ 间的"十"字形勘探洞洞段进行了回填处理。3012 号勘探洞剩余主洞段及 3013 号勘探洞主洞段均位于距主厂房上游壁岩体内 5m 左右,每条主洞顺水流向各有 8~11 条支洞。除在主厂房洞室开挖中部分支洞被挖除外,其余残留洞段需全部进行回填处理。回填混凝土强度等级为 C20。

9.4.4　厂房区渗控系统的观测

9.4.4.1　厂房区渗流计算成果

根据厂房区三维地下渗流场计算,帷幕施工完成后,在厂房地下洞室开挖前,先开挖排水洞并钻设排水孔形成排水幕,排水洞和排水孔的排水量为 203.20m³/d,浸润线高程降为 98~100m,即岩体内地下水位降至厂房洞室顶以下。此时开挖厂房洞室,水压力对卸荷区围岩的稳定影响较小。随着主厂房开挖下降,其上游洞壁与排水孔幕之间的岩体地下水位将进一步降低,排水洞和排水孔的流量渐减。至厂房开挖完成、渗流场稳定后,厂房上游洞壁地下水出逸高程为 75m 左右,下游洞壁地下水出逸高程为 73m 左右。

表明采用防渗帷幕灌浆进行渗控处理后,由设置厂外排水系统进一步截排地下渗透水量,对降低渗透压力具有较明显的效果。设计采用的排水洞、排水孔布置对地下渗流场起到了较好的疏排作用,排水系统的设计是合理的。

9.4.4.2　排水洞渗流观测

(1)排水洞地下水位监测

环绕地下厂房主洞室布置了三层基岩排水洞,排水洞及排水洞之间通过排水孔疏排主厂房周边地下水。为监测厂房周边地下水水位变化,在各排水洞内布设了 56 孔测压管,起测时间为 2006 年 4 月至 2011 年 1 月。排水洞内测压管实测资料显示:

1)与主厂房位置相比,A、B 排水洞的布置高程较高,属上部排水设施。一方面 A、B 排水洞下部大型洞室分布较多,另一方面上层排水洞通过排水孔与下层 C、D 排水洞相通,地下排水畅通,因此,A、B 排水洞周围未形成固定的地下水位线,测压管的实测水位不能代表实际的地下水位。

2)2008 年至 2010 年间,A、B 排水洞(底板高程为 92~128m)内测压管水位的最大年变幅为 5~7m,年变幅相对较明显。各年的最高水位基本都低于孔口,个别测压管(H01DC06、H04DC04、H05DC04)一直为干孔。除降雨时测压管水位短时超过死水位外,大多数测压管都处于最低的稳定水位(死水位),表明排水洞周围地下渗水受降雨影响,实际地下水位线应低于测压管孔底。典型的测压管水位与降雨量变化过程曲线见图 9.4.2 所示。

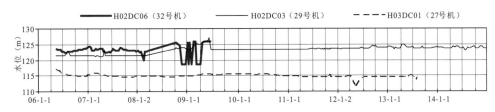

图 9.4.2　A 排水洞(高程 128m)测压管水位过程线

3)C 排水洞(底板高程为 60~75m)的布置高程较低,测压管(深度 3m)实测水头均较大,水位年变幅较小,测压管基本都呈满水状态。但是 C 排水洞的测压管实测水位仍都略低于洞底板高程,没有涌水现象,水位年变幅大多在 1m 以内。

4)D 排水洞(底板高程约 75m)是厂区最上游的排水洞,测压管内(深度 10m)基本都一直保持满水状态,实测水位基本不变。降雨期间,3 孔测压管(H04DC05、H06DC04 和 H07DC04)管口还有间断性涌水现象,表明地下水位应已达到甚至高于 D 排水洞底板。

5)由于厂房区上游侧防渗帷幕已于 2003 年 2 月施工完成,加之岩体多属微、极微透水性岩体,从各测压管历年的水位变化看,库水位变化对测压管水位没有明显影响。典型的测压管水位与库水位变化过程线见图 9.4.3 所示。

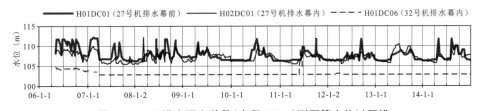

图 9.4.3　B 排水洞上游段(高程 112m)测压管水位过程线

以上各层排水洞内测压管水位监测数据显示,测压管水位变化主要受降雨及裂隙水的影响,主厂房周边地下水位应处于 D 排水洞至 C 排水洞底板线(上游底板高程 75m、下游底板高程 60m)附近。C、D 排水洞底板高程以上及主厂房周边排水幕以内的围岩排水效果较好,能够满足围岩排水疏干的要求。

(2)渗漏量监测

2011 年 5 月 17 日实测 A、B、C、D 排水洞总渗漏量为 77~82L/min。现场巡视检查显示,主厂房顶拱及下游边墙有明显的湿迹或滴水,蜗壳层以下也有明显地下渗水汇入集水井。

9.4.4.3　厂房区渗流观测情况

根据现场检查情况和自 2005 年 11 月起至今渗流、渗压监测成果,高程 60~74m 排水洞以上的主厂房围岩大部分处于疏干状态,厂外排水洞内各排水均未见渗水或明显渗水,说明排水洞范围内岩体地下水基本被疏干,排水幕与主厂房间的疏干区已基本形成。厂外排水系统的排水、降压效果是明显的,与厂房区三维地下渗流场计算成果基本一致。

现场检查结果显示,主厂房 27~29 号机顶拱及下游壁局部存在湿迹,但总体渗水量不大。分析认为主要是地表大气降水、施工积水沿爆破松动裂隙及厚状的 F20 与 F84 断层影响带下渗引起的,按动态设计原则,已提出地表封闭、积水清理、排水孔疏通检修及针对性增加排水孔等措施,运行期应加强对该部位的观测。

9.5 地下电站金属结构设计

9.5.1 金属结构及启闭机设备布置

地下电站装机6台,单机容量700MW,采用一机一洞单管引水,电站金属结构包括进水塔金属结构、主厂房金属结构、尾水金属结构、排沙孔金属结构及电站引水压力钢管等。

地下电站27～32号机组进水塔与电站发电机组编号相对应。电站尾水洞出口按一机一洞布置,6台机组6个尾水洞出口。进水塔内顺水流向依次设有进水口拦污栅、检修闸门、快速闸门、引水压力钢管;进水塔顶平台上布置坝顶门机,快速闸门液压启闭机布置在快速闸门井内。在地下电站尾水洞出口设有尾水检修闸门,因施工期挡水需要,6台机组出口均设置检修闸门。尾水检修闸门由尾水平台上的2×1250/150 kN门机操作。

此外,为实现电站进水口口门前排沙清淤,在每相邻两进水塔间设1条排沙支洞,共设3条排沙支洞,其后汇合为1条总洞。每条排沙支洞进口均设有事故挡水闸门,总洞出口段设有工作闸门和检修闸门,排沙孔全部采用钢板衬砌。电站进水口拦污栅、检修闸门和排沙孔进水口挡水事故闸门共用进水塔顶平台上的门机。

其中电站进水塔属预建工程,其进水塔中的各类闸门(拦污栅)槽埋件均为先期施工完成,电站进水口快速闸门和排沙孔进水口事故挡水闸门亦先期安装就位临时挡水。

金属结构设备主要特性见表9.5.1。

表 9.5.1　地下电站金属结构设备主要特征表

序号	部位	项目名称	闸门特性				启闭机特性			
			数量(孔/扇)	底槛高程(m)	孔口尺寸(宽×高—水头)(m)	形式	容量(kN)	扬程/行程(m)	台(套)	
1	引水发电系统	进水口拦污栅	36/37	111.00	4.75×36.0—4	进水口塔顶双向门机	3500/1000/100	105/96(主钩/回转吊)	1	
2		进水口检修闸门	6/1	113.00	9.6×15.86—62					
3		进水口快速闸门	6/6	113.00	9.6×15.074—62	液压启闭机	4500/8000	16.68/16.88(工作/最大)	6	
4		尾水出口检修闸门	6/6	44.00	13.0×26.5—29.8	地下电站尾水门机	2×1250/150	50/25(主钩/回转吊)	1	
5		压力钢管	压力钢管直径13.5m,下平段过渡到直径为12.4m与蜗壳连接,压力钢管轴线长89.43mn;单条压力钢管工程量1434.2t,总工程量8605.2t。								

续表

序号	部位	项目名称	闸门特性				启闭机特性			
			数量(孔/扇)	底槛高程(m)	孔口尺寸(宽×高—水头)(m)	形式	容量(kN)	扬程/行程(m)	台(套)
6	排沙系统	排沙洞进水口挡水事故闸门	3/3	102.00	4.00×4.63—73	进水口塔顶双向门机	3500/1000/100	105/96(主钩/回转吊)	共用
7		排沙孔出口工作闸门	1/1	60.50	3.2×5.0—88	液压启闭机	4000/1600	5.5/6.0(工作/最大)	1
8		排沙孔出口检修闸门	共用/1	60.50	2.8×4.0—18.9	右岸电站尾水门机	2×1250/250	60/65	共用
9		排沙孔钢衬	排沙孔钢衬砌进口底板高程 102.00m,管径 4.0m;出口底板高程 60.50m,管径为 5.0m。							

9.5.2　进水塔闸门及启闭机设备

9.5.2.1　进水口拦污栅

（1）拦污栅及启闭机布置

拦污栅布置在进水口最前沿,机组发电时,拦阻污物,以免其进入机组。拦污栅为贯通式平面直立活动拦污栅,6 台机组的所有拦污栅互通,每个机组段分为 6 个拦污栅孔,设有 36 扇工作栅,另设 1 扇备用栅。拦污栅孔净宽 4.75m,栅高为 37.80m,拦污栅底坎高程 111.00m。各栅墩上设二道栅槽,前一道为工作栅槽,后一道为备用栅槽,由进水口塔顶 3500/1000/100 kN 门机的 1000kN 回转吊操作。

（2）拦污栅结构设计

1）拦污栅主要设计参数

孔口尺寸　　4.750m×36.0m

栅体形式　　平面式

栅条间距　　200mm

底坎高程　　111.00m

设计水头　　4/2 m

支承形式　　铸型尼龙滑块

支承跨度　　4.95m

操作条件　　静水启闭

2）拦污栅体结构

栅体为焊接结构,主要材料为 Q345C 及 Q235B,单吊点。栅体宽 5110mm,高 36000mm,沿高度方向分为 12 节制造运输单元,每节高 3.00m,节间用连接轴及连接板连接。每节栅体布置三根横梁,横梁翼缘采用无缝钢管,栅条为圆头扁钢 120×12mm,材质 Q235B,栅条间横向用长细杆连接,边梁为 I 形焊接结构。正反向支承为尼龙滑块;侧导向为常用的钢滑块。吊杆长 38285mm,共分为 8 个制造运输单元,顶节为悬挂吊杆,长 3385mm;其他吊杆 7 根,每根长 4750mm,吊杆断面系 I 型焊接件,销轴直径为 150mm,材质 35 号锻钢,表面镀铬。每节拦污栅上设锁锭孔,在坝顶孔口左右两侧各设一套翻转式锁锭,箱形结构,要求铰轴转动灵活。吊杆锁锭采用简支梁式并带行走轮的锁锭梁。拦污栅主要构件计算成果见表 9.5.2。

表 9.5.2　　　　　　　　　　进水口拦污栅主要构件计算成果

序号	项目	计算成果	规范允许值	材料及型号
1		弯应力 $\delta_{max}=105.5\text{N/mm}^2$	160N/mm^2	
2	主梁	剪应力 $\tau_{max}=53.4\text{N/mm}^2$	95N/mm^2	
3		跨中挠度 $f_{max}=0.547\text{cm}$	0.99cm	Q235B
4	栅条	弯应力 $\delta_{max}=19\text{N/mm}^2$	160N/mm^2	
5	启闭力	最大启闭力 $F_Q=800\text{kN}$	选用 1000kN	

(3)拦污栅埋件设计

1)拦污栅槽埋件采用一期埋设。

2)主轨、反轨、侧轨、底坎为槽钢焊接件,主要材料为 Q235B。分节长度制造。工厂可根据实际情况进行分节,但不小于 3m。

(4)拦污栅防腐设计

1)拦污栅栅体防腐

采用热喷锌铝合金防腐,喷涂厚度为 120μm。

封闭底漆为环氧清漆,干膜厚 30μm。

中间漆为环氧云铁,干膜厚 100μm。

封闭面漆为改性耐磨环氧涂料,干膜厚 100μm。

总厚度 350μm,面漆颜色为深灰色(B01)。

2)特殊零部件(或部位)防腐

轴镀乳白铬、硬铬各 50μm。

轴孔工作面只涂黄油。

栅体、支承滑块之间的连接加工面采用无机富锌漆二道,干膜厚 60μm。

9.5.2.2　电站进水口检修闸门

(1)检修闸门及启闭机布置

电站进水口共 6 孔,6 孔共用 1 扇检修闸门。检修闸门孔口尺寸(宽×高)9.60m×15.86m,底坎高程 113.0m,设计水位 175.00m,设计水头 62.0m。由电站进水口塔顶的

3500/1000/100 kN 双向门机主钩借助于液压自动挂钩梁操作,静水启闭。

(2)检修闸门结构设计

1)检修闸门主要设计条件及参数:

孔口尺寸	9.60m×15.86m	支承形式	滑道
闸门形式	平板定轮门	支承跨度	10.4m
底坎高程	113.00m	止水跨度	9.72m
设计水位	175.00m	止水高度	15.92m
操作水位	175m	总水压力	85170kN
设计水头	62m	操作条件	静水启闭

2)进水口检修闸门为平面滑动门,焊接结构,双吊点。分 6 个制造、运输单元,单元之间在现场焊接为上、下两大节,各 3 个制造、运输单元。门叶主横梁为焊接组合工字梁,纵隔板为实腹 T 形焊接结构,面板及止水布置在上游面。正向支承采用钢滑块,布置在下游面。门顶设有平压阀。

3)检修门门叶结构主要材料为 Q345B,正向支承钢滑块材料为 ZG270—500,主轨材料为 Q345B 厚钢板。电站进口检修门总水压力为 85170kN。

4)检修门埋件主要计算成果见表 9.5.3。

主梁:正应力 σ_{max}＝176.4MPa≤[σ]＝205MPa

剪应力 τ_{max}＝64.6MPa≤[τ]＝130MPa

面板折算应力:σ_{zh}＝245.1MPa＜1.1α[σ]＝1.1×1.4×205＝315.7MPa

表 9.5.3　　　　　　　　　进水口检修闸门及埋件主要计算成果

序号	项目	计算成果	规范允许值	材料及型号
1	面板	最大厚度 17.45mm	取 20mm	Q345B
		折算应力 δ_{zh}＝245.1N/mm²	315.7N/mm²	
2	主梁	弯应力 δ_{max}＝176.4N/mm²	205N/mm²	
		剪应力 τ_{max}＝64.6N/mm²	130N/mm²	
		跨中挠度 f_{max}＝0.85cm	2.08cm	
3	主滑块	线荷载:4100N/mm	8000N/mm	
4	轨道底板混凝土强度	δ_{max}＝5.8N/mm²	11N/mm²	C30
5	轨道底板	弯曲应力 δ＝98.9kN		

(3)检修闸门埋件设计

进口检修门埋件主轨为 Q345B 厚钢组合焊接结构,反轨、侧轨、门楣及底坎均为组合焊接结构。

(4)检修闸门防腐设计

1)闸门防腐采用涂料防腐

底漆为无机富锌漆 2 道,干膜厚 60μm。

中间漆为环氧云铁,干膜厚 100μm。

面漆为改性耐磨环氧涂料,干膜厚 140μm。

漆层总厚度 300μm,面漆颜色为深灰色(B01)。

2)特殊零部件(或部位)防腐

轴:镀乳白铬、硬铬各 50μm。

轴孔工作面只涂黄油。

门叶、支承滑块之间的连接加工面,采用无机富锌漆 2 道,干膜厚 60μm。

9.5.2.3 电站进水塔顶 3500/1000/100kN 双向门机

(1)门机及附属设备的布置与用途

1)3500/1000/100kN(双向)门式启闭机(以下简称门机)共 1 台,安装在进水塔坝顶 185.00m 高程。门机设有独立运行的小车,在门机上游左侧设 1000/100kN 双钩回转吊。

2)门机主要附属设备包括:电站进口检修门液压自动挂钩梁 1 套,排沙孔进口挡水事故门液压自动挂钩梁 1 套,门机小车专用吊钩(与小车动滑轮吊具配合使用,用于快速闸门及其液压启闭机的安装、检修吊运)和回转吊专用吊具(用于拦污栅启闭和坝面转运)。

3)液压自动挂脱梁采用自动穿销方式,具有相应的检测挂钩梁到位、穿销、退销和平压阀开启的信号装置。挂钩梁主要由梁体、吊耳柱塞缸装置、液压系统、各种信号装置、水下电缆插头、支承导向等组成。进水塔顶双向门机用于操作启闭进水口拦污栅、进水口检修门、排沙孔进口事故挡水门以及进水口快速门液压启闭机的检修。

(2)门机的组成

门机由小车、回转吊、门架结构、大车运行机构、门机轨道和阻进器及二期埋件、夹轨器、防风锚定装置、埋件、液压自动挂钩梁、电力拖动和控制设备、车载变配电及附属设备组成。其中小车由起升机构、小车架、小车运行机构、小车机房罩、机房内检修吊、电力拖动和控制设备等组成。回转吊由回转吊起升机构、回转机构、回转构架结构总成,电力拖动和控制设备等组成。大车运行机构由电动机、制动器、减速器、联轴器、台车架和车轮组、电力拖动和控制设备等组成。

(3)门机设计主要技术参数

型式	双向门机(带回转吊)
门机整机工作级别	A5
结构工作级别	A5
门机大车轨顶高程	185.00m
主钩容量	3500kN
双钩回转吊主/副钩容量	1000/100kN
主钩总扬程/轨顶以上扬程	105/23 m

回转吊总扬程/轨顶以上扬程	96/22 m

回转吊总扬程/轨顶以上扬程　　　　96/22 m

主钩起升速度　　　　　　　　　　2.5/5 m/min(满载/空载)

回转吊起升速度　　　　　　　　　4.63 m/min

大车运行速度　　　　　　　　　　21.5 m/min

小车运行速度　　　　　　　　　　3.0m/min

轨　距　　　　　　　　　　　　　19.0m

钢轨型号　　　　　　　　　　　　QU120

轨道长度　　　　　　　　　　　　253.5m

数　量　　　　　　　　　　　　　1台

门机供电方式　　　　　　　　　　电缆卷筒供电　　AC10kV,50Hz

小车起升调速方式采用交流变频调速,满载调速范围1：10,总调速范围1：20。

大车运行机构调速及同步方式采用交流变频调速,满载调速范围1：10,电气同步。

(4)门机防腐设计

1)门机采用涂料防腐,范围包括门机和附属设备,以及门机阻进器和埋件。

2)埋设件的涂装

①外露表面部分

采用涂料防腐:

底漆为环氧富锌漆2道,干膜厚100μm;

中间漆为环氧云铁漆1道,干膜厚100μm;

面漆为丙烯酸聚氨酯2道,干膜厚100μm;

漆膜总厚度为300μm;

面漆颜色为中灰色(B02)。

②埋入部分

涂无机改性水泥砂浆,干膜厚300～450μm。

3)启闭机设备涂装技术要求

底漆:环氧富锌漆2道,干膜厚100μm;

中间漆:环氧云铁防锈漆2道,干膜厚100μm;

面漆:丙烯酸聚氨酯2道,干膜厚150μm;

漆膜总厚350μm。

9.5.2.4　电站进水口快速闸门

(1)进水口快速闸门及启闭机布置

电站进水口快速闸门布置在进水口检修闸门槽下游侧,当水轮发电机组发生事故时能快速动水下闸关闭孔口,截断水流,以保护钢管和防止机组事故的扩大。机组检修时,挡上游水位175.00m。快速闸门采用平板定轮门,顶、侧水封布置在下游侧。闸门事故下落时,局部利用水柱重动水关门;提门时采用直径为 560mm 的平压阀充水,其行程为 250mm,平压后,静水启门。由容量为 4500kN/8000kN 的液压启闭机操作。液压启闭机借助吊杆与门叶相连,采用一门一机布置。当一台机组甩负荷时,快速闭门时间为 3.5min,开门时间约 15min。

(2)快速闸门结构设计

1)快速闸门主要参数

孔口尺寸	9.60m×15.074m
闸门形式	平板定轮门
底坎高程	113.00m
设计水位	175.00m
操作水位	175.00m
设计水头	62.00m
支承形式	定轮
支承跨度	10.60m
止水跨度	9.80m
止水高度	15.16m
总水压力	56322kN
操作条件	动水闭门,静水启门

2)闸门结构

门体为焊接结构,主要材料为 Q345C,单吊点。门体宽 11400mm,高 16424mm,沿高度方向分为 5 节制造运输单元,每节高分别为 3070mm、3410mm、3410mm、3410mm、1940mm,节与节之间用高强螺栓在边柱腹板及两块纵向联结系腹板上连接,为保证其水密性,连接板下垫薄橡皮带一条。顶、底两节主梁为实腹箱形梁,两腹板间距分别为 870mm 和 820mm,其余主横梁为焊接 I 型断面。

正向支承为定轮,每套闸门共布置定轮 36 个,其中 34 个轮径为 750mm,底部 2 个轮径为 520mm,材质均为锻造合金钢 35CrMo。轮轴分别为 250mm、200mm,材质 40Cr 锻钢,轮子须整体调质。处理后表面硬度 HB=270~310,轴承为自润滑球面轴承。设置密封防止泥沙水进入。

反向支承为钢滑块。侧导向为侧轮,直径 400mm,材质 ZG270—500,轴瓦为自润滑材料。

顶、侧水封布置在下游面,系夹三层帆布 P 形橡塑复合水封,材质 LD-19,整根装箱运往工地,其拐角接头处由承包者委托橡胶制造厂在工地热胶合,必须保证聚四氟乙烯包层的光滑平整,底止水布置在底缘中部,为平板橡皮材质 LD-19。

3)闸门结构计算

①闸门主要构件强度和稳定计算

一般 I 形断面主梁的应力:

跨中正应力:$\sigma_{底}=176.3\text{MPa}<0.9[\sigma]=184.5\text{MPa}$;

$\sigma_{与面板连接处}=165.9\text{MPa}<0.9[\sigma]=184.5\text{MPa}$;

支座边缘剪应力:$\tau_{底}=61.1\text{MPa}<0.9[\tau]=108\text{MPa}$;

挠度计算:$f=8.79\text{mm}<[f]=\dfrac{l}{750}=12.67\text{mm}$;

稳定计算:主梁受压翼缘和面板连接,整体稳定满足要求;

$h_0/\delta=50<80$,局部稳定满足。

底节门叶由斜弯曲产生的各点应力为:

$\sigma_1=184.6\text{MPa}<0.9\times[\sigma]=198\text{MPa}$;

$\sigma_2=137.4\text{MPa}<0.9\times[\sigma]=198\text{MPa}$;

$\sigma_3=166.9\text{MPa}<0.9\times[\sigma]=198\text{MPa}$;

$\sigma_4=154.6\text{MPa}<0.9\times[\sigma]=198\text{MPa}$;

$\sigma_5=181.2\text{MPa}<0.9\times[\sigma]=198\text{MPa}$;

面板应力为:$\sigma_{zh}=165.09\text{MPa}\leqslant326.7\text{MPa}$。

②闸门启闭力计算

该门操作条件为动水闭门、静水启门。门顶设有平压阀,按平压后 4m 水头差进行计算,启门力为 $F_Q=3908\text{kN}$。闸门在动水下门过程中,最大的持住力为 $F_C=5563\text{kN}$。故选用液压启闭机的容量为 4500kN/8000kN。

③快速闸门埋件

主轨为 I 形铸件,材质为 ZG42CrMo,正火后淬火,硬度 HB=330~360,淬硬层深不小于 15mm,每根长 3m。反轨、底坎及侧坎为工字钢及钢板焊接成组合件。胸墙为钢板焊接构件,止水底板采用不锈钢板,宽为 150mm。

④快速闸门及埋件主要计算成果见表 9.5.4。

表 9.5.4　　　　　　　　　进水口快速闸门及埋件主要计算成果

序号	项目	计算成果		规范允许值	材料及型号
1	面板	最大厚度 26mm		取 30mm	Q345C
		折算应力 $\delta_{zh}=165.09\text{N/mm}^2$		326.7N/mm^2	
2	主梁	弯应力 $\delta_{max}=176.3\text{N/mm}^2$		184.5N/mm^2	
		剪应力 $\tau_{max}=61.1\text{N/mm}^2$		108N/mm^2	
		跨中挠度 $f_{max}=0.879\text{cm}$		1.27cm	
3	轨道底板	弯曲应力 $\delta_{max}=167.7\text{N/mm}^2$		205N/mm^2	Q345B
4	轨道颈部	承压应力 $\delta=77.14\text{N/mm}^2$			ZG42CrMo
5	启闭力	最大启门力 $F_Q=3908\text{kN}$		选用 4500kN	
6	持住力	最大持住力 $F_C=5563\text{kN}$		选用 8000kN	

（3）快速闸门防腐设计

1）闸门防腐

采用热喷锌铝防腐，喷涂厚度为 $120\mu m$。

封闭底漆为环氧封闭漆，干膜厚 $30\mu m$。

中间漆为环氧云铁，干膜厚 $100\mu m$。

封闭面漆为改性耐磨环氧涂料，干膜厚 $100\mu m$。

总厚度 $350\mu m$，面漆颜色为深灰色（B01）。

2）特殊零部件（或部位）防腐

轴（吊轴、轮轴、含两端面）：镀乳白铬、硬铬各 $50\mu m$。

轮子等非工作面采用无机富锌漆，干膜厚 $60\mu m$。封闭面漆为改性耐磨环氧涂料，干膜厚 $100\mu m$。其中轴孔工作面只涂黄油。

门叶、支承滑块之间的连接加工面，采用无机富锌漆，干膜厚 $60\mu m$。

9.5.2.5 电站进水口快速闸门 4500kN/8000kN 液压启闭机设备

（1）液压启闭机设备的布置与用途

电站进水口快速闸门的作用如前所述：当水轮发电机组发生事故时，能快速动水下闸关闭孔口，截断水流，以保护钢管和防止机组事故的扩大。机组检修时用于挡上游水。进水口快速闸门共 6 扇，由容量为 4500kN/8000kN 的液压启闭机操作。

快速闸门液压启闭机采用一门一机布置，共 6 套，由 3 套液压泵站按"一泵站两机"方式驱动和控制，用以操作快速门。液压启闭机借助吊杆与门叶相连，当一台机组甩负荷时，快速闭门时间为 3.5min，开门时间约 15min。

启闭机油缸及机架安装在坝体 178.00m 高程机房内，液压泵站和电控柜设备安装在坝体 182.0m 高程机房内。

（2）液压启闭机设备的组成

每台机由油缸总成、液压泵站总成（注：按"一泵站两机"配置）、机架（包括球面支座）、二期埋件、内置式行程检测装置、行程限位装置、管路系统、缸旁安全保压阀块、电力拖动及电气控制设备等组成。要求可控制闸门动水快速闭门、平压静水启闭。

（3）液压启闭机主要技术参数

形式	竖向单缸液压机
容量（启门/持住）	4500/8000 kN
工作/最大行程	16.68/16.88 m
液压系统额定压力	17.0MPa
油缸持住压力/启门压力	25.8/14.5 MPa
启/快速闭门时间	20/3.5 min

数　　量　　　　　　　　　6台(3套液压泵站)

最大运输单元质量约55t,最大运输单元尺寸约为∅1.42m×19.5m。

液压启闭机电气控制方式:①远方控制;②现地单机控制;③现地检修调试单步手动控制。

上述三种控制方式相互联锁。

启闭机液压传动控制方式:①电控快速关闭闸门;②(现地)手动快速关闭闸门;③电控慢速闭门动作;④电控慢速启门动作。

(4)液压启闭机防腐设计

1)启闭机采用涂料防腐

2)埋设件的涂装

①外露表面部分

采用涂料防腐,底漆为环氧富锌漆2道,干膜厚100μm。

中间漆为环氧云铁漆1道,干膜厚100μm。

面漆为丙烯酸聚氨酯漆2道,干膜厚100μm。

漆膜总厚度为300μm。

面漆颜色为艳绿色(G03)。

②埋入部分

涂无机改性水泥砂浆,干膜厚300~500μm。

3)启闭机设备涂装技术要求

①油缸经喷丸或抛丸表面除锈处理,机架和埋件经喷砂除锈处理后,采用涂料防腐。

底漆为环氧富锌漆2道,干膜厚100μm。

中间漆为环氧云铁防锈漆2道,干膜厚100μm。

面漆为丙烯酸聚氨酯漆2道,干膜厚150μm。

漆膜总厚度为350μm。

②油箱和油管等不锈钢件涂装

底漆:环氧富锌漆1道,干膜厚40μm。

面漆:油箱为丙烯酸聚氨酯漆2道,干膜厚100μm。

油管两端及中段色环,标志漆2道,干膜厚80μm,宽3×30×10mm(色环数×色环宽度×色环间隔)。

③启闭机面漆颜色要求:油缸、机架为艳绿色(G03);高压油管为大红色(R03),低压油管为深黄色(Y08)。系统及油箱为艳绿色(G03)。

9.5.3　电站排沙洞闸门及启闭机设备

9.5.3.1　电站排沙洞进水口挡水事故闸门

(1)进水口挡水事故闸门及启闭机布置

进水塔设有3个排沙支洞进口,孔口尺寸4.00m×4.63m,底坎高程102.00m,3个排沙支洞合并为一条总洞,总洞出口设在右岸主厂房尾水。排沙孔自上而下分别设有上游挡水事故闸门、出口工作闸门和出口检修闸门。排沙孔不排沙时,挡水事故门挡上游175.00m水位,在上游水位低于150.0m时排沙孔工作,挡水事故闸门可作为事故闸门动水闭门。排沙孔进水口挡水事故闸门由电站进水塔坝顶3500kN门机借助自动挂钩梁操作。

(2)进口挡水事故闸门结构设计

1)闸门主要设计条件及参数

孔口尺寸　　4.00m×4.63m

孔口数量　　3孔

闸门形式　　平面定轮门

闸门数量　　3扇

底坎高程　　102.0m

设计水位　　175.0m

设计水头　　73.0m

总水压力　　14700kN

支承形式　　定轮

支承跨度　　4.8m

操作条件　　动水闭门、平压启门

启闭机形式　3500kN门机

2)挡水事故闸门结构设计

闸门结构为平面定轮闸门,分2个制造运输单元,在现场焊接成整体。门叶为焊接结构,采用工字形实腹截面主横梁,主要材质为Q345B板材和Q235B型材。正向支承为定轮,大轮直径为800mm,共8个;小轮直径为650mm,共2个。定轮材质为锻35CrMo,轮轴材质为锻40Cr,表面镀铬,轴承为调心滚子轴承并采用偏心套以保证各轮共面。反向支承和侧向支承材料采用ZG270-500。止水设在上游面。顶、侧止水采用山形橡皮,底止水采用刀形橡皮。门叶顶部设有闸阀式平压阀,闸阀直径为300mm。

闸门主要技术特征及参数见表9.5.5。

表9.5.5　　　　　　　　排沙洞进口挡水事故闸门主要技术特征及参数表

名　　称	主要技术特征
闸门形式	平面定轮门
闸门尺寸　宽(m)×高(m)×厚(m)	5.6×6.52×1.3
支承跨度(m)	4.8
设计水头(m)	73.0
正向支承	定轮(调心滚子轴承)

续表

名　称	主要技术特征
反、侧向支承	铸钢、滚轮
吊点型式	单吊点
止水布置	上游侧
最大运输单元尺寸(m×m×m)	5.6×3.72×1.3
运输单元最大质量(t)	30

3)挡水事故闸门结构计算

①闸门的强度和刚度计算按设计挡水条件计算。

②闸门启闭力计算

(a)排沙孔进口挡水事故门操作条件

闸门的操作工况为:在水库不排沙时用上游挡水事故闸门挡上游 175.00m 水位,静水启闭。在上游水位低于 150.00m 排沙孔工作时,挡水事故闸门可动水闭门。

(b)闸门启闭力的计算

闸门为动水闭门,平压后静水启门。启闭力为 $F_Q=770kN$,闭门时闸门靠自重可自由下落闭门。

③进口挡水事故闸门埋件

埋件结构为:主轨为铸钢件,副轨、反轨、门楣及底坎为焊接结构。门楣和反轨上焊有不锈钢止水坐板,各埋件结构均分节制造、运输,在现场二期埋设。主要组成和材料见表 9.5.6。

表 9.5.6　　　　　　　　排沙洞进口挡水事故闸门埋件组成和材料

名称	材料
主轨	ZG42CrMo、Q345B 板材组合件
反轨	Q345B 板材、Q235B 型钢及 1Cr18Ni9Ti 板材组合件
门楣	Q345B 板材、Q235B 型钢、1Cr18Ni9Ti 板材
底坎	Q345B 板材、Q235B 型钢

4)挡水事故闸门及埋件主要计算成果见表 9.5.7。

表 9.5.7　　　　　　　　排沙洞进口事故门闸门主要结构应力计算成果

部位 ＼ 应力种类	最大弯应力 (N/mm²)	最大剪应力 (N/mm²)	面板折算应力 (N/mm²)	最大挠度 (m)	容许应力 (N/mm²)	容许挠度 (cm)
主梁	120	74		1/2125	(正/剪)205/120	1/750
面板			277		363	

(3)进水口挡水事故闸门防腐蚀设计

1)闸门防腐

采用热喷锌防腐,喷涂厚度为 $120\sim160\mu m$。

封闭底漆为环氧清漆,干膜厚 $30\mu m$。

中间漆为环氧云铁,干膜厚 $100\mu m$。

封闭面漆为改性耐磨环氧涂料,干膜厚 $100\mu m$。

总厚度 $350\sim390\mu m$,面漆颜色为深灰色(B01)。

2)特殊零部件(或部位)

轴(吊轴、轮轴、含两端面):镀乳白铬、硬铬各 $50\mu m$。

轮子、支座等非工作面采用无机富锌漆 2 道,干膜厚 $100\mu m$。封闭面漆为改性耐磨环氧涂料,干膜厚 $100\mu m$。其中轴孔工作面只涂黄油。

门叶、支承滑块之间的连接加工面,采用无机富锌漆 2 道,干膜厚 $60\mu m$。

9.5.3.2 电站排沙洞钢衬

(1)钢衬布置

地下电站排沙孔,在进水塔设有 3 个进口,3 个进口合并为 1 个出口,排沙孔钢衬为圆形断面。进口高程 102.00m,管径 4.0m;出口高程 60.5m,钢衬主管管径为 5.0m,全长 441.2m,最大设计运行水头 88.0m。

(2)钢衬结构设计

排沙孔过流面钢衬采用板厚为 24mm 的复合钢板(瑞典牌号 2205),基板厚度 20mm,复合层不锈钢板厚度 4mm。加劲环采用板厚为 16mm 的 16Mn 板材。加劲环间距为 3.8m。

排沙孔钢衬按埋管设计,外水压力折减系数 β 运行期帷幕段前取 0.5,帷幕段和帷幕段后取 0;检修期帷幕前取 1.0,帷幕段和帷幕段后取 0.7。灌浆压力为 0.2MPa。

钢衬为一期安装,设计考虑在工地分节制造,分节长度不大于 1.94m。施工单位根据施工现场的吊装运输条件一节一节进行现场组装。

(3)钢衬防腐蚀设计

钢衬过流表面为不锈钢板,无须再做防腐处理。钢衬与混凝土接触面及与板材连接的钢构件除锈等级为 Sa2 级,并均匀涂刷无机改性水泥浆,干膜厚度不小于 $300\mu m$。

9.5.3.3 电站排沙孔出口工作闸门

(1)工作闸门及启闭机布置

电站排沙孔布置为三个进口,汇合为一个出口。出口段设一扇工作闸门,闸门设计水位为 150.00m,由容量为 4000/1600kN 液压启闭机操作,动水启闭。闸门为一整体结构。门槽埋件为二期埋设,主轨、副轨、门楣、底坎为焊接件;埋件分节制作,节间采用螺栓连接。

（2）工作闸门结构设计

1）闸门设计条件及主要参数

孔口尺寸	3.2m×5m	设计水位	150.0m
孔口数量	1孔	设计水头	88m
闸门形式	平面定轮门	总水压力	15000kN
闸门数量	1扇	支承形式	悬臂轮
底坎高程	60.5m	支承跨度	3.8m
操作条件	上游水位135~150m时，动水启闭		
启闭机形式	4000/1600 kN 液压启闭机		

2）排沙孔出口工作闸门结构设计

结构特征：闸门为平面定轮闸门，只有一节。门叶为焊接结构，采用工字形实腹截面主横梁，悬臂轮作为正、反向支承。支承材料采用 ZG35CrMo，止水设在下游侧。门叶结构材料采用 Q345C，顶、侧止水采用 P 形橡皮，底止水为刚性止水。

3）工作闸门结构计算

①闸门的强度和刚度按设计挡水条件计算。

②闸门启闭力的计算

闸门为动水启闭门，计算启门力为 $F_Q = 1300$kN；计算闭门力为 $F_B = 324$kN。

③工作闸门埋件

（a）结构特征：主轨、轻轨、反轨、门楣及底坎为焊接结构。门楣和主轨上焊有不锈钢止水坐板，各埋件结构均分节制造、运输，在现场二期埋设。

（b）主要组成和材料见表 9.5.8。

表 9.5.8　　　　　　　　　　　排沙洞出口工作闸门埋件组成和材料

名称	材料
主轨	ZG0Cr13Ni5Mo
反轨	Q345B 板材、Q235B 型钢组合件
门楣	Q345B 板材、Q235B 型钢、1Cr18Ni9Ti 板材
底坎	Q345B 板材、Q235B 型钢

④出口工作闸门主要计算成果见表 9.5.9。

表 9.5.9　　　　　　　　　　排沙洞出口工作闸门主要结构应力计算成果

应力种类 部位	最大弯应力 （N/mm²）	最大剪应力 （N/mm²）	面板折算应力 （N/mm²）	最大挠度 （m）	容许应力 （N/mm²）	容许挠度 （cm）
主梁	120	86		1/1600	（正/剪）205/120	1/750
面板			110		363	

（3）工作闸门防腐蚀设计

1）闸门防腐

采用热喷锌铝防腐，喷涂厚度为 $120\mu m$。

封闭底漆为环氧清漆，干膜厚 $30\mu m$

中间漆为环氧云铁，干膜厚 $100\mu m$

封闭面漆为改性耐磨环氧涂料，干膜厚 $100\mu m$。

总厚度 $350\mu m$，面漆颜色为深灰色（B01）。

2）特殊零部件（或部位）

轴（吊轴、轮轴、含两端面）：镀乳白铬、硬铬各 $50\mu m$。

轮子、支座等非工作面采用无机富锌漆 2 道，干膜厚 $100\mu m$。封闭面漆为改性耐磨环氧涂料，干膜厚 $100\mu m$。其中轴孔工作面只涂黄油。

门叶、滑块之间的连接加工面，采用无机富锌漆 2 道，干膜厚 $60\mu m$。

9.5.3.4 电站排沙洞出口工作闸门 4000/1600 kN 液压启闭机设备

（1）启闭机布置及用途

排沙孔出口工作闸门采用平面阀门形式，门龛顶部设置密封盖，密封盖上直接布置液压启闭机。排沙孔不工作时，工作闸门锁锭于门龛内，当汛期库水位低于 150.00m 进行排沙时，需先将工作闸门关闭，排沙孔进口挡水事故闸门平压阀开启，向排沙洞充水平压后，开启进口挡水事故闸门，然后排沙孔工作闸门利用 4000/1600 kN 液压启闭机动水启门，放水排沙。排沙结束后，再利用启闭机动水闭门。

排沙孔出口工作闸门 4000/1600kN 液压启闭机油缸支铰中心高程 71.70m。液压启闭机采用"一机一站"布置，液压泵站安装在同一机房高程 75.30m 的专用机房内，共 1 套。

出口工作闸门及液压启闭机的门井上方设有吊物孔，检修时利用右岸电站尾水平台 82.00m 高程上设置的 $2\times1250/250$ kN 双向门机吊运。

（2）启闭机设备的组成

启闭机由双作用油缸总成、密封座盖（油缸前部法兰固定机架）、行程检测和指示装置、行程限位装置、液压泵站、泵站埋件、液压管路系统、电力拖动和控制系统、专用检修工具组成。

（3）启闭机主要技术参数

形式	双作用液压缸
容量（启门力/闭门力/持住力）	4000/1600/2500 kN
工作行程	5.5m
最大行程	6.0m
液压系统额定压力	18.5MPa

启/闭门速度	1.0/~0.7 m/min
手动锁锭力	420kN
数　　量	1台(套)

最大运输单元质量约 18t,最大运输单元尺寸约为 $\varnothing 1.1m \times 9.7m$。

(4)启闭机防腐设计

启闭机采用涂料防腐,防腐技术要求与快速门液压启闭机相同,见 4.3.5.4 节。

9.5.3.5　电站排沙洞出口检修门

(1)出口检修闸门及启闭机布置

地下电站排沙孔只设有一个出口。出口处设一扇检修门。设计水头为 18.90m,闸门由右岸电站 $2 \times 1250/250$ kN 尾水门机的 250kN 回转吊操作启闭。门槽埋件为二期埋设,主轨、副轨、门楣、底坎为焊接件;埋件分节制作,节间采用螺栓连接。

(2)出口检修闸门结构设计

1)闸门设计条件及主要参数

孔口尺寸	$2.8 \times 4m$
孔口数量	1孔
闸门形式	平面反钩门
闸门数量	1扇
底坎高程	60.5m
设计水位	79.4m
设计水头	18.9m
总水压力	2490kN
支承形式	反钩
支承跨度	3.4m
操作条件	静水启闭
启闭机形式	尾水门机的回转吊

2)出口检修闸门结构设计

闸门为平面反钩闸门,闸门门叶为整体焊接结构,采用工字形实腹截面主横梁,悬臂轮作为正、反向支承。支承材料采用 ZG270-500,止水设在上游侧。门叶结构材料采用 Q345C,顶、侧止水采用 P 形橡皮,底止水为条形橡皮。

3)出口检修闸门结构计算

①闸门的强度和刚度计算按设计挡水条件计算。

②闸门启闭力计算

(a)出口检修门的操作条件

闸门的操作工况为:在下游水位 79.4m 以下时检修,由尾水门机在平压状态下开启闸门。闸门为静水闭门。

(b)闸门启闭力

启门时,闸门为平压状态,启门力为 $F_Q=180kN$,闭门时闸门靠自重下落闭门。

③出口检修闸门埋件

埋件结构:主轨、轻轨、反轨、门楣及底坎为焊接结构。门楣和主轨上焊有不锈钢止水坐板,各埋件结构均分节制造、运输,在现场二期埋设。埋件主要组成和材料见表 9.5.10。

表 9.5.10　　　　　　　　　　排沙洞出口检修闸门埋件组成和材料

名称	材料
主轨	Q345B 板材、Q235B 型钢组合件
反轨	Q345B 板材、Q235B 型钢组合件
门楣	Q345B 板材、Q235B 型钢、1Cr18Ni9Ti 板材
底坎	Q345B 板材、Q235B 型钢

④出口检修闸门及埋件主要计算成果见表 9.5.11。

表 9.5.11　　　　　　　　　　排沙洞出口检修闸门及埋件主要计算成果

序号	项目		计算成果	规范允许值	材料及型号
1	面板　折算应力		$\delta_{zh}=100N/mm^2$	$363N/mm^2$	Q345c
2	主梁	最大弯应力	$\delta_{max}=87N/mm^2$	$205N/mm^2$	
		最大剪应力	$\tau_{max}=55N/mm^2$	$120N/mm^2$	
		最大挠度	$f_{max}=16.7cm$	L/500	
3	主滑块线荷载		3100N/mm	5000N/mm	
4	主轮最大接触应力		$\delta_{max}=993N/mm^2$	$1125N/mm^2$	ZG270-50
5	轨道底板弯曲应力		$\delta=125N/mm^2$	$140N/mm^2$	
6	轨道底板混凝土承压强度		$\delta=2.1N/mm^2$	$11N/mm^2$	
7	启门力		180kN		
8	闭门力		靠自重闭门		

4)出口检修闸门防腐蚀设计

①闸门防腐

采用涂料防腐。

底漆为无机富锌漆 2 道,干膜厚 $60\mu m$。

中间漆为环氧云铁,干膜厚 $100\mu m$。

面漆为改性耐磨环氧涂料,干膜厚 $140\mu m$。

漆层总厚度 $300\mu m$,面漆颜色为深灰色(B01)。

②特殊零部件(或部位)

轴(含两端面):镀乳白铬、硬铬各 $50\mu m$。

支座等非工作面采用无机富锌漆 2 道,干膜厚 $100\mu m$。封闭面漆为改性耐磨环氧涂料,干膜厚 $100\mu m$。其中轴孔工作面只涂黄油。

门叶、支承滑块之间的连接加工面,采用无机富锌漆 2 道,干膜厚 $60\mu m$。

9.5.4　尾水闸门及启闭机设备

9.5.4.1　电站尾水出口检修门

(1)尾水检修闸门及启闭机布置

电站尾水洞出口按一机一洞布置,6 台机组 6 个尾水洞出口。尾水检修闸门主要用于机组检修时挡下游水。因施工期挡水的需要,6 个尾水洞出口均设置了检修闸门。

尾水检修闸门由设置在 82.00m 高程尾水平台的 $2\times1250/150$ kN 双向门机通过液压自动抓梁操作,采用顶节门节间充水平压,静水启闭。

(2)尾水检修闸门结构设计

1)闸门主要设计条件及参数

孔口尺寸	$13.0m\times26.5m$
孔口数量	6 孔
闸门形式	平面滑道门
闸门数量	6 扇
底坎高程	44.0m
设计水位	73.8m
设计水头	29.2m
总水压力	64957kN
支承形式	金属镶嵌复合材料
支承跨度	13.8m
操作条件	静水闭门,提顶节 100mm 充水平压启门
启闭机形式	$2\times1250/150$kN 双向门机

2)闸门结构设计

闸门结构:为平面滑动闸门,分 8 个制造运输单元,在现场由节间连接装置拼装成 4 个起吊单元。门叶为焊接结构,采用工字形实腹截面主横梁,正向支承为金属镶嵌复合材料,反向支承和侧向支承材料采用 ZG270-500。止水设在上游面机组侧。门叶结构材料采用 Q345B,顶、侧止水采用 P 形橡皮,底止水和节间止水采用刀形橡皮。

闸门主要技术特征及参数见表 9.5.12。

9.5.12　　　　　　　　　　尾水出口检修闸门主要技术特征及参数表

名称		主要技术特征
闸门形式		平面滑动门
闸门尺寸	宽(m)×高(m)×厚(m)	14.3×27.2×2.1
	支承跨度(m)	13.8
	设计水头(m)	29.2
正向支承		金属镶嵌复合材料
反、侧向支承		铸钢、滚轮
吊点形式		双吊点
止水布置		上游机组侧
最大运输单元尺寸(m×m×m)		14.3×3.5×2.1
运输单元最大重量(t)		42

3)闸门结构计算

①闸门的强度和刚度按设计挡水条件计算。

②闸门启闭力计算

(a)尾水出口检修门操作条件

闸门的操作工况:闭门时由尾水门机分别将四个起吊单元按顺序吊入门槽,静水闭门;启门时由尾水门机提升顶节门叶(行程100mm),待闸门上、下游平压后按顺序启门。

(b)闸门启闭力的计算

闸门为静水启闭。闭门时闸门靠自重可自由下落闭门。

启门时,起吊闸门顶节门叶节间平压,启门力为 $F_Q=1800kN$。

③尾水检修闸门埋件设计

埋件结构:主轨、轻轨、反轨、门楣及底坎为焊接结构。主轨上设有不锈方钢,以减少闸门运行时摩阻力,门楣和主轨上焊有不锈钢止水坐板,各埋件结构均分节制造、运输,在现场二期埋设。主要组成和材料见表9.5.13。

表 9.5.13　　　　　　　　　尾水出口检修闸门埋件组成和材料

名称	材料
主轨	Q345B、1Cr18Ni9Ti 板材组合件
反轨	Q345B 板材、Q235B 型钢组合件
门楣	Q345B 板材、Q235B 型钢、1Cr18Ni9Ti 板材
底坎	Q345B 板材、Q235B 型钢

④尾水检修闸门及埋件主要计算成果见表9.5.14。

表 9.5.14　　　　　　　　　　　尾水检修闸门及埋件主要计算成果

序号	项目	计算成果	规范允许值	材料及型号
1	面板	最大厚度 16mm	取 16mm	Q345c
		折算应力 δ_{zh}＝192.9N/mm^2	363N/mm^2	
2	主梁	弯应力 δ_{max}＝186.7N/mm^2	220N/mm^2	
		剪应力 τ_{max}＝54.8N/mm^2	120N/mm^2	
		跨中挠度 f_{max}＝1.67cm	1.84cm	
3	主滑块	线荷载：3100N/mm	5000N/mm	
4	轨道底板混凝土强度	δ＝7.5N/mm^2	11N/mm^2	C30
5	轨道底板	弯曲应力 δ＝115N/mm^2	140N/mm^2	Q345B
6	启闭力	最大启门力 F_Q＝1800kN	选用 2×1250kN	

（3）尾水检修闸门防腐蚀设计

1）闸门涂装采用涂料防腐

底漆为无机富锌漆 2 道，干膜厚 60μm。

中间漆为环氧云铁，干膜厚 100μm。

面漆为改性耐磨环氧涂料，干膜厚 140μm。

漆层总厚度 300μm，面漆颜色为深灰色（B01）。

2）特殊零部件（或部位）

轴：镀乳白铬、硬铬各 50μm。

轴孔工作面只涂黄油。

门叶、支承滑块之间的连接加工面，采用无机富锌漆 2 道，干膜厚 60μm。

9.5.4.2　电站尾水 2×1250/150 kN 双向门机

（1）尾水门机及附属设备的布置与用途

电站尾水 2×1250/150kN 双向门机一台，安装在地下电站尾水平台 82.00m 高程。门机设有独立运行的小车，在门机上游右侧设有 150kN 回转吊。

门机小车及主钩借助液压自动挂脱梁用于电站尾水检修门的启闭操作，以及闸门的安装、检修吊运。回转吊用于尾水平台零星物品的吊运。

液压自动挂脱梁采用自动穿销方式，具有相应的检测挂钩梁到位、穿销、退销和平压阀开启的信号装置。挂钩梁主要由梁体、吊耳柱塞缸装置、液压系统、各种信号装置、水下电缆插头、支承导向等组成。

（2）门机的组成

尾水门机由小车、上游右侧回转吊、门架结构、大车运行机构、司机室、荷载限制器、位置限制器、行程显示和限制器、回转限制器、缓冲器、夹轨器、防风锚定装置及埋件、风速仪、避雷装置、照明设施、电力拖动和控制设备、电缆卷筒装置、液压自动挂脱梁、消防设备和门机轨道等组成。

(3)门机设计主要技术参数

形式	双向门机(带回转吊)
整机工作级别	A4
主钩容量	2×1250kN
上游右侧回转吊容量	150kN
主钩总扬程/轨顶以上扬程	50/10 m
回转吊总扬程/轨顶以上扬程	25/9 m
主钩起升速度	2.5/5.0 m/min(满载/空载)
回转吊起升速度	3.1m/min
大车运行速度	21.3m/min
小车运行速度	2.2m/min
运行吊物重量	2×1250kN
轨 距	8.0m
数 量	1台
钢轨型号	QU120
轨道长度	～204.2m
门机供电方式:	电缆卷筒供电 AC380V,50Hz

小车起升调速方式采用交流变频调速,满载调速范围1:10,总调速范围1:20。

大车运行机构调速及同步方式采用交流变频调速,满载调速范围1:10,电气同步。

(4)门机防腐设计

门机采用涂料防腐,防腐技术要求与电站进水塔顶 3500/1000/100 kN 双向门机相同。

9.6 地下电站施工分期与施工项目及进度

9.6.1 地下电站进水口预建工程

地下电站进水口预建工程包括 6 台水轮发电机组发电进水塔、排沙塔、连接塔、交通桥及安装平台;6 条引水隧洞上平段、排沙洞、引水渠、自计水位计井等建筑物;6 条引水隧洞进水塔进水口检修门槽、工作门槽埋件安装及二期混凝土回填,事故挡水闸门安装;排沙塔、排沙洞事故挡水门门槽埋件安装及二期混凝土回填,事故挡水闸门安装。

地下电站进水口预建工程安装二期工程,于 1999 年 8 月 30 日开始地基开挖施工,2003年 4 月完成高程 140.0m 以下混凝土施工及金属结构安装,具备 135.0m 水位蓄水前验收条件。

9.6.2　地下电站主厂房及其输水系统土建工程

地下电站进水口预建工程 6 条引水隧洞上平段施工至 X 桩号 20＋010.58m(轴线长 94.58m)。地下电站主厂房及其输水系统土建工程包括 6 条引水隧洞 X 桩号 20＋010.58m 下游的引水隧洞轴线长 150.06m(上平段长 19.74m、上弯段长 41.89m、60°斜井段长 26.27m、下弯段长 41.89m 及下平段长 20.27m)、主厂房、母线洞及竖井、通风及管道洞、管线及交通廊道、施工支洞及交通洞。尾水系统(尾水洞、阻尼井、尾水平台及尾水渠)、厂外排水系统等。

地下电站尾水渠于 2002 年 2 月开始开挖施工,2004 年 9 月排水洞开工,至 2005 年 10 月完成开挖及支护;2005 年 2 月地下电站施工围堰开始施工,6 月围堰填筑至具备施工车辆通车条件;地下电站主厂房于 2005 年 3 月开始开挖施工,4 月引水隧洞、尾水隧洞开挖及支护开始施工;2008 年 3 月地下电站主厂房开挖及支护完工,10 月尾水系统开始浇筑混凝土,2010 年 10 月,尾水隧洞及尾水平台混凝土浇筑完成,12 月地下电站施工围堰破堰进水,尾水闸门挡水,地下电站主厂房土建施工完成;2011 年 4 月地下电站施工围堰拆除开挖完工,9 月引水隧洞全部混凝土浇筑完成及 3 号施工支洞封堵完工。

地下电站分项工程量见表 9.6.1。

表 9.6.1　　　　　　　　　　地下电站分项工程量汇总表

项目名称		单位	进水口预建引水洞上平段	引水系统主厂房洞室附属洞室尾水系统及升压站	合计	备注
土石方开挖	明挖	万 m³	316.69	834.53	1151.22	
	洞挖	万 m³	12.16	154.16	166.32	
混凝土浇筑	混凝土	万 m³	47.55	55.06	102.61	
	钢筋	万 t	1.52	3.76	5.28	
支护	喷混凝土	万 m³	0.76	2.58	3.34	
	锚杆	万根	1.70	4.32	6.02	
	锚索	束		1109	1109	引水洞下平段、下弯段;尾水肘管底部;蜗壳、座环及基础环底部;蜗壳接力器坑衬底部;安装间转子基础环板底部接触灌浆
灌浆	接触灌浆	万 m²		1.48	1.48	
	回填灌浆	万 m²	1.25	3.22	4.47	
	固结灌浆	万 m	2.79	4.58	7.38	
	帷幕灌浆	万 m	2.31		2.31	
	排水孔	万 m	2.11	7.34	9.45	
金属结构	闸门及埋件	万 t	0.39	0.79	1.18	含升压站钢构件
	钢管(钢衬)	万 t	0.13	0.86	0.99	
	启闭机及轨道	万 t		0.19	0.19	

9.6.3　水轮发电机组及其相关机电设备安装

1)32 号机组埋件安装于 2008 年 3 月开始,至 2010 年 7 月正式向机组安装移交。32 号机组水轮机安装于 2010 年 8 月开始至 2011 年 3 月结束;主要包括机组中心、高程和方位的确定,基础环和座环现场加工,导水机构、转轮及转动部位、水导及密封、主轴补气装置、接力器、水车室、环开吊吊车、管道及附件等安装和调试。发电机安装于 2010 年 4 月开始,至 2011 年 3 月结束,主要包括定子、转子、上下导承及推力轴承、下机架、上机架等组装及安装和调试。2011 年 5 月 22 日正式投入运行。

2)31 号机组埋件于 2008 年 3 月开始安装,至 2010 年 6 月正式向机组安装移交。31 号机组水轮机安装于 2010 年 9 月开始至 2011 年 5 月结束,2011 年 5 月 31 日正式投入运行。

3)28 号机组于 2010 年 12 月 28 日开始安装,2011 年 11 月中旬完成,11 月 18 日无水调试完成,进行有水调试。11 月 21 日通过启动验收,12 月 12 日并网进行 72h 试运行,12 月 19 日正式投入运行。

4)30 号机组于 2011 年 7 月 16 日正式投入运行。29 号机组于 2012 年 2 月 24 日正式投入运行。27 号机组于 2012 年 7 月 4 日正式投入运行,地下电站 6 台 700MW 机组全部投产。

9.7　地下电站安全监测设计

9.7.1　安全监测总体设计

9.7.1.1　监测设计原则及目的

地下电站安全监测是三峡安全监测系统中的一部分,因此其监测设计首先应遵循"突出重点,兼顾全面,统一规划,分期实施"这一总的原则。

在总设计原则的指导下,结合地下洞室的地质条件及结构特点,以"动态设计、及时反馈、指导施工"为主导思想,主要监测地下洞室群围岩的变形和支护结构受力,及时掌握洞室在开挖过程中围岩的变形和支护结构的可靠性,为设计和安全施工提供可靠信息。

通过对地下电站地下洞室群及电站建筑物的变形、渗流和结构应力应变等的监测,及时捕捉各效应量异常现象和可能危及地下电站的不安全因素,提出处理措施和决策建议,以达到确保地下电站在施工期和运行期安全的主要目的。并兼顾验证设计和为施工提供必要的参考数据,从而改进和完善施工方法和措施,优化和完善设计,以达到设计与施工动态结合不断优化的目的。

9.7.1.2　监测部位及监测内容

(1)监测部位

根据地下电站洞室地质情况、结构布置及施工特点等,以及存在的主要安全技术问题,选择有代表性的部位为重要监测部位。

重要监测部位针对工程设计中存在的有关问题和安全监测的需要来综合布置监测设施,其他一般监测部位则根据需要布设少而精的监测设施。这样不仅能快速量化敏感部位的工作状态,又能从宏观上全面掌握地下电站工程在施工期和运行期的工作状态。

1)重要监测部位

主厂房 27 号机上覆岩体厚度较薄,且紧邻右岸电站厂前区高边坡,1 号块体从主厂房下游墙出露,其稳定性较差。F_{22} 和 F_{24} 断层从 30 号机拱顶范围穿过,3 号块体从其主厂房下游出露。因此选择 27 号和 30 号机组段为重要监测部位,沿水流向选择若干个监测断面,全断面布设监测设施。

2)一般监测部位

①地下厂房

选择 28 号、29 号、31 号、32 号机组段及安装场 5 个部位作为一般监测部位。根据需要选择有代表性的部位,如交叉口、进洞口等,对母线洞、母线竖井及进厂交通洞进行围岩变形及锚固结构工作状态监测。

②岩锚吊车梁

选择 27~32 号机组及安装场 7 个监测断面(上、下游对称布置),监测岩锚梁变形、受拉及受压锚杆和梁体钢筋应力、混凝土与岩壁面间缝隙开合度,以及梁体混凝土温度等。

③进水口和引水隧洞

在进水口洞脸开挖边坡高程 150.00m、175.00m、185.00m 处进行表面变形监测,在 27 号及 30 号机组边坡布置进水口洞脸深层变形监测。在 27 号及 30 号机组引水隧洞的上平段和斜井段、下弯段布置监测断面,监测隧洞围岩变形、围岩与衬砌混凝土接缝开合度、钢板应力、衬砌混凝土钢筋的应力变化和外水压力。

在 27 号机组引水隧洞左侧和 30 号、31 号机组引水洞之间各设置一个监测断面,以了解地下厂房防渗帷幕灌浆后的防渗效果。

④排沙洞

在排沙主洞及 27 号、28 号及 29 号机组排沙支洞布置了水力学专项监测项目,监测排沙洞在泄流时各部位的脉动压力及噪声。

⑤尾水隧洞

在 27 号及 31 号机组尾水洞的尾水管段、尾水隧洞中部及出口段各布置 1 个监测断面进行围岩变形、钢筋应力、地下渗压和衬砌与围岩间缝隙的监测。

(2)监测内容

1)洞室围岩变形监测:采用多点位移计、测缝计、测斜管等监测进水口边坡、地下电站洞室围岩表面和深部的变形及稳定性,特别是施工期洞室围岩的变形和稳定性。

2)渗流监测:采用测压管、渗压计和量水堰,监测地下电站洞室群围岩周边的渗水压力及山体的地下水位变化等。

3)应力应变监测:采用锚杆应力计、锚索(杆)测力计、钢筋计、测缝计、围岩应变计、温度计、压应力计和钢板应变计等监测引水隧洞衬砌应力、地下洞室及块体衬砌应力、主厂房岩锚梁等的应力应变、洞室开挖过程及结构加固处理后围岩锚杆、锚索等受力情况等。

4)水力学监测:主要监测 31 号机组和地下电站排沙洞的水力学特性,以了解大型电站变顶高尾水洞布置形式的水力特性对水电站机组安全稳定运行的影响。

5)环境量:上、下游水位,气温及降雨量。

6)进水口外部变形监测网:包括水平位移和垂直位移监测最简网。水平位移监测采用测边交会法,垂直位移监测采用精密水准法。

9.7.2 监测资料分析

9.7.2.1 引水隧洞

(1)围岩变形

27 号机组引水洞距进水口洞口 18m 处和 30 号机组引水洞在防渗帷幕处各布设 1 个监测断面,两个断面埋设 10 支多点位移计,多点位移计孔深 15m 左右。2002 年 11 月以来实测位移值均在±1.1mm 以内,基本在观测误差范围以内,库水位变化对围岩变形没有影响,表明围岩是稳定的。

(2)衬砌外水压力

30 号机组引水洞距进水口洞口 18m 处和防渗帷幕处监测断面各布设 2 支渗压计。实测资料表明,距进水口洞口 18m 处的监测断面位于防渗帷幕上游,其衬砌周边渗压水位随库水位变化,测值基本与库水位一致;防渗帷幕处监测断面渗压计在 2008—2011 年 175.0m 试验蓄水期间,测值比库水位低 8~16m,引水洞防渗帷幕处及其上游段衬砌结构检修工况外水压力按全水头计算,故实测外力压力是安全的。

27 号、30 号机组引水洞在防渗帷幕下游段的上平段、斜井段和下弯段末各监测断面混凝土衬砌腰部和顶拱围岩处埋设渗压计。2008 年以来 12 支渗压计除 27 号机组引水洞在防渗帷幕后下弯段末端洞顶渗压计实测最大渗压水头 46.1m,2014 年 4 月在该点附近 C 排水洞(高程 74.5m)向主厂房上游打排水孔后,该渗压计已降至 31.0m;其他 11 支均在 17.8m 以内,说明衬砌外水压力较小。2017 年 175.0m 蓄水后,30 号机上游水平段引水管外岩体帷幕前后渗压分别为-0.5480MPa 和-0.3960MPa;2018 年 3 月渗压分别为-0.4840MPa 和-0.3630 MPa,在设计允许值范围内。

(3)锚杆应力

引水洞在上弯段、下弯段、近主厂房交叉洞口段及主要块体的支护锚杆上安装了锚杆应力计,其中交叉洞口段安装在张拉锚杆上,其他部位安装在砂浆锚杆上。锚杆应力主要受开挖影响,2007 年开挖结束后,应力基本稳定。锚杆应力计主要布设在施工期临时测点,大部分在开挖放炮时损坏,实测除 30 号机组交叉洞口段一个测点的锚杆应力为 197MPa 外,其他锚杆应力均在 100MPa 以内。

(4)衬砌钢筋应力

27 号、30 号机组引水洞在距进水口洞口 18m 处和防渗帷幕处的监测断面布设钢筋计监测混凝土衬砌内、外层环向结构钢筋应力。31 支钢筋计实测应力值为 $-53.44 \sim$ 57.24MPa 之间,应力测值较小,且主要随温度变化,低温时段拉应力最大,高温时段压应力最大。

27 号、30 号机组引水洞在防渗帷幕下游段的上平段、斜井段和下弯段末端的监测断面布设钢筋计,以监测混凝土衬砌内层环向结构钢筋应力。12 支钢筋计实测应力值在 $-32.68 \sim 58.26$MPa 之间,应力测值较小,且主要随温度变化。

(5)衬砌混凝土与围岩结合情况

27 号、30 号机组引水洞在距进水口洞口 18m 处和防渗帷幕处的监测断面布设测缝计以监测衬砌混凝土与围岩的结合情况。2002 年以来实测各测点开度在 $0.15 \sim 2.76$mm 之间。顶部开度最大,开度发生在混凝土浇筑初期和灌浆之前,此后测值变化较小,并随温度略有变化。

(6)钢板应力

27 号、30 号机组压力钢管 2 个断面各埋设 4 支钢板计,以监测钢衬应力,实测钢衬钢板应力较小,测值在 $-15.9 \sim 21.0$MPa。

9.7.2.2　主厂房及附属洞室

(1)围岩变形

1)围岩变形监测布置

在 27~32 号机组段和安装场各布设 1 个变形监测断面,1 号块体所在的 27 号机组和 3 号块体所在的 30 号机组作为重点监测断面,并针对地下厂房开挖过程中揭露的顶拱较大块体和交叉洞口处进行了专门的监测。共布设 45 支多点位移计,有 16 支布设在主体块体上。27 号机组段的顶部多点位移计在地面钻孔埋设,孔深 53.5m,其他多点位移计的测孔深在9~36m,主要监测断面上的 27 支多点位移计在主厂房开挖之前利用已开挖的排水洞和地面钻孔埋设,以便监测到主厂房开挖全过程中的围岩变形。多点位移计起测时间为 2005 年 10 月至 2008 年 2 月,实测主厂房 27 号、30 号、31 号、32 号机组监测断面多点位移计实测位移值分布图见图 9.7.1 至图 9.7.4,实测位移过程线见图 9.7.5 至图 9.7.9。

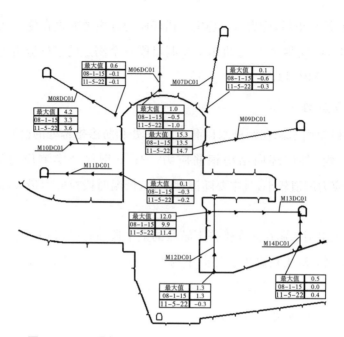

图 9.7.1　27 号机 1-1 断面多点位移计实测位移值分布图

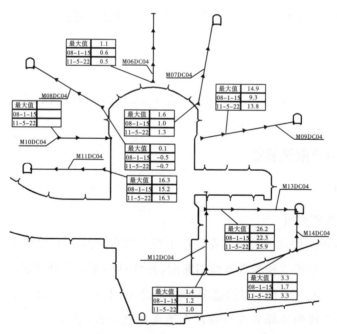

图 9.7.2　30 号机 4-4 断面多点位移计实测位移值分布图

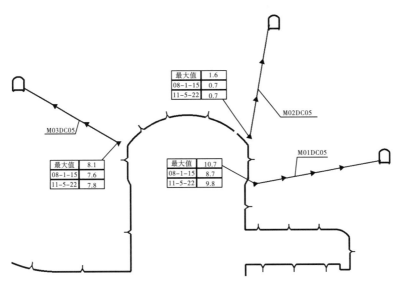

图 9.7.3　31 号机 5-5 断面多点位移计实测位移值分布图

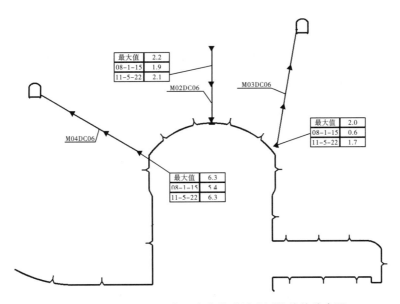

图 9.7.4　32 号机 6-6 断面多点位移计实测位移值分布图

2)围岩变形监测成果分析

围岩变形主要产生在施工开挖期间,2007 年开挖结束后,变形迅速收敛,并趋于稳定,2017 年蓄水前后,测值仅随气温有微小波动,蓄水对围岩变形基本无影响。

①地下厂房围岩变形受开挖影响,开挖结束后,围岩变形基本稳定,围岩变形均在设计允许值范围内。地下厂房拱顶存在潜在不稳定块体,针对块体变形布设 6 套多点位移计,2018 年 3 月实测值均较小,在−1.61~0.97mm 之间。

②各多点位移计实测的最大位移在 26.2mm 以内,其中拱顶处最大位移为 2.2mm(开挖之前起测),位于 32 号机拱顶;顶部拱端处最大位移 8.1mm,位于 31 号机上游拱端。总共

45 个多点位移计测孔中位移超过 5mm 的测孔共有 14 个,其中下游边墙 9 个,上游边墙 2 个,拱端 3 个。上、下游边墙交叉洞口附近的 5 个测孔最大位移在 6～26mm 之间。45 个测孔中有 16 个测孔布设在拱顶及下游边墙主要的块体上,其中拱顶 6 个块体上 6 个测孔的最大位移在 2.2mm 以内,均较小;27 号机厂房左端墙 7-1 号块体上的 1 个测孔最大位移为 0.7mm;27 号机下游拱端 16 号块体上的 1 个测孔最大位移为 0.1mm;27 号机下游边墙 1 号块体上的 1 个测孔最大位移为 15.3mm;29 号机下游边墙 2 号块体上的 2 个测孔最大位移分别为 16.8mm 和 5.5mm;30 号机下游边墙 3 号块体上的 4 个测孔最大位移在 1.4～14.9mm 之间;32 号机下游拱端 5 号块体 1 个测孔最大位移为 2.0mm。块体上 17 个测孔最大位移超过 5mm 的有 6 个,均在厂房下游边墙的 1 号、2 号和 3 号块体上。

③拱顶围岩变形在 −1.61～0.97mm 之间,在设计允许值 ±10.0mm 范围内。上游拱端变形在 −1.76～8.10mm 之间,31 号机上游拱端产生变形相对较大,实测为 8.10mm (图 9.7.5),其余机组段多在 ±2.0mm 以内。下游拱端产生变形在 −1.59～5.16mm 之间,且多为拉伸变形。

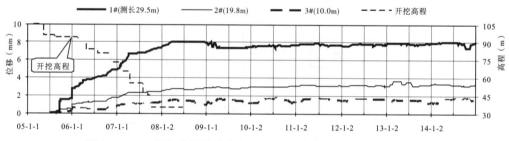

图 9.7.5 31 号机上游拱端高程 113.28m 处 M03DC05 位移过程线

④上游边墙最大位移 16.3mm,位于 30 号机引水隧洞口上部;下游边墙最大位移 26.2mm,位于 30 号机母线廊道下部;30 号机上游边墙高程 86.0m 处水平变形为 6.85mm,变形由开挖引起,变形随开挖深度增加而增大,开挖结束后变形基本稳定。其过程线见图 9.7.6;30 号机上游边墙高程 86.00m 处位移处的过程线见图 9.7.7。

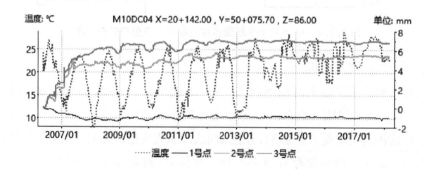

图 9.7.6 地下厂房上游边墙围岩变形过程线

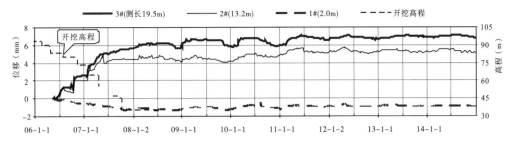

图 9.7.7　30 号机上游边墙高程 86.00m 处 M10DC04 位移过程线

⑤下游边墙变形情况

下游边墙高程 85～87m 附近的变形相对较大,27～32 号机边墙变形在 7.86～14.97mm、安Ⅱ段为−1.68mm,变形也是随开挖深度的增加而增大。高程 62.0～63.0m 边墙的变形相对较大,27 号、30 号机分别为 10.65mm 和 23.65mm,变形较大原因与靠近下部第六层开挖层面和断层层面有关,其过程线图 9.7.8。27 号机下游边墙高程 92.70m 处 1 号块体位移过程线见图 9.7.9。

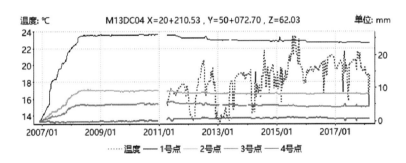

图 9.7.8　地下厂房下游边墙围岩变形过程线

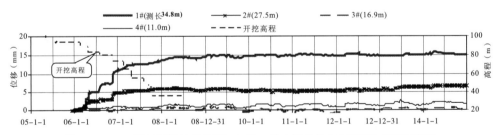

图 9.7.9　27 号机下游边墙高程 92.70m 处 1 号块体 M09DC01 位移过程线

⑥母线平洞和 C 排水洞的多点位移计反映的是垂直位移,变形在−0.73～3.38mm 之间。地下电站采用合理的开挖和支护措施,有效地限制和减小了围岩变形。仿真计算表明,厂房围岩边墙变形大于拱顶,但变形值不大,一般部位为 20～30mm,断层出露部位可达50～70mm。实测变形与计算成果较吻合。

(2)锚索锚固力

针对主厂房围岩主要断层、块体部位及交叉洞口处的加固支护锚索(2500kN 级、超张拉

2750kN)布设 44 台锚索测力器,以监测锚索锚固力的变化及围岩稳定情况,锚索测力器均安装在无黏结锚索上。2005 年 11 月至 2007 年 8 月间安装,至 2011 年 5 月,完好的测力器有 41 台,实测结果表明:

1)2011 年 5 月 21 日,实测 41 台完好锚索测力计锚固力的锁定后损失率为 -4.7% ~ 20.5%,平均为 5.8%,实测锚固力在 2026 ~ 2746kN 之间,平均锚固力为 2404kN。41 个测点中有 6 个测点的锁定后锚固力损失率在 -5% ~ 0% 之间,31 个测点的锁定后锚固力损失率在 15% 以内,约占 76%,仅 4 个测点的锁定后锚固力损失率在 15% ~ 22% 之间。这 4 个测点分散在不同的块体上,经综合分析附近的其他仪器的测试值,认为尚不影响块体稳定。

2)地下厂房上下游边墙安装 34 台锚索测力器,平均损失率为 10.1%;拱顶安装 10 台锚索测力器,平均预应力损失率 12.8%。2018 年 2 月实测锁定预应力在 1840.5 ~ 3033.0kN 之间,平均损失率为 10.9%,锚索预应力基本稳定。

37 台锚索测力计总损失率在 15% 以内,另 4 台超过 15%,最大达 22%,分散在不同的块体上,经综合分析,不影响块体稳定。

3)预应力损失主要发生在安装之后的 6 个月内及 2008 年 7 月之前主厂房及近厂房尾水隧洞、母线洞竖井开挖过程中,之后锚固力基本稳定。总的看来,包括块体在内的围岩在洞室开挖及支护后是稳定的。

(3)锚杆应力

针对主厂房围岩加固支护的系统锚杆和块体、交叉洞口附近及尾水管间保留岩墩的加固支护锚杆布设 110 支锚杆应力计,其中布设在砂浆锚杆和张拉锚杆各 55 支。锚杆应力计采用差阻力钢筋计焊接在锚杆上,测点观测范围内进行了无黏结处理。锚杆应力的实测结果说明:

1)锚杆应力在 100MPa 以内的测点约占 70.9%,12 个测点应力超过仪器量程 200MPa(超过 200MPa 的应力测值已超出仪器率定范围,其测值误差较大;另外,因测点部位锚杆受剪也会导致过大的失真测值),其中 1 个测点位于拱顶块体上,1 个位于上游拱端,10 个测点位于尾水管间保留岩墩部位。总的看来,交叉洞口附近及保留岩墩等卸荷充分的部位锚杆应力较大。

2)顶拱 14 个块体上共安装了 45 个锚杆应力测点,除 31 号机顶拱 22 号块体上 R35DCDG 的最大应力达 217MPa 外(2007 年 9 月之后失效),其他测点的最大应力均在 100MPa 以内,平均最大应力约为 34MPa。31 号机顶拱 22 号块体上的另外 3 支锚杆应力计最大应力分别约为 14MPa、47MPa 和 25MPa,应力均较小。27 号机左端墙 7-1 号块体上的 2 支锚杆应力计最大应力分别约为 109MPa 和 85MPa。27 号机下游拱端 1 号块体同一根锚杆上的 3 支锚杆应力计最大应力分别约为 150MPa、64MPa 和 23MPa。30 号机下游边墙 3 号块体上的 6 支锚杆应力计最大应力在 68 ~ 173MPa,平均最大应力约为 106MPa。以上顶拱及下游边墙 19 个块体上共计布设了 54 支锚杆应力计,这些锚杆应力计的测值均在块体支护及洞室开挖结束后基本稳定。

3)尾水管间保留岩墩上共布设有 23 支锚杆应力计,其中 10 支的最大应力超过

200MPa,其应力增长主要在安装后的 6 个月内,之后大部分测点应力基本稳定,最迟的也在 2008 年 4 月之后稳定。这说明尾水管间保留岩墩虽然卸荷较充分,但加固后仍然是稳定的和安全的,岩墩有效减小了主厂房全断面开挖高度,限制了边墙变形。

(4)岩锚梁结构监测

岩锚梁锚固及结构监测包括预应力锚杆应力、结构钢筋应力、底角部基岩压应力和混凝土与基岩接触面结合情况及混凝土温度等监测内容。

1)预应力锚杆测力计监测

岩锚梁上设置两排 $\phi32@60$、长 12m 的高强预应力锚杆(735/935 级精轧螺纹钢筋),预应力为 200kN(初期张拉力 50kN 左右,最终张拉力为 200kN)。在预应力锚杆上共安装了 31 台锚杆测力计,用于监测预应力锚杆的受力情况。2007 年 10 月起测以来的监测结果表明:锚杆测力计的锁定锚固力范围为 170.1～288.1kN,平均为 226.6kN,2011 年 2 月完好的 27 台锚杆测力计的实测锚固力范围为 181.7～281.9kN,平均为 217.8kN,预应力损失率在 −8.3%～15.6%,平均损失率为 4.1%。89%的锚杆测力计的锁定后损失率小于 10%,表明锚杆测力计的锚固效果较好。2008 年 7 月之后,锚杆测力计的实测锚固力变化趋于平缓,表明岩锚梁处于稳定状态。

2)结构钢筋计监测

在安Ⅱ的上、下游岩锚梁上埋设了 8 支钢筋计,用于监测结构钢筋的应力情况。监测结果显示:钢筋应力与仪器温度呈负相关性,应力随温度呈起伏波动的变化过程,实测钢筋应力在 −12～36MPa 之间,最大年变幅约为 42MPa,表明岩锚梁结构钢筋的实测应力较小,总体变化趋势平缓。

3)底角部基岩面处压应力计监测

在安Ⅱ的上、下游岩锚梁底角部斜直基岩面,高程 87.13m 处各埋设了 1 支混凝土压应力计,用于监测岩锚梁底角部基岩面处的压应力变化情况。监测结果显示:上、下游压应力计均受压应力作用,实测最大压应力值分别为 0.36MPa 和 0.28MPa,压应力基本稳定。混凝土压应力计的实测应力变化过程线见图 9.7.10。

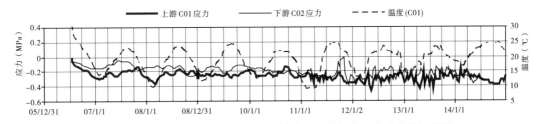

图 9.7.10　安Ⅱ岩锚梁高程 87.13m 基岩面处混凝土压应力变化过程线

4)混凝土与基岩接触面测缝计监测

在上、下游岩锚梁顶部混凝土与基岩接触面处埋设了测缝计(高程 90.2m),用于监测混凝土与基岩的结合情况,起测时间为 2006 年 7 月以来的监测结果显示:所有测缝计基本都呈略微张开状态,但是测缝计的开度均较小,实测最大张开度仅为 1.05mm,(2011 年 1 月 23日)最大张开度为 0.99mm,且几乎所有测缝计的开度值均在小于 1.0mm 的较小范围内波动,表明岩锚梁顶部与基岩结合面的张开度较稳定,两者结合情况较好。典型的测缝计开度变化过程线见图 9.7.11。

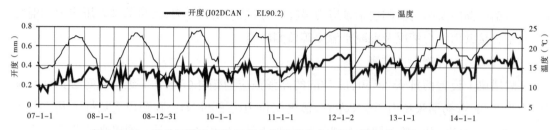

图 9.7.11　安Ⅱ下游岩锚梁混凝土与基岩结合面处测缝计开度变化过程线

5)岩锚梁混凝土温度监测

温度监测结果显示:混凝土最高水化热温度为 31～39℃,相应的龄期为 4～6 天。岩锚梁浇筑后混凝土温度主要随环境温度变化,一般 8 月左右温度达到最高,2 月左右温度最低,温度年变幅为 14～18℃。

6)岩锚梁荷载试验及运行监测结果

①载荷试验:2008 年 12 月至 2009 年 1 月,在岩锚梁荷载试验期间,对相应部位岩锚梁监测仪器进行了同步加密监测。荷载试验分 6 级进行动、静荷载试验,依次为 3000kN、6000kN、9000kN、12000kN,13200kN、15000kN(静载),试验桥机共 2 台,每天进行一级试验。

监测结果显示:桥机荷载试验前后,岩锚梁附近多点位移计测值变化量在 0.1mm 以内,支护锚杆应力变化量在 5.4MPa 以内,岩锚梁结构钢筋应力变化范围为 4.10～8.26MPa,岩锚梁顶部混凝土与基岩间开度变化量在 0.2mm 以内,预应力张拉锚杆应力变化在 2.0kN以内,岩锚梁底部斜直面上压应力计实测压应力变化量在 0.2MPa 以内,表明加卸载对围岩变形及岩锚梁的影响较小。

②桥机运行:2010 年 12 月在 32 号机组转子吊装时,对安装场、32 号和 31 号机组岩锚梁的监测仪器进行了同步监测。实测结果与荷载试验时基本一致,各项测值变化量不大,表明桥机运行对围岩变形及岩锚梁的影响较小。

(5)渗流监测

1)厂房周围岩体地下水位

厂房周围排水洞内布设了 56 支测压管。综合各层测压管水位观测数据看,测压管水位变化主要是受裂隙水的影响,主厂房周边地下水在 C 排水洞(上游高程 75m、下游高程 60m)附近,主厂房周边排水幕以内的围岩基本处于疏干状态。

2)渗流量

2017 年 175.0m 蓄水前、后排水洞渗流量分别为 198.84L/min 和 288.36L/min,增加

89.49L/min。2018 年 2 月渗流量为 55.26L/min(其中 WE03DC 处于无水状态),排水洞渗流量变化见图 9.7.12(各年均在 1 月份观测)。

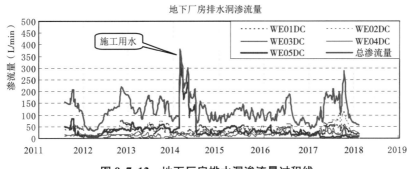

图 9.7.12　地下厂房排水洞渗流量过程线

(6)主厂房及其附属洞室监测成果综合分析

主厂房及其附属洞室部位的各项观测成果综合分析表明:主厂房及其附属洞室围岩变形较小,围岩变形、锚索锚固力、锚杆应力均在围岩支护后稳定,包括块体在内围岩均是稳定的,各项测值均是正常的。

9.7.2.3　尾水隧洞

(1)围岩变形

27 号、31 号机组尾水隧洞在近主厂房处、中部及下游出口各布设 1 个监测断面,各监测断面的拱顶、拱端及边墙共埋设 23 支多点位移计,测孔深 9.5m 左右。2006 年 1 月以来实测围岩变形在 4.3mm 以内,其中 20 个测孔的位移均在 2mm 以内,说明开挖后围岩变形均较小,位移测值在围岩支护后均是稳定的。

(2)锚索锚固力

针对尾水隧洞开挖揭露的各部位块体布设了 9 台锚索测力计,除 SF09WS02 布设在 1500kN 级对穿锚索上外,其他测力计均布设在 2000kN 级锚索上。锚索测力计实测结果表明:

1)实测锚索锁定预应力损失率在 11.9% 以内,平均锁定损失率为 7.9%;SF09WS02 的锁定锚固力为 1606kN,其他测力计锁定锚固力在 1998～2162kN,平均锁定锚固力为 2058kN。

2)2011 年 5 月 21 日实测锁定后预应力损失率为 −2.1%～6.0%,平均为 1.1%;SF09WS02 的锚固力为 1624kN,其他测力计锚固力在 1940～2146kN,平均锚固力为 2015kN。2015 年预应力总损失率为 −9.2%～11.8%,平均总损失率 4.1%,锚索预应力基本稳定。

3)从实测过程看,9 台测力计后期观测数据受温度影响略有波动。从现场检查看,衬砌结构没有出现裂缝、变形等异常变化,同期的多点位移计、锚杆应力计测值也是稳定的,表明锚索测力计所在块体均是稳定的。

（3）锚杆应力

27 号、31 号机尾水隧洞各观测断面上布设了 17 支锚杆应力计,28 号、30 号、31 号机尾水隧洞各块体上布设了 15 支锚杆应力计,27～32 号机尾水隧洞机坑交叉洞口处(距厂房下游边墙 1m 前后)各布设了 1 支锚杆应力计。尾水隧洞共布设了 38 支锚杆应力计,这些锚杆应力计均安装在砂浆锚杆上,各测点埋深在 3～6m。锚杆应力计的实测成果表明:

1)实测 38 支锚杆应力计中 30 支的最大应力在 50MPa 以内,4 支的最大应力在 50～100MPa 之间,4 支的应力超过仪器的量程 200MPa。

2)机坑交叉洞口处的锚杆应力相对较大,有 3 支的应力超过 200MPa。块体上除 1 支的应力超过 200MPa 外,各测点应力与非块体部位测点应力没有明显区别。

3)锚杆应力在开挖及支护完成后应力测值趋于稳定,表明围岩稳定。

（4）衬砌钢筋应力

27 号机组和 31 号机组尾水隧洞各监测断面的衬砌结构环向钢筋共布设 20 支钢筋计,2007 年 12 月以来实测钢筋应力值在 −51～72MPa 之间,且主要随温度变化,应力水平较小。

（5）衬砌混凝土与围岩结合情况

27 号机组和 31 号机组尾水隧洞各监测断面的衬砌混凝土与围岩结合处共布设 20 支测缝计,2008 年 1 月以来实测各测点最大开度值均在 2.15mm 以内,顶拱开度超过 1.0mm,主要发生在混凝土浇筑初期和回填及固结灌浆之前,此后小于 0.7mm。边墙测值在观测误差范围内,没有明显张开。

（6）衬砌外水压力

27 号、31 号机组尾水隧洞各监测断面顶拱围岩处各埋设 1 支渗压计,2007 年 11 月以来的测值在 0.22～6.02m,目前最大测值为 3.90m。

9.8 地下电站施工技术

9.8.1 引水洞施工

9.8.1.1 引水洞开挖及支护

引水洞单洞轴线长度为 244.64m,分为上平段、下弯段、斜井段、下弯段及下平段,长度分别为 114.32m、41.89m、26.27m、41.89m 及 20.27m,6 条引水洞总长 1467.84m。隧洞断面为圆形,上平段至下弯段直径为 13.50m,下平段直径由 13.50m 渐变至 12.40m,并与蜗壳进口相接。引水洞开挖断面直径进口段 10m,长为 16.50m;帷幕段为 17.50m,其余均为 15.50m。

引水洞上平段、上弯段上层开挖分为导洞开挖、反向回挖、保护层开挖和全断面开挖 4 序。导洞掘进在 3 号支洞下游半幅已形成后进行,采用台车配人工气腿钻造孔,人工装药爆破,每循环3m进尺爆破掘进,共4~5个循环,总长约16m,施工至洞顶靠近引水隧洞上弯段外弧,留80cm保护层。顶拱扩挖在引水隧洞导洞完成后进行,施工前先完成扩挖区两侧的锁口锚杆,再开挖扩挖区的下半幅宽3.5m的范围,采取搭设排架向上钻辐射仰孔爆破,按照每次2m高度,共分4层,每层左右方向爆破长度约15m,上下游方向爆破长度3.5m,开挖至在扩挖区内超过引水隧洞顶边线70cm。再从开挖出的扩挖段内搭设排架向上游打水平孔,进行3号施工支洞下游半幅上部至引水隧洞顶边线的全部扩挖,按3.5m进尺4m层高分2层爆破完成。3号施工支洞下游半幅洞顶扩挖完成后对洞顶进行临时支护,再进行引水隧洞斜井上弯段的全断面扩挖。采取反铲放样、搭设排架造孔、装药,拆除排架后爆破,扩挖共分18个循环。上弯段底部整平开挖,采用人工气腿钻钻孔、主爆孔为梯段浅孔、周边打预裂孔的方式爆破,分2层开挖。

引水隧洞下平段及下弯段部分洞段开挖施工分两层,上层开挖利用2号施工支洞下游边墙沿引水隧洞轴线向厂房方向开挖导洞(8m×7m),导洞全断面开挖每循环2.8~3.0m。上层扩挖第一循环受工作面影响,开挖进尺为2.0m,然后分两个循环开挖至下平段渐变段处,渐变段钻爆每循环进尺为2.8~3.0m。引水隧洞上层开挖至2号施工支洞上游边墙时,下弯段进行全断面开挖时,下平(弯)段下层开始向厂房方向施工。下弯段钻爆每循环按照超挖10cm进行孔深控制。每循环不大于1.5m,下层开挖至下平段时每循环进尺按照2.8~3.0m控制。一直开挖至厂房3.5m范围处。

引水隧洞斜井施工按下弯段导洞施工→斜井直径2m导洞施工→斜井直径4.5m导洞施工(后改为直径6m导洞)→斜井扩挖→系统支护的施工程序进行。

根据已有地质资料和施工中的超前勘探资料,在各部位的施工分别采取了不同的施工方案,其主要采取:①超前支护;②开挖后及时加强临时支护;③断层破碎带的处理。

引水隧洞开挖成型的洞段按每20m一个单位、每2m一个测量断面进行检查验收,测量成果表明,引水洞平均超挖18.8cm,半孔率在94%以上。

9.8.1.2　引水洞混凝土施工

(1)上平段、上弯段衬砌混凝土施工

上平段长28.74m,共分3段施工,第1、2段各长10cm,第3段长8.74m。第1、2段在上平段岩塞开挖和混凝土堵头拆除后施工,第3段在3号施工支洞回填前施工。为便于立模和施工安全,每次断面立模和混凝土浇筑均分两部分进行,第一层浇筑断面尺寸为底部122°范围,第二层浇筑形成全圆断面。

上弯段混凝土衬砌按照先采用钢模台车浇筑边顶拱,分为6段施工,每次衬砌10°,后采用拉模(翻模)浇筑底拱的顺序进行施工。

(2)下平段、下弯段、斜井段压力钢管外包混凝土施工

下平段和下弯段共分6仓施工。下平段分3仓施工,下弯段沿洞轴线后45°的圆弧段每15°为一仓,共分3仓,每仓长为10m左右。根据压力钢管安装的顺序,最先施工

下平第一段(最上游侧),然后由上游向下游的仓位顺序施工;下弯段则由下游向上游的仓位顺序施工。下平段、下弯段钢管底部和顶部 90°范围不易进人振捣,均采用自密实二级配混凝土浇筑,其余部位浇筑泵送二级配混凝土。斜井斜衬砌混凝土设计分层共分 3 段,每仓沿洞轴线方向长约为 9m。在 32 号机组引水隧洞斜井段衬砌混凝土调整为 2 段浇筑。

(3)施工支洞回填混凝土施工

3 号施工支洞横穿整个地下电站 6 个隧洞,位于上平段与上弯段之间,是进行上弯段及上平段混凝土浇筑的唯一施工通道,在混凝土浇筑完成后跟进回填分为 6 段进行施工。每段支洞封堵混凝土分为上、下游两块进行施工,每块混凝土分为两层浇筑,第 1 层浇筑高度 4.5m,第 2 层浇筑高度 5.5m;同时为确保上平段衬砌混凝土及灌浆施工顺利进行,于上游第二层距边墙 3m 部位设置一条城门洞型、尺寸 2.5m×2.5m 的廊道,廊道形成后进行上平段三边顶拱衬砌混凝土施工。

2 号施工支洞位于引水隧洞下平段,洞段封堵顺序由右侧向左侧,即 32～31 号洞之间洞段→31～30 号洞之间洞段→30～29 号洞之间洞段→29～28 号洞之间洞段→28～27 号洞之间洞段。

9.8.1.3 灌浆施工

(1)回填灌浆

27 号机至 32 号机引水洞上平段、上弯段洞室顶部 120°范围和下平段、下弯段顶部 120°范围内衬砌混凝土与围岩之间进行回填灌浆,分别采用钻孔和灌浆系统引管方式进行。下平段、下弯段底部 120°范围衬砌混凝土、钢衬混凝土与钢管间进行接触灌浆,采用预埋灌浆系统引管方式进行灌浆。

回填灌浆孔梅花形布置,排间距 1.5～4.5m。采用纯压式灌浆法,以 0.5∶1 纯水泥浆灌注,灌浆压力 0.3～0.5MPa,在规定压力下灌浆孔停止吸浆,延续灌注 10min 结束。

接触灌浆压力不大于 0.2MPa,从低至高施灌,先用 1∶1 水泥浆液灌注 200L,再改用 0.5∶1 浓浆灌注,直至结束。

(2)固结灌浆

引水洞上平段及上弯段分别布设系统固结灌浆孔和随机固结灌浆孔。沿断面圆周每 30°布置 1 个孔,每个断面 12 个孔,孔间距 2.03m,排距 3.5m,各排间按梅花形布置,孔深入岩 4.5m。灌浆压力Ⅰ序孔 0.5MPa,Ⅱ序孔 0.8MPa,有渗水孔时灌浆压力相应提高 0.1MPa。灌浆水灰比(重量比)采用 3∶1、2∶1、1∶1、0.8∶1、0.5∶1 五个比级,3∶1 起灌。在规定压力下,当灌浆孔单孔注入率小于 0.4L/min,群孔注入率小于 0.8L/min 时,延续 30min 结束灌浆。若有渗水孔,则达结束标准后继续屏浆 10min。水平孔、仰孔采用灌浆法封孔,有渗水孔时也用灌浆法封孔,同时屏浆 10min,封孔压力同灌浆压力,封孔结束后先闭管再停泵,闭浆时间不少于 6～8h。底部的用浓浆置换封孔。拔取闭浆管后,清除孔口段浮浆,再回填干硬性预缩砂浆并抹平。

9.8.2 主厂房施工

9.8.2.1 主厂房开挖与支护

主厂房系统包括地下电站主厂房、进厂交通洞、4 号施工支洞、母线廊道、母线洞、母线竖井、通风及管道洞、管线及交通廊道、机组补气廊道、厂右施工支洞及厂外排水洞等。设计洞挖 75.7 万 m³,其中主厂房 62.5 万 m³,进厂交通洞 3.5 万 m³,母线洞及母线廊道 2.7 万 m³,母线竖井 2.2 万 m³,厂外排水洞 3.2 万 m³,其他附属洞室约 10 万 m³。

（1）主厂房开挖

1）主厂房开挖施工方法

主厂房共分 9 层开挖（图 9.8.1）,分层高度 7～12m。顶拱层共分 5 序采用尾线定位导向技术开挖,开挖顺序为中导洞先行→中部扩挖→上下游侧扩挖→中部底板扩挖。5 序开挖均采用自制钢平台车配合手风钻造孔开挖,结构边线均采取光面爆破。

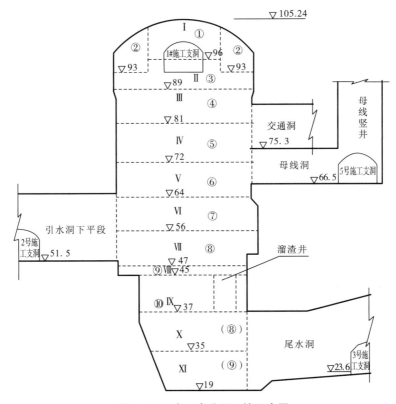

图 9.8.1　主厂房分层开挖示意图

主厂房Ⅱ层布置有岩锚梁,共分上下 2 层开挖,上层开挖采用定位导向样架对四周结构边线进行垂直预裂,然后进行左、右半幅水平梯段推进开挖。下层开挖首先对上、下游边墙预留 4.0m 保护层作为岩台开挖,采用手风钻配合定位导向样架按预留保护层边线进行中部垂直预裂,然后采用潜孔进行左右半幅垂直梯段进行开挖;岩锚梁共分4序开挖,其中前3序为保护层开挖,第4序为岩台开挖,造孔均采用手风钻配合定位导向样架造孔,保护层采取垂直光面爆破,岩台采取双面光面爆破。

主厂房Ⅲ~Ⅵ层开挖采用改进型轻型潜孔钻配合定位导向样架对四周结构边线进行垂直深孔预裂,然后采用潜孔钻进行左右半幅垂直梯段推进开挖。安装场和高程45m平台采取预留保护层水平光面爆破。

主厂房Ⅶ~Ⅸ层开挖首先从6条尾水洞向厂房侧开挖中导洞,然后从高程45m平台施打溜渣井,四周结构边线采用改进型轻型潜孔钻配合定位导向样架进行深孔预裂,然后采用潜孔钻以溜渣井为中心逐层垂直梯段爆破。机坑底部采取预留保护层手风钻水平光面爆破。排水廊道采用手风钻按"先掏槽、再扩挖、后光爆"的施工顺序开挖。与主厂房四周结构边线相贯的洞室在主厂房相应开挖前首先进行径向锁口加固支护和径向浅孔预裂,以保证交叉口部位的成型质量。

4号施工支洞、厂右施工支洞、机组补气廊道、进厂交通洞、勘探平洞、1号阻滑键、母线洞及母线廊道、通风及管道洞、新增电缆廊道、管线及交通廊道、厂外排水洞等平洞洞挖根据断面大小,采取全洞一次开挖或分层开挖。小断面平洞采用手风钻造孔,大断面平洞采用三臂凿岩台车造孔,周边轮廓边线采取光面爆破,开挖进尺根据围岩条件采用1.5~3m。

母线竖井采用反井钻机挖掘直径1400mm的导井,通风管道洞竖井人工开挖导井,然后采用人工配合手风钻自下而上将导井扩挖为直径3.4m的溜渣井,井身段开挖根据揭露的地质情况分别采取手风钻垂直光面爆破和周边结构一次预裂、梯段两次爆破扩挖的方法进行开挖。

2)主厂房开挖施工技术

主厂房Ⅰ层开挖按照"平面多工序、主体多层次"的原则,分5序进行开挖(图9.8.2):Ⅰ序采用宽8m、高6.5m的中导洞开挖掘进;2序按宽15m、高9.5m的尺寸对1序中导洞进行扩挖;3、4序扩挖主厂房顶拱上、下游小圆弧(直径4.18m、角度40°);5序扩挖底板高程93.0~96.0m。Ⅱ层开挖采用"短进尺、弱爆破"原则,Ⅱ层开挖分为Ⅱ-1层(高程93.3~90.1m)和Ⅱ-2层(高程90.1~83.3m),以利于控制岩锚梁结构线开挖成形边线。岩锚梁位于第Ⅱ、Ⅲ层距离结构线4m处增加预裂,以利梯段爆破对岩体的影响;在第Ⅱ层距离岩锚梁结构边线预留4m的保护层;将Ⅲ层分为Ⅲ-1(高程83.3~80.3m)和Ⅲ-2(高程80.3~72.8m)两层开挖,Ⅲ-1层使用手风钻钻孔控制爆破开挖,以减小对岩锚梁岩体的扰动。岩锚梁位于Ⅱ-2层,其上拐点高程88.3m,下拐点高程86.8m,岩台横断面宽0.8m、高1.5m,斜面长度1.7m。其开挖分为4区(见图9.8.3),①区顶高程90.1m,使④区垂直孔深控制在1.8~2.0m以内,便于造孔方面控制;②区底部高程87.8m距下拐点1.0m,以减小孔底爆破对下拐点影响;③区底高程83.3m,适合设备机具高度及后续施工。

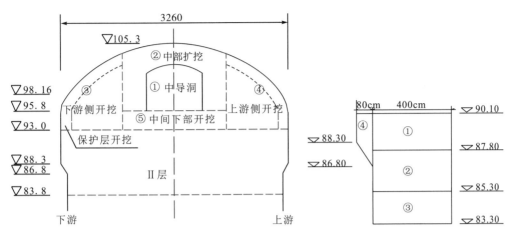

图 9.8.2 主厂房Ⅰ层开挖分层及分序图　　图 9.8.3 岩锚梁开挖分区图

①区光爆孔按 40～50cm 间距布孔,②区、③区、④区垂直光爆孔按 30～35cm 间距布孔,在①区造孔时一同将④区垂直光爆孔造完,并采取措施进行孔口保护,斜面光爆孔原则上按 35cm 孔距布孔,根据②区、③区现场开挖揭露的实际地质情况适当调整孔距。①区开挖时按不超不欠控制(即距边墙开挖设计面 80cm);②区垂直光爆孔按孔底向岩壁内侧超挖 5cm,下拐点按向岩壁外侧欠挖 5cm 控制;③区垂直光爆孔按孔底向岩壁内侧超挖 5cm 控制,以便Ⅲ-①层周边预裂孔开孔;④区垂直光爆孔上拐点按岩壁内侧超挖 5cm 并向下超挖 5cm 控制。对于完整性较好的岩石,①区、②区、③区垂直光爆孔线装药密度按 $q=120～130g/m$ 控制,对于岩石破碎带、块体或断层部位,原则上①区、②区、③区垂直光爆孔线装药密度按 $q=110～120g/m$ 控制。④区岩台垂直光爆孔线装药密度为 90～100g/m,斜岩台光爆孔线装药密度为 80～90g/m,起爆方式为双向光面爆破。主厂房上游侧岩锚梁斜台平均超挖 4.92cm,平整度为 5.3cm,半孔率达 99.2%;下游侧岩锚梁斜台平均超挖 5.84cm,平整度为 5.8cm,半孔率达 98.8%。

主厂房第Ⅳ层开挖高程为 72.8～65.5m,主厂房安装间段底板高程 65.5m,预留 2m 保护层采用水平孔光面爆破方式开挖。为减小梯段爆破孔底部对引水洞下平段洞口产生过大冲击,机组段上游侧底板开挖按高程 66.0m 控制,下游侧按母线洞底板高程 66.5m 控制。

第Ⅴ层开挖高程 65.5～55.3m(图 9.8.4),施工程序为:上游墙与引水洞下平洞口交叉部位加强锚杆支护和径向预裂施工→第Ⅳ层对应部位锚索、锚杆及喷混凝土施工→第Ⅴ层上、下游边墙结构预裂(下游边墙键槽处采用双层结构预裂)→Ⅴ层梯段开挖(30 号引水洞下平洞拉槽进入)→Ⅴ层下游键槽开挖→Ⅴ层系统锚杆、排水孔、锚索和喷混凝土支护。

主厂房第Ⅵ层开挖高程为 55.3～45.0m,为保证机坑隔墩高程 45.0m 平台成形质量,将Ⅵ层分为Ⅵ-1 层(高程 55.3～47.5m)和Ⅵ-2 层(高程 47.5～45.0m)两层开挖,利用引水洞下平洞为施工通道。第Ⅶ层开挖高程为 45.0～35.0m,在Ⅶ-2 层开挖前,采用潜孔钻对Ⅶ-2 层和Ⅶ层沿各机坑结构边线进行深孔预裂,并从各尾水洞进入主厂房进行主导洞开挖作为Ⅶ层溜渣和出渣通道(图 9.8.5)、主厂房下游边墙与尾水洞相交部位采用小孔径、弱爆破进行径向预裂施工,同时完成径向预裂的部位不再进行Ⅶ、Ⅸ层结构预裂,且径向预裂的交叉口处锁口锚杆完成后进行,并在径向预裂后进行相应部位的机坑开挖。

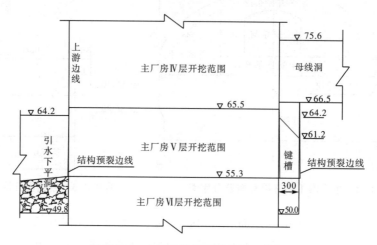

图9.8.4　主厂房Ⅴ层开挖分层示意图

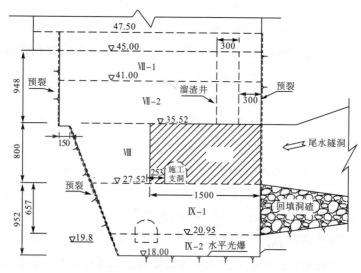

图9.8.5　主厂房Ⅶ层开挖分层示意图

主厂房第Ⅷ层开挖高度7.0m(高程35.0～28.0m),施工程序为:尾水洞与主厂房相交部位地质缺陷掉块处的挂网喷护→尾水洞与机坑交叉部位径向预裂→机坑及集水井预裂爆破→第Ⅷ层梯段开挖与支护。主厂房Ⅷ层27号机坑梯段采用手风钻分两层开挖,爆破最大单响不超过20kg;28号机坑梯段孔采用单孔单响,爆破最大单响不超过30kg,确保质点振动速度控制在5mm/s以内。岩壁开挖爆破痕迹较为明显且分布均匀,平均半孔率为98.6%,平均径向超挖值为15.7cm,无欠挖,平整度平均值为10.23cm,排炮间锚台平均值为15.4cm,洞轴线偏差值小于10mm,开挖形体轮廓尺寸符合设计要求。第Ⅸ层(高程28.0～18.0m)总体分Ⅸ-1层(高程28.0～20.95m)和Ⅸ-2层(高程20.95～18.0m)两层开挖,底板预留2～3m保护层。施工程序为:Ⅸ层周边垂直结构预裂→尾水洞路面挖除及底板开挖→Ⅸ层梯段开挖→底板保护层开挖→排水廊道开挖。第Ⅸ层开挖与支护以六条尾水洞作为施工通道。

厂房集水井开挖与高程 45.0m 以下机坑开挖同时进行,采用"先进预裂,后完成溜渣井,再形成通道,最后实施梯段扩挖"的方法。

（2）主厂房围岩支护

主厂房顶拱、上下游边墙和端墙均喷厚 15cm 的钢纤维混凝土和厚 3cm 的素混凝土,并布置 ϕ32mm 长 9m 和 ϕ32mm 长 12m 两种系统锚杆,均按 3.0m×3.0m 间距间隔布置。施工过程中针对实际揭露的地质情况,将顶拱和边墙部分锚杆长度进行了调整,由 12m、9m 减短至 9m、6m。厂房顶拱出露的不稳定块体一般实施 2500kN 级预应力锚索加固处理,上下游边墙按纵向间距 6.0m 布置 2500kN 级预应力锚索,长度 20～35m。

岩锚吊车梁上部设 ϕ32 长 12m 的受拉锚杆 2 排,间距 0.6m,上倾角为 20°和 15°,杆材为 735/935 级精轧螺纹钢筋,预应力值 200kN;下部设 ϕ32 长 9m 的加固锚杆,间距 0.75m。

主厂房系统工程共完成喷混凝土 15489m^3,各类锚杆 55273 根,加固锚索 758 根,浅层排水孔 8962 个,深层排水孔和导水孔 69773m（直径 91mm）。

主厂房喷混凝土类型主要为喷 C25 素混凝土和喷 C30 钢纤维混凝土,采用麦斯特混凝土喷车或小型湿喷机进行喷射,自下而上分层分块施喷,混凝土喷射料严格按照监理工程师审批的标准配合比集中拌制,喷射结束后采用人工洒水养护。喷射质量检测主要采取喷射混凝土强度检测和厚度检测。厂外排水洞喷射混凝土类型为 C20 素混凝土。

主厂房支护锚杆类型主要为张拉锚杆、预应力锚杆、砂浆锚杆和随机锚杆,锚杆长度 1.5～12m。锚杆长度小于 4.5m 时采用手风钻造孔,大于 4.5m 时采用三臂凿岩台车型或地质钻机造孔。随机锚杆采用"先注浆后插杆"方法施工,砂浆锚杆采用"先注浆后插杆"和"先插杆后注浆"两种方法施工,张拉锚杆采用"先注浆后插杆"方法施工,预应力锚杆采用"二次注浆二次张拉"方法施工。注浆浆液严格按照监理工程师审批的配合比进行拌制。岩锚梁受拉锚杆为 200kN 预应力锚杆,锚杆直径 32mm,长度 12m,孔深 9.94m 和 10.01m,钻孔孔径 76mm,共 2009 根。一次张拉在灌浆结束 7d 后进行,张拉力 50kN;二次张拉力 200kN。

主厂房锚索主要布置在主厂房Ⅰ～Ⅵ层,锚索类型为无黏结端头锚、无黏结对穿锚和有黏结端头锚,锚索设计承力 2500kN,设计长度为 L=19.2～35m,单束锚索由 17 根钢绞线组成,锚墩主要为混凝土预制锚墩、混凝土现浇锚墩和钢锚墩。锚索采用锚索台车和地质钻机联合造孔。有黏结锚索分内锚段和张拉段二次灌浆,无黏结锚索采取一次全孔灌浆,压力 0.5～1.0MPa,浆液水灰比 0.375,并加入 0.4％的 Rheoplus26R 减水剂。注浆施工待回浆比重与灌浆比重相同时,逐步关闭排气阀进行屏浆,回浆压力达到 0.2～0.3MPa,再屏浆 30min 即可结束灌浆。锚索张拉先进行单根锚索预张拉,张拉力 30kN,预紧张拉完成后分六级进行整束张拉至超张拉荷载（1.1 倍设计值）时锁定。锚索外锚头采取喷 C30 钢纤维混凝土进行封闭。单层锚索施工完成后按设计要求随机抽样进行验收,验收试验过程中分级加荷,起始值为设计张拉值的 30％,分级加荷值为设计值的 50％→75％→100％→120％→133％。

主厂房系统工程排水孔主要为系统排水孔、随机排水孔和排水洞深层排水孔。系统排水孔和随机排水孔采用三臂凿岩台车或手风钻造孔,与锚杆造孔同时施工。排水洞深层排水孔采用地质钻机造孔,所有排水孔在造孔后,采用 50cm 长的 PVC 导向管插入孔内作为孔口保护。

9.8.2.2　主厂房混凝土施工

主厂房系统工程共完成混凝土 21.72 万 m^3,其中岩锚梁 4588m^3,阻滑键处理 1849m^3,勘探平洞回填 8876m^3,机组一期混凝土 5.04 万 m^3,厂房二期混凝土 1.18 万 m^3,安装间混凝土 3949m^3,集水井混凝土 1.41 万 m^3,其他附属洞室衬砌和路面混凝土约 1.58 万 m^3。

(1)岩锚梁混凝土施工

1)施工程序

岩锚梁受拉锚杆造孔及受压锚杆施工→Ⅲ-1 层开挖及Ⅲ-2 层周边及保护层预裂→岩锚梁混凝土浇筑→岩锚梁受拉锚杆施工。

2)混凝土施工控制

混凝土浇筑前提条件为:主厂房Ⅲ-1 层(层高 3m,即高程 83.3m～80.3m)开挖超前 120m,且Ⅲ-2 层(层高 7.5m,即高程 80.3m～72.8m)双层预裂超前 100m;高程85.95m高程锚索施工超前结束。

混凝土浇筑分(仓)段长度按 8～12m 控制,采用跳仓浇筑,进厂交通洞附近的 2 仓最后浇筑。

岩锚梁混凝土设计标号为 C30 聚丙烯腈纤维混凝土,在主厂房Ⅲ-1 层开挖完且Ⅲ-2 层预裂完后进行浇筑,施工缝端面设置梯形键槽,不设过缝插筋,缝面部位凿毛处理。模板采用 18mm×1220mm×2440mm 酚醛覆模胶合板。混凝土入仓采用胎带机为主,泵送为辅。采用预留下料孔人工入仓振捣,浇筑分层厚度 40cm。成型混凝土斜面采用模板直接保护,直立面待岩锚梁受拉锚杆第一次张拉锁定后采用保温被防护,顶面覆盖砂袋。直立面模板在混凝土浇筑结束 7d 后脱模,进行岩锚梁受拉锚杆注装施工,14d 后第一次张拉锁定。斜面模板待主厂房开挖结束并报监理批准后拆除。轨道二期 C30 一级配钢纤维混凝土采用佳密光丝 1000 级钢纤维,掺量为 40kg/m^3,坍落度 3～5cm,采用 25t 吊车挂 1m^3 吊罐直接入仓或转料至桥机操作平台上的翻斗车入仓浇筑。

(2)机组混凝土施工

主厂房一期和二期混凝土主要采用两台 25t 施工桥机、混凝土泵机浇筑。尾水肘管混凝土分两序浇筑,一序混凝土浇筑先形成四个台阶,分 4 层施工;二序混凝土在肘管安装后施工,分 8 层施工(图 9.8.6)。肘管混凝土采用二、三级配,空间狭小、钢筋密集处采用自密实混凝土浇筑。混凝土浇筑采用平铺法浇筑,插入式振捣棒振捣,钢筋密集处加强振捣。泵机浇筑二级配泵送混凝土,坍落度 14～16cm;桥机浇筑二、三级配常态混凝土,坍落度为 7～9cm。

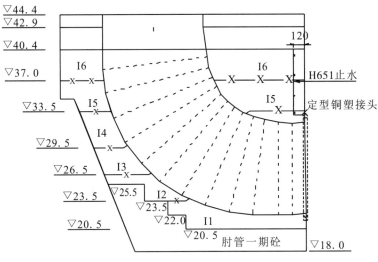

图 9.8.6 肘管混凝土分层图

1)尾水肘管混凝土温控

按设计要求严格控制混凝土的出机口、入仓和浇筑温度,并在仓内布设黑铁冷却水管,冷却水管呈蛇形布置,水平管间距按 1.5m 控制,混凝土开仓后及时通冷却水,通过控制冷却通水流量确保混凝土内部降温幅度不超过 1℃。

尾水肘管段二期混凝土在肘管安装完成后施工,6 台机组的尾水肘管由 3 个厂家制造,尾水管单线形式各不相同,每个机组分 7~8 仓浇筑。肘管安装与混凝土施工相互制约,干扰大,肘管下弯段底部空间狭小,净高 1.2m;肘管里衬与两侧岩体之间狭小,且布有肘管加固锚杆,二期混凝土施工条件差,难度大。在仓内布设两层黑铁冷却水管,呈蛇形布置,水平管间距按 1.5m 控制,混凝土开仓后及时通冷却水,通过控制冷却水流量确保混凝土内部降温幅度不超过 1℃。

2)蜗壳混凝土施工

27 号、28 号机组蜗壳外围混凝土浇筑施工分层分为 5 层,29~32 号机组蜗壳混凝土分 6 层浇筑。分块按高程 56.0m 以下分四个象限(4 块),高程 56.0m 以上分两块,分 4 块浇筑的仓位施工过程中对角两块同时备仓,同步浇筑。蜗壳外围混凝土第一层要求高,必须对称浇筑,混凝土入仓强度受到限制,监测仪埋多,温控要求高,施工工艺复杂,施工周期长。而且蜗壳底部不易浇筑饱满密实,第一层泵送混凝土坍落度 14~16cm,桥机挂吊罐混凝土坍落度 7~9cm,泵送自密实混凝土扩散度 55~65cm。在无法浇筑密实的蜗壳座环阴角处,采用砂浆泵泵送砂浆。第二至第六层混凝土采用平铺法浇筑,桥机挂吊罐浇筑三级配混凝土。蜗壳与座环相交阴角部位,蜗壳底部、座环基础底部采用"埋管法"分"高"、"低"泵管采用泵送混凝土浇筑,保障混凝土浇筑密实。为防止堵管,每象限分别预埋 7 根泵管("高"泵管 4根,"低"泵管三根),视仓位情况布置,"高"泵管埋设于蜗壳座环及基础环阴角部位下方 30~40cm 处,"低"泵管埋设于蜗壳座环支墩处。

蜗壳外围混凝土分块在施工过程中进行了调整:29～32 号机组第 1 层分四个象限浇筑,第 2 至第 5 层分左、右两块浇筑,第 6 层通仓浇筑;27 号、28 号机组第 1 层分四个象限浇筑,第 2 至第 4 层分上、下游两块浇筑,第 5 层通仓浇筑。混凝土浇筑过程中为避免对蜗壳产生较大的不均匀扰动,要求控制混凝土垂直上升速度在 0.2～0.4m/h,在蜗壳内侧腰部布置 8 个抬动变形监测点,在座环底环板 +Y、+X、-Y、-X 方向布置 4 个百分表,径向、流向和高程测点共 12 个,对蜗壳第一层混凝土浇筑全过程进行抬动变形监测。

3)蜗壳混凝土温控

设计要求 11 月至次年 3 月混凝土按自然入仓,4—10 月混凝土浇筑温度不超过 16～18℃(相应出机口温度 7℃),设计允许混凝土最高温度 33.5～42℃。4—11 月通制冷水,12 月至次年 3 月通江水冷却,进水温度按不大于 14℃控制,通水 10d,通水流量开始按 35～40L/min 控制,待混凝土最高温度出现后再降低通水流量。蜗壳混凝土养护采用流水养护,收仓 12h 后进行养护,时间不少于 28d。

蜗壳外包混凝土浇筑仓次为 82 仓,平均浇筑强度 22.8m³/h,入仓温度最大 15.7℃,最小 5.7℃,平均 10.6℃;浇筑温度最大 21.0℃,最小 8.0℃,平均 12.8℃;检测混凝土最高温度 28.7～41.3℃,均控制在设计标准之内。

(3)发电机层混凝土施工

发电机层混凝土分立柱、风罩及楼板浇筑,泵机主要浇筑梁、牛腿及钢筋较为密集的板、梁、柱交叉部位,桥机主要浇筑楼板混凝土,风罩混凝土采用桥机和泵机联合浇筑,立柱采用桥机浇筑。

(4)安装场、集水井混凝土施工

集水井段二级配混凝土,坍落度 7～9cm,主要以 3m 升层浇筑,模板主要采用多卡模板施工,转角部位采用阴角模板,平仓法浇筑,坯层高度不超过 50cm,手持式振捣棒振捣密实。

安装场混凝土分作安Ⅰ、安Ⅱ两段施工,均为框架结构。安Ⅰ段底板混凝土分上下游共四块施工。安Ⅱ段共分 2 块浇筑。安Ⅰ、安Ⅱ段墙、柱、楼梯井及楼板混凝土采用二级配泵送混凝土,坍落度 14～16cm,采用泵机浇筑,控制立柱的浇筑速度不超过 1m/h。楼板浇筑不分层,混凝土坯层高度约 30cm。

9.8.2.3　灌浆施工

(1)尾水肘管底部接触灌浆

鉴于肘管钢筋密集、结构复杂、施工空间狭小,混凝土进料、振捣困难,不可避免地会出现局部架空和脱空现象,采用肘管二期混凝土回填灌浆进行处理。灌浆管路采用预埋灌浆管和塑料拔管成孔相结合的方法,肘管底部回填灌浆管路采用塑料软管充气拔管成孔,在两个灌浆孔之间布置一根 DN20 塑料拔管,拔管及 DN32 硬塑靴管均用 1 寸钢管剖成半边后制作的"U"形托架固定,焊接在肘管底部加劲环上,且每 30～50cm 安装一"U"形托架,安装时保持拔管顺直,紧紧贴住肘管里衬底部。灌浆施工在肘管二期混凝土浇筑完 60d 后进行,采用孔口循环法灌注,设计灌浆压力 0.2MPa。灌浆结束后,由于浆液泌水干缩,肘管壁与混凝土间可能存在脱空现象,对管壁进行敲击检查,对脱空部位重新钻孔,进行接触灌浆处理。每个肘管底部接触灌浆划分为 3 个灌浆单元,单个肘管接触灌浆面积 801.86m²,总面积 4811.16m²,共灌入水泥 23.682t,平均单位注入量 4.924g/m²。

(2)座环及基础环底部回填灌浆

32 号机组座环底部灌浆量最大,灌入水泥 340.6kg,单位注入量 7.5kg/m²;31 号机组底环底部灌浆量最小,灌入水泥 121.3kg,单位注入量 2.7kg/m²。27 号机组基础环底部灌浆量最大,灌入水泥量 235.2kg,单位注入量 5kg/m²;28 号机组基础环底部灌浆量最小,灌入水泥 128.6kg,单位注入量 2.7kg/m²。

(3)蜗壳底部灌浆

蜗壳底部同时采用拔管和出浆盒两套灌浆系统,座环底部利用座环钢衬厂家开孔以及布置出浆盒两套灌浆系统实施灌浆,保证了蜗壳底部、座环阴角部位钢衬与混凝土之间充填密实。蜗壳 Ⅱ 象限台板底部三角区域增设 2 套拔管系统,以保证该部位的灌浆通道。27 号组蜗壳底部灌浆量最小,灌入水泥 4693kg,单位注入量为 6.59kg/m²;29 号机组蜗壳底部灌浆量最大,灌入水泥 8442kg,单位注入量为 11.7kg/m²。灌浆前检查蜗壳底部总脱空面积 61~108.5m²,最大脱空面积 18.6~43.6m²;灌后检查总脱空面积 0.1~1.79m²,较灌前降低 98%,单个脱空 0.06~0.4m²,较灌前降低 97.4%,表明灌浆效果良好,回填密实。

蜗壳底部钢管支撑回填灌浆。29 号、30 号两台机组布置 55 根钢管支撑(27 号、28 号、31 号、32 号机蜗壳底部布置丁字钢支撑,共 110 根),需对 29 号、30 号机蜗壳底部钢管支撑进行回填灌。分别在距钢管支撑底部及顶部 20cm 处开孔,焊接 $\varnothing$20mm 进、回浆管,灌浆压力不大于 0.2MPa,采用 0.5∶1 水泥浆液灌注;从底部进浆管进浆,待顶部回浆管出浆密度大于 1.8g/cm³ 后扎管,吸浆率为 0 后延续 5min 结束,回填灌浆 7d 后,对钢管支撑进行灌后敲击检查。

(4)接力器坑底衬接触灌浆

接力器坑衬根据灌前沿敲击检查情况,在脱空部位用磁力钻开孔,孔径 20mm,孔深穿透钢衬并攻丝;灌浆压力不大于 0.2MPa,采用 0.5∶1 水泥浆液灌注;串通管口出浆密度大于 1.8g/cm³ 后扎管,其余孔口吸浆率为 0 后延续 5min 结束;接力器坑衬接触灌浆完成 7d 后,进行敲击检查,接触密实无脱空。

29 号机组接力器坑衬底灌浆量最大,注入水泥 1729kg,单位注入量 85.2kg/m²;31 号机组接力器坑衬底灌浆量最小,灌入水泥 309kg,单位注入量 15kg/m²。

(5)固结灌浆

主厂房 27~32 号机建基面设计未布置系统固结灌浆,安装场高程 67.0m、27~32 号机锥管 45.0m 高程岩台和集水井高程 45.0m 的建基岩面视岩石裂隙情况,布置随机固结灌浆孔,在混凝土强度达 70％设计强度后施工。固结灌浆压力 0.2MPa,灌浆水灰比(重量比)采用 3:1、2:1、1:1、0.8:1、0.5:1 五个比级,3:1 开灌;在规定压力下,当单孔注入率不大于 0.4L/min、群孔不大于 0.8L/min 时,延续 30min 结束灌浆;有渗水的孔,达结束标准后屏浆 10min 结束,用 0.5:1 浓浆进行导管注浆法封孔。

9.8.3 尾水洞施工

尾水隧洞为变顶高尾水隧洞,单机单洞平行布置,与厂房纵轴线夹角为 80°,并斜向河床侧,断面形式为城门洞,进口断面尺寸 15.00m×25.00m,底板高程 37.50m,出口断面尺寸 13.00m×25.00m,底板高程 44.00m,6 条尾水隧洞总长 1248.02m,平均长度约 208.00m。阻尼井采用单机单井布置,井中心距机组中心 72.74m,井筒直径为 7m。

尾水平台紧靠尾水隧洞出口洞脸直立边坡布置,是一钢筋混凝土墩墙结构,总宽 30.00m(底部 35.00m),其中公路桥宽 20m,闸门段宽 10m,长 205.60m,建基面高程 42.00m,塔顶高程 82.00m,与右岸电站厂前区及进厂公路同高。

尾水隧洞及阻尼井、尾水平台工程主要施工项目包括:尾水隧洞的开挖、支护、衬砌、回填灌浆、围岩固结灌浆、结构混凝土等;尾水平台的开挖、支护及混凝土工程,尾水渠护坦混凝土工程;阻尼井及其通风廊道的开挖、支护、衬砌、回填灌浆、围岩固结灌浆、混凝土工程。

9.8.3.1 尾水洞开挖及支护

尾水隧洞分四层开挖,上部第一层为顶拱层,高度为 8m,其余分层高度不大于 8m,底部预留 2～4.5m 厚保护层。在顶拱开挖后,进行高程 60～54.0m 以上洞前施工平台的拆除,同时形成高程 54.0m 临时施工平台和施工道路;然后进行尾水闸门槽开挖施工,再安排进行尾水隧洞第二层开挖。再重复此循环直至第三、四层(含尾水管扩散段上层)的开挖与支护。

为保护尾水隧洞之间部位的岩墙,降低梯段爆破对保留中隔墙的冲击震动,减少超、欠挖工作量,尾水隧洞第二、三、四层梯段开挖将采取两侧预留 2.5m 左右为光爆区,底板上部预留 2.0～4.5m 厚作为保护层开挖,中间部位采取分层梯段爆破方式开挖。在梯段开挖前,先在光爆区与梯段爆破之间布置一排预裂孔,在预裂爆破后才能进行中间部位的梯段开挖。底板采取三臂液压凿岩台车或 YT26 气腿式钻机造孔。

阻尼井(直径 8.6m,深度近 37m)采用先挖导井后一次扩挖成型的施工方式,扩挖自上而下,完成两个循环后即进行混凝土喷护。导井采用了反井法和深孔爆破法,28 号、29 号、30 号、31 号洞段采用反井法施工;27 号、32 号洞段采用深孔爆破法施工。

尾水洞开挖监测成果:顶拱平均半孔率 90.0％～96.5％,岩壁平整度平均值 9.0～14.5cm,平均超挖值 10.0～13.4cm;尾水闸门槽平均半孔率 93.5％～96.0％,岩壁平整度平均值 7.0～10.0cm,平均超挖值 9.0～15.0cm。

9.8.3.2 尾水洞混凝土施工

尾水洞扩散段沿轴线长 51.24m,为方圆形断面、结构尺寸 18.29m×11.50m～18.00m×

21.00m,衬砌混凝土厚度 1.2m,混凝土施工分为 5 段,底板与边顶拱两次浇筑。第 1 段 29 号机组扩散段顶拱分 4 层浇筑,其他机组扩散段顶拱分 3 层浇筑;第 2~5 段第 1 层浇筑至下圆弧 45°范围,第 2 层浇筑到顶。连接段沿轴线长 35.00m,结构尺寸 18.00m×21.00m~15.00m×25.00m,衬砌混凝土厚 1.2m,底板距顶拱平均高差 25.0m,连接段依次按底板、边墙及顶拱的顺序进行混凝土浇筑。连接段分 3 段施工,每段长度 11.67(11.66)m,第一段位于阻尼井下口,分四层施工,其余两段均分三层施工,第一层至下圆弧以上 20cm 处,斜面收仓;第二层至每段最低的拱肩处,水平收仓;第一段第四层封顶,第二、三段第三层封顶。

尾水隧洞变顶高段沿轴线长 70.14~103.38m,为城门洞断面,顶拱中心角 180°,结构尺寸 15.00m×25.00m~13.00m×25.00m,衬砌混凝土厚度 1.2m,出口段 1.5m。分为下圆弧混凝土和侧墙顶拱混凝土两部分施工,变顶高段混凝土按 8~10m 宽分段浇筑,底板及下圆弧混凝土不分层,侧墙顶拱混凝土根据钢模台车结构形式每段间不分层全断面浇筑。

阻尼井为内径 7.0m 的圆形竖井,衬砌混凝土厚 0.8m,采用滑模施工,混凝土按 30cm 坯层分层浇筑,混凝土浇筑 1.2m 高后滑模开始爬升。

尾水闸门槽底板及侧墙混凝土施工采用常规浇筑方法。尾水出口底板混凝土施工分两种形式,第一是底板中间预留 9m 宽车道,前期仅施工两侧底板混凝土,中间预留车道部位后期施工;第二是底板中间不留车道,一次浇筑成型。两种形式不分层施工,分 2 段施工,第 1 段长 15m,第 2 段长 20.8m。

9.8.3.3　尾水洞灌浆施工

(1)回填灌浆

洞室顶部 120°范围进行回填灌浆,利用顶部的 3~4 个固结灌浆孔兼作回填灌浆孔,孔径 38mm,孔深入岩 0.1m,梅花形布置,排间距 1.5~4.5m。

采用纯压式灌浆法,以 0.5：1 纯水泥浆液灌注,灌浆压力 0.3~0.5MPa,在规定压力下灌浆孔停止吸浆时,延续灌注 10min 结束。施灌时不串通的孔单孔灌注;有串通现象的孔,当同高程的被串孔出浆密度大于 1.8g/cm³ 后扎管,继续灌注至正常结束;当高处被串孔出浆密度大于 1.8g/cm³ 后,将低处孔扎管,改从高处孔灌浆,直至结束。

(2)固结灌浆

尾水洞围岩固结灌浆孔全断面布置,孔深入岩 4.5~6.0m,梅花形布置,侧墙及底板孔距 6.4m,顶拱孔距 4.7m,环间距 1.5m,孔径不小于 48mm。灌浆压力Ⅰ序孔 0.5MPa,Ⅱ序孔 0.8MPa。固结灌浆水灰比(重量比)采用 3：1、2：1、1：1、0.8：1、0.5：1 五个比级,3：1 开灌,由于透水率较小,实灌只用 3：1 一个比级。固结灌浆采用孔内循环法,全孔一次灌浆,一般采用单孔灌浆法,注入率小的孔段,同一环上对称的两孔、同侧同高程的同序孔采用并联方式灌注,并联孔数不多于 3 个,控制灌浆压力。在规定压力下,当灌浆孔单孔注入率小于 0.4L/min,群孔小于 0.8L/min 时,延续 30min 结束灌浆。

9.9   地下电站设计及施工技术问题探讨

9.9.1   地下电站上覆岩体厚度单薄的洞室群施工及运行安全问题

三峡地下电站位于拦河大坝右坝肩白岩尖山体中,与右岸电站相比邻。岩体为闪云斜长花岗岩和闪长岩包裹体,岩体中尚有花岗岩脉和伟晶岩脉。主要断层有 F_{20}、F_{22}、F_{24} 等,走向北北西 $340°\sim350°$,倾向南西为主,陡倾角 $60°\sim85°$,宽一般 $0.3\sim3.0m$,构造岩脉结良好;次为 F_{84}、f_{205}、f_{100} 等北东东~近东西向 $70°\sim90°$ 的断层,倾向北为主,断层宽为 $0.3\sim3.0m$,以角砾岩为主,断面波状起伏,多张开渗水,胶结较差;另有 f_{10} 等北东 $50°$、倾北西、倾角 $50°$ 的断层,宽 $1.0\sim3.0m$,构造岩中夹泥,胶结较差。地下电站主厂房及其附属洞室(母线洞井、进厂交通洞、通风及管道洞、管线及交通洞)、引水隧洞、尾水隧洞及阻尼井等大型地下洞室群位于微新岩体中,岩石坚硬,完整性较好。引水隧洞埋深 $35\sim115m$,27 号机组引水隧洞进口约 20m 洞段上覆岩体厚度小于 2 倍洞径,其余均大于 2 倍洞径。主厂房上覆山体厚度 $50\sim75m$,27 号机组段左端最薄处仅 34m,岩体主要断层及绝大部分结构面与洞向呈大角度相交,仅局部切割洞体,上覆弱风化—微新岩体平均厚度为洞跨的 $2.1\sim2.5$ 倍,上覆弱风化带至微新岩体平均厚度为洞跨 $2.0\sim2.4$ 倍;27 号机组段上覆岩体较薄处仅为 1.4 倍洞跨。尾水隧洞埋深为 $145\sim45m$,在高程 120m 平台下出口段上覆岩体厚度 $20\sim65m$,为 $1\sim1.5$ 倍洞径;尤其是出口 50m 洞段,仅为 $0.8\sim0.9$ 倍洞径。三峡地下电站属浅埋式大型洞室群。上覆岩体局部未达规范要求,但岩体完整性较好,设计研究采取如下措施以确保洞室群施工及运行安全。

(1)尽量缩小地下厂房开挖跨度和控制洞室规模

1)地下电站在机电设备布置上利用母线洞、管线廊道安放一次、二次设备,在蜗壳外围混凝土中局部设空腔布置技术供水系统,尽量压缩机组段长度至 38.3m,较常规布置小 4m 左右,有效地控制了地下洞室的总体规模,有利于围岩稳定。

2)为减小主厂房开挖跨度,在蜗壳部位采用扩挖 3.0m 倒悬的体形,以满足蜗壳布置及结构要求,使主厂房开挖跨度减小 $2.5\sim3.0m$。

3)采用变顶高尾水洞,取消下游调压室,在保证水轮发电机组安全运行的前提下,简化地下洞室群的布置。

(2)尾水管间保留岩墩,减小厂房全断面开挖高度

主厂房设计在尾水管间保留 27m 高的岩墩,可有效地减小厂房全断面开挖高度,起到限制边墙变形的作用,提高了地下厂房洞室围岩的整体稳定性。

(3)洞室开挖施工控制爆破对围岩的损伤并加强锚固

主厂房顶拱分 5 序开挖,中导洞先行→中部扩挖→下游侧扩挖→上游侧扩挖→中部底板扩挖,结构边线均采用预留保护层,光面爆破成型。为尽量减小对洞室围岩的损伤,采取

"短进尺，弱爆破"方式开挖。主厂房顶拱分序开挖，及时支护加固，厂房左端顶拱覆盖岩体单薄部位，增布了长 25m 和 30m 的 2500kN 级预应力锚索加固围岩，提高其整体稳定性。尾水隧洞扩散段跨度达 20.4m，洞间岩柱厚度仅 17.32m，并布置有阻尼井，该部位山体挖空率较高，施工中严格控制爆破参数，扩散段围岩增设 2000kN 级预应力锚索，岩柱间布置了 2000kN 级对穿锚索，与阻尼井交叉段增设锁口锚杆，确保洞室围岩稳定。主厂房机组机坑之间保留岩体加强锚固，有利于厂房上下游侧围岩稳定。

9.9.2 地下电站主厂房洞室不利块体稳定及其处理问题

9.9.2.1 地下电站主厂房洞室不利块体稳定问题

地下电站主厂房最大跨度 32.6m，最大高度 87.3m、全长 311.3m，开挖形成的临空面大，围岩中块体稳定问题突出。前期勘探揭露主厂房下游边墙存在 6 个大型不利块体，开挖施工过程中，通过平洞勘探和钻孔彩电察看，以及地表编录和室内三维块体搜索分析计算，揭示块体共 105 个，其中顶拱 52 个，下游边墙 26 个、上游边墙 23 个、集水井右端墙 3 个、左端墙 1 个。各块体大小不一，形态各异，规模大者 3 万余 m³，小者 10 余 m³，总体积约 14.84 万 m³。大于 10000m³ 的块体有 8 个，合计体积约 10.01 万 m³，占总体积的 67.5%。地下电站主厂房顶拱及下游边墙开挖揭示的不利块体见图 9.9.1 及图 9.9.2，下游边墙的 6 个大型块体特征及构成见表 9.9.1。按块体的组合形式、块体形态及厂房的临空关系，将块体可能产生破坏的形式分为坠落式、滑落式及旋转破坏三种形式。坠落式、旋转破坏块体主要分布在主厂房顶拱，稳定性差；滑落型块体大部分稳定性较好，部分稳定性较差或稳定系数低于安全标准，需进行加固处理。

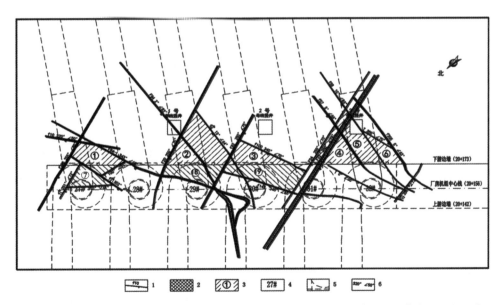

1—断层及编号；2—碎裂××岩；3—块体范围及编号；4—机组编号；5—建筑物轮廓线；6—断层产状

图 9.9.1 地下电站主厂房顶拱工程地质平切图

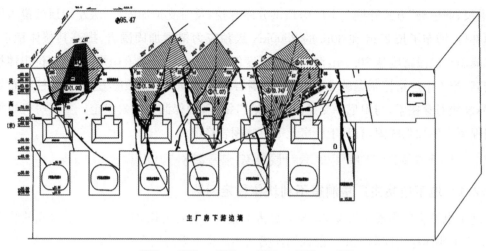

1—断层编号；2—断层产状；3—左侧滑面；4—右侧滑面；5—底滑面；6—块体编号（方量万 m³）

图 9.9.2 地下电站主厂房下游边墙块体分布示意图

表 9.9.1 地下电站主厂房下游边墙不利块体特征及构成

块体编号	边界构成	块体特征				
		体积（万 m³）	最大高度（m）	顺水流方向最大宽度(m)	边墙内最大埋深(m)	最低点出露高程(m)
1#	f_{285}、f_{10}、F_{84}	1.00	31.88	43.00	23.84	73.42
2#	F_{20}、f_{10}	1.36	48.74	43.40	37.07	56.56
3#	f_{100}、f_{32}	1.07	59.47	43.40	29.00	45.83
4#	f_{57}、F_{24}	0.74	59.33	44.93	25.89	45.97
5#	f_{58}、F_{24}	1.98	59.33	48.25	33.27	45.97
6#	f_{205}、F_{22}	f_{202}向右下延伸，未相交				

9.9.2.2 地下电站主厂房不利块体加固处理问题

针对每个块体的边界条件、滑动模式，逐个进行了稳定复核验算，对稳定系数未达安全标准的块体，主要措施是采用锚杆及预应力锚索进行加固，部分块体采取施加阻滑键和利用结构面上压应力等特殊措施。

（1）主厂房围岩及不利块体的加固处理

主厂房洞室规模较大，在无支护条件下，边墙下部塑性破坏区较大，稳定条件差，且下游边墙分布 6 个较大的不利块体，施工期揭露一些不利随机块体，为改善围岩应力状态，提高围岩的整体稳定性，对下游边墙 1~6 号块体进行专门的加固处理设计，对 18 号、19 号块体从主厂房总体应力应变要求，布置了适量预应力锚索加固，对施工期揭示的其他不利块体，根据块体稳定情况，结合厂外围岩防渗排水、围岩系统支护，增设锚杆、锚桩、预应力锚索加固。

1)防渗与排水措施

地下电站主厂房及其附属洞室采用防渗帷幕和厂外基岩排水相结合的基岩渗控措施。防渗帷幕左侧与拦河大坝坝基防渗帷幕相接,右侧延伸至山体雄厚、隔水性能较好的白岩尖山脊内;厂外排水系统围绕主厂房布置 A、B、C 三层排水洞,高程分别为 128.0m、92～112m、60～74m,其中 A 排水洞位于厂房下游侧,B、C 排水洞环绕厂房布置,各层排水洞内布设的排水孔间距均为 2.0m,孔深 10～50m,各层排水洞内的排水孔相互衔接,在厂房周围形成封闭的排水幕。

2)围岩支护措施

①系统锚杆

主厂房顶拱喷厚 15cm 的钢纤维混凝土和厚 3cm 的素混凝土,布置 $\phi32$、长 9m 和 $\phi32$、长 12m 两种系统锚杆,均按 3.0m×3.0m 间距间隔布设;开挖过程中,将锚杆长度由 12m、9m 减短为 9m、6m;上、下游边墙高程 45.0m 以上和左、右端墙高程 74.3m 以上喷厚 15cm 的钢纤维混凝土和厚 3cm 的素混凝土,布置 $\phi32$、长 9.0m 和 $\phi32$、长 12.0m 两种锚杆,均按 3.0m×3.0m 间距间隔布设,开挖过程中,将上游边墙锚杆长度 12m、9m 减短为 9m、6m。上游边墙在引水洞洞口开挖边缘外 80cm 处沿环向按 1.5m 间距增设一圈 $\phi32$、长 9.0m 的锁口锚杆。安装场与 32 号机组间的直立坡面(高程 65.5～74.3m 及高程 45.0～65.5m)均喷厚 10cm 的钢纤维混凝土,按 1.5m×1.5m 间距布置 $\phi25$、长 6.0m 的系统锚杆;在其坡顶平台距直立坡边缘 1.0m 处按 65m 间距布置一排 $\phi25$、长 6.0m 锚杆。厂房高程 45.0m 平台面周边按 1.5m 间距布 $\phi32$、长 6.0m 砂浆锚杆,外露 0.8m;平台面上按 3.0m×3.0m 间距布设 $\phi32$、长 6.0m 外露 0.8m 砂浆锚杆。尾水管槽四壁(尾水洞洞口范围除外)和尾水管底板,按 1.5m×1.5m 间距布置 $\phi32$、长 6.0m 的系统锚杆,外露 0.8m,施工中视岩石情况,将尾水管槽高程 35.5m 以下坑壁系统锚杆改为随机锚杆;在距尾水洞顶拱开挖边缘 0.8m 处沿环向按 1.5m 间距布置一排 $\phi32$、长 9m 的锁口锚杆。

②系统锚索

主厂房上游边墙布置 6 排 2500kN 系统锚索,锚索排距、间距一般为 6.0m;下游边墙布置 11 排 2500kN 级系统锚索,锚索排距一般为 4.5m,间距为 6.0m。

③随机锚杆及锚索

主厂房顶拱针对块体布置随机锚索加固处理。开挖过程中,视围岩块体情况,增加随机锚杆。

(2)主厂房下游墙 1～6 号块体加固处理

1)主厂房下游墙 1 号块体加固处理

1 号块体稳定性差,且处于岩锚梁的受力部位,除布设 32 束 2500kN 级预应力锚索(见表 6.9.2)加固外,还采取对块体内性状较差的 f_{10} 断层,在高程 87.0m 范围沿断层走向采用 C25 混凝土置换形成阻滑键,置换形状为城门洞形(3.5m×4.5m),面积 50m²,长度 22m,该阻滑键在主厂房开挖前已施工完成。

2）主厂房下游 2～6 号块体加固处理

2～6 号块体主要根据块体稳定复核成果，采用预应力锚索加固处理，共布置 160 束 2500kN 级预应力锚索，各块体的加固锚索沿块体部位分高程布置，间距 4.5～6.0m，长度 19.2～35m（见表 9.9.2）。

表 9.9.2　　　　　　　　　　厂房下游墙块体预应力锚索加固设计布置表

块体编号	总数（束）	高程（m）	锚索（束）	间距（m）	长度（m）	仰角（°）
1 号	32	95.45	8	4.5	30	20
		91.65	7	4.5	30	15
		85.95	7	4.5	30	0
		82.95	6	4.5	30	0
		79.95	4	4.5	30	0
6 号	106	95.45	7+2	4.5、6	30、19.2	20、0
		91.65	7+2	4.5、6	35、19.8	15
		85.95	12	4.5	30、35	0
		82.95	8	4.5	30、35	0
		81.45	2	4.5	20	0
		79.95	7	4.5	35	0
		76.95	8+2	4.5	35、21	0
		73.95	6	4.4	21	0
		70.95	5+1	4.5	21、30	0
		67.95	5+1	4.5	21、30	0
		64.95	4+1	4.5	25.9、30	0
		63.45	3	4.5	30	0
		60.45	8	4.5	30、25	0
		57.45	7	4.5	30、25	0
		51.45	7	4.5	25	0

块体编号	锚索总数（束）	高程（m）	锚索（束）	间距（m）	长度（m）	仰角（°）
2 号	20	95.45	5+1	6	30、19.2	20、0
		91.65	4+1	6	30、19.8	15
		85.95	2+1	4.5	30、20	0
		82.95	3	4.5	30	0
		81.45	1	4.5	20	0
		76.95	2	4.5	30	0
3 号	35	95.45	3+2	6	30、19.2	20、0
		91.65	2+2	6	30、19.8	15
		85.95	3+2	4.5	30、20	0
		82.95	2+1	4.5	20、30	0
		79.95	3	4.5	30	0
		76.95	4	4.5	21～25	0
		72.45	3	4.5	21	0
		67.95	3	4.5	21	0
		63.45	1	4.5	25	0
		57.45	2	4.5	25	0
		51.45	2	4.5	25	0

9.9.3　地下电站变顶高尾水洞的工作原理及其应用问题

9.9.3.1　变顶高尾水洞的工作原理及其体型设计问题

9.9.3.1　变顶高尾水洞的工作原理

变顶高尾水洞其特点是洞顶以某一坡度上翘，当下游水位低于尾水洞出口顶高时，尾水洞中水流被分成满流段和明流段（图 9.9.3）。

下游处于低水位时,水轮机的淹没水深比较小,但明流段长,满流段短,机组丢弃负荷产生的负水击压强小,尾水管进口断面的最小绝对压力不会超过规范要求;随着下游水位升高,尽管明流段的长度逐渐减短,满流段的长度逐渐增长,负水击越来越大,但水轮机的淹没水深逐渐加大,且满流段的平均流速也逐渐减小,正负两方面的作用相互抵消,使得尾水管进口断面的最小绝对压力仍能控制在规范的允许范围之内,保证机组安全运行。

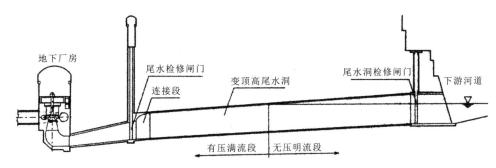

图 9.9.3　变顶高尾水洞水流流态示意图

9.9.3.2　变顶高尾水洞的体型设计

尾水洞无压明流和有压满流过渡过程中,无压明流段的水位波动对尾水管进口断面绝对压力 $\dfrac{P_2}{\gamma}$ 有影响,该断面的绝对压力关系式见(9.9.1)式:

$$\frac{P_2}{\gamma} = \frac{P_a}{\gamma} + H_2 + \Delta H + \Delta Z + \Delta h_p + \Delta h_c \tag{9.9.1}$$

式中:$\dfrac{P_a}{\gamma}$—— 大气压力;

ΔH——有压满流段的水击压力;

ΔZ——无压明流段水位波动对下游淹没水深 H_2 的叠加;

Δh_p——有压满流段的水头损失;

Δh_c——无压明流段的水头损失。

根据规范要求,整个过程中的 $\dfrac{P_2}{\gamma}$ 极小值应大于或等于其极限值 $\dfrac{P_{2\text{lin}}}{\gamma}$,见(9.9.2)式。($\dfrac{P_{2\text{lin}}}{\gamma}$ 通常等于 2m 水柱)。

$$\left\{ \frac{P_a}{\gamma} + H_2 + \Delta H + \Delta Z + \Delta h_p + \Delta h_t \right\}_{(t)} \bigg|_{\text{lin}} \geqslant \frac{P_{2\text{lin}}}{\gamma} \tag{9.9.2}$$

在过渡过程中,$\dfrac{P_a}{\gamma}$ 和 H_2 是不变的(对应某一下游水位),$\Delta h_p + \Delta h_c$ 影响有限,可以忽略,ΔH 和 ΔZ 的极小值不一定同时发生,且明满流分界面是运动的,即有压满流段长度在变化,所以给出 $\{\Delta H + \Delta Z_t \mid_{\text{lin}}\}$ 的解析表达式十分困难,精确的计算只能通过数值解。

如不考虑无压明流段水位波动叠加的影响,并将明满流分界面固定,水击压力 ΔH 刚性

水锤计算公式近似表达,给出变顶高尾水洞极限容许水流惯性加速时间解析表达式(9.9.3式):

$$T_{us\,lin} = \frac{1}{H_0(\mathrm{d}q/\mathrm{d}t)}\left\{\frac{P_a}{\gamma} + H_2 - \frac{P_{2lin}}{\gamma}\right\} \tag{9.9.3}$$

式中:q——水轮机流量 $Q(t)$ 与基准流量 Q_0 之比;

H_0——水电站的恒定流时净水头。

为此采用瞬时波流量的计算公式近似求得 ΔZ(9.9.4 式):

$$\Delta Q = \left[V_0 + \sqrt{gh_0\left(1 + \frac{3}{2}\frac{\Delta Z}{h_0}\right)}\right]B\Delta Z \tag{9.9.4}$$

式中:h_0——分界面的初始水深;

B——分界面的底宽;

V_0——分界面的初始流速。

在甩全负荷条件下,$\Delta Q = -Q_0$,所以 $\Delta Z < 0$。

将 ΔZ 叠加于 H_2,即 $H_2' = H_2 + \Delta Z$,以 H_2' 代表 H_2 代入(9.9.3)式,可求得 $T_{us\,lin}$,再按(9.9.5)式求得相应条件下有压满流段(包括尾水管)的极限长度。

$$T_{us\,lin} = \frac{Q_0}{gh_0}\int_0^{Lp\,lin}\frac{\mathrm{d}l}{F(l)} \tag{9.9.5}$$

更精确的计算可用弹性水锤的计算公式代替刚性水锤计算公式,ΔH 和 $T_{us\,lin}$ 表示式较为复杂。上述计算的前提假定是水锤压力的极值和瞬时波高 ΔZ 同时发生,并且按相应的极值公式计算。

$$D_l = -\frac{g}{Q_0(\mathrm{d}q/\mathrm{d}t)}F(L)\mathrm{d}(H_2 + \Delta Z) \tag{9.9.6}$$

在尾水洞底板水平,保持洞顶形态,只增加侧墙高,不计无压明流段影响等条件下,可按(9.9.7)式计算 L:

$$L = -\frac{g}{Q_0(\mathrm{d}q/\mathrm{d}t)}\left(F_0 Z + B\frac{Z}{2}\right) \tag{9.9.7}$$

式中:L——从尾水洞起点算;

F_0——起点的断面积,在上述的条件,洞顶纵剖面线为抛物线。

实际工程中,尾水洞的底板呈倒坡以减小出口断面的高度,尾水洞顶纵剖面线绝大部分为斜直线,以方便施工,故不能按(9.9.7)式直接设计变顶高尾水洞体型。通常变顶高尾水洞体型设计是尽可能考虑工程各方面的要求,在保证变顶高尾水洞能发挥其作用的前提下,先拟定体型,再作详细的数值分析,校核尾水管进口断面的最小绝对压力,逐步修改和优化体型。①在下游最低水位时,无压明流段延伸到尾水管出口断面之前,使有压满流段尽可能减短;②按尾水洞出口断面允许最大流速,以及相邻尾水洞的间距,确定其底板高程和底宽;③选择出口断面的顶部高程,以及尾水洞顶坡及底坡坡比,满足尾水洞全长为有压流时调节保证的要求;④顶坡的坡比应有利于解决明满流问题,防止出现拱顶滞气和明显的明满交替等现象;⑤尾水洞与尾水管之间的高差及底宽的差别等由过渡段衔接,过渡段的管顶纵剖面为抛物线,保证尾水管始终是有压流,避免对机组运行效率产生影响。

9.9.3.3　变顶高尾水洞应用范围问题

变顶高尾水洞在解决过渡过程中尾水管进口断面最小绝对压力满足规范要求有着重要作用,但其使用范围仍有一定的限制,主要表现在尾水道的长度和下游水位的变幅。当地下电站采用尾部开发方式时,其尾水道长度通常在150m左右,尾水道进口断面最小绝对压力可采用适当降低机组安装高程或增大尾水道断面积等措施解决,没有必要采用变顶高或无压尾水洞形式。

当地下电站采用首部开发方式,其尾水道很长时,若采用变顶高形式,即使顶坡为2%~3%,长度为600m,则尾水洞出口断面高度较进口断面增高12~18m,尾水道越长,增加的高度越多,导致出口断面高度太大,既增加了工程量,又不利于尾水洞的围岩稳定,因此,对于长尾水道水电站设置下游调压室仍是解决调保参数和机组稳定运行问题的必要工程措施。

当地下电站采用中部开发方式,或首部开发其尾水道并不太长,有必要研究变顶高尾水洞。若下游水位变幅不大,或洪水期历时很短,则采用无压尾水洞方案优点明显:整个尾水洞高度不大,水流惯性加速时间减短,有利于机组的调保参数和稳定运行。若下游水位变幅大,则采用变顶高尾水洞方案有利;变顶高尾水洞除能有效地解决尾水管进口断面最小绝对压力之外,其最大优点是对下游水位可适应较大变幅。三峡地下电站尾水道长度208.38~241.62m,其中尾水管(从水轮机中心线)长度58.24m,尾水洞不含尾水管扩散段长度141.14~173.38m,压力水道中水流惯性时间常数 T_W 值在4.72~5.39s之间,最小水头71m,一机一洞调压室的面积为716~1219m²,高度40m,设置调压室方案洞室及规模尺寸较大,地下洞室群纵横交错,洞室布置困难,围岩稳定问题突出,如采用特殊支护处理措施,支护费用高,施工难度大。通过改进的数学模型分析计算和带模型机组的大比尺(1:40)仿真模型水机电联合过渡过程试验研究,采用变顶高尾水洞,可满足电站调节保证和稳定运行的要求,起到下游调压室的作用。变顶高尾水洞简化了地下洞室群的布置,有利于洞室的结构稳定,方便施工,并可节省投资。

9.9.4　地下电站岩锚梁混凝土防裂问题

9.9.4.1　岩锚梁混凝土裂缝成因分析

岩锚梁混凝土裂缝产生的原因较多,并具有自身的特殊性。

(1)岩锚梁岩体地质构造的影响

岩锚梁在地质构造发生变化的部位,其混凝土易产生裂缝。在浇筑岩锚梁混凝土之前,应对其侧面及底面基岩存在的地质构造变化及地质缺陷部位岩体进行加固处理。

(2)岩锚梁混凝土温度应力因素

岩锚梁混凝土标号高,水泥用量多,在水化过程中产生较大的温度应力。当温度应力超过混凝土抗拉强度时,混凝土会产生温度裂缝。

(3)岩锚梁混凝土原材料及配合比

混凝土骨料的线膨胀系数越大,混凝土抗裂性能越差,产生裂缝的可能性越大;水泥的水化热高,混凝土水化热温升高,易产生温度裂缝。混凝土配合比中应尽量减小水泥用量,减小水胶比,以降低混凝土的水化热温升;较大的坍落度会使混凝土的体积变形增大,易产生裂缝。

(4)岩锚梁混凝土养护的影响

混凝土及时养护可迅速增加其强度,提高混凝土的抗裂性能;混凝土不及时养护,其表面易出现干缩裂缝。

(5)岩锚梁下部爆破的影响

岩锚梁下部开挖过程中的爆破振动对混凝土造成不利影响;下部开挖使边墙变形量增大,对岩锚梁混凝土产生拉应力或剪应力而导致裂缝。

(6)岩锚梁基础岩面约束影响

岩锚梁侧面及底面开挖爆破成形较差,岩面高低不平,对岩锚梁混凝土约束力增大,混凝土易产生裂缝;岩锚梁与地下厂房端墙连为一体,使梁体变形受到约束,增加产生裂缝的可能性。

(7)岩锚梁混凝土分块长度

岩锚梁混凝土施工分块长度较小,单块适应变形的能力增大,对岩锚梁抗裂有利。

9.9.4.2 岩锚梁混凝土防裂技术措施

(1)优选岩锚梁混凝土配合比

岩锚梁混凝土设计等级为 C30F250W10,混凝土配合比设计尽量降低水泥用量,采用 42.5 级低热水泥,按胶凝材料用量掺 20%。Ⅰ级粉煤灰,水胶比 0.41,并掺 $1kg/m^3$ 的聚丙烯腈微纤维,以提高混凝土抗裂性能;混凝土施工采用胎带机为主、泵送为辅入仓,尽量采用低坍落度混凝土浇筑,混凝土坍落度为 9～11cm,泵送为 16～18cm。

(2)岩锚梁施工程序

岩锚梁顶高程 90.33m,梁顶宽 2.13m,梁高 3.53m,支撑斜岩台高程为 86.80～88.30m。岩锚梁上部设置 2 排受拉锚杆,预应力为 200kN(初期张拉力 50kN,最终张拉力为 200kN),下部设置 1 排加固的砂浆锚杆。岩锚梁施工程序为:①受拉锚杆造孔,预埋套管(直径 76mm、厚 2mm 钢管),垫板为厚 20mm 钢板,与梁体钢筋绑扎一同进行,靠岩体侧将钢管伸入锚杆孔内 20cm,并用 K_3 锚固剂将钢管与孔间的空隙填充密实;加固锚杆施工。②主厂房Ⅲ-1 层(层高 3m,高程 83.3～80.3m)开挖超前 120m;Ⅲ-2 层(层高 7.5m,高程 80.3～72.8m)双层预裂超前 100m,高程 85.95m 锚索超前施工结束。③岩锚梁混凝土浇筑。④受拉锚杆张拉施工。

按岩锚梁施工程序严格控制,以减小主厂房下部开挖对岩锚梁混凝土造成不利影响。

（3）岩锚梁混凝土浇筑分块

岩锚梁混凝土浇筑沿其长度方向按 8～12m 分段施工,单块长度不大于 12m,在地质构造变化处及地质缺陷部位布置结构缝,以减小不利岩体对岩锚梁混凝土结构的影响。在岩锚梁混凝土中增加水平箍筋,提高其抗剪能力。

（4）岩锚梁混凝土温控

设计要求控制混凝土浇筑温度 12～16℃（出机口温度 7～9℃）,混凝土最高温度按不超过 38℃控制。岩锚梁混凝土中埋设 2 排竖向 PVC 管（$\varnothing$32,厚 3.5mm）,通水流量为 35～40L/min,控制混凝土降温幅度每天在 1℃以内,实测混凝土浇筑 3d 升至最高温度,多数测点低于 38.0℃,个别测点达 38.8℃,混凝土面覆盖保温被,实测内外温差小于 10℃。岩锚梁混凝土采用洒水养护不少于 28d。

（5）岩锚梁开挖控制

岩锚梁开挖严格控制岩面平整度及成形质量,减小基岩面对梁体混凝土的约束力,有利于防止混凝土裂缝。岩锚梁下部开挖,严格控制爆破距离和爆破单响药量,中部梯段爆破采用单孔单响,以保证岩锚梁部位质点振动速度控制在 5～7cm/s。

三峡地下电站岩锚梁混凝土施工采取上述防裂技术措施取得了较好的防裂效果,经检查,发现 5 条基本平行于施工缝的表面裂缝,其中 3 条缝宽为 0.25mm,2 条缝宽 0.3～0.4mm。

第 10 章　巨型水轮发电机组及电气设备

10.1　三峡电站巨型水轮发电机组

10.1.1　巨型水轮发电机组技术难点及设计原则

10.1.1.1　巨型水轮发电机组型式选择及单机容量

（1）水轮发电机组型式选择

水轮机型式选择：按三峡电站水头条件，可供选择的水轮机型式有混流式和斜流式。斜流式水轮机结构复杂，加工制造难度大，空化系数大于混流式水轮机，安装高程低，增加了电站厂房土建工程量，导致投资增大，工期延长。斜流式水轮机的轴向水推力较大，发电机推力轴承负荷相应增大，适用于三峡电站的斜流式水轮发电机，其推力轴承负荷大大超出世界上已达到的水平，制造困难。适用于三峡电站的大容量斜流式水轮机，国内外均无成熟的设计、制造和运行经验。

制造世界上最大容量斜流式水轮机的独联体（现为俄罗斯）ЛМЗ，曾就三峡电站采用单机容量为 69 万 kW 斜流式和混流式两种型式水轮机，提出建议方案，其参数见表 10.1.1。该厂虽有设计和制造斜流式水轮机的经验，但从制造可行性、运行可靠性和经济合理性等综合因素考虑，不宜推荐采用斜流式水轮机。

三峡工程正常蓄水位 175m 采用分期蓄水方案，水轮机运行变化水头 61～113m，围堰挡水发电可能的最低水头 56m，在上述水头范围内选用混流式水轮机，则结构较简单、技术上比较成熟、国内外应用最为广泛、具有丰富的设计制造和运行经验，国外已生产 500MW 以上的水轮机均为混流式。在三峡电站设计中，采用稳妥可靠的先进技术是前提，在水轮机型式选择中，亦应将机组的可靠性列为首位。综上所述，三峡电站水轮机采用混流式，技术上先进可靠，亦较经济。斜流式水轮机虽有其优点，但制造三峡电站所需的大容量机组尚无成熟经验，故三峡电站采用混流式水轮机（见图 10.1.1、图 10.1.2）。

表 10.1.1　　　　　　　　俄罗斯 ЛИЗ 建议两种型式水轮机参数表

型式	混流式	斜流式
额定出力(万 kW)	69.0	69.0
转轮直径 D1(m)	10.6	10.3
额定转速(r/min)	65.2	78.9
额定水头、额定出力的流量(m³/s)	978	965
原型水轮机最优效率(%)	95.8	95.3
额定水头、额定出力的效率(%)	89.22	90.43
比转速(m·kW)	262	316
轴向水推力(t)	1970	5300
吸出高度(m)	~5.0	~10.9
水轮机质量(t)	3680	3500
相对价格(%)	100	100.55

注:混流式水轮机方案中,选用单位流量偏小,故转轮直径达 10.6m。

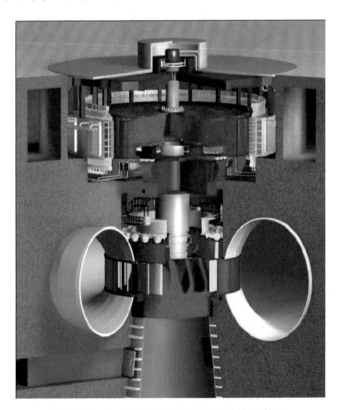

图 10.1.1　三峡电站混流式机组立体示意图

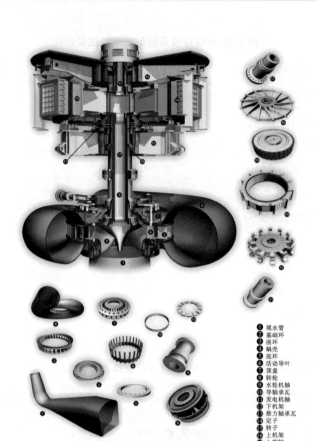

图 10.1.2 700MW 混流式发电机主要部件示意图

发电机型式选择:立式水轮发电机组的型式可分为悬式和伞式两种结构型式。悬式结构主要用于中高速机组,伞式结构主要用于中低速大容量机组。三峡水轮发电机额定容量为 700MW,额定转速 75r/min,发电机定子内径约 19m,属大直径、低转速、大容量机组。发电机的结构型式对电站主厂房高度、发电机的技术经济指标、运行稳定性以及维护检修等都有直接影响。伞式结构紧凑,可降低电站厂房高度,减轻负荷机架的重量,在低速大容量的水轮发电机上普遍采用,国内外工厂均推荐采用伞式结构,从保证机组安全稳定运行、检修维护方便、综合技术经济指标好等方面出发,三峡电站水轮发电机推荐采用立轴、伞式结构。

(2)水轮发电机组单机容量

水轮发电机组单机容量的大小直接影响三峡工程的总体布置、工程投资、发电效益等方面,是三峡工程设计中权衡综合技术经济的关键指标之一,长期以来受到国内外专家、学者的高度关注,从 20 世纪 30 年代开始,反复进行了近 60 年的工作,装机容量从早期的 28000~35000MW 到今天的 22500MW,单机容量确定为 700MW,长江委在不同时期,根据不同正常蓄水位方案,对机组容量选择比较,开展了大量的研究工作。

1)从 1949 年 10 月中华人民共和国成立初期到 20 世纪 80 年代,结合三峡工程不同蓄水位和总机容量,对单机容量和机组台数进行了长期、多方案的设计研究,单机容量曾研究过 300MW、450MW、600MW、800MW、1000MW 等方案,1986 年 6 月开始三峡工程重新可行性论证中,对 175m 蓄水位单机容量比较了转轮直径分别为 9.3m、9.5m、9.8m 的水轮机,机组容量相应为 650MW、680MW、720MW。在"长江三峡水利枢纽可行性报告"中,选择了单机容量 680MW、水轮机转轮直径 9.5m、装机 26 台的方案。

2)1992 年 4 月 3 日七届全国人大五次会议通过《关于兴建三峡工程的决议》,进入初步设计阶段,1992 年 12 月长江委提出《长江三峡水利枢纽初步设计报告(枢纽工程)第六篇机电设计》,根据重新可行性论证报告的结论,按转轮直径 9.5m、单机容量 680MW 编制了初步设计报告。考虑到在重新可行性机电设备论证报告中又指出:采用更大容量的机组、减少机组台数,虽然制造技术难度相应增大,工厂的技术改造费用相应增加,但可降低电站造价,提高初期发电效益,建议在初步设计阶段中,从技术、经济上进行比较后确定。为此,长江委以 680MW 为基础,进一步研究了 680MW、737MW、804MW 装机 26 台、24 台、22 台的方案,结合枢纽总体布置、机组和电气设备制造的可能性、电站接入电力系统、发电效益和经济指标等方面又全面进行了论证比选,结果表明,单机容量由 680MW 增大到 700MW 优势明显,设计予以推荐。水电部重大办于 1993 年 3 月在哈尔滨召开增大单机容量会议,与会专家一致同意将单机容量由 680MW 增大到 700MW。于是长江委在已完成单机容量 680MW 机电初设报告的基础上,又写了《三峡水电站水轮发电机组容量研究补充报告》作为初步设计报告的附件上报国务院三峡工程建设委员会(下称三建委)审查,补充报告中推荐单机容量由 680MW 增加至 700MW。1993 年 5 月《长江三峡水利枢纽初步设计报告(枢纽工程)》核心专家组初审意见:同意《报告》推荐的水轮发电机组型式的选择意见和参数水平。根据机械部提供的资料和长委会《单机容量补充报告》,单机容量可由 680MW 增加至 700MW,并请有关部门尽快提供相应资料以满足设计和施工急需。

10.1.1.2　巨型水轮发电机组技术难点

(1)水轮机需适应分期蓄水、水头变幅大

三峡工程建设进行分期蓄水,水轮发电机组需适应围堰发电期(坝前水位 135m)、初期(汛期坝前水位 135m,枯水期坝前水位 156m)、后期(汛期坝前水位 145m,枯水期坝前水位 175m)等多个不同水位运行,最小水头为 61m,最大水头为 113m。

三峡电站装设 32 台单机容量 700MW 的混流式水轮发电机组,是当时国内单机容量最大、世界上装机规模最大的水电站,与当时世界上已投运的单机容量 700MW 混流式水轮发电机组的美国大古力、委内瑞拉古里、巴西伊泰普等水电站相比:①额定水头偏低。大古力、古里、伊泰普等水电站 700MW 水轮发电机组的额定水头分别为 86.9m、130m、112.9m,转轮直径分别为 9.22m、7.163m、8.45m。三峡左岸电站额定水头 80.6m、转轮直径增加到 9.8m,致使机组尺寸相应加大,对机组刚强度要求增大了难度;②水头变幅大。大古力、古里、伊泰普等水电站 700MW 的水轮机运行的最大水头与最小水头的比值分别为 1.615、1.32、1.04。三峡工程水轮机需在水头范围 61～113m 安全稳定运行,最大水头与最小水头的比值为 1.85,在单机容量

700MW 水轮机中堪称世界第一,不仅影响机组效率,对机组稳定运行也颇为不利。

(2)水轮机在高、低水头区运行时间较长,偏离最优工况区运行

三峡工程按最终设计水位长期运行时,在汛期因防洪、排沙的需要,每年 6 月上旬,库水位由 175m 降至防洪限制水位 145.0m;汛期(每年 6—9 月)库水位按 145.0m 运行,发生流量超过 56700m³/s 的洪水,控泄流量小于 56700m³/s,拦蓄洪水库水位升高,洪水过后复退至 145.0m,以拦蓄下次洪水;汛末 9 月中旬开始蓄水,至 10 月底或 11 月初,库水位蓄至正常蓄水位 175.0m,致使三峡电站水轮机在低水头区($H \leqslant 78.5$m)运行时间和高水头区(100.0~113.0m)运行时间各占全年运行时间 30% 以上,形象地称为"哑铃型",水轮机将长时间偏离最优工况区运行。这与一般水电站水轮机通常在额定水头附近的最优运行区运行情况有显著的不同。

(3)过机水流含有泥沙,过流部件面临泥沙磨损

三峡工程汛期运行水位初期为 135.0m、后期为 145.0m 运行,入库泥沙虽通过大坝泄洪深孔、泄洪排漂孔和排沙孔排至坝下游,但仍有部分泥沙通过电站引水压力管道进入水轮机流道,造成水轮机过流部件受泥沙磨损。

(4)电网的骨干电站应能适应各种运行方式

在电网中需承担基荷、腰荷、峰荷和事故备用,导致负荷变化剧烈、机组开停频繁,对机组的性能要求高。

(5)发电机冷却方式、推力轴承的选择成为重大技术问题

三峡电站发电机的冷却方式,是发电机设计、制造、运行的重大技术问题。根据国内外工厂的论证资料,三峡电站发电机主要有两种冷却方式:一是全空冷方案;二是定子水冷、转子空冷方案(即"半水冷"方案)。两种冷却方式都具有各自的优缺点。全空冷发电机结构简单,运行、维护、操作方便,电气参数易于满足要求,但定子绕组最高温度及温差均比水冷的大,定子铁芯热膨胀及热应力大,定子铁芯易产生翘曲现象。半水冷具有冷却效果好、定子温度低(内部温度可控制在 65℃)、温差小、线棒绝缘寿命长,发电机尺寸小等优点,并可减少发电机因热膨胀而引起的变形,提高发电机效率,但需设置纯水处理系统,且水管接头多,不能排除漏水的可能性,增加了运行、维护的复杂性。国内外 500MVA 以上大型水轮发电机多采用"半水冷"方式,大古力Ⅲ机组采用"半水冷"方式,曾发生过较严重的事故,经改进后运行良好。在 20 世纪 90 年代国内机电专家和机组制造厂对三峡电站水轮发电机最终采用什么冷却方式意见不一,成为工程设计需研究解决的关键问题之一。

推力轴承是发电机另一个需解决的关键问题。初步计算三峡机组推力轴承负载为 5650t,推力负荷为世界之最,当时国内已生产过的最大推力轴承负载为 3800t(葛洲坝 17 万 kW机组),据调查在 20 世纪 70—80 年代推力轴承的事故时有发生,危及机组安全运行,对推力轴承的支撑方式、冷却方式、瓦块材质和运行温度、推力轴承的布置等需设计研究解决。

（6）国内尚没有先例可循，核心技术必须突破

在三峡工程开工建设之前，国内尚没有 700MW 水轮发电机组设计、制造以及工程实践经验，20 世纪 80 年代我国自主设计制造的单机容量 300～320MW 混流式机组已有 6 台投入运行，为我国制造更大单机容量的混流式机组积累了经验。三峡工程 700MW 混流式机组要达到投运时的世界先进水平，必须突破水轮机流道、转轮、发电机冷却方式、推力轴承、线棒绝缘、材质等核心技术，国内尚没有先例可循，只能通过消化吸收先进引进技术，在此基础上自主研发、创新，突破核心技术！

从上可看出：在 700MW 混流式机组中，三峡电站特有的苛刻运行条件是首次遇到，要实现机组既安全稳定运行又有较高的发电效率，需解决的技术难题无先例可循，超出已有的经验和技术，国外著名机组制造专家了解到上述特点后说："三峡工程的机组设计不仅是对中国同行的挑战，也是对世界同行的挑战！"三峡工程建设实践表明，在研究解决机组的许多技术难题中无不与三峡电站水轮发电机组特有的运行条件有关。

10.1.1.3　水轮发电机组总体设计原则

三峡电站机组容量及尺寸巨大，机组参数选择正确与否，直接关系到其技术先进性、安全稳定运行的可靠性及经济合理性。根据三峡电站的特定条件，机组总体设计应遵循下列原则：

1）三峡电站混流式机组单机容量大、台数多，电站总装机容量当今世界第一，对电力系统的安全稳定运行有着举足轻重的影响，同时发电效益又是电站建成后收回投资的安全途径。在工程设计中，对混流式机组参数、总体结构、材质的选择必须能适应三峡电站特有的运行条件，在确保能长期安全稳定运行的前提下，要求机组性能先进、经济效益最大化。

2）三峡工程防洪效益放在第一位，又采用分期蓄水的建设方式，初期和后期的水头范围分别为 61～94m 和 71～113m，总的水头变幅为 61～113m，致使混流式水轮机需适应的水头变幅为世界之最，设计研究始终将机组的安全稳定运行放在首位。

3）受工程施工、移民安置和水库泥沙影响的控制，三峡电站分初、后期蓄水，按国务院三峡工程建设委员会审定的初步设计，初期运行相对时间较长，从发电效益最大化出发，需研究混流式机组从初期运行到后期运行最佳的过渡方案。

4）三峡电站装机容量巨大，可供布置电站的前沿长度有限，而前沿长度的尺寸又受水轮机蜗壳尺寸的控制，在电站装机容量不变的前提下，机组容量越大，水轮机尺寸越大，相应的蜗壳尺寸亦大，装机台数有所减少，前沿总长度有所减少，故需采用制造可能、运行可靠的大容量水轮机，确定水轮机各项参数亦须考虑此因素。

5）三峡建库后，水流中仍含有少量泥沙，水轮机设计应充分考虑这一因素，确保机组扩大性检修间隔时间不少于 10 年。

6）三峡电站水轮机的主要部件，其尺寸和重量均已超过一般大件运输的限制，因此在水轮机结构设计和制造工艺上，须考虑切实可行的运输设施和运输方式。

10.1.2 水轮机

10.1.2.1 水轮机参数

（1）水轮机参数选择

1）水轮机比转速及比速系数

水轮机比转速及比速系数，是衡量水轮机技术参数水平的综合性能指标，同时亦反映了水轮机的设计制造水平。适当提高水轮机比转速可减小机组尺寸，降低工程投资，但也受到水轮机效率、空化、泥沙磨损及稳定性等因素的制约。经设计研究，在初步设计中推荐三峡电站水轮机采用比速系数2300左右，相应的比转速为262m·kW或249m·kW。技术上都能满足三峡电站的运行要求，均可安全稳定运行。由于三峡电站第一批机组将从国外采购，可采用国外水轮机的先进技术，采用较高比转速的机组价格较低，所以比转速选用261.7m·kW，相应的比速系数为2349。

2）单位流量 Q_{11} 和单位转速 n_{11} 选择

单位流量 Q_{11} 选择：结合三峡工程的布置和运行条件，在已确定比速系数2349的前提下，应优先选用较大的单位流量 Q_{11} 值，以求减小水轮机尺寸或在相同尺寸的水轮机下增大水轮机出力，以便缩短电站厂房总宽度。在三峡工程可行性研究阶段，哈尔滨电机厂和东方电机厂对正常蓄水位175m方案68万kW水轮机，曾分别建议单位流量 Q_{11} 为1154L/s、1120L/s。之后，两厂和哈尔滨大电机研究所（简称两厂一所）又共同提出单位流量为1140L/s。东方电机厂为三峡蓄水位200m方案（最大水头137m）研制的三峡模型转轮 D41 和 D43，其单位流量已达1123L/s，但效率尚不满足要求，参照国内外已达到的水平和建议方案，并考虑今后的技术发展水平，认为：三峡电站水轮机的单位流量达到1160L/s是完全可能的。初步设计阶段，论证后三峡电站水轮机单位流量选用1158L/s。在单项技术设计阶段，按水轮机额定出力为710MW、额定工况点效率暂定为92.9％计，相应的水轮机额定流量为 966.4m³/s，额定点单位流量约为 1.109m³/s。

单位转速的选择：应符合比速系数的水平，并同单位流量合理匹配。按不同经验公式计算和国内外工厂建议方案的最优单位转速和额定单位转速见表10.1.2。

参照表10.1.2的数值和发展趋势，三峡水轮机额定工况的单位转速选为79r/min左右，最优单位转速为75r/min左右。

3）水轮机效率

水轮机效率是评价水轮机能量特性的重要指标，直接影响电站的发电效益。国外大型混流式水轮机，模型最优效率可达到94％，真机最高效率超过95.0％。国内设计水平近年来有所提高，天生桥二级和岩滩电站的水轮机模型最高效率分别达到92.72％和92.04％。国外工厂对三峡电站蓄水位175m方案水轮机的模型最优效率建议为93％以上，真机最优效率为95.5％左右；额定工况的模型效率为91％左右，真机额定工况点效率90.2％～93.5％。国内两厂一所建议方案提出模型最优效率为92.5％，真机最优效率为95.5％，额定工况点模型效率为 90％，真机效率为 92.5％。1989 年加拿大 GE 公司为三峡电站 69 万 kW 水轮机进行全模型试验，其模型最优效率为 93.36％，模型额定工况点效率为 91.32％，真机最高效率为 96.6％，真机额定工况点效率为 93.62％。

表 10.1.2　　　　　　　　　按经验公式计算和工厂推荐的单位转速

序号	计算公式及厂商	最优单位转速 n_{10} (r/min)	额定单位转速 n_{11} (r/min)
1	$n_s = 482.6 - \dfrac{146.7 \times 10^4}{n_{11}{}^2}$		80.49
2	$n'_1 = 158/H0.16$		76.58
3	$n'_{10} = 50 + 0.11 n_s$	78.18	
4	国内二厂一所	75	79.36
5	加拿大 GE 公司		78.24/81.39
6	法国奈尔皮克公司		79.86/81.1
7	独联体 JIM3	73	78.58

注：第 5、6 项，分子和分母分别以转轮进口直径和喉部直径计算。

4）空化系数和吸出高度、安装高程

水轮机空化性能直接影响电站土建工程量、投资、机组安全稳定运行、检修周期和使用寿命。水轮机应具有良好的空化性能，合理选取水轮机装置空化系数。原型水轮机的空蚀破坏还与制造和安装质量、运行工况等因素有关。目前国外一般按水轮机模型试验出现初生气泡时的空化系数来确定装置空化系数。国内一般则采用外特性法，即效率下降点的空化系数值，并留有一定裕量来确定装置空化系数。而水轮机的吸出高度与水轮机模型的空化系数、产品制造质量、主要部件所采用的材料、机组运行方式有关。合理确定吸出高度和装机高程，可使机组安全稳定运行，延长水轮机使用寿命，增大机组检修间隔周期，又可节省工程投资。

确保三峡电站机组安全运行是首要问题，适当降低装机高程，使水轮机吸出高度留有一定裕度，以保证机组稳定运行是可取的。参照国内外工厂的建议值，三峡电站水轮机吸出高度初步设计阶段暂选 −5.7m（以导叶中心高程计），相应的装置空化系数为 0.195。三峡电站下游最低尾水位为 62.0m，故三峡左岸电站水轮机安装高程为 57m。

5）额定水头选择

额定水头是电站水库调度运行的特征参数，额定水头的确定关系到电站的发电效益、水轮机的水力特性、机组安全稳定运行和机组控制尺寸等方面的一个关键综合参数。经过设计多年论证、计算比选，并经重新可行性论证、初步设计、单项技术设计各阶段设计审查，同意左岸电站水轮机的额定水头选用 80.6m。

在验收左岸电站水轮机模型试验时能量、空蚀指标达到合同要求，但稳定性指标未全面达到合同保证值，发现在正常运行范围内存在着一个 20～50MW 的压力脉动带，不利于机组的灵活调度。考虑到左岸电站 14 台 700MW 机组的额定水头已按 80.6m 制造，适当提高额定水头对减少三峡电站的年发电量影响不大的前提下，从分析产生不稳定运行的原因入手,从提高高水头部分负荷稳定运行出发,以发电效益、水力特性、机组安全稳定性为突破口,对右岸电站水轮机额定水头采用 80.6m、83m、85m、90m、95m 等方案又进行了设计研究。研究结果表明:适当提高额定水头有利于提高机组稳定性,三峡右岸及地下电站水轮机额定水头可提高至 85m,同时指出应特别重视转轮和流道的优化设计,因此在右岸电站机组招标文件中明确:额定水头可选用 80.6m 或 85m。

6)额定转速选择

三峡工程初步设计阶段,推荐并经审查同意的水轮机比转速为 249～261.7m·kW,可供选择的转速为 75r/min、71.4r/min。在单项技术设计阶段,从博采众长出发,长江委设计院要求各国外工厂对水轮发电机组的两个转速方案提出分析意见,国外工厂对水轮发电机组两种转速方案的相关问题进行了分析,提出建议虽存差异,但差别不大,分述如下:

①水轮机效率:根据研究表明,不同比转速的水轮机,其最优效率有差异。根据国内外研究成果,比转速在 160～180m·kW 范围内,水轮机最优效率呈最大值。从理论上讲,71.4r/min 与 75r/min 方案相比,71.4r/min 方案由于比转速较低,最优效率将稍高。但由于三峡电站厂房前沿长度的限制,蜗壳总宽度控制在 34.325m 以内,又制约了较低比转速的水轮机效率的提高,75r/min 和 71.4r/min 方案水轮机的最高效率相差值,GEC 公司、日立公司、奈尔皮克公司和东芝公司的方案均为零;voith 公司的方案小 0.03%;额定点效率相差值,Voith 公司的方案还大 0.3%,日立公司的方案小 0.5%,奈尔皮克公司的方案小 0.1%。从效率角度看,三峡电站水轮机两种转速的效率相差甚微。

②预想出力:在额定水头 80.6m 以上,受水轮发电机额定容量 700MW 限制,两种转速方案对应的水轮机出力均为 710MW,水头低于 80.6m 时,各水头下的水轮机预想出力,除 LMZ 仅提供 71.4r/min 方案无法比较外,GEC 和日立公司两种转速方案均相同,Voith、东芝和奈尔皮克等公司 75r/min 方案均较 71.4r/min 方案大,最大相差 4%～5.4%,显然,水头低于 80.6m 的预想出力越大,三峡电站汛期机组发出的电量越多,效益越大。从水轮机预想出力以及三峡电站汛期发电量来看,75r/min 方案优于 71.4r/min 方案。

③吸出高度:从各国外公司推荐的三峡电站水轮机吸出高度 H_s(以导叶中心计)分析,75r/min 和 71.4r/min 两个方案相比,GEC 和 Voith 公司方案的 H_s 差值为零,日立公司的方案,71.4r/min 方案小 0.4m,从空化性能来看,71.4r/min 方案相近或稍优于 75r/min 方案。

④压力脉动:一般情况下,比转速高的水轮机,在偏离最优工况时,尾水管内压力脉动较大,由于两种转速相近,压力脉动值相差不大,如 GEC、东芝公司提供的两种转速方案,其尾水管内压力脉动相对值($\Delta H/H$)的最大值和最小值均相同;Voith 公司两种转速方案,部分负荷和额定工况点也相同,仅在最优工况点,75r/min 较 71.4r/min 大 20%,但压力脉动值 $\Delta H/H$ 仅达 1.2%。故 75r/min 方案的压力脉动值与 71.4r/min 方案相同或稍差。

⑤泥沙磨损:三峡电站建库后,过机水流中仍含有一定的泥沙,建库后第 27 年过机平均含沙量为 0.37kg/m³。不同转速方案,因转轮内流速不同,导致泥沙磨损量有差异。研究表明,在相同条件下,转轮的泥沙磨损量与转轮内相对流速的三次方成正比。转轮内的最大相

对流速,75r/min 方案较 71.4r/min 方案增加 2%~5%。相应磨损强度增加 5%~15%。从减轻泥沙磨损强度看,71.4r/min 方案为优,但两方案没有本质上的差别。对三峡电站而言,两种转速方案的水轮机均应在水力、材料、结构和制造工艺等方面对泥沙磨损问题予以高度重视,采取适当措施提高抗磨损性能。

⑥机组重量:三峡电站不同转速的选择,直接影响机组重量,从而影响电站的投资。三峡电站机组不同转速方案,水轮机和发电机主要部件的尺寸及重量不相等。71.4r/min 方案因转速较低,水轮机和发电机的尺寸和重量较大。水轮机重量,Voith 公司方案增加171.5t,日立公司方案增加 150t;单台机组重量,日立公司 71.4r/min 方案增加 300t。以日立公司方案单台机组增加 300t 计算,三峡电站 32 台机组重量将增加 9600t,相当于增加一台机组的总重量。显然,在工程投资上,75r/min 较 71.4r/min 为省。

⑦发电机:额定转速的选择与发电机的额定电压、并联支路数、合理的槽电流及冷却方式密切相关。对空冷发电机,合理的槽电流为 6000~6500A,对半水冷发电机,则为 10000A左右,三峡电站水轮发电机两种转速对应不同的槽电流。实践证明 71.4r/min 和 75r/min 都是合理的。两种转速水轮发电机的电磁方案,当额定电压为 18kV 时,75r/min 方案无论采用空冷或半水冷方式,定子槽电流都比较合理;而 71.4r/min 方案,采用空冷方式时槽电流太大,采用半水冷方式时,槽电流偏小。由此可见对于 71.4r/min 方案,无论采用空冷或半水冷方式,槽电流均不合理。当额定电压为 20kV 时,71.4r/min 方案的电磁方案选择较少;而 75r/min 方案无论是 18kV 或是 20kV,电磁方案选择都较多。因此对发电机而言,选择75r/min 方案较为有利。

综上所述,两种转速方案,水轮机参数和性能相近,在泥沙磨损方面,75r/min 方案因相对流速稍高,故泥沙磨损强度稍大,但两种方案的水轮机属于同一水平。水轮发电机 75r/min 方案在电气参数、电磁及结构设计上明显优于 71.4r/min 方案。水轮发电机组总的重量,75r/min方案较 71.4r/min 方案轻。机组造价较低,有明显的经济效益。综合考虑如上各项因素,在单项技术设计阶段,建议左岸电站水轮机及其匹配的发电机转速优先采用 75r/min。

从有利于提高机组运行的稳定性、进一步发挥制造厂的优势出发,在右岸电站机组招标文件中明确,机组的额定转速定为 71.4r/min 或 75r/min,由投标者选定。投标结果表明:右岸及地下电站东电和哈电机组的额定转速为 75r/min,ALSTOM 机组额定转速为 71.4r/min。

(2)水轮机主要参数

三峡左岸电站 14 台 700MW 机组 1 号、2 号、3 号、7 号、8 号、9 号机组由 VGS 制造(图 10.1.3),4 号、5 号、6 号、10 号、11 号、12 号、13 号、14 号由 ALSTOM 制造(图 10.1.4);右岸电站 12 台 700MW 机组 15 号、16 号、17 号、18 号机组由东方电气集团东方电机有限公司(简称东电)制造(图 10.1.5),19 号、20 号、21 号、22 号机组由 ALSTOM 制造(图 10.1.6),23 号、24 号、25 号、26 号机组由哈尔滨电机厂有限责任公司(简称哈电)制造;地下电站 6 台700MW 机组 27 号、28 号机组由东电制造,29 号、30 号机组由天津 ALSTOM 制造,31 号、32 号机组由哈电制造。各制造厂家水轮机主要参数见表 10.1.3。

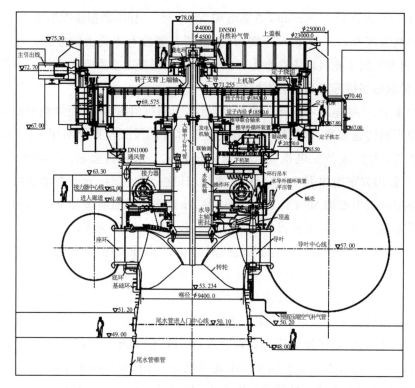

图 10.1.3 左岸电站 VGS 型机组剖面示意图

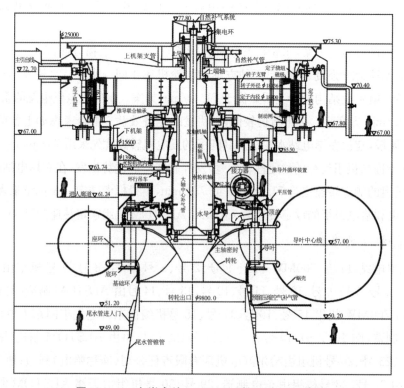

图 10.1.4 左岸电站 ALSTOM 型机组剖面示意图

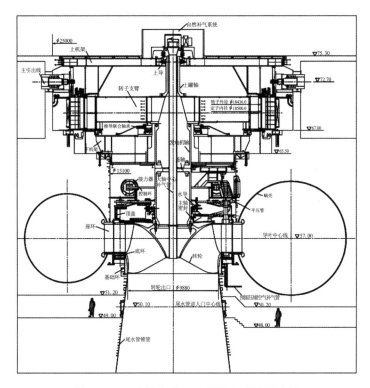

图 10.1.5 右岸电站 DEC 型机组剖面示意图

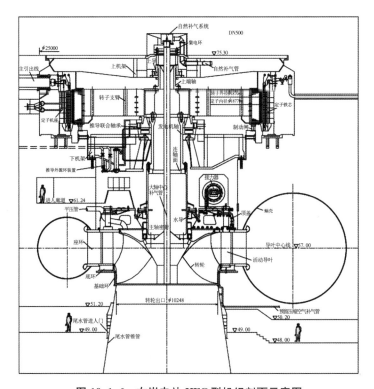

图 10.1.6 右岸电站 HEC 型机组剖面示意图

表 10.1.3 三峡电站水轮机主要参数汇总表

参数	单位	设计	左岸电站		右岸电站			地下电站			
			VGS 1~3号 7~9号	ALSTOM 4~6号 10~14号	东电 15~18号	ALSTOM 19~22号	哈电 23~26号	初步设计	东电 27号、28号	天津ALSTOM 29号、30号	哈电 31号、32号
最大水头	m	113	113	133	113	113	113	113	113	113	113
加权平均水头	m	90.1	—	—	—	—	—	—	—	—	—
额定水头	m	80.6	80.6	80.6	85	80.6	85	85	85	80.6	85
最小水头	m	61	61	61	61	61	61	71	71	71	71
额定出力	MW	710	710	710	710	710	710	710	710	710	710
转轮直径(喉部)	m	9.85	9.4	9.8	9.34247	9.54	9.969	≤10	9.88	9.6	10.248
额定点单位流量	L/S	1158	1117	1151	—	—	—	/	—	—	—
额定点效率	%	≥93.0	91.55	89.53	90.71	94.01	88.97	/	≥91.73	≥93.8	≥88.93
最高效率	%	≥95.5	≥96.26	≥96.26	96.2	96.5	96.34	≥95.2	≥96.42	≥96.5	≥96.14
额定转速	r/min	71.4 或 75.0	75	75	75	71.4	75	≥71.4 或 75	75	71.4	75
比转速	m·kW	249~261.2	261.7	261.7	244.86	233.2	244.9	244.9 或 233.1	244.9	233.2	244.9
吸出高度	m	−5.7	−5.0	−5.0	−5.0	−5.0	−5.0	−5.0	−5.0	−5.0	−5.0

(3)三峡电站水轮机性能

1)出力

各厂家制造的水轮机出力见汇总表 10.1.4。

表 10.1.4 三峡电站水轮机出力汇总表

项目		左岸电站				右岸电站						地下电站					
		VGS		ALSTOM		哈电		东电		ALSTOM		东电		天津 ALSTOM		哈电	
		合同值	验收值	合同值	验收值	合同值	验收值	合同值	验收值	合同值	验收值	合同值	验收值	合同值	验收值	合同值	验收值
额定	额定水头(m)	80.6	80.6	80.6	80.6	85	85	85	85	80.6	80.6	85	85	80.6	80.6	85	85
	额定出力(MW)	710	710	710	735	710	708.32						711.5		763.3		711.4
	额定流量(m³/s)	1001.85	1001.85										941.27		991.8		982.15

续表

项目		VGS		ALSTOM		哈电		东电		ALSTOM		东电		天津ALSTOM		哈电	
		左岸电站				右岸电站						地下电站					
		合同值	验收值	合同值	验收值	合同值	验收值	合同值	验收值	合同值	验收值	合同值	验收值	合同值	验收值	合同值	验收值
最大	净水头 (m)	92.1	91.17	98.0	98.0	96.5	95.7	96.31	96.21	93.8	93.2		95.56		93.8		95.9
	对应出力 (MW)	852	852	852	852	852	852	852	852	852	852		852		852		852
	对应流量 (m³/s)																
最小	净水头 (m)	85.05	84.9			90	89.1	88.88	88.80	85.4	85		88.24		85.4		89.6
	对应出力 (MW)	767	767			767	767	767	767	767	767		767		767		767
	对应流量 (m³/s)																

注：表中所列数据取自"三峡水利枢纽工程175m试验性蓄水水轮发电机组试验报告"。

2) 效率

各厂家制造的水轮机效率见汇总表 10.1.5。

表 10.1.5　　　　　　　三峡电站水轮机效率汇总表

指标			ALSTOM	VGS	ALSTOM	哈电	东电	东电	天津 ALSTOM	哈电
			左岸电站		右岸电站			地下电站		
无弃水期加权平均效率	模型	实测值	92.34	92.87	93.54	92.38	92.56	92.60	93.34	92.18
		保证值	≥92.16	≥92.19	≥93.35	≥92.12	≥92.52	≥92.54	≥93.26	≥91.43
	真机	换算值	94.01	94.39	95.03	94.05	94.34	94.26	94.87	93.96
		保证值	93.89	94.10	≥94.90	≥93.81	≥94.20	≥94.21	≥94.74	≥93.02
额定效率 (%)	模型	实测值	89.13	89.01	92.34	87.26	89.02	90.09	89.77	86.08
		合同值	87.85	89.64	≥92.53	≥87.30	≥89.09	≥90.09	≥92.34	≥86.17
	真机	换算值	91.15	90.47	93.80	88.94	90.75	91.73	91.31	87.84
		合同值	89.53	91.55	≥94.01	≥88.97	≥90.74	≥91.73	≥93.8	≥88.93
最高效率 (%)	模型	实测值	94.59	95.26	95.063	94.638	94.59	94.75	95.05	94.45
		保证值	≥94.51	94.35	≥94.93	≥94.61	≥94.52	≥94.72	≥94.93	≥94.42
	真机	换算值	96.36	96.80	96.581	96.34	96.27	96.46	96.58	96.24
		保证值	96.26	96.26	≥96.50	≥96.39	≥96.20	≥96.42	≥96.5	≥96.14

3)空化性能

①合同文件规定

三峡电站水轮机合同文件中规定水轮机的保证期以水轮机投入商业运行之日计起运行8000h或投入运行两年后(以先到为准)。在上述保证期内,厂家保证不会因空蚀、磨损而导致转轮、座环、导叶、底环、基础环和尾水管上过量的金属失重。保证的先决条件是运行8000h中,水轮机出力从零出力至相应水头下可连续运行的最小出力之间的运行时间不超过800h,出力大于767MW运行的时间不超过100h。

运行8000h由于空蚀和磨损引起的过量金属失重的定义如下:

(a)因空蚀和磨损作用,转轮、导叶和尾水管的金属剥落重量超过25kg。

(b)金属剥蚀深度超过10mm。

(c)某一连续的剥蚀面积大于0.5m²。

水轮机运行8000h,符合以上三条标准中任何一条均为过量金属失重,并将构成不满足空蚀、磨损保证。金属剥落的数值由磨光补焊以后表面复原到它的原来状态所需的体积来决定。

电站装置空化系数 δ_p 与初生空化系数 δ_i 之间需满足 $\delta_p/\delta_i \geqslant 1.1$。

②保证值与验收结果

(a)左岸电站水轮机主要工况点的初生空蚀系数和临界空蚀系数厂家保证不大于表10.1.6所列值,以保证水轮机在无空化工况下运行。水轮机主要工况的空蚀系数及安全裕量见表10.1.7。

表 10.1.6　　　　　　　　　　左岸电站水轮机空化保证值

序号	工况				初生空化系数 δ_{inRef}①/imD②		临界空化系数 δ_{inRef}①/smD②		装置空化系数 δ_{PRef}①/PD②	
	净水头(m)	出力(MW)		尾水位(m)						
		1~3号 7~9号	4~6号 10~14号		1~3号 7~9号	4~6号 10~14号	1~3号 7~9号	4~6号 10~14号	1~3号 7~9号	4~6号 10~14号
1	75.5	646.1	639.6	68	0.203/0.161	0.194/0.189	0.121/0.079	0.141/0.136	0.321/0.279	0.315/0.275
2	80.6	710	710	62	0.196/0.156	0.189/0.184	0.118/0.079	0.136/0.131	0.226/0.187	0.221/0.184
3	103	761.5	779	62	0.094/0.063	0.150/0.100	0.072/0.041	0.093/0.088	0.177/0.147	0.176/0.147
		767	767		0.090/0.061	0.098/0.093	0.065/0.036	0.081/0.076		
		710	710		③	0.091/0.086	③	0.078/0.073		

续表

序号	工况				初生空化系数 δ_{inRef}①/imD②		临界空化系数 δ_{inRef}①/smD②		装置空化系数 δ_{PRef}①/PD②	
	净水头 (m)	出力(MW)		尾水位 (m)	1~3号 7~9号	4~6号 10~14号	1~3号 7~9号	4~6号 10~14号	1~3号 7~9号	4~6号 10~14号
		1~3号 7~9号	4~6号 10~14号							
4	110	639	639	62	③	0.080/ 0.075	③	0.072/ 0.067	0.166/ 0.137	0.166/ 0.137
		568	568		③	0.075/ 0.070	③	0.062/ 0.057		
		497	497		③	0.070/ 0.065	③	0.053/ 0.048		

注：①转轮参考面高程,对原型机为导水机构中心线以下 3.168m;

②参考面为导水机构中心线高程;

③超出了试验范围,但装置空蚀系数的安全裕量比 767MW 时还大。

表 10.1.7　　　　　　　左岸电站水轮机主要工况的空蚀系数及安全裕量汇总表

序号	工况			初生空化系数 δ_i 验收/合同		临界空化系数 δ_s 验收/合同		装置空化系数 δ_p 验收/合同		安全系数(验收) $K_i=\delta_p/\delta_i$ / $K_S=\delta_p/\delta_s$	
	水头 (m)	出力 (MW)	尾水位 (m)	1~3号 7~9号	4~6号 10~14号	1~3号 7~9号	4~6号 10~14号	1~3号 7~9号	4~6号 10~14号	1~3号 7~9号	4~6号 10~14号
1	67	544	68		0.27		0.126		0.130		1.15/2.46
2	75.5	639	68		0.238/ 0.189		0.122/ 0.136		0.274/ 0.275		1.15/ 2.25
		646.1		0.155/ 0.161		0.0108/ 0.079		0.279		1.80/ 2.58	
3	80.6	710	62	0.128/ 0.156	0.226/ 0.184	0.091/ 0.079	0.126/ 0.131	0.187	0.188/ 0.184	1.46/ 2.05	0.83/ 1.49
4	98	852	62		0.154		0.084		0.151		0.98/1.80
5	103	761.5	62	0.062/ 0.063		0.059/ 0.041		0.146		2.35/ 2.47	

续表

序号	工况			初生空化系数 δ_i 验收/合同		临界空化系数 δ_s 验收/合同		装置空化系数 δ_p 验收/合同		安全系数(验收) $K_i=\delta_p/\delta_i$ / $K_S=\delta_p/\delta_s$	
	水头 (m)	出力 (MW)	尾水位 (m)	1~3号 7~9号	4~6号 10~14号	1~3号 7~9号	4~6号 10~14号	1~3号 7~9号	4~6号 10~14号	1~3号 7~9号	4~6号 10~14号
6	110	767	62	0.0768/0.061	0.093/0.093	0.0619/0.036	0.057/0.076	0.137	0.133/0.135	1.78/2.21	1.43/2.33
		710	62	0.071/0.061	0.074/0.086	0.0516/0.036	0.063/0.073	0.137	0.133/0.135	1.93/2.66	1.80/2.11
		639	62	0.0649/0.061		0.0526/0.036		0.137		2.11/2.60	
		568	62	0.0695/0.061		0.0633/0.036		0.137		1.97/2.16	
		497	62	0.076/0.061		0.0496/0.036		0.137		1.80/2.76	

注:参考面高程为导叶中心线。

（b）右岸电站水轮机主要工况点的初生和临界空蚀系数保证分别不大于表 10.1.8 的值,以保证水轮机在无空化工况下运行。

根据模型试验结果,右岸电站水轮机主要工况点的初生空蚀系数 δ_i 和电站装置空蚀系数 δ_p 分别见表 10.1.9。

（c）地下电站水轮机初生和临时空蚀系数合同保证值不大于表 10.1.10 所列值,以保证水轮机在无空化工况下运行。

地下电站机水轮机主要工况点的初生和临界空化系数模型验收值见表 10.1.11。

4）稳定性

为确保三峡电站水轮机的稳定运行,在左岸电站水轮机的招标文件中,对水轮机的稳定性提出以下要求:

（a）水轮机稳定运行范围

水轮机应能安全稳定地运行于空载和初期、后期的各种运行工况,包括一定的部分负荷区。根据三峡电站的水头条件和运行特点,水轮机的长期安全稳定运行范围应为:

a）水头小于或等于额定水头 80.6m 时,为水轮机预想出力的 $70\%\sim100\%$。

表 10.1.8　右岸电站水轮机主要工况的空化合同保证值汇总表

工况 净水头(m)	出力(MW)	尾水位(m)	初生空化系数 δ_i 东电 15~18号	δ_i ALSTOM 19~22号	δ_i 哈电 23~26号	临界空化系数 δ_s 东电 15~18号	δ_s ALSTOM 19~22号	δ_s 哈电 23~26号	装置空化系数 δ_p 东电 15~18号	δ_p ALSTOM 19~22号	δ_p 哈电 23~26号	安全系数 $K_i=\delta_p/\delta_i$ / $K_s=\delta_p/\delta_s$ 东电 15~18号	ALSTOM 19~22号	哈电 23~26号
75.5	607.97	68	0.168			0.122			0.2792			1.66/2.29		
	预想 593	68		0.211			0.177			0.2792			1.32/1.58	
	710	68			0.1933			0.081			0.277			1.433/3.419
85	710	62	0.147	0.160	0.160	0.110	0.134	0.086	0.1774	0.1774	0.177	1.21/1.61	1.11/1.32	1.106/2.058
Hopt	90PT	62		0.088			0.073			0.1324			1.50/1.81	
105	703.4	62			0.068			<0.06			0.137			2.014/72.28
101.63	724.57	62	0.095			0.067			0.1484			1.56/2.21		1.985/72.250
110	767	62	0.090	0.082		0.063	0.069	<0.06	0.1371	0.1371	0.135	1.52/2.18	1.67/1.99	1.985/72.250
	710	62	0.080	0.072		0.059	0.060					1.71/2.32	1.90/2.29	1.985/72.250
	639	62	0.070	0.060		0.057	0.050					1.96/2.41	2.29/2.74	1.985/72.250
	568	62	0.068	0.049		0.053	0.041					2.02/2.59	2.80/2.34	1.985/72.250
	497	62	0.065	0.039		0.055	0.033					2.11/2.49	3.52/4.15	1.985/72.250

表 10.1.9　右岸水轮机主要工况点的初生空蚀系数及安全裕量

序	工况 H(m)	P(MW)	TWL(m)	装置空蚀系数 σ_f	初生空蚀系数 σ_i ALSTOM	初生空蚀系数 σ_i 东电	初生空蚀系数 σ_i 哈电*	$K_i=\sigma_p/\sigma_i$ ALSTOM	$K_i=\sigma_p/\sigma_i$ 哈电*	$K_i=\sigma_p/\sigma_i$ 东电
1	75.5	650	68	0.2792	0.182	0.168		1.53		1.66
2	85	710	62	0.1774	0.130	0.146		1.36		1.21
3	Hopt	Popt	62	0.1324	0.084	0.096		1.57		1.54
4		767			0.080	0.091		1.71		1.51
5		710			0.066	0.079		2.07		1.73
6	110	639	62	0.1371	0.055	0.069		2.49		1.96
7		568			0.045	0.068		3.05		2.01
8		497			#	0.064		>1.37		2.16

注：参考面高程为导叶中心线；* 哈电机组在电站实际运行工况范围内选取部分特征工况点进行了空化试验。转轮初生空化系数和临界空化系数均满足合同要求。在额定工况点附近初生空化系数 0.177，装置空化系数 0.16，装置空化安全裕量 $K_i=0.16$，初生空化安全裕量 $K_i=0.177/0.16=1.106$，满足合同 K_i 大于 1.1 的要求。

表 10.1.10

地下电站水轮机空化保证值汇总表

净水头 (m)	出力 (MW)	尾水位 (m)	初生空化系数 δ_i 东电	初生空化系数 δ_i 天津 ALSTOM	初生空化系数 δ_i 哈电	临界空化系数 δ_s 东电	临界空化系数 δ_s 天津 ALSTOM	临界空化系数 δ_s 哈电	装置空化系数 δ_p 东电	装置空化系数 δ_p 天津 ALSTOM	装置空化系数 δ_p 哈电	安全系数 $K_i=\delta_p/\delta_i$, $K_s=\delta_p/\delta_s$ 东电	安全系数 天津 ALSTOM	安全系数 哈电
75.5	609.6	68	0.166			0.125			0.2792			1.68/2.23		
75.5	预期出力	68		0.211			0.177			0.2792			1.32/1.58	
78.5	634	68			0.1933			0.081			0.266			1.378/3.283
85	710	62	0.146			0.109			0.1774			1.22/1.63		
85 (额定水头)	710	62		0.160			0.134			0.1774			1.11/1.32	
102.99	729.85	62	0.093		0.160	0.066		0.086	0.1464		0.177	1.57/2.22		1.106/2.058
Hopt	Popt	62		0.088			0.073			0.1324			1.50/1.81	
107.9	740.1	62			0.074			<0.06			0.138			1.864/72.3
110	767	62	0.087	0.082	0.068	0.064	0.069	<0.06		0.1371	0.136	1.58/2.14	1.62/1.99	2.0/72.266
110	710	62	0.077	0.072	0.068	0.057	0.060	<0.06				1.78/2.41	1.90/2.29	2.0/72.266
110	639	62	0.068	0.060	0.068	0.055	0.050	<0.06				2.02/2.49	2.29/2.74	2.0/72.266
110	568	62	0.064	0.049	0.068	0.051	0.041	<0.06				2.14/2.69	2.80/3.34	2.0/72.266
110	497	62	0.062	0.039	0.068	0.050	0.033	<0.06				2.21/2.74	3.52/4.15	2.0/72.266

表 10.1.11　　　　　地下电站水轮机模型试验空化系数验收值汇总表

运行条件			初生空化系数 δ_i			临界空化系数 δ_s			装置空化系数 δ_p			安全系数 $K_i=\delta_p/\delta_i$ / $K_s=\delta_p/\delta_s$		
净水头(m)	出力(MW)	尾水位(m)	东电	天津ALSTOM	哈电	东电	天津ALSTOM	哈电	东电	天津ALSTOM	哈电	东电	天津ALSTOM	哈电
75.5	609.6	68	0.162			0.124			0.2792			1.68/2.23		
75.5	预期出力	68		0.212			0.135			0.2792			1.32/2.068	
78.5	634	68			<0.1933			0.07			0.266			>1.378/3.80
85	710	62	0.144			0.108			0.1774			1.22/1.63		
85	710	62		0.16			0.105			0.1774			1.11/1.689	
85	710	62			<0.160			0.068			0.177			>1.106/2.60
102.99	729.85	62	0.094			0.065			0.1464			1.57/2.22		
Hopt	Popt	62		0.091			0.055			0.1324			1.45/2.41	
107.9	740.1	62			<0.074			0.054			0.138			>1.864/2.56
110 (109)*	767	62	0.087	0.082	0.068	0.064	0.055	0.051	0.1371	0.1371	0.136	1.58/2.14	1.67/2.49	2/2.67
	710		0.075	0.068		0.056	0.043	0.050				1.78/2.41	2.02/3.19	2/2.72
	639		0.064	0.055		0.054	0.035	0.056				2.02/2.49	2.49/3.92	≥1.1/2.43
	568		0.062	0.048		0.053	0.041	0.053				2.14/2.69	2.86/3.34	≥1.1/2.57
	497		0.062	0.039		0.052	0.033	0.056				2.21/2.74	3.52/4.15	≥1.1/2.43

注：天津 ALSTOM 和哈电净水头为 109m。

b)水头从额定水头 80.6m 至水轮机发 767MW 时的最小水头,为水轮机出力从 497MW 至 100%预想出力。

c)水头从水轮机发 767MW 的最小水头至最大水头 113m 时,为水轮机出力从 497MW 至 767MW。

d)空载运行。如图 10.1.7 所示。

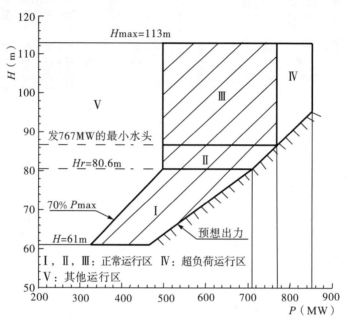

图 10.1.7 要求的三峡水轮机稳定运行范围

根据运行标准的允许值和蓄水过程中机组运行稳定性试验,综合考虑压力脉动、振动、摆度和水轮机效率等试验结果,划分的机组运行见表 10.1.12 和图 10.1.8 及图 10.1.9。

表 10.1.12 2 种机型的稳定运行区间

机型	6F(ALSTOM)	8F(VGS)
毛水头约 106m(上游水位 172.5m)		
禁止运行区(MW)	80～510	80～505
限制运行区(MW)		505～530
稳定运行区间(MW)	510～756	530～756
毛水头约 80m(上游水位 145.5m)		
禁止运行区(MW)	80～410	80～390
限制运行区(MW)		390～415
稳定运行区间(MW)	410～700	415～700

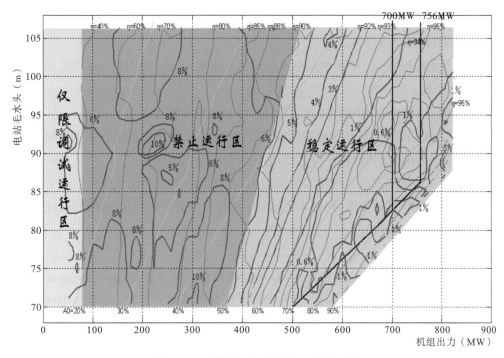

图 10.1.8 按运行标准划分 6F 运行区域

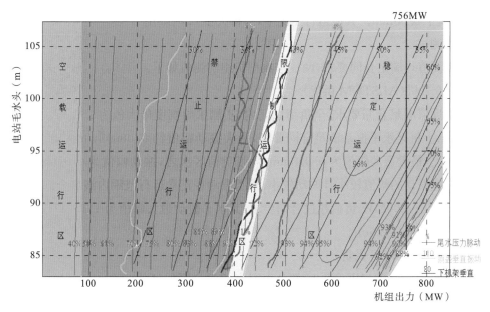

图 10.1.9 按运行标准划分 8F 运行区域

(b)尾水管压力脉动

招标文件对尾水管压力脉动提出要求:在水轮机不补气的条件下,原型水轮机和模型水轮机尾水管的压力脉动控制值如下。

a)水头小于或等于额定水头 80.6m,出力为 $70\%\sim100\%$ 该水头的预想出力,$\Delta H/H$ 不大于 5%。

b)水头从额定水头 80.6m 至水轮机发 767MW 时的最小水头,出力为 497MW 至 100%预想出力,$\Delta H/H$ 不大于 5%。

c)水头从水轮机发 767MW 的最小水头至最大水头 113m,出力从 497MW 至 767MW,$\Delta H/H$ 不大于 6%。

d)在各种水头下的其他运行工况,其 $\Delta H/H$ 最大值不超过 8%。

上述 ΔH 为实测压力脉动过程曲线峰值外包络线,H 为相应的运行水头。测量位置为距转轮出口处 $0.3D_2$(D_2 为转轮出口直径)的尾水管下游侧测压孔。

模型验收试验结果及机组现场实测值表明:各特征水头段的尾水管进口压力脉动幅值虽未全面达到合同保证值要求,但基本上达到了招标文件规定的对压力脉动保证值的要求。

(c)振动和主轴摆度

a)招标文件

ⓐ在规定的长期连续稳定运行范围内,水轮机顶盖上的垂直振动和径向振动的双振幅应分别不大于 0.10mm 和 0.14mm。其他运行工况分别不大于 0.12mm 和 0.16mm。

ⓑ在各种运行工况下水轮机导轴承处测量的水轮机轴相对摆度(双幅值)应不大于 0.05mm/m(以推力轴承镜板处为准)。

ⓒ在规定的长期连续稳定运行范围内,在水轮机导轴承处测得的水轮机轴绝对摆度(双幅值)不得大于 0.35mm。其他运行工况下,不得大于 0.50mm。

b)现场测试

现场实测值均满足合同要求,两厂家典型机组实测值如下。

ⓐ左岸 6 号机(ALSTOM 供货)

水导摆度值满足合同要求,全负荷区间内,实测水导摆度最大值为 $250\mu m$,小于合同保证值 $350\mu m$;上机架水平振动满足合同要求,最大振动幅值约 0.08mm;下机架垂直振动在小负荷区最大,最大振动幅值为 0.090mm;涡带负荷区次之,振动幅值为 0.076mm;大负荷区下机架垂直振动的幅值较小且波动较小;顶盖振动在正常运行范围内满足合同要求,但在小负荷区的 150~200MW 负荷超过合同要求,其水平振动最大幅值为 $111\sim171\mu m$,垂直振动最大幅值为 $224\sim280\mu m$。

ⓑ左岸 8 号机(VGS 供货)

水导摆度在 0~500MW 负荷区部分工况点超过合同保证值 $350\mu m$,500MW 以上满足合同保证值;上机架水平振动在涡带负荷区相对较大,最大值为 $150\mu m$。在 70%~100%出力范围,上机架水平振动基本满足合同保证值;下机架水平振动与垂直振动在小负荷区最大,最大值分别为 $152\mu m$ 和 $160\mu m$,在涡带区次之,涡带区最大振动值分别为 $100\mu m$ 和 $120\mu m$。500MW 负荷以上,下机架水平振动小于 $50\mu m$,垂直振动除个别工况点外,小于国标允许值 $80\mu m$;在全负荷范围内,顶盖水平振动小于 $70\mu m$,满足合同保证值。顶盖垂直振动在 70%~100%出力范围,除个别工况点外,基本满足合同保证值,在小负荷区最大超过合同保证值,最大值约 $200\mu m$。

（d）噪声

a）水轮机室靠机坑里衬的脚踏板上方约 1m 处的噪声不得大于 90dB。

b）距尾水管和蜗壳进人门约 1m 处的噪声分别不得大于 95dB。

5）轴向水推力

①左岸电站

合同规定在最坏的运行工况下的水轮机最大向下推力，包括轴向水推力和主轴、转轮等转动部件的重量，其值保证不超过 28500kN。

（a）ALSTOM 机组合同轴向水推力保证值如下：

a）在最大净水头下，转轮密封为设计间隙时，最大水推力保证不超过 2250t，转轮密封为 2 倍设计间隙时，最大水推力保证不超过 29200kN。

b）水轮机转动部分重量保证不超过 6250kN。

（b）VGS 机组合同轴向水推力保证值如下：

a）在最大净水头下，转轮密封为设计间隙时，最大水推力保证不超过 14400kN，转轮密封为 2 倍设计间隙时，最大水推力保证不超过 2050kN。

b）水轮机转动部分重量保证不超过 5470kN。

②右岸电站

（a）水轮机稳定运行范围

招标文件和合同文件规定的水轮机稳定运行范围：

a）水头小于或等于额定水头为水轮机预想出力的 70%～100%。

b）水头从额定水头至水轮机发 767MW 时的最小水头为水轮机出力从 497MW 至 100%预想出力。

c）水头从水轮机发 767MW 时的最小水头至最大水头 113m 为水轮机出力从 497MW 至 852MW。

d）空载运行

在上述运行范围外的其他运行工况，水轮机也将能安全稳定运行。

现场运行实测水轮机稳定运行范围：根据运行标准的允许值和蓄水过程中机组运行稳定性试验，综合考虑压力脉动、振动、摆度和水轮机效率等试验结果，划分的机组运行见表 10.1.13 和图 10.1.10 至图 10.1.12。

（b）尾水管压力脉动

右岸电站水轮机招标文件中没有对压力脉动指标进行具体规定，由投标厂商填报，此外，右岸电站水轮机供货厂商在合同文件中均保证没有高负荷高频率的压力脉动带（定义为：尾水管和无叶区测点，50%开度附近 $\Delta H/H \geqslant 4\%$ 且 $f/f_n \geqslant 1$ 的压力脉动）。

根据模型试验，哈电消除了在超大负荷区出现的压力脉动突然升高现象，压力脉动升高点已经移到运行区域以外（压力脉动升高点位置，真机水头为 90m 时，运行区域最大功率为 767MW，压力脉动升高点功率为 792MW；真机水头为 110m 时，运行区域最大功率为

852MW,压力脉动升高点功率为1037MW)。

表 10.1.13   3 种机型的稳定运行区间

机型	16F	21F	26F
毛水头约 106m(上游水位 172.5m)			
禁止运行区(MW)	80～530	80～560	80～497
限制运行区(MW)	530～560		497～525
稳定运行区间(MW)	560～756	560～756	525～756
毛水头约 80m(上游水位 145.5m)			
禁止运行区(MW)	80～380	80～435	80～370
限制运行区(MW)	380～415		370～400
稳定运行区间(MW)	415～670	435～680	400～630

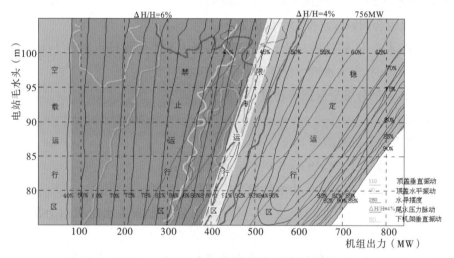

图 10.1.10   按运行标准划分 16F 运行区域

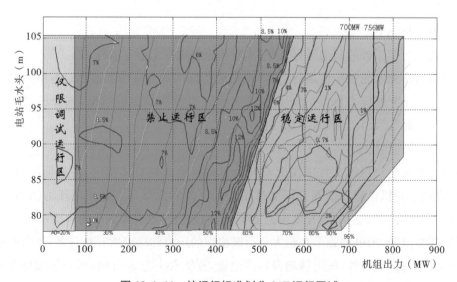

图 10.1.11   按运行标准划分 21F 运行区域

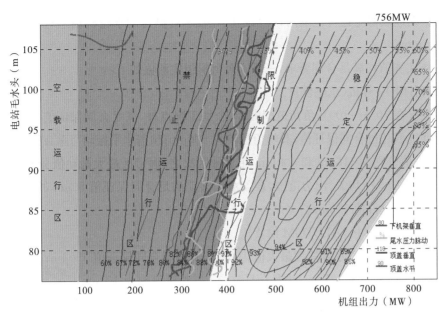

图 10.1.12 按运行标准划分 26F 运行区域

ALSTOM 的模型验收试验表明,模型水轮机的稳定性能基本满足合同要求,少数检查工况点的个别压力脉动幅值略高于合同保证值。

哈电的模型验收试验表明,在正常运行区域,压力脉动满足合同要求;在 61m 水头、出力 75MW 以下工况导叶后转轮前压力脉动值超过合同保证值;在 61~85m 水头范围、出力 230MW 以下和 100m 水头、出力 150MW 以下工况时,尾水管压力脉动值超过合同保证值。在整个运行区域内未发现高部分负荷压力脉动。消除了在超大负荷区出现的压力脉动突然升高现象,压力脉动升高点已经移到运行区域以外(压力脉动升高点位置,真机水头为 90m 时,运行区域最大功率为 767MW,压力脉动升高点功率为 792MW;真机水头为 110m 时,运行区域最大功率为 852MW,压力脉动升高点功率为 1037MW)。

东电的模型验收试验表明,在运行范围内,无叶区存在 13 倍转频的压力脉动带。在水头 61.0~85.0m,出力从空载至 70% 预想出力范围内,尾水管锥管段距尾水管进口 $0.3D_2$ 下游侧测点处,最大混频压力脉动为 8.9%,高于 8.0% 的合同保证值;在水头 61.0~85.0m,从 70% 至 100% 预想出力范围内,导叶后、转轮前最大混频压力脉动为 6.3%,高于 6.0% 的合同保证值;在出力为 767MW 的最小水头约为 113m,767~852MW,导叶后、转轮前最大混频压力脉动为 4.3%,高于 4.0% 的合同保证值。

(c)振动和主轴摆度

a)招标文件规定:

ⓐ在长期连续稳定运行范围内,水轮机顶盖上的垂直振动和径向振动的双振幅将分别不大于 0.04mm 和 0.08mm。其他运行工况分别不大于 0.06mm 和 0.10mm。

ⓑ水轮机导轴承处测量的水轮机轴的盘车摆度将不大于 0.02mm/m(以推力轴承镜板处为准)。

ⓒ在长期连续稳定运行范围内,在水轮机导轴承处测得的水轮机轴绝对摆度(双幅值)不超过 0.3mm。

b)现场实测值均满足合同要求,三厂家典型机组实测值如下:

ⓐ三峡右岸 16 号机(东电供货)

水导摆度在 70%～100%负荷范围内,除个别工况点外,满足合同保证值。但在涡带负荷区水导摆度值超过合同保证值,其峰值达到约 600μm;顶盖水平振动与垂直振动在小负荷区最大,最大值分别为 116μm 和 400μm,在涡带区次之,涡带区最大振动值分别约为 80μm 和 130μm。在 70%～100%出力范围,顶盖水平振动满足合同保证值 80μm 的要求,顶盖垂直振动小于国标允许值 110μm。

ⓑ三峡右岸 21 号机(ALSTOM 供货)

全负荷区间内,实测水导摆度最大值为 230μm,小于合同保证值 350μm;顶盖水平振动在涡带区最大,最大值为 147μm,小负荷区次之,振动幅值约为 104μm。在 70%～100%出力范围,除个别工况点外,顶盖水平振动小于合同保证值 80μm。顶盖垂直振动在小负荷区最大,最大幅值约为 100μm,涡带负荷区次之,振动幅值约 73μm。在 70%～100%出力范围,顶盖垂直振动小于国标允许值 110μm。

ⓒ三峡右岸 26 号机(哈电供货)

水导摆度随负荷增加而减小,在整个负荷范围内其值在 300μm 以下,在 70%～100%出力范围内水导摆度混频幅值均小于 200μm,满足合同保证值空载工况小于 300μm 及正常工况小于 200μm 的要求;顶盖水平振动在空载～70%预想出力(或额定出力)范围内为 40～90μm,大于 70%预想出力(或额定出力)范围内为 20～40μm,满足合同保证值的要求。顶盖垂直振动在大于 70%预想出力(或额定出力)范围内为 40～140μm,其振动幅值除个别工况点外,小于国标允许值 110μm。

(d)噪声

ⓐ水轮机室靠机坑里衬的脚踏板上方约 1m 处的噪声不得大于 90dB。

ⓑ距尾水管和蜗壳进人门约 1m 处的噪声分别不得大于 95dB。

③地下电站

(a)水轮机稳定运行范围

三个厂家水轮机模型试验稳定性验收情况如下:

ALSTOM 水轮机模型试验稳定性验收结果:模型水轮机的稳定性满足合同保证值,尤其是在最有可能发生 SPPZ 的区域内没有发现压力脉动幅值 $DH/H > 4$ 和频率比 $f/f_n > 1$ 的现象。

哈电供货水轮机模型试验稳定性验收结果:从与三峡右岸水轮机模型验收结果比较可以看出,三峡地下厂房模型水轮机 A858d 在各个水轮机工况下,压力脉动双振幅值均小于三峡右岸。从 85～113m、497～预想出力或 767MW 的水头段和出力为 767MW 的最小水头约 113m、767～852MW 的水头段,三峡地下厂房与三峡右岸相差不多,但是在 85～113m 水头段、从空载至 497MW 和 71～85m 低水头段、从空载到 100%,三峡地下厂房压力脉动性能要明显优于三峡右岸。可以预期三峡地下厂房水轮机在汛期能够稳定运行。

东电供货水轮机模型试验稳定性验收结果:模型水轮机的稳定性满足合同保证值,转轮叶道涡初生线和发展线出现的位置均在保证稳定运行区之外。转轮叶片进口正、背面空化初生线均在实际运行水头与出力范围外。整个运行范围内转轮出口无可见卡门涡。

(b)尾水管压力脉动。

地下电站机组水轮机尾水管压力脉动运行测试值如表 10.1.14。

表 10.1.14　　　　　　地下电站机组水轮机尾水管压力脉动运行测试值

机组号及制造厂家				东电机组		ALSTOM 机组		哈电机组	
项目	单位	报警值	停机值	27F	28F	29F	30F	31F	32F
运行参数	测试日期	月/日			7.21	7.29	7.25	7.25	7.25	7.25
	上游水位	m			150.7	155.6	153	154	154	154
	下游水位	m			68.5	68.4	694	69.4	69.4	69.4
	水头	m			82.2	89.4	84.6	84.6	84.6	84.6
	机组有功	MW			685	696.3	690	703.5	680	691.1
振摆数据	尾水管上游压力脉动	%	≤6%		2.4	2.3	3.0	2.7	3.5	2.5
	尾水管下游压力脉动	%	≤6%		4.2	1.9	2.1	2.4	1.5	1
	蜗壳进口压力脉动	%	≤6%		4.1	4.3	6.7	7	6.4	4.4
	无叶区压力脉动	%	≤6%		3.9	3.3	4.8	5.3	5.2	2.6

(c)振动和主轴摆度

地下电站机组 72 小时试运行水轮机振摆测试值如表 10.1.15。

表 10.1.15　　　　　　地下电站机组 72 小时试运行水轮机振摆数据记录　　　　　单位:μm

机组号及制造厂家			哈电机组		ALSTOM 机组		东电机组	
记录项目			32 号机	31 号机	30 号机	29 号机	28 号机	27 号机
机组导轴承摆度峰峰值(μm)	水导	X 向	86	90	152	82	139	177
		Y 向	63	92	119	68	140	168
机组振动 f 峰峰值(μm)	顶盖振动	水平 X	54	32	36	24	13	22
		水平 Y	41	26	32	24	17	45
		垂直 Z	68	66	67	28	14	36

地下电站机组水轮机机械振动运行测试值如表 10.1.16。

表 10.1.16 地下电站机组水轮机机械振动运行测试值

机组号及制造厂家					东电机组		ALSTOM 机组		哈电机组	
项目	单位	报警值	停机值	27F	28F	29F	30F	31F	32F
运行参数	测试日期	月/日			7.21	7.29	7.25	7.25	7.25	7.25
	上游水位	m			150.7	155.6	153	154	154	154
	下游水位	m			68.5	68.4	694	69.4	69.4	69.4
	水头	m			82.2	89.4	84.6	84.6	84.6	84.6
	机组有功	MW			685	696.3	690	703.5	680	691.1
振摆数据	顶盖 X 水平振动	μm	$\leqslant 90\mu m$		19.8	14.2	29.8	27.6	12	52.5
	顶盖 Y 水平振动	μm	$\leqslant 90\mu m$		19	39	64.1	77.1	17	26.9
	顶盖 Z 垂直振动	μm	$\leqslant 110\mu m$		46.6	23	55	70	47	26

(d)噪音。

地下电站机组实际运行中噪声测试值如表 10.1.17。

表 10.1.17 地下电站机组噪声运行测试值

位置	稳定运行区噪声(dB)
水车室内部噪声(dB)	104
蜗壳门口噪声(dB)	98
尾水门口噪声(dB)	98
发电机盖板处(dB)	80

10.1.2.2 水轮机主要结构及特点

(1)左岸电站

1)尾水管

尾水管为带 2 个 2.45m 宽中间支墩的肘型尾水管,尾水管最低底板高程为 27.0m,扩散段(包括 2 个支墩)宽度为 31.9m,出口底部高程 29.9m,尾水管高度(从导叶中心线至尾水管底板的距离)为 30.0m,尾水管的长度(导叶中心线至尾水管出口断面)为 50.0m。装设金属尾水管里衬,金属尾水管里衬自基础环开始延伸至水流平均流速为 6m/s 处,在尾水管中墩鼻端设置钢里衬,钢里衬厚为 25mm。其里衬长度延伸至中墩两边的直线段 500mm。

尾水管里衬厚度为 25mm,在尾水管里衬顶部,有 1500mm 的不锈钢段,下段衬料为普通碳钢。里衬与基础环的连接采用现场焊接。每个尾水管中墩鼻端设置钢里衬。

在尾水管最低点,安装 2 套直径为 800mm 的盘形阀、相应的操作机构和排水管。2 个盘形阀分别安装在尾水管边墩内的左阀室和右阀室内。排水阀采用油压操作,排水阀操作机构布置在 44.0m 高程的操作廊道内。

2)蜗壳与座环

座环为平行环板式并带有圆弧导流环的组焊结构,即由上、下环板与 24 个固定导叶组成。上、下环板采用优质的抗撕裂环形钢板焊接制成。座环分为 6 瓣,在工地组焊成整体。主要参数和尺寸如表 10.1.18。

蜗壳为钢板焊接结构,蜗壳瓦片由工厂进行卷制和加工焊缝的坡口,并将瓦片焊接成管节交货。蜗壳进口直径 $\varnothing12.4m$,包角 345°。根据审查纪要和专家意见,蜗壳在现场不做水压试验,其埋设采用充压和保温浇混凝土方式,充压的内水压力为 $70mH_2O$,水温为 16～22℃,主要参数和尺寸如表 10.1.19。

表 10.1.18　　　　　　　　左岸电站水轮机座环主要尺寸表

机组号	外径 (mm)	高度 (mm)	重量 (t)	上下环板材料	上下环板厚 (mm)	固定导叶数 (个)
1～3 号、7～9 号机 (VGS)	14492	4755	382	A516M Gr. 485	190	24
4～6 号、10～14 号机 (ALSTOM)	15670	4640	390	S355J2G3/Z35	230	24

表 10.1.19　　　　　　　　左岸电站水轮机蜗壳主要尺寸表

机组号	材料	进口直径 (mm)	钢板最大高度 (进口)(mm)	分节数(节)	凑合节数 (节)	总重量 (t)
1～3 号、7～9 号机 (VGS)	610U2	12400	56	29	2	739.7
4～6 号、10～14 号机 (ALSTOM)	610U2	12400	53	29	4	755

3)导水机构

导水机构采用 24 个导叶,导叶采用不锈钢制造。每个导叶设有 3 个自润滑导轴承支承,一个坐落在底环中,另 2 个在顶盖中。导叶操作机构通过 2 个液压直缸接力器实现。接力器布置于水轮机室的接力器坑衬内,操作接力器的压力油由调速系统的油压装置供给,其额定工作油压为 6.3MPa。

为防止导水机构中剪断销被剪断时导叶的摆动,在导叶和连接板之间设有摩擦装置,当导水机构正常工作时,通过剪断销和摩擦装置共同把接力器的操作力传到导叶并使之同步转动。当剪断销被剪断时,连接板和导叶臂相对滑动,保证了传动机构零件的受力不再增加,起到了保护传动机构的作用。

4)转轮及与主轴的连接方式

转轮为不锈钢铸焊结构,即上冠、叶片和下环分别制造,然后组焊成整体转轮运至工地。转轮全部采用抗空蚀、抗磨损并具有良好焊接性能的不锈钢材料制造,其材料为 ASTM

A743 Gr. CA－6NM。上冠采用铸焊结构。叶片采用铸造结构，为保证叶形和通流部件的质量和精确度，要求叶片采用五轴数控车床加工。下环用钢板卷焊或铸造。转轮主要参数和尺寸如表 10.1.20。

表 10. 1. 20   左岸电站水轮机转轮主要尺寸表

机组号	标称直径 D_2 (mm)	喉径 (mm)	叶片数	高度 (mm)	材料	总质量(t)
1～3 号、7～9 号机	9525	9400	13	5401	A743 Gr. CA-6NM	434
4～6 号、10～14 号机	9800	9800	15	5062	A743 Gr. CA-6NM	445

转轮叶片的叶形在一定程度上决定了水轮机的主要性能。两个供货集团均采用了 X 形叶片，其特点是叶片进水边采用负倾角（negative blade leaning angle），叶片出水边为扭曲形状（skewed outlet），故从转轮进口看，叶片呈 X 形。与常规叶形相比，X 形叶片能比较好地适应变幅大的水头和负荷。

泄水锥、止漏环等，各厂都根据各自的工艺和习惯采用了不同方法制造，VGS 由于采用 X 形叶片，上冠较长，故取消了泄水锥。ALSTOM 采用半锥形长泄水锥，其直径为 $\varnothing 2.044$m，长约 2.5m，有利于改善水轮机的稳定性。

为保证转轮的互换性，VGS 转轮与水轮机轴的连接用 28 个 M160 螺栓和直径为 $\varnothing 280$ 剪切套筒连接，螺栓预紧力达到 8500kN。主轴与转轮法兰上的螺栓孔在工厂车间用高精度的模板进行加工，主轴和转轮上的螺栓孔不需要在工地加工，且转轮以及剪切套筒可以互换。ALSTOM 采用螺栓＋销钉方式，预应力为 180MPa，螺栓的拉伸长度约为 0.7mm。螺栓孔在工厂用高精度的模板进行加工，不需现场加工。

5）底环与顶盖

顶盖和底环均为钢板焊接结构，分成四瓣运输到工地，用螺栓把合。为减小转轮与顶盖间空腔的水压力以及对转轮的向下水推力，在顶盖上装设有 4 根（ALSTOM）或 8 根（VGS）大口径的泄压管，并延伸到尾水管扩散段。顶盖的主要参数和尺寸如表 10.1.21。

表 10. 1. 21   左岸电站水轮机顶盖主要尺寸表

机组号	材料	外径(mm)	高度(mm)	分瓣数（瓣）	总重(t)
1～3 号、7～9 号机	GB Q235C	12720	2267	4	300
4～6 号、10～14 号机	GB Q235C	13670	3100	4	380

顶盖和底环上的固定止漏环，在工厂内用径向的螺钉固定到分瓣的顶盖和底环上，工地拼装后要对止漏环的分缝进行封焊。顶盖和底环分别用螺栓把合到座环的上、下环法兰面上，工地安装时用放置在座环上、下法兰面上的单个的小垫片调整顶盖的高程。座环上的密

封表面要求在工地进行切割和打磨。

6）水轮机轴和轴密封

主轴由两根轴组成,即水轮机轴和发电机轴。水轮机轴采用中空结构,用锻制或钢板卷焊而成,上端与发电机轴连接,下端与转轮连接,均为内法兰连接方式。

轴密封系统分为工作密封和检修密封两部分。ALSTOM 的主轴工作密封结构为:工作密封件与一块水平支承板接触,通过摩擦起密封作用。支承板为不锈钢材料,分为六瓣,固定在转轮的上法兰面上。轴密支承的上下运动通过弹簧调节,使作用在轴封上的动水压力与弹簧力相平衡。

主轴密封为轴向密封结构,采用水润滑和冷却,主水源来自电站清洁水系统,水压为 0.2～0.5MPa,在密封需要较高压力水的情况下,通过设在 EL.67.0m 下游副厂房的 2 台增压泵增压。工作密封能在不拆卸主轴、水轮机导轴承、导水机构、管路系统和机坑排水设施的情况下进行检查、调整和更换密封元件。

在机组停机时,为防止水进入顶盖,在工作密封下方设置了用压缩空气充气的橡胶检修密封装置,检修密封由电站压缩空气系统提供工作压力为 0.5～0.8MPa 的压缩空气。

7）补气系统

为了满足水轮机在部分负荷工况下稳定运行的需要,2 个供货厂商均设置了通过发电机上端轴从主轴向转轮下方补入自然空气的补气系统。当转轮处压力低于设定值时,装在发电机上端轴的补气阀自动开启进行补气。当补气阀失效,且尾水位高于补气阀密封面时,设有迷宫和引至下游 EL.44m 廊道排水总管,以防止水流进入发电机。

此外,在顶盖、底环和基础环上均预留有补压缩空气的管道,所有管道均引至 61.24m 高程的下游副厂房。此外,ALSTOM 还在尾水管锥管上预留有补压缩空气的管道,作为将来机组实际运行中确有必要时采用。

（2）右岸电站

1）尾水管

尾水管为带 2 个 2.45m 宽中间支墩的肘型尾水管,尾水管最低底板高程为 27.0m,扩散段（包括 2 个支墩）宽度为 31.9m,出口底部高程 29.9m,尾水管高度（从导叶中心线至尾水管底板的距离）为 30.0m,尾水管的长度（导叶中心线至尾水管出口断面）为 50.0m。装设金属尾水管里衬,金属尾水管里衬自基础环开始延伸至水流平均流速为 6m/s 处。

在尾水管里衬顶部,有 1500mm 的不锈钢段,下段衬料为普通碳钢。里衬与基础环的连接采用现场焊接。在尾水管最低点安装 2 套直径为 800mm 的盘形阀,排水阀操作机构布置在 44.0m 高程的操作廊道内。

2）蜗壳与座环

座环为平行环板式并带有圆弧导流环的组焊结构,即由上、下环板与 24 个固定导叶组成。座环分为 6 瓣,在工地组焊成整体。主要参数和尺寸如表 10.1.22。

表 10.1.22　　　　　　　　　　　右岸电站水轮机座环主要尺寸表

机组号	外径（mm）	高度（mm）	重量（t）	材料	固定导叶数（个）
15～18 号（东电）	14910	4870	388	A516＋Q235B	24
19～22 号（ALSTOM）	15670	4400	380	SM490 B,A537 Cl1	24
23～26 号（哈电）	15800	4640	378.5	TSTE355 Z35＋SM490B＋610U2	24

　　蜗壳为钢板焊接结构,进口直径∅12.4m,包角 345°。蜗壳在现场不做水压试验,15 号水轮机蜗壳采用直埋方式,17 号、18 号、25 号和 26 号蜗壳采用垫层方式,其他蜗壳采用充压保温浇混凝土方式。主要参数和尺寸如表 10.1.23。

表 10.1.23　　　　　　　　　　　右岸电站蜗壳主要尺寸表

机组号	材料	进口直径（mm）	钢板最大厚度（进口）(mm)	分节数（节）	凑合节数（节）	总重量（t）
15～18 号（东电）	NK－HITEN610	12400	60	36	4	781
19～22 号（ALSTOM）	NK－HITEN610U2	12400	67	28	2	680
23～26 号（哈电）	NK－HITEN610U2	12400	53	27	4	780

3)导水机构

　　导水机构采用 24 个导叶,每个导叶设有 3 个自润滑导轴承支承,接力器布置于水轮机室的接力器坑衬内,操作接力器的压力油由调速系统的油压装置供给,其额定工作油压为 6.3MPa。

　　导水机构设有摩擦装置,当导水机构正常工作时,通过剪断销和摩擦装置共同把接力器的操作力传到导叶并使之同步转动。当剪断销被剪断时,连接板和导叶臂相对滑动,保证了传动机构零件的受力不再增加,起到了保护传动机构的作用。

4)转轮及与主轴的连接方式

　　转轮为不锈钢铸焊结构,即上冠、叶片和下环分别制造,然后组焊成整体转轮运至工地。转轮主要参数和尺寸如表 10.1.24。

表 10.1.24　　　　　　　　　　右岸电站水轮机转轮主要尺寸表

机组号	标称直径 D2(mm)	喉径(mm)	叶片数	高度(mm)	材料	总重量(t)
15～18 号 （东电）	9880	9342.47	13	5230	A743－CA－6NM	473.3
19～22 号 （ALSTOM）	9600	9540	15	4925	A743 Gr.CA－6NM	460
23～26 号 （哈电）	10248	9969	15	5290	A743.CA6NM	440

转轮叶片均采用了 X 形叶片能比较好地适应变幅大的水头和负荷。

5）底环与顶盖

顶盖为钢板焊接结构，分成 2～4 瓣运输到工地，用螺栓把合。在顶盖上装设有 6～8 根大口径的泄压管，并延伸到尾水管扩散段。顶盖的主要参数和尺寸如表 10.1.25。

表 10.1.25　　　　　　　　　　右岸电站水轮机顶盖主要尺寸表

机组号	材料	外径(mm)	高度(mm)	分瓣数（瓣）	总重(t)
15～18 号 （东电）	A516＋Q235B	12250	2333	2	297
19～22 号 （ALSTOM）	SM400 B,A516Gr60, A216 WCC	13670	2390	2	330
23～26 号 （哈电）	Q235B＋A240,S41500	13670	3055	4	300

顶盖和底环上的固定止漏环，在工厂内用径向的螺钉固定到分瓣的顶盖和底环上，工地拼装后要对止漏环的分缝进行封焊。顶盖和底环分别用螺栓把合到座环的上、下环法兰面上，工地安装时用放置在座环上、下法兰面上的单个的小垫片调整顶盖的高程。座环上的密封表面要求在工地进行切割和打磨。

6）水轮机轴和轴密封

主轴由两根轴组成，即水轮机轴和发电机轴。水轮机轴采用中空结构，上端与发电机轴连接，下端与转轮连接，均为内法兰连接方式。

轴密封系统分为工作密封和检修密封两部分。工作密封能在不拆卸主轴、水轮机导轴承、导水机构、管路系统和机坑排水设施的情况下进行检查、调整和更换密封元件。在工作密封下方设置了橡胶检修密封装置，检修密封由电站压缩空气系统提供工作压力为 0.5～0.8MPa 的压缩空气。

主轴密封为轴向密封结构，采用水润滑和冷却，主水源来自电站清洁水系统，水压为 0.2～0.5MPa，在密封需要较高压力水的情况下，可通过设在 EL.67.0m 下游副厂房的 2 台增压泵增压。在主轴密封主供水管路上(水源为电站清洁水系统)设 0.1mm 的一级过滤装置,在备用供水管路(水源为机组供水系统)设 0.1mm 和 0.3~0.8mm 的二级过滤装置。

7)补气系统

为了满足水轮机在部分负荷工况下稳定运行的需要,均设置了通过发电机上端轴从主轴向转轮下方补入自然空气的补气系统。当转轮处压力低于设定值时,装在发电机上端轴的补气阀自动开启进行补气。当补气阀失效,且尾水位高于补气阀密封面时,设有迷宫和引至下游 EL.44m 廊道排水总管,以防止水流进入发电机。

此外,在顶盖、底环和基础环上均预留有补压缩空气的管道,所有管道均引至 61.24m 高程的下游副厂房。

(3)地下电站

1)东电水轮机

①底环与顶盖

底环为铸焊结构,即上、下环板与铸造的导叶下轴座装焊结构,分成两瓣运输到工地,用螺栓把合。底环外径 12220mm,高度 610mm,重量 87.35t。

顶盖为钢板焊接结构,分成 2 瓣运输到工地,用螺栓把合。顶盖外径 12650mm,高度 2333mm,重量 325t,设有 8 根 DN350 的泄压管。

为了减小导叶在关闭时导叶与底环、顶盖间的漏水量,在底环、顶盖相应部位设置导叶端面密封,在底环、顶盖过流面上导叶活动范围内设置不锈钢抗磨板。

顶盖和底环上的固定止漏环,在工厂内固定到分瓣的顶盖和底环上,工地拼装后要对止漏环的分缝进行封焊。顶盖和底环分别用螺栓把合到座环的上、下环法兰面上,工地安装时用放置在座环上、下法兰面上的单个垫片进行调整。

②蜗壳与座环

蜗壳按升压水头 156 米进行设计。蜗壳采用全圆断面,在工地与座环过渡板直接挂装,蜗壳材料为 ADB610D 钢板。

座环采用平行式带过渡板和导流环组焊结构。座环高 4.95m,整体质量 428.6t,考虑到运输、安装,座环分为 6 瓣,每瓣分半面(上、下环板处)各设两个临时分瓣法兰,法兰上设把合螺栓、定位销及偏心销套,以便于安装调整。座环最重一瓣质量约 76.9t。

座环上、下环板采用 ASTM A516 Gr 485-Z25 钢板,23 个固定导叶采用 ASTM A516 Gr485 钢板,过渡板和舌板采用 JFE-HITEN610U2 钢板。

③转轮

转轮为不锈钢铸焊结构,其上冠、叶片和下环分别制造,组焊成整体转轮后运至工地。

转轮全部采用不锈钢材料制造,上冠采用整铸结构,下环分半铸造组焊结构。转轮共 13 个 X 形叶片。转轮叶片采用铸造结构,五轴数控机床加工。

转轮标称直径为 9880mm,最大外径为 10000mm,高 5300mm,质量 473.12t,无泄水锥。

转轮上冠设有与水轮机轴连接的法兰。转轮与主轴连接采用 28 个套筒和螺栓,套筒外径 280mm。

④水轮机轴和轴密封系统

主轴由水轮机轴和发电机轴组成。水轮机轴采用中空锻焊式结构,2 个法兰及 2 段轴身经分别锻造后,用窄间隙焊接工艺组焊成整体,上端与发电机轴连接,下端与转轮连接,连接方式均为内法兰连接。主轴端法兰外径 4.16m,滑转子外径 4.1m,轴身直径 3.8m,主轴长 5.649m,质量 108.5t。

轴密封系统分为工作密封和检修密封两部分,安装在顶盖下部的内圆面上。在主轴通过顶盖的部位设置工作密封。密封采用水润滑和冷却,主水源来自电站清洁水系统。工作密封能在不拆卸主轴、水轮机导轴承、导水机构、管路系统和顶盖排水设施的情况下进行检查、调整和更换密封元件。其密封形式为轴向结构,密封水压为 0.5MPa。

在机组停机时,为防止水进入顶盖,在工作密封下方设置有用压缩空气充气的橡胶检修密封装置。

⑤导叶和导叶操作机构

导叶为整铸不锈钢结构,共计 24 个。每个导叶设有 3 个自润滑导轴承支承,1 个坐落在底环中,另 2 个在顶盖中。导叶瓣体高 2801mm,导叶总高为 5469mm,每件导叶质量 9.7t。控制环为工字形钢板焊接结构,最大外径 9786mm,内径 7550mm,高 1718mm,质量 55t,分为两半。

由各部件(包括自润滑轴承、销、拐臂、连杆、控制环和推拉杆)组成的导叶操作机构将导叶与接力器相连接,并设有剪断销、挡块、摩擦保护装置等,导叶操作机构总质量 352.8t。

设有 2 个液压直缸接力器,用于通过导叶操作机构来操作导叶。接力器设置于水轮机室的接力器坑衬内,操作接力器的压力油由调速系统的油压装置供给,其额定工作油压为 6.3MPa。

⑥导轴承和润滑冷却水系统

水轮机导轴承为稀油润滑、非同心分块瓦自润滑轴承。导轴承由 24 块轴瓦、轴瓦支承、带油槽的轴承箱(分 2 瓣)、箱盖和附件组成,轴瓦尺寸为 315mm×315mm(长×宽)。导轴承置于油槽箱内。

水轮机导轴承设有一个完整、独立的润滑冷却系统,设有外循环冷却装置(3 个冷却器,2 个油泵),冷却装置(冷却器及阀组)布置在水轮机坑里衬凹槽内(凹槽尺寸 3720mm×2100mm×550mm,底部高程为 61.4m)。冷却水由电站技术供水系统提供,冷却器进口水温不超过 28℃。冷却器设计的工作压力为 0.5MPa。

⑦补气系统

为了满足水轮机稳定运行的需要,设置了通过发电机上端轴从主轴向转轮上冠出口补入自然空气的补气系统。

此外,在顶盖、底环和基础环上预留有补压缩空气的管道。

2)天津 ALSTOM 水轮机

①底环与顶盖

底环为焊接结构,分成 4 瓣运输到工地,用螺栓把合成整体。底环外径 13260mm,高度 720mm,质量 130t。

顶盖为钢板焊接结构,均分成 4 瓣运输到工地,用螺栓把合成整体,顶盖外径 13670mm,高度 2390mm,质量 340t。顶盖上对应转轮上腔部位设有 6 根 DN450 的泄压管。

为了减小导叶在关闭时与底环、顶盖间的漏水量,在底环、顶盖相应部位设置导叶端面密封,在底环、顶盖过流面上导叶活动范围内设置不锈钢抗磨板。

固定止漏环在工厂内固定到分瓣的顶盖和底环上。

②蜗壳与座环

蜗壳不进行水压试验,采用弹性垫层方法埋入混凝土。

蜗壳采用钢板焊接结构。蜗壳选用 ADB610D、B610CF 或同等材料制作。蜗壳分为 28 节,并以管节的形式交货。

蜗壳设置 1 个直径为 800mm 的内开铰接式进人门。为便于排空压力钢管和蜗壳内的积水,在蜗壳最低高程处设 1 个直径 $\varnothing$800mm 的排水阀。

座环由上、下环板与 24 个固定导叶刚性连接到一起组成。上、下环板采用性能不低于 S355J2G3-Z35 的优质抗撕裂环形钢板焊接制成。

座环分为 6 瓣,每瓣的质量不超过 80t。

座环设计成可排除水轮机机坑内的渗漏水的结构,5 个空心固定导叶设有 $\varnothing$50mm 中心孔,把水轮机机坑内的渗漏水自流排到排水总管。

③转轮

转轮为不锈钢铸焊结构,其上冠、叶片和下环分别制造,组焊成整体转轮后运至工地。

转轮(包括泄水锥)全部采用 ASTM A743 Gr CA-6NM 不锈钢材料,上冠采用铸焊结构。转轮有 15 个叶片,采用铸造结构,并采用五轴数控机床加工。转轮下环也为铸造结构。

转轮标称直径为 9600mm,最大外径为 11000mm,高 4939mm,转轮质量 463t。

转轮上冠设有与水轮机轴连接的法兰。

④水轮机轴和轴密封系统

主轴由水轮机轴和发电机轴组成。水轮机轴采用中空结构,用锻制或钢板卷焊而成,上端与发电机轴连接,下端与转轮连接,连接方式均为内法兰连接。主轴直径 4015mm,主轴长 6150mm,质量 107t。

轴密封系统分为工作密封和检修密封两部分。在主轴通过顶盖的部位设置工作密封。密封采用水润滑和冷却,主水源来自电站清洁水系统。工作密封形式为轴向结构。

在机组停机时,为防止水进入顶盖,在工作密封下方设置有用压缩空气充气的橡胶检修密封装置,检修密封由电站压缩空气系统提供工作压力为 0.5～0.8MPa 压缩空气。

⑤导叶和导叶操作机构

导叶采用不锈钢制造,共计 24 个。每个导叶有 3 个自润滑导轴承支承,1 个坐落在底环中,另 2 个坐落在顶盖中。导叶瓣体高 2850mm,导叶总高为 5700mm,每件导叶质量 10.1t。控制环为钢板焊接结构,分为两瓣。

设有 2 个液压直缸接力器,用于通过导叶操作机构来操作导叶。接力器设置于水轮机室的接力器坑衬内,操作接力器的压力油由调速系统的油压装置供给,其额定工作油压为 6.3MPa。

⑥导轴承和润滑冷却水系统

水轮机导轴承为具有巴氏合金表面的分块瓦、稀油润滑轴承。导轴承由分块轴瓦、轴瓦支承、带油槽的轴承箱、箱盖和附件组成,轴瓦尺寸为 430mm×430mm(长×宽)。导轴承置于油槽箱内。

水轮机导轴承设有一个完整、独立的润滑冷却系统,润滑油能在主轴旋转的作用下通过轴瓦作自循环。

⑦补气系统

为了满足水轮机在部分负荷工况下稳定运行的需要,设置了通过发电机上端轴从主轴向转轮下方补入自然空气的补气系统。

此外,在顶盖、底环、基础环和尾水管锥管上预留有补压缩空气的管道,所有管道均已引至 67.0m 高程主厂房内的总管上。

3)哈电水轮机

①底环与顶盖

底环为焊接结构,分成 4 瓣运输到工地,用螺栓把合成整体。底环外径 13260mm,高度 720mm,质量 132t。

顶盖为钢板焊接结构,外径 13670mm,高度约 2368mm,质量 325t,均分成 4 瓣运输到工地,用螺栓把合成整体。顶盖上对应转轮上腔部位设有 6 根 DN450 的泄压管。顶盖上还预留了压缩空气补气管道。

为了减小导叶在关闭时与底环、顶盖间的漏水量,在底环、顶盖相应部位设置导叶端面密封,在底环、顶盖过流面上导叶活动范围内设置不锈钢抗磨板。

固定止漏环在工厂内固定到分瓣的顶盖和底环上。

②蜗壳与座环

蜗壳不进行水压试验,采用弹性垫层方法埋入混凝土。

蜗壳采用钢板焊接结构。蜗壳采用 ADB610D、B610CF 或同等材料制作。

为了方便工地进行安装,设置 3 节凑合节以保证蜗壳能同时进行 5 个工作面的作业,其中一个凑合节设在与压力钢管连接处的蜗壳侧。

蜗壳设置 1 个 ∅800mm 的内开式进人门。

为便于排空压力钢管和蜗壳内的积水,在蜗壳最低高程处设置 1 个直径 ∅800mm 的排水阀。

座环采用平行式上、下环板钢板焊接结构,有 24 个固定导叶。上、下环板采用性能不低于 S355J2G3－Z35 的优质抗撕裂环形钢板焊接制成。

座环分瓣制造,且座环分块带有在工厂焊接好的蜗壳过渡段。

座环的设计能排除水轮机机坑内的渗漏水,5 个空心固定导叶设有 DN50 中心孔,把水轮机机坑内的渗漏水自流排到排水总管。

③转轮

转轮为不锈钢铸焊结构,其上冠、叶片和下环分别制造,组焊成整体转轮后运至工地。

转轮全部采用抗空蚀、抗磨损并具有良好焊接性能的 ASTM A743 Gr CA－6NM 材料。转轮最大外径 10600mm,高度 5245mm,重量 450t,上冠采用整体铸造,下环为分瓣铸焊制造。转轮有 15 个叶片。采用铸造结构,并采用五轴数控机床加工。转轮泄水锥连接在转轮的上冠底部。

④水轮机轴和轴密封系统

主轴由水轮机轴和发电机轴组成。水轮机轴采用中空结构,用锻制或钢板卷焊而成,上端与发电机轴连接,下端与转轮连接,连接方式均为内法兰连接。水轮机轴身直径为 $\varnothing 4000mm$,轴身内径 $\varnothing 3765mm$、上端法兰内径 $\varnothing 2800mm$,下端法兰内径 $\varnothing 2600mm$,轴长 5930mm。质量 101t。

轴密封系统分为工作密封和检修密封两部分。在主轴通过顶盖的部位设置工作密封。

⑤导叶和导叶操作机构

导叶采用不锈钢制造,共计 24 个。每个导叶有 3 个自润滑导轴承支承,1 个坐落在底环中,另 2 个坐落在顶盖中。

设有 2 个液压直缸接力器,用于通过导叶操作机构来操作导叶。接力器设置于水轮机室的接力器坑衬内,操作接力器的压力油由调速系统的油压装置供给,其额定工作油压为 6.3MPa。

⑥导轴承和润滑冷却水系统

水轮机导轴承为具有巴氏合金表面的分块瓦、稀油润滑轴承。导轴承由 12 块轴瓦、轴瓦支承、带油槽的轴承箱、箱盖和附件组成,轴瓦尺寸为 460mm×430mm(长×宽)。导轴承置于油槽箱内,轴承采用斜楔调整瓦块。除轴瓦为锻钢外,其余均为钢板焊接结构,轴瓦浇注巴氏合金。

水轮机导轴承设有一个完整、独立的润滑冷却系统,润滑油能在主轴旋转的作用下通过轴瓦作自循环。

此外,水轮机导轴承设有外循环冷却装置,冷却装置布置在水轮机机坑里衬凹槽内。冷却水由电站技术供水系统提供,冷却器进口水温不超过 28℃。冷却器设计的工作压力为 0.5MPa。

⑦补气系统

为了满足水轮机在部分负荷工况下稳定运行的需要,设置了通过发电机上端轴从主轴向转轮下方补入自然空气的补气系统。

在顶盖、底环、基础环和尾水管锥管上预留有补压缩空气的管道。

10.1.3 发电机

10.1.3.1 发电机参数

（1）发电机主要参数选择

三峡电站发电机采用"半伞"形式，推力轴承布置在下机架上。发电机主要参数选择应结合电站的各种运行方式，涉及电力系统安全稳定运行、机组甩负荷时的过渡过程、机组结构和材料、制造难易和造价等方面，因此参数选择不能孤立考虑各个参数，应综合匹配优选，立足于机组总体性能的最优。发电机主要参数包括额定电压、额定功率因数、电气性能参数、短路比、发电机飞轮力矩 GD^2 和冷却方式等。

1）额定电压

额定电压的选择与机组容量、转速、合理的槽电流、冷却方式、发电机电压设备的选择等密切相关。受发电机定子线圈绝缘水平、变压器低压套管、大电流封闭母线等的制约，20 世纪国内外已投运的水电站大型水轮发电机的额定电压范围为 15～18kV（表 10.1.26），从表 10.1.26 看出额定容量为 700MW 级的水轮发电机额定电压多数采用 18kV，水轮发电机额定电压尚未采用 20kV，缺乏运行经验。三峡电站 700MW 发电机额定电压提高到 20kV，不仅要求发电机定子绕组具有更高的绝缘水平，同时定子绕组的电场强度加大，由于水电站机组处于潮湿环境中，更易发生电晕现象，为此要求提高发电机定子绕组的防电晕性能。

表 10.1.26   各国在 2000 年以前建成水电站 500MVA 以上水轮发电机的额定电压

国家	申站名称	容量 MVA/MW	装机台数	额定电压 kV	转速 r/min	每极容量 kVA	定子槽电流 A	冷却方式	投产年份
巴西	伊泰普 50Hz	823.6/700	9	18	90.9	12480	8806	半水冷	1984
巴拉圭	伊泰普 60Hz	737/700	9	18	92.3	11338	7880	半水冷	1984
委内瑞拉	古里Ⅱ	805/725	10	18	112.5	10940	6455	空冷	1984
美国	大古力Ⅲ	718/700	3	15	85.7	8550	9220	半水冷	1978
美国	大古力Ⅱ	615/600	3	15	72	6150	4734	空冷	1975
俄罗斯	克拉斯诺亚尔斯克	588/500	12	15.75	93.8	9220		半水冷	1967
俄罗斯	萨扬舒申斯克	711/640	10	15.75	142.8	16930	8688	半水冷	1978
加拿大	丘吉尔瀑布	500/475	11	15	200	13889		空冷	1971
中国	二滩	612/550	4	18	142.8	14571	6543	空冷	1998

三峡左岸电站水轮发电机额定容量为 777.8MVA，最大容量 840MVA，额定转速 75r/min，冷却方式采用全空冷或半水冷，若额定电压采用 18kV 或 20kV，经计算在额定容量和最大容量下的槽电流及有关数据列于表 10.1.27。定子槽电流是一项重要技术经济指标，槽电流太小，槽未充分利用，浪费了发电机有效材料；槽电流太大，电气参数变差，定子线棒损耗和温

升增加,对绝缘不利,影响发电机寿命。对全空冷发电机,合理的槽电流一般为5500~6500A;对水冷发电机,合理的槽电流一般为10000A左右。世界上已运行的全空冷水轮发电机最大槽电流为6543A(中国二滩水电站),水冷最大为9220A(美国大古力水电站Ⅲ期)。从表10.1.27可看出,当额定电压=18kV时,若发电机采用空冷方式,槽电流6736A偏大;当额定电压=20kV时,无论是空冷还是水冷方式,槽电流均在合理范围内。因此,三峡水电站发电机的额定电压可选为18kV或20kV。

表 10.1.27　　　　　　　　三峡水电站发电机额定电压与槽电流关系

发电机参数	单位	数值			
额定容量/最大容量	MVA	777.8/840			
额定转速	r/min	75			
极　　数		80			
额定电压	kV	18		20	
额定容量/最大容量时电流	A	24948/26943		22453/24249	
冷却方式		空冷	水冷	空冷	水冷
定子绕组并取支路数		8	5	8	5
槽电流	A	6237/6736	9979/10777	5613/6062	8981/9700

在单项技术设计阶段,与国内、外著名水轮发电机组制造厂进行了技术交流,额定电压可选用18kV或20kV。发电机电压越低,在电磁负荷取值合理的情况下,绝缘材料与有效材料用量少,发电机越轻,造价越省;电压越高,发电机尺寸和造价增加,且较高的电压还会使电晕和电场强度增加。从这些方面考虑,多数厂家建议采用18kV。

额定电压20kV与18kV相比,定子线棒绝缘厚度需适当增加,线棒绝缘成型工艺仍可采用真空压力浸渍(VPI)或多胶模压,固化工艺,绝缘耐压(包括工频1min耐压和击穿电压)可满足要求,但电压等级提高后,由于电场强度增加,且水电站机组运行环境潮湿,导致电晕现象更易发生,因此,需重视和加强定子线棒端部的防电晕措施,采用定子线棒端部防电晕层和槽部防电晕层一次成型的工艺,可有效提高定子线棒的防电晕能力,发电机额定电压选用18kV或20kV均可。发电机额定电流选用20kV电压要比选用18kV低10%,有利于降低电压设备的制造难度,立足国内制造,发电机额定电压选定20kV。

2)额定功率因数

发电机额定功率因数的确定与电站接入电力系统中的无功平衡及发电机造价等因素有关。大型水电站通常采用远距离、高电压的输电方式,高压远距离输电线路的充电功率大,大型水电站发电机运行的功率因数比较高。国内外500MW及以上大型水轮发电机采用的额定功率因数值多在0.9及以上,最高达0.975,但伊泰普水电站1~9号机总容量为6300MW,经两回±600kV、输送能力为3150MW的直流输电线将功率转送给巴西的圣保罗市,为满足换流站的无功需要和近区无功需要,因此额定功率因数定为0.85。克拉斯诺亚尔斯克水电站除用交流 500kV 送电西伯利亚外,还以 220kV 输给地方系统,是该系统中的主要电源,为满足负荷中心的无功需要,因而选用的额定功率因数较低。一般情况下,大机组的额定功率因数均在 0.9 及以上。

三峡水电站 700MW 发电机,可选的额定功率因数有 0.875、0.9 和 0.95 三个方案,设计认为:选用 0.85 过低,加大发电机的视在容量,发电机造价增加较大,不宜采用,根据三峡工程的实际功率因素,主要比选采用 0.9、0.95 两个方案。

三峡电站在左右岸电站各采用一回 ±500kV 直流、送电容量 3000MW 向华东输电,直流换流站在三峡坝区附近,设计条件中明确换流站所需的无功 50% 由三峡水电站供给,另外已投入运行向华东送电一回 ±500kV 葛沪直流,今后也需由三峡电站送电至葛洲坝换流站,因此在电力系统无功平衡中需考虑上述设计条件。

在方案比选时考虑了:①三峡电站丰水期,左、右岸电厂均可分为二厂运行,左岸第一电厂接有 ±500kV 直流,向华东送电容量 3000MW;右岸第一电厂接有 ±500kV 直流,向华东送电容量 3000MW,右岸第二电厂接有去葛洲坝换流站的两回交流,以 ±500kV、送电能力 1200MW 向华东送电。除左岸第二电厂外,都接有直流换电站,都需要大量的无功。从满足直流换电站所需要的无功计算所需的额定功率因数为 0.8992,因此,发电机额定功率因数选定 0.9 是合适的。②发电机在有功功率确定的前提下,提高发电机功率因数,视在功率减小,可提高发电机有效材料利用率,减轻发电机总重量,并可提高发电机效率。三峡电站发电机造价与功率因数关系的定量计算,结果表明,功率因数从 0.875 上升到 0.9,发电机造价降低 3% 左右。由于机组台数多,发电机造价可减少以亿元计。但功率因数从 0.9 上升到 0.95,效益不及前者,因此,三峡电站发电机额定功率因数定为 0.9。

3)纵轴瞬变电抗 X_d'

发电机纵轴瞬变电抗 X_d' 值对电力系统稳定影响较大,X_d' 值小,动态稳定极限越大,瞬态电压变化率越小。从电力系统角度,X_d' 值越小越好,但从发电机制造角度,X_d' 值减小将增加发电机造价。国内外大型水轮发电机统计资料表明,发电机采用全空冷方式,X_d' 值一般在 0.29~0.36;若采用定子绕组水冷(即半水冷)方式,X_d' 值在 0.29~0.43。

三峡电站发电机 X_d' 值选择的难点是需定量分析 X_d' 值变化对电力系统稳定性和对发电机造价的影响。①X_d' 值对电力系统的影响是在三峡电站出现故障后,为维持电力系统稳定,电站所需切机台数的变化,计算表明,当 $X_d' \geqslant 0.35$ 时,为维持系统稳定,必须切 2 台以上机组;当 X_d' 由 0.35 增至 0.37 及以上,切 3 台机组的概率明显增加;当 $0.3 \leqslant X_d' \leqslant 0.32$,存在只需切 1 台机的情况,但比例较少,为 5%~20%。因此,从电力系统稳定要求,X_d' 越小越好,但综合考虑,X_d' 小于 0.35 可基本满足系统要求。②X_d' 值对水轮发电机组造价影响是在一定条件下,X_d' 有一最优值,大于或小于最优值,水轮发电机组造价都要增加。三峡电站发电机组 X_d' 值在 0.3~0.4 范围变化时,发电机参数和铜、铁的用量计算结果表明,$X_d' = 0.35$ 时铜铁用量最少,X_d' 偏离 0.35 时,铜铁用量都要增加。其计算结论是基于一定的条件,与结构、材料等诸多因素有关,不同制造厂有不同的结论。加拿大 GE 公司计算结

果是 X_d' 值 0.29 最优,大于或小于此值,水轮发电机组造价都会增加,0.29 能够满足 $X_d' \leqslant$ 0.35的要求。对于定子绕组水冷机组,X_d' 值会稍大,除个别工厂(俄罗斯电力工厂)认为 X_d' 值 0.37~0.41 将可降低机组造价外,其他工厂都认为对水冷机组,满足 $X_d' \leqslant 0.35$ 要求 没有任何困难。国内东方电机厂论证报告,对于 X_d' 可以做到小于或等于 0.35。鉴于国内 外工厂对三峡电站发电机的计算结果表明均能满足 $X_d' \leqslant 0.35$ 要求,故确定发电机 $X_d' \leqslant$ 0.35。

4)纵轴次瞬变电抗 X_d''

X_d'' 值主要影响短路电流的大小,它取决于阻尼绕组漏抗,因此变化范围较小。国内外 已运行的水轮发电机组统计资料表明,X_d'' 值在 0.16~0.28。国内工厂及专家论证认为, X_d'' 取值不小于 0.2 是合理的;国外工厂为三峡电站 700MW 机组提供的 X_d'',不饱和值范围 为 0.21~0.25,饱和值范围为 0.16~0.25。左岸及右岸 500kV 母线无直接电的联系,尽管 丰水期电站分四个电厂段运行,在枯水期左岸两厂相连或右岸两厂相连,出现四厂变为二厂 运行的情况。三峡电站短路电流水平采用 500kV 断路器按额定开断电流 63kA 控制。按此 水平及变压器的阻抗范围,发电机 X_d'' 值宜控制在不小于 0.2。三峡电站发电机选用 $X_d'' \geqslant$ 0.2。

5)发电机的短路比(SCR)

短路比与 X_d 有关,其关系式用(9.1.1)式表示:

$$SCR \approx 1/X_d \tag{9.1.1}$$

$$X_d = (0.37 - 0.4)A/B\delta^{*\tau/\delta} \tag{9.1.2}$$

式中:X_d——纵轴同步电抗;

A——发电机线负荷(A/cm);

B——气隙磁密(GS);

τ——极距(cm);

δ——气隙长度(cm)。

SCR 越大,则 X_d 越小,发电机过载能力大,负载电流引起的端电压变化较小。但需减小 A,即增加机组尺寸或加大 δ(增加转子绕组匝数),都使发电机造价增加;而减小 SCR,X_d 增大, 影响到发电机的过载能力和电压变化率,影响电力系统的静态稳定和充电容量。合适的短路 比选取与其他参数、机组损耗、效率、温升限值及机组冷却方式有关,一般在 0.9~1.3。国外大 机组的短路比:依泰普 SCR=1.18,古里Ⅱ SCR=1.1,萨扬舒申斯克 SCR=1.1,大古力空冷机组 SCR=1.21、水冷机组 SCR=1.35,克拉斯诺亚尔斯克 SCR=0.67。国外工厂为三峡电站 700MW 发电机提供的 SCR 值:空冷机组 SCR=1.1~1.17,水冷机组 SCR=1.1~1.23。

6)飞轮力矩(GD²)

飞轮力矩 GD² 值直接影响机组在突然甩负荷工况下机组速率上升及输水系统压力上 升,应满足输水系统的调节保证计算要求,同时还直接影响电力系统的暂态稳定。GD² 与机 组造价密切相关,选择合理的 GD² 值,对于低转速大容量发电机至关重要。应考虑:

①输水系统调节保证计算要求。经多方案过渡过程计算,$GD^2=420000kN \cdot m^2$,关闭时间 $T_S=11s$ 时,机组的大小波动均在允许范围内,因此,经输水系统调节保证计算,要求 GD^2 不小于 $420000kN \cdot m^2$。

②电力系统稳定的要求。不同的 GD^2 对系统稳定影响大小主要在三峡电站交流出线发生三相永久短路故障时,在切除故障后,为维护系统的暂态稳定,当 $GD^2 \geqslant 45 \times 10^5 kN \cdot m^2$ 时,一般需要切三峡电站 1 至 2 台机组;$42 \times 10^5 kN \cdot m^2 \leqslant GD^2 \leqslant 45 \times 10^5 kN \cdot m^2$ 时一般需要 2 至 3 台机组。

从电力系统稳定要求,GD^2 选 $45 \times 10^5 kN \cdot m^2$ 较好,考虑其他方面要求,选用 $GD^2 \geqslant 42 \times 10^5 kN \cdot m^2$。

从考虑机组本身在合理结构、合理参数范围内并考虑其经济性,就发电机本身存在的固有 GD^2 而言,与各工厂采用的结构、材料有关。对全空冷机组国外工厂为三峡电站 700MW 机组提供的发电机固有 GD^2 为 $400000 \sim 42 \times 10^5 kN \cdot m^2$;在此基础上 GD^2 若增加 5%,发电机重量增加 1.0%,成本上升 0.5%~1.0%;GD^2 增加 20%,发电机成本增加 5%。

结合从满足三峡电站调节保证计算和电力系统稳定计算的要求,并考虑机组的经济性,左岸电站发电机 GD^2 选用 $\geqslant 42 \times 10^5 kN \cdot m^2$,右岸电站及地下电站发电机 GD^2 选用 $\geqslant 45 \times 10^5 kN \cdot m^2$。

(2)发电机冷却方式选择

水轮发电机采用何种冷却方式,关系到水轮发电机参数选择、结构设计、重量和造价、能否长期安全稳定运行等方面,是大容量水轮发电机中需解决的关键问题之一。

槽电流是选择冷却方式的主要因素:发电机的冷却方式不受每极容量的限制,主要受电压、支路与槽电流的合理匹配及热流密度分析计算和热负荷的控制。对转速和电压已确定的发电机,可根据其可选支路数(对称)和槽电流选择发电机冷却方式。国内外已投用水轮发电机资料表明,冷却方式与定子槽电流值的关系密切,统计表明全空冷发电机槽电流适用范围为 5500~6500A;水内冷发电机,槽电流在 10000A 左右。三峡水电站发电机无论采用何种冷却方式,均应有合理的槽电流值。

冷却方式对发电机参数的影响分析:在技术交流中要求国外投标商对三峡电站发电机采用不同冷却方式对性能参数和造价进行分析比较,汇总于表 10.1.28。

表 10.1.28 中可看出:①计算发电机效率时定子绕组铜损折算温度为 90℃,如果折算温度按实际运行温度,即空冷按 105℃、水冷按 60℃,额定效率和最大容量时效率在两种冷却方式下基本相同,而加权平均效率水冷发电机略高;②各投标厂商对两种冷却方式的电抗值基本处于同一水平;③水冷发电机重量比空冷发电机略轻,但若考虑水处理设备装置,两种冷却方式的发电机价格基本相当;④全空冷发电机定子线棒相对于定子铁芯轴向热膨胀位移比水冷发电机大,导致对绝缘的损伤比水冷发电机大,对于三峡电站开停机频繁的调峰机组,此问题应予以重视。

表 10.1.28　　　　　　　三峡电站发电机不同冷却方式的参数比较汇总表

参数 \ 冷却方法 中投标厂商		瑞士 ABB		法国 GEC ALSTOM (GA)		俄罗斯 (RUS)		德国 VOITH 加拿大 GE 德国西门子组成 的 VGS 集团	
		空冷	水冷	空冷	水冷	空冷	水冷	空冷	水冷
效率 (%)	额定效率	98.80	98.77	98.90	98.77	98.64	98.59	98.85	98.75
	最大容量时效率	98.82	98.76	98.90	98.75	98.67	98.58	98.86	98.74
	加权平均效率	98.76	98.76	98.88	98.78			98.82	98.75
电抗 (P.U)	X_d'(不饱和值)	0.287	0.315	0.35	0.35	0.35	0.35	0.35	0.35
	X_d''(饱和值)	0.20	0.205	0.20	0.20	0.205	0.20	0.2	0.20
定子线棒相对于铁芯(mm) 轴向热膨胀量(mm)		3(稳态) 4(瞬态)	1(稳态) 7(稳态)	2.5	0.1	1.2	0	3.28	0
发电机重量(t)		3561	3459	3337	2966.2	3880	3480	3242	3143

国内外已投入运行的类似三峡电站的大容量机组,除古里Ⅱ电站和大古力Ⅱ电站机组外,大多采用半水冷方式,至 2000 年,已投运的单机容量为 500MW 及以上的水轮发电机共计 67 台,其中,半水冷发电机 43 台,占总数的 64%。大型机组的主要矛盾是由热引起的机械变形、膨胀、翘曲,对三峡电站要求调频调峰运行的大型机组尤其如此。

半水冷发电机具有以下优点:①定子绕组温度低,能缓解线棒相对定子铁芯冷热循环的位移,由于铁芯部分热流流向线棒使铁芯温度降低,也缓解了铁芯热膨胀引起的定子机座的径向力,同时减慢定子绕组绝缘的老化速度;②通过测量定子线棒进出口的水温,可以精确地监测定子绕组的温度情况;③由于水冷技术的不断提高,水系统本身引起故障已减少,虽然不可避免地增加了运行维护的工作量,但在实践中可借鉴依泰普、大古力Ⅲ等电站的实践经验。

大容量全空冷发电机已有大古力Ⅱ、古里Ⅱ、丘吉尔瀑布、二滩等电站投入运行,空冷技术成熟,设备简单可靠。三峡电站发电机最大容量 840MVA 不是全空冷发电机的极限容量,虽然全空冷发电机的定子温度比半水冷发电机温度高,热应力大,但由于通风冷却技术不断提高,同时在结构上采取适应热膨胀的措施,尚不会影响到发电机的安全稳定运行。全空冷发电机在实践中可借鉴古里Ⅱ和大古力Ⅱ等电站的运行经验。

从发电机可利用率分析,由于统计方法和统计范围的局限性,很难评价哪种冷却方式的可利用率高。国外各投标厂商提供给三峡电站发电机的两种冷却方式的参数基本相当。

三峡左岸、右岸、地下电站水轮发电机冷却方式选择如下。

1)左岸电站

左岸电站发电机的冷却方式,主要比选了全空冷与半水冷两种方式,由前比较分析可知,两种冷却方式都可行,从运行维护相对简单可选全空方式;从定子绕组的温度较低,温度应力引起的变形相对较小，三峡电站又是调峰电站出发，可选半水冷方式。对选用哪种冷却方式，分歧颇大，在招标文件中两种冷却都可以，由投标者根据制造优势选择。

左岸电站 ALSTOM 中标 8 台套，VGS（加拿大 GE、德国 VOIT、SIEMENS 等公司组成的联营体）中标 6 台套。而这些厂都有制造半水冷水轮发电机的业绩和技术优势，考虑大古力、依泰普等水电站所选用的 700MW 采用半水冷冷却方式的水轮发电机能安全稳定运行，日常维护工作量很少，同时考虑到三峡电站又是调峰电站、国内尚无制造和运行 840MVA 水轮水冷发电机的经验等情况，从运行可靠出发，在评标中选定左岸电站 14 台水轮水冷发电机选用半水冷冷却方式。

2）右岸电站

在左岸电站水轮发电机采用半水冷冷却方式的工程实践中，发现水冷系统所占厂用空间较大，对冷却水管路敷设的高差有一定要求，增加厂房布置特别是地下厂房的困难，在运行中水接头滴漏水时有发生等情况，发电机汇流环采用水冷，在运行中处于微振状态，若发生水接头脱开，冷却水喷洒在有尘发电机绕组上会发生短路事故。2001 年下半年开始设计研究右岸电站机组招标设计时，了解到国内哈电对大型水轮发电机采用全空冷，在通风槽设置、风速和风量的均匀分布、减小风损、封闭循环系统等核心技术有很大的突破，从而使大容量水轮发电机在运行中定子绕组温度分布趋于均匀、温升和温差有所减小。鉴于上述，长江设计院建议在右岸电站部分机组中采用，建议被三峡总公司采纳。在右岸机组招标文件中明确，发电机冷却方式可采用半水冷或全空冷。招标结果：右岸电站 12 台机组由 ALSTOM、东方各中标 4 台套，发电机采用半水冷；哈电中标 4 台套，发电机采用全空冷。2007 年 7 月由我国自主研发创新的采用全空冷方式、世界上最大容量（840MVA）的水轮发电机成功投入商业运行。

3）地下电站

我国从 20 世纪五六十年代开始对蒸发冷却的基本理论、冷却介质特性等方面进行了研究。随着基础研究取得成果，1983 年在云南大寨水电站（额定容量 10MW、额定转速 1000rpm），1992 年在陕西安康水电站（额定容量 50MW 额定转速 214.3rpm）等的蒸发冷却水轮发电机投入运行，验证了蒸发冷却的原理、冷却介质选用等基础研究取得的可信成果，为巨型水轮发电机采用奠定了基础。

这种新型冷却方式，不仅具有水内冷同等的冷却效果和优点，还选用了无毒、安全、不燃、沸点低、化学性能稳定性好又具有良好绝缘性能的环保型冷却介质，在运行中利用介质二相性的特性，其工作压力接近零表压，相应循环系统的管路密封较易解决，在容器和管路中不结垢，若制造工艺和安装调试质量达到要求，水轮发电机可实现免维护运行。

在三峡地下电站发电机冷却方式的比选中，看到了将蒸发冷却技术应用到 700MW 级及以上大型水轮发电机所具有的优越性和应用前景。在三峡工程建设中，基于对我国具有自主知识产权新技术的重视，要应用到三峡电站 840MVA 水轮发电机上，还需解决：①蒸发冷却水轮发电机的设计原则；②从环保出发，对蒸发冷却介质的物理、化学、生理、电弧作用下等性能试验研究,优选介质;③静态液位选择和蒸发冷却系统;④铁芯、线棒限值温度的确定;⑤整体冷却系统的仿真计算;⑥蒸发冷却水轮发电机总体结构及布置;⑦监测、保护系统等问题。要解决上述问题差一个工业化的试验研究,在三峡集团公司和长江设计院的大力支持下,三峡总公司与东电、中科院电工所签订了"三峡左岸电站水冷改造为蒸发冷却系统工业化应用研究"合同,东电与中科院电工所于 2005 年 5 月在东电建成了定子铁芯一个支路的 1/4 单元,安装 18 根真机线棒和跨接线及汇流环的真机模型试验台,针对上述问题进行两年多的试验研究,解决了水轮发电机蒸发冷却的关键技术,并在此基础上,提出了蒸发冷却发电机的总体结构设计方案、蒸发冷却系统主要参数、监测项目、开停机条件及制造工艺等,经专家评审,一致认为可在地下电站 840MVA 水轮发电机上应用。2012 年 7 月世界上首台具有中国自主知识产权的蒸发冷却 840MVA 巨型水轮发电机成功投入运行。

840MVA 巨型水轮发电机在同一水电站,同时采用全空冷、半水冷、蒸发冷却三种不同冷却方式,在当今世界是首次。

（3）推力轴承

推力轴承是支撑水轮发电机组转动部分重量和水推力的关键部件,直接影响机组安全运行可靠性。在 20 世纪 70—80 年代我国推力轴承烧瓦事故时有发生,危及机组安全运行,选用何种推力轴承必须引起高度重视。当时国内已投运机组最大的推力负荷为 3800t（葛洲坝水电站轴流水轮发电机组,单机容量为 170MW）,三峡电站 840MVA 水轮发电机推力负荷为 5520t,是世界上推力负荷最大的机组。选用何种推力轴承,对其布置位置、支撑方式、瓦材、润滑冷却系统等方面进行了比选设计研究。

推力轴承的结构布置:推力轴承可布置在发电机下机架上或水轮机顶盖上,两个方案各有优缺点。对依泰普、古里、大古力三个世界级大水电站进行考查,这三个电站推力轴承均放在发电机下机架上,这种方式会使机组高度增加约 1m,设备和土建费用略有增加,在运行中水轮机顶盖与推力轴互不影响,机组受力结构简单清晰,机坑内显得较宽敞,方便安装运行,推荐采用推力轴承布置在发电机下机架上。

支撑方式:推力轴承的支撑结构对推力瓦的变形、瓦面的压力均衡分布以及楔形油膜的形成与保持起重要作用,从而对推力轴承运行性能和可靠性有着重要的影响。经多种支撑形式的比较,采用小弹簧束支撑和小支柱簇支撑,这二种支撑方式具有足够的弹性,能使推力瓦面受力均衡,能使沿周各块瓦之间具有自动调节负载等优点。三峡水电站运行表明推力轴承 24(28)块瓦在运行中各瓦块间的温差一般都小于 5℃,表明这两种支撑方式较好,在大于 700MW 级大型水轮发电机中已被广泛采用。

瓦面材料:瓦面材质、单块瓦的大小和厚薄、瓦允许的运行温度等性能直接关系到推力轴承的安全运行。可供选择的瓦材,一是从俄罗斯引进的弹性金属氟塑料瓦,二是西方在已投入运行的 700MW 级水轮发电机中普遍采用的钨金（轴承合金）瓦。经长期研究和工程实践表明,目前在国内这两种瓦材都被采用,弹性金属氟塑料瓦虽有运行工况灵活、安装检修方便、取消高压油顶起装置等优点,但由于塑料瓦制造工艺上的缺陷,曾发生过烧瓦事故,虽经制造工艺改进也被普遍使用,但在 700MW 级以上的巨型水轮发电机中采用尚无工程实例。从安全出发,并考虑到钨金瓦可立足国内制造,三峡电站 700MW 水轮发电机采用钨金瓦。瓦温控制需考虑瓦块间温度分布的不均衡性,如瓦温过高,将导致瓦块温度分布不均,影响瓦块变形,瓦温控制在 80℃ 是较好的。

推力轴承润滑冷却系统:推力轴承润滑冷却系统功能是确保瓦的运行温度不超过允许值。有两种基本形式,一种是把油冷却器设置在油槽中的内循环润滑冷却系统,具有设备简单、不占用电站的辅助面积等优点,但维护检修不方便,且油槽体积较大,按运输条件制成整体或分瓣结构,20 世纪 70 年代研制开发抽屉式油冷却器,冷却效果好,对推力瓦及故障冷却器检修维护极方便,在国内广为采用;另一种是外循环润滑冷却系统,油冷却器设置在油槽外的支臂之间或机坑适当位置,外循环的优点是油槽体积小,冷却器便于维护检修,冷热油循环压力来自镜板泵或外加泵组。热油经外部冷却后流回油槽,冷油可直接喷射到摩擦面上,冷却效果好,但油路循环、管路系统的阻力特性分析计算应高度重视和精确计算。该系统适用于推力轴承摩擦损耗大、PV 值高的大容量高速电机。三峡电站水轮发电机推力轴承属大负荷、大型推力轴承,损耗大,需要冷却器的容量也大。若采用油槽内循环冷却系统不仅需要较多的冷却管,加大了油槽体积,也不利于油流循环发挥冷却效果,更不能满足轴承的冷却需求。采用外循环冷却系统,油槽内部结构可以简化,阻挡物少,油槽内油路畅通,能有效降低油的搅拌损耗(据测试,油的搅拌损耗约为润滑损耗的一半),油可直接进入油冷却器充分进行热交换。另外,因油冷却器位于轴承油槽外部,给检修、维护、更换零件均带来方便。外循环冷却系统根据轴承参数的不同,可设计成外加泵外循环和自身泵外循环(镜板泵外循环、导瓦自泵外循环)两种方式。鉴于上述,三峡电站水轮发电机推力轴承采用了外循环润滑冷却系统。

（4）发电机主要参数

三峡电站发电机主要参数见表 10.1.29。

（5）发电机温升

三峡电站发电机采用全空冷、半水冷和蒸发冷却三种冷却方式。发电机在额定电压、额定频率、额定功率因数、额定容量(777.8MVA)和最大容量(840MVA)运行时,导轴承和推力轴承轴瓦的温度分别不得超过 70℃ 和 80℃。并在 2 台空气冷却器和一台蒸发冷却系统冷凝器(若有)退出运行、空气冷却器出口冷却空气温度不超过 40℃、冷却水进水温度不超过 28℃时,最大温升(或温度)不超过下列值,三峡电站发电机冷却方式与温度或温升保证值见表 10.1.30。

表 10.1.29　三峡电站发电机主要参数汇总表

参数	单位	左岸电站			右岸电站				地下电站			
		招标文件	VGS 1~3号 7~9号	ALSTOM(ABB) 4~6号 10~14号	招标文件	东电 15~18号	ALSTOM 19~22号	哈电 23~26号	初步设计	东电 27号 28号	天津 ALSTOM 29号 30号	哈电 31号 32号
额定容量/额定功率	MVA/MW	777.8/700	777.8/700	777.8/700	777.8/700	777.8/700	777.8/700	777.8/700	777.8/700	777.8/700	777.8/700	777.8/700
最大容量/最大功率	MVA/MW	840/756	840/756	840/756	840/756	840/756	840/756	840/756	840/756	840/756	840/756	840/756
额定容量时进相容量	MVAr	339	339	339	339	339	339	339				
最大容量时进相容量	MVAr	366	366	366	366	366	366	366				
额定电压	kV	20 或 18	20	20	20	20	20	20	20	20	20	20
额定功率因数		0.9	0.9	0.9	0.9	0.9	0.9	0.9	0.9	0.9	0.9	0.9
最大容量功率因数（滞后）		0.9	0.9	0.9	0.9	0.9	0.9	0.9	0.9	0.9	0.9	0.9
额定频率	Hz	50	50	50	50	50	50	50	50	50	50	50
额定转速	r/min	75	75	75	75 或 71.4	71.4	75	75	75 或 71.4	75	71.4	75
飞逸转速	r/min	约 150	150	150	约为额定转速的 2 倍	143	151	146	150	150	143	150
冷却方式		全空冷或半水冷	半水冷	半水冷	全空冷或半水冷	半水内冷	全水冷	半水内冷	全空冷	蒸发冷却	半水冷	全空冷
额定效率	%	98.6	98.77	98.75		98.83	98.73	98.75		98.75	98.83	98.73
最大容量时效率	%	98.56	98.76	98.74		98.83	98.74	98.74		98.74	98.83	98.74
加权平均效率	%	98.56	98.76	98.75		98.82	98.69	98.75		98.72	98.81	98.68

续表

参数	单位	左岸电站			右岸电站				初步设计	地下电站		
		招标文件	VGS 1~3号 7~9号	ALSTOM (ABB) 4~6号 10~14号	招标文件	东电 15~18号	ALSTOM 19~22号	哈电 23~26号		东电 27号、28号	天津 ALSTOM 29号、30号	哈电 31号、32号
定子转子绕组绝缘等级		F级	F级	F级	F级	F级	F级	F级		F级	F级	F级
直轴不饱和瞬态电抗 (X_d')（额定容量时）	Pu	≤0.35	0.315	0.32	0.32	0.316	0.301	0.32		0.33	0.315	0.301
直轴不饱和瞬态电抗 (X_d')（最大容量时）	Pu		0.34	0.35	0.35	0.341	0.325	0.35		0.36	0.340	0.325
直轴饱和超瞬态电抗 (X_d'')（额定容量时）	Pu	≥0.20	0.20	0.20	0.20	0.204	0.205	0.20		0.22	0.204	0.205
直轴饱和超瞬态电抗 (X_d'')（最大容量时）	Pu		0.216	0.21	0.216	0.219	0.221	0.216		0.25	0.216	0.221
额定容量时短路比			1.2	1.2	1.2	1.2	1.2	1.2		1.26	1.2	1.2
最大容量时短路比		≥1.1	1.1	1.1	1.1	1.1	1.1	1.1		1.17	1.1	1.12
定子绕组绝缘耐压	kV	≥2.75UN +6.5	≥2.75UN +6.5	≥2.75UN +6.5	≥2.75UN +6.5	4UN	≥2.75UN +6.5	≥2.75UN +6.5	定子绕组额定电流密度 A/mm²	4.18	3.38	2.84
定子单根线棒 1min I 频耐压		≥2UN+3	2UN+3	2UN+3	2UN+3	2UN+3	2UN+3	2UN+3				
完整的定子绕组 1min I 频耐压		≥2UN+3	2UN+3	2UN+3	2UN+3	2UN+3	2UN+3	2UN+3				

续表

参数	单位	左岸电站			右岸电站				地下电站			
		招标文件	VGS 1~3号 7~9号	ALSTOM(ABB) 4~6号 10~14号	招标文件	东电 15~18号	ALSTOM 19~22号	哈电 23~26号	初步设计	东电 27号、28号	天津 ALSTOM 29号、30号	哈电 31号、32号
定子线棒起晕电压		≥5.5UN	6.5UN	≥5.5UN	≥5.5UN	6.5UN	≥5.5UN	≥5.5UN	定子绕组额定电流密度 A/mm²	4.51	3.65	3.06
定子单线棒起晕电压		≥1.5UN	1.5UN	1.5UN	≥1.5UN	1.5UN	1.5UN	1.5UN				
完整的定子绕组起晕电压		≥1.1UN	1.1UN	1.5UN	≥1.1UN	1.1UN	1.5UN	1.5UN	定子绕组单相对地电容 μF	1.76	2.54	3.69
定子线棒常态介质损失角正切 tanδ(0.2UNF)		≤1%	1%	1%	≤1%	1%	1%	1%				
F 机架最大垂直挠度	mm	3.5	3.5	3.5	3.5	3.5	3.5	3.5		≤3.5	≤3.5	≤3.5
轴系第一临界转速	r/min	不小于飞逸转速的125%	300	205	不小于飞逸转速的125%	300	313	190		大于1.3倍最大飞逸转速	>179	313
推力轴承负荷	t		5520	4050		5520	5560	4050		4050	5290	5070
发电机飞力矩 GD²	t·m²	≥450000	≥450000	≥450000	≥450000	≥450000	≥450000	≥450000	≥450000	≥470000	≥450000	≥480000

表10.1.30　三峡电站发电机冷却方式与温度或温升保证值汇总表

名称	招标文件 额定运行工况	招标文件 最大容量运行工况	左岸电站 ALSTOM合同 最大容量运行工况	左岸电站 VGS合同 最大容量运行工况	左岸电站 ALSTOM合同 最大容量运行工况	右岸电站 哈电合同 额定运行工况	右岸电站 哈电合同 最大容量运行工况	右岸电站 东电合同 最大容量运行工况	地下电站 东电合同 最大容量运行工况	地下电站 ALSTOM合同 最大容量运行工况	地下电站 哈电合同 最大容量运行工况
(一) 绕组、铁芯及集电环温升											
全空冷　定子绕组	65k	75k				62k	72k				70k
全空冷　励磁绕组	75k	85k				70k	80k				75k
全空冷　集电环	75k	85k				75k	85k				80k
全空冷　铁芯及与绝缘接触或相邻的机械部件	75k	80k				62k	70k				60k
半水冷　定子绕组出水温度		65°	65°	65°	65°			65°	68°	65°	
半水冷　励磁绕组		85k	85k	85k	75k			75k	75k	75k	
半水冷　集电环		80k	80k	80k	80k			80k	80k	80k	
半水冷　铁芯及与绝缘接触或相邻的机械部件		60k	60k	60k	60k			60k	60k	60k	
蒸发冷却　定子绕组出水温度											
蒸发冷却　励磁绕组											
蒸发冷却　集电环											
蒸发冷却　铁芯及与绝缘接触或相邻的机械部件											
(二) 轴承温度											
推力轴瓦	80℃	80℃	80℃	80℃	80℃	80℃	80℃	80℃	80℃	80℃	80℃
导轴瓦	70℃	70℃	70℃	70℃	70℃	70℃	70℃	70℃	70℃	70℃	70℃

（6）振动和摆度

1）左岸电站

①招标文件要求

（a）在对称负荷工况下，定子铁芯的频率为100Hz的允许双幅振动量应不大于0.03mm。

（b）在各种正常工况下，在下述部件上任一点测得的以峰－峰值位移表示的最大振动（或摆度）值如下：

	冷态	热态
集电环（水平分量）	0.40mm	0.30mm
上机架（水平分量）	0.08mm	0.08mm
下机架（垂直分量）	0.04mm	0.03mm
定子铁芯处的定子机座（0.5～5Hz，水平分量）	0.03mm	0.02mm

②合同保证值（表10.1.31）

表10.1.31 左岸电站发电机合同中振动或摆度保证值

名称	招标文件（冷态/热态）	ALSTOM合同（冷态/热态）	VGS合同（冷态/热态）
集电环（水平分量）	0.4/0.3mm	0.4/0.3mm	0.4/0.3mm
上机架（水平分量）	0.08/0.08mm	0.08/0.08mm	0.08/0.08mm
下机架（垂直分量）	0.04/0.03mm	0.04/0.03mm	0.04/0.03mm
定子铁芯处的定子机座（0.5～5Hz，水平分量）	0.03/0.02mm	0.03/0.02mm	0.03/0.02mm
定子铁芯（100Hz，水平分量）	0.03/0.03mm	0.03/0.03mm	0.03/0.03mm

2）右岸电站

根据合同文件，右岸电站各供货商机组振动、摆度的保证值见表10.1.32。

表10.1.32 右岸电站机组振动、摆度合同保证值

制造厂家	东电DEC		天津ALSTOM		哈电HEC	
运行工况	正常（mm）	空载（mm）	正常（mm）	空载（mm）	正常（mm）	空载（mm）
下机架（垂直分量）	0.03	0.03	0.03	0.05	0.03	0.04
上机架（水平分量）	0.08	0.08	0.08	0.04	0.08	0.08
定子机座（水平分量）	0.02	0.02	0.02	0.03	0.02	0.03

①三峡右岸16号机（东电供货）

（a）上机架水平振动满足合同保证值（80μm）。

（b）下机架垂直振动在小负荷区最大，最大值约为 $250\mu m$，在涡带区次之，涡带区最大振动值分别约为 $130\mu m$。500MW 负荷以上，下机架垂直振动除个别工况点外，小于国标允许值 $80\mu m$。

②三峡右岸 21 号机（ALSTOM 供货）

（a）小负荷区，上机架水平振动最大幅值约为 $40\mu m$；涡带工况区，上机架水平振动最大幅值约为 $31\mu m$；大负荷区，最大水平振动幅值约为 $11\mu m$。全负荷区间内的上机架水平振动幅值小于合同保证值 $80\mu m$。

（b）下机架垂直振动在涡带负荷区最大，最大幅值约为 $130\mu m$；小负荷区次之，振动幅值在 $60\sim80\mu m$；大负荷区下机架垂直振动的幅值较小，在 $5\sim13\mu m$。在 $70\%\sim100\%$ 出力范围，下机架垂直振动基本小于国标允许值 $80\mu m$。

③三峡右岸 26 号机（哈电供货）

（a）上机架水平振动在小负荷区振动最大，最大值为 $75\mu m$。在全负荷范围内，上机架水平振动满足合同保证值 $80\mu m$。

（b）下机架垂直振动在小负荷区最大，最大值约为 $160\mu m$。在 $70\%\sim100\%$ 出力范围，下机架垂直振动基本满足国标允许值 $80\mu m$。

右岸电站发电机可靠性指标列入表 10.1.33。

表 10.1.33　　　　　　　右岸电站发电机可靠性指标汇总表

制造厂家	ALSTOM	东电	哈电
发电机可用率	95.5%	99.5%	≥0.995
发电机无故障连续运行时间	18000h	20000h	≥18000h
大修间隔时间	10 年	≥10 年	≥10 年
退役前的使用期限	40 年	≥40 年	≥40 年
定子绕组退役前的使用期限	25 年	≥25 年	≥25 年

3）地下电站

地下电站水轮发电机振动和摆度保证值见表 10.1.34。

表 10.1.34　　　　　　　地下电站电机合同中振动和摆度保证值

名称	东电合同（冷态/热态）	ALSTOM 合同（冷态/热态）	哈电合同（冷态/热态）
集电环（水平分量）	0.4/0.3mm	0.4/0.3mm	0.4/0.3mm
上机架（水平分量）	0.08/0.08mm	0.08/0.08mm	0.08/0.08mm
下机架（垂直分量）	0.04/0.03mm	0.04/0.03mm	0.04/0.03mm
定子铁芯处的定子机座（$0.5\sim5$Hz，水平分量）	0.03/0.02mm	0.03/0.02mm	0.03/0.02mm
定子铁芯（100Hz，水平分量）	0.03/0.03mm	0.03/0.03mm	0.03/0.03mm

（7）可靠性指标

1）左岸电站

①发电机可用率　　　　　　　　0.995

②发电机无故障连续运行时间　　20000h

③大修间隔时间　　　　　　　　15 年

④退役前的使用期限　　　　　　70 年

⑤定子绕组退役前的使用期限　　30 年

2）右岸电站

发电机可靠性指标列入表 10.1.35。

表 10.1.35　　　　　　　　右岸电站发电机可靠性指标汇总表

可靠性指标	ALSTOM	东电	哈电
发电机可用率(%)	＞0.955	99.5%	≥0.995
发电机无故障连续运行时间	＞18000h	20000h	≥18000h
大修间隔时间	＞10 年	≥10 年	≥10 年
退役前的使用期限	＞40 年	≥40 年	≥40 年
定子绕组退役前的使用期限	＞25 年	≥25 年	≥25 年

3）地下电站

地下电站发电机可靠性指标合同保证值如表 10.1.36。

表 10.1.36　　　　　　　　地下电站发电机可靠性指标合同保证值

序号	可靠性指标	东电合同	ALSTOM 合同	哈电合同
1	发电机可用率(%)	≥99.5	≥99.5	≥99.5
2	发电机无故障连续运行时间(h)	≥ 20000	≥18000	≥18000
3	大修间隔时间(年)	≥10	≥10	≥10
4	退役前的使用期限(年)	≥40	≥40	≥40
5	定子绕组退役前的使用期限(年)	≥25	≥40	≥40

10.1.3.2　发电机主要结构及特点

（1）左岸电站

1）定子

定子由定子机座、定子铁芯和定子绕组组成。ALSTOM、VGS 发电机定子结构尺寸、重量如表 10.1.37。

①定子机座

发电机定子机座采用分瓣机座，到工地组圆和现场叠片，其中 ALSTOM 发电机定子机座分为 5 瓣,VGS 分为 8 瓣。

表 10.1.37　　　　　　　　左岸电站发电机定子结构尺寸、重量表

机组	定子机座外径	定子铁芯内径	定子机座高度	定子铁芯高度	定子重量
ALSTOM	22.03m	18.8m	6.04m	2.95m	804t
VGS	21.45m	18.5m	4.27m	3.13m	707t

ALSTOM 在定子机座设计上采用了斜元件支撑结构,斜元件由优质热轧钢板制成,与径向方向成一定角度在定子机座上等距离布置,穿过定子机座环板并与环板焊接。斜元件支撑的下部与基础刚性连接,上部与上机架支臂刚性连接。定子机座的斜元件能吸收一定的热膨胀,从而将机座和铁芯之间的热膨胀差异所引起的应力减小至可接收的范围。VGS 采用浮动式定子机座,即在机座与混凝土基础板之间加有径向销和连接螺栓,当铁芯向外热膨胀时,定子机座可径向向外自由滑动,同时限制任何切向位移,防止较大的反作用力施加到铁芯上,从而防止铁芯翘曲。

②定子铁芯

定子铁芯通过安装在定子铁芯和机座间的双鸽尾定位筋固定在定子机座上。定子铁芯由高质量、高导磁率、低损耗、无时效、优质冷轧薄硅钢片叠成。ALSTOM、VGS 均选用了厚度 0.5mm 的优质冷轧硅钢片。ALSTOM 定子铁芯采用 270 根 M20 穿心螺杆压紧,并在拉紧螺杆上采用了弹簧垫圈,使整个铁芯上的压力分布均匀,穿心螺杆在电气上与铁芯绝缘,定子铁芯上端压板与机座上环板无连接,铁芯单位面积压力为 1.5MPa。VGS 定子铁芯通过上、下端压板及位于定子铁芯外侧与定子机座之间的拉紧螺杆固定压紧,铁芯压紧螺栓采用高屈服强度的钢制成,并具有弹性储备以保持对铁芯叠片所产生的压力。拉紧螺栓的延伸率以及所用的弹簧垫圈,允许铁芯轴向膨胀。铁芯单位面积压力为 1MPa。

③定子绕组

定子绕组为条式波绕组,三相 Y 形连接。定子绕组每相由 5 个并联支路组成,绕组绝缘为 IEC 标准规定的 F 级绝缘,采用环氧树脂真空压力浸渍成形。ALSTOM 发电机定子绕组由 1020 根线棒组成,线棒主绝缘 1min 工频耐压值 80kV,击穿电压 130kV。VGS 发电机定子绕组由 1080 根线棒组成,线棒主绝缘 1min 工频耐压值 61.5kV,击穿电压 110kV。线棒采用罗贝尔法进行换位。

2)转子

转子由圆盘式转子支架、转子磁轭、转子磁极等部件组成。ALSTOM 发电机转子支架由 1 个转子中心体和 16 个斜支臂焊接而成,VGS 发电机转子支架由 1 个转子中心体和 20 个支臂焊接而成。ALSTOM、VGS 发电机转子外径分别为 18.74m 和 18.44m,转子高度分别为 3.42m 和 3.44m,转子重量分别为 1780t 和 1710t。转子支架的组装、磁轭叠片组装和磁极挂装在三峡工地进行。

①转子支架

转子支架(包括转子中心体和支架)为圆盘式焊接结构,用优质热轧钢板制成。中心体是一个具有适当刚度的整体,由上法兰、内法兰、外筒及内部径向垂直筋板组成。垂直筋板将上下法兰和外筒连接在一起形成一个刚性整体。转子支架的支臂在中心体的外周,与径向方向成一定角度等距离地分布,并与中心体的外筒相连。支架上设有足够数量的孔洞,以满足发电机通风的要求。

②转子磁轭

转子磁轭由磁轭冲片在现场叠装而成,磁轭冲片为不小于 3mm 厚经钝化处理的高强度冷轧钢板。转子磁轭通过磁轭键固定到转子支架上,ALSTOM、VGS 发电机的磁轭键均采用径、切向复合键连接结构,径向键的预紧力保证机组转速为 1.4 倍额定转速以下时转子磁轭与转子支架不发生分离。在磁轭叠片时预留有径向水平通风槽,通风槽沿整个磁轭表面均匀分布,以保证磁轭的通风。

③转子磁极

三峡左岸发电机转子磁极数量为 80 个(40 对),每个磁极由磁极冲片叠装而成的磁极本体和缠绕在其上的励磁绕组组成,励磁绕组匝数为 13.5 匝,绝缘等级为 F 级,在磁极表面即极靴上设有阻尼绕组。单个转子磁极在工厂组装而成,运至三峡工地后通过磁极键固定到转子磁轭上,并将所有磁极的励磁绕组连接成整体。

3)发电机轴承

发电机具有 2 个导轴承和 1 个推力轴承,即位于转子上方的上导轴承和位于转子下方的下导轴承和推力轴承。导轴承为自润滑、分块、可调、巴氏合金型。上导轴承采用一个单独的油箱安装于上机架上,下导轴承和推力轴承共用一个油箱安装于下机架上。

ALSTOM 发电机的推力轴承采用双层轴瓦结构,瓦块数量为 24 个,瓦面材料为巴氏合金。VGS 采用弹簧束支撑方式,瓦块数量为 28 个,瓦面材料也为巴氏合金。推力瓦温均不超过 80℃。推力轴承在飞逸转速下能安全运行 5min。为了降低推力瓦运行时的温度,提高运行可靠性,ALSTOM 发电机推力轴承采用 8 个外部油冷却器进行冷却,油冷却器布置在下机架上,油通过镜板泵进行循环。VGS 发电机推力轴承采用 6 个外部油冷却器进行冷却,油通过油泵进行循环,油冷却器及油泵布置在下机架区域。轴承允许在其冷却器的冷却水中断时,机组在额定转速下满负荷运行 15min。

推力轴承配备高压油顶起系统,以便在机组启动和停机时给推力轴承的轴瓦面注入高压油。在正常开停机过程中,高压油顶起系统能自动地投入运行。推力轴承允许在事故情况下不投入高压油顶起系统而能安全停机。每台发电机高压油顶起系统由两套电动机驱动的油泵组成,两套油泵一套工作,另一套备用。

4)发电机轴

发电机主轴和上端轴均为中空结构,上端轴位于转子上部,与转子中心体连接,发电机主轴位于转子下部,上端与转子中心体连接,下端与水轮机轴连接。ALSTOM、VGS 发电机上端轴和发电机主轴的尺寸、重量见表 10.1.38。

表 10.1.38 发电机上端轴和发电机主轴的尺寸、质量表

名称	供货方	长度	外径	内径	重量
上端轴	ALSTOM	2.22m	2.7m		37t
	VGS	2.98m	2.7m		26.42t
发电机轴	ALSTOM	4.94m	3.1m	2.65m	106t
	VGS	4m	3.8m	3.5m	88t

5）上、下机架

ALSTOM 发电机下机架由 1 个中心体和 16 个斜支臂焊接而成，VGS 发电机下机架由 1 个中心体和 6 个辐射形支臂焊接而成。ALSTOM、VGS 发电机下机架外径分别为 15.1m 和 16.1m，重量分别为 364t 和 283.5t。ALSTOM、VGS 发电机最大推力负荷分别为 5520t 和 4850t。由于下机架承担的垂直方向推力负荷大且尺寸较大，为了防止由于下机架产生下沉变形引起推力轴承负荷分布不均匀以及影响导轴承瓦与推力头之间的间隙，要求下机架必须有足够的刚度，下机架在最严重工况下，其垂直挠度不超过 3.5mm。

ALSTOM 发电机上机架由 1 个中心体和 20 个斜支臂组成，所有斜支臂径向均支撑在机坑混凝土墙上，轴向支撑在定子机座上。VGS 发电机上机架由 1 个中心体和 16 个辐射形支臂组成，相邻支臂之间在外径处横向连接，其中 8 个支臂径向支撑在机坑混凝土墙上，所有支臂轴向支撑在定子机座上，在轴向支撑件与支臂接合处采取不限制定子机座径向热膨胀的措施。ALSTOM、VGS 发电机上机架外径分别为 23.2m 和 21.35m，重量分别为 118.5t 和 83.5t。

6）发电机水内冷水处理系统

整个系统采取内部封闭循环方式。系统主要由供水加压水泵、热交换冷却器、纯水过滤器、离子交换器、移动水箱（带水泵）、膨胀水箱、氮气瓶等组成。其中，供水加压水泵、热交换冷却器、纯水过滤器均设置两台，一台工作，一台备用。

为了防止备用管路中水的导电率上升，在逆止阀的阀盘上均开有 3mm 的小孔，使备用管路中的水参加系统循环。正常运行时，只有 1% 的水经过离子交换器，离子交换器能维持水的导电率不上升。当导电率不合格时，系统会报警，此时需要更换离子交换器中的树脂。离子交换器中的树脂滤芯可在运行中更换。系统在换水、补水时，须通过移动水箱（带水泵）补充合格的纯水、清洁水。

膨胀水箱的作用是用于补偿由于温度升高造成水的体积增加，维持系统中水的压力不变。正常运行时，有 2% 的水流过膨胀水箱。

定子绕组冷却水系统（纯水系统）设有温度、流量、压力测量元件，其中，每组绕组（6 根线棒一组）冷却水出水管上设有 RTD(PT100)180 个；定子绕组上方纯水进出水管设有 RTD(PT100)2 个；纯水及纯水的冷却水系统均设有流量传感器、示流器 2 个、纯水压力传感器 1 个、压差传感器 2 个。

7）发电机冷却方式

发电机采用定子绕组直接水冷、定子铁芯和转子绕组空冷的半水内冷方式。

①定子绕组水内冷

定子线棒采用实心股线和空心股线换位编织而成，空心股线通过水接头与定子绕组进、出水环管连接，进、出水环管采用绝缘法兰和纯水处理系统的出、进水总管相连。纯水处理系统提供的纯水在线棒的空心股线中以一定的流速循环流动，从而对定子绕组进行冷却。定子线棒之间以及线棒和极间连接线之间的连接接头采用水、电接头分开的形式。纯水处理系统包括电动泵、水—水热交换器、机械过滤器、离子交换器和膨胀水箱等设备，除膨胀水箱布置在下副厂房 75.30m 高程外，其他设备均共用一个底座并采用集成式安装方式布置在下副厂房 67.0m 高程。经纯水处理系统处理后水质，ALSTOM 发电机为：pH 值 6～8，导电率 0.1ms/cm（水温 25℃），硬度小于 5 微当量/升；VGS 发电机为：pH 值 7.5～8，导电率为 0.5ms/cm（水温 25℃），硬度小于 5 微当量/升。

②定子铁芯和转子绕组的空气冷却

定子铁芯和转子绕组的空气冷却采用密闭自循环径向通风的冷却方式。空气的循环通过发电机转子的径向气流作用来实现，气流经转子通风沟、通风隙、气隙、定子铁芯和机座导入空气冷却器，通过空气冷却器的气流再返回到转子上、下端。在发电机定子机座周围，对称地布置有水冷式空气冷却器，ALSTOM 发电机为 20 个，VGS 发电机为 16 个。空气冷却器备有散热余量，当 2 台空气冷却器退出运行时，发电机应能在额定运行工况及最大容量运行工况下安全运行，且各部分温升符合合同的有关规定。

（2）右岸电站

1）定子

定子由定子机座、定子铁芯和定子绕组组成。发电机定子结构尺寸、质量如表 10.1.39。

表 10.1.39　　　　　　　　右岸电站发电机定子结构尺寸、质量表

制造厂家	定子机座外径	定子铁芯内径	定子机座高度	定子铁芯高度	定子质量
ALSTOM	22.13m	18.8m	6.125m	3.15m	721.37t
哈电	22.028m	18.766m	5.795m	3.2m	767.1t
东电	21.45m	18.5m	4.27m	3.13m	707t

①定子机座

发电机定子机座采用分瓣机座，到工地组圆和现场叠片，其中 ALSTOM 和哈电发电机定子机座分为 5 瓣，东电分为 8 瓣。

ALSTOM 和哈电在定子机座设计上采用了斜元件支撑结构，斜元件由优质热轧钢板制成，与径向方向成一定角度在定子机座上等距离布置，穿过定子机座环板并与环板焊接。斜元件支撑的下部与基础刚性连接，上部与上机架支臂刚性连接。定子机座的斜元件能吸收一定的热膨胀，从而将机座和铁芯之间的热膨胀差异所引起的应力减小至可接收的范围。

东电采用浮动式定子机座,即在机座与混凝土基础板之间加有径向销和连接螺栓,当铁芯向外热膨胀时,定子机座可径向向外自由滑动,同时限制任何切向位移,防止较大的反作用力施加到铁芯上,从而防止铁芯翘曲。

②定子铁芯

定子铁芯通过安装在定子铁芯和机座间的双鸽尾定位筋固定在定子机座上。定子铁芯由高质量、高导磁率、低损耗、无时效、优质冷轧薄硅钢片叠成。ALSTOM、哈电和东电均选用了厚度 0.5mm 的优质冷轧硅钢片。ALSTOM 和哈电定子铁芯采用穿心螺杆压紧,并在拉紧螺杆上采用了弹簧垫圈,使整个铁芯上的压力分布均匀,穿心螺杆在电气上与铁芯绝缘,定子铁芯上端压板与机座上环板无连接,ALSTOM 采用 315 根 M20 穿心螺杆,哈电采用 420 根 M16 穿心螺杆,铁芯单位面积压力均为 1.7MPa。东电定子铁芯压紧通过上、下端压板及位于定子铁芯外侧与定子机座之间的拉紧螺杆固定压紧,铁芯压紧螺栓采用高屈服强度的钢制成,并具有弹性储备以保持对铁芯叠片所产生的压力。拉紧螺栓的延伸率以及所用的弹簧垫圈,允许铁芯轴向膨胀,铁芯单位面积压力为 1.7MPa。

③定子绕组

定子绕组为条式波绕组,三相 Y 形连接。ALSTOM、哈电和东电定子绕组每相分别由 6 个、5 个和 8 个并联支路组成,绕组绝缘为 IEC 标准规定的 F 级绝缘,ALSTOM 和东电定子线棒采用环氧树脂真空压力浸渍成形,哈电采用多胶模压绝缘工艺成形。ALSTOM 发电机定子绕组由 1260 根线棒组成,采用罗贝尔 360°法进行换位,线棒主绝缘 1min 工频耐压值 80kV,击穿电压 130kV。哈电发电机定子绕组由 1680 根线棒组成,采用 328°的不完全换位方式,线棒主绝缘 1min 工频耐压值 61.5kV,击穿电压 110kV。东电发电机定子绕组由 1080 根线棒组成,采用 336°的不完全换位方式,线棒主绝缘 1min 工频耐压值 61.5kV,击穿电压 110kV。

2)转子

转子由圆盘式转子支架、转子磁轭、转子磁极等部件组成。ALSTOM 发电机转子支架由 1 个转子中心体和 28 个斜支臂焊接而成,哈电发电机转子支架由 1 个转子中心体和 32 个斜支臂焊接而成,东电发电机转子支架由 1 个转子中心体和 20 个支臂焊接而成。ALSTOM、哈电和东电发电机转子外径分别为 18.742m、18.704m 和 18.436m,转子高度分别为 3.46m、3.42m 和 3.3m,转子重量分别为 1850t、1760t 和 1690t。转子支架的组装、磁轭叠片组装和磁极挂装在三峡工地进行。

①转子支架

转子支架为圆盘式焊接结构,用优质热轧钢板制成。中心体是一个具有适当刚度的整体,由上法兰、内法兰、外筒及内部径向垂直筋板组成。垂直筋板将上下法兰和外筒连接在一起形成一个刚性整体。转子支架的支臂在中心体的外周,与径向方向成一定角度等距离地分布,并与中心体的外筒相连。支架上设有足够数量的孔洞,以满足发电机通风的要求。

②转子磁轭

转子磁轭由磁轭冲片在现场叠装而成,磁轭冲片为 4mm 厚(ALSTOM)和 3mm 厚(哈电和东电)经钝化处理的高强度冷轧钢板。转子磁轭通过磁轭键固定到转子支架上,ALSTOM、哈电和东电发电机的磁轭键均采用径、切向复合键连接结构,径向键的预紧力保证机组转速为 1.526 倍(ALSTOM)和 1.4 倍(哈电和东电)额定转速以下时转子磁轭与转子支架不发生分离。在磁轭叠片时预留有径向水平通风槽,通风槽沿整个磁轭表面均匀分布,以保证磁轭的通风。

③转子磁极

发电机转子磁极数量分别为 84 个(ALSTOM)和 80 个(哈电和东电),每个磁极由磁极冲片叠装而成的磁极本体和缠绕在其上的励磁绕组组成,励磁绕组匝数分别为 13.5 匝(ALSTOM 和东电)和 12.5 匝(哈电),绝缘等级为 F 级,在磁极表面即极靴上设有阻尼绕组。单个转子磁极在工厂组装而成,运至三峡工地后通过磁极键固定到转子磁轭上,并将所有磁极的励磁绕组连接成整体。

3)发电机轴承

发电机有 2 个导轴承和 1 个推力轴承,即位于转子上方的上导轴承和位于转子下方的下导轴承和推力轴承。导轴承为自润滑、分块、可调、巴氏合金型。上导轴承采用一个单独的油箱安装于上机架上,下导轴承和推力轴承共用一个油箱安装于下机架上。

ALSTOM 和哈电发电机的推力轴承采用双层轴瓦结构,瓦块数量为 24 个,瓦面材料为巴氏合金。东电采用弹簧束支撑方式,瓦块数量为 28 个,瓦面材料也为巴氏合金。ALSTOM、哈电和东电发电机推力轴承最大负荷分别为 5520t、5560t 和 4050t。推力瓦温均不超过 80℃。推力轴承在飞逸转速下能安全运行 5min。为了降低推力瓦运行时的温度,提高运行可靠性,ALSTOM 和哈电发电机推力轴承采用 8 个外部油冷却器进行冷却,油冷却器布置在下机架上,油通过镜板泵进行循环。东电发电机推力轴承采用 6 个外部油冷却器进行冷却,油通过油泵进行循环,油冷却器及油泵布置在下机架区域。轴承允许在其冷却器的冷却水中断时,机组在额定转速下满负荷运行 15min。

推力轴承配备高压油顶起系统,以便在机组启动和停机时给推力轴承的轴瓦面注入高压油。在正常开停机过程中,高压油顶起系统能自动地投入运行。推力轴承允许在事故情况下不投入高压油顶起系统而能安全停机。每台发电机高压油顶起系统由两套电动机驱动的油泵组成,两套油泵一套工作,另一套备用。

4)发电机轴

发电机主轴和上端轴均为中空结构,上端轴位于转子上部,与转子中心体连接,发电机主轴位于转子下部,上端与转子中心体连接,下端与水轮机轴连接。ALSTOM、哈电和东电发电机上端轴和发电机主轴的尺寸、质量如表 10.1.40。

表 10.1.40　　　　　　　　右岸电站发电机上端轴和发电机主轴的尺寸、质量表

名称	供货方	长度	外径	内径	质量
上端轴	ALSTOM	2.285m	2.69m	2.2m	27.55t
	哈电	2.497m	2.69m		29.212t
	东电	3.875m	2.7m		27.2t
发电机轴	ALSTOM	5.436m	4m	3.33m	110t
	哈电	5.311m	4m		106.298t
	东电	4.613m	3.8m		85t

5）上、下机架

ALSTOM 发电机下机架由 1 个中心体和 16 个径向支臂焊接而成，哈电发电机下机架由 1 个中心体和 12 个径向支臂焊接而成，东电发电机下机架由 1 个中心体和 6 个辐射形支臂焊接而成。ALSTOM、哈电和东电发电机下机架外径分别为 15.58m、15.3m 和 16.09m，重量分别为 368.39t、385t 和 303t。ALSTOM、哈电和东电发电机最大推力负荷分别为 5520t、5560t 和 4050t。由于下机架承担的垂直方向推力负荷大且尺寸较大，为了防止由于下机架产生下沉变形引起推力轴承负荷分布不均匀以及影响导轴承瓦与推力头之间的间隙，要求下机架必须有足够的刚度，下机架在最严重工况下，其垂直挠度不超过 3.5mm。

ALSTOM 和哈电发电机上机架由 1 个中心体和 20 个斜支臂组成，所有斜支臂径向均支撑在机坑混凝土墙上，轴向支撑在定子机座上。东电发电机上机架由 1 个中心体和 16 个辐射形支臂组成，相邻支臂之间在外径处横向连接，其中 8 个支臂径向支撑在机坑混凝土墙上，所有支臂轴向支撑在定子机座上，在轴向支撑件与支臂接合处采取不限制定子机座径向热膨胀的措施。ALSTOM、哈电和东电发电机上机架外径分别为 23.05m、23.4m 和 22.9m，重量分别为 100.8t、81.5t 和 83.5t。

6）发电机主引出线和中性点引出线

发电机每相定子绕组的各并联支路在引出线端通过汇流板汇流，以离相封闭母线的形式引出机坑墙外，与主回路离相封闭母线连接。发电机定子绕组的主引出线的中心水平线布置在 72.70m 高程，相间距离为 2500mm。发电机主引出线位于第二象限内，ALSTOM、哈电和东电发电机 U、V、W 三相中心线与 +Y 轴的夹角分别为 17.30°、28.30°、39.30°。发电机绕组末端在机坑内连成中性点后从第四象限引出，与 -Y 轴成 45°角。

为了避免机坑墙内钢筋及附近电缆桥架、管路等钢构的电磁感应发热，ALSTOM、哈电和东电发电机主引出线穿机坑墙处、ALSTOM 发电机中性点引线处的机坑墙以及机坑墙内所有由于大电流而可能产生危害电磁感应发热的钢部件均采取电磁屏蔽措施（铝板和铝板加钢板的屏蔽方式在 ALSTOM、哈电和东电机组中均有使用）。

为满足发电机—变压器组继电保护的要求，在发电机主引出线、中性点侧分支绕组、中性点连线和中性点引出线处均配置电流互感器。

7)中性点接地装置

发电机中性点经二次侧带负载电阻的接地变压器接地,接地装置包括隔离开关、变压器、电阻、柜体和内部连接件。接地变压器为单相、50Hz、自冷、户内、干式、防潮型配电变压器,带 H 级绝缘环氧浇注铜绕组。电阻为扁绕、镍铬合金、不易脆型电阻。接地变压器整体及隔离开关等密封于一单独的具有金属防尘外壳的柜体内,中性点接地装置布置在发电机坑墙外侧、第四象限内距$+X$轴45°方向,柜底部高程 67.0m,采用膨胀螺栓固定。接地变压器、电阻和隔离开关的额定值和主要性能参数如下所示。

①接地变压器

	ALSTOM	哈电	东电
一次侧额定电压(kV)	20	20	20
二次侧额定电压(V)	$\sqrt{3}\times720$	$\sqrt{3}\times900$	$\sqrt{3}\times550$
额定容量(kVA)	100	125	80

②电阻

电阻符合 IEEE No.32 中性点接地装置标准并满足以下要求:

	ALSTOM	哈电	东电
一次侧额定电压(kV)	20	20	20
二次侧额定电压(V)	$\sqrt{3}\times720$	$\sqrt{3}\times900$	$\sqrt{3}\times550$
电阻(Ω)	1.2/1.0(不带/带 GCB)	1.32/1.0(不带/带 GCB)	1.0

③隔离开关。

隔离开关为单相、50Hz、户内型。

额定电压(kV)　　　20

额定电流(kA)　　　0.1

操作机构　　　手动(带锁)

8)发电机辅助电气设备

发电机辅助电气设备包括发电机动力柜、发电机照明柜、上下轴承吸油雾装置、制动粉尘吸收装置、碳粉收集装置、消防系统机械柜、消防系统电气柜、机械制动柜、发电机仪表盘、端子箱等。

在发电机坑墙外侧 67.0m 高程分别布置一个动力柜和一个照明柜,供发电机机坑内外辅助设备动力负荷和照明负荷用电。为保证供电的可靠性,右岸电站机组自用电系统提供 2 回交流 380/220V 三相四线电源至动力柜,柜内装有双电源自动切换装置;右岸电站正常照明系统和应急照明系统各提供 1 回交流 380/220V 三相四线进线电源至照明柜(柜内分 2 段母线,1 段接正常照明交流电源,1 段接事故照明交流电源)。为保证机组消防用电的可靠性,右岸电站机组自用电系统提供 1 回交流 220V 电源至消防电气柜,柜内设有自动充电装置。纯水处理设备及其电源柜布置在电站下游副厂房内,电源柜装有双电源自动切换装置,

2 回交流 380/220V 三相四线电源引自右岸电站机组自用电系统。

在发电机坑内对称布置有电加热器(ALSTOM 和哈电为 20 个,东电为 12 个)和高压油顶起系统等设备。在机坑外布置有上下轴承吸油雾装置,制动粉尘吸收装置、碳粉收集装置、制动柜、消防系统机械柜、消防系统电气柜、发电机仪表盘等装置。上述装置的供电电源均引自发电机动力柜。

发电机坑内照明包括正常工作照明和事故照明,照明区域包括定子机座周围、下机架区域、集电环罩内及发电机顶部,指示发电机运行状态照明,其供电电源取自发电机照明柜。

9)发电机冷却方式

ALSTOM 和东电发电机采用定子绕组直接水冷、定子铁芯和转子绕组空冷的半水内冷方式,哈电发电机采用定子绕组、定子铁芯和转子绕组全空冷方式。

①ALSTOM 和东电定子绕组水内冷

定子线棒采用实心股线和空心股线换位编织而成,空心股线通过水接头与定子绕组进、出水环管连接,进、出水环管采用绝缘法兰和纯水处理系统的出、进水总管相连。纯水处理系统提供的纯水在线棒的空心股线中以一定的流速循环流动,从而对定子绕组进行冷却。定子线棒之间以及线棒和极间连接线之间的连接接头采用水、电接头分开的形式。纯水处理系统包括电动泵、水—水热交换器、机械过滤器、离子交换器和膨胀水箱等设备,除膨胀水箱布置在下副厂房 75.30m 高程外,其他设备均共用一个底座并采用集成式安装方式布置在下副厂房 67.0m 高程。经纯水处理系统处理后的水质比较,ALSTOM 发电机为:pH 值 6~8,导电率 0.1ms/cm(水温 25℃),硬度小于 5 微当量/升;东电发电机为:pH 值 7.5~8,导电率为 0.5ms/cm(水温 25℃),硬度小于 5 微当量/升。

②ALSTOM 和东电定子铁芯和转子绕组的空气冷却

定子铁芯和转子绕组的空气冷却采用密闭自循环径向通风的冷却方式。空气的循环通过发电机转子的径向气流作用来实现,气流经转子通风沟、通风隙、气隙、定子铁芯和机座导入空气冷却器,通过空气冷却器的气流再返回到转子上、下端。在发电机定子机座周围,对称地布置有水冷式空气冷却器,ALSTOM 发电机为 20 个,东电发电机为 16 个。空气冷却器备有散热余量,当 2 台空气冷却器退出运行时,发电机应能在额定运行工况及最大容量运行工况下安全运行,且各部分温升符合合同的有关规定。

③哈电定子绕组、定子铁芯和转子绕组的空气冷却

定子绕组、定子铁芯和转子绕组的空气冷却采用密闭自循环径向通风的冷却方式。空气的循环通过发电机转子的径向气流作用来实现,气流经转子通风沟、通风隙、气隙、定子铁芯和机座导入空气冷却器,通过空气冷却器的气流再返回到转子上、下端。在发电机定子机座周围,对称地布置有 20 个水冷式空气冷却器,空气冷却器备有散热余量,当 2 台空气冷却器退出运行时,发电机应能在额定运行工况及最大容量运行工况下安全运行,且各部分温升符合合同的有关规定。

（3）地下电站

1）东电发电机

①发电机定子

发电机定子主要由定子机座、铁芯和绕组组成。发电机定子为浮动式机座结构，定子机座分成 8 瓣运至现场，定子机座组圆焊接。

定子机座的定子铁芯由 0.5mm 厚的硅钢片叠装而成，用高强度螺栓分层压紧，定子铁芯通过鸽尾形定位筋固定于定子机座上。定子外径 21450m，内径 18500mm，定子机座高度为 4265.5mm，定子铁芯高度为 2954mm。

定子线棒为双层布置，条式波绕组，"Y"形连接，5 支路并联，共 1080 根线棒，所有的线棒接头连接采用银铜焊。定子绕组中，线棒采用蒸发冷却方式，跨接线及端部铜环引线采用通风冷却方式。线棒之间电接头连接采用焊接方式，线棒气液接头与上集气环管和下集液环管之间接头采用 Teflon 软管连接，均在工地进行。

②发电机转子

转子主要由圆盘支架、磁轭和磁极组成，转子上部与上端轴相连，下部与发电机轴相连，连接方式均为法兰连接。在安装场进行转子支架的组装、磁轭叠片组装和磁极挂装。

发电机转子外径为 18578mm，转子磁轭高度为 3282.4mm，整体转子重量为 1890t。转子支架采用斜支臂圆盘结构，有 20 个支臂，分成中心体和 10 块扇形块运输至现场后组装成整体，支架的下部设有制动环；磁轭由 3mm 厚的经钝化处理的高强度钢片在现场叠装而成。

③发电机轴承和润滑冷却系统

发电机为立轴半伞式结构，设有上导和下导轴承，推力轴承设在转子的下部，由下机架支撑。轴承均用透平油进行润滑，下导轴承与推力轴承共在同一个油箱内。油冷却器设在油槽外部，由电站技术供水系统提供的水进行冷却。

推力轴承为小弹簧支撑结构，有 28 块推力瓦，瓦面材料为巴氏合金，推力瓦的外径为 5435mm，内径为 3985mm，推力轴承的最大负荷为 4050t，正常运行瓦温为 78℃，设置有高压油顶起装置；轴承油箱的储油量为 25m³，在油箱外部设有油泵和 6 个油－水冷却器；上导和下导轴承均为分块瓦结构，巴氏合金瓦面，上导轴承油箱的储油量为 3m³，在油箱内设有 1 组冷却器。

④冷却系统

发电机定子绕组采用我国首创的蒸发冷却系统，系统主要包括冷凝器、回液管、下集液环管、绝缘引流管、上集气环管、均压管、冷却水供排水管等部件，以及配套的蒸发冷却介质和监测、保护装置等，发电机定子铁芯和转子通风冷却系统为无风扇密闭自循环系统，空气通过转子支臂的风扇作用产生循环，并通过布置在定子机座外侧的空气冷却器进行冷却，在上、下机架侧设有挡风板。发电机有 16 个空气冷却器，均匀地布置在定子外缘，并用来自电站技术供水系统的水进行冷却。

⑤发电机轴及轴的连接

发电机轴和上端轴均为中空结构,中心布置有水轮机的中心补气管。上端轴位于发电机转子上部,与转子中心体连接,发电机轴位于发电机转子下部,与转子中心体和水轮机主轴连接。发电机轴为内法兰结构,长度为4500mm,轴身外径为3800mm,内径为3500mm,轴的重量约88t。

⑥上、下机架

发电机上机架为带有径向支撑的辐射型支臂机架,由中心体和16个径向支臂组成,轴向支撑到定子机座上,径向支撑到机坑上。上机架的外径为21350mm,重量约为165t。

发电机下机架为支臂承重型机架,由中心体和8个径向支臂组成。下机架的外径16090mm,高度约为4047mm,重量约为380t。

2)天津ALSTOM发电机

①发电机定子

发电机定子主要由定子机座、铁芯和绕组组成。

发电机定子为斜支臂的定子机座结构,定子铁芯由0.5mm厚硅钢片叠装而成,并用穿心的压紧螺杆进行压紧,定子线棒为双层布置嵌入定子铁芯的槽中。定子最大外径为22131mm,内径为19218mm,定子机座高度为6125mm,定子铁芯高度为3520mm。定子机座总重约198.6t,分成5瓣运至现场。所有的线棒接头连接采用银铜焊,定子机座的组圆焊接可在机坑或安装场进行,其他安装工作在本机坑内进行。

定子铁芯在工地以1/2的叠片方式交错叠装,以形成1个整体连续的铁芯。定子铁芯采用鸽尾形定位筋焊接于定子机座上。

发电机定子绕组为条式波绕组,"Y"形连接。整个定子绕组包括线棒、跨接线及端部铜环引线,均采用水内冷方式。

②发电机转子

转子主要由圆盘支架、磁轭和磁极组成,转子上部与上端轴相连,下部与发电机轴相连,连接方式均为法兰连接,转子支架为斜结构,由1个整体中心体和14瓣支臂组成。在安装场进行转子支架的组装焊接、磁轭叠片组装和磁极挂装。

发电机转子外径为18744mm,转子磁轭高度约4000mm,整体的转子重量为1816t。磁轭由4mm厚的经钝化处理的高强度钢片在现场叠装而成。

③发电机轴承和润滑冷却系统

发电机为立轴半伞式结构,设有上导和下导轴承,推力轴承设在转子的下部,由下机架支撑。轴承均用透平油进行润滑,下导轴承与推力轴承共在同一个油箱内。在轴承油箱内的油均通过冷却器,由电站技术供水系统提供的水进行冷却。

推力轴承为双层瓦带弹性销钉结构,有24块推力瓦,瓦面材料为巴氏合金,推力瓦的外径为5200mm,内径为3500mm,推力轴承的设计负荷为5800t,正常运行瓦温不大于80℃,设置有高压油顶起装置。推力轴承油箱的储油量为36m³,在油箱外部设有8个冷却器;上导和下导轴承均为分块瓦结构,巴氏合金瓦面,上导轴承油箱的储油量为3.6m³,在油箱内设有 2 个冷却器。

④发电机定子铁芯和转子通风冷却系统

通风冷却系统为无风扇密闭自循环系统,空气通过转子的风扇作用产生循环,并通过布置在定子机座外侧的空气冷却器进行冷却,在上、下机架侧设有挡风板。

发电机有 20 个空气冷却器,均布在定子外缘,并用来自电站技术供水系统的水进行冷却。

⑤发电机轴及轴的连接

发电机轴和上端轴均为中空结构,中心布置有水轮机的中心补气管。上端轴位于发电机转子上部,与转子中心体连接,发电机轴位于发电机转子下部,与转子中心体和水轮机主轴连接。

发电机轴的长度为 5436mm,轴身外径为 3100mm,内径为 2650mm,轴的质量为 110t 左右;上法兰为内法兰结构。

⑥上、下机架

发电机上机架为带有径向支撑的斜支臂型机架,由中心体和 20 个斜支臂组成。上机架的外径为 22600mm,高度为 1885mm,重量为 92.64t。

发电机下机架为径向支臂承重型机架,由中心体和 16 个支臂组成。下机架的外径为 16600mm,高度为 5060mm,重量为 356t。

⑦定子水冷系统

定子水冷却系统为主机配套供货的附属设备系统,系统设备为组合整体结构形式。

3)哈电发电机

①发电机定子

发电机定子主要由定子机座、铁芯和绕组组成。

发电机定子为斜支臂的定子机座结构,定子铁芯由 0.5mm 厚硅钢片叠装而成,并用穿心的压紧螺杆进行压紧,定子线棒为双层布置嵌入定子铁芯的槽中。定子最大外径为 21032mm,内径为 18766mm,定子机座高度为 5795mm,定子铁芯高度为 3200mm。定子机座总重约 186t,分成 5 瓣运至现场。定子机座的组圆、焊接可在机坑或安装场进行,其他安装工作在本机坑内进行,所有的线棒接头连接采用银铜焊。

发电机定子绕组为条式波绕组,"Y"形连接,8 支路并联,共 1680 根线棒。

②发电机转子

转子主要由圆盘支架、磁轭和磁极组成,转子上部与上端轴相连,下部与发电机轴相连,连接方式均为法兰连接,转子支架为斜结构,由 1 个整体中心体和 16 瓣支臂组成。在安装场进行转子支架的组装焊接、磁轭叠片组装和磁极挂装。

发电机转子外径为 18705mm,转子磁轭高度约 3420mm,整体的转子重量为 1760t。磁轭由 3mm 厚的经钝化处理的高强度钢片在现场叠装而成,叠片前应对铁片进行清扫和去毛刺处理。热套在转子支架外侧,并用键固定,在磁轭的下部设有制动环。

③发电机轴承和润滑冷却系统

发电机为立轴半伞式结构,设有上导和下导轴承,推力轴承设在转子的下部,由下机架支撑。轴承均用透平油进行润滑,下导轴承与推力轴承共在同一个油箱内。在轴承油箱内的油均通过冷却器,由电站技术供水系统提供的水进行冷却。

推力轴承为双层瓦带弹性销钉结构,有 24 块推力瓦,瓦面材料为巴氏合金,推力瓦的外径为 5200mm,内径为 3500mm,推力轴承的设计负荷为 5560t,正常运行瓦温不大于 80℃,设置有高压油顶起装置;轴瓦在安装时不需进行刮瓦。推力轴承油箱的储油量为 30m³,在油箱外部设有 8 个冷却器;上导和下导轴承均为分块瓦结构,巴氏合金瓦面,上导轴承油箱的储油量为 4m³,在油箱内设有 2 个冷却器。

④发电机通风冷却系统

发电机通风冷却系统为无风扇双路径向密闭、端部回风自循环空气冷却方式,即定子铁芯、定子绕组及转子铁芯均为空气冷却。空气通过转子的风扇作用产生循环,并通过布置在定子机座外侧的空气冷却器进行冷却,在上、下机架侧设有旋转挡风板。

发电机有 20 个空气冷却器,均布在定子外缘,并用来自电站技术供水系统的水进行冷却。

⑤发电机轴及轴的连接

发电机轴和上端轴均为中空结构,中心布置有水轮机的中心补气管。上端轴位于发电机转子上部,与转子中心体连接,发电机轴位于发电机转子下部,与转子中心体和水轮机主轴连接。

发电机轴的长度为 5311mm,轴身外径为 4000mm,内径为 2650mm,轴的质量为 110t 左右;上法兰为内法兰结构。

⑥上、下机架

发电机上机架为带有径向支撑的斜支臂型机架,由中心体和 20 个斜支臂组成。上机架的外径为 23380mm,高度为 1875mm,重量为 81t。

发电机下机架为带有径向支撑的支臂承重型机架,由中心体和 12 个径向支臂组成。下机架的外径为 15600mm,高度为 4950mm,质量为 367t。布置在底面高程为 65.3m、直径为 15.8m 的机坑内。

10.1.4　调速系统

10.1.4.1　左岸电站机组调速系统

(1)调速器参数

型式:全数字式电液调速器

最大操作容量(在 6.3MPa 时):

1125000kgf.m（ALSTOM）

865298.8kgf.m（VGS）

最大正常工作油压:6.3MPa

最小正常工作油压:6.1MPa

调节规律:PID

不动时间:机组出力突变10%额定负荷,从机组转速变化为额定转速的0.02%开始,到导叶接力器第一次可测移动的时间间隔不超过0.2s。

转速死区:当永态转差系数为6%时,在任何导叶开度和额定转速下,导叶接力器行程没有可测移动时的机组转速变化值不超过额定转速的0.02%。

永态转差系数/转差率:在速度控制方式下,永态转差系数能在0%至10%之间调整。在功率控制方式下,转差率能在0%至10%之间调整。

PID参数调整范围:

比例增益 k_p:0.01~20

积分增益 k_i:0.01~101/s

微分增益 k_d:0.01~10s

人工频率失灵区:人工频率失灵区在0~±2.5%的额定转速范围内能通过软件在线调整。

转速调整范围及功率给定调整范围:

在速度控制方式下,转速调整范围为:45~55Hz。在功率控制方式下,功率给定值调整范围为0~120%的机组额定出力。

调速系统可靠性:调速系统可利用率大于99.98%(自动运行);首次无故障间隔时间(自现场验收起)不小于115000小时。

导叶接力器全开关时间调整范围:

全关闭时间调整范围为8~100s

全开启时间调整范围为8~100s

频率调整范围:45~55Hz

永态转差系数 b_p 调整范围0~10%

操作电源:交流:380V;直流:220V

测速方式:齿盘测速和发电机残压两种方式

(2)油压装置

型号:气/油

1)压力油罐

材料:ASTM516Gr70

最大许用应力:

正常:260MPa

异常:485MPa

尺寸(直径×高):2200×5800m

质量:21t

个数:2个

总容积:$2 \times 16m^3$

压力油罐中油的容积:$11m^3$

正常工作油压:6.1~6.3MPa

设计压力:7.0MPa

试验压力:9.5MPa

试验时间:10min

2)回油箱

材料:A242-91

最大许用应力:360MPa

尺寸(长×宽×高):7.2m×1.5m×2.1m(Alstom) 5.4m×1.5m×2.1m(VGS)

质量:6t(Alstom);5t(VGS)

个数:1个

总容积:$22m^3$(Alstom);$17m^3$(VGS)

3)油泵

型号:卧式齿轮泵

流量:15.5l/s

台数:4台(Alstom);3台(VGS)

油泵配套电机额定功率:160kW

额定电压:380V

(3)调速系统性能

1)稳定性

①发电机在额定转速空载运行,由调速系统控制的机组转速波动值不超过额定转速的±0.15%,试验时,连续测量时间为3min。

②发电机在额定负荷下与其他发电机并联运行,永态转差系数或转差率整定在5%或以上,当人工频率失灵区投入,且电网频率波动值不超人工失灵区给定值时,由调速系统控制的水轮机导叶开度波动值不超过水轮机导叶最大开度的±0.2%。

2)动态特性

①从调速器动态特性示波图上求取的比例增益kp、积分增益ki值与理论值的偏差不得超过±5%。

②机组甩全负荷后,大于3%额定转速的波峰不超过两次。从接力器第一次向开启方向移动起,到机组转速波动值不超过额定值的±0.5%为止,所经历的时间不大于40s。

(4)调速系统机组过速限制措施和防飞逸措施

左岸电站调速系统采用电气一级过速保护、电气二级过速保护和机械过速保护来防止机组过速和飞逸。

电气一级过速保护的动作结果是关闭导叶,但不落快速门,为减少机组解列后过速停机机会,其定值设定以躲开机组甩允许最大有功负荷时的最高转速为原则;电气二级过速保护和机械过速保护是机组过速的最后一级保护,动作结果基本一致,均为关闭导叶并落快速门。为减少快速门动作机会,同时有效保护机组,其定值设定以高于电气一级过速保护定值、且低于机组飞逸转速为原则。

(5)调速器系统运行评价

调速器系统运行正常,能够满足机组开停机、正常运行、各种运行工况转换和过渡过程调节的要求。

10.1.4.2 右岸电站机组调速系统

(1)调速器参数

型式:全数字式电液调速器

最大操作容量(在 6.3MPa 时):900000×9.8N・m(Alstom) 1111300×9.8N・m(哈电) 760000×9.8N・m(东电)

最高正常工作油压:6.3MPa

正常工作油压:6.1MPa

事故停机油压:5.1MPa（Alstom） 4.7MPa(哈电) 4.5MPa(东电)

调节规律:PID

不动时间:机组出力突变 100% 额定负荷,从机组转速变化为额定转速的 0.02% 开始,到导叶接力器第一次可测移动的时间间隔不超过 0.2s。

转速死区:当永态转差系数为 6% 时,在任何导叶开度和额定转速下,导叶接力器行程没有可测移动时的机组转速变化值不超过额定转速的 0.02%。

永态转差系数/转差率:在速度控制方式下,永态转差系数能在 0% 至 10% 之间调整。在功率控制方式下,转差率能在 0% 至 10% 之间调整。

PID 参数调整范围:

比例增益 k_p:0.01~20

积分增益 k_i:0.01~101/s

微分增益 k_d:0.01~10s

人工频率失灵区:人工频率失灵区在 0~±1.5%(或 0~±0.75 Hz)的额定转速范围内能通过软件在线调整。

转速调整范围及功率给定调整范围:

在速度控制方式下,转速调整范围为:45~55Hz。在功率控制方式下,功率给定值调整范围为 0~120% 的机组额定出力。

调速系统可靠性:调速系统可利用率大于 99.99%(自动运行);首次无故障间隔时间(自

现场验收起)不小于 43000h。

导叶接力器全开关时间调整范围：

全关闭时间调整范围：6～100s

全开启时间调整范围：6～100s

频率调整范围：45～55Hz

永态转差系数 b_p 调整范围 0～10%

操作电源：交流：380V；直流：220V

测速方式：齿盘测速和发电机残压两种方式。

(2)油压装置

型号：Y2－32/2－6.3

1)压力油罐

材料：16MnR

最大许用应力：

正常：285MPa

异常：470MPa

尺寸(直径×高)：2200m×5800m

质量：21t

个数：2 个

总容积：2×16m³

压力油罐中油的容积：11m³

正常工作油压：6.1～6.3MPa

设计压力：7.0MPa

试验压力：9.5MPa

试验时间：30min

安全阀开启压力：6.6MPa

安全阀回座压力：6.1～6.3MPa

2)回油箱

材料：Q235

最大许用应力：235MPa

尺寸(长×宽×高)：7.29m×1.59m×3.6m

质量：6.6t

个数：1 个

总容积：22.3m³

3)油泵

型号：SMH1300ER42V12.1WO

流量:16.8l/s

额定压力:6.3MPa

台数:3(东电)4(ALSTOM、哈电)

油泵配套电机额定功率:160kW

额定电压:380V

启动方式:软启动

4)油压装置重量

油压装置总重:50t

5)调速系统设备总需油量

调速系统设备总需油量:19m³

(3)调速系统控制柜

数量:1个

单柜尺寸(长×宽×高):800mm×800mm×2260mm

单柜质量:300kg

(4)调速系统性能

1)稳定性

①机组在额定转速空载运行,由调速系统控制的机组转速波动值不超过额定转速的±0.15％,试验时,连续测量时间为3min。

②机组在额定负荷下与其他发电机并联运行,永态转差系数或转差率整定在5％或以上,当人工频率失灵区投入,且电网频率波动值不超过人工失灵区给定值时,由调速系统控制的水轮机导叶开度波动值不超过水轮机导叶最大开度的±0.2％。

2)动态特性

①从调速器动态特性示波图上求取的比例增益 k_p、积分增益 k_i 值与理论值的偏差不得超过±5％。

②机组甩全负荷后,大于3％额定转速的波峰不超过两次。从接力器第一次向开启方向移动起,到机组转速波动值不超过额定值的±0.5％为止,所经历的时间不大于40s。

(5)调速系统机组过速限制措施和防飞逸措施

右岸电站调速系统采用电气一级过速保护、电气二级过速保护和机械过速保护来防止机组过速和飞逸。

电气一级过速保护的动作结果是关闭导叶,但不落快速门,为减少机组解列后过速停机机会,其定值设定以躲开机组甩允许最大有功负荷时的最高转速为原则;电气二级过速保护和机械过速保护是机组过速的最后一级保护,动作结果基本一致,均为关闭导叶并落快速门。为减少快速门动作机会,同时有效保护机组,其定值设定以高于电气一级过速保护定值且低于机组飞逸转速为原则。

（6）调速器系统运行评价

右岸电站调速器系统运行正常，能够满足机组开停机、正常运行、各种运行工况转换和过渡过程调节的要求。

10.1.4.3　地下电站机组调速系统

（1）调速器及油压装置参数

调速系统主要由调速器的电气部分、机械液压部分、油压装置以及各设备之间的油气管道、阀门、控制元件、监测仪表等组成。

调速器电气部分和机械液压部分分开设置。调速柜布置在上游 75.3m 高程，机械液压部分、油压装置部分和调速器控制柜布置在主厂房 67.0m 高程各机组段第 Ⅰ、第 Ⅳ 象限。

调速器为数字式电液调速器，额定工作油压为 6.3MPa，调速器具有比例、积分、微分 PID 调节规律、自适应性调节功能、开机过程控制、无扰动切换、导叶开度限制、手动操作机构、频率跟踪、联合控制、在线自诊断及故障处理功能、离线诊断及调试功能、故障保护、与电站计算机监控系统进行信息通信等主要功能。调速系统主要技术参数见表 10.1.41。

表 10.1.41　　　　　　　　　调速器及油压装置主要技术参数

名称	单位	参数
调速器型号		WBLDT-250-6.3
油压装置型号		Y2-40/2-6.3
主配压阀直径	mm	DN250
单个压力油罐容积	m^3	20
压力油罐数量	个	2
操作系统额定油压	MPa	6.3
回油箱容积	m^3	22.3
调速系统用油量	m^3	18.5
油泵数量	3	（大）+1（小）
大油泵输油量	L/s	16.8
大油泵功率	kW	160
永态转差系数		0～10%
转差率		0～10%
比例增益	k_p	0.01～20
积分增益	k_i	0.01～10 1/s
微分增益	k_d	0.01～10 s
人工失灵区		0～±1.5% 范围内可调
频率调整范围	Hz	45～55
功率给定范围		0～120%Pr
导叶开度给定范围		-1%～120%

（2）调速系统机组过速限制措施和防飞逸措施

地下电站调速系统采用电气一级过速保护、电气二级过速保护和机械过速保护来防止机组过速和飞逸。

电气一级过速保护的动作结果是关闭导叶，但不落快速门，为减少机组解列后过速停机机会，其定值设定以躲开机组甩允许最大有功负荷时的最高转速为原则；电气二级过速保护和机械过速保护是机组过速的最后一级保护，动作结果基本一致，均为关闭导叶并落快速门。为减少快速门动作机会，同时有效保护机组，其定值设定以高于电气一级过速保护定值、且低于机组飞逸转速为原则。

（3）调速器系统运行评价

调速器系统运行正常，能够满足机组开停机、正常运行、各种运行工况转换和过渡过程调节的要求。

10.1.5　水力机械辅助设备与消防、通风空调系统

10.1.5.1　水力机械辅助设备

水力机械辅助设施主要包括厂内桥式起重机、油系统、供排水系统、压缩空气系统、水力监测系统等。三峡工程各种水力机械辅助设备规模大，有些设备突破国内已有的规模。

厂内桥式起重机起吊水轮发电机转子重约 2000t，经比较选用了 2 台 1200/125t 桥机同时起吊，单钩起重量为世界之最，且跨度大、提升高度高、调速性能要求严、安全措施和检测手段齐全。三峡工程左、右岸坝后电站及右岸地下电站共装设 6 台 1200/125t 桥机，2 台桥机并车起吊，已成功吊装了 32 台 840MVA 水轮发电机转子，起吊时同步运行精准、性能良好，满足了工程使用要求，代表了当今桥式起重机设计、制造的先进水平，已在国内水电站桥式起重机上广泛采用。

10.1.5.2　消防

（1）消防分区

消防设施是确保水利枢纽安全运行和最大限度减少火灾的重要措施。鉴于三峡工程的重要性按一级消防站配置，具有建筑多、占地较大，每个建筑物及生活区都需设消防，各种设施和众多的机电设备消防方案多样等特点，首先设计研究解决消防总体方案。多种方案比选，各建筑物为一个独立的消区，各自设立完整的消防设施。消防设计按工程管辖、建筑物部位及生产特点分为五个消防区，即大坝系统区、左岸电厂区（包括电源电站）、右岸电厂区（包括右岸地下电站）、升船机区和双线五级船闸区，每个区的消防系统均具有防火、监测、报警、控制、灭火、排烟、救生等七个方面功能。左、右岸各设一个消防指挥中心并兼作消防站，负责整个三峡水利枢纽的消防指挥、火灾接警和出警、救生、消防信息管理、消防培训和宣传等职责。在各消防分区自动火灾报警系统的基础上，在消防指挥中心构建一个具有火灾报警信息采集处理的计算机监控系统、自动广播系统、火灾图像显示系统、调度指挥通信系统

等组成的功能齐全、现代化消防管理和调度指挥的计算监控系统。

(2)消防水源

三峡枢纽建筑物高差较大,对消防供水水压要求不同,难以采用同一供水水源,消防供水按水源高程分为左岸高位、中位、低位 3 个子系统及右岸高位、低位 2 个子系统的分级供水体系。

1)左岸供水系统

①高位供水系统:供水范围为升船机机房和上部提升机构,船闸第 1~3 级船闸的闸首及闸室,大坝坝顶,左岸电厂主变压器等部位。左岸高位供水来自位于船闸北坡高程 247m 3200m³ 左岸高位水池。

②中位供水系统:供水范围为升船机下部提升机构,船闸第 4~5 级船闸的闸首及闸室。左岸中位水池利用苏坛路旁高程 215m 已建的 20000m³ 水池,其补水由低位水池供应。

③低位供水系统:供水范围为大坝坝内(下部)设施和左岸电厂等。左岸低位.水池即为高程 160m 的左岸永久水厂的清水贮水池。

2)右岸供水系统

①高位供水系统:供水范围为地下电站进水口,右岸 500kV 变电所等地面建筑物。供水水源有两处:一是右岸上坝公路旁高程 180m 水池(5000m³),其补水水源为右岸 500kV 开关站旁高程 151.50m 低位水池(12000m³);二是变频供水设备联合供水,其补水水源为船闸北坡高程 247m 左岸高位水池(3200m³)。

②低位供水系统:供水范围是右岸电站和地下电站。供水水源有两处:一是右岸 500kV 开关站旁高程 151.50m 低位水池(12000m³),其补水水源为左岸高程 160m 永久水厂;二是左岸高程 160m 永久水厂的清水贮水池。

(3)消防通道

左、右岸坝后电站消防通道均采用环形道,即由厂前区经厂坝平台至厂房靠近泄洪坝的端部,再经尾水平台到厂前形成环形道,也可作为设备运输及施工运输通道,但在任何情况、任何位置应能确保消防设施运行畅通无阻。左、右电站厂内的对外出口分别为 13 处及 12 处。

10.1.5.3　通风空调系统

1)左、右岸坝后电站主厂房发电机层净宽 34.8m,净高 38.7m,长为 615.7m,面积 21426m²,容积约 83 万 m³,是一个封闭式混凝土构筑物,属高大厂房通风空调,对于这样的高大厂房,如用全空间空调,其能耗超大。实际上高大厂房需要空调的仅为楼板高度 3m 以下的工作区,采用一道空气幕,将厂房的高度一分为二,空气幕的下方为空调区,主厂房发电机层采用分层通风空调系统,送风口设在下部,送风气流直接送至空调区,并经工作区回流,整个空调区的换气次数可达 8.32 次/时,单位容积的新风量为 1.78 m³(m³·h),而全室空调的相应数据分别为 1.32 次/时、0.28 m³(m³·h),二者相比,分层空调显著优越。对分层空调方案进行了夏季、冬季、过渡季节工况的热态模型试验,解决了分层空调制冷方、进风口、循环气流等主要技术问题。

主厂房发电机层事故排烟系统利用 1 号中央空调系统设在主厂房上游承重墙上部 112.25m 高程处的 15 台轴流通风机和下游屋顶的 15 台屋顶风机排除火灾时聚集在厂房的烟气。

2)地下电站设有地下厂房通风空调系统、地下厂房单独排风系统、地下厂房排烟系统、地下厂房除湿系统、地面 500kV 升压站通风空调系统以及其他建筑物通风空调系统等。

10.1.6 电站机电设备的安装与调试

10.1.6.1 安装进度设计研究

三峡电站装设单机容量 700MW 水轮发电机组 32 台及众多机电设施,当时国内没有安装过更谈不上有可借鉴的安装经验,在设计研究时需考虑:①三峡电站机电设备品种和数量多、交货厂商多、安装单位多;②在确保安装质量的前提下如何加快装机进度;③电站机电设备的安装进度关系到土建进度、各种机电设备交货期的合理衔接;④现场安装条件、安装工艺、工序衔接等问题。电站机电设备安装进度是一项系统工程,设计研究后认为:机组的安装进度是决定电站机电设备安装进度的关键。设计从现场安装条件、单机安装进度、电站安装进度入手重点研究了机组的安装进度,从而明确了电站机电设备的安装进度。

(1)安装条件的确定

在确定电站装机进度前,必须确定安装应具备的条件,如电站厂内起吊设备的形式和起吊重量、安装场和安装工位的设置、现场运输及加工条件,等等。

起吊条件:水轮机整体转轮重量为 500t 左右,发电机定子整体重量约为 960t,发电机转子的重量为 1800t,由上可知,起吊设备的容量受发电机整体转子起吊控制,发电机整体转子加起吊平衡梁重约为 2100t,在左、右岸和地下电站厂房各选用 2 台 1200t 桥机拼车起吊,其他设备如水轮机转轮、发电机定子、升压变压器等用 1 台桥机即可整体吊装。对众多小部件的吊运装设了 2 台 125/125t 桥式起重机小桥机,为加快安装进度和减少干扰也可装设供安装用的临时小桥机。

安装场地:安装场地的设置与电站年装机台数、机组容量和装机进度要求有关。初步设计审定三峡左岸电站的装机(或发电)进度为"2-4-4-4"并要求加快。按照规范,安装场地的面积按满足一台机组扩大性检修的需要确定,具体而言应以摆放机组五大部件来控制,即发电机转子、发电机上机架、水轮机转轮、水轮机顶盖和推力支架或水轮机支持盖。也可按统计法匡算,安装间长度可取 1.25~1.5 倍机组段长度。上述方式确定的安装场无法满足电站安装进度的要求,经设计研究后三峡左岸电站设有三个安装场,安Ⅰ段与进场公路同高程,为设备运输通道,可摆放上机架;安Ⅱ段与发电机层同高,设有 1 个发电机转子工位,并可摆放水轮机转轮、安Ⅲ段在主厂房中间部位,与发电机层同高,设有 1 个发电机转子工位,并可摆放顶盖。三个安装场总长度为 104.6m,是机组段长度 38.3m 的 2.73 倍。为加快安装进度和提高安装质量,定子下线利用了专用机坑或在本机坑内进行,增加了部件的临时堆放场地。采取这些措施后左岸电站装机进度实现了"6-5-3"的要求。右岸电站在左岸电站的基础上还适当加大了安Ⅱ的面积,并在电厂左端增设了面积为 38m×20m 的临时辅助安装场,实现了装机进度"6-6",首次创造了 700MA 水轮发电机组在一年内投产 6 台安装史。

机组安装工作面:给机电安装提供符合规范要求的工作面是确保安装进度、安装质量必须具备的安装条件。土建工程交给机电安装的时间是水电站建设直线工期中的关键节点,制约机组安装的起始时间并影响水电站首台机组发电和电站总装机完成时间。三峡左岸厂房装设 700MW 水轮发电机组 14 台,厂房长为 634m,若等厂房全部封顶建成开始进行机电设备安装,将大大推迟装机进度,施工期的发电效益大为减少。经设计研究在保证电站装机总进度的前提下,厂房封顶超前一个机组段完成,实行"n+1"厂房封顶,为第 n 机组段提供遮风挡雨的机组安装条件。

机组设备交货进度:在三峡电站施工中,将机组埋件部分交由土建承包商完成,机组埋件的交货时间必须与土建的施工进度密切配合,以不影响土建施工进度为原则。根据电站总体施工计划,将满足机电安装条件的土建交机组安装工作面的时间,是机电安装的起始时间,因此,机组和其他机电设备的交货时间必须满足机组安装进度的要求,在安排设备的交货期时,应考虑设备的运输时间、设备达到工地开箱联检时间、设备工地检测或试验或解体检测时间以及设备缺陷返工处理时间等因素对交货期的影响。在实施中,根据电站的总装机进度和土建施工进度,倒排机组和其他机电设备的交货期并留有适当的余度,三峡电站机电设备的交货进度按土建提交机组安装工作面时间,提前 2 个月考虑。国产机组设备以出厂时间为交货时间,国外机组设备以达到上海港时间为交货时间。

一些问题的考虑:为加快装机进度,增加施工期发电效益,①三峡左岸电站机电安装单位三个,右岸电站两个,为了减少施工单位间干扰,应考虑安装场地和起吊设备的设置和安排,如适当增加临时安装场地和临时起吊设备;②为了确保大型水轮发电机定子的安装质量,工程实践表明,定子机座可在本机坑外组圆,为防止起吊变形推荐定子叠片和下线在本机坑进行。

(2)单机安装进度

关键部件安装进度:电站装机的总进度决定单机的安装进度,而单机的安装进度是受机组关键部件的工期所控制,研究确定机组关键部件的工期成了关键,三峡电站水轮发电机组安装中,发电机的转子、定子、上下机架、顶盖等部件均在现场组装,工期占有较大比例且对单机安装进度起决定作用的有发电机转子、发电机定子、机组总装、调试运行等,水轮机部件一般不在关键线路上,可在进行发电机定子和转子装配期间进行组装和安装。

关键部件直线工期的确定一般有统计法和类比法两种方式,统计法即是统计国内外其他相类似电站机组安装工程实际所发生的工期,在此基础上结合本项目的实际情况确定各部件所需的安装工期;类比法即按照某一相似水轮发电机组在相同形式、相同容量、相同尺寸、相同安装条件的前提下类比得出安装工期。三峡电站在国内首次采用 700MW 大型水轮发电机组,对其关键部件的直线安装工期怎么确定是一个问题,在吸取国内外大型水电站机组的安装经验的基础上,结合三峡电站的实际,组织国内已安装过水电机组单机容量

300MW 及以上的水电安装单位共同讨论,并列为专题进行研究,设计研究发现,发电机转子和定子的安装周期是影响直线工期的关键部件,制定发电机转子和定子的安装直线工期是确定单元机组安装进度的基础。统计国外大型水电站机组发电机转子和定子安装工期见表 10.1.42,国内外制造商和安装公司建议的三峡安装工期见表 10.1.43。

表 10.1.42　　　　　　　　　国外大型水电站机组安装工期统计表

电站 单机容量(MW) 项　目	古里Ⅱ	大古力	依泰普	萨扬
	600	600	700	640
定子安装工期(月/天)	6.5/195	7.5/225		
转子安装工期(月/天)	6/180	7.8/234		
总直线工期(月/天)	30/900	29/870	27(不含尾水管)/810	28.5/855

表 10.1.43　　　　　　　　国内外相关单位建议的安装工期和推荐工期表

单位 项　目	建议方案			
	GEC 公司	西门子·伏依特	地勘所	葛洲坝工程局
定子安装工期(天)	225	450	249	300
转子安装工期(天)	105	315	170	180
总直线工期(天)	870	1290	615 (不含尾水管)	810

在深入分析与研究的基础上,推荐三峡电站发电机转子安装工期为 165 天(工程实践表明平均安装工期 175 天;定子安装工期为 300 天)。工程实践表明首次安装的第 1~2 台工期略有超过,安装熟练后工期有所减少。

在已明确关键部件直线工期的基础上,确定典型单台机组的安装进度。在机组埋件已在厂房土建施工中完成,700MW 水轮发电机组典型单机安装关键工序流程一般为:尾水管安装→二期混凝土浇筑→基础环、座环安装→蜗壳安装→机坑里衬安装→二期混凝土浇筑至发电机层→座环加工→定子吊装→定子下线、耐压试验→推力架和轴承安装→转子吊装→发电机装配→机组充水试运行。转轮、主轴和导水机构安装可与定子下线平行作业,不占直线工期。

三峡左岸电站机组安装各部工序工期确定为:尾水管安装 60 天;基础环、座环安装 45 天;蜗壳安装 165 天;机坑里衬安装 15 天;座环现场加工 30 天;定子机座组装、铁芯叠片、铁损试验 130 天;定子吊装 10 天;定子下线、耐压试验 160 天;转子装配、耐压试验 165 天;导水机构预装 60 天;转轮、主轴和导水机构安装 65 天;推力支架、推力轴承安装 45 天;转子吊装 10 天;发电机装配 75 天;机组充水试运行 60 天。由此确定的三峡水电站全空冷机组典型单机安装直线工期为 31 个月,对半水冷、蒸发冷却机组为 32～33 个月。工程实践表明:随着安装经验的积累,单机所需时间有所缩短,机组装机速度逐台加快。

(3)电站装机进度的编制

1)编制方法的研究

有两种方式来确定电站的机组装机进度,一种是根据土建交面时间、设备供货进度和机组安装工位,顺排电站的装机进度;另一种是首先确定电站投产目标,然后根据机组安装工位的设置,倒排电站机组安装进度,并由此调整确定土建交面和设备供货必须保证的时间安排。在三峡工程编制电站装机进度中,综合使用了上述两种编制方式。

在单台机组安装进度确定后,结合电站土建交面进度、机组关键部件安装场地的设置和安装条件的差异,进行电站总装机进度的编制。设计研究发现并总结出:电站各机组投产间隔与机组关键部件占用的专用组装工位工期密切相关,单台机组的安装、调试总工期加上关键部件同一工位关键部件组装所必需的最短间隔时间即为另一机的投产时间,依此来安排各机组的投产时间。

2)三峡电站装进度相关问题的研究

如何安排不同品牌机组装设的机坑号:左岸电 14 台 700MW 水轮发电机组,8 台由 ALSTOM 供货,6 台由 VGS 联营体供货,从有利于机组安装出发对两个供货商的机组怎样与电厂的装机机坑号较好的相对应进行了多方案的设计研究,最后集中到方案一:单隔式布置,即 1 号机组为 VGS,则 2 号机组为 ALSTOM 的交替布置,其设备交货的顺序也按这样的要求所规定的时间写入合同;方案二:三隔式布置,1～3 号和 7～8 号为 VGS 机组,4～6 号和 9～14 号为 ALSTOM 机组。研究中发现单隔式布置,不同的安装承包商所负责的机组段是交错的,存在严重的施工干扰,且设备的摆放受到极大的制约,不利于设备的安装,并对安装进度产生实质的影响。三隔式布置同一供货厂家的三台机组相对集中,减少了施工干扰,能较充分利用有限的空间摆放安装设备,有利于两个机电安装单位同时进行机电设备安装,机组和机电设备的供货得到保证,对加快装机进度有积极的意义,采用了三隔方案。

加快电站装机进度的研究:初期根据初步设计审定的三峡左岸电站装机进度为“2-4-4-4”,即 4 年装完 14 台 700MW 水轮发电机组。左岸电站若提前一天完成装机可多获施工期增发电量约 257 万 kW·h 电量,可见发电效益巨大。考虑到:①左岸电站有 6 台机组地处岸坡,具有提前进行土建开挖的条件并予以实施,土建交面时间可大大提前,对加快机组安装进度极为有利;②三峡左岸电站设有两个专用的转子安装工位,再加上其他措施可完成一年 6 台发电机转子的安装;③国内首次安装 700MW 水轮发电机,首台装机时间相对较长,但随着已装机组台数的增加取得经验,后续机组安装调试时间将逐步缩短。对加快左岸电站装机进度研究比较了“3-4-4-3”方案、“4-4-4-2”方案、“3-5-6”方案和“4-6-4”方案,对上述各方案结合土建交面进度和设备供货时间一并进行设计研究,结果表明上述方案都可行,争取实现“3-5-6”方案和“4-6-4”方案。最终三峡左岸电站实际装机进度为“6-5-3”方案,创造了一年投产 6 台 700MW 机组的世界纪录,获得了巨大的经济效益;三峡右岸电站装机进度在左岸电站"6-5-3"方案的基础上,适当加大了安Ⅱ段的面积,在安Ⅱ段设两个转子组装的固定工位和利用电站左端增设一个面积为 38m×20m 的临时辅助安装场,用于转子与中心体的焊接,实现了装机进度"6-6"方案,提前一年完成三峡左右岸电站 26 台机的装机任务。

加强协调、管理:按质量要求能否按时实现电站已制订的预装机进度,与工程设计、各种机电设备按合同保质按时到货、与电站土建进度、机电安装单位、工程监理、电力部门等参建各方密切相关,在安装工序流程的各个接口都需与上述参建各方及时协调,涉及面广,环节众多,在机电安装调试的全过程中必须加强协调、管理,三峡总公司起着主导和保证作用。

10.1.6.2 700MW 水轮发电机组安装技术突破

三峡工程 700MW 水轮发电机组安装过程中,为了确保安装质量依据国标、设计文件和合同,中国长江三峡集团公司组织编制了高要求的《三峡电站 700MW 水轮发电机组安装标准》,并精心组织机组制造厂、机组安装单位、监理单位和设计单位的技术人员研究解决巨型水轮发电机组安装中的技术难题,研发了 700MW 水轮发电机组安装方法,机组安装技术有所创新,表现在:

(1)巨型水轮机安装技术

1)底环一次安装法

采用高精度 GPS 定位技术,在底环安装前,GPS 定位仪测定底环安装螺栓孔的位置,加工螺栓孔及沉孔,通过精确测量沉孔高程确定垫板加工厚度并加工垫底,底环吊装就位一次性安装,取消了常规安装为确定螺栓孔位置和垫板厚度而需先进行预装底环的工序,可有效缩短工期 10～15 天。

2)顶盖三次吊装法

在转轮安装前吊装三次顶盖,比常规安装工艺多吊装一次顶盖,前两次吊装顶盖与常规安装工艺相同,顶盖增加一次吊装可以在转轮安装前完成与活动导叶配合的上轴套定位销钉孔加工,缩短转轮安装后的关键线路上的直线安装工期。

3)水轮发电机大轴机坑外连轴铰孔法

常规安装工艺要求水轮发电机大轴在机坑内进行连轴铰孔,致使在顶盖安装后下机架不能及时安装。研究利用吊物孔进行水轮发电机轴机坑外连轴铰孔,实施与下机架平行作业,在顶盖和下机架安装后,水轮发电机大轴即可整体吊装就位,在保证安装质量的前提下,有效地缩短了机组安装关键线路上的直线安装工期。

4)下机架二次安装法

常规安装工艺要求下机架一次安装,但需待下机架基础混凝土凝固后才能进入下一道安装工序,对转子及时安装造成不利影响,同时由于下机架的阻挡,造成基础混凝土难以浇筑密实。为此研究利用水轮机座环现场加工时的机坑空闲时段,增加一次下机架预装,在下机架基础螺栓定位后,将下机架吊出,在无下机架的条件下利用安装间歇时段提前浇筑基础混凝土,既保证了混凝土浇筑质量,又可缩短机组安装工期约 2 周。

（2）巨型水轮发电机组安装技术

1）研制了定子下线无尘、恒温、恒湿装置

三峡电站水轮发电机定子绕组结构复杂，安装工艺要求严格，定子线棒的交流耐压试验电压高达 60kV，超过国标要求。定子下线环境中任何导电杂质和灰尘都会影响到线棒的绝缘技术，在定子绕组安装环境内必须保持清洁、无尘，环境温度应保证高于室温 3°～5℃，安装现场湿度控制在 80％以下。为保证巨型水轮发电机定子绕组安装质量，在定子绕组安装时做到无尘、恒温、恒湿的作业条件，满足定子绕组安装温度和湿度要求，研发了定子下线无尘、恒温、恒湿装置，应用效果良好，已被我国在建的多个大型水电站应用。

2）机组转子磁轭加热紧固技术

左岸电站 ALSTOM 制造的 5 号机组转子磁轭进行加热时，发现转子磁轭键未与磁轭一起膨胀，致使磁轭键与键槽板之间的间隙不能满足加垫片要求；最终通过将磁轭键与磁轭焊接、分步按等胀量加垫片，成功地完成了 5 号机组转子磁轭加热紧固，转子冷却后测量磁轭圆度达到标准要求。根据 5 号机组转子磁轭加热坚固实践经验，制造厂同意修改键槽板结构和改善焊接工艺，并在以后制造的机组转子键槽板结构采取如下措施：①增加键槽板焊接时的加强筋板与焊接变形限位装置，控制键槽板焊接的切向焊接扭曲变形量；②键槽板制作时，在键槽板两侧开 8 个槽形口，以便与磁轭和磁轭键的焊接固定；③在磁轭加热紧固之间，将磁轭与磁轭键焊接在一起；④在磁轭加热紧固过程中，在键槽板与磁轭键之间使用耐高温润滑脂；⑤在键槽板背部施钻 M16 螺栓孔，以便将磁轭键顶靠于磁轭；⑥将磁轭键与键槽板的配合间隙由 0.1～0.15mm 加大至 0.4～0.5mm。

右岸电站 ALSTOM 制造的机组转子磁轭加热技术进一步改进：①鉴于磁轭调圆后紧固量可能下降，为保证设计图要求的过盈量 3.2mm，在上、中、下三环处加上 0.5mm 的紧固量补偿。因在中环板与下环板之间距离处的键槽板与转子支架间没有支撑，热套后此处收缩量比其他两点大，所以再加 500mm×0.5mm 结构补偿量。②垫片总长度 3400mm，垫片尺寸由上、中、下三环尺寸确定，对应也分三段加工。根据左岸电站实践经验和上环测量数据分析，对上环加垫长度定为 800mm，但因上环间隙与中环间隙存在较大差值（1.5mm），在加工垫片时会有 1.5mm 的突变点，致使冷缩后磁轭在此处有明显凸出，经研究决定在突变处增加一个 500mm 长的渐变段，将垫片加工分为四段，把上环长度分解为 500mm 及 500mm，其最终加工长度从上至下分为 500mm、500mm、1900mm、500mm。③为减小变形，在贴近磁轭处选用较厚通长垫片，靠磁轭键处也用通长垫片，中间根据尺寸和长度配合适尺寸后，对各段配合垫片在两侧进行焊接。

巨型水轮发电机组转子磁轭加热紧固采用上述技术措施后均达到优良标准，为磁极挂装提供了有利条件。

3）水轮机活动导叶端部间隙控制技术突破

左岸电站 5 号机组安装时水轮机活动导叶端部间隙满足要求，但在机组调试期间发现底环及活动导叶表面被刮伤，说明在顶盖安装完成到机组调试的过程中，导叶端部间隙在变小。从监测的各阶段导叶间隙、过流面高度、顶盖及底环变形测量数据进行对比分析后,发现底环制造及安装工艺、顶盖结构刚度及安装工艺、活动变形、活动导叶与底环抗磨板的垂直度均对导叶端部间隙产生了不同程度的影响。在分析影响导叶端部间隙的各部因素后,对导叶安装工艺进行了改进:①导叶机构预装时,选取 8 个最高导叶作为预装基准,并根据导叶长度与底环抗磨板面水平情况决定导叶位置,将长导叶布在低处,短导叶放在高处,然后逐个测量导叶上下端部间隙值,取平均值作为导水机构安装时永久垫板厚度计算的依据。②在顶盖垫板厚度计算时,预留 0.3～0.5mm 裕量作为顶盖安装后下沉量以及温度变化影响量。采取上述改进措施后,左右岸电站机组导叶端部间隙满足要求,机组运行正常。

4)巨型水轮发电机组轴线调整计算方法的突破

左岸电站 700MW 水轮发电机组轴线调整步骤多、工期长,单台机组轴线调整工期需 80 天以上。为缩短机组轴线调整工期,在左岸及右岸电站机组安装过程中,对机组轴线调整技术进行创新。①提出了机组轴线调整计算理论和方法,并重新编制三峡机组的盘车计算程序。在三峡机组轴线及中心的调整中,根据转动部分转动时其摆度曲线及转动部分与固定部分间隙的变化为一条正弦曲线的原理,从理论上对测量数据的分布状态进行了分析计算,首次提出了采用最小二乘拟和法对盘车数据计算处理的方法,解决了传统盘车数据处理方法要求测点均布及无法克服测量表面质量和测量误差对计算结果的影响的问题。实践表明,利用此方法将机组的摆度及旋转中心偏差值均控制在 0.1mm 以下,有效地提高了机组运行的稳定性和使用寿命。为我国巨型水轮发电机轴线的盘车计算提供实用的理论依据,对机组安装具有重要意义,使盘车计算科学严密,精确度高,更有利于指导机组轴线调度。②将机组轴线调整与镜板水平测量紧密结合,相互促进。转子吊装后,机组轴线调整时,通过放置柜式水平仪于转子上法兰,动态间接测量镜板旋转水平,出现偏差及时调整,以促进机组轴线调整。通过对机组轴线调整计算方法的突破,在保证安全、质量的前提下,将机组轴线调整工期由 80 天缩短为 50 天,大大缩短了机组轴线调整工期。

三峡电站水轮发电机组总装完成的各台机组轴线调整,轴线上各部的摆度、同心度质量优良,15 号机组创造了水导盘车摆度 0.014mm 的最小纪录。

10.1.6.3 机组低水头(围堰挡水发电蓄水位 135～139m 及初期蓄水位 156m)试验分析

(1)135m 水位左岸机组稳定性试验

1)机组稳定性试验内容及主要结果

三峡左岸电站首批机组于 2003 年 7 月投产运行,2003 年 9 月至 10 月,对三峡左岸电站首批发电机组进行了全面的机组稳定性、能量性能和转轮叶片动应力现场试验,根据有关测试结果,对真机初期低水头稳定性状况进行了分析,并根据模型稳定性试验结果,对真机高水头稳定性进行了分析和预测。试验选择三峡左岸电站 3 号机组(VGS)和 6 号机组(ALSTOM)进行试验,试验水头 68～69m。

　　分别进行了压力脉动混频幅值与机组有功功率关系试验、机组振动混频幅值与机组有功功率的关系试验、主轴摆度混频幅值与机组有功功率的关系试验,并对真机与模型压力脉动混频幅值进行比较,稳定性试验主要结果见图 10.1.13、图 10.1.14、图 10.1.15 和图 10.1.16。

　　2)机组稳定性试验主要结论

　　①根据三峡左岸电站 VGS 3 号机组和 ALSTOM 6 号机组在 68~69m 低水头时的试验结果,建议可将机组在低水头时的运行区划分为三个区。即可以连续运行的稳定运行区,允许短期运行的运行区(限制运行区)和不宜运行区(禁止运行区)。

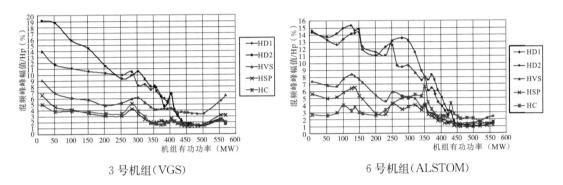

图 10.1.13　压力脉动混频幅值与机组有功功率关系曲线

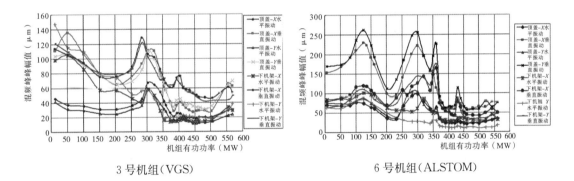

图 10.1.14　机组振动混频幅值与机组有功功率的关系曲线

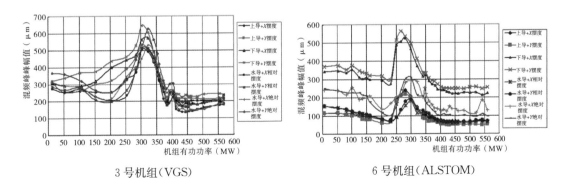

图 10.1.15　主轴摆度混频幅值与机组有功功率的关系曲线

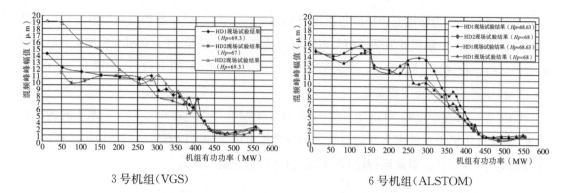

3 号机组（VGS）　　　　　　　　　　6 号机组（ALSTOM）

图 10.1.16　真机与模型压力脉动混频幅值的比较

②两种机型在开停机过程均未发现有共振等不良现象，现有的开停机方式是合适的。从真机水压脉动与动应力等测试结果看，未发现因出现叶道涡后有异常的水压脉动或动应力等突变的现象。

③两种机型与模型试验结果均有良好的吻合性。

④顶盖和底环强迫补气对水轮机水压脉动、叶片动应力和机组振动只在小负荷区有所改善，对减弱强度较大的尾水管涡带效果不明显。因此，建议电站选择合理的机组运行范围，宜尽量避开小负荷振动区和尾水管涡带振动区运行。

（2）初期运行水位 156m 左岸机组稳定性试验

2005 年 7 月左岸 14 台机组已全部投入商业运行。2006 年 9 月 20 日开始三峡工程三期蓄水，并于 10 月 27 日成功实现 156m 蓄水目标。在蓄水过程中，分别选取了左岸 8 号机组（VGS）和 6 号机组（ALSTOM）机组进行了全过程升水位稳定性试验和厂房振动试验，并对初期运行出现的问题进行了专题试验研究。对三峡左岸的两种机型机组有了一个充分的认识，在此基础上把研究成果和试验数据与合同和水轮机模型试验结果进行比较，认为三峡左岸机组在 156m 水位下稳定性能、能量性能和其他指标总体达到了合同的规定，在目前水位下可安全稳定运行。

1）初期试运行问题研究

ALSTOM 机组关机过程中小开度异常振动问题：针对三峡左岸 ALSTOM 机组调试过程中出现的小开度异常振动问题，各参建单位和相关科研机构进行了模型试验、仿真分析和真机试验研究，综合分析原因，采取优化导叶关闭规律，延长第三段关闭的时间，避免异常振动。通过这次 156m 升水位真机试验结果表明，采用优化的导叶关闭规律 6 号机组在 154m 水位做过速试验及甩负荷试验阶段中，没有出现导叶在小开度情况下剧烈振动，各种监测的数据在允许的范围。优化后的关闭规律是能够满足过速停机要求及调保计算要求，过速关机过程中不会出现小开度振动现象。

ALSTOM 机组导流板撕裂问题：通过对 ALSTOM 机组蜗壳导流板的分析计算和现场试验，表明原导流板结构不合理，存在局部应力集中导致撕裂现象的发生。对 ALSTOM 的

8 台机组的导流板均进行了环向筋板的加固,经过一年的运行,尚未发现裂纹和撕裂现象。试验表明:加固后运行情况尚好,在当前水位 156m 下可以满足安全运行,预计 175m 水位运行也是安全的。

2)稳定性试验研究

通过对 ALSTOM 机组和 VGS 机组稳定性试验,主要结论如下:

①可将机组的运行区划分为三个区即可以连续运行的稳定运行区,允许短期运行的限制运行区和不宜运行的禁止运行区;②机组在开停机及甩负荷过程均未发现有共振等不良现象,现有的开停机方式是合适的;③真机与模型的压力脉动随负荷变化的总趋势基本一致,有较高的符合性,两者的能量特性(出力、相对效率等)相吻合。机组振动、摆度满足合同要求;④测试结果表明,无论是 145m 水位还是 156m 水位,厂房结构振动的幅值都比较小。参照目前国内外已有的振动标准,两种水位下的振动对于厂房结构本身、仪器设备和运行人员都是安全的。

3)756MW 运行试验

2006 年 10 月 10—12 日 6 号、8 号机组完成了 756MW 连续 8h 运行。10 月 22 日至 11 月 4 日,全部机组完成了 756MW 连续 8h 考核运行;10 月 26—29 日完成了全厂机组满负荷 9800MW 连续 72h 考核运行。2006 年 11 月 13 日至 12 月 13 日,6 号机组完成了 756MW 连续 30d 运行,2006 年 12 月 16 日至 2007 年 1 月 15 日,8 号机组完成了 756MW 连续 3d 运行。

监测数据表明,机组三部轴承温度、振动摆度、技术供水压力等运行数据均在正常范围以内,发电机定子绕组、转子绕组、发电机纯水系统、主变压器、离相封闭母线、励磁变压器、GIS、出线避雷器、出线电压互感器、制动开关等设备运行正常,主回路温升情况良好,设备温度随负荷上升有所上升,但未出现温度异常。

10.1.6.4 三峡电站 700MW 水轮发电机组调试

(1)调试大纲的编制

电站充水调试是一个系统工程,根据规程规范的规定,机组调试大纲应该由机电设备安装单位承担。由于三峡枢纽工程规模大,机电设备类型多,700MW 水轮发电机组等主要设备在国内水电工程中首次采用,缺乏调试经验;三峡二期工程机电设备安装分为三个标段(两个机组标段、一个公用设备标段,另外 GIS 由设备制造厂家负责安装调试),由三个单位承担机电设备安装;电站充水调试涉及电力系统三峡初期输出线路的验收,线路继电保护、高压(三峡左岸电站)母线继电保护的调试及整定;涉及三峡枢纽梯调的调试;涉及梯调、三峡电站对外通信的调试;涉及三峡左岸电站高压配电装置(GIS)的升压、充电、主变冲击;涉及相关系统的检查验收,如泄洪设备,全站油、水、气公用系统,全站 10kV、0.4kV 供电系统中与首批机组启动有关部分的检查验收等;由于左岸电站尚未建成,机组分批投入调试,还涉及电站充水调试所需的临时厂用电源、供水、消防措施等问题。可见首批机组启动除编制机组完整的启动程序外,充水调试还涉及有关各方的紧密配合。电站充水调试,是按电站的各种正常运行工况和相关事故工况进行真机系统调试,检验水电站机电和金属结构各种设备制造和安装质量是否满足工程设计要求、各系统是否具备运行条件,是对水电站正式投运前工程质量的最后把关,对确保水电站安全、稳定运行起着重要作用。鉴于上述,2002年5月三峡总公司委托长江设计院编制《三峡左岸电站系统联合调试大纲》。

1)编制原则

本大纲以电力行业颁布的最新标准《水轮发电机组启动试验规程》为依据,并结合三峡工程规模大、系统复杂的特点进行编制,应做到:①尽量缩短调试的周期;②尽量减少开停机次数;③应结合机组运行稳定性要求,增加稳定性试验项目并提出预案措施;④确定单项设备系统调试的技术要求;⑤对在调试及运行中可能出现的问题,提出反事故预案措施。

调试目的:①检查各辅助设备系统调试的正确性和可靠性,并整定相关运行参数;②检查各辅助设备系统间的协调性、联动性及正确性;③对高压电气设备进行设备性能和特性检验;检验继电保护的连接和整定参数值;协调内外通信;检查梯调和电站的计算机监控系统;检查电力系统的接口状态;④对水轮发电机组进行启动试运行试验,并通过对特定机组综合参数进行测试,确定机组安全稳定运行区,并为右岸机组招标提供有益的经验;⑤协调枢纽及梯级范围内所有机电和金结设备的运行集成,做到信息畅通、监控自如和安全可靠运转;⑥三峡电站准确无误接入电力系统。

2)三峡左岸电站联合调试大纲

调试大纲应对机组启动联合调试的方式、程序、项目、内容及组织形态提出指导性意见和建议;根据三峡工程特点,提出联合调试需要做的主要工作项目清单,确定做什么的程序;调试分为三峡水电站接入系统调试、电站机组调试两部分;提出联合调试后应达到的目标和要求;以首批投产的2号、5号机组为对象进行编制,以后启动的机组可参照本大纲执行。

电站接入系统调试:500kV输电线零起升压,相序核对、电站500kV母线带电、线路继电保护,通信,出口计量系统、过电压等试验,由华中电网湖北省电力公司电力试验研究院协调调试。

三峡左岸电站联合调试试验项目的顺序:①500kVGIS、变压器和并联电抗器升压和冲击。确定断路器、隔离开关、接地刀的性能;②机组与变压器单独作升流(确定机组CT接线正确性)和发电机升压试验(确定空载和短路特性);③500kVGIS和变压器的升流试验(复核各保护CT接线);④500kVGIS和变压器升至全电压,同期检查;⑤机组带负荷和甩负荷试验;⑥机组其他性能试验。

三峡左岸电站联合调试的开停机次数及内容见表10.1.44。

3)三峡左岸电站联合调试大纲的组成

《左岸电站首批机组启动试运行联合调试大纲》及附件组成,附件有:①左岸电站首批机组投入调试运行的必备条件;②左岸电站及梯级调度中心投运时要做的检查和试验;③左岸电站重要的单项项目检查验收要求;④水轮发电机组稳定运行预案措施;⑤左岸电站首批机组调试运行时的反事故预案措施;⑥调试运行时电站消防、供电及供水工程采取的临时措施;⑦左岸电站主要系统图册;⑧左岸电站机电设备安全运行技术要求。

表 10.1.44　　　　　　　　　三峡左岸电站联合调试的开停机次数及内容

开停机次数	大纲编号	主要目的	主要检查标准
1	6.1 6.2.1	1. 检查机组安装情况，内部有无摩擦和碰撞。 2. 检查高压油顶起系统工作是否正常。 3. 检查技术供水系统工作是否正常。 4. 检查机组机械制动系统工作是否正常。	1. 三峡水轮发电机组安装规程 TGPS. JZ。 2. 三峡工程左岸电站水轮发电机组合同文件 TGT-TGP/EG9701CA，TGT-TGP/EG9703CH。
2	6.1 6.2.1 6.2.2 6.2.3	1. 检查机组各轴承的摆度、振动和温升。 2. 检查机组各部轴承的油位和是否甩油，水车室是否窜水。 3. 检查和设定调速系统空载参数。 4. 检查高压油顶起系统工作是否正常。 5. 检查技术供水系统工作是否正常。 6. 检查机组机械制动系统工作是否正常。 7. 检查转速继电器的整定值和是否正确动作。 8. 检查机组内部有无松动或断裂。	1. 三峡工程左岸电站水轮发电机组合同文件 TGT-TGP/EG9701CA，TGT-TGP/EG9703CH。 2. 三峡工程左岸电站调速系统合同文件 TGT-TGP/EE2000-04FR。
3	6.2.4	1. 检查转速继电器的整定值和过速定值。 2. 检查过速后机组内部有无松动或断裂。 3. 检查机组各轴承的摆度、振动和温升。	三峡工程左岸电站水轮发电机组合同文件 TGT-TGP/EG9701CA，TGT-TGP/EG9703CH。 2. 三峡工程左岸电站调速系统合同文件 TGT-TGP/EE2000-04FR。
4	6.2.5	1. 检查主、辅机是否按开、停机程序执行。 2. 模拟检查机组故障及事故信号是否正确，检查保护和停机回路动作是否正确。 3. 检查各辅机是否正确动作。	1. 三峡工程左岸电站水轮发电机组合同文件 TGT-TGP/EG9701CA，TGT-TGP/EG9703CH。 2. 三峡工程左岸电站计算机监控系统合同文件
5	6.3	1. 检查机组及输变电设备的一次设备带电流运行特性，检查相序。 2. 检查机组及输变电设备的 CT、保护和二次接线是否正确。 3. 验证 GIS 断路器、隔离开关的性能。 4. 确定发电机短路特性。 5. 检查直流灭磁开关效果。	1. 三峡工程左岸电站水轮发电机组合同文件 TGT-TGP/EG9701CA，TGT-TGP/EG9703CH。 2. 三峡左岸电站 550kV GIS 及其配套设备合同文件 3. 三峡工程左岸电站 550kV 主变压器及其附属设备合同文件 TGT-TGP/ET9905DE。 4. 三峡工程左岸电站励磁系统合同文件 TGT-TGP/EE2000-05DE。

开停机次数	大纲编号	主要目的	主要检查标准
6	6.4 6.5	1. 检查机组及输变电设备升压运行情况。 2. 检查发电机一点接地保护。 3. 检验发电机带线路零起升压能力。	1. 三峡工程左岸电站水轮发电机组合同文件 TGT-TGP/EG9701CA, TGT-TGP/EG9703CH。 2. 三峡左岸电站 550kV GIS 及其配套设备合同文件 3. 三峡工程左岸电站 550kV 主变压器及其附属设备合同文件 TGT-TGP/ET9905DE。
7	6.6	1. 检验发电机励磁系统工作特性。 2. 检验逆变灭磁效果,检验交流、直流灭磁开关空载特性。 3. 检验励磁变压器等的冷却效果。	1. 三峡工程左岸电站水轮发电机组合同文件 TGT-TGP/EG9701CA, TGT-TGP/EG9703CH。 2. 三峡工程左岸电站励磁系统合同文件 TGT-TGP/EE2000-05DE。
8	7.2 7.3	1. 检验机组的振动与温升。 2. 检验机组带负荷和甩负荷的特性。 3. 检验调速器的不动时间和甩负荷时的调节特性,确定机组调速器参数整定。 4. 确定励磁系统参数整定。检验交流、直流灭磁开关的灭磁特性等。	1. 三峡工程左岸电站水轮发电机组合同文件 TGT-TGP/EG9701CA, TGT-TGP/EG9703CH。 2. 三峡工程左岸电站调速系统合同文件 TGT-TGP/EE2000-04FR。 3. 三峡工程左岸电站励磁系统合同文件 TGT-TGP/EE2000-05DE。
9	7.4	1. 确定发电机进相能力。 2. 提供发电机功率圆图及"V"形曲线。	三峡工程左岸电站水轮发电机组合同文件 TGT-TGP/EG9701CA, TGT-TGP/EG9703CH。
10	7.5	确定机组低油压关机能力。	三峡工程左岸电站调速系统合同文件 TGT-TGP/EE2000-04FR。
11	7.6	确定动水关进水口工作门的能力。	三峡水利枢纽永久船闸、大坝和电站厂房二期工程启闭机设备采购合同 TGP/CIV-6

（2）试验性蓄水机电设备调试

三峡工程实施分期蓄水,在机组投运前的调试中受坝前水位的制约,在高水头区机组性能无法调试,2008 年汛末实施 175.0m 试验性蓄水,在库水位上升过程中,长江设计院从真机上验证机组性能是否达到合同要求,根据试验结果制订出各机型机组的安全、允许、禁止运行区,向中国三峡集团公司提出在试验性蓄水过程中机组及相配套的机电设备应补做的试验,中国三峡集团公司组织机组制造厂,遵照 IEC、ISO 国际标准、国内规程和合同要求,对五种不同机型的 700MW 水轮发电机组进行了机组稳定性、能量特性、调速器扰动、过速试验、水位 172m 或 175m 甩负荷、机组快速动水闭门持住力、厂房振动和 700MW 水轮发电机组进行 756MW 的大负荷运行等试验。2012 年 7 月三峡电站 34 台机组首次全部并网运行实现 22500MW(32×700MW＋2×50MW)设计满额定出力运行,累计运行 710.98h,运行中机组各部位的轴承温度、振动和摆度正常,电气性能参数满足要求;各种电气设备的温度、油温、噪声正常;计算机系统监控、监测正常、各种监测数据满足工程设计要求。结果表明:三峡 700MW 水轮发电机组具有良好的运行特性,与水轮机模型在性能方面具有较好的吻合性,相应的机电设备运行安全稳定,验证了三峡机组和配套的机电设施总体达到世界先进水平。

1)机组的能量特性

三峡电站五种机型水轮机以额定转速运行时,各水头下模型水轮机出力保证值和真机实测值列入表 10.1.45,比较结果表明三峡机组达到了设计要求。

表 10.1.45　　　　　三峡机组五种机型水轮机保证值和真机实测值汇总表

机组号及制造厂 指标	6F (ALSTOM)		8F (VGS)		16F (东电)		21F (天津 ALSTOM)		26F (哈电)	
	合同保证值	真机实测值	合同保证值	真机实测值	合同保证值	真机实测值	合同保证值	真机实测值	合同保证值	真机实测值
净水头(m)	78.5		78.5		78.5		78.5		78.5	
水轮机出力(MW)	683.7	722	683.7	722	644.17	684	694.7	694.7	634	647
导叶开度(%)	100	97.1	100	97.1	105.6	98.9	100	86.96	101	95.7
净水头(m)	80.6		80.6		85		85		85	
水轮机出力(MW)	710	741.7	710	741.7	710	761	763.3	763.3	710	719
导叶开度(%)	100	98.0	100	98.0	100	96	94	83.53	100	95
净水头(m)	89.4		89.4		90		90		90	
水轮机出力(MW)	823	828.5	823	828.5	780.3	821	814.0	814.0	767	803
导叶开度(%)	100	96.8	100	96.8	102.2	94.7	90	76.6	99	95.1

对机组能量特性分析:①真机实测效率曲线与模型换算效率曲线变化趋势基本一致,最优效率点的位置与模型换算值基本吻合;②随着水头的升高,水轮机最高效率点向高负荷区移动;③各试验水头下,水轮机出力随导叶开度增大而增加,至试验最大导叶开度,出力均未减小;④各试验水头下,实测水轮机最优出力与制造厂提出的预期最优出力基本一致;⑤全水头范围内,70%～100%实测最大出力区间,各机组均有较高的水轮机效率性能。

2)机组的稳定性能

通过实测压力脉动与模型试验结果的比较:真机实测曲线与模型试验曲线变化趋势基本一致,真机实测压力脉动与模型试验结果基本吻合。

三峡左右岸电站 5 种机型上游水位 145.5m 和 175m 下压力脉动对比见图 10.1.17、

图 10.1.18。

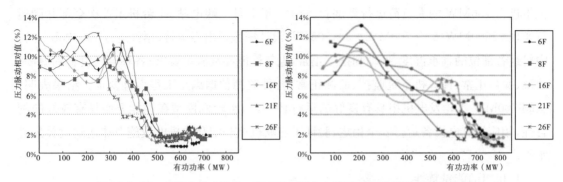

图 10.1.17 上游水位 145.5m 和 175m 尾水上游压力脉动相对幅值对比图

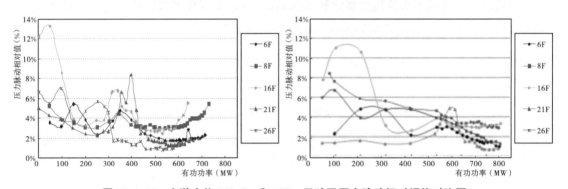

图 10.1.18 上游水位 145.5m 和 175m 无叶区压力脉动相对幅值对比图

试验表明:三峡左右岸电站 5 种机型、地下电站 3 种机型的压力脉动随负荷变化趋势基本一致,压力脉动幅值在小负荷区和涡带区相对较大,大负荷区相对较小。总体上看,5 种机型压力脉动水平基本相当,在 70%~100% 出力范围,未发现水力共振、卡门涡共振和异常压力脉动,压力脉动相对混频幅值基本满足合同保证值。在 70%~100% 出力范围,右岸电站机组总体上略优于左岸机组。此外,在与左岸模型试验中发现的高部分负荷压力脉动区(SPPZ)相对应的负荷区域,在升水位真机试验中表现不明显。

三峡左右岸电站 5 种机型上游水位 145.5m 和 175m 下的振动摆度对比见图 10.1.19、图 10.1.20 及图 10.1.21。

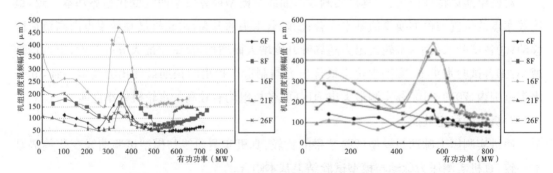

图 10.1.19 上游水位 145.5m 和 175m 水导摆度对比图

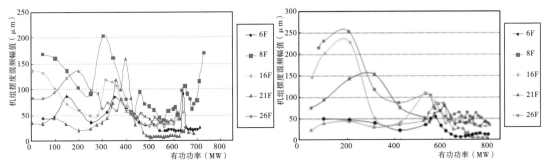

图 10.1.20　上游水位 145.5m 和 175m 下机架垂直振动对比图

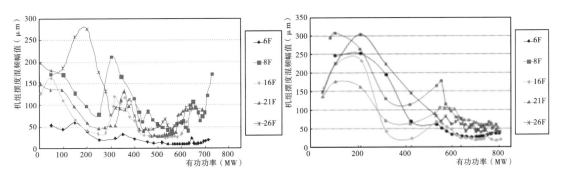

图 10.1.21　上游水位 145.5m 和 175m 顶盖垂直振动对比图

机组的稳定性能试验结果表明：①水位在 145.5～172.5m，各机组水压脉动、主轴摆度、机组振动、噪声以及厂房振动幅值总体趋势是随负荷的增加而减小，部分测点在小负荷区和涡带区的一部分工况点超过合同保证值要求，在 70%～100% 负荷区范围内基本满足合同保证值要求，未发现振动和压力脉动；②70% 预想出力～试验最大出力负荷范围内，各机组各项稳定性指标基本满足合同保证值要求，具有优良的运行稳定性；③各机组在小负荷区间振动明显，机组应尽量避开小负荷和强涡带工况区运行；④强通补气在小负荷区对降低机组振动和厂房振动有一定的作用，对顶盖振动和蜗壳进口压力脉动有较为明显的改善；在大负荷区和涡带区对机组各测点没有明显的改善；⑤各机组在上游水位升至 172.4m 的过速和甩负荷试验未发现异常振动。

（3）稳定运行区

三峡左右岸电站 5 种机型、地下电站 3 种机型的振动和摆度随负荷变化趋势基本一致。总体上看，5 种机型的主轴摆度和机组振动水平基本相当，在 70%～100% 出力范围，未发现异常振动现象，主轴摆度和机组振动基本满足合同保证值或有关国标允许值的要求。

根据运行标准的允许值和蓄水过程中机组运行稳定性试验，综合考虑压力脉动、振动、摆度和水轮机效率等试验结果，建议机组在全水头、全负荷范围内划分成以下四个区域：空载运行区（仅限机组调试运行）、稳定运行区（可以连续稳定运行）、限制运行区（允许限时运行）、禁止运行区（不宜运行）。三峡左右岸电站 5 种机型、地下电站 3 种机型在全水头、全负荷范围内划分成以上四个区域（见图 10.1.22～图 10.1.29）：

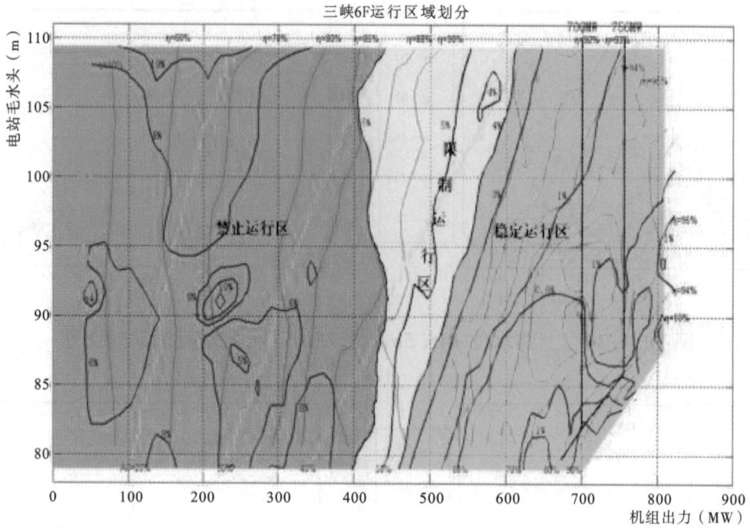

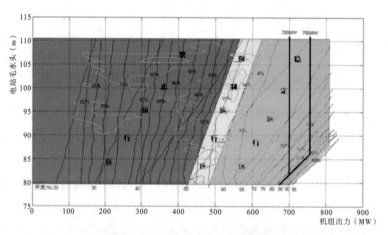

图 10.1.22　6 号机组运行区域图

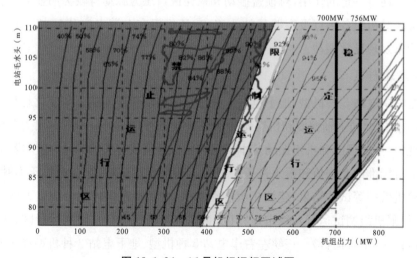

图 10.1.23　8 号机组运行区域图

图 10.1.24　16 号机组运行区域图

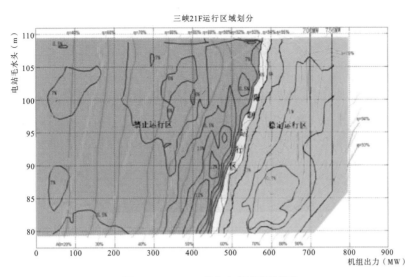

图 10.1.25 21 号机组运行区域图

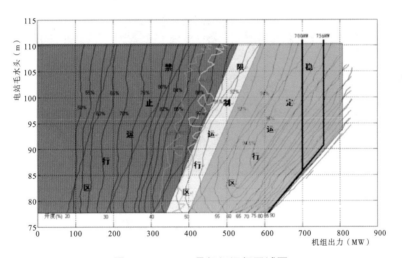

图 10.1.26 26 号机组运行区域图

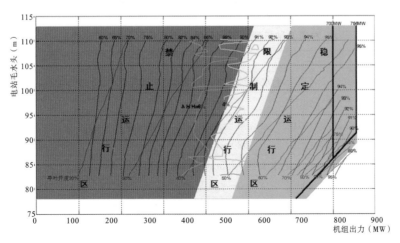

图 10.1.27 31 号机组运行区域图

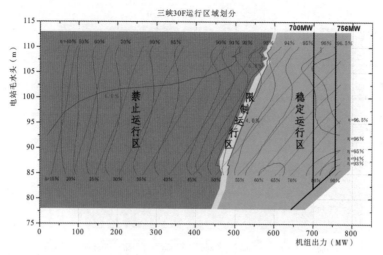

图 10.1.28　30 号机组运行区域

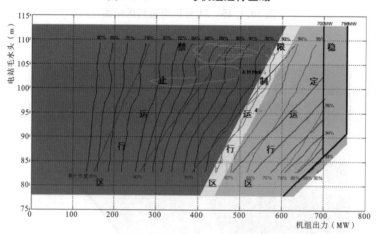

图 10.1.29　28 号机组运行区域图

左、右岸电站 5 种机型典型水位的稳定运行区见表 10.1.46,5 种机型稳定性运行区基本满足合同 70%～100%预想出力的要求。地下电站与右岸电站各机型稳定运行区对比见表10.1.47。

表 10.1.46　　　　　　　　左、右岸 5 种机型典型水位的稳定运行区(水轮机出力)

机型	6F	8F	16F	21F	26F
毛水头约 110m(上游水位 175m)					
禁止运行区(MW)	0～440	0～560	0～550	0～570	0～530
限制运行区(MW)	420～610	560～620	550～600	570～600	530～590
稳定运行区(MW)	610～756	620～756	600～756	600～756	590～756
毛水头约 77.5m(上游水位 145.5m)					
禁止运行区(MW)	0～400	0～425	0～390	0～450	0～340
限制运行区(MW)	400～460	425～485	390～430	450～470	340～400
稳定运行区(MW)	460～670	485～670	430～640	470～670	400～610

表 10.1.47　　　　　　　　地下电站与右岸电站各机型稳定运行区对比

毛水头 (m)	右岸东电机组 稳定运行区 (MW)	地电东电机组 稳定运行区 (MW)	右岸 ALSTOM 机组 稳定运行区 (MW)	地电 ALSTOM 机组 稳定运行区 (MW)	右岸哈电机组 稳定运行区 (MW)	地电哈电机组 稳定运行区 (MW)	毛水头 (m)
80	420～675	455～665	460～700	470～700	415～650	450～655	80
86	455～700	485～700	490～700	485～756	455～700	475～725	86
90	480～700	510～700	510～700	495～756	480～700	495～756	90
95	510～700	540～700	535～700	520～756	510～700	520～756	95
100	540～700	565～700	560～700	555～756	540～700	540～756	100
105	570～700	595～700	585～700	575～756	570～700	565～756	105
110	600～700	625～700	610～700	590～756	600～700	585～756	110

（4）756MW 机组稳定性试运行情况

三峡水库蓄水至正常蓄水位 175m 后，组织进行了左、右岸电站 5 种机型的发电机最大容量 840MVA 24h 考核运行试验，并对机组设备运行特征量进行了监测，同时也对三峡地下电站哈电 31 号和 32 号机组在与电网协调后进行了有功 756MW（840MVA）的连续运行试验，结果见表 10.1.48～表 10.1.51。

表 10.1.48　　　　　175m 水位下 840MVA 最大容量下运行机组设备运行温度

机型	2F	6F	16F	20F	26F
运行出力	756MW＋366MVar				
定子电流（A）	23220	23690	23500	23400	23500
转子电流（A）	3933	4251	3975	4171	4370
定子线槽（绕组）温度（℃）	56.7	63.6	61.9	64.2	88.9
定子铁芯温度（℃）	64.5	72.4	68.6	72.0	71.8
铁芯齿压板温度（℃）	61	71.3	——	77.0	71.6
纯水进水温度（℃）	46.9	55.7	59.1	53.1	——
主变绕组温度（℃）	58	58	67	64	67
主变上层油温（℃）	49	42	44	38	46
励磁变温度（℃）　A 相－b	93.3	98	89.2	96.1	104.6
A 相－r	90.6	102.1	90.1	95.7	101.9
B 相－b	93.5	100	93.2	97.7	97.6
B 相－r	87.4	99.9	93.4	94.7	99.4
C 相－b	88.8	93.1	95.2	99.2	101.9
C 相－r	91.2	95.9	97.1	95.4	103.1
技术供水温度（℃）	21.6				

表 10.1.49　　　　175m 水位下 840MVA 最大容量下运行机组各部轴承温度

机型	2F	6F	16F	20F	26F
运行出力(℃)	756MW＋366MVar				
上导瓦温(℃)	38.1	45.3	34	40.1	37.6
上导油温(℃)	32.9	39.6	30.1	36.2	34.8
下导瓦温(℃)	55.5	40.8	52.2	39.7	39.2
推力瓦温(℃)	79.1	76.5	75.8	70.9	76.2
推导油温(℃)	36.1	31.6	36.3	30.9	38.4
水导瓦温(℃)	47.8	54.4	40.1	56.4	56.5
水导油温(℃)	38.7	45.1	38.7	47.5	42.2

表 10.1.50　　　　175m 水位下 840MVA 最大容量下运行各部位噪音情况

机型		2F	6F	16F	20F	26F
运行出力		756MW＋366MVar				
主变压器(分贝)		79.8	79.4	89.2	93.5	90.5
蜗壳进人门(分贝)		91.4	89.3	94.9	94.3	93.2
锥管进人门	上游侧	93	93	101	100.3	105.4
(分贝)	下游侧	92	91.8	100.7	100.8	101.7

表 10.1.51　　　　三峡机组 756MW 下运行稳定性对比表

序号	项目	6F	8F	16F	21F	26F	31F	32F
1	负荷(MW)	757	756	760.7	754.2	755.6	756.4	756.7
2	上游水位(m)	170.4	170.8	171.5	171.1	170.9	170.4	170.4
3	下游水位(m)	65.8	65.8	65.551	65.6	65.37	65.4	65.4
4	上导摆度(μm)	60	208	178	46	209	159	107
5	下导摆度(μm)	286	228	100	118	93	146	247
6	水导摆度(μm)	44	80	140	74.6	61	75	92
7	上机架水平振动(μm)	8.2	17	10	34.5	21	14	17
8	上机架垂直振动(μm)	7.2	30	16	7	36	12	26
9	下机架水平振动(μm)	9.9	14	9	/	8	5	7
10	下机架垂直振动(μm)	9.5	23	22	/	31	36	49
11	定子机座水平振动(μm)	38.5	/	36	46	38	94	113
12	定子机座垂直振动(μm)	3.8	/	11	66	37	10	7
13	定子铁芯水平振动(μm)	/	/	42	14	8	106	156
14	定子铁芯垂直振动(μm)	/	/	10	12	3	16	20
15	顶盖水平振动(μm)	17	22	15	38	27	20	17
16	顶盖垂直振动(μm)	15	26	27	72	56	39	50

备注:1.21F 振动数据单位为 mm/s;2."/"表示未安装此测点传感器。

机组 840MVA 运行试验期间,设备运行平稳,机组及相关设备经受住了 840MV 连续 24h 运行的考验。

1)各种机型发电机组在最大容量运行工况下,发电机组电气主回路(包括封闭母线、励磁变压器等)温度正常,机组二次设备运行稳定;机组三部轴承运行温度、机组各部位振动摆度正常,机组满足安全稳定运行要求。

2)主变压器 840MVA 运行时,变压器绕组温度、变压器油温及噪音情况正常,满足安全稳定运行要求。

(5)不同冷却方式机组运行情况

三峡电站运行的 32 台 700MW 机组共有三种冷却方式,其中水冷机组共 24 台,全空冷机组共 6 台(23～26 号,31～32 号),蒸发冷却机组共 2 台(27～28 号)。对比情况见表10.1.52。

表 10.1.52　　　　三峡电站各发电机额定运行时温升统计

机组制造厂	左岸电站		右岸电站			地下电站		
	VGS（定子水内冷）	ALSTOM（定子水内冷）	东电（定子水内冷）	哈电（全空冷）	ALSTOM（定子水内冷）	东电（定子蒸发冷却）	哈电（全空冷）	ALSTOM（定子水内冷）
机组号	1～3、7～9	4～6、10～14	15～18	23～26	19～22	27～28	31～32	29～30
	最高　平均	最高　平均	最高　平均	最高　平均	最高　平均	最高　平均	最高　平均	最高　平均
定子绕组温度/℃	56.6　55.1	63.3　58.6	60.8　56.1	71.0　61.7	60.0　55.9	65.9　62.4	79.1　74.4	60.4　57.2
定子铁芯温度/℃	60.1　58.3	75.4　73.3	69.4　65.8	57.0　51.5	69.5　65.1	70.5　62.6	70.1　67.5	69.3　66.4

通过表 10.1.52 数据可知,发电机组采用不同冷却方式下定子线棒和铁芯的温度略有差异,但都符合设计、有关规程要求,在允许值范围内,目前,三峡电站各台机组的冷却系统运行正常,机组运行状态良好。

三峡地下电站东电机组首次在 700MW 水电机组发电机上采用具有完全自主知识产权的蒸发冷却技术。通过长时间的机组运行考验,蒸发冷却机组性能满足设计、合同要求及有关规程要求。

10.2　电　气

10.2.1　电站与电力系统的连接

三峡电站地处中国腹地,装机容量巨大,从全国的能源分布和科学合理利用出发,对三峡电站的供电范围、电力电量分配、输电方式及三峡电站如何接入电力系统等方面进行了长期设计研究、多方案的比选,明确了供电范围、输电方式和三峡电站接入电力系统方式。

10.2.1.1　供电范围

三峡电站地理位置适中,按送电距离 1000km 左右来考虑,可能的供电范围有华中、华东、西南、华南和华北五个跨省电网,20 世纪 80 年代以来,针对三峡工程各种正常蓄水位方案,从动力资源分布特点、一次能源平衡、运输状况、电源构成及负荷特点等出发,对送电地区作了大量能源供应平衡计算工作,经多种方案的设计研究和综合比选表明:三峡电站的电力、电量较优的供电范围是主送华东、华中等地区,兼顾库区重庆市。根据西电东送战略和为满足广东"十五"期间用电增长的需求,2001 年国务院决定三峡电站向广东送电。

经国务院批准的三峡电能消纳方案(计基础〔2001〕980 号文)中明确,三峡电站向各供电区的设计送电容量为:送华中 9000MW、华东 7200MW、广东 3000MW。三峡电站的供电范围调整为华中、华东和广东。后考虑重庆市要求,供电范围进一步调整为华中、华东、广东、重庆,输电容量分别按向华中地区送 9000MW、向华东地区送 7200MW、向广东地区送 3000MW、并重庆地区送 2000MW。

装设 6 台单机容量为 700MW 水轮发电机组的地下电站于 2004 年 5 月开始新建,经电力部门论证地下电站接入华中电网。

10.2.1.2　输电方式

向华东地区的送电方式,对纯直流输电、交直流混合输电、1000kV 特高压输电等输电方式进行了综合比选论证,从有利将三峡电站的电力电量安全输出、电力系统安全稳定运行、技术先进成熟、方便电网调度管理等方面出发,选用纯直流输电方式,即向华东地区送电在已投运的葛沪±500kV 直流输电(输送容量 1200MW)基础上,向华东再新建 2 回±500kV(每回输送容量 3000MW)直流输电线路。

向华中和重庆地区送电采用 500kV 交流;向广东地区采用 1 回±500kV、输送容量为 3000MW 的直流输电。

2004 年 5 月地下电站主体工程开始兴建,电力部门论证后,地下电站采用 3 回交流 500kV 接入湖北荆门换流站。

10.2.1.3　三峡水电站出线回路

采用一级 500kV 交流接入电力系统。从减小三峡电站的短路电流、防止事故扩大和有利 500kV 电网稳定运行出发,在三峡工程枢纽内各电站间 500kV 无直接的电气连接。设 500kV 母线断路器,在汛期左岸电厂或右岸电厂一厂可变为二厂运行。

三峡电站 500kV 出线共十八回。其中左岸电站出线八回,左一电厂装设 700MW 水轮发电机组 8 台,500kV 出线五回,落点分别为万县Ⅰ、万县Ⅱ(后由于电网结构的调整,至万县的二回 500kV 出线暂停使用)、龙泉换流站Ⅰ、龙泉换流站Ⅱ、龙泉换流站Ⅲ;左二电厂装设 700MW 水轮发电机组 6 台、500kV 出线三回,落点分别为荆州Ⅰ、荆州Ⅱ、荆州Ⅲ,在此,建有向广东地区送电的±500kV 直流换流站。右岸电站出线七回,右一电厂装设 700MW 水轮发电机组 6 台,500kV 出线四回,落点分别为葛洲坝换流站Ⅰ、葛洲坝换流站Ⅱ、荆州

Ⅰ、荆州Ⅱ,右二电厂装设700MW水轮发电机组6台,500kV出线三回落点分别为宜都换流站Ⅰ、宜都换流站Ⅱ、宜都换流站Ⅲ;地下电站装设700MW水轮发电机组6台,500kV出线三回,落点分别为荆门换流站Ⅰ、荆门换流站Ⅱ、宜都换流站Ⅲ。

三峡电站接入电力系统近区网络地理位置接线图见图10.2.1、三峡输变电工程跨区输电示意图见图10.2.2。

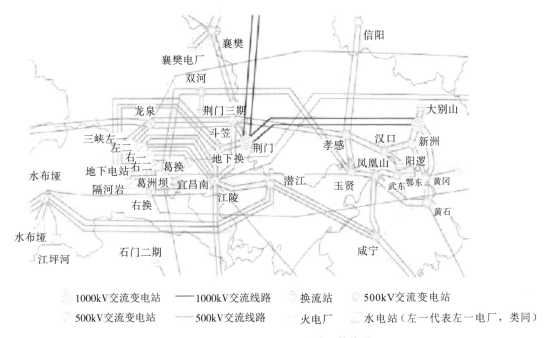

图 10.2.1　三峡近区网络地理接线图

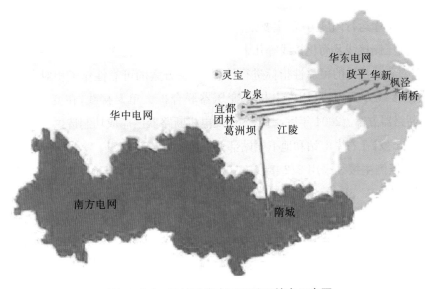

图 10.2.2　三峡输变电工程跨区输电示意图

10.2.2　电气主接线及主要电气设备

10.2.2.1　电气主接线

在可行性论证、初步设计阶段,三峡电站电气主接线和电气设备按送往华东±500kV 直流输电的换流站建在三峡工程枢纽内进行电气设计。1995 年 11 月国务院三峡工程建设委员会召开第五次全体会议,同意直流换流站设在坝区之外宜昌市郊区的合适位置。为此,三峡电站电气主接线遵循"安全可靠、简单清晰、运行灵活、维修方便、经济合理"的基本条件,将安全可靠放在首位,博采众长,吸取国内外设计经验,结合电力系统对主接线的要求和枢纽布置实际,对三峡电站电气主接线应满足的要求进行了设计研究,提出要求是:

1)为限制 500kV 侧的短路电流不超过 63kA,左、右岸电站为两个独立电厂,两厂 500kV 间没有直接的电气连接;

2)从有利于电力系统稳定运行和防止事故扩大出发,500kV 母线应设分段断路器,使左、右岸电站各自又可以分为二厂运行;

3)在严重故障下,应尽量减少切机台数和出线回路数。发生双重故障时,一般不应切除多于两回线路和四台机组;

4)在任一断路器或一条母线检修时,不影响连续供电,发电机断路器应与对应的发电机同时检修;

5)在全部机组投入运行后,要求全厂停电的概率为零;

6)应充分考虑电站机组在枯水期操作频繁的特点,保证有可靠的厂用电源;

7)应结合工程枢纽布置的实际,考虑高压配电装置选型及出线方式对主接线选择的影响;

8)经技术经济比较,使优选的方案技术先进、经济合理。

三峡电站电气主接线遵照上述要求,结合本电站的实际,考虑了电力系统对电站电气主接线的要求、三峡水库运行调度方式、主要设备制造能力、重大部件运输方式等方面,对发电机与变压器连接、高压侧接线及简化接线等几十个方案进行了研究比选,在比选中采用了N+2阶马尔可夫模型,对各种接线的可靠性指标进行计算,对各方案的可靠性作了相对比较,最终择优选用的电气主接线方案为:采用发电机－变压器联合扩大单元接线,在变压器高压侧装设 500kV SF$_6$ 断路器方案。2004 年后,由于 SF$_6$ 发电机断路器已能成功制造供货,从方便运行和能倒送厂用电出发,在右岸电站和地下电站部分机组出口装设了 SF$_6$ 发电机断路器。

500kV 高压侧主接线采用 3/2 接线方式,从调度灵活出发,在地下电站与右岸电站右二电厂间设置了 500kV SF$_6$ 管道联络线。

三峡左、右岸电站和地下电站的电气主接线采用同一方案,其差别在于装机台数、500kV 出线回路数、水轮发电机出口装设断路器(左岸电站没有装设发电机断路器)和装设 500kV 并联电抗器数量的不同。

从确保三峡工程厂用电出发,2003 年经国务院三峡工程建设委员会批准,在左岸电站下游左侧的山体内,兴建装机 2 台(单机容量为 50MW)具有黑启动功能的电源电站。电站用 35kV

接入三峡工程坝区 35kV 供电系统,作为三峡工程各电厂、各永久建筑物的主供电源或备用电源。电源电站电气主接线:发电机与变压器采用单元接线,35kV 侧选用单母线分段接线。

2010 年 7 月 20 日至 8 月 8 日,左、右岸电站完成了 18 天 18300MW(左、右电站共 26 台 700MW 机组和电源电站 2 台 50MW 机组)满负荷运行;2012 年 7 月 12 日 20 时,三峡电站首次进入 22500MW 设计满额定出力运行方式的考核,至 8 月 15 日 0 时累计运行 710.98 小时(29.6 天),将三峡电站的电力、电量安全稳定送出。

三峡左、右岸电站,地下电站及电源电站选用的电气主接线经过各种运行方式的考验,安全可靠、调度灵活,满足了三峡电站各种运行方式和电力输出的要求。

左岸、右岸、地下电站简化电气主接线见图 10.2.3、图 10.2.4、图 10.2.5。

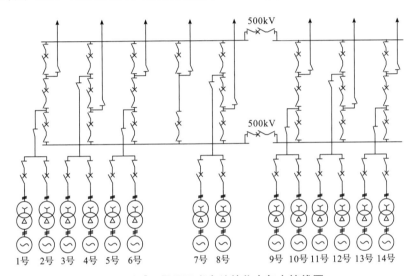

图 10.2.3　三峡左岸电站简化电气主接线图

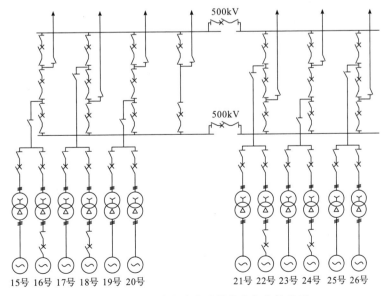

图 10.2.4　三峡右岸电站简化电气主接线图

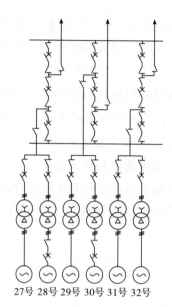

27号 28号 29号 30号 31号 32号

图 10.2.5 三峡地下电站简化电气主接线

10.2.2.2 主要电气设备

（1）升压变压器

三峡电站升压变压器结合电气主接线设计对可能选用的单相变压器、组合式变压器、三相变压器等方案进行了比选，从性能先进、便于布置、维护方便、造价低、可整体运输等方面出发，选用 550/20kV、840MVA、三相一体式强迫油循环升压变压器 33 台，其中左岸电站 14 台和备用 1 台、右岸电站 12 台、地下电站 6 台，变压器高压侧均采用油/F_6S 套管与 GIS 相连接，低压额定电流为 24240A，均采用干套管与离相封闭母线相连接。

左、右岸电站主变压器布置在 82.0m 高程厂坝平台半封闭的副厂房内，纵向宽度约 14.6m，下游侧紧靠主厂房，变压器室上方为 GIS 室，屋顶高程为 107m。变压器室大门面向上游大坝侧，其他三面均为封闭的防爆墙，其上游侧为坝顶高程185m 的大坝，右侧为93.5m 高程的左导墙，使 82.0m 厂坝平台为"凹"区，四面均比较高。对变压器采用水冷还是风冷进行了认证比选：采用强迫风冷，风只能向大坝方向吹，热空气向上流动，热气无法扩散，经模拟计算，可使厂坝平台小范围内环境温度上升 8℃～12℃，在夏季对运行巡视人员极为不利，对布置在厂坝间的电气设备，运行环境温度提高 10℃，需提高电气设备的制造标准，增加设备造价；采用水冷，水电站对变压器提供冷却水源不成问题，可减少厂坝平台的噪声，不会额外提高环境温度，但长江水中含有大量泥沙、杂草及腐蚀性成分等物质，怕水冷却管堵塞（葛洲坝二江电站变压器原采用 20 世纪 80 年代前的水冷却器，由于冷却水管堵塞，电厂改为风冷，大江电站变压器一开始就采用风冷）。因此，工程设计单位与制造厂共同提出国家"九五"攻关专题"三峡主变压器直通防堵型水冷却器的研究"。根据攻关成果，1997 年国内东屋公司研制的新型直通式防堵型水冷却器和德国 GEA 生产的直通式水冷却器在葛洲坝大江电厂 16 号机进行过水试验，到 2000 年 1 月已运行三个汛期，在 1997 年年底、1998 年年底和 2000 年 1 月经三次开盖检查效果很好,没有堵塞现象。由于水冷却器在不断地改进,左、右岸电站的主变压器采用水冷却方式。右岸地下电站由于主变压器布置在 150m 高程的 500kV 升压站内,冷却水困难,采用风冷对噪声和周围环境温度影响不大,选用了风冷。

左岸、右岸、地下电站主变压器技术参数:

1)主变压器额定值

额定容量:高压(在各种分接头下)　　　840MVA

低压:840MVA

相数:三相

额定频率:50Hz

额定电压:

高压侧:550-2×2.5%kV

低压侧:20kV

连接组别:YNd11

阻抗电压(以额定容量为基准,额定电流、额定频率下,绕组温度为 75℃)的实测值≥15%

中性点接地方式:经小电抗接地

2)主变压器效率和损耗

效率:在额定电压、额定频率、额定负荷下(绕组温度 75℃),变压器效率保证值(不允许负偏差)≥99.794%

损耗:在额定电压、额定频率、额定负荷下(绕组温度 75℃),变压器总损耗实测值(总损耗不允许正偏差)≤1736kW

3)绝缘水平:见表 10.2.1。

表 10.2.1　　　　　　　　　　　　主变压器绝缘水平　　　　　　　　　　　　单位:kV

部位	雷电冲击耐压峰值		操作冲击耐压峰值	工频耐压有效值
	全波	截波		
高压	1550	1675	1175	680
低压	125	140		55
中性点	325			140
高压相间			1800	950
高压套管	1675	1800	1175	740
低压套管	125	140		55
中性套管点	325			140

4)主变压器局部放电水平

在所有绝缘试验后进行局部放电测量。局部放电试验方法应符合 IEC60270 和 IEC60076-3 的有关规定。施加电压的方法按下列方法进行:单独进行局部放电试验,试验电压和试验程序满足下述要求:550kV 线端承受试验电压:477kV(5min)－550kV(5s)－477kV(1h)。在最后 1 小时持续时间内,550kV 出线端子的视在放电量不大于 100PC。

5)主变压器套管

主变压器所有套管都有电容式抽头供试验用。变压器高压套管带有气体检漏系统的环氧树脂浸渍电容式油/SF₆ 套管。套管两端应设置接线端子。中部为双法兰结构,一个法兰与变压器油箱连接,另一个法兰与 GIS 管道外壳相连。在两个法兰之间装设检漏接口,并提供检漏设备。

为防止 GIS 外壳感应电流流入变压器外壳,在高压套管法兰与 GIS 法兰间设置绝缘,并在绝缘件的两侧并联 ZnO 非线性电阻。绝缘件和非线性电阻由 GIS 卖方提供。

中性点套管为环氧树脂浸渍电容式油/空气瓷套管。

低压套管为环氧树脂浸渍油/空气瓷套管,低压套管应采用水平出线方式,并与发电机大电流离相封闭母线对接,变压器低压套管采用每相一只套管,为防止 IPB 外壳感应电流流入变压器外壳,在低压套管法兰与 IPB 法兰间设置绝缘。

每台变压器中性点提供 2 只套管电流互感器。

6)主变压器运输尺寸、重量

主变器运输尺寸:11.2m(长)×3.9m(宽)×4.9m(高)

变压器重量:带油总重 494t,运输重 395t,油重 86t。

7)左岸及右岸电站主变压器的中性点设备

每台主变电器的中性点设备为:1 台中性点电抗器、1 台避雷器、1 台接地开关、1 支穿墙套管及连接导体等。

①中性点电抗器

(a)形式及额定值

型式:户外、油浸、自冷式

电抗值:20Ω

工作电流:140A

容量:392kVA

热稳定电流(2s,有效值):3.15kA

动稳定电流(峰值):8kA

额定绝缘水平:

	高压端(kV)	低压端(kV)
雷电冲击耐受电压(峰值)	325	125
操作冲击耐受电压(峰值)		
1min 工频耐受电压(有效值)	140	55

(b)外形尺寸和运输重量

运输尺寸约为 1.8m×1.8m×1.95m(长×宽×高),外形尺寸约为 2.4m×2.0m×4.2m

（长×宽×高）。

高压套管重量约为 200kg,接地套管重量约为 30kg,储油柜重量约为 200kg,油重约为 3000kg,端子箱重量约为 30kg,总重量约为 8500kg。

②中性点接地开关

（a）形式

中性点接地开关形式为户外、单极式,电动操作。

（b）参数

额定电压	66kV
最高工作电压	72.5kV
额定频率	50Hz
额定电流	400A
额定热稳定电流及持续时间	6.5kA,2s
额定动稳定电流	17.5kA
工频 1min 耐受电压(有效值)	140kV
雷电冲击耐受电压(峰值)	325kV
泄漏比距	25mm/kV
机械稳定性操作寿命	2000 次

三峡左岸电站主变压器采用国际招标、技贸结合、技术转让、国内分包的方式。最终德国西门子股份公司 TU 变压器厂中标,国内保定天威集团大型变压器有限公司(保变)和沈阳变压器有限责任公司(沈变)受技术转让。

三峡右岸电站主变压器采用国内公开招标,重庆 ABB 变压器有限公司中标。三峡地下电站主变压器采用国内公开招标,保变获得制造合同。

三峡电站国产与引进 500kV 主变压器见图 10.2.6、图 10.2.7。

10. 2. 6　地下电站国产 500kV-840MVA 主变

图 10.2.7　左岸电站进口 500kV-840MVA

（2）500kV 配电装置

1）500kV 配电装置选型

500kV 高压配电装置的形式有三种:①空气绝缘的常规开敞式配电装置(简称 AIS),断路器可用瓷柱式或罐式;②SF₆气体绝缘金属全封闭式配电装置(简称 GIS);③混合式配电装置(H-GIS),即母线采用开敞式,其他均为 SF₆ 气体绝缘开关装置。三峡工程在可行性、初步设计阶段送上海的 500kV 首端换流站设在三峡枢纽内,从节省投资、方便运行管理出发,经多方案比选采用换流站 500kV 交流配电装置和电站 500kV 配电装置合建,采用开敞式配电装置。1995 年国务院三峡工程建设委员会明确向华东直流输电的首端换流站不设在三峡工程枢纽内后,结合电气主接线和枢纽布置的实际,对电站 500kV 开关站的布置位址及形式重新进行了设计研究:①占地面积、土建工程量及工期。经对左岸电站三种配电装置的设计布置,GIS、H-GIS、AIS 配电装置的占地面积比为 1:4.0:8.7。GIS 占地面积最小,布置灵活,可布置在厂坝平台,亦可布设在距厂房较近的场地上,土建工程量较小。AIS 及 H-GIS 占地面积大,只能布置在距厂房约 1.3km 的上坝公路左侧,由于该处地形较陡峭,因此土建工程量较大。GIS 较后两种配电装置有利于缩短工期。②安全可靠性。GIS 的绝大部分电器元件布设在户内,受大气条件影响很小,可靠性高。据统计,GIS 的事故率约为 AIS 的 1/10。H-GIS 的可靠性则介于 GIS 与 AIS 之间。此外,AIS 和 H-GIS 与联合单元 GIS 之间有一段架空线,架空连线发生故障,可能导致停机,影响运行可靠性。③维护管理。国内外运行经验表明,GIS 的维修工作量很小,三种形式配电装置 GIS、H-GIS、AIS 的维修量的比为 6.4:33:100。GIS 的布置靠近厂房,而 AIS 远离厂房,GIS 在维护管理比 AIS 方便。④安装与检修。GIS 是成套电器,安装不受外界大气条件影响,安装简单迅速,一串 GIS 设备安装调试工期不超过 1 个月。GIS 的大修周期一般为 15 年或更长时间;AIS 和 H-GIS 因受外界大气条件影响,其老化和损坏速度较快,因此大修周期短且检修次数多。⑤环境影响。GIS 布置在室内,而 AIS 和 H-GIS 的瓷柱、构架较多,对三峡枢纽工程布置,采用 GIS 较 AIS 可多 70000m² 的绿地,有利于美化工区环境。此外,GIS 设备不存在电晕、静电感应和无线电干扰问题。⑥抗震性能。GIS 由金属罐类组合而成的骨架结构,刚性高,耐震性能好,抗震性能较 AIS 和 H-GIS 高。⑦使用寿命。GIS 的使用寿命比 AIS 和 H-GIS 长。

经济比较:从配电装置的设备价格而言,500kV GIS 与 AIS 设备比价约为 1.5,至 20 世纪 90 年代上升至 2.0 倍以上,10 年 500kVGIS 价格上涨 1 倍,其原因是我国尚不能批量生产 500kVGIS 设备,国外厂商也较少,不能形成有效的竞争。随着国外技术引进,国产 500kVGIS 能力迅速提高,加上国外较多 GIS 制造厂参与国内市场竞争,到 20 世纪 90 年代后期,500kVGIS 设备价格趋于合理,三峡电站 GIS 与 AIS 的设备价格比为 1.4:1.0。GIS 配电装置可布置在上游厂房平台主变压器上层的副厂房内,既方便与变压器的连接又方便运行管理,而 AIS 只能布置在离厂房有一定距离的岸上,考虑需增加的场地开挖和土建费用后,GIS 与 AIS 的造价基本相当。

鉴于上述并根据三峡电站电气主接线,结合枢纽总布置和电站接入电力系统的具体情况,三峡电站 500kV 开关站选用 GIS 配电装置。左岸电站和右岸电站 GIS 布置在上游副厂房 93.6m 高程 GIS 室内,其下方 82.0m 高程布置主变压器及并联电抗器,出线空气/SF₆ 套管及出线侧开敞式设备布置在 GIS 室上方 107.0m 高程的上游副厂房顶上。地下电站 GIS

布置在地下厂房外山顶 151.5m 高程平台上的升压站 GIS 室内。

2）断路器额定开断容量的选择

1992 年三峡工程开展初步设计时，与世界上著名的电器设备制造厂开展了深入的技术交流，当时 500kV 断路器额定开断流 63kA 已可批量生产并已列为 IEC 标准，而国内只能生产开断流 50kA 的 500kV 断路器，若枢纽内三峡左、右岸电站间在 500kV 超高压侧直接进行电气连接，当 500kV 发生三相短路时，据计算短断路电流≥80kA，要采用 500kV 额定开断电流 80kA 级的断路器，当时世界上只有个别电器制造厂生产过试用产品，不仅质量难以保证且是非标产品，造价大大提高。工程设计需研究在不影响三峡电站调度灵活、安全运行的前提下，将三峡电站 500kV 三相短路电流限制在≤63kA，选用 500kV 额定开断流 63kA 的标准断路器，不仅可使断路器的制造质量得到保证，且造价大为降低。工程设计单位研究后，与电力部门共同商讨限制三相短路电流的对策：①三峡左、右岸电站间在工程枢纽内 500kV 侧不采用直接的电气连接，相当于是两个独立电站；②适当提高变压器正序电抗值，在变压器招标文件中将变压器的短路阻抗值由 15％提高到 16.8％。采取上述措施后，经计算三峡电站 500kV 侧的三相短路电流≤63kA，选用了 500kV 额定开断流 63kA 的断路器。

3）500kVGIS 参数的设计研究

左岸电站 500kV 共有 39 个数路器间隔，布置在长为 615.7m、宽为 17m 的上游厂坝平台 93.6m 高程的副厂内，是世界上水电站规模最大的 500kVGIS 配电装置，对其主要参数进行多个专题研究，如：①由于左岸电站单机容量 840MVA 水轮发电机和主变 14 台套，使 500kV 侧三相短路非周期分量的时间参数增大至 140ms，致使在额定开断时交流分量发生较大的不对称上移，形成大小半波，延长开断中的最大燃弧时间，增加开断的难度，对此，在额定开断试验中提出了要求；②对接地方式，通过 500kVGIS 母线外壳，短路故障和正常运行时的感应电压的计算表明，采用多点接地有利于安全稳定运行；③由于配电装置规模大，对采用混相布置、分相布置、断路器立式和水平式等方案并配合温度应力消除、土建结构缝不均匀沉陷进行了研究，最后选用断路器立式、分相布置和装设伸缩节的方式；④依据三峡左岸电站 500kV 架空线路的走向，对快速接地开关所切断的感应电压和电流进行计算；⑤对 GIS 配电装置过电压保护，配置最少的避雷器行进波进行了计算等专题设计研究，成果都应用在"500kVGIS 合同技术条款"中。

4）GIS 通用技术参数

①额定电压及相数

额定电压　　　　　　　　　　550kV
相数　　　　　　　　　　　三相

②额定电流

联合单元回路　2000A
一倍半接线及出线回路（户外的部分 GIS 设备考虑日照的影响）　3150A

主母线和母线分段开关设备　4000A

上述回路所有元件制造厂最终提供的额定电流全部为 4000A(在环境温度为 40℃)。

③额定频率　　　　　　　　　50Hz

④额定绝缘水平

	相对地(kV)	断口间(kV)
额定雷电冲击耐受电压(峰值)	1550	1550＋450
额定操作冲击耐受电压(峰值)	1175	1050＋450
1min 工频耐受电压(有效值)	680	800

⑤额定短时耐受电流　　　　　　　　63kA

⑥额定短路持续时间　　　　　　　　2s

⑦额定峰值耐受电流　　　　　　　　171kA

⑧温升

GIS 各个部位的温升,不超过元件相应标准规定的允许值,主回路及无标准限定温升的元件在额定电流下的允许温升不超过 IEC60694 的规定值。GIS 外壳的允许温升见表 10.2.2。

表 10.2.2　　　　　　　　　　　　GIS 外壳允许温升表

外壳部位	环境温度为 40℃时的允许温升(K)
运行人员易触及的部位	30
运行人员可触及但在正常操作时不需触及的部位	40
运行人员不触及的部位	65

对温升超过 40K 的部位,有制造厂作出明显的高温标记,以防维护人员触及,并保证不损害周围的绝缘材料和密封材料。

⑨局部放电

(a)GIS 单个元件的局部放电量小于 3pC(绝缘子不大于 2pC,电压互感器不大于 5pC),运输单元局部放电量小于 3pC,组装后一个间隔的局部放电量小于 10pC。起始局部放电电压大于 1.1p. V。

(b)对于避雷器,加压程序按 IEC6099-4,在 1.1 倍的持续运行电压下所测的内部局部放电量不大于 10pC。

⑩每个隔室的年漏气率不大于 1%。

5)GIS 主要元件配置

①断路器

断路器为户内、单压式 SF_6 气体绝缘型。双断口水平布置断路器,断口间装设均压电容器。断路器操作机构为液压弹簧形式,操作机构能满足现地手动操作、现地汇控柜电动操作和远方操作的要求,并设置现地手动跳闸装置。所有断路器均可三相电气联动操作,线路侧断路器可进行分相操作,并满足自动重合闸操作的要求。

左岸电站通过八回 500kV 交流线路接入电力系统:左一出线五回,两回至万州的线路长度约为 320km,线路出线断路器需装设合闸电阻;三回至左岸换流站的线路长度约为 60km,不需要装设合闸电阻。左二出线三回送华中系统的线路长度约 150km,出线断路器取消合闸电阻。

右岸电站通过七回 500kV 交流线路接入电力系统,右一出线二回至宋家坝直流换流站的线路长度约 50km,二回至华中荆州变电站的长度约 130km;右二出线三回至三峡蔡家冲换流站的线路长度约 65km。右岸电站出线侧断路器均不装设合闸电阻。

地下电站通过三回 500kV 交流线路接入电力系统,落点为林团(荆门)换流站,线路长度约 156km,三回出线断路器均取消合闸电阻。GIS 室内设备布置见图 10.2.8,GIS 出线见图 10.2.9。

②避雷器

避雷器为非线性无间隙金属氧化物电阻片、SF6 气体绝缘避雷器。其与母线连接带有插入式接头和隔离的隔室,以便在 GIS 进行绝缘试验时隔离避雷器,该隔室检修时可与其他隔室隔离,运行时与避雷器隔室连通。避雷器运行时,能测量阻性泄漏电流。避雷器配置压力释放装置。避雷器每相均配备放电计数器及放电电流记录器,并装设在便于观察的位置。

三峡电站每回线路出口装有敞开式避雷器,并靠近 SF_6/空气套管布置,在变压器高压侧各联合单元小母线上设置一组罐式避雷器。左岸电站左一在 Ⅰ、Ⅱ 母线上各安装两组罐式避雷器,左二在 Ⅲ、Ⅳ 母线上各安装两组罐式避雷器。右岸电站在 GIS 各分段母线上分别装设两组罐式避雷器。

③伸缩节

三峡电站的左岸和右岸电站在变压器、电抗器及断路器与联合单元小母线连接处,主母线与 3/2 串设备之间以及主、分支母线的连接都加装了轴向伸缩节,利用伸缩节径向允许有 ±3° 的变形,满足其要求;母线热胀冷缩系在每段主母线上设置 2 组 U 形伸缩节,满足其轴向伸缩及土建分缝的要求;土建的不均匀沉陷和错位由母线本身的弹性变形来解决。

④快速接地开关的设置

由于 500kV 出线对侧均有电源,再考虑 500kV 线路同杆架设,为运行操作的安全,在每回出线侧均装设一组快速接地开关,以满足开合线路感应电流及防止对侧误操作的要求。此外,由于每段主母线均较长,为保证检修维护人员的安全,各段母线均设置了一组快速接地开关。

快速接地开关主要应满足峰值关合、电容及电感电流开合能力。由于至川东及华中出线线路较长,且有一段采用双回共杆,因此一条线路停电,另一条线路带电时,带电线路对停运线路的感应电流较高。根据 IEC 标准,500kV 快速接地开关开合电容电流能力为 50kV,25A。为运行及维护的安全,设计中将标准提高为开合电容电流能力为 50kV,50A。

(3)大电流封闭母线

1)形式

左岸及右岸电站和地下电站发电机封闭母线形式相同,即发电机主回线和分支回路均为自冷、微正压全连式离相封闭母线(IPB)。

2)额定参数

参数	主回路	分支回路
频率	50Hz	50Hz
标称电压	20kV	20kV
最高运行电压	24kV	24kV
额定电流	26kA	0.5kA
三相短路电流(r.m.s)	160kA	300kA
额定峰值耐受电流	440kA	820kA
额定短时耐受电流(r.m.s)	160kA	300kA
额定短路持续时间	2s	2s
额定冲击耐受电压(峰值)	125kV	125kV
工频耐受电压 1min(有效值)		
湿试	55kV	55kV
干试	68kV	68kV
爬压、比距	≥1.7cm/kV	≥1.7cm/kV

3)主回路和分支回路 IPB 导体和外壳均为圆形

4)绝缘子形式为 20kV 阻燃型环氧浇注绝缘子

5)微正压装置

微正压装置的气源引自电站机组起停补气的供气系统,经微正压装置过滤干燥后,两级减压向封闭母线供气,为连续不间断供气,并设有超高、低压报警和安全释放装置。微正压装置包括控制柜(内设干燥机、减压阀、安全阀、报警装置)及其相应的管道。

封闭母线连接设备包括高压厂用变压器、励磁变压器、发电机断路器、PT/避雷器柜、发电机制动开关、发电机出口电流互感器。

10.2.3 监控、继电保护及通信

10.2.3.1 监控

葛洲坝工程是三峡工程的航运梯级和反调节水库,三峡—葛洲坝梯级枢纽是长江干流上第一个大型综合利用水利水电梯级开发工程,具有防洪、发电、航运、水资源利用等综合经济效益。三峡水利枢纽由大坝、左右岸坝后式电站和右岸地下电站、通航设施等主要建筑物组成。泄洪坝段位于河床中部,设有 23 个深孔和 22 个表孔。左、右岸和地下电站分别装机 14 台、12 台和 6 台,单机容量均为 700MW,另外在左岸升船机航道右侧山体内兴建了二台单机容量为 50MW 的电源电站。通航设施设有左岸的双线连续五级船闸和齿轮齿条垂直升船机;距三峡水利枢纽下游 40km 建有葛洲坝水利枢纽,它包括大江电厂、二江电厂、500kV 开关站、220kV 开关站以及 3 个船闸、1 个泄水建筑物和 2 个冲沙闸等。从上可看出三峡—葛洲坝梯级枢纽的综合自动化具有涉及面广、功能齐全、可靠性和实时性要求高、技术复杂而先进等特点,共涉及机组 53 台、总装机容量 2511.5 万 kW 的 6 个电站厂房、4 座 500kV 开关站和 1 座 220kV 开关站,集中控制的各类泄洪、排漂及冲沙闸门共计 75 扇,3 座

一级船闸、1 座双线连续五级船闸和 1 座升船机，同时还必须准确、及时收集枢纽控制流域内的雨情、水情、气象等信息。

可见，三峡—葛洲坝梯级枢纽如何调度、采用什么样的监控方案一直是设计研究的关键课题之一，经重点攻关和多年设计研究表明：从确保梯级枢纽的安全可靠运行，实现防洪、发电、航运、水资源利用等综合效益最大化和方便运行管理出发，必须对梯级枢纽运行进行联合统一调度，实现梯级调度管理自动化。

为实现上述目标，对综合自动化的总体方案进行了长期多个方案的研究比选，最后工程采用的方案为：设立一个梯级调度中心，并以梯级调度为中心，下设左岸电站（含泄水闸和电源电站监控）、右岸电站、地下电站、西坝三峡总公司、葛洲坝枢纽、双线五级船闸、升船机、消防指挥中心等分系统，根据不同情况在分系统下设相应的现地子系统，具体涉及计算机监控和监测、枢纽内外通信、继电保护、故障录波、消防报警、工业电视等。三峡水调自动化系统和三峡梯调计算机监控系统是三峡梯调生产调度的基本平台，分别承载三峡梯级枢纽水库调度和电力调度业务。三峡水调自动化系统是为了满足三峡工程发电梯级水库调度的需要，并兼顾三峡工程初期运行期和正常运行期水库调度要求建立的一套集水情信息采集、水文预报、水库调度、会商查询、水情信息发布等功能为一体的水库调度作业系统。三峡梯调计算机监控系统按照对梯级各水电站联合调度、统一对外、无人值班、少人值守的原则进行设计，具有对梯级各电站及泄水闸进行数据采集与处理、安全监视、运行调度、操作控制和管理等功能，同时负责接受上级调度部门下达的各项指令，向上级调度传送所需的数据，对整个梯级枢纽进行有效的监视、调度、控制及管理。另外，三峡梯调还建立了三峡永久通信系统、三峡泥沙信息分析管理系统、气象信息综合分析处理系统、电量计费系统、安稳系统及 WEB 信息发布系统等自动化业务系统。

三峡工程自动化系统总体结构见图 10.2.8，葛洲坝—三峡梯级调度控制室见图 10.2.9。

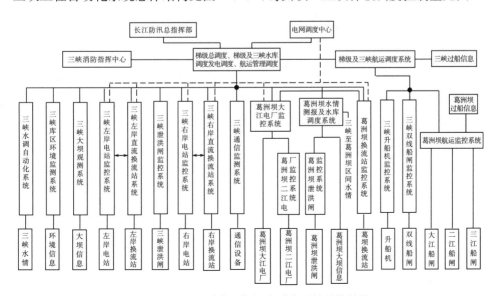

图 10.2.8　三峡水利枢纽自动化系统总体结构

图 10.2.9 葛洲坝—三峡梯级调度控制室

10.2.3.2 继电保护

　　继电保护装置是保证运行人员、电力系统和设备安全运行的重要设备。快速性、灵敏性、选择性和可靠性是对继电保护的四项基本要求。在三峡工程中对继电保护的硬件装置重点研究了微机式,主保护重点设计研究大型水轮发电机的主保护方式,由于三峡发电机容量大,单相负荷电流大,定子绕组分支多,对特大型机组而言,定子匝间短路(包括同一分支中的匝间和同一相中不同分支匝间)的短路故障概率比相间短路故障概率要大,另外由于每相分支数多,定子开焊、断线故障发生概率相对较大,因此,在左岸电站机组评议标过程中,中方要求各投标商对发电机内部故障进行仿真模拟计算,以确定主保护的合理配置、中性点分支 CT 及中性点连接线上 CT 的变比及形式,但所有外商均未提供。为保证合同的顺利实施,长江设计院收集了四家潜在供货商有关水冷和空冷机组的电气参数、结构参数和有关图纸,委托清华大学和华中科技大学在各自建立的数学模型上,重点对其中的两家(ALSTOM、VGS,定子绕组均为 5 分支)进行了系列的仿真计算,比较了发电机完全纵差保护、不完全纵差保护、裂相保护和发电机不平衡保护等四种保护在定子绕组分支引出的各种组合方式下,发生各种相间及匝间(包括同分支匝间和同相不同分支匝间)故障时,各保护的动作情况及灵敏度,综合清华大学和华中科技大学的计算结果,经分析比较并结合发电机的制造,最终确定发电机主保护配置、中性点分支引出分组及 CT 配置为:①在 VGS 集团提供的 1～3 号机组和 7～9 号机组上,由西门子公司提供的每台机组保护子系统 A 中配置完全纵差动保护和裂相保护,在保护子系统 B 中配置不平衡保护;②在 ALSTOM 公司提供的 4～6 号机组和 10～14 号机组上,由 ABB 公司提供每台机组的保护子系统 A 中配置完全纵差动保护和裂相保护,在保护子系统 B 中配置不平衡保护,外加一套完全纵差动保护;③定子每相分支按 1-2-3 分支和 4-5 分支进行分组,在两组引出线上均设 CT,前者 CT 变比为 18000/1A,后者 CT 变比为 12000/1A。机端 CT 变比为 30000/1A,发电机不平衡保护用 CT 为 500/1A(后续左岸发变组保护更新改造时,已改为与右岸电站和地下电站一致,均为

1500/1A)。

　　左岸电站发变组保护配置见表 10.2.3、表 10.2.4、图 10.2.10，根据当时的规程规范，A、B 盘主保护、后备保护主要采用互补冗余配置，并未实现完全双重化配置(后续左岸发变组保护更新改造时，已改为完全双重化配置)。右岸和地下电站由于水较发电机的结构和参数有些变化，只作了局部的修改，对发变组保护的配置以左岸电站为例，见表 10.2.3、表 10.2.4。

表 10.2.3　　　　三峡左岸电站发变组保护配置表(1~3 号、7~9 号发变组)

A 盘保护配置			B 盘保护配置		
序号	功能号	保护名称	序号	功能号	保护名称
1	87G-A	发电机完全纵差保护	1	21G-B	发电机阻抗保护
2	87GUP-A	发电机裂相保护	2	60G-B	发电机不平衡保护
3	64G1-A	发电机定子一点接地保护 1	3	64G1-B	发电机定子一点接地保护 1
4	64G2-A	发电机定子一点接地保护 2	4	64G2-B	发电机定子一点接地保护 2
5	40G-A	发电机失磁保护	5	40G-B	发电机失磁保护
6	11G-A	发电机后备保护	6	11G-B	发电机后备保护
7	51GR-A	发电机负序电流保护	7	51GR-B	发电机负序电流保护
8	78G-A	发电机失步保护	8	64E-B	励磁绕组一点接地保护
9	51G-A	定子过负荷保护	9	24G-B	发变组过激磁保护
10	59G-A	定子过电压保护	10	52B-B	断路器保护
11	87T-A	主变压器差动保护	11	51EL-B	励磁绕组过负荷保护
12	51TN-A	主变压器零序保护	12	95-B	PT 断线闭锁装置
13	51ST-A	厂用变压器过流保护	13	87T-B	主变压器差动保护
14	51STL-A	厂用变压器过负荷保护	14	51TN-B	主变压器零序保护
15	51ET-A	励磁变压器过流保护	15	87ST-B	厂用变压器差动保护
16	51ETL-A	励磁变压器过负荷保护	16	87ET-B	励磁变压器差动保护
17	63T1-A	主变压力释放 1 跳闸	17	80TH-B	主变压器重瓦斯跳闸
18	63T2-A	主变压力释放 2 跳闸	18	54T-B	主变压器冷却系统故障跳闸
19	98A-A	主变高压侧 A 相套管 SF6 压力低跳闸	19	49T1-B	主变压器温度升高 1(油温)跳闸
20	98B-A	主变高压侧 B 相套管 SF6 压力低跳闸	20	49T2-B	主变压器温度升高 2 (绕组温度)跳闸
21	98C-A	主变高压侧 C 相套管 SF6 压力低跳闸	21	49T2-B	主变压器温度升高 3(油温)跳闸
22	49ST-A	厂用变压器温度升高跳闸			
23	49ET-A	励磁变压器温度升高跳闸			

表 10.2.4   三峡左岸电站发变组保护配置表(4 号~6 号、10 号~14 号发变组)

A 盘保护配置			B 盘保护配置		
序号	功能号	保护名称	序号	功能号	保护名称
1	87G-A	发电机完全纵差保护	1	87G-B	发电机完全纵差保护
2	87GUP-A	发电机裂相保护	2	60G-B	发电机不平衡保护
3	64G1-A	发电机定子一点接地保护 1	3	64G1-B	发电机定子一点接地保护 1
4	64G2-A	发电机定子一点接地保护 2	4	64G2-B	发电机定子一点接地保护 2
5	64G3-A	发电机定子一点接地保护 3	5	64G3-B	发电机定子一点接地保护 3
6	40G-A	发电机失磁保护	6	40G-B	发电机失磁保护
7	11G-A	发电机后备保护	7	11G-B	发电机后备保护
8	59G-A	定子过电压保护	8	59G-B	定子过电压保护
9	78G-A	发电机失步保护	9	24G-B	发变组过激磁保护
10	51G-A	定子过负荷保护	10	51GR-B	发电机负序电流保护
11	64E-A	励磁绕组一点接地保护	11	51EL-B	励磁绕组过负荷保护
12	96-A-1	CT 断线报警功能 1	12	38/51-B	上导轴承绝缘监视装置
13	52B-A	断路器保护	13	52B-B	断路器保护
14	87T-A	主变压器差动保护	14	87T-B	主变压器差动保护
15	51TN-A	主变压器零序保护	15	51TN-B	主变压器零序保护
16	95-A	PT 断线闭锁装置	16	95-B	PT 断线闭锁装置
17	51ST-A	厂用变压器过流保护	17	87ST-B	厂用变压器差动保护
18	51STL-A	厂用变压器过负荷保护	18	87ET-B	励磁变压器差动保护
19	51ET-A	励磁变压器过流保护	19	80TH-B	主变压器重瓦斯跳闸
20	51ETL-A	励磁变压器过负荷保护	20	54T-B	主变压器冷却系统故障跳闸
21	96-A-2	CT 断线报警功能 2	21	49T1-B	主变压器温度升高 1(油温)跳闸
22	96-A-3	CT 断线报警功能 3	22	49T2-B	主变压器温度升高 2(绕组温度)跳闸
23	63T1-A	主变压力释放 1 跳闸	23	49T3-B	主变压器温度升高 3(油温)跳闸
24	63T2-A	主变压力释放 2 跳闸			
25	98A-A	主变高压侧 A 相套管 SF6 压力低跳闸			
26	98B-A	主变高压侧 B 相套管 SF6 压力低跳闸			
27	98C-A	主变高压侧 C 相套管 SF6 压力低跳闸			
28	49ST-A	厂用变压器温度升高跳闸			
29	49ET-A	励磁变压器温度升高跳闸			

10.2.3.2　通信

通信是迅猛发展的当代技术领域之一。三峡工程通信系统包括葛洲坝—三峡梯级枢纽的内、外通信。对外通信主要有：梯级电力调度、航运通信、防汛通信、水情自动测报等。内部通信主要有梯级各水电厂之间和本电厂内的调度和管理通信、行政管理通信、施工期通信等。为了实现上述通信目标，三峡工程通信设计研究的任务是：采用当代先进的通信和网络技术，由语音通信、数据通信、信息通信及电源等组成一个信息实时畅通、传输准确、运行安全可靠，可实现语音、数据、信息传输的现代通信网。

枢纽对外采用电力载波通信、光纤通信、微波通信及卫星通信等四种方式；电力系统通信主要以电力载波和光纤通信组成，实现每个输电方向均具有两种不同的通信方式，光纤通信采用 SDH 制式，容量为 155Mbit/s。光纤通信和微波通信组成枢纽内部传输平台，该平台同时作为枢纽对华中、上海的对外通信组成部分，卫星通信作为远距离备用通信手段。扩展三峡施工期一点多址系统，作为三峡坝区水文水情信息传输通道。

枢纽内部通信主干传输平台采用光纤通信和微波两种方式，由三峡左岸电站、右岸电站、三峡枢纽通信中心、葛洲坝大江电厂、二江电厂、葛洲坝大江开关站、西坝三峡总公司等 7 个节点，采用 SDH 制式，组成三峡光纤自愈环网，选用 622Mbit/s 速率。三峡 SDH 微波通信利用三峡施工微波站址建设，包括三峡枢纽通信中心、太阳包、西坝三峡总公司和东山三峡总公司等站点，采用 SDH 制式，速率选为 4×155Mbit/s。左岸投运时，二者互为备用，形成 SDH 环网结构。

三峡左、右岸电站各设一台电力生产专用调度程控交换机和一台系统调度交换机，承担电厂的生产调度通信和电力系统调度通信的汇接任务。由于建设管理大楼已设置万门局用交换机，因此在左岸电站设置远端交换模块满足左岸电站的行政通信需要，右岸电站设置 1500 线程控交换机。三峡永久船闸设置一台调度、行政合一的程控交换机，采用光纤通信直接与三峡枢纽通信中心和三峡通航管理局相连接。

三峡—葛洲坝通信系统，采用了上述先进通信技术和相应的通信设施，设 7 个光纤通信站、7 个微波通信站，将梯级枢纽的内、外通信组成了自愈的通信环网，实现了：①枢纽内外的语音通信、数据通信、传输通信；②梯级枢纽的防汛、电力生产、航运、水资源利用等调度通信；③梯级枢纽的生产管理通信。考虑到三峡—葛洲坝通信系统通信设备众多，从减少维护工作量和通信系统正常运行出发，经设计研究，设置了通信网络综合管理系统。

葛洲坝-三峡梯级枢纽通信系统见图 10.2.10。

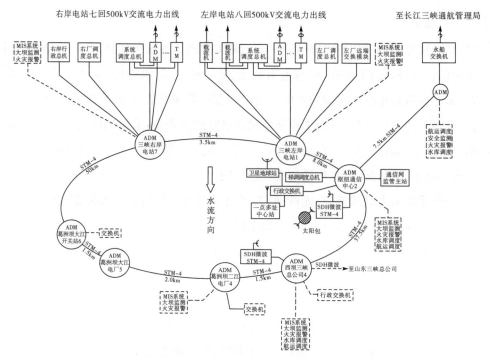

图 10.2.10　葛洲坝—三峡梯级枢纽通信系统

10.3　700MW 水轮发电机组及其电气设备试验、运行实践

10.3.1　700MW 水轮发电机组及其电气设备试验检验

10.3.1.1　700MW 水轮发电机组安装、投产时间

三峡电站 32 台 700MW 水轮发电机组,包括左岸电站、右岸电站和地下电站。左岸电站 14 台机组于 2001 年 11 月 12 日开始安装,2003 年 7 月 10 日首台机组完成试运行正式投产发电,2003 年 6 台机组投产,2004 年 5 台机组投产,2005 年 3 台机组投产;右岸电站 12 台机组于 2006 年 5 月 11 日开始安装,2007 年 6 月 8 日首台机组完成试运行正式投产发电,2007 年 7 台机组投产,2008 年 5 台机组投产;地下电站 6 台机组于 2010 年 4 月开始安装,2011 年 5 月 12 日首台机组完成试运行正式投产发电,2011 年 4 台机组投产,2012 年 2 台机组投产。三峡电站 32 台机组安装及试运行时间汇总列入表 10.3.1。

表 10.3.1　三峡枢纽工程电站 32 台 700MW 水轮发电机组安装及试运行时间汇总表

左岸电站			右岸电站			地下电站		
机组号	开始安装时间	试运行完成时间	机组号	开始安装时间	试运行完成时间	机组号	开始安装时间	试运行完成时间
1	2002 年 9 月 27 日	2003 年 11 月 22 日	15	2007 年 11 月 13 日	2008 年 10 月 29 日	27	2011 年 6 月	2012 年 7 月 4 日

续表

左岸电站			右岸电站			地下电站		
机组号	开始安装时间	试运行完成时间	机组号	开始安装时间	试运行完成时间	机组号	开始安装时间	试运行完成时间
2	2001 年 11 月 12 日	2003 年 7 月 10 日	16	2007 年 7 月 17 日	2008 年 6 月 30 日	28	2010 年 12 月 28 日	2011 年 12 月 12 日
3	2002 年 4 月 11 日	2003 年 8 月 12 日	17	2007 年 2 月 7 日	2007 年 12 月 23 日	29	2010 年 8 月	2012 年 2 月 24 日
4	2002 年 9 月 20 日	2003 年 10 月 28 日	18	2006 年 7 月 29 日	2007 年 10 月 17 日	30	2010 年 7 月	2011 年 7 月 16 日
5	2001 年 11 月 20 日	2003 年 7 月 16 日	19	2007 年 7 月 27 日	2008 年 6 月 18 日	31	2010 年 6 月	2011 年 5 月 31 日
6	2002 年 5 月 8 日	2003 年 8 月 29 日	20	2006 年 12 月 19 日	2007 年 12 月 6 日	32	2010 年 6 月	2011 年 5 月 24 日
7	2003 年 3 月 6 日	2004 年 4 月 28 日	21	2006 年 10 月 24 日	2007 年 8 月 20 日			
8	2003 年 9 月 23 日	2004 年 8 月 24 日	22	2006 年 6 月 12 日	2007 年 6 月 8 日			
9	2004 年 3 月 23 日	2005 年 9 月 11 日	23	2007 年 9 月 17 日	2008 年 8 月 22 日			
10	2003 年 2 月 22 日	2004 年 4 月 7 日	24	2007 年 3 月 28 日	2008 年 4 月 26 日			
11	2003 年 7 月 12 日	2004 年 7 月 26 日	25	2006 年 11 月 21 日	2007 年 11 月 4 日			
12	2003 年 10 月 18 日	2004 年 11 月 19 日	26	2006 年 5 月 11 日	2007 年 7 月 8 日			
13	2004 年 2 月 27 日	2005 年 4 月 24 日						
14	2004 年 7 月 1 日	2005 年 7 月 19 日						

10.3.1.2 700MW 水轮发电机组及其电气设备试验

三峡电站 32 台 700MW 混流式水轮发电机组,因水轮机、发电机及尾水管形式不同,分为八种品牌。左岸电站两种机型:VGS 和 ALSTOM;右岸电站三种品牌:东电 1、ALSTOM1、哈电 1;地下电站三种品牌:东电 2、ALSTOM2、哈电 2。每种品牌各选一台机组进行试验。在175.0m水位试验性蓄水运行期间,对水位145.0~175.0m各水头段进行了稳定性和相对效率等试验,根据试验结果划分了机组稳定运行区、允许运行区、禁止运行区。同时进行了756MW甩负荷试验及最大容量840MVA试验。

三峡水利枢纽工程于2008年汛后实施175.0m水位试验性蓄水,2008年11月水库蓄水至水位172.8m,2009年10月水库蓄水至水位171.43m,左岸及右岸电站26台700MW水轮发电机组进行了高水头的部分试验。2010年10月—2012年10月,水库连续3年蓄水至175.0m水位,32台机组完成了全部高水头试验。2010年7月至8月,左岸及右岸电站26台700MW水轮发电机组第一次进行了全厂18200MW(不包括尚未投产的地下电站)满负荷发电。2012年汛期,全厂32台700MW水轮发电机组加上2台50MW电源电站机组,总共22500MW装机容量满负荷发电。至此,三峡水利枢纽全部机组及配套机电设备完成了145~175m运行水头范围内的按设计要求完成的试验项目,经受了全电站满出力(22500MW)运行考核。

(1)机组的能量特性

能量特性主要指水轮机的出力特性及效率特性。水轮机只有在经受水头从最小变化到最大的过程,才能测出来。由于在电站机组实测效率,与制造厂在模型上测出的不完全一样,只能是相对效率。八种品牌的8台试验机组水轮机相对效率试验结果如下:

①8台机组实测效率曲线与制造厂提供的模型效率曲线变化趋势基本一致。说明真机的能量指标与模型的能量指标比较接近。

②实测8台机组水轮机最优出力与制造厂提出的预期最优出力值基本一致。

③8台机组水轮机出力随导叶开度加大而增大,至试验最大导叶开度,出力均未减小。

④70%预想出力至试验最大出力,8台试验机组水轮机均有较高水轮机效率。

(2)机组的稳定性

三峡水库蓄水过程中,在各种不同水头和负荷下,对八种品牌的代表机组进行了稳定性试验,结果表明:未发现水轮机水力共振、卡门涡共振,压力脉动混频相对幅值总体满足设计要求。综合考虑压力脉动、振动、大轴摆动和水轮机效率等试验结果,将机组在全水头、全负荷范围内划分为:稳定运行区(可以连续稳定运行)、限制运行区(允许限时运行)、禁止运行区(不宜运行)。在水力振动方面规定:稳定运行区的水力振动应小于4%,限制运行区为4%~6%,禁止运行区大于6%。三峡电站八种品牌代表机组的稳定性能见表10.3.2和表10.3.3。

(3)机组甩最大负荷试验

三峡电站水轮发电机组设计中,规定两种正常出力:额定出力700MW(在额定水头下的出力)和最大出力756MW(高于额定水头的某一水头以上的出力)。在试验性蓄水位达到175.0m时,对八种品牌进行了甩最大负荷试验,不仅检验了在异常情况下机组和调速系统工作是否正常,检查了选择的调节参数是否正确,而且考验了受压部件是否能正常承受最大水头和水锤压力的作用。八种品牌甩最大负荷试验中,蜗壳进口压力升高、转速上升率及甩负荷后回至正常空转,均在工程设计要求的范围内,机组运行正常。机组甩最大负荷试验主要数据见表 10.3.4。

表 10.3.2　　　　　　　　左岸电站及右岸电站五种品牌机组稳定运行区

指标 \ 机型		左岸电站		右岸电站		
		6F ALSTOM	8F VGS	16F 东电 1	21F ALSTOM1	26F 哈电 1
毛水头约 110m 上游水位 175m	禁止运行区 (MW)	0~450	0~570	0~550	0~570	0~520
	限制运行区 (MW)	450~630	570~640	550~600	570~610	520~580
	稳定运行区 (MW)	630~756	640~756	600~756	610~756	580~756
毛水头约 78m 上游水位 145m	禁止运行区 (MW)	0~400	0~425	0~410	0~425	0~350
	限制运行区 (MW)	400~465	425~485	410~450	425~445	350~405
	稳定运行区 (MW)	465~675	485~685	450~655	445~695	405~620

表 10.3.3　　　　　　　　　地下电站三种品牌机组稳定运行区

指标 \ 机型	上游水位 (m)	毛水头 (m)	稳定运行区 (MW)
28 号机(东电 2)	148.3	82.8	470~700
28 号机	175.0	109.3	610~700
30 号机(ALSTOM2)	148.3	82.8	485~700
30 号机	175.0	110.2	590~700
31 号机(哈电 2)	148.3	82.8	500~680
31 号机	175.0	110.2	592~700

表 10.3.4　　　　　　　三峡电站八种品牌甩最大负荷试验数据汇总表

指标 \ 机型	水位 (m)	出力 (MW)	转速上升 (%)	蜗壳压力 上升(%)	尾水压力上升 (%)
6F(ALSTOM)	175.0	756	37.94	14.14	−44.15(负值表示压力下降)
8F(VGS)	175.0	756	40.4	19.6	117.0
16F(东电 1)	174.8	754.4	41.1	14.4	114.4

续表

机型 指标	水位 (m)	出力 (MW)	转速上升 (%)	蜗壳压力 上升(%)	尾水压力上升 (%)
21F(ALSTOM1)	174.8	756	39.32	14.55	−49.39
26F(哈电 1)	174.8	754.5	47.2	15.0	53.6
28F(东电 2)	175		37.2	18.2	−106.8
30F(ALSTOM2)	175.0	756	42.17	21.38	−74.04
31F(哈电 2)	175.0	756	41.7	23.20	−74.4

(4)机组最大容量 840MVA 试验

三峡电站 700MW 水轮发电机组设计中规定的有额定出力和最大出力,相应发电机设计有额定功率 777.7MVA(额定有功功率 700MW)和最大功率 840MVA(最大有功功率756MW)。在最大功率下,水轮机、发电机、封闭母线、励磁变压器、主变压器等将承受的考验。2010 年汛末试验性蓄水至水位 175.0m 后,进行了左岸及右岸电站 2F、6F、16F、20F、26F 五种机型最大容量 840MVA24h 考核运行试验。2011 年蓄水至 175.0m 后,又对地下电站 30F、31F 和 32F 机组进行最大功率 840MVA 连续 8h 运行试验(由于电网的原因 28F 机组未进行此项试验)。

机组最大功率 840MVA 运行试验期间重点监测项目如下:①温度:推力轴承和各导轴承瓦温、油温、定子槽温、纯水温度、定子铁芯温度、中性点 CT 温度、主变压器上层油位及温度、主变压器线圈温度、发电机封闭母线温度、励磁变压器温度、转子滑环温度等;②振动与摆度:上导、下导和水导摆度,上机架、下机架和顶盖水平与垂直振动,尾水管压力脉动;③其他:定子电流、转子电流、发电机中性点不平衡电流、蜗壳及锥管进人门噪声。试验结果表明:机组在 840MVA 运行期间,各轴承运行温度、机组各部位振动摆度正常,电气性能参数满足要求。封闭母线、励磁变压器温度正常。主变压器绕组温度油温、噪声正常。各种监测数据满足工程设计要求,设备运行稳定,机组及相关设备经受了 840MVA 连续运行的考验。

(5)三峡电站全厂机组满负荷试验

三峡枢纽工程电站水轮发电机组在额定水头下,可以满发 700MW 出力。左岸电站 14 台机组额定水头为 80.6m;右岸电站和地下电站共 12 台机组额定水头为 85.0m,6 台机组额定水头为 80.6m。三峡电站全厂 32 台机组满发 700MW 出力,水头需达 85.0m(库水位在154.0m 左右),过机流量约 30000m³/s,每年汛期具有全厂机组满发的条件。全厂机组满负荷运行是对 32 台水轮发电机和调速系统、励磁系统、封闭母线、发电电源设备、主变电器、GIS,保护控制系统、风水油系统及其他附属系统的考验。

2010 年 7 月 20 日三峡水库最大入库洪峰流量 70000m³/s,7 月 24 日,大坝上游水位达158.86m,7 月 27 日,第二次入库洪峰流量 56000m³/s,至 8 月 1 日,大坝上游水位达161.02m,此后水位逐渐回落,至 8 月 8 日水位为 153.55m,两次洪峰给左岸及右岸电站 26

台 700MW 水轮发电机组(地下电站机组尚未投产)提供满发 18200MW 的条件。自 7 月 21 日 21 时 10 分开始,至 7 月 28 日 21 时 10 分,三峡电站完成 168h26 台机组 18200MW 满负荷运行试验,此后继续满负荷运行,总共运行 18 天,发电 78.8 亿 kW·h。当时电源电站 2 台 50MW 机组也投入运行,总出力达 18300MW。

2012 年 7 月 5 日,三峡电站 32 台 700MW 机组全部投产,电源电站 2 台 50MW,总共装机容量 22500MW。2012 年汛期,长江上游出现 4 次洪峰过程,最大入库洪峰流量分别为 56000m^3/s(7 月 7 日)、55000m^3/s(7 月 12 日)、71200m^3/s(7 月 24 日)、51500m^3/s(9 月 3 日)。大坝上游水位分别为 152.67m、158.88m、163.11m 和 160.12m,最大下泄流量为 45000m^3/s。三峡电站在 7 月 12 日 20 时 53 分,全厂满发出力 22500MW,持续到 8 月 15 日 24 时,累计满发 711h。

三峡电站 32 台 700MW 机组满负荷运行试验期间,监测成果表明:机组的轴承瓦温、振动、摆度总体正常;发电机定子温度,无论是空冷、半水冷还是蒸发冷却方式的机组,在满负工况下均正常;主变压器温度正常、封闭母线磁屏蔽等进行红外测温,温度正常;电站 3 套 GIS 运行正常;其他机电设备运行正常。在满负荷运行试验期间,机电设备出现的一些小故障均在附属设备上,及时进行了处理,未影响满负荷运行。

(6)对 700MW 水轮发电机组及其电气设备试验的评价

全电站 32 台 700MW 水轮发电机组及其机电设备,在 175.0m 水位试验性蓄水运行阶段进行了全面试验,综合分析试验各项监测资料,认为:三峡电站 32 台 700MW 水轮发电机组及其机电设备可在库水位 145.0m 至 175.0m 下安全、稳定、高效地运行。

700MW 水轮发电机组能量、空蚀和电气等性能良好,主要性能指标达到或优于合同要求;机组在最大容量 840MVA 能安全稳定运行;地下电站机电设备设施在库水位 145~175m 下运行状态良好。八种机组的性能特征如下:①能量性能:实测的真机相对效率及变化趋势和最优效率与制造厂的预测基本一致,八种水轮机均有较高的效率,水轮机组出力均大于合同保证值。②稳定性能:测试的八种机组,在 70%~100% 出力范围,未发现水力共振、卡门涡共振,压力脉动混频相对幅值总体满足合同保证值。八种机组的振动和摆度未发现异常,满足合同保证值的要求。稳定运行范围:直至运行到最高水头段(最高水头达 110m),机组 70%~100% 出力范围内稳定性满足合同要求。根据现场压力脉动、振动、摆度的试验结果,划分的稳定运行区、限制运行区和禁止运行区符合三峡电站 700MW 机组安全稳定运行的实际需要,可用于指导电站机组运行。③机组甩最大负荷试验:在设计水位 175.0m 下作该项试验,证明八种形式的机组均能通过最大水头加水锤压力的考验,也证明调速系统的良好性能。

机组最大容量 840MVA:通过最大容量 840MVA 试验,证明机组及封闭母线,发电电压设备、励磁系统、主变压器、500kV GIS 等重要电气设备均能经受最大负荷的考验,运行安全稳定。

全厂满负荷试验:全厂 32 台水轮发电机组满负荷试验,是对全厂机电设备的全面考验。

试验中,发电机组电气主回路(包括封闭母线、励磁变压器等)、主变压器、500kVGIS 开关站、厂用电和坝区供电系统、综合自动化、主要辅助设施(含机组励磁和调速系统、油气水系统)等,各相应部位温度正常,运行稳定。

10.3.2 700MW 水轮发电机组及其电气设备运行

10.3.2.1 三峡枢纽工程电站 32 台 700MW 水轮发电机组投运时间

三峡枢纽工程电站包括左岸电站、右岸电站及地下电站,共安装 32 台 700MW 水轮发电机组。2003 年 7 月 10 日右岸电站首台机组(2 号机组)投运发电,2005 年 9 月 10 日 9 号机组投运发电,左岸电站 14 台机组全部投产;右岸电站 2007 年 6 月 11 日首台(22 号机组)机组投运发电,2008 年 10 月 29 日 15 号机组投运发电,右岸电站 12 台机组全部投产;地下电站 2011 年 5 月 12 日首台机组(32 号机组)投运发电,2012 年 5 月 23 日 27 号机组投运发电,地下电站 6 台机组全部投产。三峡枢纽工程 32 台 700MW 水轮发电机组投运发电时间汇总列入表 10.3.5。

表 10.3.5 三峡枢纽工程 32 台 700MW 水轮发电机组投产时间汇总表

左岸电站		右岸电站		地下电站	
机组号	投运日期	机组号	投运日期	机组号	投运日期
1	2003 年 11 月 22 日	15	2008 年 10 月 29 日	27	2012 年 5 月 23 日
2	2003 年 7 月 10 日	16	2008 年 6 月 30 日	28	2011 年 12 月 15 日
3	2003 年 8 月 12 日	17	2007 年 12 月 23 日	29	2012 年 2 月 17 日
4	2003 年 10 月 28 日	18	2007 年 10 月 17 日	30	2011 年 7 月 13 日
5	2003 年 7 月 16 日	19	2008 年 6 月 18 日	31	2011 年 5 月 31 日
6	2003 年 8 月 29 日	20	2007 年 12 月 6 日	32	2011 年 5 月 12 日
7	2004 年 4 月 28 日	21	2007 年 8 月 20 日		
8	2004 年 8 月 24 日	22	2007 年 6 月 11 日		
9	2005 年 9 月 10 日	23	2008 年 8 月 22 日		
10	2004 年 4 月 7 日	24	2008 年 4 月 25 日		
11	2004 年 7 月 26 日	25	2007 年 11 月 4 日		
12	2004 年 11 月 19 日	26	2007 年 7 月 8 日		
13	2005 年 4 月 24 日				
14	2005 年 7 月 21 日				

10.3.2.2 700MW 水轮发电机组及其电气设备运行情况

三峡枢纽工程左岸电站首台机组于 2003 年 7 月投产发电,右岸电站最后一台机组于 2008 年 10 月投产发电,三峡工程初步设计的 26 台 700MW 机组全部投产发电,较初步设计工期提前一年,总装机容量达到 18200MW。左岸电站和右岸电站的 26 台 700MW 机组先后经历库水位 135.0m 围堰挡水发电期、库水位 156.0m 初期运行期和库水位 175.0m 试验性蓄水运行的检验,机组运行稳定、安全、可靠。2007 年 2 月 16 日,电源电站 2 台 50MW 机组投产发电,2011～2012 年地下电站 6 台 700MW 机组相继完成安装试运行,2012 年 7 月 13 日地下电站最后一台机组投产发电,三峡枢纽工程电站 32 台 700MW 机组全部投产,总装机容量达 22400MW(未包括电源电站 2 台 50MW 机组)。至 2008 年三峡电站 26 台 700MW 机组实发电量为 805 亿 kW·h,台年平均运行可用 5402h。

　　三峡电站 700MW 水轮发电机组及其电气设备自投运以来,在额定水头下机组出力达到额定出力,在高水头下运行具有一定的超负荷能力,机组效率满足合同要求。2010 年汛期全厂 26 台 700MW 和 2 台 50MW 机组满负荷(18300MW)运行 1233h;2012 年汛期全厂 32 台 700MW 机组和 2 台 50MW 机组满负荷(22500MW)运行 711h;2013 年全厂 34 台机组满负荷(22500MW)运行 62h;2014 年汛期全厂 34 台机组满负荷运行 706h。机组运行噪声、定子、转子温度均处于设计允许值内;组合轴承和水导轴承温升符合规范要求;调速器特性、励磁系统特性均达设计要求:机组运行平稳、机组振动、振度正常。32 台 700MW 机组投产后的发电量及运行可靠性指标见表 10.3.6。机组运行稳定性、可靠性、安全性满足规范和设计要求。

表 10.3.6　　三峡枢纽工程 700MW 机组投产后的发电量及可靠性指标汇总表

年份	水库蓄水位 (m)	坝址年径流量 (亿 m³)	电站投产机组数 (台)	年发电量 (亿 kW·h)	机组等效可用系数 (%)	机组强迫停运率 (%)	备注
2003	135.0	4097	6	86.08	98.42	0.51	首台机组 7 月开始发电
2004	135.0	4141	11	392.19	97.94	0.04	
2005	135.0	4592	14	490.89	93.21	0.12	
2006	156.0	2848	14	493.29	93.21	0.04	右岸电站首台机组 6 月开始发电;电源电站 2 台 50ME 投产发电
2007	156.0	4054	21	613.08	95.63	0.02	
2008	172.8	4290	26	808.12	94.24	0.04	
2009	171.43	3881	26	798.53	93.34	0.00029	
2010	175.0	4037	26	843.70	93.93	0.0037	
2011	175.0	3395	30	782.93	93.54	0.07	地下电站 2 台机组 5 月投产发电,7 月及 12 月各投产 1 台地下电站 2 台机组分别于 2 月和 5 月投产发电
2012	175.0	4481	32	981.07	94.47	0.04	
2013	175.0	3756	32	828.27	93.73	0.02	
2014	175.0	4380	32	988.19	94.25	0.0036	
2015	175.0	3777	32	870.07	95.82	0.01	

10.4　700MW 水轮发电机组稳定运行技术

10.4.1　700MW 水轮发电机组提高运行稳定性研究

10.4.1.1　三峡电站 700MW 水轮发电机稳定运行的主要技术难题

（1）国内外已建水电站水轮发电机组运行稳定性存在的问题

国内外已建大型水电站大容量混流式水轮发电机组投产发电后,其运行稳定性暴露出一些问题。例如国内广西红水河岩滩水电站,4 台单机容量 302.5MW 混流式水轮发电机组,机组振动与摆度超过标准,同时发现厂房发电机层楼板出现剧烈振动,导致仪表盘振动,而发生误动作事故。四川省雅砻江二滩水电站、河南省黄河小浪底水电站、湖南省沅江五强溪水电站、青海省黄河李家峡水电站等混流式水轮发电机组均发生过不同程度的振动,有些机组还出现转轮叶片裂纹。在国外已建大型水电站美国哥伦比亚河大古力、委内瑞拉卡罗尼河古里、巴基斯坦印度河塔贝拉等水电站的混流式水轮发电机组,在运行中也都不同程度地发生机组振动和叶片裂纹。

（2）影响混流式水轮机稳定性的因素

针对上述混流式水轮机运行中出现的一些情况分析认为:典型的混流式水轮机运行区域划分及影响稳定性能的主要因素见图 10.4.1。由图可知,影响混流式水轮机稳定性的因素如下。

尾水管涡带:尾水管涡带,即图 10.4.1 中区域 B,主要出现在无涡区外的小负荷区域,是混流式水轮机在部分负荷工况下必然出现的一种现象,也是影响混流式机组稳定性的重要因素之一。根据国内外混流式机组运行的经验表明,随着机组尺寸增加,尾水管涡带对机组稳定性的影响也增大。

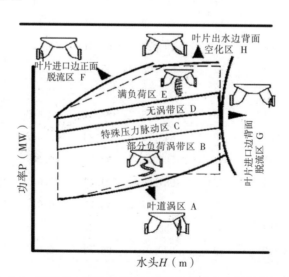

图 10.4.1　混流式水轮机运行区域划分及影响稳定性能的主要因素

　　叶道涡流:叶道涡流是机组振动发生的激振源。叶道涡主要发生在小负荷、相对开度较小的运行工况,即图 10.4.1 中 A 区域。初生叶道涡的强度较弱,不会对机组造成危害,一般也不足以引起振动。但当叶道涡发展到严重程度时,就会在叶片负压面造成空化。叶道涡出现的根本原因是混流式水轮机进口水流对叶片冲击脱流和转轮内部二次流的形成。当混流式水轮机从最优水头向高水头变化时,如果导叶开度一定,水头增加必然导致叶片出口流速增大,从而增大转轮进口水流相对于叶片的冲角,并在叶片背面引起脱流形成漩涡。高水头运行时,导叶开度越小,叶片进口背面的流动分离越大,漩涡强度越大。这种漩涡可能出现在叶片进口背面的任何地方,但因下环附近的流速更大,漩涡强度也更大。受转轮内二次流的影响,叶片进口背面的脱流通常翻卷成一端附着于上冠表面的涡层,并沿叶间流向下游。理论上讲,这种叶道涡的强度与转轮进口水流的冲角、二次流的大小及稳定程度以及漩涡在转轮内掠过的路径成正比,因此,转轮尺寸越大,叶道涡在转轮内引起的压力脉动也越大,这就是为什么中高比转速大型混流式水轮机通常会因叶道涡产生高频振动的原因。叶道涡的上端以转轮上冠内表面为边界,由于沿着漩涡转轮内有二次流动存在,因此不同的转轮设计,叶道涡也表现出不同的特性。当叶道间二次流较小且稳定时,叶道涡表现出稳定的特性,反之,如果二次流较大且不稳定,则叶道涡也是不稳定的。受不稳定二次流的干扰,这种叶道涡极不稳定,从而造成严重的高频水压脉动,并伴随有大的不规则水力冲击,将导致严重的水力振动问题。

　　空化:常规混流式水轮机具有几种典型的空化形态,应用现代水力设计可以杜绝空化的发生。但当水轮机远离设计工况运行时,转轮内部将出现形态各异的空化现象。其中,叶片进口边空化尤其是叶片进口边背面空化最具破坏性,混流式水轮机在远离设计工况的过高或过低水头下运行时,人口水流与进口边的“进口冲击”是进口边空化的主因。混流式水轮机运行在高/低水头工况下,由于水流冲角大,易在叶片进口负压面/正压面产生空化,见图 10.4.1 中 F,G 和 H 区域。叶片进口边的空化危害性较大,除对转轮叶片产生破坏外,对机组的稳定性也会产生很大的影响。

　　高部分负荷压力脉动:混流式水轮机高部分负荷压力脉动峰值带或称之为特殊压力脉动带发现于 20 世纪 90 年代,最早由前苏尔寿爱舍维斯公司和瑞士联邦工业大学水力机械研究所在水轮机模型试验中发现。当时在模型试验中观察到的高部分负荷压力脉动带主要存在于中低水头高比转速(ns>210m·kW)混流式水轮机中,但近年来,在很多高水头电站某些转轮的模型试验中,也发现存在高部分负荷压力脉动带。高部分负荷特殊压力脉动区 C 在最优运行区 D 和部分负荷涡带区 B 之间,具有以下典型特征:①模型试验发现,高部分负荷压力脉动带通常出现在 65%~90%最优流量范围,有时为同一电站设计不同的转轮,由于转轮设计上的差异,这一范围可能在 65%~85%最优流量区域,也可能存在于 70%~90%最优流量区,但总的来讲,这一高部分负荷压力脉动带均出现在高部分负荷区。迄今,还未在 50%最优流量以下的部分负荷发现该压力脉动带;②当模型水轮机在高部分负荷压力脉动带区域运行时,在水轮机其他过流部件的各处出现共振;③在高部分负荷压力脉动带运行时,水轮机流道各部位如蜗壳进口、无叶区、尾水锥管、肘管和扩散段的压力脉动出现同步增大,且幅值高,某些工况点的压力脉动振幅可达净水头的30%;④在高部分负荷压力脉动带运行时,水轮机流道各部位的压力脉动主频是转频的1~4倍,有随负荷增加而增大的趋势,且各部位压力脉动的相位也大致相同。

另外也有水轮机转轮制造质量缺陷和调度不当等原因。

（3）三峡电站700MW水轮发电机组稳定运行的主要技术难题

三峡电站700MW水轮发电机组是世界上已建电站巨型水轮发电机组之一,兴建三峡工程将防洪效益放在第一位,因此:

1）三峡电站700MW机组苛刻的运行条件:①水轮机需适应蓄水初期和后期两种水头,是世界上已投入运行的500MW以上混流式水轮发电机组运行水头变幅最大的机组,水头变幅H_{max}/H_{min}高达1.85;②水轮机运行在高水头区（$H=100\sim110m$）和低水头区（$H\leqslant78.5m$）的时间较长,致使水轮机长时间在偏离最优工况区运行;③过机水流含沙量较大,水轮机流道部件存在受泥沙磨损问题。

2）额定水头偏低。大古力、古里、依泰普等水电站700M水轮发电机组的额定水头分别为86.9m、130m、112.9m,转轮直径分别为9.22m、7.163m、8.45m。三峡左岸电站额定水头80.6m、转轮直径增加到9.8m,致使机组尺寸相应加大,主要部件相对刚度较低,自身的抗振能力较弱,对机组刚强度要求增大了难度。

3）三峡电站在电力系统中承担调峰和事故备用任务,导致负荷变化剧烈、机组开机停机操作频繁,因此要求机组不仅能在高负荷区稳定运行,且能在低负荷区安全稳定运行。

4）枯水期,水轮机处于高水头小开度运行,偏离最优工况较远,运行工况极为不利。经计算,在最大水头113m,即使机组满负荷运行,水轮机导叶开度也只有额定工况导叶开度的50%~57%。综合已建电站机组运行存在的不稳定现象,绝大多数发生在高水头部分负荷,包括塔贝拉电站440MW机组因水力不稳定导致水轮机某些部位损坏的事故,因此对三峡电站水轮机在高水头工况下的稳定性应予以特别关注。

从上可看出:在700MW机组中三峡电站特有苛刻的运行条件是首次遇到,要实现机组既要安全稳定运行又要较高的发电效率,需解决的技术难题无先例可循,超出已有的经验和技术,当国外著名机组制造专家了解到上述特点后说:三峡工程的机组设计不仅是对中国同行的挑战,也是对世界同行的挑战!三峡工程建设实践表明,在研究解决机组的许多技术难题中无不与三峡电站水轮发电机组特有的运行条件有关。

10.4.1.2 三峡电站混流式水轮机稳定运行指标研究

（1）水轮机稳定性指标

要判别大型混流式水轮发电机组能否安全稳定运行,必须有量化、能被各方接受的稳定运行指标。长江设计院借鉴国内外已建大型水电站巨型水轮发电机组实际运行经验,结合三峡电机700MW水轮发电机组的运行方式,经深入研究提出水轮机稳定性指标,既满足三峡电站运行要求,又能在设计制造上经过努力能够达到,充分体现了先进性、合理性,并首次将水轮机稳定性指标作为合同条款列入,作为制造厂的考核条款。

水轮机在空载和初期及后期的各种工况下均能安全稳定地运行,包括一定的部分负荷区。根据三峡电站的运行水头变化条件及其运行特点,经设计研究,水轮机安全稳定运行范围为:

1)水头≤额定水头 80.6m 时,为水轮机预想出力的 70%～100%;

2)水头从额定水头 80.6m 至水轮机发出力 767MW 时的最小水头,为水轮机出力从 497MW 至 100%预想出力;

3)水头从水轮机发出力 767MW 的最小水头至最大水头 113m,为水轮机出力从 497MW 至 767MW。

4)水轮机空载运行。

(2)尾水管压力脉动控制值

在水轮机不补气的条件下,原型水轮机和模型水轮机尾水管的压力脉动控制值:

1)水头≤额定水头 80.6m 时,出力为 70%～100%该水头的预想出力,$\Delta H/H$ 不大于 5%;

2)水头从额定水头 80.6m 至水轮机发出力 767MW 时的最小水头,出力为 497MW 至 100%预想出力,$\Delta H/H$ 不大于 5%;

3)水头从水轮机发出力 767MW 的最小水头至最大水头 113m,出力从 497MW 至 767MW,$\Delta H/H$ 不大于 6%;

4)在各种水头下的其他运行工况,其 $\Delta H/H$ 不大于 8%。

ΔH 为实测压力脉动过程曲线峰值外包络线,H 为相应的运行水头。测量位置为距转轮出口处 0.3D2(D2 为转轮出口直径)的尾水管下游侧测压孔。

(3)振动和主轴摆动控制值

1)水轮机在规定的长期连续稳定运行范围内,其顶盖上的垂直振动和径向振动的双振幅应分别不大于 0.10mm 和 0.14mm。其他运行工况分别不大于 0.12mm 和 0.16mm。

2)水轮机在各种运行工况下导轴承处测量的水轮机轴相对摆度(双幅值)应不大于 0.05mm/m(以下推力轴承镜板处为准)。

3)水轮机在规定的长期连续稳定运行范围内,在导轴承处测得的水轮机绝对摆度(双幅值)不得大于 0.35mm。其他运行工况下,不得大于 0.50mm。

(4)噪声控制值

1)水轮机室靠机坑里衬的脚踏板上方约 1m 处的噪声不得大于 90dB。

2)距尾水管和蜗壳进人门约 1m 处的噪声分别不得大于 95dB。

10.4.1.3　提高三峡电站 700MW 混水式水轮机运行稳定性技术研究

混流式水轮机运行水头变幅大、容量和尺寸大、过机水流含有泥沙量大带来的运行稳定

性问题,在三峡机电工程中是设计研究的重点课题之一,经多年的设计研究,提出了全面、系统的提高运行稳定性技术措施,具体是:

(1)优选水轮机主要参数等方面进行综合优化

从电量平衡、水力特性、经济性入手,对工程设计、水轮机主要参数、转轮和流道水力设计等方面进行综合优化。由于工程设计对机组性能参数选择和彼此间匹配不当,导致机组不能正常运行时有发生,这是工程设计最大的败笔,在三峡工程中决不允许发生。在三峡电站 700MW 机组主要性能参数选择时,将机组的稳定性运行放在首位,并追求先进的能量指标、气蚀指标和电气性能参数,经综合比选后,追求机组参数相互匹配,以获得机组整体性能最优。对选用的性能参数进行了多年设计论证,这里应特别指出:

额定水头是电站调度运行的特征参数,是关系到电站的发电效益、水轮机的水力特性、机组安全稳定运行和机组控制尺寸等方面的一个关键综合参数。经多年各方研究后,左岸电站额定水头定为 80.6m。根据三峡左岸电站水轮机模型试验结果,高水头稳定性未全面达到合同保证值,为进一步提高三峡右岸电站机组运行的稳定性,1999 年开始对右岸电站水轮机额定水头选用 80.6m、83.0m、85.0m、90.0m、95.0m 等五个方案及主要参数再次进行全面论证研究。结果表明:按照长系列水文资料和左岸电站水轮机运转特性曲线的发电量计算结果,当右岸电站 12 台机组额定水头提高到 85.0m,发电量减少不多,对三峡电站的总发电效益影响不大。提高额定水头对水轮机效率、进口边空化、叶道涡、特殊压力脉动带等方面均是有利的,因此,右岸和地下电站额定水头可以从 80.6m 提高到 85m。

水轮机的设计水头是水轮机在最优效率点运行时的净水头,也称水轮机最优工况水头,属水轮机的特征水头,它选择得合理与否,直接影响水轮机的性能水平以及水轮机运行时偏离最优工况的程度。吸取巴基斯坦塔贝拉水电站装设单机容量 440MW 水轮发电机组,由于设计水头选择不当,在高水头运行时产生剧烈振动,造成水轮机严重破坏的教训,经设计论证三峡电站加权平均水头为 90.1m,在招标文件中建议水轮机设计水头不低于 90.1m,通过水轮机模型试验,国外 2 个供货商的水轮机最优水头分别为 108.4m 和 107.0m。

(2)建立水轮机稳定性考核体系

在整个运行水头范围内,首次提出了按水头、负荷分区对水轮机尾水管、无叶区等各测量部位压力脉动幅值的量化考核稳定性指标,并在设计中将水轮机模型的稳定性试验首次列为验收试验的项目之一。在三峡水轮机招标、合同文件中对尾水管水力脉动的要求见图 10.4.2。

(3)优化水轮机转轮设计

针对三峡电站水头变幅大以及混流水轮机叶片不能调整的特点,研究合理设计转轮及其他通流部件的形状,经过对采用常规叶片比较,决定转轮叶片采用"L"形叶片。2001 年 5 月至 2001 年 11 月,哈电、东电利用优化设计和 CFD 等分析方法,对设计方案进行优选,完成了模型转轮的设计与加工,并进行了新转轮能量、空化、水压脉动、流态观测、补气等模型试验研究,通过水力试验和结构设计优化表明:"L"形叶片可避免在转轮叶片进口产生"撞击"涡流,并将尾水管涡带和压力脉动幅值控制在较小的范围,改善水轮机高部分负荷区的稳定性等成果,采用"L"形叶片是改善水轮机稳定性最有效的途径。

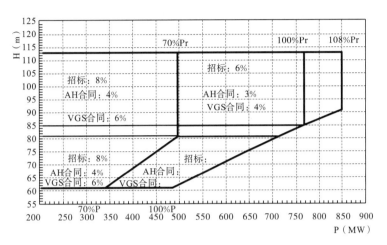

图 10.4.2　招标、合同文件中对尾水管水力脉动的要求

（4）机组划分安全稳定运行区

目前水轮机技术制造水平不可能做到在任何水头和预想出力下都能安全稳定运行。混流式水轮机有压力脉动过大的部分负荷区,经对国内已投运九个水电站大型水轮发电机组实际运行情况调查表明,为满足电力系统的要求,机组长期在不良工况中运行,导致这些机组在运行时振动过大,叶片产生裂缝,某些部件易损坏,修复后转轮依然产生裂纹,无法收敛,造成这些问题的原因,固然有水力设计、结构设计、制造工艺等方面的因素,但不良运行方式是重要的原因之一。可见,科学的运行管理是提高水轮发电机组安全稳定运行的措施之一。根据《三峡电站混流式水轮机稳定运行指标》,合同规定的运行区并经过真机运行的验证,将机组运行划分为安全运行区、许可运行区、禁止运行区,严禁在禁止运行区运行。

（5）电力调度只调到 220kV、500kV 母线

2001 年 11 月长江设计院开始编制"三峡(围堰发电期)-葛洲坝梯级运行调度规程"时,对国内已投运的大型水轮机运行情况调查表明:鉴于目前国内一些大型机组长期在小负荷区运行,在转轮上产生疲劳破坏和裂纹的后果,因此三峡机组应根据模型试验得出的水轮机特性,合理地规定运行区域,避开在小负荷区域和不稳定区域内运行,确保三峡机组的长期安全稳定运行。上述情况的发生与电力调度有关,从机组的安全运行出发,长江设计院在《三峡(围堰发电期)-葛洲坝水利枢纽梯级调度规程》中明确:电力调度只调到 220kV、500kV 母线。此调度规程被三建委批准。

（6）发电机设置最大容量

为更好地解决三峡电站水轮机在高水头运行区域的稳定性问题,适当加大导叶开度有

利于改善水轮机在高水头时的运行工况,但水轮机的出力受发电机容量限制,为此,需研究设置发电机最大容量问题。经接入电力系统、电气设备选择和制造、工程造价等各方面的设计研究,发电机容量从778MVA提高到840MVA,要求水轮机按最大出力852MW设计,有效地扩大机组稳定运行范围,有利于提高水轮机运行稳定性能。

(7)电站厂房局部结构振动研究

1999年7月至2000年6月从水轮发电机组安全稳定运行出发,长江设计院组织3次,分别对国内大型机组出现稳定性问题的电站(岩滩、五强溪、龙羊峡、二滩、李家峡等)和哈电、东电两厂进行了考察和调研,发现个别水电站,水轮机流道脉动水力激发发电机层楼板局部振动,导致布置在楼板上的电气柜内的设备误动停机,危及安全运行,为防止此类情况在三峡电站发生,1999年8月,长江设计院牵头,会同中国水利科学研究院、长江科学院和大连理工大学对三峡左岸电站开展了抗振研究。根据水轮机模型试验成果,找出最不利的运行工况,转换到真机的实时水力脉动曲线,作为激振力作用于厂房,对厂房结构进行动应力计算:是否会产生危及安全运行振动,结果表明:厂房局部结构的振动在工程设计允许范围内。

(8)投标者带模型转轮投标

为验证投标者的水轮机转轮模型的性能,在合同中明确,投标者应带水轮机转轮模型及相应的试验报告投标,以便投标者进行同台对比,进行验证试验。

(9)蜗壳埋设方式设计研究

为探清蜗壳不同的埋设方式对机组稳定性及厂房振动影响,受三峡总公司委托,长江设计院为负责单位,对保压浇筑蜗壳外围混凝土、蜗壳敷设弹性垫层浇筑外围混凝土、蜗壳直接混凝土(研究后改为组合式浇筑蜗壳外围混凝土)三种不同方式进行同等深度的动、静应力计算,对直埋方案进行了物理模型试验,经全面、系统的设计研究,结论是:蜗壳三种埋设方式都能确保水轮发电机组安全稳定运行,需结合工程实际择优选用。上述研究成果用于三峡工程,蜗壳埋设方式采用保压方案23台、垫层方案6台、组合方案3台,经对运行机组的振动、摆度及相关土建结构参数进行监测表明,满足工程设计要求。

(10)补压缩空气

从提高机组的运行稳定性,特别是部分负荷运行方式下的稳定性,除通过发电机轴顶部向转轮下方补入自然补气系统外,还对设置向顶盖、底环、基础环强迫补气进行了研究,比选了单机单元补气、成组单元补气、综合补气等方式,结合厂房布置和结构,选用了单机单元补气方式。

(11)转轮叶片出水边进行修型

国内已投运部分水轮机运行表明,在某个运行区出现异常噪声停机检查叶片出水边发生多条裂纹,是由于在转轮叶片的出水边产生卡门涡列与叶片产生共振所至。要求机组制造厂对此问题进行复核并应消除转轮叶片与上冠交接处应力集中、降低平均应力和提高抗疲劳能力,为此有的制造厂在现场对转轮叶片出水边进行了修型。

10.4.1.4　水轮发电机安全稳定运行

三峡电站 840MVA 巨型水轮发电机安全稳定运行必须解决好结构设计、发电机冷却、推力轴承等问题。

840MVA 巨型水轮发电机结构尺寸大,发电机定子外径为 22131mm、转子直径为18744mm,发电机的刚度、强度特别是刚度的问题十分突出,需从结构和电磁设计综合研究解决。如定子基座要能承受最大的不平均磁拉力,要求机座有足够的刚度,定子机座同时又要能承受定子铁芯与机座间温差造成的温度应力,又要求机座有适当的挠度,为求得这两种矛盾的统一,采用了浮动机座和斜支撑结构;发电机转子普遍采用圆盘式结构,刚度大,转子磁轭与支架的连接多采用径、切向复合键,径向键的紧度颇为重要,它与材料、应力、安装工艺、振动等因素综合研究解决;转子支架的垂直挠度是一个重要指标,三峡水电站发电机要求转子支架最大垂直挠度不大于 1.5mm;机组安装质量的优劣关系到机组安全稳定运行,三峡工程从实际出发,制订了"700MW 水轮发电机组安装标准"。

巨型水轮发电机的冷却方式和推力轴承始终是设计研究的重点课题,国内通过自主研发、创新,在三峡右岸电站、地下电站部分 840MVA 水轮发电机上,在世界上首先采用了全空冷、蒸发冷却技术,左岸电站全部采用半水冷技术。推力轴承推力负荷为 5520t,设计研究后,采用小弹簧束支撑和小支柱簇支撑、钨金瓦且将瓦温控制在 80℃,确保了机组的安全稳定运行。

10.4.1.1 节及 10.4.1.2 节对涉及机组安全稳定运行的相关因素首次进行了全面系统的分析、对提高巨型混流式水轮发电机组运行的稳定性有了完整的对策措施,将丰硕的设计研究成果应用在三峡机组的工程设计、工厂制造、电厂运行中,解决了高部分负荷区水力脉动过大影响巨型混流式水轮发电机组安全稳定运行的世界难题,确保了三峡 700MW 级巨型水轮发电机组在各种运行工况下的长期安全稳定运行,提高了国内外机组设计制造水平和技术进步。上述研究成果已被国内同类机组如向家坝、溪洛渡等大型水电站广泛采用。

10.4.2　三峡电站 700MW 机组运行稳定性实践检验

10.4.2.1　左岸电站 700MW 机组运行稳定性实践检验

为确保三峡电站 700MW 机组稳定运行,在机组的招标文件中,对三峡电站水轮发电机组的稳定性提出了明确要求,包括机组的稳定运行范围、尾水管压力脉动和发电机温升、结构、推力轴承等。影响水轮机运行稳定性因素比较复杂,包括电磁、机械、水力等诸多因素,其中水力因素是影响运行稳定性的关键因素。三峡左岸电站 14 台 700MW 机组分别由法国 ALSTOM 供货 8 台和德国 VGS 联合体供货 6 台,其中挪威克瓦纳能源公司(简称 KE)是法国 ALSTOM 中标的 8 台水轮机的水力设计和模型试验的分包单位。为验证水轮机模型的水力性能,根据合同文件规定,目击验收试验分别于 1998 年 7 月 23 日至 8 月 17 日和

1998 年 8 月 16 日至 9 月 10 日在挪威图鲁汉姆市克瓦纳水力试验室和德国海登海姆 VOITH 水力试验室进行了目击试验。试验结果表明，两个供货集团的模型试验压力脉动指标均没有全面达到合同保证值的要求。考虑到三峡电站水轮发电机组稳定运行的重要性，三峡集团公司要求进行补充研究并进行试验，进一步提高水轮机的稳定性，特别是减小高水头下尾水管的压力脉动。为此，KE 公司开发了 68 半锥形泄水锥，VGS 联合体在原模型转轮 F-584 基础上，通过补充研究，开发了新的模型转轮 F-599。三峡集团公司组织再次分别于 1999 年 1 月 7 日至 18 日和 1999 年 4 月 5 日至 23 日分别对 KE 和 VGS 进行了补充目击见证试验。试验结果表明，尽管两个供货集团的模型水轮机的压力脉动值仍然没有全面满足合同要求，但高水头的稳定性有所改善。两次目击试验的结果表明，两供货集团的水轮机模型的能量综合特性、空化特性均满足了合同要求，但在某些运行区域的尾水管压力脉动值仍未达到合同保证值。为了做好左岸电站水轮机稳定性分析研究，设计除对两个供货集团的水轮机模型试验成果进行了大量整理归纳和分析外，还对岩滩、隔河岩等水电站进行了实地考察，并对哈电、东电制造的李家峡、二滩、江垭、小浪底等水电站水轮机运行进行了调研，在此基础上，对三峡左岸电站水轮机稳定性进行了分析和预测，提出了《三峡左岸电站机组稳定性预测及预防措施研究》，同时根据运行标准的允许值和蓄水过程机组运行稳定性试验，综合考虑压力脉动、振动、摆度和水轮机效率等试验结果，对机组的运行区域进行了划分。左岸电站从 2003 年机组投产发电以来，经历库水位 135m、156m 和 175m 等高、低水头的运行检验，水轮机除在初期运行时出现过一些问题，在采取措施和优化运行后，后期运行稳定正常，各项指标均在标准规范范围内，机组运行稳定性、可靠性、安全性满足规范和设计要求。

10.4.2.2 右岸电站及地下电站 700MW 机组运行稳定性实践检验

1)右岸电站 12 台 700MW 机组从 2007 年运行至今，历经 156m 水位和 175m 水位等高、低水头的运行检验，机组安全稳定运行并通过了相关类型的试验；地下电站 6 台 700MW 机组从 2010 年 5 月至 2012 年 7 月陆续投产发电，机组安全稳定运行并通过了相关类型的试验，结果表明设计对机组主要性能参数和总体结构的选定，提出的安全稳定运行措施是正确和合理的。

2)模型试验和现场真机试验结果表明，在正常运行范围，压力脉动水平和稳定运行范围，哈电制造的 26 号机略优于其他机型；在高水头运行范围，ALSTOM 制造的 21 号机略优于其他机型。总体而言，右岸电站机组稳定性略优于左岸电站机组，说明提高额定水头后有利于机组稳定性的改善。

3)从运行情况看三种不同冷却方式机型发电机定子绕组和铁芯的温度及温升均满足合同保证值的要求，且留有一定安全裕度。蒸发冷却、全空冷与半水冷三种冷却方式发电机定子温度分布的均匀性基本相当，表明三种冷却方式均能满足机组长期安全可靠运行的要求。

4)通过模型试验和大量的现场试验初步确定的八种不同品牌的机组的稳定运行区域与设计和合同规定的稳定运行范围基本吻合，可以作为其运行及优化调度的重要依据。

5）根据设计研究，为提高水轮机运行稳定所采取的措施，如划分稳定运行区、优化参数、设置最大容量是有效的。通过真机运行试验表明：机组按最大容量 840MVA、相应机组有功率 756MW 能长期安全稳定运行，扩大了机组稳定运行范围，有利于提高机组调峰能力和运行灵活性。

10.5　三峡电站水轮发电机组水力设计技术突破

三峡水电站采用单机容量 700MW，水头变幅比达 1.85，20 世纪 90 年代国内大型水轮发电机组设计、制造厂哈尔滨电机厂和东方电机厂当时尚未生产过水头变幅比如此大的水轮机，也没有合适的水轮机模型。新转轮的开发一般周期较长，因此完全靠国内解决三峡左岸电站水轮机的设计、制造相当困难。当时国外大型水轮发电机组制造厂，对转轮流态进行有限元数值模拟计算分析用的 CFD 软件计算机分析方法，使得水轮机模型最高效率已达 93%～94%，而国内采用传统方法进行水轮机模型开发最高效率仅为 92.7%；国外真机最高效率达 95%～96%，而国内要低约 2%；国内水轮机加权平均效率一般比国外先进水平低 2%，对三峡电站将是十分巨大的电能效益差值。另外国外模型水轮机基本可以做到在运行区无空化现象产生，且机组制造加工工艺先进，因此可以使机组投入运行后防止或减轻空化破坏，缩短机组大修时间和减少大修周期，从而增加机组的可用时间。三峡电站 32 台 700MW 机组，水轮发电机组尺寸和重量已超过了世界上现有水平，若在国内制造，需对现有两制造厂进行改造，技术准备需时间，鉴于上述。当时决策，安装在左岸电站的第一批机组应由国外著名水轮发电机组制造厂商总承包，并会同中国工厂联合制造，以确保技术先进、质量可靠。并通过技术引进，消化吸收，促进国内大型水轮发电机制造厂的水力设计能力提升到世界先进水平。大型电站水轮机的技术性能主要在水力特性上，即能量性能（效率水平、电量大小）、空化性能（安装高程、维修周期）、稳定性能（叶道涡、卡门涡、尾水管内压力脉动）。水轮机模型与原型在能量、空化特性方面有一定的对应关系，而在稳定性能方面，原型水轮机稳定性涉及顶盖振动、大轴摆动、噪声等与结构强度、刚度等机械有关的要素。

10.5.1　右岸电站 700MW 机组参数及水力设计的优化

10.5.1.1　右岸电站 700MW 机组参数的优化

通过对左岸电站水轮机模型验收试验，水轮机模型能量特性满足合同要求，空化特性基本达到了合同要求。模型试验中发现在合同规定的正常运行范围内，最大压力脉动 $\Delta H/H$ 为 9.2%，在 $H = 113\text{m}$ 时，出力从 497MW 至 767MW，最大压力脉动 $\Delta H/H$ 为 5%～7.1%，初期低水头运行压力脉动小，在无空化条件下运行，可确保三峡电站首批机组水轮机安全稳定运行。但在整个运行范围内存在一个典型的压力脉动峰值带，带宽 20～50MW、频率为 20～50Hz，如在此区间运行将造成激振破坏、叶片裂纹等事故，影响机组的安全稳定运行，降低机组的调峰能力和运行灵活性。为进一步提高机组运行的稳定性，对右岸电站 700MW 机组参数进行优化。

从电量平衡、水力特性、经济性入手,对右岸电站 700MW 机组额定水头进行设计研究,结果表明右岸电站机组的额定水头可用 80.6m,也可提高至 85m,减小最大水头与额定水头 H_{max}/H_r 比值,左岸电站机组 H_{max}/H_r 比值达 1.4,右岸电站机组参数优化后 H_{max}/H_r 降至 1.33。增加额定单位流量 Q'_r 与最优单位流量 Q'_0 的比值:左岸电站 $Q'_r/Q'_0=1.23$,右岸电站 $Q'_r/Q'_0=1.52$,从而扩大了水轮机的稳定运行范围,尤其是高水头的稳定运行范围,同时也提高了高水头的效率,增加了低水头的输出功率。为了发挥工厂的制造优势,机组的额定转速可采用 75r/min 或 71.4r/min,由中标制造厂选定。

10.5.1.2 右岸电站 700MW 机组水力设计优化

在右岸电站 700MW 机组参数优化的设计研究中发现,要进一步提高水轮机运行的稳定性,除优化水轮机的主要参数外,还必须特别重视水轮机转轮和流道的优化设计:(1)优化流道,实现蜗壳与转轮尺寸的合理搭配;(2)优化水力设计,使导叶与固定导叶具有良好的水力性能匹配;(3)优化叶形,采用特殊的"L"形叶片;(4)优化叶形设计及叶片修形,减小水轮机涡带出现的范围和涡带空腔体积;(5)加大尾水管锥管进口直径,降低转轮出口处的动能。

通过上述优化,降低了压力脉动幅值,消除了特殊压力脉动带,实现在整个运行范围内无空化运行。拓宽了高水头时机组的稳定运行区域,提高了机组调峰能力和运行灵活性,同时增加了电能。并首次根据水头和负荷分区,提出了水轮机尾水管、无叶区等部位压力脉动考核指标,创建了评价大型混流式机组安全稳定性能的新方法。在右岸电站机组新型转轮的水力设计优化过程中,通过对引进技术的消化吸收,采用新的设计理念和方法,研发出部分性能优于左岸电站引进技术的新型转轮,"L"形模型转轮最高效率达 94.63%,效率高于左岸电站机组,特别在稳定性方面有很大突破,在整个运行区域内消除了高部分负荷压力脉动,解决了 700MW 水轮发电机组的技术难题。右岸电站水轮机转轮消除了水轮机高部分负荷压力脉动带,降低了尾水管及导叶后转轮前的压力脉动幅值,具有较高的效率水平和较大的出力余量,在整个范围内无空化运行。相比之下,研发的转轮与引进技术的转轮效率水平和空化性能基本相当,但与左岸电站引进机组对比,尾水管压力最大脉动由 12%降至 7%,导叶后转轮前无叶区的最大压力脉动由 12%降至 4%,水力稳定性得到很大改善,为促进右岸电站建设提供了有力支持。该项成果获国家发明专利、右岸电站机组水轮机水力设计优化,与左岸电站机组水轮机水力性能对比分析见表 10.5.1。

表 10.5.1 三峡左岸电站与右岸电站 700MW 机组水轮机水力性能对比分析简表

性能		左岸电站	右岸电站		
			ALSTOM	哈电	东电
正常运行范围尾水管的压力脉动	最大幅值	9.01%	6.32%	4.88%	6.69%
	与左岸电站对比		−2.69%	−3.83%	−2.32%
正常运行范围无叶区的压力脉动	最大幅值	11.08%	3.49%	4.95%	7.78%
	与左岸电站对比		−7.59%	−6.31%	−3.3%

续表

性能		左岸电站	右岸电站		
			ALSTOM	哈电	东电
尾水管 $f/f_n \geq 1$ 的压力脉动	最大幅值	9.69%	<4%	4.02%	6.69%
	与左岸电站对比		<-5.69%	-5.67%	-3.00%
无叶区 $f/f_n \geq 1$ 的压力脉动	最大幅值	12.31%	<4%	5.17%	7.03%
	与左岸电站对比		<-8.31%	-7.14%	-5.28%
正常运行范围,尾水管 $\Delta H/H \geq 4\%$ 的压力脉动带		存在混频压力脉动带,同时存在高水头高部分负荷特殊压力脉动带。其范围较大,幅值较高。	靠高水头70%负荷	靠高水头70%负荷;出力限制线附近	靠高水头70%负荷
正常运行范围,无叶区 $\Delta H/H \geq 4\%$ 的压力脉动带			无	出力限制线附近	靠高水头70%负荷;出力限制线附近
正常运行范围,尾水管 $\Delta H/H \geq 4\%$,且 $f/f_n \geq 1$ 的压力脉动带			无	无	少量点
正常运行范围,无叶区 $\Delta H/H \geq 4\%$,且 $f/f_n \geq 1$ 的压力脉动带			无	出力限制线附近	靠高水头70%负荷出力限制线
正常运行范围内的叶道涡		叶道涡初生线约在水头95m以上伸入正常运行范围	叶道涡发展线在110m以上水头,接近正常运行范围	无	叶道涡发展线在103m以上水头,伸进正常运行范围
正常运行范围内的可见卡门涡			无	无	无

10.5.2　左岸电站及右岸电站机组性能评价

为深入分析三峡电站 700MW 机组的主要性能,掌握机组在各特征水头下的特性和运行规律,确定机组合理的运行范围,同时与其模型试验、数值计算结果进行对比分析,从 2003 年 7 月左岸电站首批机组调试试运行开始,在 2006 年 9 月 20 日至 10 月 27 日,水库水位从 135m 蓄至 156m,2008 年 9 月 28 日至 11 月 5 日蓄水至 172.7m 过程中,从左岸电站和右岸电站机组不同制造厂家各选取 1 台机组(6F、8F、16F、21F、26F)进行了现场试验,在国内外首次对 700MW 水轮发电机组的能量、稳定性等进行了全面测试和分析评价:

10.5.2.1　700MW 机组能量性能试验

700MW 机组能量性能试验结果表明,真机实测效率曲线与模型换算效率曲线变化趋势基本一致,最优效率点的位置与模型换算值基本吻合。五种机型机组的制造厂家的水轮机能量指标均满足或超过了合同文件的保证值。水轮机出力均有一定的裕量。其中左岸电站

VGS 水轮机和右岸电站东电水轮机在低水头的裕量较大,为 5%～7%。从水轮机效率来看,五种品牌机组最高效率均大于等于 96.36%,其中 VGS 机组为 96.8%,均超过了国内外已投运的大型水轮机的最高效率值,因此,其能量性能均代表了当今世界 700MW 水轮机的最高水平。

10.5.2.2 700MW 机组运行区域划分

根据运行标准的允许值和水库蓄水过程中机组运行稳定性试验,综合考虑压力脉动、振动、摆度和水轮机效率等试验结果,建议机组在全水头、全负荷范围内划分成四个区域:空载运行区(仅限机组调试运行)、稳定运行区(可以连续稳定运行)、限制运行区(允许限时运行)、禁止运行区(不宜运行)。

(1)稳定运行区

该区是 700MW 机组在全部负荷范围内压力脉动和振动最小的区域。真机试验表明在此区内运行最为平稳,没有水力共振、卡门涡共振和异常振动现象,压力脉动小于 6%,机组振动幅值满足运行标准的允许值。该区内水轮机的水力条件良好,机组在此区运行时,不仅能满足安全稳定运行,而且能获得最大的经济效益。

(2)限制运行区

该区域没有水力共振、卡门涡共振和异常振动现象,压力脉动为 4%～6%,部分测点的机组振动幅值略超过运行标准的允许值。由于该区域的脉动和振动主频为频率较低的尾水管涡带频率,从材料疲劳角度看,低频较高频较有利于延缓疲劳裂纹的产生。因此,建议将该区列为限制运行区,允许机组短时间内可在此负荷范围内运行,但不宜作为长期运行的区域。

(3)禁止运行区

该区是 700MW 机组水轮机效率最低、转轮水力条件最差的区域,是全部运行范围内最差的区。该区域压力脉动都超过 6%,多数测点的振动幅值也超过了运行标准的允许值,而且频率较为复杂,主频不突出,大部分频率高于转频。在转轮区,将发生各种进口水流的撞击、脱流与产生叶道涡等各种不良水力现象。由于压力脉动和振动大,动应力也较大,机组长期在此区域内运行,将易于引起疲劳而缩短使用寿命,故建议将其列为不宜运行区。

(4)空载运行区

该区为 700MW 机组启动、调试运行的区域。由于该区主要稳定性指标差,不可长时间运行。五种品牌机组稳定性运行区基本满足合同 70%～100%。

10.5.2.3 三峡电站水轮发电机组性能评价

2007 年 4 月、2008 年 12 月、2010 年 11 月和 2014 年 9 月,三峡集团分别对 156m、172.8m 和 175m 不同蓄水位下的三峡机组运行性能及试验研究召开了专家评审会,主要评审意见如下:

1)自左岸电站首批机组 2003 年 7 月投产,三峡机组相继经历了 135m、156m、172.8m、175m 等不同阶段蓄水位的运行考验。蓄水过程中,三峡集团组织有关单位对三峡机组进行了运行性能测试试验。试验数据覆盖了三峡左、右岸电站的 5 种机型,三峡地下电站 3 种机组,从低水头至高水头的不同运行工况。性能试验遵循了 IEC、ISO 国际标准以及我国现行相关规程规范,试验项目较全面,方法正确,结果真实可信,数据较完整,为机组的性能评价提供了科学的依据。

2)现场试验表明,三峡水轮机的真机性能与模型试验结果的符合性较好。水轮发电机组运行安全稳定,能量、空蚀和电气等性能良好,主要性能指标达到或优于合同要求。运行试验表明,工程设计对机组提出的总体技术要求,以及机组在设计、制造、安装调试过程中所采取的技术措施是先进合理的,满足了三峡电站运行条件的要求。

3)能量性能

实测的真机相对效率及变化趋势和最优效率与厂家的预测基本一致,各种水轮机均有较高的效率,水轮发电机组出力均大于合同保证值。

4)稳定性能

①压力脉动:测试的各种机组压力脉动水平相当,在 70%～100%出力范围,未发现水力共振、卡门涡共振和异常压力脉动,压力脉动混频相对幅值总体满足合同保证值。在 70%～100%出力范围,右岸电站机组的稳定性能优于左岸电站机组。

②振动和摆度:机组的振动和摆度随负荷变化趋势基本一致,主轴摆度和机组振动水平相当,总体满足合同保证值或有关国标允许值的要求。在 70%～100%出力范围,未发现异常振动现象。

③稳定运行范围:直至运行到高水头段(最高水头达到 110m),机组 70%～100%出力范围内稳定性能满足合同要求。总体上三峡地下电站哈电和 ALSTOM 机组稳定运行范围与三峡右岸电站机组稳定运行范围相当,东电机组稳定运行范围比三峡右岸电站东电机组稍窄。机组设计均满足长期稳定运行的要求。

5)通过甩负荷试验结果表明:机组在甩负荷工况中,机组转速上升和蜗壳压力上升值满足合同要求。

6)在蓄水位 145m、156m 和 175m 条件下的厂房振动测试表明,由各种因素引起的厂房振动在允许的范围内。

7)根据现场测试结果,三峡电站机组各种机型运行区按压力脉动、振动、摆度综合考虑划分为稳定运行区、限制运行区和禁止运行区,符合三峡机组的安全稳定运行需要,可用于指导三峡机组运行。

8)在 175m 水位下,进行了机组 840MVA(有功 756MW,无功 366Mvar)运行试验。试验情况表明,机组运行稳定,各部位轴承温度正常,发电机定子绕组、定子铁芯和齿压板等部位温度低于设计值,机组在容量 840MVA 工况下运行是安全稳定的。

9)三峡水轮发电机组按有功功率 756MW 设计、额定功率因数 0.9、最大容量 840MVA,

经试验和运行验证,三峡机组具备756MW长期安全稳定运行的能力。专家认为,运行过程中按单机最大容量840MVA控制调度有利于扩大机组稳定运行范围。

10)机组在初期运行出现的问题主要有:ALSTOM机组过速关机过程出现小开度异常振动、蜗壳导流板撕裂、东电机组100Hz电磁振动、地下电站ALSTOM机组在运行初期的700Hz振动和噪声问题等。三峡集团组织了专题研究和相应处理,通过全厂满出力及单机功率756MW考核运行证明所进行的研究和相关处理正确有效,保证了机组的稳定运行。

11)三峡右岸电站哈电自主研制的目前世界上单机容量最大的840MVA水轮发电机全空冷技术达到了国际先进水平。三峡地下电站东电机组首次在700MW水电机组发电机上采用具有完全自主知识产权的蒸发冷却技术。通过长时间的机组运行考验,全空冷、蒸发冷却机组性能满足设计、合同要求及有关规程要求。

10.5.2.4　三峡电站机组运行现状

三峡电站32台700MW水轮发电机组及2台50MW水轮发电机组自投产以来,先后共经过了2003年汛末135m、2006年汛末156m、2008年汛末172m、2010年汛末175m 4个蓄水位以及756MW大负荷运行考验,历年机组等效可用系数均在93%以上,机组强迫停运率除在投产初期较高外,其余时间均较低,可靠性指标始终保持在较高水平,为电力行业的先进水平。地下电站投产后,三峡全厂34台机组(含电源电站2台)于2012年7月全厂出力首次达到2250万kW,累计满发711h。2014年三峡电站第三次实现2250万kW满发运行,汛期累计满出力运行706小时,全年发电量988亿kW·h时,创下当时单座水电站年发电量世界纪录。2010年以后三峡电站机组满发情况如表10.5.2。

表10.5.2　　　　　　　　　2010年以来三峡电站满发统计

年度	发电量(亿 kW·h)	2250万 kW满发时间(h)
2010	843.7	—
2011	782.93	—
2012	981.07	711
2013	828.27	145
2014	988.19	704
2015	870.07	0
2016	935.33	212
2017	976.05	313

截至2018年10月底,三峡电站累计发电11787亿kW·h。多年运行实践表明,三峡机组运行稳定,能量、空蚀和电气等性能良好,主要性能指标达到或优于合同要求,国产机组的设计水平和制造能力实现了跨越式提高,总体性能达到了国际先进水平。机组相关附属设备、公用系统设备及输变电设备等运行性能优良,能长期可靠、稳定运行。

10.6　840MVA 水轮发电机冷却技术突破

水轮发电机采用何种冷却方式,关系到水轮发电机参数选择、结构设计、重量和造价、能否长期安全稳定运行等方面,是水轮发电机需解决的关键问题之一,也是电机领域长期以来一直重点探索的课题。水轮发电机的冷却方式可分为全空冷和内冷两大类,内冷由于采用的冷却介质不同又可分为水内冷和蒸发冷却两种方式。

经过长期设计论证,左岸电站 840MVA 水轮发电机选用半水冷或全空方式,两种冷却方式都可行,当时考虑到 700MW 级水轮发电机是采用全空冷冷却方式极限临界容量,尚无成功制造经验,世界上已投运的 700MW 水轮发电机多采用半水冷,三峡电站又是开停机频繁的调峰电站,通过招投标,机组中标制造厂推荐发电机采用半水内冷方式,左岸电站 14 台水轮发电机全部采用半水冷冷却方式。在工程实践中发现半水冷冷却方式需配置纯水装置和冷却水管路,需占用厂房一定空间,且冷却水管路布置有高差要求,给厂房布置特别是地下电站带来困难,在运行中水接头漏水时有发生,运行维护相对复杂,且冷却水管路有 0.7MPa 工作压力,若万一发生漏水特别是冷却管爆裂易发生短路故障,造成严重后果。全空冷方式不存在上述问题,当时哈电正在研制。蒸发冷却是一种全新的冷却方式,中国科学院电工所和东电正在研究开发,三峡集团总公司、长江设计院给予积极支持。2007 年 7 月世界上首台全空冷 840MVA 水轮发电机成功投入运行、2012 年 5 月世界上首台蒸发冷却 840MVA 水轮发电机成功投入运行,标志着巨型水轮发电机创新的冷却方式研制成功,是大型水轮发电机冷却技术上的一次突破。

10.6.1　研制世界最大容量 840MVA 全空冷水轮发电机技术

10.6.1.1　大容量全空冷水轮发电机的技术难点

发电机内各种物理场是相互影响、相互制约的,是具有一定耦合关系的综合场。通过电磁场分析可以确定发电机的主要结构尺寸,掌握发电机各部位损耗;通过表面散热系数这一媒质,将温度场计算与流场中各部位的风速联系起来,正确描述出温度场的边界条件,保证温度场分析的准确性,在此基础上,进行发电机应力场分析,综合上述研究优化发电机的结构,最大程度减弱发电机铁芯的翘曲变形,消除局部过热现象,提高发电机的各项性能指标。鉴于发电机冷却介质的流场处于高紊流状态,漩涡流动十分复杂并存在随机性,给出精确的边界条件是相当困难的问题。同时随着水轮发电机组单机容量的不断提高,发电机的主要尺寸等不可能随容量同比增长,致使发电机散热强度提高。加剧了发电机的冷却难度,只有提高计算精度,不断优化结构,才能寻求解决发电机通风冷却的有效方法。因此巨型全空冷水轮发电机的设计难点在于:

1)由于巨型水轮发电机尺寸大,表现在定子铁芯高度增加,直径加大,定子槽数增多,实现发电机定子线圈沿圆周从上到下的温差小于 10℃、定子绕组温升小于 75K,必须有良好的通风系统,通风系统设计是全空冷水轮发电机的关键。

2)提高有效风量,减少漏风和总风量,提高风冷效率,减少风损,一般用发电机单位容量所需的冷却风量来衡量,即 Q/P_N 值(Q 为有效冷却风量 m^3/s,P_N 为发电机功率 MW),目前国内外同类先进机组的 Q/P_N 值在 $0.42\sim0.48$。发电机支臂在旋转中产生的总风量与空气冷却器出口的有效总风量之比值越小,通风效率越高,目前普遍采用旋转密封环并合理设置挡风板,大大减少了气隙的漏风量,该值已由过去的 $1.8\sim2.2$ 降到 $1.12\sim1.4$。衡量全空冷发电机的通风损耗,用发电机单体容量产生通风损耗,即 PV/P_N 值或单位风量自身产生通风损耗即 PV/Q 比风损来表示。

10.6.1.2 哈尔滨电机厂有限责任公司研制大容量全空冷水轮发电机

右岸电站 23~26 号 700MW 水轮发电机组由哈尔滨电机厂有限责任公司研制,该公司自主研发先进的通风系统,仿真通风系统的计算选用与真机 1∶6 比例的模型进行通风模型试验加以验证并不断优化通风系统设计,使 2007 年 7 月世界上首台全空冷 840MVA 水轮发电机一举成功投入运行。攻克的技术难点主要表现在:

(1)采用双路径向无风扇端部回风密闭自循环全空冷系统

三峡电站水轮发电机由于转子外缘周速较高,其转子自身产生的冷却风量已能够满足通风散热的需要,因此,采用双路径向无风扇端部回风密闭自循环全空冷冷却方式。冷却空气通过转子支架、磁轭、磁极旋转产生的风扇作用进入转子支架入口,流经磁轭风沟、磁极极间、气隙、定子径向风沟,冷却气体携带发电机热耗经定子铁芯背部汇集到冷却器与冷却水热交换散去热量后,重新分上、下两路流经定子线圈端部进入转子支架,构成密闭自循环通风系统。

(2)通风沟设置

磁轭风沟是冷却风量过流通道的咽喉,磁轭风沟的选择直接影响风量的均匀分配及冷却效果。发电机的磁轭过流通道由通风沟和通风隙组成,即在两张冲片间有缝隙,同时由导风带形成通风沟的结构。叠片方式为每 4 层冲片移动半个极距,形成的通风隙高度为12mm,每层有 16 个通风隙,其入口宽度为 140mm,出口宽度 140mm;通风沟入口宽度为550m,出口宽度 150mm。通风沟的个数分别为 6、7、8、9、10 段,高度为 40mm、38mm、36mm、30mm、28mm 等,分别进行计算,由于流道尺寸的改变,使流道的水力直径等发生改变,从而使流道的损失各不相同,通过多种方案的计算,选择优化的结果为 10 段,每段高度为 30mm,突破了以往水轮发电机设计的磁轭风沟高度 40mm 或 32mm,并且在有通风沟的结构中,磁轭叠片每层移动一次叠片方式。右岸电站哈电设计的 700MW 水轮发电机,不仅通过降低通风沟高度增加了通风沟段数,提高了流体的均匀分布,而且通过提高通风隙的高度改善流道的条件。

(3)提高密闭自循环全空冷系统的密封性能

鉴于三峡电站水轮发电机的转子外径较大,若转子磁极轴向、气隙等处漏风较多,导致大量冷却空气未能进入定子通风沟,这不仅影响发电机的冷却效果,而且增加通风损耗,为此在水轮发电机转子上装设旋转挡风板,以挡住磁极轴向和部分气隙;同时在定子线圈端部装设橡胶圈,达到减小漏风量的良好密封效果,提高冷却能力。转子支架挡风板与转子支架在旋转时,能够产生一定的压头,同时,在入风口等位置伴随着压力损失。通风系统设计时,通过计算分析,确定转子支架位置和结构尺寸,减小支架入口损失。转子支架与磁轭之间的间隙同样也采用密封结构,在大容量的机组中设计布置密封结构,可有效减少漏风,降低通风损耗,提高发电机的效率。

(4)铜环引线和定子线圈端部处理

水轮发电机采用全空冷冷却方式,考虑铜环引线和定子线圈端部的阻力相对上、下风道要大得多,因此,为了充分满足它们的散热要求,需将上、下风道的进风面积进行控制,这样可使冷却流体能够尽可能地流过铜环引线的定子线圈端部。

(5)大容量全空冷水轮发电机通风系统设计的综合评价指标

发电机的损耗热是通过冷却空气与冷却器进行热交换而散出的,总风量设计应以需要风量为基础,也需要有一定的裕度。风量裕度的大小,应考虑风量的计算和分布误差,一般采用 10% 左右的裕度。从减少风摩擦损耗出发,则裕度越小越好,哈电设计的 700MW 发电机风量的裕度约为 6.3%。

发电机总风量或发电机单位容量所需风量(Q/P_N)、通风损耗是考核通风系统优劣的两个重要指标。1)发电所需的总风量,反映了发电机通风冷却系统的散热能力。目前,国内外同类先进机组的 Q/P_N 值在 $0.38\sim0.50 m^3/s \cdot MW$,哈电制造的右岸电站 700MW 水轮发电机的 Q/P_N 值在 $0.42\sim0.47 m^3/s \cdot MW$,数据说明水轮发电机通风系统设计是优良的;2)发电机单位容量所产生的通风损耗(PV/P_N)代表通风损耗在总损耗中所占比例,单位风量自身产生的通风损耗即比风损(PV/Q)表明了通风系统自身的阻力性能,一台具有良好通风系统的发电机应既要有较低的(Q/P_N),又要有较低的比风损(PV/Q)。哈电制造的 700MW 水轮发电机的比风损为 $7.07 kW \cdot s/m^3$ 左右,其通风系统的综合指标在国内水轮发电机组中均为优良。

10.6.1.3　右岸电站 840MVA 全空冷水轮发电机试验及运行检验

右岸电站哈电设计制造的 23 号至 26 号 4 台 700MW 水轮发电机组中选择 25 号、26 号机组进行全面试验和首稳百日运行考验证明:

1)在 840MVA 工况下,定子线棒上层线棒实测铜平均温升为 73.2K,下层线棒铜平均温升为 64.6K,上、下层线棒铜平均温升为 68.9K,铜平均温度为 108.9℃。对应定子线棒RTD 测点温升 52K,绝缘温降约为 17.0K。定子线棒计算铜平均温升为 72.25K,铜平均温度为 112.25℃,计算值与实测值之差 3.4K,两者之差为 3.02%<5%。

2)756MW 工况下,定子铁芯最高温度和最低温度实测值分别为 63.7℃ 和 59.2℃,温差为 4.5K。定子铁芯温升实测值为 36K,与定子铁芯计算值 36K 相吻合。

发电机定子、转子温升满足要求。在 700MW 运行工况,定子轴向温差小于 4K,周向温差小于 3K，温度分布比较均匀，空冷技术是成功的。

3）发电机设计需要风量为 307m³/s，真机优化设计风量为 326.4m³/s，通风模型测试的总风量折算至真机为 351m³/s，真机实测风量为 320.8m³/s，实测风量与真机计算结果基本吻合。实现了通风量适宜、上下风道风量分配合理、风速分布均匀、冷却效果良好的总体目标。

4）哈电研制的目前世界上单机容量最大的 840MVA 水轮发电机全空冷技术达到国际先进水平，采用全空气冷却方式是可靠的、先进的，完全可满足机组长期安全可靠运行。

5）采用的通风设计、通风模型验证通风效果、三维温度场计算发电机的定子、转子温升的科学研究手段是先进的，所形成的设计计算方法达到国际先进水平。哈电独立设计、独立制造、具有自主知识产权、单机容量和尺寸最大的全空冷巨型水轮发电机成功投运，标志空冷技术有重大突破，其创新成果的成功运用，将稳步推进我国 1000MVA 级发电机冷却技术研究和发展。

10.6.2　研制世界最大容量 840MVA 蒸发冷却水轮发电机

在 20 世纪 80 年代所产生的一种新型冷却方式，它具有水内冷同等的冷却效果和优点；由于选用无毒、安全、不燃、沸点低、化学稳定性好又具有良好绝缘性能的环保型冷却介质，在运行中利用介质二相的特性，其工作压力接近零表压，相应循环系统的管路密封较易解决，在容器和管路中不结垢；若制造工艺和安装调试质量达到要求，水轮发电机可实现免维护运行。

10.6.2.1　蒸发冷却的工作原理

蒸发冷却的工作原理是采用具有良好绝缘性能、低沸点冷却介质沸腾时的气化潜热，利用水轮发电机立式结构的特点，在线棒的空心股线中注入低沸点介质，在线棒通过电流时，电阻发热所产生的热量被冷却介质吸收，使介质温度升高达到沸点时，则介质产生汽化，在已汽化部位一般形成混合（气态占大部分、液态占小部分）二相流体，其密度小于未沸腾集液管中液态介质的密度，在重力场作用下产生压差，形成自循环的动力，只有当动力压头大于沿程阻力时，才能形成自循环，带有热量的二相流进入冷凝器，与冷凝器内的冷却水进行热交换，热量被冷却水带走，二相流被气化部分的介质又重新变成液态，进入回液管、下集液管，在压头的作用下，再重新进入线棒、构成密闭式自循环系统。蒸发冷却系统工作原理见图 10.6.1。

中科院电工研究所（下称电工所）自 1958 年起对蒸发冷却技术应用于水轮发电机开始基础研究，哈尔滨电机厂有限责任公司（下称哈电）早在 20 世纪 60—70 年代对蒸发冷却技术做了有益的尝试，东方电机股份有限公司（下称东电）也开展了研究工作。随着基础研究取得的成果，1983 年额定容量 10MW、额定转速 1000rpm 的蒸发冷却水轮发电机在云南大寨水电站投入运行；1992 年额定容量 50MW、额定转速 214.3rpm 的蒸发冷却水轮发电机在陕西安康水电站投入运行，通过水电站的工业试验，验证了蒸发冷却技术在原理、冷却介质选用等方面的研究成果。

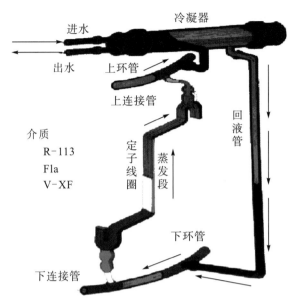

图 10.6.1　蒸发冷却系统简图

在三峡右岸电站 840MVA 水轮发电机组招标时,将蒸发冷却作为发电机的一种冷却方式进行了比较,蒸发冷却技术应用到三峡 840MVA 水轮发电机上,蒸发冷却水轮发电机的设计原则、静态液位的选择、各种运行方式的适应、环保冷却介质的全面性能试验、冷凝器设计等主要技术问题尚未得到良好解决,从科研成果转为工业化应用还缺少一个成果转换的研究环节,因此没有被采用。在比选中,显示出水轮发电机采蒸发冷却技术与半水冷方式相比的突出优点是:在运行中介质发生泄流不会导致定子线圈短路故障及发电机免维护,应用到 700MW 级及以上大型水轮发电机所具有的优越性和应用前景。在广泛听取各方专家意见的基础上,三峡总公司研究确定,为了推动蒸发冷却技术的发展并应用到三峡电站 840MVA 水轮发电机上,与东电、电工所签订了"三峡左岸电站水冷改造为蒸发冷却系统工业化应用研究"合同,主要解决将蒸发冷却技术转化为应用于大型水轮发电机工业化生产技术问题。

东电与电工所于 2005 年 5 月在东电建成了局部模拟水轮发电机真机,带定子铁芯一个支路的 1/4 单元,安装 18 根真机线棒和跨接线及汇流环的仿真模型试验台,对静态液位、各种运行工况下蒸发冷却热交换进行了试验,摸清了最佳静态液位选择、冷却介质工作压力、线棒和定子铁芯温度分布、二次冷却水量与发电机负荷(电流)的关系,解决了汇流铜环也可采用蒸发冷却的技术问题,对不同形式的冷凝器进行了比选试验,对监测系统、线棒端部接头等主要问题进行了真型模拟试验,并与仿真计算结果进行复核验证。在此基础上,长江设计院对蒸发冷却技术用在三峡地下电站 840MVA 水轮发电机上提出了主要的技术要求。

10.6.2.2　蒸发冷却发电机的设计原则

蒸发冷却技术属内冷方式,在三峡地下电站 840MVA 巨型水轮发电机上首次采用,对

其设计原则经设计研究提出:

1)蒸发冷却发电机应按免维护运行进行设计制造,冷却效果至少与发电机定子水内冷效果相当。

2)在电磁方案、性能参数、结构尺寸等方面的性能不应低于水内冷发电机,至少应具有相当水平。

3)发电机采用蒸发冷却应考虑对通风冷却系统的影响,进行完整的冷却系统设计和计算,发电机各部分,包括定子绕组(含汇流排)、定子铁芯及转子等的温度、温度分布的均匀性和水内冷发电机水平基本相同。

4)蒸发冷却系统的设计应利用冷却介质蒸发所产生的压差进行自循环,无须外加泵强迫循环,密闭自循环系统应确保发电机从零到最大容量运行区间能顺利启动和安全稳定运行,并能适应各种事故工况而不影响长期连续安全稳定运行。

5)应采用环保型冷却介质,对环境无污染,不影响人的身体健康,不腐蚀发电机所使用的各种材料,在冷却系统回路中不结垢。

6)发电机绝缘寿命和可用率等可靠性指标不低于水内冷发电机,应尽量减少冷却介质的渗漏量(不包括排气量),便于运行维护和检修。

10.6.2.3 蒸发冷却介质的选用

介质在蒸发冷却系统中既是热交换的载体又利用其二相特性产生压头形成密闭自循环,其性能直接关系到蒸发冷却水轮发电机的性能及造价,对蒸发冷却介质的要求如下:

1)良好的绝缘性能,即具有高电压击穿强度,电击穿后的生成物应无害。

2)合适的沸腾温度和蒸发潜热值,与电机运行温度和热交换相匹配。

3)介质黏度小,流动性能好,减少流动阻力和增强循环压头。

4)化学稳定性好,与电机用材相容。

5)安全、无毒和不燃。

6)符合环境保护标准和相关要求。

7)价格适中。

在 20 世纪采用氟利昂类物质 CFC-113 作为蒸发冷却液态介质,1987 年联合国环境规划署制定了《关于消耗臭氧层物质的蒙特利尔议定书》,提出了消减氟利昂类物质使用的时间限制要求,我国于 1991 年加入经修正的《蒙特利尔议定书》,明确指出发展中国家氟利昂类物质 2010 年停止使用。电工所经过多方探索,寻找到了不含氯离子的 HFC-4310、HFCAE-3000、Fla 三种新型介质可替代 CFC-113,三种新型冷却介质的性能参数见表 10.6.1。

对蒸发冷却介质的性能进行综合比选,并结合当前冷却介质工业化生产情况,推荐选用 HFC-4310。

表 10.6.1　　　　　　　　　　　三种新型冷却介质的性能参数表

参数	介质名称 CFC-113	HFC-4310	HFC AE-3000	Fla
沸点(℃)	47.6	55	56	69~72
表面张力(dyn/cm)	17.3	14.1	16.4	——
凝固点(℃)	−35	−80	−94	——
液体密度(g/cm³,25℃)	1.57	1.58	1.48	1.74
比热(cal/g℃)	0.218	0.270	0.300	0.25
黏度 cps	0.70	0.67	0.65	0.50
蒸发潜热(cal/g)	33.9	31.5	39.0	27.7
闪点	无	无	无	无
KB 值(溶剂的溶解性能指数)	31	5	5	4
耐压强度(kV/2.5mm)	37	38	37	40
ODP 值(臭氧破坏潜能值)	0.8	0	0	0
GWP 值(全球变暖潜热值)	5000	1300	870	——
毒性	基本无毒	基本无毒	基本无毒	无毒
产地	国产	美国、日本	日本	国产

10.6.2.4　三峡地下电站 840MVA 蒸发冷却水轮发电机设计研究

(1)840MVA 水轮发电机蒸发冷却技术的真机试验研究

2003 年,三峡集团公司提出在地下电站 840MVA 水轮发电机上应用蒸发冷却技术的可行性,长江设计院研究了巨型水轮发电机采用蒸发冷却技术的基本条件,并建议进行仿真试验。经三峡集团公司同意,2004 年 5 月,东方电机制造厂采用真机水轮发电机的 1/4 支路进行仿真试验,重点对静态液位选择和蒸发冷却系统,铁芯、线棒限值温度的确定,整体冷却系统的仿真计算,蒸发冷却发电机总体结构及布置,监测及保护系统等问题进行深入研究,为蒸发冷却技术用于地下电站 840MVA 水轮发电机提供科学依据。

(2)840MVA 水轮发电机蒸发冷却系统的设计

蒸发冷却系统的设计是蒸发冷却发电机的核心问题之一。蒸发冷却系统主要由冷却介质、冷凝器、定子线棒、上集气管、排气管、回液管、下集液管、二次冷却水供排水环管、监测保护系统等组成,蒸发冷却系统的设计是蒸发冷却发电机的核心问题之一。蒸发冷却系统设计主要包括:

1)静态液位、许用压力和定子线棒温度限值的选择

静态液位是指蒸发冷却系统所有部件的温度在低于介质的沸点温度时,第一次充入介质应达到的液位,这是蒸发冷却系统设计中的一个关键参数,直接关系到发电机定子的铜耗(包括基本铜耗和附加铜耗)和定子铁芯齿部等损耗所产生的热量能否通过冷却介质的循环

被冷却水带走、在各种运行工况下各部分的温度及分布是否满足要求、蒸发冷却系统的工作压力和最高压力、介质的用量和造价等。液位选得过低,受线棒自身空心矩形股线流通面积的限制即线棒带热能力的限制,在发电机投运过程中,将出现低电流过热现象;液位选得过高,系统自身液位的调节范围将减小,给蒸发冷却的结构和真机应用带来困难,影响定子线棒的温度。研究表明,静态液位的高度一般不应低于线棒总高度的 90%。

蒸发冷却系统的运行压力很低,带满负荷运行时,冷凝器压力为 0.01~0.06MPa,在事故状态下如冷凝器断水时,由于蒸发冷却系统的特性,在一定时间内,系统也不会停止运行,只是压力逐渐升高。根据模拟试验台的断水试验情况,真机蒸发冷却系统的许用压力限值为 0.1MPa。蒸发冷却定子线棒的温度限值一直是一个难以确定的参数。由于蒸发冷却方式所采用的冷却介质为蒸发介质,冷却原理为相变传热,因此蒸发介质的沸点对温度限值有很大的影响。对采用左岸电站水内冷的定子线棒,在局部仿真模拟试验台将近 200 组试验数据表明,当采用 HFC-4310 为蒸发介质时(其沸点为 55℃),在蒸发自循环时的温度集中在 70℃左右。对三峡地下电站发电机定子线棒采用蒸发冷却后,对单根线棒中实心和空心股线的截面及相应的截面比进行了重新优化设计,绕组、铁芯及集电环最大温升(或温度)可达到下列值:定线棒 68℃(RTD);定子线棒轴向温差 10K(RTD);汇流铜排 75K(检温计法);励磁绕组 75K(电阻法);定子铁芯 60K(RTD);集电环 80K(RTD)。

2)定子线棒

内冷发电机定子线棒的设计一般选用一空带四实的方式,即一根空心股线必须将四根实心股线和自身所产生的热量传至外部。研究表明,采用蒸发冷却方式实芯股线与空芯股线的截面选择存在着一个最佳的比例配合,空心股线的材料选用不锈钢和铜材都可行。从增加线棒的导电截面、提高导热性能等方面考虑,空芯股线选用铜材较好。

3)汇流铜环冷却

采用半水冷发电机中,定子线棒、汇流铜环和主引线采用水冷,三峡左岸电站发电机定子线棒的铜耗为 4290kW,汇流铜环损耗为 220kW。从不增加风冷的负担和降低运行温度出发,曾考虑汇流铜环采用蒸发冷却方式并进行了试验研究,提出了采用全浸式蒸发冷却方式并与定子绕组共用冷凝器的联合循环方式,技术上是可行的。汇流铜环采用蒸发冷却方式需增加蒸发冷却的循环支路,增加了复杂性,且汇流铜环损耗仅为定子线棒铜耗的 5%,空冷可以承担,上述汇流铜环采用空冷方式较好。

4)冷凝器

冷凝器承担冷却系统热量交换这一重要功能,应具有良好的热交换性能和高可靠性。冷凝器个数和容量选择应考虑机组在各种运行工况下冷却系统阻力分配和带走热量的均衡性,以确保蒸发冷却系统均衡密闭循环,在运行中还应考虑冷凝器退出的组数、冷却水压力和水量变化等情况,并做到不渗漏、不堵塞、不生锈、管壁不结垢、不影响介质的纯度和维护检修方便等。考虑蒸发冷却系统的工作压力低于二次冷却水供水系统的压力,推荐采用冷却元件为双层管的双管双板式结构的冷凝器,它具有良好的防漏功能,并带有漏水检测装置,能有效监测到冷却水的泄漏情况。

5)仿真计算

数值仿真计算是一项基础研究工作,电工所经过多年的探索,目前已编制成包括冷凝器在内的蒸发冷却系统数值仿真计算程序,可对蒸发冷却系统的介质流动特性、定子绕组的极限热负荷能力、线棒内部的温度分布等主要性能进行仿真计算,其计算结果与部分真机模拟试验所采集的数据基本吻合,为蒸发冷却发电机的设计提供了计算工具,为结构设计提供依据,为避免对蒸发冷却系统进行重复模拟试验创造了条件,但在蒸发冷却系统设计参数综合优化比选和智能化等方面还需进一步完善。

6)整体冷却系统计算

对定子绕组采用蒸发冷却、转子采用空冷的发电机,其定子线棒及定子铁芯(很少热量)部分的热量由蒸发冷却系统带走,发电机转子、汇流铜环及定子铁芯部分的热量由通风冷却系统带走,因此发电机的冷却实际上存在两种冷却方式共同将发电机在运行中产生的热量带走,设计中应充分考虑这两种冷却方式共同承担冷却的最佳效果。由于蒸发冷却系统布置在发电机坑内,又增加了较多管路,在结构设计布置时应不能减小通风量和对风道增加较大的阻力,冷却系统的设计、计算,以达到发电机整体冷却效果最优为检验目标。

7)结构布置

冷凝器沿圆周布置在发电机上盖板下方的混凝土牛腿环形平台上,发电机坑内布置增加了环管,如定子线棒集液环管、定子线棒集气环管、冷凝器排气均压环管、冷凝器二次冷却水供水和排水环管,另外还有垂直布置的回液管,每根线棒上、下端部都有电接头和介质密封接头等部件。在结构设计和布置上除满足功能、方便安装运行维护外,应特别注意当冷凝器检修或更换时和在运行中万一发生漏水情况时,应采取相应的措施,不允许水泄漏到发电机上,在冷凝器自身检修时应尽量不影响发电机其他部件,如空气冷却器等。排气环管的布置,应注意有利于冷却介质回收和运行人员的安全。为了减少机坑内的管路布置的拥挤,可考虑将冷凝器冷却水的环管布置在发电机坑外的风罩墙上,三峡地下电站机组蒸发冷却系统结构布置见图 10.6.2。

8)监测、保护系统:

监测是指蒸发冷却系统在机组启动、运行、停机工况下,对状态量的监测,一般有:①静态液位监测;②压力监测,在排气管、冷凝器进出水管、冷却水总管等部位设置;③温度监测:定子线棒的 RTD 按常规埋设,应新增冷凝器进出水温、集液管和集气管中介质温度、汇流铜环和主引出线等部位的温度监测;④冷凝器冷却水量和漏水的监测;⑤介质的比重远大于空气的比重,刚停机时发电机坑内的温度通常高于介质的沸点,泄漏的介质气体通常会沉积在发电机坑下部,此时将减少含氧量,从确保人身安全和判断介质泄漏程度出发,在发电机风罩内适当的高度设置含氧量监示。

保护是指蒸发冷却系统在运行中危及安全的某些重要性能参数接近允许的极值和发生异常,此时需发出警报或停机。此类保护一般有排气环管中的压力过高需自动排气、介质液位过低、冷凝器冷却水量不足和漏水、某些部位的温度接近或超过限值等。

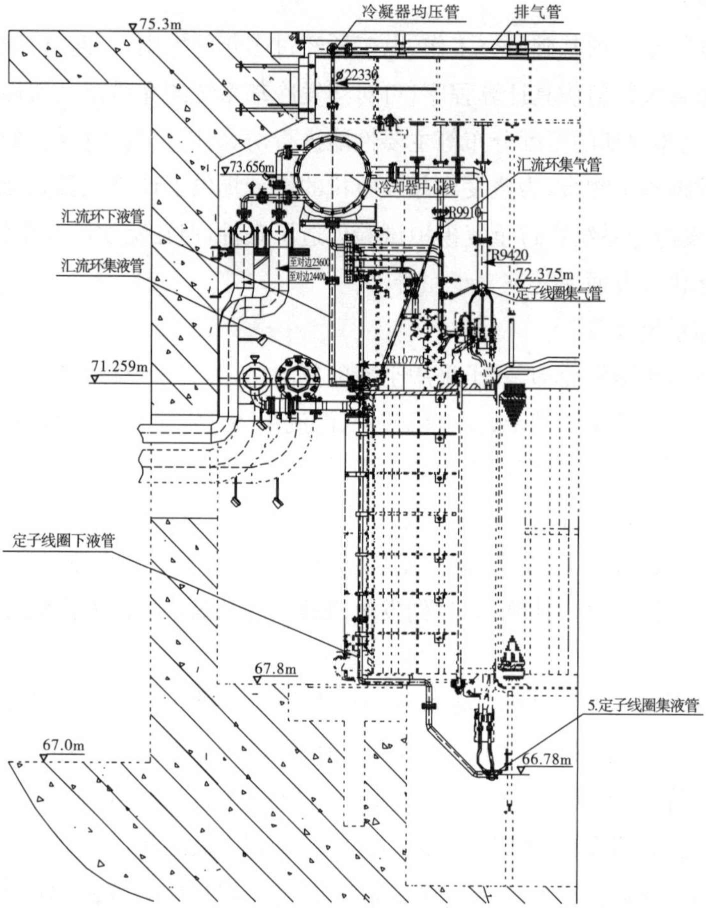

图 10.6.2　三峡地下电站机组蒸发冷却系统结构布置

9)冷却介质年耗液量

考核蒸发冷却系统的密度性能,冷却介质年耗液量不大于1%,经运行实践表明此要求过于严格,后改为冷却介质,年耗液量不大于2%。

10.6.2.5　地下电站 840MVA 蒸发冷却水轮发电机形式试验及运行

2011 年 7 月由我国自主研发世界上首台采用蒸发冷却技术 840MVA 水轮发电机经过形式试验,各项指标满足工程设计和合同保证值要求,成功投入商业运行。这是继右岸电站840MVA 全空冷水轮发电机之后又一次由我国自主研发、具有自主知识产权创新技术的成功运用。840MVA 巨型水轮发电机在同一水电站同时采用全空冷、蒸发冷却、半水冷等不同冷却方式,在当今世界是首创。

10.6.2.6　840MVA 蒸发冷却水轮发电机设计方案评审及运行检验评审

(1)840MVA 蒸发冷却水轮发电机设计方案评审

2007 年 2 月,三峡集团公司邀请专家对地下电站 840MVA 蒸发冷却水轮发电机设计方案进行了评审。专家评审意见：

1)为了将我国自主开发的蒸发冷却技术应用于大型水轮发电机上,东电和中科院电工所经过了长期的试验研究,取得了丰硕的成果,在此基础上针对三峡地下电站 700MW 水轮发电机定子绕组采用蒸发冷却、转子及铁芯采用空冷的方案又作了进一步的设计研究,提出了定子线棒采用蒸发冷却,汇流铜环采用空冷的较完整的实施方案。经会议讨论,专家一致认为该方案是可行的,进一步完善后,可在工程中实施。

2)冷却系统

①同意蒸发冷却介质采用 HFC-4310(即 V-XF4310);②初始静态液位暂定 4.3m,东电和电工所需对该参数进一步优化;③同意东电和电工所对定子线棒实心股线和空心股线截面及比例匹配的优化方案;④水轮发电机在最大容量 840MVA、端电压下降5%、2 台空气冷却器和 1 台冷凝器退出运行,且冷却水进水温度不大于 28℃、空冷器出口空气温度不大于 40℃的条件下,绕组、铁芯及集电环最大温升(或温度)不超过下列值:定子线棒 68℃(RTD);定子线棒的轴向温差 10K(RTD);汇流铜排 75K(检温计法);励磁绕组 75K(电阻法);定子铁芯 60K(RTD);集电环 80K(RTD);⑤冷却介质的年耗液量不大于 1%;⑥同意汇流铜排(含跨接线)由原蒸发冷却改为空冷方式,并应做好汇流铜排的结构设计。

3)冷却器

冷却器是蒸发冷却系统中的关键设备,会议对冷却器采用单层管还是双层管的结构方案进行了认真讨论,认为这两种方案有各自的优缺点,且都是可行的,但需进一步做好研究比选工作,要求如下:①针对冷却介质混有冷却水,对蒸发冷却系统运行性能及发电机安全运行的影响进行试验研究并提出专题报告;②应提高冷凝器的冷却效率,减少冷却水量,对冷却水的供水方式等进行优化设计;③对冷凝器双层管方案提出提高热交换能力的措施;对单层管方案提出防止漏水及渗漏监测等措施;④冷凝器及循环管路应不渗漏、不堵塞、管壁不结垢、不影响冷却介质的性能;⑤冷凝器应具有抗腐蚀能力、检修周期应大于 10 年,正常使用寿命应大于 20 年;⑥对国内不同厂家的冷凝器应在同等使用条件下进行对比研究和试验,择优选用,并对选定的冷凝器进行一个汛期的现场试验。

4)总体布置

①东电和电工所提出:(a)将冷凝器和空冷器的冷却水采用各自总管的供水方式,并将冷凝器的冷却水环管布置于机坑墙外;(b)将冷凝器布置在上盖板下方的混凝土牛腿环形平台上;(c)补液装置布设在机坑墙外;(d)蒸发冷却系统的其他管路均布置在机坑内。该总体布置方案减少了发电机机坑内的管路布置,具有一定的优越性,但需要做好下列工作:a)东电应提出冷凝器及上机架支撑点的布置详图,包括混凝土牛腿环形平台的宽度、高程及荷载要求等,供长江设计院土建结构专业设计研究解决;b)为便于维护和检修,东电应对机坑墙外冷凝器冷却水管的布置结合电缆和辅助盘柜的布置综合考虑,提出优化方案;c)对冷凝器和空气冷却器共用冷却供水、排水环管的方案进行分析研究。②地下电站发电机机坑紧靠

主厂房上游墙,发电机层和水轮机层上游侧均无通道;发电机主引出线在-Y轴方向引出,中性点引出线在第二象限距+Y轴的45°处引出。东电应对发电机主、中引出线及仪表柜、动力柜等辅助电气设备的布置进行总体考虑和设计。

5)监测、保护方案

①东电提出的监测、保护方案基本可行,但需进一步优化,并着重研究提出开/停机条件、报警和事故停机的参数及相应的整定值;②蒸发冷却系统装设2套相互独立、动作可靠的排气装置;③东电和电工所应提出蒸发冷却发电机形式试验的项目和监测方案,并对形式试验测试的汇流铜排(含跨接线)和定子线棒股线采用光纤测温方式进行研究。

6)制造及工艺

①蒸发冷却发电机应按实现免维护的目标进行设计和制造;②蒸发冷却发电机冷却系统连接卡套使用数量较多,应保证卡套具有良好密封性能,且安装方便,外形应考虑电场分布均匀。

(2)地下电站840MVA蒸发冷却水轮发电机试验及运行检验评审

东电设计制造的地下电站27号、28号两台840MVA蒸发冷却水轮发电机分别于2012年5月和2012年7月先后投产发电。在蓄水过程中,水轮发电机组开展了机组性能与相对效率、调速系统扰动试验、甩756MW负荷试验、额定容量和最大容量840MVA连续24小时运行等相关试验。

2013年9月5日,中国长江三峡集团公司在三峡坝区召开了三峡地下电站东方电机有限公司(简称东电)水轮发电机蒸发冷却系统形式试验评审会。与会专家经过分析讨论、形成如下评审意见:

1)会议认为三峡地下电站27号水轮发电机蒸发冷却系统型式试验内容完整,试验数据翔实,试验结果表明,在额定277.8MVA和最大容量(840MVA)工况下,定子线棒温度、线棒轴向温差、周向温差、励磁绕组平均温升等指标均满足合同要求。

2)中国科学院电工研究所仿真计算和东电模型试验与真型式试验结果吻合,仿真计算和模型试验手段是可信的。

3)三峡地下电站27号、28号机组已经通过长时间运行考虑,机组蒸发冷却系统满足长期安全运行要求。700MW水轮发电机蒸发冷却系统的成功运行是对蒸发冷却技术工程应用的重大突破,为巨型水轮发电机冷却方式提供了一种可靠的选择方案。

地下电站东电制造的机组自投产以来,在额定水头下机组出力达到额定出力,在高水头时具有一定的超负荷能力,机组效率满足合同要求;蒸发冷却系统运行总体稳定,线槽温度、定子铁芯温度、蒸发冷却介质压力和温度都在正常范围内;组合轴承和水导轴承温升符合规范要求;调速器特性、励磁系统特性均达到设计要求;机组运行平稳,机组振动、摆度正常。机组运行稳定性、可靠性、安全性满足规范和设计要求。

10.7　巨型水轮发电机组及电气设计与相关问题探讨

10.7.1　巨型水轮发电机组及水力辅助设备选择问题

10.7.1.1　三峡水电站巨型水轮发电机组选择的条件

三峡水电站单机容量大,装机台数多,对机组形式、主要参数等选择,除应遵循一般原则外,还应根据三峡工程自身的特点进行选择。

1)三峡工程按一次建成、分期蓄水进行建设,围堰发电期与建成后水位变幅达 40m,最大水头为 113m,最小水头为 61m。三峡电站额定水头为 80.6m,水轮机最大水头和最小水头之比为 1.85,最大水头与额定水头之比为 1.4,均超出了目前世界上已投运的单机容量为 588MW 以上水轮机水头变化的比值范围。

2)三峡工程系防洪、发电、航运等综合利用的工程,每年 6—9 月是长江的主汛期,来水量大,26 台机组基本上可全部投入运行,水头一般在 80m 以下,所发电量占全年的 40%;枯水期来水量少,机组在较高水头运行。根据上述特点,对水轮机的要求如下:在水头不大于80.6m 额定水头时,水轮机应具有较大的预想出力,也就是说在汛期充分利用水量多发电。当水头大于 80.6m 时,水轮机应有尽可能高的效率,并要求高效率区尽可能地宽广。

3)三峡建库后预计运用 80 年左右,水库达到冲淤平衡。水库运用头 10 年预计出库的含沙量平均值为 0.379kg/m³,仍为含沙水流。

10.7.1.2　三峡水电站巨型水轮发电机组选择研究的问题

为适应三峡水电站运行特征要求,对水轮机主要参数选择、运行稳定性、泥沙磨损、保温保压浇筑蜗壳混凝土、是否设置临时转轮、装机进度、电站厂房抗震等专题进行了研究。

（1）巨型水轮发电机组运行稳定性问题

混流式水轮机只有在最优工况较小范围有一个无涡区,在该范围内没有涡带,且压力脉动较小,偏离最优工况运行时,将存在稳定性问题以及空化破坏的潜在危险。

1)优化转轮设计和注重稳定性试验。应根据三峡电站特定水头条件和运行方式,合理选择设计水轮机模型的水力参数、转轮和通流部件的形状,尽可能避免在转轮叶片进口产生"撞击"涡流,将尾管涡带和压力脉动幅值控制在较小的范围内,这是改善水轮机稳定性最根本的途径。

2)合理选择水轮机的设计水头 H_d。混流式水轮机设计水头 H_d 大小决定了高、低水头运行工况偏离最优工况程度,三峡水轮机 H_d 的选择既要重点保证高水头工况的稳定性,又要兼顾低水头的空蚀和泥沙磨损,根据设计经验,最大水头与设计水头之比应控制在不大于1.2,经过模型试验验证,ALSTOM/KE 公司水轮机设计水头选取 108.4m,VGS 联营体选取 107.0m。

3)采用 X 形叶片。为适应三峡工程水头范围变幅大的特点,选用了适应性较强的负冲角叶片,称为"X"形叶片。

4)适当加高尾水管高度。增加尾水管高度对提高机组稳定性是有利的,同时尾水管高度和长度的适当增大,能略微提高水轮机的效率,因此尾水管的长度(从机组中心线至尾水管出口)确定为50m,高度为30m。

5)发电机设置最大容量。设置最大容量,水轮机的运行出力相应增大,增大了水轮机在高水头运行区的导叶开度,扩大了水轮机在高水头下稳定运行的范围,三峡水轮发电机设置为108%Pr,即840MVA/756MW的最大容量。

6)其他措施。为降低水轮机压力脉动,三峡机组采用了两种补气方式:一是通过主轴中心的自然补气系统补气;二是从水轮机顶盖和底环处向转叶片进口处补压缩空气。根据制造厂的资料,运行过程中的连续补气系统十分庞大,目前设计不予考虑,但在三峡左岸电站预留有设备布置的场地;现设置的压缩空气补气系统作为机组启动试运行的预案措施,设备能力仅限于机组启动、停机及负荷变化的过渡过程补气用。

充分利用三峡左、右岸电站装机多达26台的特点,合理调度开、停机的台数,使每台水轮机控制在性能优良的区域中运行。

(2)发电机冷却方式

大型水轮发电机冷却方式的选择,是发电机设计、制造、运行的重大问题。

三峡水轮发电机额定容量为700MW,最大容量为840MVA,在左岸电站设计时,冷却方式可采用全空冷或半水冷(定子采用水冷,转子采用空冷)两种方式,两者在技术上都是可行的。从决策慎重出发,在机组标书中要求投标厂商对两种冷却方式都报投标方案,并提出投标者的推荐方案。

当时世界上已投运的单机容量为500MVA及以上的水轮发电机共67台,其中半水冷发电机43台,占64%。在招投标中各投标商推荐采用的冷却方式与其制造业绩和技术优势有密切关系,在选择供货时,应考虑水轮发电机的综合技术性能和制造水平。从各厂商推荐方案中可以看出,定子线棒相对于铁芯轴向热膨胀量,半水冷远小于全空冷,这对机组调峰有利。综上所述,左岸电站在决标时确定选用半水冷方式。

在右岸电站、地下电站设计时,随着左岸电站半水冷发电机投入运行且在运行中发生一些缺陷,且此时,国内对研发全空冷、蒸发冷却水轮发电机技术的突破,因此在右岸电站、地下电站部分840MVA水轮发电机采用了具有国内自主知识产权的全空冷、蒸发冷却水轮发电机。

(3)电站抗震研究

鉴于国内外有关水电站出现的由于机组的振动和机组振动引起的厂房振动所造成的危害,开展了"电站抗震"专题研究,其解决的问题是:1)机组自身安全和振源;2)在机组振源作用下电站厂房建筑结构的动力影响及相应的消振措施。

机组自身安全,主要指其主要部件如水轮机转轮、顶盖、座环、尾水管、里衬、发电机定子、转子、上下机架等部件的自身应有足够刚度,并对其自振频率进行计算,判别是否可能产生自激振动以及防止产生共振的措施,并对机组的轴系进行稳定性分析。以上应由机组制造厂给以保证,在合同履行中,对其结构是否达到合同要求进行审核,并要求制造厂提供上述各部件的计算分析报告。

水轮发电机组作用于电站厂房结构的振源可分为水力、机械和电磁 3 类,在机组运行中往往是相互影响的耦合振动。三峡左岸电站水轮机模型试验表明,当水头大于 85m 的运行区中存在压力脉动值超过 6％的压力脉动峰值带,带宽 30～40MW,且其频率较高,为 24.6～54.7Hz,因此对特殊压力脉动作为一个主要激振力加以研究;同时对混流式水轮机的普遍振源之一的尾水管涡带也进行分析研究。

(4)推力轴承布置位置的研究

大型半伞式机组推力轴承可分为布置在发电机的下机架上(称下机架方式),也可通过推力支架布置在水轮机的顶盖上(称顶盖方式)。推力轴承的布置方式,不仅影响机组的尺寸、重量和主厂房尺寸,也影响到机组的安全稳定运行。

推力轴承设置在下机架方案的优点是:采用推导联合轴承结构紧凑,轴承总体高度相对较低;顶盖振动的影响较小,结构上与发电机基本不发生关系,水轮机和发电机分属两个工厂制造,易于协调,有利于分别招标。不利于在:推力轴承设在发电机坑内,油槽的密封性能要求高;下机架成为轴向和径向负荷的传力部件,对刚度要求高,导致下机架高度增加,主轴加长,当下机架跨度约 14m 时,下机架与顶盖方案的轻型下机架相比,机组约需增高 2m,每台机组重量增加约 210t,相应引起厂房尺寸的增加。

对于三峡机组而言两个方案技术上都可行,各有利弊。考查了大古力、古里、伊泰普等当代最大的水电站后,为有利于机组的安全稳定运行、招投标工作和运行检修方便,选用了推力轴承设置在发电机下机架的方案。

10.7.1.3　巨型水轮发电机组水力机械辅助设备选择问题

三峡水电站 700MW 水力机械辅助设备选择如下:

(1)起重设备

三峡左岸电站主厂房内设置了双层桥机,下层设 1200/125t 大桥机 2 台,跨度 33.6m,上层设 125/125t 小桥机 2 台,跨度 34m。大桥机起重量是以发电机转子起吊重量确定的。发电机转子起吊时,需 2 台大桥机并车吊装。

(2)技术供水系统

机组技术供水方案为单机单元自流减压供水方式(射流泵供水备用,暂未装)。系统按 1 台机组和变压器用水总量 1800m³/h 设计,机组供水和主变供水分别设置 2 台减压阀,1 台工作,1 台备用。

对采用定子为水冷方式的发电机,纯水装置由厂家随机组配套供货。纯水系统补充的清洁水源来自厂内消防供水管网。

水轮机主轴密封主供水采用清洁水,水源来自厂内消防供水管网。备用水源来自技术供水系统,通过专用滤水器及加压泵供给。

（3）电站压缩空气系统

厂内压缩空气系统设置了机组制动供气、工业用气、水轮机调速系统油压装置供气、机组起动（封闭母线微正压装置）供气4个系统。

机组制动供气系统主要由3台 $P=0.8$ MPa、$Q=3.48$ m³/min 螺杆式低压空压机和2台 $P=0.8$ MPa、$V=15$ m³ 贮气罐组成，其中空压机2台工作，1台备用。

电站工业用气系统供气量按1台机组进行大修、1台机组进行小修时所需检修风动工具用气量设计。主要由2台 $P=-0.8$ MPa、$Q=22.86$ m³/min 低压空压机和1只 $P=0.8$ MPa、$V=15$ m³ 贮气罐组成，需供气时2台空压机同时工作。

油压装置供气系统供气方式采用二级压力供气，即采用10MPa高压设备制气和贮气，再经减压阀减压至 $7.3\sim6.8$ MPa向水轮机调速系统油压装置供气，按同时为4台油压装置供气设计。

主要设备由3台 $P=10$ MPa、$Q=3.1$ m³/min 活塞式高压空压机组和2台 $P=10$ MPa、$V=4$ m³ 贮气罐组成，其中空压机2台工作，1台备用。

机组启动（封闭母线微正压装置）供气系统设置4台 $P=1.2$ MPa、$Q=20$ m³/min 的空压机和2个 $P=1.2$ MPa、$V=6$ m³ 的稳压罐。机组启动过程中补气时，4台空压机同时工作，补气时间初定为120s。该补气系统兼顾机组封闭母线微正压装置补气，此时，1台工作，其余3台备用。同时为满足微正压装置供气系统的需要，另配置了2台 $P=1.2$ MPa、$V=6$ m³ 的贮气罐；2台 $P=1.2$ MPa，$Q=3$ m³/min 的冷干机。1台工作，1台备用。

（4）电站油系统

油系统贮油设备和油处理设备均按满足用油量最大的一台机组贮油及油处理的需要设计。系统设有2个50m³立式净油罐和3个50m³立式运行油罐；3台齿轮油泵，其中1台为固定式，另2台为移动式；4台除油中杂质的滤油机和2台透平油专用过滤机；为方便向各机组添油，设有1辆0.5m³的移动式油槽车。

左、右岸及右岸地下电站共用一套绝缘油系统。系统容量按能容纳2台主变压器用油量的110%考虑。共选用8只60m³油罐；6台齿轮油泵，4台固定，2台移动；4台板框式压力滤油机；3台双级真空净油机，2台工作，1台备用；2辆20t油槽车；设有一套油化验设备，按全分析配置，并设有光谱分析仪。

10.7.2 巨型水轮发电机组结构形式

10.7.2.1 巨型水轮发电机组总体布置

三峡电站水轮机为立轴混流式水轮机，水轮机轴与半伞式发电机轴相连，带有3个导轴承，即转子上方的上导轴承，置于转子下方的推力＋下导组合轴承以及水导轴承。推力轴承布置在下机架上。

10.7.2.2 水轮机主要结构

1）蜗壳与座环。座环为平行环板式并带有圆弧导流环的组焊结构，即由上、下环板与24

个固定导叶组成。上、下环板采用优质的抗撕裂环形钢板焊接制成。座环分为 6 瓣,在工地组焊成整体。主要参数和尺寸如表 10.7.1 所示。

表 10.7.1　　　　　　　　　　三峡水电站水轮机座环主要参数和尺寸表

供货商	外径 (mm)	高度 (mm)	重量 (t)	上下环板 材料	上下环板厚 (mm)	固定导叶数 (个)
ALSTOM	15670	4640	390	S355J2G3/Z35	230	24
VGS	14492	4755	382	A516M Gr.485	190	24

蜗壳为钢板焊接结构,蜗壳瓦片由工厂进行卷制和加工焊缝的坡口,并将瓦片焊接成管节交货。蜗壳进口直径为 12.4m,包角 345℃。根据专家审查意见,蜗壳不做水压试验,其埋设采用充压浇混凝土方式,充压的内水压力为 70mH$_2$O。主要参数和尺寸如表 10.7.2 所示。

表 10.7.2　　　　　　　　　　三峡水电站水轮机蜗壳主要参数及尺寸表

供货商	材料	进口直径 (mm)	钢板最大高度 (进口)(mm)	分节数 (节)	凑合节数 (节)	总重量 (t)
ALSTOM	610U2	12400	53	29	4	755
VGS	610U2	12400	56	29	2	739.7

2)导水机构。导水机构采用 24 个导叶,导叶采用不锈钢制造。每个导叶设有 3 个自润滑导轴承支承,一个坐落在底环中,另 2 个在顶盖中。导叶操作机构通过 2 个油压操作、双作用、液压直缸接力器实现。接力器布置于水轮机室的接力器坑衬内,操作接力器的压力油由调速系统的油压装置供给,其额定工作油压为 6.3MPa。

为防止导水机构中剪断销剪断时导叶的摆动,在导叶和连接板之间设有摩擦装置,当导水机构正常工作时,通过剪断销和摩擦装置共同把接力器的操作力传到导叶并使之同步转动。当剪断销被剪断时,连接板和导叶臂相对滑动,保证了传动机构零件的受力不再增加,起到了保护传动机构的作用。

3)转轮及与主轴的连接方式。转轮为不锈钢铸焊结构,即上冠、叶片和下环分别制造,然后组焊成整体转轮运至工地。转轮全部采用抗空蚀、抗磨损并具有良好焊接性能的不锈钢材料制造,其材料为 ASTM A743 Gr CA-6NM。上冠采用铸焊结构。叶片采用铸造结构,为保证叶型和通流部件的质量和精确度,要求叶片采用五轴数控车床加工。下环用钢板卷焊或铸造。转轮主要参数和尺寸如表 10.7.3 所示。

转轮叶片的叶形在一定程度上决定了水轮机的主要性能。两个供货集团均采用了 X 形叶片,其特点是叶片进水边采用负倾角(negative blade leaning angle),叶片出水边为扭曲形状(skewed outlet),故从转轮进口看,叶片呈 X 形。与常规叶形相比,X 形叶片能比较好地适应变幅大的水头和负荷。

表 10.7.3　　　　　　　三峡水电站水轮机转轮主要参数和尺寸表

供货商	标称直径 D_2（mm）	喉径（mm）	叶片数	高度（mm）	材料	总质量（t）
ALSTOM	9800	9800	15	5062	A743　Gr. CA-6NM	445
VGS	9525	9400	13	5401	A743 Gr. CA-6NM	434

　　泄水锥、止漏环等各厂都根据各自的工艺和习惯采用了不同方法制造，VGS 由于采用 X 形叶片后，上冠较长，故取消了泄水锥。ALSTOM 采用半锥形长泄水锥，其直径为 2.044m，长约 2.5m，有利于改善水轮机的稳定性。

　　为保证转轮的互换性，VGS 转轮与水轮机轴的连接用 28 个 M160 螺栓和直径为 280mm 的剪切套筒连接，螺钉预紧力达到 8500kN。主轴与转轮法兰上的螺栓孔在工厂车间用高精度的模板进行加工，主轴和转轮上的螺栓孔不需要在工地加工，且转轮以及剪切套筒可以互换。ALSTOM 采用螺栓＋销钉方式，预应力为 180MPa，螺栓的拉伸长度约为 0.7mm。螺栓孔在工厂用高精度的模板进行加工，不需现场加工。

　　4）底环与顶盖。顶盖和底环均为钢板焊接结构，分成 4 瓣运输到工地，用螺栓把合。为减小转轮与顶盖间空腔的水压力以及对转轮的向下水推力，在顶盖上装设有 4 根（ALSTOM）或 8 根（VGS）大口径的泄压管，并延伸到尾水管扩散段。顶盖的主要参数和尺寸如表 10.7.4 所示。

表 10.7.4　　　　　　　三峡水电站水轮机顶盖主要参数和尺寸表

供货商	材料	外径(mm)	高度(mm)	分瓣数(瓣)	总重(t)
ALSTOM	GB Q235C	13670	3100	4	380
VGS	GB Q235C	12720	2267	4	300

　　顶盖和底环上的固定止漏环在工厂内用径向的螺钉固定到分瓣的顶盖和底环上，工地拼装后要对止漏环的分缝进行封焊。顶盖和底环分别用螺栓把合到座环的上、下环法兰面上，工地安装时用放置在座环上、下法兰面上的单个的小垫片调整顶盖的高程。座环上的密封表面要求在工地进行切割和打磨。

　　5）水轮机轴和轴密封。主轴由 2 根轴组成，即水轮机轴和发电机轴。水轮机轴采用中空结构，用锻制或钢板卷焊而成，上端与发电机轴连接，下端与转轮连接，均为内法兰连接方式。

　　轴密封系统分为工作密封和检修密封两部分。ALSTOM 的主轴工作密封结构为工作密封件与一块水平支承板接触，通过摩擦起密封作用。支承板为不锈钢材料，分为 6 瓣，固定在转轮的上法兰面上。轴密封支承的上下运动通过弹簧调节，使作用在轴封上的动水压力与弹簧力相平衡。

　　主轴密封为轴向密封结构，采用水润滑和冷却，主水源来自电站清洁水系统，水压为

0.2～0.5MPa,在密封需要较高压力水的情况下,通过设在高程 67.0m 下游副厂房的 2 台增压泵增压。

工作密封能在不拆卸主轴、水轮机导轴承、导水机构、管路系统和机坑排水设施的情况下检查、调整和更换密封元件。

在机组停机时,为防止水进入顶盖,在工作密封下方设置了用压缩空气充气的橡胶检修密封装置,检修密封由电站压缩空气系统提供工作压力为 0.5～0.8MPa 的压缩空气。

6)补气系统。为了满足水轮机在部分负荷工况下稳定运行的需要,2 个供货厂商均设置了通过发电机上端轴从主轴向转轮下方补入自然空气的补气系统。当转轮处压力低于设定值时,装在发电机上端轴的补气阀自动开启进行补气。当补气阀失效,且尾水位高于补气阀密封面时,设有迷宫和引至下游高程 44m 廊道排水总管,以防止水流进入发电机。

此外,在顶盖、底环和基础环上均预留有补压缩空气的管道,所有管道均引至高程 61.24m 的下游副厂房。此外,ALSTOM 还在尾水管锥管上预留有补压缩空气的管道,作为将来机组实际运行中确有必要时采用。

10.7.2.3 发电机主要结构

1)定子。定子由定子机座、定子铁芯和定子绕组等组成。ABB、VGS 发电机定子机座外径分别为 22.03m 和 21.45m,定子铁芯内径分别为 18.8m 和 18.5m,定子铁芯高度分别为 2.95m 和 3.13m,整体定子重量分别为 804t 和 707t。三峡发电机定子尺寸大,为了提高定子铁芯的压装质量,保证铁芯圆度,三峡电站发电机定子采用分瓣机座,到工地组圆现场叠片组装成整体定子的方案。安排专用发电机坑作为定子机座组装和铁芯叠片的场地。

定子机座和基础及上机架的连接结构能适应定子铁芯和机座本身的热膨胀。VGS 设计采用浮动式机座,通过径向键允许机座在径向作必需的移动,同时又限制机座作切向运动和承受切向力。ABB 采用定子机座带有斜筋板支撑的结构,斜筋板的下部与基础刚性连接,上部与上机架支臂刚性连接。这种结构形式的斜元件能吸收一定的热膨胀量,缓解铁芯膨胀时对机座的压力。

定子绕组为条式波绕组,三相 Y 形连接。定子绕组每相由 5 个并联支路组成,绕组绝缘为 F 级绝缘。ABB 和 VGS 定子绕组分别由 1020 根和 1080 根线棒组成。

2)转子。转子由转子支架、磁轭和磁极等组成。转子组装在电站厂房内进行,主厂房安Ⅱ、安Ⅲ段均设有转子组装场地。

转子采用无轴结构,并采用圆盘式转子支架。ABB 和 VGS 转子外径分别为 18.74m 和 18.44m,重量分别为 1780t 和 1710t。转子磁轭由高强度经氧化处理的冷轧薄钢板组装成的坚实结构,材料屈服应力在 500N/cm^2($=50\times10^5\text{Pa}$)以上。磁轭与转子支架的连接配合形式,根据转子支架与磁轭的分离转速确定,为使静止时的转子支架应力不至于过高,运行时转子支架与磁轭又尽量不分离,在招标文件中规定采用 1.4 倍的额定转速,并采用径切向复合键连接。为此,VGS 集团设计了弹性键,ABB 设计了径切向复合键。转子磁极数量为 80 个(40 对),每个磁极由磁极冲片叠装而成的磁极本体和缠绕在其上的励磁绕组组成,励磁绕组匝数为 13.5 匝,绝缘等级为 F 级,在磁极表面即极靴上还设有阻尼绕组。

3)发电机轴承。发电机具有 2 个导轴承和 1 个推力轴承,即位于转子上方的上导轴承和位于转子下方的下导轴承和推力轴承。导轴承为自润滑、分块、可调、巴氏合金型。上导轴承采用一个单独的油箱安装于上机架上,下导轴承和推力轴承共用一个油箱安装于下机架上。导轴承瓦的温度不超过 70℃。推力轴承安装在下机架上。

推力轴承是水轮发电机组的关键部件,承受机组转动部分的全部重量和水推力。三峡电站机组重量和水推力大,因而推力轴承负荷和尺寸大,当机组甩满负荷且水导轴承密封间隙为 2 倍正常密封间隙时水推力最大,ABB、VGS 分别为 2920t 和 2200t,相应的推力轴承负荷分别为 5520t 和 4850t,正常运行工况下,水推力分别为 2250t 和 1440t,相应的推力轴承负荷分别为 4850t 和 4050t。ABB、VGS 推力轴承外径分别为 5.2m 和 5.4m,内径分别为 3.5m 和 4.04m。因此,三峡发电机推力轴承是世界上推力负荷及尺寸最大的推力轴承,目前世界上已投入运行的最大推力轴承负荷为 4700t、最大尺寸为外径 5.36m(美国大古力电站)。推力轴承的支撑方式对减少瓦面变形、使瓦面负荷和温度分布均匀至关重要,ABB 采用其专利双层轴瓦结构,轴瓦由上层的薄瓦和下层的厚托瓦组成,薄瓦厚 50~60mm,两层瓦之间设置不同直径和不同弹性的销钉,使瓦面负荷分布均匀。厚托瓦采用具有弹性的抗柱螺栓支撑,可调节瓦间负荷使之分布均匀,瓦块数量为 24 个,瓦面材料为巴氏合金。VGS 采用弹簧束支撑方式,薄瓦(厚度 55mm)支撑在弹簧束上,瓦面及瓦间负荷分布均匀,瓦块数量为 28 个,瓦面材料也为巴氏合金。ABB、VGS 推力瓦单位面积负荷分别为 5.7MPa 和 4.18MPa,滑动面平均周速分别为 17.1m/s 和 18.7m/s,最小油膜厚度分别为 40μm 和 30μm,瓦温均不超过 80℃。推力轴承在飞逸转速下能安全运行 5min。

4)上、下机架。ABB 发电机下机架由 1 个中心体和 16 个斜支臂焊接而成,VGS 发电机下机架由 1 个中心体和 6 个辐射形支臂焊接而成。ABB、VGS 发电机下机架外径分别为 15.1m 和 16.1m,重量分别为 364t 和 283.5t。由于下机架承担的垂直方向推力负荷大且尺寸较大,为了防止由于下机架产生下沉变形引起推力轴承负荷分布不均匀以及影响导轴承瓦与推力头之间的间隙,要求下机架必须有足够的刚度,规定下机架在最严重工况下,其垂直挠度不超过 3.5mm,ABB、VGS 设计均满足此要求。

ABB 发电机上机架由 1 个中心体和 20 个斜支臂组成,所有斜支臂径向均支撑在机坑混凝土墙上,轴向支撑在定子机座上。VGS 发电机上机架由 1 个中心体和 16 个辐射形支臂组成,相邻支臂之间在外径处横向连接,其中 8 个支臂径向支撑在机坑混凝土墙上,所有支臂轴向支撑在定子机座上,在轴向支撑件与支臂接合处采取不限制定子机座径向热膨胀的措施。采用这种结构可使混凝土基础承受的径向力减小,且外力对上机架中心体及轴承间隙的影响降到最低程度。ABB、VGS 发电机上机架外径分别为 23.2m 和 21.35m,重量分别为 118.5t 和 83.5t。

10.7.3　三峡水电站电气设计

10.7.3.1　三峡电站与电力系统的连接及电气主接线

（1）三峡电站与电力系统的连接

三峡电站向华中、重庆地区各负荷中心的输电距离都在 600km 以内,这些地区交流 500kV 输电网已形成和正在形成,采用交流 500kV 输电线送电是合理的;向华东地区送电距离约 1000km,对其输电方式和电压做了大量计算、分析研究工作,方案包括 500kV 交流、750kV 交流、500kV 交流与±500kV 直流混合等方案,经技术经济比较确定向华东采用纯直流输电方式,在三峡电站左、右岸各建一条至华东±500kV 双极交直流线路,每条线路的输送容量为 3000MW,再加上已建±500kV 输送容量为 1200MW 葛沪直流输电线路,这样向华东地区的输电能力可达 7200MW。同时,向广州地区送电采用一回±500kV 的直流输电线路,输送容量为 3000MW。

为了电网管理方便,送上海、广州地区的直流输电的换流站均设在离三峡工程不远的左、右岸,这样三峡电站的出线均为 500kV 交流,简化了三峡电站升压站的布置。在三峡电站出线回路数的设计上考虑了如下因素。

1）出线回路数的输电容量与电站的装机容量之比在合理范围内;在一回线路故障的情况下,也可将电站所发的电力全部安全送出,按 $n-1$ 的原则进行设计。

2）从减小短路电流出发,三峡左、右岸电站在枢纽范围内不设直接电气连接。

3）从电力系统稳定运行出发,在左、右岸电站 500kV 母线上装设了分段断路器,可达到一厂分四厂运行。

4）在正常潮流和事故潮流（$n-1$ 方式）应满足电站外送要求,又要考虑到线路走向,不发生线路互相交叉。在考虑了上述因素后,确定 500kV 交流出线十五回,即左岸电站八回,右岸电站七回。电站的送电容量与发电容量之比为 1.4。具体为:左一电站装机 8 台,出线五回,分别至重庆地区的万县二回、至左岸华东直流站三回;左二电厂装机 6 台,出线三回至荆门,在荆门建换流站,直流输电至广州;右一电厂装机 6 台,出线四回,分别送至葛沪换流站宁家坝二回、荆州二回;右二电厂装机 6 台,出线三回,送至右岸华东换流站。

（2）电气主接线

电气主接线的设计研究中,除考虑了一般设计原则外,结合三峡工程的实际还遵守如下设计原则。

1）为了限制短路电流（使 500kV 侧不超过 63kA）,和有利于电力系统稳定运行,左、右岸电厂需能适应分厂运行,左、右电站 500kV 母线设置分段断路器,即左、右电厂各自可按两个厂运行。

2）从电力系统安全稳定运行出发,在严重故障情况下,应尽量减少切机台数或线路数。发生双重故障时,一般不应切除多于两回线路或二组发电机变压器组合单元。

3）一台断路或一条母线检修时,不影响连接供电,在任何情况下,不允许全厂停电。

4)应适应三峡电站担任电力系统调峰,特别是枯水期以调峰运行为主的运行特点,应有可靠的厂用电源。

按上述原则重点对发电机和变压器的组合方式以及 500kV 侧接线进行了多种方案比选,从安全可靠、调度灵活、场地布置紧凑、方便运行、设备先进和造价合理等方面考虑,发电机与变压器的连接选用了二组一机一变的联合扩大单元,500kV 母线装设分段断路器的一倍半接线。

10.7.3.2 三峡电站主要电气设备选择及厂用电设计

(1)三峡电站主要电气设备选择

三峡工程所采用的电气设备的电压等级有 0.4kV、10kV、20kV、35kV、500kV 等,电气设备种类多且量大。左岸电站采用的三相 500kV 升压变器 15 台(其中 1 台备用);500kVGIS 配电装置 39 个断路电间隔;发电主回路 26kA 大电流离相封闭母线等设备的主要技术参数简要论述如下:

1)变压器。额定容量(低压侧电压降低 5% 并在各分接头下)840MWA;三相;50Hz;高压侧额定电压 $550-2\times2.5\%$kV;低压侧额定电压 20kV;连接组别为 Yndn;阻抗电压 16%;中心点接地方式为经小电抗接地。

2)GIS。额定电压 550kV;三相;50Hz;额定电流:联合单元回路一倍半接线及出线回路 2000A,主母线及母线分段开关设备 3150A;额定开断电流 63kA;额定短时耐受电流 63kA;额定短路持续时间 2s;额定峰值耐受电流 171A。

3)离相封闭母线。主回路额定电压 20kV;最高电压 24kV;额定电流 26kA;额定频率 50Hz;三相短路电流 160kA;额定峰值耐受电流 440kA;额定短时耐受电流 160kA;额定短路持续时间 2s。

(2)三峡电站厂用电设计

三峡左岸电站厂用电系统采用 10kV 和 0.4kV 二级电压供电。厂用电及坝区供电电源由三部分组成:

1)由电站发电机端引接的本厂厂用工作电源;

2)由电力系统引接的外来厂用备用电源;

3)设置两台 50MW 具有黑启动功能的混流式水轮变电机组的电源电站作为供电、保安电源。

三峡左岸电站装机 14 台,由发电机端引接的厂用工作电源共有 6 回,分别引自 3 号、5 号、7 号、9 号、11 号、13 号机组的机端。外来厂用备用电源分别引自左岸陈家冲 220kV 施工变电所和右岸小堰溪 220kV 地区变电所,分别接入左、右岸 35kV 永久变电所后再相互接入左、右岸电站 10kV 系统。陈家冲变电所 220kV 电源由葛洲坝电厂引来,右岸小堰溪地区变电所 220kV 电源来自于葛洲坝电厂和隔河岩电厂。为提高可靠性,左岸陈家冲变电所和右岸小堰溪地区变电所还设有一回 220kV 联络线。

10.7.4　巨型水轮发电机组水轮机运行稳定性问题

10.7.4.1　三峡电站 700MW 水轮发电机组运行特点

三峡工程是以防洪为主、兼顾发电和航运的综合利用工程。汛期,为了防洪需要,库水位一般维持在防洪限制水位运行,电站水头较低;枯水期,为保持库尾有较大的航深及维持电站较高水头多发电,根据水库调度方式的要求,电站将尽可能维持高水头运行。因此,三峡电站机组的运行具有下述特点。

1)水轮机需适应的水头变化幅度大。初期水头变幅为 61~94m,后期水头变幅为 71~113m,结合初期后期考虑,三峡电站 H_{max}/H_{min} 高达 1.85,仅次于巴基斯坦塔贝拉电站 440MW 机组($H_{max}/H_{min}=2.74$),是目前世界上已投入运行的 500MW 以上混流式水轮机运行水头变幅最大的机组。

2)水轮机在低水头区的运行时间较长。由于三峡电站汛期防洪、排沙的需要,在汛期到来前,即每年的 5 月底或 6 月初,库水位将从 175m 降低至防洪限制水位 145m;每年汛末即 9 月底或 10 月初,水库水位逐步由 145m 上升至 175m,因而形成了三峡电站水轮机在较低水头区($H \leqslant 78.5m$)运行时间和高水头区(100~113m)运行时间各占全年运行时间 30% 以上的状况。这样,三峡水轮机将不得不长时间在偏离最优工况的高、低水头区运行,这与一般电站水轮机常在额定水头附近的最优运行区运行情况有显著的不同。

3)负荷变化剧烈。三峡电站在电力系统中承担调峰和事故备用任务,导致负荷变化剧烈,机组开机、停机操作频繁,故要求机组不仅能在高负荷区,而且亦能在低负荷区稳定、安全地运行。

10.7.4.2　三峡电站机组运行稳定性预测

影响机组运行稳定性的因素比较复杂,包括电磁、机械、水力等诸多因素,其中水力因素(叶道涡流和压力脉动)是影响运行稳定性的关键因素。目前,在机组尚未投运前,水轮机模型试验结果是评价和预测真机今后运行稳定性的重要依据。

塔贝拉电站的振动分析表明,叶道涡是振动发生的激振源。一般来说,初生叶道涡的强度较弱,不会造成危害,通常也不足以引起振动。但叶道涡发展到严重程度时,就会在叶片负压面造成空化,并引发高频振动。

根据三峡水轮机采购合同规定,初生叶道涡定义为随着工况的变化,同时在 3 个叶道间开始出现可见的涡流。根据模型试验结果,两个供货厂商提供的三峡水轮机,在规定的运行范围内,只有在高水头小负荷工况的极小范围内存在初生叶道涡,叶道涡的发展线基本上在规定的运行范围以外。因此,可以预计三峡水轮机在正常运行范围不会产生由于叶道涡引起的高频振动现象。

为了全面了解三峡电站水轮机的水力稳定性,在模型验收试验中,从蜗壳进口至尾水管肘管均进行了全面的压力脉动测量,压力脉动试验的工况点约 47 个(若计不同空化系数参考面的试验,工况点约 188 个),覆盖了三峡电站水轮机正常的运行范围,为了与电站真机实际运行情况相符,稳定性的考核采用的空蚀系数参考面为导叶中心线,且均在电站装置空蚀系数下进行。

　　根据模型试验结果,两个供货厂商的压力脉动结果均未全面满足合同要求。经分析,两个供货厂商各测点的压力脉动的变化趋势基本相同。此外,在模型验收试验中均发现了与众所周知的部分负荷压力脉动不同的现象,表现为在运行水头范围内存在一个范围较窄的压力脉动峰值带,带宽 $30\sim50\text{MW}$,其主要特征为:在该区域内压力脉动幅值跳跃到最大值,其值为其附近压力脉动的 2 倍左右,尾水管处最大压力脉动 $\Delta H/H$ 为 13.1%,导叶后转轮前为 11%;频率较高,$f/f_n>1$;大部分工况下从蜗壳进口至尾水管的几个部位均同时出现较大的压力脉动幅值;且随运行水头的提高向大负荷方向偏移,当水头至最大水头 113m 时,其负荷已接近或达到 $100\%Pr$,见图 10.7.1 和图 10.7.2。

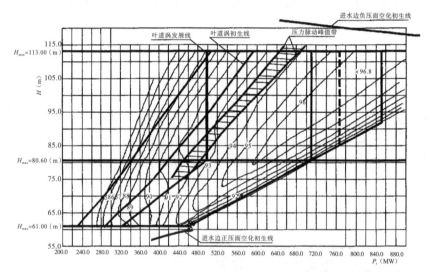

图 10.7.1　三峡左岸电站 1～3 号和 7～9 号水轮机运转特性曲线

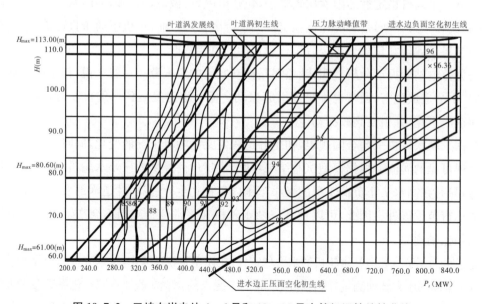

图 10.7.2　三峡左岸电站 4～6 号和 10～14 号水轮机运转特性曲线

10.7.4.3　三峡左岸电站机组运行稳定性预防措施

（1）首批发电机组设置压缩空气补气系统

模型试验表明，大轴中心孔自然补气对改善由尾水管涡带引起的压力脉动有明显效果，通过大轴中心孔补入小于 0.3% 水轮机流量的自然空气，尾水管的压力脉动即降低到正常水平，基本上可以满足合同文件的规定值。因此，两个供货厂商均根据模型试验结果设置了自然补气系统。

此外，根据以往电站设计和运行经验，三峡左岸电站水轮机招标文件和合同文件要求供货厂商在顶盖、底环和基础环上预留压缩空气的管道，仅供将来必要时采用。但考虑到近年来投产的机组在启动试运行和初期运行过程中出现不稳定运行和转轮裂纹等问题，如小浪底首台机组在启动过程中出现大轴明显抖动，并伴有异常噪音以及初期运行中转轮出现裂纹等问题，通过采用叶片出口边修形、增大导叶开启速率、在机组启动过程中向水轮机转轮区域补一定量的压缩空气等综合措施后，机组现已正常安全运行。因此，根据上述电站机组处理问题的经验，考虑三峡电站的重要性，对首批发电机组有必要设置压缩空气补气系统。为此，考虑了以下两种补气情况：

1）机组启动过程中若发生类似小浪底电站机组的轴系扭振，可向转轮区域补入压缩空气。补入压缩空气后，可以改变水力弹性激振频率，使水力弹性激振与机组轴系扭转自振频率错开，避免共振。根据小浪底电站的经验，并结合三峡左岸电站的具体情况，若发生上述现象，可考虑在机组启动前通过水轮机顶盖或底环向转轮区域补入少量压缩空气，经计算，所需的补气量（自由空气）约 120m³，补气压力为 0.5～1.2MPa，气源可取自左岸电站工业供气系统（由 2 台压力为 0.8MPa、生产率为 22.86m³/min 的空压机和 1 个压力为 0.8MPa、容量为 15m³ 的贮气罐组成）或设置独立的供气系统。若设置独立的供气系统，需设置 4 台压力为 1.2MPa、生产率为 20m³/min 的空压机，4 台同时工作。

2）机组运行过程若遇到不稳定运行区（如上述压力脉动峰值带）或特殊工况需要补气。诚然，在上述情况下，应尽量通过机组负荷的合理调配，避开机组不稳定运行区。若必要时，向水轮机转轮前无叶区强迫补压缩空气，可减轻机组的振动或避免厂房产生共振，这些措施已在岩滩、巴基斯坦塔贝拉电站等电站采用。根据两个供货商提供的资料，各补气点的补气量及补气压力差异较大，如 VGS 提供的顶盖和底环的补气量和补气压力分别为 1.0m³/s 和 1.10MPa，ALSTOM Hydro 为 2.1m³/s 和 0.86MPa。按两者中较大者考虑，并考虑顶盖、底环、基础环分别补气（最终补气部位可在机组运行过程中根据真机试验的测试结果具体确定），1 台机补气时所需设备为：4 台排气压力为 1.1MPa、生产率为 110m³/min、电机功率为 710kW 的空压机。为了提高设备的利用率，可在 2 号机组段 75.3m 高程下游副厂房设置 1 套供气设备，用于 1～3 号机补气；5 号机组段 75.3m 高程下游副厂房内设置 1 套供气设备，用于 4～6 号机补气；8 号机组段 75.3m 高程下游副厂房内设置 1 套供气设备，用于 7～9 号补气；12 号机组段 75.3m 高程下游副厂房内设置 1 套供气设备，用于 10～14 号机补气。

补气方式 1)已经业主审定,并在三峡左岸电站中实施,补气方式 2)待机组运行后视其实际运行情况决定取舍。

(2)合理划分运行范围以避开预期的不稳定区域

在大电力系统中运行的大型混流式水轮机,应尽可能在水轮机性能优良的区域中运行,对机组和电力系统的安全经济性有利,如克拉斯诺亚尔斯克电站 500MW 机组,一般是在基荷及对混流式水轮机来说经济合理的负荷范围内运行;大古力第三厂房的 6 台大容量机组限制的运行范围,尽可能控制在额定负荷 60%~100%的高效率区运行,30%~60%额定负荷范围内限制运行。三峡电站机组台数多,水轮发电机组又有启、停和增减负荷快的特点,通过电站的合理调度,可使机组避开不稳定运行区域运行,并尽量安排水轮机在高效率区运行,既确保三峡电站机组的运行安全,又可获得最好的经济效益。

根据三峡左岸电站水轮机模型试验结果预测,由图 10.7.1 和图 10.7.2 可知,在合同规定的正常运行范围内,可能存在一个压力脉动较大的不稳定运行区,在该范围内运行时可能受到限制。因此,可将该区域初步确定为禁止运行区。除此之外的合同规定的正常运行区可划分为稳定运行区,其他为允许运行区。三峡左岸电站投运时,应尽量安排机组在稳定运行区内运行。

值得指出的是,上述初步确定的区域应根据稳定性试验结果以及实际运行情况进行调整,在保证机组安全稳定运行的前提下,尽量减小限制范围,提高机组的调节性能。

(3)对首批投运机组进行稳定性的在线监测和试验

三峡电站与已有的其他电站不同,其机组尺寸巨大,运行条件也十分复杂,在首批机组试运行和投产过程中,一方面应了解机组的全面性能,对机组的内、外特性进行全面的测试和分析;另一方面,通过在线监测可直观反映和真实记录机组的实际运行情况,为机组发生不利情况时采取相应的对策提供科学的决策依据,可极大地缩短处理问题的时间。此外,还可通过积累资料,进一步寻找模型稳定性试验结果与真机实测结果的内在关系,为其将来的优化运行和制订机组稳定运行区域积累必要的资料。因此,为保证首批发电机组顺利投产发电,借鉴国内一些电站水轮机在运行中暴露出来的问题及其处理的经验,对首批发电机组启动试运行工况进行在线监测并进行稳定性试验是十分必要的。

在线监测的主要内容,应至少包括以下 3 项:1)水压脉动:蜗壳、尾水管、顶盖(导叶后、转轮前区域);2)机械振动:顶盖垂直、径向,水导轴承径向,下机架垂直、径向,上机架垂直、径向,定子垂直、径向,发电机层楼板水平等;3)摆度:水导、下导、推力、上导轴承处 X 与 Y 方向。

此外,为了获得水轮机转轮的动应力特性,应对转轮叶片动应力进行测试及分析。转轮动应力测量结果,对于分析转轮的疲劳破坏和预估转轮寿命,具有无可替代的作用。但目前在真机转轮上进行动应力测试,除 VOITH 在小浪底机组上进行了短暂测试尚不理想外,在国内尚不多见。在三峡左岸电站转轮上如何进行测量,特别是应变片在转轮上的固定方法以及信号采集、传输方法,尚待进一步深入研究。

第11章　施工导流截流及围堰

11.1　施工导流

11.1.1　施工导流方案

11.1.1.1　三峡工程施工导流特点和难点

（1）洪峰流量大

三峡工程坝址控制流域面积 100 万 km²，多年平均年径流量达 4510 亿 m³，每年汛期暴雨频繁，雨量大，历时长，形成一个又一个洪峰。

（2）工程施工工期长

三峡工程规模巨大，采用世界上最先进的施工技术和施工设备，并考虑了国内外已建大型水利水电工程达到的施工强度和施工速度，三峡工程施工工期仍需 17 年。工程施工期长，对导流建筑物要求高，存在的风险大。

（3）围堰施工水深大，挡水头高

三峡工程坝址位于葛洲坝水库内，抬高了天然河床水位，致使围堰施工水深最大达 60m，最大挡水头 81.0m，拦蓄库容近 20 亿 m³；围堰基础新淤砂厚度 4～12m，最厚达 18.0m，增加了截流及围堰施工难度。

（4）施工导流与航运关系密切

长江是我国内河航运的黄金水道，三峡和葛洲坝两座水利枢纽坐落在西南进出华中、华东的咽喉要道上，三峡工程施工期必须妥善安排好航运与施工的关系。

11.1.1.2　选定的施工导流方案

三峡工程坝址河床宽阔，江中中堡岛将河槽分为两支：左侧为主河道，宽 700～900m；右侧为后河，宽约 300m，形成了良好的分期导流条件。因此，施工导流采用分期导流，即先围河槽右侧，扩宽后河作为导流明渠的基本方案。鉴于长江是我国水运交通动脉，施工期通航问题至关重要。

分期导流方案的设计必须结合施工期通航方案一并研究。为此,曾比较了导流明渠通航和不通航两种类型的多种方案。经深入研究比较,最后选定"三期导流,明渠通航,围堰挡水发电"方案:第一期围河槽右侧,在后河上、下游及沿中堡岛左侧修筑一期土石围堰,形成一期基坑,修建导流明渠、纵向碾压混凝土围堰,及三期碾压混凝土围堰明渠断面以下部分,一期围堰束窄河床30%,长江水流从主河道宣泄,照常通航;第二期围河槽左侧,截断长江主河道,迫使江水改道从导流明渠宣泄,修筑二期上、下游横向土石围堰与纵向碾压混凝土围堰共同形成二期基坑,船舶从导流明渠和左岸临时船闸通行;第三期再围河槽右侧,封堵导流明渠,长江水流改由大坝泄洪坝段内的22个导流底孔和23个泄洪深孔宣泄,先修筑三期上游横向土石围堰与三期下游横向土石围堰,在其保护下修建三期碾压混凝土围堰位于明渠断面以上部分,该围堰和三期下游横向土石围堰与纵向碾压混凝土围堰共同形成三期基坑,三期碾压混凝土围堰和纵向碾压混凝土围堰上纵段与左侧已建大坝泄洪坝段、左厂房坝段及左岸非溢流坝段共同挡水,水库蓄水至135m水位,双线五级船闸通航,左岸电站首批水轮发电机组发电,三峡工程进入围堰挡水发电期。右岸大坝修筑至设计高程后,爆破拆除三期碾压混凝土围堰,大坝全线挡水,汛期由导流底孔和泄洪深孔宣泄洪水。汛末水库蓄水至156m水位,三峡工程进入初期运行期,利用枯水期将导流底孔全部封堵,汛期由泄洪深孔和表孔宣泄洪水。三峡工程导流建筑物主要工程量见表11.1.1。

11.1.2 各期导流布置及施工任务

11.1.2.1 第一期导流

第一期围河槽右侧。在后河上、下游横向及沿中堡岛左侧纵向修筑一期土石围堰,形成一期基坑,在围堰保护下开挖导流明渠,修筑纵向碾压混凝土围堰,并预浇筑三期碾压混凝土围堰位于明渠断面以下部分;同时在左岸修建施工通航需要的临时船闸,并开始施工船闸及升船机挡水部位(上闸首)和左岸非溢流坝。一期土石围堰束窄河床30%,主河床承担泄流及通航任务。一期导流布置见图11.1.1。

11.1.2.2 第二期导流

第二期围长江左侧主河槽。拆除位于导流明渠内的一期土石围堰上下游横向部分,明渠分流,大江截流截断主河槽,修筑二期上、下游横向土石围堰,与纵向碾压混凝土围堰共同形成二期基坑。在围堰保护下修建大坝泄洪坝段和左岸厂房坝段及电站厂房;继续施工升船机挡水部位(上闸首)和左岸未完工程,并完建船闸。江水由导流明渠宣泄,船舶从导流明渠和左岸临时船闸通行。二期导流布置见图11.1.2。

表 11.1.1

导流建筑物主要工程量汇总表

建筑物名称	开挖(万 m³) 土石开挖量	其中岩石	填筑(万 m³) 风化砂	石渣	块石	砂砾石	合计	防渗 塑性混凝土墙(万 m²)	高压旋喷墙(万 m²)	复合土工膜(万 m²)	帷幕灌浆(万 m)	混凝土(万 m³) 混凝土量	其中碾压混凝土	备注
挡水建筑物 一期土石围堰	29.9		137.8	128.3	39.0	20.2	328.2	4.90	0.45	4.92	0.41			含截流工程量
二期上游土石围堰			157.9	367.8	42.0	28.1	590.8	4.23	0.21	3.72	0.94			含截流工程量
三期碾压混凝土围堰	65.6	63.6									0.68	167.3	152.3	
纵向围堰 上纵段	206.4	57.1									4.0	138.1	109.9	
纵向围堰 下纵段														
二期下游土石围堰			103.0	306.1	6.5	24.4	440.0	3.64		1.32	0.52			含截流工程量
三期上游土石围堰			51.9	92.8	20.8	0	165.5	0.27	0.71	0.95				含截流工程量
三期下游土石围堰			50.5	111.7	20.6	0	182.8		1.29	1.08	0.19			含截流工程量
泄水建筑物 导流明渠	2270.8	1184.4										18.36		
导流底孔	187.4	95.4										23.57		未计闸门及启闭机,含封堵体混凝土 15.17 万 m³

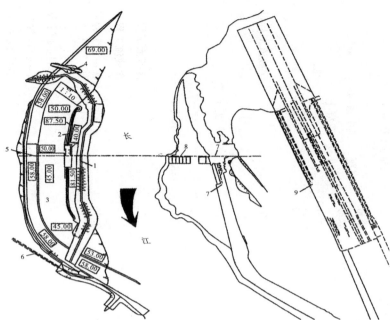

1—一期土石围堰;2—混凝土纵向围堰施工;3—导流明渠施工;4—茅坪溪改道导渠;5—大坝轴线;6—茅坪溪泄水建筑物;7—临时船闸施工;8—左岸非溢流坝段及升船机上闸首施工;9—左厂房1~6号坝段施工;10—双线五级船闸施工

图 11.1.1 一期导流布置图

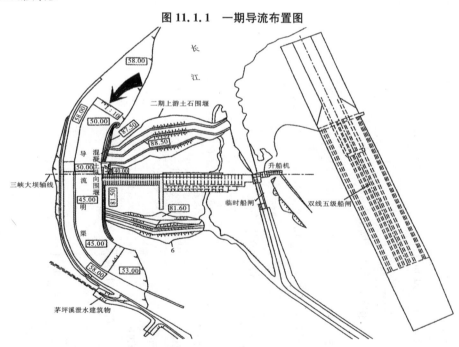

1—二期上游土石围堰;2—二期下游土石围堰;3—混凝土纵向围堰;4—导流明渠泄洪及通航;5—大坝轴线;6—茅坪溪改道泄水出口;7—临时船闸通航;8—左岸非溢流坝段及升船机上闸首施工;9—双线五级船闸施工;10—泄洪坝段与左厂坝段及左厂房施工

图 11.1.2 二期导流布置图

11.1.2.3　第三期导流

第三期再围河槽右侧。拆除二期上游、下游横向土石围堰，长江水流改由泄洪坝段导流底孔和泄洪深孔宣泄，截断导流明渠，修筑三期上、下游横向土石围堰，在其保护下修建三期碾压混凝土围堰至设计高程 140.00m，三期碾压混凝土围堰和三期下游横向土石围堰与纵向碾压混凝土围堰共同形成三期基坑。在三期基坑内施工右岸厂房坝段及右岸电站厂房和右岸非溢流坝段，并封堵临时船闸，改建为冲沙闸；三期碾压混凝土围堰和纵向碾压混凝土围堰上纵段与左侧已建大坝泄洪坝段、左厂房坝段及左岸非溢流坝段共同挡水，水库蓄水至135m 水位，双线五级船闸通航，左岸电站首批水轮发电机组发电，三峡枢纽工程进入围堰挡水发电期。三期导流布置见图 11.1.3。

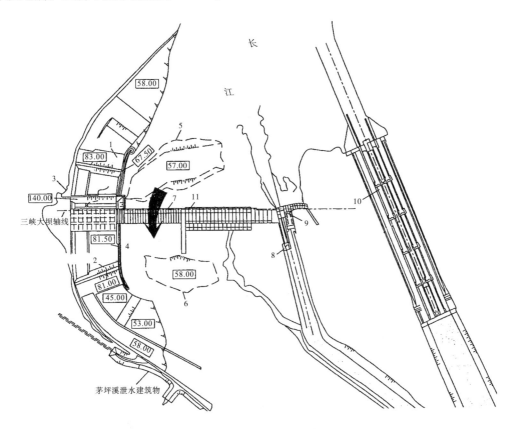

1—三期上游土石围堰；2—三期下游土石围堰；3—三期碾压混凝土围堰；4—混凝土纵向围堰；5—二期上游土石围堰拆除高程；6—二期下游围堰拆除高程；7—泄洪坝段挡水与导流底孔及泄洪深孔泄流；8—临时船闸坝段缺口闸门挡水及改建冲沙闸施工；9—升船机上闸首及左非溢流坝段挡水；10—双线五级船闸通航；11—左厂房坝段挡水及左厂房机组发电

图 11.1.3　三期导流布置图

2007 年汛前导流底孔全部封堵，汛期江水全部从永久泄水建筑物宣泄，至此，施工导流任务全部完成。

11.2 大江截流与明渠截流

11.2.1 大江截流设计及模型试验研究

11.2.1.1 大江截流的特点及难点

（1）截流水深居世界首位

三峡工程坝址位于已建葛洲坝水利枢纽水库内，截流最大水深达 60m，居世界首位（美国达勒斯工程截流水深 55m，巴西、巴拉圭伊泰普工程截流水深 40m）。三峡截流设计最大落差 0.8~1.24m，龙口最大平均流速 3.33~4.16m/s，采用大量石渣和少量块石用堤头端进法施工，在深水中填筑截流戗堤，容易发生堤头坍塌从而危及施工安全，延缓施工进度，成为三峡工程深水截流设计施工中突出的技术难点。

（2）截流流量世界第一

二期上、下游横向土石围堰土石填筑量 1060 万 m³，混凝土防渗墙近 9 万 m²，务必在一个枯水期完工，确保 1998 年汛期安全度汛和基坑如期抽水。规模巨大的后续工程制约了截流合龙时间，使截流合龙不可能选在最枯时期，经综合论证拟在 11 月下旬~12 月中旬，并力争提前，相应截流设计流量为 14000~19400m³/s，实测截流流量 11600~8480m³/s，超过国内外水利工程实际最大截流流量（阿根廷、乌拉圭亚西雷塔工程 8400m³/s，巴西、巴拉圭的伊泰普工程 8100m³/s，我国葛洲坝工程 4400~4800m³/s，见表 11.2.1）。

表 11.2.1　　国内外大型水利水电工程截流参数汇总表（以截流年代为序）

序号	工程名称	河流	国家	截流时间年、月	截流方式	截流水力学指标		
						流量（m³/s）	流速（m/s）	落差（m）
1	古比雪夫	伏尔加河	俄罗斯	1995.10	浮桥平堵	3800	5.50	1.93
2	达勒斯	哥伦比亚河	美国	1956.10	平堵、立堵	3100	3.60	1.20
3	麦克纳里	哥伦比亚河	美国	1956.11	缆机平堵	3920	9.00	5.40
4	伏尔加格勒	伏尔加河	俄罗斯	1958.10	浮桥平堵	4500	5.80	2.07
5	三门峡	黄河	中国	1958.11	立堵	2030	6.86	2.97
6	布拉茨克	安加拉	俄罗斯	1959.6	管柱桥平堵	3600	7.40	3.50
7	茹皮亚	巴拉那河	巴西	1966	立堵	3900		2.30
8	铁门	多瑙河	罗马尼亚	1967.8	立堵栈桥平堵	3390	7.15	3.72
9	乌斯季—伊里姆	安加拉河	俄罗斯	1969.8	单戗立堵	2970	7.50	3.82
10	索尔泰拉岛	巴拉那河	俄罗斯	1972.5	双戗立堵	3900	4.50	1.80
11	伊泰普	巴拉那河	巴西、巴拉圭	1978.10	四戗立堵	8100	5.00	3.76

续表

序号	工程名称	河流	国家	截流时间年、月	截流方式	截流水力学指标		
						流量（m³/s）	流速（m/s）	落差（m）
12	大化	红水河	中国	1980.10	双戗立堵	1390	4.19	2.33
13	葛洲坝	长江	中国	1981.1	单戗立堵	4720	7.50	3.23
14	图库鲁伊	托坎庭斯河	巴西	1981.7	立堵	4605	6.70	3.00
15	岩滩	红水河	中国	1987.11	单戗立堵	1160	3.50	2.60
16	亚西雷塔	巴拉那河	阿根廷、乌拉圭	1989.6	平堵、立堵	8400	5.90	2.30
17	二滩	雅砻江	中国	1993.11	平堵、立堵	1440	7.14	3.83
18	三峡	长江	中国	1997.11	平堵、单戗立堵	8480	4.22	0.66

（3）截流期间不允许断航

截流施工与长江航运密切相关，截流施工期间临时船闸尚未投入运用，截流前期（形成龙口前）导流明渠未分流或分流但未正式通航，截流戗堤进占需根据流量控制口门宽度，使导流明渠流量不大于 $20000\text{m}^3/\text{s}$，以保障船舶仍从主河道束窄口门通行，故截流合龙时机和施工进度必须考虑大江和明渠通航水流条件，不允许造成长江航运中断。在国内外大型水利水电工程截流中保证施工期不断航，在世界通航河道截流中是罕见的。因此，对导流明渠及截流口门通航条件提出了较高要求，增加了施工难度。

（4）截流河床地形、地质条件复杂

三峡坝址花岗岩质河床上部为全、强风化层，其上覆盖有砂卵石、残积块球体、淤砂层，葛洲坝水库新淤砂在深槽处厚 4～12m，深槽左侧呈陡峭岩壁，对截流戗堤进占安全十分不利。新淤砂层的级配较均匀，启动流速小，截流戗堤进占过程中，对堤头稳定带来不利影响，易引起坍塌，增大截流进占施工安全风险。

（5）截流工程规模大、工期紧、施工强度高

大江截流采用上游横向土石围堰截流戗堤立堵方案，鉴于二期上下游横向土石围堰工程量大、工期紧，实施中要求围堰背水坡石渣堤同时尾随进占（但不分担截流落差）。两堤相应的围堰堰体采取距堤头 30～50m 全断面尾随进占方式，可尽早形成围堰防渗墙施工平台，从而形成 8～12 个工作面同时高强度施工，上游围堰最高填筑强度达 8 万 m^3/d。

11.2.1.2　截流期的分流建筑物

导流明渠是二期工程施工期的唯一泄水建筑物，也是大江截流期的唯一分流建筑物，同时还担负着施工期通航的重任，明渠设计泄洪流量标准为 50 年一遇洪水流量 $79000\text{m}^3/\text{s}$，通航流量标准为长江航运公司船队 $20000\text{m}^3/\text{s}$，最大流速≤4.4m/s；地方船队 $10000\text{m}^3/\text{s}$，最大流速≤2.5m/s。

(1)导流明渠平面布置

导流明渠平面布置及断面形式以满足通航标准和泄洪要求为基本前提。通过1:100水工模型及自航船模反复试验研究,最终选定的导流明渠平面布置为:导流明渠进口始于茅坪镇东北侧长江漫滩,渠道基本上沿后河布置,出口位于高家溪上游长江漫滩。明渠右岸边线全长4039.0m,中心轴线全长3410.3m。明渠断面为高低渠相结合的复式断面,最小底宽350.0m。进口部分不分高低渠,渠底高程为59.0m至58.0m,进口接近混凝土纵向围堰时,明渠形成复式断面,右侧高渠宽100.0m,渠底高程58.0m,左侧低渠宽250.0m。低渠沿流向采用四级高程,从上而下分别为58.0m、50.0m、45.0m和53.0m,高程58.0~50.0m以1:10正坡相连,高程50.0~45.0m以陡坎相连,高程45.0m至53.0m为1:10反坡相接。导流明渠右侧为高度不等的边坡,右边线沿程经进口引航直线段接圆弧段(转弯半径778.0m)、渠身直线段、出口引航圆弧段(转弯半径787.00m)接直线段。进口引航段长约1140m,渠身段长1700m,出口引航段长约1200m。明渠左侧为纵向混凝土围堰,堰顶全长1217.7m。上纵段头部为半圆形,临明渠侧为1/4椭圆曲线,长轴199.7m,短轴69.1m,椭圆曲线下游用两直线段与坝身段相连,坝身段为直线段,下纵段尾部为圆弧,半径375.0m,中心角34.98°。导流明渠平面布置见图11.2.1。

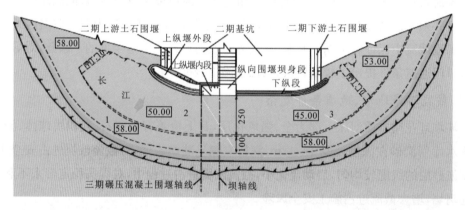

1—高渠(底高程58.00m)段;2—低渠上游段(底高程50.0m);3—低渠下游段(底高程45.00m);4—低渠出口段(底高程53.00m程)

图11.2.1 导流明渠平面布置图

导流明渠布置及断面形式经水工模型和船模试验,给出了上下行船舶可行的航线。当流量$Q=10000\text{m}^3/\text{s}$时,明渠内水流平缓,航线上水流速度最大为2.0m/s,水面坡降在0.5‰以内,无碍航流态,可满足地方船队的航行要求。$1\times1000\text{t}+2640\text{HP}$自航船模(静水航速3.8m/s)模拟地方船队航行,试验结果表明:船队可以在明渠内(包括左、中、右航线)顺利地上下航行通过明渠。

当流量$Q=20000\text{m}^3/\text{s}$时,明渠内流速分布除大坝轴线上游255m附近和大坝轴线下游1600m附近出现程度不等的较高流速区外(其最大流速值4.0m/s左右),其余部位水流顺直居中,比较平缓,无严重碍航流态。$3\times1000\text{t}+2640\text{HP}$自航船模(静水航速为4.9m/s,品字形连接)模拟地方船队航行,试验结果表明:船队可以从明渠左侧航线或右侧航线上行通过明渠(航线上最大流速为 4.2m/s,局部较大的水面坡降在 1.5‰以内)。下行船队可沿明渠中偏右航线顺流而下。

(2)导流明渠断面设计

1)明渠断面

明渠断面为高低渠相结合的复式断面,最小底宽 350.0m,高渠底高程 58.0m,底宽 100.0m,低渠底高程从上游至下游分别为 50.0m、45.0m、43.0m。明渠右侧边坡开挖坡比,根据不同地层岩石类型拟定为:高程 82.0m 以上边坡,全、强风化岩石 1∶1,弱风化岩石 1∶0.5,覆盖层 1∶3;高程 82.0m 以下边坡,全、强风化岩石 1∶0.5,弱风化岩石 1∶0.5,微风化岩石 1∶0.3,覆盖层 1∶0.3。

2)明渠断面防护范围

导流明渠按照通航流量标准拟定的明渠平面布置和断面,不能因导流泄洪冲刷而恶化通航水流条件。为此,假定明渠底板强风化带以上全部冲光至弱风化顶板,进行定床试验。水工模型试验流量级分为 $10000m^3/s$、$20000m^3/s$、$25000m^3/s$、$30000m^3/s$ 四级。试验成果表明:明渠被冲刷至弱风化顶板线后,由于过水面积增大,明渠内大部分测点的流速有所降低,但由于大坝轴线上高渠基本上被冲刷破坏,减弱了复式断面调整流速分布的作用,将主流引向右岸,故在大坝轴线附近,明渠右岸流速明显增加。由于被冲刷后的弱风化层顶板为凹凸不平的不规则地形,在较大流量时,明渠内及明渠出口处局部区域出现泡漩等不利于通航的水流流态。因此,必须对明渠局部加以保护,以改善明渠航道上的流态、流速分布。

根据水工模型试验成果,设计确定对明渠位于大坝轴线上游 255m 至下游 200m 范围的高低渠连接边坡和明渠高程 58m 以上右岸边坡进行保护。鉴于大坝轴线上游 255m 范围的高渠及高低渠连接坡面为强风化岩面,因此,从大坝轴线 255m 向上游延伸以 1∶10 坡比开挖强风化岩石深 1m 至弱风化岩石,并在端部挖深 1m 宽 1m 的齿槽,其上浇筑 1m 厚混凝土防冲板。大坝轴线下游 200m 以下范围的明渠为弱风化岩石,不作保护。

3)明渠边坡防护结构

按导流明渠岸线不同的地层条件及二期导流期间的水流条件,分段采取不同的防护措施。根据建筑物运行条件,确定高程 82.0m 以上边坡基本不保护,只对失稳部位在前期作一定的处理;高程 82.0~83.5m 以下边坡分段进行防护。

①上段(即大坝轴线上游 550m 以外部位的堰内上段、堰压段及堰外段)。此段右岸坡地形低洼,主要为粉细砂、砂壤土覆盖层和全风化岩石,防冲刷能力差。根据水工模型试验成果,右岸边流速为 3~5m/s,局部存在回流区。结合场地规划要求,靠山坡侧先回填石渣堤,再在石渣堤外侧抛厚 3m 的块石进行防护,块石粒径为 0.7~1.0m,防护堤顶高程为 83.5m。

②中段(即大坝轴线上游 550m 至大坝轴线下游 1070m 部位)。此段明渠右边坡均为岩石边坡,位于一期基坑内,具备干地施工条件。此段明渠水流流速为 5~8m/s,采用现浇混

凝土板进行保护。混凝土护坡厚度根据边坡岩石风化程度确定:全、强风化岩石 1.0m;弱、微风化岩石边坡 0.4m。混凝土护坡上设横向伸缩缝,分缝间距为 6m,缝间采用柏油杉板充填。此段防护高程为 82.0m。

中段上、下游端各 20m 范围内为边坡渐变段,渐变段亦均用现浇混凝土板保护,上游渐变段与其上游石渣块石体护坡相接,边坡由 1:1.5 渐变至 1:0.7,下游渐变段与其下游混凝土块柔性排护坡相接,边坡由 1:1 渐变至 1:1.5。

③下段(即大坝轴线下游 1070～1220m 部位的下游堰压段及下游堰外段)。此段明渠右边坡由岩石边坡过渡至覆盖层边坡,在一期土石围堰拆除后进行施工,此段明渠岸边流速 6～8m/s,岸坡采用浇筑混凝土柔性排进行保护。混凝土块尺寸为 4m×4m×1.5m(长×宽×高),块间设 φ20 联系钢筋,分块时涂沥青,防护高程为 83.5m,柔性排在高程 83.5m 平台上平铺段宽 5m。

④出口段(即大坝轴线下游 1220m 以外部位,与茅坪溪泄水建筑物出口接合段及下游与长江右岸护岸相接段)。此段位于导流明渠高流速区,并与茅坪溪水流交汇,流速达 8～10m/s,流态差,基础为粉细砂覆盖层。该段渠坡及紧邻的渠底宽 16～40m 范围内均用厚 1.5m 混凝土柔性排保护,柔性排底部铺垫为厚 0.5m 石渣垫层。实际施工中,部分混凝土柔性排未能在干地浇筑,改抛 20t 混凝土四面体或大块石保护。

4)明渠护底结构

导流明渠由高、低渠组成,沿线各分段渠底地层各异,不同区段分别为粉细砂,块球体,全、强、弱、微风化岩石基础。保护按条件分以下两类:

①边坡坡脚保护

明渠右侧混凝土护坡或混凝土柔性排护坡坡脚下,为使护坡不因坡脚淘刷而崩塌,当坡脚底部不是微风化或新鲜岩石时,在渠坡底边线以左 10～20m 范围内浇筑 1m 厚混凝土板或 1.5m 厚混凝土柔性排护底;当底部为微风化岩石时,在渠坡底边线以左 3m 内浇 1m 厚混凝土齿槽。

②渠底保护

高渠大坝轴线上 255m 至大坝轴线下 200m 采用 1m 厚混凝土柔性排防护。低渠内下靠三期碾压混凝土围堰上游边、左靠纵向混凝土围堰浇筑宽 60m、长 100m(顺水流方向)、厚 1m 的混凝土柔性排护底板防护。

(3)导流明渠施工

一期围堰的修建和投入运行,直接关联明渠施工方法和施工进度。一期土石围堰于 1993 年 5 月开工,1994 年 7 月建成,1996 年 10 月开始拆除。

1993 年 5—9 月,明渠施工主要进行高程 82m 以下岸坡部位开挖和用铲扬挖泥船进行水下清淤开挖,1993 年 10 月至 1994 年 6 月,继续下挖岸坡至高程 70m,开挖料用于一期土石围堰填筑,同时用泥浆泵清淤,淤沙排入长江主河床。1994 年 7 月,一期土石围堰建成,基坑抽水后,进行堰内大面积陆上开挖,首先开挖纵向混凝土围堰及三期碾压混凝土围堰基础部位,提前于年底开始浇筑混凝土,陆上施工持续至 1997 年 4 月。同时,1995 年 11 月—1996 年 4 月枯水期,利用淤滩堆填临时挡水埝,使出口段、堰外段和堰压部位部分水下岩石开挖改为干地开挖,加快了进度。1997 年 5—9 月上旬,汛期全面进行导流明渠水下开挖,1996 年 11 月—1997 年 4 月,在明渠进水口修筑低土石围堰,为明渠堰压段开挖及防护结构创造干地施工条件。1995 年 10 月—1997 年 4 月,明渠堰内段防护结构施工。1997 年 5 月基坑充水过流,继续完成各项尾工,7—9 月进行实船试航和试通航,确保了 10 月明渠正式通航。

(4)导流明渠实际泄流能力分析

导流明渠于 1997 年 5 月 1 日过水。汛期,明渠渠内淤积大量泥沙,主要分布在靠纵向围堰的明渠左侧的低渠部位,淤积厚 1~5m,最厚达 15m。1997 年 10 月,上游截流戗堤两岸非龙口段进占前,明渠过水断面仅为设计断面的 57%~75%,明渠分流比仅为 30%,低于设计明渠分流比,如不及时处理,将直接影响截流龙口合龙的落差、流速等水力学指标,增加截流难度。为此,根据水情预报及坝址实际流量情况在不影响通航的前提下,尽可能提前缩窄截流戗堤的口门,增加明渠的过流量和流速,以利冲淤。10 月 23 日,上游截流戗堤两岸非龙口段进占形成 130m 宽的龙口时,明渠分流量增大,分流比为 55.8%,仍低于设计和水工模型试验值(见表 11.2.2)。上游截流戗堤进占停止施工后,明渠分流比基本维持不变。对明渠实测流速和淤积物冲刷情况的对比分析表明,明渠内淤积的泥沙粒径虽较小,但低渠左侧处于弯道凸岸,且淤积泥沙已有轻度板结现象,要使淤积泥沙冲走,明渠内水流须有一定的流速和对泥沙进行扰动。为此,采用挖泥船扰动明渠内泥沙,并使明渠分流量在渠内的流速大于 1.4m/s,明渠泥沙产生明显冲刷。10 月 27 日,上游截流戗堤龙口缩窄至 40m 宽时,明渠分流比已达 84.5%,11 月 8 日,截流龙口合龙前,明渠分流比提高至 94.2%,实践证明明渠冲淤效果较好,达到了预期的目的,为截流龙口合龙创造了有利条件。

表 11.2.2　　　　　　　　　　明渠水位及泄流量关系表

流量(m³/s)		6400	9010	14000	19400	23100	30100	41400	46800	72300	79000
水位 (m)	上游	66.24	66.60	67.44	68.48	69.51	71.05	74.15	75.54	82.28	84.00
	下游	66.15	66.32	66.64	67.24	67.70	68.74	70.80	71.83	76.95	78.4

(5)导流明渠运行检验

导流明渠运行 5 年,实测最大泄流量 62000m³/s,进口段左侧混凝土纵向围堰上游端部最大流速达 12m/s,明渠内流速 7~9m/s。明渠经过 1998 年汛期 8 次大于 50000m³/s 流量的洪峰检验,表明导流明渠设计布置合理,渠底和边坡防冲保护结构安全可靠。在运行部门组织相关单位配合下,采用大马力拖轮顶托,明渠最大通航流量高速船舶提高到 40000~50000m³/s,客船及大型船舶(队)提高到 30000~45000m³/s,中型船舶(队)提高到 25000~35000m³/s,延长了通航时间,成功地解决了明渠泄洪流量和通航流量相差大的矛盾,保障了三峡工程二期施工期间安全导流和安全通航。

11.2.1.3 截流方案比选

国内外水利工程大流量河道戗堤法截流可归纳为立堵和平堵两大类方式。葛洲坝工程大江截流工程是我国在长江干流上第一次进行的规模巨大的截流工程,设计深入研究了浮桥平堵、栈桥平堵、上游单戗堤立堵、上下游双戗堤立堵等四个方案,最后选用上游单戗堤立堵截流方案成功截流。葛洲坝工程大江截流的成功经验说明,在我国主要通航河流上不宜采用栈桥平堵截流方案,由于大容量的挖掘、运输设备的迅速发展,单戗堤立堵截流方案具有施工简单、快速、经济和与通航干扰小等优点,应优先采用。三峡工程大江截流方案设计研究比较了上游单戗堤立堵和浮桥平堵截流方案,浮桥平堵截流方案在上游截流戗堤中部(主河床部位)350m 宽口门的上游架设浮桥,由自卸汽车在浮桥上抛投料物直至戗堤出水合龙。该方案的优点是截流水力学指标优越,合龙工程量小,缺点是浮桥的结构、架设和运用中的技术问题尚不落实,且浮桥架桥时对通航有一定的影响。经综合分析比较,选用上游单戗堤立堵截流方案。三峡工程在葛洲坝上游 38km,水文和气象条件基本一样。三峡工程大江截流龙口水深达 60m(考虑河床覆盖层全部冲光),合龙工程量大,抛投强度高,但合龙水力学指标(落差、流速)较葛洲坝工程大江截流小,其分流条件优于葛洲坝工程。预先对河床深槽平抛垫底,减少龙口水深,戗堤立堵截流技术把握性较大。

11.2.1.4 上游立堵截流单戗堤设计

(1)截流戗堤布置

截流戗堤为围堰堰体组成部分,上游戗堤布置在上游围堰背水侧(见图 11.2.2),兼作排水棱体,以有利于堰体渗透稳定。同时,截流戗堤进占过程中可减少堰体基础的冲刷,并可避免大块石流失到防渗墙轴线范围内,增加防渗墙造孔难度。戗堤轴线与围堰轴线大体平行,且控制戗堤上游坡脚外缘与防渗墙轴线的距离不小于 20m。戗堤轴线长 797.4m,左侧310m 范围为左漫滩,河床底高程 41~68m,覆盖层厚 0~4m;中部深槽段长约 200m,河床底高程 15~41m,基岩高程 0~41m(上部 5~16m 为葛洲坝水库蓄水后的新淤砂,下部为砂砾石覆盖层);右侧长 250m 范围为右漫滩,河床底高程 40~66m,覆盖层厚 0~5m。

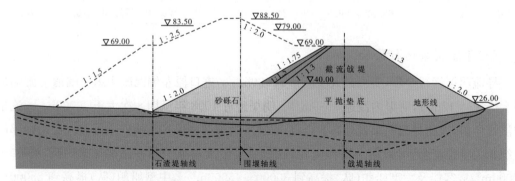

图 11.2.2 截流戗堤典型断面示意图

戗堤设计断面为梯形,上游边坡 1∶1.3,下游边坡 1∶1.3,堤顶高程按不同进占时段的 20 年一遇最大日平均流量相应的水位确定,由两岸非龙口段 79m 高程至龙口段 69m 高程,堤顶宽度两岸非龙口段为 25m,龙口段为 30m,可满足 4～5 辆 45～77t 自卸汽车在堤头端部同时抛投进占。

(2)龙口位置及宽度

1)龙口位置

截流龙口位置及宽度的确定与分流条件及通航要求密切相关,在明渠提前分流和满足通航条件下,龙口位置尽量右移避开河床深槽段,以便于左岸非龙口段提前进占,堰体尾随进占,从而提前形成防渗墙施工平台。但由于右岸防渗墙轴线为避开河床漫滩残留块球体而布置为向上凸的折线,其戗堤轴线与长江主流呈 50°交角,龙口右移至折线部位,合龙时龙口水流流态较为复杂,从而增加了合龙难度。经综合分析,拟定龙口位置在主河床深槽的右侧而避开左侧最深处。

2)龙口宽度

截流龙口宽度系指分流建筑物尚未分流前,截流戗堤预留的最小宽度,亦即合龙的起始口门宽度。三峡工程导流明渠已提前于 1997 年汛前通水分流,按常规截流可认为没有明显的"龙口",截流戗堤两岸可连续进占至合龙。但在长江上修建水利工程,大江截流期不允许断航。导流明渠虽提前分流,截流戗堤可提前进占,但进占束窄口门宽度受通航水流条件的制约。因此,导流明渠未正式通航前,通过三峡坝区的船舶仍从主河道截流戗堤束窄口门通行,截流戗堤两岸进占束窄口门的宽度必须满足口门通航水流条件的要求;导流明渠正式通航后,主河道截流戗堤束窄口门停止船舶通行,截流戗堤两岸进占束窄口门宽度仍需满足导流明渠通航水流条件要求。截流戗堤进占按 11 月上旬形成龙口,宽度 130m,采用该旬 20 年一遇最大日平均流量 27400m³/s,计算明渠分流量为 19000m³/s。经 1∶100 整体水工模型试验及船模试验,导流明渠水流条件可满足通航要求,因此,设计确定龙口宽度 130m。

11.2.1.5　截流戗堤进占堤头坍塌机理研究

(1)深水河道截流水力学特性与截流戗堤进占堤头坍塌现象

大江截流为深水河道截流,其截流水力学具有流量大、流速小、落差低等水力学特性,不同于一般水利水电工程截流水流条件。长江科学院于 1993 年在大江截流模型试验中,经多次试验表明,大江截流上游戗堤及下游戗堤在进占的不同阶段,均发现堤头坍塌现象。坍塌的规律为:当堤头抛投料进入江中后,先在堤顶至水面以下 5.0～7.0m 的堤坡上堆积,使堤坡坡度逐渐变陡,坡度达到 1∶1 至 1∶1.1 或更陡时,发生首次坍塌,滑体在水深 10.0～15.0m 坡面处堆积;当堤顶继续进占抛投料时,在水深 15.0m 以上再次形成陡坡,坡度达到 1∶1 至 1∶1.1 或更陡时,发生第二次坍塌,其范围大于第一次,堆积在水深 20.0～30.0m 处;如水深更大,还有第三次坍塌,直至坍塌至坡脚,且坍塌范围一次比一次大;水越深,戗堤越高,最大坍塌的范围越大,对戗堤进占施工造成的安全风险也越大。截流戗堤堤头坍塌是长江科学院在三峡工程大江截流水工模型上首次发现的,在此之前尚未见国内外有关河道截流戗堤堤头坍塌的研究和阐述文献,因此,对其机理的研究尚是初步的探讨。

(2)从截流戗堤抛投料散粒体极限平衡理论分析堤头坍塌机理

1)基于截流戗堤堤头坍塌主要河道水深(即戗堤高度)和抛投料散粒体的稳定平衡性质,散粒体的破坏强度取决于其抗剪强度。抛投料散粒体的抗剪强度为内摩擦力与相互咬合的黏聚力之和。由于咬合力 c 取决于抛投料的性质,因此,堤头坍塌的根源也取决于抛投料的性质。咬合力按其类别可分为全坍塌面分布均匀的咬合力及坍塌局部承载的咬合力。极限平衡失稳的原因包括堤头继续抛投料不断加载,施工机械及水流等诱发振动,导致坍塌滑体克服滑移面咬合力 c 或承载咬合力 c 的局部大块石折断或产生倾覆,一旦克服即 c 迅速减小,则极限平衡状态下的抛投料坍塌下滑(水中抛投,需考虑抛投料湿化咬合力变化造成的失稳)。

截流戗堤进占(图 11.2.3)时水深较大,堤头坡面较长,一次坍塌抛投料未能滑落至坡底,而可能会在更深的坡面堆积再一次积累,克服咬合力 c 失稳坍塌,直到滚落坡底,循环反复,堤头坡越高,坍塌的危害程度越大。

2)截流戗堤进占堤头危险坍塌坡高分析

截流水工模型试验发现:当戗堤进占抛投料从堤头抛投进入水中时,抛投料并不能立即滚滑到脚坡而往往在堤头坡面的上部,累积形成如图 11.2.3 所示的折线坡面,其中 h 的大小直接关系到坍塌的规模及频率。按平面滑面分析危险坍塌坡高 h,如图 11.2.4 所示,滑体 ABC 的有效重量为 G',水面上作用均匀荷载单宽重量为 q,总重量 ql,坡体坡面角为 β,抛投料的水下休止角 φ,假定的滑移坡角为 θ,作用在滑体 ABC 上的总重量为 $G'+ql$,单宽滑体 ABC 的体积重力为 $\frac{rh^2\sin(\beta-\theta)}{2\sin\beta\sin\theta}$。

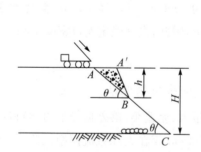

图 11.2.3 截流戗堤进占抛投示意图

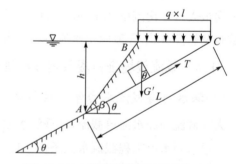

图 11.2.4 截流抛投料坍塌滑体分析

由于滑体 ABC 为水下部分,故其有效重力 G' 为式(11.2.1)所示:

$$G' = \frac{rh^2\sin(\beta-\theta)}{2\sin\beta\sin\theta} - n'\frac{h^2\sin(\beta-\theta)}{2\sin\beta\sin\theta} \tag{11.2.1}$$

式中:r——抛投料重度;

n'——抛投料密实度。

作用在滑体 ABC 上的总重力为 $G'+ql$

$$G = G' + ql = G' + q\frac{h\sin(\beta-\theta)}{\sin\beta} \tag{11.2.2}$$

$$Q = G\sin\theta \tag{11.2.3}$$

$$T = G\cos\theta\tan\varphi + kc\frac{h}{\sin\theta} \tag{11.2.4}$$

式中：k 为咬合力修正系数。

由 $Q=T$ 可得，$G(\sin\theta-\cos\theta\tan\varphi)=kc\dfrac{h}{\sin\theta}$

$$h = \frac{2k\sin\beta}{(r-n)\sin(\beta-\theta)(\sin\theta-\cos\theta\tan\varphi)} - \frac{2q}{(r-h')} \tag{11.2.5}$$

取 $\mathrm{d}h/\mathrm{d}\theta=0$ 可得 $\theta=\dfrac{\beta+\varphi}{2}$

$$h = \frac{2kc\sin\beta\cos\theta}{(r-n)\sin^2\left(\dfrac{\beta-\theta}{2}\right)} - \frac{2q}{r-n'} \tag{11.2.6}$$

分析上述推导可以得出：①当 $c=0$ 时，堤头抛投形成的边坡不会陡于抛投料的水下休止角，从而不会发生坍塌滑体；②当 $c>0$ 时，堤头极限稳定坡体塌滑的坡度为 $\dfrac{\beta+\varphi}{2}$，且 c 越大，则 h 越大，表明塌滑越困难（一旦塌滑则规模更大）；③q 越大（如戗堤露出水面过高或施工扰动加大等），会导致 h 减小，则堤头坡体更易塌滑。

截流戗堤进占抛投块石料浸水湿化后引起的稳定内摩擦角变化，也是造成堤头坍塌的原因之一。在立堵截流中，一般抛投强度均较大，则入水的抛投块石料还未充分浸润，下一车抛石就将其覆盖，尚未湿化的抛石休止角较充分湿化的抛石休止角大，堤头沿坡在深水中呈现上部陡下部缓的折线形，呈现暂时的稳定状态，经过一定时间浸润后，随着抛投块石料进一步湿化和继续加载，最终形成堤头坍塌。

（3）从施工水力学及自组织临界理论研究堤头坍塌机理

截流戗堤进占抛投料在堤头坡面堆积至一定程度后，堤头边坡开始失稳，从上部到下部抛投料沿一凹面向下塌滑（图 11.2.5）。滑动过程中，抛投料散粒体之间及散粒体与坡面之面发生摩擦，释放较大的热能，石粉堆坍塌时产生的"粉爆"，属这种现象之一。截流戗堤堤头抛投进占，边坡堆积抛投散粒体的示意图见图 11.2.4。设 AC 为堤头开始的稳定坡面，继续进占抛投时，抛投的块石料不能直接到边坡坡脚，而在坡面的某一高度处（B 点）停止，而后抛投的块石料堆积在上面，垒成较陡的坡面 AB（$\beta>\theta,\theta$ 为休止角），这种坡面称为临界稳定坡。此陡坡段的高度 h 有一定限度，当抛投料堆体继续升高时，边坡便失稳塌滑。当失稳块石料滑移至 BC 坡面时，BC 坡面的块石料平衡受到破坏，随之产生下坠和滑动，直到抛投料堆积体下部块体向外扩展，使基面扩大。当上部及下部坡面都达到稳定坡度后，堆积体才恢复了平衡状态。堤头坍塌一次，边坡底部便扩展一次。当抛投料堆积体高度 H 较大时，一次坍塌影响不到底部，要经过多次坍塌才能到底部。

水工模型试验,次数最多达 3 次。此时坍塌范围较大,最大一次使已进占的戗堤顶部平均后退 10.0m,而边坡底部相应向前扩展。由此可见,堤头坍塌的成因是戗堤进占抛投时的散粒体先在边坡上部形成临界稳定坡,当抛投料堆积体进一步升高时或遇到偶然冲击后,便失稳坍塌。从截流水工模型试验得到的临界稳定坡度为 1∶1.1 左右,相应坡角约 42°,坍塌终止后的稳定坡度为 1∶(1.25~1.50),相应坡角为 38°~34°。抛投料块体沿堤头坡面向下运动时,主要受 3 个力的作用,如图 11.2.6 所示。3 个力一是抛投料块体本身重量沿坡面的分力 F_1,二是抛投料块体沿堤头坡面的摩擦力 F_2,三是抛投料块体绕流作用力 F_3。F_1、F_2 计算见式(11.2.7)~式(11.2.10),F_3 计算见式(11.2.11):

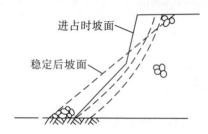

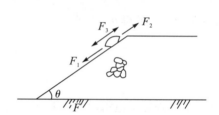

图 11.2.5　截流戗堤边坡滑动示意图　　图 11.2.6　抛投块体运动时的作用力

无水时:

$$F_1 = G\sin\theta = \gamma V\sin\theta \qquad (11.2.7)$$

$$F_2 = fG\cos\theta = f\gamma V\cos\theta \qquad (11.2.8)$$

有水时:

$$F_1{}' = (\gamma - 1)V\sin\theta \qquad (11.2.9)$$

$$F_2{}' = f'(\gamma - 1)V\cos\theta \qquad (11.2.10)$$

$$F_3 = c'\rho'Av^2/2 \qquad (11.2.11)$$

式中:γ——抛投料块体湿容重;

V——抛投料块体体积;

f'、f'——抛投料块体浸水前后的摩擦因数;

c'——抛投料块体形状阻力系数;

A——抛投料块体迎流面积;

v——水流与抛投料块体相对运动速度;

ρ'——水的密度。

从上述作用力的表达式,分析水对堤头坍塌的影响

设 $F_g = F_1 - F_2$,$F_g{}' = F_1{}' - F_2{}'$

则 $\dfrac{F'_g}{F_g} = \dfrac{\gamma V(\sin\theta - f'\cos\theta) - (V\sin\theta - f'V\cos\theta)}{\gamma V(\sin\theta - f\cos\theta)}$

若 $f' = f$

则

$$\frac{F'_g}{F_g} = 1 - \frac{1}{\gamma} \tag{11.2.12}$$

从式(11.2.12)可知截流戗堤进占抛投料,由于水的作用,下滑的作用力减小约 40%。静水中,F_3 属纯阻力,一般截流戗堤进占从自卸汽车抛投块体的初始速度在 5.0m/s 以上,卡车离堤顶面的高度在 1.0m 以上,尽管初始动量 mv_0(v_0 为入水速度)大,然而,当块体冲入水中时,由于形状阻力大,其冲击动量很快消耗,使块体静止,助长了临界稳定坡的形成。大江截流戗堤进占口门流速小、水深大,具有形成临界坡度和稳定坡度的条件,堤头坍塌是稳定坡度向临界坡度的突变。

截流戗堤是由散粒体组成,堤头抛投料坍塌可用突出理论中"折叠"型数学方程描述,见式(11.2.13):

$$V(x) = x^3 + yx \tag{11.2.13}$$

其空间是二维的,平衡曲面 M 方程为式(11.2.14):

$$3x^2 + y = 0 \tag{11.2.14}$$

由式(11.2.14)可见,如 $y>0$,式(11.2.14)无实数解,V 无临界角。$y<0$,V 有 2 个临界点:一个极小点,即稳定平衡点;一个极大点,即不稳定平衡点。对于截流戗堤进占抛投,口门水流条件是控制条件或外部条件,水流条件包括流速、流态、水深等,起控制、干扰作用的主要是流速;状态条件或内部条件是指抛投料的重率、粒径、级配,包括由这些条件决定的抛投料坡度等。y 应是流速 v 与抛投料粒径的止动流速 v_s 之差,即 $y=v-v_s$。若外部条件变量过大,即流速 v 较大,而抛投料粒径 d 又相对较小,$v>v_s$,即式(11.2.14)中 $y>0$,抛投料抛投后不能止动,而是随水流到流速较小的区域止动,则 v 无临界点。反之,v 较小,d 相对较大,即 v_s 大,则 $y<0$,从而 v 有临界点,具备形成不稳定平衡点和稳定平衡点的条件。大江截流试验采用的抛投料的颗粒级配见表 11.2.3。

表 11. 2. 3　　　　　　　　抛投料各粒径在不同水深下的止动流速

材料名称	粒径 (cm)	重率 (t/m³)	百分比 (%)	止动流速 v_s(m/s)		
				水深 20.0m	水深 30.0m	水深 50.0m
小石	8.0～40.0	2.68	30	2.74～4.68	2.93～5.01	3.19～5.46
中石	40.0～70.0	2.68	50	4.68～5.64	5.01～6.03	5.46～6.58
大石	70.0～120.0	2.68	20	5.64～6.75	6.03～7.23	6.58～7.87

考虑到进占是将散粒体向水中抛投,是由动到静的过程,其止动流速应小于起动流速,约为起动流速的 1/1.2 倍。采用沙莫夫起动流速公式计算起动流速、止动流速,计算结果见表 11.2.3。

如前所述,初始进占时,戗堤堤头附近的流速为 1m/s 左右,个别点为 2m/s,有的区域处于回流区,流速几乎为 0,远小于表 11.2.3 中各粒径组在各种水深情况下的止动流速,即 $y<0$。由此可见,V 有临界点,即戗堤进占中,可以形成 2 个平衡点,坍塌就是由不稳定平衡

点到稳定平衡点的突变。

大江截流戗堤进占过程中,堤头边坡具有向临界状态进化的条件。戗堤的进占是抛投体在向临界坡度进化—坍塌—形成稳定坡度中增进的。具有自组的临界性达到临界坡度后发生坍塌,是大江截流工程的必然现象,是小流速、大水深截流的自身规律,也是三峡工程大江截流不同于其他工程截流的特点。

通过大量截流水工模型试验资料表明,一般当戗堤坡度超过 1:1~1:1.1 时,即发生坍塌。现取 1:1 的坡度作为临界坡度。而坍塌后的稳定坡度也有一定的变化幅度,一般为 1:1.3~1:1.5,其均值约为 1:1.4。从水工模型试验资料可见,稳定坡度随流速的不同而变化,流速小,稳定坡度变陡;流速大,稳定坡度变缓。在模型戗堤上、下游面流速较小的部位,稳定坡度为 1:1.2~1:1.3(葛洲坝工程截流原型戗堤在基坑抽干水后实测地形算得的边坡亦为 1:1.2~1:1.3),较堤头的迎水面陡。同时水深增大也将使稳定坡度变缓。这一点从风化砂的土工离心试验中可得到证明。当然,不同枢纽截流戗堤抛投块石体及水流的具体条件不同,临界坡与稳定坡亦有差异。三峡工程大江截流戗堤的临界坡度为 1:1,稳定坡度约为 1:1.4,假设从临界坡度一次坍塌形成稳定坡度,则最大单向坍塌长度约为水深的 0.2~0.4 倍。

上述分析表明,抛投料块石体止动流速与实际水流流速的相对关系决定堤头是否坍塌,而戗堤的高度决定堤头坍塌的规模。截流水工模型试验资料证明,堤头坍塌的最大长度 L 为水深的 0.2~0.4 倍,水深幅度减小,坍塌的长度随水深的减小而大幅度降低,当水深为 41.0m 时,最大坍塌长度为 16.0m;水深为 27.0m 时,最大坍塌长度为 10.0m;水深为 20.0m 时,最大坍塌长度为 7.0m。减小截流戗堤进占口门水深可以有效地减少堤头坍塌范围。

11.2.1.6 截流戗堤进占堤头坍塌计算模型与进占施工堤头坍塌预报

(1)截流戗堤进占堤头坍塌计算模型

中国长江三峡集团公司在应用长江科学院大江截流水工模型试验成果的基础上,委托清华大学和武汉大学水电学院结合大江截流施工实际过程加以研究,建立了截流戗堤进占堤头坍塌计算模型,在假设堤头坍塌滑移面为平面的条件下,分堤头底部无冲刷和有冲刷两种工况计算了坍塌高度和堤顶坍塌长度与坍塌临界坡度、稳定坡度和水深(或堤顶高度)的关系。

1)无水流冲刷条件下戗堤进占堤头稳定分析计算

截流戗堤进占,口门水流对堤头底部无冲刷情况下计算堤头稳定。假设截流戗堤高度为 H_0,一次坍塌高度为 H,坍塌临界坡度为 α_1,坍塌后稳定坡度为 α_2,戗堤进占抛投料的静摩擦角为 ϕ_0,动摩擦角为 ϕ。假设坍塌滑动面为平面,取单位宽度和单位厚度的微元体来分析,见图 11.2.7。在失去稳定的滑动条件下,抛投料块石体受到自身水下重力 W' 及下垫面的摩擦力 F 和正应力 N 作用,各力处于平衡状态,则有式(11.2.15)、式(11.2.16)、式(11.2.17):

$$N = W'\cos\alpha_2 \tag{11.2.15}$$

$$F = W'\sin\alpha_2 \tag{11.2.16}$$

$$\frac{F}{N} = \tan\phi \tag{11.2.17}$$

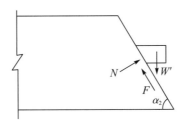

图 11.2.7　坡面上块体受力示意图

由以上公式可以得出 $\tan\alpha_2 = \tan\phi$，即坍塌形成的坡度角等于动摩擦角。

假设一次坍塌的高度为 H，见图 11.2.8，则堤顶（水深）下 h 处的长度（沿戗堤轴线方向）l 和宽度 B 分别为式(11.2.18)、式(11.2.19)：

$$l = (H - h)(\cot\alpha_2 - \cot\alpha_1) \tag{11.2.18}$$

$$B = B_0 + 2h\cot\alpha_2 \tag{11.2.19}$$

式中：B_0——堤顶宽度。

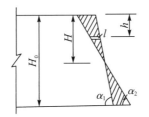

图 11.2.8　堤头坍塌示意图

堤顶坍塌长度 L 为式(11.2.20)：

$$L = H(\cot\alpha_2 - \cot\alpha_1) \tag{11.2.20}$$

堤头坍塌时固体物料在坡面上部塌落，而在下部堆积，从而形成稳定坡度，达到新的平衡。堤头一次坍塌堤顶上部塌落的体积为式(11.2.21)：

$$V_s = V = \int_0^H lB\,\mathrm{d}h = (\cot\alpha_2 - \cot\alpha_1)\left(\frac{B_0}{2} + \frac{1}{3}H\cot\alpha_2\right)H^2 \tag{11.2.21}$$

同样，下部堆积的体积为式(11.2.22)：

$$V_x = (\cot\alpha_2 - \cot\alpha_1)\left(\frac{B_0}{2} + \frac{1}{3}H\cot\alpha_2 + \frac{2}{3}H_0\cot\alpha_2\right)(H_0 - H)^2 \tag{11.2.22}$$

显然上部塌落的体积就等于下部堆积的体积，即为式(11.2.23)

$$V_s = V_x \tag{11.2.23}$$

解得式(11.2.24)

$$H = \frac{1}{2}H_0\left[1 + \frac{\frac{1}{3}H_0\cot\alpha_2}{B_0 + H_0\cot\alpha_2}\right] \tag{11.2.24}$$

上述分析表明，在堤顶高为 H_0 的条件下，坍塌高度 H、堤顶坍塌长度 L 和坍塌体积 V

主要与临界坡度 α_1 和稳定坡度 α_2 有关。

2)水流冲刷条件下戗堤进占堤头稳定分析计算

截流戗堤进占,口门水流对堤头冲刷作用体现在两个方面:①水流对堤头坡面产生拖曳作用力,使得坡面的稳定性降低;②水流对堤头坡面底角的淘刷作用,使得堤头坍塌加剧。

如图 11.2.9,取单位宽度、单位高度、平均长度为 l 的脱离体,在临界状态受自身水下重力 W'、水流表面拖曳力 F_D 及下垫面的摩擦力 F 和正应力 N 作用。拖曳力和重力的计算分别为式(11.2.25)、式(11.2.26):

$$F_D = \frac{1}{2}\rho C_D v^2 \qquad (11.2.25)$$

$$W' = (\gamma_s - \gamma)l \qquad (11.2.26)$$

式中:ρ——流体的密度;

C_D——流体的阻力系数。

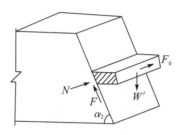

图 11.2.9 水流作用下坡面上块体受力示意图

重力与拖曳力的合力 W'_t 为式(11.2.27):

$$W'_t = \sqrt{W'^2 + F_D^2} \qquad (11.2.27)$$

块石在滑动面上沿合力方向滑动,平衡状态下有式(11.2.28)、式(11.2.29)、式(11.2.30):

$$W'\cos\alpha_2' = N \qquad (11.2.28)$$

$$W'\sin\alpha_2' = F \qquad (11.2.29)$$

$$\frac{F}{N} = \tan\phi \qquad (11.2.30)$$

从上述公式得出式(11.2.31):

$$\tan\alpha_2' = \frac{W'}{W'_t}\tan\phi = \cos\varepsilon\tan\phi \qquad (11.2.31)$$

式中:ε——重力与合力的夹角。

由于拖曳力的作用,坍塌后形成的坡度变缓($\alpha'_2 < \alpha_2$)。

拖曳力为表面力,与塌落块体受到的重力相比较小,只对表面层或块体长度 l 与块体粒径相当才起一定作用,因而在堤头坍塌的瞬间过程中可不考虑拖曳力的作用,需要考虑的是水流持续不断的淘刷作用。坡角石块的淘刷和流失及河床的冲深,将使得堤头的坍塌加剧。坡角冲刷坑的深度,与河床的泥沙颗粒组成、颗粒的临界启动流速及龙口的单宽流量有关。坡角淘刷形成一定深度的冲刷坡,相当于加大了堤头的高度。在水流的淘刷作用下,堤头的

坡角形成的冲刷坑深度为 ΔH,在这种条件下堤头的坍塌高度可由式(11.2.32)计算:

$$H = \frac{1}{2}(H_0 + \Delta H)\left[1 + \frac{\frac{1}{3}(H_0 + \Delta H)\cot\alpha_2}{B_0 + (H_0 + \Delta H)\cot\alpha_2}\right] \tag{11.2.32}$$

得出堤头的坍塌高度后,堤顶坍塌长度和坍塌体积则还由式(11.2.20)和式(11.2.21)计算出。

从泥沙运动力学中关于桥墩冲刷试验得知,冲坑达到最大时水深 H_s、单宽流量 q 和颗粒临界启动流速 v_c 之间的关系为式(11.2.33):

$$H_s = \frac{q}{v_c} \tag{11.2.33}$$

由于堤顶与水面非常接近,作为近似可以假设 $H_s = H_0 + \Delta H$,即认为水流淘刷后的堤头坡角高度近似等于水流的水深。

大江截流戗堤进占抛投块石料抗冲稳定流速计算公式参见式(11.2.34)、式(11.2.35)、式(11.2.36):

抛投单个石块:

$$v_c = 0.89\sqrt{2gd\frac{\gamma_s - \gamma}{\gamma}} \tag{11.2.34}$$

群体抛投混合石块:

$$v_c = 0.93\sqrt{2gd\frac{\gamma_s - \gamma}{\gamma}} \tag{11.2.35}$$

群体抛投均匀石块:

$$v_c = 1.07\sqrt{2gd\frac{\gamma_s - \gamma}{\gamma}} \tag{11.2.36}$$

其中 d 为代表粒径,它不仅与 d_{50} 有关,还与均方差 δ 有关。d_{50} 反映级配的一个特征值,δ 反映级配的分散度。γ_s 和 γ 分别为石块和水体的比重。

根据式(11.2.20)、式(11.2.21)、式(11.2.33)、式(11.2.35)可计算不同粒径条件下最大水深、坍塌高度、堤顶坍塌长度和坍塌体积随单宽流量的变化。实际计算中,当流速小于启动流速时,取水深等于无冲刷条件下的戗堤高 27.0m。

上述两种条件下的戗堤稳定性分析通过引入完全坍塌和不完全坍塌的概念,将堤头结构的自身稳定与水流的冲刷作用加以考虑,并利用截流抛投料稳定流速公式,通过理论模型的建立与求解,形成了堤头稳定分析的理论体系。经计算,所得出的结果与模型试验结果吻合。

(2)截流戗堤进占施工堤头坍塌预报

应用大江截流戗堤进占堤头坍塌稳定的理论分析建立的堤头坍塌计算模型,结合大江截流龙口水力特性的水工模型试验结果(表 11.2.4),进行截流戗堤进占堤头坍塌预报,为保障大江截流施工安全提供技术支持。

表 11.2.4 大江截流龙口合龙不同宽度时水力特征参数的试验结果($Q=19400\text{m}^3/\text{s}$)

龙口宽(m)	150.0	130.0	100.0	80.0	50.0	30.0	0.0
上游水位(m)	67.94	68.02	68.22	68.30	68.41	68.46	68.48
下游水位(m)	67.38	67.39	67.43	68.43	67.48	67.47	67.45
截流落差(m)	0.56	0.62	0.79	0.87	0.93	0.99	1.03
明渠分流比(%)	63.54	68.51	76.02	82.88	92.51	96.12	99.85
戗堤轴线水位(m)	67.64	67.58	67.73	67.70	67.66	67.74	—
龙口水深(m)	27.64	27.58	27.33	27.70	18.4	8.80	—
龙口垂线平均流速(m)	2.18	2.33	2.54	2.82	3.08	3.67	—
龙口单宽流量(m^3/s)	60.26	64.26	69.42	78.11	56.67	32.30	—

表 11.2.5 和表 11.2.6 为堤顶坍塌长度和坍塌量的计算结果。堤顶坍塌长度主要与堤头高度、龙口口门宽度或水流流速、抛投料的摩擦角和河床的物质组成及粒径大小有关。抛投料的摩擦角对堤头的坍塌规模起控制作用,对选定的抛投料来说,堤头的摩擦角也随即确定,相当于三峡大江截流的抛投料的稳定坡角为 $\cot\alpha_2=1.4\sim1.5$。在河床颗粒粒径较粗,大于颗粒启动要求的临界粒径的情况下,坡角不产生强烈淘刷,不能形成很深的冲刷坑。但是,在水流流速较大时,由于河床组成的非均匀性,小粒径的颗粒不断被水流冲走,较小尺度的冲刷坑总要形成。在小冲刷坑的条件下,堤头高度近似保持为常数值,堤头坍塌的规模较稳定。在河床不会发生淘刷的情况下,堤顶坍塌的长度为 $4.35\sim5.80\text{m}$,相应于稳定坡度 $\cot\alpha_2=1.4\sim1.5$ 的变化范围。河床组成代表粒径为 0.2m 时河床的最大冲刷坑的深度小于 4m,此种情况近似反映三峡工程大江截流的坡角淘刷实际条件。计算的堤顶坍塌长度为 $4.35\sim6.70\text{m}$。最大坍塌发生在口门宽 $80.0\sim100.0\text{m}$ 的范围。

表 11.2.5 龙口不同宽度时堤顶坍塌方量计算结果 单位:m^3

口门宽(m)		150.0		130.0		100.0		80.0		50.0		30.0—0
		$\cot\alpha_2$ $=1.4$	$\cot\alpha_2$ $=1.5$	$\cot\alpha_2$ $=1.4$	$\cot\alpha_2$ $=1.5$	$\cot\alpha_2$ $=1.4$	$\cot\alpha_2$ $=1.5$	$\cot\alpha_2$ $=1.4$	$\cot\alpha_2$ $=1.5$	$\cot\alpha_2$ $=1.4$	$\cot\alpha_2$ $=1.5$	
抛投料粒径(cm)	5	4849	6694	5578	7709	6910	9568	11396	15841	4282	5905	
	10	1841	2517	2095	2869	2609	3580	4266	5882	1628	2223	
	20	1373	1871	1373	1871	1373	1871	1624	2217	1373	1871	
	30	1373	1871	1373	1871	1373	1871	1373	1871	1373	1871	

注:截流流量 $Q=14000\text{m}^3/\text{s}$ 的计算结果。

表 11.1.6		龙口不同宽度堤坍塌长度计算结果									单位:m
口门宽(m)		150.0		130.0		100.0		80.0		50.0		30.0—0
		$\cot\alpha_2$ =1.4	$\cot\alpha_2$ =1.5	$\cot\alpha_2$ =1.4	$\cot\alpha_2$ =1.5	$\cot\alpha_2$ =1.4	$\cot\alpha_2$ =1.5	$\cot\alpha_2$ =1.4	$\cot\alpha_2$ =1.5	$\cot\alpha_2$ =1.4	$\cot\alpha_2$ =1.5	
抛投料粒径(cm)	5	7.41	9.89	7.84	10.48	8.55	11.43	10.46	13.97	7.04	9.40	
	10	4.94	6.58	5.22	6.96	5.72	7.64	7.03	9.38	4.68	6.24	
	20	4.35	5.80	4.35	5.80	4.35	5.80	4.68	6.24	4.35	5.80	
	30	4.35	5.80	4.35	5.80	4.35	5.80	4.35	5.80	4.35	5.80	

注:截流流量 $Q=14000\text{m}^3/\text{s}$ 的计算结果。

11.2.1.7　截流戗堤进占堤头坍塌预防措施研究

（1）截流戗堤进占堤头坍塌预防措施比较

三峡工程大江截流为解决截流戗堤进占时堤头坍塌问题,研究了各种预防坍塌的措施,具体可分为三类。

1）采用施工措施,使抛投材料到位

在截流戗堤头部设置 80t 级浮桥,立堵进占时以浮桥抛投法作相对超前平抛。这样,既能使水下边坡达到稳定,又能减少立堵时水深。随着戗堤的进占浮桥后部可以拆除,前部可接长延伸。浮桥的宽度按截流强度确定,侧向稳定可通过锚锭予以保证。采用侧卸式 32t 汽车在浮桥上抛投。也可采用驳船抛石护脚;用高压水将石料冲下去,以达到稳定坡度;用小型爆破法将集料炸塌,使之达到稳定坡度,等等。

采取上述施工方法对防止坍塌起一定作用。但是,修建半环形浮桥以及采用小型爆破等都与立堵进占发生干扰,影响施工进度,还需增添施工设备,增加投资,防坍塌的效果尚须进一步研究。

2）抛投小粒径材料截流

长江科学院提出采用适当的小粒径材料截流,使其止动流速与实际流速相适应,等于或略小于龙口最大垂线平均流速,抛投材料入水后,不致立即止动而停留在坡面上,而是沿重力与水流对抛投料推力的合力方向到达河床,同时绝大部分的抛投材料到达河床后,在水平方向的滚动距离不超出戗堤范围,戗堤可以形成稳定坡度。

实践表明,小粒径材料对流速的变化极为敏感,一种材料的适应范围很窄,流速稍有变化,抛投料就不适应了。流速小,同样发生坍塌;流速变大,抛投料不能在戗堤范围内止动而随水流向下游或坡面产生冲刷,难以用改变抛投料粒径的方法适应不断变化的龙口流速。因此,该工程措施未予推荐采用。

3）对戗堤地基实施预平抛垫底

预平抛垫底可以有效地减小水深、降低戗堤的相对高度,以减小戗堤坍塌的规模。曾在 1:40 与 1:80 模型上对不同水深、不同抛投强度、不同粒径材料、不同流速、单一料与混合料、有水、无水等进行了对比试验。如试验边界条件分别为:①龙口不垫底,试验段平均水深约

41.0m;②平抛垫底至40.0m高程,试验水深约27.0m。试验成果见表11.2.7、表11.2.8。

表 11.2.7　左戗堤单边进占堤头坍塌情况统计(工况 1,全立堵、设计强度、非混合料)

项目	龙口宽度					总计	平均
	120.0～110.0m	110.0～100.0m	100.0～90.0m	90.0～80.0m	80.0～70.0m		
抛投用量(万 m³)	1.47	1.18	1.12	1.14	1.16	6.07	1.21
原型用时(h)	7.90	6.32	5.48	5.48	5.48	31.62	6.32
坍塌次数(次)	8	7	7	8	10	40	8
平均坍塌时间间隔(min)	59	54	50	44	35	加权	47
最大单次坍塌面积(m²)	216	250	232	228	242		233.6
平均每次坍塌面积(m²)	75.2	78.1	85.3	90.8	82.7	加权	82.4
平均离边距离最大值(m)	7.2	9.2	8.2	9.8	8.9		8.7

表 11.2.8　左戗堤单边进占堤头坍塌情况统计(工况 2,平抛全护底、40.0m 高程、设计强度、非混合料)

项目	龙口宽度					总计	平均
	110.0～100.0m	100.0～90.0m	90.0～80.0m	80.0～70.0m	70.0～60.0m		
抛投用量(万 m³)	0.91	0.97	0.85	0.95	0.87	4.55	0.91
原型用时(h)	5.27	5.27	4.75	5.07	4.95	25.31	5.06
坍塌次数(次)	5	7	5	8	9	34	6.8
平均坍塌时间间隔(min)	63	45	57	38	33	加权	45
最大单次坍塌面积(m²)	110.0	150.0	160.0	135.0	120.0		135
平均每次坍塌面积(m²)	90.0	59.4	82.6	58.3	58.7	加权	66.8
平均离边距离最大值(m)	6.4	5.3	7.2	6	6.3		6.24

试验成果表明:当水深由 41.0m 减至 27.0m 时,相应的坍塌面积、坍塌边与堤边的平均距离最大值、最大单次坍塌面积分别减少 35%、27% 和 36%;当水深减至 20.0m 时,上述各值分别减少 64%、49% 和 55%。可见,平抛垫底可以有效地减少坍塌范围、长度、坍塌面积和坍塌的次数。

(2)截流戗堤进占预防堤头坍塌选定的技术措施

预平抛垫底至 40.0m 或 45.0m 高程,再立堵截流的方案,虽不能完全消除坍塌现象,但的确可以大大减少坍塌的范围和规模。或再辅以适当的施工措施,是可以确保施工安全的。第一,采用上述工程措施,可以不考虑长江流量大小和采用何种抛投料,均可有效地减小坍塌,因此,可以认为是一种更为有效、可靠的减小坍塌的工程措施。第二,因为平抛垫底,有相当大的工程量(约 80 万 m³)提前施工,可以减少截流时的施工强度。第三,可以减小戗堤的底宽,防渗墙轴线与戗堤轴线的距离由 126.0m 减至 81.25m,使二期围堰的断面减小,从而减少上游围堰方量约 80 万 m³。第四,还可以减少覆盖层的冲刷,相应地减少因覆盖层冲刷而增加的填筑方量。为此,最终采用了预平抛垫底后立堵截流的方案。

11.2.1.8　大江截流龙口段预平抛垫底技术特性研究

(1)预平抛垫底石渣料的漂移特性研究

根据研究成果综合各项因素,设计提出了上游戗堤龙口段预平抛垫底范围及高程。截流戗堤龙口段深槽部位预平抛垫底至 40.0m 高程,能有效减小戗堤坍塌的规模及次数,并可降低汛后施工强度,对施工期通航在一定程度上亦会产生影响。考虑到由于戗堤深槽部位垫底形成石渣坎,汛后坎前落淤等因素对围堰结构产生不利影响,决定在防渗墙轴线深槽部位预平抛砂砾石料垫底,这样既能消除坎前落淤,又能节省工程量。

在 1∶80 截流整体模型上,根据不同的长江来流量,对石渣料或砂砾料抛投区各部位流速、水深等水力参数进行了试验测试。当长江来流量为 5000m³/s 时,上、下游抛投区流速均不大于 0.5m/s;流量 10000m³/s 时,上游抛投区流速不大于 1.0m/s,下游抛投区流速不大于 0.9m/s;流量 15000m³/s 时,上游抛投区流速不大于 1.4m/s,下游抛投区流速不大于 1.2m/s。根据长江水文资料可知,从 12 月到次年 3 月 5% 分旬最大日平均流量均不大于 10100m³/s,即施工抛投区点平均流速不大于 1.0m/s。

1)石渣或块石漂移特性研究

研究抛投体在动水中的漂距问题是水利工程中经常遇到的问题。鉴于影响因素诸多,如抛体(或泥沙)的形态千差万别,天然情况下的水流条件及边界条件复杂多变等,数学处理极为困难。现有的解决途径多从较简单模式出发,运用试验来确定模式中的待定系数,建立具有一定适用范围的经验性或半经验性公式,如:准静水沉降法,将沙或块体在动水中运动概化成两个方面,一是沙或块体沿垂直向下方向在静水中的沉降运行;二是沙或块体沿水流方向的跟随运行。按静水沉速下沉,其总历时 $T = H/\omega$,由此可简捷地得到落距 x 的计算式(11.2.37):

$$x = K_1 H v/\omega \qquad (11.2.37)$$

式中:H——水深;

　　v——沿水流向垂线平均流速;

　　ω——静水沉速;

　　K_1——考虑动水紊流作用影响而加的修正系数。

众多研究表明,K_1 不是常数,且变幅较大,因而式(11.2.37)的适用受到限制,其次准静水沉降法没有考虑惯性作用或块体与水流的跟随性问题对落距的影响,以平均流速取代实际流速分布显然与实际情况不符,因而 K_1 有较大的变幅是不难理解的。

文献在研究动水沉降问题中,认为球体在动水中的绕流图案可视为其在静水中因重力作用发生沉降(y 向,自水面起)所引起的绕流与其因动水推移作用发生位移(x 方向)所引起的绕流之组合。由此得出 x 轴向上的力学平衡方程为式(11.2.38)：

$$R\sin\alpha_1 - f = M' \mathrm{d}v_s/\mathrm{d}t \tag{11.2.38}$$

式中：M'——球体质量；

v_s——球体在 x 轴向的运动速度；

R——阻力；

α_1——相对于重力方向产生的偏转角；

f——侧面力。

该方程考虑的因素是较为全面的,偏转角 α_1 的大小反映了球体在动水作用下的转动,阻力 R 在 y 方向上的投影反映了动水对球体的推移(或阻碍)作用的情况,但该式在数学处理上是十分困难的,更谈不上在工程上的应用了。

在国内外水利工程上也有许多有关块体漂距的研究。如伊泰普水电站的截流工程进行过抛石漂距的试验工作,并得到如下计算式(11.2.39)：

$$L = 0.8hv_1/G_{ls}^{1/6} \text{ 或 } L = 1.5hu/G_{ls}^{1/6} \tag{11.2.39}$$

式中：h——抛投点水深；

v_1——垂线平均流速；

u——水面流速；

G_{ls}——单个块体重量,kg。

抛石漂距见式(11.2.40)

$$L = 1.47KvH/G^{1/6} \tag{11.2.40}$$

式中：K——与抛投体形状、重量和抛投方式有关的系数,单船抛投时,37t 砼五面体 $K=0.24$、30t 钢架石笼 $K=0.35$；

v——抛投块体位置垂直平均流速；

H——抛投块体位置重线平均水深；

G——抛投块体重量。

葛洲坝工程大江截流对于龙口床底研究过综合护底方案,采用抛投 90~150kg 的块石及 15t 重的混凝土四面体,研究重点为单个块体的漂移特性。

另外,在我国长江中下游抛石护岸工程中也研究了抛石的动水漂距问题,主要研究了单个抛石体的多次(400 次)抛投,运用统计原理求得抛石体漂距。提出漂距计算式(11.2.41)：

$$L = 0.93Hu/G^{1/6} \tag{11.2.41}$$

综上所述,抛石体(单体)的漂距问题在理论上是一个非常复杂的问题。以上研究对于某一具体工程是具有一定的实践指导意义的;而对于三峡工程大江截流龙口段预平抛垫底抛投群体(单个抛体集合)的漂移,相对于单个抛体而言,无论在理论上还是在试验上都要复杂得多,因为抛投群体中任一单个抛体所处的水力环境不同,且相互影响制约。在尚未见有关系统研究成果的报告,本次研究是通过实体模型试验针对三峡工程大江截流龙口段预平抛垫底的具体条件,探讨群体抛投的漂移特性。

2）试验研究技术措施

模型按重力相似准则取几何比尺为 1∶50 及 1∶35 进行设计。1∶50 水槽断面模型总长 34.0m、高 1.6m、宽 0.6m，主要研究中石料（$d_原=0.3\sim0.5$m，$d_模=6.0\sim10.0$mm）运用 4×30m³ 的开驳和 7×30m³ 侧翻驳抛投时的漂移特性；施工船按实船舱体尺寸以 1∶50 比尺缩小制作；试验流量根据所需水深及断面平均流速确定，试验段等分为 12 个抛投区间，每个区间相当于原型 100m，每种工况重复抛投两次。1∶35 比尺模型在原 1∶50 模型的基础上，考虑到水流的三维性，将槽扩宽至 1.5m，主要研究 280m³ 底开驳及 500m³ 对开驳船抛投石渣或块石料的漂移特性。

石渣料要求 P_5 的含量不小于 90％，粒径 200.0～600.0mm 的含量不小于 50％，粒径小于 0.1mm 的含量不大于 5％，且最大粒径控制为不大于 600.0mm，水下可放宽到 1000.0mm。模拟石渣料的级配如下：1∶35 比尺模拟为 6.0mm 以下粒径占 40％，6.0～20.0mm 粒径占 50％，20.0～30.0mm 粒径占 10％。

在 1∶50 比尺模型上模拟中小石料（0.3～0.5m），用 6.0～10.0mm 石子模拟。

试验操作：首先测量模拟料的容重，根据模型比尺换算出舱体所容纳抛投料的重量；在水力指标满足要求的情况下，将抛投料装入模型船实施抛投。漂距测量以抛投舱位中心（或舱首）为零点。抛投完毕后缓慢泄水，按约定抛投船舱首为零点、上游为负、下游为正的原则对床底抛投料沿水流方向进行等间距测重，得到抛投料沿水流方向的分配曲线，据此分析抛投料的漂移特性。分析时可通过如下成型特性参数来反映漂移特性。

$L_{100\%}$ 表示抛投料于床底的分布区位（沿水流向长度）；$\Delta L_{100\%}$ 表示抛投料于床底的分布幅域（宽度）；L_{gmax} 表示抛投料于床底分布峰值位置。

3）试验研究成果及分析

试验模拟 4×30m³ 底开驳、7×30m³ 侧翻驳施工船抛投漂移特性试验成果。对于中小石抛投料，不论哪种施工方式，抛投料在床底的分布区位、宽度及峰值位置均随流速、水深的增大向下游扩展，呈较合理的漂移规律。

单舱抛投时，抛投料分布幅域 $\Delta L_{100\%}$ 小于 30.0m，床底抛投料起始位置距抛投中心点不大于 30.0m，且抛投料分布峰点距抛投中心点距离 L_{gmax} 不大于 45.0m。

四舱同时抛投时，抛投料分布幅域 $\Delta L_{100\%}$ 小于 50.0m，床底抛投料起始位置距抛投中心点不大于 25.0m，且抛投料分布峰点距抛投中心点距离 L_{gmax} 不大于 45.0m。

鉴于现场预平抛投施工环境较复杂，在对上游戗堤龙口段轴线上游部位实施石渣料抛投时，应严格定位抛投，以免误抛或抛投方式不当对防渗墙施工产生影响，设计要求石渣上游侧坡脚距围堰轴线不小于 30.0m。同时，需注意不同的施工抛投船，其抛投料漂移特性也不同。中小石及石渣宜在抛投点平均流速小于 1.5m/s 的工况下抛投，相应于导流明渠分流前长江来流量小于 15000m³/s，中小石及石渣抛投均划分抛投区，根据抛投区的流速、水深情况，参考相应施工船的漂移距参数，定点定位抛投。

（2）预平抛垫底砂砾石料漂移特性研究

1）水工模型抛投砂砾石料漂移特性与原型相似性分析

在动水中抛投砂砾石料的漂移特性研究，国内外资料尚少，且大多是考虑到多沙水流的挟沙特性对泥沙沉降的影响，主要表现为絮凝现象的出现和泥沙颗粒之间的相互作用。大江截流在上游戗堤的上游侧围堰部位抛投砂砾石料，其抛投水域的下游侧有预平抛垫底高程为 40.0m 的块石坎，抛投区垂线平均流速在 1.0m/s 以内，要求砂砾石抛投至 35.0m 高程。抛投砂砾石级配料粒径范围为 0.2～150mm，d_{50} 为 9.0mm，其中粒径 80.0～150.00mm 占 10%，粒径 20.0～80.0mm 占 25%，粒径 4.0～20.0mm 占 25%，粒径 0.2～4.0mm 占 40%。由于解决砂砾石料动水抛投漂移问题的复杂性，建立数学模型寻求解答有困难，只有通过物理模型试验。而严格按沉降相似难以做到，现实的办法按 Fr 相似律选择几何尺寸。水工模型比尺按 1：20 缩小的模型砂砾石料，处于滞流区（$d<0.15$mm）的颗粒含量不大于 30%。据截流设计抛投砂砾石料级配曲线，3.0mm 以下颗粒含量占 30%，这是可能造成模型与原型不相似的成分。若考虑动水紊动对沉降速度的影响，一方面在一定程度上存在紊动对砂砾石颗粒的挟带作用，对沉降速度有减小的作用，虽作用甚微，但使模型结果偏于保守；另一方面由于水流紊动，减小了黏滞力对颗粒沉降的影响，使处于滞流区的颗粒粒径上限值减小，即使模型与原型不相似的粒径更小。从理论上如何衡量两方面的作用，尚有待深入，从工程上分析，其偏移不大，应能满足工程要求。从抛投砂砾石料群体沉降分析，根据原型抛投，砂砾石料特性、长江水质及抛投区水流环境，抛投的砂砾石料沉降不会出现絮凝作用和网状结构的影响，而对于模型试验模拟抛投料 d_{50} 约为 0.45mm，水体黏滞力仅对极细模拟料产生影响，所占比例较小，在试验过程中起控制作用的仍是大部分料（$d>0.15$mm）的沉降。由于其动水特性，这部分料制约絮凝的形成，且对于极少数与原型沉降不相似的模拟抛投料，其漂移距离比原型的远。因此，模拟抛投料漂移特性成果比原型偏于保守。

2）抛投水深大于 30.0m 时砂砾石料的漂移特性研究

动水中抛投砂砾石料为了尽可能反映原型水流的三维特性，将试验水槽设计成宽槽，减小泥沙浓度和浑水重度的影响。因此，根据重力相似律，按比尺 1：20 设计局部模型进行试验，在一定程度上能满足沉降相似，也能满足工程要求。模型水槽长 34.0m、宽 2.5m、高 3.0m，能适应原型抛投水深不超过 60.0m，垂线平均流速不大于 0.75m/s 的抛投工况。大江截流戗堤石渣料及围堰砂砾石预平抛垫底施工时，为兼顾通航，要求采用半河床抛投，即在右河床段通航时，先抛左河床下游块石渣料至 40.0m 高程，再抛投其上游侧砂砾石料至 35.0m 高程；改变航线后抛投右河床石渣及砂砾石料。分区抛投程序见示意图 11.2.10。抛投施工 500m³ 对开驳船按 1：20 比例缩小制作，试验时 500m³ 对开驳船舱首距块石渣坡脚 58.0m（相当于 2 倍船长）。试验结果：①在不同抛投水深（35m、45m、52m）的施工过程中，流速不大于 0.5m/s，块石坎上游侧砂砾石料有效量均大于 76.6%，最高可达 85.7%；流速不大于 0.75m 时，块石坎上游侧砂砾石料有效量均大于 70%，且分布较稳定，现场能做到有效抛投。②为比较 500m³ 对开驳抛投最佳船位，在相同水深、流速情况下，500m³ 对开驳船舱首距块石渣坡脚 2 倍船长度位置处(58.0m)抛投为最佳船位。③由于水流的分选作用,各工况抛投均存在一定范围、一定程度的砂砾石粒化,粗化区域均在 0.0～51.0m 范围内,粗化区内各粒径组含量有一定变化,粒径 80.0～150.0mm 含量增加 3.5%～6.0%,粒径 20.0～80.0mm 含量增加 6.0%～11.0%,粒径 4.0～20.0mm 含量增加 2.0%～6.0%,而粒径 4.0mm 以下含量减少 10.0%～20.0%。

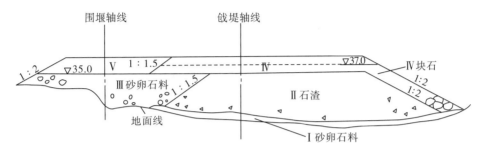

图 11.2.10　平抛垫底施工分序示意图

鉴于动水中抛投砂砾石料在底部形成一定范围的粗化区,而防渗墙轴线不可避免地位于粗化区范围内,对防渗墙施工成槽和漏浆极为不利。因此,根据单船抛投模型试验结果及截流设计的水下抛投范围、水下成形等要求,在施工抛投时,应避免在同一处累积抛投;同时考虑顺水流向前后两抛投点交替抛投,如第一抛投点舱首距石渣坡脚 58.0m,第二抛投点舱首距第一抛投点 50.0m,使两抛投位置的粗化区与细化区叠合,能有效低粗化程度;另外,在横向进行适当的错位抛投,也可对改善粗化起到一定的作用,见图 11.2.11。抛投一定方量后,移动定位船,可避免形成明显的粗化分层现象。

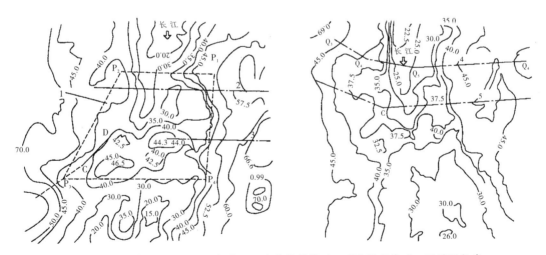

1—设计垫底范围;2—上围堰轴线;3—上戗堤轴线;4—下戗堤轴线;5—下围堰轴线

图 11.2.11　龙口平抛垫底水下地形图

11.2.1.9 截流戗堤龙口河床预平抛垫底设计

(1)平抛垫底的作用及垫底范围和高程的确定

大江截流的难点是水深、流量大、合龙工程量大。截流戗堤进占时的水深一般为 26～45m,考虑合龙过程中覆盖层冲刷,龙口最大施工水深达 60m。据 1:80 整体截流模型和1:40龙口断面局部模型试验成果,龙口合龙过程中,进占堤头抛投块石料坍塌现象较为严重,沿戗堤头端部顶面上下游侧方向最大坍塌长度 15～20m,宽 5～8m 的范围,堤头中部最大下塌宽度达 10m。分析堤头坍塌的原因是,龙口水深较大,戗堤进占抛投料沿堤坡面不能一次滚到坡脚,沿坡面滚到一定深度后止动停留在坡面上部,随着戗堤继续抛投进占,堤顶至水深 5～7m 坡面的堆料坡度逐渐变陡,当坡度达到 1:1 或陡于抛投料的稳定边坡时,遇到外力扰动(如大块石滚动或局部抛投料下滑等)即发生块石料群体下滑滚动造成坍塌;另一因素是抛投料在水体作用下,抛投料块体间摩擦力的改变和湿水后逐渐密实而形成的堤头"陷落"。深水截流戗堤堤头端部坍塌是多种因素共同作用的结果,与水深、流量、流速、落差、渗透压力、抛投料粒径、级配、抛投强度等诸多因素有关,但龙口水深是主导因素。戗堤坍塌将直接影响抛投进占施工机械及施工人员的安全,延误截流戗堤进占时间。设计综合研究确定采用在龙口河床深槽预平抛垫底抬高河底,以减小龙口水深,有利于防止合龙过程中戗堤堤头端部坍塌,并减少合龙抛投工程量,降低龙口合龙进占抛投强度。因此,平抛垫底是针对三峡工程大江截流特点而采取的降低龙口合龙难度的有效技术措施。

平抛垫底范围为顺水流向宽度 140m,河床高程 40m 以下的深槽部位沿戗堤轴线长180m。平抛垫底高程通过 1:40 龙口断面局部模型试验比较了高程 40m、高程 45m 方案,试验成果表明两种平抛垫底高程在合龙过程中的水力学指标及抛投材料稳定变化不大,平抛垫底至高程 45m 方案,较高程 40m 方案(断面布置见图 11.2.10)戗堤进占过程中堤头坍塌规模减轻,坍塌次数减少,但平抛垫底材料增加 54.4 万 m³,平抛工程量大,设计综合分析,选用平抛垫底高程 40m 方案。平抛垫底材料底部 2～3m 采用砂砾石料作为过渡反滤料,其上为石渣和粒径 0.3～0.5m 的中石料。平抛垫底工程量 73.99 万 m³(其中砂砾石料26.42 万 m³,中石 14.39 万 m³,石渣 33.19 万 m³),安排在 1996 年 11 月—1997 年 5 月施工,采用 280～500m³ 底开驳船抛投。

(2)龙口河床平抛垫底度汛防冲措施

龙口位于河床深槽部位,在截流戗堤范围平抛石渣及块石料,其上游侧的堰体范围平抛砂砾石料。设计通过 1:100 水工模型试验对平抛垫底材料度汛防冲措施进行了专题研究。按汛期 20 年一遇洪水流量 72300m³/s 试验成果,戗堤平抛垫底至 40m 高程处的流速为2.77～3.42m/s,堰体平抛垫底至 40.0m 高程处的流速为 3.27～3.94m/s,平抛垫底的砂砾料产生冲刷。为此研究优化平抛垫底结构形式,在戗堤部位平抛垫底至 40.0m 高程,其上游侧堰体范围平抛砂砾石料高程降低至 35.0m 高程,形成高低坎结构形式。水工模型试验成果表明,堰体砂砾石范围流速降低至 2.82～2.96m/s,戗堤部位平抛石渣块石体处的流速为 3.5~4.0m/s,可有效地减少平抛垫底砂砾石料的冲刷量。设计要求严格控制戗堤范围平抛垫底材料,高程 35.0m 至 40.0m 平抛粒径大于 0.4m 的块石料,以防止汛期遭受洪水冲刷。

11.2.1.10　截流戗堤龙口河床预平抛垫底施工实践检验

(1)截流戗堤龙口河床预平抛垫底施工效果分析

1996 年 12 月至 1997 年 3 月,三峡坝址长江来流量为 3500~5500m³/s,截流戗堤龙口河床预平抛区流速较小,满足石渣料及砂砾石料抛投水流条件,施工单位葛洲坝工程局组织进行了预平抛施工。为保障长江主航道畅通,1997 年春运期间,仅能进行上游戗堤及围堰平抛施工。由于施工单位精心施工,预平抛垫底水下抛投成形较好,平抛施工水下成形见图 11.2.12。因受通航影响,上游围堰左侧砂砾石料抛投量不足,但石渣料平抛至设计高程,水下成形到位,说明水工模型试验成果的可靠性。

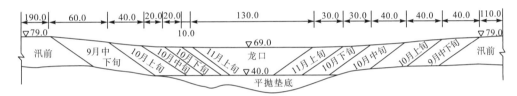

图 11.2.12　上游戗堤非龙口段及龙口进占程序图

(2)截流戗堤龙口河床预平抛垫底度汛效果分析

1997 年汛期三峡坝址洪峰流量不大,但水量偏大,7 月份高水位持续时间较长。7 月 4 日至 13 日坝址出现涨水过程,最大流量为 39200m³/s,7 月 17 日至 25 日出现一次洪水过程,7 月 17 日流量达 44000m³/s,7 月 20 日实测洪峰流量 48000m³/s,7 月 25 日流量降至 35000m³/s。1997 年汛后,对平抛垫底区进行了水下地形测量,测量成果表明:大江截流戗堤龙口河床预平垫石渣及块石料,其上游侧平垫的砂砾石料基本保持汛前状况,与水工模型试验成果一致,说明经水工模型试验研究被设计采用的 5.0m 高防冲坎方案对砂砾石料有较好的度汛保护效果。

11.2.1.11　截流戗堤两岸非龙口段进占及龙口合龙

(1)截流戗堤两岸非龙口段进占程序

上游截流戗堤轴线长度 797.4m,左岸非龙口段长 284.22m,右岸非龙口段长 383.18m,龙口段长 130m(图 11.2.12)。鉴于导流明渠提前分流,截流戗堤可提前预进占,但预进占束窄口门宽度受导流明渠通航水流条件制约,因此,截流戗堤两岸非龙口段进占划分为两个阶段:第一阶段为 1996 年 11 月至 1997 年汛前两岸非龙口段预进占,束窄口门宽度需满足在通航标准流量 45000m³/s 时的通航水流条件要求;同时要确保汛期 20 年一遇频率洪水流量 72300m³/s,龙口河床深槽平抛垫底和束窄口门两岸堤头防冲满足安全度汛要求。经设计计算分析并通过水工模型试验,1997 年汛前截流戗堤右岸非龙口段预进占 203.18m,左岸非龙口段预进占 134.22m,束窄口门宽度 460m,下游围堰束窄口门宽 480m,长江流量 45000m³/s 时,导流明渠分流 12400m³/s,束窄口门泄流量 32600m³/s,口门最大流速 3.64m/s,最大比降 1.5‰,满足长航船队通航要求(表 11.2.9)。汛期 20 年一遇频率洪水流量 72300m³/s,导流明渠分流量 24100m³/s,口门泄流量 48200m³/s,平均流速 4.42m/s,右岸堤头最大流速 4.75m/s,设计要求右岸堤头裹头防冲最大流速 5m/s,堤头坡脚抛投 2～3 层 3～5t 特大块石保护,左岸堤头抛投大块石保护。第二阶段为 1997 年汛后,从 9 月中下旬两岸非龙口段开始进占,9 月底束窄口门宽 360m。9 月份,导流明渠试航期,截流戗堤束窄口门仍可通航,9 月底口门束窄至 360m 后停止船舶通行,导流明渠正式通航。10 月份截流戗堤两岸非龙口段分旬控制进占长度,束窄口门宽度需满足导流明渠通航水流条件要求,10 月底束窄口门宽 170m,11 月上旬形成龙口 130m。鉴于右岸一期土石围堰纵向段与混凝土纵向围堰之间的备料堆场只备存了截流戗堤的石渣料及块石料,未备存风化砂料,戗堤非龙口段进占后,堰体不能尾随进占形成防渗墙施工平台。为此,设计研究 9 月中下旬至 10 月上旬两岸非龙口段进占程序时,在束窄口门宽度不变的前提下,尽量增加左岸非龙口段进占长度的方案,以便左岸堰体尾随进占,提前形成防渗墙施工平台,为防渗墙提早施工创造条件。上游截流戗堤两岸非龙口段进占程序方案比较了两个方案(表 11.2.10),设计选定方案②。

截流戗堤两岸非龙口段进占时,导流明渠已分流,长江水流从截流戗堤束窄口门和导流明渠宣泄。截流戗堤束窄口门水力学计算时,将不同口门宽度视为梯形过水断面的宽顶堰,长江通过三峡坝区的总流量扣除导流明渠的分流量即为截流戗堤束窄口门的泄量,从而求出截流戗堤两岸非龙口段进占不同束窄口门宽度的落差、流速等水力学指标,据此计算两岸非龙口段进占的抛投材料。截流戗堤两岸非龙口段进占束窄口门水力学计算时,其口门过水断面按平抛垫底材料不冲刷考虑,设计计算水力学指标并通过 1:100 整体水工模型试验验证。上游截流戗堤两岸非龙口段进占束窄口门水力学指标见表 11.2.11。

表 11.2.9　　　　　　　　　　　长江航运川江航道通航水力学指标表

船队类型	船队通航类型	水力指标	
		表面流速(m/s)	比降(‰)
长航船队	自航	≤4.5	≤1
		4.0	3
		≤3.0	≤4
	改队	≤4.5	≤3
		≤3.5	≤7
	绞滩	≤6～6.2	≤8
	大马力助航	≤5.4～5.5	≤10
地方船队	自航	<2.5	

表 11.2.10　　　　　　　　　　　上游截流戗堤两岸非龙口段进占程序方案比较

施工时段		束窄口门宽度(m)	方案①		方案②	
			左岸进占(m)	右岸进占(m)	左岸进占(m)	右岸进占(m)
1997 年汛前		460	134.22	203.18	134.22	203.18
9 月中下旬		360	40	60	60	40
10 月	上旬	280	30	50	40	40
	中旬	220	30	30	20	40
	下旬	170	30	20	20	30
11 月上旬		130	20	20	10	30

表 11.2.11　　　　　　　　　　上游截流戗堤两岸非龙口段进占程序和口门水力学指标

施工时段	进占长度(m)		束窄口门宽度(m)	进占水力学指标					抗冲水力学指标				
	左岸	右岸		流量(m³/s)	口门泄流量(m³/s)	口门平均流速(m/s)	堤头流速(m/s)	落差(m)	流量(m³/s)	口门泄流量(m³/s)	口门平均流速(m/s)	堤头流速(m/s)	落差(m)
汛期			460						72300	48200	4.42	4.75	1.08
9 月中下旬	60	40	360	30000	18500	2.71	3.75	0.44	50000	29600	3.84	4.48	0.81
10 月 上旬	40	40	280	27500	13600	2.83	3.06	0.54	42400	20500	3.72	4.37	0.99
中旬	20	40	220	23400	9700	2.92	3.18	0.61	35100	14300	3.58	3.91	1.03
下旬	20	30	170	19100	6400	2.86	3.15	0.49	27700	9400	3.77	3.90	0.99
11 月上旬	10	30	130	14800	3500	2.68	3.01	0.42	21900	5300	3.70	3.88	0.79

（2）截流戗堤两岸非龙口段抛投材料

两岸非龙口段抛投材料主要是石渣料和中石,堤头防冲抛投一部分大块石及特大块石保护,抛投材料分四种规格：

石渣：主体建筑物基础开挖的花岗岩块石石渣料。岩性坚硬,不易破碎和水解,一般粒径 0.5～80cm,其中粒径 20～60cm 块石含量大于 50%,粒径 2cm 以下含量小于 20%。

中石：粒径 0.4～0.7m(重量 90～470kg)的块石,备料可按粒径大于 0.5m、重量大于 170kg 的块石含量大于 60% 石渣料控制。

大块石：粒径 0.8～1.1m、重量 0.71～1.7t 的块石。

特大块石：粒径 1.3～1.6m、重量 3～5t 的大块石。

两岸非龙口段分旬进占抛投材料粒径按旬平均流量相应的流速值计算,并用当旬 20 年一遇最大日平均流量相应的流速值校核其抗冲稳定。截流戗堤进占抛投块石料粒径通过设计计算,并经水工模型试验验证后确定。设计选用的块石粒径较水工模型试验值大,以尽量减少戗堤进占过程中抛投料的流失量。各种规格块石的抗冲流速见表 11.2.12。两岸非龙口段进占抛投材料见表 11.2.13。

表 11.2.12　　　　　　　　　　　各种规格块石的抗冲流速

口门流速(m/s)	2.0	2.5	3.0	3.5	4.0	4.3	4.5	5.0	5.5	6.0
块石粒径(m)	0.2	0.3	0.4	0.53	0.7	0.8	0.9	1.08	1.3	1.6
块石重量	13kg	40kg	90kg	200kg	470kg	710kg	1t	1.7t	3t	5t
块石分类	石渣		中石			大块石			特大块石	

表 11.2.13　　　　　　　　上游截流戗堤两岸非龙口段进占抛投材料

施工时段		进占长度(m)		束窄口门宽度(m)	抛投工程量(万 m³)			抛投材料(万 m³)					
								石渣料		中石		大石	
		左岸	右岸		左岸	右岸	合计	左岸	右岸	左岸	右岸	左岸	右岸
1997 年汛前		134.22	203.18	460	19.14	13.36	32.50	18.64	12.86	0.5			0.5
9 月中下旬		60	40	360	7.15	8.85	16.00	6.65	8.35	0.5	0.5		
10 月	上旬	40	40	280	5.97	8.98	14.95	5.47	8.48	0.5	0.5		
	中旬	20	40	220	4.53	9.24	13.77	4.03	8.74	0.5	0.5		
	下旬	20	30	170	4.28	7.61	11.89	3.78	7.11	0.5	0.5		
11 月上旬		10	30	130	2.10	7.51	9.61	1.60	7.01	0.5	0.5		
合计					43.17	55.55	98.72	40.17	52.55	3.0	2.5		0.5

(3)截流戗堤龙口段合龙

龙口段从两岸同时进占合龙,据水力特性将龙口分为三个区段,龙口河床平抛垫底至高程 40m 后,当龙口宽 75m 时形成三角形过水断面,合龙困难段将在第 Ⅱ 区段。各区段水力指标见表 11.2.14。

龙口段设计抛投总量 20.84 万 m³(计入流失量 5%),其中石渣料 11.98 万 m³(占 57%),中石 4.26 万 m³(占 20%)、大石 4.6 万 m³(占 23%),合龙困难段尚准备抛投一部分 1.5t 大块石及 3~5t 特大块石。

表 11.2.14　　　　　　　　上游截流戗堤龙口合龙进占水力指标

截流流量 (m³/s)	指标	龙口口门宽度				
		130.0m	80.0m	50.0m	30.0m	0.0m
14000	龙口泄流量(m³/s)	4470	3450	1250	210	0
	上游水位(m)	67.15	67.35	67.39	67.42	67.44
	下游水位(m)	66.64	66.64	66.64	66.64	66.64
	落差(m)	0.51	0.71	0.75	0.78	0.80
	龙口水深(m)	26.77	26.94	18.40	9.20	0.00
	龙口平均流速(m³/s)	2.59	3.06	3.15	3.33	
	单宽流量[m³/(s·m)]	57.02	73.55	52.07	26.59	
	单宽功率[t·m³/(s·m)]	29.1	52.2	39.1	20.70	
19400	龙口泄流量(m³/s)	6110	3820	1450	750	0
	上游水位(m)	68.01	68.30	68.41	68.46	68.48
	下游水位(m)	67.24	67.24	67.24	67.24	67.24
	落差(m)	0.77	1.06	1.17	1.22	1.24
	龙口水深(m)	27.58	27.70	18.40	8.80	
	龙口平均流速(m³/s)	3.19	3.74	3.93	4.16	
	单宽流量[m³/(s·m)]	64.26	78.11	56.67	32.30	
	单宽功率[t·m³/(s·m)]	49.50	82.8	66.30	39.4	

11.2.1.12　实施阶段对龙口提前合龙技术措施的研究

(1)龙口提前合龙的水文分析

根据宜昌水文站 1877 年以来的实测水文资料,推算枯水期各种频率流量成果,10 月至 11 月份月平均流量和分旬最大日平均流量见表 11.2.15。

表 11.2.15　　　　　　　　　10—11 月月平均流量

月份	旬	月平均流量(m³/s)				分旬最大日平均流量(m³/s)			
		月均值	20 年一遇	10 年一遇	5 年一遇	旬平均流量	20 年一遇	10 年一遇	5 年一遇
10	上	19800	27500	25500	23400	27500	42400	38500	34100
	中					23400	35100	32100	28500
	下					19100	27700	25400	22900
11	上	10700	13900	13100	12200	14800	21900	19800	17500
	中					12200	19400	17100	14500
	下					9450	14000	12600	11100

大江截流设计流量 14000m³/s 为 11 月下旬 20 年一遇最大日平均流量,相当于 11 月份

20年一遇月平均流量13900m³/s。作截流施工准备的流量19400m³/s为11月中旬20年一遇最大日平均流量,相当于11月上旬10年一遇最大日平均流量和10月下旬平均流量19100m³/s。从10月和11月分旬的各种频率流量成果分析,大江截流龙口合龙时段提前到11月上旬及10月底是有可能的。

根据坝址下游宜昌水文站1877年至1996年共120年实测水文资料统计分析(见表11.2.16),10月26日至31日和11月1日至5日出现小于20000m³/s的年份分别为96年和111年,所占比例分别为80%和92.5%,说明大江截流龙口合龙时段提前到10月底至11月上旬从水文资料分析也是可能的。

表11.2.16 宜昌站历年10月下旬—11月上旬实测流量统计分析表

时间	10月下旬		11月上旬	
项目	10月21—25日	10月26—31日	11月1—5日	11月6—10日
120年中实测流量小于20000m³/s的年数	80	96	111	119
所占百分比	66.7%	80%	92.5%	99.2%

(2)龙口提前合龙存在的问题和采取的措施

大江截流龙口合龙提前至10月底至11月上旬,设计研究分析认为存在如下问题:①10月下旬形成龙口宽度130m,按该旬20年一遇日平均流量27700m³/s计算龙口平均流速4.21m/s,需研究龙口两岸堤头防冲保护和平抛垫底砂砾石料防冲措施;②龙口合龙后,长江水流全部从导流明渠宣泄,若11月上旬出现20年一遇最大日平均流量21900m³/s(为非龙口段进占设计流量),超过明渠通航标准流量20000m³/s,明渠的水流条件对地方中小船舶通行有影响,可能造成部分船舶短期滞航。

针对大江截流提前合龙方案存在的问题,设计研究认为可采取如下措施:①龙口提前合龙后,长江流量全部从导流明渠宣泄。如遇超标准流量,明渠在短期内停止地方船舶正常通行;流量不超过25000m³/s,长航船队可采取改队减驳减载量通过明渠。②充分利用工地现有水上开挖和抛投机械及船舶,力争在两岸非龙口段进占开始前流量小于15000m³/s的时段,进行龙口河床平抛垫底,在截流戗堤平抛垫底范围内平抛块石料加高垫底形成底坎,以减少两岸非龙口段进占和龙口合龙过程中,平抛的砂砾石料冲刷流失量。③精心组织施工,集中工地现有的大型挖掘机械(8m³液压挖掘机及9.6m³装载机)、重型自卸汽车(77t及45t自卸汽车)、大马力(770Hp及410Hp)推土机,提高抛投强度,加快戗堤进占速度,以减小抛投料流失量。

11.2.2 大江截流施工技术

11.2.2.1 龙口河床平抛垫底施工

(1)平抛垫底施工时段

龙口平抛垫底施工时段安排,除了考虑垫底结构要求、施工船舶特性外,还要考虑航运和施工安全。分为两个阶段施工：

第一阶段平抛垫底施工安排在 1996 年 12 月至 1997 年 3 月。此时已进入长江的春运季节，运输进、出川物资的各种船舶增多，为了既满足平抛施工，又保证航道通畅，分为左、右平抛区，一侧通航，另一侧施工。上、下围堰轴线相距 1000m，在征得航运管理部门的同意后，春运期间采取先上游围堰、后下游围堰的抛填程序。

第二阶段平抛垫底原设计安排在 1997 年 9—10 月，与非龙口段进占施工同步进行。实际上，导流明渠通航之前，过往船舶仍从束窄的主河床通过，平抛与航运安全之间的矛盾更尖锐，在征求航道管理部门的意见后，把第二阶段的平抛垫底安排在大江主河槽禁航之后，施工时段为 1997 年 10 月 6 日—11 月 20 日。此期间优先抛填上游围堰截流戗堤部位的块石料，以减少龙口段的陆上抛填强度和截流难度，缩短截流时间，尽量提高龙口段块石料的抛填高度；上游围堰砂砾料体加高则安排在戗堤合龙之后，静水条件抛填。下游围堰经过第一阶段施工后，块石料剩余量仅 2.1 万 m³，由于其分布范围广，顶面宽度窄，施工控制难度大，所以采用砂砾料代替块石料抛填；下游围堰砂砾石料尾随石渣戗堤抛投，滞后戗堤 30m 左右，以改善抛填区的水流条件。

（2）平抛垫底施工分序

1）第一阶段将有效航宽 355m 分成左、右两个平抛区，先右侧平抛，左侧通航；等右侧抛填至 35～37m 高程后，航道改到右侧，进行左侧抛投。第二阶段主要集中在龙口段，采取自左向右抛投施工。

在平抛区施工时，首先分序连续抛投 I、II 序至 35m 高程，使之形成拦石坎；然后，定位船上移抛填围堰轴线两侧 30m 宽度的砂砾石料至 35m 高程；接着抛填 III 序其余部位的砾料。此时，定位船下移，再抛填压顶压坡块石至 37m 高程以上。IV 序继续抛填戗堤部位的块石料；V 序抛填围堰部位的砂砾石料，完成平抛垫底施工。

2）下游戗堤

由于上游围堰平抛工程量大，如果等上游围堰全部抛填至第一阶段的设计高程再抛填下游围堰，无疑对长江航运和施工安全有好处；但要结束上游平抛施工，需延至 1997 年 4 月底，此时，上、下游围堰预进占基本结束，口门束窄，长江流量、流速增大，对下游围堰平抛施工极为不利。

因此，必须在上游围堰平抛的同时，同步进行下游围堰平抛。上、下游围堰同时施工，必须充分考虑长江船只航运安全要求。

（3）平抛垫底施工方法

1）抛填料采运

砂砾料。采用长江下游云池料，在料场用 750m³/h 链斗采砂船挖装，700m³ 砂驳、1000m³ 甲板驳运到工地，然后用输砂趸船和双 10t 抓斗转至 500m³ 对开驳或 280m³ 底开驳运至抛填部位。

石渣料。在苏家坳 12 号料场用反铲将大于 600mm 的超径石剔出,用装载机装 20～32t 自卸汽车运至左上围堰 4 号截流基地,再用 4m³ 铲扬船挖装,500m³ 对开驳或 210m³ 侧抛驳运至抛填部位。

块石料。在料场用反铲选取合格的块石,装 20～32t 自卸汽车运至左上围堰 4 号截流基地堆存;然后采用 4m³ 铲扬船挖装,500m³ 对开驳或 210m³ 侧抛驳运至抛填部位。

2)施工船舶定位

①在抛投区,用一艘 1500t 趸船在规划好的条带内定位。定位船五锚作业,定位、摆动、移位准确灵活。

②组织测量专班,对抛投起点、终点、边坡、转点等控制点严密监测。每次移位、定位均用岸上经纬仪交会,定位后的摆动和上、下移动用六分仪校位,严格控制设计抛填断面。

③定位船左、右设压缆装置,不影响长江航运。船上绞缆装置齐全,抛投船只停靠稳定。

3)抛填

①平抛区按垂直围堰轴线方向每 40～50m 分成一个作业条带,抛投时定位船在作业条带范围内可左、右摆动,上、下移动。

②抛填船定位后,依托定位船准确按顺序抛填。

③抛填 5～6d 后,施测 1/1000 水下地形图,然后按间距 20m 画横断面图,对照设计断面,检查水下抛填体形。

④超过 20m 水深用回声仪施测,20m 以内用测绳施测,当抛填接近设计高程时,用回声仪检测。

平抛垫底主要机械设备见表 11.2.17。

表 11.2.17　　　　　　　　　　　平抛垫底施工机械设备配备

序号	设备名称	规格	数量(艘)	备注
1	链斗船	750m³/h	1	砂砾料开采
2	铲扬船	4m³	2	石渣、块石挖装
3	砂驳	700m³	6	
4	对开驳	500m³	5	
5	底开驳	280m³	3	
6	侧抛驳	210m³	2	
7	拖轮	402.7kW	5	
		357.9kW	3	
		238.6kW	2	
		745.7kW	2	
8	趸船	1500t	1	上游平抛定位用,后转至下游围堰

续表

序号	设备名称	规格	数量（艘）	备注
9	水　驳	400t	1	下游围堰定位用，后改用 1500t
10	抛锚艇	20t	1	
11	交通艇		1	

（4）平抛垫底施工质量控制与安全保障措施

1）质量控制

①严格控制料源质量，对围堰轴线上的砂砾料在料场装船时，用隔筛筛除大于 80mm 的砾石。石渣及块石料质量控制在挖装时进行。运往左上围堰 4 号截流基地后，石渣料用 246kW 推土机送料至河下。在铲扬船采挖过程中，经江水淘洗，细料含量减少，满足设计要求。

②平抛质量控制的关键是做到准确定位，且各种填料不允许混抛，特别不允许石渣与块石料抛至防渗墙轴线上，以免给防渗墙造孔带来困难。

在上游围堰，定位船先定在戗堤轴线及以下区域，抛填 I、II 序至 35m 高程；然后定位船向上游移位，率先抛填不大于 80mm 砂砾石料至防渗墙轴线上、下 15m 范围内。抛至 35m 高程后，再抛填轴线 30m 范围以外两侧的砂砾料。最后，抛填压顶压坡块石。

在下游围堰，平抛范围仅限于堰体部位，断面狭窄，抛填难度大。下游拦石坎 35m 高程处断面宽只有 20m，而且石渣底脚线距围堰轴线的距离仅 30m。500m³ 对开驳船体长度 49.8m（料仓有效长度 28.8m），大于堰顶宽。为保证抛填到位，又要保证施工质量，一部分填料须抛至围堰平抛范围以外，从而成为无效抛填量。为此，经项目法人、监理及设计认可，将高程 35m 以下石渣料改为砂砾料，先抛填下游拦石坎至 30m 高程，之后定位船上移，先抛填围堰防渗部位上的砂砾料，继而抛填围堰轴线两侧范围以外砂砾料至 30m 高程，待定位船下移后，最后抛填压顶压坡块石。

③根据抛填部位的流速和水深，确定抛投定位船定点的前置量，一般按如下关系式计算：前置量＝漂距－安全距离。实际操作时，石渣及块石料定点位置不超过 30m 或 35m 高程平台的上游边线，上游侧欠抛部分用砂砾料替代；砂砾石料定点位置则按其设计的上游坡脚线控制。同时，根据流量变化幅度，每 2～4d 实测一次平抛范围的流速，每天用测绳量抛填高程，每 1～6d 用回声仪实测平抛区域的地形图，依据这些资料来调整定位。

④当流量大于 14400m³/s，垂线平均流速大于 1m/s，砂砾石料停抛；或者垂线平均流速在 1.2m/s 以下时，提高砂砾料的含砂率，由设计的 30％增大到 35％～40％后继续抛填。平抛视水情择机决定，流速小时就抛，大时则停，以防止填料过分粗化及减少抛填损失。

2）安全保障措施

①经审核批准后的平抛垫底单项施工技术措施，逐级对施工人员进行交底，并认真执行。

②平抛垫底各施工船只要保持适航状态，必须配备具有合格证的驾驶、轮机人员和符合安全定额的船员，并严格遵守国家《内河避让规则》及航政部门的有关规定，自觉维护水上交

通秩序。

③为防止抛投作业区与长江航运船只发生碰撞事故,抛投区设置临时航标,航标随施工部位变动而变动。

④定位船只抛投船队的布置、数量、大小等情况应及时与港监部门取得联系,共同协商完善安全措施,并接受其监督检查。

⑤施工船只出入作业区时,要认真瞭望,注意上、下游过往船只情况,不准强行横越。

⑥定位船夜间应显示构成等边三角形的环照灯三盏,定位船不通航一侧为红光环照显示,以防过往船只误入抛填区。

⑦加强船只的渗漏检查,各船均配备各种堵漏用具和材料,如堵漏木塞、堵漏板等,存放在固定处,便于急用。

⑧船只暂停施工期间,要专门安排值班船只值班,维护船只的安全。

⑨严格规定施工抛投船队在作业区内的航行路线,施工船队与客货运输船队在作业区要分航行驶。

⑩进占期间,在上游龙口左、右侧各设一艘救生艇及必要的救生器材,万一出现险情后保证能及时抢救。

11.2.2.2 截流戗堤进占施工

(1)截流戗堤进占施工分段

1)大江主河槽两岸为滩地,深槽居中,上、下游戗堤进占分阶段由两岸逐步向深槽推进,上游戗堤在深槽段形成截流龙口,下游石渣戗堤尾随上游戗堤进占,口门宽度始终比上游宽80~120m。

2)上游截流戗堤进占施工分为三段:①预进占段口门宽 797.4~480m;②非龙口段,口门宽 460~130m;③龙口段,口门宽 130~0m。

3)下游石渣戗堤进占施工分为三段:①预进占段口门宽 830.4~480m;②跟随进占段,口门宽 480~240m;③预留口段,口门宽 240~0m。上、下游戗堤进占程序见表 11.2.18。

表 11.2.18　　　　　　　　　　大江截流戗堤进占程序

| 工程项目 | 进占时段(年、月、日) | | 沿轴线口门宽(m) | | 进占长度(m) | | 备注 |
	起	止	起	止	左岸	右岸	
上游围堰截流戗堤	1996 年汛后	1997 年汛前	797.4	460	134.22	203.18	平抛垫底至 35~37m 高程
	1997.9.1	1997.9.30	460	360	60	40	
	1997.10.1	1997.10.10	360	280	40	40	
	1997.10.11	1997.10.20	280	210	20	50	
	1997.10.21	1997.10.31	210	130	30	50	平抛垫底至 40m 高程
	1997.11.1	1997.11.8	130	0	105	25	

续表

工程项目	进占时段(年、月、日)		沿轴线口门宽(m)		进占长度(m)		备注
	起	止	起	止	左岸	右岸	
下游围堰石碴戗堤	1996 年汛后	1997 年汛前	830.4	480	178.9	171.5	平抛垫底至 35～37m 高程
	1997.9.1	1997.9.30	480	380	60	40	
	1997.10.1	1997.10.10	380	320	40	20	
	1997.10.11	1997.10.20	320	240	80	0	平抛垫底至 40m 高程
	1997.10.21	1997.10.31	240	180	60	0	
	1997.11.1	1997.11.8	180	70	100	10	
	1997.11.9	1997.11.13	70	0	40	30	

（2）截流戗堤预进占段施工

1）堰基清理

为了保证防渗体部位的填筑质量，二期围堰右岸接头段在开始进占之前，首先要清除围堰防渗轴线上、下游侧各 5m 范围内一期土石围堰临江侧的防冲块石及石渣层，其开挖分两步：68m 高程以上为水上开挖，用反铲和装载机挖装，自卸汽车运输；68m 高程以下为水下开挖，用 4m³ 铲扬和 13m³ 抓斗配底开驳，合格料用于水下平抛施工，不合格料弃往伍厢庙水下渣场。

下游围堰左岸预进占段与山体相接，在开始填筑之前，也要对堰基及岸坡进行清理，采用推土机、装载机和反铲将植被、草皮、腐殖土及防渗部位的块石和石渣料全部挖除。

2）预进占段施工

二期上、下游围堰预进占段要求填至 79m 高程，上游围堰 69m 高程及下游围堰 68m 高程以下为水下抛填施工。上游左岸预进占段填筑于 1996 年 12 月开始，从防渗墙施工试验段 79m 高程戗堤顶面以 10%～13% 的纵坡比逐步降至 69m 高程，至 1997 年 2 月达到设计要求的进占长度和高程；右岸预进占段填筑于 1996 年 12 月开始，从一期土石围堰防冲平台 70m 高程降至 68m 高程，至 1997 年 3 月完成预进占段施工。下游左岸预进占段填筑于 1996 年 12 月开始，至 1997 年 3 月底完成预进占段及 60m 延伸段施工任务；右岸预进占段填筑于 1996 年 12 月开始，至 1997 年 3 月完工。

预进占段水下施工采用 32～77t 自卸汽车运输，端进法抛填，使大部分石料直接倒入江中，推土机配合。当水深较大时，为安全起见，采用堤头集料、推土机赶料的方式进行抛投。

水上填筑采用 32～77t 自卸汽车运输卸料，220～420HP 推土机平料，13.5t 以上振动碾碾压，各类填料的压实参数经试验选定。堰体各部位的填筑都要求严格按设计断面施工，分层摊铺，分层碾压，填料开采、装运、铺料、碾压等工序要彼此衔接，保证堰体均衡上升。

为确保 1997 年安全度汛，二期围堰预进占段各堤头需在汛期到来之前形成足以抵御 20

年一遇洪水的防冲裹头,其中戗堤在迎水面上游挑角抛投中石护坡压脚,堰体则采用 5 层编织袋装风化砂和过渡料进行防护,水下为船抛施工,坡比按 1∶2 控制,水上用人工砌筑形成1∶1.5 的边坡。

(3)截流戗堤非龙口段进占施工

1997 年 9 月 12 日开始非龙口段戗堤进占,从左、右岸预进占段截流戗堤堤顶 79m 高程,用反铲和推土机配合把堤头降至 75m 高程,形成宽 30m 的运输斜坡道,然后再从 75m高程按左岸 6.6%、右岸 6.25% 的纵坡逐步下降至 69m 高程抛投,并在堤顶铺垫 20~30cm厚的人工碎石或粗砂,以利车辆通行。

非龙口段施工严格按设计分月、分旬控制进尺,9 月底将上、下游戗堤口门分别束窄至360m、380m,10 月底上游形成 130m 宽的截流龙口。在进占过程中,根据堤头稳定情况选用两种抛投方式:采用 32~77t 自卸汽车在堤头直接卸料,全断面抛投,自卸汽车后轮距堤顶边缘 2.5~3.5m;深水时,采用堤头集料、推土机赶料的方式抛投。

当长江流量较大,堤头流速超过 4m/s 时,要采用抛投大块石或中石的方法对非龙口段进行防冲保护,堤头和迎水侧的边坡按 1∶1.3 控制。

大江截流戗堤设计分月分旬进占程序与实际进占程序对比见表 11.2.19。

表 11.2.19　　　　　上游截流戗堤及下游戗堤设计进占程序与实际进占程序对比

工程项目	进段(年月日)		设计进占				实际进占			
			沿轴线口门宽度(m)		进占长度(m)		口门宽度(m)		进占长度(m)	
	起	止	起	止	左岸	右岸	起	止	左岸	右岸
上游围堰	1996 年汛后	1997 年汛前	797.4	460	134.22	203.18	797.4	460	134.22	203.18
	1997.9.1	1997.9.30	460	360	60	40	460	360	60	40
	1997.10.1	1997.10.10	360	280	40	40	360	280	40	40
	1997.10.11	1997.10.20	280	210	20	50	280	154.3	37.322	88.378
	1997.10.21	1997.10.31	210	130	30	50	154.3	42.2	51.5	60.6
	1997.11.1	1997.11.9	130	0	105	25	42.2	0	20.5	21.7
下游围堰	1996 年汛后	1997 年汛前	830.368	480	178.874	171.494	830.368	480	178.874	171.494
	1997.9.1	1997.9.30	480	380	60	40	480	380	60	40
	1997.10.1	1997.10.10	380	320	40	20	380	320	40	20
	1997.10.11	1997.10.20	320	240	80	0	320	230.874	89.126	0
	1997.10.21	1997.10.31	240	180	60	0	230.874	106.5	75	49.374
	1997.11.1	1997.11.9	180	70	100	10	106.5	0	70.8	35.7
	1997.11.10	1997.11.13	70	0	40	30				

（4）截流戗堤龙口段进占施工

1）堤头车辆行车线路布置

在戗堤堤头上，将重车分成三路纵队，其中靠上游侧两路，下游侧一路，中间留一条空车退场道。堤头线路布置分 3 个区：抛投区长 40～45m；编队区长 40～45m；重车进场及回车区长 70～110m。

为缩短倒车距离，加快抛填速度，在右岸截流戗堤下游侧距龙口 100m 处，用石渣料增填一个长 40m、宽 20m 的回车平台；左岸则利用跟进填筑的堰体部分进行回车。为保证足够的强度，在戗堤堤头布置 4 个卸料点，轴线上、下游侧各两个。另外，根据不同区段填料的要求采用不同的编队方案：

第①区段（口门宽 130～80m），一路大车（77t）靠上游侧抛填特大石、大石和中石，两路小车（45t）在下游侧 3 个卸料点抛填石渣；

第②区段（口门宽 80～50m），两路大车靠上游侧两个卸料点分别抛填特大石、大石和中石，一路小车在其余两个卸料点尾随抛填石渣料；

第③区段（口门宽 50～0m），大车和小车各一路，靠上游侧分别在两个卸料点抛投特大石、大石和中石，另外有一路小车在下游侧两个卸料点尾随抛填石渣料。

2）堤头抛填方式

龙口段施工主要采用全断面推进和凸出上游挑角两种进占方式，其抛投方法拟定采用直接抛投、集中推运抛投和卸料冲砸抛投 3 种。根据进占方式不同，将龙口段 3 个区段采用不同抛填方式方法进行抛填。

第①区段（口门宽 130～80m）。该区段具有水深大（最大 29m）、抛填强度大（最大 4083m³/h）、龙口流速小的特点。抛投采用中石和石渣全断面进占，特大石和大石抛在迎水侧抗冲，石渣料与中石齐头并进。为满足高强度抛投，可视堤头的稳定情况，部分采用自卸汽车直接抛填，部分采用堤头集料、推土机赶料的方式抛投。但在 100～80m 段为坍塌频繁区，必须全部采用堤头集料方式填筑。堤头每次集料量约 100m³（4～5 车），推土机距堤头边线 30m。推土机赶料时，汽车卸料后轮距堤头边缘控制在 5～7m。直接卸料时，大车（77t）后轮距堤头边缘不小于 3.5m，小车（45t）后轮距堤头边缘不小于 2.5m。

第②区段（口门宽 80～50m）。本区段是龙口进占的困难段，水深大，流速大，应采用凸出上游挑角的方式施工，即在堤头上游侧与戗堤轴线成 30°～50°角的方向，用特大石、大石、中石抛出一个长 5～8m、宽 8～10m 的防冲矶头，使戗堤下游侧形成回流，然后石渣尾随进占。此段主要采用自卸汽车堤头集料、推土机赶料的方式抛填。

第③区段（口门宽 50～0m）。本区段内虽然流速最大，但水下的三角堰已逐渐变窄，水深也有所变浅，戗堤稳定性比较好。为减少冲刷流失，应采用凸出上挑角法施工，先用特大石和大石在堤头上游侧与戗堤轴线成 30°～45°角的方向抛出一个长 3～5m、宽 8～10m 的防冲面头，然后石渣料和中石在下游侧尾随跟进。堤头抛填视稳定情况，部分采用汽车直接抛填，部分采用堤头集料、推土机赶料方式抛填。在施工中，特大石、大石和中石以堤头集料为主,石渣料则以汽车直接抛投为主。如果堤头指挥人员发现堤头边坡陡于1∶1.1,可采用卸料冲砸法,即用77t自卸汽车抛料冲砸堤顶边坡,使堤头趋于稳定。

3)堤头进占的抛填强度

上游截流戗堤龙口段长130m,总填筑量约20.84万 m³。左岸先单向进占80m形成50m龙口后,两岸再进行对称进占。设计拟定的各段抛填量及单堤头抛填强度见表11.2.20。

表 11.2.20　　　　　　　大江截流戗堤龙口段单堤头抛填强度

口门宽(m)		130～80	80～50	50～0
日抛投强度 (万 m³/d)	特大石	0.2	0.5	0.3
	大石	0.5	0.52	0.73
	中石	0.75	0.78	0.6
	石渣	2.74	0.8	2
	小计	4.19	2.6	3.63
小时抛投 强度 (m³/h)	特大石	100	250	150
	大石	250	260	365
	中石	375	390	300
	石渣	1370	400	1000
	小计	2095	1300	1815
堤头卸车 密度 (车/min)	特大石	0.2	0.5	0.3
	大石	0.13	0.14	0.2
	中石	0.2	0.21	0.16
	石渣	1.34	0.39	0.98
	小计	1.87	1.24	1.64
备注		特大石:用大车 大石:用大车 中石:用小车 石渣:用小车	特大石:用大车 大石:用大车 中石:用小车 石渣:用小车 混凝土四面体:用大车	特大石:用大车 大石:用大车 中石:用小车 石渣:用小车 混凝土四面体:用大车

各区段强度分析如下:

第①区段:按堤头集料、推土机赶料占1/3,汽车直接抛填占2/3来考虑。堤头集料时,汽车卸料和推土机赶料的循环时间以4min计,每次循环可卸料5车,即1.25车/min;汽车直接卸料时,循环时间为1.56min,即2.56车/min。实际能达到的卸车密度为:$D_1=2.09$ 车/min,而满足抛填强度所需汽车卸料密度应为 $D_2=1.87$ 车/min。$D_1>D_2$,满足强度要求。

第②区段:全部采用堤头集料、推土机赶料的方式,$D_1=1.25$ 车/min,$D_2=1.24$ 车/min。

$D_1 > D_2$,基本满足强度要求。

第③区段:按堤头集料和汽车直接卸料各一半来考虑,$D_1 = 1.91$ 车/min,$D_2 = 1.64$ 车/min。$D_1 > D_2$,满足强度要求。

由上述分析可知,除了第二区段的抛填比较紧张外,第一、第三区段的抛填能力均略有富余。

(5)施工机械设备选型及布置

为满足高强度截流施工的要求,在设备选型上应遵循以下原则:优先选用大容量、高效率、机动性好的全液压设备;充分利用项目法人提供和葛洲坝集团公司现有的大型设备;选用 $6 \sim 9.6\text{m}^3$ 的液压挖掘机及 9.6m^3 以上的装载机进行挖装,特大石和大石则以 4m^3 电铲为主;运输设备主要选用 $45 \sim 77\text{t}$ 的大型载重自卸汽车,32t 自卸汽车辅助运输;在堤头上尽量选用大马力的卡特(D9~D11)推土机,保证高强度连续作业。

考虑到右岸截流基地范围小,设备布置应以数量少、效率高为主;左岸料场范围广,供电方便,可以使用 WK-4 电铲和液压挖掘设备;大型运输设备(如卡特 777)应主要用于装特大石、大石和中石,小型设备用来装石渣料。

(6)石渣戗堤尾随进占及围堰堰体水下抛填

在大江截流施工过程中,下游围堰背水侧石渣戗堤始终尾随围堰截流戗堤进占,其口门控制宽度以不承担水头落差为原则,一般比上游围堰宽 $40 \sim 50\text{m}$。上游围堰形成 130m 截流龙口时,下游围堰口门束窄至 180m。下游围堰进占主要采用全断面推进方式,不分区段连续进占抛填直至合龙。

石渣戗堤左岸进占自 9 月上旬开始,从预进占 79m 堤顶高程用反铲配推土机把堤头降至 75m 高程,形成宽 20m 的运输斜坡道,再按 4.42% 的纵坡比下降至 68m 高程。

戗堤进占时,堰体部分跟进,其坡度与戗堤一致,目的是形成回车平台。在戗堤顶面铺一层 50cm 厚的人工碎石,碾压密实,其上再铺一层 10cm 厚的粗砂或风化砂,并平整碾压,以利于车辆通行。

下游石渣戗堤形成 240m 口门后,施工强度明显增大,尤其是左岸最大日均抛填达到 1.4万 m^3。因此,合理布置堤头行车路线,提高抛填效率和强度。在施工中如果长江流量较大,流速超过 3m/s 时,则提前做好石渣堤堤头的防护工作。

上游戗堤截流合龙前,堰体从左岸进料跟进。邻近进戗堤部分的堰体随戗堤跟进,作为戗堤进占施工中的回车平台。迎水侧石渣堤领先堰体单独进占,防渗部位堰体尾随石渣堤进占。

水下堰体为背水侧和迎水侧戗堤中的风化砂(作防护墙)布置形成。各部位施工如下。

1)过渡料施工

过渡料滞后戗堤 10m,上游围堰分两层抛填,先抛填 $4 \sim 15\text{cm}$ 的碎石,达到设计厚度后,再抛填 $0.5 \sim 4\text{cm}$ 的碎石。过渡料由自卸汽车运至回填部位,卸料在戗堤顶面,推土机垂直戗堤推料。

2)石渣堤施工

上游围堰迎水侧石渣堤滞后戗堤 30m,下游围堰石渣堤滞后戗堤 20m。由于堤顶较窄,填筑高度大,故采取两种填料平行进占,最后按实际坡比(1:1.4)等截面代换加宽,两侧各加宽 1.5m。除此之外,还可视水流情况适当降低堤顶高程,加宽堤顶宽度,以提高单堤头抛填强度和确保进占安全。

3)堰体风化砂施工

风化砂滞后石渣堤 10~20m,在进行水下抛投时,工作面上配 2~4 台推土机和 1 台反铲。推土机用来赶料,反铲用来剔除围堰轴线两侧 5m 范围风化砂中的超径石。为了确保堰体填筑质量,便于防渗墙施工,围堰轴线两侧的风化砂可适当超前 2~3m 进占,并且优先使用质量较好的风化砂料。

(7)截流戗堤进占施工安全措施

1)截流戗堤进占施工防范堤头坍塌

在龙口河床平抛垫底后,使堤头坍塌大为缓解。但水深仍有 28m 左右,合龙过程中,很难彻底消除堤头坍塌,因而,还必须在现场采取监控防范措施。

①在进占方式上,尽量采取全断面整体推进。在采用上挑角法进占时,尽量减少挑角凸出的长度。

②根据堤头稳定情况,择机选择 3 种方法抛填,即汽车直接卸料抛填;堤头集料,推土机赶料回填;大吨位自卸汽车装块石卸料冲砸、冲压不稳定的边坡。

③挑选质量好的填料。石渣料的大粒径料相对均匀,对于粒径小于 5mm 的细颗粒含量严格控制在 10% 以内。

④适当降低进占面高程,加宽进占面的宽度,以增加安全裕度。

2)截流戗堤进占施工安全措施

①在条件允许的情况下,尽量采取全断面的整体推进;在采取上挑角进占时,要尽量减少挑角凸出的长度。

②风化砂堰体采用堤头集料、推土机赶料的方式抛填,自卸汽车距堤头 10~15m 卸料,严禁自卸汽车直接抛填,以免发生人、车落水事故。

③戗堤与石渣堤在抛填强度不高的部位也采取堤头集料,推土机赶料回填,自卸汽车距堤头 8m 卸料。在抛填强度高的部位,视堤头的稳定情况,采取自卸汽车直接抛填,77t 自卸汽车距堤头 3.5m 卸料,而 45t 自卸汽车距堤头 2.5m 卸料。

④非龙口段和下游围堰右岸合龙段进占沿斜坡下降,为防止自卸汽车下滑,堤头始终留一道石渣埂。

⑤对上游围堰石渣堤 0+340~0+580 段和下游围堰戗堤 0+280~0+450 段等危险部位,在堤头设立安全警示牌,只允许自卸汽车距堤头 8m 卸料。

⑥戗堤、石渣堤各个进占堤头的侧边 3.5m 为安全警戒距离,此范围内不允许停放任何机械设备,堤头指挥人员也不允许在此范围内滞留。

11.2.2.3　大江截流实施过程

1997 年 10 月 14 日至 15 日在两岸非龙口段进行了大江截流实战演习,24 小时抛投量 19.4 万 m³,超过巴西伊泰普水电站截流创造的日抛投 14.65 万 m³ 的世界纪录,截流戗堤两岸堤头向江中推进 54.7m,口门宽度束窄为 189.5m。演习投入自卸汽车 264 台,挖掘机 30 台,装载机 24 台,推土机 31 台,船舶 22 艘。10 月 23 日两岸非龙口段进占至龙口桩号形成 130m 宽的龙口,下游戗堤口门宽为 202m。大江截流龙口合龙分两个阶段实施,第一阶段,口门宽度 130～40m。10 月 26 日 8 时开始进占施工。此时坝址流量 10600m³/s。12 时,龙口缩窄至 100m 宽后,截流进入困难区段,龙口实测流速 3.88m/s,落差 0.44m,抛投石渣料流失较多,堤头进占速度减慢,从堤头上游角抛投特大块石(粒径 1.3～1.6m,重 3～5t)及大块石(粒径 0.8～1.1m,重 0.7～1.7t)形成 8～10m 宽的上挑角矶头,将主流挑向龙口中部,减小上挑角下游部位的流速,并抛投中石(粒径 0.4～0.7m,重 90～470kg)及石渣料尾随进占。20 时,龙口宽度束窄至 82m,实测最大流量 11600m³/s,导流明渠分流量 7860m³/s,实测龙口最大流速 4.22m/s,落差 0.66m。10 月 27 日 6 时 30 分,龙口缩窄至 40m,两岸戗堤各自进占长度分别为 49.3m 及 40.7m。明渠分流比 84.55%。两岸戗堤累计抛投量 12.1 万 m³(其中大石 3.4 万 m³,特大石 1.8 万 m³),两岸堤头最大小时抛投强度分别为 3810m³ 及 3072m³。相应车次为 186 及 130 辆次/h。两岸堤头同时抛投最大强度 6375m³/h,302 辆次/h。形成宽 40m 的小龙口后,两岸堤头均采用特大块石抛投形成临时裹头。第二阶段,口门宽度 40～0m。11 月 8 日 9 时开始两岸堤头同时进占,此时实测流量 8480m³/s,导流明渠分流量 8040m³/s,分流比 94.8%。龙口平均流速 2.6m/s,抛投大块石,中石和石渣料,进占较为顺利,15 时 30 分龙口合龙,两岸戗堤进占抛投料 4.03 万 m³,实测落差 0.32m,下游围堰戗堤尾随进占,18 时 30 分合龙。大江截流施工机械配置见表 11.2.21。

表 11.2.21　　　　　　　　　　大江截流施工机械数量表

施工机械	自卸汽车	推土机	液压挖掘机	电铲	装载机
总数	351	29	18	14	34
上游戗堤	99	6	11		2
总容量	13207t	8953kW	87.7m³	56m³	205.1m³
单机最大容量	77t	52.5kW	10m³	4m³	10.5m³

大江截流设计龙口合龙水力学指标及技术指标与实际对比见表 11.2.22。

表 11.2.22　　　　　　　　三峡工程大江截流主要技术指标

项目	主要技术指标		备注
	设计	实施	
截流龙口合龙时段	11 月上旬	10 月 26—27 日,11 月 8 日	10 月 23 日龙口形成,考虑通航要求,11 月 8 日最终合龙

项目	主要技术指标		备注
	设计	实施	
截流合龙方式	平抛垫底，单戗双向立堵	平抛垫底，单戗双向立堵	下游戗堤(不承担落差)及围堰堰体尾随进占
截流龙口宽度(m)	130	130(40)	40m为11月8日最终合龙小龙口宽度
截流合龙流量(m³/s)	14000~19400	8480~11600	8480~11600m³/s为龙口合龙实测流量，为世界第一
截流施工最大水深(m)	60	60	世界第一
截流合龙最大落差(m)	0.8~1.24	0.66	0.66m为10月26日晚8时实测
截流合龙最大流速(m/s)	3.29~4.23	4.22	4.22m/s为10月26日晚8时实测
截流戗堤总抛填量(万 m³)	126	126	
截流龙口总抛填量(万 m³)	20.8	20.8	
上堰平抛垫底总填量(万 m³)	74	83	83万 m³为有效抛投方量
平抛垫底高程(m)	40	40~45	
日抛填最高强度(万 m³)	7~8	19.4	19.4万 m³含下游戗堤及堰体抛填
小时抛填最高强度(万 m³)		1.71	1.71万 m³含下游戗堤及堰体抛填
单戗堤小时最高强度(万 m³)	0.29	0.65	

11.2.3 明渠截流设计及模型试验研究

11.2.3.1 明渠截流的特点及难点

(1)明渠截流的特点

1)明渠截流流量大，落差大，流速大，截流抛投强度高，施工时间紧

明渠截流设计流量 9010~10300m³/s，截流最终落差 3.27~4.06m，截流总功率为 288.7~410.2MW，超过巴西-巴拉圭伊泰普工程截流总功率 288.6MW，是葛洲坝工程大江截流总功率(151.9MW)的 1.9~2.7 倍，为三峡工程大江截流总功率(75.1MW)的 3.8~5.5 倍，是当今世界截流综合难度最大的截流工程。

2)明渠截流要兼顾通航，尽量减小对长江航运影响

明渠为三峡工程施工期客货运船舶的通道，截流施工需兼顾通航，尽量减小对长江航运的影响。按国务院三峡工程建设委员会审定的《长江三峡水利枢纽初步设计报告(枢纽工程)》，明渠截流从 2002 年 11 月 1 日开始戗堤进占，明渠封航。

(2)明渠截流的难点

1)明渠属人工开挖的河道，渠底面平整光滑，不利截流抛投材料稳定

导流明渠为人工开挖的河道，为提高泄流能力和满足通航水流条件的要求，对渠底为风

化岩部位采用混凝土护底及护坡,渠底为微风化岩及新鲜岩部位,要求控制爆破,开挖岩面平整。明渠渠底面平整光滑,对截流抛投料稳定不利,须采用加糙等工程措施。

2)明渠截流在葛洲坝水库内截流,水深较大,对戗堤进占堤头稳定不利

明渠截流在葛洲坝水库内,渠内水深 20～25m,截流戗堤进占过程中,堤头抛投料易出现坍塌,影响戗堤进占。

3)明渠截流施工强度高、难度大

明渠截流上游围堰戗堤设计龙口宽 150m,工程量 15.4 万 m^3;下游围堰戗堤龙口宽 140m,工程量 17.1 万 m^3。明渠左侧为纵向混凝土围堰,截流戗堤只能从右岸单向进占,单向堤头抛投强度高,难度大。

11.2.3.2　明渠截流设计技术问题研究

(1)截流时段及截流设计流量选择

截流时段的选择不仅关系到截流流量的确定,而且关系到整个工程的施工部署。三峡工程明渠截流时段选择主要考虑三期围堰施工工期、二期上下游围堰水下拆除和导流底孔具备分流的时间以及截流的技术可行性等因素。据坝址下游宜昌站 120 多年实测水文资料,长江最枯时段在 1 月下旬至 2 月下旬,但从三期围堰施工工期的紧迫性和水库蓄水、围堰挡水安全性考虑,明渠截流应当提前进行,对围堰抢工期有利。

(2)截流期分流条件

明渠截流分流建筑物为大坝泄洪坝段导流底孔。大坝轴线总长 2309.5m,坝顶高程 185m,最大坝高 181m。泄洪坝段位于河床中部,沿坝轴线长度 483m,分为 23 个坝段。每个坝段中部布置泄洪深孔,进口底高程 90m,孔口尺寸 7m×9m;表孔跨缝布置,堰顶高程 158m,孔宽 8m;导流底孔跨缝布置在表孔的正下方,采用有压长管,底孔山口尺寸 6m×8.5m,为兼顾明渠截流的需要,选定中间 16 个孔进口底高程 56m,两侧各 3 个孔进口底高程 57m。

为充分发挥导流底孔分流能力,经水工模型试验和设计分析,拟定截流前大坝泄洪坝段相应的二期上游围堰拆除至高程 57m,宽度 550m;二期下游围堰拆除至高程 53m,宽度由纵向混凝土围堰至左厂坝导墙(约 550m)。

明渠截流期大坝泄洪坝段导流底孔泄流能力见表 11.2.23。

表 11.2.23　　　　　　　　明渠截流期大坝导流底孔泄流能力

截流流量(m^3/s)	9010	10300	12200	14000
明渠进口水位(m)	69.60	70.51	72.45	74.93
明渠出口水位(m)	66.33	66.45	66.58	66.72
截流落差(m)	3.27	4.06	5.87	8.21

注:葛洲坝前水位 66.0m。

11.2.3.3　明渠截流方案选择

设计针对明渠截流特点,研究了单戗堤立堵截流、双戗堤立堵截流、平堵截流、平堵与立

堵结合截流等方案。

(1)立堵截流

立堵截流是利用自卸汽车配合推土机将截流材料从一岸或自两岸向河床中部抛投进占而截断河床水流。立堵截流是我国水利水电工程截流应用最多的传统方法,目前世界上水利水电工程截流的趋势也大多采用立堵截流。长江葛洲坝工程和三峡工程采用单戗堤立堵截流积累了丰富的经验。由于三峡工程明渠截流流量大、落差大,如采用单戗堤立堵流载,龙口抛投最大混凝土四面体重量超过 50t,施工困难,把握性不大。

(2)双戗堤(上、下游围堰戗堤)立堵截流

设计重点研究了上、下游围堰戗堤同时进占立堵截流方案,比较了上游戗堤承担 3/4 落差、2/3 落差、1/2 落差,龙口最大平均流速 6.9～5.4m/s;相应下游戗堤分担 1/4 落差、1/3 落差、1/2 落差,龙口最大平均流速 4.7～5.6m/s 的截流方案。并通过 1:80 截流水工模型试验验证。试验成果表明:由于三峡坝址位于葛洲坝水库内,截流龙口水深而比降小,上、下游围堰戗堤虽相距 1100m,双戗堤龙口仍可分担落差。

(3)平堵截流

平堵截流方案主要是在龙口上游侧预先修建栈桥或浮桥,自卸汽车在桥面沿龙口全线均匀向下游抛投材料而出水面截断水流。如采用栈桥平堵,需提前一个枯水期在明渠修建桥墩,影响明渠通航,实施困难;如采用浮桥平堵,参照苏联在 20 世纪 50 年代使用浮桥平堵,其截流落差在 3m 以下,架桥流速小于 4m/s,在桥面抛投块体重量 10t。鉴于三峡工程明渠截流落差超过 4m,浮桥架桥流速超过 4m/s,在桥面抛投混凝土四面体重量达 25t,浮桥架设和运行技术安全性尚无把握。

(4)平堵与立堵结合截流

曾试验研究上游戗堤立堵,承担 2/3～1/2 落差,立堵截流龙口最大平均流速 5.4m/s;下游戗堤龙口架设浮桥平堵,分担 1/3～1/2 落差,平堵截流龙口最大平均流速 3.5m/s。该方案上、下游戗堤截流龙口水力学指标优越,截流施工难度降低,但需在明渠封航后于下游围堰龙口段预先架设浮桥,并在合龙后撤出浮桥。增加费用,且占直线工期 5～6d。

设计经综合分析比较后,推荐采用上、下游戗堤同时进占立堵截流方案。

11.2.3.4 截流戗堤及龙口布置

(1)截流戗堤

截流戗堤为围堰堰体组成部分。上游戗堤设置在围堰背水侧,可兼作排水棱体,以利于堰体渗透稳定。上游戗堤轴线呈直线布置,与围堰轴线平行,间距 12.5m。戗堤轴线长 378.4m,设计断面为梯形,上游边坡 1:1.1,下游边坡 1:1.3,堤顶高程从两岸非龙口段高程 72m 至龙口段 71.5m,堤顶宽度 25m,满足 4～5 辆 40～77t 自卸汽车同时抛投。下游戗堤设置在下游围堰迎水侧,以免流失的截流料物影响围堰防渗墙施工。为围护提前施工的

地下电站尾水渠开挖,围堰轴线下移,下游戗堤轴线呈折线布置,戗堤轴线长 412.4m,设计断面为梯形,上游边坡 1∶1.1,下游边坡 1∶1.3,堤顶高程从右岸非龙口段高程 69.5m 至龙口段 69m,堤顶宽度 25m。

(2)截流戗堤龙口位置及宽度拟定

鉴于明渠截流抛投备料堆场集中在右岸,明渠左为混凝土纵向围堰,因此,上游围堰截流戗堤龙口布置在明渠左侧,距纵向混凝土围堰右边线 10~15m,以利用二期围堰拆除的备料。下游围堰截流戗堤龙口紧靠纵向混凝土围堰布置(见图 11.2.13)。

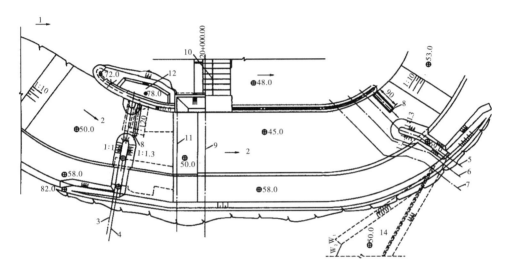

1—长江;2—导流明渠;3—三期上游土石围堰轴线;4—三期上游截流戗堤轴线;5—三期下游截流戗堤轴线;6—三期下游土石围堰轴线;7—石渣堤轴线;8—龙口拦石坎中线;9—坝轴线;10—泄洪坝段导流底孔;11—三期 RCC 围堰轴线;12—左戗堤备料场

图 11.2.13　明渠截流上、下游戗堤平面布置图

截流戗堤龙口宽度通常系指分流建筑物尚未分流前,截流戗堤预留的最小宽度,亦即合龙的起始口门宽度。鉴于大坝泄洪坝段导流底孔可提前于 2002 年 10 月分流,按常规截流可认为没有明显的"龙口",11 月 1 日明渠封航后,上、下游截流戗堤开始进占可连续抛投进占至合龙。但因明渠截流合龙采用上、下游戗堤共同进占分担落差的双戗堤立堵截流方案,为此,拟定上游截流戗堤龙口宽度 150m,下游截流戗堤龙口宽度 140m。自此宽度起,要求按上游戗堤承担 3/4 落差,下游戗堤分担 1/4 落差,在 3~5 天内连续同步进占直至合龙。

11.2.3.5　双戗堤各种方案设计研究

(1)双戗堤进占各种方案力学指标计算

通过建立的双戗堤截流施工水流数学模型,模拟双戗堤进占各种方案下的水流过程,研究不同方案下上、下游戗堤进占速度与落差分配关系以及上、下游戗堤口门位置关系,同时将各方案计算结果综合成表,以指导截流施工。

1)计算条件

主要以明渠截流设计的施工方案为基础,即上游龙口处已垫底加高到52.5m,下游龙口处垫底加高到48.0m;上、下游龙口处的起始宽度分别为150.0m及125.0m。同时考虑了上下游戗堤进占过程中石渣堤和土石围堰的跟进,但前者不承担截流落差。石渣堤头部进占比截流戗堤头部进占慢,前者滞后约50m。在各种进占方案计算中,首先用一维模型计算不同截流流量以及不同上下口门宽度下的明渠过流量、截流总落差,以及上下游戗堤承担的平均水位落差等。然后,根据一维模型的计算结果,再用二维模型计算戗堤进占施工方案下明渠内的流场、水位分布等。

2)各种方案的计算结果分析

采用一维水流数学模型计算在截流流量10300m³/s,上游戗堤龙口宽度150m、110m、70m、50m、30m时,不同下游戗堤龙口宽度的截流水力学指标,包括明渠龙口过流量,导流底孔分流量,截流总落差,上、下游戗堤龙口承担的落差,龙口的平均流速等。计算结果表明,当截流流量为10300m³/s时,上游戗堤龙口宽度为150m、110m、90m、70m、50m、30m时,对应的下游戗堤龙口宽度分别为125m、87m、75m、60m、42m、23m。截流流量与截流总落差与明渠龙口过流量、上下游戗堤龙口承担的落差及龙口流速随口门宽度变化的关系,如图11.2.14和图11.2.15所示。从两图中可看出,在截流流量10300m³/s时,随着龙口宽度的逐渐缩窄,截流总落差从1.05m逐渐增大至3.68m,相应明渠龙口过流量由5670m³/s减小到620m³/s,同样,随龙口口门宽度减小,大部分流量从大坝导流底孔分流下泄。另外,从计算结果可以看出,由于截流流量减小,上、下游戗堤承担的落差分配基本上在1.8∶1～2.5∶1。当上游戗堤龙口宽度为50m、下游戗堤龙口宽度42m,上、下游龙口流速达最大值,分别为4.49m/s和5.60m/s,随后上下游龙口的流速逐渐减小,且下游戗堤承担的落差在1.5m以内,下游水位不会超过下游戗堤堤顶高程。

根据明渠截流设计,截流流量$Q=10300$m³/s时,采用双戗堤截流方案,其中上游戗堤承担截流总落差的2/3～3/4,下游戗堤承担截流总落差的1/3～1/4。通过数值计算发现,要达到上述分配落差的要求,必须严格控制上、下游戗堤口门的进占长度。尤其当上下游戗堤龙口口门合龙到一定程度后,上、下游龙口落差分配对口门宽度变化十分敏感。图11.2.16表明上下游戗堤龙口不同口门宽度下的落差分配关系。从图中可以看出,当上游戗堤进占到龙口宽度70m之前,上下戗堤的落差承担比例与下游口门变化不是特别明显。以上戗堤口门宽$B_上=90$m为例,当下游戗堤进占到口门宽度在85～77m范围内变化时承担的落差分担比例可以保持在2.0～3.0。而当上游戗堤进占到龙口宽度70m之后,尤其进占到30m之后,上下戗堤的落差承担比例与下游口门变化特别敏感。以上戗堤口门宽度$B_上=30$m为例,当下游戗堤进占到口门宽度在23～26m范围内变化时,仅有3m的变化范围,才能使上下戗堤承担的落差分担比例保持在2.0～3.0。由此可见双戗堤截流施工过程中,必须严格同步控制上下戗堤进占的口门宽度,尤其在龙口宽度大量缩窄以后。

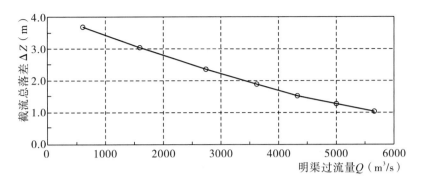

图 11.2.14　截流流量 10300m³/s 时总落差与明渠过流量关系

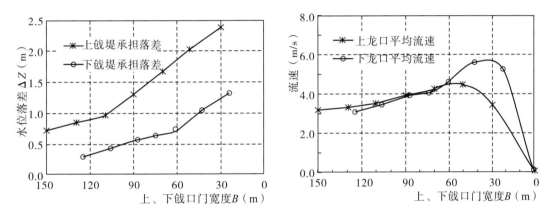

图 11.2.15　截流流量 10300m³/s 时上下游戗堤承担落差、流速与口门宽度关系

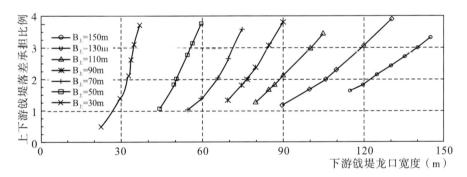

图 11.2.16　上下游戗堤不同口门宽度下的落差分配关系(截流流量 10300m³/s)

（2）截流水工模型试验对数学模型计算成果验证

长江科学院通过明渠双戗堤截流水工模型试验,对采用一维、二维数学模型计算口门水力学指标进行了验证。模型试验中,采用恒定流放水,截流流量分别为 12200m³/s、10300m³/s 和 9010m³/s。明渠截流按设计方案采用双戗堤立堵进占,上游戗堤承担截流总落差的2/3～3/4,下游戗堤承担总落差的1/3～1/4,上、下游戗堤龙口设加糙拦石坎措施,葛洲坝水位为 66.0m。在明渠截流进占过程中,不考虑土石围堰堰体填筑跟进。明渠截流流量 10300m³/s 和 9010m³/s 的模型试验结果与数学模型计算结果见表 11.2.24、图 11.2.17

和表 11.2.25、图 11.2.18。

表 11.2.24　　　　明渠截流流量 10300m³/s 试验结果与数学模型计算结果对比表

龙口宽度	上游	130m		100m		70m		50m		30m	
	下游	120m		100m		66m		45m		25m	
资料		试验	计算	试验	计算	试验	计算	试验	计算	试验	计算
三斗坪水位(m)		66.43	66.46	66.43	66.43	68.43	66.43	66.43	66.43	66.43	66.43
茅坪一水位(m)		67.58	67.6	67.95	67.97	68.61	68.71	69.39	69.38	70.05	70.02
截流流量(m³/s)		10300		10300		10300		10300		10300	
底孔过流量(m³/s)		4990	5050	5920	5990	7300	7380	8560	8540	9600	9560
明渠过流量(m³/s)		5310	5250	4380	4310	3000	2920	1740	1760	700	740
截流总落差(m)		1.15	0.17	1.52	1.54	2.24	2.28	2.96	2.95	3.62	3.59
上戗堤落差(m)		0.97	0.91	1.25	1.18	1.78	1.78	2.16	2.13	2.54	2.63
下戗堤落差(m)		0.3	0.26	0.37	0.36	0.53	0.5	0.82	0.82	1.07	0.96
上龙口	水深(m)		14.6		14.9		15.3		15.8		9.2
	流速(m/s)		3.56		4.08		4.59		5.01		7.3
下龙口	水深(m)		18.6		19.6		18.7		16.6		8.3
	流速(m/s)		3.08		3.22		4.11		5.32		8.94

注:龙口底部加设拦石坎。

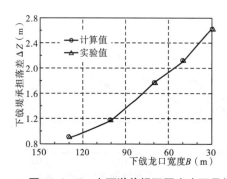 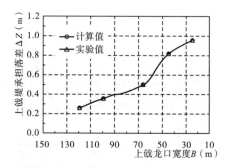

图 11.2.17　上下游戗堤不同宽度下承担落差的计算值与试验结果对比($Q=10300m³/s$)

表 11.2.25　　　　明渠截流流量 9010m³/s 试验结果与数学模型计算结果对比表

龙口宽度	上游	150m		100m		70m		50m		30m	
	下游	150m		100m		66m		45m		25m	
资料		试验	计算	试验	计算	试验	计算	试验	计算	试验	计算
三斗坪水位(m)		66.33	66.33	66.33	66.33	66.33	66.33	66.33	66.33	66.33	66.33
茅坪一水位(m)		67.05	67.1	67.54	67.58	68.18	68.3	68.72	68.73	69.26	69.24
截流流量(m³/s)		9010		9010		9010		9010		9010	

续表

龙口宽度	上游	150m		100m		70m		50m		30m	
	下游	150m		100m		66m		45m		25m	
底孔过流量(m³/s)		3820	3980	5210	5300	6540	6800	7540	7550	8450	8420
明渠过流量(m³/s)		5190	5030	3800	3710	2470	2210	1470	1460	560	590
截流总落差(m)		0.72	0.77	1.21	1.25	1.85	1.97	2.39	2.39	2.93	2.91
上戗堤落差(m)		0.62	0.59	0.97	0.94	1.51	1.53	1.8	1.75	2.2	2.15
下戗堤落差(m)		0.2	0.18	0.34	0.31	0.43	0.44	0.65	0.64	0.72	0.76
上龙口	水深(m)		14.3		14.6		15		15.4		8.7
	流速(m/s)		2.92		3.59		3.56		4.39		6.52
下龙口	水深(m)		18.4		18.5		18.6		16.4		8.1
	流速(m/s)		2.24		2.79		3.15		4.51		7.42

注:龙口底部加设拦石坎。

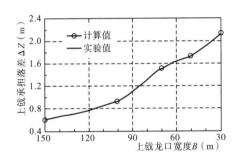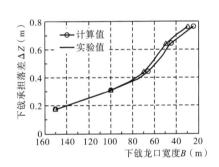

图 11.2.18　上下游戗堤不同宽度下承担落差的计算值与试验结果对比($Q=9010\text{m}^3/\text{s}$)

从表 11.2.24 及表 11.2.25 明渠截流流量 $10300\text{m}^3/\text{s}$ 及 $9010\text{m}^3/\text{s}$ 水工模型试验结果与数学模型计算结果对比中可以看出,一维施工水流数学模型计算结果具有较高的精度。明渠截流龙口口门过流量,截流总落差,上、下游戗堤承担的水位落差等数学模型计算结果与水工模型试验值接近,龙口平均流速计算值与试验值存在一定的误差,尤其当龙口口门宽度较小时,误差较大。分析其原因是数学模型中严格按照龙口几何尺寸计算,而水工模型试验抛投断面不规则,不过计算与试验误差都在一定的允许范围内,因此,可以认为经过验证的一维施工水流模型能用于各种截流方案的龙口水力学计算。

以一维施工水流模型的计算结果作为边界条件,采用二维水流数学模型,对上述两组试验分别进行数值模拟。二维模拟结果可以看出,因截流戗堤口门断面缩窄,水位在上、下游口门处很快壅高,此后由于局部水头的损失,通过龙口之后水位又急剧回落。因为上游戗堤龙口承担水位落差大于下游戗堤龙口,相应上游戗堤龙口处平均流速大于下游戗堤龙口。由于明渠弯道环流及断面缩窄的影响,龙口处左岸附近的流速略大于右岸附近流速,而上、下游戗堤龙口处水位的横向分布变化较小。截流流量越大,相应龙口处水位越高、流速越大。

11.2.3.6 双戗堤截流戗堤进占程序

（1）上、下游戗堤非龙口段进占

明渠截流戗堤非龙口段进占设计流量采用当旬的旬平均流量，堤头防冲设计流量采用当旬20年一遇最大日平均流量。11月上旬、中旬上下游截流戗堤非龙口段进占程序见图11.2.19、图11.2.20，水力学指标见表11.2.26。

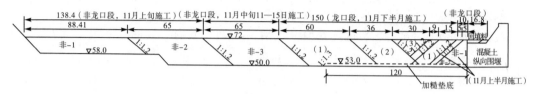

图 11.2.19　三期上游截流戗堤进占程序图

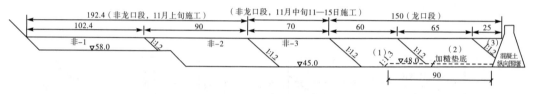

图 11.2.20　三期下游截流戗堤进占程序图

表 11.2.26　　　　　　　明渠截流上下戗堤非龙口段进占程序及水力学指标

施工时段		进占长度（m）		束窄口门宽度（m）	进占水力学指标					抗冲水力学指标				
		左岸	右岸		流量（m³/s）	口门分流量（m³/s）	口门平均流速（m/s）	堤头流速（m/s）	落差（m）	流量（m³/s）	口门分流量（m³/s）	口门平均流速（m/s）	堤头流速（m/s）	落差（m）
11月上旬	上游戗堤	5	153.4	220	14800	8800	3.33	左 4.60 右 3.97	0.74	21900	12900	4.61	左 6.65 右 5.32	1.52
	下游戗堤		192.4	220	14800	8800	3.15	3.08	0.27	21900	12900	4.18	4.21	0.60
11月中旬（11—15日）	上游戗堤	10	60	150	12200	5900	3.70	左 4.42 右 4.44	1.09	19400	9600	5.16	左 7.72 右 7.08	2.41
	下游戗堤		80	140	12200	5900	3.21	2.92	0.24	19400	9600	4.86	4.53	0.56

（2）上、下游戗堤龙口段进占

1）上、下游戗堤截流龙口水力学计算

上、下游戗堤龙口河床设有拦石坎，按有侧向收缩的宽顶堰计算龙口水力学参数，通过上、下游戗堤龙口的流量分别为 $Q_上$、$Q_下$，则截流河道流量关系式可按式(11.2.42)计算：

截流河道流量
$$Q = Q_上 + Q_分 \tag{11.2.42}$$

式中：$Q_上$——上游戗堤龙口流量，m^3/s；

$\quad Q_上 = m_上 \, B_上 \, H_上^{1.5} \sqrt{2g}$；

$\quad Q_下 = m_下 \, B_下 \, H_下^{1.5} \sqrt{2g}$；

$\quad Q_上 = Q_下$；

$\quad Q_下$——下游戗堤龙口流量，m^3/s；

$\quad m_上$、$m_下$——上、下游戗堤龙口流量系数；

$\quad B_上$、$B_下$——上、下游戗堤龙口平均过水宽度，m；

$\quad Q_分$——导流底孔分流量，m^3/s。

$\quad H_上$、$H_下$——上、下游戗堤龙口拦石坎上水头，m。

联解上述方程组，可得上、下游戗堤龙口不同宽度、不同来流量下的龙口流量、水位、流速、落差等截流水力参数，并确定不同落差分配关系下的上下游戗堤的进占配合关系(即上下游戗堤龙口束窄口门宽度)。

设计假定上游戗堤龙口承担 3/4 落差、2/3 落差、下游戗堤龙口承担 1/4 落差、1/3 落差。

①河道来流量已知，则通过河道水位流量关系可查得下游水位 H_d，明渠截流设计流量 $10300m^3/s$，下游戗堤下游水位 66.45m。

②假定上游水位 H_u，根据上、下游戗堤龙口分担落差关系，得到两戗堤之间水位 H_m，对于每一上游戗堤龙口宽度 $B_上$ 可以求得龙口流量 $Q_上$，同时对应每一上游水位都有一个确定的导流底孔分流量 $Q_分$，二者之和如等于总的河道来流量，则假设的上游水位正确，否则重新假设 H_u，直到相等为止。

③由下游戗堤上下游水位和龙口流量可以求得下游戗堤龙口宽度，即可确定相应落差分担关系下的进占协调关系(即龙口束窄口门宽度)和上下游戗堤龙口水力学参数。

2)上、下游戗堤截流龙口进占程序

下游围堰在左岸电站发电前务必拆净，以免残埂壅水导致水能损失，故要控制下游龙口抛投料尺寸，不宜分担过大落差。设计研究比较了两个方案：①上游戗堤龙口段承担 3/4 落差，相应下游戗堤龙口段分担 1/4 落差，其上、下游戗堤龙口合龙进占程序及水力学指标见表 11.2.27；②上游戗堤龙口段承担 2/3 落差，相应下游戗堤龙口段分担 1/3 落差，其上、下游戗堤龙口合龙进占程序及水力学指标见表 11.2.28。试验表明，下游戗堤龙口段分担 1/3 落差，须加快抛投进占速度，使束窄口门小于上游戗堤，而下游戗堤龙口段合龙只能从右岸单向进占，制约了抛投进占速度，设计合龙时间为 5d。经综合分析比较，设计倾向于方案①，即下游戗堤龙口段分担 1/4 落差，但截流备料可按方案②实施。上游戗堤非龙口段工程量 23.66 万 m^3，龙口段工程量 15.39 万 m^3；下游戗堤非龙口段工程量 25.75 万 m^3，龙口段工程量 17.09 万 m^3(工程量指戗堤设计断面的体积，下同)。

表11.2.27　　　明渠截流上下游戗堤龙口段进占程序方案①的合龙水力学指标

			150	130	100	70	50	30	0
上游戗堤龙口	口门宽度(m)		150	130	100	70	50	30	
	进占长度(m)	左岸	4	6	6	4	4	6	
		右岸	16	24	24	16	16	24	
下游戗堤龙口	口门宽度(m)		140	120	100	66	45	25	25
	进占长度(m)(右岸单向)		20	20	34	21	20	0	
截流落差(m)	总落差		0.85	1.12	1.48	2.29	3.01	3.60	3.80
	上游戗堤龙口		0.76	0.95	1.23	1.88	2.28	2.38	
	下游戗堤龙口		0.19	0.23	0.33	0.47	0.73	1.18	
龙口轴线平均最大流速(m/s)	上游戗堤龙口		4.09	4.64	5.25	6.30	6.74	6.91	
	下游戗堤龙口		2.84	3.18	3.31	3.65	3.66	4.66	
堤头流速(m/s)	上游戗堤龙口	左堤头	3.92	4.75	5.42	6.43	6.74	6.91	
		右堤头	3.78	4.03	5.02	6.17	6.74	6.91	
	下游戗堤龙口	右堤头	2.64	3.10	3.51	3.86	3.89	4.66	

表11.2.28　　　明渠截流上下游戗堤龙口段进占程序方案②的合龙水力学指标

			150	130	100	70	50	30	0
上游戗堤龙口	口门宽度(m)		150	130	100	70	50	30	
	进占长度(m)	左岸	4	6	6	4	4	6	
		右岸	16	24	24	16	16	24	
下游戗堤龙口	口门宽度(m)		125	106	85	57	42	23	23
	进占长度(m)(右岸单向)		19	21	28	15	19	0	
截流落差(m)	总落差		0.96	1.17	1.61	2.38	3.06	3.61	3.81
	上游戗堤龙口		0.66	0.87	1.11	1.56	2.02	2.38	
	下游戗堤龙口		0.29	0.42	0.56	0.77	0.99	1.21	
龙口轴线平均最大流速(m/s)	上游戗堤龙口		3.87	4.24	5.06	5.66	6.63	4.84	
	下游戗堤龙口		3.14	3.39	3.66	4.61	4.83	5.47	
堤头流速(m/s)	上游戗堤龙口	左堤头	4.08	4.45	5.13	5.66	6.56	6.58	
		右堤头	3.76	4.13	4.76	5.66	6.56	6.58	
	下游戗堤龙口	右堤头	2.93	3.38	3.61	4.55	4.73	5.55	

11.2.3.7　双戗堤截流戗堤抛投材料

(1)明渠截流戗堤抛投材料分类

基本上沿袭大江截流抛投材料,分为:

1)石渣料:右岸建筑物基础开挖的花岗岩块石(容量2.7t/m³)石渣料,一般粒径0.5～60cm,最大达80cm,其中粒径20～60cm块石含量大于50%,粒径2cm以下含量小于20%。

2)中等块石:粒径0.4～0.7m(重量90～470kg)的块石,备料可按粒径大于0.5m、重量大于 170kg 的块石含量大于 60％石渣料控制。

3）大块石：粒径 0.8～1.1m，重量 0.71～1.7t 的块石。

4）特大块石：粒径 1.3～1.6m，重量 3～5t 的块石。

5）特大块石串：将特大块石钻孔，用钢丝绳把 3～5 块特大块石连成特大块石串。

6）混凝土四面体：利用三峡工程右岸护岸工程段剩 1860 块 20t 四面体。

7）混凝土四面体串：用钢丝绳将 2～4 块混凝土四面体连成四面体串。

（2）截流戗堤抛投材料粒径选择

按不同口门宽施工进占水力学指标计算其在动水中抛投稳定的粒径，并用相应抗冲水力学指标核算其抛投稳定性，通过水工模型试验验证并结合备料、施工设备等因素，予以选定抛投材料粒径按常用经验公式计算（参见式(11.2.34)、式(11.2.35)）。计算中取块石容量 $\gamma_m = 2.7\mathrm{t/m^3}$。

（3）上、下游截流戗堤非龙口段抛投材料

明渠截流上、下游截流戗堤非龙口段从 2002 年 11 月 1 日开始进占，设计安排 11 月 15 日进占至龙口桩号，形成上、下游截流戗堤龙口。

上、下游截流戗堤非龙口段抛投材料见表 11.2.29、表 11.2.30。

表 11.2.29　　　　　　　　上游截流戗堤非龙口段进占抛投材料表

项目 施工时段	口门宽度 (m)	进占部位	进占长度 (m)	工程量 （万 m³）	石渣 （万 m³）	中等块石 （万 m³）	大块石 （万 m³）	特大块石 （串） （万 m³）	20t 混凝土四面体 （串）(个/万 m³)
11 月上旬	220	左岸	5	2.26	1.36	0.45	0.45		
		右岸	150.71	12.93	7.47	4.37	1.09		
		小计	155.71	15.19	8.83	4.82	1.54		
11 月 11—15 日	150	左岸	15	1.63		0.70	0.43	0.5	
		右岸	55	6.84	3.12	2.36	0.76	0.5	84/0.1
		小计	70	8.47	3.12	3.06	1.19	1	84/0.1
合计			255.71	23.66	11.95	7.88	2.73	1	84/0.1

表 11.2.30　　　　　　　　下游截流戗堤非龙口段进占抛投材料表

项目 施工时段	口门宽度 (m)	进占部位	进占长度 (m)	总工程量 （万 m³）	石渣混合料 （万 m³）	石渣 （万 m³）	中等块石 （万 m³）	大块石 （万 m³）	合金钢网石兜 （万 m³）
11 月上旬	210	右岸小计	183.15	15.81	6.72	5.22	2.47	1.4	

施工时段	口门宽度(m)	进占部位	进占长度(m)	总工程量(万 m³)	石渣混合料(万 m³)	石渣(万 m³)	中等块石(万 m³)	大块石(万 m³)	合金钢网石兜(万 m³)
		项目							
11月11—15日	140	右岸小计	70	9.94	4.97	2.98	1.09	0.5	0.4
合计			253.15	25.75	11.69	8.20	3.56	1.90	0.4

（4）上、下游截流戗堤龙口段抛投材料

明渠截流上、下游截流戗堤龙口段抛投材料见表 11.2.31、表 11.2.32。

表 11.2.31　　　　　　　　　上游截流戗堤龙口段抛投材料表

区段	口门宽度(m)		进占长度(m)	石渣(万 m³)	块石料(万 m³)			混凝土四面体(串)(个/万 m³)	工程量(万 m³)
					中等块石	大块石	特大块石(串)	20t	
①	150~100	左岸	20	1.30	0.72	0.45			2.47
		右岸	30	1.80	0.85	0.85		84/0.10	3.60
		小计	50	3.10	1.57	1.30		84/0.10	6.07
②	100~50	左岸	20	0.72	0.60	0.60	0.45	84/0.10	2.47
		右岸	30	1.20	0.80	0.80	0.60	168/0.20	3.60
		小计	50	1.92	1.40	1.40	1.05	252/0.30	6.07
③	50~0	左岸	20	0.30	0.30	0.30	0.30	84/0.10	1.30
		右岸	30	0.40	0.50	0.45	0.45	126/0.15	1.95
		小计	50	0.70	0.80	0.75	0.75	210/0.25	3.25
合计			150	5.72	3.77	3.45	1.80	546/0.65	15.39

表 11.2.32　　　　　　　　　下游截流戗堤龙口段抛投材料表

区段	口门宽度(m)		进占长度(m)	石渣(万 m³)	块石料(万 m³)		合金钢网石兜(万 m³)	抛投工程量(万 m³)
					中等块石	大块石		
①	140~95	左岸	0					
		右岸	45	3.73	1.62	1.62		6.97
		小计	45	3.73	1.62	1.62		6.97
②	95~52	左岸	10		1.05	0.50		1.55
		右岸	33	2.04	1.53	1.04	0.50	5.11
		小计	43	2.04	2.58	1.54	0.50	6.66

续表

区段	口门宽度(m)		进占长度 (m)	石渣 (万 m³)	块石料(万 m³)		合金钢网石兜 (万 m³)	抛投工程量 (万 m³)
					中等块石	大块石		
③	52~0	左岸	15	0.50	0.46	0.30		1.26
		右岸	37	1.30	0.70	0.70	0.40	3.10
		小计	52	1.80	1.16	1.00	0.40	4.36
合计			140	7.95	4.51	3.83	0.80	17.09

11.2.3.8　降低明渠截流难度的主要技术措施

(1)二期上下游围堰水下拆除断面须满足分流条件

通常,在截流流量相同的情况下,河道截流的难易程度主要取决于分流条件。三峡工程明渠截流时江水从大坝泄洪坝段导流底孔分流。按截流流量 $10300m^3/s$,最终落差 4.06m 进行截流设计。影响大坝导流底孔分流能力的主要是二期上下游围堰拆除高程及宽度。设计通过分析计算并经水工模型试验研究,拟定明渠截流戗堤进占前,二期上下游围堰水下拆除至设计断面,以满足分流条件的要求。

(2)上、下游截流戗堤龙口段设置拦石坎

明渠截流模型试验表明,在上游戗堤龙口段下游侧设置 6 排重 25t 的钢架笼块石形成拦石坎,提高抛投块石稳定性效果明显,可大大减少合龙抛投材料的流失量。因此,明渠截流设计安排在 2002 年 10—11 月上旬,当坝址流量 $15000m^3/s$,导流底孔分流的情况下,采用侧卸式抛石船或底开石驳抛投。设计研究也可利用混凝土纵向围堰右侧 70m 高程平台布置起重机抛投 25t 重的钢架笼块石,在龙口合龙前形成拦石坎。下游戗堤龙口段下游侧设置合金钢网石兜块石(重 5~10t)拦石坎,采用底开式石驳抛投。

(3)采用特大块石串和混凝土四面体串,以提高截流块体稳定性

明渠截流上游戗堤龙口合龙过程中,可发挥三峡工程的特大型机械设备威力,抛投特大块石串、混凝土四面体串,提高其稳定性。

(4)积极采用新技术,加强信息跟踪,动态决策

明渠截流是一项复杂的系统工程,必须根据工程进度及时进行周密的分析判断,才能作出正确的决策。而分析判断又需要气象水文预报、截流水文测验、水工模型试验、水力学计算、截流及其相关工程施工进展状况等方面的信息,尤其是将截流水力学计算与水工模型跟踪试验和原型水文观测有机结合、互为补充,动态决策,可使明渠截流设计落实在比较可靠的基础上,并有效地指导明渠截流施工。

(5)精心组织上、下游戗堤进占,充分发挥两戗堤分担截流落差的作用

双戗堤立堵截流的优越性在于上、下游截流戗堤分担截流落差,减小龙口合龙难度。明渠上、下游截流戗堤基础均为弱风化岩基,合龙进占不会造成对基岩冲刷,只要合理控制上、

下游戗堤口门宽度,可以充分发挥两戗堤分担截流落差的作用。在截流施工中,精心组织控制上下游戗堤进占长度及口门宽度,使上、下游截流戗堤口门落差在设计指标之内,以达到上、下游截流戗堤分担落差、降低截流难度的目的。

11.2.4 明渠截流施工技术

11.2.4.1 上、下游截流戗堤龙口拦石坎施工技术

为降低明渠截流龙口合龙难度,设计在上下游截流戗堤龙口段的下游侧均设置拦石坎。上游龙口拦石坎,沿戗堤轴线长132m,顺水流向15m,拦石坎高2.5m,采用2.5m×2.5m×2.5m的钢架石笼(重25t),工程量318个钢架石笼。下游龙口拦石坎,沿戗堤轴线长90m,顺水流向宽15m,拦石坎高3.0m,采用单个重8t的合金钢网石兜,工程量6000m³。拦石坎施工时段原计划在10月上旬至10月下旬,20年一遇分旬平均流量10月上旬为27500m³/s,10月中旬23400m³/s,10月下旬19100m³/s,龙口段流速小于3.5m/s。因导流底孔提前分流,实际施工提前于9月20日开始,至10月26日完工。该时段内坝址流量均在13100m³/s以下,施工十分不利。

(1)上、下游截流戗堤龙口拦石坎抛投试验

为确保钢架石笼和合金钢网石兜准确定点抛投,发挥拦石坎作用,加快施工进度,对钢架石笼、钢网石兜吊抛物在不同流量、流速等情况下的漂距参数、流失损耗等基础资料进行分析,以达到有效地指导施工,同时得到各工序间的衔接及外围协调(尤其与航运矛盾)的操作经验,取得指挥协调各工种矛盾、施工薄弱环节及质量控制难点的主动权,从而达到安全、优质、高速组织施工的目的。进行抛投试验时,上游龙口拦石坎钢架石笼用抓斗船定位,GPS定位系统配合定点吊抛,下游龙口拦石坎钢网石兜用链斗船定位,拖轮拖底开驳对开驳抛投。定位船的水下锚,均设有水深4m以下的压缆装置,便于航行安全。

拦石坎抛投块体的漂距用水流表面流速计算的经验公式如式(11.2.43)。实施过程中,可按生产性试验进行校核修正。

$$L = 0.74 \frac{v_0 H}{G^{1/6}} \tag{11.2.43}$$

式中:L——抛投块体漂距 m;

H——抛投块体处的水深,m;

G——抛投块体重量,kg;

v_0——抛投区域水流表面流速,m/s。

上游龙口拦石坎,钢架石笼抛投流速与漂距参数见表11.2.33;下游截流戗堤拦石坎合金钢网石兜抛投流速与漂距参数见表11.2.34。

拦石坎抛投试验完成后,经水下地形测量,上下游截流戗堤龙口拦石坎抛投块体均落在预定抛投地点。(钢架石笼及合金钢网石兜内装填的块石粒径应控制在0.3~0.7m,重量40~480kg,绝不允许装填不合格石料)。

表 11.2.33　　　　　上游截流戗堤龙口拦石坎钢架石笼抛投流速与漂距参数表

v_0(m/s)	0.5	0.8	1.0	1.2	1.5	1.8	2.0	2.2	2.5	2.8	3.0	3.2	3.5
L(m)	1.2	1.92	2.39	2.87	3.59	4.31	4.79	5.27	6.00	6.71	7.18	7.66	8.38

注:抛投区域水深 17.5m。

表 11.2.34　　　　　下游截流戗堤龙口拦石坎合金钢网石兜抛投流速与漂距参数表

v_0(m/s)	0.5	0.8	1.0	1.2	1.5	1.8	2.0	2.2	2.5	2.8	3.0	3.2	3.5
L(m)	1.47	2.36	2.95	3.54	4.42	5.31	5.90	6.49	7.37	8.26	8.84	9.43	10.32

注:抛投区域水深 20.0m。

（2）上游截流戗堤龙口拦石坎施工

上游截流戗堤龙口拦石坎沿戗堤轴线长 132m,分左右两个区段。左区段长 72m,分 7个条块施工;右区段长 60m,分 6 个条块施工。每条块(水流方向)长 15m,条宽 10m(其中左区段第一块宽 12m),每条块由每排 4 个共 6 排 24 个钢架石笼组成。采用 5m³ 抓斗改装船定位在左区段 1 条块的下游,先抛拦石坎轴线上游 3 排(每排 4 个自左向右逐个抛投)共 12 个钢架石笼,将起吊船下移再抛拦石坎下游 3 排 12 个钢架石笼。钢架石笼起吊落水时,左右向由起吊船水平罗盘(水平角)控制,上下游向由起吊船臂仰俯角初步控制,待吊物基本就位后,再用 GPS 全站仪跟踪检测、调整到位,再将吊物完全落地,水下自动脱钩。完成第 1 条块抛投后,抓斗改装船沿拦石坎平行右移重复上述抛投程序直至完成整个抛投工作。装载运输船队停靠在定位船的右侧。当一个区段抛完,移开定位船,施测抛填后的边界和高程,以检验吊抛效果,对局部欠抛部位进行其他料物补抛处理,符合设计要求后再进行下一区段吊抛施工。

钢架石笼由角钢、钢板、钢筋加工焊接而成,将所有焊件在车间统一下料运至右岸备料场附近工棚、统一焊制。用装载机或反铲在备料场取料装填,装满后钢架石笼加盖焊牢。装满后钢架石笼每个质量为 25t,用 40t 汽车吊吊装到经改装后的 32t 自卸汽车,自料场陆运至码头,再由码头用 40t 汽车吊吊装至 460t 甲板驳(每船 12 个),甲板驳由 480HP 拖轮一拖一驳,水运至抛投区停靠定位船。

（3）下游截流戗堤龙口拦石坎施工

下游截流戗堤拦石坎沿戗堤轴线长 90m,分左右两个区段,每区段分 9 条块施工,每条块上下游向 15.6m,条宽 5m,填筑高(高程 45～48m)3m,分三层抛填。500m³ 底开驳(对开驳)直接定位在左区段第一条块上,装料长度与条块长一致,然后开启 500m³ 底开驳依次向右逐条抛投。

11.2.4.2　上、下游截流戗堤进占施工技术

设计上游截流戗堤全长 363.4m,其中龙口段长 150m;下游截流戗堤全长 412.4m,其中龙口段长 140m。明渠截流戗堤填筑料主要包括石渣混合料、石渣、中等块石、大块石、特大

块石(串)、混凝土四面体、钢架石笼、钢网石兜等,上、下游截流戗堤施工抛投量分别为 42.17 万 m³、46.88 万 m³。

(1)截流戗堤施工程序

原计划 11 月 1 日明渠封航后开始戗堤非龙口段进占,11 月下半月内预报流量有连续 3～5天小于截流设计流量 10300m³/s 即一举合龙。鉴于 9 月份以后坝址流量持续偏枯和导流底孔提前分流等有利条件,经业主决策,提前戗堤进占,调整进占程序和龙口宽度,力争提前于 11 月上旬截流合龙。

10 月 16 日在上、下游围堰截流戗堤进占道路跨堰体段施工完毕后,上、下游截流戗堤非龙口段开始正式连续进占,于 10 月 27 日晨形成上游戗堤口门宽度 169m,下游截流戗堤口门宽度 174m,开始进入龙口预进占。10 月 31 日下午明渠封航,此时上、下游戗堤龙口宽度分别约 120m 和 80m,正式开始上、下游戗堤龙口段施工,于 11 月全面形成小龙口,后加高戗堤抛筑水下堰体,11 月 6 日上午将小龙口最后合龙。

截流戗堤开始进占后,堰体水下部分尾随截流戗堤进行抛填,并滞后于截流戗堤 30～40m。导流明渠截流后,为加快堰体填筑进度,尽早提供左岸防渗墙施工平台,上、下游围堰堰体从左右岸双向进占抛填。

(2)施工设备

1)设备选型

为满足截流高强度施工的要求,在设备选型上应优先选用大容量、高效率、机动性好的设备,并充分利用工地现有的大型设备。

挖装:主要选用 4～9.6m³ 的挖掘设备及 9.6m³ 以上的装载机。特大石、大石选用 1.8m³ 反铲挖装,钢架石笼、钢网石兜、混凝土四面体选用 16t、40t 的汽车吊吊装。

运输:主要选用 45～85t 的大型载重自卸汽车,上游左岸截流基地则因场地限制,采用 20～32t 的自卸汽车。钢架石笼、混凝土四面体采用 32t 经过改装的自卸汽车。

推运:主要选用大马力的推土机。

2)设备布置

明渠截流上、下游戗堤进占施工共投入自卸汽车(20～85t)210 辆,总能力为 9506t;推土机(221～575kW)25 台,总能力 4206kW;装载机(4～12m³)12 台,总能力 46.5m³;挖掘机(9.2～9.6m³)59 台,总能力 114.8m³。

①考虑左岸截流基地范围小,设备布置困难,优先选用效率高的挖掘设备。

②右岸料场范围广,供电方便,以 WK-4 电铲为主,并辅以液压挖掘设备。

③每个堤头配备 2 台大马力的推土机,以满足高强度要求。

④77～85t 自卸汽车主要用于装特大石、大块石,石渣采用 20～77t 自卸汽车。

⑤左岸上游截流基地设备转运采用轮渡船。

(3)上、下游戗堤非龙口段施工

1)根据非龙口段进占时间和设计进占流量条件,戗堤进占高程定在离水面 1.0m 左右,以增加戗堤进占宽度和提高进占强度,减少抛投料流失。

2)非龙口段填筑料采用自卸汽车运输,端进法抛填,使大部分抛投料直接抛入江中,推土机配合施工;深水区进占时,为确保安全,部分采用堤头集料,推土机赶料抛投。非龙口段施工在实践和摸索中不断改进抛填方式。

3)非龙口段进占抛投材料,一般采用石渣料全断面抛投施工,进占过程中,如发现堤头抛投料有流失现象,则在堤头进占前沿的上游角先抛投一部分大、中石,在上挑角掩护下,尾随跟进抛填石粒料。

4)在进占过程中,戗堤顶部碎石或粗颗粒风化砂尾随铺筑,并派专人养护路面,确保龙口合龙过程中大型车辆畅通无阻。

(4)上、下游戗堤龙口段施工

1)上、下游戗堤分担截流落差的控制

双戗堤立堵截流的优越性在于上、下游截流戗堤分担截流落差,减小龙口合龙难度。明渠上下游截流戗堤基础均为混凝土衬护或弱风化岩基,合龙进占不会造成对基岩冲刷,只要合理控制上下游戗堤口门宽度,可以充分发挥两戗堤分担截流落差的作用,达到降低截流难度的目的。导流明渠双戗堤截流设计流量 $10300\text{m}^3/\text{s}$,最终落差 4.06m。采用上、下游截流戗堤同时进占分担截流落差的方式,要求上游戗堤承担 3/4～2/3 落差,下游戗堤承担 1/4～1/3 落差。上游戗堤采用双向进占合龙,以右岸进占为主;下游戗堤采用右岸单向进占合龙。为保证明渠截流顺利实施,需要上、下游截流戗堤龙口合龙时配合进占,以便上、下游戗堤合理分担落差。相应拟定上、下游戗堤龙口宽度的关系。这就需要控制上、下游戗堤进占长度和抛投强度。

施工单位按上述设计条件和分担落差的方案,研究了上、下游戗堤进占长度和抛投强度。

上、下游截流戗堤龙口同时进占按截流流量 $10300\text{m}^3/\text{s}$ 控制上下游截流戗堤龙口进占口门宽度。

上、下游截流戗堤形成龙口段后(上游龙口 150m,下游龙口 140m),根据水文预报资料,计划利用 1d 时间进行龙口预进占,必要时停止进占,进行堤头保护。再根据水文预报资料用 3d 时间进行龙口段合龙施工。上、下游截流戗堤龙口控制进占长度及强度见表 11.2.35,表中抛投量已考虑了上、下游戗堤龙口段均加宽至 30m,并在 $10300\text{m}^3/\text{s}$ 截流流量时已计入 20%流失量,每天工作时间按 20h 计。根据计算,戗堤加宽后,上游截流戗堤龙口日最大抛投强度 6.25 万 m^3/d,下游截流戗堤龙口日最大抛投强度 6.1 万 m^3/d。为此,上、下游需按此强度配置足够的挖运设备,并做好堤头抛投组织。

预进占考虑 1d 完成,上游戗堤龙口宽 150→112.5m,右岸进占 35m,左岸进占 2.5m,抛投合计工程量 5.5 万 m^3。下游戗堤 140→96.6m,需相应进占 43.4m,抛投量 6.72 万 m^3。

合龙第 1 天,上游戗堤龙口宽 112.5→70m,右岸进占 40m,左岸进占 2.5m,合计抛投量 6.25 万 m^3。下游戗堤 96.6→60.0m,需相应进占 36.6m,抛投量 6.1 万 m^3。

表 11.2.35　　　导流明渠截流上、下游截流戗堤龙口段控制进占长度及强度表

时间	部位	上游截流戗堤					下游截流戗堤				
		进占长度（m）	龙口宽度（m）	工程量（万 m³）	小时强度（m³/h）	小时进占长度（m/h）	进占长度（m）	龙口宽度（m）	工程量（万 m³）	小时强度（m³/h）	小时进占长度（m/h）
预进占	右岸	35	150→	5.14	2571	1.75	43.4	140→	6.72	3358	2.02
	左岸	2.5	112.5	0.36	182	0.13		96.6			
合龙第 1 天	右岸	40	112.5→	5.89	2944	2	36.6	96.6→	6.1	3049	1.83
	左岸	2.5	70	0.36	182	0.13		60			
合龙第 2 天	右岸	30	70→30	4.18	2088	1.5	37.0	60→23	5.86	2931	1.85
	左岸	10		0.79	396	0.5					
合龙第 3 天	右岸	30	30→0	1.3	648	1.5	23.0	23→0	1.21	606	1.15
	左岸	0		0	0	0					
小计	右岸	135		16.5							
	左岸	15		1.51							
合计		150		18.02							

说明：①龙口合龙时间 1d 按工作 20h 计；②工程量考虑 20% 流失量。

合龙第 2 天，上游戗堤龙口宽 70→30m，右岸进占 30m，左岸进占 10m，合计抛投量 4.97 万 m³。下游戗堤 60→23m，需相应进占 37m，抛投量 5.86 万 m³。

合龙第 3 天，上游戗堤龙口宽 30→0m，右岸进占 30m，抛投量 1.3 万 m³，左岸基本不进占。下游戗堤 23.6→0m，待上游合龙后再进占，相应进占 23m，工程量 1.21 万 m³。

2）龙口区段划分及堤头抛投方式

根据设计试验的水力学指标并借鉴葛洲坝工程大江截流经验，拟采用分区段抛投方式。主要采用全断面推进和凸出上挑角两种进占方式。

第①区段：上游口门宽度为 150～70m，下游口门宽度 140～60m，水深 16.8～17.12m。采用大块石、中等块石及石渣全断面进占，靠近束窄口门堤头（上游 75m、下游 60m）处位置采用大块石、大石抛投在迎水侧抗冲，石渣料与中等块石齐头并进。

为满足抛投强度，视堤头的稳定情况，部分采用自卸汽车直接抛填，部分采用堤头集料、推土机赶料方式抛投。

第②区段：上游口门宽度 70～30m，下游口门宽度 60～23m，水深为 17.12～14.72m。此区段为合龙困难区段，主要采用凸出上游挑角的进占方法，在上游角（与戗堤轴线 45°）集中抛特大块石和 20t 混凝土四面体及特大块石串（下游戗堤只能用大块石或钢丝网石兜），抛投位置控制在戗堤轴线上游 5～12m，使上游角凸出 10m 左右，将水流自堤头前上游角挑出一部分，从而使堤头下游侧形成回流缓流区，再中等块石及石渣料进占。

第③区段：上游口门宽度 30～0m，下游口门宽度 23～0m，水深为 14.72～0m。此区段

水深逐渐变浅,有利于戗堤的稳定,为减少冲刷流失,继续采用凸出上挑角施工,用大块石从戗堤轴线上游侧进占,再将中等块石及石渣抛填在戗堤轴线下游侧。

在施工中,特大块石或混凝土四面体、大块石以堤头集料为主,中等块石、石渣以汽车直接抛投为主。

下游 5 号、6 号料场 1400 块 20t 混凝土四面体已转运 1044 块至上游 7 号备料场,并浇筑 52 块 30t 大容重、混凝土四面体($3.15t/m^3$)备存于茅坪溪防护大坝迎水侧。需用时采用电吊或 50t 汽车吊直接吊装至 CAT777C 自卸汽车上,运输至堤头卸料,必要时用大型推土机推至堤头前沿。

3)堰体跟随截流戗堤进占进行

三期上游围堰高程 72.0m 及下游围堰高程 69.0m 以下,堰体采用水中抛填法施工。戗堤合龙前从右岸端进抛填,用 20～85t 自卸汽车运输,推土机平料压实。为尽早提供右岸防渗墙施工平台,截流戗堤合龙后,采用左右岸双向进占抛填施工,左岸抛填料从右岸料场取料,经截流戗堤向左岸运输至抛填部位。上、下游围堰及截流戗堤施工参数见表 11.2.36。

表 11.2.36　　　　　　　　上、下游围堰及截流戗堤施工参数

围堰及戗堤特征值	部位	围堰轴线	堰顶高程	围堰总填筑方量	截流戗堤方量
	上游围堰及截流戗堤	442m	83m	156 万 m^3	42 万 m^3
	下游围堰及截流戗堤	448m	81.5m	170 万 m^3	46 万 m^3
施工特征参数	施工参数	小时最大强度	日最大强度	最大堤头卸车密度	
	单堤头	3000m^3/h	4.8 万 m^3/d	2.03 车/min	
	戗堤(三堤头)合计	6100m^3/h	9.4 万 m^3/d		
	围堰合计	9100m^3/h	14.2 万 m^3/d		

注:抛投强度为实际断面填筑强度。

各种填筑区均在地面上按堰体设计断面定出测量标志,严格按测量标志控制填筑,不允许超欠或混填,围堰堰体水下填筑控制高出水面 1.0m 以上。

4)上、下游戗堤龙口进占过程中的监测

为协调上、下游截流戗堤进占,达到合理分担落差的目的,必须加强进占过程中水文水力学监测,及时将上、下游截流戗堤的进占情况和监测成果报告给截流指挥部。根据截流的不同阶段,要求上游戗堤口门宽度 150～70m 段、下游戗堤 140～60m 段,每 2h 监测报一次坝址流量、口门宽度、口门落差、流速等水力学参数;在上游戗堤口门宽度 70～30m,下游戗堤 60～23m 段,每 1h 一次。实施过程中视进占情况,按截流指挥部要求,可再适当加密监测。并在截流指挥部统一协调指挥下,调整配合进占,以确保上、下游戗堤分别承担 2/3 和 1/3 的落差,力争达到 3/5 和 2/5 落差。

鉴于水工模型试验表明,上下游截流戗堤龙口口门束窄到一定程度后,下游戗堤口门宽度的变化对上、下游戗堤落差分配十分敏感,因此,要求在上游戗堤龙口宽度束窄至 70m 以

前,下游戗堤龙口宽度误差控制在±2m 以内,在上游戗堤龙口宽度束窄到 70m 以后,下游戗堤龙口进占配合误差控制在±2m 以内。

(5)截流戗堤施工主要技术及安全措施

1)非龙口段填筑料采用自卸汽车运输,端进法抛填,使大部分抛投料直接抛入江中,推土机配合施工;深水区进占时,为确保安全,部分采用堤头集料,推土机赶料抛投。非龙口段进占抛投材料,一般用石渣料全断面抛投施工,进占过程中,如发现堤头抛投料有流失现象,则在堤头进占前沿的上游挑角先抛投一部分大块石或混凝土预制块、钢网石兜,在其保护下,使堤头水流在下游侧形成回流缓流区,再将中等块石及石渣抛填在戗堤轴线的下游侧。截流抛投材料规格及备料数量须满足设计要求。

2)龙口合龙采用上、下游截流戗堤同时进占,进占速度和抛填料的稳定与戗堤进占方式关系极大。借鉴三峡二期大江截流成功经验,戗堤堤头采用凸出上游形成挑角的防护性进占。控制戗堤顶面高出水面 1m 左右。抛投进占过程中,视堤头边坡稳定情况,自卸汽车将块石及混凝土预制块、钢网石兜尽量直接抛入水中,同时,对卸在堤头前沿上的块石及混凝土预制块用大马力推土机推入水中,每个堤头配备 1～2 台大马力推土机。

3)尽量采取全断面整体推进,采用上挑角进占时,尽量减少挑角挑出长度,同时要注意跟紧补抛。根据堤头稳定情况择机选择自卸汽车直接抛投或自卸汽车堤头集料推土机推料回填或卸料冲砸抛填方式填筑。

4)在进占过程中,挑选质量好的填料,石渣料的粒径相对均匀,粒径小于 5.0mm 的细颗粒严格控制在 10% 以内。抛投料出水面后,及时采用石渣加高,戗堤顶用碎石或粗粒风化砂进行铺筑施工,并安排专人养护路面,确保截流施工道路满足大型车辆(77t、85t 自卸汽车)阴雨天畅通无阻的要求。

5)为满足上下游戗堤龙口同时进占高强度施工的要求,在设备选型上优先选用大容量、高效率、机动性好的设备:挖装主要选用 4～9.6m³ 的挖掘设备及 9.6m³ 以上的装载机,特大石、大石选用 1.8m³ 反铲和 H135 正铲挖装,钢架石笼、合金钢网石兜、混凝土四面体选用 60t、40t 的汽车吊吊装;运输主要选用 45～85t 的大型载重自卸汽车,上游左岸截流基地则因场地限制,采用 20～32t 的自卸汽车,钢架石笼、混凝土四面体采用 45t 的自卸汽车;推运主要选用大马力的推土机。

6)为确保施工安全加大堤头抛投强度,提高运输设备的生产效率,预先做好截流抛投车辆行车线路规划。抛投车辆在戗堤堤头分为三路纵队,其中靠上游侧一路,下游侧一路,中间留一条空车退场道。堤头线路布置共分为三个区:抛投区(长 10～20m)、编队区(长 20～25m)和回车区。为减少倒车距离,加快抛填速度,右岸利用跟进填筑的堰体部位进行回车。为提前截流,在龙口段设计修改截流戗堤宽度,堰面宽度由 25.0m 加大到 30.0m,在单戗堤堤头由 3 个卸料点布置改为 4 个卸料点,戗堤轴线上、下游侧各 2 个。另根据不同部位填料的要求,采用不同的编队方式:一路(85t、77t 自卸汽车)靠上游侧抛填四面体、特大石、大石,另一路(77t、45t、32t、20t 自卸汽车)在中间及靠下游侧抛填中小石、石渣。上游左岸考虑场地道路比较狭窄,使用 20t、32t 自卸汽车作为运输设备。

7)加强对戗堤上的施工机械及工作人员统一指挥,为防止堤头坍塌危及汽车及施工人员的安全,在堤头前沿设置一排石渣埂,并配备专职安全员巡视堤头边坡变化,观察堤头前沿有无裂缝出现,发现异常情况及时处理,以防患于未然。为确保堤头车辆安全,汽车轮缘距戗堤边缘不少于 2.5~3.5m,并安排专人布置标识。在堤头、堤侧以及各危险部位分别设置安全警示牌,堤头指挥人员穿救生衣,现场准备救生圈,加强专职安全巡视工作。

8)鉴于龙口合龙抛投强度大,抛投材料多,对抛投同一种材料的汽车须作相同标记,并分队编号,以便于指挥。一个车队的车辆尽量装运固定料场的抛投料。截流施工所需各种大型机械设备(自卸汽车、挖掘机、装载机、推土机、吊车等)必须检修,以保证设备的性能完好,操作人员必须经过培训后持证上岗。

11.3　深水土石围堰及碾压混凝土围堰

11.3.1　一期土石围堰

11.3.1.1　一期土石围堰布置

一期土石围堰位于坝址长江河床右侧,其平面布置从后河上游右岸偏崖子山坡起,横跨茅坪溪口,经茅坪镇南端一级阶地,沿小包子、中堡岛左侧顺长江延伸至三斗坪漫滩前缘,再横跨三斗坪漫滩与下游团包山北坡相接(图 11.3.1)。围堰轴线长 2502.4m,分为茅坪溪段(长396.87m)、上游横向段(长 416.38m)、纵向段(长 1290.79m)、下游横向段(长 398.32m)4 段。一期土石围在一期截流截断后河后跟进填筑,鉴于后河位于主河道的右侧靠近右岸,在枯水期后河流速很小,基本为静水,一期土石围堰水中抛填石渣混合料可顺利将后河水流截断。

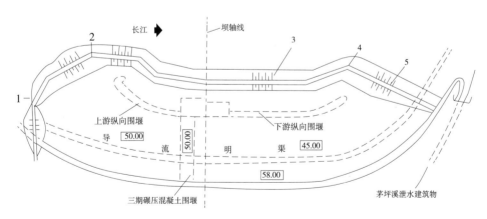

1—上游横向段;2—上游矶头段;3—纵向段;4—下游矶头段;5—下游横向段

图 11.3.1　一期土石围堰平面布置示意图

11.3.1.2　一期土石围堰基础地质条件及其处理措施

（1）各段围堰基础地质条件

一期围堰基础覆盖层厚 7.0~16.0m,最厚达 22.0m。覆盖层为第四系的冲积层、残积层、坡积层及新淤积层。葛洲坝水库蓄水后的新淤积层厚 7.0～12.0m,最厚达 18.0m。茅坪溪段覆盖层厚 9.0～15.0m,新淤积层厚 2.0～9.0m,以淤泥土为主,中部为细砂夹砂壤土层,底部为砂卵石层,基岩风化壳厚 8.0～16.0m。上游横向段覆盖层厚 8.0～18.0m,上部为新淤砂层,其下为砂卵石层、中粗砂层和块球体夹砂,一般厚 1.0～4.0m,最厚 5.9m,基岩风化壳厚 6.0～22.0m。纵向段覆盖层厚 1.0～13.0m,表面为细砂层,其下以架空块球体和块球体夹砂层为主,一般厚 2.0～4.0m,最厚 8.0m,细砂层厚 1.0～5.0m,基岩风化壳厚 8.0～20.0m。下游横向段覆盖层厚 2.0～10.0m,最厚达 22.0m,上部为新淤细砂层,其下为块球体夹砂层,基岩风化壳厚 15.0～50.0m。

(2)围堰基础新淤砂的物理力学特性

1)新淤砂的物理力学指标

一期土石围堰基础新淤砂层厚 7.0～12.0m,最厚达 18.0m,对围堰稳定构成不利影响。为此,1993 年结合一期土石围堰施工,对河床新淤积砂取样 84 组,取样深度 0.2～2.0m,新淤砂级配均匀,级配曲线见图 11.3.2。不均匀系数小于 5,粒径大于 0.05mm 的砂粒含量 34%～98%,粒径 0.05～0.005mm 的黏粒含量 2%～50%,小于 0.005mm 的黏粒含量为 0～16%,属均匀的细砂。新淤砂天然干容重 1.28～1.64t/m³,水上、水下平均干容重 1.40t/m³;密度为 2.66～2.73t/m³,空隙比为 0.9%～1.0%;饱和状态下,不固结剪 $\varphi'=5°$、$c'=0$,固结剪 $\varphi'=27°～33°$、$c'=0$;相对密度 0.34～0.37,属中密状态的细砂。

2)新淤砂的压缩特性

对新淤砂的压缩特性进行了两种试验。其一为压缩仪上进行的 K_0 状态压缩试验,试样的起始干容重分别为 1.35t/m³、1.40t/m³、1.45t/m³、1.55t/m³,相应的相对密度分别为 0.32、0.47、0.60、0.85;其二为三轴仪上进行的等向压缩、回弹再压缩试验,试样的起始干容重分别为 1.47t/m³、1.52t/m³、1.56t/m³,相应的相对密度分别为 0.53、0.65、0.72。试验结果如图 11.3.3 所示,可以看出,新淤砂的压缩系数和压缩指数随材料的起始密度提高而减小,压缩指数为 0.207～0.065,属中等偏低压缩土;相同起始密度下,K_0 状态压缩试验等压固结试验得出的压缩指数近似相等,而等压固结得到压缩系数 a_v 大于 K_0 状态压缩试验的成果,相差约 0.06MPa⁻¹,这与理论关系是一致的。等压固结试验得到的新淤砂回弹指数为 0.148～0.176,随起始密度增加而增长;经 0.6MPa 压力等压压缩后,相对密度由原来的 0.53、0.65、0.72 分别增加到 0.76、0.82、0.90,均达到密实状态,与一期土石围堰的现场试验成果是一致的。

3)堰基新淤积砂的强度变形特性。针对不同的起始密度,进行了 8 组三轴排水剪切试验,试验成果列于表 11.3.1,新淤砂的试验曲线表明,新淤砂基本上为应变硬化材料,低围压下(小于 0.3MPa)当轴向应变超过 2%以后有一定的剪胀性,起始密度愈大,剪胀性愈明显,其应力应变关系比较符合邓肯—张双曲线模型。经分析,新淤砂的模型参数与其起始密度有关。参数 K、K_b 与起始相对密度 D_r 关系如图 11.3.4 所示。可以看出,模量数 K、K_b 随 D_r 增加近似呈线性增大。强度指标采用了两种模式进行整理,其一是常用的摩尔库仑准则,即

$\tau_f = c' + \sigma\tan\varphi'$，其二为 $\varphi = \varphi_0 - \Delta\varphi\lg(\sigma_3/p_a)$，强度指标 c'、φ'、φ_0、$\Delta\varphi$ 与起始相对密度 D_r 的变化关系如图 11.3.5 所示，其中凝聚力 c' 与 D_r 关系不明显，摩擦角 φ' 或 φ_0 随 D_r 的增加有增长的趋势，但增长量不大，指标 $\Delta\varphi$ 随 D_r 的增加有减小的趋势。其他参数如 R_r、n、d、f、m 等与相对密度 D_r 关系不大。

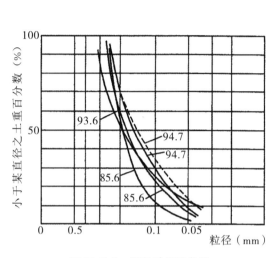

图 11.3.2　新淤砂级配曲线

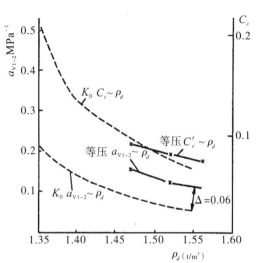

图 11.3.3　新淤砂压缩系数、压缩指数
与干密度关系曲线

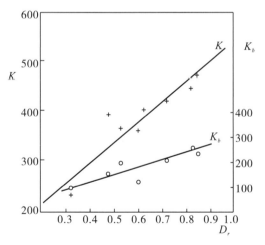

图 11.3.4　新淤砂参数 K、K_b 与相对密度关系

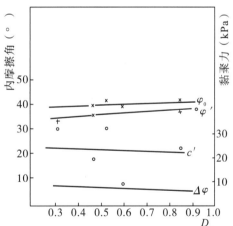

图 11.3.5　新淤砂强度指标 c'、φ'、φ_0、$\Delta\varphi$ 与
相对密度关系

4）新淤砂的本构模型参数。综合以上有关试验成果，并考虑到围堰施工将引起堰基下新淤砂的密度显著提高这一客观规律，新淤砂基本上为应变硬化材料，其应力应变关系比较符合邓肯—张双曲线模型。长江科学院根据一期土石围堰堰基下新淤砂密度的小值平均值（$1.59t/m^2$），提出了新淤砂的本构模型参数，见表 11.3.1。

表 11.3.1　　新淤砂物理、力学指标及邓肯一张模型参数

编号	干密度 ρ_d (g/cm³)	最大孔隙比 e_{max}	最小孔隙比 e_{min}	相对密度 D_r	$\tau_f = c' + \sigma\tan\varphi'$		$\varphi = \varphi_0 - \Delta\varphi\lg\left(\dfrac{\sigma_3}{p_a}\right)$		K	n	R_f	D	G	F	K_b	m	压力范围 (100kPa)
					c' (kPa)	φ' (°)	φ_0 (°)	$\Delta\varphi$ (°)									
XS-5	1.35			0.32	29.8	33.1	39.0	7.0	233	0.44	0.82	5.0	0.25	0.13	87.0	0.10	1~3
XS-6	1.40	1.128	0.642	0.47	18.2	36.2	40.0	5.6	393	0.18	0.84	5.6	0.29	0.19	147	-0.03	1~3
XS-7	1.45			0.60	8.0	37.6	39.1	1.7	360	0.74	0.88	5.6	0.27	0.13	118	0.46	1~3
XS-8	1.55			0.85	23.2	38.2	42.4	5.5	477	0.48	0.84	7.2	0.32	0.20	230	0.09	1~3
XS-1	1.47			0.53	31.0	36.5	42.3	7.6	367	0.22	0.70	9.8	0.25	0.10	191	0.01	1~3
XS-2	1.51	1.116	0.625	0.63	75.9	33.3	44.2	10.1	402	0.43	0.76	8.3	0.30	0.21	304	-0.17	1~6
XS-3	1.56			0.72	63.4	34.6	43.9	8.7	422	0.40	0.78	7.9	0.29	0.16	205	0.08	1~6
XS-4	1.60			0.83	20.0	36.9	39.8	2.5	448	0.43	0.78	8.6	0.29	0.09	256	0.15	1~6
建议值	1.59			>0.80	20.0	37.0	42.0	5.6	420	0.44	0.80	7.9	0.30	0.15	200	0.11	

5)新淤砂的动强度和抗液化性能试验。为了解新淤砂的动强度和抗液化性能,进行了动三轴液化试验,试验共四组,以探讨不同固结比和起始密度对淤砂动力特性的影响。各组试验参数如表 11.3.2。

表 11.3.2　　　　　　　　　新淤砂动强度和抗液化试验参数

试验编号	固结比 K_c	围压 σ_3(kPa)	起始干容重 ρ_d(10kN/m³)
1	1	100	1.4、1.45、1.53
2	2	100	1.4、1.45、1.53
3	1	50、100、150、200	1.45
4	1、1.5、2、3	100	1.45

试验在 DTC-306 型动三轴仪上进行,振动波型采用正弦波,频率为 Hz,试样在振动过程中不排水,且采用初始液化标准。

经试验,新淤砂动力特性如下:

①在等压固结情况下,干容重由 14kN/m³ 增加到 14.5kN/m³(D_r=0.6),抗液化剪应力增加不大。而当干容重由 14.5kN/m³ 增加到 15.3kN/m³(D_r=0.8)时,抗液化剪应力增加明显。在非等压固结情况下,也有上述规律,说明密实砂的抗液化能力比中密砂提高较多。

②在等压固结条件下,当固结压力 σ_3 较大时(σ_3>100kPa),新淤砂的液化曲线随应力 σ_3 有归一化趋势。而当固结压力减小时,抗液化剪应力比有所增大,液化曲线不能归一。

③对于一定密度和侧向固结压力的试样,随着固结比 K_c 增大,砂土的抗液化能力增大,对于不同的 K_c 砂土的液化曲线是一簇基本平行的曲线。根据新淤砂的液化曲线,可作出强度包线,即可求得新淤砂对应一定振次的动强度。在干容重为 14.5kN/m³,固结应力比 K_c=1 和 2.5(即待压固结和 K_0 固结,K_0=0.4)两种情况下的不同振次的动强度指标,如表 11.3.3 所示。

表 11.3.3　　　　　　　　　新淤砂不同振次的动强度指标

新淤砂干容重 (10kN/m³)	固结应力比 K_c	不同振次下的动强度					
		N_L=5		N_L=25		N_L=50	
		c_{cu}^d(kPa)	φ_{cu}^d(°)	c_{cu}^d(kPa)	φ_{cu}^d(°)	c_{cu}^d(kPa)	φ_{cu}^d(°)
1.45	1	6.5	11	5.0	9.6	4.0	8.4
	2.5	6.5	17	5.0	15.5	5.0	14.5

从表 11.3.3 可以看出:在动荷载作用下,随着振次的增加新淤砂的动强度降低,当 N_L=50 以后,强度趋于稳定;固结应力不同,动强度明显不同,且动强度随固结比增大而提高,当振次 N_L=5 时,等压固结的剪切强度 φ_{cu}^d=11°,K_0 固结的剪切强度 φ_{cu}^d=17°。

在确定新淤砂动强度之后,进行过围堰新淤砂地基液化可能性判别,其中地基剪应力按西特的简化方法计算。判别条件为:三峡坝址地震基本烈度取Ⅵ度,相应的等效振动循环次数 N_L=5 次,地震最大加速度 σ_{max}=0.05g,为安全起见,淤砂动强度按等压固结强度指标考虑,即

$\varphi_{cu}^d = 11°$。经分析表明,位于围堰堰基的新淤砂在遇地震烈度大于Ⅵ度时可能产生液化。

(3)新淤砂的渗透稳定性

1994 年一期土石围堰建成后,其堰基的新淤砂经堰体自重的压实,密度有较大的增加。经钻孔取样测定(21 个试样),干容重值为 13.85~18.79kN/m³,平均值为 16.7kN/m³。可见新淤砂已由原来中密状态转变为紧密状态,相对密度为 0.8 以上。对新淤砂试样进行渗流稳定性试验和渗透变形试验,本次试验均为扰动样,控制干容重 15.1~16.3kN/m³,其试验成果列入表 11.3.4 和表 11.3.5。由表 11.3.5 显示,新淤砂干容重在 15.1~16.3kN/m³,其垂直渗透系数为 $1.13 \times 10^{-4} \sim 3.77 \times 10^{-4}$ cm/s,垂直渗透破坏比降为 1.13~2.28;新淤砂干容重为 15.5kN/m³ 时,其水平渗透系数为 $2.05 \times 10^{-3} \sim 6.89 \times 10^{-3}$ cm/s,水平渗透破坏比降为 1.16~2.23。

表 11.3.4　　　　　　　　　　　　新淤砂渗流稳定性

制样方式	试验数量	干容重(10kN/m³)	水流方向	渗透系数(×10⁻³cm/s)	破坏比降 Jp
原状	8	1.30~1.39	↑	3.92~44.2	0.84~1.51
扰动	8	1.30~1.43	↑	2.08~31.3	0.64~1.16
原状	3	1.30~1.43	→	11.6~46	0.66~0.83
扰动	1	1.37	→		0.78

表 11.3.5　　　　　　　　　　　　新淤砂渗透变形试验成果表

试样编号	试样组成	干容重(10kN/m³)	平均渗径(cm)	渗流方向	渗透系数 K(cm/s)	渗透比降 临界 J	渗透比降 破坏 J	破坏形式
1	新淤砂	1.63	10	向上	1.26×10^{-4}	1.43	1.98	流土
2	新淤砂	1.59	10	向上	1.30×10^{-4}		2.18	流土
3	新淤砂	1.55	10	向上	3.77×10^{-4}		2.28	流土
4	新淤砂	1.53	10	向上	1.13×10^{-3}	1.06	1.43	流土
5	新淤砂	1.52	10	向上	1.28×10^{-3}	0.75	1.24	流土
6	新淤砂	1.51	10	向上	2.76×10^{-3}	0.83	1.13	流土
7	新淤砂(1:3)③	1.55	25	水平	2.05×10^{-3}		1.16①(0.46)②	流土
8	新淤砂(1:4)	1.55	30	水平	3.54×10^{-3}		1.88(0.63)	流土
9	新淤砂(1:4)	1.55	30	水平	2.79×10^{-3}		2.23(0.74)	流土
10	新淤砂(1:5)	1.55	35	水平	6.08×10^{-3}		1.58(0.45)	流土
11	新淤砂(1:5)	1.55	35	水平	6.89×10^{-3}		2.13(0.61)	流土

注:①按平均渗径计算值。②按短渗径计算值。③下游坡比。

综合分析表 10.3.4 及表 10.3.5 可以发现,随着新淤砂干容重的增大,渗透系数减小而破坏比降增大。新淤砂在不同干容重、不同渗流方向的渗透稳定性指标列入表 11.3.6。

表 11.3.6　　　　　　　　　　　　新淤砂的渗透稳定性指标

干容重(10kN/m³)	渗流方向	渗透系数(10^{-3}cm/s)	破坏比降
1.30～1.43	↑	2.08～44.2	0.64～1.51
1.51～1.53	↑	1.13～2.76	1.13～1.43
1.55～1.63	↑	0.13～0.37	1.98～2.28
1.30～1.43	→	11.6～46	0.66～0.83
1.55	→	2.05～0.89	1.16～2.23

(4)围堰基础新淤砂处理措施

通过对围堰基础新淤砂土工试验研究成果分析,淤砂在遇地震烈度大于Ⅵ度时可能液化,易产生流土型渗透破坏。

针对一期土石围堰施工及运行特点,确定围堰基础新淤砂层不挖除,采取"防、截、压、封"综合处理措施:1)"防"。在围堰迎水坡脚设置块石及石渣防冲体,防止水流淘刷围堰基础淤砂层,并可起到"压"坡作用。鉴于一期围堰上下横向段与纵向段相接部位(即上下游矶头)堰体坡脚已伸入长江主河床,淤砂层厚 2～6m,设计块石及石渣防冲体高 18～22m,顶宽 10～20m,其块石体积按块石及石渣体下压淤砂层全部冲走,块石石渣体坍塌形成 1:2 的防冲堆石护面以防止堰体基础淤砂层被水流淘刷。2)"截"。在围堰堰体及基础设置垂直防渗心墙,采用冲击钻造孔连续防渗墙穿过淤砂层及覆盖层嵌入弱风化岩体 0.5～1.0m,截断风化砂堰体和淤砂及覆盖层基础的渗漏通道,降低防渗墙下游浸润线。可靠的防渗措施是防止围堰基础淤砂层渗透破坏的关键。3)"压"。在围堰背水坡脚设置石渣体压坡,在淤砂层边坡与石渣之间设砂砾石反滤层,施工过程中改用土工织物反滤(土工织物经纬向抗拉强度 $T>15$kN/m,渗透系数$<1\times10^{-2}$cm/s,等效孔径 $Q_{95}=0.08$mm,$D_{50}=0.03$mm)。4)"封"。挖除围堰背水坡脚处的淤砂,沿出露的淤砂坡面填筑反滤料及石渣封闭堰基淤砂层。设计要求基坑抽水水位下降速度为 0.5m/d,控制基坑开挖程序,先开挖距围堰坡脚 100m 以外的淤砂,使防渗墙下游侧堰体基础淤砂层饱和水逐渐排出,淤砂固结,再利用枯水期围堰挡水位较低时,挖除背水坡脚处的淤砂,回填反滤料及石渣封闭堰基淤砂层,见图 11.3.6。

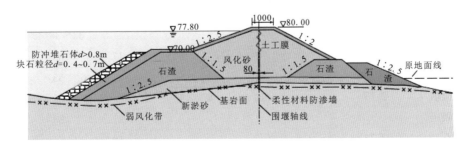

图 11.3.6　一期土石围堰典型断面结构示意图

11.3.1.3　一期土石围堰防冲及围堰断面设计

（1）一期土石围堰防冲

鉴于一期土石围堰纵向段迎水坡脚已伸入大江主流区，根据水工模型试验资料，设计洪水流量 72300m³/s。河道平均流速为 3～3.5m/s，围堰束窄河床约 30%，上游转角及下游转角起挑流作用，迎水侧坡脚处流速达 4～5m/s，纵向段及下游横向段存在不同程度的回流。参照长江江堤护岸工程和葛洲坝工程实践经验，确定围堰防冲为"守点顾线"设计方案，即在围堰上、下游转角处设防冲矶头，作为重点防护，采用堆石体护脚，其顶高程 72～70m，宽 15～20m，迎水侧 5m 宽为粒径大于 0.8m 的大块石，其内侧为粒径 0.4～0.7m 的中等块石及石渣料，见图 11.3.6。围堰顺水流向沿线迎水坡设一般块石及石渣护坡。

（2）一期土石围堰断面设计

茅坪溪段堰体高度为 10～15m，围堰断面为风化砂，两侧用石渣压坡，堰体及基础防渗采用高压旋喷灌浆防渗心墙。上游横向段堰体高 10～38m，纵向段高 18～42m，下游横向段高 8～25m。上、下游横向段伸入主河道部分和纵向段堰高大于 15m，围堰断面采用迎水侧和背水侧坡脚设块石及石渣体，中间填筑风化砂堰体，堰体及基础防渗均采用塑性混凝土防渗墙上接复合土工膜防渗心墙见图 11.3.6。

堰体填料为风化砂、石渣及块石料、砂砾石料。风化砂粒径 0.1～20mm，要求小于 0.1mm 的细料少于 10%，水中抛填干容重大于 17kN/m³，水上分层碾压干容重大于 18.5kN/m³。石渣料为花岗岩开挖的块石混合料，要求块石粒径 200～600mm 的含量大于 50%，粒径小于 20mm 的含量 10%～20%，小于 0.1mm 的细料不得大于 5%，粒径大于 5mm 的总含量超过 90%。砾石料作为风化砂背水坡与石渣体之间的反滤料和堰体迎水面护坡块石底部垫层。设计要求砾石料为筛除卵石粒径大于 80mm 的毛料，含砂率 30%～40%，含泥量小于 3%。填料物理力学参数见表 11.3.7。

表 11.3.7　　　　　　　　　一期围堰填料物理性能及力学指标

填料		比重	自然休止角（°）	天然含水量（%）	渗透系数（cm/s）	设计干容重（kN/m³）	内摩擦角（°）	压缩模量（MPa）
风化砂	水中抛填	2.17～2.77/2.76	27	5～11/8.6	$5×10^{-2}$～$1×10^{-3}$	17～19	31.5～37/33	2.15（0～1.5m范围内）
	干地碾压						32～38/35	54
石渣	水中抛填	2.76		5	$5×10^{-2}$	17	35	
	干地碾压					21	38	
砂砾石	水中抛填	2.75		4	$6.7×10^{-2}$	19.5	35	
	干地碾压			-3		21	38	
石	堆石	2.77		2		18		

注：斜线左数字为范围值，斜线右数字为平均值。

茅坪溪段堰体及基础防渗采用高压旋喷灌浆防渗心墙方案,要求高喷墙墙底嵌入弱风化岩体 1m,旋喷孔距 0.8m。上、下游横向段和纵向段基础防渗采用冲击钻造孔,形成连续塑性混凝土防渗墙上接复合土工膜防渗心墙。防渗墙厚 0.8m,槽孔段间套接,最小厚度大于 0.65m,墙底嵌入花岗岩弱风化岩体 0.5～1.0m。上、下游矶头段采用混凝土防渗墙,其他部位均采用柔性材料防渗墙。柔性材料设计指标为抗压强度 $R \geqslant 4$MPa,抗折强度 $T >$ 1.2MPa,渗透系数 $K < 1 \times 10^{-8}$cm/s,允许渗透比降 $J > 50$,初始切线模量 $E_0 = 500 \sim$ 800MPa。柔性材料配合比见表 11.3.8。

表 11.3.8　　　　　　　　　防渗墙墙体材料配合比　　　　　　　　单位:kg/m³

水泥	黏土粉	风化砂	木钙	总水量
260	50	1312	0.78	400

注:在制备泥浆时加入分散剂,用量为黏土粉重的 0.2%。

防渗墙顶高程 70～72m,其上接复合土工膜防渗。复合土工膜为两布一膜,即中间一层土工膜,两侧各贴一层无纺土工织物。复合土工膜指标:主膜抗拉强度 12kN/m,复合膜抗拉强度 20kN/m;伸长率 30%;主膜厚度 0.3mm,渗透系数 $K = 10^{-11} \sim 10^{-12}$cm/s。经计算,墙底部最大压应力 0.90MPa,尚未出现拉应力;墙顶最大变位 6.7cm。

复合土工膜底部与防渗墙顶部连接。采用在防渗墙顶部现浇混凝土盖帽,将复合土工膜埋入混凝土内,埋入深度为 30cm。复合土工膜两侧均用风化砂铺成"之"字形,填筑厚度 80cm。

11.3.1.4　一期土石围堰施工

1993 年 10 月 24 日,一期土石围堰开始抛填施工,1994 年 1 月 15 日,围堰全线合龙。1月 30 日,全线堰体填筑至防渗墙施工平台高程 70.0m,防渗墙施工全线展开。施工过程中,设计分析茅坪溪段围堰基础覆盖层以淤泥为主,淤泥土天然情况下处于塑流状态,平均干容重 10.5kN/m³,空隙比大于 1.5,抗剪强度低(原位十字板抗剪强度平均为 0.0085MPa),淤泥土流限为 31.6%～39.5%,塑限为 17.0%～20.4%,塑性指数为 14.6～19.0。淤泥土作为围堰基础需解决塑性稳定问题。该段左端接茅坪 Ⅱ 级阶地,堰体沉陷量计算最大值为263cm,其中施工期沉陷量为 212cm,考虑该段与上游横向段作为试验段提前于 1993 年 4 月填筑施工,已固结半年时间,使其密实性和强度大大提高,故淤泥未做挖除处理,在堰体背水坡脚用石渣压坡,回填反滤层及石渣料压重。在一期基坑内建筑物基础开挖爆破时,该段基础淤泥已经过一年多时间固结,计算其摩擦角已达 17°～20°,不会产生塑流问题。该段基础淤泥土渗透系数较小,围堰填筑压实后具有防渗铺盖作用。在茅坪溪改道泄水建筑物通水后,将茅坪溪出口小改道用粉质壤土回填,使围堰迎水侧粉质壤土渗径达 100～200m,该段基础防渗墙改为粉质土铺盖,以减少防渗墙工程量。1994 年 6 月 23 日,一期土石围堰全线填筑至设计高程。

11.3.1.5　一期土石围堰运行及验证分析

（1）土石围堰防冲结构运行分析

围堰建成投入运行后，经过 3 年汛期考验。据 1995 年 7 月 12 日三峡坝址洪水流量 35000m³/s 时的实测资料，围堰上游矶头迎水侧距堰体 100～150m 处最大流速 3.1m/s，高程 72m 防冲块石石渣坡脚处最大流速 2.93m/s；距块石石渣体坡脚 50m 部位冲刷 2～4m，防冲块石石渣顶部迎水侧顺流向出现裂缝，说明已有不同程度淘刷。经检查发现，该部位防冲块石石渣体顶宽较设计加宽 3～5m，出现裂缝处为超填部位，不会影响围堰安全，设计要求汛期加强观测，可不处理。经 1995 年和 1996 年两年的汛期洪水考验，未发现异常变化。

（2）土石围堰防渗结构运行分析

围堰运行 3 年，防渗结构经历最大挡水头 25.6m。据堰体测压管观测，防渗墙前水位基本与长江水位齐平，墙后水位急剧下降，防渗效果显著。浸润线降至堰体坡脚基岩强风化岩体内，防渗墙背水侧渗透坡降为 0.05，远小于淤砂层的渗透破坏比降，说明围堰基础淤砂层渗透稳定满足安全运行要求。围堰总渗水量 85～115m³/h，说明围堰防渗效果显著。下游横向段（桩号 0+251m）堰体背水坡脚漏水，且于 1995 年 7 月 14 日发现漏水混浊，含有粉粒悬移质，经核查该部位围堰防渗墙底基岩帷幕灌浆资料，发现基岩吸浆量较大，设计要求补打的 4 个灌浆孔因工期紧而未实施，漏水为基岩裂隙水，水中夹砂为岩石渗水夹带堰基的淤砂，后继续观测未发现异常情况。据实测，防渗墙最大水平变位 23.2mm，最大压应力 0.91MPa，均较计算值小。

（3）土石围堰堰体风化砂填料及基础淤砂层检测资料分析

为研究围堰堰体风化砂水中抛填密度变化及级配分离性状和堰基淤砂密度变化，在围堰布置 6 个钻孔，取样进行干容重及级配分析试验。堰体风化砂取样试验成果表明，水下抛填风化砂干容重为 16.6～19.27kN/m³，平均 18.1kN/m³，且干容重随深度增大符合土力学一般规律。

堰体风化砂水中抛填实测 23 个试样和水上分层碾压 22 个试样的级配试验表明，水中抛填施工导致风化砂级配分离现象不明显。堰基淤砂取样试验成果表明，由于堰体自重压力对堰基淤砂起到压密效应，淤砂的干容重提高。堰体风化砂及堰基础淤砂层沉陷量绝大部分发生在围堰施工及基坑抽水期，在基坑开挖期间，实测围堰沉陷量最大值 16～25cm，以后沉陷值趋于稳定。

11.3.2　二期上下游横向土石围堰

11.3.2.1　二期上下游横向土石围堰特点及技术难点

（1）二期上下游横向土石围堰特点

1）二期上游横向土石围堰按 Ⅱ 级临时建筑物设计，设计洪水标准为 100 年一遇洪水流量 83700m³/s，相应上游水位 85.0m，拦蓄洪量达 20 亿 m³，实属长江干流上一座大型土石坝,必须确保围堰运行安全,做到万无一失。二期下游横向土石围堰按Ⅲ级临时建筑物设计,设计洪水标准为 50 年一遇洪水流量 79000m³/s,相应挡水位 78.3m,应保证围堰运行安全。

2)围堰施工水深大,堰体填料稳定性差。葛洲坝水库的兴建,抬高了三峡坝址水位,致使二期上、下游围堰施工水深最大达 60m,围堰挡水头最大达 82m。围堰堰体 80%填料在水中抛填,为当今世界施工水深最大的深水围堰。

3)围堰工程规模大,施工强度高。二期上、下游围堰轴线长达 2515.5m,堰体填筑方量共达 1032 万 m³,防渗心墙截水面积 13.53 万 m²,其中混凝土防渗墙达 8.21 万 m²,均超过国内外已建的围堰工程规模,且按三峡工程施工控制性进度要求,必须截流后 5～6 个月内将二期上、下游围堰修筑至度汛高程。围堰施工工期短、强度高、施工难度大。

4)二期上、下游围堰地基普遍分布有粉细砂层。河床深槽部位厚度较大,是堰体稳定的控制因素。粉细砂大部分是葛洲坝工程蓄水后的新淤积砂,为松散、不良级配均匀的粉细砂,通过试验发现,粉细砂强度低(水下稳定坡度不大于 5°～10°),在遇到烈度大于 6 度的地震时可能液化,易产生流土型式的渗透破坏(允许渗透比降为 0.22),抗冲刷能力很低(抗冲流速一般为 0.25～0.30m/s)。这些不利因素将影响堰体的边坡稳定和渗透稳定。二期上、下游围堰堰体高度大,挡水水头高,堰体稳定问题尤为突出,故应对堰基粉细砂引起高度重视。

5)围堰基础地形、地质条件复杂,处理难度大。二期上、下游围堰基础范围在葛洲坝工程蓄水后,淤积细砂层厚 5～10m,最厚达 18m,新淤积砂的静力、动力特性差,对围堰稳定不利;堰基覆盖层中有风化残留的块球体,叠置分布于岸滩或夹杂在砂卵石、细砂冲积层中,块径一般 1～3m,最大 5～7m,岩质坚硬,隐伏着集中渗流,特别是防渗墙造孔难度很大,河床深槽岩面形态复杂,尤其在上游围堰深槽左侧高差达 30m、岩坡近 80°的陡壁,防渗墙底嵌入基岩极为困难;堰基弱风化岩体上部存在张开的卸荷及风化裂隙,形成集中强透水带,须进行防渗处理。

6)围堰施工与长江航运关系密切。与国内外大多数水利水电工程围堰施工条件不同,大江截流及二期上、下游围堰施工初期,导流明渠尚未具备通航条件,因此,大江截流戗堤进占和堰体填筑,必须同时考虑大江束窄河床口门的流速和水流条件要满足长江航运要求。

7)三峡坝址附近天然砂卵石料,黏土料等十分缺乏。二期上、下游围堰填料只能取自一期工程左右岸建筑物基础的开挖料,包括风化砂、石渣、块石和混合料等,制约了围堰断面形式选择。由于填筑材料种类多,而且料场分散,因此,从料源查核、开采、运输到检验,任一环节的失控,都会影响二期上下游围堰的施工进度和质量。

8)围堰挡水运行时间长,维护要求高。按二期工程主体建筑物施工进度安排,二期基坑施工时间为 1998 年 1 月至 2002 年 5 月,围堰运行 4 年多时间,要确保围堰度汛安全,并考虑二期基坑内的大坝及电站厂房基础爆破开挖和高强度浇筑混凝土等因素对围堰正常运行的影响。

（2）二期上下游横向土石围堰技术难点

二期上下游横向土石围堰技术复杂性和施工难度在世界水利水电工程中是罕见的（表11.3.9）。其主要技术难点如下：

表 11.3.9　　　　　　　国内外已建的若干大型土石围堰的技术指标

工程名称	河流	国家	围堰高度(m)	施工水深(m)	填筑量（万 m³）	防渗设施	施工年份	备注
三峡二期上游围堰	长江	中国	82.5	60	590	双排塑性混凝土防渗墙	1998	
葛洲坝大江上游围堰	长江	中国	50	20	274	双排混凝土防渗墙	1981	
漫湾上游围堰	澜沧江	中国	56		70.2	混凝土防渗墙	1988	
小浪底上游围堰	黄河	中国	59		249	黏土斜墙接混凝土防渗墙	1998	围堰为大坝一部分
二滩上游围堰	雅砻江	中国	56		94	高压旋喷灌浆	1993	
水口二期上游围堰	闽江	中国	44.5		140	塑性混凝土防渗墙	1989	
伊泰普上游围堰	巴拉那河	巴西巴拉圭	90	40	574.6	黏土斜墙	1978	
奥罗维尔上游围堰	费琴河	美国	135.4		764	黏土斜心墙	1964	围堰为大坝一部分
科雷马二期上游围堰	科雷马河	俄罗斯	62.2		270	亚黏土斜墙	1970	围堰加高成大坝
达勒斯上游围堰	哥伦比亚河	美国	90	54	268	黏土心墙	1957	围堰加高成大坝
努列克上游围堰	瓦赫什河	塔吉克斯坦	65		162	壤土斜墙铺盖	1967	围堰为大坝一部分
恰尔瓦克上游围堰	奇尔奇克河	乌兹别克斯坦	40			黏壤土铺盖	1966	

1）围堰在葛洲坝水库内修筑，在深水中抛填的风化砂密实性差，施工中围堰边坡稳定，特别是堰体填筑至度汛高程即挡水运行后的力学性状和稳定性，成为围堰设计和施工中的关键问题。

2）围堰基础地质条件复杂，存在新淤积的粉细砂层，覆盖层中有风化残留坚硬的块球体，基岩表层裂隙渗漏及深槽两侧基岩陡坡等地质问题，给围堰防渗墙设计和施工增加难度。经查明，二期上游围堰河床深槽左侧基岩存在水下陡高边坡，坡高30m，岩壁倾角80°以上，如何保证防渗墙嵌入基岩是重大的施工技术难题。

3)堰体高度 2/3 填料为深水中抛填,塑性混凝土防渗墙最高达 74m,其墙体受力条件复杂,设计对堰体和墙体的受力条件进行了研究分析,运用非线性弹性模型,弹塑性模型和应力路径模型等,计算堰体和墙体的应力应变,据计算成果采取了结构措施,以确保围堰运行安全。

4)围堰工程量大,工期短、施工强度高,在截流后的一个枯水期内需将围堰抢筑至度汛高程,以确保其安全度汛,施工难度大,但为背水一战,存在风险较大。

11.3.2.2　二期上游横向土石围堰

(1)二期上游土石围堰平面布置

二期上游围堰位于大坝轴线上游 200~450m,围堰轴线为突向上游的折线,其防渗轴线全长 1439.6m,左岸接牛场子山坡,横跨长江河床左漫滩、深槽、右漫滩与纵向围堰相接。左岸牛场子山坡地形上缓下陡,山顶高程 118m,以约 35°坡角与长江左漫滩相接。主河床深槽段宽 180~250m,河床底高程一般为 10~41m,最低高程 6m,基岩高程 0~41m,主河槽左侧较陡坡角 30°~50°,局部大于 70°,右侧较缓(20°~30°)。基岩为闪云斜长花岗岩。左侧边滩围堰轴线长 360m,滩面高程 41~66m,右边滩围堰轴线长 410m,滩面高程 41~68m。其右端与纵向混凝土围堰上纵段相接(图 11.3.7)。

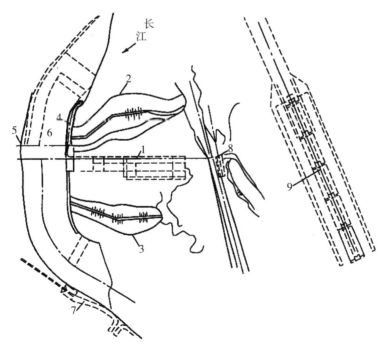

1—大坝泄洪坝段及左厂坝段及左厂房施工;2—二期上游土石围堰;3—二期下游土石围堰;
4—混凝土纵向围堰;5—三期碾压混凝土围堰轴线;6—导流明渠泄洪及通航;7—茅坪溪改道
泄水出口;8—临时船闸通航;9—双线五级船闸施工

图 11.3.7　二期上下游土石围堰平面布置图

（2）二期上游横向土石围堰形式

二期上游横向土石围堰形式经过较长时间的设计分析及科学研究工作，在1996年招标设计中选定河床深槽段采用两侧石渣块石体中间为砂砾石及风化砂堰体，双排塑性混凝土防渗墙上接复合土工膜防渗心墙围堰形式。两岸漫滩段采用两侧石渣块石体中间为风化砂堰体，单排塑性混凝土防渗墙上接复合土工膜防渗心墙围堰形式。

（3）二期上游横向土石围堰断面结构及填料设计

1）围堰断面结构

①堰顶高程

（a）围堰设计挡水位及校核水位

二期上游横向土石围堰为二级临时建筑物，设计洪水标准按坝址全年100年一遇1981年型洪水过程线（洪峰流量83700m³/s）调洪演算推算围堰上游水位为85.0m，校核洪水标准按坝址全年200年一遇1981年型洪水过程线（洪峰流量88400m³/s）调洪演算推算围堰上游水位为86.2m。

（b）波浪爬高及最大风速壅水面高度

计算最大波浪在堰坡上的爬高及最大风速时的壅水面高度2.24m。

（c）预留沉陷超高值

二期上游横向土石围堰深槽段堰体最大高度82.5m，且高程69m以下堰体为水下抛填石渣及块石料和风化砂及砂砾石料，高程69m以上堰体填料分层碾压密实。经计算围堰堰体最大沉陷量为169cm。据国内外土石坝观测资料分析统计，土石坝完工时沉陷量为总沉陷量的70%～80%，完工后的沉陷量为坝高的0.5%～0.8%，预留沉陷超高值可按坝体高度的1%～2%。三峡工程一期土石围堰观测资料，围堰施工过程中的堰体沉陷量为总沉陷量的80%～90%，考虑以上诸因素，二期上游围堰预留沉陷超高值0.4～0.6m。

（d）围堰顶高程

二期上游横向土石围堰设计挡水位85.0m，计入最大波浪在堰坡的爬高及最大风速壅水面高度2.24m，和安全超高1.0m，拟定堰顶高程88.5m。

②堰顶宽度

二期上游横向土石围堰顶宽主要考虑堰体结构、堰顶交通和围堰度汛抢险车辆通行要求，拟定堰顶宽度15.0m。

③双排防渗墙围堰断面结构

二期上游横向土石围堰桩号0+453.5至0+616.5长163m为河床深槽段，采用双排塑性混凝土防渗墙。围堰断面结构（图11.3.8）为两侧高程69.0m设石渣块石堤，下游侧为截流戗堤，顶宽25～30m，上、下游边坡分别为1：1.3和1：1.5；上游侧石渣块石堤顶宽10m，上、下游边坡分别为1：1.5和1：2.0，两石渣堆石堤中间堰体高程40m以下为平抛砂砾石料，高程40m以上为水下抛填风化砂；在截流戗堤与堰体风化砂之间设两层顶宽各为3m和

2m 的反滤过渡料。围堰高程 69～73m 上、下游侧 10m 范围填筑石渣混合料,中间填筑风化砂。围堰高程 73m 以上在桩号 0+443 至 0+665 位于上游防渗墙的上游 0.6m 设置高 5m 的加筋挡土墙(如图 11.3.9),在上游防渗墙顶接土工合成材料,水平向延至加筋挡土墙上游度汛子堰风化砂堰体上升到高程 83.5m,度汛子堰两侧填筑石渣混合料。土工合成材料从高程 83.5m 加至高程 86.2m,其两侧各 2m 范围为风化砂,其余部位为石渣混合料至堰顶设计高程 88.5m。围堰高程 69m 以上至堰顶,上游边坡 1∶2.5,坡面干砌块石护坡;下游边坡 1∶2.0。

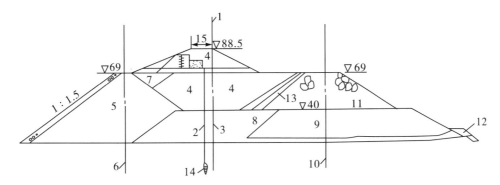

1—围堰轴线;2—上游防渗墙;3—下游防渗墙;4—风化砂;5—石渣;6—上游石渣堤轴线;
7—石渣混合料;8—平抛垫底(砂砾石);9—平抛垫底(石渣);10—截流戗堤轴线;11—截流戗堤;12—背水侧压坡体;13—过渡层;14—帷幕灌浆

图 11.3.8 二期上游围堰双排防渗墙断面结构图

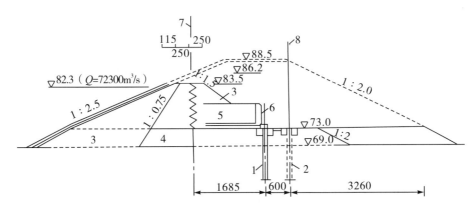

1—第一道防渗墙;2—第二道防渗墙;3—石渣混合料;4—风化砂;5—石屑料;6—挡墙;
7—子堰轴线;8—围堰轴线

图 11.3.9 二期上游围堰度汛子堰断面图

防渗墙布置在靠堰顶下游侧,下游墙中心线位于围堰轴线,上游墙中心线距下游墙中心线 6.0m,防渗墙厚度均为 1.0m,墙底嵌入基岩弱风化岩体 1.0m,防渗墙底透水岩体采用帷幕灌浆防渗处理。两排防渗墙顶高程均为 73.0m,墙体最大高度 74.0m。围堰填筑至防渗墙施工平台高程 73.0m,在第一道防渗墙上游侧修筑度汛子堰至 83.5m 高程,子堰结构见

图 11.3.9,以保障双排防渗墙汛期施工安全。

④单排防渗墙围堰断面结构

二期上游横向土石围堰桩号 0＋146.1 至 0＋458.225 和桩号 0＋613.225 至 1＋138.454,总长 837.354m 采用单排混凝土防渗墙。围堰断面结构(图 11.3.10)为两侧高程 69m 设石渣块石堤,下游侧为截流戗堤,顶宽 25～30m,上下游坡分别为 1：1.3 和 1：1.5;上游侧石渣块石堤顶宽 10m,上、下游边坡分别为 1：1.5 和 1：2.0。两石渣块石堤中间堰体高程 40m 以下为平抛砂砾石料,高程 40m 以上为水下抛填风化砂;在截流戗堤与堰体与风化砂之间设两层顶宽各为 3m 和 2m 的反滤过渡料。堰体高程 69m 以上至高程 73～79m,防渗墙两侧各 10m 范围填筑风化砂,其余填筑石渣混合料。防渗墙顶高程 73～79m,上接土工合成材料至高程 86.2m,土工合成材料两侧各 5m 范围为风化砂,其余部位为石渣混合料至堰顶设计高程 88.5m。围堰高程 69～79m 以上至堰顶,上游边坡 1：2.5,坡面干砌块石护坡;下游边坡 1：2.0。

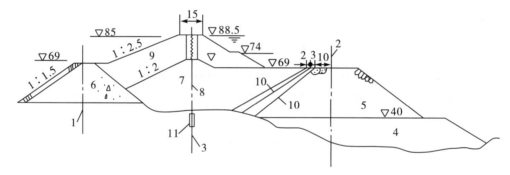

1—上游堤轴线;2—截流戗堤轴线;3—围堰轴线;4—平抛垫底;5—截流体;6—堆石;7—风化砂;8—防渗墙;9—石渣混合料;10—过渡层;11—帷幕灌浆

图 11.3.10　二期上游围堰单墙段典型剖面结构图

防渗墙布置在靠堰顶下游侧,其中心线位于围堰轴线,墙顶高程 73～79m,防渗墙底嵌入基岩弱风化岩体 1.0m,墙底透水岩体采用帷幕灌浆防渗处理。

2)围堰堰体分区填料设计

二期上游横向土石围堰堰体填筑材料由风化砂、砂砾石、石渣、石渣混合料、块石、过渡料、垫层料组成,设计对堰体分区填料提出技术要求。

①风化砂

风化砂为坝址两岸建筑物基础开挖的闪云斜长花岗岩全、强风化料,粒径为 0.1～20mm,P_5(大于 5mm 颗粒含量)平均值 30%～60%,不均匀系数 7～8。风化砂的天然结构紧密,天然干容重为 1.62～2.00t/m³,平均 1.82t/m³,天然含水量 5%～11%,平均 8.6%。

风化砂料用于堰体两侧高程 69m 以下石渣块石堤中间高程 40m 以上水中抛填部位和高程 69m 以上防渗心墙两侧部位,分为水上和水下两部分。水上部分(超出水面 1m)风化砂填料要求分层碾压,压实后相对密度 0.95,压实干容重为 1.90t/m³。水下部分采用端进法向水中直接抛填,用于高程 40m 以上部位,风化砂的水下自然坡角随填料高度在 $36°\sim27°$ 范围变化,设计水下抛填自然边坡为 $1:2\sim1:2.5$。水下抛填风化砂含泥(小于 0.1mm 颗粒)不大于 5%,在防渗墙轴线两侧各 5m 范围抛填风化砂中不应混杂粒径大于 20cm 的块石及其他杂物。风化砂采料前要求剥除表层草皮、树根、腐殖土及其他有机物等。

②石渣料

石渣料为坝址两岸建筑物基础花岗岩弱风化及微新岩石爆破开挖料。石渣料的颗粒级配与爆破工艺有关,要求用于围堰填料的石渣料石质坚硬,不易破碎或水解,一般粒径 $5\sim600mm$,其中 $200\sim600mm$ 块石含量大于 50%,P_5(粒径大于 5mm)含量大于 90%,含泥量小于 5%。石渣料主要用于堰体上游侧的石渣块石堤及下游侧的截流戗堤和围堰两侧高程 69m 以上的压坡部位,分为水上和水下两部分。水上部分(超出水面 1m 石渣填料)要求分层碾压,压实干容重大于 $2.10t/m^3$。水下部分采用端进法直接向水中抛填,控制石渣料中 $200\sim600mm$ 含量大于 50%,P_5 含量大于 90%,最大粒径 1000mm,含泥量小于 5%。水下抛填石渣料控制干容重大于 $1.90t/m^3$,水下抛填边坡 $1:1.3\sim1:1.5$。

③石渣混合料

石渣混合料为坝址两岸建筑物基础花岗岩风化壳及微新岩石爆破开挖混杂料、颗粒级配极不均匀。要求用于围堰填料的石渣混合料粒径范围为 $0.1\sim600mm$(水下抛填允许最大粒径 1000mm),P_5 含量为 $50\%\sim70\%$,含泥量小于 5%。石渣混合料主要用于围堰两岸漫滩段堰体上游侧石渣块石堤与风化砂相接的部位和土工合成材料防渗心墙风化砂与两侧压坡石渣之间的部位,分为水上和水下两部分。水上部分(超出水面 1m)石渣混合料要求分层碾压,压实质量要求按 P_5 含量控制干容重 $2.00\sim2.10t/m^3$。水下部分采用端进法直接水中抛填,控制干容重大于 $1.90t/m^3$。

④过渡料

根据围堰设计断面,在堰体风化砂与截流戗堤之间,其接触渗透稳定难以得到保证,必须设置过渡带。过渡带采用何种材料,与风化砂及截流戗堤堆石的颗粒级配、渗透特性等因素有关。通过对选用的 $5\sim120mm$,$20\sim200mm$ 及 $5\sim150mm$ 三种级配碎石料做与风化砂填料的渗透稳定试验,试验结果表明:$5\sim120mm$ 和 $5\sim150mm$ 两种级配的碎石可满足风化砂的过渡反滤要求,$20\sim200mm$ 的碎石料的渗透比降限定在 5 以下时,亦可保证风化砂的渗透稳定。由风化砂的渗透稳定及反滤层的试验研究成果,并考虑三峡工程施工现场筛分系统的规模和方便施工等因素,对过渡料要求如下:

(a)贴坡过渡带采用双层结构,紧贴截流戗堤为一层 $40\sim150mm$ 级配碎石或 $40\sim150mm$ 粒径含量占 40% 的砂砾石料,顶宽 3m,水下抛填边坡为 $1:1.5$;上游侧加设一层 $5\sim40mm$ 级配碎石或 $5\sim40mm$ 粒径含量占 60% 的砂砾石料,顶宽 2m,水下抛填边坡为 $1:1.75$。

(b)过渡料应控制含泥量在 3% 以内(按重量计),且不得夹有块石和杂物。

(c)过渡料材料应岩性稳定,不易破碎或水解。

(d)水上堰体过渡料压实干容重控制不小于 2.0t/m³。

⑤砂砾石料

砂砾石料用于围堰下游侧截流戗堤平抛垫底与河床接触部位及围堰背水坡脚压坡石渣与基础淤砂相接部位和堰体两侧高程 69m 石渣块石堤中间平抛高程 40m 以下部位。砂砾石料分水上、水下两部分。砂砾石料采用葛洲坝下游 30km 长江河床开挖的天然砂砾石料，要求筛除粒径大于 80mm 的卵石，控制含砂率 30%～40%，含泥量小于 3%。截流戗堤平抛垫底部位采用抛石船先平抛砂砾石料厚度 3～5m，再平抛石渣及块石料。堰体两侧石渣块石堤中部高程 40m 以下部位平抛砂砾石料，要求采用大于 150m³ 的底开驳抛石船抛填，防止砂砾石料分离。

⑥垫层料

垫层料用于围堰迎水侧护坡块石下部垫层和堰顶路面，采用粒径 5～20mm 和 20～40mm 的碎石或砾石，要求细颗粒（d＜0.1mm＝含量不超过 5%，水上压实干容重不小于 1.95t/m³）。

⑦块石

块石用于大江截流戗堤和围堰防冲及护坡块石结构部位。围堰上游侧下部设有顶宽 10m 的防冲堆石体，水上施工护坡为厚 0.5m 的干砌块石护坡，截流戗堤采用块石等料端进抛投，块石料的设计指标主要为：

(a)材质要求：块石料应石质坚硬，不易破碎或水解，根据三峡坝址岩石风化特性宜采用弱风化下带以下岩石开挖成形料。

(b)粒径要求：块石粒径主要受水流流速、流态、风浪等因素控制。迎水侧防冲堆石体粒径≥0.5m，护坡采用粒径 0.3～0.5m 块石码砌。

(c)截流戗堤采用块石料为大块石（d＞1.0m）、中石（d＝0.4～0.7m）及石渣料。

(d)块石料形状应近于方正，不允许使用薄片、条状、尖角等形状块石。

3)上游横向土石围堰稳定分析

①计算断面

选用河床深槽部位双排防渗墙上接土工合成材料防渗心墙围堰断面计算。

②计算方法及计算参数

(a)计算方法

围堰边坡稳定分析，参照《土石坝设计规范》，按瑞典圆弧法和简化毕肖普法进行计算。设计采用中国水利水电科学院编的 STAB 软件，计算过程中，对围堰断面进行适当的简化。

(b)计算参数

围堰稳定分析计算参数取用长江科学院提供的"长江三峡工程二期围堰填料土工试验报告"，成果见表 11.3.10。

表 11.3.10 二期上下游围堰填料及堰基淤砂参数表

填料		湿容重(10kN/m³)	饱和容重(10kN/m³)	C(kPa)	φ(度)
风化砂	水上	2.01	2.18	0	34.5
	水下	1.95	2.15	0	34
砂卵石		2.09	2.28	0	35
淤砂		1.59	2.01	0	34
堆石		1.99	2.25	0	40
石渣		1.99	2.25	0	38
过渡料		1.95	2.15	0	34
截流戗堤		1.99	2.25	0	40

③计算假定

(a)计算中不考虑围堰中部双排塑性混凝土防渗墙对边坡稳定的影响。

(b)堰体高程 69m 以上的迎水边坡干砌块石护坡未计入。

(c)各种工况下的围堰渗流浸润线按渗流计算成果取用。

(d)堰体高程 69m 以上石渣料与风化砂一并考虑,计算参数采用风化砂参数。

④计算工况

(a)正常工况

围堰上游水位按设计洪水位 85.0m,施工期下游水位按葛洲坝工程蓄水位 66m 的各级流量水位计算边坡稳定;堰体浸润线按稳定渗流期控制;挡水位(包括基坑抽水水位变化情况)骤降按每天降 1~2m 考虑,渗流按非稳定条件计算。

(b)校核工况

围堰施工期水位;正常工况下遭遇 7 度地震。

⑤计算成果分析

二期上游土石围堰边坡稳定计算结果:正常工况迎水坡稳定最小安全系数为 1.40(相应挡水位 78m),背水坡稳定安全系数 1.25;非常工况迎水坡稳定最小安全系数为 1.21(相应挡水位 76m)。边坡稳定计算成果正常工况和非常工况下的安全系数均大于规范要求,表明二期上游围堰在施工期和运行期的边坡稳定均满足要求,从计算所得的边坡稳定安全系数 K 值来看,有一定的安全余度;鉴于计算参数淤沙的 φ 值取用 34°,此值为固结后的淤沙强度,而在施工过程中,淤沙尚未完全固结,因此,对围堰坡脚处淤沙较厚的部位,淤沙 φ 值按 23.8°进行复核计算,并采取抛填堆石压坡措施处理;计算中堰体风化砂只分水上和水下部分,未反映不同水深下的风化砂填料力学参数的变化,所取用参数是偏于安全的。考虑二期上游围堰的重要性和防渗墙施工的特殊要求,围堰断面设计偏于安全是必要的。

11.3.2.3 二期下游横向土石围堰设计

(1)二期下游横向土石围堰布置

下游横向土石围堰位于坝轴线下游 400~600m,围堰轴线为突向下游的折线,其防渗轴线全长 1075.9m,左岸接白虎岭南坡,横跨长江河床漫滩、深槽,右漫滩与纵向围堰相接。主河床深槽宽 150～250m,河底高程一般为 25～40m,最低高程 16m,基岩高程 2～35m。堰基河床覆盖层为冲积粉细砂和砂砾石层,厚度 10～20m,最厚 26m,上部为葛洲坝水库蓄水后的淤积层,厚度 8～12m,最厚 16m,下部为砂砾石层,厚 4～18m。左侧边滩及漫滩段长475.9m,右侧史经滩漫滩和中堡岛边滩段长 450m(图 11.3.7)。

(2)二期下游横向土石围堰形式

二期下游横向土石围堰形式经过较长时间的设计分析及科学研究工作,在 1996 年招标设计中选定河床深槽段采用两侧石渣块石体,中间为砂砾石及风化砂堰体,单排塑性混凝土防渗墙(墙厚 1.1m)上接复合土工膜防渗心墙围堰形式。两岸漫滩段采用两侧石渣块石体中间为风化砂堰体,单排塑性混凝土防渗墙上接复合土工膜防渗心墙围堰形式。

(3)二期下游围堰断面结构及填料设计

1)围堰断面结构

①堰顶高程

(a)围堰设计挡水位

二期下游围堰为三级临时建筑物,设计挡水位按全年 2% 频率最大日平均流量79000m³/s,相应的下游水位 78.3m。

(b)波浪爬高及最大风速壅水面高度

最大波浪在堰坡上的爬高及最大风速时的壅水面高度为 2.06m。

(c)预留沉陷超高值

二期下游围堰深槽段堰体最大高度 65.5m,且高程 68m 以下堰体为水下抛填石渣及块石料和风化砂及砂砾石料,高程 68m 以上堰体填料分层碾压密实,经计算围堰堰体最大沉陷量为 124mm,围堰施工过程中的堰体沉陷量为总沉陷量的 80%～90%,拟定二期下游围堰预留沉陷超高值 0.4～0.6m。

(d)围堰顶高程

二期下游围堰设计挡水位 78.3m,计入最大波浪在堰坡的爬高及最大风速壅水面高度2.06m,和安全超高 0.7m,拟定堰顶高程 81.5m。

②堰顶宽度

二期下游围堰主要考虑交通和围堰度汛抢险车辆通行要求,拟定堰顶宽度 15.0m。

③围堰断面结构

二期下游围堰断面结构(图 11.3.11)为两侧高程 68m 石渣混合料及石渣堤,上游侧为截流戗堤,堤顶宽 25m,上、下游边坡均为 1:1.5;下游石渣混合料及石渣堤顶宽 10m,上、下游边坡均为 1:1.5。两石渣堤之间高程 40m 以下平抛砂砾石料,高程 40m 以上为水下抛填风化砂;在上游侧截流戗堤与风化砂之间设一层顶宽 5m 的过渡料。堰体高程 68m 以上至80.5m 在围堰轴线两侧各 5m 范围为风化砂,其余部位为石渣混合料;高程 80.5m 至81.5m

为石渣料。围堰高程 68m 至 81.5m 下游坡为 1∶2.5,干砌块石护坡;上游坡为 1∶2。

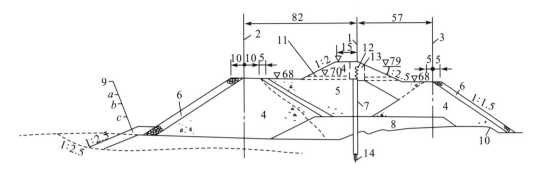

1—围堰轴线;2—上游戗堤轴线;3—下游戗堤轴线;4—石渣混合料;5—风化砂;6—石渣;7—防渗墙;8—平抛垫底;9—背水侧压坡体(a.石渣、b.砂卵石料、c.水工织物);10—地面线;11—防渗墙施工平台;12—土工膜;13—风化砂;14—帷幕灌浆

图 11.3.11　二期下游围堰断面图

防渗墙布置在靠堰顶下游侧,其中心线位于围堰轴线,墙顶高程 70～79m,高程 70m 以上接土工合成材料防渗心墙。防渗墙底嵌入基岩弱风化岩体 1.0m,墙底透水岩体采用帷幕灌浆防渗处理。

2)围堰堰体分区填料设计

二期下游围堰堰体填筑材料由风化砂、砂砾石、石渣、石渣混合料、块石、过渡料、垫层料组成。

①风化砂

风化砂料用于堰体两侧高程 68m 以下石渣块石堤中间高程 40m 以上水下抛填部位和高程 68m 以上防渗心墙两侧各 5m 部位。风化砂料分为水上和水下两部分,其技术指标及要求同二期上游围堰。

②石渣料

石渣料用于堰体上游侧高程 68m 截流戗堤的上游侧顶宽 10m 和堰体下游侧高程 68m 石渣块石堤的下游侧顶宽 5m 的水下抛填部位。石渣料的技术指标及要求同二期上游围堰。

③石渣混合料

石渣混合料用于堰体上游侧高程 68m 截流戗堤的下游侧顶宽 10m 和堰体下游侧高程 68m 石渣块石堤的上游侧顶宽 5m 的水下抛填部位以及堰体 68m 以上中部风化砂两侧压坡部位,分为水上和水下两部分,其技术指标及要求同二期上游围堰。

④过渡料

过渡料用于堰体风化砂与截流戗堤之间水下抛填部位,采用一层顶宽 5m、5～40mm 级配碎石或 5～40mm 粒径含量占 60％的砂砾石料。其技术指标及要求同二期上游围堰。

⑤砂砾石料

砂砾石料用于围堰下游侧截流戗堤平抛垫底与河床接触部位及围堰背水坡脚压坡石渣

与基础淤砂相接部位、堰体两侧高程 68m 石渣块石堤中间平抛高程 40m 以下部位。砂砾石料分水上、水下两部分,其技术指标及要求同二期上游围堰。

⑥垫层料

垫层料用于围堰迎水坡护坡块石下部垫层和堰顶路面。其技术指标及要求同二期上游围堰。

⑦块石

块石料用于截流戗堤和围堰防冲及护坡块石结构部位。分为水上、水下两部分,其技术指标及要求同二期上游围堰。

3)围堰稳定分析

①计算断面

选用河床深槽部位塑性混凝土防渗墙上接土工合成材料防渗心墙围堰断面。

②计算方法及计算参数。

(a)计算方法

围堰边坡稳定分析参照《土石坝设计规范》,按瑞典圆弧法和简化毕肖普法公式进行计算。设计采用中国水利水电科学院编制的《STAB》软件,计算过程中,对围堰断面进行适当的简化。

(b)计算参数

围堰稳定分析计算参数采用长江科学院提供的"长江三峡工程二期围堰填料土工试验报告"成果,见表 11.3.10。

③计算假定

(a)计算中不考虑围堰中部塑性混凝土防渗墙对边坡稳定的影响。

(b)围堰高程 68m 以上的迎水边坡干砌块石护坡未计入。

(c)各种工况下的围堰渗流浸润线按渗流计算成果取用。

④计算工况

正常工况:围堰挡水位 78.3m,背水侧基坑各级水位;堰体浸润线按稳定渗流期控制;迎水侧水位及背水侧水位骤降按每天降 1~2m,渗流按非稳定条件。

⑤计算成果分析

二期下游围堰边坡稳定安全系数计算结果:迎水坡稳定安全系数 1.52,背水坡安全系数 1.34,均大于规范要求,表明二期下游围堰在施工期和运行期的边坡稳定均满足要求。

11.3.2.4　二期上下游横向土石围堰填筑材料的试验研究

二期上下游围堰填筑材料主要利用坝址两岸建筑物基础开挖的闪云斜长花岗岩全、强风化壳的风化砂和弱风化及微新岩石爆破的块石料及石渣料混杂组成的石渣混合料。鉴于围堰填料大部分利用开挖的弃料,其风化砂及石渣混合料中的级配及粒径变化较大,其特性变化也大。为此,针对深水围堰填筑材料,长江科学院进行了大量试验研究工作,并取得一些突破性成果。

(1)风化砂的物理性质和压实性质

1)风化砂的物理性质

风化砂系三峡坝址两岸前震旦纪闪云斜长花岗岩风化壳中的全、强风化层的开挖料。风化层的天然结构紧密,天然干容重为 $1.62\sim2.00t/m^3$,平均干容重 $1.82t/m^3$,天然含水量为 $5\%\sim11\%$,平均含水量 8.6%。风化砂颗料易破碎,不同的粒径分析方法会有不同的结果,但单纯的浸泡对级配的变化影响不大。坝址两岸全、强风化层最大厚度约 40m,风化砂的级配为上部略细,下部略粗,但总的变化不大,所有颗粒级配曲线分布在较窄长的范围之内,见图 11.3.12。

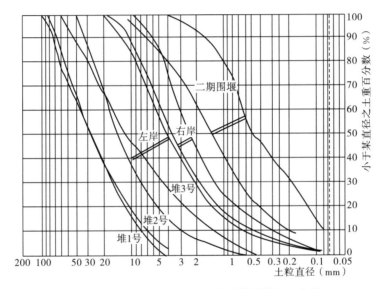

图 11.3.12　二期上下游围堰各种填料的级配曲线

从图 11.3.12 中可见,风化砂的 P_5(大于 5mm 颗粒含量平均值):左岸料场为 59%,右岸料场为 27%,不均匀系数 $7\sim8$。工程初期对左岸临时船闸和右岸导流明渠开挖料进行测试,求得左岸为 47%,右岸为 34%,不均匀系数为 $7\sim10$。一般说来,$P_5=30\%\sim60\%$ 为代表性的级配。坝址两岸的风化砂料场虽有多处,级配也有差别,但它们的性质均相似。

2)风化砂的压实性质

风化砂的压实性用大型击实试验、振动压实等多种方法,以及一期围堰的现场测定等进行了研究。结果表明,不论击实还是重力静荷载下,风化砂均易于压实。最大击实干容重可达 $2.14t/m^3$,一般为 $1.9\sim2.0t/m^3$。在压实功能 $250kJ/m^3$ 至 $1380kJ/m^3$ 范围内,干容重几乎随压实功能而直线增长,故施工中宜采用较重的压实机械。风化砂的最优含水量约为 10%,接近天然状态。一期围堰干填风化砂的现场实测干容重变化在 $1.62\sim2.23t/m^3$,平均为 $1.87t/m^3$。由于测试方法的关系(部分为钻孔取样),成果可能略为偏大,故建议设计值时应取偏于安全的值。

3)风化砂的力学性质

①抗剪强度特性

风化砂的抗剪强度基本符合摩尔—库仑的线性关系,在较高侧压力(0.5~0.8MPa)作用下,强度包线略呈下弯,强度指标一般为 $\varphi' = 30°30 \sim 37°42$,平均 $34°30$,C' 值为 $12.5 \sim 55$kPa。对不同的 P_5(从 20% 至 80%)试验表明,强度随 P_5 的增大而变化,在 P_5 为 60% 时达最大值。应力路程对强度的影响表现在经过 4~6 次加卸荷循环后,三轴试验内摩擦角指标有所提高(2°左右)。应力状态的差别对强度也有影响,平面应变状态指标比轴对称状态指标高 5°~8°。因此按常规三轴试验提出的设计参数偏于安全。

②变形特性

风化砂的变形特性对围堰的工作性状有很大影响。风化砂基本上为应变硬化材料,应力与应变曲线形状与试样起始密度有关。当干容重小于 1.75t/m³ 时,曲线没有峰值。当密度较高时,在应变 10% 左右会出现峰值,但应变软化现象不明显。影响风化砂变形特性的因素有:(a)压缩模量随密度提高而增大;(b)初始切线模量 E_i 与围压 δ_3,压缩模量 E_s 与压应力 P 两者之间,在双对数坐标系中可视为直线,且模量随应力的提高而增大;(c)填土的饱水对模量有很大影响;(d)风化砂在填土荷重作用下将进一步变密实,例如起始干容重为 1.4t/m³ 的风化砂,在上部压应力达 1.0MPa 时,干容重可达 1.82t/m³;当压力达 4.0MPa 时,干容重可达 2.0t/m³。

4)风化砂的本构模型及参数

在深水围堰填料研究中,围堰填料的本构关系选用邓肯—张(Duncan-Zhang)的非线性弹性数学模型 $E-\mu$ 和 $E-B$ 两种模型。对比两者结果表明,$E-\mu$ 模型更符合三峡工程二期围堰风化砂填料的性状,因此,设计计算引用的成果均以 $E-\mu$ 模型为主。风化砂的 $E-\mu$ 模型参数具有下面的规律性:

①虽然风化砂的模型参数与其粗粒含量和级配有关,但影响风化砂模型参数的主要因素是初始密度。综合不同试样的模型参数对围堰的应力应变分析将更有意义。

②风化砂的 E-B 模型参数与起始密度的对应关系如图 11.3.13、图 11.3.14、图 11.3.15 所示,虽然由于试样本身性质的差别,试验成果有一些离散现象,但与密度的关系仍然是非常明确的。鉴于风化砂的起始密度较低,$E-\mu$ 模型参数与起始密度的关系比较有规律性,$E-\mu$ 模型更适合风化砂。

(a)风化砂弹性模量数 K 和体积模量数 K_b 以及黏着力 c' 与起始干容重 ρ_d 近似符合双曲线关系,均随 ρ_d 增大而增加,而基本上又以 $\rho_d = 1.65$t/m³ 为界有明显的区别,当 $\rho_d = 1.4 \sim 1.65$t/m³,K、K_b、c' 的增长量较小,当 $\rho_d > 1.65$t/m³,其增加梯度显著变大。

(b)风化砂弹性模量指数 n 和体积模量指数 m 与 ρ_d 之间可近似地视为线性关系,并随 ρ_d 增加而减小。当 $\rho_d = 1.4 \sim 1.9$t/m³ 时,$n = 0.6 \sim 0.3$,$m = 0.7 \sim 0.2$。

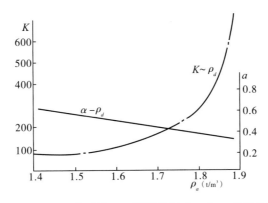

图 11.3.13　风化砂的 E-B 模型参数 K、α 与 ρ_d 关系曲线

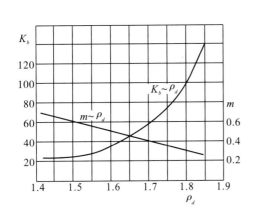

图 11.3.14　风化砂的 E-B 模型参数 K_b、
m 与 ρ_d 关系曲线

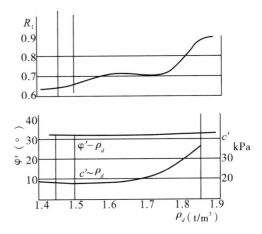

图 11.3.15　风化砂的 E-B 模型参数 c'、φ、
R_1 与 ρ_d 关系曲线

③不同 ρ_d 的风化砂，内摩擦角 φ' 均分布在 35°线附近两边，且离散性较小，随 ρ_d 增大而略有增加。

风化砂的邓肯 $E\text{-}\mu$ 和 $E\text{-}B$ 模型参数见表 11.3.11，设计采用 $E\text{-}\mu$ 模型参数。

（2）石渣料的物理和力学性质试验

在深水围堰填料中，除风化砂外，石渣料、堆石料和过渡料的物理力学性质比较接近，三峡工程二期围堰采用大型机械化施工，三种填料的材质差异亦不大，从土力学概念出发，堆石料和过渡料的力学特性应优于石渣料，因此，试验重点为石渣料，而堆石料和过渡料的物理力学指标可参考石渣料的有关试验成果。

表 11.3.11　风化砂物理、力学指标及邓肯—张模型参数

序号	试件编号	试样名	颗粒尺寸(mm)				不均匀系数	曲率系数	P_5 %	干容重 ρ_d t/m³	$E\text{-}B$ 和 $E\text{-}\mu$ 模型参数											备注
			D_{60}	D_{50}	D_{30}	D_{10}					应力σ范围(MPa)	c'(kPa)	φ(°)	R_f	K	n	K_b	m	D	G	F	
1	SX01		2.70	2.05	0.98	0.215	12.56	1.654	12	1.79	0.1~0.4	36.4	37.4	0.73	272	0.34	82	0.32				
2	SX02		2.70	2.05	0.98	0.215	12.56	1.654	12	1.49	0.1~0.4	14.0	34.6	0.64	77	0.51	23	0.55				
3	SX03		2.70	2.05	0.98	0.215	12.56	1.654	12	1.75	0.2~0.8	31.2	37.7	0.71	261	0.36	62	0.47				
4	SX04	左岸 I#	5.80	4.34	2.40	0.50	11.6	1.986	45	1.89	0.2~0.6	39.4	37.1	0.91	845	0.26	575	-0.31				
5	SX05	右岸 I#	3.20	2.35	1.14	0.29	11.0	1.40	23	1.79	0.1~0.4	23.2	33.7	0.77	281	0.48	109	0.29	4.0	0.345	0.143	深 0~4.5m
6	SX06	右岸 II#	5.8	4.70	2.70	0.90	6.4	1.396	46	1.79	0.1~0.4	27.6	35.2	0.75	290	0.27	123	-0.08	6.8	0.221	0.120	深 4.5~9m
7	SX07	左-中-5							40	1.635	0.2~0.4	2.60	33.7	0.73	85	0.70	19	1.03	4.03	0.172	0.07	
8	SX08	右-中-5							40	1.635	0.2~0.4	20.3	31.5	0.69	107	0.33	24	0.51	3.53	0.172	0.067	作饱和
9	SX09	右-中-7							40	1.842	0.2~0.4	29.0	32.2	0.85	359	0.23	90	0.13	2.64	0.350	0.196	
10	SX10	左-中-7							60	1.827	0.2~0.4	34.0	34.9	0.91	635	0.34	218	-0.23	2.46	0.43	0.220	
11	SX11								30	1.69	0.1~0.4	12.6	38.6	0.72	185	0.47	68	0.44	4.50	0.27	0.165	
12	SX12								30	1.60	0.1~0.4	23.7	37.0	0.74	144	0.73	56	0.43	3.75	0.24	0.195	

1)石渣料的物理性质和压实性质

石渣料为坝址两岸开挖花岗岩弱风化层及微新岩层爆破料,试验选用三种级配料(图 11.3.16)进行排水固结剪切试验,其中堆 1 号料选用粒径 25～400mm 粒组经相似法处理后制备的试料;堆 3 号料的料源与堆 1 号料一致,相当于全料相似级配料;堆 2 号料夹杂了一定数量的强风化料。三种料的不均匀系数分别为 4.5、5.1、13.1,表明堆 1 号、堆 2 号料颗粒比较均匀,不易密实,堆 3 号料级配良好。经击实试验,堆 2 号料的最大干容重为 2.09t/m³(单位体积击实功能为 2740kJ/m³)。石渣料的比重为 2.77。

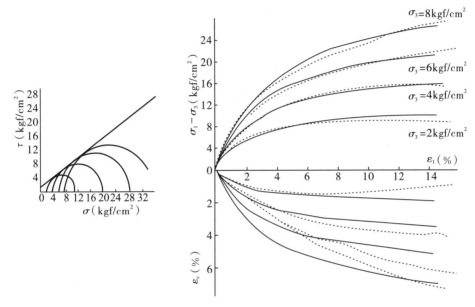

图 11.3.16　石渣料($\rho_d = 1.77$t/m³)三轴试验与 E-B 模型拟合曲线

2)石渣料的变形和强度特性

采用中型三轴仪($\Phi = 300$mm)和中型平面应变仪(200mm×400mm×400mm)和大型三轴仪($\Phi = 500$mm)对三峡围堰石渣料共进行 6 组固结排水剪切试验,其中 4 组试验典型成果如图 11.3.17 所示,可以看出石渣料的变形和强度具有下述特性:

①石渣料的强度包线基本符合库仑的线性关系,强度指标与料的级配、风化程度、起始密度及应力状态有关。比较表 11.3.12 中 3 组三轴试验成果可以看出,试样级配越好,风化程度越弱、起始密度越高,其 φ' 值越大;但 c' 变幅却越小,介于 91.2～111kPa。关于粗粒料 c' 值力学意义,很多文章均曾述及,即颗粒间的咬合作用。对于石渣料,其 c' 值较高,在数值分析中不宜忽略。比较试样 3 与试样 4,两者的物理指标完全一致,可以看出,平面应变条件下的强度指标比三轴试验得到的指标要大,表明散体材料的抗剪强度与主应力有关。

②石渣料的应力应变关系与其级配和起始干容重等有关。级配良好,起始干容重越高的石渣料具有应变软化特性,有一定的剪胀性;相反,ρ_d 值小于 1.91t/m³ 的石渣料具有应变硬化特性,然而峰值前的应力应变关系均基本符合双曲线模式,且试验成果与 E-B 模型拟合

曲线吻合较好(见图 11.3.17)。

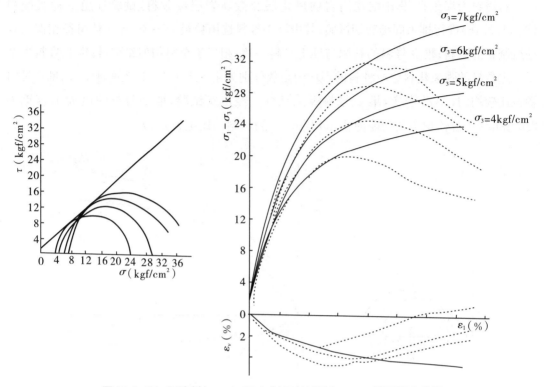

图 11.3.17 石渣料($\rho_d = 1.97t/m^3$)三轴试验与 E—B 模型拟合曲线

③在三轴条件下,干容重为 $1.91\sim1.97t/m^3$ 的石渣料,弹性模量数 $K=535\sim719$,弹性模量指数 $n=0.34\sim0.35$,体积模量数 $K_b=116\sim123$,体积模量指数 $m=0.26\sim0.89$。根据前文所述的石渣料的基本性质,建议石渣料的模型参数依水下的抛填密度 $\rho_d=1.95t/m^3$ 作为取值依据,是可行的。

④比较试样 3 与试样 4,平面应变条件下的石渣料的强度和刚度均大于三轴试验成果。

(3)石渣料的本构模型参数

石渣料的非线性弹性数学模型选用邓肯—张(Duncan-Zhang)的 E-μ 和 E-B 两种模型,其模型参数见表 11.3.12,设计采用 E-μ 模型参数。

(4)混合料的物理和力学性质试验

1)混合料的压实性

混合料为风化砂和石渣的混合料。风化砂中掺入不同比例的弱风化碎石形成的混合料压实试验结果表明,弱风化碎石掺入量为 60% 最优,混合料的压实性优于天然风化砂。如风化砂的最大干容重为 $1.89\sim2.00t/m^3$,相同条件下,混合料的干容重峰值为 $2.10t/m^3$,最小干容重亦比天然风化砂大。

2)混合料的强度和变形特性

　　长江科学院对混合料进行三轴剪切试验 21 组(其中固结排水试验 11 组,固结不排水试验 10 组),平面应变试验 3 组以及物理性质、压实性质等方面的试验。其中 10 组混合料固结排水试验典型成果如图 11.3.18 所示。

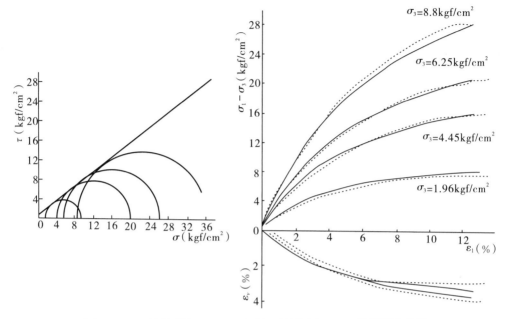

图 11.3.18　石渣料($\rho_d = 1.97\text{t/m}^3$)三轴试验与 E—B 模型拟合曲线

　　从以上成果可以得到如下规律:

　　①混合料仍属于一种应变硬化型材料,剪切过程中,很少出现剪胀性,应力应变关系基本符合双曲线形式。

　　②混合料的 E-B 模型参数不仅与初始干密度有关,而且与弱风料所占的比例密切相关。给出的 10 组成果中,混合料的掺法有两种,其一,将风化砂粒径小于 5mm 的部分掺 5～80mm 的弱风化碎石;其二,将全级配风化砂掺 5～80mm 的碎石。表 11.3.13 中前 6 组试样是根据第一种方法制备的,后 4 种是根据第二种方法制备的。为了统一,均以粒径大于 5mm 含量 P_5 值作为讨论的依据。

　　③图 11.3.19 给出了混合料的强度指标 c',φ' 值,可以看出:(a)混合料的抗剪强度比风化砂的强度高,两者 φ' 的平均值的差值 2°～3°,c' 值的差别更加明显;(b)P_5 值(基本代表风化料的含量)明显影响混合料的强度,φ' 随 P_5 增加而提高,而 c' 值除 $P_5 = 75\%$ 组之外,规律是随 P_5 增加而减小。以上成果反映了土料颗粒强度、密度、级配对散粒材料的影响,亦表明风化砂中掺入一定数量的弱风化碎石对提高填料的强度有一定的作用。

表 11.3.12　石渣料物理、力学指标及邓肯—张模型参数表

序号	试件编号	试样名	颗粒尺寸(mm)				不均匀系数	曲率系数	P_5 (%)	干容重 ρ_d (t/m³)	应力 σ_3 范围(MPa)	试样尺寸 (mm)	c' kPa	φ' (°)	R_f	K	n	K_b	m	D	G	F
			D60	D50	D30	D10														E-B 和 E-I 模型参数		
1	SX26	堆1#	36	29	17	8	4.5	1.003	100	1.77	0.2~0.8	Φ=300	91.2	37.2	0.82	412	0.34	235	−0.28	2.7	0.41	0.30
2	SX27	堆2#	37	28.6	15.5	7.25	5.1	0.896	95.7	1.91	0.2~0.6	Φ=500	111	34.3	0.89	535	0.35	123	0.26			
3	SX28	堆3#	17	11.8	5.0	1.3	13.1	1.131	70	1.97	0.4~0.7	Φ=300	103.3	42.0	0.71	719	0.34	116	0.89			
4	SX29	堆4#	17	11.8	5.0	1.3	13.1	1.131	70	1.97	0.4~0.7	平面应变 200×100×100	288.3	43.4	0.61	760	0.10	400	0.01			

表 11.3.13　混合料物理、力学指标及邓肯—张模型参数表

序号	试件编号	试样名	混合方法	颗粒尺寸(mm)				不均匀系数	曲率系数	P_5 (%)	干容重 ρ_d (t/m³)	应力 σ_3 范围(MPa)	试样尺寸 (mm)	c' (kPa)	φ' (°)	R_f	K	n	K_b	m	D	G	F
				D60	D50	D30	D10														E-B 和 E-I 模型参数		
1	SX15	混3#	粒径大于5mm的风化砂掺5~80mm的弱弱风化石	9.0						45	1.94	0.2~0.9	Φ=300	47.1	36.9	0.68	173	0.58	47	0.74	2.68	0.283	0.058
2	SX16	混4#		9.0						45	1.84	0.2~0.8	Φ=500	32.4	36.5	0.68	121	0.73	32	0.87	3.10	0.28	0.20
3	SX17	混5#		21.0	10.5	0.9				60	2.00	0.4~0.8	Φ=300	50.6	37.3	0.79	521	0.14	53	0.75	2.56	0.328	0.088
4	SX18	混6#		21.0	10.5	0.9				60	1.85	0.2~0.8	Φ=300	31.5	38.6	0.65	170	0.51	44	0.66	3.40	0.224	0.063
5	SX19	混7#		30.0	21.0	6.5	0.4	75	3.52	75	2.01	0.2~0.8	Φ=300	86.4	38.9	0.78	643	0.21	190	0.11	3.13	0.420	0.242
6	SX20	混8#		30.0	21.0	6.5	0.4	75	3.52	75	1.89	0.2~0.8	Φ=300	78.9	37.9	0.68	285	0.29	94	0.25	3.60	0.310	0.190
7	SX21		风化砂50%+弱风化碎石50%							82.5	1.97	0.2~0.4	Φ=300	34.4	39.2	0.90	1168	0.22	224	0.08			
8	SX22									82.5	1.70	0.2~0.8	Φ=300	0.0	40.1	0.59	68	0.96	27	0.82	5.50	0.731	0.08
9	SX23									82.5	1.873	0.2~0.6	Φ=300	15.1	39.5	0.69	176	0.55	54	0.43	8.7	0.158	0.128
10	SX24		风化砂65%+弱风化碎石35%							75.0	1.86	0.2~0.6	Φ=300	19.9	39.0	0.69	159	0.64	59	0.41	6.20	0.204	0.20

④混合料的模型参数,弹性模量数 k、弹性模量指数 n 与密度、P_5 值的相关曲线如图 11.3.20 所示,K、n 与干容重、粗粒含量 P_5 值间具有非常明确的变化规律:(a)参数 K 随起始干容重 ρ_d 增加而增大且增大的梯度随干容重增大而变大,参数 n 随干容重增加而减小,和前所述的风化砂变化规律类似;(b)参数 K 随 P_5 值增加而增大,参数 n 随 P_5 值亦有变化;(c)风化砂的 K 值介于 $P_5=45\%$ 和 $P_5=60\%$ 的混合料处于同等相对密度下的 K 数之间,而混合料与风化砂参数 n 的关系是:密实的风化砂 n 值比密实的混合料 n 值大,松散的风化砂 n 值比松散的混合料 n 值小,中密或稍密状态两者的 n 值比较接近,可见掺入弱风化碎石将能够改善填料的压实性能与力学性能,使围堰的变形量减小。其机理是碎石起到骨架作用,且孔隙部分被风化砂所填充。

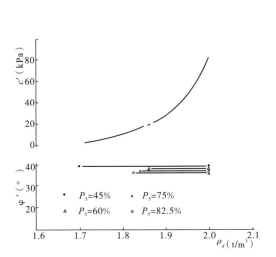 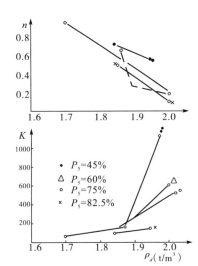

图 11.3.19　混合料 c'、φ' 与 ρ_d 关系曲线　　图 11.3.20　混合料 E-B 模型参数 K、n 与 ρ_d 关系曲线

混合料的强度介于风化砂与石渣之间,但更接近于风化砂,应力应变关系也近似于风化砂。当混合料中风化砂达到 50% 以上时其力学性质可用风化砂的成果。

3)混合料的本构模型参数

混合料的非线性弹性模型选用邓肯—张(Duncan-Zhang)的 E-μ 和 E-B 两种模型,其模型参数见表 11.3.13,设计采用 E-μ 模型参数。

11.3.2.5　二期上游横向土石围堰堰体及堰基防渗设计

(1)二期上游横向土石围堰防渗体结构形式及布置

二期上游横向土石围堰堰体及堰基防渗体依据堰体填料及堰体覆盖层特性选用不同的防渗结构形式。

1)左接头段高压旋喷灌浆防渗墙

二期上游横向土石围堰桩号 $0+000$ 至 $0+150.9$ 轴线长 150.9m 为左接头段,该段堰体及堰基防渗体采用高压旋喷灌浆防渗墙上接复合土工膜防渗心墙结构形式,高压旋喷灌浆防渗墙底透水基岩采用帷幕灌浆防渗处理。

2)左岸接头外延段防渗结构形式

二期上游横向土石围堰桩号 0+000 至 0-248.558 段长 248.558m,为围堰左岸接头外延段,为防止临时船闸上航道江水沿苏家坳沟底覆盖层透水渗入二期基坑,防渗体向左岸下游延伸,顺苏覃一路向下游跨过苏家坳沟接至大坝左岸非溢流坝左非 12 号坝段上游的山体,此段地面高程 90～115m,开挖清理至堰顶高程 88.5m 后,基础防渗采用高压旋喷灌浆防渗墙下接帷幕灌浆防渗处理。桩号 0+000 至 0-095.72 段长 95.72m,山体高程 90m 以下岩体透水率 $q<10Lu$,未作防渗处理;桩号 0-95.72 至 0-146.456 段长 50.736m,山体高程 90m 以下岩体透水率 $q>10Lu$,采用帷幕灌浆防渗处理;桩号 0-146.456 至 0-248.558 段长 102.102m,为苏家坳沟底段,采用高压旋喷灌浆防渗墙下接帷幕灌浆防渗处理。

3)河床段单排塑性混凝土防渗墙

二期上游横向土石围堰桩号 0+146.1 至 0+453.225 段长 307.125m 和围堰桩号 0+620.325 至 1+138.454 段长 518.129m 堰体及堰基防渗体采用单排塑性混凝土防渗墙上接复合土工膜防渗心墙结构形式,墙底透水岩体采用帷幕灌浆防渗处理。

4)河床深槽段双排塑性混凝土防渗墙

二期上游横向土石围堰桩号 0+453.5 至 0+616.5 段长 163m 堰体及堰基防渗体采用二排塑性混凝土防渗墙上接复合土工膜防渗心墙结构形式,墙底透水岩体采用帷幕灌浆防渗处理。

5)围堰两岸防渗接头形式

①围堰在左岸接头防渗形式

二期上游横向土石围堰左岸与天然河床岸坡相接,在围堰桩号 0+000 至 0+005 将岸坡开挖至基岩弱风化岩体,现浇混凝土刺墙,墙顶高程 79.0m,高 5m,宽 2m,沿围堰轴线长 5m,在刺墙右端预留半径 0.4 的半圆形槽孔,与高压旋喷灌浆防渗墙相接。刺墙混凝土标号 $R_{28}100$ 号,刺墙两侧回填风化砂,墙顶上接复合土工膜至高程 86.2m。

②围堰右接头防渗形式

二期上游横向土石围堰防渗墙右端与纵向混凝土围堰相接。参照葛洲坝工程大江上游围堰混凝土防渗墙与纵向围堰接头设计、施工及运行的成功经验,采用钢板桩刺墙接头形式以适应防渗墙挡水后变形。该种接头形式是在纵向围堰内预埋 1 块一字形钢板桩(宽400mm)伸出混凝土面 1.0cm,再伸出 3 块一字形钢板桩墙与埋入现浇混凝土刺墙的一块一字形钢板桩相连,使防渗墙与纵向混凝土围堰之间用可以转动锁口的一字形钢板桩墙连接。现浇混凝土刺墙沿围堰轴线长 2.8m(高程 67.5m 以下轴线长 3.2m),建基岩面高程 62.4m,基岩为花岗岩弱风化岩石。混凝土刺墙高程 67.5m 以下底宽 4.0m,高程 67.5m 至墙顶高程 87.5m,宽 2.0m。混凝土刺墙顶高程 87.5m,左端预留半径 0.5m 的半圆形槽孔,以便与冲击钻造孔防渗墙相接,刺墙混凝土标号为 $R_{28}150^{\#}$。

(2)高压喷射灌浆防渗墙设计

1)左接头段高压旋喷灌浆防渗墙

①左接头段堰基地质条件

二期上游横向土石围堰桩号 0+000 至 0+150.9 长 150.9m 为左岸接头段,堰基原地面高程 74.0～56.0m,从岸边向河床递降,基础覆盖层厚 2.0～9.0m,上部为一层厚度不等的新淤砂,靠岸边新淤砂厚 0.2～1.0m,向河床中部淤砂逐渐增厚,桩号 0+124 至 0+159.9 段新淤砂厚 6.0～7.0m;覆盖层下部为冲积卵石层,靠岸边含漂石层,厚 0.5～1.0m,桩号 0+090 至 0+125.0 段有残积块球体。基岩为花岗岩,强风化带从岸边向河床呈两端厚、中间薄的分布状态,左、右端最大厚度分别为 13.0m 和 10.0m,桩号 0+090 至 0+125 段基岩有较厚的风化团块球体;弱风化线左端平缓,桩号 0+125 以右呈近 30°坡下伏,桩号 0+80 至 0+82.4 段有一近 80°的弱风化岩陡坎,0+087 附近有一断层破碎带深槽。

②高压旋喷灌浆防渗墙设计主要技术指标

左接头段围堰高压旋喷灌浆施工平台高程 79m,高压旋喷灌浆防渗墙深度 10～32m,墙厚度不小于 100cm,墙底部嵌入强风化岩体 2.0m。

高压旋喷灌浆防渗墙采用双排旋喷灌浆孔,双排孔在围堰轴线两侧各 0.5m,排距 1.0m,孔距 0.8m,梅花形布孔。防渗体抗压强度 $R_{28}=3\sim4$MPa,抗折强度 $T_{28}>1.5$MPa,初始切线模量 $E_0=400\sim1000$MPa,渗透比降 $J>80$,防渗墙体渗透系数 $K_{20}=i\times10^{-5}\sim10^{-6}$cm/s。

③高压旋喷灌浆施工主要技术参数

二期上游横向土石围堰左接头段堰体及堰基防渗高压喷射灌浆采用二管法和新三管法,其施工主要技术参数见表 11.3.14、表 11.3.15。

表 11.3.14　　　　　　　　　高压旋喷灌浆施工主要参数表

工法	浆压 (MPa)	水压 (MPa)	气压 (MPa)	浆量 (L/min)	气量 (m³/min)	转速 r/min	浆液 水灰比	备注
二管法	40～50		1～1.7	198～201	10～17	15～20	1∶1～0.8∶1	弱风化岩层浆压 为 20～30MPa
新三管法	38～41	30～40	0.8～1.5	80～105	0.8～1.2	6～20	0.8∶1～0.9∶1	

表 11.3.15　　　　　　　　　高压旋喷杆提升速度

工法	0.8m		1.0m		1.2m	
	二管法	新三管法	二管法	新三管法	二管法	新三管法
回填风化砂、全风化岩层	30	9—13	25	8—11	20	6～9
砂卵石层、块球体、强风化岩层	25	8～11	20	6—9	20	4～7
弱风化岩层	30	9—13	30	8—11	20	6～9

高压旋喷灌浆施工程序:先下游排,再上游排,每排分二序旋喷。高喷材料为 425# 普通硅酸盐水泥,水灰比 0.8∶1～1∶1。高喷钻孔孔径应与高喷管径相匹配,采用直径 110～160mm。钻孔孔斜率控制不大于 1.0%。

2)左岸接头外延段高压喷射灌浆防渗墙

①桩号 0－095.72 至 0－146.456 段

左岸接头外延段桩号 0－095.72 至 0－146.456 段长 50.736m,该段原地面高程 90～110m,岩面弱风化顶板高程 72m 左右,其上为强风化、全风化层或覆盖层。按要求清理开挖至堰顶高程 88.5m 后,沿防渗轴线自地表开挖宽 2.0m、深 1.0m 浅槽,并浇筑混凝土(150$^#$)压浆板,浇混凝土时沿轴线按 1.5m 孔距埋设孔口管。混凝土板以下若为强风化层可直接进行帷幕灌浆,若为全风化或覆盖层可先按 0.75m 桩距作高压旋喷灌浆至强风化顶板以下 1.0m 后再自强风化顶板开始作帷幕灌浆,帷幕灌浆底线高程为 71.3m。后由于施工单位在浇筑混凝土压浆板后已先施工完帷幕灌浆,为了使上部高压旋喷灌浆防渗墙与已施工完的灌浆帷幕很好地搭接,采用如下措施处理:(a)高压旋喷灌浆孔孔距 0.75m,孔位为原帷幕灌浆孔位及在两帷幕灌浆孔中间加一高喷孔。(b)帷幕灌浆孔位作高压旋喷灌浆孔位的孔,沿原孔拔出埋管及扫孔,并要求将孔中水泥结石体全部扫出。如原埋管无法拔出,可沿轴线在该灌浆孔以左 10～15cm 处开孔,孔深要求同时满足的条件为:深入帷幕灌浆起始高程线下 1.0m,并深入强风化顶板线以下 1.0m;帷幕灌浆孔中间的高压旋喷灌浆孔必须深入强风化顶板线以下 1.0m,并同时满足深入帷幕起始线以下 1.0m 要求。

②桩号 0－146.456 至 0－248.558 段

右岸接头外延段桩号 0－146.456 至 0－248.558 段长 102.102m,此段为苏家坳沟部位,原沟底高程 75m,其上为回填层,其下弱风化顶板高程为 65m。临时船闸于 1998 年 5 月投入运行后,上航道江水通过左岸接头至左非 12 号坝段上游山体向二期基坑渗漏,若不采取防渗措施,计算最大渗漏量为 202m^3/s,渗水量的 80% 通过苏家坳沟渗漏,且对此段堰体渗透稳定性不利。经反复研究,确定苏家坳沟地段采用高压旋喷灌浆防渗墙。

(a)桩号 0－146.456 至 0－165.500m 和 0－219.000 至 0－248.558m 段采用单排高压旋喷与摆喷结合防渗墙下接单排摆喷防渗墙结构形式。单排旋摆结合灌浆自高程 86.2m 喷至强风化层顶板止,单排摆喷灌浆自强风化顶板喷至强风化顶板以下 5m 止(当强风化层厚度≥5m 时)或喷至弱风化顶板以下 0.5m 止(当强风化层厚度<5m 时)。单排高喷孔沿防渗轴线布置,孔距 1.0m。

(b)桩号 0－165.500 至 0－219.000 段采用双排旋喷与摆喷结合防渗墙下接双排摆喷防渗墙结构形式。双排旋喷与摆喷结合灌浆自高程 86.2m 喷至强风化顶板止,双排摆喷灌浆自强风化顶板喷至强风化顶板以下 5m 止(当强风化层厚度≥5m 时)或喷至弱风化顶板以下 0.5m 止(当强风化层厚度<5m 时)。双排高喷孔在防渗轴线两侧各 0.5m 平行于轴线布孔,孔距 1.0m。

③高喷防渗墙设计主要技术指标

(a)防渗墙厚度:单排摆喷墙厚度不小于 20cm,双排摆喷墙厚度不小于 40cm,单排旋喷与摆喷结合墙厚度不小于 20cm,双排旋喷与摆喷结合墙不小于 50cm。

(b)防渗墙体渗透系数 $K \leqslant i \times 10^{-5}$ cm/s。

(c)墙体允许渗透比降 $J \geqslant 80$。

④高喷灌浆施工主要技术参数

(a)新三管法:高压水压力 $P = 30 \sim 40\text{MPa}$;压缩气压力 $P = 0.8 \sim 1.5\text{MPa}$,气量 $0.8 \sim 1.2\text{m}^3/\text{min}$;浆压力 $P = 38 \sim 41\text{MPa}$,浆量 $80 \sim 105\text{L/min}$;喷杆提升速度 $8 \sim 11\text{cm/min}$(回填风化砂、全风化岩层)、$6 \sim 9\text{cm/min}$(砂卵石层、强风化岩层)。

(b)双管法:浆压力 $40 \sim 46\text{MPa}$,浆量 $198 \sim 201\text{L/min}$;气压力 $1 \sim 1.7\text{MPa}$,气量 $10 \sim 17\text{m}^3/\text{min}$;提升速度 25cm/min(回填风化砂、全风化岩层)、20cm/min(砂卵石层、块球体、强风化岩层)。

(c)摆喷角度:强风化岩层内摆喷,摆喷中心线与轴线夹角 $20°$,摆喷角度为 $30°$;强风化岩层以上部位的Ⅱ序孔沿轴线布孔,摆角 $45° \sim 70°$。

(d)旋喷灌浆旋转速度为 $8 \sim 10\text{r/min}$。

3)高压喷射灌浆防渗墙与塑性混凝土防渗墙接头形式

二期上游围堰左接头段堰体及堰基防渗采用双排高压旋喷灌浆防渗墙上接复合土工膜防渗心墙结构形式,高喷防渗墙与塑性混凝土防渗墙接头采用将塑性混凝土防渗墙伸入两排旋喷灌浆防渗墙中间,伸入长度 4.8m(桩号 $0+146.1$ 至 $0+150.9$)。

4)高压喷射灌浆防渗墙与复合土工膜接头形式

高压喷射灌浆防渗墙与复合土工膜接头形式采用将复合土工膜直接嵌入高喷防渗墙顶现浇盖帽混凝土内。高喷墙施工完成后,挖除顶部表层废料,浇筑混凝土(标号 $R_{28}150^{\#}$)盖帽,并将复合土工膜埋入混凝土 30cm。

(3)两排塑性混凝土防渗墙设计

1)地层条件

二期上游横向土石围堰河床深槽段(桩号 $0+453.5$ 至 $0+616.5$)河底高程 $22.0 \sim 35.0\text{m}$,最低高程 6.0m,覆盖层厚 $1.0 \sim 16.0\text{m}$,上部为新淤砂,层厚 $0 \sim 12.0\text{m}$,下部为冲积砂卵石、漂石层,厚度 $1.0 \sim 9.0\text{m}$,基岩为花岗岩弱风化及微风化岩石。深槽右侧基岩面为 $25° \sim 30°$ 的缓坡,左侧为高差 30m,倾角达 $80°$ 的陡岩。深槽段堰体下部为平抛砂砾石料,一般厚度 $2.0 \sim 10.0\text{m}$,最厚达 29.0m,其上为风化砂,一般厚度 $18.0 \sim 30.0\text{m}$,最厚达 35.0m。

2)两排防渗墙结构设计

①两排防渗墙厚度

二期上游横向土石围堰河床深槽段堰体及堰基防渗采用两排塑性混凝土防渗墙上接复合土工膜防渗心墙结构。两排防渗墙联合作用,分担水头。从理论上讲,两排墙厚度和材料一样,应各分担 $1/2$ 水头,但考虑两排墙的施工质量及墙底透水岩体帷幕灌浆质量有差异等因素,设计按两排墙各承担 $2/3$ 水头计算,每排墙承担水头 47.0m。塑性混凝土防渗墙允许渗透比降 $J > 80$,若按防渗墙设计挡水头和墙体允许渗透比降计算,防渗墙厚度 0.8m 可满足要求,考虑防渗墙最大高度达 74m,拟定两排防渗墙厚度均为 1.0m,套接处墙厚不小于 0.92m。

②两排防渗墙间距

两排防渗墙的间距主要考虑有利于两排墙联合作用,并视其防渗墙造孔地层成槽的可能性而定。两排墙间距小,对其联合作用有利,但距离太近,两墙之间的土体在造孔成槽过程中易坍塌,增加了成槽的难度。目前世界上已建的加拿大马尼克3号土坝,两排防渗墙中心间距3m,墙厚0.6m,我国长江葛洲坝工程大江上游围堰两排混凝土防渗墙中心间距3.5m,墙厚0.8m。鉴于三峡工程二期上游围堰两排塑性混凝土防渗墙在水中抛填的风化砂及砂砾石堰体中修建,造孔成槽难度较大,并考虑第一排防渗墙(上游墙)完建度汛挡水后,继续施工第二排防渗墙(下游墙),在满足上游墙度汛子堰布置及下游墙施工机械设备布置要求的前提下,尽量减小两排墙间距,经综合分析,确定两排防渗墙中心间距为6.0m。

③两排防渗墙顶高程

第一排防渗墙(上游墙)要求在5月上旬完建,按5月份5%频率最大日平均流量30100m³/s相应的上游水位71.05m,拟定防渗墙施工平台高程73.0m。在第一排防渗墙上游堰体加高度汛子堰应用加筋土结构技术,降低了防渗墙顶高程。第一排防渗墙顶高程73m上接复合土工膜至度汛子堰顶高程83.5m(挡5%频率洪水流量72300m³/s相应的上游水位82.3m)。为此,确定两排防渗墙顶高程均为73.0m。防渗墙顶上接复合土工膜至高程86.2m。

④两排防渗墙底嵌入基岩深度

国内已建土石坝混凝土防渗墙,墙底嵌入基岩深度0.5~1.0m。从防渗墙结构受力分析,墙底嵌入基岩0.5m,可假定防渗墙底端为铰接;若墙底嵌入基岩较深,防渗墙底为固端,使墙底部断面内力增加,从防渗墙造孔施工讲,造孔钻孔在坚硬岩石中钻进困难,成槽缓慢。从防渗墙运行情况看,墙底嵌入基岩0.5m,可满足防渗要求。鉴于二期上游围堰防渗墙挡水头高,为保证防渗墙底与基岩的连接质量,要求两排防渗墙底嵌入基岩弱风化岩石1.0m,位于深槽左侧陡岩部位防渗墙底嵌入基岩弱风化岩石深度不小于0.5m。防渗墙底透水岩体采用帷幕灌浆处理,要求灌浆深度至岩体透水率$q \leqslant 10Lu$。

⑤两排防渗墙结构加固措施

(a)两排防渗墙间设置横隔墙。

为增加两排防渗墙的刚度,在两墙设置6道横隔墙,布置在围堰桩号0+486、0+490、0+495、0+530、0+561、0+595。横隔墙厚1.0m,墙底接至基岩弱风化岩面。

实际实施5道横隔墙,分布桩号为0+486、0+495、0+530.7、0+561、0+595。

(b)两排防渗墙与单排防渗墙接头处设高压喷射灌浆桩加固。

两排防渗墙与单排防渗墙在围堰桩号0+452.225和0+621.325处相接,在两接头处分别增设3根旋喷灌浆桩(距第二排防渗墙中心线1.2m布置高喷桩,墙上游侧1根,下游侧2根)加固。

3)两排防渗墙墙体材料性能指标

二期上游横向土石围堰两排防渗墙墙体材料采用塑性混凝土,设计配合比见表11.3.16,主要技术招标:

抗压强度　$R_{28} \geqslant 4.0 \sim 5.0 \mathrm{MPa}$

抗折强度　$T_{28} \geqslant 1.5 \mathrm{MPa}$

初始切线模量　$E_0 = 700 \sim 1000 \mathrm{MPa}$

渗透系数　$K < 1 \times 10^{-7} \mathrm{cm/s}$

允许渗透比降　$J > 80$

表 11.3.16　　　　　　　　　塑性混凝土设计配合比

材料	水泥 (kg)	粉煤灰 (kg)	膨润土 (kg)	砂 (kg)	小石 5~20mm(kg)	木钙(‰)	DH9	水(kg)
掺量/m³	180	80	100	1341	72	9	0.027	282

注:木钙和引气剂 DH9 应配制成水溶液使用。

4)防渗墙顶上接复合土工膜

①复合土工膜主要技术指标

抗拉强度(径向、纬向)$\geqslant 20 \mathrm{kN/m}$;

主膜厚度$\geqslant 0.5 \mathrm{mm}$;

渗透系数 $K = 10^{-11} \sim 10^{-12} \mathrm{cm/s}$;

伸长率$W > 30\%$。

②复合土工膜要求

选用复合土工膜必须无毒,门幅宽不小于 2m,应选用两布一膜型,以降低两侧回填料的要求,有利于加快围堰进度。

③复合土工膜与防渗墙接头形式

混凝土防渗墙施工完成后,即挖除表层 0.5~1.0m 的不合格料,浇筑盖帽混凝土,将复合土工膜直接埋入盖帽混凝土内,埋入深度为 30cm。复合土工膜沿防渗墙轴线埋设,并在其与盖帽混凝土分界处嵌入沥青,以改善复合土工膜的受力条件。

(4)单排塑性混凝土防渗墙结构设计

1)地层条件

二期上游围堰河床深槽两侧为单排塑性混凝土防渗墙段,堰基位于河漫滩及一级阶地,左侧漫滩宽约 200m,地面高程 41~66m;右侧漫滩宽 266m,地面高程 41~68m。两漫滩河床覆盖层厚 2~13m,上部淤砂层厚 0~5m,局部厚达 12m;下部为残积架空块球体,层厚 2~6m,局部厚达 10m。基岩为花岗岩,左漫滩全风化层厚一般为 0~3m,局部达 15m;强风化层厚一般为 0~8m,局部达 12m;右漫滩全风化层厚 0~5m,强风化层厚 0~4m。堰体为水下抛填风化砂,厚度 5.0~32.0m。

2)单排防渗墙结构设计

①防渗墙厚度

二期上游围堰桩号 0+146.1 至 0+423.225 段长 277.125m 为河床左漫滩及一级阶地

部位,防渗墙高度15～25m,墙厚为0.8m,套接处厚度不小于0.7m。围堰桩号0+423.225至0+453.225段长30m靠近河床深槽,防渗墙高度大于30m,墙厚为1.0m,套接处厚度不小于0.92m;围堰桩号0+620.325至1+138.454段长518.129m为河床右漫滩及一级阶地部位,防渗墙高度20.0～45.0m,墙厚为1.0m,套接处厚度不小于0.92m。

②防渗墙顶高程

二期上游围堰堰体及堰基防渗采用单排塑性混凝土防渗墙的部位,其防渗墙顶高程主要依据防渗墙施工时段的防汛水位(按5%频率洪水)确定的施工平台高程,各施工分段的防渗墙顶高程为:桩号0+146.1至0+272.62段长126.52m,防渗墙顶高程79.0m;桩号0+273.62至0+458.225段长184.605m及桩号0+613.225至0+880.2段长266.975m,防渗墙顶高程73.0m;桩号0+880.2至0+998.989段长118.789m,防渗墙顶高程79.0m;桩号0+998.989至1+138.454段长139.465m,防渗墙顶高程80.0m。

③防渗墙底嵌入基岩深度

二期上游围堰单排防渗墙底嵌入基岩弱风化岩石厚度1.0m。防渗墙底透水岩体采用帷幕灌浆防渗处理,要求灌浆深度至岩体透水率$q \leqslant 10Lu$。

3)防渗墙体材料性能指标

二期上游围堰单排防渗墙体材料采用塑性混凝土,主要技术指标同两排防渗墙体材料。

对于防渗墙高度小于40m的墙体材料塑性混凝土配合比中不用小石,仅用水泥、风化砂、膨润土拌制,称为无粗骨料塑性混凝土,设计配合比见表11.3.17。

表11.3.17 无粗骨料塑性混凝土配合比

材料	水泥(kg)	膨润土(kg)	风化砂			木钙(‰)	水(kg)
			含泥量	P_5含量	掺量(kg)		
掺量/m³	260	70	<6%	>22%	1370	5	370

注:木钙为水泥用量的5‰。

4)防渗墙上接复合土工膜

单排防渗墙上接复合土工膜主要技术指标及要求同两排防渗墙。

5)单排防渗墙轴线突变处的加固措施

二期上游围堰平面布置呈突向上游的拱形,因围堰右侧与纵向混凝土围堰相接处为中堡岛部位,围堰防渗轴线为避开中堡岛左侧漫滩上的块球体地层,布置成折线,其中控制点51'点处拐向下游,近似反拱,防渗墙轴线突变处在水压力作用下,可能将墙体接头缝拉开形成集中漏水通道,为此,对拐向下游的51'点处进行加固处理。

①在51'点下游侧,沿防渗墙边线布置3根混凝土桩,桩距1.5m,桩径1.0m,采用冲击钻造孔、泥浆固壁,单根深度40～41m,桩底嵌入弱风化岩体1.0m,混凝土标号$R_{28}150^{\#}$。

②在51'点上游侧,距51'点1.2m布置8个高压旋喷灌浆孔,向51'点左、右两侧各布置

4个,孔底嵌入弱风化岩体1.0m。

③对51′点上、下侧填料各增加3排振冲加密桩。

(5)防渗墙底透水岩体帷幕灌浆

1)帷幕灌浆范围及标准

二期上游围堰防渗墙底透水岩体采用帷幕灌浆处理。帷幕灌浆标准为灌浆至岩体透水率 $q \leqslant 10Lu$。

根据二期上游围堰防渗轴线地质资料,防渗墙底帷幕灌浆深度为 $5 \sim 15m$,最大深度 27m。

2)灌浆材料

①水泥:采用新鲜无结块普通硅酸盐水泥或硅酸盐大坝水泥,标号不低于 $425^{\#}$。细度为通过 0.08mm 方孔筛余量不大于 5%;制浆时水泥浆应经高速搅拌机分散并经湿磨机磨细至水泥平均粒径不大于 0.03mm。

②减水剂:在制浆过程中掺和水泥重量的 0.5%~1%JG-2 减水剂。

3)灌浆孔布设

帷幕灌浆孔沿防渗墙轴线布置,孔距 1.5m。可在防渗墙体内埋设 $\varnothing125$ 厚壁塑料管(槽孔深大于 40m 埋设钢管)或钢筋拔管成孔,再在基岩内钻孔,钻孔径为 $\varnothing76$。

4)灌浆程序及设计灌浆压力

防渗墙底部基岩帷幕灌浆技术要求和施工工艺与一般基岩帷幕灌浆基本相同。分二序自上而下分段钻灌,孔口封闭,孔内循环灌注纯水泥浆。施灌钻孔直径 91mm,段长一般为5m。接触段长 1~1.5m。灌浆压力采用压力表读数,以便于现场控制。帷幕灌浆最大灌浆压力为 1.5MPa,帷幕设计底线在堰顶高程下深 35m 以内时,第一段灌浆压力 0.5MPa,第二段灌浆压力自 0.5MPa 逐步升到 1.0MPa,第三段及其以下各段均为 1.0MPa;帷幕设计底线在堰顶高程下深超过 35m 的孔,第一段灌浆压力为 0.5MPa 开始逐步升到 1.0MPa,第二段自 1.0MPa 开始逐步延至 1.5MPa,第三段及其以下各段均为 1.5MPa。

(6)防渗墙结构应力及变形分析

二期上游围堰防渗墙结构应力分析主要对围堰深槽段两排防渗墙应力及变形进行分析计算。

1)计算模型

二期上游围堰防渗墙应力及变形分析采用二维非线性弹性有限元法,计算的数学模型为邓肯—张(Duncan-Chang)E-μ 模型,并用 E-B 模型弹塑性模型和 B-G 模型进行对比分析。

邓肯—张(Duncan-Chang)E-μ 模型采用切线杨氏模量 E_t 和切线泊松比 μ_t 两个参数,其计算公式见式(11.3.1)、式(11.3.2)

$$E_t = E_i(1 - R_f S)^2 \tag{11.3.1}$$

$$\mu_t = \frac{G - F \lg\left(\dfrac{\sigma_3}{p_a}\right)}{(1-A)^2} \tag{11.3.2}$$

式中：$E_i = K p_a (\sigma_3 / p_a)^n$

$\quad\quad S = (1 - \sin\varphi)(\sigma_1 - \sigma_3)/(2C\cos\varphi + 2\sigma_3 \sin\varphi)$

$\quad\quad A = \dfrac{D(\sigma_1 - \sigma_3)}{E_i(1 - R_f S)}$

$\quad\quad \sigma_1$——最大主应力；σ_3——最小主应力；p_a——大气压强；

$\quad\quad C$、F、K、n、R_f、G、F、D 为模型的八个参数。

由于围堰防渗墙与堰体之间存在较大的相对变位，为较好地模拟接触面之间的剪切特性，采用 Goodman-Clough 的一维接触面单元。其剪切特性采用邓肯—张所用的双曲线模型。无厚度的 Goodman-clough 单元是常用的接触面单元，其切线剪切劲度 K_{st} 用式(11.3.3)计算。

$$K_{st} = K_s \rho_w \left(\frac{\sigma_n}{p_a}\right)^{n_s} \left(1 - \frac{R_{fs}\tau_s}{C_s + \sigma_n \tan\delta_s}\right)^2 \tag{11.3.3}$$

式中：σ_n、t_s——接触面的法向及切向应力，当 $\sigma_n \leqslant 0$ 时，取 $K_n \approx K_{st} = 0.01\text{MPa}$；$\sigma_n > 0$ 时，取

$\quad\quad K = 10^{-6}\text{MPa}$；

$\quad C_s$、δ_s——接触面的强度参数；

$\quad R_{fs}$——接触面的破坏比；

$\quad K_s$——接触面的切向劲度系数；

$\quad n_s$——接触面的切向劲度指数；

$\quad p_a$——大气压强；

$\quad \rho_w$——水的密度。

Duncan 模型的加、卸荷判别准则为：

定义应力状态函数

$SS = S(\sigma_3 / P_a)^{1/4}$

土体有最大的 SS 值表示为 SS_m，按照当前的 σ_3 计算出最大应力水平 S_c：

$S_c = SS_m / (\sigma_3 / P_a)^{1/4}$

然后将 S_c 与土体当前应力水平 S 比较来判别土体的加卸荷，

当 $S \geqslant S_c$ 时，为加荷，取 $E'_t = E_i$；

当 $S \leqslant 0.75 S_c$ 时，为卸荷，取 $E'_t = E_{ur}$（卸荷回弹模量）；

当 $S_c > S > 0.75 S_c$ 时，为加荷，按式(11.3.4)计算：

$$E_t' = E_t + \frac{S_c - S}{0.25 S_c}(E_{ur} - E_t) \tag{11.3.4}$$

2)计算参数

围堰填料同基础覆盖层、防渗墙与堰体的接触面均采用邓肯—张的非线性模型，防渗墙和基岩及防渗墙底部的淤渣采用线弹性。其参数均由长江科学院通过试验研究提供，见表 11.3.18 至表 11.3.21。

表 11.3.18　　　　　　　　　　二期上游围堰邓肯—张模型计算参数

参数 土料	ρ_d (t/m³)	ρ (t/m³)	C (kPa)	$\varphi(°)$	K	n	R_f	g	f	D	备注
风化砂(水上碾压)	1.85		0	35.0	500	0.34	0.90	0.40	0.18	3.58	
风化砂(振密区内)	1.83		0	34.0	300	0.35	0.90	0.40	0.18	3.58	
风化砂(振密区外)	1.72		0	33.0	170	0.42	0.72	0.40	0.10	4.00	
覆盖层(湿态)		2.23	0	40.0	800	0.40	0.80	0.36	0.15	1.45	
覆盖层(饱态)		2.31	0	39.5	750	0.40	0.80	0.36	0.15	1.45	
堆石或石渣	1.95		0	30.0	630	0.34	0.80	0.37	0.30	2.70	
反滤料	1.94		0	37.0	420	0.73	0.85	0.40	0	4.30	
淤砂	1.40		20	35.0	350	0.30	0.82	0.25	0.13	5.00	
平抛砂卵石料	2.0		123	38.0	616	0.37	0.74	0.42	0.20	3.65	长科院
	2.15		330	34.6	1070.6	0.64	0.82	0.46	0.10	1.62	试验参数
	2.0		50	40.9	849	0.78	0.93	0.44	0.09	3.1	清华大学
	2.15		100	41.1	2980	0.31	0.91	0.65	0.29	2.8	试验参数

表 11.3.19　　　　　　　　　　二期上游围堰防渗墙塑性混凝土计算参数表

塑性混凝土 (龄期)	ρ (t/m³)	φ (°)	C (kPa)	K	n	R_f	K_b	m	G	D	F
28d	2.14	32.46	1.165	14986	0.139	0.649	9153	0.065	0.28	40.55	0.027
60d	2.14	29.14	1.391	15086	0.092	0.595	4885	0.150	0.277	26.64	0.032
90d	2.14	29.38	1.519	15488	0.206	0.357	14645	0.129	0.294	25.55	0.014
180d	2.14	23.7	2.09	16472	0.161	0.376	16842	0.323	0.299	42.1	−0.004

表 11.3.20　　　　　　　　　　三峡工程二期上游围堰基岩计算参数

基岩	ρ_d(t/m³)	E(MPa)	μ
弱风化岩石	2.6	20000	0.20
强风化岩石	2.4	5000	0.25

表 11.3.21　　　　　　　　　　三峡工程二期上游围堰防渗墙与堰体接触面计算参数

接触面参数	C_s	d_s	R_f	K_s	n_s
泥皮与塑性混凝土	0.00	11.0	0.75	10000	0.65

3)计算成果

二期上游围堰应力及变形计算断面网络划分见图 11.3.21,围堰运行工况按上游挡水位85m,两排防渗墙之间水位 42m,基坑抽水至基岩面。计算成果表明:堰体变形趋势向基坑方向,最大水平位移 65.2cm,最大垂直位移 152cm,发生在堰体的 2/3 高度处;堰体应力最大值在防渗墙后侧堰体靠墙的下部,大、小主应力的最大值分别为 1.42MPa 和 0.57MPa,堰体应力水平在上游墙前有一小区域应力水平达到 1.0MPa,因它属于土颗粒散体,且位于堆石体和防渗墙之间,不影响堰体稳定。两排防渗墙的最大位移:上游墙为 56.3cm,下游墙为 11.4cm;防渗墙体最大主应力:上游墙为 4.34MPa,下游墙为 3.21MPa。两墙应力分布较均匀,墙体应力水平一般在 0.8MPa 以下,个别达 0.9MPa,墙体无拉应力,仅在单双墙接合处有较小拉应力,从应力应变分析,两排防渗墙是安全的。分析上游墙位移比下游墙位移大的原因:①围堰为了度汛,在高程 73m 平台处上游侧修筑子堤至高程 83.5m,其土压力对上游墙的影响;②基坑限制性抽水,上游墙单独承担水头度汛;③上游墙挡水工况下,施工下游墙,部分槽段形成"临空面",相对应的上游墙体失去支撑体。在下游墙封闭前上游墙已产生较大位移,为墙体总位移的 60%~70%。

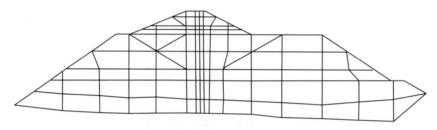

图 11.3.21 二期上游围堰应力及变形计算断面网络划分图

4)围堰实际竣工断面堰体及防渗墙应力及变形复核计算

1998 年汛期,二期上游围堰第一排防渗墙(上游墙)完建并在其上游修筑度汛子堰挡水,进行第二排防渗墙的施工,实测上游墙体最大水平位移达 55.2cm,已接近设计计算最大水平位移 56.3cm,而此时上游墙承担的水头 22m,远小于设计承担 2/3 水头 47m,分析其原因:一是由围堰深槽段高程 83.5m 的度汛子堰挡水,第二排防渗墙(下游墙)在高程 73.4m 平台距第一排防渗墙(上游墙)6m 处施工,其槽孔成为挡水堰体的临空面,使上游墙处于最不利工况,其墙体变形增大;二是堰体水下抛填的风化砂密实度较低,基坑抽水过程中,堰体变形量较大而导致防渗墙水平位移增大,从堰体变形与防渗墙变形观测资料分析,其变形增大的趋势是一致的;三是围堰防渗墙应力应变用二维有限元邓肯—张 E-μ 模型分析计算边界条件与实际竣工断面有差异。堰体水下平抛砂砾石料未达设计高程 40m,仅抛至高程 30~35m,而高程 40m 以下的风化砂料不能振冲加密,其干容重仅为 17.2kN/m³,远小于水下平抛砂砾石干容重 19.5kN/m³。为此,设计按围堰实际竣工断面,进行围堰防渗墙应力应变计算。

①计算条件及参数

围堰基础覆盖层料及堰体平抛砂砾石料、水下抛填风化砂料均按实际竣工断面调整,平抛砂砾石料高程 30~35m,其上为风化砂料,水下抛填风化砂料振冲加密至高程 40m,振冲后的干容重 18.3kN/m³,其下未振冲的风化砂干容重 17.2kN/m³,平抛砂砾石料干容重

19.6kN/m³。覆盖层新淤砂干容重按 14kN/m³ 计。邓肯—张模型计算参数见表 11.3.22。

表 11.3.22　　　　　　　二期上游围堰实际竣工断面邓肯—张模型计算参数

1. 非线性材料	干容重 (10kN/m³)	$\varphi(°)$	C(kPa)	K	n	R_f	g	d	f	备注
①风化砂:水上碾压	1.85	35.0	0	500	0.34	0.9	0.4	3.58	0.18	
水下振冲加密	1.83	0.34	0	300	0.35	0.9	0.4	3.58	0.18	
振密区外	1.72	33.0	0	170	0.42	0.72	0.4	4.0	0.10	
②堆石或石渣	1.95	30.0	0	630	0.34	0.80	0.37	2.70	0.30	
③平抛砂砾石	1.96	35.0	0	280	0.34	0.80	0.35	5.0	0.17	
④河床覆盖层	2.02	39.0	0	700	0.34	0.82	0.36	1.45	0.15	
⑤淤砂	1.40	35.0	20	350	0.34	0.82	0.25	5.0	0.13	
⑥反滤料	1.94	37.0	1100	420	0.73	0.85	0.40	4.30	0	
2. 塑性混凝土材料	干容重 (10kN/m³)	$\varphi(°)$	C(kPa)	K	n	R_f	g	d	f	备注
(a)	2.10	34.3	0	14945	0.24	0.65	0.45	7.9	0.05	
(b)	2.10	29.7	1500	15485	0.22	0.58	0.30	31.4	0.01	
3. 线性材料	γ(10kN/m³)	E(MPa)	μ							
基岩(弱风化)	2.6	2.0×10^4	0.20							
基岩(强风化)	2.4	5.0×10^3	0.25							
4. 接触面参数	$\delta_s(°)$	C_s(kPa)	R_{fs}	K_s	n_S					
泥皮与塑性混凝土	11.0	0.00	0.75	1.0×10^4	0.65					

②复核计算成果

(a)堰体应力和变形

堰体变形趋势是向基坑方向的。堰体最大水平位移和垂直位移分别为 72.5cm 和 161.0cm;堰体应力分布规律符合一般土石坝应力分布规律,最大应力在墙后侧堰体靠墙的下部,σ_{1max} 为 1.33MPa,σ_{3max} 为 0.53MPa;堰体应力水平同以前计算一样,只是上游墙前有一个小区域的应力水平达到 1.0MPa,这将无碍堰体的稳定性。

(b)防渗墙的位移和应力

当上游墙单墙承担水头时,上游水位 76m,基坑抽水至 45m 时,墙体最大水平变位为 49.7cm,当度汛子堰后面填筑至高程 78.5m 时,墙体变位减小到 48.0cm,表明度汛子堰后面填土可抑制和减小墙体变位。当基坑继续抽水至 40m 时,墙体变位又增加至 49.4cm,相应地,1998 年 8 月 25 日观测到墙的变位为 49.0cm(上游水位 76.0m,基坑水位 39.3m),此时的计算值与观测值是相当接近的。两墙承担水头,并依据现场上游水位情况,将上游水位降至 73.0m 时,基坑水位抽至 30m,墙间水位为 55.0m,算得的上游墙变位为 53.7cm,相应地 1998 年 9 月 12 日上游墙的实测变位值为 56.4cm(上游水位 72.0m,墙间水位 55.0m,基坑水位 26.0m),表明计算到此荷载时,计算值与实测值比较接近的,说明经过反分析调整后的参数比较符合现场实际。计算成果表明,挡水位的变化对墙体水平位移影响明显,这与墙的实测变位过程受水头大小的影响是一致的。若二期上游围堰挡水达到设计水位 85.0m 时,墙间水位在 28.0m 至 57.0m 之间变化,基坑抽水至 10.0m 和 0.0m 时,计算上游墙的最大变位约为 66.5cm 至 67.4cm,下游墙变位约为 17.0cm 至 18.0cm,这相当于围堰长期运行的最终情况。

两排防渗墙墙体应力均比较小,最大应力均发生在墙端基岩面附近墙的单元内,最大主应力约为 3.14MPa(下游墙)至 5.28MPa(上游墙)。在深槽段钻孔取样试验资料表明,其墙体材料的无侧限抗压强度可达到 4.62~11.2MPa,在三向应力围压 0.7MPa 条件下,其允许的最大主应力(接近法向应力)可达到 5.90~6.80MPa。计算的墙体最大围压均大于 1.0MPa,相应的允许最大主应力一定大于 6.8MPa,故其安全余地比较大。墙体应力水平一般均小于 1.0,只是在墙端部有 1~2 个单元应力水平达到 1.0,这是由于该处拉应力较大引起的,但它不是连续的,亦即未造成贯穿墙体的剪切破坏,对墙的稳定和安全不会造成危害。

11.3.2.6 二期下游横向土石围堰及堰基防渗设计

(1)围堰防渗体结构形式及布置

二期下游横向土石围堰及堰基防渗体采用塑性混凝土防渗墙上接复合土工膜防渗心墙结构形式。分为 3 段:

1)左岸岸坡及河床左漫滩段

二期下游围堰桩号 0+090 至 0+418 段长 328m 为左岸岸坡及河床左漫滩段,其中桩号 0+090 至 0+199.2 段长 109.2m 为左岸岸坡,桩号 0+199.2 至 0+418.0 段长 218.8m 为河床左漫滩段。该段除桩号 0+090 至 0+200 段外,堰体及堰基防渗体均采用塑性混凝土防渗墙上接复合土工膜防渗心墙结构形式。其中桩号 0+090 至 0+200 段长 110m,防渗墙顶高程 79.0m,墙高 10.0~47.0m,墙厚 0.8m,防渗墙底嵌入弱风化岩体 1.0m,墙底透水岩体帷幕灌浆防渗处理。桩号 0+200 至 0+370 段长 170m,防渗墙顶高程 70m 上接复合土工膜至高程 79m,防渗墙高 28.0~34.0m,墙厚 1.0m。防渗墙底嵌入弱风化岩体 1.0m,墙底透水岩体帷幕灌浆防渗处理。桩号 0+370 至 0+418 段长 48m,防渗墙顶高程 68.0m,上接复合土工膜至高程 79m,墙高 35.0~48.0m,墙厚 1.0m。防渗墙底嵌入弱风化岩体 1.0m,防渗墙底透水岩体帷幕灌浆防渗处理。

2)河床深槽段

二期下游横向土石围堰桩号 0+418 至 0+550 段长 132m 为河床深槽段,该段堰体及堰基防渗体采用塑性混凝土防渗墙上接复合土工膜防渗心墙结构形式。防渗墙顶高程 68m 上接复合土工膜至高程 79m。防渗墙高 45.0~66.7m,墙厚 1.1m。防渗墙底嵌入弱风化岩体 1.0m,墙底透水岩体帷幕灌浆防渗处理。

3）右岸岸坡及河床右漫滩段

二期下游围堰桩号 0+550 至 1+075.94 段长 525.94m 为右岸坡及河床右漫滩段,其中桩号 0+550 至 0+850.68 段长 300.68m 为河床右漫滩段,桩号 0+850.68 至 1+075.94 段长 225.26m 为右岸坡段。该段除桩号 0+810 至 1+075.94 段外,堰体及堰基防渗体均采用塑性混凝土防渗墙上接复合土工膜防渗心墙结构形式。桩号 0+550 至 0+810 段长 260m,防渗墙顶高程 70m,上接复合土工膜至高程 79.0m。防渗墙高 28.0~46.0m,墙厚1.0m。防渗墙底嵌入弱风化岩体 1.0m,防渗墙底透水岩体帷幕灌浆防渗处理。桩号 0+810 至 1+075.94 段长 265.94m,防渗墙顶高程 79.0m,墙高 25.0~36.0m,墙厚 0.8m。防渗墙底嵌入弱风化岩体 1.0m,墙底透水岩体帷幕灌浆防渗处理。

4）围堰两岸接头防渗形式

①围堰左岸接头防渗形式

二期下游横向土石围堰左岸与天然河床岸坡相接,防渗接头形式采用将岸坡基岩开挖至弱风化岩体浇筑混凝土刺墙,沿轴线长 9.0m(桩号 0+081 至 0+090),高 6.5m,顺水流向底宽 2m。混凝土刺墙顶高程 79.0m,其右端预留半径 0.4m 半圆形槽孔,以便与冲击钻造孔防渗墙相接,刺墙混凝土标号 $R_{28}100^{\#}$。

②围堰右接头防渗形式

二期下游横向土石围堰防渗墙右端与纵向混凝土围堰下纵段相接,防渗接头形式采用在纵向围堰设混凝土刺墙,刺墙基岩挖至弱风化岩体浇筑混凝土,刺墙沿防渗轴线长 11.64m,高 36.0m,顺水流向宽 2.5m,其与纵向围堰相接处设置止水片。刺墙顶高程 79.0m,左端预留半径 0.5m 的半圆形槽孔,以便与冲击钻造孔防渗墙相接。刺墙混凝土标号 $R_{28}150^{\#}$。

5）左岸接头外延段防渗结构形式

二期下游横向土石围堰左岸接头(桩号 0+081)至桩号 0+000 段长 81m 为外延段,堰基原地面高程 78~82m,覆盖层上部为粉质壤土及砂壤土层,下部砂卵石基岩高程 74~79m。该段堰基未作防渗处理。

（2）河床深槽段防渗墙结构设计

二期下游横向土石围堰河床深槽段(桩号 0+418 至 0+550)防渗墙最大高度达 67m,最大挡水头达 66m,为改善防渗墙体应力条件,曾研究增设置一排高压旋喷灌浆加固,高压旋喷灌浆孔与防渗墙轴线 1m,孔距 0.8m。塑性混凝土防渗墙完工后并达一定强度后进行高压旋喷灌浆施工,要求严格控制高喷钻孔斜率,以防止钻孔损坏塑性混凝土防渗墙体。在防渗墙下游侧采用高压旋喷灌浆加固技术尚无把握,经研究确定将塑性混凝土防渗墙加厚至 1.1m。深槽段防渗墙轴线两侧各 10m 范围高程 40m 以下平抛砂砾石料,高程 40m 以上水中抛填风化砂料,并采用振冲加密。防渗墙下游侧水下抛填的风化砂增加 4 排振冲加密桩。

深槽段防渗墙体材料为塑性混凝土,其设计主要技术指标和配合比同二期上游围堰深槽段两排防渗墙。其他部位防渗墙高度小于 40m 的墙体材料使用无粗骨料塑性混凝土,其配合比同二期上游围堰。

(3)防渗墙顶上接复合土工膜

复合土工膜技术指标及其与防渗墙的接头形式同二期上游围堰。

(4)防渗墙底透水岩体帷幕灌浆

1)帷幕灌浆范围及标准

二期下游横向土石围堰防渗墙底透水岩体采用帷幕灌浆处理。帷幕灌浆标准为灌浆至岩体透水率 $q \leqslant 50\text{Lu}$。

根据二期下游横向土石围堰防渗轴线地质资料,防渗墙底帷幕灌浆深度 5～10m,最大深度 22m。

2)灌浆孔布置、灌浆材料、灌浆程度及设计灌浆压力同二期上游围堰。

(5)防渗墙结构应力及变形分析

1)计算模型

二期下游横向土石围堰防渗墙应力及变形分析采用二维非线性弹性有限元,计算的数学模型为邓肯 E-μ 模型。

计算公式见二期上游围堰防渗墙应力及变形分析。

2)计算参数

二期下游围堰填料邓肯 E-μ 模型参数同二期上游围堰。防渗墙厚 1.1m,墙体 $K=15000$,淤砂干容重为 14kN/m³。

3)计算工况

二期下游围堰最高挡水位 78.3m,基坑水位 10m。

4)计算成果

堰体最大水平位移和垂直位移分别为 0.35m 和 0.50m;堰体应力分布规律符合一般土石坝应力分布规律,最大应力在背水侧堰体靠墙的下部,σ_{1max} 为 1.18MPa,σ_{3max} 为 0.55MPa;堰体应力水平同二期上游横向土石围堰两排防渗墙断面,只是在迎水面防渗墙前有一个小区域达到 1.0,因为属颗粒散体,且位于堆石体与防渗墙之间,所以无碍堰体的稳定性。

防渗墙最大水平位移 31.5cm,墙体最大主应力 4.56MPa,拉应力为 0.32MPa;墙体应力水平均小于 1.0,表明防渗墙是安全的。

11.3.2.7 二期上下游横向土石围堰渗流计算

(1)计算条件

1)围堰堰体填料及堰基渗透系数

二期上游横向土石围堰堰体填料及堰基渗透系数见表 11.3.23。

2)围堰上游水位 85.0m,基坑水位 10m。

表 11.3.23　　　　　二期上游横向土石围堰堰体填料及堰基岩石渗透系数

材料名称		渗透系数(cm/s)
堰体填料	风化砂	5×10^{-3}
	石渣	5×10^{-2}
	砂砾石	5×10^{-3}、5×10^{-2}
覆盖层	淤砂层	5×10^{-3}
	砂卵石层	5×10^{-2}
基岩	弱风化岩石	5×10^{-4}
	微新岩石	5×10^{-5}
防渗墙	高喷灌浆	1×10^{-7}
	塑性混凝土	1×10^{-7}
	土工膜	1×10^{-11}

（2）平面有限元计算

通过对二期上游围堰河床深槽两排防渗墙围堰渗流平面有限元计算,成果表明:①防渗墙底嵌入弱风化岩的深度由 0 增至 1.0m,其渗流量、墙后风化砂中的渗透比降减小约 1/3。同时,防渗墙底未嵌入弱风岩时,墙底渗流状况较差,墙底裂隙产生集中渗流在部分堰段可能会对堰基砂卵石和淤砂的渗透稳定不利。由此可见,防渗墙底嵌入弱风化岩深度对围堰渗流状态有较大作用,墙底应嵌入弱风化岩深度 0.5～1.0m。②防渗墙底嵌入弱风化岩 1m 有效地截断渗流,对两排防渗墙,第一排墙承担总水头的 40%～45%,第二排墙承担总水头 55%～60%。③由于堰体主要填料风化砂与防渗墙的渗透系数相差 10^3 倍之多,因此再提高防渗墙的防渗性对堰体渗流影响不大。设置防渗墙后,围堰渗流主要来自堰基渗流,因而围堰渗流量与岩体透水性关系密切。④围堰各段防渗结构中两排防渗墙流量和渗透比降最小,墙后地下水位最低,但各方案的堰体和堰基地下水等势线分布除局部有差异外基本相同。防渗墙后的淤砂和风化砂的垂直和水平接触(出逸)比降均小于 0.03,即使在风化砂渗透系数为 5×10^{-4} cm/s 的不利条件下,深槽部位的新淤积砂在墙后和堆石体处的最大水平比降仅为 0.16。试验得出新淤砂的最小水平破坏比降为 0.64,可见此时有 4 倍的安全系数,淤砂的渗透稳定可以得到保证。

（3）三维稳定渗流有限元计算

平面计算主要比较了防渗墙的深度影响,为研究围堰左岸接头绕渗及防渗墙插山体的长度和堰体及堰基渗流的空间分析,通过三维有限元计算。计算模型截取了右岸约 24 万 m^2 的绕渗区域,其左边界取至临时船闸上游航道,右边界取至河床深槽,上、下游边界离防渗墙各 200m,均为不透水边界,底部不透水边界取至 -190m 高程,大体上包含了河床左侧围堰及其山体,共划分三角形单元约 7000 个、节点 6000 个。弱风化层的渗透系数取 6.3×10^{-4} cm/s,微风化层的渗透系数取 2.1×10^{-5} cm/s,防渗墙的渗透系数取 1×10^{-8} cm/s(考虑了墙两侧泥皮的防渗性能),堰体填料及覆盖层的渗透系数统一取 3.1×10^{-2} cm/s。研究分析了三种方案,其主要成果如表 11.3.24,河床深槽部位围堰断面的等势线分布见图 11.3.22。

表 11.3.24　　　　　　　二期上游横向土石围堰三维稳定渗流计算主要成果表

方案号	防渗墙深入弱风化层深度(m)	墙插入左岸山体长度①(m)	计算成果		
			总渗漏量(m³/d)	深槽部位	
				下游堰体内出逸点高程(m)	垂直渗透比降②
1	1	0	22829	33.12	7.65
2	1	100	18680	33.56	7.65
3	0	0	29789	33.9	6.98

注:①插入左岸山体长度是从围堰与山坡交接处算起;
②为下游墙的下游面与弱风化层顶板交点处的垂直渗透比降。

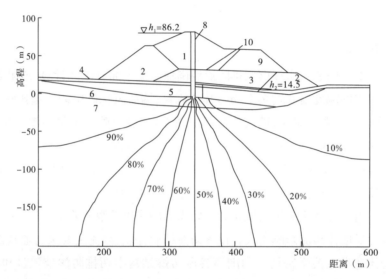

1—风化砂 K_1;2—石渣 K_2;3—平抛砂卵石 K_3;4—新淤砂 K_4;5—砂卵石 K_5;6—弱风化带 K_6;7—微风化带 K_7;8—防渗墙 K_8;9—截流体;10—过渡层

图 11.3.22　二期上游围堰深槽剖面渗流等势线分布图

计算成果表明:

1)各计算剖面上的下游堰体内的出逸点高程随河床深度而变化,深槽处的出逸点高程最小值为 33.12m,最大高程发生在堰体与左岸山坡交接处(河床高程最大),其值为 73.41m。由此可见,出逸点高程差别较大。渗透比降与出逸点高程有同样的规律,在深槽部位最大值为 7.65,在堰体与左岸山坡交接处最大值为 2.07。

2)堰体内的自由面从出逸点开始沿河床流水方向逐渐平缓下降,其倾角并不随出逸点高程的不同而发生变化。三维渗流的地下水面等高线与地形等高线基本一致。

3)比较方案 1 和方案 2 的计算成果可以看出:防渗墙插入山体的长度对堰体内出逸点高程影响不大,平均相差 0.5m;对渗透比降的影响亦不大(最大相差不到 0.1);渗漏量大约有 4000m³/d 的变化。表明左岸山体的绕流对围堰渗流状态的影响并不明显,墙后浸润线较低,堰体和山体表面均无出逸现象,防渗墙的插入长度不必太长。

4)比较方案 1、3 之间的计算成果可以看出:防渗墙深入基岩弱风化层的深度对出逸点高程有明显影响(相差 4～5m);对基岩接触处的比降影响亦较大(相差的最大值达 7.24);同样对渗漏量的影响十分显著,最大相差 23000m³/d(深入深度分别为弱风化层顶板和底板两种情况),当深入深度由 0 增加到 1m,渗漏量减少约 7000m³/d。由此可见,防渗墙深入弱风化层的深度对围堰渗流特性起控制作用。

11.3.2.8　深水土石围堰监测资料分析

(1)防渗墙及堰体变形

1)防渗墙体变形

二期上游横向土石围堰防渗墙变形观测成果如下:

①河床深槽段陡坡段防渗墙变形比两侧漫滩段大。第一排防渗墙(上游墙)0+492、0+522 断面,最大水平位移分别为 543.30mm 和 597.98mm,其中自 1998 年 6 月 23 日基坑开始抽水至 1998 年 9 月 15 日基坑积水抽干变形量分别为 493.98mm 和 505.35mm。而上游墙 0+941.5 断面最大水平变形 74.23mm,抽水期间变形增量仅为 50.24mm,较前者小一个量级。

②上游围堰防渗墙第一排墙变形总量比第二排墙大。截至 1998 年 12 月 29 日第一排、第二排墙的变形量分别为 579.30mm(0+522)和 107.85mm(0+483)。但是,需要说明的是,在 8 月 26 日至 12 月 29 日期间,第二排墙变形增量为 109.05mm(0+483),第一排墙变形增量为 80.9mm(0+522)。

③上游围堰防渗墙(第一排墙)变形增量比下游围堰防渗墙大。比如,在 1998 年 6 月 23 日至 9 月 15 日期间,上、下游围堰防渗墙变形分别为 493.98mm(上游 0+492)、505.35mm(上游 0+522)和 265.01mm(下游 0+472)。

④1998 年 9 月中旬以后防渗墙内所有测孔变形量均趋于稳定,变形速率开始明显减缓,并趋于稳定(见图 11.3.23)。

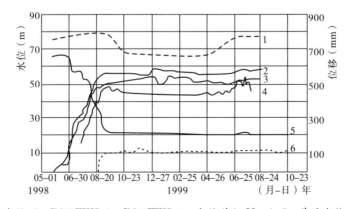

1—上游围堰前水位;2—IN01EWS;3—IN03EWS;4—水位差(ΔH;m);5—基坑水位;6—IN02EWS

图 11.3.23　二期上游围堰最大水平变形过程曲线

⑤墙体的变形均经过了一个加速→减速→稳定→加速→减速→趋于停止的过程:变形沿防渗墙深度分布曲线表现为防渗墙变形最大部位出现在墙顶附近,即上游围堰防渗墙高程 71.5~60.5m(见图 11.3.24)、下游围堰防渗墙高程 70.5m 部位。

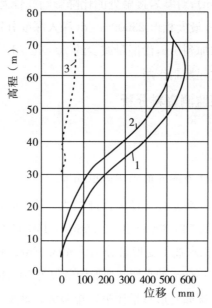

图 11.3.24   上游围堰防渗墙位移分布图

2)围堰堰体变形

鉴于围堰堰体内的钻孔测斜仪监测点完建滞后,且资料尚不完整,故堰体的变形监测以外观监测点为主,其变形情况经分析认为:①上、下游围堰堰体水平变形主方向均指向基坑内,垂直变形表现为沉陷。②与内观测值结果一致,即深槽段与陡坡段的变形较大,越往两侧变形渐小。上游围堰自 1998 年 7 月 10 日至 8 月 27 日最大累计沉降量 755.32mm(0+516)。对于各测点变形量而言,沉陷量最大,其中从 1998 年 7 月 10 日至 1998 年 11 月 8 日达 627.80mm(0+516);向基坑内方向变形量次之,最大达 312.44mm(0+516);而向长江两岸方向变形量相对较小。③1998 年 6 月至 9 月期间,垂直向、水平向变形较大,之后变形速率逐渐减缓。此后水平向变形已趋于稳定;而垂直向沉降仍在继续。但速率较前期显著降低,表明垂直向变形收敛程度略低于水平向变形。④在相同的时段内,堰体水平变形量(外观)与相近部位防渗墙墙体水平变形量(内观)近于一致。例如,1998 年 7 月 10 日至 9 月 12 日期间,位于上游子围堰堰顶的 TP/BM03EWL(0+516)测点向基坑内水平变形量为 314.43mm,而位于上游河床深槽段第一排防渗墙内的测斜孔(0+522 断面)向基坑内水平变形量为 332.35mm,二者基本一致。

3)变形机理分析

影响围堰防渗墙及堰体变形的因素很多,综合分析,主要与江水位、基坑水位及其水头差的变化、围堰本身的结构形式、围堰施工以及时效等因素有关。江水位、基坑水位及其水头差变化对防渗墙及堰体变形的影响:1998 年 6 月至 9 月期间,三峡坝址区经历了 8 次洪峰,二期上下游横向土石围堰一直处于高水位运行状况,监测结果表明,无论是上、下游围堰防渗墙还是堰体,其水平变形速率均受围堰内外水头差变化的影响,二者具有明显的正相关性,即:当水头差增大时,水平变形速率增加,当水头差减小或保持稳定时,水平变形速率也随之减小。在 9 月中旬基坑抽干后,虽然基坑内、外水头差仍然较大,但是水头差的变化很小,水平变形速率很小,趋于稳定。在基坑抽水初期,抽水速度的快慢直接影响到堰内、外水头差的变化,进而表现出与变形速率有较明显的相关性。即当基坑抽水,水头差增大,变形速率也随之增加,当停止抽水或抽水速度变缓,变形速率逐渐减小,但存在 2~4d 的滞后效应。沿河床深槽段向两岸方向,堰内、外水头差减小,即深槽段所受向基坑方向的水压力最大,越往两岸,水压力越小,这是导致深槽段防渗墙与堰体的变形相对两岸滩地较大的原因之一。堰体垂直沉陷速率与水头差变化关系不甚明显,而是主要受填筑施工进度及时间因素的影响。②围堰结构对变形的影响。由于上、下游围堰结构上的差异,使得施工工期、施工方案不同,进而导致了上、下游围堰防渗墙变形量的差异。上游围堰深槽段设计为两排塑性混凝土防渗墙,其中第一排防渗墙于 1998 年 5 月 5 日先行施工完成,其上部的子堰及其背水侧挡土墙于 6 月 22 日达到设计高程 83.5m,随后即在其保护下进行深槽段第二排墙的施工。子堰挡土墙基座位于第一排墙顶高程 73m。子堰及挡土墙由于自重所产生的侧向土压力直接作用于第一排墙,促使其产生向基坑内的侧向变形;而下游围堰设计为单墙,防渗墙形成后上接土工合成材料,深槽段防渗墙顶高程 70.0m 以上围堰全断面加高,与上游围堰第一排墙相比,防渗墙两侧所受侧向土压力差相对较小,故变形也相应较小。③围堰施工对变形的影响。河床两侧漫滩段堰体填筑施工早,碾压相对密实,而深槽段堰体填筑时间短,填筑高度大,导致了深槽段与两侧漫滩段变形上的差异。上游围堰第二排墙的全面施工,在距第一排墙 5m 左右形成间断的深槽临空面,削弱了下游土体对墙体变形的抵抗力,加大了第一排墙两侧的压力差,加上防渗墙施工过程中的冲击振动影响,使得上游围堰第一排墙体变形量较大,这也是造成上、下游围堰变形量差异的原因之一。上游围堰第一排墙先期施工完成,在第二排墙完建(1998 年 8 月 6 日)之前已产生了较大变形,且在双墙形成后一段时间内,第一排墙仍然承担着大部分水头,因此第一排墙变形总量比第二排墙要大。但当基坑内水位下降至一定高度或基坑抽干后,两墙间水位较高的情况下,在第二排墙承担的水头比第一排墙大时,会出现第二排墙变形比第一排墙大的现象。④堰体及防渗墙体变形的时效性。主要表现在水头差稳定或没有新的外荷载情况下,堰体或防渗墙的变形仍然发生持续变化。停止抽水后的 2~4d 内变形量仍然持续增加,基坑抽干和围堰堰体填筑完毕后,堰体及防渗墙变形在一定时段内仍在缓慢发生变化,但变化幅度很小。

(2)渗流渗压

1)堰体测压管水位变化

①深槽段堰体测压管水位随基坑水位的变化情况参见图 11.3.25。基坑抽水过程中,堰体内水位随基坑水位下降呈缓慢下降趋势且日趋平稳。②沿围堰轴线方向,基坑堰体内的

水位浸润面呈一漏斗状,表现为两侧漫滩段高,中间深槽段低。比如,上游围堰从左漫滩→
深槽段→右漫滩距离墙后 7.5m 一线堰体,1998 年 9 月 24 日观测水位依次为:水位 67.02(0
+133)、62.90(0+320)、27.84(0+500)、54.0(0+930)和 61.70m(1+139);下游围堰距离
防渗墙轴线上游 2m 堰体从左漫滩(0+260)→深槽段(0+490)→右漫滩(0+700)一线,
1998 年 12 月 20 日观测水位分别为 47.97m、25.74m 和 45.44m。这是由于两漫滩基岩面较
高,基岩透水性相对较小,离基坑水边线较远,因此受基坑水位下降影响不甚明显。

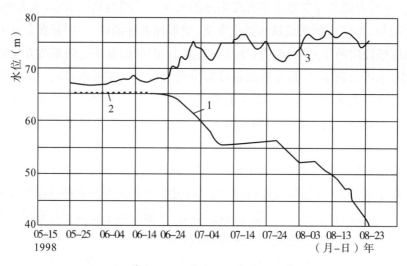

1—测压管水位;2—基坑水位;3—围堰前水位

图 11.3.25　上游围堰测压管水位过程线

2)两墙间水位变化

上游围堰双墙间共有 5 道横隔墙,每两隔墙间均布设了测压管以监测其水位变化,其中
H05(0+500)、H16(0+545)和 H18(0+585)埋设较早,而 H14(0+480)、H19(0+490)和
H20(0+605)在 1998 年 10 月下旬和 11 月中旬才完成仪埋,观测周期较短。结果表明:①目
前除 H14 测压管外,两墙间其他测压管水位维持在 50~61m,各测点水位已基本稳定。但
各隔墙间水位有所差异,且从右岸→左岸方向隔墙间水位有渐低趋势。两墙分担水头较为
明显,上游墙分担水头 35%~52%,下游墙分担水头 48%~65%。②1998 年、1999 年两年
两墙间水位分布及变化规律基本一致。汛期两墙间水位在围堰上游江水位超过 73m 时有
所上升,汛后水位逐渐降低,但各处下降速率不尽相同,各断面分布水位差异及变化差异可
能与上、下游两道墙及隔墙相对渗透性和墙体嵌岩等因素有关。③H05、H16 和 H18 测压
管水位在 1998 年 7 月下旬至 9 月中旬出现了几次波动现象。比如,7 月 23 日至 7 月 26 日,
H05 水位由 56.48m 上升至 60.84m,升幅为 4.36m,究其原因,系该测压管附近下游一槽孔
正在施工,施工滞留用水,导致水位升高,7 月 27 日减少施工用水后,水位即随之下降。从 8
月 25 日至 9 月 1 日,H05 和 H18 测压管水位持续上升,升幅分别达到 8.41m 和 11.93m;从
9 月 4 日至 9 月 10 日,H05 测压管水位又分别出现了一次突升和突降的现象,升、降幅度分

别达到 5.50m 和 11.29m，此后，测压管水位呈持续缓慢下降趋势。这两次水位波动，除了第二排墙槽孔施工用水补给导致外，还与两墙间顶部围堰所填石屑料含水量过大有关，同时也不排除第一排防渗墙盖帽混凝土与复合土工膜接触部位出现集中渗漏所致，因为在 7 月上旬现场巡视检查中发现 0+610、0+636 及 0+460 拐点部位出现了有清水从盖帽混凝土裂缝中涌出现象，虽在 7 月 17 日通过化学灌浆对裂缝进行了密封处理，但在汛期连续几次大洪峰和持续多天的高水头情况下，是否出现了新的裂缝或原有裂缝是否又重新张开，是值得重视的问题之一。

3）防渗墙防渗效果

经过 1998 年汛期大洪水和 1999 年汛期观测分析认为，二期上、下游围堰防渗墙的防渗效果是比较好的。①1998 年 8 月中下旬，在基坑内距下游围堰水边线约 10m，桩号 0+420 至 0+440 之间的水面上发现有一冒水点群，冒水中夹有气泡；9 月初，当基坑水位降至 36.0m 左右时，上述部位已无明显的冒水点；10 月上旬，下游围堰基坑深槽段背水坡脚处的出水点约为 36L/s。上游围堰背水侧基坑内坡脚处的汇水点渗流量也较小，约为 10L/s。1999 年汛后，利用容积法进行渗流量观测，所测上、下游围堰渗流量与 1998 年基本一致。②基坑抽水过程中，深槽段堰体内水位变化与基坑水位变化相一致，基坑抽干后，上游围堰两墙间水位虽然较高，但呈持续缓慢下降趋势，1999 年已趋于稳定。③据上游围堰 0+500 断面和下游围堰 0+490 断面监测资料计算，自基坑抽水结束一年后，沿河床方向堰体内浸润线较低，堰体的渗透比降在 0.1 左右，小于设计提供的细砂层渗透破坏比降。

（3）应力应变

抽水前、后二期上、下游围堰防渗墙深槽段部位的应力应变变化特征如下：①抽水前，防渗墙的应力应变以压应变为主，且呈上部小下部大的分布趋势。②抽水过程中，绝大多数测点压应变增加或拉应变减小，且各测点应力应变的变化与防渗墙变形特征有关。比如，上游围堰防渗墙高程 25.2～35.2m 堰内侧压应变增量大于堰外侧；而高程 45.2m 处却表现为堰外侧压应变增量大于堰内侧；下游围堰防渗墙高程 50.0m 堰外侧压应变增加，而堰内侧压应变减小等，所反映出的应力应变变化规律与墙体挠度变形曲线相一致。③应力应变的变化与围堰填筑加高有关。随着围堰堰体加高，压应变也随之增加，比如 1998 年 3 月 24 日，上游围堰 0+500 断面防渗墙上游侧开始填筑风化砂和石料，到 7 月中旬，上游围堰深槽段度汛子堰填筑至高程 83.5m，在此期间该断面不同深度部位的压应变增加了 $309 \times 10^{-6} \sim 889.5 \times 10^{-6}$；当该部位堰体填筑加高至高程 88.5m 时，测点压应力变化也显著，呈快速增大趋势。由此可见，堰体填筑加高是防渗墙应力应变变化的主要原因之一。1998 年 11 月以后，防渗墙应力应变变化明显减缓，且日趋稳定，这可能是堰体填筑完成一段时间后经沉陷压实已排水固结。④截至 1999 年 9 月，上游围堰防渗墙所测最大压应变为 -1393×10^{-6}，最大拉应变为 142×10^{-6}，若防渗墙弹性模量 $E=1000\text{MPa}$，则相应最大压、拉应力分别为 -1.393MPa 和 0.142MPa；下游防渗墙最大压应变为 1282×10^{-6}，相应压应力为 -1.282MPa。二者均在防渗墙塑性混凝土材料设计允许强度范围内。

（4）爆破监测

基坑大规模爆破开挖是从 1998 年 9 月下旬开始，到 12 月底，基坑开挖从高程 40.0～45.0m 降至高程 20.0～26.0m，深槽部位已开挖至高程 14.0m 左右，从爆破振动资料分析可知，实测最大水平振速为 5.6cm/s，最大垂直振速为 3.83cm/s（1998 年 9 月 23 日），其他实测水平、垂直振速均在 1.0cm/s 和 0.5cm/s 以内，小于一期土石围堰爆破振速控制值 5～6cm/s；堰体内部动压较小，最大测值为 0.023MPa，振动频率为 60～80Hz；在施工爆破条件下，只要控制单响药量，表面和堰体内部的振动测值不高于监测值，基坑内施工爆破对堰体及防渗墙稳定性的影响很小。

11.3.2.9　二期上下游横向土石围堰拆除取样试验验证分析

（1）围堰拆除过程跟踪测试及取样试验内容

中国长江三峡工程开发总公司委托长江科学院在二期上游土石围堰拆除过程中进行跟踪调查、取样试验和相关的参数测试工作，以进一步对围堰设计及运行观测成果进行验证分析。跟踪测试及取样试验的主要内容如下：

1）堰体水下抛填风化砂的实际密度及有关参数试验；

2）防渗墙造孔挤压作用，振冲加密对风化砂密度的影响及其空间分布情况；

3）防渗墙墙体完整性及槽孔套接部位的结合情况；

4）防渗墙材料特性及三轴试验；

5）上游围堰左侧陡岩段防渗墙底与基岩接触段压水试验；

6）泥浆在堰体填料中的入渗范围、形成的泥皮厚度及其与墙体的接触状态；

7）防渗墙顶部与子堰之间土工膜的完整性，实际连接状态及老化情况，土工膜如有撕裂，其撕裂范围及位置。

（2）围堰拆除过程跟踪测试及取样试验完成的工作量

2001 年 11 月至 2002 年 4 月，长江科学院在二期上游土石围堰拆除过程中，完成现场实录、试验、取芯等工作，主要工作量如下：

1）堰体风化砂原位密度测试 65 组（标准灌砂法）；

2）堰体标贯和动探 5 个钻孔，总进尺 120m；

3）堰体防渗土工膜使用情况的调查和取样，进行了 10 组相关指标的测试；

4）防渗墙平整性，槽孔套接和结构特点观测；

5）防渗墙泥皮厚度测试，泥皮在堰体风化砂中浸伸范围观测；

6）防渗墙钻孔取芯：小钻孔（$\varnothing 70$）取芯孔 5 个，总进尺 120m，大钻孔（$\varnothing 168$）取芯孔 4 个，压水试验孔 2 个，总进尺 200m；

7）堰体风化砂和防渗墙材料相关参数的测试。

（3）跟踪测试及试验验证分析

二期上游土石围堰拆除过程中，通过跟踪测试和取样试验，对其成果进行了研究分析，有如下几点认识：

1）堰体风化砂密度

实测防渗墙附近的堰体风化砂密度为 $1.84\sim2.18t/m^3$，平均值 $2.00t/m^3$。防渗墙后堰体风化砂密度与距防渗墙距离关系不明显，堰体水下碾压部位风化砂密度与高程没有明显规律。但在振冲桩附近，双排墙之间风化砂密度最大，振冲桩密度可达 $2.10t/m^3$ 以上，表明振冲加密作用显著。双排墙之间的隔墙附近的风化砂密度最大达 $2.18t/m^3$，说明防渗墙造孔挤压作用明显。

堰体风化砂密度与围堰建成初期的原位密度检测结果（平均值 $1.936t/m^3$）相比，拆除时水上部位堰体风化砂干密度实测值增大约 30%。堰体深部原位检测结果，实测击数范围的标贯击数平均 $N_{63.5}=33$ 击，比围堰振冲后检测的标贯击数平均 $N_{63.5}=24$ 击增大 27%。以上测试成果表明，围堰运行 4 年后，堰体水上碾压的风化砂和水下抛填的风化砂密度均有所增大。

2）防渗墙墙体材料特性

通过跟踪观察和取样试验，防渗墙平整性及完整性较好，局部有麻面。单排墙与双排墙的转折处墙体连接完整。防渗墙槽孔之间普遍存在套接缝，缝内由泥皮（基本固化的泥浆絮凝物）填充。两岸坡段及漫滩段单排防渗墙高度小于 40m 的部位，墙体材料为无粗骨料塑性混凝土，根据芯样试验结果，其抗压强度为 $4\sim11$MPa，切线弹性模量 $750\sim2600$MPa。左漫滩段防渗墙无粗骨料塑性混凝土芯样抗压强度平均值为 7.23MPa，初始切线模量平均值为 1692MPa，模强比平均值 234；右漫滩段防渗墙无粗骨料塑性混凝土芯样抗压强度平均值为 5.93MPa，初始切线模量平均值为 1467MPa，模强比平均值 247；右岸坡段防渗墙无粗骨料塑性混凝土芯样抗压强度平均值为 4.29MPa，初始切线模量平均值为 797MPa，模强比平均值 186。芯样试验成果表明，围堰防渗墙运行 4 年后，无粗骨料塑性混凝土强度和模量均有一定程度的增长，模强比微小降低；渗透系数左漫滩墙（$i\times10^{-8}$cm/s）小于右漫滩墙（$i\times10^{-7}$cm/s）。

两岸漫滩段单排防渗墙高度大于 40m 的部位和深槽双排防渗墙墙体材料采用天然砂石骨料塑性混凝土，芯样试验抗压强度平均值为 10MPa；古树岭人工砂石系统的碎石屑塑性混凝土，芯样的抗压强度 $5.5\sim17.0$MPa，平均 10.1MPa，抗压弹模为 $3470\sim7157$MPa，平均 5368MPa。天然砂石骨料塑性混凝土与碎石屑塑性混凝土性能接近，芯样渗透系数在 $i\times10^{-10}$cm/s 量级上，基本不透水。

防渗墙墙体材料随墙深度的变化无明显变化，表明围堰经过 4 年的运行，成型环境对墙体材料基本无影响，即墙体材料水上部分和水下部分力学参数无明显差别，与原研究结论一致。

（4）防渗墙底与基岩接触段的渗透性能

防渗墙底嵌入基岩 $0.5\sim1.0$m，墙底透水岩体进行帷幕灌浆处理，钻孔压水试验表明，防渗墙底嵌入基岩段，墙底与基岩接触面防渗性能良好，压水试验计算渗透系数 $K=1.9\times10^{-5}\sim3.1\times10^{-5}$cm/s，水压力在 0.5MPa 时，开始渗透破坏，破坏比降为 $125\sim167$。试验成果表明，防渗墙底与基岩接触段经过灌浆处理后，抗渗透能力大大提高。

（5）防渗墙槽孔套接缝渗透性能

防渗墙是由不同长度的槽段墙体组成，其间由套接缝（内有泥皮充填）连接。取样试验表明，套接缝内固化后的泥皮具有良好的塑性，其渗透系数在 $i\times10^{-7}$ cm/s 左右。从防渗墙结构功能看，套接缝内的泥皮起到柔性止水槽的作用。防渗墙套接缝及其充填的泥皮存在，有利于协调槽段墙体间的变形，并改善防渗墙内应力，使其不至于在墙体较大变形下竖向开裂，这是防渗墙在很大变位下，保证墙体完整性和正常运行的主要原因之一。

在防渗墙应力计算中，将墙体视为完整结构体，未考虑墙体套接缝的存在及接缝在墙体变形中所起的作用，致使防渗墙计算最大变形值小于实测变形值。

防渗墙套接缝是墙体抗渗透破坏的薄弱部位，为此，在防渗墙设计时，除提出防渗墙本身的设计指标外，还应将套接缝作为防渗墙抗渗透破坏的控制部位提出技术要求。

（6）防渗墙与堰体风化砂之间的泥皮

防渗墙与堰体风化砂之间普遍存在泥皮，且风化砂—泥皮—防渗墙之间有明显的分界。由于泥皮在堰体风化砂和防渗墙体之间起到接触面作用，且摩擦系数较小，堰体对墙体产生的向下摩擦力较小，由此使防渗墙竖向应力增大值远比计算值小。据二期上游土石围堰运行期的监测资料，防渗墙实测最大压应力为 2.73MPa，在应力应变计算的墙体最大压应力在 5MPa 左右，因此，防渗墙和堰体风化砂之间的泥皮所起的作用可能使墙体计算应力值较大而实测墙体应力值较小的重要原因之一。

防渗墙后普遍存在的泥皮现象，对于类似工程防渗墙应力应变计算及防渗墙设计有重要参考价值。

（7）复合土工膜使用效果

复合土工膜整体完整性较好。土工膜之间的搭接，总体情况良好，但局部有搭接不平的现象，外层土工布之间基本没有胶结强度，但中间的土工膜仍粘结完好。

复合土工膜与防渗墙及其顶部混凝土盖帽搭接处，局部有不同程度的老化和损坏。土工膜老化现象主要表现为局部有龟裂，土工膜龟裂部位基本丧失抗渗透能力。

11.3.3　三期上下游横向土石围堰

11.3.3.1　三期上游土石围堰

（1）围堰布置

三期上游围堰在三期碾压混凝土围堰上游约 200m，平面呈直线布置，右岸接导流明渠右边坡，左侧接纵向混凝土围堰上纵段，围堰轴线全长 441.3m，平面布置见图 11.3.26。

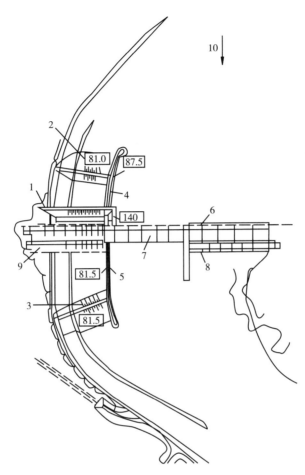

1—三期碾压混凝土围堰;2—三期上游土石围堰;3—三期下游土石围堰;4—上游混凝土纵向围堰;5—下游混凝土纵向围堰;6—大坝轴线;7—大坝泄洪坝段;8—左岸电站厂房;9—右岸电站厂房;10—长江

图 11.3.26　三期围堰平面布置图

（2）围堰形式

三期上游围堰形式为两侧石渣堤中间风化砂堰体、高压喷射灌浆防渗墙（自凝灰浆防渗墙）上接复合土工膜防渗心墙,围堰最大高度 33.0m。

（3）围堰断面结构

围堰断面为两侧石渣堤中间风化砂,下游侧石渣堤为截流戗堤,堤顶高程 72.0m,顶宽 25.0m;上游侧石渣混合料堤顶高程 72.0m,顶宽 15.0m,其中迎水侧宽 7.5m 抛填石渣块石料。两堤中间高程 72.0m 以下抛填风化砂,与截流戗堤相接部位抛填顶宽 4.0m 的反滤料。堰体高程 72.0m 平台位于低渠处作为高压喷射灌浆防渗墙施工平台,高喷防渗墙最大深度 44.5m,高程 72.0m 平台位于高渠处作为自凝灰浆防渗墙施工平台,自凝灰浆防渗墙最大深度 25.8m。防渗墙上部接复合土工膜至高程 82.0m,复合土工膜两侧为风化砂,上、下游堰壳填筑石渣混合料,堰顶宽 15.0m,填筑厚 0.5m 的碎石作为交通道。三期上游土石围堰典型断面见图 11.3.27。

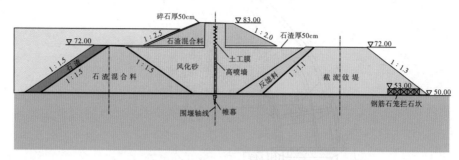

图 11.3.27　三期上游土石围堰典型断面图

(4)围堰基础防渗

围堰位于导流明渠低渠部位,堰体防渗采用单排旋喷防渗墙上接复合土工膜防渗心墙,高喷孔距 0.8m,墙厚不小于 0.8m,墙底嵌入强风化岩 0.5m;位于导流明渠高渠部位堰体防渗采用自凝灰浆防渗墙上接复合土工膜防渗心墙,防渗墙厚 1.0m,墙底嵌入全风化岩 5.0m。高喷防渗墙和自凝灰浆防渗墙底透水岩体均进行帷幕灌浆处理,灌浆孔距 1.6m,孔深 10.0～25.0m,最大深度 46.6m,钻灌至岩体透水率≤50Lu。

(5)围堰防渗接头处理

1)高喷墙与复合土工膜接头处理。高喷墙施工完成后,即挖除表层 0.5～1.0m 的不合格料,浇筑盖帽混凝土,将复合土工膜直接埋入盖帽混凝土内,埋入深度为 30cm。复合土工膜沿防渗轴线埋设,并在其与盖帽混凝土分界处嵌入沥青,以改善复合土工膜的受力条件。

2)防渗墙与两岸接头及底部连接处理。左接头为纵向混凝土围堰上纵段,右岸为导流明渠右岸坡,均为混凝土光滑面。为保证接头质量,在两岸接头部位设置旋喷加厚区,即在原单排高喷墙上、下游侧各增加 1 排高喷孔,排距 0.6m。

为保证高压旋喷灌浆底部与河床基岩衔接紧密,在与基岩接触部位设置 0.8～1.0m 的慢提旋喷区,使接触部位旋喷墙体加厚。

3)复合土工膜与两岸接头处理。采用现浇混凝土埂的方式使复合土工膜与两岸混凝土面连接。在高喷墙施工完成后,将与两岸接合部位混凝土凿毛并冲洗干净,再沿防渗轴线贴混凝土表面浇筑 2m×0.8m(宽×高)的混凝土埂,混凝土埂采用双排锚筋锚固,并按"之"字形预埋复合土工膜,底部与盖帽混凝土相接。

11.3.3.2　三期下游土石围堰

(1)围堰布置

三期下游围堰为保护右岸地下电站尾水渠开挖,围堰轴线较初步设计布置方案右端下移 280m,左端下移 100m,平面呈折线布置,右岸接导流明渠右边坡,左接纵向围堰下纵段下游部位,围堰轴线全长 447.5m,平面布置见图 11.3.28。

（2）围堰形式

三期下游围堰形式为两侧石渣堤中间风化砂堰体、高压喷射灌浆防渗墙上接复合土工膜防渗心墙。围堰最大高度 36.5m。

（3）围堰断面结构

围堰断面为两侧石渣堤中间风化砂。为满足大型机械施工、交通及防洪抢险要求,确定围堰顶宽为 15m。迎水侧（下游侧）布置截流戗堤,堤顶高程为 69m,顶宽为 25m,上游侧边坡为 1∶1.1,下游侧边坡为 1∶1.3,背水侧设置一座石渣混合料戗堤,作为排水棱体,堤顶高程为 69m,顶宽为 15m,上、下游侧边坡均为 1∶1.5;两戗堤之间抛填风化砂,形成高程 69m 高喷墙施工平台,进行高喷墙施工,高喷墙上部接现浇混凝土,再接复合土工膜"之"字心墙防渗;高程 69m 以上填筑风化砂和石渣混合料至高程 81m,上、下游侧填筑边坡分别为 1∶2.5 和 1∶2.0,为利于复合土工膜施工,于围堰轴线两侧各 5m 填筑风化砂;在背水侧石渣堤与风化砂之间设置顶宽 5m 的反滤层,抛填边坡按 1∶1.75;围堰迎水侧高程 69m 以上设 0.5m 厚的干砌块石护坡,护坡下设 0.2m 厚的砂卵石垫层;高程 69m 平台采用 0.5m 厚的石渣护面,堰顶用 0.5m 厚的碎石铺填。三期下游土石围堰典型断面见图 11.3.28。

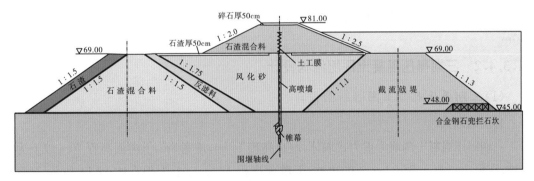

图 11.3.28　三期下游土石围堰典型断面图

（4）围堰基础防渗

三期下游土石围堰堰体防渗采用双排旋喷防渗墙上接复合土工膜防渗心墙结构形式。防渗轴线与围堰轴线一致,防渗轴线长 442.50m,高喷墙顶高程 69m,其上接复合土工膜至 79m 高程,墙底深入弱风化带顶板以下 0.5m,高喷孔距 0.8m,排距 0.6m,要求墙体厚度不小于 1.0m,高喷墙最大深度 31.0m,对于墙底透水岩体进行帷幕灌浆处理,帷幕灌浆孔为单排,布置在上游排高喷墙底,灌浆孔距 1.6m,孔深 10.0~20.0m,钻灌至 $q \leqslant 50$Lu。

（5）围堰防渗接头处理

1）高压旋喷灌浆防渗墙左接头为纵向混凝土围堰下纵段,在高压旋喷灌浆防渗墙两侧各增加 2 排高喷孔,排距 0.6m。为保证高压旋喷灌浆防渗墙与墙底基岩衔接紧密,在与基岩接触部位设置 0.8~1.0m 的慢提旋喷后,使接触部位旋喷墙体加厚。

2）高压旋喷灌浆防渗墙右岸与导流明渠右侧混凝土护坡相接,在高压旋喷灌浆防渗墙两侧各增加 1 排高喷孔,排距 0.6m。

(6)围堰施工及运行情况

1)围堰施工

三期下游土石围堰堰体填料 182.8 万 m³,其中风化砂 50.5 万 m³、大块石 5.1 万 m³、块石 15.5 万 m³、石渣料 28.9 万 m³、石渣混合料 82.8 万 m³。高压旋喷灌浆防渗墙 12866m²,复合土工膜 10800m²,帷幕灌浆 1894m。三期下游土石围堰于 2002 年 10 月 8 日开始抛投施工,11 月 30 日完成防渗体,12 月 1 日,三期基坑开始抽水。

2)围堰运行情况

2002 年 11 月 30 日,三期上、下游土石围堰闭气,12 月 1 日,三期基坑开始抽水,12 月 15 日,基坑积水抽干,实测三期下游土石围堰渗水量 13L/s,远小于设计计算值 53L/s,说明围堰堰体及基础防渗效果显著,该围堰运行至 2007 年 2 月拆除爆破,正常运行 4 年多时间。

11.3.4　三期碾压混凝土围堰

11.3.4.1　三期碾压混凝土围堰布置

三期碾压混凝土围堰平行于拦河大坝布置,围堰轴线为直线,位于大坝轴线上游 114m。围堰右侧与右岸白岩尖山体相接,左侧与混凝土纵向围堰相连(图 11.3.26)。围堰轴线全长 580m。

11.3.4.2　三期碾压混凝土围堰结构设计

(1)三期碾压混凝土围堰断面设计

1)围堰断面

三期碾压混凝土围堰为重力式堰体,堰顶高程 140m,顶宽 8m,上游面高程 70m 以上为垂直坡,高程 70m 以下为 1:0.3 的边坡;下游面高程 130m 以上为垂直坡,高程 130m 至 50m (58m)为 1:0.75 的边坡,其下为平台:导流明渠高渠段平台高程 58m,顺水流向宽 30m;低渠段平台高程 50m,顺水流向宽 24m,堰体最大高度 121m,最大底宽 107m(图 11.3.29)。围堰建基面高程高于 58m 的岸坡段,上游面为垂直坡,下游面自高程 130m 以 1:0.75 坡度直至基岩面,不设平台。为便于碾压混凝土施工,下游面 1:0.75 斜坡改为高 60cm、宽 45cm 的台阶,采用混凝土预制块(长 198cm、宽 100cm、高 60cm)模板,预制混凝土模板作为堰体的一部分。

2)堰体混凝土设计指标

围堰上游迎水侧 4m 厚防渗层采用二级配碾压混凝土,$R_{90}200^{\#}$、W_8,围堰上游面涂刷水泥基防渗料;其余为三级配碾压混凝土,$R_{90}150^{\#}$,W_4。堰体中的廊道、止水片,应力释放孔、排水槽、预埋件等周边及上游侧模板附近采用变态混凝土;与基岩接触部位铺设不小于 1m 厚的二级配常态混凝土,$R_{90}200^{\#}$、W_8。堰体混凝土主要设计指标见表 11.3.25。

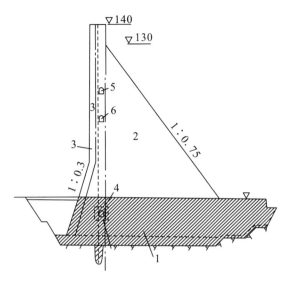

1—第一阶段施工断面;2—第二阶段施工断面;3—防渗层;4—基础廊道;5—107.5m 高程爆破廊道;6—90m 高程廊道(明渠段未施工)

图 11.3.29　三期碾压混凝土围堰断面图

表 11.3.25　　　　　　　　　三期碾压混凝土围堰混凝土主要设计指标

类别	设计标号			级配	限制最大水胶比	抗剪指标		极限拉伸值(×10⁻⁴)	
	强度标号	抗渗标号	抗冻标号			f'	c'(MPa)	28d	90d
碾压混凝土	$R_{90}200^{\#}$	W_8	F50	二	0.55	0.9	0.9	≥0.65	≥0.70
	$R_{90}150^{\#}$	W_4	F50	三	0.60	0.9	0.9	≥0.60	≥0.65
常态混凝土	$R_{90}200^{\#}$	W_8	F50	二					

(2)围堰稳定及应力分析

1)围堰抗滑稳定分析

三期碾压混凝土围堰位于明渠低渠段堰块抗滑稳定分析,堰基按抗剪断公式计算:正常工况(挡水位 135.4m)抗滑稳定安全系数 3.12;保堰工况(挡水位 139.8m)抗滑稳定安全系数 2.87;保堰工况(挡水位 140.5m)抗滑稳定安全系数 2.79。堰基按抗剪公式计算:正常工况(挡水位 135.4m),抗滑稳定安全系数 1.13;保堰工况(挡水位 140.5m)抗滑稳定安全系数 1.05,均满足堰体抗滑稳定要求。第 3、4 堰块基础岩体中有倾向下游的缓倾角结构面,最大连通率 44.8%,结构面抗剪强度 $c'=0.2$MPa,$f'=0.7$;岩石 $c'=2$MPa,$f'=1.7$,按抗剪断公式计算沿结构面抗滑稳定安全系数大于 3.0,堰基不存在深层抗滑稳定问题。

2)围堰应力分析

正常工况下堰踵处压应力 0.43MPa,堰趾处压应力 1.79MPa;保堰工况(挡水位 140.5m)下堰踵处压应力 0.21MPa,堰趾处压应力 1.99MPa。均为压应力,满足规范要求。

(3)围堰细部设计

1)堰体分缝分块

三期碾压混凝土围堰轴线长 580m,分为 15 个堰块(图 11.3.30),横缝间距一般 40m,最大为 42m,最小 18m,永久横缝中间一般设置诱导缝。第一阶段施工明渠部位混凝土时,因受浇筑季节、混凝土温度控制、结构形状等条件的限制,将 14、15 堰块和 6 堰块高程 82m 道路占压部位改为常态混凝土。将 14 堰块分为 14-1、14-2 两个堰块,沿围堰轴线长度改为22m 和 18m,14-1、14-2 和 15 堰块中各设 4 条纵缝,纵缝距围堰轴线分别为 5m、25m、45m、65m,最大块体尺寸为 22m×20m;6 堰块高程 82m 道路占压部位分 2 条纵缝,距围堰轴线8m 和 29m;7 堰块混凝土厚度薄,大部分仅为 3m,在围堰轴线下游侧 40m 处设一条纵缝。各纵缝都设置了键槽并进行接缝灌浆。

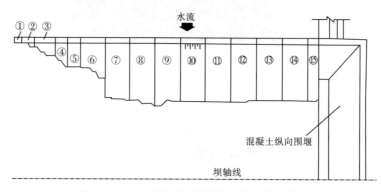

图 11.3.30   三期碾压混凝土围堰分缝分块图

第一阶段施工的其他堰块均未设纵缝,横缝间距 40～18m。8、10～13 堰块上游面设置了 1 条诱导缝,7 堰块上游面设置了两条诱导缝,9 堰块因基岩形状的突变在堰块中部增设一条横缝。

第二阶段施工时,为便于与第一阶段施工部位的衔接,第二阶段施工的碾压混凝土围堰高程 50m(58m)以上部分设 9 条永久横缝和 9 条诱导缝,分 10 个堰段(6～15 堰块),分缝位置与第一阶段施工相统一,不分纵缝浇筑。永久横缝间距一般为 40m,最大为 42m,采用切缝机切缝或嵌缝材料(沥青杉板)成缝,对于分段浇筑堰块,由浇筑模板自然成缝。诱导缝设在永久横缝中部,缝末端距堰体上游面 4m,并设置一个 ∅500 的应力释放孔,以限制缝的延伸,诱导缝缝面结构采用 10mm 厚的沥青杉板。

2)廊道系统

①灌浆、排水廊道

三期碾压混凝土围堰布置三层廊道,第一层为基础灌浆廊道(兼有排水作用),其中心线位于围堰轴线上游 2m。基础廊道高程随堰基开挖高程变化,廊道底板最低高程 40m,左侧与纵向混凝土围堰横向基础廊道(底板高程 55m)相接,右侧以交通洞及交通竖井与岸坡廊道相接(交通洞中心线位于围堰轴线下游 3.8m),并顺右岸山体上升,控制廊道纵坡不陡于1:1,廊道设置横向出口与高程 82.0m 施工道路相通,于高程 122.0m 也设置横向出口通向下游。鉴于河床 52m 高程的基础廊道顺右岸山体上升至 82m 高程的基础廊需开挖窄槽底宽 4.6m,底坡 1∶1,两侧槽壁为直立,窄槽开挖最大深度为 185m,施工难度大。设计修改为水平开挖隧洞接竖井至 82m 高程通横向廊道,从围堰下游面出口与 82m 高程施工道路相接。在导流明渠内高程 40.0m 设横向廊道通向下游从三期基坑出口,二期导流期间用钢门封堵,三期导流期间割开,兼作交通、排水之用;此外,在基础廊道中部第 10 堰块处设集水井。

第二层廊道为堰体观测排水廊道,其轴线位于围堰轴线上游 2.25m,廊道底板高程 90m,左侧与纵向混凝土围堰内段高程 90m 排水廊道相接,右端伸至岸坡段第 5 堰块内 3m,设一横向斜坡出口通向下游高程 82.0m 道路。

第三层为围堰拆除爆破廊道,其轴线位于围堰轴线上游 2.25m,廊道底板高程 107.5m,在右岸坡设一横向水平出口通向下游坡面。

围堰 14-2、15 堰块间设跨缝廊道,长 68.0m(其上游端与基础灌浆廊道相通,下游端为盲段),以利此两块纵缝间的接缝灌浆。

基础廊道均采用城门洞形,基础纵向廊道及其岸坡段通向下游的出口廊道和灌浆泵房断面尺寸均为 3.0m×3.5m(宽×高),顶拱为半圆拱,半径为 1.5m。基础纵向廊道底板两边分设 25cm×30cm(宽×深)的排水沟,岸坡段通向下游的出口廊道仅设置一条同尺寸的排水沟。第一阶段施工的廊道采用现浇常态钢筋混凝土结构,廊道周边常态混凝土厚 2m(顶拱最薄处 1.5m),廊道斜坡段底板均设台阶,坡比陡于 1∶2 的斜坡段廊道设钢管扶手。

堰体观测排水廊道及爆破廊道亦采用城门洞形,断面尺寸为 2.5m×3.0m(宽×高),顶拱为半圆拱,半径为 1.25m,廊道底板迎水侧设 25cm×30cm(宽×深)的排水沟,现浇常态钢筋混凝土结构,廊道周边常态混凝土厚 2m(顶拱最薄处 1.5m);第二阶段施工的廊道顶拱、侧墙采用预制钢筋混凝土结构,周边为变态混凝土。

跨缝廊道采用城门洞形,断面尺寸为 2m×2.5m,顶拱为半圆形,半径 1.0m,廊道底板两侧各设一条 10cm×20cm(宽×深)的排水沟。

三期碾压混凝土围堰第二阶段施工中,取消 6 堰块至 14 堰块高程 90m 廊道,15 堰块高程 90m 廊道仅保留左侧 8m 长,并设置横向廊道通向下游堰面,用以沟通纵向围堰纵堰内段高程 90m 廊道的对外交通。为满足 6、7 堰块基岩帷幕灌浆的需要,在这两个堰块增设高程 82m 廊道,并采用非爆破方法凿除右岸坡与堰块高程 82m 廊道左端 2.5m 厚混凝土,使两者相通。

②交通洞

围堰河床段基础廊道与岸坡基础廊道以交通洞、交通竖井相连,交通洞段轴线长 70.5m,设一横向廊道与基础廊道相通,在右岸坡与交通竖井相通。交通洞断面尺寸为 2.0m×2.5m(宽×高),城门洞形,顶拱为半径 1m 的半圆形,其底板两侧各设一条 20cm×10cm(宽×深)的排水沟。按交通洞基础开挖条件,分为明挖现浇段和洞挖衬砌段。

③交通竖井

高程 54m 交通洞与岸坡段高程 82m 基础廊道高差 28m,由竖井垂直沟通。竖井进口位于高程 82m 横向廊道内。竖井采用钢筋混凝土衬护形式,开挖平面尺寸为 6.7m×4.4m,衬护混凝土后竖井尺寸为 4.7m×2.4m。竖井分两部分:第一部分为吊物孔,平面尺寸为2.0m×2.4m,作为运输重型施工机械的通道;第二部分为楼梯,平面尺寸为 2.7m×2.4m,采用预制钢筋混凝土楼梯板形式,每层楼梯高约 1.33m(踏步宽 34cm,高 26.6cm),共 21 层,每层设转弯平台及 0.9m 高钢管扶手。单块楼梯板一端支撑在竖井衬护混凝土中预留的阴牛腿上,另一端搁置于预先埋设的预制梁上。楼梯井底部高程为 54.0m,顶部高程为 82.0m。井口周围设 0.9m 高钢管钢筋护栏。

竖井井壁混凝土采用现浇二级配常态混凝土,$R_{28}250^{\#}$;预制梁及楼梯板采用二级配常态混凝土,$R_{28}250^{\#}$。

3)堰体止水和排水管

①堰体止水

(a)堰体横缝止水

围堰永久横缝迎水面止水采用一道Ⅱ型止水铜片和一道 654 型塑料止水带,两止水片中间设一 20cm×20cm 的菱形排水槽。排水槽内用 ∅80 排水钢管通至基础廊道内。两道止水片底部埋入基础 200cm×100cm×50cm(长×宽×深)的止水槽内,槽内填细骨料混凝土($R_{90}200^{\#}$,W_8,二级配)。明渠段高低渠斜坡面及左岸坡面均设两道止水片及排水槽的止水结构,第二阶段施工部位的止水及排水槽分别与第一阶段施工相应部位的止水及排水槽相通,横缝止部部位浇筑 230cm×200cm 的变态混凝土。背水侧不设止水。

围堰诱导缝迎水侧止水亦采用Ⅱ型止水铜片和一道 654 型塑料止水带,两道止水片底部均埋入基础 170cm×100cm×50cm(长×宽×深)的止水槽内,槽内填细骨料混凝土($R_{90}200^{\#}$,W_8,二级配)。第二阶段施工止水与第一阶段施工相应的部位的止水相接,诱导缝止水部位浇筑 400cm×100cm 的变态混凝土。

(b)廊道周边止水

堰体内廊道穿过永久横缝处,在廊道周边设一圈封闭的 654 型塑料止水片,止水片距离廊道内边线 0.5m。交通洞衬砌设 6 条施工横缝,在施工横缝处设一圈封闭的 654 型塑料止水片,止水片距离交通洞内边线 0.4m。

(c)接缝灌浆止浆片

在纵缝接缝灌浆部位埋设相应的 654 型塑料止水带,以形成封闭的接缝灌浆区域。

②堰体排水管

三期碾压混凝土围堰堰体内设排水管,其中心线位于围堰轴线上游 3.5m,排水管顶部通至堰顶,以下分别与爆破廊道、堰体排水廊道、基础纵向廊道和交通洞相通。第一阶段施工堰体排水管原设计为拔管或无砂混凝土管方式,由于施工干扰大,且易造成堵塞,后改为钻孔法施工,孔距 2.5m,孔径 200mm;第二阶段施工堰体排水管亦采用钻孔法施工,孔距 3m,孔径 168mm,分别在高程 90m 坝体排水廊道和堰顶施钻。第二阶段施工中,取消高程 90m 廊道,堰体排水管在高程 107.5m 廊道和堰顶施钻,排水管孔径改为 110mm,孔距 3m 不变,采用钻孔法施工。

（4）三期碾压混凝土温控防裂设计

1）混凝土原材料及质量要求

①水泥

水泥品种：选用原标准 525 号中热硅酸盐水泥。水泥品质应满足 GB200-89 的各项指标要求，水泥熟料含碱量不超过 0.6%，水化热 3d 及 7d 分别不超过 251kJ/kg 及 29.3kJ/kg。实际施工中水泥由三峡总公司负责供应，在水泥采购时要求中热 525 号水泥熟料含碱量不超过 0.5%，水泥碱含量≤0.55%，配制的混凝土中总碱量不超过 2.5kg/m³；氧化镁含量 3.5%～5%。

②粉煤灰

采用 Ⅰ 级灰，如 Ⅰ 级灰灰源不足时，也可考虑采用准 Ⅰ 级灰。Ⅰ 级灰、准 Ⅰ 级灰具体指标见表 11.3.26。碾压混凝土中粉煤灰最大掺量占 40%～60%。

表 11.3.26　　　　　　　　　粉煤灰质量指标

指标	Ⅰ 级	准 Ⅰ 级	
细度（45mm 方孔筛余，%）	≤12	≤15	或此两项乘积小于 90
烧失量（%）	≤5	≤6	
需水量比（%）	≤95	≤100	
含水量（%）	≤1	≤1	
三氧化硫含量（%）	≤3	≤3	

③骨料

由下岸溪人工砂石系统供应，混凝土的粗骨料和细骨料质量标准原则上按表 11.3.27 控制。三级配混凝土粗骨料粒径为 5～20mm、20～40mm、40～80mm；二级配混凝土粗骨料粒径为 5～20mm、20～40mm，采用连续级配。

表 11.3.27　　　　　　　　碾压混凝土骨料主要质量要求

项目	细骨料	粗骨料	
		5～40mm	＞40mm
含泥量（%）	＜2	＜1	＜0.5
骨料含水量（%）	＜6	＜1	＜0.5
云母含量（%）	＜2（可适当放宽）		
石粉含量（%）	＜8～17		
砂子细度模数	2.4～2.8		
风化软弱颗粒含量（%）		＜10	
粗骨料超逊径（%）		超径＜5，逊径＜10	
针片状颗粒含量（%）		＜15	
有机质含量		浅于标准色	

④外加剂

为减少水泥用量,改善碾压混凝土性能和延缓夏季碾压混凝土初凝时间,应使用高效减水缓凝剂或高效复合缓凝剂。所选用的外加剂质量必须符合有关质量标准。三期碾压混凝土围堰施工碾压混凝土采用高效减水剂为 ZB-1A 及 JG3,在室内温度 18.5℃、湿度 72%条件下,碾压混凝土初凝时间达 16h,终凝时间达 24h。

2)碾压混凝土配合比

三期碾压混凝土围堰设计建议碾压混凝土配合比见表 11.3.28。

三期碾压混凝土围堰各部位碾压混凝土施工配合比见表 11.3.29。

表 11.3.28 设计建议碾压混凝土配合比

混凝土设计标号	级配	水灰比	粉煤灰(%)	砂率(%)	ZB-1A(%)	DH9(1/10000)	用水量(kg/m³)	胶材用量(kg/m³)
$R_{90}150$	三	0.53	60	32	0.7	3.5	75	142
$R_{90}200$	二	0.50	50	36	0.7	3.0	90	180

表 11.3.29 三期碾压混凝土围堰碾压混凝土施工配合比

部位	设计标号	水胶比	粉煤灰掺量(%)	级配	材料用量(kg/m³)			砂率(%)	外加剂				加浆量(L·m⁻³)
					水	水泥	粉煤灰		ZB-1A或JG3(%)	AIR202(万)	122HE(%)	KIM(%)	
防渗层	$R_{90}200F50W8$	0.50	55	二	93	84	102	39	0.6	2~10			
堰体	$R_{90}150F50W8$	0.50	55	三	83	75	91	34	0.6	2~10			
变态	$R_{90}200F50W8$	0.50	55	二	93	84	102	39	0.6	7.0			20
净浆	$R_{90}150F50W8$	0.50	55		545	491	600				2	2	

3)老混凝土平均温度

三期碾压混凝土围堰位于明渠断面部位已在第一阶段施工浇筑至高程 50m(58m),其最小厚度约 3m,在三峡二期工程施工时,这部分混凝土作为导流明渠基础的一部分表面一直过流,淹没在水中。2002 年 11 月上旬导流明渠截流,12 月基坑抽水完毕,由于长年受到表面过流的影响,第一阶段施工的老混凝土在其上部混凝土浇筑时平均温度约 18℃。

4)温控标准

①新老混凝土上下层温差标准

三期碾压混凝土围堰在第一阶段施工已浇至高程 50m(58m),第二阶段施工是在第一阶段的老混凝土上浇筑新混凝土,新老混凝土在各自 0.25L 高度范围内(L 为坝块长边尺寸)上下层温差标准为 15~17℃。

②防止表面裂缝标准

(a)混凝土表面保护标准

初期混凝土遇日平均气温在 2~3d 内连续降温大于 6~8℃时,基础约束区混凝土龄期大于 3d,一般部位龄期大于 5d 者,须进行表面保护。

(b)堰体最高温度标准

三期碾压混凝土围堰尺寸大,使用时间不到 4 年,在运行期不会达到稳定温度。参照已建工程经验,考虑内外温差防裂要求和分缝间距实际施工条件,对连续上升的浇筑块,其各月最高温度按表 11.3.30 控制。

表 11.3.30　　　　　　　　三期碾压混凝土围堰最高温度控制标准

月份	1—2	3	4	5	6
最高温度(℃)	23	26	30	33	36

5)分缝分块

采用永久横缝与诱导缝相结合,永久横缝间距一般 40m,诱导缝设在堰块中部。

6)堰体混凝土温度及温度应力

①堰体温度场

三期碾压混凝土围堰于 2003 年 5 月建成,2007 年汛前拆除,围堰运行时间不到 4 年,由于堰体尺寸大,使用时间相对较短,在运行期堰体自然散热不会降至稳定温度。计算表明,运行期内堰体中心最高温度从 33℃降至 23℃,降幅 10℃,表面温度主要受外界气温和水温的影响。

基础部位碾压混凝土均在低温季节施工,混凝土施工期平均最高温度约 24℃,至 2007 年其平均温度降至 20℃,温差约在 4℃,基础部位的温降不会引起裂缝的产生,防裂重点是堰体表面。

②内外温差产生的温度应力

鉴于围堰尺寸大,混凝土温度降低缓慢,2003 年入秋后围堰下游因内外温差较大会产生一定的温度应力。内外温差引起的温度应力采用应力影响线法计算,计算时按分缝间距 20m 先用双向差分法计算堰体下游面的混凝土温度分布及各点温降值,然后根据各点温降求出堰轴向温度应力。

计算成果表明,当下游面无表面保护时,因内外温差引起的表面最大拉应力约为 1.20MPa,一般在第一个冬季的表面温度应力最大。仅考虑内外温差引起的温度应力,不会引起混凝土表面裂缝,但如果计入气温骤降引起的温度应力,则总应力将会超过混凝土抗拉强度。为减小表面拉应力,加强下游面的表面保护是必要的,如果堰体下游面施工时采用混凝土预制模板,施工时不拆除重复使用,则可以起到对堰体表面保护的作用,采用 50cm 厚的混凝土预制模板保护后堰体表面因内外温差产生的应力约为 0.85MPa。

围堰上游面施工期受气温的影响主要为 1—4 月,主要为内外温差应力及气温骤降引起的温度应力,这时应对上游面进行保护,在 5 月初上游基坑进水时,水温较气温略低,堰体上游面会产生一定的冷击应力,但应力不大,内外温差应力仅增加 0.2~0.5MPa,且此时不会遭受气温骤降冲击。上游面进水后水下部位的边界条件为水温,不会遭遇寒潮的冲击,因此对上游面水下部位各种因素引起的温度应力叠加后总温度应力要小于下游面温度应力,上游面进水后受外界温度变化影响出现裂缝的概率也较下游面小。

此外采用有限元对围堰在水库蓄水期上游面内外温差应力进行了分析,计算表明围堰竖向温度应力最大值出现在高程 $70\sim100\text{m}$ 表层混凝土区域,以蓄水后第一个冬季最大,达 1.50MPa,以后随堰体内部高温区温度逐年降低,其温度应力也逐年降低。

③气温骤降产生的应力

气温骤降期间,降温时间一般较短,降温温差较大,混凝土内的温度变化只限于极浅的表层部分,因此温度变形受到完全约束,产生较大温度应力。1—4 月三峡坝址三斗坪气温骤降频繁,必须加强表面保护。

分别计算 $2\sim3\text{d}$ 日平均气温骤降 8℃、10℃、12℃ 时,混凝土表面用一层 EPE 高发泡聚乙烯覆盖($\beta=2.4\text{W/m}^2\cdot\text{℃}$),混凝土表面裸露无风时($\beta=5.5\text{W/m}^2\cdot\text{℃}$),风速 1m/s 表面裸露($\beta=9\text{W/m}^2\cdot\text{℃}$)及风速较大时($\beta=15\text{W/m}^2\cdot\text{℃}$)混凝土龄期 7d 及 28d 遇气温骤降时表面温度应力,计算结果见表 11.3.31 和表 11.3.32。

表 11.3.31　　　　　7d 龄期遇气温骤降时混凝土表面温度应力

表面热交换系数 (W/m²·℃)	3.0			5.5			9.0			15		
2~3d 降温值(℃)	8	10	12	8	10	12	8	10	12	8	10	12
表面温度降幅(℃)	2.4	3.1	3.7	3.7	4.7	5.6	4.8	6.0	7.1	5.7	7.1	8.6
表面温度应力(MPa)	0.39	0.49	0.59	0.6	0.75	0.9	0.76	0.96	1.15	0.92	1.15	1.37

表 11.3.32　　　　　28d 龄期遇气温骤降时混凝土表面温度应力

表面热交换系数 (W/m²·℃)	3.0			5.5			9.0			15		
2~3d 降温值(℃)	8	10	12	8	10	12	8	10	12	8	10	12
表面温度降幅(℃)	2.4	3.1	3.7	3.7	4.7	5.6	4.8	6.0	7.1	5.7	7.1	8.6
表面温度应力(MPa)	0.56	0.70	0.84	0.86	1.07	1.28	1.09	1.36	1.64	1.31	1.64	1.96

从表 11.3.31 及表 11.3.32 可看出,无保护遇到气温骤降时,混凝土表面温度应力可达 $1.28\sim1.64\text{MPa}$,越冬期间与内外温差应力叠架后将超过碾压混凝土抗拉强度而出现裂缝,因此应加强表面保护,下游面若采用 50cm 厚的混凝土预制模板保护,其等效其表面热交换系数为 $2.5\sim3.0\text{W/(m}^2\cdot\text{℃)}$,则气温骤降引起的温度应力降至 $0.4\sim0.8\text{MPa}$,可有效防止气温骤降引起表面裂缝的产生。对于上游面,在上游基坑进水前须在拆模后采用表面保温措施,保温后等效放热系数不大于 $3.0\text{W/(m}^2\cdot\text{℃)}$。

三期碾压混凝土围堰块体尺寸大,散热困难,冬季内外温差较大,且三峡坝区的气温骤降比较频繁,堰体温度和温度应力计算分析表明,施工期若不设表面保护,受内外温差和气温骤降的综合影响时,上下游面可能产生裂缝。应充分做好上下游面的表面保护(如采用预制模板,贴保温层等),减小裂缝产生的概率。上游基坑进水后上游面由于受到水体的保护,不会受到寒潮的冲击,此时裂缝产生的概率较小。

7)温控措施

①碾压混凝土配合比设计,除满足结构所要求的强度、防渗、耐久性外,还须具有良好的可碾性,应优化配合比,尽量减少水泥用量,降低水化热温升,以减少混凝土温度裂缝的产生。碾压混凝土应满足设计要求的极限拉伸值,同时还应满足碾压混凝土质量控制要求:抗压强度的均方差 $S \leqslant 3.5$MPa,抗压强度不低于设计强度等级的百分数 $\geqslant 95\%$,强度保证率 $\geqslant 80\%$。

②控制碾压混凝土最高温度:采取必要的温控措施,使碾压混凝土实际出现的最高温度不超过设计允许最高温度。

③入仓温度:应根据设计允许最高温度及气温条件等因素来确定入仓温度,据初步估算,12—3 月可自然拌和入仓,4 月入仓温度为 16℃,5~6 月入仓温度为 18℃。

④浇筑层厚与层间间歇期:碾压混凝土压实层厚约 30cm,采用连续上升的浇筑方式,正常工作缝和因故停歇的施工缝形成后,一般应停歇 3~5d。

8)高温季节温控措施

①严格温控要求,采用预冷混凝土,在混凝土运输过程中,汽车及皮带上加设顶棚,加快入仓速度,在仓面设置喷雾降低仓面小环境的温度,白天对已压实混凝土表面覆盖彩条布内夹保温材料等保温材料隔热保湿,尽量减少预冷混凝土的温度回升,控制堰体最高温度在设计允许最高温度范围内。

②碾压混凝土拌和料从出机到平仓、碾压完毕不超过 2h。

③可采用较低的 V_c 值,尽量控制在 3~5s 范围内。

④采用高效缓凝减水剂,延长混凝土初凝时间,防止高温季节碾压混凝土的初凝。

⑤采用预冷混凝土骨料、控制一个升程高度和间歇时间等温控措施。

⑥加强表面保湿保温措施。在 4—6 月份进行碾压混凝土施工时,外界气温较高,为防止碾压混凝土初凝及气温倒灌,应在仓面设置喷雾设备。

9)表面保护

①施工期表面保护:遇日平均气温 2~3d 内降温大于 6~8℃,碾压混凝土顶侧面必须进行表面保护,保温后碾压混凝土表面等效放热系数 $\beta \leqslant 2.5 \sim 3.0$W/(m²·℃)。

②上游暴露面的保护:1—4 月浇筑的碾压混凝土上游面拆模后即设保温层,保温后混凝土表面等效放热系数 $\beta \leqslant 2.0$W/(m²·℃)。

③在气温骤降期或寒冷气温条件下拆模后应立即对其表面进行保温。

④下游面宜采用混凝土预制模板兼作永久保温层,混凝土预制模板厚度不小于 0.5m。如不采用混凝土预制模板或混凝土预制模板在施工中拆迁重复使用,则须在下游面设置永

久保温层,保温层混凝土表面等效放热系数不大于 $3.0\mathrm{W}/(\mathrm{m}^2 \cdot {}^\circ\mathrm{C})$。

10)明渠段第一阶段施工碾压混凝土面防裂措施

第一阶段施工的明渠渠底高程 50m 及 58m 以下部位的混凝土面因间歇时间长达 5 年之久,且受明渠过流冷击作用而使混凝土表面易产生裂缝,为此,在混凝土面以下 0.5m 处布设限裂钢筋,布筋范围在围堰轴线上游 2m 至轴线下游 74m,垂直水流向钢筋为 $\phi16\mathrm{mm}@20\mathrm{cm}$,顺水流向钢筋为 $\phi18\mathrm{mm}@20\mathrm{cm}$。钢筋铺设高程距渠底表面 0.5m(高渠段为高程 57.5m,低渠段为高程 49.5m),限裂钢筋以上为 0.5m 厚三级配常态混凝土,以下为 0.5m 厚二级配碾压混凝土。

(5)碾压混凝土围堰堰基处理

1)围堰堰基开挖

三峡坝区岩石以闪云斜长花岗岩为主,其弱风化带下岩石抗压强度达 80~85MPa,整体性好,断层裂隙分布以陡倾角为主,依据坝区地质资料花岗岩弱风化带下可利用建基面等高线,确定围堰建基面开挖高程。位于明渠段的围堰基岩开挖成高程为 25m、30m、35m、40m、45m、50m、55m 和 58m 共 8 个平台,各平台连接坡度为 1∶1。右岸岸坡段堰基开挖成高程 140m、137m、130m、120m、110m、103m、93m、80m 和 70m 共 9 个平台。各平台间连接坡度分别为 1∶0.5、1∶0.5、1∶0.8、1∶0.8、1∶0.6、1∶0.6、1∶0.5。右岸坡段高程 70m 平台与明渠段高程 58m 平台连接坡度为 1∶0.5。围堰永久横缝均位于开挖平台上,诱导缝亦尽量设置在开挖平台上。

2)地基缺陷处理

①F_{11}断层的处理

F_{11}断层影响风化槽从上游向下游逐渐减小,位于围堰轴线以上风化槽宽度 20m 左右,向下游束窄至 1~2m,轴线下游弱风化岩石抬高,有利于围堰稳定,且 F_{11} 断层构造岩主要为碎裂岩,一般胶结良好仅局部风化加剧,采取将风化部位抽槽下挖并进行加强固结灌浆的处理措施。

②第 13 堰块中部风化槽处理

第 13 堰块建基岩面设计高程 40m,在其中部基岩面有 F_9、F_{12} 断层切割的风化槽,属花岗岩弱风化上带,作挖槽处理。

③第 12 堰块基岩下部风化深槽处理

第 12 堰块建基岩面设计高程 30~35m,在其右下部基岩受 F_{11} 断层的影响,风化较深,可利用岩面高程为 25~27m,并呈三角形的深槽(倾向北东和北西的倾角为 60°~70°的光滑结构面均与分缝线斜交组成三角形槽),对堰体结构极为不利,需在陡倾角的结构面布设锚筋和进行接触灌浆处理,深槽混凝土浇筑按填塘混凝土施工技术要求,并在其顶部布设防裂钢筋。

3)围堰基岩固结灌浆

①固结灌浆范围与布置

基础固结灌浆范围大致按堰踵 1/4 堰基宽度部位布置,对于断层破碎带部位范围应适当加大,并保证基础帷幕上、下游各有一排固灌孔,以加强基础防渗帷幕。围堰上游侧第一排固灌孔布置在围堰上游结构底边线下游侧 1.5m 左右。

根据围堰基础地质条件及围堰挡水水头等因素,固结灌浆孔布置范围为第 6 堰块至 15 堰块。

②固结灌浆施工平台及灌浆方式

(a)右岸坡 5、6 堰块,高程 82.0m 施工道路位于此范围内,待混凝土浇至高程 82.0m,并完成此段导流明渠护坡工程后进行钻灌浆施工。

(b)明渠高渠段及低渠深槽段,待基础开挖完成,并浇筑填塘混凝土封闭裂隙后,进行无盖重固结灌浆施工。

(6)围堰堰基渗流控制

1)堰基帷幕灌浆

①帷幕灌浆布置

根据围堰基岩地质情况,并考虑到基础固结灌浆的补强作用,仅沿基础廊道中心线上游侧 0.86m,即围堰轴线上游侧 2.86m 布置一排防渗帷幕,与纵向混凝土围堰堰内段横向廊道基础帷幕相接。

②帷幕灌浆设计参数

(a)孔深、孔向

帷幕灌浆底线至 $q<1Lu$ 顶板线以下 3m,且要求帷幕伸入基岩内深度不小于 10m。

帷幕灌浆孔一般采用垂直孔,对右岸岸坡端头,为控制堰头绕渗,可视实际情况适当布置斜孔,以扩大防渗帷幕范围。

(b)孔、排距

三期碾压混凝土围堰为单排帷幕灌浆,孔距为 1.5m,右岸岸坡端头部位适当调整。

③帷幕灌浆材料和施工方法

灌浆用水泥采用新鲜无结块的普通硅酸盐水泥或硅酸盐水泥,其标号为 525 号。采用自上而下逐段钻孔和灌浆、孔内循环的施工方法。帷幕灌浆按三序施工,分序加密。

灌浆压力:混凝土与基岩接触段(第一段)段长 2.0m,阻塞在接触面以上 0.5m 处,灌浆压力为 0.5MPa;第二段及以下各段段长为 5~6m,阻塞在已灌段底以上 0.5m 处,第二段灌浆压力自 0.6MPa 逐步升至 1.0MPa;第三段及以下各段灌浆压力为 1.5~2.0MPa。

帷幕灌浆检查合格标准为 $q\leqslant1Lu$。

2)堰基排水

①范围和布置

堰基帷幕下游设一排主排水孔,孔口在基础廊道和交通洞内,基础廊道内排水孔位于基础廊道中心线下游 1.0m,交通洞内排水孔设在交通洞轴线上游 0.8m 处。排水孔引入廊道内,孔口设反滤保护措施,以防止杂物掉入孔内导致排水失效。排水孔应在所有帷幕灌浆施工完成后施工。

②排水孔孔深、孔向、孔距和孔径

堰基排水孔孔深按防渗帷幕深度的50%控制,但排水孔深入基岩内深度不应小于10m。基础廊道内排水孔向下游偏斜15°,孔距3m,孔径110mm;交通洞内排水孔采用垂直孔,孔距3m,孔径110mm。

11.3.4.3 碾压混凝土围堰施工

(1)施工阶段划分

三期碾压混凝土围堰在导流明渠截流后,必须在一个枯水期内完建并挡水,其施工强度高、难度大,设计研究采用两阶段施工方案。

第一阶段主要进行导流明渠范围内堰体基础部位(亦称明渠段)、右岸坡段堰段和左侧纵向围堰接头段堰体施工。当满足二期导流及导流明渠通航水流条件,明渠范围内三期碾压混凝土围堰基础部位的堰体施工断面与导流明渠高、低渠断面一致(高渠段堰体浇筑高程58.0m、低渠段堰体浇筑高程50.0m),安排在1997年导流明渠过水前完成;左侧纵向围堰接头段与纵向围堰上纵堰内段一并浇筑至堰顶高程140m;右岸坡段浇筑至堰顶高程140m。

第二阶段在导流明渠截流后修筑三期上下游土石围堰,三期基坑积水抽干后,进行三期碾压混凝土围堰明渠段堰体施工,堰体碾压混凝土从高程50m(58m)浇筑至堰顶高程140m,安排在2003年6月,水库蓄水(135m水位)前完成。

(2)第一阶段施工

1)堰基开挖

三期碾压混凝土围堰堰基开挖在一期基坑内干地施工,右岸坡段开挖随导流明渠右岸坡开挖一并施工,在不中断高程82m施工道路条件下安排开挖,明渠段基础开挖由两端向中间推进,分层分台阶进行开挖。岩石边坡开挖采用预裂、光面爆破技术,围堰建基岩面采用水平预裂光面爆破技术。右岸边坡开挖时,随着开挖高程下降,对坡面及时进行测量检查,防止欠挖;对失稳岩体及时进行处理。左侧靠近纵向围堰部位基础开挖时,应控制爆破药量,并采取监测及防范措施,避免对纵向围堰已浇筑的混凝土造成损伤。围堰基岩面断层、裂隙破碎带等地质缺陷,均按设计要求挖槽回填混凝土。

2)堰体碾压混凝土施工

三期碾压混凝土围堰第一阶段施工部位采用不同的浇筑手段:明渠段围堰基础高程30m以下填塘混凝土(最低高程19m),采用胎带机输送混凝土入仓浇筑;其余部位采用汽车运送混凝土直接入仓浇筑。右岸坡段混凝土浇筑仓面逐渐束窄,采用胎带机输送混凝土入仓浇筑。左侧纵向围堰接头段采用布置在上纵堰内段左侧的塔带机输送混凝土入仓浇筑。

三期碾压混凝土围堰明渠段堰体混凝土于1996年4月19日开始浇筑,至1997年3月27日浇筑至明渠过水断面(低渠高程50m、高渠高程58m)。右岸坡段堰体混凝土于1998年

3 月开始浇筑,至 1998 年 10 月浇筑至设计高程 140m。

3)围堰基础固结灌浆施工

三期碾压混凝土围堰基础固结灌浆采用在建基岩面浇筑找平混凝土封闭岩体裂隙及断层破碎带,进行无盖重固结灌浆施工。固结灌浆宜在围堰基础全部开挖结束后进行,若灌浆区附近仍在开挖爆破,须控制开挖爆破处与灌浆区保持一定的安全距离(不小于 20m),并采取放小炮,打防震孔等措施。

固结灌浆实施过程中,根据围堰建基岩面开挖揭露的实际地质情况和弹性波检测成果以及第 10 坝块固结灌浆资料,对围堰基础固结灌浆设计进行优化,以简化施工,缓解碾压混凝土施工与固结灌浆的矛盾。

(3)第二阶段施工

1)坝体碾压混凝土施工

三期碾压混凝土围堰明渠段沿围堰轴线长 380m,第二阶段施工坝体最大高度 90m,最大底宽 74m。坝体高程 94.7m 以下浇筑仓面较大,采用自卸汽车运送混凝土直接入仓方式;坝体高程 94.7m 至 113m,采用自卸汽车运送混凝土入仓为主、塔(顶)带机输送混凝土入仓为辅的方式;坝体高程 113m 以上浇筑仓面较小,采用塔(顶)带机输送混凝土入仓布料,胎带机转料作为备用方案。

碾压混凝土由右岸高程 150m 混凝土生产系统 2 座 4×4.5m³ 拌和楼和高程 84m 混凝土生产系统 2 座 4×3m³ 拌和楼供应,围堰下部浇筑仓面较大,碾压混凝土施工强度高,由左岸高程 98.7m 混凝土生产系统支援一部分碾压混凝土通过自卸汽车运送入仓。

明渠段坝体下部施工时,在其下部左右两侧各布置 1 条入仓汽车道路,入仓口路面宽度 20~24m,采用半宽交替填筑上升,每次升程 60cm,道路填筑未影响汽车运送碾压混凝土入仓。汽车入仓最大仓面积达 18043m²,日最大浇筑量 2.1 万 m³。明渠段坝体上部施工时,在 8 坝块下游高程 58m 平台布置 1 台顶带机,12 坝块下游高程 50m 平台布置 1 台塔(顶)带机,浇筑坝体高程 90~130m 区段碾压混凝土,可覆盖约 91% 仓面,坝体高程 130m 以上仓面盲区逐渐增大,采用推土机赶料和仓内汽车转料,塔(顶)带机实际最大日浇筑量分别为 4068m³ 和 8092m³,满足了高强度施工需要。

①模板

三期碾压混凝土围堰施工工期紧,为减少模板拆装工作量,加快进度,实现碾压混凝土连续不间歇上升,要求模板拆装速度快、稳定性好,模板拆装时对仓面干扰小,为此,坝体上游面采用悬臂翻升钢模板,下游面采用台阶预制混凝土模板及台阶组合钢模板,悬臂翻升钢模板由 3 块 3m×2.1m 模板进行翻转。

②铺料及平仓

碾压混凝土铺料及平仓除满足一定生产率要求外,还必须避免混凝土骨料分离。为防止出现顺流向渗水薄弱带,铺料方向平行于围堰轴线。铺料条带宽 10~15m,压实层厚 30cm 铺料厚 35cm 左右,层厚偏差控制在 ±3cm 以内。自卸汽车入仓辅料后用大型平仓机进行平仓,装载机(斗容 1.5m³)作辅助作业。碾压混凝土应在卸料位置铺开,卸料堆出现骨料分离时,用装载机或人工将分离骨料均匀散铺到未完成平仓作业的碾压混凝土含砂浆较多处,不允许直接用砂浆覆盖,以免造成内部蜂窝。塔带机直接铺料时,将碾压混凝土铺设在已平仓未碾压的层面上,由平仓机向前推料平仓。自卸汽车在仓面卸料应边走边卸或分多次卸料,以防止骨料分离。堰体高程 50m 至 130m,仓面面积为 18043m² 至 3040m²。考虑碾压混凝土入仓强度,单层浇筑历时较长,为 8~16h,采取分区分条带施工,实施中控制层间间歇时间在设计层间允许间歇时间(8~10h)以内。堰体高程 130m 以上仓面长 380m,宽 8m,仓面狭窄,同时塔(顶)带机只能定点下料,仓内由平仓机推料或汽车转料,且在气温较高、降雨较多季节施工,干扰较大,采取分堰块浇筑,保证了碾压混凝土连续上升。碾压混凝土入仓后由平仓机推料平仓,平仓后的碾压混凝土表面应平整,无凹坑。

③碾压

三期碾压混凝土围堰施工选用质量为 10t 以上的大型碾压机械(BW202AD 型双滚筒自行式振动碾),边角部位采用小型碾压机械(BW80/90AD 型振动碾)。仓面 1 个条带碾压混凝土平仓完成后应立即开始碾压,振动碾作业行走速度 1.0~1.5km/h。V_c 值是碾压混凝土施工的一项重要控制指标,三期碾压混凝土围堰 V_c 值规定为 1-8s,下限以不陷碾为原则。根据试验资料,考虑天气情况、入仓方式、运输距离等因素而通过拌和楼对 V_c 值进行调控,一般情况下按 3s 左右控制,阴雨天按 4~6s 控制,并且机口 V_c 值大于 8s 时,按废料处理,仓面 V_c 值大于 10s 时,采取分散或挖除处理。碾压遍数为无振 2 遍+有振 6~8 遍。碾压条带搭接宽度大于 20cm,端头部位搭接宽度大于 100~150cm。碾压作业完成后,用核子密度仪检测其容重,按 200m² 取一个样控制,压实度控制标准为:上游 4m 防渗层不小于 98%,其余部位不小于 97%。达到设计要求后方可进行下一层作业,若未达到设计要求,立即重碾直至满足设计要求为止。对重碾后仍不合格的碾压混凝土应予挖除。

④造缝

三期碾压混凝土围堰堰块之间的横缝成缝方法有三种:埋设沥青杉板成缝、钻孔填砂成缝和切缝机直接切缝。用切缝机在碾压混凝土每一碾压层完成后,沿分缝线直接切割,随后埋入隔离材料,速度快,效果良好,缝面位置较准确,有利于快速施工。三期碾压混凝土围堰永久横缝和诱导缝上游侧 4m 范围设止水片处采用埋沥青杉板(厚 1cm)成缝,其后采用 HCD70S 振动切缝机成缝,切缝机成缝,切入深度大于 18cm(超过 1/2 碾压层厚),缝内埋入 2 层彩条塑料布(厚 2mm)。堰体高程 95m 以上永久横缝下游侧 3m 范围和高程 135~140m 永久横缝全部范围每层采用切缝机切缝埋设厚 1cm、深 28cm 的木板。

⑤防渗层施工

三期碾压混凝土围堰在上游侧设防渗层,厚 4m,采用二级配碾压混凝土,标号提高一级为 $R_{90}200^\#$。贴近上游模板 30~60cm 宽度范围内使用注入水泥灰浆变态混凝土,由集中制浆站供应水泥浆,碾压混凝土摊铺后在变态混凝土区采用挖槽注浆方式,均匀注入碾压混凝土中,注浆量按 20L/m³,注浆后再用直径 100mm 和 130mm 振捣器振捣密实。对变态混凝土注浆前应先将相邻部位的碾压混凝土压实，以免水泥浆流入碾压混凝土内影响碾压质量，结合部位应用振动碾压实。上游面模板拆除后立即清理混凝土表面，并涂刷水泥基渗透防水材料，提前碾压混凝土防渗性能。实际施工时，改在防渗层变态混凝土内掺水泥基渗透防水剂。

⑥施工缝面处理

三期碾压混凝土围堰施工采用通仓薄层浇筑，各浇筑层间的层面即施工缝面是堰体的薄弱面，为保证围堰安全运行，要求施工层面有较高的结合强度和抗渗性能。大量试验和工程实践证明，在下层碾压混凝土初凝前浇筑上层碾压混凝土可获得良好的层间结合强度。为此，要求碾压混凝土浇筑应保持连续性，碾压混凝土拌和料从拌和到碾压完毕不宜超过2h，层面间歇时间控制在碾压混凝土初凝时间内，各层面间应保持清洁、湿润，不得有油类、泥土等有害物质。施工过程中因故中止或其他原因造成间歇时间超过设计允许间歇时间，对仓面碾压混凝土应及时进行处理。碾压混凝土因故停浇时，施工条带前后、左右相邻停浇处的间距应大于 3m，以免冷缝叠加相连造成渗水薄弱带。

水平施工缝处理包括施工层面处理和冷缝处理。施工层面处理在碾压混凝土收仓后10h 左右用压力水冲毛，清除混凝土表面浮浆，以露出粗砂粒和小石为准。冷缝视间歇时间长短分为Ⅰ型和Ⅱ型冷缝，对Ⅰ型冷缝面，将层面松散物和积水清除干净，铺一层 2～3cm 厚的砂浆后，即可进行下一层碾压混凝土摊铺、碾压作业；Ⅱ型冷缝按施工缝处理。三期碾压混凝土围堰通过现场试验确定碾压混凝土连续浇筑允许层间间歇时间及Ⅰ型、Ⅱ型冷缝间歇时间见表 11.3.33。

表 11.3.33　　　　　　　　**碾压混凝土连续浇筑允许层间间歇时间**

月份	层间允许间歇时间	Ⅰ型冷缝	Ⅱ型冷缝
1—3	≤10h	>10h 且≤20h	>20h
4—5	≤8h	>8h 且≤16h	>16h
6	≤6h	>6h 且≤12h	>12h

三期碾压混凝土围堰第一层碾压混凝土摊铺前，砂浆铺设随碾压混凝土铺料进行，保证在砂浆初凝前完成碾压混凝土的铺筑，不得超前。一般要求在砂浆摊铺后 30min 内覆盖碾压混凝土，所铺砂浆应有一定坍落度。碾压混凝土配合比设计采用高效减水剂，并根据气温条件的不同进行调整，以保证碾压混凝土初凝时间满足表 11.3.33 中连续浇筑层间允许间歇时间的要求。在铺筑方法和浇筑工艺措施的选择上，应尽量缩短碾压混凝土上下层面覆盖的间隔时间，确保碾压混凝土上下层覆盖时间比碾压混凝土的初凝时间缩短 1～2h。碾压混凝土施工层面被污染或被扰动破坏，都会降低层面结合质量。因此，施工中应保证层面的清洁。汽车直接入仓浇筑时，应对汽车轮胎进行冲洗及冲洗后的脱水。仓面上各种机械应严格防止漏油，若发现油污应予清除。仓面各种机械要避免原地转动，减少对层面的扰动破坏。

⑦碾压混凝土养护

三期碾压混凝土围堰施工过程中均采取措施,保护混凝土表面湿润。仓面混凝土在终凝后即开始养护,采取洒水或喷雾等养护措施,使混凝土表面处于湿润状态。施工层面连续养护至上一层碾压混凝土开始浇筑为止;对较长期暴露面养护 28d 以上;对永久暴露的侧面及顶面,采用覆盖持水材料进行养护保湿。低温季节及气温骤降期间,对混凝土表面采用高发泡聚乙烯泡沫塑料保温被覆盖保护,以防止碾压混凝土表面产生裂缝。

2)堰基岩体帷幕灌浆施工

三期碾压混凝土围堰基础帷幕设计为单排灌浆孔,孔距 2.0m,在围堰基础廊道内按分序加密、自上而下分段钻灌分三序施工。2003 年 1 月 11 日开始帷幕灌浆施工,3 月 25 日灌浆完工。

对帷幕灌浆资料进行统计分析:灌前透水率平均值为 5.37Lu,经过Ⅰ序孔和Ⅱ序孔灌浆,Ⅱ序孔透水率平均值降低到 2.01Lu,Ⅲ序孔透水率平均值降低到 1.41Lu,递减率达 73.4%,递减明显;Ⅰ序孔的单位注入量为 17.25kg/m,Ⅱ序孔为 5.68kg/m,Ⅲ序孔为 8.0kg/m,递减率达 53.6%;透水率及单位注入量值随着灌浆次序的增进而减小,符合灌浆递减规律。资料表明,涌水孔段、涌水量及涌水压力随着灌浆次序的增进在逐渐降低,透水率及单位注入量值随着灌浆次序的增进而递减,说明灌浆效果较好。

11.3.4.4 碾压混凝土围堰渗漏水处理

(1)围堰渗漏水情况

碾压混凝土围堰从 2003 年 6 月蓄水前的 5 月 20 日开始观测堰体及堰基的渗水量,围堰上游水位 77.8m,渗水量为 337.5L/min,5 月 30 日,围堰上游水位 97.74m,渗水量为 585.8L/min;6 月 11 日,水库蓄水位为 135.92m,渗水量为 869.72L/min,此后缓慢减小,10 月 22 日,库水位 135.60m,渗水量为 365.15L/min;11 月 9 日,库水位 138.92m,渗水量为 426.82L/min。2003 年 12 月 12 日,在围堰高程 107.5m 廊道发现横缝排水槽引管出水和 1 号爆破药室装药管出水,碾压混凝土围堰横缝第一道止水片距上游堰面 0.4m,第二道止水片距上游堰面 1.9m,两道止水片间距 1.5m;排水槽位两道止水片中间,其中心距两道止水片分别为 0.75m,排水槽截面为菱形 0.2m×0.2m,分布高程 40.0m 至 140.0m,排水槽中心线距高程 102.5m 廊道上游壁面 2.35m。高程 107.5m 廊道渗漏水量由 12 月 15 日测值 204L/min 至 12 月 18 日增大至 828L/min,呈上升趋势。2014 年 1 月 21 日围堰漏水总量超过 1800L/min,堰体排水孔出水,1 月 31 日漏水量增至 3482L/min;2 月 25 日,围堰堰体排水孔渗漏出水量最大达 8352L/min。

(2)围堰渗漏水检查

2003 年 12 月 12 日在围堰高程 107.5m 廊道发现渗漏水并有渗漏量增大的趋势后,设计分析认为围堰渗漏水通道与围堰上游面裂缝有关,尤其是高程 107.5m 廊道上游侧防渗层距围堰上游面 4.5m,防渗层采用常态混凝土,常态混凝土内埋设堰体爆破药室及装药管

（水平间距 2.2m），常态混凝土与碾压混凝土之间的水平层间缝是漏水的主要通道。水平层面渗漏水沿水平缝绕过围堰结构缝的第一道止水片而进入排水槽。三峡集团公司安排潜水员对碾压混凝土围堰上游面裂缝进行了检查。2004 年 1 月 2 日至 6 日，长江电力股份公司检修厂潜水员对碾压混凝土围堰上游面高程 107.5m 附近进行水下检查，重点检查 6～15 号堰块，检查方式为水下摄像和潜水员目测相结合。检查发现 7 号、8 号堰块高程 107.6m 附近有不连续水平缝，缝宽 1.0～1.5mm；9～12 号堰块高程 107.6m 附近有不连续水平缝，缝宽 1.0～1.5mm；13～15 号堰块高程 111.4m 处有一条水平缝，呈连续状，缝宽 1.0～1.5m；水平缝上下各 50cm 范围内检查未发现有明显缺陷。经对堰体排水孔进行孔内电视录像检查发现，大部分渗漏水层面位于高程 86.0～88.0m 处，个别在高程 82.0m 处，有些层面漏水呈射流状。鉴于碾压混凝土围堰 7 号堰块左半块至 15 号堰块的堰体排水孔均大量漏水，初步判断堰体水平层面缝已延伸至堰体排水孔处。

（3）碾压混凝土围堰安全性分析

鉴于对堰体水平层间缝向下游延展深度尚未检查，设计对碾压混凝土围堰高程 107.5m、111.4m、88.0m、82.0m、78m 等断面的稳定性分别采用抗剪断公式和抗剪公式进行了计算分析，计算成果为：堰体高程 88.0m 断面距上游面层面 5.0m 范围用全水头，其下游扬压力按三角形分布，层面抗剪断参数 $f'=0.9$，$c'=0.9MPa$，则该断面抗滑稳定安全系数 $k_c'>3.0$，若层面抗剪断参数取 $f'=0.9$，$c'=0.7MPa$，则 $k_c'<3.0$；若按抗剪公式计算，层面摩擦系数取 $f=0.70$。其抗滑稳定 $k_c<1.0$，若将堰体排水孔处的扬压力折减系数取 0.5，则 $k_c>1.0$。计算结果表明，碾压混凝土围堰层面缝发展存在危及围堰安全的风险，尤其是高程 88.0m 水平层面缝已向下游延伸距上游面 5.0m 以上，若水面层面缝向堰体排水孔下游继续延伸，则危及围堰安全风险更大，必须尽快抓紧处理，以确保碾压混凝土围堰安全。

（4）围堰渗漏处理设计方案及其处理效果

设计提出"外堵内排"的处理方案：对围堰上游堰面水平层间缝与堰体横缝和诱导缝相交的"十"部位，在横缝及诱导缝和水平层间缝两端分别骑缝钻止浆孔灌浆封闭后，再沿水平层间缝水下切槽，嵌 SR_2 塑性止水材料封堵，再加贴 SR 盖片保护，达到"外堵"目的；在堰体高程 107.5m 廊道上游侧和顶拱肩处布设排水孔，呈梅花形布置，排距 0.5m，孔距 1.5m，孔深约 2.5m（穿过常态混凝土与碾压混凝土层面），并在高程 107.5m 廊道下游侧施钻堰体排水孔，增加一道排水孔幕加强排水，以达到"内排"减压目的。为提高封堵水平层间缝堵漏效果，在堰体高程 107.5m 廊道内居中布置一排孔径 56mm 的斜向钻灌孔，孔深为穿过高程 82.0m 水平层间缝 2.0m，灌浆封堵材料。碾压混凝土围堰渗漏处理按设计方案实施处理后，堰体漏水量显著减小。2004 年 6 月 22 日实测渗漏水量为 24.09L/min，围堰 10 号堰块堰顶最大水平位移 21.4mm；8 月 20 日实测围堰渗漏水量为 10.38L/min，10 号堰块堰顶最大水平位移为 20.58mm，说明围堰渗漏处理效果良好，围堰运行正常，安全可靠。

11.3.4.5　碾压混凝土围堰拆除爆破实施效果与安全监测成果分析

（1）碾压混凝土围堰拆除爆破实施效果

1）碾压混凝土围堰拆除爆破实施方案

碾压混凝土围堰拆除范围沿围堰轴线长度 480m，拆除高度 30m，拆除混凝土方量达 18.63万 m³。设计爆破方案为两侧堰块（左岸与纵向围堰接头连接段堰块和右岸 2～5 号堰块）有用超深孔台阶爆破法炸碎和中间明渠段（6～15 号堰块）采用洞室爆破倾倒，即"中间倾倒、两侧炸碎"方案。

①洞室爆破倾倒方案研究与实施

鉴于中间倾倒部分是围堰拆除的主体部位，在围堰施工时，将堰体的排水廊道抬高约 10m 至高程 107.5m 兼作装药廊道，布设三排预留集中药室（图 11.3.31）：1 号药室中心高程 108.7m，药室中心距上游直立堰面 2.2m，药室中心距装药廊道上游边墙 2.3m，药室内径 40cm、净高 70cm，药室容积为 0.09m³，1 号药室中心间距 2.2m，1 号药室首先起爆，爆破后形成缺口Ⅰ区；2 号药室布设在装药廊道之下，药室中心高程 101.5m，药室中心距上游直立堰面 6.0m，药室中心距装药廊道底板 6.0m，药室内径 100cm、净高 100cm，药室容积为 0.079m³，2 号药室中心间距 5.0m，该药室在 1 号药室之后起爆，爆破后形成缺口Ⅱ区；3 号药室布置在装药廊道下游，药室中心高程 106.4m，药室中心上游距装药廊道下游墙水平距离 3.5m，至装药廊道垂直距离 1.1m，药室内径 80cm、净高 80cm，药室容积为 0.40m³，3 号药室中心间距 4.0m，该药室紧接 2 号药室之后起爆，爆破后形成缺口Ⅲ区，同时把 1 号和 2 号药室爆后残留的根底爆破。三排药室通过 1 号、2 号和 3 号药室依次爆破，在堰体上游侧部位形成爆破缺口（图 11.3.32），为堰体倾倒创造失稳条件和旋转空间。同时为保证顺利地倾倒在 110.0m 高程处，在被炸堰体的后部布设了断裂孔。

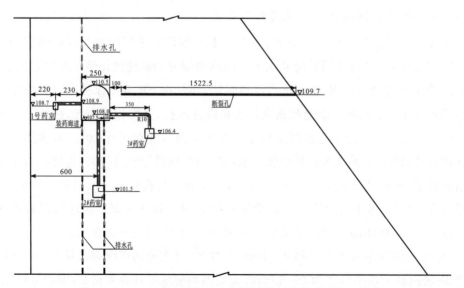

图 11.3.31　三期碾压混凝土围堰堰体预留药室布置示意图

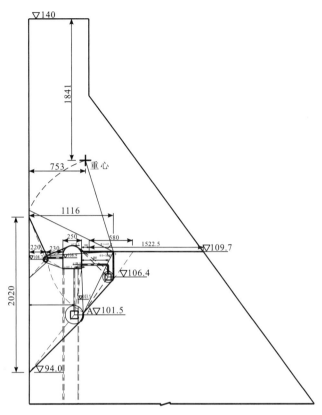

图 11.3.32　碾压混凝土围堰爆破缺口示意图

（a）围堰拆除爆破倾倒药室药量计算

碾压混凝土围堰拆除爆破方案将两种爆破方法在同一网络中起爆，并使拆除长度 480m 长的堰体按设定的从左至右的顺序依次倾倒。为提高围堰倾倒爆破的可靠性，中国长江三峡集团公司委托长江科学院进行了爆破器材及其爆破可靠性试验，并对爆破振动及水击波、爆破涌浪影响、安全防护措施等进行专题研究，开展了 1：100 模型倾倒涌浪试验和 1：10 模型爆破倾倒试验。鉴于在超过 30m 的深水中进行集中药室爆破和钻孔装药爆破，国内外尚无实践经验可循，通过理论研究和科学试验，揭示了水下固体介质爆破作用各个过程的基本规律，提出了药量计算的原则及计算式（11.3.1）：

装药量
$$Q = eK_d(k + HCa)W^3 f(n) \tag{11.3.1}$$

式中：e——炸药系数，标准炸药为 1；

K_d——双向药包作用系数，一般取 1.2，1 号及 2 号药室取 1.2，3 号药室取 1.0；

HCa——水深单耗增量，H 为水深，Ca 为系数，一般为 0.005～0.015；

K——标准抛投单耗，地面标准抛掷单耗计算经验公式 $K = [0.4 + (r/2450)^2] = 1.36 \text{kg/m}^3$

r——爆破介质容重，碾压混凝土取 2400kg/m。

n——爆破作用指数。一般最小抵抗线方向地形越陡越有利于爆破漏斗形成和保证抛掷效果，水下地面坡度在 45°～75°时，一般爆破作用指数取 1～1.4。本工程水下坡度为 90°，为保证爆破效果,三个药室均按加强抛掷爆破考虑,结合模型试验爆破效果,1号、2号、3号药室爆破作用指数分别取 1.25、1.25 和 1.3。

W——最小抵抗线,m;

$f(n)$——爆破作用指数函数。

按公式(11.3.1)计算药量值:1 号药室量为 32.6kg,2 号药室 690.4kg,3 号药室 121.2kg。1 号药室容积 0.09m³,按装药密度 1.0t/m³ 计,可容约炸药 90kg;2 号药室容积 0.79m³,可容纳炸药 790kg;3 号药室容积 0.40m³,可容纳炸药 400kg,均可满足计算药量的装药要求。

(b)围堰拆除爆破倾倒药室爆破漏斗复核

围堰拆除爆破药室预期的爆破漏斗:1 号药室产生上游向和下游廊道向两个爆破漏斗;2 号药室产生上游向和上方廊道向两个爆破漏斗;3 号药室产生上游向爆破漏斗。据此进行核算(药量按(11.3.1)公式计算)。

a)1 号药室:向廊道方向最小抵抗线 2.3m,爆破漏斗半径 1.2m,最小抵抗线水深 26.3m,其形成下游廊道向爆破漏斗所需药量 $Q_{11}=10.1$kg<32.6kg,故下游廊道向漏斗可形成。1 号药室向围堰下游坡方向最小抵抗线距离 17.4m,最小抵抗线处水深 15.8m,按最小松动爆破[$f(n)=0.33$]核算药量 $Q_{12}=3166$kg$\gg32.6$kg,不会出现下游坡的爆破漏斗。

b)2 号药室:向廊道方向最小抵抗线 6.0m,最小抵抗线处水深 27.5m,按 2 号药室装药量 690.2kg 核算,其上向爆破漏斗爆破作用指数为 1.27,仍可形成加强抛掷爆破漏斗,满足设计要求。2 号药室向围堰下游坡方向最小抵抗线距离 18.7m,最小抵抗线处水深 22.3m,按最小松动爆破[$f(n)=0.33$]核算药量 $Q_{12}=4098$kg$\gg690.2$kg,故不会出现向围堰下游坡的爆破漏斗。

c)3 号药室:向围堰下游坡方向最小抵抗线距离 12.2m,最小抵抗线处水深 21.3m,按最小松动爆破[$f(n)=0.33$]核算药量 $Q_{13}=1130$kg$\gg121.2$kg,故不会出现围堰下游坡的爆破漏斗。

(c)围堰拆除爆破漏斗参数

计算爆破漏斗参数主要是压缩圈半径及上、下破裂半径,计算式分别为式(11.3.2)、式(11.3.3)和式(11.3.4):

$$压缩圈半径\ R_Y = 0.62 \cdot (\mu \cdot Q/\Delta)^{1/3} \tag{11.3.2}$$

$$下破裂半径\ R_D = W \cdot (1+n^2)^{1/2} \tag{11.3.3}$$

$$上破裂半径\ R_V = W \cdot (1+\beta \cdot n^2)^{1/2} \tag{11.3.4}$$

式中:μ——爆破介质压缩系数,取 $\mu=10$;

Δ——炸药密度,取 $\Delta=1.0$t/m³;

β——爆破漏斗上向崩塌系数,取 $\beta=4$。

围堰各药室爆炸的爆破漏斗参数计算值列入表 11.3.34。

表 11.3.34　　　　　　　　　　围堰各药室爆破漏斗参数计算值

爆破漏斗参数	计算公式	计算值 m		
		1 号药室	2 号药室	3 号药室
压缩圈半径	$R_Y = 0.62 \cdot (\mu \cdot Q/\Delta)^{1/3}$	0.43	1.18	0.66
上破裂半径	$R_V = W \cdot (1 + \beta \cdot n^2)^{1/2}$	5.92	16.16	9.75
下破裂半径	$R_D = W \cdot (1 + n^2)^{1/2}$	3.52	9.60	5.74

（d）围堰拆除爆破倾倒药室间距复核

对于斜坡地形、坚硬岩石抛掷爆破药室间距计算式为式（11.3.5）：

$$\alpha = W \cdot [f(n)]^{1/3} \tag{11.3.5}$$

按式（11.3.5）计算 1 号、2 号、3 号药室间距分别为 2.6m、7.0m 和 4.2m，药室实际布置间距值为 2.2m、5.0m 和 4.0m 均小于计算值，对爆破破碎效果更有利。

（e）围堰拆除爆破倾倒断裂孔爆破参数

a）断裂孔布置

下游断裂孔垂直于堰轴线水平布置在堰体下游部位，开口位于堰体下游斜坡面上，断裂孔中心高程 109.7m，孔底上游距装药廊道下游墙 1.0m。断裂孔间距为 1.0m，孔径 97mm，实际孔深 15.225m，预埋管材为 ABS 管。断裂孔可使堰体下游部分沿断裂孔平面裂开，释放堰体约束，其上部待拆堰体能够顺利地绕爆破缺口尖点向上游方向自由倾倒。

b）断裂孔径 d 采用预埋 ABS 管，管内径为 97mm。

c）断裂孔距 $\alpha = (8 \sim 12)d$，采用 $\alpha = 1.0$m。

d）断裂孔线装药密度 q

$$按经验公式 \quad q = 0.083[\delta_压]^{0.5}\alpha^{0.6} \tag{11.3.6}$$

式中：$[\delta_压]$——碾压混凝土抗压强度，取 $\delta_压 = 30$MPa；

α——断裂孔距，$\alpha = 1.0$m

计算断裂孔线装药密度 $q = 0.455$kg/m。鉴于断裂孔爆破断裂效果好坏直接关系到上部待拆堰体倾倒的成败，断裂面要确保贯通，故必要在预裂线装药密度的计算值上加大药量。断裂孔位于水下 25m 深处，要克服水压及水摩阻力对断裂效果的影响，也需要增加药量。但根据 1 : 10 模型试验成果分析，断裂孔爆炸时上抬力较大，且上部堰体上抬后回落时与下部保留堰体冲击产生振动效应较大，为控制振动效应，有必要控制断裂孔药量，以减小上部堰体上抬位移。结合模型试验效果综合考虑，推荐断裂孔装药密度取得最大计算值的 2 倍，即 $q = 0.455 \times 2 = 0.91$kg/m。上述经验公式主要是从岩石中垂直预裂爆破回归总结得出的，垂直预裂是在半无限体中劈裂成缝，而水平预裂上部是有限体，从定性分析水平预裂比垂直预裂容易，所需药量相对较少，如水工建筑物建基岩面保护层水平预裂采用的线装药密度一般取普通预裂线装药密度的 2/3 左右。碾压混凝土围堰拆除爆破为水下爆破，就断裂效果而言水耦合爆破比一般预裂的空气耦合爆破效果好。采用在较大垂直预裂线密度计算值再增加一倍药量,按线装药密度 0.91kg/m 装药应能保证预期断裂面的形成。

e)断裂孔底加强装药段:主要目的一是为抵抗孔底较强的夹制作用,二是为推开 3 号药室顶部未抛出的混凝土,确保上部堰体翻转交铰点在其重心的下游。根据断裂孔与 3 号药室位置关系及 3 号药室爆破漏斗参数,断裂孔孔底 5.8m 为加强装药段。一般工程的垂直预裂孔深 5~10m 时,孔底线装药密度取 $(2\sim3)q$;孔深大于 10m 时,孔底线装药密度取 $(3\sim5)q$。碾压混凝土围堰断裂孔为水平孔,其孔深 15.225m,孔底夹制作用低于垂直预裂孔,孔底线装药密度主要受孔底单耗控制。断裂孔处水深 25m,孔底单耗不宜低于 1.2kg/m³。按孔底加强装药段最小抵抗线 0.5~3.5m,取加强线装药密度 $q=4.55$kg/m,则最小单耗为 1.23kg/m³,能达到推开 3 号药室顶部未抛出的混凝土而形成缺口底部的目的。

f)断裂孔口堵塞段长度取 1.5m,采用特制材料堵塞。

g)单孔装药量 Q 按全孔分段装药密度计算为 33.6kg,断裂孔装药段平均线装药密度为 2.45kg/m。

h)装药结构。断裂孔内装药不考虑耦合系数,装药结构为连续装药。基本装药结构(从孔底至孔口):5.8m 长、直径 70~80mm 的药包+7.925m 长、直径 32mm 的药包。

(f) 三排药室及断裂孔爆破参数汇总

按碾压混凝土围堰挡水位 135.0m,三排药室及断裂孔爆破参数汇总见表 11.3.35。各预埋药室及断裂孔总装药量为 84.2t。

表 11.3.35　　　　　　　　各药室及断裂孔爆破参数汇总表

名称	中心高程 (m)	间距 α (m)	最小抵抗线 W(m)	爆破作用指数 n	水下单耗 (kg/m³)	装药量 (kg)	压缩圈半径(m)	上破裂半径(m)	下破裂半径(m)
1 号药室	108.7	2.2	2.2	1.25	1.623	32.6	0.43	5.92	3.52
2 号药室	101.5	5.0	6.0	1.25	1.695	690.4	1.18	16.16	9.60
3 号药室	106.4	4.0	3.5	1.30	1.646	121.2	0.66	9.75	5.74
断裂孔	109.7	1.0			0.91kg/m	33.6			

(g)堰体排水孔爆破参数

a)堰体排水孔用爆破孔的目的

碾压混凝土围堰体内布设两排排水孔,均为垂直孔,孔径 110mm,孔距 3.0m,排距 2.0m,梅花形布置。上游侧排水孔沿装药廊道上游墙脚布设(6~15 号堰体),上通至堰顶、下通至基础廊道;下游侧排水孔距装药廊道下游墙脚 0.5m 布设(7 号左半块~15 堰块),下通至基础廊道。利用排水孔装药,两排排水孔在起爆破时机上先、后于 2 号药室起爆,可促进 2 号和 3 号药室爆破漏斗的形成,增加上部待拆堰体倾倒的可靠性。

b)排水孔利用范围及装药参数

两排排水孔主要利用装药廊道底板以下至穿过爆破漏斗下破裂线下延一定距离范围。上游侧排水孔高程 106.0m 至高程 94.0m 之间的 12m 段装药;下游侧排水孔高程 106.0m 至高程 103.5m 之间的 2.5m 段装药。装药段上、下各 1.5m 均用特殊材料封堵。

上游侧排水孔上游向最小抵抗线为 4.5m,药卷直径需 100mm 以下,下游侧排水孔上游向最小抵抗线为 2.0m,药卷直径需 70mm,为装药方便,两排排水孔均装直径 80mm 药卷或装散装炸药。两排排水孔单孔药量计算值列入表 11.3.36。

表 11.3.36　　　　　　　　　　排水孔单孔药量计算值

排水孔装置	装直径 80mm 的药卷		装散装炸药	
	药量(kg)	单耗(kg/m³)	药量(kg)	单耗(kg/m³)
上游侧排水孔	72.7	0.45	114.0	0.70
下游侧排水孔	15.2	1.01	23.7	1.58

根据经验,在水深 35.5～41.0m 工况下,水下钻孔爆破单耗一般需 1.3kg/m³ 左右,表 11.3.36 计算结果,装 80mm 药卷,两排排水孔单耗均较小,为保证爆破效果,采用装散装炸药。

(h)爆破网络

a)由于爆破区长、单段起爆药量控制严格、分段多,采用毫秒延期起爆网络。由于药室网络在廊道内,断裂孔网络在堰体下游坡面外,故药室传播网络和断裂孔传播网络相对独立。

b)起爆顺序为:1 号药室→上游侧排水孔→2 号药室→下游侧排水孔→3 号药室→断裂孔,且后结点前排药室(孔)尽量在前结点后排药室(孔)之前起爆以形成开阔的临空面、减少约束。

c)雷管选择:为保证单段起爆破药量得到控制,特选用高精度系数雷管、数码雷管,使爆破网络处于可控状态。

d)重段或串段控制:考虑雷管延时误差、合理选取各部位雷管段别。按最大单段起爆药量 695kg 控制,在不影响爆破效果的情况下,允许 2 号药室外的其他药室(孔)有部分重段或串段,而 2 号药室不允许出现重段或串段情况。

②炸碎部分爆破方案研究与实施

(a)炸碎拆除范围

右岸坡段(2～5 号堰块)轴线长 106.5m、左连接段轴线长 60m 和纵向围堰上纵堰内段轴线长 122m。其中左连接段和右岸坡段拆除高程 110m,纵向围堰上纵堰内段拆除高程 125.0m。

(b)炸碎部分爆破设计条件

a)炸碎部分和倾倒部分必须在装药、联网完成后一次起爆,无分期爆破条件,爆破网络统一考虑。

b)碾压混凝土围堰堰前水位 135.0m,爆破前堰内充水至 135.0m 水位,届时炮孔可能进水,孔内装药结构及起爆材料均处于浸水状态。

(c)右岸坡段 2 号堰块钻爆参数

2 号堰块轴线长 12.8m,与右岸接坡 1：1,堰高 3.0m(建基高程 147.0m),为一薄层混凝土,水上爆破。

a)单位耗药量取 $q=0.6$kg/m^3。

b)钻爆孔径采用手风钻钻孔,孔径 $D=42$mm,药包直径 $d=32$mm。

c)钻爆孔深 L,考虑起深 0.2m,则钻爆孔深 3.2m。

d)堵塞长度 $L_2=1.0$m,装药段长 $L_1=2.2$m,装药系数 $\tau=L_1/L=0.69$。

e)钻爆孔密集系数 m,取 $m=1.5$。

f)钻爆孔排距 b(抵抗线 W):根据公式 $W=d(7.85L\tau\delta/qHm)^{1/2}$ 计算最小抵抗线 W。装药密度取 $\delta=1.0$g/cm^3 代入梯段高度 3.0m 及其他参数,计算得出最小抵抗线 $W=0.76$m。取 $b=W=0.8$m。

g)钻爆孔距 $a=mW=1.2$m。

h)装药结构。单孔药量 $Q=qabL=1.84$kg。连续装 10 节直径 32mm 的药包,实际单孔装药量 2.0kg,单位耗药量为 0.65kg/m^3。

右岸近岸坡部位钻爆孔深根据建基岩面高程相应减小。

(d) 右岸 3~5 号堰块、左岸连接段

右岸 3~5 号堰块轴线长 93.3m,拆除高度 3~30m,左岸连接段轴线长 60.1m,拆除高度 10~30m。右岸 3~5 号堰块堰高 5.0m 以右部位均为水上爆破,钻爆参数同 2 号堰块。3~5 号堰块堰高 5.0m 以左部位及左岸连接段下部均为水下爆破,以最大梯段高度 30m 钻孔为例分析,其他炮孔根据部位和孔深不同而取不同的单孔装药量。

a)单位耗药量 q

根据实际水深,将炮孔沿孔深按 5mm 长度分段,按不同水深采用不同的单耗:0m 水深孔段 $q=0.6$kg/m^3,0~5m 水深孔段 $q=1.25$kg/m^3,5~10m 水深孔段 $q=1.45$kg/m^3,10~15m 水深孔段 $q=1.65$kg/m^3,15~20m 水深孔段 $q=1.85$kg/m^3,20~25m 水深孔段 $q=2.05$kg/m^3。

b)炮孔采用潜孔钻钻孔,孔径 $D=100$mm,药包直径 $d=70\sim80$mm、32mm。

c)炮孔孔距 a 及排距 b(抵抗线 W)

$a=2.0$m,$b=W=1.5$m,钻孔密集系数 $m=1.33$。

d)炮孔孔深 L,考虑超深 1.0m,孔深 $L=31.0$m。

e)堵塞长度 $L_2=2.0$m,装药长度 $L_1=29.0$m,装药系数 $\tau=L_1/L=0.94$。

f)单孔药量 $Q=\sum qabl=138.9$kg。

g)装药结构:从下而上 13.6m 长直径 80mm 的药包(42 节)+7.4m 长直径 70mm 的药

包(19 节)＋6m 长直径 32mm×4 的药包(120 节)＋2m 长直径 32mm×3 的药包(30 节)。按此装药结构单孔装药量为 144.4kg,略大于设计计算装药量 138.9kg。

(e) 纵向围堰上纵堰内段

上纵堰内段轴线长 122.0m,拆除高度 15m,水深 10m。

a)单位耗药量 $q=1.45kg/m^3$。

b)炮孔采用潜孔钻钻孔,孔径 $D=100mm$,药包直径 $D=70\sim80mm$、32mm。

c)炮孔孔距 a 及排距 b(抵抗线 W)。

$a=2.0m,b=W=1.5m$,钻孔密集系数 $m=1.33$。

d)炮孔深度 L,考虑超深 1.0m,孔深 $L=16.0m$。

e)堵塞长度 $L_2=2.0m$,装药段长 $L_1=14.0m$,装药系数 $\tau=L_1/L=0.88$。

f)单孔药量 $Q=\sum qabl=53.9kg$。

g)装药结构:从下而上 1.0m 长直径 80mm 的药包(3 节)＋5m 长直径 70mm 的药包(13 节)＋6m 长直径 32mm×4 的药包(120 节)＋2.0m 长直径 32mm 的药包(30 节)。按此装药结构单孔装药量为 56.8kg,略大于设计计算装药量 53.9kg。

(f) 单孔起爆药量分析

根据爆破质量振动速度和爆破动水压力复核结果综合考虑,并对现场爆破振动安全和动水压力安全进行了试验,试验结果对近堰区 50m 以内最大单段起爆药量进行重点控制。纵向围堰与大坝间设有 2cm 的缓冲层,可起到一定的减震作用,同时还对纵向围堰近大坝端先进行预裂爆破(预裂深度 20m),以减小主爆孔对大坝的振动影响。并对近纵向围堰大坝混凝土和钢闸门加强爆破安全防护。

(g)爆破网络

a)由于爆破区长、单段起爆药量控制严格、分段多,采用毫秒延期起爆网络。要求采取交叉搭接、并联贮备等技术手段,保证网络准爆。另对堰外后爆网络需加强覆盖保护(水下部分用胶管包裹),以免传爆中断。

b)起爆顺序:为使倾倒部分顺利倾倒,必须控制炸碎部分先爆,以解除倾倒部分的端部约束。在右岸和左侧纵向围堰远坝端各设一起爆点,基本起爆顺序为:左连接段爆破炸碎完毕→右岸坡段堰块爆破炸碎完毕→中部堰块爆破倾倒完毕→上纵堰内段爆破炸碎完毕。

c)雷管选择:为保证单段起爆药量得到控制,特选用高精度系列雷管数码雷管,使爆破网络处于可控状态。为避免先爆部位对传爆网络及后爆部位造成破坏,遵循"孔外低段传爆、孔内高段起爆"的原则,或直接采用数码雷管分段起爆。

③碾压混凝土围堰拆除爆破实施方案

爆破网络共分为 961 段,使用数码雷管 2506 发,导爆索 1800m,总装药量 191.3t。

2)碾压混凝土围堰拆除爆破方案实施效果

2006 年 6 月 6 日 16 时准时起爆,爆破历时 12.888s,除 15 号堰体外,其余 6 号至 14 号堰体均向上游倾倒。拆除爆破效果证明,三期碾压混凝土围堰拆除爆破设计先进合理,拆除爆破施工质量优良,拆除爆破组织管理严密,爆破取得了成功。分析造成 15 号堰块未倾倒的原因,主要是数码雷管供应商在编码器上进行爆破编码时将 15 号堰块的 42 发数码雷管遗漏。爆破后,三峡集团公司立即组织对 15 号堰块的 42 发数码雷管进行逐个检查,发现有 20 发雷管的连线已断,经潜水工水下作业将损坏的雷管接线进行了修复,位于 15 号堰块的 9 个 1 号药室(装药 50kg)有 6 个完好;4 个 2 号药室(装药 690kg)有 3 个完好;5 个 3 号药室(装药 160kg)均是完好。6 月 9 日 15 时 45 分,对 15 号堰块起爆成功。15 号堰块 1 号、2 号、3 号药室雷管损坏而不能参与起爆破的药量约占该堰块总爆破药量的 20%,但仍能向上游倾倒,爆破效果明显,再次证明爆破设计方案是成功的。

(2)碾压混凝土围堰拆除爆破监测成果分析

1)碾压混凝土围堰拆除爆破各主体建筑物保护部位的爆破安全允许标准

三期碾压混凝土围堰距刚建成投运的右岸大桥距离仅 90m,离左岸电站已投入运行的水轮发电机组不足 1km,距右岸大坝仅 114m,拆除爆破必须确保大坝安全和左岸电站机组发电运行安全。设计通过研究和分析计算,并借鉴国内外水利水电工程的实践经验,确定了大坝、电站等主体建筑物重要保护部位的爆破安全允许标准:右岸大坝坝基帷幕灌浆区允许振动速度 2.5cm/s,右岸电站主厂房上游墙基础允许振动速度 2.5cm/s;左岸电站机组及机电设备允许振动速度 0.5cm/s。设计按上述允许振动速度计算一次起爆最大药量为 690kg,并要求用毫秒微差分段延时爆破技术,最大限度地减小爆破振动对右岸大坝安全和左岸电站机组发电运行安全的影响。右岸大坝上游迎水面水击波压力 0.4MPa,电站进水口钢闸门允许水击波压力 0.4MPa;右岸大坝下游折坡处混凝土允许动应变 $80\mu\varepsilon$,电站进水口钢闸门允许动应变 $500\mu\varepsilon$。

2)碾压混凝土围堰拆除爆破监测资料分析

三期碾压混凝土围堰拆除爆破实测大坝坝基帷幕灌浆区振动速度为 0.95cm/s,右岸电站主厂房上游边墙高程 75.3m 处的振动速度为 1.63cm/s,均小于设计允许振动速度。安全监测数据表明,爆破振动、触地振动、噪音、动应力、涌浪等爆破有害效应均在安全标准以下,水击波实测值略高于设计预测值,但围堰拆除爆破对大坝安全和左岸电站机组发电运行安全均未造成影响。设计要求在右岸大坝上游面布设双排气泡帷幕削减爆破冲击波对大坝及孔口闸门的影响,气泡发射管布置在坝前 10~15m,采用分段(组)供气方式,每段(组)长约 30m,两根发射管平行间距 50cm;供气压力随水深增加,40m 水深时采用 0.6MPa 以上的供风压力,81m 水深时采用 1.0MPa 以上供风压力;气泡发射管孔径 1mm,单排孔间距 5cm,双排时排距 5cm,呈梅花形布置。实施时按单管每米发射管用气量 0.7m³/min,总用气量 420m³/min,用气压力为 0.8MPa。采用气泡帷幕防护取得了较好效果,可使水击波压力衰减 39%~52%。各建筑物监测资料表明,围堰拆除爆破未影响主体建筑物安全运行。

11.3.5 纵向碾压混凝土围堰

11.3.5.1 纵向碾压混凝土围堰布置

纵向碾压混凝土围堰位于导流明渠左侧,其平面布置分为三段:上纵段(大坝上游面上游部分)。坝身段(大坝坝体部分)、下纵段(大坝下游面下游部分)。坝身段和下游厂坝导墙(下纵段的堰内段)为永久建筑物,按垂直坝轴线的直线布置;上纵段及下纵堰外段的平面布置关系到明渠水流能否顺畅,水流流态是否满足通航要求。在三峡工程 1∶100 导流整体水工模型上进行了明渠通航水力学及船模航行试验,对纵向围堰上纵段的平面轮廓形状进行方案比较,推荐上纵段堰外段上游端部为半圆台,围堰顶部圆半径 4.0m,底部圆半径 28.75m,半圆下游接椭圆曲线,沿围堰轴线为长轴 174.42m、短轴 42.89m 的 1/4 椭圆,沿明渠侧边线为长轴 199.17m、短轴 69.14m 的 1/4 椭圆,椭圆曲线下游接直线,上纵段轴线长 490.98m。坝身段长 115m。下纵段的堰内段(下游厂坝导墙)直线长 335.5m,堰外段为半径 332.85m、圆心角 40.24°的圆弧,下纵段轴线长 585.49m。纵向围堰轴线总长 1191.47m。纵向围堰布置见图 11.3.33。

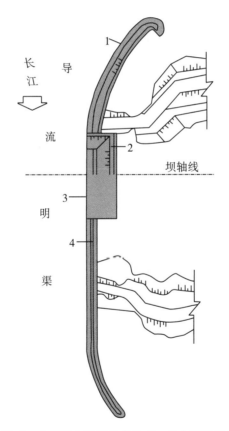

1—上游纵向围堰堰外段;2—上游纵向围堰堰内段;3—纵向围堰坝身段;4—下游纵向围堰

图 11.3.33　纵向围堰平面布置图

11.3.5.2　围堰断面结构

(1)上纵段断面结构

上纵段分为堰外段和堰内段两部分:上纵堰外段,轴线长度 370.98m;上纵堰内段,轴线长 120m。堰外段堰顶高程 87.5m,顶宽 8m,堰体高度 37.5～42.5m。堰内段堰顶高程

140m,顶宽 8m,堰体高度 90～95m。

堰外段堰体左侧为垂直面,右侧高程 87.5m 至 85m 为垂直面,高程 85m 至 70m 为 1∶0.75斜面,高程 70m 平台宽 9.3～15m,以下为垂直面。堰内段堰体左侧高程 140m 至 75m 为垂直面,高程 75m 以下为 1∶0.3 的斜面;右侧高程 140m 至 130m 为垂直面,高程 130m 至 70m 为 1∶0.75 斜面,高程 75m 平台宽 15m,以下为垂直面。

堰体左侧宽度 4m 为二级配碾压混凝土,标号 $R_{90}200$,抗渗标号 W_8;上纵头部圆弧段至椭圆曲线段堰体面层厚 1～2m 为常态混凝土,标号 $R_{90}300$,堰基及廊道四周为厚 1m 的常态混凝土,标号 $R_{90}200$,抗渗标号 W_8;其余部位为三级配碾压混凝土,标号 $R_{90}150$,抗渗标号 W_4。

堰体不设纵缝,横缝间距 40m。横缝迎水侧堰内段设两道紫铜止水片,中间布一排水槽通入基础廊道,堰外段设一道止水。

堰内段堰体设两层廊道:第一层为基础灌浆廊道,圆拱直墙宽 3m、高 3.5m,顶拱半径 1.5m 的半圆拱,廊道底板高程 55m;第二层为堰体排水廊道,圆拱直墙形,宽 2.5m,高 3m,顶拱为半径 1.25m 的圆拱,廊道底板高程 90m。堰体内设排水管,其中心线距迎水面 3.5m,管径 20cm,间距 2.5m,从堰顶向下与坝体排水廊道段基础灌浆廊道相通。上纵段围堰断面结构见图 11.3.34。

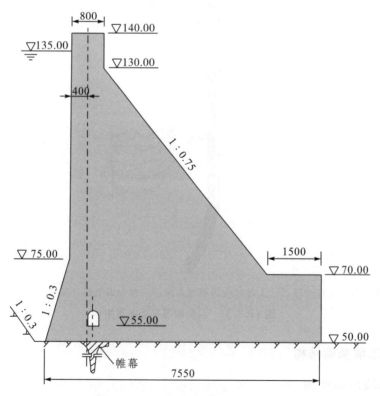

图 11.3.34 上纵段围堰断面结构图

（2）下纵段断面结构

下纵段堰顶高程 81.5m，宽度 8m。从堰顶至高程 75m 两侧均为垂直面，两侧高程 75m，以下为 1∶0.35 斜坡至基岩面，围堰高度 36.5～41.5m。

堰体两侧厚 2m 为常态混凝土，标号 $R_{90}300$，堰基厚 1m 常态混凝土，标号 $R_{90}200$。其余为三级配碾压混凝土，标号 $R_{90}150$。

堰体不设纵缝，横缝间距 15～20m，横缝两侧设止水片。下纵段围堰断面结构见图 11.3.35。

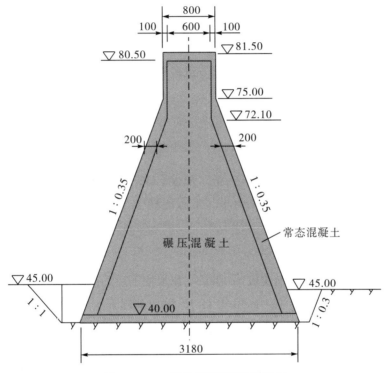

图 11.3.35　下纵段围堰断面结构图

11.3.5.3　围堰防冲

（1）纵向围堰运行期流速流态

二期导流期，由纵向围堰右侧明渠泄流，上纵头部最大流速 14m/s，纵向围堰下纵右侧流速 5～10m/s。上纵头部右侧挑流跌水落差 1～2m。三期导流期，由纵向围堰左侧泄洪坝底孔及深孔泄流，下纵左侧流速超过 20m/s。

（2）上纵段防冲

上纵段头部圆弧段至椭圆段堰体右侧设宽 3m、厚 2m 的防冲板。堰体过流面层厚 1～2m，为 $R_{90}300$ 抗冲磨混凝土。

（3）下纵段防冲

下纵左侧从堰身段起顺流向长 244m，设防冲槽，最低高程 30m，底宽 8m，防冲槽顶面高程 48m。下纵其他部分防冲体混凝土厚 3～5m,底宽 1.5～3m。

11.3.5.4 围堰基础防渗

（1）上纵段

上纵堰内段基础设帷幕灌浆,布置二排孔,在基础灌浆廊道内施灌,帷幕灌浆底线至岩体透水率 q 不大于 10Lu 以下 3m,灌浆深度 10～45m。防渗帷幕线背水侧设一排排水孔,孔距 3m,孔径 110mm,向下倾斜 15°,孔深按防渗帷幕深度 50% 控制,且深入基岩最小深度不小于 1.0m。堰内段向上游至二期横向围堰防渗接头处,堰体基础布设一排帷幕灌浆孔,孔底高程 22.5～40m。

（2）下纵段

在施工阶段,设计依据地质素描资料,下纵段基岩完整,透水性较小,取消了基础帷幕灌浆。

11.3.5.5 围堰施工

（1）围堰工程量

开挖 206.4 万 m³,其中淤砂 15.6 万 m³,覆盖层 133.7 万 m³,岩石 57.1 万 m³;混凝土 138.1 万 m³,其中碾压混凝土 109.9 万 m³,常态混凝土 28.2 万 m³;钢筋 1381t;帷幕灌浆 4.0 万 m;排水孔 1.7 万 m。

（2）围堰施工

1994 年 7 月,一期土石围堰建成,一期基坑积水抽干后,开始纵向围堰基础开挖,12 月 14 日,开始浇筑纵向围堰混凝土。1996 年 12 月,围堰基础开挖全部完成,浇筑混凝土 79.9 万 m³。1996 年 5 月 12 日,下纵段浇筑至设计高程 81.5m。1996 年 7 月 25 日上纵堰外段浇筑至设计高程 87.5m,堰内段浇筑至高程 103.0～107.3m。1996 年 12 月 30 日,坝身段浇筑至高程 90.0m。上纵堰内段浇筑至 125.0～140.0m,1997 年 4 月 5 日,上纵堰内段浇筑至设计高程 140.0m。

11.3.5.6 围堰运行情况

1997 年 5 月,导流明渠过水,纵向围堰进入运行期。1998 年 9 月 12 日,二期基坑积水全部抽干,纵向围堰上纵堰内段、坝身段和下纵堰内段挡水运行。2003 年 6 月 10 日上纵堰内段,坝身段与泄洪坝段、左厂坝段及左非溢流坝段挡水位 135.0m 运行,上纵堰内段运行至 2005 年 6 月 6 日,三期碾压混凝土围堰拆除爆破,右岸大坝挡水。纵向围堰下纵段运行至 2007 年 2 月 28 日三期下游土石围堰防渗墙拆除爆破。纵向围堰运行十多年,尚未发现异常情况,表明纵向围堰设计是成功的。

11.4 施工期通航

长江是我国最重要的水运交通干线,三峡工程施工期的通航问题必须妥善解决。施工导流分三期,第一期围护河床右侧的后河,主河道仍可通航。第三期围护明渠,三期碾压混凝土围堰建成挡水,库水位蓄至 135.0m,双线五级船闸通航。因此,施工期通航问题主要解决大江截流(截断主河道)至水库蓄水 135.0m 水位,船闸通航前的第二期工程施工约 6 年时间的通航问题。经过多种方案研究比较,采用导流明渠结合临时船闸通航方案。

11.4.1　一期导流施工通航

11.4.1.1　一期导流施工通航设施

一期导流施工通航设施为坝址天然主河道,由于三峡坝址位于葛洲坝水库内,坝址河道水深增加 20m 左右,一期土石围堰围河床右侧中堡岛及后河,对主河道水流的流速、流态与天然状态差别不大,在三峡工程施工期通航流量标准<45000m³/s,可照常通航。

11.4.1.2　一期导流施工通航实况

(1)一期导流期各年汛期洪水实况

一期导流期 1994 年至 1997 年汛期出现最大洪水为 1997 年 7 月 20 日洪峰流量 48000m³/s,1994 年、1995 年、1996 年汛期最大流量均小于 45000m³/s(见表 11.4.1),1997 年汛期出现 1 次大于 45000m³/s 的洪水流量,时间 1.2d,28h。

表 11.4.1　　　　　　　　一期导流期各年汛期实测洪水流量统计

| 年份 | 最大洪峰流量 | ≥45000m³/s | | | 备注 |
	m³/s	次数	天数	小时数	
1994	33000				
1995	41000				
1996	42000				
1997	48000	1	1.2	28	7 月 20 日
合计		1	1.2	28	

(2)一期导流期各年施工通航实况

一期导流期 1994 年至 1997 年各年施工通航实况参照葛洲坝工程 3 条船闸的过闸船队(舶)的货运量和输送旅客人次,作为三峡坝址的施工通航能力(见表 11.4.2)可能偏小,因为有部分旅客和货物从葛洲坝工程左侧坝前夜明珠码头上岸。

表 11.4.2　　　　　　　　一期导流期各年施工通航实况统计

| 年份 | 客运(万人次) | | | 货运(万 t) | | | 备注 |
	上行	下行	小计	上行	下行	小计	
1994							
1995							

续表

年份	客运(万人次)			货运(万 t)			备注
	上行	下行	小计	上行	下行	小计	
1996			483.0			1587.1	
1997			479.0			1386.0	
合计							

11.4.2 二期导流施工通航

11.4.2.1 二期导流施工通航设施

（1）临时船闸

临时船闸位于左岸非溢流坝 9 号与 8 号坝段之间的临时船闸坝段下游,其中心线与坝轴线呈 76°交角,为单线一级船闸,闸室有效尺寸为 240m×24m×4m(长×宽×槛上水深)。临时船闸主体段长 300.5m,由上闸首、闸室、下闸首组成。临时船闸坝段前缘长 62.0m,分为 3 个坝段,中间 2 号坝段长 24.0m,施工期作为临时船闸航道,完建后该坝段设 2 孔冲沙闸。临时船闸坝段上游为引航道,全长 1000.0m,引航道底宽80.0m,口门宽度 120.0m,航道底高程 61.7m。引航道左侧紧接临时船闸 1 号坝段设导航墙,长 122.8m,距导航墙端 286.0m 处布置靠船墩,停靠线长 100.0m。下闸首下游为下游引航道,全长约 4200.0m,引航道右侧紧接下闸首右墙设导航墙,长 105.0m,其下游设靠船墩、停靠线长 100.0m。

下游引航道从下闸首向下游直线段长 729.0m,航道底宽 80.0～105.0m,下接转弯半径600.0m,圆心角 44°的弯段长 461.0m,航道底宽 105.0m,其下接 1125.0m 的直线段后与双线五级船闸引航道汇合,航道宽 105.0～90.0m,与双线五级船闸共用引航道长 1856.0m,底宽 180.0m,口门宽度 200.0m。

临时船闸上闸首结构总长 30.5m,下闸首结构长度 26.0m,顶高程均为 79.5m。上、下闸首工作门均为人字门,采用液压启闭机启闭。临时船闸最大工作水头为 6.0m,其输水系统采用头部矩形短廊道集中输水方式,输水廊道阀门为平板门,液压启闭机启闭。临时船闸在其上游的坝段上和下闸首人字门下游分别设有叠梁封堵门和检修门,在泄水廊道工作门下游设有检修阀门,其检修排水泵房设在下闸首左边墩上游端。在闸室迎水面,上、下游导航墙及靠船墩上分别设有固定式系船柱。临时船闸设计年通过能力 1100 万 t,最大通航流量 45000m³/s。

（2）导流明渠

导流明渠位于河床右侧的后河处,右岸边线全长 4039.0m,底宽 350.0m,明渠右侧渠底高程 58.0m、宽 100.0m,左侧渠底高程 58.0～45.0m。明渠进口引航段长 1140.0m、渠身段长 1700.0m、出口引航段长 1200.0m。

11.4.2.2　二期导流施工通航实况

(1)二期导流期各年汛期洪水实况

二期导流期 1998 年至 2002 年出现最大洪水为 1998 年 8 月 12 日和 8 月 16 日洪峰流量均为 61000m³/s,出现大于(等于)45000m³/s 洪水流量的天数达 75.5 天(见表 11.4.3)。

(2)二期导流期各年施工通航实况

二期导流期施工通航设施有河床右侧的导流明渠和左岸临时船闸。设计当三峡坝址流量 $Q \leqslant 10000m^3/s$,长江航运公司和地方船队(舶)从导流明渠通行;流量 $Q \leqslant 20000m^3/s$,长江航运公司船队(舶)从导流明渠通行,地方船队(舶)从临时船闸通行;$45000m^3/s \leqslant$ 流量 $Q > 20000m^3/s$,长江航运公司和地方船队(舶)从临时船闸通行;流量 $Q \geqslant 45000m^3/s$,三峡坝址封航,实施上、下行旅客和生活必需物资翻坝转运。

表 11.4.3　　　　　　　　　二期导流期各年汛期实测洪水流量统计

| 年份 | 最大洪峰流量 | ≥45000m³/s | | | 备注 |
	m³/s	次数	天数	小时数	
1998	61000	8	46		
1999	58000	3	14		
2000	54000	2	10		
2001	41300	0	0		
2002	48500	2	5.5		
合计			75.5		

经过大量的水工模型和船模通航试验研究和设计分析论证,在多个比较方案中,导流明渠优选了满足通航和泄洪要求的明渠布置和明渠断面及明渠防冲结构形式。为提供船舶进、出导流明渠的畅通条件,还对导流明渠进出口的上、下游连接河段进行了整治。

明渠布置在中堡岛右侧后河部位,其进、出口段具有明显的弯道水流特性。在研究导流时要考虑明渠渠底和凹岸受水流冲刷及凸岸下端的淤积等问题,而在通航情况下,必须考虑渠内流速分布、水面坡降以及流态等影响通航的水力学因素。明渠设计受到诸多因素影响,其中对弯道水流的特性的认识和利用,是明渠导流及通航设计的关键因素之一。弯道水力学现象是非常复杂的问题,长江科学院通过大量的试验研究,提出明渠断面采用左低右高的复式断面形式,可较好地调整明渠弯道水流的流速分布,且左、右渠高差相差越大,调整明渠内流速布的效果越好。试验资料表明,明渠在宣泄导流期大洪水时,会因冲刷而变形,减弱复式断面调整流速分布的作用,将主流引向右岸,增加明渠右侧航道的流速。

同时,因冲刷后的不规则地形,还会造成泡漩等不利通航的水流流态。为此,对明渠高低渠底及边坡为风化岩石部位,均采用混凝土护底护坡,以防冲刷,从而保证明渠复式断面调整渠内流速流态分布的作用,满足通航水流条件要求,解决了明渠弯道水流对导流及通航影响的关键技术问题。

水工模型及船模通航试验提出的明渠通航船队(舶)航行轨迹线与实测船队(舶)通过明渠的航行航迹线基本一致。1997 年 11 月至 2002 年 10 月,导流明渠运行 5 年的通航资料表明:①地方船队(舶)在流量 13000m³/s 以下在明渠航行正常,对岸航速满足不小于 1.0m/s 的要求;②长江航运公司船队(舶)上水通航流量可达 22000m³/s(涨水)～25000m³/s(退水),对岸航速不小于 1.0m/s 的要求;③3000t 级客轮在流量 30000m³/s 以下通过明渠航行正常,对岸航速满足不小于 1.0m/s 的要求;④流量在 30000m³/s 至 40000m³/s 时仍有少量大型客轮下行通过明渠。

左岸临时船闸在三峡坝址流量 $Q>10000m³/s$ 开始运行,流量 $Q\geqslant45000m³/s$ 停航。下行船舶停靠在大坝上游 5km 右岸秭归新县城码头,上行船舶停靠大坝下游宜昌市码头,转汽车运输。二期导流期 1998 年至 2002 年各年施工通航实况见表 11.4.4。汛期洪水流量 $Q\geqslant45000m³/s$,停航转运实况见表 11.4.5。

表 11.4.4 　　　　　　　　　　　　　二期导流期各年施工通航实况统计

| 年份 | 导流明渠 | | | | | | 临时船闸 | | | |
| | 客运(万人次) | | | 货运(万 t) | | | 闸次 | 艘次 | 货运(万 t) | 客运(万人次) |
	上行	下行	小计	上行	下行	小计				
1998							554	3411	33.41	14.78
1999							807	6765	88.14	25.85
2000							1137	6391	121.76	7.64
2001							996	5924	122.86	4.68
2002							1948	12077	412.47	6.23
2003							2004	12954	499.60	6.87
合计							7446	47522	1228.24	66.05

表 11.4.5 　　　　　　　　　　　　　二期导流期各年汛期翻坝转运实况统计

| 年份 | 翻坝转运 | | 转运旅客(人次) | | | 转运货物(t) | | | 合计 |
	次数	天数	上行	下行	小计	上行	下行	小计	
1998									
1999	3	14	51867	77801	129668				
2000	2	10	41787	46439	88226			803	
2001									
2002									
合计									

临时船闸自 1998 年 5 月 1 日投入使用至 2003 年 4 月 19 日封航,共运行 7446 闸次,通过船舶 47522 艘次,运送旅客 66.05 人次,货物 1228.24 万 t。

11.4.3　三期导流施工通航

11.4.3.1　三期导流施工通航设施

三期导流施工通航设施利用双线五级船闸。该船闸布置在左岸坛子岭的左侧,为双线五级连续梯级船闸,线路总长 6442.0m。上游引航道长度 2113m,底高程 130m、宽 180m,右侧设土石隔流堤,口门宽 220m;下游引航道长度 2708m,底高程 56.5m、宽 180m,右侧设土石隔流堤,口门宽 200m;船闸主体段长 1621m,设置 6 个闸首、5 个闸室,单级闸室有效尺寸为长 280m、宽 34m,坎上水深 5m。两线船闸均布设在左岸山体深切开挖槽内,中间保留宽 57m、高 50～70m 的岩体作为中隔墩。闸首和闸室采用分离结构,其边墙大部分为衬砌式,部分边墙上部为重力式、下部为衬砌式。船舶(队)通过五级船闸主体段的历时约 2.4h,从上游引航道口门进入,至下游口门驶出时间约 3.1h。船闸单向通过能力 5000 万 t。

双线五级船闸设计运行水头 113.0m,上游水位 175.0m,下游水位 62.0m。三期导流期上游水位 135.0～139.0m。为适应三期导流期施工通航要求,双线五级船闸第一级不运行,第一、二闸首底板先浇筑至高程 131.0m,并安装二闸首人字门及启闭机(一闸首人字门及启闭机在三期导流期不使用,按后期运行水位 175.0m 安装)投入施工通航运行。当三期碾压混凝土围堰拆除爆破由大坝挡水,水库水位蓄至 156.0m,三峡工程由围堰挡水发电期转入初期运行期,再将一、二闸首底板加高至设计高程 139.0m,二闸首人字门及启闭机相应抬升,以满足正常运行水位 175.0m 的通航要求。

11.4.3.2　三期导流施工通航实况

(1)三期导流各年汛期洪水实况

三期导流 2003 年至 2006 年汛期出现最大洪水为 2004 年 9 月 8 日洪峰流量 60500m³/s,出现 3 次大于(等于)45000m³/s 的洪水共 6 天(见表 11.4.6)。

表 11.4.6　　　　　　　　　三期导流各年汛期洪水实况统计

年份	最大洪峰流量 m³/s	≥45000m³/s			备注
		次数	天数	小时数	
2003	46000	1	1		
2004	60500	1	4	96	
2005	46000	1	1		
2006	29500	0	0		
合计		3	6		

(2)三期导流各年施工通航实况

2003 年 6 月 18 日双线五级船闸开始试通航,至 2004 年 6 月 17 日过闸货运量 3430 万 t。

2004 年 6 月 8 日至 2005 年 6 月 18 日正式通航一年,运行 9045 闸次,通过船舶 76698 艘次,货运量 3437.4 万 t,客运量 176.0 万人次。三期导流各年施工通航实况见表 11.4.7。三期导流期三峡坝址流量 $Q \geqslant 45000 \text{m}^3/\text{s}$,双线五级船闸停航,启用翻坝转运措施,各年汛期翻坝转运实况见表 11.4.8。

表 11.4.7　三期导流期各年施工通航实况

年份	船闸运行	客运(万人次)			货运(万 t)			备注
	闸次	上行	下行	小计	上行	下行	小计	
2003	4386			108.0			1377.0	
2004	8719			173.0			3431.0	
2005	8336			188.0			3291.0	
2006								
合计								

表 11.4.8　三期导流期各年翻坝转运实况

年份	翻坝转运		转运旅客(万人次)			转运货物(万 t)			备注
	次数	天数	上行	下行	小计	上行	下行	小计	
2003					6.6			98.0	
2004					22.3			879.0	
2005					17.0			1103.0	
2006									
合计									

（3）三期围堰挡水发电蓄水断航期翻坝转运

2002 年 11 月 1 日导流明渠断航,仅有临时船闸通航。2003 年 4 月 19 日临时船闸停航,6 月 16 日双线五级船闸通航,拟定 4 月 10 日—6 月 15 日 67 天为三期围堰挡水发电蓄水断航期,启用翻坝转运措施,运送过坝旅客,货运少量生活必需物资和紧急物资以及滚装运输。在坝上游右岸茅坪港利用应急码头扩建翻坝码头,坝下游利用宜昌港接转,运输衔接由公路完成。中国长江三峡工程开发总公司牵头,长江航务管理局、宜昌市人民政府、三峡通航管理局等单位参加组织专门翻坝转运协调机构。在蓄水断航期共转运旅客 120.32 万人次,其中上行 49.02 万人次、下行 71.3 万人次;转运客船 8605 艘次,其中上行 4294 艘次,下行 4311 艘次;转运滚装船 4860 艘次,其中上行 2432 艘次、下行 2428 艘次;转运集装箱 9410 标箱,其中上行 4540 标箱、下行 4870 标箱;转运商品车 6820 辆次,其中上行 2327 辆次,下行 4493 辆次;转运杂货物 11690t。

11.5 大流量深水河道截流及围堰设计与施工技术问题探讨

11.5.1 大流量深水河道截流设计及施工技术问题探讨

11.5.1.1 大流量深水河道截流设计问题

（1）截流时段和截流流量选择

三峡工程大江截流设计,经综合分析约 130 年实测水文资料、截流戗堤进占条件和龙口合龙难度、导流明渠分流时间、施工期通航以及截流后围堰施工进度等因素,确定导流明渠于 1997 年汛前分流,汛后 10—11 月上旬进行非龙口段戗堤施工,11 月中旬形成龙口,11 月中旬合龙。

葛洲坝工程大江截流在二江尚不具备分流条件的情况下,于 1980 年 10 月开始非龙口段戗堤进占施工,提前形成龙口是不利的。由于龙口形成过早,11 月下旬上游水位抬高约 1m,增加了二江上游围堰子堤水下拆除方量,特别是提前形成龙口,使龙口水力学条件恶化,加剧龙口河床和堤头的冲刷;此外,断航时间也相应提前。从 11 月底至 12 月初,由于长江流量略增,虽未超过该时段的设计流量标准,但因龙口缩窄过早,最大流速达 5.5～6.0m/s。

从总结经验教训出发,在施工指导上,应根据分流条件实际情况,调整并在必要时推迟非龙口进占时间和限制其进占长度,使龙口形成时间与分流条件的具备时间尽量吻合。根据非龙口戗堤进占,只要备料充足,有足够的大型机械设备,必要时有能力加快进占速度,不对工期起控制作用。因此,适当推迟非龙口戗堤进占起始时间,无论是对施工通航还是对戗堤自身的进占条件,都是有利的。

三峡工程大江截流时段设计为 11 月中旬,设计截流流量为 5%～20%,旬最大日平均流量 19400～140000m³/s,实际截流提前到 1997 年 11 月 6 日,实测截流流量 11600～8480m³/s;葛洲坝工程大江截流设计截流流量,采用约 100 年的实测日平均流量统计分析,确定为 5200～7300m³/s。早在初步设计阶段,据计算和水工模型试验,考虑到葛洲坝工程分流建筑物的水力特性,截流流量小,其最终落差反而大的规律。因此,在技术设计和施工图阶段,将截流流量的研究范围扩大到 3900m³/s 和 10300m³/s。大江截流实际合龙流量为 4800～4400m³/s,在设计研究的范围内。截流流量研究中,进行了相应的整套水工模型试验和水力学计算,绘制了有关图表。为在现场补充进行水力学计算作了基础性准备工作,易于在很短时间内较准确地求得控制性的截流水力学指标值,为施工决策提供依据。截流戗堤非龙口段进占的流量标准经分析系列水文资料按旬控制,其施工进占水力学指标按当旬 5% 频率旬平均流量计算,而堤顶高程及核算抛投料物的抗冲稳定,按当旬 5% 最大日平均流量控制。由于平枯水期,旬内流量较平稳,又具有高抛投能力,实践表明是合适的,这样既可保证戗堤安全,又可节约抛投大块体料的用量。

目前,水利水电工程截流一般采用当月或当旬 5%～10% 频率的流量作为截流设计流量。但是实践表明,设计流量往往比实际来流量偏大,适当降低截流设计流量是合理而必要的。今后,水文预报手段将更为先进,精度更高,通过预报可以错过洪峰截流,为调整施工计划提供条件。

(2)改善分流条件与控制截流落差

众所周知,在截流流量一定的前提下,河道截流的难易程度,主要取决于分流条件。三峡工程大江截流采用导流明渠分流,截流落差在 1.0m 以内。葛洲坝工程大江截流,按葛洲坝工程技术委员会确定的最终落差不超过 3m 的原则进行设计。分流泄水闸的孔数从泄洪需要并兼顾截流和二期导流安全而确定挖除葛洲坝而增至 27 孔,为降低截流难度奠定了基础。截流设计中重点对上、下游导流渠的渠底高程和断面形式进行比较细致的研究。导渠最后选用的复式断面,在流量较小时,也能满足最终落差 3m 左右的要求。设计和施工对导渠开挖(包括清淤)十分重视,导渠开挖质量较好,是保证截流取得成功的前提之一。但是,由于对导渠内围堰拆除的困难估计不足,虽然采取了一些措施,如提前翻挖围堰,爆破围堰下压岩石等,终因子堤缺口和残留底坎未能拆完、拆净,致使合龙过程中分流条件不够理想,合龙最终水力学指标略有超过,在一定程度上增加了截流难度。

葛洲坝工程大江截流 1980 年 10 月和 11 月上半月长江流量偏大,加上截流前一期工程遗留的尾工较多,致使围堰拆除进度推迟,上游横向围堰直至 10 月下旬才开始大规模拆除。至 11 月 25 日,即截流龙口形成前夕,上、下游围堰需拆除的方量还分别遗留 52 万 m^3 和 38 万 m^3。12 月 22 日,二江主体建筑物补强工作基本结束,基坑已具备充水条件,此时上、下游围堰仍分别遗留有 16 万 m^3 和 20 万 m^3 的挖方。本应尽量采用陆上开挖拆除,但当时鉴于截流合龙时间紧迫,对水下开挖设备能力又估计过高,认为围堰子堤经过翻挖,水下开挖应无问题,仓促将基坑出渣道路炸除,并拆走了基坑排水泵站,约 36 万 m^3 的围堰子堤拆除全部成为水下开挖,使施工造成了被动。围堰水下拆除工作进行约 10d,虽然施工中配备了较强的水下开挖设备,由于围堰子堤拆除工期后推,长江流量已降至 5200m^3/s 左右,加上本年度同流量下坝址水位较历年平均水位低,因水下开挖机械工作水深不够,尤其是下游围堰子堤回填的砂壤土中混有不少块石和其他杂物,水下开挖效率远低于正常情况。因此,至 1981 年 1 月 3 日龙口开始合龙时,二江分流未能达到原设计要求,特别是下渠内的围堰子堤的缺口宽度约 130m,仅为设计要求拆除宽度的 1/3,上导渠内围堰子堤的拆除宽度亦未能完全满足设计要求。分析导渠水力学原型观测资料,下导渠落差占总落差 60% 或以上。合龙开始时下导渠子堤拆除宽度与设计要求相差较大,但在合龙过程中,由于该缺口处落差集中,流速较大,缺口不断被冲宽、加深,至接近合龙时,其缺口宽度已与设计要求值接近,加上实测导渠陆上开挖的糙率小于设计水下开挖的糙率,使分流能力得到一些补偿,故整个导渠的分流能力已接近设计要求,使最终落差超出设计值不多。但在合龙过程中龙口流速的实际增长过程与设计却有较大差别,即口门流速超过 6m/s 的困难段提前并延长。

就葛洲坝大江截流的实际情况而言,由于龙口设置有拦石坎护底,抛投块体的稳定条件好,加上抛投块体尺寸大数量多、抛投自卸卡车吨位大、数量多、抛投强度高等原因,虽然在进入龙口宽度 120m 后,龙口最大流速已超过 6m/s,而实际施工进占并未遇到大的困难。截流工程实施中,当因工期紧迫未拆净分流建筑物的施工围堰,采取龙口进占抬高水头差,利用高速水流冲开围堰缺口,则需特别慎重。必须重点弄清准备冲开缺口的料物组成,对水流冲刷效果及其对龙口合龙困难段提前的影响,作出正确的判断,制定预案,否则可能造成较严重的后果。

(3)截流方案选择

三峡工程大江截流水深大、落差小,结合工程实际,采用龙口深水河槽预平抛垫底减小龙口水深立堵截流方案;明渠截流设计截流流量 $10300 \sim 12200 m^3/s$ 时,截流终落差达 $4 \sim 6m$,采用上下游戗堤同时抛投进占双戗堤立堵截流方案。

葛洲坝工程大江截流的主要技术指标,如流量、龙口流速、单宽能量,龙口抛投量及强度等,当时不仅在国内的江河截流中前所未有,在国外工程实践中也属罕见,又鉴于大江截流的重要性,因而大江截流的设计和施工总的指导思想是立足于从难从严,力求做到充分可靠,万无一失。对龙口合龙方法,即截流方案,设计上曾重点比较浮桥平堵、栈桥平堵、单戗立堵和双戗立堵四个方案,推荐上游单戗立堵方案。经主管部门审定的截流方案是:上游戗堤按单戗立堵承担 3m 落差设计,下游戗堤按分担 1m 落差作为安全后备。设计按两套方案同时出图,施工准备按后备方案进行。

基于葛洲坝工程大江胜利截流的实践经验,认为从我国国情和大江大河实际条件来看,应立足于研究优选立堵法截流方案,以下认识可作借鉴。

1)鉴于目前大容量装载、运输机械在国内大型水利工地比较普遍地使用,单戗立堵截流方案尤应优先研究和采用。它具有施工简单、快速经济和干扰小等明显优点。根据葛洲坝大江截流工程设计和施工的成功经验,对于截流最终落差约 3.5m、最大流速 7.5m/s 的截流工程,只要采取一些可靠的技术措施,如龙口护底或加糙、合理选用抛投料场、配备足够数量的大型机械,尽管流量大、水深,龙口单宽流量和单宽能量超过一般水平,单戗立堵仍然有把握胜利截流。

2)当落差过大(如超过 4m)、流速过大(如超过 8m/s 以上)时,宜以双戗立堵截流方式作重点研究,有条件时,对双戗立堵截流的水力学计算和水工模型试验可作细致的研究,宜以下游戗堤为主进行合龙。葛洲坝工程大江截流因受客观条件限制(下游覆盖层过深,抛投大块体不易拆除),只好采取上游戗堤为主进行合龙。由于上、下游戗堤轴线相距较远(1200m),据水工模型试验验证,当总落差为 3m 左右时,下游戗堤承担 1m 落差,可以有效地减小上游龙口的流速。但当截流总落差达 4m 时,若下游戗堤只承担 1m 落差,即下游戗堤承担落差小于总落差的 1/3 时,其减少上游龙口流速的效果并不明显。此外,采用双戗截流还应考虑围堰拆除难度的影响,以及经济合理性。一般而言,若葛洲坝工程开挖利用石料可以用作截流抛投料物且数量足够,采用双戗堤方案更为经济合理。葛洲坝工程建筑物基础开挖岩石比较软弱,其截流用的块石是另辟采石场开采的,采用下游戗堤承担 1m 落差作为安全后备,主要是从确保安全出发的,未详细论证其经济合理性。

（4）截流戗堤断面设计

立堵截流戗堤的堤顶宽度，主要考虑合龙时抛投汽车的运行要求，通常戗堤顶宽采用12～16m，可以满足2辆12～20吨自卸汽车在堤头同时抛投的要求。对于龙口较宽的截流工程，为增大抛投强度，考虑堤头同时有3～4辆20t以上的自卸汽车抛投，戗堤顶宽为20～25m。三峡工程大江截流戗堤顶宽设计25m，实际施工30m，3辆45～77t自卸汽车可并列在堤头同时抛投；葛洲坝工程截流戗堤顶宽设计为25m，实际施工为25～28m，3辆20～45t自卸汽车可并列在堤头同时抛投，车辆运行情况较好，提高了抛投强度，相应缩短了合龙时间。堤顶加宽后增加了戗堤工程量，因戗堤是堰体的一部分，堤顶加宽多用石渣，相应减少堰体砂砾石料，围堰总工程量并未增加。

对于块石料源比较困难的截流工程，可考虑将非龙口段堤顶宽度适当束窄。进入龙口附近，将堤顶帮宽，作为龙口段进占车辆的回车场，以满足合龙时抛投车辆的运行要求。三峡工程和葛洲坝工程两岸堰体尾随龙口段戗堤进占，在龙口附近形成较宽的停车回车场地。葛洲坝工程堰体尾随进占时，为防止堤头绕流对堰体填料的冲刷，实际施工时，由于主流偏右岸使堤头上游侧的绕流流速较大，为防止堰体砂砾石料流失严重，故滞后60～80m；而左岸堰体仅滞后20～30m。

截流戗堤的上、下游边坡直接关系戗堤断面方量，堤头的纵向边坡对口门过水断面和水力学条件影响较大。实测戗堤的边坡较设计边坡陡，龙口段边坡较非龙口段边坡陡，这与抛投材料的粒径有关。葛洲坝工程戗堤非龙口段抛投大、中石含量20%～50%，上、下游边坡为1：1.1～1：1.3；龙口段抛投大、中石占60%～65%，混凝土四面体占5%～6%，上、下游边坡1：1.～1：1.1，堤头纵坡1：0.7～1：1。因此，在拟定戗堤边坡时需考虑抛投材料的粒径大小和实际抛投情况，龙口段边坡和非龙口段边坡应有所区别。对于类似三峡工程和葛洲坝工程截流抛投料的戗堤设计边坡建议采用：非龙口段上、下游边坡1：1.3，堤头边坡1：1.2；龙口段上、下游边坡1：1.2，堤头边坡1：1。

11.5.1.2　大流量深水河道截流施工技术

（1）截流戗堤施工区段的划分

三峡工程和葛洲坝工程大江截流戗堤分为两岸非龙口段和龙口段。两岸非龙口段施工主要考虑对航运和戗堤抛投材料及河床覆盖层冲刷的影响等因素，按分月逐旬控制进占长度。实际进占过程中，根据当旬的水文预报进行调整，较设计超前进占，使龙口提前一个月形成，从而增加了堤头防冲保护工程量。从施工角度考虑，戗堤非龙口段分月进占长度在满足通航要求下，可视水文情况加快进占速度，给两岸围堰提前施工创造条件，但当旬的进占长度不宜超过下一旬的设计进占长度，以免加剧堤头和河床覆盖层的冲刷。

龙口段依据龙口落实和断面平均流速大小划分四个区段，为便于控制施工进占，分别提出各区段的抛投料物块径和数量及施工特性指标。实际合龙过程中，亦可从水流流态分析，划分区段。如葛洲坝工程，龙口宽度203m至50m为淹没宽顶堰流区段；龙口宽度50～20m

为淹没宽顶堰流转为自由泄流区段,在两种流态转变的某一宽度时出现最大流速,该区段是合龙过程中的困难区段,流速和单宽能量达到最大值;龙口宽度 20m 至合龙为自由泄流区段,两岸堤头坡脚已接触而形成三角形过水断面,龙口泄流量显著下降,但该区段仍须抛投一部分混凝土四面体和大块石,抛出水面后合龙。对于龙口较宽的大中型截流工程,龙口划分区段主要应将一般区段与困难区段分开,以便确定困难区段的抛投料物块径和数量,突破困难区段后便可顺利合龙。

(2)龙口位置及龙口宽度

三峡工程大江截流龙口位置及宽度的确定与分流条件及通航要求密切相关,在明渠提前分流和满足通航条件下,龙口位置尽量右移避开河床深槽段,以便于左岸非龙口段提前进占,堰体尾随进占,从而提前形成防渗墙施工平台。但由于右岸防渗墙轴线为避开河床漫滩残留块球体而布置为向上凸的折线,其戗堤轴线与长江主流呈 50°交角,龙口右移至折线部位,合龙时龙口水流流态较为复杂,从而增加了合龙难度。经综合分析,拟定龙口位置在主河床深槽的右侧而避开左侧最深处。

葛洲坝工程大江截流技术设计阶段,曾综合分析地质、施工和通航条件,选定龙口位置在河槽中偏左部,即大江主泓部位。审定技术方案时,从均衡两岸施工工程量出发,龙口位置左移了 50m,位于河槽中部。实践证明,这一改变是不利的。因大江主泓和枯水航道偏右,按水工模型试验资料判断,右岸非龙口开始进占就将碍航。而国家经委确定 11 月中旬长江才能断航,故右岸非龙口段戗堤进占从 11 月 5 日才能开始,此时左岸非龙口戗堤进占已接近龙口桩号,从而两岸非龙口均衡进占实际上已不可能。由于龙口护底早在 1980 年汛前已施工完毕,虽已发现这一问题,龙口位置也已无法变动。大江截流非龙口段进占的另一个重要启示是龙口位置必须考虑水流流态。因为大江主泓偏右,加以左岸纵向围堰头部的挑流作用,枯水期大江左侧河道基本上处于回流区内,因而左岸非龙口进占遭遇的流速一般都小于 1.5m/s(仅 10 月初因流量偏大,流速略大于 2m/s),施工进占十分顺利。而右岸相反,由于其开始进占即伸入主流,又因左岸进占过早而使主流更为偏右,以及右岸戗堤轴线挑向上游等原因,进占时堤头迎流顶冲,流速很快超过 3m/s,最大进占流速超过 5m/s,进占施工时不得不较早地使用了较大的块石料。

截流龙口宽度系指分流建筑物尚未分流前,截流戗堤预留的最小宽度,亦即合龙的起始口门宽度。三峡工程导流明渠已提前于 1997 年汛前通水分流,按常规截流可认为没有明显的"龙口",截流戗堤两岸可连续进占至合龙。但在长江上修建水利工程,大江截流期不允许断航。导流明渠虽提前分流,截流戗堤可提前进占,但进占束窄口门宽度受通航水流条件的制约。因此,导流明渠未正式通航前,通过三峡坝区的船舶仍从主河道截流戗堤束窄口门通行,截流戗堤两岸进占束窄口门的宽度必须满足口门通航水流条件的要求;导流明渠正式通航后,主河道截流戗堤束窄口门停止船舶通行,截流戗堤两岸进占束窄口门宽度仍需满足导流明渠通航水流条件要求。截流戗堤进占按 11 月上旬形成龙口,宽度 130m,采用该旬 20 年一遇最大日平均流量 27400m³/s,计算明渠分流量为 19000m³/s。经 1:100 整体水工模型试验及船模试验,导流明渠水流条件可满足通航要求,因此,设计确定龙口宽度130m。

葛洲坝工程大江截流龙口设计宽度220m,是按非龙口段进占时流速不大于4m/s(相应落差1m左右),使用中等块石料(水工模型试验按块石粒径0.4～0.7m)可顺利进占为原则选定的。从实践结果看,这样选择基本上是恰当的。

(3)龙口护底结构形式

三峡工程导流明渠底部系岩石开挖面,其中部分软弱基础亦用混凝土进行过护底处理,使明渠底部较平整光滑,在提前截流流量下截流,若不采取一定的工程措施,抛投材料会产生大量的流失,危及截流戗堤施工的安全。考虑明渠截流的实际环境和截流条件,通过物理模型对加糙拦石坎的结构形式和范围、施工时机、汛期抗冲稳定性及对通航期水流条件的影响进行了大量的试验研究。成果表明上戗拦石坎结构以采用两层以上20t混凝土四面体或采用先铺设20t混凝土四面体然后再镶嵌覆盖一定量3～5t特大块石或钢架石笼三种形式较稳定,且拦石效果较好;为减小后期拆除难度,首创提出了下戗拦石坎采用合金钢网石兜的方案,最终为设计及施工所采用。采用龙口设置加糙拦石坎的措施,对增加抛投材料的稳定性、减少抛投材料的流失效果非常明显。同时还具有提高龙口摩擦系数、减少龙口水深、降低单宽能量、减少龙口工程量加快截流进度的作用。

葛洲坝工程大江截流合龙,上游龙口拦石坎护底起到了提高截流抛投料稳定性,减轻合龙难度的重要作用。葛洲坝工程采用的拦石坎护底,曾经过反复的设计方案比较,并经水工模型试验充分论证。实际合龙施工中,在长达120m的区段内,最大流速均超过6m/s,最困难的区段最大流速达7.5m/s,而截流施工进占顺利,抛投块体流失量很小(估算不超过3%～5%),充分证明了它的显著效果。拦石坎护底可供类似的大难度的截流工程借鉴。当然,葛洲坝工程所采用的护底结构复杂,费用较高,定位抛投钢石笼需用一定的专用设备。其他工程选用时,需根据具体条件,经过详细的设计方案比较和水工模型试验验证决定。

(4)截流抛投块石料的选择及混凝土块体型式

1)截流抛投料使用混合石渣料代替级配块石料

经水力学计算和水工模型试验,三峡工程大江截流两岸非龙口段抛投材料主要是石渣料和中石,龙口段抛投材料主要是中石、大块石和特大块石,堤头防冲抛投一部分大块石及特大块石保护,抛投材料分四种规格:

石渣:主体建筑物基础开挖的花岗岩块石石渣料。岩性坚硬,不易破碎和水解,一般粒径0.5～80cm,其中粒径20～60cm块石含量大于50%,粒径2cm以下含量小于20%。

中石:粒径0.4～0.7m(质量90～470kg)的块石,备料可按粒径大于0.5m,质量大于170kg的块石含量大于60%石渣料控制。

大块石:粒径0.8～1.1m、质量0.71～1.7t的块石。

特大块石:粒径1.3～1.6m、质量3～5t的大块石。

葛洲坝工程根据截流分区段的水力学条件,提出三种规格的级配块石料。实际备料时,由于级配块石料耗费大量人工和机械起吊进行选备,施工比较困难。所以大块石备料只达到要求备存量的 60%,中石备料只达 26%,而采石场爆破的混合石渣料超过设计备存量的 1.2 倍。这种混合石渣料含大、中石 25%～50%,戗堤高度 15～20m,汽车在堤顶抛投时,有重力筛分作用,大块石落至底部,中石次之,小石在上部,大、中块石集中于戗堤坡脚处,增加了抗冲能力并稳住堤脚。所以截流过程中抛投混合石渣料的流失量仍比预计的少。实践表明,堤头流速小于 3m/s 时,主要使用大、中石含量占 20%～30% 的混合石渣可以顺利进占;堤头流速 4m/s 左右时,主要使用大、中石含量 30%～50% 的石渣进占也是可行的。对于类似的截流工程,截流备料必须从严要求,用于堤头挑角和高流速区段的大块石要尽量设法备足,中、小石粒径的级配石料可用含有块石的混合石渣替代。应严格控制混合石渣料中块石的粒径,在开采时应通过爆破试验设法增加大块石的含量。

2)截流抛投混凝土块体型式和重量的确定

众所周知,相同吨位的岩石块比混凝土块抗冲稳定条件好,但大吨位块石吊运比较困难。因此,重型抛投块体常浇制混凝土块体。葛洲坝工程龙口使用的混凝土块体形式是四面体;为了利用 90～120m³ 开底驳(石仓底门尺寸 2.8m×3.3m)抛投施工,龙口护底混凝土块体采用五面体。混凝土块研究过四脚体和空心四面体,虽然抗冲能力比四面体大,但因预制施工复杂、运输困难,故未予采用。混凝土四面体重量按块体在动水中抛投止动或抗冲起动流速进行计算,并通过水工模型验证。抛投试验时块体稳定标准是按单个混凝土块抛投后止动稳定在戗堤轴线以上为准(稳定率在 80% 以上)。

三峡工程明渠截流混凝土四面体利用三峡工程右岸护岸工程段剩 1860 块 20t 四面体,必要时用钢丝绳将 2～4 块混凝土四面体连成四面体串,并浇筑 52 块 30t 大容重混凝土四面体(浇筑混凝土时掺埋废短钢筋头,容重为 3.15t/m³),需用时采用电吊或 50t 汽车吊直接吊装至 CAT777C 自卸汽车上,运输至堤头卸料,必要时用大型推土机推至堤头前沿。

葛洲坝工程综合分析计算和模型试验成果,并参照国内外截流工程实践资料,确定截流抛投最大混凝土四面体重 25t。实际合龙过程中,将混凝土四面体和大块石抛投在戗堤轴线上游角形成挑角,使堤头进占比较顺利,速度加快。在龙口束窄至 50～20m 宽时,由于没有严格控制混凝土四面体在上游角抛投,有的汽车将 25t 混凝土四面体抛投在轴线附近,以明显看出抛下的混凝土四面体向下游冲移 10～20m 淹没水中,但混凝土四面体向下游漂移一定距离后便可以稳定。当混凝土四面体和块石抛投一定数量后,仍可填出水面。针对葛洲坝工程截流龙口的水力条件,采用 25t 混凝土四面体是合理的。有的工程将几块混凝土四面体用钢丝绳串连成整体抛投,抗冲稳定好。葛洲坝工程设计也提出准备一部分大块石串,作为合龙困难段备用。实际合龙进入困难区段后,除抛投单个混凝土四面体和大块石外,还抛投 2 串大块石和 7 串混凝土四面体,取得较好的效果。葛洲坝工程采石场开采了一部分重 10～15t 的大块石用于右岸堤头,其稳定情况比混凝土四面体好。因此,有条件开采重型岩块并解决了吊运机械的截流工程,应尽量少用混凝土四面体,以节省截流费用。

(5)戗堤进占减少抛投料流失和河床覆盖层冲刷问题

截流过程中,随着口门的束窄,流速、落差增大以及堤头绕流的作用对河床覆盖层和堤头的冲刷加剧,若堤头流速大于抛投料物的抗冲能力,抛投料物在堤头坡脚不易稳定,也易发生流失。三峡工程大江截流龙口河床预平抛块石以减少河床覆盖层冲刷,葛洲坝工程截流抛投料的设计流失量按非龙口段 10%,龙口段按 20% 计算。实际流失量非龙口段为 3.5%~4.7%,龙口段为 3%~5%。抛投料流失量减少的主要原因:其一,抛投料的块径较大,混合石渣料中,大中石较多,其抗冲能力比预计的大,堤头进占过程中,各种抛投料物的使用比较合理;其二,龙口拦石坎护底形成凸坑和拦门坎,增加了抛投料物的抗冲稳定性;其三,戗堤进占过程中,注意堤头抛投方式,大块料抛在戗堤轴线上游角以便形成上挑角,以增加挑角下游中小石料的稳定性。

截流戗堤进占过程中,束窄口门的流速、落差加大,而且水流流态也趋于紊乱,两岸堤端出现绕流,口门中部形成舌状水流,造成河床覆盖层的冲刷。葛洲坝工程截流设计,依据地质勘探钻孔提供的覆盖层级配资料,并参照水工模型试验成果,确定非龙口段覆盖层冲刷深度为覆盖层厚度的一半,龙口覆盖层全部冲光。截流戗堤进占过程中,据实测水下地形分析,非龙口段覆盖层实际冲刷深度 0.5~2.0m,龙口段覆盖层基本没有冲刷。主要原因是自 1974 年修建二江土石围堰后,大江河床逐年束窄,并经过 6 年汛期洪水流量的冲刷,使河床覆盖层表面层粗化,用 4m³ 铲扬式挖石船在戗堤范围取样,4m³ 铲斗开挖困难,表明覆盖层比较密实,挖出的砾石粒径平均 150~240mm,最大达 760mm 基坑抽水后,发现河床覆盖层表层为大漂石(粒径 300~700mm)结构紧密,抗冲流速可达 4~5m/s 比预计的抗冲能力要大;其二,龙口范围河床已预先平抛一部分块体石护了河床覆盖层;其三,由于上游纵向钢板桩格型围堰头部及右侧的石垾起挑流作用,主流挑至右岸,河床覆盖层在汛期已基本冲光,左岸戗堤非龙口段河床覆盖层虽较厚,但处回流区,流速 2m/s 左右,所以覆盖层的冲刷甚微。但下游戗堤两岸堤头经过 3~4m/s 流速的冲刷后,实测水下地形,发现两岸堤头附近覆盖层分别形成长 35~60m,宽 10~25m,深 2~5m 的局部冲刷坑。现今,对河床覆盖层的级配及密实情况尚难通过地质钻孔查明,动床水工模型难以真实模拟冲刷情况。因此,设计和水工模型试验对覆盖层的抗冲能力留有一定余地是必要的。对较厚的覆盖层,在戗堤范围河床,采取预先平抛垫底保护措施,可有效地减免覆盖层冲刷。

(6)截流施工机械和施工道路

截流施工机械的使用状况直接影响抛投强度和戗堤进占速度。三峡工程大江截流选用 6~9.6m³ 的液压挖掘机及 9.6m³ 以上的装载机进行挖装,特大石和大石则以 4m³ 电铲为主;运输设备主要选用 45~77t 的大型载重自卸汽车,32t 自卸汽车辅助运输;在堤头上尽量选用大马力的卡特(D9~D11)推土机,保证高强度连续作业。

葛洲坝工程截流所用汽车除为抛投 25t 混凝土四面体专门购置一部分 45t 自卸汽车外,其余所用 20~30t 自卸汽车均为工地开挖和填筑施工运输车辆。抛投 15t 和 20t 混凝土四面体使用的一部分 30t 和 45t 自卸汽车,卸除车斗改装为车架平台,以装运混凝土四面体。在坡度 5%~10% 的路面上行驶,上、下坡车速 15km/h,混凝土四面在车架平台上稳定条件较好。卸车时,车架平台与水平面的夹角 25°~35°,混凝土四面体可顺利滑出车架平台,突然卸载时,汽车前轴两轮略有跳动现象,其他部位情况正常。运输中石及石渣的各类汽车装料方量为:20t 汽车装 8m³,27t 汽车装 12m³,45t 汽车装 20m³。汽车在堤头卸料时,控制后轮着地边缘距堤头前沿边线 1.5~2.0m,使抛投料可直接卸入水中。在截流过程中。各类车辆使用情况良好,均未发生事故。实际抛投强度和进占速度超过设计计算值。说明选用 20~45t 自卸汽车装运截流块石料和混凝土四面体是合适的。堤头配置大功率(350~410HP)推土机也属必要,为配合 20~45t 自卸汽车装运抛投料及重型块体,并配置容量相当的装载机和吊车。

三峡工程和葛洲坝工程大江截流,其施工交通布置也是成功的经验之一。葛洲坝工程自两岸截流基地块石和混凝土四面体堆场至截流戗堤所建的公路干线,均为 18m 宽的混凝土路面,截流基地块石堆场内设有环行线,路面宽 10~15m,便于抛投料的装载作业。高标准的公路交通保证了运输通畅和高效率,当然这要付出较高的经济代价。初步分析认为:为保证运输通畅,公路路面宽要在 12m 以上,至于是否一定需要浇筑混凝土路面,则尚可进一步探讨。据国外资料,很多大型水利工地的交通干道并未普遍采用混凝土路面,而是配备平路机械,加强对路面的维修保养,泥结碎石路面同样达到很高的行车密度。

(7)截流水工模型试验和原型观测,指导截流施工

由于河道截流水力学性状的复杂性,截流水力学计算成果有近似性,有些只能定性。因而,必须进行水工模型试验验证,两者密切配合,作为设计依据。截流过程具有动态变化的水力边界条件,水力现象十分复杂,也须进行原型水力学观测或监测,以检验和指导施工。三峡工程大江截流最大水深达 60m。按截流水力学计算和水工模型试验,由于大江截流的落差和流速不大,当可大量利用开挖石渣和中小块石填筑截流戗堤。长江科学院在 1:80 截流水工模型试验中,发现回填进占过程中,堤头多次发生大规模坍塌现象。堤头坍塌将危及施工人员及机械设备的安全,延误截流工期,使之成为深水截流突出难题,特增建 1:40,1:20 截流模型对截流戗堤坍塌问题进行专题试验研究。综合分析认为,造成深水截流堤头端部坍塌是多种因素共同作用的结果,与水深、流量、流速、落差、渗透压力、抛投料粒径、级配、抛投强度等诸多因素有关,其中龙口水深是主导因素。从模型试验成果可见,截流龙口水深由 60m 减小到 30m,相应堤头平均坍塌面积和最大一次坍塌面积分别减小 35%、36%,当水深由 60m 减小到 20m,上述参数分别减少达 64%、55%,说明减小龙口水深是缓解截流戗堤坍塌的有效途径。为减少龙口水深,设计综合二期围堰断面结构,施工材料,水上作业方式,工期等因素,确定在龙口河床深槽段预先平抛石渣、砂砾料及块石,以抬高河底高程,是为平抛垫底。

三峡工程大江截流过程处于导流明渠水流条件、大江束窄口门水流条件及其边界条件不断变化的动态过程,在长江科学院宜昌前坪已建的大江正态整体水工模型开展了跟踪预

报试验。模拟动态变化的边界条件跟踪现场施工,对截流进占和合龙过程中堤头坍塌、口门水力学指标,明渠分流条件及施工通航水流条件等进行测试和演示,预报并分析可能发生的影响程度,在跟踪预报试验期间还采用业主开发和建立的大江截流计算机三维实体模型,仿真模拟并演示截流进展的动态,施工单位随时测报施工实施中各施工要素,驻现场设计人员适时根据水情、水文测验成果,施工进展实况,提出水力学计算指标预测值。大江截流设计和施工过程中,设计计算与水工模型试验配合十分密切。通常经水工模型试验验证计算成果,或作专题试验研究,并根据计算和试验结果及其他设计上的考虑,不断改进水工模型试验条件和提出进一步的试验要求。

葛洲坝工程曾先后在施工现场和长江科学院设置1:100、1:60两个比例尺的截流整体模型(曾改为局部动床)及1:60局部和玻璃槽二个模型。据模型功能分别进行截流方案、施工通航、截流龄堤进占、护底结构、合龙抛投和块体稳定专题等试验研究。应该提及的是,曾在1:100和1:60水工整体模型上进行了局部动床模拟试验,并据此在设计中估算冲刷一半深度增加了龄堤抛投方量。而实际冲刷量远小于估算的数量。主要原因是依据小口径钻孔取样和河滩槽坑的取样成果,作为模拟颗粒级配资料,显然缺乏代表性。在尚未解决深覆盖层取样较大的情况下,截流水工模型的动床冲刷试验成果,只能作为分析的参考,不能作为定量的依据。葛洲坝工程大江截流阶段的原型水力学观测工作,事前曾作过比较全面的研究和布置。选用的龙口水力学测试手段,如用大马力水文测验船牵引无人双舟施测龙口水深、流速和水下地形,用经纬摄影仪方法测龙口水面线和流速、流态等,技术上都是可行的,成果是可靠的。截流施工阶段原型水力学观测表明,计算和水工模型试验成果基本可靠,特别是非龙口进占期,不论其流态、流速分布及其数值,落差增长及其数值,实测结果与计算及模型试验成果十分接近。

三峡工程和葛洲坝大江截流实践表明,截流期间实测的各种水位、流量、流态、流速和水下地形资料,对截流施工起到有效的指导作用。大量的观测资料也为进一步分析研究大江截流过程中的水力学问题打下了基础。对大江大河截流工程设计和施工,水力学计算和水工模型试验,以及原型水力学观测三者缺一不可,紧密结合,互为补充,可使截流设计落实在比较可靠的基础上,并能有效地指导施工。

11.5.2 深水土石围堰设计及施工技术问题探讨

11.5.2.1 深水土石围堰断面结构设计技术问题探讨

(1)深水土石围堰堰体水下部位抛填料的加密措施问题

1)土石围堰堰体水下部位断面设计及填料施工程序

二期上下游围堰断面结构设计水下部位堰体两侧设置石渣块石堤,背水侧的石渣块石堤为截流龄堤。二期上下游围堰两侧石渣块石堤的高程分别为69m和68m,两石渣块石堤中间高程40m以下为砂砾石料,高程40m以上为风化砂。堰体水下部位填料均为水中抛填施工,两侧石渣块石堤采用汽车端进抛填,两堤中间高程40m以下的砂砾石在石渣块石堤施工前,采用底开式抛石船平抛填筑,高程 40m 以上的风化砂在两石渣块石堤端进抛填施工时,滞后端进抛填。

2)堰体水下部位抛投风化砂料的加密措施

二期上、下游围堰两侧石渣块石堤在水中抛填石渣及块石料,其相对密度较高,不需要采取加密措施。两石渣块石堤中间高程 40m 以下平抛的砂砾石料,其相对密度较高,干容重可达 $1.95\sim2.00t/m^3$,不需采取加密措施。对水下抛填的风化砂,其相对密度低,干容重在 $1.7t/m^3$ 以内,致使堰体及塑性混凝土防渗体产生较大变形,同时,在风化砂堰体内采用液压抓斗或双轮铣进行造孔施工,由于这两种机械在施工过程中,对风化砂不能产生冲击挤密作用,加之造孔深度大,造孔时有孔壁失稳之虞。因此,从工程进度和安全出发,为防止造孔过程中发生塌孔,有必要对二期上下游围堰水下抛填的风化砂采取加密处理措施。为寻求水下加密风化砂的途径,进行了水下加密试验研究工作,试验结果表明:振冲法和爆振法均能在一定程度上加密水下风化砂。根据二期上下游围堰施工特点,施工工期非常紧迫,围堰防渗墙施工紧随堰体填筑之后进行,大部分围堰防渗墙与堰体填筑施工穿插进行,各工序间存在互相干扰问题。相比之下,振冲法加密深度较大,加密效果好,技术较成熟,施工效率高,施工干扰相对较小,因而二期上下游围堰水下风化砂加密采用振冲法施工。

①振冲加密的范围与深度

根据风化砂水下抛填的诸多特征,其薄弱环节(干容重最小)分布在水面至水下 $25\sim28m$ 的区域,振冲加密处理深度按风化砂水下抛填密度及防渗墙施工特点等因素确定为 30m(振冲顶面高程为 70m)。振冲加密孔沿防渗轴线布置,对围堰填料抛填水深超过 25m 时,即采取振冲加密措施,振冲宽度范围为墙上、下游各 2m,其中单墙段采用双排振冲,双墙段采用 4 排振冲。二期上游围堰桩号 0+454 至 0+616 和下游围堰桩号 0+420 至 0+550 在防渗墙背水侧最外振冲孔以外,以排距 1.7m、孔距 2m 增加 3 排振冲孔。

②振冲加密的参数确定

采用 150kW 振冲器进行施工,要求振冲加密后风化砂的相对密度 $D_r\geqslant0.95$,振冲孔按三角形布孔,孔距为 2.0m,要求孔位偏差小于 10cm,孔斜偏差小于 1%。

振冲器最大振深达 30m,振冲加密过程中,向振冲孔中投料补充,靠防渗墙内排孔填料为粒径 $0.5\sim2.0cm$ 碎石,其余排孔填料为粒径 $2\sim8cm$ 碎石。

(3)围堰堰体填料深水抛填砂砾石料问题

1)堰体中间防渗墙两侧高程 40m 以下抛填砂砾石料的缘由

二期上、下游围堰施工水深达 $40\sim60m$,堰体水中抛填的密实度,直接影响防渗墙体的应力及变形。鉴于水中抛填风化砂的密实度较低,且堰基有新淤砂层,致使堰体变形及防渗墙的变形较大,为减小其变形并改变防渗墙体应力条件,需对水中抛填的风化砂料进行加密处理。因受现有施工吊运机械所限,填料振冲加密最大深度 30m,为此,堰体水下抛填料不能采取振冲加密的部位需改用在水中抛填密实度高的材料,二期上、下游围堰堰体中间防渗墙两侧高程 40m 以下部位抛填砂砾石料。

2)深水抛填砂砾石料断面结构形式的拟定

深水抛填砂砾石料在堰体进占施工前采用底开驳抛石船将砂砾石料运至围堰基础范围内平抛至河床底部。深水平抛结构位于围堰下部,作为围堰结构断面的一部分,平抛材料根据不同部位分别采用砂砾石料、石渣和块石。鉴于围堰基础普遍分布有新淤砂层,根据土工试验成果,新淤砂具有强度低、易液化和发生管涌型的渗透破坏等特性,因此,与新淤砂直接接触的填料应具备相应的反滤作用,以保证新淤砂的接触冲刷稳定。根据三峡工区料源情况,采用葛洲坝下游30km长江河道天然砂砾石料抛投,并控制砂砾石料含砂率为30%～40%,最大粒径小于150mm(防渗墙轴线附近,为便于墙体造孔施工,最大粒径控制不大于80mm)。其次,考虑到平抛垫底材料需承受汛期洪水考验和截流过程中束窄口门水流流速的冲刷,二期上游围堰在砂砾石料垫底下游侧的截流戗堤范围和二期下游围堰的下游侧石渣块石堤范围平抛石渣料、块石料,其顶部高出平抛的砂砾石面3m形成"高低坎"形式,以保证平抛砂砾石料的抗冲稳定。为确保平抛砂砾石料的度汛安全及截流龙口合龙过程中的稳定性,对平抛砂砾石及其下游侧石渣、块石料体型与抗冲保护材料进行了动床模型试验研究,通过多方案比较,确定二期上、下游围堰防渗墙附近平抛砂砾石料高程在1997年汛前平抛至高程37.0m,其下游侧截流戗堤范围平抛的石渣、块石料高程为40m,顶部3m平抛粒径0.3～0.7m块石料防冲,形成高低坎体型度汛,以确保平抛砂砾石防冲稳定安全度汛,在汛后继续平抛砂砾石料至高程40m。

3)平抛砂砾石料水下成型问题

二期上、下游围堰平抛施工水深大,三峡工地用于平抛施工船舶为280m³底开驳及500m³对开驳和210m³侧抛驳,对于群体散粒体(砂砾石、石渣、块石)在动水中抛投的水下漂距特性和成型效果,通过采取计算分析不同来流量、不同口门特征条件下的抛投料漂距,进行漂距试验验证,并对砂砾石料在动水中抛投后的级配粗化问题作了专门试验,确定了水中成型规模与效果,论证了深水平抛措施的可行性,分别提出了平抛砂砾石、石渣、块石料的施工船舶作业水深、水流流速与漂距指标,作为指导水上作业的技术参数,见表11.5.1。

表 11.5.1　　　　二期上、下游围堰平抛材料的水上作业技术参数

水深(m)	流速(m/s)	砂砾石料		石渣料		块石料	
		280m³ 底开驳漂距(m)	500m³ 对开驳漂距(m)	280m³ 底开驳漂距(m)	500m³ 对开驳漂距(m)	280m³ 底开驳漂距(m)	210m³ 侧抛驳漂距(m)
35	0.5	−10.0～45.0	−5.0～50.0	−7.0～42.0	−6.0～46.0	0～42.0	0～42.0
	0.75	−4.0～48.0	−2.0～51.0	−3.5～56.0	1.0～50.0	0～49.0	0～49.0
	1.0			0～58.0	1.0～53.0	0～56.0	0～53.0
45	0.5	−5.0～52.0	0～55.0	−7.0～52.5	−6.0～50.0	0～49.0	−2.0～46.0
	0.75	−1.0～53.0	0～56.0	0～58.0	1.0～57.0	0～52.5	−2.0～50.0
	1.0			4.0～60.0	1.0～60.0	0～59.0	4.0～53.0

续表

水深 (m)	流速 (m/s)	砂砾石料		石渣料		块石料	
		280m³ 底开驳 漂距(m)	500m³ 对开驳 漂距(m)	280m³ 底开驳 漂距(m)	500m³ 对开驳 漂距(m)	280m³ 底开驳 漂距(m)	210m³ 侧抛驳 漂距(m)
52	0.5	0～56.0	4.0～60.0	−3.5～59.5	−2.5～60.5	1.0～50.0	−2.0～50.0
	0.75	3.0～58.0	6.0～65.0	0～63.0	5.0～71.0	1.0～56.0	−2.0～57.0
	1.0			7.0～70.0	5.0～74.5	1.0～63.0	5.0～60.0

4)围堰堰体材料平抛施工期的航运问题

二期上下游围堰堰体材料平抛施工初期导流明渠尚未正常通航,航运船舶仍从主河床束窄的口门通行,其通航标准为:长江航运公司船队,口门流速 $V \leqslant 4.5 \text{m/s}$,比降 $J \leqslant 1‰$ 或 $V \leqslant 4 \text{m/s}$,比降 $J \leqslant 3‰$;地方航运公司船舶,口门流速 $V \leqslant 2.5 \text{m/s}$。在通航河道上实施水上抛投作业对长江航运将产生两方面的影响:一是平抛施工船舶与长江通航船舶干扰问题,二是围堰基础河床平抛垫高对通航水力学指标的影响。为此,通过在 1:100 水工整体模型进行通航水力学试验研究,采取围堰基础河床平抛范围分区、分阶段施工方案,将主河床划分为两个施工区域,平抛施工船舶与通航船舶错开通行。在导流明渠具备通航条件后,进行围堰平抛第二阶段施工,主河槽禁航。通过试验研究与管理协调,有效地解决了平抛施工与长江通航之间的矛盾,保证了平抛施工技术措施的顺利实施。

5)围堰堰体填料平抛砂砾石料的特性

①平抛砂砾石料天然级配情况

平抛砂砾料系用天然砂石料筛除大于 150mm 卵石后的毛料,其含砂率为 30%～40%,含泥(<0.1mm)量小于 3%。

砂砾料的级配根据施工单位自检、料场取样和监理单位抽检,其成果如表 11.5.2 所示。

表 11.5.2　　　　　　　　二期上、下游围堰平抛砂砾料级配试验成果表

项目	综合值
试验组数	138
<5mm 含量(%)	8.5～51.1/29.2
<0.1mm 含量(%)	0.3～4.2/1.5

注:表中的综合值,/为平均值。

砂砾石料级配曲线(依监理单位抽检成果)示于图 11.5.1,可以看出,含泥量小于 3% 的要求可以满足,P_5 的平均值接近 30%,但抛投过程中砂粒会流失,粒径有粗化的可能。

②平抛到位后砂砾料的级配情况

根据水工模型试验成果(模型比尺 1:20)抛投后的级配情况如下:

(a)当抛投水深小于 30m 时,平抛砂砾石未见明显分层,局部略有粗化,但不会影响防渗

墙的施工。

（b）当水深超过 30m 时粗化明显,含砂量约减小 16%（针对抛填砂砾石含砂量为 43%）。

（c）抛投前砂砾料含砂量为 11.2%～42.4%,较设计的要求粗,抛填时的床底水深一般为 35～52m,可见抛填砂砾石粗化现象必然发生。估计抛填到位的砂砾料其上包线级配的含砂量可能为 30% 左右。

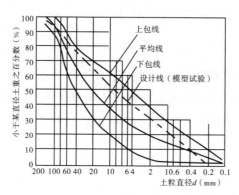

图 11.5.1 平抛垫底砂砾石料级配曲线

③平抛砂砾料的渗透稳定性

由于平抛砂砾料无法在抽水后的基坑中取得原状样,故试验用料主要依据抛投前的砂砾石料级配及抛投后的粗化两种情况,含砂量分别为 30% 和 15%。限于仪器尺寸,对粒径大于 60mm 的颗粒作等量替代处理,试验用料的级配见表 11.5.3。试验采用直径为 30cm 的垂直渗透仪,试样相对密度按 0.55 控制,其试验成果见表 11.5.4 和图 11.5.2。

从以上结果可以看出砂砾石料的渗透性取决于细粒含量的多少,1# 样的砂占 30%;$K=7.31\times10^{-3}$ cm/s,当减小到 15% 时,$K=1.13$cm/s,增大 155 倍。试验发现,当含砂量为 30% 时,砂基本填满粗粒的孔隙,故砂砾料的渗透系数由砂的透水性决定,其渗透破坏形式为流土。若含砂量为 15% 时,砂不能填满骨架孔隙,单个砂粒在较小比降下即可移动,渗透破坏形式就成为管涌了。

表 11.5.3　　　　　　　　　渗透稳定试验砂砾料级配资料

土样号	粒径组成（%）					
	60～40mm	40～20mm	20～10mm	10～5mm	5～2mm	<20mm
1#	22	22	16	10	10	20
2#	35	30	13	7	7	8

表 11.5.4　　　　　　　　　砂砾石料渗透稳定试验成果

土样号	相对密度 D_r	干容重 r_d(t/m³)	渗透系数 K(cm/s)	临界比降 J_{cr}	破坏比降 J_f	破坏形式
1#	0.55	2.223	7.31×10^{-3}	2～2.68	2.12～2.77	流土
2#	0.55	2.122	1.13×10^{0}	0.17～0.21	0.26	管涌

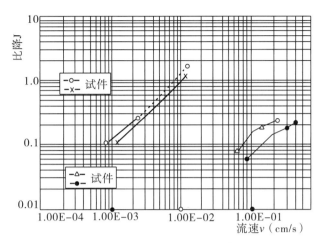

图 11.5.2　砂卵石 1 号、2 号试样

至于砂砾料与新淤砂之间的渗透稳定性,若砂砾料的含砂量为 30% 时,它的渗透系数与新淤砂的相当,故不会发生接触冲刷。由于平抛砂砾石料采用 180m³ 底开驳和 500m³ 对开驳抛投施工,砂砾石料集中抛至河床底部,其含砂率大于 30%,因此,堰体填料平抛砂砾石料与堰基的新淤砂不致产生渗透破坏。

(4)加筋土结构技术用于土石围堰度汛子堰问题

二期上游围堰深槽段采用双排塑性混凝土防渗墙上接土工合成材料防渗心墙结构。双排防渗墙设在河床深槽部位(桩号 0+454~0+616,长 162m),两墙中心距 6m。防渗墙施工平台高程 73m。按照二期上游围堰防渗墙施工进度安排,第一排防渗墙(上游墙)在 5 月底才能完建,此时已进入汛期,因此必须考虑临时度汛措施,以保护第二排防渗墙(下游墙)在汛期安全施工及围堰安全度汛。设计采取在上游墙完建后,于其上游侧墙筑子堰的临时度汛措施。子堰设计洪水标准为 20 年一遇洪水流量 72300m³/s,相应上游水位 82.3m。子堰堰顶高程 83.5m,采用复合土工膜防渗。子堰背水侧需设置挡墙以缩小子堰坡脚,以便给第二排防渗墙施工留有适度作业空间并相机进行上游墙的帷幕灌浆施工。鉴于第二排防渗墙及上游墙墙底帷幕灌浆施工机械布置尺度的需要,以及施工环节多、施工程序复杂等原因,子堰挡墙墙脚距离上游墙轴线至少为 0.6m。由于子堰向上游平移,使挡墙的受力条件恶化,对其稳定不利,如果再采用混凝土重力式挡墙方式,势必使其尺寸加大,增加混凝土工程量,施工进度上也难以满足及时挡水度汛的要求,于经济与进度方面均不利。为此,设计研究比较采用加筋土直立式挡墙方案。

加筋土是填土、拉筋、面板三者的结合体,加筋土挡墙一般由基础、面板、拉筋、填筑和帽石五个部分组成。它具有以下特点:占地面积小、施工简便快速、能够适应地基较大的变形及造价低廉等。

1)地基处理

在上游墙施工完成后,将子堰基础部位杂物清理干净,整平至高程 73.0m,于其上铺设复合土工膜,再填筑 0.5m 厚风化砂,作为加筋体基础。挡墙面板下部设置混凝土基础,在混凝土基础施工之前,先挖除上游墙顶不少于 0.5m 深的不合格墙体,埋设土工合成材料,将挡墙基础混凝土与防渗墙盖帽混凝土一并浇筑,挡墙基础混凝土与盖帽混凝土间不设施工缝。

2)挡墙平面布置及断面结构

加筋土挡墙设置范围为桩号 0+443～0+655m,挡墙面板基础沿第一道防渗墙轴线布设,其轴线总长 216.97m。加筋体采用矩形断面形式,底部高程 73.5m,顶部高程 78.5m,其上铺筑 20cm 厚泥结石路面,路面以 3％坡度向面板方向倾斜,以防止路面积水,也可减少雨水渗入到加筋体内。加筋土挡墙高 5.0m,共设 10 层面板,11 层筋带,筋带层高 0.5m;宽12.0m,靠近面板设置 1.0m 厚砂卵石反滤层,兼作竖向排水。加筋体底部设置 1.0m 厚砂卵石垫层,作为水平排水。所有的面板竖缝,包括伸缩缝和错缝等,均干砌作为排水通道。

3)面板和筋带

厚 12cm,采用 C20 钢筋混凝土矩形槽板,分 A 型(490mm×990mm)和 B 型(490mm×490mm)两种尺寸;筋带采用新型 CAT30020B 型钢塑复合筋带,此种筋带变形小,强度高。筋带宽 30mm,厚 2mm,容许应力＝100MPa,容许拉力为 6kN,相应伸长率<1％;筋带极限拉力>9kN,断裂伸长率<2％。

4)填料

填料采用古树岭骨料系统石屑料,经中国长江三峡工程开发总公司试验中心测试,其物理性质接近风化砂,力学性质优于风化砂,与筋带的摩阻效果好,强度稳定性高。确定其设计参数如下:

石屑料强度指标:$\varphi=37°,C=0$;

石屑料压实标准:压实度 95％;

筋带与填料间摩擦系数:非浸水时取 $f'=0.4$;浸水时取 $f''=0.3$;地基承载力 $\delta_0=0.5$MPa。

二期上游围堰度汛子堰采用加筋土结构技术,有效地解决了下游墙施工设备布置、挡墙自身结构布置及度汛子堰快速建成挡水之间的矛盾,保证了围堰第二排墙按期完建和子堰度汛安全,并为加筋土结构技术在土石围堰工程中应用积累了设计施工经验。

11.5.2.2 深水土石围堰堰体及堰基防渗设计技术问题探讨

(1)深水围堰防渗墙体材料问题

防渗墙体材料可大致分为刚性材料和塑性材料,主要的材料是混凝土。混凝土防渗墙刚性材料有常规混凝土及钢筋混凝土,塑性材料有塑性混凝土等。塑性混凝土是在混凝土中掺黏土(膨润土)及外加剂,是一种性能优良的新型防渗墙体材料,与通用的常规混凝土相比,其弹性模量较小,极限应变大,能适应地层变形,因而具有应力状态好、抗震性能较强的结构性能。塑性混凝土成功地应用,促进了防渗墙设计理论的发展。

　　二期上下游围堰堰体是在深水(水深超过 20m)抛填的风化砂及砂砾石料,水中抛填的风化砂堰体密度较低,变形模量小,置于填料疏松堰体的防渗墙应力和变形较大,若采用常规混凝土(弹性模量 2.2×10^4 MPa)材料,防渗墙成为刚性防渗墙,则墙体应力应变状态较差,将会严重影响围堰运行安全。为此,对用于深水围堰防渗墙体材料,性能要求具有较低的弹性模量,可以适应较大的变形,同时又具有一定的强度,能够承受作用在墙体的荷载。对防渗墙材料的要求可概括为具有"低弹高强"性能。长江科学院研究用三峡坝区的风化砂代替塑性混凝土中的砂石骨料,研制采用水泥、风化砂、黏土组成的无粗骨料塑性混凝土作为防渗墙体材料。这种新型的防渗墙体材料经在清江隔河岩工程厂房围堰防渗墙和三峡工程一期围堰防渗墙成功地应用,室内试验成果和现场取样试验表明,无粗骨料塑性混凝土随龄期增长,其性能不会变差,而且向好的趋势发展,即"模强比"进一步减小。因此,无粗骨料塑性混凝土可广泛地应用于水利水电工程防渗墙。二期上下游围堰防渗墙高度小于 40m部位使用无粗骨料塑性混凝土;高度大于 40m 部位防渗墙使用塑性混凝土。无粗骨料塑性混凝土施工配合比见表 11.5.5,槽口取样检测成果见表 11.5.6。塑性混凝土施工配合比见表 11.5.7,深槽段陡岩槽孔塑性混凝土配合比中用人工砂石料加工系统的弃渣——石屑代替砂石骨料及粉煤灰,使塑性混凝土抗压强度提高至 8MPa,槽口取样检测成果见表 11.5.8。

表 11.5.5　　　　　　　　　　　　无粗骨料塑性混凝土施工配合比

水泥(kg/m³)	膨润土(kg/m³)	风化砂(kg/m³)	水(kg/m³)	木钙(%)
260	70	1370	370	0.5

表 11.5.6　　　　　　　　　无粗骨料塑性混凝土机口取样参数复核结果

试件编号	抗压强度 R28(MPa)	初始切线模量 E_t(MPa)	模强比	渗透系数 K(cm/s)	破坏比降 J
Ⅱ—7	4.67	771	165	6.3×10^{-8}	>300

表 11.5.7　　　　　　　　　　　塑性混凝土施工配合比　　　　　　　　　　单位:g/m³

水泥	粉煤灰	膨润土	砂子	碎石	石屑	DH9	木钙	水	备注抗压强度
180	80	100	1341	72		0.027	0.9	282	5.0MPa
265		80			1365	34	1.04	325	5.0MPa
320		80			1343	0.032	1.20	327	8.0MPa

表 11.5.8　　　　　　　　　　塑性混凝土机口取样参数复核结果

试件编号	抗压强度 R28(MPa)	初始切线模量 E_t(MPa)	模强比	渗透系数 K(cm/s)	破坏比降 J
测试值	5.04	1284	255	2.5×10^{-8}	>300

　　为研究防渗墙体材料使用刚性混凝土(弹性模量 2.2×10^4 MPa)与塑性混凝土(弹性模量 0.1×10^4 MPa)对防渗墙应力及变形的影响,设计对二期上游围堰深槽段双排防渗墙采用

刚性混凝土(称刚性墙)与塑性混凝土(称塑性墙)墙体应力及变形进行了分析计算,成果表明刚性墙与塑性墙的应力差异十分明显,刚性墙应力明显高于塑性墙,且呈成倍增大;两者的变形影响较小,水平位移差别不大,但刚性墙位移量大于塑性墙;墙体破坏单元,刚性墙多于塑性墙,塑性墙破坏单元很少。

综合分析比较,深水围堰堰体及基础防渗墙材料应首选塑性混凝土。二期上下游围堰防渗墙高度小于40m使用无粗骨料塑性混凝土,实施证明是成功的,可在类似工程中推广应用。

(2)深水围堰防渗墙底嵌入基岩深度问题

深水围堰防渗墙底嵌入基岩是防止防渗墙底形成集中渗漏通道而致使堰基覆盖层产生渗流破坏危及围堰安全运行的重要措施。防渗墙底嵌入基岩深度0.5~1.0m,可根据堰基地质情况和墙体承受水头的大小而定。

二期上下游围堰基础地质条件复杂,防渗墙承受水头大于30m,设计要求防渗墙底嵌入弱风化岩层1.0m。二期下游围堰河床深槽两侧的漫滩部位基岩强风化岩层厚7~25m,防渗墙造孔施工过程中,钻孔深度穿过基岩强风化带上部疏松及半疏松层后,遇强风化中块球体密集层,造孔成槽困难,钻进缓慢。设计考虑防渗墙底透水岩体将进行帷幕灌浆防渗处理,对该部位防渗墙底嵌入基岩深度修改为防渗墙底穿过基岩强风化带上部疏松及半疏松层后,再嵌入强风化残留块球体较为密集层的深度不小于5m。墙底岩体进行帷幕灌浆(孔距1.5m),要求灌浆深度至岩体透水率$q \leqslant 50$Lu。二期上游围堰河床深槽左侧陡岩部位防渗墙底嵌入弱风化岩层厚度修改为不小于0.5m;二期下游围堰河床深槽部位防渗墙底嵌入弱风化岩层厚度修改为0.6m。设计要求防渗墙底嵌入弱风化岩层小于1m的部位,应加强墙底与基岩接触段的灌浆,使其形成封闭的防渗体。二期上、下游围堰运行5年实测资料表明,防渗墙的防渗效果显著,施工质量良好,防渗墙嵌入基岩的深度是合理的。

(3)深水土石围堰防渗墙底透水岩体帷幕灌浆问题

深水土石围堰防渗墙底透水岩体帷幕灌浆主要是减少堰基渗流量,并降低防渗墙下游堰基覆盖层和堰体填料的渗透比降,防止渗透破坏,并降低堰体浸润线,以利堰坡稳定。

深水土石围堰防渗墙底透水岩体帷幕灌浆标准可较土石坝基岩帷幕灌浆标准适当降低。二期上游围堰防渗墙底透水岩体帷幕灌浆标准为岩体透水率$q \leqslant 10$Lu,二期下游围堰防渗墙底透水岩体帷幕灌浆标准为岩体透水率$q \leqslant 50$Lu。围堰运行实践证明,防渗墙底透水岩体帷幕灌浆标准是合适的。防渗墙底透水基岩帷幕灌浆施灌过程中,防渗墙底与基岩接触面的淤砂石屑易被灌浆压力击穿,这是防渗墙底基岩灌浆不同于坝基帷幕灌浆的特殊问题。防渗墙底与基岩接触段灌浆压力0.3~0.5MPa,对于防渗墙底嵌入基岩深度小于10m部位,应采用低压浓浆施灌。若发现有外漏,再采取措施封堵,以保证接触段灌浆质量。二期上游围堰左接头段高压旋喷防渗墙底嵌入基岩强风化层2m,二期下游围堰河床漫滩段塑性混凝土防渗墙底嵌入基岩强风化层5m,墙底透水岩体帷幕灌浆深度8~15m,实施灌浆后防渗效果良好,表明对于围堰防渗墙底透水岩体帷幕灌浆,重点应保证墙底与基岩接触段灌浆质量,截断墙底与基岩接触面漏水通道。

(4)深水土石围堰防渗墙单排墙与双排墙问题

深水围堰堰体防渗墙不同于土石坝基础防渗墙,堰体填料为水中抛填施工,较为疏松,变形量大,致使防渗墙体受力条件较差;土石坝基础防渗墙受坝体自重作用使基础覆盖层中有较大垂直应力,对水平推力起侧限作用,使基础覆盖层的变形模量亦较大,而堰体防渗墙中的侧限作用较小,变形模量也较小。二期上游围堰河床深槽段防渗墙高 50~74m,堰体 80%填料为水下抛填施工,若采用单排塑性混凝土防渗墙,墙体最大压应力超过 6MPa,最大拉应力达1MPa,均超过塑性混凝土设计允许值,因此,采用双排墙厚 1.0m 的塑性混凝土防渗墙。二期下游围堰河床深槽段防渗墙高 45~67m,设计曾研究一排墙厚 1.0m 的塑性混凝土防渗墙,并在墙背水侧增设一排高压旋喷灌浆加固,该方案施工难度较大,且增加直线工期 1 个月。经分析计算,采用一排墙厚 1.1m 的塑性混凝土防渗墙可满足要求,取消高压旋喷灌浆。围堰运行5 年未发现异常情况,堰体与基础渗漏量很小,实践证明防渗墙排数选择是合理的。对于类似二期下游围堰深槽段防渗墙的地层条件及挡水头,围堰防渗墙高40~60m,采用单排墙厚1.1~1.2m 的塑性混凝土防渗墙是可行的;对于类似二期上游围堰深槽段防渗墙的地层条件及挡水头,围堰防渗墙高 50~80m,宜采用双排墙厚 1m 的塑性混凝土防渗墙。

(5)深水土石围堰防渗墙应力应变分析计算问题

深水土石围堰防渗墙应力应变分析按二维问题,鉴于填料的应力应变曲线是应变硬化型,近似于双曲线型,而邓肯—张(Duncan-zhang)模型中假定应力应变为双曲线,故采用邓肯—张模型进行分析计算,该模型使用切线模量数 E_t 和切线泊桑比 m_t 表达材料的非线性弹性状态,由此,计算模型简称为 E-μ 模型。近年来研究得知,填料的体积变形特性主要取决于侧压力,并与强度发挥的程度有关。故 1980 年邓肯采用体积模量 B_t 代表 V_t 表示填料体积的变形特性,而提出 E-B 模型。通过 E-μ 模型和 E-B 模型计算成果的比较,E-B 模型计算的堰体及墙体变位较大,但墙体的压应力和拉应力只有少量增加,总的看来 E-μ 模型计算成果较为规律和合理,且与弹塑性模型相比,计算成果偏于安全,因此,二期上、下游围堰防渗墙应力应变分析采用邓肯—张的 E-μ 模型。

设计对堰体与墙体的接触面参数和模型进行了比较,通过采用不同的接触面参数 Ks 值和不同的接触面模型进行对比计算,成果表明接触面参数对墙体应力和变形均无大的影响。

设计对防渗墙底的嵌固按弹性嵌固和刚性嵌固两种情况比较,同时对墙底是否设置沉渣单元也作了比较,计算成果表明,对塑性防渗墙底嵌固条件及设置沉渣单元,其计算成果影响不大,对刚性防渗墙底则须设置沉渣单元。

11.5.2.3　深水土石围堰施工技术问题探讨

(1)深水土石围堰水下部位抛填料提高稳定性问题

深水土石围堰水下部位填料的稳定直接影响抛填施工安全,在围堰设计和施工中应采取综合技术措施,以提高抛填料的稳定性。

1)围堰断面结构设计要考虑有利于水下抛填料稳定

二期上、下游围堰水下部位堰体的上下游侧设置石渣块石堤,使中部风化砂及砂砾石在水中抛填有一可靠的支撑体。上下游围堰背水侧的石渣块石堤为截流戗堤,兼作围堰排水棱体;迎水侧的堆石堤可作为压坡体,有利于围堰边坡稳定,也可防止堰坡脚被水流淘刷。在截流戗堤与堰体填料间设置反滤过渡层,以确保堰体填料的渗透稳定。

2)围堰断面设计尽量降低水下抛填堰体顶高程

围堰水下部位的风化砂在水中抛填施工,其内摩擦角比干地填筑小 1°～4°,水中抛填风化砂受水流动力及水渗透力作用,其边坡较缓。围堰水下部位风化砂抛填施工过程中,位于水上的风化砂边坡较陡,且未经碾压,结构疏松,继续抛投加载易产生坍滑;挡水后产生湿陷,引起的附加变形增量为 4%～5%,风化砂抗剪强度进一步降低,易产生裂缝或下坐。因此,围堰水下抛填在满足水下抛填施工的前提下,尽量降低其顶高程。通常,水下抛填体顶高程高出水面 1m 左右即可。水上部位应采用分层填筑,碾压密实方法施工,逐层加高。

3)围堰水下部位填料须控制级配

围堰水下部位填料在水中抛投施工,其抛填料抛置在与其相类似的料层上,容易形成稳定坡角。二期上下游围堰水下部位风化砂水中抛填施工检测资料表明,风化砂中粒径小于 0.1mm 颗粒含量在 5%～10% 以内,且粒径大于 5mm 的颗粒含量 $P_5 = 30\% \sim 60\%$ 条件下,堰体风化砂密度沿深度逐渐增大,堰体高度 30m 以内,其风化砂干容重 1.65～1.70g/cm³,堰体高度 30～40m,其风化砂干密度 1.70～1.76g/cm³。因此,围堰水下部位填料,应控制粒径小于 0.1mm 颗粒含量在 5%～10% 以内,P_5 含量宜控制在大于 50%,有利于水中抛投体的稳定。

4)采用防渗墙截断渗流提高堰体水下抛填料稳定性

在堰体水下抛填料及堰基覆盖层中采用塑性混凝土防渗墙,有利于提高围堰运用期渗透稳定及边坡稳定,围堰水下抛投风化砂的干容重在低压应力区变化较大。当压应力超过 1.2MPa 时,填筑体最终孔隙比较接近,为 0.46～0.49。二期上游围堰防渗墙施工平台高程为 73(河床深槽部分)～79m(两岸部分),距水面有 6～12m 干填风化砂压重(不低于 1.2～2.0MPa)。水下抛填体可利用堰体停止上升,进行造墙施工准备期间,基本完成自重压密过程,有利于减少水下抛填体变形量,减少运行时防渗墙体承受的负摩擦力,又可满足防渗墙施工平台的安全挡水要求。防渗墙施工采用泥浆固壁,液压抓斗、冲击钻机或双轮铣造槽浇筑塑性混凝土成墙。防渗墙施工前对其两侧风化砂进行振冲加密,使其密度达 1.80g/cm³ 以上。围堰水下部位风化砂堰体通过防渗墙截断渗流可满足安全运行要求。

(2)深水土石围堰堰体及基础防渗墙造孔成槽工艺的选择问题

二期上、下游围堰及基础防渗是在复杂地层中造孔成槽,施工单位针对其堰体及堰基地质条件,创造了"两钻一抓(铣)"成槽法、"两钻三抓(铣)"成槽法、"上抓(铣)下钻"成槽法,"铣削"成槽法,"铣、砸、爆"成槽法、"铣、抓、钻、爆、砸"成槽法。液压铣在堰体风化砂及砂砾石覆盖层中铣削效率高,但对块球体、硬岩铣削效率低、机械故障频发,铣齿消耗高达 2.07 个/m^2,成槽平均工效达 17.19m^2/d,铣槽精度很难达到设计要求,在强漏失层、大粒径砂卵石、漂石层(粒径≥12cm)很难作业。把大粒径卵石、块球体冲砸、爆破后,削铣效率明显提高。防渗墙造孔成槽施工证明,针对堰体及基础地层情况,充分发挥各种造孔机械设备特长,避其所短才能加快造孔成槽进度,保证成槽质量。钢丝绳抓斗(HS843HD 型)适用于大卵石、块球体密集地段,成槽效率高,挖掘深度达 72m,轻便实用,在防渗墙造孔成槽施工中发挥了作用。

二期上游围堰防渗墙施工实践表明,防渗墙造孔在堰体填料中采用冲击式钻机或冲击式反循环钻孔打主孔;在堰基堆石层、砂卵石及弧石基础中,用抓斗抓取副孔中的土体,即"两钻一抓"法成槽,是最经济、最快捷的施工方法。

(3)深水土石围堰防渗墙底帷幕灌浆孔预埋管成孔问题

二期上下游围堰塑性混凝土防渗墙底透水岩层进行帷幕灌浆处理,由于防渗墙深(最深达 74m)且薄(厚度 0.8m、1.0m、1.1m),若从防渗墙顶钻孔易偏出墙外,为此,采用在防渗墙内预埋灌浆管技术。防渗墙深度小于 30m,在墙内预埋内径 120～128mmPVC 管(内套钢管,混凝土浇筑后将钢管抽出);防渗墙深度大于 30m,在墙内预埋内径 110mm 钢管。防渗墙内埋灌浆管的难点是定位和防止浇筑混凝土时熟料冲击灌浆管,造成位移偏斜而致使埋管失败。施工单位对预埋钢管采用钢筋架固定,在槽口设定位架,中间每隔 6～13m 安装一道钢筋架将其连成整体。按灌浆孔距 1.5m 的要求,Ⅰ期槽布设 2 根预埋灌浆管,Ⅱ期槽布设 6 根预埋灌浆管。预埋灌浆管与钢筋架整体吊放入槽内,在槽口定位架固定在槽口板上。浇筑混凝土的导管(直径 168mm)布置预埋灌浆管中间,较好地解决了预埋管与浇筑导管的矛盾。二期上下游围堰塑性混凝土防渗墙内预埋灌浆管的成功率高达 99%,解决了防渗墙底帷幕灌浆成孔问题,且节省时间。在混凝土防渗墙内预埋灌浆管成孔技术可供同类工程借鉴。

(4)深水土石围堰防渗墙造孔成槽过程中严重漏浆处理方法问题

深水土石围堰堰体填料在水中抛填易分离而形成粗颗粒集中,致使防渗墙造孔成槽过程中严重漏浆,将危及槽孔和施工机械的安全。二期上下游围堰河床深槽部位平抛砂砾石料,易形成卵石集中,为利于防渗墙造孔成槽施工,根据先导孔资料,在防渗墙造孔施工前,对卵石集中部位采取预灌浓浆措施。钻孔采用 SM-400 型全液压工程钻机跟管钻进,孔径 114mm(或 140mm),孔距 1～2m。钻孔深度应穿过卵石层,终孔后提出孔内钻具,进行自下而上分段灌浆。施灌中逐段提升套管,灌浆段长为套管提升高度,每次提升 0.5～1.0m;然后向套管内注浆,自流式、间歇灌注法;灌注浆液为水泥浆水泥水=0.5∶1、水泥膨润土浆水∶水泥∶膨润土粉=1∶0.4∶0.3,部分孔灌注水泥膨润土砂浆,在水泥膨润土浆中掺加水玻璃。预灌范围为孔深 28～58m。二期上游围堰河床深槽段,布置 19 个孔,钻孔深度 747.0m,灌浆进尺 295.9m 灌入浆量 275.6m^3,单位注入量为 931.4L/m。通过预灌浓浆处理后,防渗墙造孔成槽可采用"两钻一抓"法成槽。说明采用预灌浓浆措施封堵严重漏浆层是行之有效的技术措施。二期下游围堰河床段有 30 个先导孔、65 个槽段施工中发生漏浆,先导孔最大漏浆量 69.56m³,最小为 2.8m³;槽孔最大漏浆量达 1858.5m³,最小为 50m³。采取向槽孔补充优质浓泥浆,并向槽孔内投放黏土、砂、碎石、锯末、膨胀粉等堵漏措施,总共投放黏土 1284kg、锯末 18210kg、膨胀粉 90720kg、膨润土粉 6700kg、碎石 10.5m³。堵漏效果良好。实践证明,深水围堰水下抛填料形成的卵石层、块石层或粗颗粒料集中区,在防渗墙造孔成槽过程中易发生严重漏浆,需采取堵漏措施,以保证成槽施工安全。

11.5.3　碾压混凝土围堰设计及施工技术问题探讨

11.5.3.1　碾压混凝土围堰设计技术问题探讨

(1)碾压混凝土围堰形式问题

三期碾压混凝土围堰设计比较了拱形围堰和重力式围堰。拱形围堰采用两侧拱座重力墩,中间圆形拱布置。拱形围堰较重力式围堰混凝土量少 25 万 m³,可削减碾压混凝土施工强度,有利于将围堰施工工期提前和避免高温季节施工碾压混凝土。但拱形围堰左侧重力墩与纵向围堰上纵堰内段结合,拱座体型与明渠过水断面存在矛盾,且该部位水流流态较为复杂,增加其拱座防冲难度。右岸拱座处山体单薄,岩石风化较深且裂隙发育,处理工作量大,鉴于围堰距大坝较近,坝基开挖时将拱座下游侧挖成临空面,直接影响其拱座安全。三峡坝址为宽阔河床,三期碾压混凝土围堰轴线长达 580m,且右岸山体单薄,岩石较差,左侧为纵向围堰,采用拱形围堰的优越条件不甚突出。经综合比较推荐采用重力式围堰。

(2)碾压混凝土围堰防渗层问题

三期碾压混凝土围堰防渗层采用二级配富胶凝材料碾压混凝土($R_{90}200^\#$ 二级配碾压混凝土),防渗层厚度 4m,靠上游模板 0.5m 为变态混凝土。设计要求围堰上游面涂刷水泥基防渗料。施工过程中改在防渗层变态混凝土内掺水泥基渗透防水剂,靠上游面 2m 为变态混凝土。围堰挡水后,在下游面未发现渗水。但在高程 107.5m 廊道上游侧壁发现渗水,分析原因是在廊道上游防渗层内布设围堰拆除爆破药室及装药管孔,药室尺寸 40cm×40cm、高 50cm(高程 108.4~108.9m)间距 2.2m,该部位碾压机具难以施工,故将廊道上游侧壁至围堰上游面宽 4.5m,高 4.0m(高程 107.5m 至高程 111.5m)改为常态混凝土(二级配、$R_{90}200^\#$),水泥用量增多对防裂不利,常态混凝土与碾压混凝土性质不一且上、下施工层面结合不良,形成水平裂缝成为渗水通道。实践证明碾压混凝土建筑物防渗层采用常态混凝土(通称"金包银")不仅不利于碾压混凝土快速施工,且增加混凝土防裂的难度,如产生裂缝,势必降低防渗作用。因此,碾压混凝土围堰防渗层采用富胶凝材料碾压混凝土,可全断面碾压,从而简化混凝土围堰施工程序,有利于快速施工,并能达到防渗效果。

11.5.3.2　碾压混凝土围堰施工技术问题探讨

(1)碾压混凝土围堰分期施工问题

三期碾压混凝土围堰最大高度 121m,基础土石方开挖 65.6 万 m³,固结灌浆 6653m,帷幕灌浆 6813m,混凝土浇筑 167.26 万 m³,安排在一个枯水期完建,施工难度很大,经研究比较,采用分期施工。第一阶段施工明渠过水断面以下部位,需完成基础土石方开挖、固结灌浆,并浇筑明渠底板以下堰体混凝土,明渠过水运行;第二阶段在明渠截流修筑三期上下游土石围堰形成三期基坑,抽干基坑积水后,继续施工明渠底板以上堰体混凝土,围堰施工最大高度 90m,混凝土浇筑量 110 万 m³,安排在一个枯水期完建施工难度较小。碾压混凝土围堰采用分期施工最大的技术难题是第一阶段施工的碾压混凝土防裂问题,三期碾压混凝土围堰第一阶段施工明渠过水断面以下部位,该部位属围堰基础约束区范围,堰体碾压混凝土最薄处仅 3m,为基础强约束区。导流明渠过水运行时间长达 5 年之久,堰体碾压混凝土过流面极易产生裂缝,基础约束区混凝土裂缝可能发展为贯穿裂缝。为防止第一阶段施工的堰体碾压混凝土裂缝,碾压混凝土采用低热水泥高掺粉煤灰;采用缓凝减水剂降低胶凝材料用量;尽量安排在低温季节施工以降低碾压混凝土浇筑温度;对高程 30m 以下强约束碾压混凝土控制浇筑温度≤12℃,并埋设冷却水管通河水不少于 25 天以满足混凝土设计允许最高温度 26℃;在堰体过流面布设限裂钢筋等温控防裂措施。第二阶段施工时,发现第一阶段施工的碾压混凝土堰体过流面有一些裂缝,对裂缝进行凿槽回填砂浆,骑缝布设限裂钢筋等处理措施,较好地解决了碾压混凝土围堰分期施工的碾压混凝土温控防裂问题。对碾压混凝土围堰较高,工程量较大,且在一个枯水期施工难以完建的混凝土围堰,可采用分期施工方案。

(2)碾压混凝土拌和物工作度 V_c 值控制问题

三期碾压混凝土围堰的碾压混凝土属无坍落度的干硬性混凝土,采用机械运料入仓、摊铺和振动碾压的填筑工艺施工。碾压混凝土与常态混凝土所有原材料及对其品质的要求基本相同,最大的差异是所配制的混凝土是无坍落度的干硬性材料,并用土石方施工机械布料和分层振动碾压进行填筑。碾压混凝土拌和物工作度 V_c 值是碾压混凝土配合比设计和施工质量控制的一项重要控制指标, V_c 值反映碾压混凝土材料的稠度,它是未凝固碾压混凝土的一个重要特征值,在一定程度上反映了碾压混凝土的可碾压密实性。 V_c 值小,混凝土稠度低,当 V_c 值小于 10s 时,松散的碾压混凝土材料用手捏,能成团,手掌上有胶浆粘着;当 V_c 大于 20s 时,松散的碾压混凝土材料捏不成团,手掌上也无胶浆附着,表明适当减小 V_c 值,降低混凝土稠度,使干硬性的碾压混凝土材料有一定的黏聚性,对提高其抗分离性能和可碾压性能是极其有利的。三期碾压混凝土围堰第一阶段施工碾压混凝土 V_c 值在仓面控制为 5~15s;第二阶段施工碾压混凝土 V_c 值在仓面分季节控制,高温时段控制为 3~5s,低温时段控制为 4~7s。在拌和楼出机口按 3s 左右控制,阴雨天控制为 4~6s,出机口 V_c 值大于 8s 按废料处理,仓面 V_c 值大于 10s,采用分散或挖除处理。仓面 V_c 值控制在 1~8s 范围,以碾压不陷碾为原则,碾压后表面泛浆,并有一定弹塑性,在其上浇筑碾压混凝土,上下层间呈"犬牙交错",有利于保证碾压混凝土层面结合质量。三期碾压混凝土围堰第一阶段施工碾压混凝

土拌和物工作度 V_c 值在仓面控制为 $5\sim15s$,施工实践表明,仓面 V_c 值大于 $10s$,碾压混凝土表面干燥,部分呈发白状态,在其上浇筑碾压混凝土,对层面结合质量是极其不利的,围堰挡水后,层面易渗水。第二阶段施工碾压混凝土拌和物工作度 V_c 值在仓面控制为 $1\sim8s$,大于 $10s$ 按废料处理,碾压混凝土表面泛浆湿润,在其上浇筑碾压混凝土,对层面结合质量极为有利。围堰挡水运行后,在背水侧未发现层面渗水。

(3)碾压混凝土围堰施工加快进度的技术措施问题

三期碾压混凝土围堰第二阶段施工堰体高度 $90m$,混凝土量 110.5 万 m^3,施工工期 $4\sim5$ 个月,其技术难点是堰体结构与快速施工的矛盾。设计研究尽量简化堰体结构,为碾压混凝土快速施工创造条件:围堰堰体只设结构横缝及诱导缝,不设纵缝,可大仓面施工;结构横缝及诱导缝上游止水片及排水槽采用预埋沥青杉板架设固定,其余部位采用切缝埋设隔板及彩条塑料布;简化堰体混凝土品种全断面采用碾压混凝土;堰体排水管改为在廊道内及堰顶钻孔,避免影响碾压混凝土施工;廊道、应力释放孔、围堰拆除的爆破药室等采用预制构件,以减少仓内作业干扰;通过温控计算分析,并利用低温季节施工的有利时机,论证了连续浇筑碾压混凝土的技术方案及相关要求。施工中充分发挥了碾压混凝土大仓面、薄层铺筑连续上升、振动碾压的技术优势,明渠段低渠高程 $50m$ 部位一直上升至堰体廊道底高程 $107.5m$,安装廊道预制构件间歇 $5d$ 后,再连续上升至堰顶高程 $140m$,创造了碾压混凝土连续上升 $57.5m$,最高月浇筑强度 47.5 万 m^3 的世界纪录,为碾压混凝土围堰优质快速施工积累了实践经验。

(4)碾压混凝土施工层面质量控制问题

碾压混凝土围堰采用大仓面、薄层摊铺、振动碾压实等施工技术所修筑的混凝土实体围堰。碾压混凝土施工层面要求具有较高的结合强度和抗渗性能,其层面结合质量关系到围堰的成败。若碾压混凝土施工层面质量控制不严,处理不当而形成薄弱层面,挡水运行后沿施工层面拉开产生水平缝,成为漏水通道,势必危及堰体安全运行。针对三期碾压混凝土围堰快速施工的特点,且围堰块体尺寸大,散热困难,堰体内部最高温度 $28\sim34℃$,水库水温 $10\sim26℃$,内外温差产生的温度应力较大,挡水运行后,与堰体自重及挡水压力叠加,在围堰迎水面附近的最大应力 $0.5\sim1.2MPa$。因此,要求碾压混凝土施工层面具有足够的抗拉强度,以防止围堰挡水运行后沿施工层面拉开形成水平缝。

碾压混凝土围堰施工过程中,应严格控制各碾压混凝土碾压层面间保持清洁湿润,不得混入油类、泥土等有害杂物,在设计允许层间间歇时间内(混凝土初凝前)进行上层碾压混凝土的摊铺、碾压,以保证层面结合质量。若因故中止或其他原因造成层面间歇时间超过设计允许间歇时间,对层面混凝土应及时进行处理。施工缝处理包括正常工作缝处理和冷缝处理。正常工作缝一般在混凝土收仓后 $10h$ 左右用压力水冲毛,清除混凝土表面浮浆,露出粗砂和小石,在其上浇筑碾压混凝土前铺一层 $2\sim3cm$ 厚比碾压混凝土提高一级标号的砂浆;

对冷缝的处理也应将层面松散物清除并用压力水冲毛,铺比碾压混凝土提高一级标号砂浆后在其上浇筑碾压混凝土,以保证层面结合强度。经室内试验,处理较好层面抗拉强度可达整体强度的 80%~100%,但层面处理较差的试件,层面抗拉强度不足整体强度的 50%。表明碾压混凝土施工层面质量对其结合强度影响较大,施工层面处理较差的层面,其结合强度较低,且离散性较大,在围堰挡水运行后,有可能沿层面拉开产生水平缝,形成漏水通道而危及围堰运行安全。因此,施工过程中,严格碾压混凝土施工工艺,控制层面质量,保证层间结合强度,防止沿层面产生水平缝;同时,对碾压混凝土坝迎水面涂刷水泥基防水材料或粘贴 SR 盖片(SR 塑料止水材料与增强聚酯无纺布、反光聚酯铝箔薄膜复合而成的片状防水材料),以防止坝面产生的裂缝渗漏水,做到万无一失,这是碾压混凝土筑坝技术的关键技术问题。

第12章 三峡枢纽工程验收与运行

12.1 三峡枢纽工程验收

12.1.1 验收阶段划分及验收机构组成

12.1.1.1 枢纽工程验收阶段划分

（1）分期验收

三峡枢纽工程分为三期施工，验收亦分为三期，在各施工期内划分若干阶段验收。

1）一期工程验收即大江截流前验收

三峡枢纽一期工程施工时间为3年（不包括施工准备2年），以大江截流为标志，一期工程验收即为大江截流前验收。

2）二期工程验收

三峡枢纽二期工程施工时间长达6年，施工项目多，从开始蓄水位135.0m通航和左岸电站发电运行，阶段验收划分为二期工程上游基坑进水前验收、二期工程下游基坑进水前验收、船闸下游引航道破堰进水前验收、明渠截流前验收、蓄水135.0m水位验收、船闸试通航前验收、左岸电站首批机组（2号、5号机）启动验收、左岸电站其他机组启动验收、船闸通航验收、二期工程遗留项目验收。

3）三期工程验收

三峡枢纽三期工程施工时间长达6年，施工项目较多，且要进行初期蓄水（156.0m水位）和正常蓄水（175.0m）验收，并较初步设计增加电源电站和地下电站项目建设。阶段验收划分为三期工程上游基坑进水前验收，蓄水（156.0m水位验收）、电源电站土建工程验收，南线船闸一、二闸首完建单项工程验收，三期工程下游基坑进水前验收，北线船闸一、二闸首完建单项工程验收，电源电站机组启动验收，右岸电站首批机组启动验收，右岸电站其他机组启动验收，正常蓄水位175.0m蓄水验收，地下电站下游基坑进水前验收，地下电站厂房工程及首批机组启动验收，地下电站其他机组启动验收。

（2）竣工验收

1）专项验收

枢纽工程竣工验收前需进行环境保护、水土保持、消防、劳动安全与工业卫生、工程档案、网络安全、库区移民及坝区移民、竣工财务决算及审计等专项验收。

2）竣工验收

枢纽工程竣工验收在完成各专项验收后进行。

（3）升船机工程验收

1994 年 4 月，国务院三峡工程建设委员会（下称三峡建委）第十二次办公会议研究决定三峡升船机工程缓建。2003 年 9 月，三峡建委第十三次全体会议同意将三峡升船机形式由"钢丝绳卷扬全平衡垂直提升式"改为"齿轮齿条爬升式"。2008 年 4 月，三峡建委印发《关于对三峡水利枢纽升船机主体部分开工的批复》（国三峡委发办字〔2008〕8 号），至此，三峡升船机续建工程开工建设，2016 年 4 月升船机设备安装及调试基本完成。受三峡建委委托，水利部于 2014 年 5 月组织对《长江三峡水利枢纽升船机工程验收大纲》进行了审查，2015 年 1 月，三峡建委批准印发（国三峡委发办字〔2015〕1 号）。升船机工程验收列在枢纽工程竣工验收外项目，单独进行验收，并分为下游基坑进水前验收、试通航验收、通航暨竣工验收三个阶段验收。

12.1.1.2　枢纽工程验收机构组成

（1）一期工程验收（大江截流前验收）机构

根据国务院第 164 次总理办公会议决定，成立国务院三峡工程建设委员会三峡工程大江截流前验收领导小组（以下简称大江截流前验收领导小组），下设枢纽工程验收组和移民工程验收组，负责对大江截流枢纽工程和移民工程进行验收。

1）大江截流前验收领导小组

组长：郭树言　副组长：李世忠　漆林　张光斗　王汉章　甘宇平　张洪祥　贺恭

成员：严恺　潘家铮　焦成斌　杨绍宗　魏廷铮　姜伟新　乔辉　虞列贵　梁应辰　任柏林　郑守仁　王述仁　王智玉　薛祥中　宣湘　盂宪民　毛亚杰　孙家康

2）枢纽工程验收组

组长：张光斗　副组长：严恺　潘家铮

成员：李鹗鼎　文伏波　梁应辰　朱伯芳　纪云生　林伯诜　张超然　罗承管　孙中弼　李纯太　许春云　王岩　魏廷铮　姜伟新　虞列贵　郑守仁　王述仁　宣湘　毛亚杰　孙家康

（2）二期工程验收机构

1）国务院长江三峡二期工程验收委员会

主任委员：吴邦国　副主任委员：郭树言　曾培炎　汪恕诚　蒲海清　张国光　包叙定

陆佑楣　顾问:钱正英　张光斗　委员:谢旭人　朱志刚　寿嘉华　翁孟勇　马晓伟　翟熙贵　王心芳　冯鹤旺　高金榜　周大兵　蔡其华　陈宜瑜　潘家铮　谭靖夷　梁应辰　梁维燕　朱伯芳　沈德民　朱英浩　吴敬儒　周孝信　邹德慈　高守一　刘济舟　张忠培　刘广润

2)国务院三峡二期工程验收委员会枢纽工程验收组

组长:汪恕诚　副组长:张基尧　翁孟勇　潘家铮　王武龙　蔡其华　曹广晶

成员:高俊才　李淑惠　贾谌　柳源　俞衍升　席晟　于献忠　薛祥中　杨又明　谢振华　李和平　朱华　黄凌　孙家康　宁远　高季章　郑守仁　张超然　王柏乐　谭靖夷　梁应辰　梁维燕　朱伯芳　沈德民　刘广润　高安泽　曹右安　曹征齐　林昭　田泳源　朱国纲　杨定原　马毓淦　刘震

注:2004年张基尧调整为水利部副部长陈雷。

3)二期工程验收委员会枢纽工程验收组专家组

组长:潘家铮　副组长:高安泽　曹右安　曹征齐

下设5个专业组:

①坝工厂房组

召集人:林昭　汪易森

成员:刘宁　陈厚群　李浩钧　刘克远　徐麟祥　蒋国澄　董哲仁　程志华　孙钊　刘之平

②航运组

召集人:田泳源　张有天

成员:曹楚生　王光纶　荣天富　陈家玮　张振鸾　金一心　曲振甫　须清华　汪云祥　姚国治　陈祖煜

③金属结构组

召集人:朱国纲　赵辅鑫

成员:金树训　吴超　李纪新(女)　马泽林　欧小平

④机电组

召集人:杨定原　付元初

成员:宋宏启　端润生　陈福山　王冠群　张光钧　胡敦渝　唐澍　王维俭

⑤施工与监测组

召集人:马毓淦　陆承吉

成员:马洪琪　王音辉　夏可风　张严明　常焕生　刘经迪　李嘉进　施济中　张进平

(3)三期工程验收机构

1)国务院长江三峡三期工程验收委员会

主任委员:曾培炎　副主任委员:蒲海清　马凯　汪恕诚　罗清泉　王鸿举　李永安

刘振亚　顾问:钱正英　张光斗

委员:汪洋　李学勇　刘金国　朱志刚　鹿心社　黄卫　徐祖远　王陇德　石爱中 张力军　李育材　梁嘉琨　单霁翔　毛福民　高金榜　蔡其华　潘家铮　谭靖夷　梁应辰 梁维燕　朱伯芳　曹右安　沈德民　魏复盛　邹德慈　高守一　刘广润　张忠培　朱英浩 周孝信　吴敬儒

注:2008 年三峡三期验收委员会组成调整为主任委员回良玉,其他组成人员也根据国 家部委和地方政府换届情况一并调整。

2)国务院长江三峡三期工程验收委员会枢纽工程验收组

组长:汪恕诚　副组长:矫勇　徐祖远　潘家铮　王武龙　蔡其华　曹广晶

成员:索丽生　杨涛　高俊才　贾谌　曹德胜　刘宁　孙继昌　周学文　刘震　李捷 孙波　赵维钧　王力争　何海源　雷鸣山　许可达　黄凌　张志彤　孙家康　魏恭华 罗绍基　陈厚群　梁应辰　梁维燕　曹楚生　郑守仁　张超然　刘广润　林昭　高安泽 魏永晖　杨定原　沈德民　曹右安　曹征齐　罗承管　田泳源　马毓淦　朱国纲　汪洪 匡尚富

注:2006 年国务院长江三峡三期工程验收委员会副主任、枢纽工程验收组组长调整为 水利部副部长陈雷。

3)国务院长江三峡三期工程验收委员会枢纽工程验收组专家组

组长:潘家铮　副组长:索丽生　刘宁　曹右安　高安泽　曹征齐

下设 4 个专业组:

①坝工厂房组

成员:林昭　汪易森　陈厚群　李浩钧　徐麟祥　程志华　张汝石　刘之平　沈凤生 董哲仁　周宪政　刘克远

②航建组

成员:田泳源　高雄　王光纶　曲振甫　荣天富　张振莺　童显武　须清华　金一心 高季章

③金属结构组

成员:朱国纲　赵辅鑫　金树训　李纪新　汪云祥

④机电组

成员:杨定原　付元初　胡敦渝　唐澍　王庆明　刘彦红　端润生

⑤施工组

成员:马毓淦　陆承吉　马洪琪　王音辉　刘经迪　张进平　孙钊　刘颖　张严明 夏可风　常焕生　李嘉进　施济中

(4)竣工验收机构

1)国务院长江三峡工程竣工验收委员会

主任:汪洋　副主任:聂卫国　徐绍史　陈雷　王国生　黄奇帆　卢纯

2)国务院长江三峡工程竣工验收委员会枢纽工程验收组

组长:陈雷　副组长:矫勇　何建中　陈飞　陈厚群　王武龙　刘雅鸣　王琳

成员:魏宇良　陈学斌　牛跃光　郭启全　黄学斌　刘薇　徐光　解曼莹　朱汝明　汪洪　孙继昌　刘震　武国堂　魏山忠　郑秉伟　崔钢　夏君丽　史立山　李晓明　刘克刚　周宪政　周维　张志彤　顾永东　喻新强　郑声安　索丽生　罗绍基　梁维燕　郑守仁　张超然　张楚汉　韩其为　陈祖煜　张建云　胡春宏　林昭　高安泽　蒋千　刘志明　匡尚富　曹征齐　罗承管　田泳源　朱国纲　杨定原　马毓淦

3)竣工验收委员会枢纽工程验收组专家组

组长:汪洪　副组长:徐光　高安泽　曹征齐

下设 6 个专业组:

①坝工厂房组

组长:林昭　副组长:汪易森

成员:钟登华　陈德基　徐麟祥　程志华　董哲仁　周宪政　孙献忠　刘志明　刘之平　施济中　张进平

②航建组

组长:田泳源　副组长:蒋千　张瑞凯

成员:吴澎　张振莺　曲镇甫　何兴昌　胡亚安　王向东

③金结组

组长:朱国纲　副组长:赵辅鑫

成员:金树训　汪云祥　姚宇坚　龚建　林朝晖

④机电组

组长:杨定原　副组长:付元初

成员:胡敦渝　蔡阳　唐澍　王庆明　刘彦红　李秦

⑤施工组

组长:马毓淦　副组长:陆承吉

成员:马洪琪　张严明　夏可风　常焕生　刘经迪　刘颖　甄永严

⑥水文泥沙组

组长:胡春宏　副组长:梅锦山

成员:韩其为　张建云　左其华　孙双元　谭颖　谭培伦　李小燕　刘书伦　刘怀汉

12.1.2　一期工程验收即大江截流前验收结论

枢纽工程验收组在 1997 年 9 月 23—28 日对枢纽工程进行了验收,枢纽工程验收组在听取了项目法人、设计、监理和施工单位的汇报后,经现场检查和查阅资料,审议认为:

1)三峡工程 5 年的建设中,施工形象进度达到了初步设计预定的目标,工程质量总体良好,工程静态和动态投资均控制在初步设计总概算一期工程预测的范围内。

2)导流明渠和混凝土纵向围堰的开挖、三期碾压混凝土围堰的基础工程质量优良。混凝土纵向围堰上纵堰外段、下纵段施工质量满足设计要求。上纵堰内段和坝身段根据目前检验资料也可满足设计要求,对局部缺陷需进行检查处理。整个单位工程施工质量待进一步检查,完成分部分项工程验收签证后最终评定。其他工程也需在完成相应的分部分项工程验收或核验后,对其施工质量作出评价。

3)目前,右岸导流明渠已通过适应性试航;临时船闸及上、下游引航道建筑符合设计总进度要求,并对实现 1998 年 5 月 1 日交付使用作了具体的计划安排;大江截流的设计方案可行,戗堤预进占顺利,截流和围堰备料基本完成,对截流和围堰的防渗的重要技术难点作了比较充分的准备,施工准备基本就绪,对与二期工程的衔接作了相应安排。

4)枢纽工程与移民工作验收结果表明:大江截流的条件已经具备,可以在今年十一月上旬实施,建议予以批准。

12.1.3　二期工程验收

12.1.3.1　二期工程阶段验收划分

枢纽二期工程验收分为明渠截流前验收、135.0m 水位蓄水验收、船闸通航验收、左岸电站机组启动验收 4 个阶段进行 10 次验收(见表 12.1.1),其中有 5 次验收由国务院三峡工程验收委员会授权中国三峡集团组织,验收组成员的确定等工作均报验收委员会核备。

表 12.1.1　　　　　　　　　三峡二期工程阶段验收汇总表

序号		验收名称	验收主持单位	完成验收时间
一	1	二期工程上游基坑进水前验收	中国三峡集团	2002 年 4 月 19 日
	2	二期工程下游基坑进水前验收	中国三峡集团	2002 年 6 月 27 日
	3	船闸下游引航道破堰进水验收	中国三峡集团	2002 年 8 月 31 日
	4	明渠截流前验收	国务院长江三峡二期工程验收委员会枢纽工程验收组	2002 年 10 月 18 日
二	5	蓄水(135m 水位)验收	国务院长江三峡二期工程验收委员会枢纽工程验收组	2003 年 5 月 21 日
三	6	左岸电站首批机组(2 号、5 号机)启动验收	国务院长江三峡二期工程验收委员会枢纽工程验收组	2003 年 7 月 18 日
	7	左岸电站其他机组启动验收	中国三峡集团	2003 年至 2005 年
	8	船闸试通航前验收	国务院长江三峡二期工程验收委员会枢纽工程验收组	2003 年 5 月 21 日
四	9	船闸通航(135~139m 水位)验收	船闸通航验收委员会(水利部牵头)	2004 年 7 月 8 日
	10	二期工程遗留项目验收	中国三峡集团	2005 年 5 月 26 日

12.1.3.2 验收范围

(1)二期工程上游基坑进水前验收范围

上自二期上游横向土石围堰,下至大坝下游面,左自左非18号坝段,右至右纵2号坝段范围内坝体高程90m以下的土建工程和金属结构机电制安工程。

(2)二期工程下游基坑进水前验收范围

1)泄洪坝段及左导墙:上自大坝下游面,下至二期下游横向土石围堰;左自左导墙,右至右导墙范围内高程90m(泄洪坝段下游面验收至高程94m)以下的土建与安装工程。

2)左岸电站厂房:上自主厂房上游墙(桩号20+118.000),下至二期下游横向土石围堰;左自安Ⅰ及尾水渠左边坡,右至左导墙范围内高程82m以下的土建与安装工程。其中,主厂房机坑验收范围分别为:安Ⅰ段高程82m以下,安Ⅱ段、安Ⅲ段高程75.3m以下,左厂1~6号、7~14号机组段高程50m以下。机组埋件、引水压力钢管两部分,均不属本次验收范围。

(3)船闸下游引航道破堰进水前验收范围

从船闸上游正下向进水口至下游引航道围堰范围内的地面与地下土建工程、金属结构和部分机电设备安装与调试工程。

(4)明渠截流前验收范围

1)二期上、下游围堰拆除工程。

2)上、下游基坑进水前验收的尾工项目和遗留问题。

3)左岸非溢流坝(以下简称左非)1~7号坝段、升船机坝段(上闸首)、左非8号坝段、临时船闸坝段(其中2号坝段除外)、左非9~18号坝段自基础至坝顶高程185.00m所有土建及金属结构与机电安装工程。

4)左岸水电站厂房(以下简称左厂)1~6号坝段、左岸安装间(以下简称左安)Ⅲ坝段、左厂7~14号坝段、左导墙坝段、溢流坝(以下简称泄洪)1~23号坝段、右岸纵向围堰(以下简称右纵)坝段高程90~140m的混凝土工程。

5)左岸电站1~6号引水压力管道工程(包含外包钢筋混凝土结构和钢管制造与安装)。

(5)蓄水(135m水位)验收

2003年5月,枢纽工程验收组组长汪恕诚,副组长张基尧、翁孟勇、潘家铮、王武龙、蔡其华、曹广晶参加了验收。

1)验收范围

①大坝工程:左非坝段自基础至高程185m、升船机坝段自基础至高程185m(航槽段至高程141m)、临船1号、3号坝段自基础至高程143m、临船2号坝段自基础至高程85~90m范围内的土建及挡水闸门安装、左厂坝段自基础至高程185m、左导墙坝段自基础至高程185m、左导墙自基础至墙顶、泄洪坝段自基础至高程185m、右纵1号坝段自基础至高程185m、右纵2号坝段自基础至高程160m范围内的土建及相应的金属结构(泄洪坝段表孔金

属结构除外)、机电设备。

②左岸电站进水口(含拦污栅)、引水系统(1～10 号机压力管道工程)、厂房(安Ⅰ～10 号机主厂房、安Ⅱ～9 号机上游副厂房及下游副厂房)与尾水工程的土建及相应的金属结构、机电设备(机组埋件列入机组启动验收范围)。

③右岸地下电站进水口预建工程:自基础至高程 140m 范围内的土建及相应的金属结构、机电设备。

④茅坪溪防护工程:茅坪溪沥青混凝土心墙土石坝填筑自基础至高程 185m 及其防渗工程(含泄水建筑物)。

⑤三期碾压混凝土围堰工程。

⑥电源电站进水口:自基础至高程 140m 的土建工程及临时封堵工程。

⑦二期上、下游土石围堰拆除工程。

⑧明渠截流前验收及船闸下游引航道破堰进水验收遗留问题。

2)验收结论

①本次验收范围内工程项目的形象面貌,满足枢纽工程验收工作大纲规定的要求。

②本次验收项目的基础工程、水工建筑物、金属结构、机电设备及安全监测工程的设计、施工和制造、安装质量,符合国家和行业有关技术标准的规定。施工和安装过程中出现过的质量缺陷和事故,经处理后工程质量可满足设计要求。

③明渠截流前验收的尾工项目和遗留问题已处理完成,其鉴定书提及的 18 项建议已逐项落实,2003 年 6 月 1 日开始蓄水(135m 水位)前应完成的剩余项目可以按时完成。

④各项检查项目及运行的各项准备工作已满足蓄水(135m 水位)要求,三期工程施工期度汛方案落实,整个工程处于受控状态。

⑤三峡库区 135m 水位线下的移民工程,已通过国务院验收委员会移民工程验收组验收。

国务院验收委员会枢纽工程验收组认为,三峡二期工程蓄水(135m 水位)的条件已经具备,可于 2003 年 6 月 1 日开始蓄水。

(6)船闸试通航前验收

该项验收与蓄水(135m 水位)验收同时进行。

1)验收范围

①船闸上、下游引航道,闸首、闸室及相应部位的输水系统,包括全部土建及相应的金属结构、机电设备;

②船闸下游围堰拆除工程。

2)验收结论

①本次验收范围内的工程形象面貌满足验收工作大纲规定的要求。

②本次验收项目的地面工程、地下输水系统、高边坡工程、上游隔流堤、金属结构、机电设备及集中监控系统设备、安全监测工程的设计、施工和制作、安装质量,符合国家和行业有关技

术标准的规定。施工和安装过程中出现的质量缺陷,经处理后工程质量可满足设计要求。

③船闸试通航的各项准备工作已经就绪。

国务院长江三峡二期工程验收委员会枢纽工程验收组认为:船闸试通航的条件已经具备,可在2003年6月蓄水后实施船闸试通航。

(7)左岸首批机组(2号、5号机)启动验收

2003年7月,二期工程验收委员会枢纽工程验收组在三峡坝区主持进行了左岸首批机组(2号、5号机)的启动验收,枢纽工程验收组组长汪恕诚、副组长张基尧、翁孟勇、潘家铮、王武龙、蔡其华、曹广晶参加了验收。左岸电站首批机组以外的其他机组启动验收由三峡工程左岸电站机组启动验收委员会验收。

1)验收范围

首批机组(2号、5号机)启动验收的范围及项目为:

①水轮发电机组:水轮机,发电机,调速系统,励磁系统,辅助设备。

②水力机械辅助设备:首批机组投产相应的油、气、水系统和水力机械量测设备;主厂房1200/125 t桥式起重机。

③发电机相关的输变电设备:首批机组投产相应的封闭母线,主变压器及辅助设备,左一母线500kV全封闭组合电器(GIS)全部设备(含分段断路器),布置在上游副厂房顶与500kV左一母线相连的4回出线侧设备,左一母线至万州一回线路的并联电抗器及辅助设备。

④供电、照明、防雷及接地:坝区、厂区(1G、3G供电点)及梯调的供电系统(35kV、20kV、10kV、0.4kV系统),照明电源及事故照明系统,电站和梯级调度中心(以下简称梯调中心)的防雷、接地系统。

⑤自动化及继电保护:发电机—变压器的继电保护和故障录波系统,500kV左一母线配电装置及电站侧的线路继电保护、故障录波与自动装置,首批发电机组、安Ⅲ段公用、GIS及梯调直流系统,左岸电站和梯调的计算机监控系统。

⑥厂用通信和对外通信系统:梯调中心—三峡左岸电站段的光纤通信设备及光缆,三峡SDH微波通信全电路微波设备,生产调度交换机。

⑦消防和报警系统:与首批发电机组相关的左岸电站及梯调消防与报警系统。

⑧给排水系统:与首批发电机组相关的给排水系统,左岸永久建筑物水源工程,高程241m与高程215m水池及其供水管网。

⑨机组埋件:左岸电站主、副厂房的土建、金属结构工程,已在水库蓄水(135m水位)验收中通过验收。

2)验收结论

①《长江三峡二期工程枢纽工程验收工作大纲》规定的本次验收范围内各项目的设备设计、制造、安装质量,符合国家和行业有关技术标准及合同的规定。安装和调试过程中出现过的质量缺陷和问题,经处理后可满足设计与合同要求。

②首批机组(2 号、5 号机)及相关的公用系统在启动试运行中已完成有关规程规定的试验项目和 72 小时带负荷连续试运行。停机后将蜗壳及水工建筑物流道排空检查,机组过流部分未见明显异常。

③生产运行单位的准备工作已具备全面接收首批投运机组及相关设备的条件。

国务院验收委员会枢纽工程验收组认为,三峡二期工程左岸电站首批机组(2 号、5 号机)及相关的公用设备已具备正式投运条件,同意投入运行。

(8)左岸电站其他机组启动验收

2003—2005 年,中国三峡集团主持并通过左岸电站首批机组(2 号、5 号机)以外的其他机组的启动验收。

(9)船闸通航(135～139m 水位)验收

2004 年 7 月,长江三峡二期工程船闸通航验收委员会在三峡坝区主持了船闸通航(135～139m 水位)验收。

1)验收范围

船闸上下游引航道(含口门区和连接段)、主体段范围内的全部土建、金属结构和机电设备工程。

2)验收结论

试运行一年来,船闸地面建筑物和输水系统性态正常,运行情况良好,排干检查中未发现异常和影响安全的质量问题;高边坡整体稳定;金属结构与机电设备运行正常,集中监控系统性能稳定;上、下游引航道和口门区水流条件能满足通航要求;上游引航道无明显淤积,下游引航道及口门区淤积经维护性疏浚后,航道畅通;监测项目齐全,系统工作正常,满足安全监测需要;消防工程已通过专项验收;船闸管理部门已建立,有关规程、办法已制订,船闸运行管理工作有效,通航能力逐步提高。

鉴于以上情况,船闸通航验收委员会认为:三峡船闸已具备在 135～139m 水位下正式通航条件,可以由试通航转为正式通航。

(10)二期工程遗留项目验收

2005 年 5 月,中国三峡集团组建的二期工程遗留项目验收委员会在三峡坝区主持并进行了二期工程遗留项目验收。

1)验收范围

①左岸大坝工程:坝顶结构工程、表孔金属结构、电梯土建及设备安装。

②左岸电站 11～14 号机引水压力管道工程:管道制作与安装、外包混凝土和接触灌浆。

③左岸电站厂房工程:11～14 号机组段主厂房和 10～14 号机组段上游副厂房的土建及相应的金属结构与机电设备安装。

④右岸地下电站进水口预建工程:自高程 140～185m 的土建及相应的金属结构、机电设备。

⑤电源电站进水口工程：自高程 140～185m 的土建及相应的金属结构安装工程。

⑥茅坪溪防护土石坝：沥青混凝土心墙（高程 182.60～184.20m）、坝体填筑（高程 182.60～184.55m）、坝顶工程。

2）验收结论

①蓄水（135m 水位）验收的遗留项目已完成，其鉴定书提及的建议已逐项落实；右岸地下电站进水口预建工程与右岸三期工程相搭接部位的帷幕灌浆已安排至三期施工；消防工程另行组织专项验收。

②本次验收项目的土建、金属结构与机电设备制造安装的工程质量满足规范和设计要求。

鉴此，长江三峡二期工程遗留项目已全部完成，工程质量合格，予以验收。

12.1.4　三期枢纽工程验收

12.1.4.1　三期枢纽工程验收阶段划分

枢纽工程三期验收及新增的地下电站工程验收分为 156m 水位蓄水验收、右岸电站机组启动验收、正常蓄水位 175m 蓄水验收、地下电站厂房工程及机组启动验收共 4 个阶段 13 次验收（见表 12.1.2），有 7 次验收由国务院三峡工程验收委员会授权中国三峡集团组织，验收组成员的确定等工作均报验收委员会核备。

表 12.1.2　　　　　　　　　　三峡三期工程阶段验收汇总表

序号		验收名称	验收主持单位	完成验收时间
一	1	三期工程上游基坑进水前验收	国务院长江三峡三期工程验收委员会枢纽工程验收组	2006 年 5 月 23 日
	2	蓄水（156m 水位）验收	国务院长江三峡三期工程验收委员会枢纽工程验收组	2006 年 9 月 5 日
	3	电源电站单项工程土建工程验收	中国三峡集团	2006 年 10 月 24 日
	4	三期下游基坑进水前验收	中国三峡集团	2007 年 1 月 24 日
	5	南线船闸一、二闸首完建单项工程验收	中国三峡集团	2007 年 1 月 19 日
	6	北线船闸一、二闸首完建单项工程验收	国务院长江三峡三期工程验收委员会枢纽工程验收组	2007 年 5 月 15 日
	7	电源电站单项工程验收（机组启动验收）	中国三峡集团	2007 年 11 月 11 日
二	8	右岸电站首批机组启动验收	国务院长江三峡三期工程验收委员会枢纽工程验收组	2007 年 11 月 28 日
	9	右岸电站其他机组启动验收	中国三峡集团	2007—2008 年

续表

序号		验收名称	验收主持单位	完成验收时间
三	10	正常蓄水(175m 水位)验收	国务院长江三峡三期工程验收委员会枢纽工程验收组	2009 年 8 月 29 日
四	11	地下电站下游基坑进水前验收	中国三峡集团	2010 年 10 月 13 日
	12	地下电站厂房工程及首批机组启动验收	国务院长江三峡三期工程验收委员会枢纽工程验收组	2011 年 9 月 21 日
	13	地下电站其他机组启动验收	中国三峡集团	2012 年 2 月

12.1.4.2　三期工程各阶段验收范围和项目

(1)上游基坑进水前验收

1)验收项目

①右岸大坝高程 160m 以下坝体土建工程和相应的金属结构工程及机电设备。

②右岸大坝基础开挖与处理及渗流控制工程。

③临时船闸改建冲沙闸坝段土建和相应的金属结构工程及机电设备。

④8 个导流底孔封堵体。

⑤升船机上游浮式导航堤及靠船墩工程。

⑥左岸大坝接缝灌浆工程。

2)检查项目

①右岸大坝挡水一线的孔口封堵设施落实情况。

②碾压混凝土围堰爆破拆除方案及防护措施。

③大坝上、下游翻坝辅助通航设施落实情况。

④三期上游基坑施工设备撤离和场地清理工作落实情况。

⑤升船机上闸首挡水门下门就位情况。

⑥右岸地下电站进口快速门下门就位情况。

(2)蓄水(156m 水位)验收

2006 年 9 月,三期工程验收委员会枢纽工程验收组在三峡坝区主持进行了长江三峡三期工程枢纽工程蓄水(156m 水位)验收,枢纽工程验收组组长汪恕诚、副组长曹右安(代)、矫勇、潘家铮、王武龙、蔡其华、曹广晶参加了验收。

1)验收项目

①右岸大坝高程 160～185m 土建工程和相应的金属结构及机电设备。

②右岸电站进水口金属结构及机电设备。

③右岸排沙孔、排漂孔金属结构及机电设备。

④右纵坝段高程 160m 以上土建工程和相应的金属结构及机电设备。

⑤碾压混凝土围堰拆除工程。

⑥三期上游基坑进水前验收遗留工程。

2)检查项目

①蓄水(156m 水位)实施方案及葛洲坝下游供水措施落实情况。

②2007 年枢纽工程度汛措施落实情况。

③枢纽工程投入运行的各建筑物运行情况。

④泄洪坝段尚待封堵的导流底孔封堵施工准备情况。

⑤船闸一、二闸首完建施工方案及相关准备工作。

3)验收结论

①本次验收范围内工程项目的形象面貌,满足《长江三峡三期工程枢纽工程验收工作大纲》中蓄水(156m 水位)验收的有关规定和要求。少量未完工程项目可在蓄水后继续施工,不影响蓄水。

②本次验收项目的水工建筑物、金属结构、机电设备、碾压混凝土围堰拆除及安全监测工程的设计、施工和制作安装质量,符合国家和行业有关技术标准以及合同文件的规定。施工和安装过程中出现的少量质量缺陷,经处理后工程质量满足设计要求。三期上游基坑进水前验收遗留工程项目已处理完毕或做了妥善安排。

③各项检查项目满足 2006 年汛后蓄水至 156m 水位的要求。监测成果表明,枢纽工程已投入运行的各建筑物工作性态正常。枢纽工程蓄水(156m 水位)的各项准备工作已全面展开,船闸完建和剩余导流底孔封堵工程已做了周密安排,2007 年度汛方案可行。

国务院验收委员会枢纽工程验收组认为,长江三峡三期工程枢纽工程蓄水(156m 水位)的条件已经具备,予以验收,可于 2006 年汛后(末)开始蓄水。

(3)电源电站单项工程土建工程验收

电源电站进水口自基础至高程 140m 的土建及临时封堵工程、自高程 140m 至高程 185m 的土建及相应的金属结构安装工程已分别在长江三峡二期工程蓄水(135m 水位)验收和遗留项目验收中通过验收。

1)本次验收主要针对电源电站的主体部分,验收项目包括如下几个方面:

①进水塔塔顶门机、进水口快速事故门及其液压启闭机以及拦污栅塔中拦污栅和埋件(140~150m)的制造及安装工程。

②大坝坝体与坝后镇墩交界面之后引水系统的土建和金属结构工程。

③地下厂房及各附属洞室(含主厂房、副厂房、主变洞、配电洞、电缆廊道、交通廊道、交通竖井、排水洞、通风洞和进厂交通洞等)的土建、金属结构及装修工程。

④1 号、2 号尾水洞全部土建和金属结构工程。

2)检查项目

①升船机下游引航道内 1 号、2 号施工支洞封堵情况。

②进水口闸门及尾水闸门启闭情况。

（4）三期下游基坑进水前验收

1）验收项目

①右岸电站主厂房及上、下游副厂房土建工程和相应的金属结构工程及机电设备。

②右岸电站尾水一线的孔口闸门及机电设备。

③右岸电站尾水渠护坦及边坡支护工程。

④发电机组引水压力管道工程。

⑤右岸地下电站尾水渠工程。

⑥蓄水（156m 水位）验收遗留的金属结构及机电设备安装工程。

2）检查项目

①三期下游横向土石围堰水下拆除施工机械设备到位及施工进度计划落实情况。

②右岸地下电站尾水渠（部分）及出口围堰。

③右岸地下电站位于三期工程下游基坑内的施工支洞封堵情况。

（5）南线船闸一、二闸首完建单项工程验收

1）验收项目

①一闸首人字门及事故检修门底坎加高及相应的金属结构埋件和人字门启闭机安装。

②二闸首底坎及启闭机房加高及相应的金属结构埋件和人字门及其启闭机重新安装。

③一、二闸首人字门及其机电设备调试。

2）检查项目

①船闸通航（135～139m 水位）验收鉴定书中"建议"落实的情况。

②关于流量大于 50000m³/s 时进行实船试验问题。

（6）北线船闸一、二闸首完建单项工程验收

2007 年 5 月,三期工程验收委员会枢纽工程验收组在三峡坝区主持进行了长江三峡工程北线船闸一、二闸首完建单项工程验收。

1）验收项目

①一闸首人字门及事故检修门底坎加高及相应的金属结构埋件和人字门启闭机安装。

②二闸首底坎及启闭机房加高及相应的金属结构埋件和人字门及其启闭机重新安装。

③一、二闸首人字门及其机电设备调试。

2）检查项目

①船闸通航（135～139m 水位）验收鉴定书中"建议"落实的情况。

②关于流量大于 50000m³/s 时进行实船试验的准备情况。

3）验收结论

①验收范围内的工程项目形象面貌满足《长江三峡三期工程枢纽工程验收工作大纲》中关于船闸一、二闸首完建单项工程验收的相关规定和要求。

②验收范围内的土建工程、金属结构及机电设备的设计、施工和制作安装质量符合国家

有关技术标准、行业规范以及合同文件的规定。完建期北线船闸检修工作满足设计要求。

③监测成果表明,水库蓄水至 156m 水位后船闸各建筑物工作性态正常。

④北线船闸自 2007 年 5 月试通航以来运行正常。

枢纽验收组一致同意对北线船闸一、二闸首完建单项工程予以验收,北线船闸已具备恢复通航条件。

(7)电源电站单项工程验收(机组启动验收)

1)验收范围

①机组启动验收项目。

主要验收项目包括水轮发电机组及其附属设备、电站水力机械辅助设备、输变电设备、供电、照明、防雷及接地、自动化及继电保护、直流电源、通信、消防及暖通系统。

②土建工程验收尾工项目。

土建工程验收时未完工程项目包括建筑装修工程、82.37m 以上混凝土工程、交通洞口封堵门试槽、拦污栅塔拦污栅安装、尾水检修门安装。

(8)右岸电站首批机组启动验收

右岸电站首批启动的机组为 22 号、26 号、18 号机,验收范围及项目:

①水轮发电机组:水轮机,发电机,调速系统,励磁系统,辅助设备。

②水力机械辅助设备:油、气、水系统和水力机械量测设备。

③发电机组相关的输变电设备:首批发电机组相应的封闭母线及相关设备,主变压器及辅助设备,500kV 全封闭组合电器(GIS)全部设备(含分段断路器),与 500kV GIS 母线相连的七回出线侧设备。

④供电、照明、防雷及接地:厂区的供电系统(包括 35kV、20kV、10kV、0.4kV 系统),电站内、外相应的照明系统,电站的防雷、接地系统,电源电站和左岸电站至右岸电站的供电系统。

⑤自动化及继电保护:首批发电机一变压器组的继电保护和故障录波系统,500kV GIS 设备及电站侧的线路继电保护、故障录波与自动装置,首批发电机组、公用和 GIS 的直流系统,主变辅助设备,右岸电站的计算机监控系统。

⑥电缆廊道及电缆敷设:相应机组段的电缆廊道及其中的电缆敷设。

⑦枢纽通信和电力系统通信:左岸电站—右岸电站段—葛洲坝大江开关站段的光缆及光纤通信设备,电力系统通信相关设备,三峡枢纽通信中心、梯调中心、右岸电站各种与首批发电机组相关的通信设备。

⑧消防和报警系统:与首批发电机组相关的右岸电站消防与报警系统。

⑨给排水系统及暖通:右岸水源工程,即左岸高程 160m 水厂至右岸的两条直径为 600mm 的供水干管和相关供水管网;与首批发电机组相关的通风、空调、给排水系统。

⑩右岸上、下游水位计。

（9）三期工程厂坝尾工项目验收

下游基坑进水验收时未完的三期工程厂坝尾工项目,包括:

①右岸电站厂房土建工程、金属结构及机电设备安装尾工项目。

②电站引水压力管道尾工项目。

③右岸大坝尾工项目。

（10）右岸电站其他机组启动验收

2007—2008 年,中国三峡集团主持并通过右岸电站首批机组（22 号、26 号、18 号）以外的其他机组启动验收

（11）正常蓄水（175m 水位）验收

2009 年 8 月,国务院长江三峡三期工程验收委员会枢纽工程验收组在三峡坝区主持进行了三峡三期工程枢纽工程正常蓄水（175m 水位）验收,枢纽工程验收组组长陈雷,副组长徐祖远、矫勇、潘家铮、王武龙、魏山忠（代）、曹广晶参加了验收。

1）验收项目

①大坝导流底孔封堵工程。

②大坝泄洪表孔完建项目。

③初期蓄水验收及右岸电站机组启动验收遗留尾工项目。

④临时船闸改冲沙闸下游消能防冲工程。

2）检查项目

①大坝泄洪表孔、深孔、排漂孔、排沙孔的运行情况。

②左、右岸电站进水口闸门及启闭机械设备运行情况。

③船闸运行情况。

④各建筑物初期蓄水运行情况及分析评价。

⑤正常蓄水（175m 水位）实施方案和葛洲坝枢纽下游供水措施落实情况。

⑥近坝区地震台网运行情况。

3）验收结论

①本次验收项目大坝导流底孔封堵工程、大坝泄洪表孔完建项目、临时船闸改建冲沙闸下游消能防冲工程已经完成,无遗留尾工。至此,除批准缓建的升船机外,初步设计中的所有项目全部完成。

②本次验收项目的工程质量符合国家和行业有关技术标准、设计要求和合同文件规定。历次验收的遗留尾工处理完毕,并经过验收。

③本次验收范围内的检查项目满足 2009 年汛末蓄水 175m 水位的要求。监测成果表明,枢纽工程各建筑物工作性态正常,金属结构和电站机组等机电设备运行正常。《三峡水库优化调度方案》和《三峡工程 2009 年试验性蓄水方案》已制定,枢纽工程正常蓄水（175m 水位）的各项准备工作已就绪。

枢纽验收组认为,长江三峡三期工程枢纽工程正常蓄水(175m 水位)的条件已经具备,同意验收。

(12)地下电站下游基坑进水前验收

2010 年 10 月,长江三峡水利枢纽地下电站下游基坑进水前验收组对三峡水利枢纽地下电站下游基坑进水前进行了验收。下游基坑进水前验收范围为:桩号 X:20+172.90m 下游侧的电站尾水系统土建及相应的金属结构与机电设备安装工程、尾水渠内的所有工程,以及厂房排水洞、集水井土建工程及抽排水设施。

(13)地下电站厂房工程及首批机组启动验收

①电站厂房工程。

电站厂房工程验收范围为:自桩号 X:20+010.58m 下游的引水隧洞、主厂房、母线洞、500kV 升压站等所有未验收项目的土建和相应的金属结构与机电设备安装工程,以及进水口拦污栅、检修闸门、快速门、液压启闭机、门机、排沙洞事故闸门等金属结构和机电设备安装工程。

②首批机组启动。

首批机组启动验收范围为:32 号、31 号 2 台水轮发电机组和辅助设备,以及相关的公用机电设备。

(14)地下电站其他机组启动验收

2012 年 2—8 月,中国三峡集团主持并通过了地下电站首批机组(32 号、31 号机)以外的其他机组启动验收。

12.1.5 三峡工程竣工专项验收

12.1.5.1 施工区水土保持专项验收

(1)水土保持竣工验收组织

2011 年 11 月,水利部在三峡坝区主持召开现场验收会议,对长江三峡水利枢纽工程(坝区)水土保持设施进行竣工验收。验收组由水利部、三峡建委办公室、水利部水土保持监测中心、水利部长江水利委员会、湖北省水利厅、重庆市水利局、宜昌市水利水电局等单位组成,建设单位以及水土保持设计、监理、监测、评估和施工单位的代表参加了会议。

(2)水土保持竣工验收范围

水利部《关于三峡坝区三期工程(含右岸地下电站)水土保持方案的复函》(水保函(2006)537 号),批复的防治责任范围为 2245.74hm²,其中一二期工程 1190.85hm²,三期工程 1054.89hm²。

(3)水土保持竣工验收结论

《长江三峡水利枢纽工程(坝区)水土保持设施验收鉴定书》的验收结论为:建设单位水土保持管理体系健全,实施了主体工程设计和水土保持方案确定的水土流失防治措施,开展了水土保持监测、监理工作,有效地控制和减少了工程建设中的水土流失;建成的水土保持设施质量合格,运行管理维护落实,符合水土保持设施竣工验收的条件,同意该工程水土保持设施通过竣工验收(表 12.1.3)。

表 12.1.3　　　　　　　　　　水土流失防治目标及完成情况

序号	指标	方案书目标值	国家一级标准	实际完成
1	扰动土地整治率(%)	95	95	98.97
2	水土流失总治理度(%)	90	95	97.95
3	土壤流失控制比	0.8	1.3	1.47
4	拦渣率(%)	98	95	98.85
5	林草覆盖率(Yo)	20	25	35.48
6	植被恢复系数(%)	97	97	97.59

12.1.5.2　消防专项验收

(1)验收组织

三峡工程竣工消防验收从 2003 年起至 2012 年。宜昌市公安消防支队按验收时段和验收范围,分三峡船闸、左岸电站和左岸大坝、右岸电站大坝和枢纽主体、地下电站和枢纽总体验收等五个部位和阶段。在此基础上,湖北省公安消防总队于 2012 年 12 月在宜昌三峡坝区召开三峡水利枢纽工程总体消防专项验收会议。会议成立由消防装备、通信、战训、建审、验收等领域专家组成的消防验收专家组。专家组听取三峡水利枢纽工程基本情况介绍,观看三峡枢纽消防工程专题片,采取资料审查、现场抽查、功能测试等方式,对三峡水利枢纽工程进行总体消防专项验收。专家组确认三峡船闸、左岸电站和左岸大坝、右岸电站和右岸大坝、电源电站和地下电站等分项工程已按消防设计完成施工建设,并取得消防验收合格意见。消防给水系统、消防站、消防通信、消防车通道、消防艇及码头等公用消防设施也已按照消防设计完成施工建设。

(2)专家组总体评价

1)经综合评定:三峡船闸、左岸电站、右岸电站、电源电站、地下电站、坝区总平面布局、消防站、消防车通道、消防供水、消防通信、消防装备按照国家批准的消防设计文件完成建设,消防验收合格。

2)工程采用的一些技术创新提高了消防安全防护能力。船闸人字门正反面水幕保护消防安全技术提高了船闸抗御火灾能力;火灾自动报警系统采用的环形网络结构形式和分散联动控制方式提高了系统可靠性和扩展能力,减少了故障率和故障区域,提高了系统的联动控制。

3)验收会议提出,三峡集团公司要认真研究消防验收意见中需要进一步解决的问题,不断开展技术创新、升级改造,积极探索具有三峡工程特色的消防安全管理模式和技术措施,为今后国内同类工程的消防工程建设提供参考和依据;要层层落实消防安全责任制,积极协调长航、海事、公安、消防等相关部门,明确职责,联勤联动,形成齐抓共管的合力;要不断完善应急预案,落实应急物资和装备,加强消防专业执勤力量的建设,建立科学的应急救援体系。消防部门要指导、帮助三峡枢纽运行及管理部门建立健全消防安全管理体系,确保万无一失。

4)2013年2月,湖北省公安消防总队正式印发《三峡水利枢纽工程总体消防专项验收会议纪要》(专题会议纪要第1号),书面确认了三峡水利枢纽消防验收合格的综合评定。2013年5月向三峡枢纽建设运行管理局正式送达宜公消审字(2013)第0100号《建设工程消防审核意见书》。

12.1.5.3 劳动安全与工业卫生专项验收

(1)验收范围

三峡枢纽工程劳动安全与工业卫生专项竣工验收范围是指三峡枢纽工程所涉及的大坝、电站厂房、通航建筑物(不含缓建的升船机)、茅坪溪防护大坝、电源电站和地下电站,不包括移民安置区。

(2)验收组织

水电总院经商国家安全生产监督管理总局安全监督管理二司、湖北省安全生产监督管理局,成立长江三峡水利枢纽工程劳动安全与工业卫生专项竣工验收委员会。负责长江三峡水利枢纽工程劳动安全与工业卫生专项竣工验收工作。

验收委员会主任委员由国家安全生产监督管理总局安全监督管理二司领导担任,副主任委员由三峡建委办公室、水电总院和湖北省安全生产监督管理局领导担任,委员由宜昌市安全生产监督管理局、三峡集团公司、水利部长江水利委员会、三峡水力发电厂、三峡通航管理局三峡船闸管理处及主要监理、施工等单位代表及验收专家组组长组成。

(3)验收结论

三峡枢纽工程建设符合国家基本建设程序规定,主要枢纽建筑物工作性态正常,机组自试运行以来运行良好,安全设施做到了与主体工程同时设计、同时施工、同时投入生产和使用;枢纽工程消防已通过专项验收;验收文件和资料齐全。

验收委员会认为:三峡枢纽工程已具备安全生产条件,同意通过劳动安全与工业卫生专项竣工验收。

12.1.5.4 竣工财务决算及审计专项验收

(1)三峡水利枢纽工程竣工财务决算情况

根据《财政部关于长江三峡水利枢纽工程竣工财务决算办法的批复》(财企(2008)429号),三峡集团公司以2008年12月31日为基准日,于2009年编制完成《长江三峡水利枢纽工程竣工财务决算报告》(以下简称枢纽工程竣工财务决算(草案))。经注册会计师审验后,枢纽工程竣工财务决算(草案)基本情况如下:

1)截至 2008 年 12 月 31 日,三峡水利枢纽工程竣工财务总支出测算值 1730.15 亿元(含国家批准已核销投资 80.8 万元),其中:枢纽支出 722.29 亿元;移民支出 856.53 亿元;利息支出 151.33 亿元。

2)三峡枢纽工程形成的交付使用资产总价值 1730.14 亿元,其中:交付三峡集团公司使用资产 1729.26 亿元;转出资产 0.88 亿元。

(2)长江三峡水利枢纽工程地下电站竣工财务决算情况

1)2012 年 7 月,地下电站机组全部投产。三峡集团公司根据《财政部关于长江三峡水利枢纽工程竣工财务决算办法的批复》(财企(2008)429 号)文件要求,参照该办法以 2012 年 5 月 31 日为基准日编制了《长江三峡水利枢纽工程地下电站竣工财务决算报告》(以下简称三峡地下电站竣工决算报告)。2012 年 6 月,三峡地下电站竣工决算报告经注册会计师审验后,报财政部驻湖北省财政监察专员办事处备案。

2)三峡地下电站竣工决算草案投资为 71.47 亿元,其中:建筑工程投资 21.86 亿元;安装工程投资 3.61 亿元;设备投资 37.15 亿元;待摊投资 8.85 亿元。竣工决算交付使用资产价值 71.47 亿元。

(3)验收结论

根据国家审计署《审计报告》(审投报〔2013〕3 号),审计结果表明:枢纽工程投资控制有效,静态投资控制在批复的概算之内,实际投资完成额控制在测算的动态投资范围之中,工程建设和资金管理总体规范,竣工财务决算基本真实合规。根据该文要求,三峡枢纽竣工决算额调整为 1728.49 亿元,其中枢纽工程 719.15 亿元、移民工程 856.53 亿元、利息 152.81 亿元。

根据国家审计署《审计报告》(审投报〔2015〕158 号)结果,审计调减三峡地下电站投资 3.38 亿元,调整后的竣工财务决算投资为 68.09 亿元。

12.1.5.5　环境保护专项验收

(1)环境保护专项验收组织及验收范围

1)竣工环境保护验收组织

2011 年 11 月,环境保护部组织发展改革委、国土资源部、国务院三峡办、长江流域水资源保护局、重庆市和湖北省环境保护厅、环境保护部环境工程评估中心、环境保护部华南和西南环境保护督查中心等 15 家单位代表及专家组成现场检查组,对三峡工程进行了竣工环境保护验收现场检查。

2)竣工环境保护验收范围

原国家环境保护局《关于长江三峡水利枢纽环境影响报告书审批意见的复函》(环监〔1992〕054 号)批复的范围,以环境保护验收调查工作和技术审查工作为基础,按照依法依规、突出重点、客观评判的原则分类选取典型项目,重点核查了三峡工程坝区及库区水生生态、陆生生态、污染防治、景观及旅游、移民安置、环境地质、监测系统等环保设施及措施的落实情况。

（2）竣工环境保护验收结论

2015年6月，环境保护部初步形成《关于长江三峡水利枢纽工程竣工环境保护验收的意见》的验收结论为：

长江三峡水利枢纽工程环境保护手续齐全，在实施过程中总体按照环境影响评价文件及批复要求，建立了环境保护管理体系，制定了配套的环境保护政策法规和技术标准，基本落实了相应的环境保护设施及措施，符合环境保护验收条件，同意通过竣工环境保护验收。

12.1.5.6 工程档案专项验收

（1）验收过程

1）根据国家关于建设项目档案工作的要求，三峡枢纽工程档案的收集、整理与归档工作随工程进度同步实施，并按阶段工程进行了四次档案阶段验收，最终于2015年5月完成枢纽工程档案整体验收。

2）在三峡枢纽工程档案已通过四个阶段验收的基础上，根据《长江三峡工程整体竣工验收枢纽工程档案专项验收大纲》要求，2014年中国长江三峡集团公司组织实施了三峡枢纽各阶段工程档案按建筑物功能的系统整理工作，形成了涵盖验收范围的完整、准确、系统的三峡枢纽工程档案资源体系。

3）2015年1月，长江三峡工程整体竣工验收枢纽工程档案通过了国家档案局组织的预验收。预验收结束后，三峡集团公司立即组织相关部门、单位就预验收意见指出的问题认真开展整改工作，于2015年4月底全部整改完成，并于5月初向国家档案局报送了三峡枢纽工程档案预验收遗留问题整改报告。

（2）工程档案专项验收结论

2015年5月，长江三峡工程整体竣工验收枢纽工程档案通过了国家档案局组织的验收。验收结论如下：三峡枢纽工程档案管理体制健全，档案工作的制度体系完善，档案工作监督指导和管控措施有力，基本实现档案工作与项目建设同步开展；档案信息化建设与档案资源利用成效明显。项目档案的完整、准确、系统情况符合国家重大建设项目档案验收要求，能够反映三峡枢纽工程建设过程。验收组一致同意长江三峡工程整体竣工验收枢纽工程档案通过验收。

验收意见同时提出了"进一步重视档案工作，加大支持力度，充分发挥档案服务工程建设、管理和运行的作用；进一步加强档案队伍建设、业务建设和信息化建设，满足后续工程项目档案管理需要；依据《中华人民共和国档案法》的规定，对三峡枢纽工程档案工作中成绩显著的单位或者个人给予表彰和奖励"的建议，目前三峡集团公司正在组织有关部门研究落实。

12.1.6 三峡枢纽工程竣工验收

12.1.6.1 枢纽工程竣工技术预验收

2015年7月27—31日，枢纽工程验收组专家组在三峡坝区召开长江三峡工程整体竣工验收枢纽工程技术预验收大会,专家组组长陈厚群,副组长索丽生、汪洪、徐光、高安泽、曹征齐及专家组成员参加了技术预验收。三峡集团公司、长江委设计院及三峡枢纽工程各参建单位负责人参加了技术预验收大会。枢纽工程验收组专家组全体成员在三峡工地听取了中国长江三峡集团公司(以下简称三峡集团公司)关于三峡枢纽工程建设管理报告、长江水利委员会长江设计院关于三峡枢纽工程设计报告、三峡集团公司三峡枢纽建设管理局关于三峡枢纽工程运行管理报告、三峡集团公司三峡枢纽建设管理局关于三峡枢纽工程安全监测报告、水电水利规划设计总院关于三峡枢纽安全鉴定报告。专家组成员查阅了三峡枢纽工程各参建单位提交的竣工验收报告及其相关资料,各专业组分组讨论了三峡枢纽工程技术预验收报告,最后形成《长江三峡工程整体竣工验收枢纽工程技术预验收报告》(以下简称《技术预验收报告》)。

(1)《技术预验收报告》对枢纽工程竣工验收安全鉴定的意见

2013 年 12 月—2014 年 12 月,水电水利规划设计总院进行了三峡枢纽工程竣工验收安全鉴定,提出了三峡枢纽工程竣工验收安全鉴定报告,其总结论为:

1)长江三峡枢纽大坝、坝后电站、右岸地下电站、电源电站、双线五级船闸、茅坪溪防护工程已按国务院三峡建设委员会批准的建设规模和设计方案全部建设完成。

2)三峡大坝及泄洪消能建筑物,坝后左、右岸电站厂房,右岸地下电站,电源电站,以及茅坪溪防护坝设计符合国家和行业有关法律、法规及技术标准的规定;土建工程及安全监测工程施工质量、金属结构设备制造和安装质量满足设计要求或合同文件规定;施工中发现的质量缺陷已按要求进行处理并验收合格;历次验收遗留问题已得到落实。自 2003 年水库蓄水以来,三峡枢纽工程经历了 11 个汛期,蓄水位已连续四年达到 175.00m 正常蓄水位,各项监测成果分析表明,混凝土大坝及泄洪消能、电站厂房及茅坪溪防护坝等主要建筑物工作性态正常,运行安全。2010 年、2012 年汛期三峡枢纽经历两次入库洪峰流量大于 $70000\text{m}^3/\text{s}$ 洪水,最大出库流量 $45800\text{m}^3/\text{s}$,削减洪峰约 $30000\text{m}^3/\text{s}$,对下游荆江河段防洪作用巨大。

3)三峡左右岸坝后电站、右岸地下电站共安装 32 台额定功率 700MW 的水轮发电机组,电源电站安装 2 台额定功率 50MW 的水轮发电机组,总装机容量 22500MW。水轮发电机组及其附属设备、电力设备、控制保护及通信系统设备、全厂水力机械辅助系统设备的制造、安装、调试和试运行质量合格。2003 年 7 月首台机组投入运行,2012 年 7 月全部机组投产运行以来,各台水轮发电机组均能够满功率运行,并实现了全厂满装机容量运行。截至 2013 年 12 月 31 日,电站累计发电 7120 亿 kW·h。电站运行情况表明,水轮发电机组、电力设备、控制保护及通信、全厂水力机械辅助设备各系统运行正常,主要设备及系统各项指标总体满足设计及合同要求。

4)三峡双线五级船闸各建筑物结构工程、边坡及基础工程、金属结构工程、机电设备工程、安全监测工程的设计、施工和制作安装质量,符合国家、行业有关技术标准的规定;船闸无水、有水联合调试及运行期监测成果表明,船闸各建筑物和金属结构设备工作性态正常;通航运行情况表明,引航道及闸室具有良好的通航水流条件,满足了船闸运行安全、平稳、有序、通畅的要求;船闸连续三年单向货运量超过了设计水平年 5000 万吨要求,2013 年单向货运量已突破 6000 万吨。综合考虑长江航运条件发展趋势,通过能力仍有提升潜力,社会效益显著。

综上所述,三峡枢纽工程符合国家批准的建设规模,工程质量优良,各主要建筑物、机电及金属结构设备运行安全,工程已实现设计规定的防洪、发电、航运效益目标,并拓展了供水、调水、生态调度等综合效益。据此,三峡枢纽工程具备正常运行条件。

枢纽工程验收组专家组原则同意此安全鉴定结论。

(2)《技术预验收报告》提出的技术预验收意见和建议

1)加强左厂 1~5 号坝段、右厂 24~26 号坝段坝基深层抗滑稳定和泄洪坝段纵缝灌浆后增开的安全监测及其资料分析,及时掌握大坝工作性态。加强泄水建筑物水力学观测和分析,特别是泄洪深孔在高水位运行时跌坎下游及表孔反弧空化噪声、下游消能区冲刷坑和水流流态的观测分析。

2)三峡电站机组运行水头变幅大,为改善高水头运行的稳定性,经三峡建委同意,额定功率 700MW 的机组设置了最大功率 756MW。目前机组按 700MW 运行,在高水头区稳定运行范围较窄,建议继续严格执行避振运行措施,发现问题及时处理。鉴于三峡机组已基本符合《国家发展改革委关于加强和改进发电运行调节管理的指导意见》的有关规定,建议中国三峡集团加强与相关部门协调,尽早实现三峡机组按 756MW 调度运行。三峡电站 24 台发电机采用定子水冷方式,建议加强冷却系统的在线监控和安全评估,完善事故应急处理预案,保证机组长期安全可靠运行。

3)三峡船闸已运行十余年,设备设施长期处于高强度运行状态,应加强船闸设备设施维修管理,优化检修方案,确定合理的检修周期,并严格执行船闸定期计划性停航检修规定。三峡船闸过闸货运量已超过设计通过能力,为贯彻长江经济带发展战略和适应运输市场长远发展需求,建议加快新通道建设前期工作。宜昌枯水位目前已达到葛洲坝枢纽下游通航水位 39m(庙嘴站)的临界点,建议进一步研究维持宜昌枯水位的综合措施,以保障葛洲坝枢纽通航安全和三峡枢纽通过能力正常发挥

4)随着长江上游干支流一批控制性水库相继建成,为统筹考虑流域水资源综合利用与保护,协调水库群在防洪、发电、航运、供水以及生态与环境保护等方面的关系,保障流域防洪安全、供水安全、生态安全,实现水资源优化配置,维护健康长江,建议抓紧研究制定以三峡为核心的长江干支流水库群综合调度方案。

5)建议加强对未来上游来水来沙变化、水库泥沙淤积、坝下游河道冲淤演变、江湖关系变化、河口冲淤变化,以及三峡水库汛期中小洪水调度的影响及控制指标等问题的研究,抓紧研究、适时实施重点河段河道及航道整治工程;进一步研究确保葛洲坝枢纽下游通航水位 39m(庙嘴站)的综合措施。

6)近年来,过闸的危险品货物数量持续增长,船闸防火安全事关重大,建议加强过闸危险品船舶的安全管理,加强船闸消防和救援能力建设。

（3）《技术预验收报告》提出的技术预验收结论

1）枢纽工程验收范围内的验收项目大坝工程（含升船机上闸首）、坝后式电站工程、通航建筑物工程（不含升船机续建工程）、茅坪溪防护工程、地下电站工程、电源电站工程均已按批准的建设内容全部建设完成。

2）枢纽工程验收范围内验收项目的水工建筑物、金属结构、机电设备及安全监测工程施工和制造、安装质量，符合国家和行业有关技术标准和设计要求；对于施工和安装过程中出现的局部质量缺陷，已经妥善处理，处理后工程质量满足设计要求。工程质量合格。枢纽工程经过初期蓄水和 2008 年以来的试验性蓄水运行考验，运行正常。

3）枢纽工程验收范围内的检查项目满足验收要求。枢纽工程相关的水土保持、消防、劳动安全与工业卫生、工程档案等专项验收、竣工验收安全鉴定已完成，遗留问题已处理或已落实。环境保护和网络安全专项验收、地下电站工程竣工财务决算审计基本完成。《三峡（正常运行期）—葛洲坝水利枢纽梯级调度规程》正在履行会签、审批程序，运行管理制度体系较完善。

4）枢纽工程运行以来发挥了显著的防洪、发电、航运、水资源利用等综合效益。

枢纽工程验收组专家组认为，三峡工程具备正常运行条件，同意通过长江三峡工程整体竣工验收枢纽工程技术预验收。建议待环境保护和网络安全专项验收、地下电站工程竣工财务决算审计全部完成后，长江三峡工程整体竣工验收委员会枢纽工程验收组进行枢纽工程验收。

12.1.6.2　枢纽工程竣工验收

（1）验收组织

国务院长江三峡工程整体竣工验收委员会枢纽工程验收组于 9 月 23—26 日在三峡坝区召开"长江三峡工程整体竣工验收枢纽工程验收会议"，进行三峡枢纽工程竣工验收。整体竣工验收委员会副主任兼枢纽工程验收组组长、水利部部长陈雷，验收组副组长、水利部副部长矫勇，验收组副组长、交通运输部副部长何建中，验收组副组长兼专家组组长、三峡建委三峡枢纽工程质量检查专家组组长、中国工程院院士陈厚群，验收组副组长、三峡建委三峡枢纽工程稽查组组长王武龙，验收组副组长、三峡集团公司总经理王琳，验收组成员及专家组成员、中国长江三峡集团、长江委设计院及各参建单位负责人参加了验收会。验收委员深入各枢纽建筑物检查运行情况，观看了三峡枢纽工程竣工验收汇报专题片，听取了中国长江三峡集团公司关于三峡枢纽工程建设及运行管理报告、水电水利规划总院关于三峡枢纽工程安全鉴定报告、枢纽工程验收专家组关于三峡枢纽工程技术预验收报告，验收委员查阅了各参建单位提交的竣工验收报告及相关资料，经认真讨论，最后形成了《长江三峡工程整体竣工验收枢纽工程验收鉴定书》（以下简称"验收鉴定书"）。2015 年 9 月 26 日，三峡枢纽工程验收组全体验收委员通过了"验收鉴定书"，全体验收委员在"验收鉴定书"上签字。

(2)《长江三峡工程整体竣工验收枢纽工程验收鉴定书》

前　言

1992年4月,全国人大七届五次会议审议通过了《关于兴建长江三峡工程的决议》。1993年7月,国务院三峡工程建设委员会(以下简称三峡建委)批准了《长江三峡水利枢纽初步设计报告(枢纽工程)》。1994年12月,三峡工程正式开工;1997年11月实现大江截流;2003年6月水库蓄水至135米水位(吴淞高程,下同),首批机组发电,双线五级船闸试通航;2006年10月水库蓄水至156米水位,进入初期运行期;2008年左、右岸电站机组全部投产发电,汛末开始实施正常蓄水位175米试验性蓄水;2012年7月地下电站最后一台机组投产发电,除升船机经三峡建委批准缓建外,枢纽工程建设任务全部完成。

1997年,三峡建委成立大江截流前验收领导小组,完成长江三峡一期枢纽工程验收。2002年和2005年,国务院相继成立长江三峡二期、三期工程验收委员会,下设枢纽工程、输变电工程和移民工程三个验收组。枢纽工程验收组由水利部牵头组建,陆续完成二期、三期枢纽工程验收工作。受国务院长江三峡三期工程验收委员会委托,三期枢纽工程验收组完成地下电站工程验收工作。

三峡工程自2008年开始实施正常蓄水位175米试验性蓄水,2010—2014年连续5年达到正常蓄水位175米。2012年7月,三峡工程经受了71200立方米每秒入库洪峰流量的考验。2012年汛期,三峡电站实现22500MW全满发711小时,2014年发电量达到988.2亿千瓦时。2011年三峡船闸年货运量首次突破1亿吨。截至2014年,三峡水库累计为下游补水1495亿立方米,改善了沿江生活、生产、生态用水及航运条件。三峡工程防洪、发电、航运、水资源利用等综合效益全面发挥。

2014年4月,国务院批准《关于长江三峡工程整体竣工验收工作的意见》和《长江三峡工程整体竣工验收组织机构方案》,成立国务院长江三峡工程整体竣工验收委员会,下设枢纽工程、输变电工程和移民工程验收组,其中枢纽工程验收组由水利部牵头组织。枢纽工程验收组设立专家组,负责枢纽工程验收前的技术预验收工作。

2014年8月,三峡建委印发《关于印发三峡工程整体竣工验收委员会各验收机构组建方案和验收大纲的通知》(国三峡委发办字〔2014〕7号)。2015年5月,枢纽工程验收组启动枢纽验收工作,专家组分六个专题开始现场检查和调研,查阅相关技术资料。2015年6月,国务院长江三峡工程整体竣工验收委员会印发《关于对长江三峡工程整体竣工验收枢纽工程验收请示的批复》(国三峡竣验委发〔2015〕17号)。2015年7月27—31日,枢纽工程验收组专家组在三峡坝区进行了枢纽工程技术预验收,形成《长江三峡工程整体竣工验收枢纽工程技术预验收报告》(以下简称技术预验收报告,详见附件)。

2015年9月23—26日,枢纽工程验收组在三峡坝区召开长江三峡工程整体竣工验收枢纽工程验收会议,在察看现场、听取汇报、查阅资料和认真讨论的基础上,通过了《长江三峡工程整体竣工验收枢纽工程验收鉴定书》。

一、工程概况

（一）工程名称及位置

工程名称：长江三峡水利枢纽。

位置：长江三峡水利枢纽位于长江干流西陵峡河段，地处湖北省宜昌市三斗坪镇，距下游长江葛洲坝水利枢纽和宜昌市约40公里。

（二）工程主要任务和作用

三峡枢纽工程开发任务主要是防洪、发电和航运，结合考虑供水与南水北调，发展渔业和旅游，以及改善中下游水质。国务院批准的《三峡水库优化调度方案（2009）》明确水资源利用为三峡水库综合利用任务之一。

三峡水库防洪库容221.5亿立方米，通过对洪水调控可使荆江河段防洪标准提高到100年一遇；在遇到1000年一遇或类似1870年洪水时，在分蓄洪区的配合运用下保证荆江河段行洪安全，避免南北两岸干堤溃决发生毁灭性灾害；需要并可能时，对城陵矶进行防洪补偿调度，减轻该地区的分蓄洪量。

三峡电站总装机容量22500MW，其中三峡建委批复的三峡枢纽工程坝后电站装机容量18200MW，三峡建委批复、国家发展和改革委员会核准的地下电站和电源电站分别为4200MW和100MW。多年平均设计年发电量882亿千瓦时。三峡电站地处中国腹地，至全国各大负荷中心的输电距离均在1000公里内，通过500千伏输电线路将电力送至10个省、直辖市，为实现全国联网创造了条件。

三峡通航建筑物包括船闸和垂直升船机。船闸为双线五级连续船闸，可通过万吨级船队，设计通过能力为单向下行5000万吨/年（设计水平年2030年的下行货运量）。升船机最大过船（客货轮）吨位为3000吨级。三峡工程蓄水后渠化重庆以下川江航道，显著改善航道条件，同时，加大枯水期下泄流量，万吨级船队可实现汉渝直达，降低运营成本，发挥长江黄金水道的巨大作用。

利用三峡水库的调节能力，合理调配水资源，保障水库上下游城乡居民生活用水，兼顾生产、生态用水和航运需要，改善下游地区枯水时段的供水条件，维系优良生态。

二、验收依据和范围

（一）验收依据

1.全国人大审议通过的《关于兴建长江三峡工程的决议》，三峡建委批准的《长江三峡水利枢纽初步设计报告（枢纽工程）》、《长江三峡水利枢纽地下电站初步设计报告》和《长江三峡水利枢纽电源电站工程设计专题报告》，以及国家发展和改革委员会《关于三峡地下电站和电源电站项目核准的批复》。

2.三峡建委授权中国长江三峡集团公司（以下简称中国三峡集团）组织审定的各单项工程技术设计报告。

3.《关于印发三峡工程整体竣工验收委员会各验收机构组建方案和验收大纲的通知》（国三峡委发办字〔2014〕7号）、《关于对长江三峡工程整体竣工验收枢纽工程验收请示的批复》（国三峡竣验委发〔2015〕17号）。

4.国务院及三峡建委有关三峡工程建设的文件。

5.国家和行业有关规程、规范等技术标准。

6.枢纽工程建设过程中,设计单位根据批准设计文件提供的施工图纸、设计报告、相关标准及要求,提出的重大设计变更、修改文件。

（二）验收范围

枢纽工程验收范围为:长江三峡水利枢纽初步设计报告（枢纽工程）除升船机续建工程以外的建设内容,长江三峡水利枢纽地下电站初步设计报告建设内容,以及长江三峡水利枢纽电源电站工程设计专题报告建设内容。升船机续建工程另行组织专项竣工验收。

1.验收项目

（1）大坝工程（含升船机上闸首）。

（2）坝后式电站工程。

（3）通航建筑物工程（不含升船机续建工程）。

（4）茅坪溪防护工程。

（5）地下电站工程。

（6）电源电站工程。

2.检查项目

（1）枢纽工程运行管理情况。

①安全监测设施完好情况。

②枢纽工程调度运行情况。

③水库及坝下游河道泥沙冲淤。

④库坝区地震监测。

⑤变动回水区航道及港口整治（含坝下游河道下切影响及对策）研究成果。

（2）枢纽工程相关的环境保护、水土保持、消防、劳动安全与工业卫生、工程档案、网络安全等专项验收和工程竣工财务决算审计完成及遗留问题处理情况。

（3）枢纽工程正常运行期调度规程及运行管理制度制定情况。

三、工程设计情况

（一）工程立项、设计批复文件

1.关于兴建长江三峡工程的决议（1992 年全国人大七届五次会议通过）;

2.关于批准《长江三峡水利枢纽初步设计报告（枢纽工程）》的通知（国三峡委发办字〔1993〕1 号）;

3.关于长江三峡水利枢纽地下电站初步设计报告的批复（国三峡委发办字〔2004〕42 号）;

4.对《关于报请审批〈长江三峡水利枢纽电源电站工程设计专题报告〉的请示》的批复（国三峡委发办字〔2004〕25 号）;

5.关于三峡地下电站和电源电站项目核准的批复（发改能源〔2008〕2197 号）。

(二)设计标准、规模及主要技术经济指标

1.设计标准

(1)工程等别及建筑物级别

三峡枢纽工程为Ⅰ等工程。

拦河大坝、坝后式电站厂房、升船机上闸首、左导墙等挡水建筑物为1级建筑物;右导墙(下游纵向围堰)为2级建筑物;下游消能防冲护坦为3级建筑物。

三峡船闸级别为Ⅰ级。船闸闸首、闸室、输水廊道等主要建筑物为1级建筑物;充泄水箱涵、导航墙、靠船墩为2级建筑物;引航道隔流堤及其他附属建筑物为3级建筑物。

茅坪溪防护坝、地下电站、电源电站均为1级建筑物。

(2)洪水标准

大坝按1000年一遇洪水设计,10000年一遇洪水加大10%校核。

坝后式电站厂房按1000年一遇洪水设计,5000年一遇洪水校核。

地下电站和电源电站:引水系统按1000年一遇洪水设计,10000年一遇洪水加大10%校核;尾水系统、尾水平台按1000年一遇洪水设计,5000年一遇洪水校核。

茅坪溪防护工程:大坝按1000年一遇洪水设计,10000年一遇洪水加大10%校核;泄水建筑物按30年一遇洪水设计,200年一遇洪水校核。

(3)抗震设防标准

坝址地震基本烈度为Ⅵ度;拦河大坝、茅坪溪防护坝、坝后式电站厂房、船闸、地下电站和电源电站的地面建筑物设计烈度为Ⅶ度。

2.工程规模

三峡枢纽工程坝址控制流域面积约100万平方公里,多年平均年径流量4510亿立方米。水库正常蓄水位175米,校核洪水位180.4米,汛期防洪限制水位145米,枯季消落最低水位155米。校核洪水位以下总库容450.5亿立方米,正常蓄水位以下库容、防洪库容和兴利库容分别为393亿立方米、221.5亿立方米和165亿立方米。

大坝为混凝土重力坝,坝轴线全长2309.5米,坝顶高程185米,最大坝高181米。从左至右坝段依次为:左岸非溢流坝段(含临时船闸坝段和升船机坝段)、左岸厂房坝段、左导墙坝段、泄洪坝段、纵向围堰坝段、右岸厂房坝段、右岸非溢流坝段,共设有22个泄洪表孔、23个泄洪深孔、3个排漂孔、7个排沙孔以及汇集地下电站3个排沙支洞的排沙主洞。

坝后式电站安装26台单机额定容量700MW水轮发电机组(其中左岸14台,右岸12台),装机容量为18200MW;地下电站安装6台单机额定容量700MW机组,装机容量为4200MW;电源电站安装2台单机额定容量50MW机组,装机容量为100MW。电站总装机容量为22500MW,多年平均年发电量882亿kW·h。

通航建筑物由船闸和垂直升船机组成。船闸为双线连续五级船闸,主体结构段总长1621m,单个闸室有效尺寸为280m×34m×5m(长×宽×最小槛上水深),可通过万吨级船队(最大单船3000t),设计通过能力为单向下行5000万t/a。升船机最大过船(客货轮)吨位为 3000 吨级。

茅坪溪防护工程包括茅坪溪防护坝和泄水建筑物,其中茅坪溪防护坝为沥青混凝土心墙土石坝,主坝轴线长 889m,坝顶高程 185 米,最大坝高 104m。泄水建筑物由泄水隧洞和泄水箱涵组成,全长 3104m。

3. 主要技术经济指标

三峡枢纽工程主要技术经济指标见表 1。

表 1 三峡枢纽工程主要技术经济指标表

序号	类型	项目		单位	建设规模
1	水库	总库容(校核洪水位以下)		m³	450.5×10⁸
		正常蓄水位以下库容		m³	393.0×10⁸
		防洪库容		m³	221.5×10⁸
2	大坝	形式			混凝土重力坝
		坝轴线长度		m	2309.5
		最大坝高		m	181
3	电站	坝后式电站	装机数量	台	26
			单机额定容量	MW	700
		地下电站	装机数量	台	6
			单机额定容量	MW	700
		电源电站	装机数量	台	2
			单机额定容量	MW	50
		总装机容量		MW	22500
		多年平均年发电量		kW·h	882×10⁸
4	船闸	形式			双线连续五级船闸
		最大过船吨位			万吨级船队
		闸室有效尺寸		m	280×34×5
		年单向通过能力		t	50×10⁶
5	升船机	形式			齿轮齿条垂直爬升式升船机
		最大过船吨位			3000 吨级
		承船厢水域尺寸		m	120×18×3.5
6	茅坪溪防护坝	形式			沥青混凝土心墙土石坝
		主坝轴线长度		m	889
		最大坝高		m	104

（三）主要建设内容及建设工期

三峡枢纽工程分三期施工:计划工期 17 年,其中施工准备和一期工程 5 年,二期工程 6

年,三期工程 6 年。

　　施工准备和一期工程主要包括:对外交通,场内交通及施工设施,右岸导流明渠开挖,混凝土纵向围堰施工,船闸一期开挖,左岸岸坡坝段基础开挖,临时船闸及下游引航道工程,茅坪溪防护工程等。

　　二期工程主要包括:泄洪坝段,左岸厂房坝段,左岸电站厂房,左岸非溢流坝段(含升船机上闸首),船闸主体工程,茅坪溪防护工程,地下电站进水口预建工程等。

　　三期工程主要包括:右岸非溢流坝段,右岸厂房坝段,右岸电站厂房,临时船闸改建冲沙闸,泄洪坝段导流底孔封堵,船闸第一、二闸首完建等。另外,电源电站、地下电站主体工程以及升船机续建工程也在三期工程期间建设。

　　三峡枢纽工程采用分期蓄水方案。从 1993 年开始施工准备起,第 11 年水库蓄水至 135m,进入围堰挡水发电期;第 15 年水库按初期蓄水位 156m 运行,初期蓄水位运行历时,可根据移民安置、泥沙淤积等影响因素相机确定,初步设计暂定 6 年;第 21 年水库按正常蓄水位 175m 运行。

　　(四)工程概算

　　1993 年 7 月,三峡建委以国三峡委发办字〔1993〕1 号文批准"枢纽工程概算按 1993 年 5 月末价格控制在 500.9 亿元以内"。

　　国家发展和改革委员会以发改能源〔2008〕2197 号文批复:"按 2007 年三季度价格水平测算,三峡地下电站工程静态总投资 73.75 亿元;按 2006 年底价格水平,电源电站工程总投资 37064 万元。地下电站和电源电站纳入三峡工程统一建设和管理,其工程投资纳入三峡工程概算。"

　　四、工程建设情况

　　(一)建设过程概述

　　1993 年,三峡枢纽工程开始施工准备,1994 年 12 月正式开工,进入一期工程建设;1997 年 11 月实现大江截流,开始二期工程建设;2002 年 11 月,导流明渠截流;2003 年 6 月水库蓄水至 135m 水位,首批机组发电,双线五级船闸试通航,进入围堰挡水发电期,三期工程建设全面展开;2003 年 11 月水库蓄水至 139m 水位,2004 年 7 月双线五级船闸正式通航;2006 年 10 月水库蓄水至 156m 水位,较初步设计提前一年进入初期运行期;2008 年左、右岸电站机组全部投产发电,经三峡建委批准,汛末开始实施正常蓄水位 175m 试验性蓄水;2012 年 7 月地下电站最后一台机组投产发电,除升船机外,枢纽工程建设任务全部完成。1995 年经三峡建委批准,升船机缓建。升船机基础开挖和边坡支护工程、上闸首、上游引航道中的靠船建筑物和导航建筑物已在一期、二期工程中完成,并通过阶段验收;2007 年升船机承船厢室段、下闸首和下游引航道等续建工程开始建设,计划于 2015 年底前完工。

　　(二)主要工程开工、完工时间

　　三峡枢纽工程主要工程项目开工、完工时间见表 2。

表 2 　　　　　　　　　　三峡枢纽工程主要工程项目开工、完工时间表

	项目		开工时间	完工时间
左岸大坝	大坝工程	基础开挖及混凝土工程	1994 年 4 月	2002 年 10 月
		接缝灌浆	1997 年 10 月	2003 年 3 月
		渗控工程	1998 年 6 月	2002 年 8 月
		金属结构及机电安装工程	2000 年 7 月	2006 年 5 月
	临时船闸改建冲沙闸工程		2003 年 4 月	2008 年 8 月
	导流底孔封堵工程		2005 年 1 月	2008 年 6 月
右岸大坝	基础开挖及混凝土工程		2001 年 1 月	2006 年 4 月
	接缝灌浆		2003 年 10 月	2006 年 3 月
	渗控工程		2004 年 5 月	2006 年 4 月
	金属结构及机电安装工程		2005 年 7 月	2007 年 7 月
左岸电站厂房	土建工程		1994 年 4 月	2003 年 12 月
	金属结构及机电安装工程		2000 年 9 月	2004 年 4 月
	机组安装与调试		2001 年 11 月	2005 年 12 月
右岸电站厂房	土建工程		2002 年 9 月	2007 年 9 月
	金属结构及机电安装工程		2003 年 9 月	2007 年 9 月
	机组安装与调试		2006 年 5 月	2008 年 12 月
船闸工程	土建工程		1994 年 4 月	2002 年 6 月
	金属结构及机电安装工程		2000 年 7 月	2003 年 5 月
	南线船闸完建工程		2006 年 10 月	2007 年 1 月
	北线船闸完建工程		2007 年 2 月	2007 年 5 月
	茅坪溪防护工程		1994 年 7 月	2005 年 1 月
地下电站	进水口预建工程		2001 年 12 月	2004 年 2 月
	主厂房主体工程		2005 年 3 月	2010 年 12 月
	机组安装与调试		2009 年 4 月	2012 年 7 月
电源电站	土建及金属结构安装工程		2002 年 6 月	2006 年 8 月
	机组安装与调试		2006 年 4 月	2006 年 11 月

（三）重大设计变更

1. 增设电源电站作为保安电源的变更

2004 年，三峡建委印发《对〈关于报请审批〈长江三峡水利枢纽电源电站工程设计专题报告〉的请示〉的批复》（国三峡委发办字〔2004〕25 号）。

2008 年，国家发展和改革委员会印发《关于三峡地下电站和电源电站项目核准的批复》（发改能源〔2008〕2197 号），同意增设装机规模为 $2 \times 50MW$ 的电源电站。

2. 升船机缓建及形式变更

1995年,三峡建委第12次办公会议决定升船机缓建。2003年,三峡建委第十三次全体会议决定升船机续建,其主体部分由钢丝绳卷扬提升式变更为齿轮齿条垂直爬升式。

（四）重大技术问题及处理情况

三峡枢纽工程重大技术问题主要包括左厂1～5号坝段深层抗滑稳定、大坝纵缝灌浆后增开,均已妥善解决,并经受了运行考验;三峡枢纽同时还面临超高水深、大流量截流,大体积混凝土高强度施工及温度控制,船闸关键技术,700MW级水电机组工程应用等重大技术难点,通过科技创新、技术攻关等措施均已成功解决,并取得了重大突破。详见技术预验收报告。

（五）工程建设有关单位

项目法人:中国长江三峡工程开发总公司(现中国长江三峡集团公司,以下简称中国三峡集团)

设计单位:水利部长江水利委员会,2001年后为长江水利委员会长江勘测规划设计研究院(现长江勘测规划设计研究院有限责任公司)

其他主要参建单位见附表。

（六）工程完成情况和完成的主要工程量

三峡枢纽工程已按批准的设计内容建设完成。实际完成的主要工程量和批复的初步设计工程量对比见表3。表3中初步设计工程量包括:《长江三峡水利枢纽初步设计报告(枢纽工程)》所列工程项目工程量(扣除缓建的升船机部分的工程量)、地下电站及电源电站工程的初步设计工程量。

工程量变化主要原因包括:单项工程技术设计增加部分项目、部分设计方案调整以及地质条件变化等,详见技术预验收报告。

表3　　　　　　　　三峡枢纽工程主要工程量对比汇总表

项目	单位	初步设计工程量	实际完成工程量	增减百分比
土石方开挖	万 m³	13200.54	13713.33	3.88%
土石方填筑	万 m³	3887.80	5347.17	37.54%
混凝土	万 m³	2677.27	2761.23	3.14%
钢筋	万 t	39.64	58.40	47.33%
接缝灌浆	万 m²	19.37	48.46	150.18%
固结灌浆	万 m	47.39	48.58	2.51%
帷幕灌浆	万 m	35.39	32.78	−7.37%
锚杆	万根	32.09	55.91	74.23%
锚索	束	7679	4949	−35.55%
混凝土防渗墙	万 m²	19.71	28.35	43.83%
金属结构	万 t	25.95	22.17	−14.57%

五、工程质量

(一)工程质量管理体系

中国三峡集团作为三峡工程项目法人,自1993年成立以来一直致力于建立健全由设计、施工、监理、监造等共同参与的质量管理体系,不断提高质量管理水平。在一期工程期间全面实行建设监理制,依托监理单位对施工质量进行全过程监督与控制。进入二期工程后,进一步健全工程质量管理体系,1998年成立由参建各方组成的三峡工程质量管理委员会。1999年,三峡建委成立三峡枢纽工程质量检查专家组,对工程质量进行全方位的监督检查。2000年中国三峡集团设立三峡工程质量总监办公室,进一步加强对施工质量的日常监督。三峡工程建设过程中,制定并不断完善三峡工程质量管理相关制度和技术标准,坚持全面、全员、全过程的质量管理理念,工程质量管理体系健全,运行稳定有效,确保了三峡工程建设质量目标的顺利实现。

(二)工程项目划分

三峡枢纽工程(不含升船机续建工程)共划分为大坝工程、电站厂房工程、船闸工程、茅坪溪防护工程、地下电站工程和电源电站工程等6个单位工程,16个分部工程,111个分项工程,160646个单元工程。

(三)工程质量检测

1. 开挖、支护与基础处理工程

大坝、电站厂房、地下电站、电源电站以及船闸工程基础与洞室开挖的各项质量指标满足设计和规范要求,开挖形体尺寸符合设计要求;基础及洞室围岩的固结灌浆、防渗帷幕灌浆、排水孔等施工质量均满足设计和规范要求;锚杆、预应力锚索施工满足设计和规范要求。

2. 混凝土工程

(1)用于三峡枢纽工程的水泥、粉煤灰、外加剂、粗骨料、细骨料、钢筋、止水片等原材料,各项指标均满足国家和行业标准以及设计要求。

(2)混凝土拌合物的质量满足设计要求;混凝土全面性能检测的各项指标、各种强度等级的抗压强度、混凝土的密实度检测均满足国家和行业标准以及设计要求。

(3)左岸非溢流坝段、左岸厂房坝段、泄洪坝段、右岸厂房坝段以及右岸非溢流坝段设置的接缝灌浆区检测结果表明,接缝灌浆质量满足设计要求。

3. 茅坪溪防护工程

(1)坝基开挖及清理工程满足设计要求;混凝土防渗墙工程各项质量检测结果全部合格;经压水试验,基础帷幕灌浆透水率满足设计要求。

(2)沥青心墙混合料、坝体过渡料、坝体填筑料、基础防渗及混凝土原材料各项质量检验指标均满足国家和行业标准以及设计要求。

(3)沥青混凝土心墙施工质量检测合格;心墙现场无损检测,各项指标全部合格。

4. 金属结构安装工程

(1)大坝、坝后式电站、地下电站、电源电站各部位的金属结构设备制造、安装检测结果符合相关标准、设计和合同文件要求,制造、安装质量满足工程运行要求。

(2)船闸人字闸门、输水阀门、叠梁闸门、液压启闭机及桥式启闭机等金属结构设备的制造、安装、调试,各项检验结果符合相关标准、设计及合同文件的规定,船闸金属结构设备制造、安装质量满足运行要求。

(3)坝后式电站、地下电站、电源电站快速闸门液压启闭机经检测、试验,主要指标全部合格。

(4)各部位门式启闭机和桥式起重机的检测指标及动、静负荷试验成果符合设计和规范要求。

5.机电设备安装工程

三峡电站机组及其辅助设备安装质量满足有关标准和合同要求。在调试过程中,机组摆度、振动、轴承温度、定子线棒温度等检测结果符合有关标准和合同要求。

电站公用系统如机械辅助设备、500 千伏设备、厂用电设备、油气水系统、暖通系统、消防系统、图像监控系统、通信系统的安装及调整试验均满足国家标准及合同要求。

(四)工程质量评定

1.施工、安装质量评定

三峡枢纽工程(不含升船机续建工程)共 160646 个单元工程,质量全部合格,其中优良单元工程 141512 个,其对应的分项工程、分部工程和单位工程的质量评定优良。

2.金属结构质量评价

闸门、启闭机、拦污栅等金属结构设备自运行以来,经过各种工况条件的运行,运行状况良好。泄洪建筑物各工作闸门的挡水水位均达到了设计水位,闸门工作性态正常。

3.机电设备质量评价

三峡电站水轮发电机组及其附属设备的制造、安装质量符合相关标准、设计和合同文件要求。自投入运行以来,水轮发电机组和各项设备经历了各种工况运行考验,在制造、安装、调试、运行中出现的问题已得到解决。电气系统及设备、全厂水力机械辅助系统及设备的制造、安装质量合格,各系统设备运行正常。

六、历次验收情况

(一)阶段验收

1997 年,三峡建委成立大江截流前验收领导小组,完成了长江三峡一期枢纽工程阶段验收。2002 年和 2005 年,国务院相继成立长江三峡二期、三期工程验收委员会,下设枢纽工程验收组、输变电工程验收组和移民工程验收组。枢纽工程验收组由水利部牵头组建,陆续完成了二期、三期枢纽工程阶段验收。受国务院长江三峡三期工程验收委员会委托,三期枢纽工程验收组完成了地下电站工程阶段验收。根据二期、三期工程验收大纲规定,中国三峡集团组织完成了部分阶段验收。枢纽工程各阶段验收情况详见技术预验收报告。

(二)专项验收

与枢纽工程相关的专项验收主要包括环境保护、水土保持、消防、劳动安全与工业卫生、工程档案、网络安全等。

1. 环境保护验收

环境保护部于 2015 年 8 月印发《关于长江三峡水利枢纽工程竣工环境保护验收的意见》(环验〔2015〕189 号),验收结论为:"长江三峡水利枢纽工程环境保护手续齐全,在实施过程中按照环境影响评价文件及批复要求,建立了环境保护管理体系,制定了配套的环境保护政策法规和技术标准,基本落实了相应的环境保护设施及措施,符合环境保护验收条件,同意通过竣工环境保护验收。"

2. 水土保持设施验收

水利部于 2011 年 12 月印发《长江三峡水利枢纽工程(坝区)水土保持设施验收鉴定书》(办水保函〔2011〕965 号),验收结论为:"建设单位水土保持管理体系健全,实施了主体工程设计和水土保持方案确定的水土流失防治措施,开展了水土保持监测、监理工作,有效地控制和减少了工程建设中的水土流失;建成的水土保持设施质量合格,运行管理维护落实,符合水土保持设施竣工验收的条件,同意该工程水土保持设施通过竣工验收。"

3. 消防专项验收

湖北省公安消防总队于 2013 年 2 月印发《三峡水利枢纽工程总体消防专项验收会议纪要》(专题会议纪要第 1 号),总体评价为:"经综合评定:三峡船闸、左岸电站、右岸电站、电源电站、地下电站、坝区总平面布局、消防站、消防车通道、消防供水、消防通信、消防装备按照国家批准的消防设计文件完成建设,消防验收合格。工程采用的一些技术创新提高了消防安全防护能力。船闸闸门人字门正反面水幕保护消防安全技术,提高了船闸抗御火灾能力;火灾自动报警系统采用的环形网络结构形式和分散联动控制方式提高了系统可靠性和扩展能力,减少了故障率和故障区域,提高了系统的联动控制效率。"

4. 劳动安全与工业卫生专项竣工验收

国家安全生产监督管理总局、三峡建委办公室、水电水利规划设计总院等单位组成长江三峡水利枢纽工程劳动安全与工业卫生专项竣工验收委员会,于 2013 年 11 月通过《长江三峡水利枢纽工程劳动安全与工业卫生专项竣工验收鉴定书》。验收结论为:"三峡枢纽工程建设符合国家基本建设程序规定,主要枢纽建筑物工作性态正常,机组自试运行以来运行良好,安全设施做到了与主体工程同时设计、同时施工、同时投入生产和使用;枢纽工程消防已通过专项验收;验收文件和资料齐全。验收委员会认为:三峡枢纽工程已具备安全生产条件,同意通过劳动安全与工业卫生专项竣工验收。"

5. 档案验收

国家档案局于 2015 年 5 月印发《长江三峡工程整体竣工验收枢纽工程档案验收意见》(档函〔2015〕150 号),验收结论为:"长江三峡枢纽工程档案管理体制健全,档案工作的制度体系完善,档案工作监督指导和管控措施有力,基本实现档案工作与项目建设同步开展;档案信息化建设与档案资源利用成效明显。项目档案的完整、准确、系统情况符合国家重大建设项目档案验收要求,能够反映三峡枢纽工程建设过程。验收组一致同意长江三峡工程整体竣工验收枢纽工程档案通过验收。"

6. 网络安全验收

网络安全验收为国务院长江三峡工程整体竣工验收委员会办公室以《关于组织开展三峡枢纽网络安全验收工作的函》(国三峡竣验委办函〔2015〕2 号)要求增加的专项验收,验收结论纳入枢纽工程验收报告。公安部牵头组成三峡枢纽工程网络安全验收工作组,于 2015 年 9 月 21 日召开三峡枢纽工程网络安全验收会,形成验收意见,主要结论为"三峡枢纽工程网络安全经过整改和采取措施后,不存在高风险问题,风险总体可控,符合《验收大纲》要求。同意三峡枢纽工程网络安全通过验收。"(注:前述《验收大纲》指《三峡枢纽工程网络安全验收大纲》)

7. 坝区移民验收

根据国务院长江三峡工程整体竣工验收委员会办公室要求,移民工程验收组负责三峡枢纽工程坝区移民专项验收,其验收结论纳入枢纽工程验收鉴定书。

七、历次验收提出的主要问题及处理情况

一期工程、二期工程、三期工程、地下电站各阶段验收提出的问题和建议,均已处理或落实,有关问题的说明详见技术预验收报告。

八、枢纽工程竣工验收安全鉴定

2014 年 12 月,水电水利规划设计总院提出了三峡枢纽工程竣工验收安全鉴定报告,结论为:"三峡枢纽工程符合国家批准的建设规模,工程质量优良,各主要建筑物、机电及金属结构设备运行安全,工程已实现设计规定的防洪、发电、航运效益目标,并拓展了供水、调水、生态调度等综合效益。据此,三峡枢纽工程具备正常运行条件。"

枢纽工程验收组原则同意此安全鉴定结论。

九、竣工财务决算审计

2011 年 6 月—2012 年 2 月,国家审计署对三峡工程竣工财务决算草案进行了审计。具体包括:中国三峡集团、国家电网公司编制的枢纽工程(不包括地下电站工程,地下电站工程竣工财务决算单独编制)和输变电工程竣工财务决算草案;三峡建委办公室编制的移民资金财务决算草案。2013 年 6 月,审计署发布《长江三峡工程竣工财务决算草案审计结果》(审计署审计结果公告 2013 年第 23 号,总第 165 号)。审计评价为:"审计结果表明,三峡工程投资控制有效,静态投资控制在批复概算内,实际投资完成额控制在测算的动态投资范围内,工程建设和资金管理总体规范,竣工财务决算草案基本真实合规。"经审计认定,三峡枢纽工程共完成静态投资 500.90 亿元,完成动态投资 871.95 亿元。

2015 年 3—5 月,审计署对地下电站竣工财务决算进行审计。2015 年 9 月,审计署发布《长江三峡水利枢纽工程地下电站竣工财务决算草案审计结果》(审计署审计结果公告 2015 年第 29 号,总第 226 号)。经审计认定,地下电站工程共完成投资 68.09 亿元。

十、工程尾工安排

枢纽工程已按批准的设计内容(不含批准缓建的升船机续建工程)完成,无工程尾工。

十一、工程运行及效益

(一)运行管理体制

中国三峡集团负责枢纽工程的统一建设和运行管理。

三峡枢纽建设运行管理局(原三峡集团工程建设部)代表中国三峡集团负责三峡枢纽的建设和运行管理,通过梯级枢纽调度协调小组和协调例会研究处理梯级调度及枢纽运行有关问题,协调处理防洪、发电、航运的关系,处理工程建设与枢纽运行的关系。中国长江电力股份有限公司(中国三峡集团控股的上市公司)负责电力生产业务。

工程建设期内,由中国三峡集团负责船闸(含待闸锚地)的运行维护、检修、安全监测、上下游引航道以及连接段的疏浚等工作,委托交通运输部长江三峡通航管理局承担三峡船闸(含待闸锚地)的日常运行维护工作。正常运行期的三峡通航建筑物管理体制问题在整体竣工验收前专题报国务院研究确定。

(二)运行情况

2003年6月,三峡水库蓄水至135米水位,双线五级船闸试通航,左岸电站机组陆续投产发电,工程开始投入运行。2006年水库蓄水至156米水位,三峡电站机组发电水头随着蓄水位的抬升逐步增加,机组单机功率实现了700MW的设计指标。2008年汛后,三峡工程进入175米试验性蓄水运行期。

三峡水库蓄水运用以来,大坝、坝后式电站、茅坪溪防护坝、地下电站、电源电站建筑物运行正常。截至2014年底,泄洪深孔工作闸门累计启闭2757次,累计过流136766小时;表孔工作闸门累计启闭136次,累计过流1767小时;排漂孔工作闸门累计启闭253次,累计过流14873小时;排沙孔工作闸门累计启闭50次,累计过流941小时。闸门及启闭机经过上述启闭操作,各部位金属结构设备运行情况良好。

2010年以来,已连续5年实现正常蓄水位175米的蓄水目标。在此期间,电站机组进行了最大功率756MW运行试验。2012年7月12日,三峡电站首次达到22500MW满额定出力发电。2012年、2013年、2014年汛期电站满额定出力运行分别达到711小时、62小时、706小时。水轮发电机组经受了各种运行工况的检验,电站机组及水力机械、电气设备均运行正常。

自2003年6月16日试通航以来,三峡船闸经历了各种水位下运行和各种工况的检验,设备设施持续保持安全、高效、稳定的运行状态,主要运行设备完好率100%,各项设备的运行指标达到或超过设计参数,实际通航率保持在94%以上。2014年日均运行闸次达双线31闸次,货船一次过闸平均额定吨位达15842吨,过闸船舶单船平均吨位达3846吨。

(三)运行效益

1.防洪效益

三峡工程通过水库防洪调度运行,减轻了下游的防洪压力,减免洪涝灾害损失,对保障下游防洪安全具有重要作用。

2010年、2012年三峡入库最大洪峰流量均超过70000立方米每秒,通过三峡水库拦洪削峰,削减洪峰 40%,控制沙市站水位未超过警戒水位,保障了坝下游的防洪安全,减少了坝下游河段上堤查险的时间和频次,降低了防汛成本。

2. 发电效益

至 2014 年底,三峡电站累计发电量达 8108 亿千瓦时,有效缓解了华中、华东地区及广东省的用电紧张局面,其中 2014 年三峡电站全年发电量为 988.2 亿千瓦时,创单座水电站年发电量世界纪录。三峡电站还参与电网系统调峰运行,改善了调峰容量紧张局面,为电力系统的安全稳定运行提供了可靠的保障,在我国清洁能源电力供应、减排、促进经济社会可持续发展等方面做出了重要贡献。

3. 航运效益

三峡水库蓄水后,明显改善了库区航道条件,消除了坝址至重庆河段多处滩险、单向通行控制河段和绞滩段,为航行船舶吨位从 1000 吨级提高到 3000~5000 吨级创造了条件。枯水期三峡水库下泄流量增加,葛洲坝下游水位保持在 39 米以上,并改善了长江中游宜昌至武汉的航道条件。

通航条件的改善降低了运输成本,改善了库区港口水域条件,促进了长江航运和沿江经济的快速发展。针对单船运输为主和船舶大型化趋势,通过增设导航靠泊、信息系统等设施建设和推进船型标准化、提高船闸过闸准入门槛等措施,2004—2014 年,三峡船闸过闸货运量年均增长 12.25%,2011 年过闸货运量超过 1 亿吨,提前 19 年达到设计通过能力。

4. 水资源利用效益

2003—2014 年,三峡水库累计为下游补水 1495 亿立方米,12 月至 4 月份下游平均流量由 5600 立方米每秒提高到 6500 立方米每秒,对于改善枯水期长江中下游沿江生活、生产和生态用水条件,缓解旱情、减少旱灾损失发挥了重要作用,取得了较好的效益。同时,在长江口压咸、河道水生态补偿调度等方面也进行了有益的探索。

十二、技术预验收

2015 年 5 月 4—8 日,枢纽工程验收组专家组在三峡坝区组织了现场检查和调研。2015 年 7 月 27—31 日,枢纽工程验收组专家组在三峡坝区进行了长江三峡工程整体竣工验收枢纽工程技术预验收,形成《长江三峡工程整体竣工验收枢纽工程技术预验收报告》,同意通过枢纽工程技术预验收。

十三、验收项目鉴定意见

(一)大坝工程(含升船机上闸首)

大坝各坝段抗滑稳定及基底应力满足规范要求。根据实测扬压力核算,各坝段抗滑稳定安全系数比设计计算值有所提高。泄洪坝段泄流量及各项技术指标满足设计要求,泄水建筑物运行情况良好,下游冲坑较浅,不会影响大坝及导墙运行安全。升船机上闸首采用整体式结构,底板采用预应力钢筋混凝土结构,满足强度及限裂要求,预应力损失值在设计允许值以内。临时船闸坝段改建冲沙闸结构布置合理,底流消能和整流塘设计通过水工模型试验,能满足冲沙运行要求。

监测表明,坝基垂直位移均为下沉,沉降值为 9~29mm,相邻坝段间无不均匀沉降。各坝段上下游主排水幕扬压力折减系数均小于设计值。坝基总渗漏量远小于设计预测值。左厂 1~5 号坝段水平位移很小,表明性状正常,不会产生深层滑动。坝体竖向应力均为压应力,坝体各孔口及闸墩等部位钢筋应力均在设计允许范围内。

大坝泄水建筑物的深孔、表孔、排漂孔、排沙孔工作闸门及启闭机等经过多年的运行检验,目前各部位金属结构设备运行情况良好。

自 2003 年开始水库蓄水以来,拦河大坝工程经受了多次正常蓄水位 175 米的考验,运行性态正常。拦河大坝工程具备竣工验收条件。

(二)坝后式电站工程

坝后左、右岸电站厂房基础应力、变形和稳定满足规范要求,坝后厂房整体稳定。蜗壳外包混凝土、厂房尾水管、下游挡水墙结构强度、刚度及耐久性满足规范要求。输水系统水力学条件满足电站运行要求。

监测表明,左右岸厂房基础变形均较小,没有不均匀沉降现象。基础渗控及排水系统运行良好,坝后电站封闭抽排区下游主排水幕实测扬压力折减系数均小于设计值。保压、垫层和直埋蜗壳结构运行正常。

2006 年水库蓄水至 156 米水位时,机组输出功率实现了 700MW 的设计要求。2010 年汛期,三峡电站实现 26 台机组满输出功率安全运行 1233 小时。水轮发电机组及水力机械、电气、控制保护设备自投运以来运行正常,机组能量指标满足合同要求。

电站金属结构设备经过多年运行,运行情况良好。

坝后式电站 2003 年 7 月首台机组投产发电,至 2008 年 10 月 26 台机组全部投产。电站机组及各设备经受了各种工况的运行检验,各台机组能够满功率运行,运行正常。坝后式电站工程具备竣工验收条件。

(三)通航建筑物工程(不含升船机续建工程)

船闸各建筑物的整体稳定性、基底应力、结构变形与应力均满足设计要求。水库试验性蓄水至 175 米后,输水系统工作平稳,船闸各建筑物的工作性态正常,运行安全。

监测表明,船闸南、北高边坡向闸室最大位移值分别为 74mm、59mm,中隔墩北侧向闸室方向位移为 -19~33mm,南侧为 -6~24mm。目前变形已收敛,边坡整体稳定;锚索预应力值基本稳定,预应力最大损失为 6.42%,小于设计允许值;边坡地下水位低于设计水位,高边坡排水系统效果良好,船闸墙背排水管道通畅,基本无渗压。

船闸集中控制系统、现地控制系统经过四级、五级补水及五级不补水等不同运行方式和上下游各种水位组合的运行实践检验,运行正常,船闸过闸控制程序、各项闭锁关系和保护功能等正确、有效、可靠。

液压启闭机、桥式启闭机、浮式检修门、防撞警戒装置及电气拖动与控制设备运行正常,保证了运行流程安全、可靠执行,满足检修和适应上游水位各种变幅时提落门的需要。

船闸排水系统、照明系统、通信系统、广播系统及工业电视监控系统等设备运行良好,能满足船闸正常运行及检修的需要。

船闸一至六闸首人字闸门、反弧门及辅助输水阀门,经过最大淹没水深、最大工作水头的运行实践检验,运行正常。检修情况表明,人字闸门顶、底枢状况良好,发现的局部缺陷经处理后满足正常运行要求。

船闸上游叠梁门、事故门、输水阀门、检修平板门状况良好,能满足检修和运行需要。

船闸2003年6月16日试通航、2008年开始175米试验性蓄水运行以来,各建筑物运行正常,船闸主要运行设备完好率100%,金属结构和机电设备工作性态良好。通航建筑物工程具备竣工验收条件。

(四)茅坪溪防护工程

茅坪溪防护坝2003年至今已经过多年运行并经历了正常蓄水位175米考验,运行情况正常;沥青混凝土心墙经综合分析与监测,不会产生水力劈裂。泄水建筑物自1994年建成后已经多年泄洪运行,进口、洞身及出口消能均正常。

监测表明,防护大坝累计基础沉降位移为20～25mm;坝顶最大沉降为213mm,向下游的水平位移为93mm;2014年12月库水位为175m时,上、下游水位差为74.83m,沥青混凝土心墙防渗效果良好;量水堰渗流量为257～2370L/min,小于渗漏量监控指标4000L/min;沥青混凝土心墙底部与基座之间应力均为压应力。茅坪溪防护坝工作性态正常。

自2003年开始水库蓄水以来,茅坪溪防护坝各建筑物运行情况正常。茅坪溪防护工程具备竣工验收条件。

(五)地下电站工程

地下电站是由厂房、引水洞、尾水系统等组成的大型地下洞室群,布置在右岸白岩尖山体内,主厂房开挖断面大,边墙高,上覆岩体厚度相对较薄。通过采用洞室围岩稳定加固措施,地下电站洞室围岩变形、结构受力及地下水情况满足设计要求,建筑物运行正常。

监测表明,主厂房围岩变形最大测值为26.2mm,绝大部分锚杆应力计测点测值小于100MPa,地下厂房整体稳定。厂房岩锚梁预应力锚杆测力计测值范围为185～286kN,结构钢筋应力值为−13～37MPa,混凝土与围岩测缝计开合度均小于0.45mm,目前各监测值趋于稳定,岩锚梁运行正常。主厂房周边排水幕以内围岩基本处于疏干状态。

地下电站水轮发电机组及水力机械、电气、控制保护设备自投运以来运行正常,机组能量指标满足合同要求;机组运行噪声、定子和转子温度均处于设计允许范围以内;机组组合轴承和水导轴承温升符合规范要求;调速器特性、励磁系统特性均能达到设计要求。

地下电站金属结构设备经过多年运行考验,运行情况良好。为提高运行可靠性,对快速闸门启闭机液压及电控系统由"一站二机"改为"一站一机"的控制方式,改造完成后,进行了启闭试验,运行正常。

地下电站2011年5月首台机组投产发电,至2012年7月6台机组全部投产发电。电站机组及各设备经受了各种工况的运行检验,各台机组能够满功率运行,运行正常。地下电站工程具备竣工验收条件。

（六）电源电站工程

电源电站各部位洞室围岩变形、结构受力满足设计要求，电站运行正常。

监测表明，顶拱最大变形为 7.5mm；岩锚梁结构锚杆应力最大测值为 178MPa，大部分测点在 100MPa 之内；压力钢管应力最大值 85MPa。以上测值均在设计允许范围内。

电源电站水轮发电机组及其附属设备自投入运行以来运行正常，满足设计要求。

电源电站各金属结构设备运行情况良好。为提高运行可靠性，对快速闸门启闭机液压及电控系统由"一站二机"改为"一站一机"的控制方式，并进行了启闭试验，运行正常。

电源电站自 2007 年 2 月投入运行以来，运行正常，机组具备"黑启动"功能，满足三峡电站厂用电备用电源要求。电源电站工程具备竣工验收条件。

十四、检查项目评价意见

（一）枢纽工程运行管理情况

1. 安全监测设施完好情况

三峡枢纽工程共埋设安装 12087 支（点）仪器（不包括升船机及施工期临时测点），仪器完好数量共 10982 支（点），完好率 90.9％。

自工程开工以来，采集温度、水位等作用量和建筑物以及基础变形、渗流渗压、应力应变等效应量的初始值、基准值，并对各类建筑物整体性状全过程持续监测，及时开展资料整编分析，对枢纽建筑物的稳定性、安全度作出评价，为验证工程设计和指导工程运行提供了重要技术支持。监测仪器的安装埋设符合设计和规范要求，仪器运行正常。

2. 枢纽工程调度运行情况

围堰挡水发电期（2003 年 6 月—2006 年汛期）库水位按 135～139m 控制。初期运行期（2006 年汛后—2008 年汛期）库水位按 156m 控制，2007 年和 2008 年汛期限制水位分别按 144m 和 145m 控制。

2008 年汛后开始 175m 试验性蓄水以来，依据《三峡水库优化调度方案》，库水位按 145～175m 控制调度。

2003—2014 年蓄水运行期间，累计拦洪 34 次。2010 年和 2012 年，入库最大洪峰流量分别为 70000m³/s 和 71200m³/s，经三峡水库拦蓄削峰，水库最大下泄流量分别为 40900m³/s 和 45800m³/s，削峰率在 40％左右。

为有效利用洪水资源，提高水资源利用效益，在保证防洪安全的前提下，试验性蓄水期间开展了汛期中小洪水调度、实施汛末提前蓄水，取得了较好效果，但也对水库和下游河道冲淤产生了一定影响，考虑到试验性蓄水时间尚短，应进一步加强监测，分析利弊，总结经验。

三峡水库自 2003 年开始蓄水，2010 年 10 月蓄水达到正常蓄水位 175m，目前已连续 5 年汛后蓄至 175m，水库运行正常。三峡水库按照批准的长江洪水调度方案和有关调度规程实施调度，可以实现防洪、发电、航运和水资源利用等各项目标。

3. 水库及坝下游河道泥沙冲淤

受上游干支流水库建设、水土保持、河道采砂以及气候变化等影响,2003—2013 年入库(寸滩站和武隆站之和)年均径流量和悬移质输沙量分别为 3680 亿 m^3 和 1.86 亿 t,较 1990 年以前分别减小 8% 和 62%;年均出库(宜昌站)输沙量和含沙量分别为 0.47 亿 t 和 0.118kg/m^3,较 1990 年以前分别减少 91% 和 90%。

由于三峡水库上游来沙大幅度减少,同时按照"蓄清排浑"的原则运行,水库泥沙与可行性论证时相比淤积明显减缓。2003—2013 年期间,干流库区共淤积泥沙 15.31 亿 t,年平均淤积量 1.39 亿 t,约为论证阶段预测值的 40%。重庆主城区河段总体为冲刷下切,局部河段的少量泥沙淤积未对重庆洪水位产生影响。

三峡水库蓄水运行以来,长江中下游河道发生长距离冲刷,已发展到湖口以下。宜昌至枝城河段的冲刷,导致宜昌庙嘴站同流量下枯水位下降,2013 年汛后,5500m^3/s 流量时水位为 39.01m,较 2002 年下降 0.50m,已接近航运要求的最低水位 39.0m。坝下游河势出现一定的调整,但总体稳定,荆江大堤和干堤护岸险工段基本安全稳定。

受三峡水库蓄水运行、河床冲刷和上游来水偏枯等因素影响,荆江三口(松滋口、太平口和藕池口)分流入洞庭湖的水量、输沙量减少,分沙比基本不变。三口枯水断流天数略有增加。

三峡水库调节提高了坝下游河道枯水期航道水深,洲滩冲淤变化虽对航运造成不利影响,但通过航道整治工程、疏浚和水库调度加以克服或缓解,仍可保证航道畅通。

随着三峡上游干支流新建水库群的联合调度和蓄水拦沙,三峡水库入库沙量在相当长时间内将处于较低的水平,三峡水库的泥沙淤积总体上会进一步减缓,有利于有效库容的长期保持。三峡水库转入正常运行期是可行的。

4. 库坝区地震监测

2001 年建设"长江三峡工程诱发地震监测系统",并于 2009 年进行了更新改造,可监测坝址至奉节库段的有效地震,奉节以西重庆库段由改建后的重庆三峡水库地震监测台网监测。为监测坝体的抗震安全,在左厂 14 号坝段、泄 2 号坝段及茅坪溪防护坝共安装 14 套强震仪,2003 年建成强震监测系统,2009 年进行了更新改造。水库地震监测台网和坝体强震观测两套地震观测系统已分别连续工作 14 年和 12 年,系统运行稳定、设备完好、维护到位、记录完整,为正确认识和评价三峡水库和大坝及其他水工建筑物的地震安全性起到了重要作用。

地震监测表明,三峡水库蓄水后的地震活动特征与前期的有关分析结论基本一致。即:三峡水库蓄水后不排除产生水库地震的可能,主要发震地段也与前期预测基本吻合;地震主要分布在庙河至白帝城的第二库段,可能引发构造型和岩溶型水库地震,较强地震主要出现在九湾溪-仙女山断层展布区和高桥断层一带。地震以微震及极微震为主。迄今在库区发生的最强地震震级为 M5.1,没有超出论证报告和初步设计报告中最高震级 M5.5 左右的估计。坝址至坝前 16 公里的结晶岩库段,只记录到少量极微震,白帝城以上库段蓄水以来,未发现地震活动水平有明显变化。

根据水库地震活动的基本规律及 14 年来对三峡水库地震问题的监测与研究,预测随着时间的推移,三峡水库地震的活动呈起伏性渐趋缓和态势,水库地震对坝址的影响烈度远低于建筑物的设防烈度,不会对工程安全带来任何影响,对库区人民生命财产、地质环境的影响有限。

5.变动回水区航道及港口整治

三峡工程变动回水区航道及港口整治(含坝下游河道下切影响及对策)研究为《长江三峡水利枢纽初步设计报告(枢纽工程)》中第八个单项技术设计。1993 年 7 月,三峡建委以〔1993〕1 号文批准开展该项设计。长江勘测规划设计研究院在 2011 年完成了设计研究工作,提交的研究报告通过了中国三峡集团组织的专家组验收,为解决变动回水区航道与港口以及葛洲坝下游航道问题提供了基本依据。

针对研究提出的变动回水区和坝下游航道存在的问题,1996—2002 年实施了施工期变动回水区航道整治工程,2004—2010 年在葛洲坝下游的胭脂坝河段实施了试验性护底加糙工程,2005—2008 年对涪陵至铜锣峡河段内的 14 处碍航礁石进行了炸礁整治,2008—2015 年对铜锣峡至娄溪沟河段 13 处碍航礁石进行了炸礁整治。

针对三峡水库蓄水后库区局部河段出现的碍航情况,通过航道疏浚和维护管理措施,保障了航道畅通。针对三峡工程对坝下游航道不利影响和发展趋势,对出现碍航或有不利趋势变化的河段分别实施了航道控导工程或采取了疏浚措施,航道条件基本得到稳定。由于库区泥沙淤积和坝下游河道冲刷对航道条件的影响是一个逐步显现的长期过程,应加强观测研究,及时采取航道整治和疏浚维护措施。

(二)枢纽工程相关的环境保护、水土保持、消防、劳动安全与工业卫生、工程档案和网络安全等专项验收和工程竣工财务决算审计完成及遗留问题处理情况

环境保护、水土保持、消防、劳动安全与工业卫生、工程档案、网络安全已分别通过相关部门组织的专项验收,竣工财务决算审计已完成。有关遗留问题均已处理或已落实。

(三)三峡水利枢纽正常运行期调度规程及运行管理制度制定情况

中国三峡集团根据相关文件和实际调度经验,组织编制了《三峡(正常运行期)—葛洲坝水利枢纽梯级调度规程》,水利部 2015 年 9 月 19 日以水建管〔2015〕360 号文进行了批复。

三峡枢纽运行管理各相关单位已制定了有关三峡枢纽管理的责任分工、资产管理、生产管理、安全生产、工程管理、运行管理等各方面的规章制度 155 项,制度体系较完善。

十五、意见和建议

(一)随着长江上游干支流一批控制性水库相继建成,为统筹考虑流域水资源综合利用与保护,协调水库群在防洪、发电、航运、供水以及生态与环境保护等方面的关系,保障流域防洪安全、供水安全、生态安全,实现水资源优化配置,维护健康长江,建议抓紧完善和优化以三峡为核心的长江干支流水库群综合调度方案。

(二)三峡船闸过闸货运量已超过设计通过能力,为贯彻长江经济带发展战略和适应运输市场长远发展需求,建议加快航运新通道前期工作。

（三）三峡电站机组运行水头变幅大，为改善高水头下机组运行的稳定性，经三峡建委同意，额定功率 700MW 的机组设置了最大功率 756MW。据此，2011 年前三峡电站已完成全部 8 种机型机组带最大功率 756MW 负荷的试验工作，其中 6 号和 8 号机组带 756MW 连续运行了 30 天，所有机组工作正常。目前机组按 700MW 运行，在高水头区机组稳定运行范围较窄。建议国家有关部门协调研究如何进一步发挥三峡电站发电效益，相关企业据此调整完善三峡电站额定出力和外送网络的输电能力及方向，合理调度运行。

（四）加强对未来上游来水来沙变化、水库泥沙淤积、坝下游河道冲淤演变、江湖关系变化、河口冲淤变化等问题的研究，抓紧研究、适时实施相关河道、湖泊及航道整治工程；进一步研究确保葛洲坝枢纽下游通航水位 39 米（庙嘴站）的综合措施。

（五）进一步研究三峡水库汛期中小洪水调度影响及控制指标；加强对库区及中下游生态环境累积影响的对策研究，继续开展生态调度试验；不断总结经验，适时纳入调度规程。强化库区水污染防治和工程影响区水生态保护，加强环境监测与管理，适时开展环境影响后评价。

（六）近年来，过闸的危险品货物数量持续增长，船闸消防安全事关重大，建议进一步明确船闸消防管理职责，加强船闸消防设施和灭火救援装备能力建设，加强对过闸危险品船舶的安全管理。

十六、结论

（一）三峡枢纽工程已按批准的设计内容（不含批准缓建的升船机续建工程）提前一年建设完成，无工程尾工；水工建筑物、金属结构、机电设备及安全监测设施的施工、制造、安装质量符合国家、行业有关技术标准和设计要求，工程质量合格。

（二）三峡枢纽工程相关的环境保护、水土保持、消防、劳动安全与工业卫生、工程档案、网络安全等专项验收已通过，工程竣工财务决算审计已完成，遗留问题已处理或已落实。

（三）三峡枢纽工程自 2003 年蓄水以来，经受了 2010 年至 2014 年连续 5 年正常蓄水位 175 米的考验，运行正常；枢纽工程运行以来按有关规程和调度方案开展了防洪、发电、航运和水资源调度，发挥了显著的综合效益。

枢纽工程验收组同意通过长江三峡工程整体竣工验收枢纽工程验收。

12.2　枢纽工程运行

12.2.1　枢纽工程运行分期

国务院三峡工程建设委员会 1993 年 7 月批准的《长江三峡水利枢纽初步设计报告（枢纽工程）》，明确三峡工程采用"一级开发，一次建成，分期蓄水，连续移民"的建设方案。即长江从宜昌葛洲坝至重庆河段以三峡西陵峡三斗坪坝址为一级开发，大坝按坝顶高程185.00m 一次建成；水库分期蓄水，分期分批连续移民。初步设计将三峡水库蓄水划分为三期：第一期从 2003 年开始蓄水至 135.0m 水位，由右岸三峡碾压混凝土围堰和左岸已建大坝共同挡水，左岸电站水轮发电机组发电，双线五级船闸通航，右岸大坝在围堰保护下施工，称为围堰挡水发电期(简称围堰挡水发电期);第二期从 2007 年汛后开始水库蓄水至 156.0m 水位,三期碾压混凝土围堰拆除,右岸大坝与左岸大坝全线挡水,左岸电站 14 台机组全部投产,右岸电站机组开始投产,进入初期运行期;第三期按三峡工程施工进度计划 2009 年枢纽工程完建,水库具备蓄水至正常蓄水位 175.0m 的条件,仍按初期蓄水位 156.0m 运行,初期运行的历时,可根据库区移民安置情况,库尾泥沙淤积实际观测成果以及重庆港泥沙淤积影响等情况,届时相机确定,暂定 6 年,即 2013 年水库蓄水至正常蓄水位 175.0m,进入正常运行期。

12.2.2 枢纽工程建设期间运行

12.2.2.1 围堰挡水发电期运行

(1)水库蓄水位及运行水位

2003 年 6 月,三峡水库蓄水至 135.0m 水位,进入围堰挡水发电期。初步设计规定围堰挡水发电期水库运行水位一般情况下按 135.0m 控制,因电站调节需要及考虑泄洪设施启闭时效、水情预报误差等因素,实时调度时库水位允许在 134.9~135.4m 间波动。国务院三峡工程建设委员会第十三次全体会议于 2003 年 9 月 5 日在北京召开,国务院总理、三峡建委主任温家宝主持会议。会议讨论拟定的意见中,对围堰挡水发电期汛后即将水位提高到 139m 运行,有利于更早更好地发挥三峡工程的综合效益,但在实施前要抓紧完成以下工作:一是搞好 139m 水位线以下的移民搬迁安置工作;二要完成 139m 水位线以下的地质灾害治理工作;三是对按 135m 水位线设计的部分道路、码头等设施要按蓄水到 139m 抓紧采取新的措施;四要对大坝导流底孔运行情况进行彻底检查,对三期挡水围堰和临时船闸坝段安全情况进行复核和必要的加固,确保导流底孔和围堰的安全。会后三峡总公司及时对上述工作进行布置落实,质量检查专家组、枢纽工程和移民工程验收组对上述工作完成情况分别进行检查、确认。2003 年 11 月,水库蓄水位抬高至 139.0m,围堰挡水发电期运行水位为 135.0m(汛期防洪限制水位)至 139.0m(围堰最高挡水位)。

(2)围堰挡水发电期度汛标准

围堰挡水发电期度汛标准采用三期上游碾压混凝土围堰设计洪水标准为 20 年一遇洪水,保堰洪水标准为 100 年一遇洪水。2006 年汛前三期上游碾压混凝土围堰爆破拆除后,大坝全线挡水,大坝施工期度汛设计洪水标准为 200 年一遇洪水,校核洪水标准为 500 年一遇洪水;三期下游横向围堰防洪度汛标准为 50 年一遇洪水。

围堰挡水发电期 2003 年至 2005 年设计洪水位为 135.4m,保堰洪水位为 139.8m;2006 年设计洪水位为 152.82m,校核洪水位为 154.64m。

围堰挡水发电期汛限水位为 135.0m,2003 年汛期运行水位变幅为 134.9~135.4m,2004—2005 年汛期运行水位变幅为 134.9~135.7m;2006 年汛期运行水位为 135.0~152.82m。

(3)围堰挡水发电期电站机组发电方式与发电效益

1)电站机组发电方式

围堰挡水发电期左岸电站机组陆续投产,基本按来水流量实施不同发电方式:当来水流量小于投产机组过水能力时,电站可按调峰方式运行,其调峰幅度可随机组投产进度逐步增加,允许调峰幅度根据不同流量级、机组工况、装机投产台数和航运等因素综合拟定;当来水流量大于投产机组过水能力时,电站按投产机组预想出力满发出力发电方式运行。

2)围堰挡水发电期电站发电效益

左岸电站 2003 年 7 月 20 日首台机组投产发电,至 2005 年 9 月 10 日 14 台机组全部投产。左岸电站通过 7 回输电线及相关的直流输电线路分别连接重庆市万州、江苏省常州和广东省惠州,实现了华中电网与川渝电网、华东电网和南方电网的互联;2005 年 7 月 10 日,华中电网与华北电网联网。三峡电厂投产对全国联网起到了促进作用。截至 2006 年 7 月底,三峡电厂实现连续安全生产 984d,完成发电量 1236.13 亿 kW·h。

(4)围堰挡水发电期航运运行方式与航运效益

三峡枢纽围堰挡水发电期的航运调度,由水上交通行政主管部门交通部长江三峡通航管理局负责,航运调度服从三峡工程综合运行的统一协调。船闸的运行维护、检修、安全检测,以及上、下游引航道口门区和连接段的疏浚等项工作由三峡总公司负责,所需经费从三峡电力成本中列支,船舶免费过船闸。

围堰挡水发电期,船闸最大通航流量为 $45000 \text{m}^3/\text{s}$。枯水期宜昌站实测水位低于 38.0m 时,若出现葛洲坝水利枢纽不能满足船舶航行水深情况,在保证三峡枢纽工程围堰安全的前提下,可实施水库补偿航运流量调度预案,以增加葛洲坝枢纽下游航道水深,相应改善枯水期通航条件。

船闸自 2003 年 6 月 16 日试通航,6 月 18 日正式向社会船舶开放过船闸,除汛期因洪水流量超限停航外,均保证了安全通航,实现了"安全、平稳、有序、畅通"的预定目标。船闸通航效益明显,截至 2006 年 7 月 31 日,围堰发电期船闸共运行 2.7 万闸次,通过船舶 21.2 万艘次,货运量 10398 万 t,客运量 606 万人次。

12.2.2.2　初期蓄水位 156.0m 试验性运行

(1)三峡工程建设提前一年进入初期 156.0m 水位运行期

三峡枢纽工程大坝三期工程施工的右岸大坝于 2006 年 5 月 20 日混凝土浇筑至设计坝顶高程 185.0m,较初步设计提前一年,三峡水库库区三期移民重庆和湖北省 13 个区县 156.0m 水位线下移民搬迁在 2006 年汛前完成,移民工程验收组安排在 8 月下旬进行终验,以满足汛末库水位蓄到 156.0m 的要求,较初步设计提前一年。初步设计拟定初期156.0m 水位试验性蓄水运行的历时,要根据移民搬迁安置情况,库尾泥沙实测观测资料与试验成果对比及重庆港泥沙淤积影响等情况,暂定 6 年,2013 年转入正常蓄水位 175.0m 运行。

国务院三峡工程建设委员会第十五次全体会议于 2006 年 5 月 12 日在北京召开,国务院总理、三峡建委主任温家宝主持会议。会议同意在前期各项工作到位的情况下,于 2006年汛后将三峡水库水位蓄水至 156.0m 水位。

国务院长江三峡三期工程验收委员会枢纽工程验收组于 2006 年 9 月上旬对枢纽工程进行了初期 156.0m 水位蓄水验收;移民工程验收组于 2006 年 8 月下旬对库区移民工程进行了三期移民工程终验。经国务院三峡建委批准,三峡工程于 2006 年汛后蓄水至初期蓄水位 156.0m 运行,较初步设计提前一年。

(2)初期运行期三峡水库运行水位

三峡枢纽工程于 2006 年 9 月 20 日开始蓄水,起蓄水位 135.5m;9 月 30 日水库水位蓄至 141.77m,10 月 27 日,水库蓄水至 156.0m。初期运行期汛限水位 2007 年汛期按 144.0m 控制,变幅 143.9~145.0m,防洪高水位 166.5m;2008 年按 145.0m 控制,变幅 144.9~146.0m,防洪高水位 167.0m;枯水期最高运行水位不超过 156.0m。

(3)初期运行期度汛标准

1)泄水设施未能全部投入运用的度汛标准

初期运行期 2007 年汛期尚有 11 个泄洪表孔不能投入运用,考虑泄水设施未能全部投入运用,大坝坝体度汛设计洪水标准为 200 年一遇洪水,校核洪水标准为 500 年一遇洪水。2007 年汛期参与运用的泄洪设施有 23 个泄洪深孔、7 个排沙孔(水位 150.0m 以下运用)、2 个泄洪排漂孔及 11 个泄洪表孔。另有 16 台 700MW 水轮发电机组运行。

2)泄水设施全部投入运用的度汛标准

初期运行期 2008 年汛期泄水设施可全部投入运用,大坝及电站厂房设计洪水标准为 1000 年一遇洪水,相应下游水位 76.40m;校核洪水标准为 10000 年一遇洪水加大 10%,电站厂房校核洪水标准为 5000 年一遇洪水,相应下游水位 80.90m。泄洪设施为 23 个泄洪深孔、22 个泄洪表孔、2 个泄洪排漂孔、7 个排沙孔(水位 150.0m 以下运用)。另有 24 台 700MW 水轮发电机运行。

(4)初期运行期防洪调度方式及防洪作用

三峡枢纽初期运行期蓄水位 156.0m,初步设计拟定汛期防洪限制水位 135.0m,水库防洪库容 110.8 亿 m³。鉴于枢纽工程施工进度提前,经主管部门审批,2007 年和 2008 年汛期防洪限制水位分别抬升至 144.0m 和 145.0m,防洪库容按防洪高水位以下库容分别为 144.4 亿 m³ 和 146.3 亿 m³。初期运行期防洪调度的主要任务是在保证枢纽工程及施工安全的前提下,利用水库防洪库容拦蓄洪水,提高荆江河段的防洪标准;特殊情况下,适当考虑城陵矶附近的防洪要求。

1)防洪调度方式

①正常防洪调度方式

三峡水库汛期在不需要实施防洪拦蓄洪水时,应按防洪限制水位运行,库水位控制在允许变动范围内。当水库需要运用防洪高水位以下库容对下游荆江河段进行防洪补偿时,实施正常防洪调度方式。当三峡坝址上游来水与坝址至沙市区间来水叠加,将使沙市站水位高于 44.5m 时,在该时段内调度方式:(a)如三峡库水位低于防洪限制水位,水库拦蓄洪水控制下泄流量与坝址至沙市区间来水叠加后,沙市站水位不高于 44.5m;(b)如三峡库水位超过防洪限制水位,而在防洪高水位以下,水库可继续拦蓄洪水,按下泄流量与坝址至沙市区间来水叠加后,控制沙市站水位不得高于 45.0m。

②特殊防洪调度方式

三峡水库汛期实施特殊防洪调度方式,仅适于坝址上游来水不很大,水库尚不需要为下游荆江河段防洪拦蓄洪水,而洞庭湖水系洪水较大,城陵矶附近防洪情势紧迫,三峡水库水位较低的情况。实施特殊防洪调度方式时,水库可利用部分库容,尽可能对城陵矶防洪补偿,按防洪要求降低城陵矶河段洪水位。实施特殊防洪调度方式后,若库水位已达到防洪限制水位,其调度方式:(a)当坝址上游来水与坝址至沙市区间来水叠加,将使沙市站水位不高于 44.5m 时,则按泄量等于来水量控制水库下泄量,以不增加下游防洪压力,维持库水位为防洪限制水位;(b)如坝址上游来水与坝址至区间来水叠加后,将使沙市站水位高于 44.5m,应按正常调度方式相关规定调度。

③保枢纽安全的防洪调度方式

三峡水库已拦蓄洪水至防洪高水位后,上游来水仍很大,甚至遇到 1000 年一遇大洪水的情况,实施保枢纽安全的防洪调度方式。原则上按枢纽全部泄洪能力泄洪,但泄量不大于上游洪水来量,并通过补偿调度尽可能控制荆江河段行洪流量不超过 $80000\text{m}^3/\text{s}$。

2)防洪作用

2007 年汛期,三峡水库对于入库流量大于 $35000\text{m}^3/\text{s}$ 的 4 次洪水过程实施了防洪调度。按照长江防总先后下达的 6 次调度令进行防洪调度,前 3 次由于洪峰流量较小,且荆江河段水位较低,三峡水库在洪峰来之前,库水位降至防洪限制水位运行,洪水通过坝址时,没有拦蓄,按出入库流量平衡控制。第四次洪峰流量 $52500\text{m}^3/\text{s}$,遵照长江防总调度令,三峡水库从防洪限制水位 144.0m 开始拦蓄洪水,最高库水位至 146.10m,拦蓄洪量 10.43 亿 m^3,削减洪峰 $5100\text{m}^3/\text{s}$,使下游荆江河段沙市站水位降低 0.8m,有效地缓解了防洪压力。

(5)发电效益及航运效益

1)发电效益

三峡电站 2007 年和 2008 年发电量分别为 616.0 亿 kW·h 和 808.1 亿 kW·h;水能利用提高率分别为 4.50% 和 4.96%;节水增发量分别为 26.8 亿 kW·h 和 37.8 亿 kW·h;三峡电站 2007 年和 2008 年平均调峰量分别为 472MW 和 889MW,最大调峰量分别为 3162MW 和 3830MW。

2)航运效益

三峡船闸 2007 年和 2008 年运行闸次分别为 8087 闸次和 8661 闸次,通过船舶分别为 5.3 万艘和 5.5 万艘;通过货物分别为 4686 万 t 和 5370 万 t,通过旅客分别为 85.0 万人次和 85.5 万人次;2007 年翻坝转运旅客为 107 万人次,翻坝转运货物 2007 年和 2008 年分别为 1371 万 t 和 1477 万 t;2008 年枢纽通过货物为 6847 万 t,大大超过三峡—葛洲坝水利枢纽通航历史上 1981—2003 年的最好纪录 1800 万 t,是葛洲坝水利枢纽多年(1981—2003 年)

平均货运量 958 万 t 的 7.1 倍。

12.2.2.3　枢纽工程建设期间运行及初期效益

（1）枢纽建筑物运行

大坝及茅坪溪防护坝、电站输水建筑物及厂房、船闸主体段及引航道各项监测指标均在设计允许范围内，对外检查无异常变化，各建筑物运行状况良好。各类闸门及启闭机设备的各项技术指标满足设计和规程规范要求，运行状态良好。投产的水轮发电机组在额定水头下机组出力达到额定出力，效率满足合同要求；机组运行噪声、定子、转子温度均处于设计允许范围内，机组运行状态良好。

枢纽工程建设期间运行建筑物防洪度汛情况见表 12.2.1，泄洪建筑物运行情况见表12.2.2。

表 12.2.1　　　　　　　枢纽工程建设期间运行防洪度汛资料汇总表

年份	度汛标准	汛期泄水设施	汛期实测最大洪水流量(m³/s)		备注
2003		23 个泄洪深孔、22 个导流底孔、3 个排沙孔、1 个排漂孔	48400	汛限水位 135.0	排沙孔在水位 150m 以下运用(下同)
2004	三期上游碾压混凝土围堰设计洪水标准：100 年一遇洪水 保堰洪水标准：200 年一遇洪水	23 个泄洪深孔、22 个导流底孔、3 个排沙孔、1 个排漂孔。左岸电站 6 台机组运行	60500	135.0	控泄 56800m³/s，削减峰量 3700m³/s，拦蓄洪水量 4.95 亿 m³，最高水位 136.0m³
2005		23 个泄洪深孔、20 个导流底孔、3 个排沙孔、1 个排漂孔。左岸电站 11 台机组运行	46000	135.0	汛期最高水位 135.67m
2006	大坝坝体挡水，大坝施工期度汛洪水标准：设计 200 年一遇洪水，校核 500 年一遇洪水	23 个泄洪深孔、14 个导流底孔、3 个排沙孔、1 个排漂孔。左岸电站 14 台机组运行	31600	135.0	控期最高水位 135.67m。
2007		23 个泄洪深孔、11 个泄洪表孔、7 个排沙孔、2 个泄洪排漂孔。左岸电站 14 台机组＋右岸电站 2 台机组运行	52500	144.0	控泄 47400m³/s，削减峰量 5100m³/s，拦蓄洪水量 10.43 亿 m³，最高水位 146.10m。
2008	大坝设计洪水标准 1000 年一遇，校核洪水标准 10000 年一遇加大 10%	23 个泄洪深孔、22 个泄洪表孔、2 个泄洪排漂孔、7 个排沙孔	41000	145.0	汛期最高水位 145.98m

表 12.2.2　　　　　　　　枢纽工程建设期间泄洪建筑物泄水设施运行汇总表

泄水设施	运行情况	2002 年	2003 年	2004 年	2005 年	2006 年	2007 年	2008 年	合计	备注
导流底孔	弧门启闭（扇次）	43	432	42	26	/	/	/	543	2002 年 9 月 15 日，导流底孔过水；2005 年 1 月至 2007 年 3 月全部封堵
	过流时间(h)	47943	38927	888	159	/	/	/	87917	
泄洪深孔	弧门启闭（扇次）	/	604	772	656	146	198	157	2533	2003 年 5 月 30 日，泄洪深孔首次过水
	过流时间(h)	/	36829	33328	31530	4118	14938	3835	124578	
排漂孔	弧门启闭（扇次）	/	/	10	4	19	53	102	188	2003 年 6 月 10 日，排漂孔首次开启排漂
	过流时间(h)	/	/	4431	4028	1371	2501	1145	13476	
排沙孔	工作门启闭（扇次）	/	/	/	12	/	14	/	26	2005 年 8 月 11—19 日排沙孔首次开启排沙
	过流时间(h)	/	/	/	492	/	86	/	578	
泄洪表孔	工作门启闭（扇次）	/	/	/	/	/	/	34	34	2008 年 10 月 25 日泄洪表孔首次开启运用
	过流时间(h)	/	/	/	/	/	/	356.8	356.8	

（2）初期效益

1）防洪

2003 年 6 月，三峡枢纽工程蓄水至 135.0m 水位，进入围堰挡水发电期，开始发挥通航发电的作用。2003 年 11 月，水库蓄水至 139.0m 水位，围堰挡水运行水位为 135.0m（汛限水位）～139.0m（最高蓄水位）。2006 年汛后，10 月 27 日水库蓄水至 156.0m，较初步设计提前一年进入初期运行期，按初期规模的防洪、发电、航运等综合利用任务调蓄并发挥效益。初期运行期汛限水位经长江防总审查并报国家防总批复，2007 年汛限水位为 144.0m，2008 年汛限水位为 145.0m。2004 年和 2007 年，汛期最大洪水流量分别为 60500m³/s 和 52500m³/s，均大于 50000m³/s，三峡集团公司按照长江防总的调度令，分别调控下泄流量为 56800m³/s 和 47400m³/s，削减洪峰流量分别为 3700m³/s 和 5100m³/s，拦蓄洪量 4.95 亿 m³ 和 10.43 亿 m³，发挥了初期运行的防洪作用。

2）发电

2003 年 7 月 10 日,左岸电站首台机组投产,2008 年 10 月右岸电站最后一台机组完成 72h 试运行,三峡两岸 26 台 700 机组全部投产。2006 年汛后蓄水至 156.0m 水位,单机实现了 700MW 的运行。枢纽建设期(2003—2008 年),两岸电站累计发电量 2884.4 亿 kW·h。

3）航运

三峡工程建设前,宜昌至重庆江段落差 120m,有险滩 139 处,单行控制河段 46 处,重载货轮需牵引段 25 处。三峡水库蓄水后,淹没了所有滩险及单航段和牵引段,航道平均扩宽至 110m,有半年以上时间库区航道满足万吨级船队通航的要求,航道通行更加安全。水库水位抬升至 156.0m,改善航道里程 570m,航道条件的改善有利于大型船舶航运。2003 年船闸投运 6 年以来,船闸水工建筑物,金属结构与机电设备运行状况及连接段航道的适航性能良好,船闸工作性态正常,实现了"安全、平稳、有序、畅通"的通航目标。枢纽工程建设期间发电、通航情况见表 12.2.3 至表 12.2.4。

表 12.2.3　　　　　　　　　　三峡枢纽工程建设期间运行发电资料汇总表

年份	2003 年	2004 年	2005 年	2006 年	2007 年	2008 年	备注
坝址年径流量(亿 m³)	4044	4147	4565	2986	4054	4290	
电站投产机组台数(台)	1～6	6～11	11～14	14	14～21	21～26	
年发电量(亿 kW·h)	85.38	391.57	490.89	492.50	616.00	808.10	累计 2884.4 亿 kW·h
节水增发电量(亿 kW·h)	0.8	17.2	18.7	20.3	26.8	37.8	
平均调峰量(MW)	188	245	468	589	472	889	
最大调峰量(MW)	1577	807	1900	2040	3162	3830	

表 12.2.4　　　　　　　　　　三峡枢纽工程建设期间运行通航资料汇总表

项目	单位	2003 年	2004 年	2005 年	2006 年	2007 年	2008 年	备注
运行闸次	闸次	4386	719	8336	8050	8087	8661	
通过船舶	万艘	3.5	7.5	6.4	5.6	5.3	5.5	
通过货物	万 t	1377	3431	3291	3939	4686	5370	
通过旅客	万人次	108	173	188	162	85	85.5	
翻坝转运旅客	万人次	6.6	22.3	17	71.3	109		
翻坝转运货物	万 t	98	879	1103	1085	1371	1477	
三峡枢纽通过旅客	万人次	115	195	205	233.3	194	85.5	
三峡枢纽通过货物	万 t	1475	4309	4394	5024	6057	6847	

12.2.2.4　枢纽工程建设期间运行中出现的问题及其处理

(1)三期碾压混凝土围堰漏水问题及其处理

1)围堰渗漏水检查

2003 年 6 月 10 日三峡枢纽工程蓄水至 135.0m 水位,三期碾压混凝土围堰和左岸已建大坝挡水。三峡总公司提出汛后将库水位提高至 139.0m 运行,改变了碾压混凝土围堰设计正常运行水位,设计按设计工况 139.0m 水位复核了围堰的结构安全性,计算表明碾压混凝土围堰可以满足 139.0m 水位正常运行的控制条件。上游纵向围堰堰内段为双侧向挡水,受力条件复杂,且施工中存在较为严重的碾压混凝土施工质量问题,经设计复核,正常运行水位抬高至 139.0m,需在与三期碾压混凝土围堰相接部位加高增加盖重(混凝土量 2380m³),已按设计进行加高施工,可满足抬高水位至 139.0m 的要求。2003 年 6 月 11 日,库水位蓄至 135m,围堰总渗水量为 200 L/min,11 月 9 日蓄水至水位 139.0m,尚未发现碾压混凝土围堰渗漏水现象,堰内高程 107.5m 廊道在 12 月 11 日未发现渗漏水,12 月 12 日发现堰内高程 107.5m 廊道堰体排水槽引出管和 1 号药室引出管出现大量渗水,并明显呈上升趋势,2004 年 1 月 31 日总渗漏量达 2780L/min。通过廊道内钻孔,采用水下录像和灌注示踪剂等方法检查,先后发现围堰 7～15 号堰块高程 107.5m 或高程 111.4m 处有一条水平裂缝,缝长 260m,缝宽 1.0～1.5mm。在封堵高程 107.5m 水平缝过程中,2 月 10 日发现 107.5m 廊道底板部分堰体排水孔有返水现象,经孔内电视录像观察,发现在高程 88.0m 附近有射水,2 月 25 日实测堰基础廊道顶部堰体排水孔总渗漏量达 8352L/min。经水下检查,发现 715 号堰块有长约 300m 水平裂缝,主要分布在高程 88m,个别在高程 82m 及高程 78m,缝宽约 1.0mm,缝深大于 5mm,个别达 6.5mm。另外检查有 5 条 诱导缝和 1 条横缝漏水。

2)围堰裂缝成因分析

围堰水平裂缝成因:①碾压混凝土围堰断面较大,采用连续上升施工,无散热条件,堰内混凝土几乎处于绝热温升状态,而冬季库水温度较低,混凝土内外温差偏大,产生较大的温度拉应力;围堰高程 107.5m 和高程 111.4m 为碾压混凝土与常态混凝土界面,两种不同性态混凝土在强度及变形上不一致,再加上接触面长间歇,如面处理不当,易产生水平裂缝。②原设计围堰运行最高库水位为 135m,后提高至 139m,增加了 0.19MPa 拉应力;③碾压混凝土施工层面中存在强度较低的弱面,如高程 88m 层面施工时降雨停浇 14.5 小时,形成 I 型冷缝,由于弱面上的抗拉强度低于预计值,以至拉裂。

3)围堰裂缝渗漏对安全运行影响分析

经设计复核计算,在裂缝渗漏情况下,裂缝深 5m,扬压力图形按 5m 上游全水头,5m 下游三角形分布;按纯摩公式,取 $f=0.75$,当库水位为 136m 时,抗滑稳定安全系数 K 满足规范要求;当库水位为 139m 时,高程 88m 以下断面略有不足,但安全系数 K 仍大于 1。

4)裂缝漏水处理

根据裂缝检查情况,漏水的处理原则为:"前堵后排"。在围堰上游水平裂缝与横缝和诱导缝相交的"+"部位钻孔进行灌浆封闭。上游面封堵采用水下检查,切 V 形槽、涂刷 HK－963、嵌填 SR 柔性材料嵌缝,跨缝粘贴 SR 盖片,进行水下堵缝;以达到"前堵"的目的;同时在高程 107.5m 廊道上游侧和顶拱肩处打排水孔,以达到"后排"目的;增设深孔排水幕,向下延伸至 40m 廊道,并降低堰体漏水量及缝面扬压力并阻止裂缝发展。2004 年 4 月 2 日排水幕及水平裂缝处理先后完成,渗漏量大减,至 2004 年 1 1 月 3 日仅为 7.52L/min。

(2)大坝坝体纵缝灌浆后再张开(增开)问题

1)大坝纵缝灌浆后增开现象分析

大坝泄洪坝段和左厂房坝段纵缝接缝灌区 220 个,埋设 230 支测缝计,其中有 215 只测缝计在接缝灌浆后测值呈增开趋势,最大增开值为 2.89mm,平均增开值为 0.27mm。根据监测成果分析:①纵缝Ⅰ增开度较大,纵缝Ⅱ增开度相对较大。②在同一纵缝上,沿高程上下两端增开度小,中部增开度大。③纵缝增开度与坝体温度变化相关性不明显,但与外界气温有关,纵缝Ⅰ夏季增开度大,冬季小,而纵缝Ⅱ夏季增开度小冬季增开度大。三峡水库蓄水至 135.0m 水位后,泄洪坝段纵缝Ⅰ在高程 58.0m 以下趋于闭合,且测值较为稳定;高程 58.0m 以上仍随气温变化。按设计要求,对泄 2 号、泄 20 号坝段纵缝Ⅰ利用高程 116.5m 廊道钻仰孔取芯,压水和孔内录像,检查结果显示:增开缝内水泥浆充填较好,水泥结石与周围混凝土脱开的宽度小于 0.15~0.30mm。从导流底孔 2 号底孔抽干检查发现纵缝两侧涂刷的环氧胶泥也未张开。设计考虑到纵缝顶部、底部趋于闭合,中部增脱开数值较小,计算分析表明其对坝踵影响范围微小,可暂不进行处理,但需继续加强监测工作。

2)纵缝开度变化对大坝安全运行的影响分析

为研究纵缝开度变化对大坝安全运行的影响,对泄 2 号坝段进行了三维有限元计算,分析自重和水压力作用下坝基和坝体应力分布,以及纵缝的接触状态。

①计算工况

计算工况分为坝体自重、库水位 135m、库水位 175m 三种工况,坝体结构分整体坝(无纵缝)、有纵缝无间隙(零间隙)和有纵缝有间隙三种模型。

②材料参数

混凝土容重 24.5kN/m³,弹性模量 26GPa,泊桑比 0.167;基岩容重取 0,弹性模量 35GPa,泊桑比 0.2;纵缝可传压、传剪,缝面抗剪参数 $f'=0.7$,$c'=2.0$MPa。

③计算方法及边界条件

计算采用三维有限元计算模型,纵缝接触面采用面—面的接触单元。

计算模型,选定泄洪坝段(泄 2 号、底孔封堵)为对象,在坝轴线方向取一半,坝基础上下游范围各取 1 倍坝底长度、深度范围取 1 倍坝高。在基岩的底面、下游面及侧面取法向约束,泄洪坝段的坝体对称面上也取法向约束。

④计算结果分析

通过三维有限元静力计算,分析坝体自重对纵缝Ⅰ和纵缝Ⅱ不同高程张开度的影响,分别模拟纵缝Ⅰ和纵缝Ⅱ按实测的增开度与零间隙情况,对自重、水压力作用下坝体的应力分布进行对比;地震作用下动力响应计算分析采用时程逐步积分法,进行地震作用的结构非线性有限元动力响应计算,分析纵缝Ⅰ和纵缝Ⅱ按实测的增开度与零间隙情况下坝体的地震影响程度。计算分析表明:

(a)在自重作用下,坝体纵缝Ⅰ、纵缝Ⅱ均向上游变形:泄 2 号坝段纵缝Ⅰ在高程 40～140m 缝面脱开,最大张开度在高程 87m 处为 2.44mm,纵缝Ⅱ在高程 60～120m 缝面脱开,最大张开度在高程 120m 处为 4.13mm。

纵缝灌浆后再增开主要受大坝上、下游面外界气温影响,引起坝体变形所致,受坝体自重影响较小。

(b)库水位 135m 工况,纵缝有间隙情况和零间隙情况下,坝踵、坝趾处均为压应力,且纵缝Ⅰ和纵缝Ⅱ缝面已基本接触,缝面可以传力。

(c)库水位 175m 工况,有间隙情况:泄 2 号坝段坝踵处最大拉应力为 2.53MPa,拉应力范围沿坝高及顺流向约 1m,高程 5m 以上坝体断面 OY 均为压应力。

零间隙情况:泄 2 号坝段坝踵处拉应力为 1.49MPa,拉应力范围为 0.65m。

由此可见,纵缝灌浆后增开对坝踵应力有轻微影响,进行二次灌浆处理的改善作用不大。

(d)关于扬压力荷载,通过对 175m 工况有间隙情况采用不同计算方法,分析坝基面扬压力对坝踵应力的影响,泄 2 号坝段坝踵拉应力为 4.24MPa,拉应力范围为 2.0m,坝基面应力范围满足《混凝土重力坝设计规范》(SL319—2005)的要求。

(e)纵缝有间隙情况下,泄洪坝段地震动位移与纵缝无间隙情况的地震动位移接近,坝踵动应力 S_Y 则前者小于后者,坝基面纵缝处最大动应力在 0.767MPa 以内,缝面动应力 S_Y 和缝端动应力 S_X 均不大,分布规律基本相同:纵缝有、无间隙坝顶加速度放大系数比较接近,分别为 3.66、3.62。

(f)纵缝有间隙情况下坝踵综合应力 S_Y 和拉应力范围有所增加,坝踵在水平和坝高方向的拉应力范围,以纵缝有间隙情况最大,水平范围为 2.50m,有纵缝无间隙情况水平范围为 1.41m。

(g)缝面剪应力很小,地震过程中纵缝处于闭合状态。

3)蓄水后纵缝、应力监测成果与计算成果分析

为研究纵缝灌浆后增开的原因,以泄 2 号坝段作为分析对象,模拟整个坝段的混凝土浇筑过程、灌浆过程及后期蓄水过程,采用三维有限元法进行接触问题非线性分析,考虑温度及混凝土徐变的影响,对纵缝开度及坝体变形、应力进行仿真分析。结合蓄水后泄 2 号坝段纵缝开度、应力的监测成果,与仿真计算进行对比分析如下:

①纵缝开度成果与计算成果分析

纵缝开度监测资料表明:纵缝中上部在灌浆之后有再张开现象,泄洪坝段更明显,蓄水之后随时间延长,坝体温度变化趋于稳定,增开度也略有减小,并趋于一个稳定的年变化过程。

泄洪 2 号坝段纵缝Ⅰ灌浆后高程 13m 处缝面开度没有变化,高程 23～135m 处开度均有所增大,最大增开度 2.5mm。2002 年以后高程 23m、34m、57m 处实测增开度小于 0.2mm,表明测点处纵缝基本是闭合的。高程 124m、135m 处测点开度仍略有变化,年变幅

在 1mm 以内,增开度一般 8 月最大,2 月最小,但蓄水后开度年变幅略有减小。2008 年之后的试验蓄水对纵缝开度的变化没有明显影响。

纵缝Ⅱ除高程 69m 以外各测点开度稳定,其测值与 135m 水位测值相同,高程 69m 测点开度年内仍有变化,冬季小、夏季大,最小值与 135m 水位时同期数值相同,最大值较 135m 水位时同期数值小。表 12.2.5 给出了泄洪坝段纵缝开度监测成果。

表 12.2.5   泄洪坝段纵缝开度监测成果表

纵缝位置		高程(m)	增开度(mm)						
			03－2	03－8	06－2	06－8	07－2	09－2	10－12
泄洪2号坝段	纵缝Ⅰ	13	0.38	0.36	0.36	0.36	0.40	0.38	0.38
		23	0.33	0.18	0.17	0.18	0.15	0.13	0.13
		34	0.59	0.28	0.25	0.21	0.20	0.17	0.14
		46	1.44	1.16	0.92	0.74	0.64	0.55	0.92
		57	0.48	0.17	0.06	－0.08	－0.09	－0.14	－0.18
		124	0.81	1.81	0.89	1.52	0.85	0.82	0.81
	纵缝Ⅱ	135	0.11	1.43	0.12	1.17	0.15	0.11	0.11
		23	0.03	0.03	0.01	0.00	0.00	－0.03	－0.05
		57	0.47	0.79	0.72	0.81	0.70	0.68	0.71
		69	1.69	2.35	1.58	2.34	1.48	1.50	1.68
		75	0.03	0.03	0.01	0.00	0.00	－0.03	－0.05

对泄 2 号坝段的仿真计算成果表明:156m 水位时,纵缝Ⅰ在高程 57m 以下纵缝开度已稳定,高程 124m 以上纵缝开度随气温呈周期性变化,夏季张开、冬季闭合;纵缝Ⅱ在高程 57m 以下部位纵缝已闭合,高程 69m 处纵缝开度随气温呈周期变化,夏季开度大、冬季开度小,其最大值、最小值均较 135m 水位时小。监测资料与仿真计算成果相吻合。

②纵缝缝面接触状态对比分析

泄洪坝段 2 号坝段的仿真计算成果表明:156m 水位时,纵缝Ⅰ在高程 124m 以下开缝(除高程 46m、69m 局部外)已闭合;高程 124m 以上缝面夏季张开、冬季闭合。

纵缝Ⅱ大部分区域闭合,张开区域主要在高程 95～109m,高程 72m 附近也存在 1mm 左右的张开度。

监测成果表明:156m 水位时,纵缝Ⅰ在高程 57m 以下(高程 57m 至高程 124m 间无完好测点)虽仍测得有开度,但其测值维持不变,且与 135m 水位测值相同。高程 124m 以上最小值(冬季)与 135m 水位时同期开度数值相同。

纵缝Ⅱ在高程 23m 处开度为零。在高程 57m 处显示缝面开度最小值(冬季),与 135m 水位时同期开度数值相同。

孔内电视录像显示,纵缝一段键槽的三个面并不同等宽度地张开。由于上下游坝块相对位移的垂直分量易使斜面贴紧,许多铅直段(测缝计均埋设于此)张开的缝段斜面已闭合。由此可见,对于蓄水 135m 以后,测缝计测值不为零但年内无变化的区段,上下游坝块已接触,其接触形式细部表现为铅直而仍有间隙、某一斜面已闭合。

③坝踵应力监测与计算成果分析

泄 2 号坝段在高程 9.0m、坝面下游 2m 处埋设有一组五向应变计。坝体未挡水前,该处铅直向应力(压应力)为 $-6.4 \sim 5.2$ MPa;较计算值大 2.0MPa。蓄水位 135m 时,该处压应力减小 $0.1 \sim 0.5$ MPa;蓄水 156m 后,该处铅直向心力为 $-5.2 \sim -5.0$ MPa,较 135m 水位减小 $1.0 \sim 0.1$ MPa。其过程线如图 11.2.1 所示。

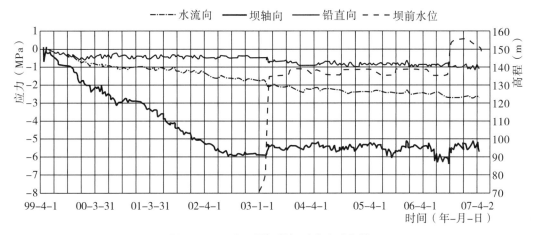

图 12.2.1　泄 2 号坝段坝踵应力过程线

泄 2 号坝段仿真计算结果表明,135m 水位运行期,该处应力值为 $-4.6 \sim -4.4$ MPa,且随气温呈周期变化,夏季压应力大,冬季压应力小;156m 水位运行期,应力为　$3.4 \sim -3.2$ MPa,较 135m 水位减小 1.2MPa,计算结果小于监测值。

4)钻孔检查情况

①第一次检查

2003 年 11 月和 2004 年 4 月,对泄 2 号坝段、泄 18 号坝段和泄 20 号坝段三个坝段的纵缝 I,在高程 116.5m 廊道和高程 80.5m 廊道内钻骑缝孔进行检查,并进行了孔内电视录像。钻孔检查发现,泄 2 号坝段纵缝的张开度和增开度与纵缝监测结果一致;泄 18 号坝段纵缝的张开度和增开度均比监测结果小。

②第二次检查

2007 年 10—11 月对泄 2 号坝段纵缝 I 部位高程 80.5m 廊道内的两个钻孔 ZK2-3、ZK2-2 进行孔内电视录像,并与前期录像检查结果进行对比。

ZK2-3 孔录像显示:高程 80.5m 至高程 77.5m,止水片(止浆片)以上和排气槽铁皮盖板范围,缝面未填充或张开,张开值大者 1.9mm;高程 76.7m 至高程 66m,缝面部分张开,张开值 $0.5 \sim 1.9$ mm,在一个缝段内,或上部、中部张开而下部闭合,或上部张开而中部、下部闭合;高程 65m 至高程 48.4m,缝面全段闭合;高程 48.4m 至高程 45.8m,缝面全段张开,张开值1.2mm。ZK2－2孔录像成果与ZK2－3孔差别不大。与前期(2004年09月录像成果)成果对比,混凝土接缝的接触状态无明显变化。

根据坝体主应力方向,在纵缝之上间隔设置键槽,测缝计均埋设在铅直面上。从泄2号坝段高程80.5m廊道内俯孔孔内电视录像可以看出,部分缝段的上部(斜面)、中部(铅直面)张开而下部(斜面)闭合,或者上部张开而中部、下部闭合。由此可见,对于蓄水135m水位以后,上下游坝块已由键槽起到传力作用。

③第三次检查

2008年6—7月,对泄2号、泄18号和泄20号坝段骑缝孔再次进行孔内电视录像,并在泄6、泄21号坝段增加骑缝孔进行钻孔检查。

录像采用全数字化电视录像,与前期已有的录像成果相对比,大部分钻孔显示混凝土接缝在长度、宽度及形态上无明显变化,纵缝张开分布部位、缝宽及其形态也未见异常变化。

新增的泄6号坝段和泄21号坝段骑缝孔在高程80.5m以下,从第三次检查的孔内电视录像显示:高程80.5m廊道以下的缝段绝大部分未见张开,张开的缝段均在止浆片以外的非灌浆区或排气槽与止浆片之间的灌浆死角;高程116.5m廊道至高程80.5m廊道之间,除开止浆片以外的非灌浆区或排气槽与止浆片之间灌浆死角之后,未见张开的缝段约占总缝段数的70%;高程116.5m廊道(廊道顶高程120.5m)以上,大部分缝段张开,少数缝段未见张开。

孔内录像与测缝计监测资料相对照,测缝计表明纵缝Ⅰ高程65m及以下各测点开度稳定,孔内录像显示高程80.5m以下的缝段绝大部分未见张开;测缝计表明高程124m及以上测点开度年内仍有变化,孔内录像显示高程120.5m以上的缝段大部分张开,两者成果一致。

5)大坝纵缝灌浆后增开研究结论

①泄洪坝段纵缝计算分析成果表明,大坝纵缝在接缝灌浆以后开度变化的主要影响因素为外界气温,总体呈现夏季大、冬季小的变化规律。水库蓄水后增开度减小且随气温变化,夏季张开、冬季闭合。

②大坝纵缝监测资料所反映的纵缝张开度和增开度情况与仿真分析成果相吻合。钻孔检查验证了测缝计所表明的缝面张开度情况。

③通过分析蓄水以来泄洪坝段纵缝开度、近坝踵处应力的变化情况,并与仿真分析、坝体应力变形分析成果进行对比分析,说明纵缝增开度变化规律和坝踵应力变化情况与泄洪坝段计算分析成果相吻合,进一步验证了计算方法的合理性和计算成果的可信度。

④大坝变形和纵缝开度仿真分析成果表明,蓄水156m以后泄2号坝段纵缝Ⅰ高程124m以下、纵缝Ⅱ高程95m以下(除局部区域外)缝面已闭合,键槽面的接触形式细部表现为铅直面仍有间隙、某一斜面已闭合,上下游坝块已由键槽起到传力作用。

2008年汛末,175.0m试验蓄水对大坝纵缝开度的变化规律和量值不会产生明显影响,泄2号坝段纵缝Ⅰ在高程124m以下、纵缝Ⅱ在高程69m以下缝面开度测值已无变化,上部近坝面一定范围的纵缝开度呈年度周期性变化,夏季张开、冬季闭合。根据仿真分析成果、钻孔检查情况和实测资料综合判断,纵缝大部分缝面已闭合,上、下游坝块已由键槽起到传力作用,灌浆后再张开的纵缝不影响大坝的安全运行。

12.2.3　枢纽工程正常蓄水位 175.0m 试验性蓄水运行

12.2.3.1　三峡工程 2008 年汛后实施 175.0m 水位试验性蓄水

(1)枢纽工程和移民工程具备 175.0m 水位蓄水条件

1)枢纽工程具备 175.0m 水位蓄水条件

国务院长江三峡三期工程验收委员会枢纽工程验收组根据国务院三峡工程建设委员会颁发的《长江三峡三期工程枢纽工程验收工作大纲》和《长江三峡三期工程枢纽工程具备蓄水 175m 水位条件检查大纲》,委派枢纽工程验收组专家组于 2008 年 7 月 5 日至 10 日,在三峡工地,对三峡三期工程枢纽工程具备蓄水 175m 水位条件进行检查。

专家组专家听取了三峡工程建设、运行、安全鉴定、安全监测资料分析报告。专家们认真查阅了三峡工程各参建单位提供的设计、施工、监理、施工质量检测资料,经过讨论,提出了《长江三峡三期工程枢纽工程具备蓄水 175m 水位条件检查报告》(以下简称《检查报告》)。

《检查报告》结论为:"截至 2008 年 6 月,大坝导流底孔封堵工程、泄洪表孔完建工程、冲沙闸下游消能防冲工程均已完工,枢纽工程挡水建筑物已经按照设计要求全部建成,施工质量满足规范和设计要求。安全监测系统运行正常,监测成果表明,三峡水库 2003 年 6 月蓄水以来,挡水建筑物及金属结构工作性态正常,监测系统满足蓄水过程中跟踪监测的要求。近坝库段库岸稳定,库坝区地震台网运行正常。水库泥沙淤积和下游河床冲刷情况不制约抬升蓄水位。船闸完建验收及右岸电站首批机组启动验收相关建议已经落实。试验蓄水至 175m 水位的准备工作就绪,蓄水方案正在研究。国务院长江三峡三期工程验收委员会枢纽工程验收组专家组经检查认为,长江三峡三期工程枢纽工程已具备蓄水 175m 水位的条件,可以进行试验性蓄水。"

2)移民工程具备 175.0m 水位蓄水

2008 年 8 月 21 日,移民验收组召开国务院长江三峡四期移民工程验收组第三次会议。听取了湖北省、重庆市关于三峡库区四期移民工程初验及整改情况的汇报;环境保护部、卫生部、国土资源部、国家文物局对三峡库区四期移民工程相关专项验收情况汇报;移民验收组专家组关于三峡库区四期移民工程现场验收情况汇报。讨论《长江三峡四期移民工程阶段性验收终验报告》(审议稿),提出修改审议意见,通过《长江三峡四期移民工程阶段性验收终验报告》(以下简称《终验报告》),移民验收组成员在《终验报告》审议意见上签字。移民验收组对长江三峡四期移民工程阶段性验收的终验结论是:移民验收组认为,三峡库区 175m 水位(坝前水位)线下移民搬迁安置任务已全部完成(含少量过渡性安置),库底清理目标已按规定全部实现,移民安置区基本具备生产、生活条件。按照《移民验收大纲》要求,库底清理验收合格,四期移民工程其余各类验收项目能够满足三峡工程 175m 实验性蓄水条件。

(2)三峡建委批复 2008 年汛末实施试验性蓄水

1)三峡建委第十六次全体会议审查了 2008 年汛末试验性蓄水问题

三峡建委第十六次全体会议于 2008 年 8 月 2 日在北京召开,国务院副总理、三峡建委主任李克强主持会议。会议审查了关于 2008 年汛末 175m 试验性蓄水问题。要在确保安全和环境要求的前提下,继续做好试验性蓄水条件的各项准备工作。请三峡办商水利部等有关部门,进行综合论证,在四期移民工程阶段性验收报告和枢纽工程 175m 挡水验收报告完成后,根据长江防汛形势和来水情况,研究提出试验性蓄水方案,报国务院审批。会议审查了关于三峡水库优化调度问题。请水利部会同三峡办、环境保护部、交通运输部、气象局、三峡总公司和国家电网公司等部门和单位,把防洪安全放在第一位,同时考虑充分利用汛末洪水资源,研究提出优化调度的具体方案,经国家防汛抗旱总指挥部审核后,报国务院审批。

2)国务院三峡三期工程验收委员会原则同意 2008 年汛末进行试验性蓄水

国务院长江三峡三期工程验收委员会于 2008 年 9 月 6 日召开会议,验收委员会主任回良玉主持会议,验收委员会副主任汪啸风、张平、陈雷、李鸿忠、王鸿举、李永安和验收委员参加了会议。听取了枢纽工程验收组和移民工程验收组的汇报,经过讨论,原则同意 2008 年汛末进行正常蓄水位 175.0m 试验性蓄水。

国务院长江三峡工程建设委员会于 2008 年 9 月 26 日批复,同意三峡工程汛末进行试验性蓄水,蓄水至 156.0m 水位后再报批。

3)2008 年汛末试验性蓄水最高蓄水位达 172.80m

三峡总公司于 9 月 28 日开始蓄水,10 月 5 日,库水位蓄至 156.0m。国务院三峡建委于 10 月 16 日下发通知,三峡水库在 156.0m 水位蓄水基础上,继续抬高水位至 160.0m 进行试验性蓄水,之后可视上游来水情况,在确保安全的情况下再适当抬高蓄水位。三峡总公司按国务院三峡建委通知要求,在确保工程及库区安全的前提下,制定了水库蓄水方案。10 月 19 日至 24 日,日均入库流量 12600~11100m³/s,日均出库流量 6830~5990m³/s,坝前水位蓄至 160.26m;10 月 25 日至 31 日,日均入库流量 12600~23400m³/s,日均出库流量 6290~9000m³/s,坝前水位蓄至 167.37m。11 月 1 日至 3 日,坝址上游出现一次洪水过程,11 月 3 日实测最大入库流量 33000m³/s,为 1877 年以来 11 月实测最大流量,超过 11 月 500 年一遇流量;11 月 4 日日均入库流量 32700m³/s,出库流量 15200m³/s,坝前蓄水位为 172.36m,达到 2008 年汛末试验性蓄水的目标。11 月 5 日至 14 日,实测坝前水位 172.8~172.12m,最高蓄水位达 172.80m。

12.2.3.2 2009 年汛末三峡工程继续实施 175.0m 水位试验性蓄水

(1)三峡建委通知提出 2009 年试验性蓄水的要求

三峡建委于 2009 年 9 月 14 日下发《关于做好三峡工程 2009 年试验性蓄水有关工作的通知》,通知要求:1)有关部门、单位和库区地方各级政府要继续遵循国务院确定的"安全、科学、稳妥和渐进"的试验性蓄水原则,切实加强组织领导,正确处理防洪、发电、航运、供水等效益之间的关系,扎实有序地做好试验性蓄水的各项工作。2)根据国务院批准的蓄水方案,不早于 2009 年 9 月 15 日三峡水库从汛限水位 145 米开始蓄水,并达到正常蓄水位 175 米;具体实施计划由国家防汛抗旱总指挥部批准;三峡水库在高水位运行一段时间后,水位逐步回落,2010 年 6 月 10 日降至汛限水位 145 米。按照国家防汛抗旱部门批准的试验性蓄水具体实施计划,由三峡总公司实施,并每日发布三峡水库蓄水计划(水库水位、下泄流量等)。3)有关部门、单位和库区各级政府要加强协调,及时会商和信息通报,建立防灾联动机制。国土、环保、交通、水利、卫生,地震、气象、文物、电力和三峡总公司等部门和单位,以及库区地方各级政府,要进一步完善落实试验性蓄水的各项安全监测和试验检测措施,特别是人民群众生命财产安全、枢纽及电网运行安全、库岸稳定及地质灾害防治、航运安全、库区水环境质量安全等方面,要落实预案做好应急准备,及时处置蓄水影响出现的各种问题,确保试验性蓄水工作任务的顺利完成。

(2)国家防总批复 2009 年试验性蓄水实施计划

国家防汛抗旱总指挥部于 2009 年 9 月 14 日下发《关于"三峡工程 2009 年试验性蓄水实施计划"的批复》国汛〔2009〕14 号),批复同意《三峡工程 2009 年试验性蓄水实施计划》。

(3)2009 年汛末试验性蓄水最高蓄水位为 171.41m

三峡总公司遵照三峡建委通知要求和国家防总的批复,于 9 月 15 日开始蓄水,9 月 30 日蓄水位为 157.93m,10 月 31 日蓄水至库水位 170.98m。鉴于长江中下游 2009 年降雨量较多年平均值偏少 53.6%,发生了旱灾,为满足中下游及洞庭湖、鄱阳湖地区抗旱供水需求,长江防总下达加大泄流量的调度令,三峡水库最高蓄水位为 171.41m。

12.2.3.3　三峡水库 175.0m 水位试验性蓄水期间的运行调度

(1)水利部颁发国务院批准的《三峡水库优化调度方案》

水利部于 2009 年 10 月颁发经国务院批准的《三峡水库优化调度方案》中明确三峡水库汛末蓄水方式为:①水库开始兴利蓄水时间不早于 9 月 15 日。具体开始蓄水时间,由水库运行管理部门每年根据水文、气象预报编制提前蓄水实施计划,明确实施条件、控制水位及下泄流量,经国家防汛抗旱总指挥部批准后执行。②当沙市站、城陵矶站水位低于警戒水位(分别为 43.0m、32.5m),且预报短期内不会超过警戒水位的情况下,方可实施提前蓄水方案。③蓄水期间的水库水位按分段控制的原则,在保证安全的前提下,均匀上升。一般情况下,9 月 25 日水位不超过 153.0m,9 月 30 日水位不超过 156.0m(在对防洪风险、泥沙淤积等情况作进一步分析的基础上,通过加强实测监测,9 月 30 日蓄水位视来水情况,经防汛部门批准后可蓄至 158.0m),10 月底可蓄至汛后最高蓄水位。④在蓄水期间,当预报短期内沙市、城陵矶站水位将达到警戒水位,或三峡水库来水流量达到 35000m³/s,并预报可能继续增加时,水库暂停兴利蓄水,按防洪要求进行调度。《三峡水库优化调度方案》中明确其适用范围为三峡水库试验性蓄水期(即 2009 年汛末开始至三峡水库转入 175m 正常运行时止)。根据调度运用实践总结和各项观测资料的积累以及运行条件的变化,三峡水库的优化调度方案还需逐步修改完善。水库每年的汛后最高蓄水位由国务院三峡建委商有关部门提出,报国务院批准。其他运行水位及其运行条件可在充分研究论证的基础上,经过有批准权限的部门批准后,进行适当调整。

(2)175m 试验性蓄水期间防洪调度方式

1)对荆江河段防洪补偿的调度方式

对荆江河段防洪补偿的调度方式主要适用于长江上游洪水大、需要对荆江河段防洪调度的情况。汛期在不实施防洪调度的情况下,水库水位原则上维持防洪限制水位运行,库水位允许一定变动范围。预报将发生较大洪水时,如当时库水位高于防洪限制水位,应尽快降至防洪限制水位。

汛期在实施防洪调度的情况下,如三峡水库水位低于 171.0m,依据水情预报及分析,洪水调度在控制面临时段内,当坝址上游来水与坝址至沙市区间来水叠加后:

①沙市站水位低于 44.5m 时,在该时段内:a. 如库水位为防洪限制水位,按泄量等于来量的方式控制水库下泄流量,原则上保持库水位为防洪限制水位;b. 如库水位高于防洪限制水位,则按沙市站水位不高于 44.5m 控制水库下泄流量,及时降低库水位以提高调洪能力。

②沙市站水位达到或超过 44.5m 时,控制水库下泄流量,与坝址至沙市区间来水叠加后,沙市站水位不高于 44.5m。

当三峡水库水位在 171.0~175.0m 之间时,控制补偿枝城站流量不超过 80000m³/s,在配合采取分蓄洪措施条件下控制沙市站水位不高于 45.0m。

按上述方式调度时,如相应的枢纽总泄流能力(含电站过流能力,下同)小于确定的控制泄量,则按枢纽总泄流能力泄流。

2)兼顾对城陵矶地区进行防洪补偿的调度方式

兼顾对城陵矶地区进行防洪补偿调度主要适用于长江上游洪水不很大,三峡水库尚不需为荆江河段防洪大量蓄水,而城陵矶水位将超过长江干流堤防设计水位,需要三峡水库拦蓄洪水以减轻该地区分蓄洪压力的情况。

汛期在因调控城陵矶地区洪水而需要三峡水库拦蓄洪水时,如水库水位不高于 155.0m,按控制城陵矶水位 34.40m 进行补偿调节,水库当日下泄量为当日荆江河段防洪补偿的允许水库泄量和第三日城陵矶地区防洪补偿的允许水库泄量二者中的较小值。当三峡水库水位高于 155.0m 之后,按对荆江河段防洪补偿调度。

(3)保枢纽安全的防洪调度方式

当三峡水库已蓄洪至设计水位 175.0m 后,实施保枢纽安全的防洪调度方式。三峡水库水位超过 175.0m 水位后,原则上按枢纽全部泄流能力泄洪,但泄量不得超过上游来水流量。三峡水库调洪蓄水后,在洪水退水过程中,应按相应防洪补偿调度及库岸稳定的控制条件,使水库水位尽快消落至防洪限制水位,以防御下次洪水。

当长江上游发生中小洪水,根据实时雨水情和预测预报,在三峡水库尚不需要实施对荆江或城陵矶河段进行防洪补偿调度,且有充分把握保障防洪安全时,三峡水库可以相机进行滞洪调度。

12.2.3.4　2010 年至 2018 年汛末试验性蓄水连续蓄至 175.0m 水位

175m 试验性蓄水运行期间,在长江防洪抗旱总指挥部指导下,三峡集团公司组织进行了汛期中小洪水滞洪调度、沙峰排沙调度、消落期库尾减淤调度、生态调度等试验,并取得了试验成果,为编制三峡水库正常运行期运行规程提供了技术支撑。

(1)国家防总批复三峡工程 2010 年 175.0m 试验性蓄水实施计划

三峡集团公司遵照国务院批准的《三峡水库优化调度方案》在试验性蓄水期间对优化调度方案要逐步修改完善的精神,并在总结 2008 年和 2009 年试验性蓄水实践的基础上,提出《三峡工程 2010 年 175.0m 试验性蓄水实施计划》报长江防总,经长江防总组织技术审查后报国家防总审批。2010 年 9 月 9 日,国家防总下达《关于三峡工程 2010 年 175.0m 试验性蓄水实施计划的批复》(国汛〔2010〕10 号),同意 2010 年三峡水库蓄水的起蓄时间为 9 月 10 日,起蓄水位 150.0m,9 月 30 日蓄水位 162.0m,10 月底蓄至 175.0m。同时明确三峡水库可按起蓄时前期防洪调度的实际库水位开始蓄水。长江防总遵照国家防总的指示,采取分阶段控制三峡水库蓄水位的调度方式,2010 年 8 月 24 日,三峡入库洪水流量为 56000m³/s,出库流量 26000m³/s,8 月 31 日库水位升至 158.44m。9 月上旬,三峡水库继续拦蓄,提前预蓄了近 85 亿 m³ 的水量。

(2)2010 年汛末三峡枢纽 9 月 10 日开始蓄水,10 月 26 日首次蓄至 175.0m 水位

三峡集团公司根据国家防总对 2010 年 175.0m 试验性蓄水实施计划的批复,于 9 月 10 日 0 时开始蓄水,起蓄水位承接前期防洪调度的实际库水位 160.20m。9 月 10 日 8 时,实测入库流量 36000m³/s,出库流量 21400m³/s。长江防总根据水情雨情预报及预测分析,在保证防洪安全和下游用水需求的前提下,按照国家防总批复,控制 9 月 30 日蓄水至 162.0m 水位,适时调度调整三峡枢纽下泄流量,9 月 30 日 20 时,三峡水库水位蓄至 162.75m。9 月 10 日至 9 月底,三峡枢纽的平均出库流量为 21800m³/s,远大于国家防总批复要求的 10000m³/s,满足了下游用水需求。

10 月上旬,三峡枢纽入库流量 16600～13400m³/s,出库流量 8870～7270m³/s,蓄水位 163.20～168.96m;10 月中旬入库流量 14000～16000m³/s,出库流量 7220～13900m³/s,蓄水位 169.60～174.19m;10 月 23 日实测坝前水位 174.53m,入库流量 13800m³/s,出库流量 11300m³/s;10 月 26 日 8 时实测坝前水位 174.98m,入库流量 12800m³/s;9 时实测库水位 175.0m,入库流量 12200m³/s,出库流量 12200m³/s,实现了 2010 年 175.0m 试验性蓄水目标。

(3)2011—2018 年汛末试验性蓄水连续蓄至 175.0m 水位

2011—2018 年,三峡工程汛末 175.0m 试验性蓄水实施计划,经长江防总审查报国家防

总批复,蓄水提前至 9 月 10 日开始(2014 年因汛末入库流量较大,水库水位较高,蓄水从 9 月 15 日开始)、起蓄水位采用与前期防洪调度的实际库水位开始蓄水,并相应提高 9 月底蓄水位等措施,在 10 月底和 11 月上半月蓄至 175.0m 水位(见表 12.2.6)。

表 12.2.6　　　　　　三峡工程 175.0m 试验性蓄水运行各年蓄水资料汇总表

年份	年径流量 亿 m³	开始蓄水时间及起蓄水位			最高蓄水位及时间		备注
		开始蓄水时间	起蓄水位 m	9 月 30 日蓄水位 m	最高蓄水位 m	时间	
2008	4290	9 月 28 日	145.27	150.23	172.80	11 月 4 日	
2009	3881	9 月 15 日	145.87	157.50	171.43	11 月 24 日	因坝下游抗旱供水停止蓄水
2010	4067	9 月 10 日	160.20	162.84	175.00	10 月 26 日	
2011	3395	9 月 10 日	152.24	166.16	175.00	10 月 30 日	
2012	4481	9 月 10 日	158.92	169.40	175.00	10 月 30 日	
2013	3678	9 月 10 日	156.69	167.02	175.00	11 月 11 日	
2014	4380	9 月 15 日	164.63	168.58	175.00	10 月 31 日	
2015	3777	9 月 10 日	156.01	166.41	175.00	10 月 28 日	
2016	4086	9 月 10 日	145.96	161.97	175.00	11 月 1 日	
2017	4214	9 月 10 日	153.50	166.80	175.00	10 月 21 日	
2018	4570	9 月 10 日	152.63	165.93	175.00	10 月 31 日	

(4)实施中小洪水滞洪调度和提前蓄水减少水库泥沙淤积的措施

三峡水库 175m 水位试验性蓄水运行以来,汛期实施中小洪水滞洪调度,库水位抬高致使排沙比降低,水库泥沙淤积量相对增多;水库蓄水提前至汛末 9 月 10 日开始蓄水,影响库尾变动回水区河道走(冲)沙,造成该河段泥沙淤积量有所增加。鉴于入库泥沙大量减少,根据实测资料,2003 年 6 月至 2017 年 12 月,水库淤积泥沙 16.69 亿 t,年均淤积泥沙 1.145 亿 t,仅为预测成果的 35%。2008—2017 年排沙比为 16.5%,低于初步设计预测值。长江水利委员会水文局实测水文资料发现,发生大洪水时,洪峰从寸滩站到达大坝前约 12~30h,坝前水位越高传播时间越短;沙峰传播时间则为 3~7d。为减少水库泥沙淤积,2012 年 7 月,通过实时监测和预报,在进行洪水削峰调度的同时,利用洪峰与沙峰传播时间的差异,采用"涨水控泄拦蓄削峰,退水加大泄量排沙"的沙峰排沙调度方式进行了首次沙峰排沙调度试验,使 7 月份的排沙比提高到 28%,取得了较好的排沙效果,突破了常规的水库"排浑"运行方式。为解决库尾重庆市主城区河段走(冲)沙问题,2012 年 5 月 7—24 日和 2013 年 5 月 13—20 日进行了两次库尾泥沙冲淤试验,库水位分别从 161.92m 消落至 154.50m 和从 160.16m 消落至 155.97m,消落幅度分别为 7.87m 和 4.19m,日均降幅分别为 0.46m 和 0.52m,水库回水末端从重庆的大渡口附近(距大坝 625km)逐步下移至长寿附近(距大坝 535km)。库水位消落期间,库尾河段沿程冲刷。重庆大渡口至涪陵河段(含嘉陵江段长 169km)冲刷量分别为 241.0 万 m³ 和 441.3 万 m³。库尾冲淤调度实践表明,在每年 5 月结合库水位消落实施库尾冲淤调度,可将库尾河段淤积的泥沙冲至水库水位 145.0m 以下河槽内,解决了水库提前至汛末蓄水而影响重庆主城区河段走(冲)沙问题,并在汛期实施沙峰排沙调度,为三峡水库"蓄清排浑"运行探索出一条新模式。175m 水位试验性蓄水运行期间,遵循"保证长江防洪安全,控制水库泥沙冲淤、减小生态环境影响"的水库调度运行理念,在确保防洪安全的前提下,利用一部分洪水资料,全面发挥了三峡工程防洪、发电、航运、供水和生态环境保护等综合效益。

12.2.3.5　175.0m 水位试验性蓄水运行期枢纽挡水一线建筑物安全监测资料分析

为监控三峡枢纽建筑物在施工期和运行期的安全性态,三峡工程布置了项目齐全的监测仪器,形成了较完整的安全监测系统。通过预埋仪器的人工观测、自动观测以及巡视检查,对枢纽建筑物的变形、渗流、应力应变等进行周期监测,并在工程 135m、156m、175m 各阶段蓄水及试验性蓄水期间加强了监测工作,取得了大量的连续、准确、齐全的监测资料。安全监测资料综合分析表明,枢纽建筑物的变形、渗流、应力应变等变化规律合理,测值均在设计允许范围内,各建筑物工作性态正常。

(1)大坝

1)变形监测

①2008 年汛末实施 175m 水位试验性蓄水以来,坝基水平位移一般在 2.0mm 以内,个别坝段达 4.0mm。历次蓄水前后坝基位移变化多为 0.01~1.48mm。2017 年 11 月实测坝基累计水平位移在 0.42mm(右纵 1 号坝段)~3.96mm(升船机右 2 坝段)之间。

②坝顶水平位移随水位升高而增大,随气温呈周期性变化,一般每年 1~2 月向下游位移最大,8 月份向上游位移最大。2008 年汛末实施 175m 水位蓄水前后,泄 2 号坝段坝顶水平位移增量为 17.32mm,增量大小与蓄水前起始水位有关。2010 年 10 月 26 日泄 2 号坝段坝顶水平位移 18.85mm,月平均气温为 18.5℃,月平均水位为 169.34m;2013 年 10 月 31 日实测坝顶水平位移最大为 21.83mm,月平均气温 16.2℃,月平均水位 173.13m。说明差异原因主要是气温和水位不同所致。2018 年 2 月 28 日(库水位 166.50m)实测坝顶水平位移为－1.81mm(升左 1 号坝段)~25.16mm(右厂 17 号坝段)。

③大坝坝基沉降量随库水位变化而增减,2017 年 11 月实测最大沉降为 31.09mm(泄 5 坝段),2018 年 3 月实测坝基累计沉降为 3.48mm(右非 6 号坝段)~30.02mm,垂直位移和水平位移分布均呈河床中间大、向两岸逐渐减小的分布趋势。175m 水位试验性蓄水前后坝基沉婊变化较小,为 1.0~3.0mm。

2)渗流监测

①上游灌浆廊道排水幕处扬压力系数均在设计允许值 0.25 以内,2018 年 3 月实测左非 1~18 号坝段最大为 0.12(左非 10 号坝段),左厂坝段最大为 0.21(左厂 5 号坝段),泄洪坝

段最大为 0.09(泄 18 号坝段);左厂排坝段至右非坝段最大为 0.14(右厂 18 号坝段)。下游灌浆廊道排水幕处扬压力系数均在设计值 0.5 以内。实测最大值为 0.16。

②坝基实测扬压力为设计扬压力的 45.26%~86.0%,平均为 62.14%,实测扬压力小于设计扬压力,有利于大坝稳定。

③135m 蓄水后,2003 年 6 月达到坝基最大渗流量 1219.19L/min。此后,总渗流量总体呈减小趋势,目前渗流量为 368.79L/min,远小于设计计算值 20000L/min。每年蓄水前后渗流量均随水位升高而有所增加,但增量不大。

3)应力应变监测

①坝踵坝趾应力

大坝坝踵铅直向压应力随水位升高而减小,而坝趾压应力则随水位升高而增大。175m水位蓄水前后,坝踵压应力减小 0.14~0.42MPa,坝趾压应力增加 0.05~0.43MPa。2018年 2 月实测坝踵应力为 −2.33~−4.92MPa,坝趾应力为 −0.74~−3.83MPa。

②纵缝变化

蓄水前后泄洪坝段纵缝 I 在高程 70.0m 处缝面开合度无变化,在高程 70.0~135.0m处缝面闭合,变化范围为 −0.23~−0.26mm。灌浆后,高程 123m 处缝面开合度在 1.35mm以内变化。

③坝面裂缝

坝面裂缝经处理后,裂缝没有继续张开,处于稳定状态,裂缝目前开合度为 −0.32~0.29mm。

④建基面以下 10m 深处的基岩变形计观测表明基岩均受压。2017 年坝踵处受压为 −0.56mm(左厂 3)~−5.31mm(泄 18),坝趾受压为 −0.95mm(左导墙)~−2.54mm(泄 1)。

(2)茅坪溪防护坝

1)变形监测

①2008 年汛末 175m 水位试验性蓄水前后,防护坝坝基座廊道沉降多在 1.0mm 以内变化,2012 年 12 月坝基累计沉降 23.82~29.80mm,2017 年 11 月坝基累计沉降为 23.82~29.80mm,坝基沉降变化基本稳定。

②防护坝坝体 2003 年 7 月填筑至坝顶,实测最大累计沉降为 245~582mm,坝高最大的0+700 断面累计沉降为 326~582mm;各断面坝体累计沉降分布是中间大,上部和下部小,最大累计沉降出现在 1/2 坝高处;坝体填筑完成后沉降趋于稳定,2003 年 7 月至 2013 年 5月各点沉降增加值在 145mm 以内。2008 年汛末实施 175m 水位试验性蓄水后,位移渐趋稳定。

2)渗流监测

①试验性蓄水到正常蓄水位 175m 后,渗压计实测防渗墙上游坝基处的水位基本与库水位一致,防渗墙下游渗压计水位为 98~100m,说明防渗墙防渗效果良好。

②坝基渗流量随库水升高和降雨量增大而增加。2004 年 11 月 23 日,库水位 138.83m 时实测渗流量 557L/min;2006 年 10 月 28 日,库水位 155.68m 时渗流量 993.6L/min;2010 年 11 月 20 日,库水位 174.57m 时渗流量 1972.6L/min;2014 年 10 月 31 日,库水位 174.98m 时,实测渗流量 1928.7 L/min。近几年 175m 试验性蓄水运行以来,坝体坝基渗流量没有大的变化,渗流量小于设计监控值 4000L/min。

3)应力应变监测

①防渗墙基座铅直向压应力随坝体填筑高度增加而增大,至 2003 年 7 月 21 日实测应力在 -1.35~-1.54MPa 之间变化,此后测值没有明显变化。

②沥青混凝土心墙铅直向应变均为压应变,且应变随坝体填筑高度增加而增大。2003 年 6 月 10 日,库水位蓄至水位 135m,7 月实测沥青混凝土心墙上下游面应变分别为 -2.69~-53.08k$\mu\varepsilon$。2003 年 7 月实测应变为 -3.84‰~-0.11‰,平均为 -1.81‰。2003 年之后,各点压应变量略有增加,但渐趋稳定。2013 年 12 月,仍有 14 个测点测值可靠,实测应变在 -4.31‰~-0.26‰ 之间,平均为 -1.83‰;与 2003 年 7 月相比,各点应变增量在 -0.47‰~-0.07‰ 之间,平均增加 -0.21‰。水库蓄水对沥青混凝土心墙应变影响不明显。2013 年 3 月实测心墙上下游面应变分别为 -2.57~-58.95k$\mu\varepsilon$;2017 年 3 月实测心墙上下游面应变在 -2.72~-63.19k$\mu\varepsilon$。

(3)船闸

1)变形监测

①高边坡

船闸高边坡的位移主要受边坡开挖和时效影响。1999 年 4 月开挖结束后,变形速率减缓并逐渐趋于稳定。自 2003 年 6 月蓄水以来,高边坡水平位移年变化平均在 0.5mm 以内。2008 年汛末实施 175m 水位试验性蓄水以来,船闸高边坡各项变形测值没有明显变化,边坡变形不受库水位变化影响。截至 2018 年 2 月,高边坡向船闸中心线的累计水平位移,南、北坡分别为 77.61mm、59.31mm,垂直位移为 -15.62~16.67mm,中隔墩向闸室最大累计位移 27.71mm。

②船闸建筑物

船闸闸首和闸室边墙顶部水平位移随气温呈周期性变化,175m 水位试验性蓄水以来,1~6 闸首闸顶向闸室中心线水平位移在 0.30mm(2 闸首中北 2)~7.62mm(4 闸首中南 2)之间;水流向水平位移在 -2.29mm(6 闸首中南 2)~4.18mm(5 闸首中北 3)之间;一闸首闸基累计沉降为 5.89mm~7.91mm。

2)渗流监测

①挡水前沿灌浆廊道排水幕处扬压力系数最大值为 0.18,均在设计范围内。

②一闸首闸基扬压力为设计扬压力的 36%~66%,实测扬压力小于设计扬压力,有利于基础稳定。

③挡水前沿渗流量最大值为 13.2L/min,2018 年 2 月为 5.64L/min。

④基础排水廊道渗水量随库水位升高而增大,随气温呈周期性变化,每年1—2月低温时渗流量最大,8月份高温时渗流量最小。

2017年2月北线排干后最大渗压水头为2.93m,小于设计计算值。充水前后闸墙背后最大渗压水头分别为0.95m和0.86m。2017年3月最大渗压水头为2.20m。175m水位试验性蓄水前后,闸室底板渗压变化在±0.5m以下,蓄水后最大渗压水头为6.70m。北线排干后,最大渗压水头为6.7m,小于船闸检修时监控值8.0m,充水后底板最大渗压变化0.25m,2017年3月实测最大渗压水头为6.37m。

⑤高边坡地下水位多在排水洞底板以下,渗流量随降雨有所变化,2017年3月渗水量为912.85L/min。

⑥闸室边墙外侧渗水压力一般在1.0m水柱压力以内,个别渗压为1.56m水柱的压力;闸室底板渗压一般在4.0m水柱压力以下,个别达到7.42m水柱压力在允许范围内。

3)船闸边坡预应力锚索锚固力及锚杆应力

①实测锚索锁定预应力损失在-0.6%～6.42%,平均2.76%。2013年12月实测锁定后预应力损失平均为12.07%,包括直立坡块体上的锚索预应力损失变化符合一般规律,锚索安装一年后,锁定后平均损失为7.72%;锁定两年后预应力变化很小,基本稳定,并略受气温影响呈现出年变化,平均年变幅约为3%,在设计控制范围内。

②高边坡锚杆应力大部分在50MPa以下。锚杆应力变化的主要影响因素是温度,库水位抬高对高边坡锚杆应力影响较小;直立坡锁口锚杆应力为-36.6～164.27MPa,大部分锚杆应力计拉应力小于50MPa,近一年年变化量为-31.8～25.1MPa。直立坡上的不稳定块体锚索在近一年时间内,锚固力的平均损失率变化量一般为-0.4%～0.5%,岩体未见异常现象;锚索锚固力一般在夏季提高,低温季节锚固力减小。水库蓄水对边坡锚固力影响不大。

船闸高边坡的锚杆及锚索对边坡的支护加固效果较好,对不同年份,同一水位下锚固力损失率和锚杆应力进行对比分析可知,量值基本相当,受上游水位影响变化不大,锚索实施后边坡的变形扩展得到了控制,边坡整体是稳定的。

4)船闸衬砌墙高强锚杆应力监测

①高强锚杆实测应力。2014年12月,48支锚杆应力计中两支实测最大拉应力超过100MPa(最大227.5MPa),其余最大拉应力均在100MPa以内,远小于高强结构锚杆强度的设计值,船闸衬砌式结构是安全的。锚杆应力主要与温度变化相关,结构锚杆应力变化受闸室充泄水的影响不明显。直立坡衬砌墙布设的高强锚杆应力在-93.89～194.3MPa之间,71%的仪器实测锚杆应力在50MPa以下,近一年的年变化量为-16.1～36.5MPa,大部分锚杆应力随温度呈周期性变化。

②闸首混凝土应力为-2.76～0.12MPa,混凝土温度随气温而变化,其温度多在13.1℃～22.4℃之间变化。

5)船闸计划性停航岁修

①2012 年 3 月 7 日至 3 月 26 日,三峡集团公司对南线船闸进行了 2003 年船闸投运以来的首次计划性停航岁修,包括南线船闸全线输水系统、基础排水廊道、闸室底板及边墙、人字门、反弧门及启闭机等水工、金属结构和机电设备等 10 大项检修任务。其中对闸室底板结构缝漏水量较大的 31 个止水分区进行压水检查,并重新设置了表面止水;对底板其他渗漏的结构缝采取回填灌浆处理。岁修后,南线渗流量由岁修前的 3169.6 L/min,3 月 9 日降低至 635L/min,岁修效果显著。

②2013 年 3 月 2 日至 3 月 22 日,对北线船闸进行了停航岁修。北线船闸基础排水廊道渗漏水量监测数据显示,岁修前的 2 月 27 日渗漏水量为 3189.5 L/min,岁修后的 3 月 22 日实测渗漏水量为 692 L/min。

③2017 年 2 月 2 日至 3 月 14 日,北线船闸实施计划性停航岁修,重点进行人字门和反弧门专项检修;中北一、中北六人字门液压启闭机,北二、中北六反弧门液压启闭机更换和返厂检修;液压电气系统检修及施工配合项目;水工建筑物缺陷处理;闸室和水泵房集水井淤积物清理、水位计套管更换等;下游泄水箱涵检查处理和上游箱涵进水口检查;闸阀门防腐检测等。对一、三、四、五闸首共 8 扇人字门进行了顶门专项检修,主要包括背拉杆应力检测、门体形位尺寸测量及锈蚀检查、背拉杆调整与处理、AB 拉杆调整、支枕垫块检修、底止水检查与处理、人字门顶升与回落;顶、底枢密封圈更换及固体自润滑材料修复,联门轴关节轴承更换等。北线船闸自 2013 年度岁修后,基础廊道总渗漏量一直维持在 1000 L/min 左右,对闸室底板及边墙结构缝灌注 LW 水溶性聚氨酯并重新制作表面止水。处理后基础廊道渗水量从 2016 年同期的 893L/min 降至 443L/min。

④2018 年 2 月 19 日至 3 月 23 日,南线船闸进行了计划性停航岁修,主要检修内容与 2017 年度岁修基本相同。至此,双线船闸仅剩北二闸首 2 扇人字门未完成专项检修,北二闸首底枢密封圈于 2007 年船闸完建期安装,计划于 2020 年岁修时更换。

三峡枢纽在正常蓄水位 175m 试验性蓄水运行期间,安全监测成果表明:挡水一线各建筑物各项安全监测成果变化规律合理,测值均在设计允许范围内,各建筑物工作性态正常,运行安全。

12.2.3.6　175.0m 试验性蓄水运行以来对大坝几个问题的监测分析

(1)溢流坝上游面裂缝问题

1)左非及左厂坝段上游面裂缝监测对比分析

泄洪坝段埋设的 9 支监测仪器失效前测到的 2002 年低温季节的裂缝开度为 $-0.04\sim-0.14$mm(说明裂缝处于稳定状态)。左非 1~8 号坝段裂缝缝宽为 0.1~0.6mm,深度一般小于 2.5m,采用泄洪坝段上游面裂缝处理方式进行了处理。左厂 1~14 号钢管坝段上游面共发现裂缝 23 条,以竖向裂缝居多,多数裂缝长度在 5m 以内,裂缝宽度一般为 0.1~0.2mm,对裂缝进行了灌浆、凿槽回填 SR_2、粘贴 SR 盖片,并采用 PVC 板进行了保护。借鉴左非及左厂坝段裂缝缝宽监测资料分析成果,裂缝经处理后,经过蓄水 135m、156m、175m

水位阶段,裂缝较为稳定,未发现裂缝有张开的现象,裂缝处于稳定状态。泄洪坝段虽然运行条件不同,但裂缝规律相同,其处理方式基本相同,可供泄洪坝段裂缝评价分析借鉴。

2)175.0m 试验性蓄水运行对泄洪坝段上游面裂缝影响分析

①温度对泄洪坝段裂缝影响分析

(a)坝面温度的年变幅对裂缝的影响

泄洪坝段上游面裂缝属由表面向浅层发展的温度裂缝,气温的年变化及冬季的气温骤降,使坝体混凝土内外温度和表面温度梯度偏大,是导致混凝土坝面开裂的主要因素。研究结果表明,裂缝无外水压力的条件下,影响裂缝宽度和深度的主要因素是坝面温度应力。泄2 号坝段和泄18 号坝段作为典型监测断面,在距上游面 10cm 部位埋设温度计,其实测温度与水库水温基本一致。从 2002 年至 2015 年,坝前水位经历上游基坑进水,蓄水位 135.00~139.00m、蓄水位 156.00m,正常蓄水位 175.0m 试验性蓄水四个阶段。2002—2008 年实测泄 2 号和泄 18 号两坝段上游库水温度很接近,年平均水温为 18.5~20.0℃,差异很小;上游库水温变幅为 0.2~24.2℃,其值随高程增加而加大,裂缝高程 79.00m 以下水温变幅为0.2~16.0℃,以泄 2 号坝段为例,其坝体上游面温度计实测高程 135.00m 以下的库水水温在10.0~28.0℃之间;2008 年高程 13.00m 处的水温变化较小,年变幅为 0.7℃,高程132.00m 处水温年变化量最大,年变幅为 15.2℃。各测点年平均库水温度为 19.0℃。随着高程的降低,坝面处年最高温度减小,年平均温度略有降低,坝面温度年变幅明显减小;蓄水位135.00m 期间,裂缝部位坝面温度年变幅小于 13.5℃;蓄水位 156.00m 期间,裂缝部位坝面温度年变幅小于 12.6℃;试验性蓄水以来,裂缝部位坝面温度年变幅小于 2006 年,即水库蓄水和坝前泥沙淤积可一定程度削减气温对坝面温度年变幅的影响,故坝前水深加大有利于防止裂缝发展。

(b)冬季气温骤降对裂缝的影响

实测泄洪坝段上游坝面冬季最低库水温度比最低日平均气温高 10℃以上,这对防止大坝上游面已处理的裂缝进一步扩展有利。2002—2014 年坝面温度监测结果表明,冬季的坝面温度相近,不具备裂缝继续张开的条件;2004—2014 年冬季连续 10d 中最大的水温变幅为1.5~4℃,裂缝部位由于受气温寒潮冲击引起的水温变化缓慢且变幅较小,不会引起裂缝张开。2008 年对大坝上游面裂缝检查结果表明,裂缝形态自处理后一直保持稳定,表明裂缝处于稳定状态。

②裂缝检查情况

175m 水位试验性蓄水以来,以人工巡查方式,对泄洪坝段上游廊道渗水情况和对高程49.00m 上游廊道坝面排水孔的渗水情况进行了检查,廊道内与裂缝对应坝段中间廊道壁面未发现新增裂缝和渗水点,裂缝对应区域坝体排水管渗水(滴水)现象与 2007 年 11 月及2008 年 1 月检查情况一致,说明裂缝未向坝内发展。

上述成果表明,试验性蓄水后,泄洪坝段上游面裂缝区域库水温度相对更加稳定,对坝面环境温度条件有较大改善,随着坝前水深增加和泥沙淤积,分析认为大坝上游面裂缝会更加稳定,缝宽将减少或趋于闭合。

3)正常蓄水位 175.00m 运行对泄洪坝段上游面裂缝影响分析

①对大坝泄洪坝段上游面裂缝的多次研究表明,裂缝在无外水压力的条件下,影响裂缝宽度与深度的主要因素是坝面温度应力。上游基坑进水和水库蓄水后,对坝面环境温度条件有较大改善,裂缝宽度减小或趋于闭合。

泄洪坝段泄 2 号、18 号坝段作为典型监测断面,在距上游坝面 10cm 部位埋设了温度计,其实测温度与库水温基本一致。从 2002 年至 2015 年,坝前水位经过了上游基坑进水、围堰挡水发电蓄水位 135.00m、大坝初期蓄水位 156.00m、大坝正常蓄水位 175.00m 试验性蓄水四个阶段,2006 年 10 月库水位已达 156.00m,2010 年 10 月库水位达 175.00m,2003 年至 2014 年泄 2 号、18 号坝段各测点坝面温度年变幅及年平均温度见表 12.2.7。

表 12.2.7　　　　　　　泄 2 号、18 号坝段上游坝面温度年变幅及年平均温度

测点编号	高程(m)	年温度变幅(℃)					年平均温度(℃)				
		2004年	2006年	2008年	2009年	2014年	2004年	2006年	2008年	2009年	2014年
T07XH02	13	0.5	0.3	0.7	0.3	0.4	18.72	18.56	18.51	18.5	18.5
T17XH02	34	10.1	4.1	1.2	0.4	0.1	19.01	19.01	19.80	19.8	19.4
T29XH02	57	12.4	15.1	13.1	11.9	10.7	18.66	19.68	19.42	19.4	19.2
T51XH02	79	13.2	16.1	14.2	12.5	11.4	18.8	19.83	19.80	19.5	19.2
T73XH02	119	14.1	17.6	14.8	13.7	13.0	18.88	20.00	19.18	19.3	19.0
T76XH02	132	14.6	17.7	15.2	14.2	13.1	18.81	19.98	19.24	19.3	19.0
T07XH18	71	11.6	15.6	/	12.3	11.1	19.01	19.81	/	19.5	19.2
T20XH18	108	14.6	17.0	14.6	25.1	11.1	18.8	19.88	19.07	17.9	19.2
T26XH18	119	13.9	17.3	14.9	13.3	12.9	19.0	20.01	19.19	19.4	19.0
T29XH18	132	14.2	17.2	14.8	13.0	12.7	19.01	20.00	19.30	19.5	19.0
T33XH18	143	20.5	23.5	15.0	13.1	12.5	19.15	20.37	19.27	19.3	19.2
T36XH18	155	20.4	24.2	19.9	18.5	15.8	18.78	19.99	19.99	20.1	19.7

泄 2 号、泄 18 号坝段上游坝面温度变幅表明:

(a)随着高程的降低,坝面处年最高温度减小,年平均温度略有降低,坝面处表面温度年变幅明显减小;坝体上游面温度计实测的高程 135.00m 以下的库水水温为 10~28℃,高程 13.00m 处的水温变化较小,高程 132.00 处水温年变化量较大,年均库水温为 18.7℃,实测最低库水温度比最低日平均气温高 10℃,对防止坝体上游面已处理的裂缝进一步扩展有利。

(b)蓄水 135.00m 期间,裂缝部位坝面温度年变幅小于 13.5℃;蓄水 156.00m 期间,裂缝部位坝面温度年变幅小于 12.6℃。

(c)试验性蓄水至 175.00m 水位运行以来,上游坝面温度及温度年变幅与 135.00m、

156.00m 水位相当。泄洪坝段裂缝区域(高程 90.00m 以下)库水温度变幅更小,泄洪坝段上游坝面温度趋于稳定,随着环境温度的改善,裂缝会更稳定,裂缝宽度减小或趋于闭合。

处理泄洪坝段裂缝时,裂缝用低黏度的环氧系列材料 LPL 灌浆充填、缝口凿槽回填 SR 柔性止水材料封堵、坝面跨缝粘贴厚 3mm、宽 60cm 的氯丁橡胶片、粘贴宽 8m 的 SR 盖片覆盖,最后浇筑厚 25~40cm,宽 8cm 的钢筋混凝土板保护,并在保护板两侧各 6.5m 范围内喷涂水泥基渗透结晶型防渗材料 KT;作一般表面防渗。

裂缝经过综合措施处理后,结合 2007 年 11 月检查情况,裂缝防渗处理效果较好。水库蓄水后,除了库底泥沙淤积外,无其他外力破坏,在钢筋混凝土板的保护下,裂缝防渗处理材料不会遭到破坏。

②通过对泄洪坝段上游面裂缝深度检查、廊道内坝面排水管检查和对裂缝发展趋势的分析,得出如下结论:

(a)泄洪坝段上游面导流底孔之间坝面中部的裂缝属于表面浅层温度裂缝,对裂缝应采用综合措施进行处理。裂缝处理通过了上游基坑进水、蓄水位 135.00m、蓄水位 156.00m 和蓄水位 175.00m 等阶段验收,验收鉴定意见认为,泄洪坝段上游面裂缝经认真处后,质量合格,满足设计要求。

(b)泄洪坝段上游面裂缝历次研究成果表明:泄洪坝段裂缝主要是气温年变化引起的,蓄水后上游面裂缝温度环境条件得到改善,裂缝有闭合趋势,不会发展。

(c)从泄洪坝段埋设的 9 只监测仪器失效前实测,2002 年低温季节的裂缝开度为 $-0.04 \sim -0.14$mm,表明裂缝已处于稳定状态。左非 1~8 号坝段上游坝面裂缝宽度为 0.1~0.6mm,深度小于 2.5m,采用泄洪坝段上游坝面裂缝处理方式进行了处理。左厂 1~14 号坝段上游坝面发现裂缝 23 条,以竖向裂缝居多,大多数裂缝长度在 5.0m 以内,裂缝宽度为 0.1~0.2mm,采用缝内灌浆、缝口凿槽回填 SR_2,粘贴 SR 盖片,表面用 PVC 板保护。借鉴左非及左厂坝段上游坝面裂缝监测资料分析成果,裂缝处理后,经历蓄水位135.00m、156.00m 和正常蓄水位 175.00m 试验性蓄水阶段,未发现裂缝有张开现象,裂缝处于稳定状态。泄洪坝段虽与左非及左厂坝段不同,但裂缝规律相同,其裂缝处理方式基本相同,可供泄洪坝段裂缝评价分析借鉴。

(d)根据泄洪坝段上游面裂缝检查成果分析,裂缝对应区域坝体排水管工作正常,裂缝处理效果较好;上游面裂缝深度仍小于 3.00m,库水位蓄至 156.00m 后,裂缝处于稳定状态。2008 年汛末实施试验性蓄水以来,特别是 2010 年 10 月蓄水至正常水位 175.0m 运行以来,裂缝宽度呈减小并趋于闭合状态。

(2)坝体纵缝灌浆后再张开问题

大坝坝体纵缝中上部在灌浆之后有再张开现象,泄洪坝段更明显,蓄水之后随时间延长,坝体温度变化趋于稳定,增开度也略有减小,并趋于一个稳定的年变化过程。泄洪 2 号坝段纵缝Ⅰ灌浆后高程 13m 处缝面开度没有变化,高程 23~135m 处开度均有所增大,最大增开度 2.5mm。2002 年以后高程 23m、34m、57m 处实测增开度小于 0.2mm,表明测点处纵缝基本是闭合的。高程 124m、135m 处测点开度仍略有变化,年变幅在 1mm 以内,增开度一般 8 月最大,2 月最小,但蓄水后开度年变幅略有减小。

2008 年进行的仿真计算和对纵缝的钻孔检查结果表明,纵缝上部近坝面一定范围的缝面存在灌浆后再张开现象,主要是受气温影响,坝体温度场存在一个年变化过程,坝体内外温度不一致,导致夏季缝面张开,冬季闭合,但这种缝面张开主要出现在键槽缝的铅直面处(测缝计均埋设在铅直面处),键槽缝的斜面处仍是闭合的,缝面仍能起到传力的作用,不影响大坝的整体作用和安全运行。实测各坝段坝趾,其在设计水位时仍维持了一个稳定和较大的压应力状态,纵缝开度变化对坝踵应力影响不明显,对坝体的受力安全没有影响。

2008 年汛末实施 175.0m 水位试验性蓄水运行以来,坝体纵缝开度的变化没有明显影响,泄 2 号坝段纵缝 I 在高程 124m 以下、纵缝 II 在高程 69m 以下缝面开度测值已无变化。根据仿真分析成果、钻孔检查情况和实测资料综合判断,纵缝大部分缝面已闭合,上、下游坝块已由键槽起到传力作用,不影响大坝的安全运行。

(3)左厂 1 号~5 号坝段坝基深层抗滑稳定问题

大坝 2003 年挡水位 135m 至 2010 年挡水位 175m 运行,截至 2017 年底挡设计水位已运行 8 年,左厂房 1~5 号坝段的监测成果表明:

1)左厂 1~5 号坝段上游基础廊道高程 95m 处向下游水平位移时效分量在 2.70mm 以内,且是收敛的,坝基基岩深部变形是稳定的;蓄水至 175m 后的每年位移增量基本相同,与河床坝段及右岸岸坡坝段的变化规律一致;坝基垂直位移累积为 16.1~19.0mm,小于河床坝段沉降量,相邻坝段沉降差在 0.5~1.0mm,不存在不均匀沉降现象,表明坝基岩体是稳定的。坝顶水平位移量在 −3.07~13.65mm,小于河床坝段坝顶变位,坝顶水平位移与气温关系密切,冬季向下游变形,夏季向上游变形,2010—2016 年蓄水至 175m 水位时的最大位移基本一致,表明坝体变形处于弹性状态。

2)左厂 1~5 号坝段坝基渗流量在 175m 蓄水前后的变化为 3.31L/min,最大渗流量为 21.77L/min,呈减小趋势,坝前水位 175m 时主排水幕后坝基渗压水位在 54.55m 以下,1 号排水洞排水孔基本无水,表明主排水幕下游至 2 号排水洞以上的坝基岩体处于疏干状态,坝基渗压水位在缓倾角结构面以下;上下游排水洞之间的渗压水位远低于深层滑移面,且上下游排水洞之间的渗压水位不随上游水位变化。

3)左厂 1~5 号坝段与其坝后厂房基础采用上下游封闭帷幕抽排,其上、下游帷幕后排水幕处扬压力系数均小于设计值 0.25 和 0.50,左厂 3 号坝段上、下游帷幕后排水幕处扬压力系数分别为 0 和 0.08。据实测坝基渗压水位计算两种不利的假设滑移面上的总扬压力值仅为设计值的 40% 和 56%,其深层抗滑稳定安全系数分别为 3.38 和 4.23,较设计值增大 0.21 和 0.13。综合分析左厂房 1~5 号坝段深层抗滑稳定满足规范和设计要求,大坝运行安全可靠。

(4)大坝局部结构应力问题

1)坝后厂房引水钢管及管周钢筋应力。实测钢筋应力为 −49~110MPa,钢筋应力普遍较小,且主要受温度年变化影响,除个别测点(R30CF03)外,各钢筋计实测应力没有趋势性变化。实测钢管表面各测点环向应力为−50~1100MPa,应力主要受温度年变化影响,没有明显增大趋势。

2)泄2号坝段深孔及表孔结构钢筋应力。导流底孔跨缝板钢筋应力为−20~20MPa,导流底孔弧门支撑结构的受力钢筋应力为−40~72MPa,深孔孔口钢筋应力在−65~50MPa之间,表孔闸墩及底板处钢筋应力为−30~80MPa。各部位钢筋应力均较小,测值主要受混凝土温度年变化影响,一般与温度呈负相关。

3)升船机上闸首底板锚索的预应力损失情况。锚索预应力的锁定损失为2.18%~4.89%,平均为3.92%,均较小。锁定后的预应力损失均较小,2014年10月锁定后损失率为0.17%~7.18%,平均为3.43%;锁定后损失率在3.5%以内的占测点数的94%。锁定后的预应力损失主要发生在锁定后的10天内;锁定后锚索预应力随温度略有变化,一般温度降低预应力增大,反之减小,锁定后锚索预应力没有骤然变化的现象。各测点的预应力年变幅为10~100kN,各测点平均年变幅在41kN左右,2014年10月各测点预应力的平均值约为3483.3kN。

4)左厂1~5号坝段和右厂25~26号坝段坝基锚索预应力损失情况。左厂1~5号坝段坝基锚索实测锁定损失率为3.8%~9.9%,平均锁定损失率6.2%,锁定后损失率为8.0%~10.9%,1999年边坡支护后锚固力测值是稳定的。右厂25~26号坝段坝基锚索实测锁定损失率为3.6%~5.6%,平均锁定损失率4.5%,锁定后损失率为0.8%~3.7%,平均锁定后损失率为2.1%,2002年边坡支护后锚固力测值均是稳定的。

(5)大坝坝踵坝趾铅直向应力问题

1)2010年试验性蓄水至水位175m后,坝踵铅直向压应力减小0.21~0.78MPa,坝趾铅直向压应力增加0.14~0.68MPa。2011年2月,实测坝踵应力−1.20MPa(左厂3号坝段,负号表示铅直向压应力,下同)~−4.85MPa(泄2号坝段),坝趾应力−0.85MPa(左厂9号坝段)~−3.68MPa(左导墙坝段)。大坝坝踵铅直向应力随水位升高而减小,而坝趾铅直向应力则随水位升高而增大,符合重力坝应力变化规律。

2)针对泄2号坝段坝踵应力监测点(高程9m,坝面下游2m)施工完建期,采用材料力学法计算,将上坝块视为独立体,计算上坝块自重在监测点位置产生的压应力(考虑坝体在底孔以上前伸5m的倒悬),计算值为6.0MPa,大于按坝高181m估算的坝体混凝土自重应力。采用有限元法,坝踵监测点位置铅直向应力计算值为6.49MPa。采用仿真分析,随着大坝混凝土浇筑升高的过程,坝踵位置铅直向应力逐渐增大,最大铅直向应力达7.6MPa。泄2号坝段坝踵铅直向应力在2003年水库蓄水前,实测最大值为6.01MPa,与计算值接近。

3)大坝监测成果表明,在大坝混凝土浇筑过程中坝踵及坝趾铅直向应力均随坝体升高而应力值增大,水库蓄水大坝挡水运行后,坝踵及坝趾铅直向应力随年内水位、温度的变化呈现稳定的周期性变化。各年水库蓄水后,坝踵铅直向应力减小、坝趾铅直向应力增大,符合重力坝应力变化规律;大坝变形监测值表明坝体混凝土处于线弹性状态,坝踵及坝趾的铅直向应力均符合规范要求,测值在设计允许范围内,大坝性态正常,运行安全可靠。大坝实测坝踵压应力大于坝趾铅直向应力,与设计计算值差别较大,在国内外混凝土坝应力观测中也存在类似现象。

4)泄 2 号坝段坝应变计组实测的混凝土铅直向应力与钢筋应力变化规律一致,可近似互为线性表达,相互验证,说明实测坝踵铅直向应力是可信的。泄 2 号坝段坝踵铅直向应力,2003 年水库开始蓄水前的实测值,与取坝体上坝块为独立体的计算值接近。水库蓄水后应力增量,坝趾处实测值与仿真分析计算值较接近,而坝踵处铅直向应力实测值远小于计算值。坝踵及坝趾应力实测过程线与常规认识的差异主要是:水库蓄水前坝踵铅直向应力测值超出计算值较多,蓄水过程中的变幅值小于计算值,其原因尚待探索及研究分析,可能是由于坝体各部位混凝土特性差异、施工期及运行期温度应力、坝体坝基渗流影响及混凝土湿胀等因素所致。大坝混凝土标号和级配是分区设置的,各部位的物理力学特性具有不均一性。从目前实验室少量试件测量成果看,坝体混凝土湿胀量约为 20×10^{-6},在非均质坝中变形受约束的条件下,会产生附加应力,影响坝体混凝土应力测值。泄 2 坝段和右厂 17-1 号坝段坝踵基岩面高程分别为 4.0m 和 45.0m,五向应变计和无应力计仪器埋设距基岩面高度 5.0m,实测坝踵最大铅直向应力分别为 -6.24MPa 和 -5.18MPa;而左厂 14-1 号坝段坝踵仪埋距基岩面(高程 27.0m)高度 2.0m,实测坝踵最大铅直向应力为 -3.54MPa,说明应变计埋设位置距基岩面高度影响坝踵实测铅直向应力值。对三峡混凝土重力坝实测坝踵铅直向应力大于坝趾铅直向应力的原因尚待深入研究分析。

(6)泄水建筑物泄洪安全运用问题

自 2008 年开始 175m 试验性蓄水运行以来,大坝泄水建筑物泄洪设施最大下泄流量 44100m³/s。泄洪设施从投入运行至今,累计运行:泄洪深孔 2757 孔次,过流 136766h;表孔 136 孔次,过流 1767h;排漂孔 253 孔次,过流 14873h;排沙孔 50 孔次,过流 941h。泄洪设施正确开启成功率 100%,水力学专项监测成果分析和运用后的检查资料分析表明,泄洪设施运用正常。

在 2008—2015 年试验蓄水期间,汛期洪水过程较常年多、出现洪峰大于 50000m³/s 的洪水超过 3 次的年份为 2010 年和 2012 年,故以 2010 年和 2012 年为代表年,论述主要泄洪设施的运用情况。

2010 年汛期,洪水过程较常年多,入库洪峰大于 30000m³/s 的洪水出现 5 次,洪峰大于 50000m³/s 的洪水出现 3 次,最大入库洪峰流量为 70000m³/s(7 月 20 日)。三峡水库先后进行了多次中小洪水调洪运用,对 3 次入库流量大于 50000m³/s 的洪水,最大下泄流量均按 40000m³/s 左右控制,最高库水位达 161.02m,开启了泄 2 号、5 号、8 号、10 号、13 号、15 号、19 号、22 号深孔共 8 孔。泄洪设施运用正常。

2012 年汛期,洪水过程较常年为多、水量偏丰,三峡入库洪峰流量大于 40000m³/s 的出现 5 次,大于 50000m³/s 的洪峰出现 4 次,最大入库洪峰流量为 71200m³/s,出现在 7 月 24 日,是三峡工程成库以来遭遇的最大洪峰。三峡水库实施中小洪水调度共 4 次,最大下泄流量 44100m³/s,最高蓄洪水位 163.11m,开启了泄 2 号、4 号、8 号、12 号、16 号、20 号、22 号深孔共 7 孔。泄洪设施运用正常。

1)泄洪深孔。大部分深孔进口水面平稳,过流面动水压力特性均较正常,压力短管段无危害性空化产生,明流段泄槽内水流掺气充分。深孔过流壁面在汛后检查中未发现空蚀现象。

2)表孔。表孔进口上游水面平稳,水流平顺,基本呈对称进流,过流面水力特性均较正常。水下噪声测量分析结果未反映出明显的空化现象。表孔全开泄洪时排漂效果较好,漂浮物下排顺利。

3)泄洪坝段下游冲刷。从 2004 年、2008 年、2009 年及 2012 年泄洪坝段下游实测地形分析,泄洪坝段下游冲坑最低部位高程 23.5m,高于坝基的建基面高程,距坝趾距离均大于 100m,不会危及泄洪坝段安全;左导墙右侧和右纵防冲墙左侧冲坑高程均高于坝段建基面高程,不会危及建筑物安全。

12.2.3.7 175.0m 水位试验性蓄水运行以来的工程效益

(1)防洪

2008 年汛末实施 175.0m 水位试验性蓄水运用以来,根据中下游防洪需求,三峡水库实施了防洪调度。据统计,三峡水库历年累计拦洪运用 35 次,总蓄洪量 1046 亿 m^3,有效保障了长江中下游防洪安全,减轻了下游干支流地区的防洪压力,节约了防汛成本。历年防洪调度统计情况见表 12.2.8。

表 12.2.8　三峡工程 175.0m 水位试验性蓄水运行水库防洪调度资料汇总表

年份	最大洪峰 (m³/s)	出现时间	最大下泄流量 (m³/s)	最大削洪峰量(m³/s)	蓄洪次数	总蓄洪量 (亿 m³)	6 月 10 日至蓄水前最高调洪水位(m)
2009	55000	8 月 6 日	39600	15400	2	56.5	152.89
2010	70000	7 月 20 日	41400	28600	7	264.3	161.02
2011	46500	9 月 21 日	21100	25400	5	187.6	153.84
2012	71200	7 月 24 日	45800	25400	4	228.4	163.11
2013	49000	7 月 21 日	35300	13700	5	118.37	156.04
2014	55000	9 月 20 日	45700	9300	10	175.12	164.63
2015	39000	7 月 1 日	31700	7300	3	75.42	156.01
2016	50000	7 月 1 日	31600	18400	3	72.00	158.18
2017	38000	9 月 10 日	7 月 1—2 日控泄 8000	20000	3	103.61	157.10

注:7 月 1—2 日为减轻洞庭湖水系防洪压力,三峡出库流量由 28000m^3/s 减至 8000 m^3/s,荆江河段出现汛期最低水位,荆南三口向长江出流。

尤其在 2010 年、2012 年,三峡入库最大洪峰流量均超过了 70000m^3/s,其中 2012 年 7 月出现的洪峰流量为 71200m^3/s,为建库以来最大洪峰。对此较大洪水,三峡水库通过拦洪消峰,避免了下游荆南四河超过保证水位,控制下游沙市站水位未超过警戒水位,城陵矶站水位未超过保证水位,保证了长江中下游的防洪安全,同时也大大减少了下游江段上堤查险的时间和频次,降低了中下游防汛成本。据初步分析,2012 年三峡水库的防洪效益为 640 亿元。三峡工程 2008 年汛末实施 175m 水位试验性蓄水运行以来,汛期长江干流堤防没有发生一处重大险情,稳定了长江中下游沿江人民的人心,产生了巨大的社会效益。三峡工程按荆江补偿调度方案,多年平均年减淹耕地 30.07 万亩,减少城镇受淹人口 2.8 万,多年平均年防洪效益为 88 亿元,工程防洪效益显著。

2016 年汛期,长江中下游地区发生 1998 年以来的最大洪水,三峡工程防洪调度以国务院批准的《三峡水库优化调度方案》等法规文件为依据,三峡水库实施对城陵矶河段防洪补偿调度,为中下游拦洪削峰,发挥了核心作用,共拦蓄洪量 72 亿 m^3,调洪最高水位 158.18m。同时与长江上游及中游控制性水库防洪库容联合运用,通过科学调度,总共拦蓄洪水 227 亿 m^3,分别降低荆江河段、城陵矶附近和武汉以下河段水位 0.8~1.7m、0.7~1.3m、0.2~0.4m,有效减轻了长江中游城陵矶河段和洞庭湖区防汛抗洪压力,避免了荆江河段水位超警和城陵矶地区分洪。若三峡水库和溪洛渡、向家坝、五强溪等上中游水库群不拦蓄洪水,长江中游城陵矶莲花塘水文站水位将突破保证水位 34.4m,洪水最高水位达 35.0m,超保证水位将达 7 天左右,超额洪量 30 亿 m^3,需要安排钱粮湖和大通湖两个蓄滞洪区分洪,将淹没耕地 52.5 万亩、转移人口 38 万。2016 年汛期,三峡水库与干支流水库拦蓄洪水,显著发挥了防洪效益。

2017 年 6 月下旬至 7 月初,长江中下游发生大洪水,长江防总实施以三峡水库为核心,上游和中游干支流水库群防洪库容联合运用,科学调度拦蓄洪水量超过 100 亿 m^3,显著减轻了洞庭湖区和长江中下游防洪压力,使干流洞庭湖城陵矶站超保证水位时间缩短 6 天,避免了莲花塘站超过分洪保证水位;降低长江干流汉口河段洪峰水位 0.6~1.0m,九江至大通江段洪峰水位 0.3~0.5m,洞庭湖区及长江干流城陵矶河段水位 1.0~1.5m;降低洞庭湖水系湘江常德站洪峰水位 2.0m,沅江下游桃源站洪峰水位 2.5m。避免资水下游桃江、益阳等地溃堤灾害,确保了长江中游干流不超保证水位,为中下游各省防汛工作赢得了时机,大大减轻了长江中下游地区防洪抢险压力。

(2)发电

2009—2017 年,175.0m 水位试验性蓄水运行期各年发电情况见表 12.2.9,累计发电量 8004 亿 kW・h,其中 2014 年发电量达到了创单座电站纪录的 988.2 亿 kW・h,有效缓解了华中、华东地区及广东省的用电紧张局面,同时为节能减排做出了贡献。

通过加强分析预报来水,向国调、华中网调提供及时准确的梯级电站出力预报、合理控制水库水位、及时清除拦污栅前漂浮物、重复利用库容,采取及时调整电站出力使电站机组弃水期处于出力最大状态,枯水期处于效率最高状态等措施,梯级电站节水增发效益显著,2009—2017 年累计节水增发电量 431.4 亿 kW・h,其中汛期蓄洪增发效益 279.1 亿 kW・h。

2018 年坝址全年径流量 4570 亿 m^3,三峡电厂全年发电量 1016.15 亿 kW・h。这表明,坝址年径流量如达到初步设计采用的多年(1878—1990 年)平均值 4510 亿 m^3,三峡电厂通过科学调度、优化运行,年发电量可达 1000 亿 kW·h,超过初步设计多年平均发电量882 亿 kW·h。

表 12.2.9 三峡电站 175.0m 试验性蓄水运行期间历年发电情况统计表

年份	机组运行台数(除电源电站)	年发电量(亿 kW·h)	水能利用提高率(%)	节水增发电量(亿 kW·h)	中小洪水调度蓄洪效益(亿 kW·h)	年均耗水率(m³/kW·h)	平均调峰量(MW)	最大调峰量(MW)
2009	26	798.5	5.23	39.6	4.40	4.61	1004	5240
2010	26	843.7	5.09	40.8	41.00	4.40	905	4520
2011	26~30	782.9	5.17	37.9	30.00	4.31	1642	5500
2012	30~32	981.1	6.97	65.3	64.70	4.27	1910	7080
2013	32	828.3	5.45	44.3	47.00	4.40	2006	5400
2014	32	988.2	5.47	51.1	37.50	4.31	1940	5990
2015	32	870.1	6.00	50.2	11.95	4.29	2210	7680
2016	32	935.3	5.56	48.6	26.54	4.36	2577	8377
2017	32	976.05	5.88	53.6	15.98	4.26	2835	13184
合计		8004.2		431.4	279.07	4.36		

此外,三峡电站具有的快速启停机组、迅速自动调整负荷的良好调节性能,为电力系统的安全稳定运行提供了可靠的保障。三峡电站结合自身能力积极参与电网系统调峰运行,有效缓解了电力市场供需矛盾,改善了调峰容量紧张局面,促进了电网安全稳定运行。

按照中电联每年发布的标准煤耗估算,2009—2017 年总发电量相当于替代燃烧标准煤2.65 亿 t,有效节约了一次能源消耗。同时,将减少 5.9 亿 t CO_2、729 万 t SO_2、5.9 万 tCO及 308 万 t 氮氧化合物的排放,以及大量废水、废渣,减排效果明显。

(3)航运

1)三峡船闸截至 2017 年年底,累计过闸货物 11.1 亿 t。是三峡工程蓄水前葛洲坝船闸投运后 22 年(1981 年 6 月至 2003 年 6 月)过闸货运量 2.1 亿 t 的 5.29 倍。其中 2009 年至2017 年累计过闸货物 8.93 亿 t,各年通航统计见表 12.2.10。升船机于 2016 年 9 月试通航,截至 2017 年 12 月,升船机承船厢共运行 2526 厢次,通过各类船舶 2547 艘次、旅客 5.7万人次,货运量 57.4 万 t,进一步拓展了三峡工程的航运效益。

2)175.0m 试验性蓄水运行极大地改善了三峡库区的航道条件。三峡工程蓄水后,坝址上游江面明显变宽,水深大幅增加,消除了坝址至重庆间 139 处滩险、46 处单行控制河段和25 处重载货轮需牵引段,重庆至宜昌航道维护水深从 2.9m 提高到 3.5~4.5m,航行船舶吨位从 1000t 级提高到 3000~5000t 级,长江干流宜昌—重庆 660km 河段的航道等级从三级升级为一级,实现了全年全线昼夜通航。一年中有半年以上时间具备行使万吨级船队和5000t 级单船的通航条件。

3）进一步改善了长江中游宜昌至武汉的航道条件。葛洲坝枯水期出库最小通航流量由 $3200m^3/s$ 提高到 $5500m^3/s$ 以上，增加 $2000m^3/s$ 以上，葛洲坝下游最低通航水位提高到 39m。枯水期航道维护水深达到了 3.2m，比蓄水前提高了 0.3m。

表 12.2.10　　　　　　175.0m 水位试验性蓄水运行期间船闸通航数据统计表

年份	2009	2010	2011	2012	2013	2014	2015	2016	2017	累计
运行闸次（次）	8082	9407	10347	9713	10770	10794	10734	11063	10425	91335
通过船舶（万艘）	5.2	5.8	5.6	4.4	4.6	4.4	4.4	4.3	4.3	43
通过货物（万吨）	6089	7880	10033	8611	9707	10898	11507	11983	12972	89680
通过旅客（万人次）	74	50.8	40	24.4	43.2	52.1	47.6	47.2	38.9	418.2

4）三峡库区的船舶安全性显著提高。三峡工程蓄水后（2003 年 6 月至 2013 年 12 月）与蓄水前（1999 年 1 月至 2003 年 5 月）相比，三峡库区年均事故件数、死亡人数、沉船数和直接经济损失分别下降了 72%、81%、65%、20%。

5）降低了航运成本。试验性蓄水以来，由于库区水流流速减缓、流态稳定、比降减小，船舶载运能力明显提高，油耗明显下降。据测算，库区船舶单位千瓦拖带能力由建库前的 1.5t 提高到目前的 4～7t，每千吨公里的平均油耗由 2002 年的 7.6kg 下降到 2013 年的 2.0kg 左右，单位运输成本下降了 73% 左右。

6）促进了船舶标准化和大型化。由于水库蓄水、地区经济发展、水运优势发挥等原因，库区船舶的标准化、大型化得到了快速发展。在水库试验性蓄水 175m 水位后，库区已经出现了 7000t 级货船，10000t 级船队和 6000t 级自航船已经可从宜昌直达重庆港。

（4）水资源利用

2003 年三峡水库蓄水运用后，随着不同运行时期正常蓄水位逐步抬高，三峡水库消落期供水能力随之增强，供水效益进一步加大。初步设计要求三峡水库枯水期主要满足不低于电站保证出力（4990MW）及葛洲坝下游 39m 最低通航水位对应的流量（约 $5500m^3/s$）即可，随着下游沿江经济社会的发展，各方需水要求不断提高。根据 2009 年国务院批准的《三峡水库优化调度方案》及 2010 年以后国家防总的有关批复，三峡水库逐步提高了枯水期的下游流量补偿标准，1—4 月份水库下泄流量按 $6000m^3/s$ 左右控制，有效满足了枯水期长江中下游沿江生产生活和生态用水需求。

截止到 2018 年汛前，三峡水库累计为下游补水 1832d，补水总量 2233.2 亿 m^3（如

表 12.2.11），近几年有效抬高下游航道水深 1.0m 以上，较好满足了下游航道畅通及沿江两岸生产生活等用水需求。同时，面对 2011 年我国长江中下游部分地区遭遇的百年一遇大面积干旱、下游载油船舶搁浅，以及 2014 年上海咸潮入侵等突发事件，三峡水库及时加大下泄流量，实施应急抢险调度，成功应对了此类突发事件。三峡水库水资源调度取得了较好的社会效益和生态效益。

表 12.2.11　　　　　　三峡工程运行以来水资源调配利用资料汇总表

分期	时间	补水天数 (d)	补水总量 (亿 m³)	平均增加航道深 (m)	节水增发电量		
					年份	水能利用提高率(%)	节水增发电量(亿 kW·h)
围堰挡水发电期	2003—2004	11	8.79	0.74	2003	/	0.8
	2004—2005	枯期来水较丰，没有实施补水调度			2004	4.60	17.2
	2005—2006	枯期来水较丰，没有实施补水调度			2005	4.00	18.7
	小计						36.7
初期运行期	2006—2007	80	35.8	0.38	2006	4.30	20.3
	2007—2008	63	22.5	0.33	2007	4.50	26.8
	小计	143	58.30	0.33~0.38			47.1
试验性蓄水运行期	2008—2009	190	216	1.03	2008	4.96	37.8
	2009—2010	181	200.2	1.00	2009	5.23	39.6
	2010—2011	194	243.31	1.13	2010	5.09	40.8
	2011—2012	181	261.43	1.31	2011	5.17	37.9
	2012—2013	178	254.1	1.29	2012	6.97	65.3
	2013—2014	182	252.8	1.26	2013	5.45	44.3
	2014—2015	82	61.0	1.26	2014	5.47	51.1
	2015—2016	170	217.6	1.26	2015	6.00	50.2
	2016—2017	177	232.94	1.26	2016	5.56	48.6
	小计	1678	2166.08	0.93~1.31			469.2
合计		1832	2233.17				553.0

主要参考文献

1. 长江三峡工程论证地质地震专家组. 长江三峡工程地质地震与枢纽建筑物专题地质地震论证报告[R]. 1988.6.

2. 长江三峡工程论证枢纽建筑物专家组. 长江三峡工程地质地震与枢纽建筑物专题枢纽建筑物论证报告[R]. 1987.12.

3. 长江三峡工程论证水文专家组. 长江三峡工程水文和防洪专题水文论证报告[R]. 1988.6.

4. 长江三峡工程论证防洪专家组. 长江三峡工程水文和防洪专题防洪论证报告[R]. 1988.3.

5. 长江三峡工程论证泥沙专家组. 长江三峡工程泥沙与航运专题泥沙论证报告[R]. 1988.2.

6. 长江三峡工程论证航运专家组. 长江三峡工程泥沙与航运专题航运论证报告[R]. 1988.3.

7. 长江三峡工程论证电力系统专家组. 长江三峡工程电力系统与机电设备专题电力系统论证报告[R]. 1988.3.

8. 长江三峡工程论证机电设备专家组. 长江三峡工程电力系统与机电设备专题机电设备论证报告[R]. 1988.6.

9. 长江三峡工程论证移民专家组. 长江三峡工程移民专题论证报告[R]. 1988.1.

10. 长江三峡工程论证生态与环境专家组. 长江三峡工程生态与环境专题论证报告——对生态与环境影响及对策的论证[R]. 1988.1.

11. 长江三峡工程论证综合规划与水位专家组. 长江三峡工程综合规划与水位专题论证报告[R]. 1988.9.

12. 长江三峡工程论证施工专家组. 长江三峡工程施工专题论证报告[R]. 1987.11.

13. 长江三峡工程论证投资估算专家组. 长江三峡工程投资估算专题论证报告[R]. 1988.1.

14. 长江三峡工程论证综合经济评价专家组. 长江三峡工程综合经济评价专题论证报告[R]. 1988.10.

15. 长江流域规划办公室. 长江三峡水利枢纽可行性研究报告[R]. 1989.4.

16. 洪庆余. 三峡工程技术研究概论[M]. 武汉:湖北科学技术出版社,1997.10.

17. 陆德源. 三峡工程大坝及电站厂房研究[M]. 武汉:湖北科学技术出版社,1997.10.

18. 宋维邦. 三峡工程永久通航建筑物研究[M]. 武汉:湖北科学技术出版社,1997.10.

19. 陈德基. 三峡工程地质研究[M]. 武汉:湖北科学技术出版社,1997. 10.

20. 季学武. 三峡工程水文研究[M]. 武汉:湖北科学技术出版社,1997. 10.

21. 袁达夫. 三峡工程机电研究[M]. 武汉:湖北科学技术出版社,1997. 10.

22. 傅秀堂. 三峡工程移民研究[M]. 武汉:湖北科学技术出版社,1997. 10.

23. 杨光煦. 三峡工程施工研究[M]. 武汉:湖北科学技术出版社,1997. 10.

24. 翁立达. 三峡工程生态环境研究[M]. 武汉:湖北科学技术出版社,1997. 10.

25. 罗泽华. 三峡工程经济研究[M]. 武汉:湖北科学技术出版社,1997. 10.

26. 包承纲. 三峡工程科学试验和研究[M]. 武汉:湖北科学技术出版社,1997. 10.

27. 陈济生. 三峡工程泥沙研究[M]. 武汉:湖北科学技术出版社,1997. 10.

28. 郑守仁,王世华,等. 导流截流及围堰工程[M]. 北京:中国水利水电出版社,2005. 1.

29. 潘家铮,郑守仁. 中国三峡工程[M]. 杭州:浙江科学技术出版社,1999. 9.

30. 中国水利学会. 三峡工程论证文集[M]. 水利电力出版社,1991. 3.

31. 水利部长江水利委员会. 长江三峡水利枢纽初步设计报告(枢纽工程)第一篇—第十一篇[R]. 1992. 12.

32. 国务院三峡工程建设委员会办公室. 三峡水利枢纽工程初步设计专家审查会议文件汇编[R]. 1993. 5.

33. 水利部长江水利委员会. 长江三峡水利枢纽单项技术设计报告第一册—第八册[R]. 1994. 11.

34. 中国工程院三峡工程阶段性评估项目组. 三峡工程阶段性评估报告[M]. 北京:中国水利水电出版社,2010. 9.

35. 中国工程院三峡工程试验性蓄水阶段评估项目组. 三峡工程试验性蓄水阶段评估报告[M]. 北京:中国水利水电出版社,2014. 8.

36. 中国科学院环境评价部,长江水资源保护科学研究所. 长江三峡水利枢纽环境影响报告书[R]. 1991. 12.

37. 陆佑楣,曹广晶. 长江三峡工程[M]. 北京:中国水利水电出版社,2010. 12.

38. 长江水利委员会长江勘测规划设计研究院. 三峡工程设计论文集. 北京:中国水利水电出版社,2003. 8.

39. 周建平,钮新强,贾金生. 重力坝设计二十年[M]. 北京:中国水利水电出版社,2008. 3.

40. 中国三峡建设年鉴社. 中国三峡建设年鉴(1994—2016 年)[M]. 宜昌:中国三峡建设年鉴社,2017. 10.

41. 水利部长江水利委员会. 长江治理开发保护 60 年[M]. 武汉:长江出版社,2010. 2.

42. 钮新强,童迪,宋维邦. 三峡工程双线五级船闸设计[J]. 中国工程科学,2011(13):85-90.

43. 钮新强,覃利明,于庆奎. 三峡工程齿轮齿条爬升式升船机[J]. 中国工程科学,2011

(13):96-103.

44. 邵建雄,刘景旺,袁达夫. 三峡工程巨型水轮发电机设计与实践[J]. 中国工程科学,2011(13):104-110.

45. 王小毛,徐麟祥,廖仁强. 三峡工程大坝设计[J]. 中国工程科学,2011(13):70-77.

46. 周述达,谢红兵. 三峡工程电站设计. 中国工程科学[J]. 2011(13):78-83.

47. 刘丹雅,纪国强、安有贵. 三峡水库综合利用关键技术研究与实践[J]. 中国工程科学. 2011(13):66-69.

48. 陈德基,满作武. 三峡工程几个重大地质问题的研究与论证[J]. 中国工程科学. 2011(13):43-50.

49. 仲志余,胡维忠,丁毅. 三峡工程规划与综合利用[J]. 中国工程科学. 2011(13):38-42.

50. 薛果夫,陈又华. 三峡工程坝址主要地质问题[J]. 中国工程科学. 2011(13):51-60.

51. 翁永红,谢向荣,范五一. 三峡工程施工设计与实践[J]. 中国工程科学. 2011(13):111-116.

52. 杨爱明,段国学,马能武. 三峡工程建设与运行期建筑物安全监测资料分析[J]. 中国工程科学. 2011(13):117-121.

53. 中国长江三峡集团公司. 长江三峡工程整体竣工验收枢纽工程验收工程运行管理报告[R]. 2015.9.

54. 水电水利规划设计总院. 长江三峡工程整体竣工验收枢纽工程验收竣工验收安全鉴定总报告[R]. 2015.9.

55. 长江勘测规划设计研究有限公司. 长江三峡工程整体竣工验收枢纽工程验收设计报告第一篇综合说明[R]. 2015.9.

56. 长江水利委员会水文局. 长江三峡工程整体竣工验收枢纽工程验收设计报告第二篇水文气象[R]. 2015.9.

57. 长江勘测规划设计研究有限公司. 长江三峡工程整体竣工验收枢纽工程验收设计报告第三篇工程地质[R]. 2015.9.

58. 长江勘测规划设计研究有限公司. 长江三峡工程整体竣工验收枢纽工程验收设计报告第四篇工程规划及防洪调度,第五篇大坝设计要点[R]. 2015.9.

59. 长江勘测规划设计研究有限公司. 长江三峡工程整体竣工验收枢纽工程验收设计报告第六篇坝后电站设计要点[R]. 2015.9.

60. 长江勘测规划设计研究有限公司. 长江三峡工程整体竣工验收枢纽工程验收设计报告第七篇双线五级船闸设计要点,第八篇茅坪溪防护工程设计要点[R]. 2015.9.

61. 长江勘测规划设计研究有限公司. 长江三峡工程整体竣工验收枢纽工程验收设计报告第九篇地下电站设计要点,第十篇电源电站设计要点[R]. 2015.9.

62. 长江勘测规划设计研究有限公司. 长江三峡工程整体竣工验收枢纽工程验收安全监

测设计及监测资料分析报告[R].2015.9.

63. 钮新强,宋维邦.船闸与升船机设计[M].北京:中国水利水电出版社,2007.4.

64. 文伏波,郑守仁,郑允中.长江葛洲坝工程关键技术研究与实践[M].武汉:长江出版社,2014.5.

65. 长江岩土公司长江三峡勘测研究院.长江水利水电工程地质[M].北京:中国水利水电出版社,2012.9.

66. 钮新强.全衬砌船闸设计[M].武汉:长江出版社,2011.2.

67. 钮新强,王小毛,陈鸿丽.三峡工程枢纽布置设计[J].水力发电学报,2009,28(6):13-18.

68. 钮新强.三峡高重力坝技术实践综述[J].水科学进展,2013,24(3):442-448.

69. 周述达,谢红兵.三峡工程电站设计[J].中国工程科学,2011,13(7):78-84.

70. 钮新强,杨建东,谢红兵,等.三峡地下电站变顶高尾水洞技术研究与应用[J].人民长江,2009(23):1-4.

71. 郑守仁,钮新强.三峡工程建筑物设计关键技术问题研究与实践[J].中国工程科学,2011,13[J]:20-27.

72. 王小毛,陈鸿丽,杨一峰.三峡大坝设计中的几个关键技术问题[J].中国大坝技术发展水平与工程实例[M].中国水利水电出版社,2007.12.

73. 郑守仁.三峡工程与水利水电科技发展[J].中国大坝技术发展水平与工程实例[M].北京:中国水利水电出版社,2007.12.

74. 徐麟祥,杨启贵.三峡船闸高陡岩石开挖边坡设计研究[J].人民长江,1997(10):27-29.

75. 李江鹰,蒋筱民.三峡永久船闸输水系统设计[J].人民长江,1997(10):30-32.

76. 钮新强.三峡工程永久船闸水工建筑物设计研究[J].人民长江,1997(10):7-9.

77. 郑守仁,刘宁.三峡工程大坝及电站厂房设计中的主要技术问题[J].人民长江,1997(10):3-6.

78. 王小毛,杨一峰.三峡临时船闸1号3号坝段初期挡水结构设计研究[J].人民长江,1997(10):39-41.

79. 廖仁强,孔繁涛,吴效红.三峡工程泄洪消能设计研究[J].人民长江,1997(10):13-15.

80. 郑守仁.三峡大坝混凝土设计及温控防裂技术突破[J].水利水电科技进展,2009(10):46-53.

81. 长江勘测规划设计有限责任公司.三峡水运新通道和葛洲坝航运扩能工程预可行性研究报告[R].2016.1.

82. 郑守仁.混凝土重力坝设计及运行监测的问题探讨[J].高坝工程技术进展[M].成都:四川大学出版社,2012,4.

83. 水利部长江水利委员会.长江流域综合规划(2012—2030 年)[R].2012.12.

84. 中国工程院三峡工程评估项目组.三峡工程建设第三方独立评估综合报告[R].2015.7.

85. 中国长江三峡集团公司.2014 年三峡枢纽工程建设质量及枢纽运行情况报告[R].2015.4.

86. 中国长江三峡集团公司.2015 年三峡枢纽工程建设质量及枢纽运行情况报告[R].2016.4.

87. 中国长江三峡集团公司枢纽管理局,中国长江电力股份有限公司三峡梯调通信中心,三峡水力发电厂.长江三峡水利枢纽 2014 年度枢纽运行及汛末蓄水情况报告[R].2015.4.

88. 中国长江三峡集团公司枢纽管理局,中国长江电力股份有限公司三峡梯调通信中心,三峡水力发电厂.长江三峡水利枢纽 2015 年度枢纽运行及汛末蓄水情况报告[R].2016.4.

89. 中国长江三峡集团公司.2016 年三峡枢纽工程建设质量及枢纽运行情况报告[R].2017.4.

90. 中国长江三峡集团公司枢纽管理局,中国长江电力股份有限公司三峡梯调通信中心,三峡水力发电厂.长江三峡水利枢纽 2016 年度枢纽运行及汛末蓄水情况报告[R].2017.4.

91. 国务院三峡工程建设委员会三峡枢纽工程质量检查专家组工作组.三峡枢纽工程质量检查专家组文件、资料汇编(一)至(十八)[R].2000.12—2017.5.

92. 长江水利委员会三峡工程代表局.长江三峡水利枢纽工程现场设计工作简报[R].1995.12—2016.12.

93. 国务院长江三峡工程整体竣工验收委员会移民工程验收组.长江三峡工程整体竣工验收移民工程验收报告[R].2015.10.

94. 国务院长江三峡工程整体竣工验收委员会枢纽工程验收组.长江三峡工程整体竣工验收枢纽工程验收文件资料汇编[R].2016.1.

95. 荣冠.三峡工程茅坪溪防护土石坝渗流分析[J].人民长江,2004,10:21-23.

96. 康忠东,徐鹏程.永久船闸对称式滑模设计与施工[J].中国三峡建设,2001.1.

97. 周宇,钱兴喜.自升式爬模研制与应用[J].中国三峡建设,2001.7.

97. 中国长江三峡集团公司,长江三峡通航管理局.长江三峡水利枢纽升船机工程通航暨竣工验收报告.工程建设报告、工程试通航期间运行情况报告.2018.1.

98. 水电水利规划设计总院.长江三峡水利枢纽升船机工程通航暨竣工验收报告及安全鉴定报告,2018.1.

99. 长江勘测规划设计研究有限责任公司.长江三峡水利枢纽升船机工程通航暨竣工验收报告及设计报告,2018.1.